高等院校数学教材同步
辅导及考研复习用书

线性代数
同步辅导讲义

（适用同济 第六版）

$$\begin{bmatrix} a_{11} & a_{12} & \cdots & a_{1n} \\ a_{21} & a_{22} & \cdots & a_{2n} \\ \vdots & \vdots & & \vdots \\ a_{m1} & a_{m2} & \cdots & a_{mn} \end{bmatrix} \begin{bmatrix} \boldsymbol{\beta}_1 \\ \boldsymbol{\beta}_2 \\ \vdots \\ \boldsymbol{\beta}_n \end{bmatrix} = \begin{bmatrix} \boldsymbol{\alpha}_1 \\ \boldsymbol{\alpha}_2 \\ \vdots \\ \boldsymbol{\alpha}_m \end{bmatrix}$$

丁　勇　主编

- 章节知识点归纳总结、
  题型科学分类归纳、典型例题全解析
- 教材同步学习、章节复习、考研总复习

北京航空航天大学出版社
BEIHANG UNIVERSITY PRESS

内 容 简 介

本书按照高等院校教材《线性代数》(同济第六版)的章节设置,对线性代数教材进行同步辅导,每章设有基本内容(包括基本要求与学习要点、基本概念以及重要的定理与公式)、典型例题分析两个部分,厘清基本概念与基本运算,指出初学者常犯错误并介绍线性代数解题中常用思路与技巧,可开阔读者思路、活跃思维,通过举一反三、触类旁通,提高分析解决问题的能力。

本书适用于高等院校读者同步学习线性代数教材、学期总体复习以及备考研究生入学考试使用。

图书在版编目(CIP)数据

线性代数同步辅导讲义 / 丁勇主编. -- 北京 : 北京航空航天大学出版社,2022.7

ISBN 978-7-5124-3833-0

Ⅰ. ①线… Ⅱ. ①丁… Ⅲ. ①线性代数—研究生—入学考试—自学参考资料 Ⅳ. ①O151.2

中国版本图书馆 CIP 数据核字(2022)第 115025 号

线性代数同步辅导讲义

丁 勇 主编

策划编辑 杨国龙 刘 扬 责任编辑 孙玉杰

*

北京航空航天大学出版社出版发行

北京市海淀区学院路 37 号(邮编 100191) http://www.buaapress.com.cn

发行部电话:(010)82317024 传真:(010)82328026

读者信箱:qdpress@buaacm.com.cn 邮购电话:(010)82316936

北京宏伟双华印刷有限公司印装 各地书店经销

*

开本:787×1 092 1/16 印张:21.5 字数:523 千字

2022 年 7 月第 1 版 2022 年 7 月第 1 次印刷

ISBN 978-7-5124-3833-0 定价:69.00 元

前　　言

线性代数是一门重要的基础课，它研究的是有限维空间的线性理论，它所涉及到的处理问题的思想、方法和技巧被广泛地应用到科学技术的各个领域，尤其是随着计算机的发展，这种离散化解决问题的手法尤显重要。

线性代数这门课程的特点是：概念多，符号多，运算法则多（有些法则与习惯的数的运算法则有较大的反差），容易引起混淆；内容上纵横交错，前后联系紧密，环环相扣，相互渗透，切入点接口多；对抽象性和逻辑性有较高的要求。因此，对于这门课程，初学者驾驭把握起来有一定困难，不少读者虽用心学习，但收效甚微。为此，我们希望此书能给读者一些帮助。

本书每章包含两部分内容，即基本内容及典型例题分析。其中，基本内容包括基本要求与学习要点、基本概念以及重要的定理与公式，希望读者能把握住章节的核心；通过选编的典型例题，或是厘清基本概念与基本运算，或是指出初学者常犯之错误，或是介绍线性代数解题中常用思路与技巧，并且许多例题给出一题多解。以期能使读者开阔思路，活跃思维，举一反三，触类旁通。

本书主要以《工程数学——线性代数》（同济第六版）为蓝本，同时参考了清华大学、西安交通大学、浙江大学、四川大学等的线性代数教材，还有 N. B. 普罗斯库列柯夫著、周晓钟译的《线性代数习题集》和全国理学、工学、经济学硕士研究生入学考试试题。

对于本书不足之处，诚恳地希望读者批评指正。

编　者

2021 年 10 月

目　　录

第一章 行列式

■ 基本内容

一、基本要求与学习要点

1. 基本要求

(1) 会用对角线法则计算二阶和三阶行列式.

(2) 了解 n 阶行列式的定义及性质.

(3) 了解代数余子式的定义及性质.

(4) 会利用行列式的性质并按行(列)展开计算简单的 n 阶行列式.

2. 学习要点

本章的重点是行列式的计算.对于 n 阶行列式的定义只须了解其大概的意思,对于行列式各条性质的证明只须了解其基本思路.要注重学会利用这些性质并按行(列)展开等基本方法来简化行列式的计算,掌握两行(列)交换、某行(列)乘数、某行(列)加上另一行(列)的 k 倍这三类运算.按照"会计算简单的 n 阶行列式"这一基本要求,对计算行列式的技巧无须做过多的探求.

二、基本概念

【定义 1.1】由 $1,2,\cdots,n$ 组成的有序数组称为一个 n 阶排列.通常用 $j_1j_2\cdots j_n$ 表示 n 阶排列.

【定义 1.2】一个排列中,如果一个大的数排在小的数之前,则称这两个数构成一个**逆序**.一个排列的逆序总数称为这个排列的**逆序数**.用 $\tau(j_1j_2\cdots j_n)$ 表示排列 $j_1j_2\cdots j_n$ 的逆序数.

如果一个排列的逆序数是偶数,则称这个排列为**偶排列**,否则称为**奇排列**.

例如,在 5 级排列 25134 中,有逆序 21,51,53,54,因此排列 25134 的逆序数为 4,即 $\tau(25134)=4$.所以排列 25134 是偶排列.

【定义 1.3】n 阶行列式

$$\begin{vmatrix} a_{11} & a_{12} & \cdots & a_{1n} \\ a_{21} & a_{22} & \cdots & a_{2n} \\ \vdots & \vdots & & \vdots \\ a_{n1} & a_{n2} & \cdots & a_{nn} \end{vmatrix}$$

是所有取自不同行、不同列的 n 个元素的乘积

$$a_{1j_1}a_{2j_2}\cdots a_{nj_n}$$

学习随笔

的代数和，这里 $j_1j_2\cdots j_n$ 是 $1,2,\cdots,n$ 的一个排列. 当 $j_1j_2\cdots j_n$ 是偶排列时，该项的前面带正号；当 $j_1j_2\cdots j_n$ 是奇排列时，该项的前面带负号，即

$$\begin{vmatrix} a_{11} & a_{12} & \cdots & a_{1n} \\ a_{21} & a_{22} & \cdots & a_{2n} \\ \vdots & \vdots & & \vdots \\ a_{n1} & a_{n2} & \cdots & a_{nn} \end{vmatrix} = \sum_{j_1 j_2 \cdots j_n} (-1)^{\tau(j_1 j_2 \cdots j_n)} a_{1j_1} a_{2j_2} \cdots a_{nj_n} \tag{1.1}$$

其中，$\sum\limits_{j_1 j_2 \cdots j_n}$ 表示对所有 n 阶排列求和. 式(1.1)称为 n 阶排列式的**完全展开式**.

例如，若已知 $a_{14}a_{2j}a_{31}a_{42}$ 是 4 阶行列式中的一项，那么根据行列式的定义，它应是不同行不同列元素的乘积，因此必有 $j=3$.

由于 $a_{14}a_{23}a_{31}a_{42}$ 列的逆序数 $\tau(4312)=3+2+0=5$ 是奇数，所以该项所带符号为负号.

【定义 1.4】在 n 阶行列式

$$D=\begin{vmatrix} a_{11} & a_{12} & \cdots & a_{1n} \\ a_{21} & a_{22} & \cdots & a_{2n} \\ \vdots & \vdots & & \vdots \\ a_{n1} & a_{n2} & \cdots & a_{nn} \end{vmatrix}$$

中划去元素 a_{ij} 所在的第 i 行、第 j 列，由剩下的元素按原来的排法构成一个 $n-1$ 阶的行列式

$$\begin{vmatrix} a_{11} & \cdots & a_{1,j-1} & a_{1,j+1} & \cdots & a_{1n} \\ \vdots & & \vdots & \vdots & & \vdots \\ a_{i-1,1} & \cdots & a_{i-1,j-1} & a_{i-1,j+1} & \cdots & a_{i-1,n} \\ a_{i+1,1} & \cdots & a_{i+1,j-1} & a_{i+1,j+1} & \cdots & a_{i+1,n} \\ \vdots & & \vdots & \vdots & & \vdots \\ a_{n1} & \cdots & a_{n,j-1} & a_{n,j+1} & \cdots & a_{nn} \end{vmatrix}$$

称其为 a_{ij} 的**余子式**，记为 M_{ij}. 而称 $(-1)^{i+j}M_{ij}$ 为 a_{ij} 的**代数余子式**，记为 A_{ij}，即

$$A_{ij}=(-1)^{i+j}M_{ij} \tag{1.2}$$

例如，已知行列式 $\begin{vmatrix} 1 & 2 & a \\ 0 & 1 & -1 \\ 3 & 4 & 5 \end{vmatrix}$ 的代数余子式 $A_{21}=2$，即已知

$$(-1)^{2+1}\begin{vmatrix} 2 & a \\ 4 & 5 \end{vmatrix}=2 \Rightarrow a=3$$

三、行列式的性质

【性质 1】经转置的行列式的值不变，即 $|\boldsymbol{A}|=|\boldsymbol{A}^{\mathrm{T}}|$.

这表明在行列式中行与列的地位是对等的，因此，行列式的行所具有的性质，列亦具有. 为了简捷，下面仅叙述行的性质.

【性质 2】行列式中某一行各元素如有公因数 k，则 k 可以提到行列式符号外. 特别地，若行列式中某行元素全是零，则行列式的值为零.

学习随笔

【性质3】如果行列式中某行的每个元素都是两个数的和,则这个行列式可以拆成两个行列式的和.

例如:

$$\begin{vmatrix} a_1+a_2 & b_1+b_2 & c_1+c_2 \\ l & m & n \\ x & y & z \end{vmatrix} = \begin{vmatrix} a_1 & b_1 & c_1 \\ l & m & n \\ x & y & z \end{vmatrix} + \begin{vmatrix} a_2 & b_2 & c_2 \\ l & m & n \\ x & y & z \end{vmatrix}$$

评注　由于$\boldsymbol{A}+\boldsymbol{B}=(a_{ij}+b_{ij})$,则$|\boldsymbol{A}+\boldsymbol{B}|$每行元素都是两个数的和,根据性质3,行列式$|\boldsymbol{A}+\boldsymbol{B}|$应拆成$2^n$个行列式之和,故一般情况下,$|\boldsymbol{A}+\boldsymbol{B}|\neq|\boldsymbol{A}|+|\boldsymbol{B}|$,在这里不要出错.

【性质4】对换行列式中某两行的位置,行列式的值只改变正负号.特别地,若两行元素对应相等(或成比例),则行列式的值是零.

【性质5】把某行的k倍加至另一行,行列式的值不变.

评注　在行列式计算中,往往先用这条性质作恒等变形,以期简化计算.

四、重要定理

【定理1.1】(行列式按行(列)展开公式)n阶行列式

$$D=\begin{vmatrix} a_{11} & a_{12} & \cdots & a_{1n} \\ a_{21} & a_{22} & \cdots & a_{2n} \\ \vdots & \vdots & & \vdots \\ a_{n1} & a_{n2} & \cdots & a_{nn} \end{vmatrix}$$

等于它的任一行(列)的各元素与其对应的代数余子式乘积之和,即

$$D=a_{i1}A_{i1}+a_{i2}A_{i2}+\cdots+a_{in}A_{in}\quad(i=1,2,\cdots,n)$$

或

$$D=a_{1j}A_{1j}+a_{2j}A_{2j}+\cdots+a_{nj}A_{nj}\quad(j=1,2,\cdots,n)\tag{1.3}$$

【定理1.2】行列式某一行(列)的元素与另一行(列)的对应元素的代数余子式乘积之和等于零,即

$$a_{i1}A_{j1}+a_{i2}A_{j2}+\cdots+a_{in}A_{jn}=0\quad(i\neq j)$$

或

$$a_{1j}A_{1k}+a_{2j}A_{2k}+\cdots+a_{nj}A_{nk}=0\quad(j\neq k)\tag{1.4}$$

五、重要公式

1. 上(下)三角行列式

上(下)三角行列式的值等于主对角线元素的乘积,即

$$\begin{vmatrix} a_{11} & a_{12} & \cdots & a_{1n} \\ & a_{22} & \cdots & a_{2n} \\ & & \ddots & \vdots \\ 0 & & & a_{nn} \end{vmatrix} = \begin{vmatrix} a_{11} & & & 0 \\ a_{21} & a_{22} & & \\ \vdots & \vdots & \ddots & \\ a_{n1} & a_{n2} & \cdots & a_{nn} \end{vmatrix} = a_{11}a_{22}\cdots a_{nn}\tag{1.5}$$

学习随笔

2. 关于副对角线的行列式

$$\begin{vmatrix} a_{11} & a_{12} & \cdots & a_{1,n-1} & a_{1n} \\ a_{21} & a_{22} & \cdots & a_{2,n-1} & 0 \\ \vdots & \vdots & & \vdots & \vdots \\ a_{n1} & 0 & \cdots & 0 & 0 \end{vmatrix} = \begin{vmatrix} 0 & \cdots & 0 & a_{1n} \\ 0 & \cdots & a_{2,n-1} & a_{2n} \\ \vdots & & \vdots & \vdots \\ a_{n1} & \cdots & a_{n,n-1} & a_{nn} \end{vmatrix}$$

$$= (-1)^{\frac{n(n-1)}{2}} a_{1n} a_{2,n-1} \cdots a_{n1} \quad (1.6)$$

3. 两个特殊的拉普拉斯展开式

$$\begin{vmatrix} a_{11} & \cdots & a_{1n} & c_{11} & \cdots & c_{1m} \\ \vdots & & \vdots & \vdots & & \vdots \\ a_{n1} & \cdots & a_{nn} & c_{n1} & \cdots & c_{nm} \\ 0 & \cdots & 0 & b_{11} & \cdots & b_{1m} \\ \vdots & & \vdots & \vdots & & \vdots \\ 0 & \cdots & 0 & b_{m1} & \cdots & b_{mm} \end{vmatrix} = \begin{vmatrix} a_{11} & \cdots & a_{1n} & 0 & \cdots & 0 \\ \vdots & & \vdots & \vdots & & \vdots \\ a_{n1} & \cdots & a_{nn} & 0 & \cdots & 0 \\ c_{11} & \cdots & c_{1n} & b_{11} & \cdots & b_{1m} \\ \vdots & & \vdots & \vdots & & \vdots \\ c_{m1} & \cdots & c_{mn} & b_{m1} & \cdots & b_{mm} \end{vmatrix}$$

$$= \begin{vmatrix} a_{11} & \cdots & a_{1n} \\ \vdots & & \vdots \\ a_{n1} & \cdots & a_{nn} \end{vmatrix} \cdot \begin{vmatrix} b_{11} & \cdots & b_{1m} \\ \vdots & & \vdots \\ b_{m1} & \cdots & b_{mm} \end{vmatrix} \quad (1.7)$$

$$\begin{vmatrix} c_{11} & \cdots & c_{1m} & a_{11} & \cdots & a_{1n} \\ \vdots & & \vdots & \vdots & & \vdots \\ c_{n1} & \cdots & c_{nm} & a_{n1} & \cdots & a_{nn} \\ b_{11} & \cdots & b_{1m} & 0 & \cdots & 0 \\ \vdots & & \vdots & \vdots & & \vdots \\ b_{m1} & \cdots & b_{mm} & 0 & \cdots & 0 \end{vmatrix} = \begin{vmatrix} 0 & \cdots & 0 & a_{11} & \cdots & a_{1n} \\ \vdots & & \vdots & \vdots & & \vdots \\ 0 & \cdots & 0 & a_{n1} & \cdots & a_{nn} \\ b_{11} & \cdots & b_{1m} & c_{11} & \cdots & c_{1n} \\ \vdots & & \vdots & \vdots & & \vdots \\ b_{m1} & \cdots & b_{mm} & c_{m1} & \cdots & c_{mn} \end{vmatrix}$$

$$= (-1)^{mn} \begin{vmatrix} a_{11} & \cdots & a_{1n} \\ \vdots & & \vdots \\ a_{n1} & \cdots & a_{nn} \end{vmatrix} \cdot \begin{vmatrix} b_{11} & \cdots & b_{1m} \\ \vdots & & \vdots \\ b_{m1} & \cdots & b_{mm} \end{vmatrix}$$

(1.8)

4. 范德蒙德行列式

$$\begin{vmatrix} 1 & 1 & \cdots & 1 \\ x_1 & x_2 & \cdots & x_n \\ x_1^2 & x_2^2 & \cdots & x_n^2 \\ \vdots & \vdots & & \vdots \\ x_1^{n-1} & x_2^{n-1} & \cdots & x_n^{n-1} \end{vmatrix} = \prod_{1 \leqslant j < i \leqslant n} (x_i - x_j) \quad (1.9)$$

学习随笔

■　典型例题分析

一、n 阶行列式的概念与性质

【例 1.1】求下列排列的逆序数：

(1) 21736854.

(2) $135\cdots(2n-1)246\cdots(2n)$.

【分析】求一个排列的逆序数可以有两种思路.

思路一：按此排列的次序分别算出每个数的后面比它小的数的个数，然后求和.

思路二：按自然数的顺序分别算出排在 1，2，3，…前面的比它大的数的个数，再求和.

(1)【解法一】用思路一：

2 的后面有 1 小于 2，故 2 的逆序数为 1.

1 的后面没有小于 1 的数，故 1 的逆序数为 0.

7 的后面有 3，6，5，4 小于 7，故 7 的逆序数为 4. 依此方法逐个计算，可知此排列的逆序数 $\tau(21736854)=1+0+4+0+2+2+1+0=10$.

【解法二】用思路二：

1 的前面比 1 大的数有 1 个 2，故 1 的逆序数是 1.

2 排在首位没有逆序.

3 的前面有一个 7 比 3 大，故 3 的逆序数为 1.

依此计算，得 $\tau(21736854)=1+0+1+4+3+1+0+0=10$.

(2) 此排列的前 n 个数 $135\cdots(2n-1)$ 之间没有逆序，后 n 个数 $246\cdots(2n)$ 之间也没有逆序，只是前 n 个数与后 n 个数之间才有逆序，用思路一易见.

$$\tau(135\cdots(2n-1)246\cdots(2n))=$$

$$0+1+2+\cdots+(n-1)+0+0+\cdots+0=\frac{1}{2}n(n-1)$$

【例 1.2】已知 $a_{3j}a_{12}a_{41}a_{2k}$ 在 4 阶行列式中带负号，求 j 与 k.

【分析】本题有两种解题方法：一是先将该项的行指标按自然顺序排好，然后再用列指标应当是奇排列（因为该项带负号）来确定 j 与 k；二是直接计算行的逆序数与列的逆序数，使其和为奇数来定 j 与 k.

【解法一】由于 $a_{3j}a_{12}a_{41}a_{2k}=a_{12}a_{2k}a_{3j}a_{41}$，而 $2,k,j,1$ 是 1～4 的排列，故 j 与 k 只能取自 3 和 4.

若 $j=3,k=4$，则 $\tau(2431)=1+2+1=4$ 是偶排列，与该项带负号不符，故 $j=4,k=3$.

【解法二】同前，若 $j=3,k=4$，则该项为 $a_{33}a_{12}a_{41}a_{24}$，此时，行指标与列指标的逆序数之和 $\tau(3142)+\tau(3214)=3+3=6$ 是偶数，与该项带负号不符，可见 $j=4,k=3$.

评注　若 $a_{i_1j_1}a_{i_2j_2}\cdots a_{i_nj_n}=a_{1k_1}a_{2k_2}\cdots a_{nk_n}$，则

$$(-1)^{\tau(i_1i_2\cdots i_n)+\tau(j_1j_2\cdots j_n)}=(-1)^{\tau(k_1k_2\cdots k_n)}$$

但 $\tau(i_1i_2\cdots i_n)+\tau(j_1j_2\cdots j_n)$ 与 $\tau(k_1k_2\cdots k_n)$ 不一定相等，它们只是奇偶性相同，这一点不要混淆.

学习随笔

【例 1.3】写出 4 阶行列式中含 $a_{11}a_{23}$ 的项.

【分析】行列式是不同行、不同列元素乘积的代数和,含 $a_{11}a_{23}$ 的项应当有形式 $a_{11}a_{23}a_{3j_3}a_{4j_4}$,由此分析 j_3,j_4 的取值及该项所带的正负号.

【解】因为含 $a_{11}a_{23}$ 的项可写为 $a_{11}a_{23}a_{3j_3}a_{4j_4}$,其中 $13j_3j_4$ 是 1~4 的排列,所以 j_3,j_4 取自 2 和 4. 可见共有两项含 $a_{11}a_{23}$.

若 $j_3=2$,$j_4=4$,则 $\tau(1324)=1$ 是奇排列,故该项带负号:$-a_{11}a_{23}a_{32}a_{44}$.

若 $j_3=4$,$j_4=2$,利用对换改变排列的奇偶性,知 $a_{11}a_{23}a_{34}a_{42}$ 带正号. 故 4 阶行列式中含 $a_{11}a_{23}$ 的项是:$-a_{11}a_{23}a_{32}a_{44}$,$a_{11}a_{23}a_{34}a_{42}$.

【例 1.4】已知 $a_{23}a_{31}a_{ij}a_{64}a_{56}a_{15}$ 是 6 阶行列式中的一项,试确定 i,j 的值及此项所带符号.

【解】根据行列式的定义,它是不同行、不同列元素乘积的代数和. 因此,行指标

$$2,3,i,6,5,1$$

应取自 1~6 的排列,故 $i=4$. 同理可知,$3,1,j,4,6,5$ 中 $j=2$.

关于确定此项所带的符号,可有两种思路:

(1) 将该项按行的自然顺序排列,有 $a_{23}a_{31}a_{42}a_{64}a_{56}a_{15}=a_{15}a_{23}a_{31}a_{42}a_{56}a_{64}$. 后者列的逆序数 $\tau(5,3,1,2,6,4)=4+2+0+0+1=7$,所以该项应带负号.

(2) 直接计算行的逆序数与列的逆序数,有 $\tau(2,3,4,6,5,1)+\tau(3,1,2,4,6,5)=6+3=9$,亦知此项应带负号.

【例 1.5】方程 $f(x)=\begin{vmatrix} x-2 & x-1 & x-2 & x-3 \\ 2x-2 & 2x-1 & 2x-2 & 2x-3 \\ 3x-3 & 3x-2 & 4x-5 & 3x-5 \\ 4x & 4x-3 & 5x-7 & 4x-3 \end{vmatrix}=0$ 的根的个数为

(A) 1. (B) 2. (C) 3. (D) 4.

【分析】问方程 $f(x)=0$ 有几个根,也就是问 $f(x)$ 是 x 的几次多项式. 为此应先对 $f(x)$ 作恒等变形. 将第 1 列的 -1 倍分别加至第 2,3,4 列,得

$$f(x)=\begin{vmatrix} x-2 & 1 & 0 & -1 \\ 2x-2 & 1 & 0 & -1 \\ 3x-3 & 1 & x-2 & -2 \\ 4x & -3 & x-7 & -3 \end{vmatrix}$$

再将第 2 列加至第 4 列,行列式的右上角为 0. 可用拉普拉斯展开式(1.8),即

$$f(x)=\begin{vmatrix} x-2 & 1 & 0 & 0 \\ 2x-2 & 1 & 0 & 0 \\ 3x-3 & 1 & x-2 & -1 \\ 4x & -3 & x-7 & -6 \end{vmatrix}=\begin{vmatrix} x-2 & 1 \\ 2x-2 & 1 \end{vmatrix}\cdot\begin{vmatrix} x-2 & -1 \\ x-7 & -6 \end{vmatrix}$$

故应选(B).

【例 1.6】已知 221,323,459 都能被 17 整除,不求出行列式的值,试证明:行列式 $D=\begin{vmatrix} 1 & 2 & 2 \\ 3 & 2 & 3 \\ 9 & 5 & 4 \end{vmatrix}$ 能被 17 整除.

学习随笔

【证明】把 D 中第 3 列的 100 倍、第 2 列的 10 倍分别加至第 1 列，行列式 D 恒等变形为

$$D=\begin{vmatrix}1&2&2\\3&2&3\\9&5&4\end{vmatrix}=\begin{vmatrix}221&2&2\\323&2&3\\459&5&4\end{vmatrix}$$

按已知条件第 1 列有公因数 17，把 17 提取到行列式记号以外，所剩行列式记为 D_1，则 $D=17D_1$，且 D_1 的每一个元素都是整数. 根据行列式的定义，D_1 是不同行、不同列元素乘积的代数和，因而 D_1 是整数，故 D 能被 17 整除.

【例 1.7】已知 $f(x)=\begin{vmatrix}x&1&2&4\\1&2-x&2&4\\2&0&1&2-x\\1&x&x+3&x+6\end{vmatrix}$. 证明：$f'(x)=0$ 有小于 1 的正根.

【分析】按行列式定义易知 $f(x)$是 x 的多项式，显然 $f(x)$连续且可导. 根据罗尔定理，我们只须证明 $f(0)=f(1)$.

【证明】因为 $f(0)=\begin{vmatrix}0&1&2&4\\1&2&2&4\\2&0&1&2\\1&0&3&6\end{vmatrix}=0$，　$f(1)=\begin{vmatrix}1&1&2&4\\1&1&2&4\\2&0&1&1\\1&1&4&7\end{vmatrix}=0$，又知函数 $f(x)$ 在$[0,1]$上连续，在$(0,1)$内可导，故$\exists\xi\in(0,1)$，使 $f'(\xi)=0$，即 $f'(x)=0$ 有小于 1 的正根.

【例 1.8】计算行列式$\begin{vmatrix}2x&x&1&2\\1&x&1&-1\\3&2&x&1\\x&1&0&x\end{vmatrix}$展开式中 x^4 与 x^3 的系数.

【分析】按行列式定义，行列式中每一项都是不同行、不同列元素的乘积. 那么，要构成 x^4 则各行各列必须都含 x，因此只能是 $a_{11}a_{22}a_{33}a_{44}$. 而对于 x^3，可判断该项必不含 a_{11}. 若含 a_{12}，则可由 $a_{33}a_{41}a_{24}$，$a_{33}a_{44}a_{21}$ 分别构成；若不含 a_{12}，则可由 $a_{22}a_{33}a_{41}a_{14}$ 构成. 可见含 x^3 的项共有 3 个.

【解】按行列式定义，有且只有 a_{11}，a_{22}，a_{33}，a_{44} 四元素相乘才出现 x^4，故 x^4 的系数是 2.

对于 x^3，则有 $a_{12}a_{24}a_{33}a_{41}$，$a_{12}a_{21}a_{33}a_{44}$，$a_{14}a_{22}a_{33}a_{41}$ 这 3 项，此时各项的系数分别是 $a_{24}=-1$，$a_{21}=1$，$a_{14}=2$，即$-x^3$，x^3，$2x^3$. 又各项逆序数分别是 $\tau(2431)=4$，$\tau(2134)=1$，$\tau(4231)=5$，故所带符号为正、负、负. 因此 x^3 的系数是-4.

【例 1.9】证明：

$$\begin{vmatrix}0&\cdots&0&a_{1n}\\0&\cdots&a_{2,n-1}&a_{2n}\\\vdots&&\vdots&\vdots\\a_{n1}&\cdots&a_{n,n-1}&a_{nn}\end{vmatrix}=(-1)^{\frac{n(n-1)}{2}}a_{1n}a_{2,n-1}\cdots a_{n1}\qquad(1.10)$$

学习随笔

【证明】由于行列式的一般项为 $a_{1j_1}a_{2j_2}\cdots a_{nj_n}$，所带符号是 $(-1)^{\tau(j_1j_2\cdots j_n)}$，因为第1行除了 a_{1n} 外其他数均为0，因此欲得到非零项，第1行必取 a_{1n}，即 $j_1=n$，这样第2行不能选 a_{2n}（因为每列只能选一个数），故只能选 $a_{2,n-1}$. 类似地，第3行只能取 $a_{3,n-2}\cdots$ 因此，这个行列式只有唯一一项

$$a_{1n}a_{2,n-1}\cdots a_{n1}$$

有可能不为0，而这一项列指标的逆序数为

$$\tau(n,n-1,\cdots,1)=(n-1)+(n-2)+\cdots+0=\frac{1}{2}n(n-1)$$

因此，右下三角行列式的值为 $(-1)^{\frac{1}{2}n(n-1)}a_{1n}a_{2,n-1}\cdots a_{n1}$.

评注　上(下)三角行列式的值是主对角元素的乘积(参见式(1.6))，而右下(左上)三角行列式的值是副对角线元素的乘积并且带有正负号 $(-1)^{\frac{n(n-1)}{2}}$（参见式(1.10)），这两个公式要分清.

【例 1.10】已知 n 阶行列式 D 中有 n^2-n+1 个0. 证明：$D=0$.

【证明】因为 n 阶行列式 D 中共有 n^2 个元素，其中有 n^2-n+1 个0，故非零元素共有 $n-1$ 个. 按行列式定义

$$D=\sum(-1)^{\tau(j_1j_2\cdots j_n)}a_{1j_1}a_{2j_2}\cdots a_{nj_n}$$

因此，$a_{1j_1},a_{2j_2},\cdots,a_{nj_n}$ 这 n 个元素中至少有一个是0，故行列式 $D=0$.

【例 1.11】证明：$D=\begin{vmatrix} a_{11} & a_{12} & a_{13} & a_{14} & a_{15} \\ a_{21} & a_{22} & a_{23} & a_{24} & a_{25} \\ a_{31} & a_{32} & 0 & 0 & 0 \\ a_{41} & a_{42} & 0 & 0 & 0 \\ a_{51} & a_{52} & 0 & 0 & 0 \end{vmatrix}=0$.

【证明】由题设知，当 $k\geqslant 3$ 时，$a_{3k}=a_{4k}=a_{5k}=0$，而行列式 D 中的一般项是

$$a_{1j_1}a_{2j_2}a_{3j_3}a_{4j_4}a_{5j_5}$$

由于 j_3,j_4,j_5 互不相同且取自1～5，故其中至少有一个要大于或等于3，那么 a_{3j_3}，a_{4j_4}，a_{5j_5} 中至少有一个为0，所以 D 的展开式中每一项都是0，故行列式 $D=0$.

【例 1.12】计算行列式 $D=\begin{vmatrix} 0 & 0 & a & 0 \\ b & 0 & 0 & 0 \\ 0 & c & 0 & d \\ 0 & 0 & e & f \end{vmatrix}$ 之值.

【分析】按行列式定义，D 的一般项是 $a_{1j_1}a_{2j_2}a_{3j_3}a_{4j_4}$. 由于行列式中有较多的0，若该项不为0，则必有

$$j_1=3,\quad j_2=1$$

而 j_3 可取2或4，j_4 可取3或4. 但因 j_1,j_2,j_3,j_4 是1～4的排列，互不相同，则必有

$$j_4=4,\quad j_3=2$$

所以在 D 的4！项中，仅有一个非零项.

【解】$D=\sum(-1)^{\tau(j_1j_2j_3j_4)}a_{1j_1}a_{2j_2}a_{3j_3}a_{4j_4}=(-1)^{\tau(3124)}abcf=abcf$.

【例 1.13】计算行列式 $D=\begin{vmatrix} 0 & \cdots & 0 & 1 & 0 \\ 0 & \cdots & 2 & 0 & 0 \\ \vdots & & \vdots & \vdots & \vdots \\ 2\,012 & \cdots & 0 & 0 & 0 \\ 0 & \cdots & 0 & 0 & 2\,013 \end{vmatrix}$之值.

【解】行列式 D 中有大量的 0,对于 D 的一般项

$$a_{1j_1}a_{2j_2}\cdots a_{nj_n}$$

若该项不为 0,则必有

$$j_1=2\,012,\quad j_2=2\,011,\quad \cdots,\quad j_{2\,012}=1,\quad j_{2\,013}=2\,013$$

由于逆序数 $\tau(2\,012,2\,011,\cdots,2,1,2\,013)=\frac{1}{2}\times 2\,012\times 2\,011$ 为偶数,故

$$D=2\,013!$$

评注　对于行列式,要认识到它是不同行、不同列元素乘积的代数和,要处理好每项所带的正负号,它是由排列的奇偶性所决定的.这里的行列式有较多的 0,因而可以用定义法来分析论证,以加深对概念的理解,但即使有如此多的 0,我们仍应当用行列式的性质、展开公式来计算,以减少工作量.对于一般的行列式,用定义法来计算几乎是不现实的.

二、n 阶行列式的计算

【例 1.14】计算 4 阶行列式 $D=\begin{vmatrix} 2 & -1 & 1 & 6 \\ 4 & -1 & 5 & 0 \\ -1 & 2 & 0 & -5 \\ 1 & 4 & -2 & -2 \end{vmatrix}$之值.

【分析】本题的行列式没有太多的规律,因而用展开公式来计算,但要先利用行列式的性质将其恒等变形,让其某行(或列)有较多的 0.

【解】$D \xlongequal[c_4-5c_1]{c_2+2c_1} \begin{vmatrix} 2 & 3 & 1 & -4 \\ 4 & 7 & 5 & -20 \\ -1 & 0 & 0 & 0 \\ 1 & 6 & -2 & -7 \end{vmatrix} =(-1)\cdot(-1)^{3+1}\begin{vmatrix} 3 & 1 & -4 \\ 7 & 5 & -20 \\ 6 & -2 & -7 \end{vmatrix}$

$\xlongequal{r_2-5r_1} -\begin{vmatrix} 3 & 1 & -4 \\ -8 & 0 & 0 \\ 6 & -2 & -7 \end{vmatrix} =-(-8)(-1)^{2+1}\begin{vmatrix} 1 & -4 \\ -2 & -7 \end{vmatrix}=120$

评注　(1) r_i 表示行列式的第 i 行,c_j 表示行列式的第 j 列,对换 i 行与 j 行记成 $r_i\leftrightarrow r_j$,第 i 行乘以 k 记成 kr_i,i 行的 k 倍加至 j 行记成 r_j+kr_i,类似有列变换的记号.

(2) 用行列式展开式时,不要丢掉正负号.

学习随笔

【例 1.15】计算行列式 $D=\begin{vmatrix} 1 & \frac{1}{2} & \frac{1}{2} & \frac{1}{2} \\ \frac{1}{2} & 1 & \frac{1}{2} & \frac{1}{2} \\ \frac{1}{2} & \frac{1}{2} & 1 & \frac{1}{2} \\ \frac{1}{2} & \frac{1}{2} & \frac{1}{2} & 1 \end{vmatrix}$ 之值.

【分析】为简化计算,可利用行列式的性质去掉行列式里的分母,将其转化为整数的运算.

【解】三角化法:

$$D=\left(\frac{1}{2}\right)^4\begin{vmatrix} 2 & 1 & 1 & 1 \\ 1 & 2 & 1 & 1 \\ 1 & 1 & 2 & 1 \\ 1 & 1 & 1 & 2 \end{vmatrix} \xlongequal{\sum r_i} \frac{1}{16}\begin{vmatrix} 5 & 5 & 5 & 5 \\ 1 & 2 & 1 & 1 \\ 1 & 1 & 2 & 1 \\ 1 & 1 & 1 & 2 \end{vmatrix}$$

$$=\frac{5}{16}\begin{vmatrix} 1 & 1 & 1 & 1 \\ 1 & 2 & 1 & 1 \\ 1 & 1 & 2 & 1 \\ 1 & 1 & 1 & 2 \end{vmatrix} \xlongequal[r_4-r_1]{r_2-r_1,\ r_3-r_1} \frac{5}{16}\begin{vmatrix} 1 & 1 & 1 & 1 \\ 0 & 1 & 0 & 0 \\ 0 & 0 & 1 & 0 \\ 0 & 0 & 0 & 1 \end{vmatrix}=\frac{5}{16}\text{(依据式(1.6))}$$

评注 (1) 如果行列式各列元素和相等,都是 a,一个常用的办法是将各行均加至第 1 行,则第 1 行有公因数 a 可提到行列式记号之外.

(2) 对行列式作恒等变形,将其化为上三角或下三角行列式,利用式(1.6)是常用技巧.

【例 1.16】计算行列式 $D=\begin{vmatrix} 1 & b_1 & 0 & 0 \\ -1 & 1-b_1 & b_2 & 0 \\ 0 & -1 & 1-b_2 & b_3 \\ 0 & 0 & -1 & 1-b_3 \end{vmatrix}$ 之值.

【解】三角化法:

$$D \xlongequal{r_2+r_1} \begin{vmatrix} 1 & b_1 & 0 & 0 \\ 0 & 1 & b_2 & 0 \\ 0 & -1 & 1-b_2 & b_3 \\ 0 & 0 & -1 & 1-b_3 \end{vmatrix} \xlongequal{r_3+r_2} \begin{vmatrix} 1 & b_1 & 0 & 0 \\ 0 & 1 & b_2 & 0 \\ 0 & 0 & 1 & b_3 \\ 0 & 0 & -1 & 1-b_3 \end{vmatrix}$$

$$\xlongequal{r_4+r_3} \begin{vmatrix} 1 & b_1 & 0 & 0 \\ 0 & 1 & b_2 & 0 \\ 0 & 0 & 1 & b_3 \\ 0 & 0 & 0 & 1 \end{vmatrix}=1\text{(依据式(1.6))}$$

评注 应当掌握逐行(列)相加减的技巧.

【例 1.17】计算行列式 $D=\begin{vmatrix} a_0 & 1 & 1 & \cdots & 1 \\ 1 & a_1 & 0 & \cdots & 0 \\ 1 & 0 & a_2 & \cdots & 0 \\ \vdots & \vdots & \vdots & & \vdots \\ 1 & 0 & 0 & \cdots & a_n \end{vmatrix}$ 之值，其中 $a_i \neq 0, i=1,2,\cdots,n$.

【分析】这是爪型行列式，这一类行列式通常是用提取公因式法将其化为三角形行列式.

【解】第 i 行提出 $a_{i-1}(i=2,3,\cdots,n+1)$，得

$$D=a_1a_2\cdots a_n\begin{vmatrix} a_0 & 1 & 1 & \cdots & 1 \\ \frac{1}{a_1} & 1 & 0 & \cdots & 0 \\ \frac{1}{a_2} & 0 & 1 & \cdots & 0 \\ \vdots & \vdots & \vdots & & \vdots \\ \frac{1}{a_n} & 0 & 0 & \cdots & 1 \end{vmatrix}$$

$$\xlongequal{r_1-r_2-r_3-\cdots-r_n}\prod_{i=1}^{n}a_i\begin{vmatrix} a_0-\sum\limits_{i=1}^{n}\frac{1}{a_i} & 0 & 0 & \cdots & 0 \\ \frac{1}{a_1} & 1 & 0 & \cdots & 0 \\ \frac{1}{a_2} & 0 & 1 & \cdots & 0 \\ \vdots & \vdots & \vdots & & \vdots \\ \frac{1}{a_n} & 0 & 0 & \cdots & 1 \end{vmatrix}$$

$$=\prod_{i=1}^{n}a_i\left(a_0-\sum_{i=1}^{n}\frac{1}{a_i}\right)\text{（依据式(1.6)）}$$

【例 1.18】计算行列式 $\begin{vmatrix} b+c & c+a & a+b \\ a & b & c \\ a^2 & b^2 & c^2 \end{vmatrix}$ 之值.

【分析】由于第 1 行与第 2 行之和有公因数 $a+b+c$，故可将其转化为范德蒙德行列式.

【解】公式法：

$$D\xlongequal{r_1+r_2}\begin{vmatrix} a+b+c & a+b+c & a+b+c \\ a & b & c \\ a^2 & b^2 & c^2 \end{vmatrix}=(a+b+c)\begin{vmatrix} 1 & 1 & 1 \\ a & b & c \\ a^2 & b^2 & c^2 \end{vmatrix}$$

$$=(a+b+c)(b-a)(c-a)(c-b)\text{（依据式(1.10)）}$$

学习随笔

【例 1.19】计算行列式 $\begin{vmatrix} a_1 & 0 & a_2 & 0 \\ 0 & b_1 & 0 & b_2 \\ c_1 & 0 & c_2 & 0 \\ 0 & d_1 & 0 & d_2 \end{vmatrix}$ 之值.

【分析】行列式中已有较多的 0,请读者直接用展开式(1.3)来计算.若通过对换能把 0 调到右上角,则可用拉普拉斯式(1.8)来计算.

【解】公式法:

$$D \xlongequal{r_2 \leftrightarrow r_3} \begin{vmatrix} a_1 & 0 & a_2 & 0 \\ c_1 & 0 & c_2 & 0 \\ 0 & b_1 & 0 & b_2 \\ 0 & d_1 & 0 & d_2 \end{vmatrix} \xlongequal{c_2 \leftrightarrow c_3} \begin{vmatrix} a_1 & a_2 & 0 & 0 \\ c_1 & c_2 & 0 & 0 \\ 0 & 0 & b_1 & b_2 \\ 0 & 0 & d_1 & d_2 \end{vmatrix}$$

$$=(a_1c_2-a_2c_1)(b_1d_2-b_2d_1)\text{(依据式(1.8))}$$

【例 1.20】计算行列式 $D=\begin{vmatrix} 1 & 1 & 1 & 1 \\ a_1 & a_2 & a_3 & a_4 \\ a_1^2 & a_2^2 & a_3^2 & a_4^2 \\ a_1^4 & a_2^4 & a_3^4 & a_4^4 \end{vmatrix}$ 之值.

【分析】此行列式很像范德蒙德行列式,但缺少了 3 次幂,因而可用加边法添加上 3 次幂,使新的行列式成为范德蒙德行列式,然后通过比较系数来确定 D.

【解】加边法:

构造行列式

$$f(x)=\begin{vmatrix} 1 & 1 & 1 & 1 & 1 \\ a_1 & a_2 & a_3 & a_4 & x \\ a_1^2 & a_2^2 & a_3^2 & a_4^2 & x^2 \\ a_1^3 & a_2^3 & a_3^3 & a_4^3 & x^3 \\ a_1^4 & a_2^4 & a_3^4 & a_4^4 & x^4 \end{vmatrix}$$

一方面,$f(x)$是范德蒙德行列式,依据式(1.10)知

$$f(x)=\prod_{i=1}^{4}(x-a_i)\cdot\prod_{1\leqslant j<i\leqslant 4}(a_i-a_j) \tag{1.11}$$

另一方面,对 $f(x)$按第 5 列展开,依据式(1.3)知

$$f(x)=A_{15}+xA_{25}+x^2A_{35}+x^3A_{45}+x^4A_{55}$$

按题意,知 $D=-A_{45}$,即 x^3 系数的相反数就是 D.由式(1.11)知 x^3 的系数是:

$$-\sum_{i=1}^{4}a_i\cdot\prod_{1\leqslant j<i\leqslant 4}(a_i-a_j)$$

故

$$D=\sum_{i=1}^{4}a_i\cdot\prod_{1\leqslant j<i\leqslant 4}(a_i-a_j)$$

$$=(a_1+a_2+a_3+a_4)(a_2-a_1)(a_3-a_1)(a_4-a_1)(a_3-a_2)(a_4-a_2)(a_4-a_3)$$

【例 1.21】计算行列式 $D=\begin{vmatrix} 1 & 1 & 1 & 1 \\ x_1(x_1-1) & x_2(x_2-1) & x_3(x_3-1) & x_4(x_4-1) \\ x_1^2(x_1-1) & x_2^2(x_2-1) & x_3^2(x_3-1) & x_4^2(x_4-1) \\ x_1^3(x_1-1) & x_2^3(x_2-1) & x_3^3(x_3-1) & x_4^3(x_4-1) \end{vmatrix}$之值.

【分析】此行列式与范德蒙德行列式很相像,若注意到 $x_i-(x_i-1)=1$,把第 1 行看成是两个数的和,则用拆项法就可将其转化为范德蒙德行列式.

【解】拆项法:

把第 1 行改写为 $x_i-(x_i-1)$,有

$$D=\begin{vmatrix} x_1-(x_1-1) & x_2-(x_2-1) & x_3-(x_3-1) & x_4(x_4-1) \\ x_1(x_1-1) & x_2(x_2-1) & x_3(x_3-1) & x_4(x_4-1) \\ x_1^2(x_1-1) & x_2^2(x_2-1) & x_3^2(x_3-1) & x_4^2(x_4-1) \\ x_1^3(x_1-1) & x_2^3(x_2-1) & x_3^3(x_3-1) & x_4^3(x_4-1) \end{vmatrix}$$

$$=\begin{vmatrix} x_1 & x_2 & x_3 & x_4 \\ x_1(x_1-1) & x_2(x_2-1) & x_3(x_3-1) & x_4(x_4-1) \\ x_1^2(x_1-1) & x_2^2(x_2-1) & x_3^2(x_3-1) & x_4^2(x_4-1) \\ x_1^3(x_1-1) & x_2^3(x_2-1) & x_3^3(x_3-1) & x_4^3(x_4-1) \end{vmatrix}-$$

$$\begin{vmatrix} x_1-1 & x_2-1 & x_3-1 & x_4-1 \\ x_1(x_1-1) & x_2(x_2-1) & x_3(x_3-1) & x_4(x_4-1) \\ x_1^2(x_1-1) & x_2^2(x_2-1) & x_3^2(x_3-1) & x_4^2(x_4-1) \\ x_1^3(x_1-1) & x_2^3(x_2-1) & x_3^3(x_3-1) & x_4^3(x_4-1) \end{vmatrix}$$

$$=\prod_{i=1}^{4}x_i\begin{vmatrix} 1 & 1 & 1 & 1 \\ x_1-1 & x_2-1 & x_3-1 & x_4-1 \\ x_1(x_1-1) & x_2(x_2-1) & x_3(x_3-1) & x_4(x_4-1) \\ x_1^2(x_1-1) & x_2^2(x_2-1) & x_3^2(x_3-1) & x_4^2(x_4-1) \end{vmatrix}-$$

$$\prod_{i=1}^{4}(x_i-1)\begin{vmatrix} 1 & 1 & 1 & 1 \\ x_1 & x_2 & x_3 & x_4 \\ x_1^2 & x_2^2 & x_3^2 & x_4^2 \\ x_1^3 & x_2^3 & x_3^3 & x_4^3 \end{vmatrix}$$

对于前一个行列式,用逐行相加法,先把第 1 行加至第 2 行,再把第 2 行加至第 3 行,最后把第 3 行加至第 4 行,亦得到

$$\begin{vmatrix} 1 & 1 & 1 & 1 \\ x_1 & x_2 & x_3 & x_4 \\ x_1^2 & x_2^2 & x_3^2 & x_4^2 \\ x_1^3 & x_2^3 & x_3^3 & x_4^3 \end{vmatrix}$$

所以 $D=\left[\prod_{i=1}^{4}x_i-\prod_{i=1}^{4}(x_i-1)\right]\prod_{1\leqslant j<i\leqslant 4}(x_i-x_j)$.

学习随笔

【例 1.22】计算行列式 $D_5=\begin{vmatrix}1-a & a & 0 & 0 & 0\\ -1 & 1-a & a & 0 & 0\\ 0 & -1 & 1-a & a & 0\\ 0 & 0 & -1 & 1-a & a\\ 0 & 0 & 0 & -1 & 1-a\end{vmatrix}$ 之值.

【分析】本题有较多的 0，且规律性很强，因而可考虑递推法. 虽可直接按第 1 行(或列)展开来建立递推关系，但若注意到第 2 行、第 3 行、第 4 行元素之和均为 0，亦可先把各列均加至第 1 列，再展开确立递推关系.

【解】递推法：

把各列均加至第 1 列，有

$$D_5=\begin{vmatrix}1 & a & 0 & 0 & 0\\ 0 & 1-a & a & 0 & 0\\ 0 & -1 & 1-a & a & 0\\ 0 & 0 & -1 & 1-a & a\\ -a & 0 & 0 & -1 & 1-a\end{vmatrix}$$

$$=1\cdot\begin{vmatrix}1-a & a & 0 & 0\\ -1 & 1-a & a & 0\\ 0 & -1 & 1-a & a\\ 0 & 0 & -1 & 1-a\end{vmatrix}+(-a)(-1)^{5+1}\begin{vmatrix}a & 0 & 0 & 0\\ 1-a & a & 0 & 0\\ -1 & 1-a & a & 0\\ 0 & -1 & 1-a & a\end{vmatrix}$$

$D_5=D_4+(-a)(-1)^{5+1}a^4=D_4-a^5$

那么，递推得

$$D_4=D_3+(-a)(-1)^{4+1}a^3=D_3+a^4$$

$$D_3=D_2+(-a)(-1)^{3+1}a^2=D_2-a^3$$

而

$$D_2=\begin{vmatrix}1-a & a\\ -1 & 1-a\end{vmatrix}=1-a+a^2$$

以上各式相加，可得到

$$D_5=1-a+a^2-a^3+a^4-a^5$$

【例 1.23】计算行列式 $D=\begin{vmatrix}a+x & a & a & a\\ a & a+x & a & a\\ a & a & a+x & a\\ a & a & a & a+x\end{vmatrix}$ 之值.

【分析】根据行列式的种种特点可以有多种计算方法，请读者仔细体会.

【解法一】用展开式降阶.

$$D\xlongequal{r_1-r_2}\begin{vmatrix}x & -x & 0 & 0\\ a & a+x & a & a\\ a & a & a+x & a\\ a & a & a & a+x\end{vmatrix}\xlongequal{c_2+c_1}\begin{vmatrix}x & 0 & 0 & 0\\ a & 2a+x & a & a\\ a & 2a & a+x & a\\ a & 2a & a & a+x\end{vmatrix}$$

$$=x\begin{vmatrix}2a+x & a & a\\ 2a & a+x & a\\ 2a & a & a+x\end{vmatrix}\xlongequal{r_1-r_2}x\begin{vmatrix}x & -x & 0\\ 2a & a+x & a\\ 2a & a & a+x\end{vmatrix}$$

$$\xlongequal{c_2+c_1}x\begin{vmatrix}x & 0 & 0\\ 2a & 3a+x & a\\ 2a & 3a & a+x\end{vmatrix}=x^2\begin{vmatrix}3a+x & a\\ 3a & a+x\end{vmatrix}=x^4+4ax^3$$

【解法二】用三角化法.

各行均加至第1行,有

$$D=\begin{vmatrix}4a+x & 4a+x & 4a+x & 4a+x\\ a & a+x & a & a\\ a & a & a+x & a\\ a & a & a & a+x\end{vmatrix}$$

$$=(4a+x)\begin{vmatrix}1 & 1 & 1 & 1\\ a & a+x & a & a\\ a & a & a+x & a\\ a & a & a & a+x\end{vmatrix}$$

$$\xlongequal[\substack{r_3-ar_1\\ r_4-ar_1}]{r_2-ar_1}(4a+x)\begin{vmatrix}1 & 1 & 1 & 1\\ 0 & x & 0 & 0\\ 0 & 0 & x & 0\\ 0 & 0 & 0 & x\end{vmatrix}=(4a+x)x^3$$

评注　本题还可以用加边法、拆项法、递推法来计算,请读者自己完成.

【例 1.24】计算行列式 $D=\begin{vmatrix}x_1 & a_2 & a_3 & a_4\\ a_1 & x_2 & a_3 & a_4\\ a_1 & a_2 & x_3 & a_4\\ a_1 & a_2 & a_3 & x_4\end{vmatrix}$ 之值.

【解法一】用三角化法,先化为爪型行列式.

各行均减去第1行,有

$$D\xlongequal{r_i-r_1}\begin{vmatrix}x_1 & a_2 & a_3 & a_4\\ a_1-x_1 & x_2-a_2 & 0 & 0\\ a_1-x_1 & 0 & x_3-a_3 & 0\\ a_1-x_1 & 0 & 0 & x_4-a_4\end{vmatrix}$$

$$=\prod_{i=1}^{4}(x_i-a_i)\begin{vmatrix}\dfrac{x_1}{x_1-a_1} & \dfrac{a_2}{x_2-a_2} & \dfrac{a_3}{x_3-a_3} & \dfrac{a_4}{x_4-a_4}\\ -1 & 1 & 0 & 0\\ -1 & 0 & 1 & 0\\ -1 & 0 & 0 & 1\end{vmatrix}$$

学习随笔

$$=\prod_{i=1}^{4}(x_i-a_i)\begin{vmatrix}1+\sum_{i=1}^{4}\frac{a_i}{x_i-a_i} & \frac{a_2}{x_2-a_2} & \frac{a_3}{x_3-a_3} & \frac{a_4}{x_4-a_4}\\ 0 & 1 & 0 & 0\\ 0 & 0 & 1 & 0\\ 0 & 0 & 0 & 1\end{vmatrix}$$

$$=\prod_{i=1}^{4}(x_i-a_i)\left(1+\sum_{i=1}^{4}\frac{a_i}{x_i-a_i}\right)$$

【解法二】用加边法.

$$D=\begin{vmatrix}1 & -a_1 & -a_2 & -a_3 & -a_4\\ 0 & x_1 & a_2 & a_3 & a_4\\ 0 & a_1 & x_2 & a_3 & a_4\\ 0 & a_1 & a_2 & x_3 & a_4\\ 0 & a_1 & a_2 & a_3 & x_4\end{vmatrix}$$

$$\xlongequal{r_i+r_1}\begin{vmatrix}1 & -a_1 & -a_2 & -a_3 & -a_4\\ 1 & x_1-a_1 & 0 & 0 & 0\\ 1 & 0 & x_2-a_2 & 0 & 0\\ 1 & 0 & 0 & x_3-a_3 & 0\\ 1 & 0 & 0 & 0 & x_4-a_4\end{vmatrix}$$

这是爪型行列式,请读者完成后续的计算.

评注　本题还可以用拆项法、递推法来计算,请读者自己完成.

【例 1.25】计算 n 阶行列式 $D_n=\begin{vmatrix}x & -1 & 0 & \cdots & 0 & 0 & 0\\ 0 & x & -1 & \cdots & 0 & 0 & 0\\ 0 & 0 & x & \cdots & 0 & 0 & 0\\ \vdots & \vdots & \vdots & & \vdots & \vdots & \vdots\\ 0 & 0 & 0 & \cdots & 0 & x & -1\\ a_n & a_{n-1} & a_{n-2} & \cdots & a_3 & a_2 & a_1+x\end{vmatrix}$ 之值.

【分析】行列式中有较多的 0,且规律性强,容易找出 D_n 与 D_{n-1} 之间的联系,故可考虑用递推法.

【解法一】用递推法.

按第 1 列展开,有

$$D_n=x\begin{vmatrix}x & -1 & \cdots & 0 & 0 & 0\\ 0 & x & \cdots & 0 & 0 & 0\\ \vdots & \vdots & & \vdots & \vdots & \vdots\\ 0 & 0 & \cdots & 0 & x & -1\\ a_{n-1} & a_{n-2} & \cdots & a_3 & a_2 & a_1+x\end{vmatrix}+$$

$$a_n(-1)^{n+1}\begin{vmatrix}-1 & 0 & 0 & \cdots & 0 & 0\\ x & -1 & 0 & \cdots & 0 & 0\\ 0 & x & -1 & \cdots & 0 & 0\\ \vdots & \vdots & \vdots & & \vdots & \vdots\\ 0 & 0 & 0 & \cdots & x & -1\end{vmatrix}$$

即
$$D_n=xD_{n-1}+a_n(-1)^{n+1}(-1)^{n-1}=xD_{n-1}+a_n$$

那么，递推得

$$\begin{aligned}D_n&=x(xD_{n-2}+a_{n-1})+a_n=x^2D_{n-2}+a_{n-1}x+a_n\\&=x^3D_{n-3}+a_{n-2}x^2+a_{n-1}x+a_n\\&\vdots\\&=x^{n-1}D_1+a_2x^{n-2}+\cdots+a_{n-1}x+a_n\\&=x^n+a_1x^{n-1}+a_2x^{n-2}+\cdots+a_{n-1}x+a_n\end{aligned}$$

注 (1) 用递推法时，为了不破坏行列式原有的结构规律，本题应当对第 1 列用展开式.

(2) 由于除去第 n 行，主对角线元素都是 x，其右上方都是-1，而其余元素都是 0，因而可用逐列相加法把主对角线元素化为 0.

【解法二】用数学归纳法.

当 $n=2$ 时，

$$D_2=\begin{vmatrix}x & -1\\ a_2 & a_1+x\end{vmatrix}=x^2+a_1x+a_2$$

假设 $n=k$ 时，有

$$D_k=x^k+a_1x^{k-1}+a_2x^{k-2}+\cdots a_{k-1}x+a_k$$

当 $n=k+1$ 时，对 D_{k+1} 按第 1 列展开(参看解法一)，有

$$\begin{aligned}D_{k+1}&=xD_k+a_{k-1}=x(x^k+a_1x^{k-1}+\cdots+a_k)+a_{k+1}\\&=x^{k+1}+a_1x^k+\cdots+a_kx+a_{k+1}\end{aligned}$$

由此知，对任意的自然数 n，均有

$$D_n=x^n+a_1x^{n-1}+\cdots+a_{n-1}x+a_n$$

评注 若能观察出去掉第 n 行第 j 列的行列式是上(下)三角行列式，或再一展开就是三角行列式，则本题也可直接对第 n 行展开；也可用三角化法求解(把第 j 列的 x 倍加至第 $j-1$ 列，j 由 n 至 2 依次进行)，作为复习请读者自己完成.

三、关于代数余子式的求和

代数余子式的性质除用于按行(列)展开公式计算行列式外，还有两条重要性质：

▶ **只改变 a_{ij} 所在行或列中元素的值并不影响其代数余子式 A_{ij}.** 特别地，A_{ij} 与 a_{ij} 的取值没有关系. 例如，两个行列式

$$\begin{vmatrix}0 & 1 & -2\\ 3 & 4 & 5\\ 6 & 7 & 8\end{vmatrix} \text{ 与 } \begin{vmatrix}x & y & z\\ 3 & 4 & 5\\ 6 & 7 & 8\end{vmatrix}$$

学习随笔

的 a_{1j} 并不相同，但第 1 行元素的代数余子式 A_{1j} 是完全一样的.

▶ **行列式一行(列)元素与另一行(列)对应元素的代数余子式乘积之和必为零**，即式(1.4).

可用它们来求代数余子式的和.

【例 1.26】已知 $D=\begin{vmatrix}1&0&1&2\\-1&1&0&3\\1&1&1&0\\-1&2&5&4\end{vmatrix}$，试求：

(1) $A_{12}-A_{22}+A_{32}-A_{42}$.

(2) $A_{41}+A_{42}+A_{43}+A_{44}$.

【解】(1)虽然可以先分别算出每一个代数余子式，然后再求和，但这往往是繁琐的.对代数余子式的性质应会灵活运用.如果能观察到 $a_{11}=1,a_{21}=-1,a_{31}=1,a_{41}=-1$，那么就知

$$A_{12}-A_{22}+A_{32}-A_{42}=a_{11}A_{12}+a_{21}A_{22}+a_{31}A_{32}+a_{41}A_{42}=0$$

(2) 由于 A_{ij} 与 a_{ij} 无关，故可构造一个新的行列式(将行列式 D 中第 4 行元素置换成代数余子式 A_{4j} 的系数)，即

$$D_1=\begin{vmatrix}1&0&1&2\\-1&1&0&3\\1&1&1&0\\1&1&1&1\end{vmatrix}$$

由于 D,D_1 仅第 4 行元素不同，因此它们的代数余子式 $A_{41},A_{42},A_{43},A_{44}$ 是完全一样的，而对 D_1 按第 4 行展开，就有

$$D_1=1\cdot A_{41}+1\cdot A_{42}+1\cdot A_{43}+1\cdot A_{44}=A_{41}+A_{42}+A_{43}+A_{44}$$

可见，要解(2)只须算出行列式 D_1 的值.为此

$$D_1\xlongequal{-r_3+r_4}\begin{vmatrix}1&0&1&2\\-1&1&0&3\\1&1&1&0\\0&0&0&1\end{vmatrix}\xlongequal{\text{按第 4 行展开}}\begin{vmatrix}1&0&1\\-1&1&0\\1&1&1\end{vmatrix}=\begin{vmatrix}1&0&1\\0&1&0\\2&1&1\end{vmatrix}=-1$$

即 $A_{41}+A_{42}+A_{43}+A_{44}=-1$.

【例 1.27】设 4 阶行列式 $D_4=|a_{ij}|,a_{11}=a_{12}=a_{13}=a_{14}=m,m\neq 0,A_{ij}$ 表示元素 a_{ij} 的代数余子式，则 $A_{21}+A_{22}+A_{23}+A_{24}=$________.

(A) m.　　(B) 0.　　(C) $-m$.　　(D) $-D_4$.

【分析】由题设 $a_{11}=a_{12}=a_{13}=a_{14}=m,m\neq 0$，及行列式展开定理，有

$$a_{11}A_{21}+a_{12}A_{22}+a_{13}A_{23}+a_{14}A_{24}=m(A_{21}+A_{22}+A_{23}+A_{24})=0$$

所以

$$A_{21}+A_{22}+A_{23}+A_{24}=0$$

故应选(B).

【例 1.28】设行列式 $D=\begin{vmatrix}3&0&4&0\\2&2&2&2\\0&-7&0&0\\5&3&-2&2\end{vmatrix}$，则第 4 行各元素余子式之和的值

为________.

【分析】按余子式定义,即求下列 4 个行列式值之和

$$\begin{vmatrix}0&4&0\\2&2&2\\-7&0&0\end{vmatrix}+\begin{vmatrix}3&4&0\\2&2&2\\0&0&0\end{vmatrix}+\begin{vmatrix}3&0&0\\2&2&2\\0&-7&0\end{vmatrix}+\begin{vmatrix}3&0&4\\2&2&2\\0&-7&0\end{vmatrix}$$
$$=-56+0+42-14=-28$$

因为行列式中有较多的零元素,所以用余子式的定义直接求和并不复杂.

如果利用余子式与代数余子式的关系及代数余子式的性质,那么也可如下计算:

$$\sum_{j=1}^{4}M_{4j}=-A_{41}+A_{42}-A_{43}+A_{44}$$
$$=\begin{vmatrix}3&0&4&0\\2&2&2&2\\0&-7&0&0\\-1&1&-1&1\end{vmatrix}=7\begin{vmatrix}3&4&0\\2&2&2\\-1&-1&1\end{vmatrix}=-28$$

【例 1.29】设 $D=|a_{ij}|=\begin{vmatrix}1&1&1&0\\4&3&-5&1\\-2&5&2&1\\3&-2&1&1\end{vmatrix}$,$A_{i2}$ 为 a_{i2} 的代数余子式($i=1,2,3,4$),则 $\sum\limits_{i=1}^{4}A_{i2}=$________.

【分析】求行列式 D 中第 2 列各元素的代数余子式之和,可将第 2 列元素都改写为 1,即将 $\sum\limits_{i=1}^{4}A_{i2}$ 看作以第 2 列的每个元素与各自的代数余子式乘积之和,即求一个第 2 列元素都为 1、其他列是与题设行列式中元素相同的 4 阶行列式的值,于是

$$\sum_{i=1}^{4}A_{i2}=\begin{vmatrix}1&1&1&0\\4&1&-5&1\\-2&1&2&1\\3&1&1&1\end{vmatrix}=\begin{vmatrix}1&1&1&0\\4&0&-5&1\\-2&0&2&1\\3&0&1&1\end{vmatrix}=-\begin{vmatrix}4&-5&1\\-2&2&1\\3&1&1\end{vmatrix}$$
$$=-\begin{vmatrix}4&-5&1\\-6&7&0\\-1&6&0\end{vmatrix}=-\begin{vmatrix}-6&7\\-1&6\end{vmatrix}=-(-36+7)=29$$

【例 1.30】已知 $D_4=\begin{vmatrix}a_1&a_2&a_3&a_4\\a_2&a_2&a_4&a_5\\a_3&a_2&a_5&a_6\\a_4&a_2&a_6&a_7\end{vmatrix}$,则 $A_{13}+A_{23}+A_{33}+A_{43}=$________.

【分析一】将 $A_{13}+A_{23}+A_{33}+A_{43}$ 改写成 $a_2A_{13}+a_2A_{23}+a_2A_{33}+a_2A_{43}$,即理解成是第 2 列元素乘第 3 列相应元素的代数余子式之和,则由重要公式 $\sum\limits_{k=1}^{n}a_{ik}A_{jk}=0$,$\sum\limits_{k=1}^{n}a_{ki}A_{kj}=0(i\neq j)$,得

学习随笔

$$a_2(A_{13}+A_{23}+A_{33}+A_{43})=0$$

从而,当 $a_2\neq 0$ 时,由上式得 $A_{13}+A_{23}+A_{33}+A_{43}=0$. 而当 $a_2=0$ 时,显然 $A_{13}=A_{23}=A_{33}=A_{43}=0$,上式仍成立.

【分析二】将 $A_{13}+A_{23}+A_{33}+A_{43}$ 改写成 $1\cdot A_{13}+1\cdot A_{23}+1\cdot A_{33}+1\cdot A_{43}$,即将其理解成是将行列式 D 的第 3 列元素全部换成 1 后按第 3 列展开而得到的,于是

$$A_{13}+A_{23}+A_{33}+A_{43}=\begin{vmatrix} a_1 & a_2 & 1 & a_4 \\ a_2 & a_2 & 1 & a_5 \\ a_3 & a_2 & 1 & a_6 \\ a_4 & a_2 & 1 & a_7 \end{vmatrix}=0$$

【例 1.31】设 n 阶行列式 $D_n=\begin{vmatrix} 1 & 3 & 5 & \cdots & 2n-1 \\ 1 & 2 & 0 & \cdots & 0 \\ 1 & 0 & 3 & \cdots & 0 \\ \vdots & \vdots & \vdots & & \vdots \\ 1 & 0 & 0 & \cdots & n \end{vmatrix}$,则 D_n 的第 1 行各元素的代数余子式之和 $A_{11}+A_{12}+\cdots+A_{1n}=$________.

【分析】因为 A_{1j} 是元素 a_{1j} 的代数余子式$(j=1,2,\cdots,n)$,所以将 D_n 的第 1 行各元素 $a_{1j}(j=1,2,\cdots,n)$全换为 1,得到新的行列式,从而可得到 $A_{11}+A_{12}+\cdots+A_{1n}$ 的值,即

$$\begin{aligned} & A_{11}+A_{12}+\cdots+A_{1n} \\ = & \begin{vmatrix} 1 & 1 & 1 & \cdots & 1 \\ 1 & 2 & 0 & \cdots & 0 \\ 1 & 0 & 3 & \cdots & 0 \\ \vdots & \vdots & \vdots & & \vdots \\ 1 & 0 & 0 & \cdots & n \end{vmatrix} \left(\text{将第 } k \text{ 列乘以}\left(-\frac{1}{k}\right)\text{加到第 1 列}, k=2,\cdots,n\right) \\ = & \begin{vmatrix} 1-\sum\limits_{k=2}^{n}\frac{1}{k} & 1 & 1 & \cdots & 1 \\ 0 & 2 & 0 & \cdots & 0 \\ 0 & 0 & 3 & \cdots & 0 \\ \vdots & \vdots & \vdots & & \vdots \\ 0 & 0 & 0 & \cdots & n \end{vmatrix}=n!\left(1-\sum_{k=2}^{n}\frac{1}{k}\right) \end{aligned}$$

【例 1.32】已知 5 阶行列式 $D_5=\begin{vmatrix} 1 & 2 & 3 & 4 & 5 \\ 2 & 2 & 2 & 1 & 1 \\ 3 & 1 & 2 & 4 & 5 \\ 1 & 1 & 1 & 2 & 2 \\ 4 & 3 & 1 & 5 & 0 \end{vmatrix}=27$,求 $A_{41}+A_{42}+A_{43}$ 和 $A_{44}+A_{45}$.

【解法一】将 D_5 按第 4 行展开,又将 D_5 中第 2 行元素与第 4 行相应元素的代数余子式相乘并求和,得

$$\begin{cases} (A_{41}+A_{42}+A_{43})+2(A_{44}+A_{45})=27 \\ 2(A_{41}+A_{42}+A_{43})+(A_{44}+A_{45})=0 \end{cases}$$

学习随笔

联立求解，得

$$A_{41}+A_{42}+A_{43}=\frac{\begin{vmatrix}27 & 1\\ 0 & 1\end{vmatrix}}{\begin{vmatrix}1 & 2\\ 2 & 1\end{vmatrix}}=\frac{27}{-3}=-9,\quad A_{44}+A_{45}=\frac{\begin{vmatrix}1 & 27\\ 2 & 0\end{vmatrix}}{\begin{vmatrix}1 & 2\\ 2 & 1\end{vmatrix}}=\frac{-54}{-3}=18$$

【解法二】将 $A_{41}+A_{42}+A_{43}$ 理解成 D_5 的第 4 行元素换成(1,1,1,0,0)后按第 4 行的展开式，而将 $A_{44}+A_{45}$ 理解成 D_5 的第 4 行元素换成(0,0,0,1,1)后按第 4 行的展开式，则有

$$A_{41}+A_{42}+A_{43}=\begin{vmatrix}1 & 2 & 3 & 4 & 5\\ 2 & 2 & 2 & 1 & 1\\ 3 & 1 & 2 & 4 & 5\\ 1 & 1 & 1 & 0 & 0\\ 4 & 3 & 1 & 5 & 0\end{vmatrix}=-9,\quad A_{44}+A_{45}=\begin{vmatrix}1 & 2 & 3 & 4 & 5\\ 2 & 2 & 2 & 1 & 1\\ 3 & 1 & 2 & 4 & 5\\ 0 & 0 & 0 & 1 & 1\\ 4 & 3 & 1 & 5 & 0\end{vmatrix}=18$$

学习随笔

第二章　矩阵及其运算

■ 基本内容

一、基本要求与学习要点

1. 基本要求

（1）理解矩阵的概念，知道零矩阵、对角矩阵、单位矩阵、对称矩阵等特殊的矩阵.

（2）熟练掌握矩阵的线性运算（即矩阵的加法及矩阵与数的乘法）、矩阵与矩阵的乘法、矩阵的转置、方阵的行列式以及它们的运算规律.

（3）理解可逆矩阵的概念、性质以及矩阵可逆的充要条件. 理解伴随矩阵的概念和性质，会用伴随矩阵求矩阵的逆阵.

（4）知道分块矩阵及其运算规律. 熟悉矩阵的行向量组和列向量组.

（5）知道克拉默法则.

2. 学习要点

矩阵是本课程研究的主要对象，也是本课程讨论问题的主要工具. 因此，本章所述矩阵的概念及其运算都是最基本的，应切实掌握. 矩阵的线性运算（即矩阵的加法和数乘）是容易掌握的. 需要重点关注的是矩阵乘法和逆阵的概念. 对于矩阵乘法，除了必须熟练掌握它之外，还须理解它不满足交换律及消去律，清楚由此特性带来的不同于实数乘法的运算规则. 要理解逆矩阵的概念，熟悉矩阵可逆的条件，知道伴随矩阵的性质及利用伴随矩阵求逆矩阵的公式. 知道分块矩阵的概念，着重了解按列分块矩阵和按行分块矩阵的运算规则. 对于利用分块法简化矩阵运算的技巧，不必探求.

二、基本概念

【定义 2.1】 $m\times n$ 个数排成如下 m 行 n 列的一个表格：

$$\begin{bmatrix} a_{11} & a_{12} & \cdots & a_{1n} \\ a_{21} & a_{22} & \cdots & a_{2n} \\ \vdots & \vdots & & \vdots \\ a_{m1} & a_{m2} & \cdots & a_{mn} \end{bmatrix}$$

称其为一个 $m\times n$ **矩阵**，记作 $\boldsymbol{A}$，或$(a_{ij})_{m\times n}$. 当 $m=n$ 时，矩阵 $\boldsymbol{A}$ 称为 **n 阶矩阵**或 **n 阶方阵**.

如果矩阵 $\boldsymbol{A}$ 中所有元素都是 0，则称其为**零矩阵**，记作 $\boldsymbol{O}$.

主对角线上元素全是 1、其余元素均为 0 的 n 阶方阵，称为 n 阶**单位矩阵**，记为 $\boldsymbol{E}$（若须强调其阶数，则记为 $\boldsymbol{E}_n$）.

注　单位矩阵在矩阵乘法中的作用类似于数 1 在数的乘法中的作用：$\boldsymbol{E}_m\boldsymbol{A}_{m\times n}=\boldsymbol{A}_{m\times n}$，$\boldsymbol{A}_{m\times n}\boldsymbol{E}_n=\boldsymbol{A}_{m\times n}$（或简写为 $\boldsymbol{EA}=\boldsymbol{AE}=\boldsymbol{A}$）. 对于 n 阶方阵 $\boldsymbol{A}$，规定 $\boldsymbol{A}^0=\boldsymbol{E}$.

设 $\boldsymbol{A}$ 是 n 阶矩阵，若 $\boldsymbol{A}^{\mathrm{T}}=\boldsymbol{A}$，即 $a_{ij}=a_{ji}(\forall i,j)$，则称 $\boldsymbol{A}$ 是**对称矩阵**.

设 $\boldsymbol{A}$ 是 n 阶矩阵，若 $\boldsymbol{A}^{\mathrm{T}}=-\boldsymbol{A}$，即 $a_{ij}=-a_{ji}(\forall i,j)$，则称 $\boldsymbol{A}$ 是**反对称矩阵**（注：$a_{ii}\equiv 0$）.

注　若 $\boldsymbol{A},\boldsymbol{B}$ 是同阶的（反）对称矩阵，则 $\boldsymbol{A}+\boldsymbol{B},\boldsymbol{A}-\boldsymbol{B},\lambda\boldsymbol{A}$ 也是（反）对称矩阵，但 $\boldsymbol{AB}$ 不一定是（反）对称矩阵.

设 $\boldsymbol{A}$ 是 n 阶矩阵，若 $a_{ij}\equiv 0(\forall i\neq j)$，则称其为**对角矩阵**，记为 $\boldsymbol{\Lambda}$.

注　同阶的对角矩阵的和、差、积仍是对角矩阵.

两个矩阵 $\boldsymbol{A}=(a_{ij})_{m\times n}$，$\boldsymbol{B}=(b_{ij})_{s\times t}$，若 $m=s,n=t$，则称 $\boldsymbol{A}$ 与 $\boldsymbol{B}$ 是**同型矩阵**.

两个同型矩阵 $\boldsymbol{A}=(a_{ij})_{m\times n}$，$\boldsymbol{B}=(b_{ij})_{m\times n}$，如果其对应的元素都相等，即 $a_{ij}=b_{ij}$ $(i=1,2,\cdots,m,\ j=1,2,\cdots,n)$，则称矩阵 $\boldsymbol{A}$ 与 $\boldsymbol{B}$ **相等**，记作 $\boldsymbol{A}=\boldsymbol{B}$.

【定义 2.2】 设 $\boldsymbol{A}=(a_{ij})$，$\boldsymbol{B}=(b_{ij})$ 是两个 $m\times n$ 矩阵，则称 $m\times n$ 矩阵

$$\boldsymbol{C}=(c_{ij})=(a_{ij}+b_{ij})$$

为矩阵 $\boldsymbol{A}$ 与 $\boldsymbol{B}$ 的**和**，记作 $\boldsymbol{A}+\boldsymbol{B}=\boldsymbol{C}$.

【定义 2.3】 设 $\boldsymbol{A}=(a_{ij})$ 是 $m\times n$ 矩阵，k 是一个常数，则称 $m\times n$ 矩阵 (ka_{ij}) 为数 k 与矩阵 $\boldsymbol{A}$ 的**数乘**，记为 $k\boldsymbol{A}$.

【定义 2.4】 n 阶方阵 $\boldsymbol{A}=(a_{ij})_{n\times n}$ 的元素所构成的行列式

$$\begin{vmatrix} a_{11} & a_{12} & \cdots & a_{1n} \\ a_{21} & a_{22} & \cdots & a_{2n} \\ \vdots & \vdots & & \vdots \\ a_{n1} & a_{n2} & \cdots & a_{nn} \end{vmatrix}$$

称为 n 阶矩阵 $\boldsymbol{A}$ 的行列式，记成 $|\boldsymbol{A}|$ 或 $\det\boldsymbol{A}$. 如果是 $\boldsymbol{A}$ 是 n 阶矩阵，则

$$|k\boldsymbol{A}|=k^n|\boldsymbol{A}|$$

评注　矩阵是表格，行列式是数，这两个概念要区分清楚，当矩阵 $\boldsymbol{A}\neq\boldsymbol{B}$ 时，行列式 $|\boldsymbol{A}|$ 与 $|\boldsymbol{B}|$ 是否相等不确定. 例如

$$\boldsymbol{A}=\begin{bmatrix}1 & 0\\ 0 & 2\end{bmatrix},\quad \boldsymbol{B}=\begin{bmatrix}2 & 0\\ 0 & 1\end{bmatrix}$$

虽 $\boldsymbol{A}\neq\boldsymbol{B}$，但 $|\boldsymbol{A}|=|\boldsymbol{B}|$. 特别地，当 $\boldsymbol{A}\neq\boldsymbol{O}$ 时，行列式 $|\boldsymbol{A}|$ 是否为 0 也不确定. 例如

$$\boldsymbol{A}=\begin{bmatrix}1 & 1\\ 0 & 0\end{bmatrix} \text{或}\ \boldsymbol{A}=\begin{bmatrix}1 & 2\\ 3 & 4\end{bmatrix}$$

虽均有 $\boldsymbol{A}\neq\boldsymbol{O}$，但对于行列式 $|\boldsymbol{A}|$，前者为 0，后者不为 0.

【定义 2.5】 设 $\boldsymbol{A}=(a_{ij})$ 是 $m\times n$ 矩阵，$\boldsymbol{B}=(b_{ij})$ 是 $n\times s$ 矩阵，那么 $m\times s$ 矩阵 $\boldsymbol{C}=(c_{ij})$，其中

$$c_{ij}=a_{i1}b_{1j}+a_{i2}b_{2j}+\cdots+a_{in}b_{nj}=\sum_{k=1}^{n}a_{ik}b_{kj} \tag{2.1}$$

称为 $\boldsymbol{A}$ 与 $\boldsymbol{B}$ 的**乘积**，记为 $\boldsymbol{C}=\boldsymbol{AB}$.

矩阵的乘法如图 2.1 所示.

$$i \quad \begin{bmatrix} \cdots\cdots\cdots\cdots\cdots \\ \boxed{a_{i1} \quad a_{i2} \quad \cdots \quad a_{in}} \\ \cdots\cdots\cdots\cdots\cdots \end{bmatrix} \begin{bmatrix} \vdots & b_{1j} & \vdots \\ \vdots & b_{2j} & \vdots \\ \vdots & \vdots & \vdots \\ \vdots & b_{nj} & \vdots \end{bmatrix} = \begin{bmatrix} \vdots & & \vdots \\ \cdots & \boxed{c_{ij}} & \cdots \\ \vdots & & \vdots \end{bmatrix} \, i$$

$$\underset{m \times n}{} \qquad\qquad \underset{j}{} \atop {n \times s} \qquad\qquad \underset{j}{} \atop {m \times s}$$

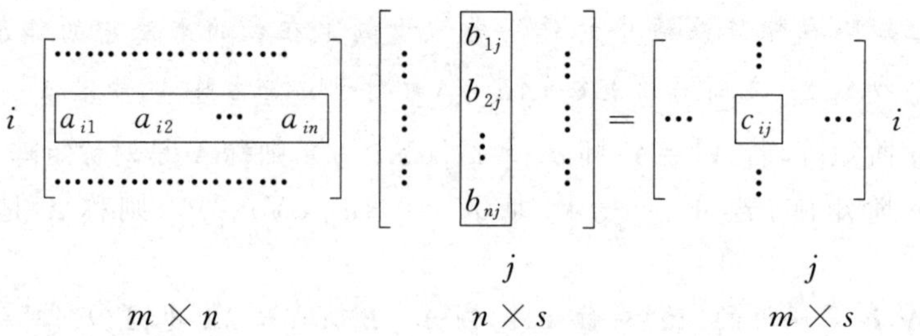

图 2.1 矩阵的乘法

评注 矩阵的乘法运算是重要的、基本的,也是一些读者不重视且常出错的地方.
首先,要会做乘法运算,例如

设 $\boldsymbol{\alpha} = \begin{bmatrix} 1 \\ 2 \\ 3 \end{bmatrix}$, $\boldsymbol{\beta} = \begin{bmatrix} 2 \\ 0 \\ 1 \end{bmatrix}$,则

$$\boldsymbol{\alpha}\boldsymbol{\beta}^{\mathrm{T}} = \begin{bmatrix} 1 \\ 2 \\ 3 \end{bmatrix} (2,0,1) = \begin{bmatrix} 2 & 0 & 1 \\ 4 & 0 & 2 \\ 6 & 0 & 3 \end{bmatrix}, \quad \boldsymbol{\beta}^{\mathrm{T}}\boldsymbol{\alpha} = (2,0,1) \begin{bmatrix} 1 \\ 2 \\ 3 \end{bmatrix} = 5$$

前者 $\boldsymbol{\alpha}\boldsymbol{\beta}^{\mathrm{T}}$ 是 3 阶矩阵,后者 $\boldsymbol{\beta}^{\mathrm{T}}\boldsymbol{\alpha}$ 是一个数,这里的运算要正确,符号不应混淆.

其次,关于矩阵乘法要注意 3 个方面:

① 矩阵乘法没有交换律,即 $\boldsymbol{AB} \neq \boldsymbol{BA}$. 例如:$\boldsymbol{A} = \begin{bmatrix} 0 & 1 \\ 1 & 0 \end{bmatrix}$,$\boldsymbol{B} = \begin{bmatrix} 1 & 2 \\ 3 & 4 \end{bmatrix}$,则

$$\boldsymbol{AB} = \begin{bmatrix} 0 & 1 \\ 1 & 0 \end{bmatrix} \begin{bmatrix} 1 & 2 \\ 3 & 4 \end{bmatrix} = \begin{bmatrix} 3 & 4 \\ 1 & 2 \end{bmatrix}, \quad \boldsymbol{BA} = \begin{bmatrix} 1 & 2 \\ 3 & 4 \end{bmatrix} \begin{bmatrix} 0 & 1 \\ 1 & 0 \end{bmatrix} = \begin{bmatrix} 2 & 1 \\ 4 & 3 \end{bmatrix}$$

特别地 $\quad (\boldsymbol{A}+\boldsymbol{B})^2 = (\boldsymbol{A}+\boldsymbol{B})(\boldsymbol{A}+\boldsymbol{B}) = \boldsymbol{A}^2 + \boldsymbol{AB} + \boldsymbol{BA} + \boldsymbol{B}^2 \neq \boldsymbol{A}^2 + 2\boldsymbol{AB} + \boldsymbol{B}^2$

但 $\quad\quad\quad\quad\quad\quad\quad (\boldsymbol{A}+\boldsymbol{E})^2 = \boldsymbol{A}^2 + 2\boldsymbol{A} + \boldsymbol{E}$

② $\boldsymbol{AB} = \boldsymbol{O} \not\Rightarrow \boldsymbol{A} = \boldsymbol{O}$ 或 $\boldsymbol{B} = \boldsymbol{O}$. 例如:$\boldsymbol{A} = \begin{bmatrix} 1 & 1 \\ 2 & 2 \end{bmatrix}$,$\boldsymbol{B} = \begin{bmatrix} 1 & -3 \\ -1 & 3 \end{bmatrix}$,虽 $\boldsymbol{A} \neq \boldsymbol{O}$,$\boldsymbol{B} \neq \boldsymbol{O}$,但

$$\boldsymbol{AB} = \begin{bmatrix} 1 & 1 \\ 2 & 2 \end{bmatrix} \begin{bmatrix} 1 & -3 \\ -1 & 3 \end{bmatrix} = \begin{bmatrix} 0 & 0 \\ 0 & 0 \end{bmatrix} = \boldsymbol{O}$$

在这里,不要混淆矩阵运算与数的运算.

③ $\boldsymbol{AB} = \boldsymbol{AC}, \boldsymbol{A} \neq \boldsymbol{O} \not\Rightarrow \boldsymbol{B} = \boldsymbol{C}$. 例如:

$$\boldsymbol{A} = \begin{bmatrix} 1 & 2 \\ 3 & 6 \end{bmatrix}, \quad \boldsymbol{B} = \begin{bmatrix} 3 & 4 \\ -1 & 2 \end{bmatrix}, \quad \boldsymbol{C} = \begin{bmatrix} 1 & 2 \\ 0 & 3 \end{bmatrix}$$

虽有 $\quad \boldsymbol{AB} = \begin{bmatrix} 1 & 2 \\ 3 & 6 \end{bmatrix} \begin{bmatrix} 3 & 4 \\ -1 & 2 \end{bmatrix} = \begin{bmatrix} 1 & 8 \\ 3 & 24 \end{bmatrix} = \begin{bmatrix} 1 & 2 \\ 3 & 6 \end{bmatrix} \begin{bmatrix} 1 & 2 \\ 0 & 3 \end{bmatrix} = \boldsymbol{AC}$

但 $\quad\quad\quad\quad\quad\quad\quad\quad \boldsymbol{B} \neq \boldsymbol{C}$

但若 $\boldsymbol{A}$ 是 $m \times n$ 矩阵,秩 $R(\boldsymbol{A}) = n$,则由 $\boldsymbol{AB} = \boldsymbol{AC}$ 可知,$\boldsymbol{B} = \boldsymbol{C}$. 这是因为:
$$\boldsymbol{AB} = \boldsymbol{AC} \Rightarrow \boldsymbol{A}(\boldsymbol{B}-\boldsymbol{C}) = \boldsymbol{O} \Rightarrow R(\boldsymbol{A}) + R(\boldsymbol{B}-\boldsymbol{C}) \leqslant n \Rightarrow R(\boldsymbol{B}-\boldsymbol{C}) = 0, 故 \boldsymbol{B}-\boldsymbol{C} = \boldsymbol{O}, 即$$
$\boldsymbol{B} = \boldsymbol{C}$.

学习随笔

【定义 2.6】把矩阵 $\boldsymbol{A}$ 的行换成同序数的列得到一个新矩阵，称为矩阵 $\boldsymbol{A}$ 的**转置矩阵**，记为 $\boldsymbol{A}^{\mathrm{T}}$.

【定义 2.7】设 $\boldsymbol{A}=(a_{ij})$ 是 n 阶矩阵，行列式 $|\boldsymbol{A}|$ 的各个元素 a_{ij} 的代数余子式所构成的矩阵

$$\boldsymbol{A}^{*}=\begin{bmatrix} A_{11} & A_{21} & \cdots & A_{n1} \\ A_{12} & A_{22} & \cdots & A_{n2} \\ \vdots & \vdots & & \vdots \\ A_{1n} & A_{2n} & \cdots & A_{nn} \end{bmatrix}$$

称为矩阵 $\boldsymbol{A}$ 的**伴随矩阵**.

评注　设 $\boldsymbol{A}=\begin{bmatrix} a & b \\ c & d \end{bmatrix}$，由行列式 $\begin{vmatrix} a & b \\ c & d \end{vmatrix}$ 得到代数余子式 $A_{11}=d$，$A_{12}=-c$，$A_{21}=-b$，$A_{22}=a$，所以矩阵 $\boldsymbol{A}$ 的伴随矩阵

$$\boldsymbol{A}^{*}=\begin{bmatrix} A_{11} & A_{21} \\ A_{12} & A_{22} \end{bmatrix}=\begin{bmatrix} d & -b \\ -c & a \end{bmatrix}$$

对于 2 阶矩阵，用**主对角线对换、副对角线变号**即可求出伴随矩阵.

例如，$\begin{bmatrix} 1 & -1 \\ 2 & 3 \end{bmatrix}^{*}=\begin{bmatrix} 3 & 1 \\ -2 & 1 \end{bmatrix}$，　$\begin{bmatrix} 0 & 1 \\ 1 & 0 \end{bmatrix}^{*}=\begin{bmatrix} 0 & -1 \\ -1 & 0 \end{bmatrix}$.

对于 3 阶矩阵，用伴随矩阵求逆也还可行，但计算代数余子式时不要忘记正负号；拼成 $\boldsymbol{A}^{*}$ 时，第 i 行的代数余子式应当是 $\boldsymbol{A}^{*}$ 的第 i 列.

当矩阵的阶数较高时，由于代数余子式的计算工作量太大，再用伴随矩阵来求逆就不合适了，应当掌握初等变换求逆法（详见第三章）.

【定义 2.8】设 $\boldsymbol{A}$ 是 n 阶矩阵，如果存在 n 阶矩阵 $\boldsymbol{B}$，使得

$$\boldsymbol{AB}=\boldsymbol{BA}=\boldsymbol{E} \tag{2.2}$$

成立，则称 $\boldsymbol{A}$ 是**可逆矩阵**或**非奇异矩阵**，$\boldsymbol{B}$ 是 $\boldsymbol{A}$ 的逆矩阵.

例如，$\begin{bmatrix} 1 & 3 \\ 1 & 2 \end{bmatrix}\begin{bmatrix} -2 & 3 \\ 1 & -1 \end{bmatrix}=\begin{bmatrix} -2 & 3 \\ 1 & -1 \end{bmatrix}\begin{bmatrix} 1 & 3 \\ 1 & 2 \end{bmatrix}=\begin{bmatrix} 1 & 0 \\ 0 & 1 \end{bmatrix}$，所以矩阵 $\begin{bmatrix} 1 & 3 \\ 1 & 2 \end{bmatrix}$ 可逆，且 $\begin{bmatrix} 1 & 3 \\ 1 & 2 \end{bmatrix}^{-1}=\begin{bmatrix} -2 & 3 \\ 1 & -1 \end{bmatrix}$.

三、重要定理

【定理 2.1】设 $\boldsymbol{A}$，$\boldsymbol{B}$ 是 n 阶矩阵，则 $|\boldsymbol{AB}|=|\boldsymbol{A}||\boldsymbol{B}|$.

【定理 2.2】如果 $\boldsymbol{A}$ 是可逆矩阵，则 $\boldsymbol{A}$ 的逆矩阵唯一，记为 $\boldsymbol{A}^{-1}$.

【定理 2.3】n 阶矩阵 $\boldsymbol{A}$ 可逆 $\Leftrightarrow$ $|\boldsymbol{A}|\neq 0$.

【定理 2.4】若 $\boldsymbol{A}$ 是 n 阶矩阵，且满足 $\boldsymbol{AB}=\boldsymbol{E}$，则必有 $\boldsymbol{BA}=\boldsymbol{E}$.

评注　按可逆矩阵定义，若 $\boldsymbol{AB}=\boldsymbol{BA}=\boldsymbol{E}$，则称 $\boldsymbol{A}$ 是可逆矩阵，$\boldsymbol{B}$ 是 $\boldsymbol{A}$ 的逆矩阵. 由定理 2.4，$\boldsymbol{AB}=\boldsymbol{E}$ 可保证 $\boldsymbol{BA}=\boldsymbol{E}$，因而用定义法求 $\boldsymbol{A}^{-1}$ 时工作量可减少一半，只须检验 $\boldsymbol{AB}=\boldsymbol{E}$ 就可以了. 但要注意的是，定理 2.4 的条件"$\boldsymbol{A}$ 是 n 阶矩阵"不能忽略. 例如，对于

学习随笔

$$AB=\begin{bmatrix}1&0&3\\0&1&5\end{bmatrix}\begin{bmatrix}1&0\\0&1\\0&0\end{bmatrix}=\begin{bmatrix}1&0\\0&1\end{bmatrix}$$

并不能说 A 可逆.

【定理 2.5】(克拉默法则)如果线性方程组

$$\begin{cases}a_{11}x_1+a_{12}x_2+\cdots+a_{1n}x_n=b_1,\\a_{21}x_1+a_{22}x_2+\cdots+a_{2n}x_n=b_2,\\\vdots\\a_{n1}x_1+a_{n2}x_2+\cdots+a_{nn}x_n=b_n\end{cases}$$

的系数行列式 $D\neq0$,则方程组有唯一解

$$x_1=\frac{D_1}{D},\quad x_2=\frac{D_2}{D},\quad\cdots,\quad x_n=\frac{D_n}{D}$$

其中,$D_j(j=1,2,\cdots,n)$是把系数行列式 D 中第 j 列的元素用方程组的常数项替代后所得到的 n 阶行列式.

【定理 2.6】如果齐次线性方程组

$$\begin{cases}a_{11}x_1+a_{12}x_2+\cdots+a_{1n}x_n=0,\\a_{21}x_1+a_{22}x_2+\cdots+a_{2n}x_n=0,\\\vdots\\a_{n1}x_1+a_{n2}x_2+\cdots+a_{nn}x_n=0\end{cases}$$

有非零解,则它的系数行列式必为零.

四、重要公式、法则

1. 加法与数乘

(a) $A+B=B+A$;　(b) $(A+B)+C=A+(B+C)$;

(c) $A+O=O+A=A$;　(d) $A+(-A)=O$;

(e) $k(lA)=(kl)A$;　(f) $(k+l)A=kA+lA$;

(g) $k(A+B)=kA+kB$;　(h) $1A=A,\quad 0A=O$.

2. 乘法

(a) $(AB)C=A(BC)$;　(b) $A(B+C)=AB+AC,(A+B)C=AC+BC$;

(c) $(kA)(lB)=(kl)AB$;　(d) $A0=0A=O$.

3. 转置矩阵

(a) $(A^{T})^{T}=A$;　(b) $(A+B)^{T}=A^{T}+B^{T}$;

(c) $(kA)^{T}=kA^{T}$;　(d) $(AB)^{T}=B^{T}A^{T}$;

(e) $A^{T}A=O\Leftrightarrow AA^{T}=O\Leftrightarrow A=O$.

4. 可逆矩阵

(a) $(A^{-1})^{-1}=A$;　(b) $(kA)^{-1}=\frac{1}{k}A^{-1}(k\neq0)$;

学习随笔

(c) $(\boldsymbol{AB})^{-1}=\boldsymbol{B}^{-1}\boldsymbol{A}^{-1}$； (d) $(\boldsymbol{A}^{\mathrm{T}})^{-1}=(\boldsymbol{A}^{-1})^{\mathrm{T}}$；

(e) $(\boldsymbol{A}^{n})^{-1}=(\boldsymbol{A}^{-1})^{n}$.

5. 伴随矩阵

(a) $\boldsymbol{AA}^{*}=\boldsymbol{A}^{*}\boldsymbol{A}=|\boldsymbol{A}|\boldsymbol{E}$； (b) $(k\boldsymbol{A})^{*}=k^{n-1}\boldsymbol{A}^{*}$；

(c) $(\boldsymbol{A}^{*})^{-1}=(\boldsymbol{A}^{-1})^{*}=\dfrac{\boldsymbol{A}}{|\boldsymbol{A}|}$； (d) $(\boldsymbol{A}^{\mathrm{T}})^{*}=(\boldsymbol{A}^{*})^{\mathrm{T}}$.

6. n 阶矩阵的行列式

(a) $|\boldsymbol{A}^{\mathrm{T}}|=|\boldsymbol{A}|$； (b) $|k\boldsymbol{A}|=k^{n}|\boldsymbol{A}|$；

(c) $|\boldsymbol{AB}|=|\boldsymbol{A}||\boldsymbol{B}|$； (d) $|\boldsymbol{A}^{-1}|=|\boldsymbol{A}|^{-1}$；

(e) $|\boldsymbol{A}^{*}|=|\boldsymbol{A}|^{n-1}$.

7. 分块矩阵

(1) 若 $\boldsymbol{B}$,$\boldsymbol{C}$ 分别是 m 阶与 s 阶矩阵，则

$$\begin{bmatrix}\boldsymbol{B} & \boldsymbol{O}\\ \boldsymbol{O} & \boldsymbol{C}\end{bmatrix}^{n}=\begin{bmatrix}\boldsymbol{B}^{n} & \boldsymbol{O}\\ \boldsymbol{O} & \boldsymbol{C}^{n}\end{bmatrix} \tag{2.3}$$

(2) 若 $\boldsymbol{B}$,$\boldsymbol{C}$ 分别是 m 阶、n 阶可逆矩阵，则

$$\begin{bmatrix}\boldsymbol{B} & \boldsymbol{O}\\ \boldsymbol{O} & \boldsymbol{C}\end{bmatrix}^{-1}=\begin{bmatrix}\boldsymbol{B}^{-1} & \boldsymbol{O}\\ \boldsymbol{O} & \boldsymbol{C}^{-1}\end{bmatrix},\quad \begin{bmatrix}\boldsymbol{O} & \boldsymbol{B}\\ \boldsymbol{C} & \boldsymbol{O}\end{bmatrix}^{-1}=\begin{bmatrix}\boldsymbol{O} & \boldsymbol{C}^{-1}\\ \boldsymbol{B}^{-1} & \boldsymbol{O}\end{bmatrix} \tag{2.4}$$

(3) 若 $\boldsymbol{A}$ 是 $m\times n$ 矩阵，$\boldsymbol{B}$ 是 $n\times s$ 矩阵，且 $\boldsymbol{AB}=\boldsymbol{O}$，对 $\boldsymbol{B}$ 和 $\boldsymbol{O}$ 矩阵按列分块有

$$\boldsymbol{AB}=\boldsymbol{A}(\boldsymbol{B}_1,\boldsymbol{B}_2,\cdots,\boldsymbol{B}_s)=(\boldsymbol{AB}_1,\boldsymbol{AB}_2,\cdots,\boldsymbol{AB}_s)=(\boldsymbol{0},\boldsymbol{0},\cdots,\boldsymbol{0})$$

$$\boldsymbol{AB}_i=\boldsymbol{0}\quad(i=1,2,\cdots,s)$$

即 $\boldsymbol{B}$ 的列向量是齐次方程组 $\boldsymbol{Ax}=\boldsymbol{0}$ 的解.

■ 典型例题分析

一、矩阵的概念与运算

【例 2.1】举例说明下列命题均是错误的：

(1) $(\boldsymbol{A}+\boldsymbol{B})^2=\boldsymbol{A}^2+2\boldsymbol{AB}+\boldsymbol{B}^2$.

(2) 如果 $\boldsymbol{AB}=\boldsymbol{O}$，则必有 $\boldsymbol{A}=\boldsymbol{O}$ 或 $\boldsymbol{B}=\boldsymbol{O}$.

(3) 如果 $\boldsymbol{A}^2=\boldsymbol{O}$，则 $\boldsymbol{A}=\boldsymbol{O}$.

(4) 如果 $\boldsymbol{AB}=\boldsymbol{AC}$，且 $\boldsymbol{A}\neq\boldsymbol{O}$，则 $\boldsymbol{B}=\boldsymbol{C}$.

(5) $|-\boldsymbol{A}|=-|\boldsymbol{A}|$.

(6) 如果 $|\boldsymbol{A}|=0$，则 $\boldsymbol{A}=\boldsymbol{O}$.

【解】(1) 由于矩阵乘法没有交换律，一般情况下 $\boldsymbol{AB}\neq\boldsymbol{BA}$，因而中学代数里的乘法公式在矩阵代数中是不成立的.(1)的正确结论是：

$$(\boldsymbol{A}+\boldsymbol{B})^2=(\boldsymbol{A}+\boldsymbol{B})(\boldsymbol{A}+\boldsymbol{B})=\boldsymbol{A}^2+\boldsymbol{AB}+\boldsymbol{BA}+\boldsymbol{B}^2$$

例如，设 $\boldsymbol{A}=\begin{bmatrix}1 & 0\\ 0 & 2\end{bmatrix}$，$\boldsymbol{B}=\begin{bmatrix}0 & 1\\ 0 & 0\end{bmatrix}$，则

学习随笔

$$(\boldsymbol{A}+\boldsymbol{B})^2=\begin{bmatrix}1&1\\0&2\end{bmatrix}^2=\begin{bmatrix}1&1\\0&2\end{bmatrix}\begin{bmatrix}1&1\\0&2\end{bmatrix}=\begin{bmatrix}1&3\\0&4\end{bmatrix}$$

而

$$\boldsymbol{A}^2+2\boldsymbol{AB}+\boldsymbol{B}^2=\begin{bmatrix}1&0\\0&2\end{bmatrix}^2+2\begin{bmatrix}1&0\\0&2\end{bmatrix}\begin{bmatrix}0&1\\0&0\end{bmatrix}+\begin{bmatrix}0&1\\0&0\end{bmatrix}^2$$
$$=\begin{bmatrix}1&0\\0&4\end{bmatrix}+2\begin{bmatrix}0&1\\0&0\end{bmatrix}+\begin{bmatrix}0&0\\0&0\end{bmatrix}=\begin{bmatrix}1&2\\0&4\end{bmatrix}$$

可见(1)式通常不成立.

(2) 若两个实数相乘为零,则我们知道其中至少有一个数为零,即由 $ab=0$ 知必有 $a=0$ 或 $b=0$. 但在矩阵中这一规律是不正确的. 例如,设

$$\boldsymbol{A}=\begin{bmatrix}1&1\\1&1\end{bmatrix},\quad \boldsymbol{B}=\begin{bmatrix}1&1\\-1&-1\end{bmatrix}$$

显然 $\boldsymbol{A}\neq\boldsymbol{O},\boldsymbol{B}\neq\boldsymbol{O}$,但

$$\boldsymbol{AB}=\begin{bmatrix}1&1\\1&1\end{bmatrix}\begin{bmatrix}1&1\\-1&-1\end{bmatrix}=\begin{bmatrix}0&0\\0&0\end{bmatrix}=\boldsymbol{O}$$

(3) 这样的例子很多,如(1)、(2)中的矩阵 $\boldsymbol{B}$ 均符合要求.

$$\begin{bmatrix}0&1\\0&0\end{bmatrix}^2=\boldsymbol{O},\quad \begin{bmatrix}1&1\\-1&-1\end{bmatrix}^2=\boldsymbol{O}$$

(4) 从 $\boldsymbol{AB}=\boldsymbol{AC}$ 知 $\boldsymbol{A}(\boldsymbol{B}-\boldsymbol{C})=\boldsymbol{O}$,由(2)知此时得不到 $\boldsymbol{B}-\boldsymbol{C}=\boldsymbol{O}$,即 $\boldsymbol{B}=\boldsymbol{C}$ 的结论. 例如,设 $\boldsymbol{A}=\begin{bmatrix}1&1\\1&1\end{bmatrix}$,$\boldsymbol{B}=\begin{bmatrix}0&1\\-1&3\end{bmatrix}$,$\boldsymbol{C}=\begin{bmatrix}-1&2\\0&2\end{bmatrix}$,则 $\boldsymbol{AB}=\boldsymbol{AC}=\begin{bmatrix}-1&4\\-1&4\end{bmatrix}$,但 $\boldsymbol{B}\neq\boldsymbol{C}$.

(5) 根据 $k\boldsymbol{A}=(ka_{ij})$ 的定义,现在行列式 $|k\boldsymbol{A}|$ 中每一行都有公因数 k,再根据行列式的性质,一行有公因数 k 就可把 k 提到行列式记号之外. 因此 $|k\boldsymbol{A}|=k^n|\boldsymbol{A}|$. 对于矩阵是所有元素都有公因数才可把其提到矩阵记号之外,而行列式只须一行有公因数即可,矩阵与行列式的差异要搞清. 所以 $|-\boldsymbol{A}|=(-1)^n|\boldsymbol{A}|\neq-|\boldsymbol{A}|$(只要 $n\neq 2k+1$).

(6) 例如,设 $\boldsymbol{A}=\begin{bmatrix}1&2\\0&0\end{bmatrix}$,显然 $\boldsymbol{A}\neq\boldsymbol{O}$,但 $|\boldsymbol{A}|=\begin{vmatrix}1&2\\0&0\end{vmatrix}=0$. 因为 $|\boldsymbol{A}|=0$ 时,$\boldsymbol{A}$ 中元素可以不为 0,但 $\boldsymbol{A}=\boldsymbol{O}$ 时,必有 $|\boldsymbol{A}|=0$.

评注　矩阵是一个表格,矩阵的运算是一种新的运算,既要注意它与数的运算的差异(如没有交换律,没有消去律,有零因子等),也要注意它与行列式的区别.

【例 2.2】下列命题中,不正确的是________.

(A) 若 $\boldsymbol{A}$ 是 n 阶矩阵,则 $(\boldsymbol{A}-\boldsymbol{E})(\boldsymbol{A}+\boldsymbol{E})=(\boldsymbol{A}+\boldsymbol{E})(\boldsymbol{A}-\boldsymbol{E})$.

(B) 若 $\boldsymbol{A},\boldsymbol{B}$ 均是 $n\times1$ 矩阵,则 $\boldsymbol{A}^{\mathrm{T}}\boldsymbol{B}=\boldsymbol{B}^{\mathrm{T}}\boldsymbol{A}$.

(C) 若 $\boldsymbol{A},\boldsymbol{B}$ 均是 n 阶矩阵,且 $\boldsymbol{AB}=\boldsymbol{O}$,则 $(\boldsymbol{A}+\boldsymbol{B})^2=\boldsymbol{A}^2+\boldsymbol{B}^2$.

(D) 若 $\boldsymbol{A}$ 是 n 阶矩阵,则 $\boldsymbol{A}^m\boldsymbol{A}^k=\boldsymbol{A}^k\boldsymbol{A}^m$.

【分析】(A)中,由于乘法有分配律,故两个乘积均是 $\boldsymbol{A}^2-\boldsymbol{E}$;而(D)中,因乘法有结合律,两乘积都是 $\boldsymbol{A}^{m+k}$. 故(A),(D)都正确.

对于(B),由于 $\boldsymbol{A}^{\mathrm{T}}\boldsymbol{B},\boldsymbol{B}^{\mathrm{T}}\boldsymbol{A}$ 都是 1×1 矩阵,而 1 阶矩阵的转置仍是其自身,故 $\boldsymbol{A}^{\mathrm{T}}\boldsymbol{B}=(\boldsymbol{A}^{\mathrm{T}}\boldsymbol{B})^{\mathrm{T}}=\boldsymbol{B}^{\mathrm{T}}\boldsymbol{A}$ 亦正确.

唯有(C)中，由 $\boldsymbol{AB}=\boldsymbol{O}$ 还不能保证必有 $\boldsymbol{BA}=\boldsymbol{O}$，例如 $\boldsymbol{A}=\begin{bmatrix}1&1\\1&1\end{bmatrix}$，$\boldsymbol{B}=\begin{bmatrix}1&1\\-1&-1\end{bmatrix}$，则 $\boldsymbol{AB}=\begin{bmatrix}1&1\\1&1\end{bmatrix}\begin{bmatrix}1&1\\-1&-1\end{bmatrix}=\begin{bmatrix}0&0\\0&0\end{bmatrix}$，而 $\boldsymbol{BA}=\begin{bmatrix}1&1\\-1&-1\end{bmatrix}\begin{bmatrix}1&1\\1&1\end{bmatrix}=\begin{bmatrix}2&2\\-2&-2\end{bmatrix}$，因此，(C)不正确．故选(C)．

【例 2.3】已知 $\boldsymbol{A}$，$\boldsymbol{B}$ 均是 n 阶矩阵，$\boldsymbol{A}^2=\boldsymbol{A}$，$\boldsymbol{B}^2=\boldsymbol{B}$，$(\boldsymbol{A}+\boldsymbol{B})^2=\boldsymbol{A}+\boldsymbol{B}$．证明：$\boldsymbol{AB}=\boldsymbol{O}$．

【证明】由 $(\boldsymbol{A}+\boldsymbol{B})^2=\boldsymbol{A}^2+\boldsymbol{AB}+\boldsymbol{BA}+\boldsymbol{B}^2=\boldsymbol{A}+\boldsymbol{B}=\boldsymbol{A}^2+\boldsymbol{B}^2$，得

$$\boldsymbol{AB}+\boldsymbol{BA}=\boldsymbol{O} \tag{2.5}$$

对式(2.5)分别用 $\boldsymbol{A}$ 左乘与右乘，并把 $\boldsymbol{A}^2=\boldsymbol{A}$ 代入，得

$$\boldsymbol{AB}+\boldsymbol{ABA}=\boldsymbol{O},\quad \boldsymbol{ABA}+\boldsymbol{BA}=\boldsymbol{O}$$

两式相减，有

$$\boldsymbol{AB}-\boldsymbol{BA}=\boldsymbol{O} \tag{2.6}$$

式(2.5)与式(2.6)相加得 $2\boldsymbol{AB}=\boldsymbol{O}$．所以 $\boldsymbol{AB}=\boldsymbol{O}$．

评注　在等式两边用同一矩阵左(右)乘对等式作恒等变形是常用技巧，应认真体会．

【例 2.4】某企业对其职工分批进行脱产技术培训，每年从在岗人员中抽调 30％的人参加培训，而参加培训的职工中有 60％的人结业回岗．假设现有在岗职工 800 人，参加培训人员是 200 人，试问两年后在岗与脱产培训职工各有多少人(假设职工人数不变)？

【解】用 x_i，y_i 分别表示 i 年后在岗与脱产培训职工的人数，x_0，y_0 为目前在岗与脱产培训职工的人数，那么按题意有

$$\begin{cases}x_i=0.7x_{i-1}+0.6y_{i-1},\\ y_i=0.3x_{i-1}+0.4y_{i-1}\end{cases}$$

用矩阵表示，有 $\begin{bmatrix}x_i\\y_i\end{bmatrix}=\begin{bmatrix}0.7&0.6\\0.3&0.4\end{bmatrix}\begin{bmatrix}x_{i-1}\\y_{i-1}\end{bmatrix}$．

因此 $\begin{bmatrix}x_2\\y_2\end{bmatrix}=\begin{bmatrix}0.7&0.6\\0.3&0.4\end{bmatrix}\begin{bmatrix}x_1\\y_1\end{bmatrix}=\begin{bmatrix}0.7&0.6\\0.3&0.4\end{bmatrix}^2\begin{bmatrix}x_0\\y_0\end{bmatrix}=\begin{bmatrix}0.67&0.66\\0.33&0.34\end{bmatrix}\begin{bmatrix}800\\200\end{bmatrix}=\begin{bmatrix}668\\332\end{bmatrix}$．

所以，两年后在岗职工为 668 人，脱产培训职工为 332 人．

【例 2.5】设 $\boldsymbol{A}=\begin{bmatrix}a_{11}&a_{12}&a_{13}\\a_{21}&a_{22}&a_{23}\\a_{31}&a_{32}&a_{33}\end{bmatrix}$，$\boldsymbol{X}=\begin{bmatrix}\frac{1}{2}\\0\\\frac{1}{2}\end{bmatrix}$，$\boldsymbol{Y}=\begin{bmatrix}\frac{1}{2}\\0\\-\frac{1}{2}\end{bmatrix}$，则 $\boldsymbol{X}^{\mathrm{T}}\boldsymbol{AX}+\boldsymbol{X}^{\mathrm{T}}\boldsymbol{AY}-\boldsymbol{Y}^{\mathrm{T}}\boldsymbol{AX}-\boldsymbol{Y}^{\mathrm{T}}\boldsymbol{AY}=$________．

【分析】
$$\begin{aligned}\boldsymbol{X}^{\mathrm{T}}\boldsymbol{AX}+\boldsymbol{X}^{\mathrm{T}}\boldsymbol{AY}-\boldsymbol{Y}^{\mathrm{T}}\boldsymbol{AX}-\boldsymbol{Y}^{\mathrm{T}}\boldsymbol{AY}&=\boldsymbol{X}^{\mathrm{T}}\boldsymbol{A}(\boldsymbol{X}+\boldsymbol{Y})-\boldsymbol{Y}^{\mathrm{T}}\boldsymbol{A}(\boldsymbol{X}+\boldsymbol{Y})\\&=(\boldsymbol{X}^{\mathrm{T}}-\boldsymbol{Y}^{\mathrm{T}})\boldsymbol{A}(\boldsymbol{X}+\boldsymbol{Y})\\&=(0,0,1)\begin{bmatrix}a_{11}&a_{12}&a_{13}\\a_{21}&a_{22}&a_{23}\\a_{31}&a_{32}&a_{33}\end{bmatrix}\begin{bmatrix}1\\0\\0\end{bmatrix}=a_{31}\end{aligned}$$

学习随笔

评注　这类题应先化简，最后代入计算．另外应弄清若每项均是数，则总和也是数．

二、求方阵的幂

【解题思路】对某些特殊的 n 阶矩阵可以求其方幂．求 $\boldsymbol{A}^n$ 的基本思路：

思路一：若 $R(\boldsymbol{A})=1$，则 $\boldsymbol{A}$ 能分解为一列与一行两个矩阵的乘积，用结合律就可很方便地求出 $\boldsymbol{A}^n$（详见第三章）．

思路二：若 $\boldsymbol{A}$ 能分解成两个矩阵的和，即 $\boldsymbol{A}=\boldsymbol{B}+\boldsymbol{C}$，且 $\boldsymbol{BC}=\boldsymbol{CB}$，则 $\boldsymbol{A}^n=(\boldsymbol{B}+\boldsymbol{C})^n$ 可用二项式定理展开，当然 $\boldsymbol{B},\boldsymbol{C}$ 之中有一个的方幂要尽快为 $\boldsymbol{O}$．

思路三：当 $\boldsymbol{A}$ 有 n 个线性无关的特征向量时，可用相似对角化来求 $\boldsymbol{A}^n$（详见第五章）．

思路四：试算 $\boldsymbol{A}^2,\boldsymbol{A}^3$，若有某种规律则可用数学归纳法．

【例 2.6】已知 $\boldsymbol{A}=\begin{bmatrix}a_1b_1 & a_1b_2 & a_1b_3\\ a_2b_1 & a_2b_2 & a_2b_3\\ a_3b_1 & a_3b_2 & a_3b_3\end{bmatrix}$．证明：$\boldsymbol{A}^2=l\boldsymbol{A}$，并求 l．

【证明】因为 $\boldsymbol{A}$ 中任两行、任两列都成比例，故可把 $\boldsymbol{A}$ 分解成两个矩阵相乘，即

$$\boldsymbol{A}=\begin{bmatrix}a_1\\ a_2\\ a_3\end{bmatrix}(b_1,b_2,b_3)$$

那么，由矩阵乘法的结合律，有

$$\boldsymbol{A}^2=\left(\begin{bmatrix}a_1\\ a_2\\ a_3\end{bmatrix}(b_1,b_2,b_3)\right)\left(\begin{bmatrix}a_1\\ a_2\\ a_3\end{bmatrix}(b_1,b_2,b_3)\right)=\begin{bmatrix}a_1\\ a_2\\ a_3\end{bmatrix}\left((b_1,b_2,b_3)\begin{bmatrix}a_1\\ a_2\\ a_3\end{bmatrix}\right)(b_1,b_2,b_3)$$

由于
$$(b_1,b_2,b_3)\begin{bmatrix}a_1\\ a_2\\ a_3\end{bmatrix}=a_1b_1+a_2b_2+a_3b_3$$

是 1×1 矩阵，是一个数，记为 l，则有 $\boldsymbol{A}^2=l\boldsymbol{A}$．

评注　当秩 $R(\boldsymbol{A})=1$ 时，有 $\boldsymbol{A}^2=l\boldsymbol{A}$，其中 $l=\sum a_{ii}$，进而有 $\boldsymbol{A}^3=\boldsymbol{A}^2\cdot\boldsymbol{A}=l\boldsymbol{A}\cdot\boldsymbol{A}=l^2\boldsymbol{A}$，归纳可知 $\boldsymbol{A}^n=l^{n-1}\boldsymbol{A}$，这是一种求 $\boldsymbol{A}^n$ 的方法．

【例 2.7】已知 $\boldsymbol{A}=\begin{bmatrix}\lambda & 1 & 0\\ 0 & \lambda & 1\\ 0 & 0 & \lambda\end{bmatrix}$，求 $\boldsymbol{A}^n$．

【解法一】由于 $\boldsymbol{A}=\lambda\boldsymbol{E}+\boldsymbol{J}$，其中，$\boldsymbol{J}=\begin{bmatrix}0 & 1 & 0\\ 0 & 0 & 1\\ 0 & 0 & 0\end{bmatrix}$，而

$$\boldsymbol{J}^2=\begin{bmatrix}0 & 1 & 0\\ 0 & 0 & 1\\ 0 & 0 & 0\end{bmatrix}\begin{bmatrix}0 & 1 & 0\\ 0 & 0 & 1\\ 0 & 0 & 0\end{bmatrix}=\begin{bmatrix}0 & 0 & 1\\ 0 & 0 & 0\\ 0 & 0 & 0\end{bmatrix}$$

学习随笔

$$J^3=J^2J=\begin{bmatrix}0&0&1\\0&0&0\\0&0&0\end{bmatrix}\begin{bmatrix}0&1&0\\0&0&1\\0&0&0\end{bmatrix}=\begin{bmatrix}0&0&0\\0&0&0\\0&0&0\end{bmatrix}$$

进而知 $\boldsymbol{J}^4=\boldsymbol{J}^5=\cdots=\boldsymbol{O}$. 于是

$$\begin{aligned}\boldsymbol{A}^n&=(\lambda\boldsymbol{E}+\boldsymbol{J})^n=\lambda^n\boldsymbol{E}+C_n^1\lambda^{n-1}\boldsymbol{J}+C_n^2\lambda^{n-2}\boldsymbol{J}^2\\&=\begin{bmatrix}\lambda^n&0&0\\0&\lambda^n&0\\0&0&\lambda^n\end{bmatrix}+\begin{bmatrix}0&C_n^1\lambda^{n-1}&0\\0&0&C_n^1\lambda^{n-1}\\0&0&0\end{bmatrix}+\begin{bmatrix}0&0&C_n^2\lambda^{n-2}\\0&0&0\\0&0&0\end{bmatrix}\\&=\begin{bmatrix}\lambda^n&C_n^1\lambda^{n-1}&C_n^2\lambda^{n-2}\\0&\lambda^n&C_n^1\lambda^{n-1}\\0&0&\lambda^n\end{bmatrix}\end{aligned}$$

【解法二】数学归纳法.

由 $\boldsymbol{A}=\begin{bmatrix}\lambda&1&0\\0&\lambda&1\\0&0&\lambda\end{bmatrix}$,得 $\boldsymbol{A}^2=\begin{bmatrix}\lambda^2&2\lambda&1\\0&\lambda^2&2\lambda\\0&0&\lambda^2\end{bmatrix}$,$\boldsymbol{A}^3=\begin{bmatrix}\lambda^3&3\lambda^2&3\lambda\\0&\lambda^3&3\lambda^2\\0&0&\lambda^3\end{bmatrix}$.

设 $\boldsymbol{A}^m=\begin{bmatrix}\lambda^m&C_m^1\lambda^{m-1}&C_m^2\lambda^{m-2}\\0&\lambda^m&C_m^1\lambda^{m-1}\\0&0&\lambda^m\end{bmatrix}$,那么由

$$\boldsymbol{A}^{m+1}=\boldsymbol{A}^m\boldsymbol{A}=\begin{bmatrix}\lambda^m&C_m^1\lambda^{m-1}&C_m^2\lambda^{m-2}\\0&\lambda^m&C_m^1\lambda^{m-1}\\0&0&\lambda^m\end{bmatrix}\begin{bmatrix}\lambda&1&0\\0&\lambda&1\\0&0&\lambda\end{bmatrix}=\begin{bmatrix}\lambda^{m+1}&C_{m+1}^1\lambda^m&C_{m+1}^2\lambda^{m-1}\\0&\lambda^{m+1}&C_{m+1}^1\lambda^m\\0&0&\lambda^{m+1}\end{bmatrix}$$

归纳可知 $\boldsymbol{A}^n$,下略. 其中,$C_m^1+C_m^2=C_{m+1}^2$.

【例 2.8】已知 $\boldsymbol{A}=\begin{bmatrix}3&1&0&0&0\\0&3&1&0&0\\0&0&3&0&0\\0&0&0&3&-1\\0&0&0&-9&3\end{bmatrix}$,求 $\boldsymbol{A}^n$.

【解】对 $\boldsymbol{A}$ 分块为 $\begin{bmatrix}\boldsymbol{B}&\boldsymbol{O}\\\boldsymbol{O}&\boldsymbol{C}\end{bmatrix}$,则 $\boldsymbol{A}^n=\begin{bmatrix}\boldsymbol{B}^n&\boldsymbol{O}\\\boldsymbol{O}&\boldsymbol{C}^n\end{bmatrix}$,其中,$\boldsymbol{B}=\begin{bmatrix}3&1&\\&3&1\\&&3\end{bmatrix}$,$\boldsymbol{C}=\begin{bmatrix}3&-1\\-9&3\end{bmatrix}$,从而 $\boldsymbol{B}=3\boldsymbol{E}+\boldsymbol{J}$. 由于 $\boldsymbol{J}^3=\boldsymbol{J}^4=\cdots=\boldsymbol{O}$(参看例 2.7),于是

$$\boldsymbol{B}^n=(3\boldsymbol{E}+\boldsymbol{J})^n=3^n\boldsymbol{E}+C_n^1 3^{n-1}\boldsymbol{J}+C_n^2 3^{n-2}\boldsymbol{J}^2$$

而 $\boldsymbol{C}=\begin{bmatrix}1\\-3\end{bmatrix}(3,\ -1)$,$\boldsymbol{C}^2=6\boldsymbol{C},\cdots,\boldsymbol{C}^n=6^{n-1}\boldsymbol{C}$,所以

学习随笔

$$A^n=\begin{bmatrix}3^n & C_n^1\cdot 3^{n-1} & C_n^2\cdot 3^{n-2} & 0 & 0\\ 0 & 3^n & C_n^1\cdot 3^{n-1} & 0 & 0\\ 0 & 0 & 3^n & 0 & 0\\ 0 & 0 & 0 & 3\cdot 6^{n-1} & -6^{n-1}\\ 0 & 0 & 0 & -9\cdot 6^{n-1} & 3\cdot 6^{n-1}\end{bmatrix}$$

【例 2.9】设 $PA=BP$，其中 $P=\begin{bmatrix}0 & -1 & 0\\ 2 & 0 & 0\\ 0 & 0 & 3\end{bmatrix}$，$B=\begin{bmatrix}1 & 0 & 0\\ 0 & -1 & 0\\ 0 & 0 & -1\end{bmatrix}$，则 $A^{2\,012}=$________.

【分析】因为矩阵 P 可逆，由 $PA=BP$ 得 $A=P^{-1}BP$. 那么

$$A^2=(P^{-1}BP)(P^{-1}BP)=P^{-1}B(PP^{-1})BP=P^{-1}B^2P$$

归纳得 $A^{2\,012}=P^{-1}B^{2\,012}P$.

因为 $\begin{bmatrix}a_1 & 0 & 0\\ 0 & a_2 & 0\\ 0 & 0 & a_3\end{bmatrix}^n=\begin{bmatrix}a_1^n & 0 & 0\\ 0 & a_2^n & 0\\ 0 & 0 & a_3^n\end{bmatrix}$，易见 $B^{2\,012}=E$. 所以 $A^{2\,012}=P^{-1}EP=E$.

【例 2.10】已知 $2CA-2AB=C-B$，其中，$A=\begin{bmatrix}\frac{1}{2} & \frac{1}{2} & 0\\ -\frac{1}{2} & \frac{1}{2} & 0\\ 0 & 0 & 1\end{bmatrix}$，$B=\begin{bmatrix}3 & 2 & 1\\ 0 & 0 & 0\\ 0 & 0 & 0\end{bmatrix}$，则 $C^3=$________.

【分析】由 $2CA-2AB=C-B$ 得 $2CA-C=2AB-B$. 故有

$$C(2A-E)=(2A-E)B$$

因为 $2A-E=\begin{bmatrix}1 & 1 & 0\\ -1 & 1 & 0\\ 0 & 0 & 2\end{bmatrix}-\begin{bmatrix}1 & 0 & 0\\ 0 & 1 & 0\\ 0 & 0 & 1\end{bmatrix}=\begin{bmatrix}0 & 1 & 0\\ -1 & 0 & 0\\ 0 & 0 & 1\end{bmatrix}$ 可逆，所以

$$C=(2A-E)B(2A-E)^{-1}$$

那么 $\qquad C^3=(2A-E)B^3(2A-E)^{-1}$

$$=\begin{bmatrix}0 & 1 & 0\\ -1 & 0 & 0\\ 0 & 0 & 1\end{bmatrix}\begin{bmatrix}3 & 2 & 1\\ 0 & 0 & 0\\ 0 & 0 & 0\end{bmatrix}^3\begin{bmatrix}0 & -1 & 0\\ 1 & 0 & 0\\ 0 & 0 & 1\end{bmatrix}$$

$$=\begin{bmatrix}0 & 1 & 0\\ -1 & 0 & 0\\ 0 & 0 & 1\end{bmatrix}\begin{bmatrix}27 & 18 & 9\\ 0 & 0 & 0\\ 0 & 0 & 0\end{bmatrix}\begin{bmatrix}0 & -1 & 0\\ 1 & 0 & 0\\ 0 & 0 & 1\end{bmatrix}=\begin{bmatrix}0 & 0 & 0\\ -18 & 27 & -9\\ 0 & 0 & 0\end{bmatrix}$$

评注　本题求 $\begin{bmatrix}0 & 1 & 0\\ -1 & 0 & 0\\ 0 & 0 & 1\end{bmatrix}^{-1}$ 时，可用分块求逆公式 $\begin{bmatrix}A & O\\ O & B\end{bmatrix}^{-1}=\begin{bmatrix}A^{-1} & O\\ O & B^{-1}\end{bmatrix}$.

因为秩 $R(B)=1$，所以 $B^3=3^2B$（详见第三章内容）.

【例 2.11】已知 $\alpha=(1,2,3)$，$\beta=(1,-1,2)$，$A=\alpha^{\mathrm{T}}\beta$，$B=\beta\alpha^{\mathrm{T}}$，求 A，B，A^4.

【解】按矩阵乘法定义，有

$$A=\alpha^{T}\beta=\begin{bmatrix}1\\2\\3\end{bmatrix}(1,-1,2)=\begin{bmatrix}1&-1&2\\2&-2&4\\3&-3&6\end{bmatrix},B=\beta\alpha^{T}=(1,-1,2)\begin{bmatrix}1\\2\\3\end{bmatrix}=5$$

$$\begin{aligned}A^{4}&=(\alpha^{T}\beta)^{4}=(\alpha^{T}\beta)(\alpha^{T}\beta)(\alpha^{T}\beta)(\alpha^{T}\beta)\\&=\alpha^{T}(\beta\alpha^{T})(\beta\alpha^{T})(\beta\alpha^{T})\beta=5^{3}\alpha^{T}\beta=5^{3}A\end{aligned}$$

评注　$\alpha^{T}\beta$ 是 3×3 矩阵，而 $\beta\alpha^{T}$ 是 1×1 矩阵，前者是矩阵，而后者是一个数，这一点一定不要混淆. 矩阵乘法虽然没有交换律，但有结合律、分配律，本题计算 A^4 就是巧妙利用 $\beta\alpha^{T}$ 是数，通过结合律而简单计算出 A^4.

【例 2.12】设 A,B,C 均为 3 阶矩阵，其中 A 可逆，且满足 $AC^{-1}(BC^{-1}-E)^{-1}=ABA-ACA$，其中，$B=\begin{bmatrix}1&2&3\\4&5&6\\7&8&9\end{bmatrix}$，$C=\begin{bmatrix}0&2&2\\4&4&6\\7&8&8\end{bmatrix}$，求 A^n.

【解】由题设条件 $AC^{-1}(BC^{-1}-E)^{-1}=ABA-ACA$，得

$$A[(BC^{-1}-E)C]^{-1}=A(B-C)A$$

即

$$A(B-C)^{-1}=A(B-C)A \tag{2.7}$$

式(2.7)左乘 A^{-1} 得

$$(B-C)^{-1}=(B-C)A \tag{2.8}$$

式(2.8)再左乘 $(B-C)^{-1}$，得 $A=[(B-C)^{-1}]^2$. 又由

$$B-C=\begin{bmatrix}1&2&3\\4&5&6\\7&8&9\end{bmatrix}-\begin{bmatrix}0&2&2\\4&4&6\\7&8&8\end{bmatrix}=\begin{bmatrix}1&0&1\\0&1&0\\0&0&1\end{bmatrix}$$

得

$$(B-C)^{-1}=\begin{bmatrix}1&0&-1\\0&1&0\\0&0&1\end{bmatrix}$$

从而

$$A=[(B-C)^{-1}]^2=\begin{bmatrix}1&0&-1\\0&1&0\\0&0&1\end{bmatrix}\begin{bmatrix}1&0&-1\\0&1&0\\0&0&0\end{bmatrix}=\begin{bmatrix}1&0&-2\\0&1&0\\0&0&1\end{bmatrix}$$

$$A^2=\begin{bmatrix}1&0&-2\\0&1&0\\0&0&1\end{bmatrix}\begin{bmatrix}1&0&-2\\0&1&0\\0&0&1\end{bmatrix}=\begin{bmatrix}1&0&-4\\0&1&0\\0&0&1\end{bmatrix}$$

$$\vdots$$

$$A^n=\begin{bmatrix}1&0&-2\\0&1&0\\0&0&1\end{bmatrix}^n=\begin{bmatrix}1&0&-2n\\0&1&0\\0&0&1\end{bmatrix}$$

三、求与已知矩阵可交换的矩阵

【解题思路】求与已知矩阵可交换的矩阵的基本思路是：按定义，设未知数，列齐次方程组，求通解.

学习随笔

【例 2.13】已知 $\boldsymbol{A},\boldsymbol{B}$ 及 $\boldsymbol{A},\boldsymbol{C}$ 都可交换. 证明:$\boldsymbol{A},\boldsymbol{B},\boldsymbol{C}$ 是同阶矩阵,且 $\boldsymbol{A}$ 与 $\boldsymbol{BC}$ 可交换.

【证明】设 $\boldsymbol{A}$ 是 $m\times n$ 矩阵,由于 $\boldsymbol{AB}$ 可乘,故可设 $\boldsymbol{B}$ 是 $n\times s$ 矩阵. 又因 $\boldsymbol{BA}$ 可乘,所以 $m=s$. 那么 $\boldsymbol{AB}$ 是 m 阶矩阵,$\boldsymbol{BA}$ 是 n 阶矩阵. 从 $\boldsymbol{A},\boldsymbol{B}$ 可交换,即 $\boldsymbol{AB}=\boldsymbol{BA}$,得 $m=n$,即 $\boldsymbol{A},\boldsymbol{B}$ 是同阶矩阵. 同理,$\boldsymbol{C}$ 与 $\boldsymbol{A},\boldsymbol{B}$ 也同阶,由结合律,有

$$\boldsymbol{A}(\boldsymbol{BC})=(\boldsymbol{AB})\boldsymbol{C}=(\boldsymbol{BA})\boldsymbol{C}=\boldsymbol{B}(\boldsymbol{AC})=\boldsymbol{B}(\boldsymbol{CA})=(\boldsymbol{BC})\boldsymbol{A}$$

所以,$\boldsymbol{A}$ 与 $\boldsymbol{BC}$ 可交换.

【例 2.14】求与 $\boldsymbol{A}=\begin{bmatrix}1&2\\1&-1\end{bmatrix}$ 可交换的矩阵.

【解】设 $\begin{bmatrix}x_1&x_2\\x_3&x_4\end{bmatrix}$ 与 $\boldsymbol{A}$ 可交换,即 $\begin{bmatrix}x_1&x_2\\x_3&x_4\end{bmatrix}\begin{bmatrix}1&2\\1&-1\end{bmatrix}=\begin{bmatrix}1&2\\1&-1\end{bmatrix}\begin{bmatrix}x_1&x_2\\x_3&x_4\end{bmatrix}$,则

$$\begin{bmatrix}x_1+x_2&2x_1-x_2\\x_3+x_4&2x_3-x_4\end{bmatrix}=\begin{bmatrix}x_1+2x_3&x_2+2x_4\\x_1-x_3&x_2-x_4\end{bmatrix},\text{即}\begin{cases}x_2-2x_3=0,\\2x_1-2x_2-2x_4=0,\\x_1-2x_3-x_4=0.\end{cases}$$高斯消元,

解出 $x_1=2t+u,x_2=2t,x_3=t,x_4=u$. 所以 $\begin{bmatrix}2t+u&2t\\t&u\end{bmatrix}$ 为所求.

【例 2.15】已知 $\boldsymbol{\Lambda}=\begin{bmatrix}a_1&&&\\&a_2&&\\&&\ddots&\\&&&a_n\end{bmatrix}$,其中,$a_1,a_2,\cdots,a_n$ 两两不等. 证明:与 $\boldsymbol{\Lambda}$ 可交换的矩阵只能是对角矩阵.

【证明】设 $\boldsymbol{A}$ 与 $\boldsymbol{\Lambda}$ 可交换,并对 $\boldsymbol{A}$ 分别按列(行)分块:

$$\boldsymbol{A}=\begin{bmatrix}a_{11}&a_{12}&\cdots&a_{1n}\\a_{21}&a_{22}&\cdots&a_{2n}\\\vdots&\vdots&&\vdots\\a_{n1}&a_{n2}&\cdots&a_{nn}\end{bmatrix}=(\boldsymbol{\alpha}_1,\boldsymbol{\alpha}_2,\cdots,\boldsymbol{\alpha}_n)=\begin{bmatrix}\boldsymbol{\beta}_1\\\boldsymbol{\beta}_2\\\vdots\\\boldsymbol{\beta}_n\end{bmatrix}$$

则
$$\boldsymbol{A\Lambda}=(\boldsymbol{\alpha}_1,\boldsymbol{\alpha}_2,\cdots,\boldsymbol{\alpha}_n)\begin{bmatrix}a_1&&&\\&a_2&&\\&&\ddots&\\&&&a_n\end{bmatrix}=(a_1\boldsymbol{\alpha}_1,a_2\boldsymbol{\alpha}_2,\cdots,a_n\boldsymbol{\alpha}_n)$$

$$\boldsymbol{\Lambda A}=\begin{bmatrix}a_1&&&\\&a_2&&\\&&\ddots&\\&&&a_n\end{bmatrix}\begin{bmatrix}\boldsymbol{\beta}_1\\\boldsymbol{\beta}_2\\\vdots\\\boldsymbol{\beta}_n\end{bmatrix}=\begin{bmatrix}a_1\boldsymbol{\beta}_1\\a_2\boldsymbol{\beta}_2\\\vdots\\a_n\boldsymbol{\beta}_n\end{bmatrix}$$

因为 $\boldsymbol{A\Lambda}=\boldsymbol{\Lambda A}$,即 $\begin{bmatrix}a_1a_{11}&a_2a_{12}&\cdots&a_na_{1n}\\a_1a_{21}&a_2a_{22}&\cdots&a_na_{2n}\\\vdots&\vdots&&\vdots\\a_1a_{n1}&a_2a_{n2}&\cdots&a_na_{nn}\end{bmatrix}=\begin{bmatrix}a_1a_{11}&a_1a_{12}&\cdots&a_1a_{1n}\\a_2a_{21}&a_2a_{22}&\cdots&a_2a_{2n}\\\vdots&\vdots&&\vdots\\a_na_{n1}&a_na_{n2}&\cdots&a_na_{nn}\end{bmatrix}$,那么 a_ja_{ij}

$=a_i a_{ij}$. 又因 $a_i \neq a_j$，可见 $a_{ij} \equiv 0(\forall i \neq j)$，即 $\boldsymbol{A}$ 是对角矩阵.

评注　从以上证明可以看出，对于矩阵乘法 $\boldsymbol{AB}$，当有一个矩阵的零元素很多时就可考虑分块矩阵的技巧. 若矩阵 $\boldsymbol{A}$ 简单，则对 $\boldsymbol{B}$ 按行分块；若矩阵 $\boldsymbol{B}$ 简单，那么就可对 $\boldsymbol{A}$ 按列分块. 如

$$\begin{bmatrix}1&0&2\\0&0&-1\\0&1&0\end{bmatrix}\begin{bmatrix}1&2&3\\4&5&6\\7&8&9\end{bmatrix}=\begin{bmatrix}1&0&2\\0&0&-1\\0&1&0\end{bmatrix}\begin{bmatrix}\boldsymbol{\alpha}_1\\\boldsymbol{\alpha}_2\\\boldsymbol{\alpha}_3\end{bmatrix}=\begin{bmatrix}\boldsymbol{\alpha}_1+2\boldsymbol{\alpha}_3\\-\boldsymbol{\alpha}_3\\\boldsymbol{\alpha}_2\end{bmatrix}=\begin{bmatrix}15&18&21\\-7&-8&-9\\4&5&6\end{bmatrix}$$

$$\begin{bmatrix}1&2&3\\4&5&6\\7&8&9\end{bmatrix}\begin{bmatrix}1&0&2\\0&0&-1\\0&1&0\end{bmatrix}=(\boldsymbol{\alpha}_1,\boldsymbol{\alpha}_2,\boldsymbol{\alpha}_3)\begin{bmatrix}1&0&2\\0&0&-1\\0&1&0\end{bmatrix}=(\boldsymbol{\alpha}_1,\boldsymbol{\alpha}_3,2\boldsymbol{\alpha}_1-\boldsymbol{\alpha}_2)=\begin{bmatrix}1&3&0\\4&6&3\\7&9&6\end{bmatrix}$$

【例 2.16】设 $\boldsymbol{A}=\begin{bmatrix}1&2\\1&-1\end{bmatrix}$，$\boldsymbol{B}=\begin{bmatrix}a&b\\3&2\end{bmatrix}$，若矩阵 $\boldsymbol{A}$ 与 $\boldsymbol{B}$ 可交换，求 a，b 的值.

【分析】如果 $\boldsymbol{AB}=\boldsymbol{BA}$，则称 $\boldsymbol{A}$ 与 $\boldsymbol{B}$ 可交换，按此可建立方程组.

【解】由于 $\boldsymbol{AB}=\boldsymbol{BA}$，因此

$$\begin{bmatrix}1&2\\1&-1\end{bmatrix}\begin{bmatrix}a&b\\3&2\end{bmatrix}=\begin{bmatrix}a&b\\3&2\end{bmatrix}\begin{bmatrix}1&2\\1&-1\end{bmatrix}$$

即

$$\begin{bmatrix}a+6&b+4\\a-3&b-2\end{bmatrix}=\begin{bmatrix}a+b&2a-b\\5&4\end{bmatrix}$$

亦即

$$\begin{cases}a+6=a+b,\\b+4=2a-b,\\a-3=5,\\b-2=4.\end{cases}\Rightarrow a=8,\ b=6$$

【例 2.17】求与 $\boldsymbol{A}=\begin{bmatrix}1&0&0\\0&2&0\\0&0&3\end{bmatrix}$ 可交换的所有矩阵.

【解】设 $\boldsymbol{X}=\begin{bmatrix}x_1&x_2&x_3\\y_1&y_2&y_3\\z_1&z_2&z_3\end{bmatrix}$ 与 $\boldsymbol{A}$ 可交换，即有

$$\begin{bmatrix}1&0&0\\0&2&0\\0&0&3\end{bmatrix}\begin{bmatrix}x_1&x_2&x_3\\y_1&y_2&y_3\\z_1&z_2&z_3\end{bmatrix}=\begin{bmatrix}x_1&x_2&x_3\\y_1&y_2&y_3\\z_1&z_2&z_3\end{bmatrix}\begin{bmatrix}1&0&0\\0&2&0\\0&0&3\end{bmatrix}$$

于是

$$\begin{bmatrix}x_1&x_2&x_3\\2y_1&2y_2&2y_3\\3z_1&3z_2&3z_3\end{bmatrix}=\begin{bmatrix}x_1&2x_2&3x_3\\y_1&2y_2&3y_3\\z_1&2z_2&4z_3\end{bmatrix}$$

从而

$$x_2=2x_2,\quad x_3=3x_3$$
$$2y_1=y_1,\quad 2y_3=3y_3$$
$$3z_1=z_1,\quad 3z_2=2z_2$$

即

$$x_2=x_3=y_1=y_3=z_1=z_2=0$$

学习随笔

所以与 $\boldsymbol{A}$ 可交换的任一矩阵是 $\begin{bmatrix} a & 0 & 0 \\ 0 & b & 0 \\ 0 & 0 & c \end{bmatrix}$ $(a,b,c$ 为任意实数).

四、伴随矩阵

【例 2.18】设 $\boldsymbol{A}=\begin{bmatrix} 1 & 0 & 0 \\ 2 & 2 & 0 \\ 3 & 4 & 5 \end{bmatrix}$，$\boldsymbol{A}^*$ 是 $\boldsymbol{A}$ 的伴随矩阵，则 $(\boldsymbol{A}^*)^{-1}=$________.

【分析】由 $\boldsymbol{AA}^*=|\boldsymbol{A}|\boldsymbol{E}$，有 $\dfrac{\boldsymbol{A}}{|\boldsymbol{A}|}\boldsymbol{A}^*=\boldsymbol{E}$，故 $(\boldsymbol{A}^*)^{-1}=\dfrac{\boldsymbol{A}}{|\boldsymbol{A}|}$. 而 $|\boldsymbol{A}|=10$，所以

$$(\boldsymbol{A}^*)^{-1}=\frac{1}{10}\begin{bmatrix} 1 & 0 & 0 \\ 2 & 2 & 0 \\ 3 & 4 & 5 \end{bmatrix}$$

评注　要知道关系式 $(\boldsymbol{A}^*)^{-1}=(\boldsymbol{A}^{-1})^*=\dfrac{\boldsymbol{A}}{|\boldsymbol{A}|}$. 在已知矩阵 $\boldsymbol{A}$ 的情况下，只要求出行列式 $|\boldsymbol{A}|$ 的值，就可求出 $(\boldsymbol{A}^*)^{-1}$ 或 $(\boldsymbol{A}^{-1})^*$.

【例 2.19】设 $\boldsymbol{A}$ 是 3 阶矩阵，且 $\boldsymbol{A}^3=\begin{bmatrix} a & 0 & 0 \\ 0 & a & 0 \\ 0 & 0 & a \end{bmatrix}$，其中 $a\neq 0$，则 $(\boldsymbol{A}^*)^6=$________.

(A) $a^6\boldsymbol{E}$.　　(B) $a^4\boldsymbol{E}$. (C) $a^3\boldsymbol{E}$. (D) $a^2\boldsymbol{E}$.

【分析一】由 $\boldsymbol{A}^3=a\boldsymbol{E}$，$a\neq 0$，得 $|\boldsymbol{A}^3|=|\boldsymbol{A}|^3=a^3$，$|\boldsymbol{A}|=a\neq 0$，故 $\boldsymbol{A}$ 可逆，$\boldsymbol{A}^*=|\boldsymbol{A}|\boldsymbol{A}^{-1}$. 又 $\boldsymbol{A}^3=\boldsymbol{AA}^2=a\boldsymbol{E}$，$\boldsymbol{A}^{-1}=\dfrac{\boldsymbol{A}^2}{a}$，故

$$\boldsymbol{A}^*=a\cdot\frac{\boldsymbol{A}^2}{a},\quad (\boldsymbol{A}^*)^6=(\boldsymbol{A}^2)^6=\boldsymbol{A}^{12}=\boldsymbol{A}^{3^4}=a^4\boldsymbol{E}$$

故应选(B).

【分析二】$(\boldsymbol{A}^*)^6=(\boldsymbol{A}^6)^*=[(\boldsymbol{A}^3)^2]^*=\begin{bmatrix} a^2 & & \\ & a^2 & \\ & & a^2 \end{bmatrix}^*$，由 $\boldsymbol{A}^*$ 的定义得 $(\boldsymbol{A}^*)^6=\begin{bmatrix} a^4 & & \\ & a^4 & \\ & & a^4 \end{bmatrix}=a^4\boldsymbol{E}$. 故应选(B).

【例 2.20】设 n 阶矩阵 $\boldsymbol{A}$ 非奇异 $(n\geqslant 2)$，$\boldsymbol{A}^*$ 是 $\boldsymbol{A}$ 的伴随矩阵，则________.

(A) $(\boldsymbol{A}^*)^*=|\boldsymbol{A}|^{n-1}\boldsymbol{A}$. (B) $(\boldsymbol{A}^*)^*=|\boldsymbol{A}|^{n+1}\boldsymbol{A}$.

(C) $(\boldsymbol{A}^*)^*=|\boldsymbol{A}|^{n-2}\boldsymbol{A}$. (D) $(\boldsymbol{A}^*)^*=|\boldsymbol{A}|^{n+2}\boldsymbol{A}$.

【分析】伴随矩阵的基本关系式为 $\boldsymbol{AA}^*=\boldsymbol{A}^*\boldsymbol{A}=|\boldsymbol{A}|\boldsymbol{E}$. 若将 $\boldsymbol{A}^*$ 视为关系式中的矩阵 $\boldsymbol{A}$，则有 $\boldsymbol{A}^*(\boldsymbol{A}^*)^*=|\boldsymbol{A}^*|\boldsymbol{E}$. 那么，由 $|\boldsymbol{A}^*|=|\boldsymbol{A}|^{n-1}$ 及 $(\boldsymbol{A}^*)^{-1}=\dfrac{\boldsymbol{A}}{|\boldsymbol{A}|}$，可得

$$(\boldsymbol{A}^*)^*=|\boldsymbol{A}^*|(\boldsymbol{A}^*)^{-1}=|\boldsymbol{A}|^{n-1}\frac{\boldsymbol{A}}{|\boldsymbol{A}|}=|\boldsymbol{A}|^{n-2}\boldsymbol{A}$$

故应选(C).

评注　由 $\boldsymbol{A}^*(\boldsymbol{A}^*)^*=|\boldsymbol{A}^*|\boldsymbol{E}$，左乘 $\boldsymbol{A}$ 有 $(\boldsymbol{A}\boldsymbol{A}^*)(\boldsymbol{A}^*)^*=|\boldsymbol{A}|^{n-1}\boldsymbol{A}$，即

$$(|\boldsymbol{A}|\boldsymbol{E})(\boldsymbol{A}^*)^*=|\boldsymbol{A}|^{n-1}\boldsymbol{A}$$

亦知应选(C).

若 $\boldsymbol{A}$ 不可逆，上述关系仍成立，请读者自己证明.

【例 2.21】设 $\boldsymbol{A}$ 为 n 阶可逆矩阵，且 $\boldsymbol{A}^2=|\boldsymbol{A}|\boldsymbol{E}$，则伴随矩阵 $\boldsymbol{A}^*=$________.

【分析】因 $\boldsymbol{A}\boldsymbol{A}^*=|\boldsymbol{A}|\boldsymbol{E}$，又 $\boldsymbol{A}^2=\boldsymbol{A}\boldsymbol{A}=|\boldsymbol{A}|\boldsymbol{E}$，$|\boldsymbol{A}|\neq 0$，则由 $\boldsymbol{A}\boldsymbol{A}^*=\boldsymbol{A}\boldsymbol{A}$ 可得 $\boldsymbol{A}^*=\boldsymbol{A}$.

评注　若 $\boldsymbol{A}$ 为 n 阶方阵，则 $\boldsymbol{A}\boldsymbol{A}^*=|\boldsymbol{A}|\boldsymbol{E}$. 当 $\boldsymbol{A}$ 为可逆矩阵时，$\boldsymbol{A}^*=|\boldsymbol{A}|\boldsymbol{A}^{-1}$. 本题也可以由 $\boldsymbol{A}^2=|\boldsymbol{A}|\boldsymbol{E}$，$\boldsymbol{A}\left(\frac{1}{|\boldsymbol{A}|}\boldsymbol{A}\right)=\boldsymbol{E}$，即 $\boldsymbol{A}^{-1}=\frac{1}{|\boldsymbol{A}|}\boldsymbol{A}$，$\boldsymbol{A}=|\boldsymbol{A}|\boldsymbol{A}^{-1}$，而 $\boldsymbol{A}^*=|\boldsymbol{A}|\boldsymbol{A}^{-1}$，求得 $\boldsymbol{A}^*=\boldsymbol{A}$.

【例 2.22】设 $\boldsymbol{A}$ 是任一 $n(n\geqslant 3)$ 阶方阵，$\boldsymbol{A}^*$ 是其伴随矩阵，又 k 为常数，且 $k\neq 0,\pm 1$，则必有 $(k\boldsymbol{A})^*=$________.

(A) $k\boldsymbol{A}^*$.　　(B) $k^{n-1}\boldsymbol{A}^*$.　　(C) $k^n\boldsymbol{A}^*$.　　(D) $k^{-1}\boldsymbol{A}^*$.

【分析】对任何 n 阶矩阵都成立的关系式，对特殊的 n 阶矩阵自然也成立. 那么，当 $\boldsymbol{A}$ 可逆时，由 $\boldsymbol{A}^*=|\boldsymbol{A}|\boldsymbol{A}^{-1}$，有

$$(k\boldsymbol{A})^*=|k\boldsymbol{A}|(k\boldsymbol{A})^{-1}=k^n|\boldsymbol{A}|\cdot\frac{1}{k}\boldsymbol{A}^{-1}=k^{n-1}\boldsymbol{A}^*$$

故应选(B).

一般地，若 $\boldsymbol{A}=(a_{ij})$，有 $k\boldsymbol{A}=(ka_{ij})$，那么 $|k\boldsymbol{A}|$ 中每个元素的代数余子式恰好是 $|\boldsymbol{A}|$ 相应元素的代数余子式的 k^{n-1} 倍. 按伴随矩阵的定义知，$(k\boldsymbol{A})^*$ 的元素是 $\boldsymbol{A}^*$ 对应元素的 k^{n-1} 倍.

【例 2.23】设矩阵 $\boldsymbol{A}=(a_{ij})_{3\times 3}$ 满足 $\boldsymbol{A}^*=\boldsymbol{A}^{\mathrm{T}}$，其中 $\boldsymbol{A}^*$ 为 $\boldsymbol{A}$ 的伴随矩阵，$\boldsymbol{A}^{\mathrm{T}}$ 为 $\boldsymbol{A}$ 的转置矩阵. 若 a_{11},a_{12},a_{13} 为 3 个相等的正数，则 a_{11} 为________.

(A) $\frac{\sqrt{3}}{3}$.　　(B) 3.　　(C) $\frac{1}{3}$.　　(D) $\sqrt{3}$.

【分析】因为 $\boldsymbol{A}^*=\boldsymbol{A}^{\mathrm{T}}$，所以

$$\begin{bmatrix} A_{11} & A_{21} & A_{31} \\ A_{12} & A_{22} & A_{32} \\ A_{13} & A_{23} & A_{33} \end{bmatrix}=\begin{bmatrix} a_{11} & a_{21} & a_{31} \\ a_{12} & a_{22} & a_{32} \\ a_{13} & a_{23} & a_{33} \end{bmatrix}$$

由此可知 $a_{ij}=A_{ij}$，$\forall\, i,j=1,2,3$. 那么

$$|\boldsymbol{A}|=a_{11}A_{11}+a_{12}A_{12}+a_{13}A_{13}=a_{11}^2+a_{12}^2+a_{13}^2=3a_{11}^2>0$$

又由 $\boldsymbol{A}^*=\boldsymbol{A}^{\mathrm{T}}$，两边取行列式并利用 $|\boldsymbol{A}^*|=|\boldsymbol{A}|^{n-1}$ 及 $|\boldsymbol{A}^{\mathrm{T}}|=|\boldsymbol{A}|$，得 $|\boldsymbol{A}|^2=|\boldsymbol{A}|$. 从而 $|\boldsymbol{A}|=1$，即 $3a_{11}^2=1$，故 $a_{11}=\frac{\sqrt{3}}{3}$. 故应选(A).

评注　本题中 $|\boldsymbol{A}|=1$ 的推导还可利用 $\boldsymbol{A}\boldsymbol{A}^*=|\boldsymbol{A}|\boldsymbol{E}$，于是 $\boldsymbol{A}\boldsymbol{A}^{\mathrm{T}}=|\boldsymbol{A}|\boldsymbol{E}$. 然后两边取行列式来论证，进一步可知矩阵 $\boldsymbol{A}$ 是正交矩阵.

【例 2.24】设 $\boldsymbol{A},\boldsymbol{B}$ 是 n 阶矩阵，则 $\boldsymbol{C}=\begin{bmatrix} \boldsymbol{A} & \boldsymbol{O} \\ \boldsymbol{O} & \boldsymbol{B} \end{bmatrix}$ 的伴随矩阵是________.

学习随笔

(A) $\begin{bmatrix} |A|A^* & O \\ O & |B|B^* \end{bmatrix}$.　　(B) $\begin{bmatrix} |B|B^* & O \\ O & |A|A^* \end{bmatrix}$.

(C) $\begin{bmatrix} |A|B^* & O \\ O & |B|A^* \end{bmatrix}$.　　(D) $\begin{bmatrix} |B|A^* & O \\ O & |A|B^* \end{bmatrix}$.

【分析】由于 $CC^* = |C|E = |A||B|E$，可见

$$\begin{bmatrix} A & O \\ O & B \end{bmatrix}\begin{bmatrix} |B|A^* & O \\ O & |A|B^* \end{bmatrix} = \begin{bmatrix} |B|AA^* & O \\ O & |A|BB^* \end{bmatrix} = |A||B|E$$

故应选(D). 另外，作为选择题不妨附加条件 A,B 可逆，那么

$$C^* = |C|C^{-1} = |A||B|\begin{bmatrix} A^{-1} & O \\ O & B^{-1} \end{bmatrix} = \begin{bmatrix} |B|A^* & O \\ O & |A|B^* \end{bmatrix}$$

【例 2.25】已知 A 是 3 阶非零矩阵，且 $a_{ij} = A_{ij}(\forall i, j=1,2,3)$. 证明：$A$ 可逆，并求 $|A|$.

【证明】因为 A 是非零矩阵，不妨设 $a_{11} \neq 0$，那么按第 1 行展开，并将 $a_{ij}=A_{ij}$ 代入，即有

$$|A| = a_{11}A_{11} + a_{12}A_{12} + a_{13}A_{13} = a_{11}^2 + a_{12}^2 + a_{13}^2 > 0$$

所以，A 可逆.

由于 $$A = \begin{bmatrix} a_{11} & a_{12} & a_{13} \\ a_{21} & a_{22} & a_{23} \\ a_{31} & a_{32} & a_{33} \end{bmatrix} = \begin{bmatrix} A_{11} & A_{12} & A_{13} \\ A_{21} & A_{22} & A_{23} \\ A_{31} & A_{32} & A_{33} \end{bmatrix} = (A^*)^T$$

即 $A^T = A^*$，那么对 $AA^* = |A|E$ 两边取行列式，有

$$|A|^2 = |A| \cdot |A^T| = ||A|E| = |A|^3$$

得 $|A|^2(|A|-1)=0$. 从而 $|A|=1$.

【例 2.26】设 A 是 n 阶矩阵：

(1) 证明 $(A^*)^T = (A^T)^*$.

(2) 如果 A 是奇数阶反对称矩阵，证明 A^* 是对称矩阵.

【证明】(1)按定义，矩阵 $(A^*)^T$ 中第 i 行第 j 列的元素是矩阵 A^* 中第 j 行第 i 列的元素，也就是行列式 $|A|$ 的代数余子式 A_{ij}.

而 $(A^T)^*$ 中第 i 行第 j 列的元素是行列式 $|A^T|$ 的第 j 行第 i 列的代数余子式 A_{ji}^T，它正是行列式 $|A|$ 的第 i 行第 j 列的代数余子式 A_{ij} 的转置，由于经过转置行列式值不变，它也就是 $|A|$ 的代数余子式 A_{ij}. 所以 $(A^*)^T = (A^T)^*$.

(2) 因为 A 是反对称矩阵，所以 $A^T = -A$，由(1)有

$$(A^*)^T = (A^T)^* = (-A)^*$$

又因 $(kA)^* = k^{n-1}A^*$，故当 A 是奇数阶矩阵($n=2k+1$)时，

$$(A^*)^T = (-1)^{2k}A^* = A^*$$

即 A^* 是对称矩阵.

评注　如果 A 是可逆矩阵，则题(1)也可证明如下：

因为 $(A^T)(A^T)^* = |A^T|E = |A|E$，所以

$$(A^T)^* = |A|(A^T)^{-1} = |A|(A^{-1})^T = |A|\left(\frac{A^*}{|A|}\right)^T = (A^*)^T$$

注意：对于公式 $AA^* = |A|E$ 要会灵活运用.

学习随笔

五、可逆矩阵

【解题思路】矩阵求逆的基本方法有：

方法一：定义法，找出 $\boldsymbol{B}$ 使 $\boldsymbol{AB}=\boldsymbol{E}$ 或 $\boldsymbol{BA}=\boldsymbol{E}$.

方法二：伴随矩阵法，$\boldsymbol{A}^{-1}=\dfrac{1}{|\boldsymbol{A}|}\boldsymbol{A}^*$.

方法三：初等变换法(详见第三章).

$$(\boldsymbol{A}\,\vdots\,\boldsymbol{E})\xrightarrow{\text{只用行变换}}\cdots\rightarrow(\boldsymbol{E}\,\vdots\,\boldsymbol{A}^{-1}),\quad \begin{pmatrix}\boldsymbol{A}\\ \cdots\\ \boldsymbol{E}\end{pmatrix}\xrightarrow{\text{只用列变换}}\cdots\rightarrow\begin{pmatrix}\boldsymbol{E}\\ \cdots\\ \boldsymbol{A}^{-1}\end{pmatrix}$$

方法四：分块矩阵法(详见本章“七、分块矩阵”).

$$\begin{bmatrix}\boldsymbol{A} & \boldsymbol{O}\\ \boldsymbol{O} & \boldsymbol{B}\end{bmatrix}^{-1}=\begin{bmatrix}\boldsymbol{A}^{-1} & \boldsymbol{O}\\ \boldsymbol{O} & \boldsymbol{B}^{-1}\end{bmatrix},\quad \begin{bmatrix}\boldsymbol{O} & \boldsymbol{A}\\ \boldsymbol{B} & \boldsymbol{O}\end{bmatrix}^{-1}=\begin{bmatrix}\boldsymbol{O} & \boldsymbol{B}^{-1}\\ \boldsymbol{A}^{-1} & \boldsymbol{O}\end{bmatrix}$$

【例 2.27】求 $\boldsymbol{A}=\begin{bmatrix}1 & 3\\ -1 & 2\end{bmatrix}$ 的逆矩阵.

【解】对于 2 阶矩阵，用“主对角线对换、副对角线变号”求出其伴随矩阵，即 $\boldsymbol{A}^*=\begin{bmatrix}2 & -3\\ 1 & 1\end{bmatrix}$，又 $|\boldsymbol{A}|=\begin{vmatrix}1 & 3\\ -1 & 2\end{vmatrix}=5$，所以 $\boldsymbol{A}^{-1}=\dfrac{\boldsymbol{A}^*}{|\boldsymbol{A}|}=\dfrac{1}{5}\begin{bmatrix}2 & -3\\ 1 & 1\end{bmatrix}$.

【例 2.28】求 $\boldsymbol{A}=\begin{bmatrix}2 & 1 & 2\\ 3 & 2 & 2\\ 1 & 2 & 3\end{bmatrix}$ 的逆矩阵.

【解】用伴随矩阵：

由于 $|\boldsymbol{A}|=5$，$A_{11}=\begin{vmatrix}2 & 2\\ 2 & 3\end{vmatrix}=2$，$A_{12}=-\begin{vmatrix}3 & 2\\ 1 & 3\end{vmatrix}=-7$，$A_{13}=\begin{vmatrix}3 & 2\\ 1 & 2\end{vmatrix}=4$，$A_{21}=-\begin{vmatrix}1 & 2\\ 2 & 3\end{vmatrix}=1$，$A_{22}=\begin{vmatrix}2 & 2\\ 1 & 3\end{vmatrix}=4$，$A_{23}=-\begin{vmatrix}2 & 1\\ 1 & 2\end{vmatrix}=-3$，$A_{31}=\begin{vmatrix}1 & 2\\ 2 & 2\end{vmatrix}=-2$，$A_{32}=-\begin{vmatrix}2 & 2\\ 3 & 2\end{vmatrix}=2$，$A_{33}=\begin{vmatrix}2 & 1\\ 3 & 2\end{vmatrix}=1$，所以 $\boldsymbol{A}^{-1}=\dfrac{\boldsymbol{A}^*}{|\boldsymbol{A}|}=\dfrac{1}{5}\begin{bmatrix}2 & 1 & -2\\ -7 & 4 & 2\\ 4 & -3 & 1\end{bmatrix}$.

评注　用伴随矩阵求逆时，不要忘记代数余子式带有符号 $(-1)^{i+j}$，且第 i 行的代数余子式在伴随矩阵中是第 i 列.

【例 2.29】已知 n 阶矩阵 $\boldsymbol{A}$ 满足 $\boldsymbol{A}^2+\boldsymbol{A}-4\boldsymbol{E}=\boldsymbol{O}$：

(1) 求 $\boldsymbol{A}^{-1}$.

(2) 求 $(\boldsymbol{A}-\boldsymbol{E})^{-1}$.

【分析】由于 $\boldsymbol{A}$ 的元素未给出，伴随矩阵法、初等变换法均行不通，故应考虑定义法.

【解】(1)由于 $\boldsymbol{A}(\boldsymbol{A}+\boldsymbol{E})=4\boldsymbol{E}$，则 $\boldsymbol{A}\cdot\dfrac{\boldsymbol{A}+\boldsymbol{E}}{4}=\boldsymbol{E}\Rightarrow\boldsymbol{A}^{-1}=\dfrac{1}{4}(\boldsymbol{A}+\boldsymbol{E})$.

(2) 由于 $(\boldsymbol{A}-\boldsymbol{E})(\boldsymbol{A}+2\boldsymbol{E})-2\boldsymbol{E}=\boldsymbol{A}^2+\boldsymbol{A}-4\boldsymbol{E}=\boldsymbol{O}$，即 $(\boldsymbol{A}-\boldsymbol{E})(\boldsymbol{A}+2\boldsymbol{E})=2\boldsymbol{E}$，则 $(\boldsymbol{A}-\boldsymbol{E})\cdot\dfrac{\boldsymbol{A}+2\boldsymbol{E}}{2}=\boldsymbol{E}$. 所以 $(\boldsymbol{A}-\boldsymbol{E})^{-1}=\dfrac{1}{2}(\boldsymbol{A}+2\boldsymbol{E})$.

学习随笔

【例 2.30】已知 $A=\frac{1}{2}\begin{bmatrix}2&0&0\\0&-1&3\\0&2&-5\end{bmatrix}$，求 $(A^*)^{-1}$.

【分析】由于 $AA^*=|A|E$，有 $\frac{A}{|A|}\cdot A^*=E$，故 $(A^*)^{-1}=\frac{A}{|A|}$. 因此，本题实际上只是计算 $|A|$，注意 $|kA|$ 表达式不要出错.

【解】因为 $|A|=\frac{1}{8}\begin{vmatrix}2&0&0\\0&1&3\\0&2&5\end{vmatrix}=-\frac{1}{4}$，所以

$$(A^*)^{-1}=\frac{A}{|A|}=-2\begin{bmatrix}2&0&0\\0&-1&3\\0&2&-5\end{bmatrix}=\begin{bmatrix}-4&0&0\\0&2&-6\\0&-4&10\end{bmatrix}$$

【例 2.31】已知 $A^{-1}=\begin{bmatrix}1&1&1\\1&2&-1\\1&1&3\end{bmatrix}$，求 $(A^*)^{-1}$.

【解】利用 $(A^*)^{-1}=(A^{-1})^*$ 直接计算 $|A^{-1}|$ 的代数余子式，有

$$A_{11}^{-1}=\begin{vmatrix}2&-1\\1&3\end{vmatrix}=7,\quad A_{12}^{-1}=-\begin{vmatrix}1&-1\\1&3\end{vmatrix}=-4$$

$$A_{13}^{-1}=\begin{vmatrix}1&2\\1&1\end{vmatrix}=-1,\quad A_{21}^{-1}=-\begin{vmatrix}1&1\\1&3\end{vmatrix}=-2$$

$$A_{22}^{-1}=\begin{vmatrix}1&1\\1&3\end{vmatrix}=2,\quad A_{23}^{-1}=-\begin{vmatrix}1&1\\1&1\end{vmatrix}=0$$

$$A_{31}^{-1}=\begin{vmatrix}1&1\\2&-1\end{vmatrix}=-3,\quad A_{32}^{-1}=-\begin{vmatrix}1&1\\1&-1\end{vmatrix}=2,\quad A_{33}^{-1}=\begin{vmatrix}1&1\\1&2\end{vmatrix}=1$$

下略.

评注　根据 $AA^*=|A|E$，有 $A^{-1}(A^{-1})^*=|A^{-1}|E$，故

$$(A^{-1})^*=|A^{-1}|A=\frac{A}{|A|}$$

又知 $(A^*)^{-1}=\frac{A}{|A|}$，所以 $(A^*)^{-1}=(A^{-1})^*$.

【例 2.32】已知 $A^*=\begin{bmatrix}4&3&0&0\\-1&0&0&0\\0&0&3&-6\\0&0&-3&3\end{bmatrix}$，试求 A^{-1} 和 A.

【分析】因为 $A^{-1}=\frac{1}{|A|}A^*$，所以求 A^{-1} 的关键是求 $|A|$. 又由 $AA^*=|A|E$ 知 $A=|A|(A^*)^{-1}$，可见求得 $|A|$ 和 $(A^*)^{-1}$ 后即可得到 A.

【解】对 $AA^*=|A|E$ 两边取行列式得 $|A|\,|A|^*=|A|^4$，于是

学习随笔

$$|A|^3=|A^*|=\begin{vmatrix}4&3&0&0\\-1&0&0&0\\0&0&3&-6\\0&0&-3&3\end{vmatrix}=\begin{vmatrix}4&3\\-1&0\end{vmatrix}\begin{vmatrix}3&-6\\-3&3\end{vmatrix}=-27$$

即 $|A|=-3$，故 $A^{-1}=\frac{1}{|A|}A^*=\begin{bmatrix}-\frac{4}{3}&-1&0&0\\\frac{1}{3}&0&0&0\\0&0&-1&2\\0&0&1&-1\end{bmatrix}$.

又因为 $A^*=\begin{bmatrix}A_1&O\\O&A_2\end{bmatrix}$，其中 $A_1=\begin{bmatrix}4&3\\-1&0\end{bmatrix}$，$A_2=\begin{bmatrix}3&-6\\-3&3\end{bmatrix}$，可求得

$$A_1^{-1}=\frac{1}{|A_1|}A_1^*=\frac{1}{3}\begin{bmatrix}0&-1\\1&4\end{bmatrix},\quad A_2^{-1}=\frac{1}{|A_2|}A_2^*=\frac{-1}{9}\begin{bmatrix}3&6\\3&3\end{bmatrix}$$

故由 $AA^*=|A|E$ 得

$$A=|A|(A^*)^{-1}=|A|\begin{bmatrix}A_1^{-1}&O\\O&A_2^{-1}\end{bmatrix}=\begin{bmatrix}0&3&0&0\\-1&-4&0&0\\0&0&1&2\\0&0&1&1\end{bmatrix}$$

【例 2.33】设 n 阶方阵 A,B,C 满足关系式 $ABC=E$，其中 E 是 n 阶单位阵，则________.

(A) $ACB=E$.　　　(B) $CBA=E$.

(C) $BAC=E$.　　　(D) $BCA=E$.

【分析】矩阵的乘法没有交换律，只有一些特殊情况可交换. 由于 A,B,C 均为 n 阶矩阵，且 $ABC=E$，据行列式乘法公式 $|A||B||C|=1$ 知 A,B,C 均可逆. 那么对 $ABC=E$ 先左乘 A^{-1} 再右乘 A，有

$$ABC=E\rightarrow BC=A^{-1}\rightarrow BCA=E$$

故应选(D).

类似地，由 $BCA=E\rightarrow CAB=E$.

不难想出，若 n 阶矩阵 $ABCD=E$，则有

$$ABCD=BCDA=CDAB=DABC=E$$

$$(BC)^T(DA)^T=C^TB^TA^TD^T=(DABC)^T=E^T=E$$

【例 2.34】设 $A,B,A+B,A^{-1}+B^{-1}$ 均为 n 阶可逆矩阵，则 $(A^{-1}+B^{-1})^{-1}$ 等于________.

(A) $A^{-1}+B^{-1}$.　　　(B) $A+B$.

(C) $A(A+B)^{-1}B$.　　　(D) $(A+B)^{-1}$.

【分析】因为 $A,B,A+B$ 均可逆，则有

$$\begin{aligned}(A^{-1}+B^{-1})^{-1}&=(EA^{-1}+B^{-1}E)^{-1}\\&=(B^{-1}BA^{-1}+B^{-1}AA^{-1})^{-1}=[B^{-1}(B+A)A^{-1}]^{-1}\end{aligned}$$

学习随笔

$$=(A^{-1})^{-1}(B+A)^{-1}(B^{-1})^{-1}=A(A+B)^{-1}B$$

故应选(C).

注意:一般情况下$(A+B)^{-1}\neq A^{-1}+B^{-1}$,不要与转置的性质相混淆.

【例 2.35】设$A=\begin{bmatrix}1&0&0&0\\-2&3&0&0\\0&-4&5&0\\0&0&-6&7\end{bmatrix}$,$E$ 为 4 阶单位矩阵,且 $B=(E+A)^{-1}(E-A)$,则$(E+B)^{-1}=$________.

【分析】本题虽可以先由 A 求出$(E+A)^{-1}$,再作矩阵乘法求出 B,最后通过求逆得到$(E+B)^{-1}$,但这种方法计算量太大.

若用单位矩阵恒等变形的技巧,有

$$\begin{aligned}B+E&=(E+A)^{-1}(E-A)+E\\&=(E+A)^{-1}[(E-A)+(E+A)]=2(E+A)^{-1}\end{aligned}$$

所以 $$(E+B)^{-1}=[2(E+A)^{-1}]^{-1}=\frac{1}{2}(E+A)=\begin{bmatrix}1&0&0&0\\-1&2&0&0\\0&-2&3&0\\0&0&-3&4\end{bmatrix}$$

或者,由 $B=(E+A)^{-1}(E-A)$,左乘 $E+A$ 得

$$(E+A)B=E-A\Rightarrow(E+A)B+(E+A)=E-A+E+A=2E$$

即$(E+A)(E+B)=2E$.

【例 2.36】设矩阵 $A=\begin{bmatrix}1&-1\\2&3\end{bmatrix}$,$B=A^2-3A+2E$,则 $B^{-1}=$________.

【分析】因为 $B=(A-2E)(A-E)$,故 $B^{-1}=(A-E)^{-1}(A-2E)^{-1}$. 因此,应求出$(A-E)^{-1}$,$(A-2E)^{-1}$.

$$(A-E)^{-1}=\begin{bmatrix}0&-1\\2&2\end{bmatrix}^{-1}=\frac{1}{2}\begin{bmatrix}2&1\\-2&0\end{bmatrix}$$

$$(A-2E)^{-1}=\begin{bmatrix}-1&-1\\2&1\end{bmatrix}^{-1}=\begin{bmatrix}1&1\\-2&-1\end{bmatrix}$$

所以 $$B^{-1}=\frac{1}{2}\begin{bmatrix}2&1\\-2&0\end{bmatrix}\begin{bmatrix}1&1\\-2&-1\end{bmatrix}=\begin{bmatrix}0&\frac{1}{2}\\-1&-1\end{bmatrix}$$

【例 2.37】设 A,B 均为 3 阶矩阵,E 是 3 阶单位矩阵. 已知 $AB=2A+B$,$B=\begin{bmatrix}2&0&2\\0&4&0\\2&0&2\end{bmatrix}$,则$(A-E)^{-1}=$________.

【分析】由已知条件,有 $AB-B-2A+2E=2E$,即$(A-E)(B-2E)=2E$. 按可逆定义,知$(A-E)^{-1}=\frac{1}{2}(B-2E)=\begin{bmatrix}0&0&1\\0&1&0\\1&0&0\end{bmatrix}$.

【例 2.38】设 $\boldsymbol{A}$ 是 n 阶矩阵，$\boldsymbol{A}^m=\boldsymbol{O}$. 证明：$\boldsymbol{E}-\boldsymbol{A}$ 可逆，并求其逆.

【证明】因为 $\boldsymbol{A}^m=\boldsymbol{O}$，故有 $\boldsymbol{E}-\boldsymbol{A}^m=\boldsymbol{E}$. 而

$$(\boldsymbol{E}-\boldsymbol{A})(\boldsymbol{E}+\boldsymbol{A}+\boldsymbol{A}^2+\cdots+\boldsymbol{A}^{m-1})=\boldsymbol{E}-\boldsymbol{A}^m=\boldsymbol{E}$$

所以 $\boldsymbol{E}-\boldsymbol{A}$ 可逆，且 $(\boldsymbol{E}-\boldsymbol{A})^{-1}=\boldsymbol{E}+\boldsymbol{A}+\boldsymbol{A}^2+\cdots+\boldsymbol{A}^{m-1}$.

【例 2.39】已知 $\boldsymbol{A}^3=2\boldsymbol{E}$，$\boldsymbol{B}=\boldsymbol{A}^2+2\boldsymbol{A}+\boldsymbol{E}$. 证明：$\boldsymbol{B}$ 可逆，并求其逆.

【分析】由于 $\boldsymbol{B}=(\boldsymbol{A}+\boldsymbol{E})^2$，故应证 $\boldsymbol{A}+\boldsymbol{E}$ 可逆.

【证明】因为 $\boldsymbol{A}^3+\boldsymbol{E}=3\boldsymbol{E}$，得 $(\boldsymbol{A}+\boldsymbol{E})(\boldsymbol{A}^2-\boldsymbol{A}+\boldsymbol{E})=3\boldsymbol{E}$. 可见 $|\boldsymbol{A}+\boldsymbol{E}|\neq 0$，故 $\boldsymbol{B}=(\boldsymbol{A}+\boldsymbol{E})^2$ 可逆. 由

$$(\boldsymbol{A}+\boldsymbol{E})\cdot\frac{1}{3}(\boldsymbol{A}^2-\boldsymbol{A}+\boldsymbol{E})=\boldsymbol{E}$$

知

$$(\boldsymbol{A}+\boldsymbol{E})^{-1}=\frac{1}{3}(\boldsymbol{A}^2-\boldsymbol{A}+\boldsymbol{E})$$

那么

$$\boldsymbol{B}^{-1}=[(\boldsymbol{A}+\boldsymbol{E})^2]^{-1}=[(\boldsymbol{A}+\boldsymbol{E})^{-1}]^2=\frac{1}{9}(\boldsymbol{A}^2-\boldsymbol{A}+\boldsymbol{E})^2$$

【例 2.40】设 $\boldsymbol{A}$，$\boldsymbol{B}$ 均为 n 阶方阵，且 $\boldsymbol{E}-\boldsymbol{AB}$ 为可逆矩阵. 试证：$\boldsymbol{E}-\boldsymbol{BA}$ 为可逆矩阵，其中 $\boldsymbol{E}$ 为单位矩阵.

【证明】由于

$$\begin{aligned}\boldsymbol{E}-\boldsymbol{BA}&=\boldsymbol{E}-\boldsymbol{B}(\boldsymbol{E}-\boldsymbol{AB})(\boldsymbol{E}-\boldsymbol{AB})^{-1}\boldsymbol{A}\\&=\boldsymbol{E}-(\boldsymbol{B}-\boldsymbol{BAB})(\boldsymbol{E}-\boldsymbol{AB})^{-1}\boldsymbol{A}=\boldsymbol{E}-(\boldsymbol{E}-\boldsymbol{BA})\boldsymbol{B}(\boldsymbol{E}-\boldsymbol{AB})^{-1}\boldsymbol{A}\end{aligned}$$

可见

$$\boldsymbol{E}-\boldsymbol{BA}+(\boldsymbol{E}-\boldsymbol{BA})\boldsymbol{B}(\boldsymbol{E}-\boldsymbol{AB})^{-1}\boldsymbol{A}=\boldsymbol{E}$$

即

$$(\boldsymbol{E}-\boldsymbol{BA})[\boldsymbol{E}+\boldsymbol{B}(\boldsymbol{E}-\boldsymbol{AB})^{-1}\boldsymbol{A}]=\boldsymbol{E}$$

于是，$\boldsymbol{E}-\boldsymbol{BA}$ 可逆，且其逆矩阵 $(\boldsymbol{E}-\boldsymbol{BA})^{-1}=\boldsymbol{E}+\boldsymbol{B}(\boldsymbol{E}-\boldsymbol{AB})^{-1}\boldsymbol{A}$.

【例 2.41】设有方阵 $\boldsymbol{A}$ 满足 $\boldsymbol{A}^2-3\boldsymbol{A}-10\boldsymbol{E}=\boldsymbol{O}$. 证明：$\boldsymbol{A}$ 与 $\boldsymbol{A}-4\boldsymbol{E}$ 都是可逆矩阵，并求它们的逆矩阵.

【分析】设法由题设方程中分解出矩阵 $\boldsymbol{A}$ 和 $\boldsymbol{A}-4\boldsymbol{E}$，证明其行列式不等于 0，由此得出其为可逆矩阵，然后再找出与 $\boldsymbol{A}$ 及 $\boldsymbol{A}-4\boldsymbol{E}$ 相乘得到单位矩阵的矩阵就是它们的逆矩阵.

【证明】由 $\boldsymbol{A}^2-3\boldsymbol{A}-10\boldsymbol{E}=\boldsymbol{O}$，可得 $\boldsymbol{A}(\boldsymbol{A}-3\boldsymbol{E})=10\boldsymbol{E}$，且 $\boldsymbol{A}\left[\frac{1}{10}(\boldsymbol{A}-3\boldsymbol{E})\right]=\boldsymbol{E}$，则有 $|\boldsymbol{A}|\left|\frac{1}{10}(\boldsymbol{A}-3\boldsymbol{E})\right|=1\neq 0$，所以 $|\boldsymbol{A}|\neq 0$，$\boldsymbol{A}$ 为可逆矩阵.

又因 $\boldsymbol{A}\left[\frac{1}{10}(\boldsymbol{A}-3\boldsymbol{E})\right]=\boldsymbol{E}$，故 $\boldsymbol{A}^{-1}=\frac{1}{10}(\boldsymbol{A}-3\boldsymbol{E})$.

又由 $\boldsymbol{A}^2-3\boldsymbol{A}-10\boldsymbol{E}=\boldsymbol{O}$ 可有 $\boldsymbol{A}^2-3\boldsymbol{A}-4\boldsymbol{E}=6\boldsymbol{E}$，从而 $(\boldsymbol{A}-4\boldsymbol{E})(\boldsymbol{A}+\boldsymbol{E})=6\boldsymbol{E}$，

所以

$$(\boldsymbol{A}-4\boldsymbol{E})\left[\frac{1}{6}(\boldsymbol{A}+\boldsymbol{E})\right]=\boldsymbol{E}$$

则

$$|\boldsymbol{A}-4\boldsymbol{E}|\cdot\left|\frac{1}{6}(\boldsymbol{A}+\boldsymbol{E})\right|=1\neq 0,\ |\boldsymbol{A}-4\boldsymbol{E}|\neq 0$$

故 $\boldsymbol{A}-4\boldsymbol{E}$ 为可逆矩阵，并且 $(\boldsymbol{A}-4\boldsymbol{E})^{-1}=\frac{1}{6}(\boldsymbol{A}+\boldsymbol{E})$.

学习随笔

评注　实际上，得到等式 $A\left[\frac{1}{10}(A-3E)\right]=E$，即可知 A 为可逆矩阵，且 $A^{-1}=\frac{1}{10}(A-3E)$. 这是根据矩阵可逆的充分必要条件定理的推论得出的，即对 n 阶矩阵 A，若有 n 阶矩阵 B，使得 $AB=E$，则矩阵 A 可逆，且 $A^{-1}=B$.

【例 2.42】设 n 阶方阵 A 满足 $A^2+2A+2E=O$. 证明：对任意实数 k，矩阵 $(A+kE)$ 是可逆矩阵，并求其逆矩阵.

【分析】此题只要依照逆矩阵的定义，设法找出与矩阵 $(A+kE)$ 相乘等于单位矩阵的那个矩阵，即 $(A+kE)$ 的逆矩阵，由此也就证明了 $(A+kE)$ 是可逆矩阵.

【证明】由 $A^2+2A+2E=(A+kE)[A+(2-k)E]+(2-2k+k^2)E$，$A^2+2A+2E=O$ 得

$$(A+kE)[A+(2-k)E]=-(k^2-2k+2)E$$

因为 $k^2-2k+2=(k-1)^2+1\neq 0$，所以

$$(A+kE)\frac{A+(2-k)E}{-(k^2-2k+2)}=E$$

故 $A+kE$ 可逆，且 $(A+kE)^{-1}=\dfrac{-A+(k-2)E}{k^2-2k+2}$.

评注　类似于多项式的除法，可用矩阵多项式 $A^2+2A+2E$ 除以矩阵多项式 $A+kE$，得到商 $A+(2-k)E$，余 $(2-2k+k^2)E$. 因此得到等式

$$A^2+2A+2E=(A+kE)[A+(2-k)E]+(2-2k+k^2)E$$

【例 2.43】设方阵 A 满足 $A^3-A^2+2A-E=O$. 证明：A 及 $E-A$ 均可逆，并求 A^{-1} 和 $(E-A)^{-1}$.

【分析】证明 A 及 $E-A$ 均可逆并求逆，应根据 $A^3-A^2+2A-E=O$ 找到矩阵 B 和 C，使得 $AB=E$ 及 $(E-A)C=E$，则有 $A^{-1}=B$，$(E-A)^{-1}=C$. 矩阵 B 和 C 可以通过观察得到，也可采用待定系数法得到. 本题中 B 易于通过观察得到. 为了求得矩阵 C，可设

$$(E-A)(-A^2+aA+bE)=cE$$

展开得 $A^3-(a+1)A^2+(a-b)A+(b-c)E=O$. 与所给等式比较得 $a+1=1$，$a-b=2$，$b-c=-1$，解得 $a=0$，$b=-2$，$c=1$，于是 $(E-A)(-A^2-2E)=-E$，即 $(E-A)(A^2+2E)=E$. 故 $C=A^2+2E$.

【证明】由 $A^3-A^2+2A-E=O$ 得 $A(A^2-A+2E)=E$，故 A 可逆，且

$$A^{-1}=A^2-A+2E$$

又由 $A^3-A^2+2A-E=O$ 得 $(E-A)(A^2+2E)=E$，故 $E-A$ 可逆，且

$$(E-A)^{-1}=A^2+2E$$

【例 2.44】已知 A，B 均为 n 阶矩阵，且 $AB=E$，化简 $B[E-B(E+A^TB^T)^{-1}A]A$.

【分析】由题设可知 A，B 均可逆，且 $AB=BA=E$.

【解】据已知条件，有 $BA=E$，于是

$$\begin{aligned}&B[E-B(E+A^TB^T)^{-1}A]A\\&=B[E-B(E+(BA)^T)^{-1}A]A=B[E-B(2E)^{-1}A]A\\&=B\left(E-\frac{1}{2}BA\right)A=B\left(\frac{1}{2}E\right)A=\frac{1}{2}BA=\frac{1}{2}E\end{aligned}$$

评注　如果 $\boldsymbol{A},\boldsymbol{B}$ 是 n 阶矩阵，且 $\boldsymbol{AB}=\boldsymbol{E}$，那么 $\boldsymbol{A}$ 可逆，有 $\boldsymbol{A}^{-1}=\boldsymbol{B}$，亦有 $\boldsymbol{BA}=\boldsymbol{E}$. 如果缺少 n 阶矩阵的条件，结论是不正确的. 例如

$$\begin{bmatrix}1&0&2\\0&1&0\end{bmatrix}\begin{bmatrix}-1&0\\0&1\\1&0\end{bmatrix}=\begin{bmatrix}1&0\\0&1\end{bmatrix}$$

虽然有 $\boldsymbol{AB}=\boldsymbol{E}$，显然 $\boldsymbol{BA}\neq\boldsymbol{E}$.

【例 2.45】已知 $\boldsymbol{A}$ 可逆，且 $(\boldsymbol{A}+\boldsymbol{B})^2=\boldsymbol{E}$，化简 $(\boldsymbol{E}+\boldsymbol{BA}^{-1})^{-1}$.

【解】$(\boldsymbol{E}+\boldsymbol{BA}^{-1})^{-1}=(\boldsymbol{AA}^{-1}+\boldsymbol{BA}^{-1})^{-1}=[(\boldsymbol{A}+\boldsymbol{B})\boldsymbol{A}^{-1}]^{-1}=(\boldsymbol{A}^{-1})^{-1}(\boldsymbol{A}+\boldsymbol{B})^{-1}$ $\overset{*}{=\!=}\boldsymbol{A}(\boldsymbol{A}+\boldsymbol{B})$. 其中，* 因为 $(\boldsymbol{A}+\boldsymbol{B})^2=\boldsymbol{E}$，即 $(\boldsymbol{A}+\boldsymbol{B})(\boldsymbol{A}+\boldsymbol{B})=\boldsymbol{E}$，故 $(\boldsymbol{A}+\boldsymbol{B})^{-1}=\boldsymbol{A}+\boldsymbol{B}$.

评注　转置矩阵有性质 $(\boldsymbol{A}+\boldsymbol{B})^{\mathrm{T}}=\boldsymbol{A}^{\mathrm{T}}+\boldsymbol{B}^{\mathrm{T}}$，而可逆矩阵没有该性质. 一般情况下 $(\boldsymbol{A}+\boldsymbol{B})^{-1}\neq\boldsymbol{A}^{-1}+\boldsymbol{B}^{-1}$，因此，对于 $(\boldsymbol{A}+\boldsymbol{B})^{-1}$ 通常应当对 $\boldsymbol{A}+\boldsymbol{B}$ 作恒等变形，将其化为乘积. 应当知道本题中把单位矩阵恒等变形的思想.

【例 2.46】设 $\boldsymbol{A}$ 是元素都是 1 的 3 阶矩阵. 证明：$(\boldsymbol{E}-\boldsymbol{A})^{-1}=\boldsymbol{E}-\dfrac{1}{2}\boldsymbol{A}$.

【证明】因为 $\boldsymbol{A}=\begin{bmatrix}1&1&1\\1&1&1\\1&1&1\end{bmatrix}=\begin{bmatrix}1\\1\\1\end{bmatrix}(1,1,1)$，又 $(1,1,1)\begin{bmatrix}1\\1\\1\end{bmatrix}=3$，

故
$$\boldsymbol{A}^2=\begin{bmatrix}1\\1\\1\end{bmatrix}(1,1,1)\begin{bmatrix}1\\1\\1\end{bmatrix}(1,1,1)=3\boldsymbol{A}$$

即
$$\boldsymbol{A}^2-3\boldsymbol{A}=(\boldsymbol{E}-\boldsymbol{A})(2\boldsymbol{E}-\boldsymbol{A})-2\boldsymbol{E}=\boldsymbol{O}$$

于是
$$(\boldsymbol{E}-\boldsymbol{A})\cdot\frac{2\boldsymbol{E}-\boldsymbol{A}}{2}=\boldsymbol{E}$$

所以
$$(\boldsymbol{E}-\boldsymbol{A})^{-1}=\frac{2\boldsymbol{E}-\boldsymbol{A}}{2}=\boldsymbol{E}-\frac{1}{2}\boldsymbol{A}$$

【例 2.47】设 $\boldsymbol{A}$ 为 n 阶矩阵，且 $\boldsymbol{A}^2-3\boldsymbol{A}+2\boldsymbol{E}=\boldsymbol{O}$，则矩阵 $2\boldsymbol{E}-\boldsymbol{A}$ 与 $\boldsymbol{E}-\boldsymbol{A}$ 一定________.

(A) 同时为可逆矩阵.　　(B) 同时为不可逆矩阵.

(C) 至少有一个为零矩阵.　　(D) 最多有一个为可逆矩阵.

【分析】用矩阵可逆的充分必要条件来判别. 因为

$$(2\boldsymbol{E}-\boldsymbol{A})(\boldsymbol{E}-\boldsymbol{A})=2\boldsymbol{E}-3\boldsymbol{A}+\boldsymbol{A}^2=\boldsymbol{O}$$

由行列式 $|2\boldsymbol{E}-\boldsymbol{A}||\boldsymbol{E}-\boldsymbol{A}|=|2\boldsymbol{E}-3\boldsymbol{A}+\boldsymbol{A}^2|=|\boldsymbol{O}|=0$，可知 $|2\boldsymbol{E}-\boldsymbol{A}|$ 与 $|\boldsymbol{E}-\boldsymbol{A}|$ 至少有一个为 0，故 $2\boldsymbol{E}-\boldsymbol{A}$ 与 $\boldsymbol{E}-\boldsymbol{A}$ 最多有一个为可逆矩阵. 故选(D).

评注　本题常见的错误：因为 $(2\boldsymbol{E}-\boldsymbol{A})(\boldsymbol{E}-\boldsymbol{A})=2\boldsymbol{E}-3\boldsymbol{A}+\boldsymbol{A}^2=\boldsymbol{O}$，所以矩阵 $2\boldsymbol{E}-\boldsymbol{A}$，$\boldsymbol{E}-\boldsymbol{A}$ 至少有一个为零矩阵. 其错误是未注意到两个非零矩阵的乘积可能是零矩阵.

【例 2.48】设 3 阶矩阵 $\boldsymbol{A}=\begin{bmatrix}1&1&0\\0&3&3\\0&0&4\end{bmatrix}$，$\boldsymbol{B}=\begin{bmatrix}-1&1&0\\0&0&3\\0&0&2\end{bmatrix}$，$\boldsymbol{E}$ 为 3 阶单位矩阵，且满足 $(\boldsymbol{E}-\boldsymbol{A}^{-1}\boldsymbol{B})^{\mathrm{T}}\boldsymbol{A}^{\mathrm{T}}\boldsymbol{C}=\boldsymbol{E}$，则矩阵 $\boldsymbol{C}=$________.

学习随笔

【分析】由于$(\boldsymbol{E}-\boldsymbol{A}^{-1}\boldsymbol{B})^{\mathrm{T}}\boldsymbol{A}^{\mathrm{T}}\boldsymbol{C}=[\boldsymbol{A}(\boldsymbol{E}-\boldsymbol{A}^{-1}\boldsymbol{B})]^{\mathrm{T}}\boldsymbol{C}=(\boldsymbol{A}-\boldsymbol{B})^{\mathrm{T}}\boldsymbol{C}$，依题设有$(\boldsymbol{A}-\boldsymbol{B})^{\mathrm{T}}\boldsymbol{C}=\boldsymbol{E}$，所以$(\boldsymbol{A}-\boldsymbol{B})^{\mathrm{T}}$与$\boldsymbol{C}$均可逆，且$\boldsymbol{C}^{-1}=(\boldsymbol{A}-\boldsymbol{B})^{\mathrm{T}}$. 于是

$$\boldsymbol{C}^{-1}=\begin{bmatrix}2&0&0\\0&3&0\\0&0&2\end{bmatrix}^{\mathrm{T}}=\begin{bmatrix}2&0&0\\0&3&0\\0&0&2\end{bmatrix},\quad \boldsymbol{C}=\begin{bmatrix}\frac{1}{2}&0&0\\0&\frac{1}{3}&0\\0&0&\frac{1}{2}\end{bmatrix}$$

【例 2.49】设$\boldsymbol{A}$是n阶方阵，满足$\boldsymbol{A}^m=\boldsymbol{E}$，其中$m$为正整数，将$\boldsymbol{A}$中元素$a_{ij}$用其代数余子式$A_{ij}$代替得到的矩阵记为$\boldsymbol{B}$，则$\boldsymbol{B}^m=$________.

【分析】由$\boldsymbol{A}^m=\boldsymbol{A}\boldsymbol{A}^{m-1}=\boldsymbol{E}$可知$\boldsymbol{A}$为可逆矩阵，于是$\boldsymbol{A}^*=|\boldsymbol{A}|\boldsymbol{A}^{-1}$，且$|\boldsymbol{A}|^m=|\boldsymbol{A}^m|=1$. 又由题设有$\boldsymbol{B}=(A_{ij})_{n\times n}=(A_{ji})_{n\times n}^{\mathrm{T}}=(\boldsymbol{A}^*)^{\mathrm{T}}$，故

$$\boldsymbol{B}^m=[(\boldsymbol{A}^*)^{\mathrm{T}}]^m=[|\boldsymbol{A}|(\boldsymbol{A}^{-1})^{\mathrm{T}}]^m=|\boldsymbol{A}|^m[(\boldsymbol{A}^m)^{\mathrm{T}}]^{-1}=|\boldsymbol{A}|^m(\boldsymbol{E}^{\mathrm{T}})^{-1}=\boldsymbol{E}$$

【例 2.50】设$\boldsymbol{A}$为主对角线元素为 0 的 4 阶实对称可逆矩阵，$\boldsymbol{E}$为 4 阶单位阵，

$$\boldsymbol{B}=\begin{bmatrix}0&0&0&0\\0&0&0&0\\0&0&k&0\\0&0&0&l\end{bmatrix}\ (k>0,l>0)$$

(1) 试计算$\boldsymbol{E}+\boldsymbol{AB}$，并指出$\boldsymbol{A}$中元素满足什么条件时，$\boldsymbol{E}+\boldsymbol{AB}$为可逆矩阵.

(2) 当$\boldsymbol{E}+\boldsymbol{AB}$可逆时，试证明：$(\boldsymbol{E}+\boldsymbol{AB})^{-1}\boldsymbol{A}$为对称矩阵.

【解】(1)设$\boldsymbol{A}=\begin{bmatrix}0&a_{12}&a_{13}&a_{14}\\a_{12}&0&a_{23}&a_{24}\\a_{13}&a_{23}&0&a_{34}\\a_{14}&a_{24}&a_{34}&0\end{bmatrix}$，则$\boldsymbol{E}+\boldsymbol{AB}=\begin{bmatrix}1&0&ka_{13}&la_{14}\\0&1&ka_{23}&la_{24}\\0&0&1&la_{34}\\0&0&ka_{34}&l\end{bmatrix}$.

故$|\boldsymbol{E}+\boldsymbol{AB}|=1-kla_{34}^2$，即当$1-kla_{34}^2\neq 0$时，$\boldsymbol{E}+\boldsymbol{AB}$为可逆矩阵.

(2) $(\boldsymbol{E}+\boldsymbol{AB})^{-1}\boldsymbol{A}=[\boldsymbol{A}^{-1}(\boldsymbol{E}+\boldsymbol{AB})]^{-1}=(\boldsymbol{A}^{-1}+\boldsymbol{B})^{-1}$，由于$\boldsymbol{A}^{\mathrm{T}}=\boldsymbol{A}$，$\boldsymbol{B}^{\mathrm{T}}=\boldsymbol{B}$，所以

$$\begin{aligned}[(\boldsymbol{A}^{-1}+\boldsymbol{B})^{-1}]^{\mathrm{T}}&=[(\boldsymbol{A}^{-1}+\boldsymbol{B})^{\mathrm{T}}]^{-1}=[(\boldsymbol{A}^{-1})^{\mathrm{T}}+\boldsymbol{B}^{\mathrm{T}}]^{-1}\\&=[(\boldsymbol{A}^{\mathrm{T}})^{-1}+\boldsymbol{B}]^{-1}=(\boldsymbol{A}^{-1}+\boldsymbol{B})^{-1}\end{aligned}$$

即$(\boldsymbol{A}^{-1}+\boldsymbol{B})^{-1}$是对称矩阵，故$(\boldsymbol{E}+\boldsymbol{AB})^{-1}\boldsymbol{A}$是对称矩阵.

六、矩阵方程

【解题思路】解矩阵方程$\boldsymbol{AX}=\boldsymbol{B}$的基本方法有：

方法一：若$\boldsymbol{A}$可逆，则$\boldsymbol{X}=\boldsymbol{A}^{-1}\boldsymbol{B}$，可以先求出$\boldsymbol{A}^{-1}$，再作乘法$\boldsymbol{A}^{-1}\boldsymbol{B}$求出$\boldsymbol{X}$，也可用行变换直接求出$\boldsymbol{X}$，即

$$(\boldsymbol{A}\mid\boldsymbol{B})\rightarrow\cdots(\boldsymbol{E}\mid\boldsymbol{X})$$

方法二：若$\boldsymbol{A}$不可逆，则可设未知数列方程，用高斯消元法将其化为阶梯形方程组，即

$$(\boldsymbol{A}\mid\boldsymbol{B})\xrightarrow{\text{只用行变换}}\cdots\rightarrow(\diagdown\!\_\_\,\|\cdots\|)$$

然后对每列常数项分别求解(详见第三章).

类似地，对于方程$\boldsymbol{XA}=\boldsymbol{B}$，若$\boldsymbol{A}$可逆，则$\boldsymbol{X}=\boldsymbol{BA}^{-1}$；对于方程$\boldsymbol{AXB}=\boldsymbol{C}$，若$\boldsymbol{A},\boldsymbol{B}$均可逆，则$\boldsymbol{X}=\boldsymbol{A}^{-1}\boldsymbol{CB}^{-1}$.

【例 2.51】解下列矩阵方程：

(1) $\begin{bmatrix}1&3\\2&5\end{bmatrix}X\begin{bmatrix}1&0\\-1&1\end{bmatrix}=\begin{bmatrix}3&4\\5&6\end{bmatrix}$.

(2) $X\begin{bmatrix}1&1&1\\0&1&1\\0&0&1\end{bmatrix}=\begin{bmatrix}1&2&3\\4&5&6\end{bmatrix}$.

【解】(1)因为 $\begin{vmatrix}1&3\\2&5\end{vmatrix}\neq0$，$\begin{vmatrix}1&0\\-1&1\end{vmatrix}\neq0$，所以矩阵 $\begin{bmatrix}1&3\\2&5\end{bmatrix}$ 与 $\begin{bmatrix}1&0\\-1&1\end{bmatrix}$ 都是可逆矩阵，于是

$$X=\begin{bmatrix}1&3\\2&5\end{bmatrix}^{-1}\begin{bmatrix}3&4\\5&6\end{bmatrix}\begin{bmatrix}1&0\\-1&1\end{bmatrix}^{-1}=\begin{bmatrix}-5&3\\2&-1\end{bmatrix}\begin{bmatrix}3&4\\5&6\end{bmatrix}\begin{bmatrix}1&0\\1&1\end{bmatrix}=\begin{bmatrix}-2&-2\\3&2\end{bmatrix}$$

(2) 因为 $\begin{vmatrix}1&1&1\\0&1&1\\0&0&1\end{vmatrix}\neq0$，所以矩阵 $\begin{bmatrix}1&1&1\\0&1&1\\0&0&1\end{bmatrix}$ 是可逆矩阵. 故

$$X=\begin{bmatrix}1&2&3\\4&5&6\end{bmatrix}\begin{bmatrix}1&1&1\\0&1&1\\0&0&1\end{bmatrix}^{-1}=\begin{bmatrix}1&2&3\\4&5&6\end{bmatrix}\begin{bmatrix}1&-1&0\\0&1&-1\\0&0&1\end{bmatrix}=\begin{bmatrix}1&1&1\\4&1&1\end{bmatrix}$$

【例 2.52】已知 $AX+2E=X+B$，其中

$$A=\begin{bmatrix}3&2&3\\1&0&0\\-1&2&2\end{bmatrix},\quad B=\begin{bmatrix}5&-1&0\\-1&2&2\\2&1&-1\end{bmatrix}$$

求 X.

【解】因为 $AX-X=B-2E$，即 $(A-E)X=B-2E$，又因 $|A-E|=\begin{vmatrix}2&2&3\\1&-1&0\\-1&2&1\end{vmatrix}=-1\neq0$，故 $A-E$ 可逆.

于是
$$\begin{aligned}X&=(A-E)^{-1}(B-2E)\\&=\begin{bmatrix}2&2&3\\1&-1&0\\-1&2&1\end{bmatrix}^{-1}\begin{bmatrix}3&-1&0\\-1&0&2\\2&1&-3\end{bmatrix}\\&=\begin{bmatrix}1&-4&-3\\1&-5&-3\\-1&6&4\end{bmatrix}\begin{bmatrix}3&-1&0\\-1&0&2\\2&1&-3\end{bmatrix}=\begin{bmatrix}1&-4&1\\2&-4&-1\\-1&5&0\end{bmatrix}\end{aligned}$$

【例 2.53】设 4 阶矩阵

$$B=\begin{bmatrix}1&-1&0&0\\0&1&-1&0\\0&0&1&-1\\0&0&0&1\end{bmatrix},\quad C=\begin{bmatrix}2&1&3&4\\0&2&1&3\\0&0&2&1\\0&0&0&2\end{bmatrix}$$

且矩阵 A 满足关系式 $A(E-C^{-1}B)^{\mathrm{T}}C^{\mathrm{T}}=E$，其中 E 为 4 阶单位矩阵，C^{-1} 是 C 的逆矩

学习随笔

阵，C^{T} 表示 C 的转置矩阵.将上述关系式化简并求矩阵 A.

【解】由 $(AB)^{\mathrm{T}}=B^{\mathrm{T}}A^{\mathrm{T}}$，知

$$(E-C^{-1}B)^{\mathrm{T}}C^{\mathrm{T}}=[C(E-C^{-1}B)]^{\mathrm{T}}=(C-B)^{\mathrm{T}}$$

那么由 $A(C-B)^{\mathrm{T}}=E$，知 $A=[(C-B)^{\mathrm{T}}]^{-1}=[(C-B)^{-1}]^{\mathrm{T}}$.

由 $C-B=\begin{bmatrix}1&2&3&4\\0&1&2&3\\0&0&1&2\\0&0&0&1\end{bmatrix}$，得 $(C-B)^{-1}=\begin{bmatrix}1&-2&1&0\\0&1&-2&1\\0&0&1&-2\\0&0&0&1\end{bmatrix}$. 故

$$A=\begin{bmatrix}1&0&0&0\\-2&1&0&0\\1&-2&1&0\\0&1&-2&1\end{bmatrix}$$

评注　化简矩阵方程时，要正确运用矩阵的运算法则.

【例 2.54】设 A,B 为 3 阶矩阵，满足 $AB+E=A^2+B$，E 为 3 阶单位矩阵. 又知

$$A=\begin{bmatrix}1&0&1\\0&2&0\\-1&0&1\end{bmatrix}$$

求矩阵 B.

【解】化简矩阵方程为 $(A-E)B=A^2-E=(A-E)(A+E)$. 由于 $A-E=\begin{bmatrix}0&0&1\\0&1&0\\-1&0&0\end{bmatrix}$ 可逆，则对矩阵方程两端左乘 $(A-E)^{-1}$ 得

$$B=A+E=\begin{bmatrix}2&0&1\\0&3&0\\-1&0&2\end{bmatrix}$$

评注　矩阵乘法没有交换律，通常 $A^2-B^2\neq(A+B)(A-B)$. 但对于 A^2-E 却有

$$A^2-E=(A+E)(A-E)=(A-E)(A+E)$$

因此本题可以不求 A^2 及 $(A-E)^{-1}$ 就能得到矩阵 B.

【例 2.55】已知 $A=\begin{bmatrix}1&1&-1\\0&1&1\\0&0&-1\end{bmatrix}$，且 $A^2-AB=E$，其中 E 是 3 阶单位矩阵，求矩阵 B.

【解】由已知条件有 $AB=A^2-E$. 因为 $|A|=-1$，知 A 可逆，于是 $B=A-A^{-1}$. 又

$$A^{-1}=\begin{bmatrix}1&1&-1\\0&1&1\\0&0&-1\end{bmatrix}^{-1}=\begin{bmatrix}1&-1&-2\\0&1&1\\0&0&-1\end{bmatrix}$$

从而

$$B=\begin{bmatrix}1&1&-1\\0&1&1\\0&0&-1\end{bmatrix}-\begin{bmatrix}1&-1&-2\\0&1&1\\0&0&-1\end{bmatrix}=\begin{bmatrix}0&2&1\\0&0&0\\0&0&0\end{bmatrix}$$

【例 2.56】设矩阵 $\boldsymbol{A},\boldsymbol{B}$ 满足 $\boldsymbol{A}^*\boldsymbol{B}\boldsymbol{A}=2\boldsymbol{B}\boldsymbol{A}-8\boldsymbol{E}$，其中 $\boldsymbol{A}=\begin{bmatrix}1&0&0\\0&-2&0\\0&0&1\end{bmatrix}$，$\boldsymbol{E}$ 为单位矩阵，$\boldsymbol{A}^*$ 为 $\boldsymbol{A}$ 的伴随矩阵，则 $\boldsymbol{B}=$________.

【分析】先化简矩阵方程. 将已知矩阵方程左乘 $\boldsymbol{A}$、右乘 $\boldsymbol{A}^{-1}$ 有

$$\boldsymbol{A}(\boldsymbol{A}^*\boldsymbol{B}\boldsymbol{A})\boldsymbol{A}^{-1}=\boldsymbol{A}(2\boldsymbol{B}\boldsymbol{A})\boldsymbol{A}^{-1}-\boldsymbol{A}(8\boldsymbol{E})\boldsymbol{A}^{-1}$$

并利用 $\boldsymbol{A}\boldsymbol{A}^*=|\boldsymbol{A}|\boldsymbol{E}$ 及本题中 $|\boldsymbol{A}|=-2$，则 $\boldsymbol{B}+\boldsymbol{A}\boldsymbol{B}=4\boldsymbol{E}$. 故

$$\boldsymbol{B}=4(\boldsymbol{E}+\boldsymbol{A})^{-1}=4\begin{bmatrix}2&0&0\\0&-1&0\\0&0&2\end{bmatrix}^{-1}=\begin{bmatrix}2&0&0\\0&-4&0\\0&0&2\end{bmatrix}$$

【例 2.57】已知矩阵 $\boldsymbol{A}=\begin{bmatrix}1&0&0\\1&1&0\\1&1&1\end{bmatrix}$，$\boldsymbol{B}=\begin{bmatrix}0&1&1\\1&0&1\\1&1&0\end{bmatrix}$，且矩阵 $\boldsymbol{X}$ 满足

$$\boldsymbol{A}\boldsymbol{X}\boldsymbol{A}+\boldsymbol{B}\boldsymbol{X}\boldsymbol{B}=\boldsymbol{A}\boldsymbol{X}\boldsymbol{B}+\boldsymbol{B}\boldsymbol{X}\boldsymbol{A}+\boldsymbol{E}$$

其中 $\boldsymbol{E}$ 是 3 阶单位矩阵，求 $\boldsymbol{X}$.

【解】化简矩阵方程，有 $\boldsymbol{A}\boldsymbol{X}(\boldsymbol{A}-\boldsymbol{B})+\boldsymbol{B}\boldsymbol{X}(\boldsymbol{B}-\boldsymbol{A})=\boldsymbol{E}$，即 $(\boldsymbol{A}-\boldsymbol{B})\boldsymbol{X}(\boldsymbol{A}-\boldsymbol{B})=\boldsymbol{E}$.

由于 $|\boldsymbol{A}-\boldsymbol{B}|=\begin{vmatrix}1&-1&-1\\0&1&-1\\0&0&1\end{vmatrix}=1$，所以矩阵 $\boldsymbol{A}-\boldsymbol{B}$ 可逆，且

$$(\boldsymbol{A}-\boldsymbol{B})^{-1}=\begin{bmatrix}1&1&2\\0&1&1\\0&0&1\end{bmatrix}$$

于是

$$\boldsymbol{X}=[(\boldsymbol{A}-\boldsymbol{B})^{-1}]^2=\begin{bmatrix}1&2&5\\0&1&2\\0&0&1\end{bmatrix}$$

【例 2.58】已知 $\boldsymbol{A},\boldsymbol{B}$ 为 3 阶矩阵，且满足 $2\boldsymbol{A}^{-1}\boldsymbol{B}=\boldsymbol{B}-4\boldsymbol{E}$，其中 $\boldsymbol{E}$ 是 3 阶单位矩阵.

(1) 证明：矩阵 $\boldsymbol{A}-2\boldsymbol{E}$ 可逆.

(2) 若 $\boldsymbol{B}=\begin{bmatrix}1&-2&0\\1&2&0\\0&0&2\end{bmatrix}$，求矩阵 $\boldsymbol{A}$.

【解】(1)由 $2\boldsymbol{A}^{-1}\boldsymbol{B}=\boldsymbol{B}-4\boldsymbol{E}$ 两端都左乘 $\boldsymbol{A}$，知 $\boldsymbol{A}\boldsymbol{B}-2\boldsymbol{B}-4\boldsymbol{A}=\boldsymbol{O}$. 从而

$$(\boldsymbol{A}-2\boldsymbol{E})(\boldsymbol{B}-4\boldsymbol{E})=8\boldsymbol{E}\quad 或 \quad (\boldsymbol{A}-2\boldsymbol{E})\cdot\frac{1}{8}(\boldsymbol{B}-4\boldsymbol{E})=\boldsymbol{E}$$

故 $\boldsymbol{A}-2\boldsymbol{E}$ 可逆，且 $(\boldsymbol{A}-2\boldsymbol{E})^{-1}=\dfrac{1}{8}(\boldsymbol{B}-4\boldsymbol{E})$.

(2) 由(1)知 $\boldsymbol{A}=2\boldsymbol{E}+8(\boldsymbol{B}-4\boldsymbol{E})^{-1}$. 而

学习随笔

$$(\boldsymbol{B}-4\boldsymbol{E})^{-1}=\begin{bmatrix}-3&-2&0\\1&-2&0\\0&0&-2\end{bmatrix}^{-1}=\begin{bmatrix}-\frac{1}{4}&\frac{1}{4}&0\\-\frac{1}{8}&-\frac{3}{8}&0\\0&0&-\frac{1}{2}\end{bmatrix}$$

故 $\boldsymbol{A}=\begin{bmatrix}0&2&0\\-1&-1&0\\0&0&-2\end{bmatrix}$.

评注　如果只是证明 $\boldsymbol{A}-2\boldsymbol{E}$ 可逆,那么由

$$\boldsymbol{AB}-2\boldsymbol{B}-4\boldsymbol{A}=\boldsymbol{O}\Rightarrow(\boldsymbol{A}-2\boldsymbol{E})\boldsymbol{B}=4\boldsymbol{A}$$

因为 $\boldsymbol{A}$ 可逆,知 $|4\boldsymbol{A}|=4^3|\boldsymbol{A}|\neq0$,故 $|\boldsymbol{A}-2\boldsymbol{E}|\cdot|\boldsymbol{B}|\neq0$.就可证出 $\boldsymbol{A}-2\boldsymbol{E}$ 可逆.

【例 2.59】设 $\boldsymbol{A},\boldsymbol{B},\boldsymbol{C}$ 均为 n 阶矩阵,$\boldsymbol{E}$ 为 n 阶单位矩阵,若 $\boldsymbol{B}=\boldsymbol{E}+\boldsymbol{AB}$,$\boldsymbol{C}=\boldsymbol{A}+\boldsymbol{CA}$,则 $\boldsymbol{B}-\boldsymbol{C}$ 为________.

(A) $\boldsymbol{E}$.　　(B) $-\boldsymbol{E}$.　　(C) $\boldsymbol{A}$.　　(D) $-\boldsymbol{A}$.

【分析】由 $\boldsymbol{B}=\boldsymbol{E}+\boldsymbol{AB}\Rightarrow(\boldsymbol{E}-\boldsymbol{A})\boldsymbol{B}=\boldsymbol{E}\Rightarrow\boldsymbol{B}=(\boldsymbol{E}-\boldsymbol{A})^{-1}$.

由 $\boldsymbol{C}=\boldsymbol{A}+\boldsymbol{CA}\Rightarrow\boldsymbol{C}(\boldsymbol{E}-\boldsymbol{A})=\boldsymbol{A}\Rightarrow\boldsymbol{C}=\boldsymbol{A}(\boldsymbol{E}-\boldsymbol{A})^{-1}$.

那么 $\boldsymbol{B}-\boldsymbol{C}=(\boldsymbol{E}-\boldsymbol{A})^{-1}-\boldsymbol{A}(\boldsymbol{E}-\boldsymbol{A})^{-1}=(\boldsymbol{E}-\boldsymbol{A})(\boldsymbol{E}-\boldsymbol{A})^{-1}=\boldsymbol{E}$.

故应选(A).

【例 2.60】设 3 阶方阵 $\boldsymbol{A},\boldsymbol{B}$ 满足关系式 $\boldsymbol{A}^{-1}\boldsymbol{BA}=6\boldsymbol{A}+\boldsymbol{BA}$,且 $\boldsymbol{A}=\begin{bmatrix}\frac{1}{3}&0&0\\0&\frac{1}{4}&0\\0&0&\frac{1}{7}\end{bmatrix}$,则 $\boldsymbol{B}=$________.

【分析】由题设知,$\boldsymbol{A}$ 可逆.在题设关系式两端右乘 $\boldsymbol{A}^{-1}$,则有 $\boldsymbol{A}^{-1}\boldsymbol{B}=6\boldsymbol{E}+\boldsymbol{B}$,在该式两端左乘 $\boldsymbol{A}$,得 $\boldsymbol{B}=6\boldsymbol{A}+\boldsymbol{AB}$,移项得 $(\boldsymbol{E}-\boldsymbol{A})\boldsymbol{B}=6\boldsymbol{A}$,则 $\boldsymbol{B}=6(\boldsymbol{E}-\boldsymbol{A})^{-1}\boldsymbol{A}$.于是由

$$(\boldsymbol{E}-\boldsymbol{A})^{-1}=\begin{bmatrix}\frac{2}{3}&&\\&\frac{3}{4}&\\&&\frac{6}{7}\end{bmatrix}^{-1}=\begin{bmatrix}\frac{3}{2}&&\\&\frac{4}{3}&\\&&\frac{7}{6}\end{bmatrix}$$

得

$$\boldsymbol{B}=6\begin{bmatrix}\frac{3}{2}&&\\&\frac{4}{3}&\\&&\frac{7}{6}\end{bmatrix}\begin{bmatrix}\frac{1}{3}&&\\&\frac{1}{4}&\\&&\frac{1}{7}\end{bmatrix}=\begin{bmatrix}3&&\\&2&\\&&1\end{bmatrix}$$

评注　读者要熟悉可逆对角矩阵的求逆公式 $\begin{bmatrix} a_1 & 0 & 0 \\ 0 & a_2 & 0 \\ 0 & 0 & a_3 \end{bmatrix}^{-1} = \begin{bmatrix} \frac{1}{a_1} & 0 & 0 \\ 0 & \frac{1}{a_2} & 0 \\ 0 & 0 & \frac{1}{a_3} \end{bmatrix}$.

【例 2.61】已知 $A=\begin{bmatrix} 1 & 1 & -1 \\ -1 & 1 & 1 \\ 1 & -1 & 1 \end{bmatrix}$,若

$$A^*B\left(\frac{1}{2}A^*\right)^*=8A^{-1}B+12E \tag{2.9}$$

求矩阵 B.

【分析】由于 $(kA)^*=k^{n-1}A^*$,$(A^*)^*=|A|^{n-2}A$,可见

$$\left(\frac{1}{2}A^*\right)^*=\left(\frac{1}{2}\right)^{3-1}(A^*)^*=\frac{1}{4}|A|A$$

又 $AA^*=|A|E$,只要先求出 $|A|$ 的值,就可把矩阵方程(2.9)化简.

【解】由于 $|A|=4$,用矩阵 A 左乘方程(2.9)两端,有

$$AA^*B\left(\frac{1}{2}A^*\right)^*=8B+12A$$

因为 $AA^*=|A|E=4E$,$\left(\frac{1}{2}A^*\right)^*=\frac{1}{4}(A^*)^*=\frac{1}{4}|A|A=A$,故 $4BA=8B+12A$,即 $B(A-2E)=3A$.那么 $B=3A(A-2E)^{-1}$.由

$$(A-2E)^{-1}=\begin{bmatrix} -1 & 1 & -1 \\ -1 & -1 & 1 \\ 1 & -1 & -1 \end{bmatrix}^{-1}=-\frac{1}{2}\begin{bmatrix} 1 & 1 & 0 \\ 0 & 1 & 1 \\ 1 & 0 & 1 \end{bmatrix}$$

得

$$B=-\frac{3}{2}\begin{bmatrix} 1 & 1 & -1 \\ -1 & 1 & 1 \\ 1 & -1 & 1 \end{bmatrix}\begin{bmatrix} 1 & 1 & 0 \\ 0 & 1 & 1 \\ 1 & 0 & 1 \end{bmatrix}=\begin{bmatrix} 0 & -3 & 0 \\ 0 & 0 & -3 \\ -3 & 0 & 0 \end{bmatrix}$$

【例 2.62】设矩阵 A 的伴随矩阵 $A^*=\begin{bmatrix} 1 & 0 & 0 & 0 \\ 0 & 1 & 0 & 0 \\ 1 & 0 & 1 & 0 \\ 0 & -3 & 0 & 8 \end{bmatrix}$,且

$$ABA^{-1}=BA^{-1}+3E \tag{2.10}$$

求矩阵 B.

【分析】化简矩阵方程(2.10),两端右乘 A 得

$$AB-B=3A\Rightarrow (A-E)B=3A$$

由于已知条件是 A^*,可继续变形,用 A^* 左乘式(2.11)两端并利用关系式 $AA^*=A^*A=|A|E$ 得

$$B=3|A|(|A|E-A^*)^{-1}$$

因此,应先求出 $|A|$,再求逆.

学习随笔

【解】由 $|A^*|=|A|^{n-1}$,则 $|A|^3=8$,得 $|A|=2$. 又因 $(A-E)BA^{-1}=3E$,则 $(A-E)B=3A$,左乘 A^*,得 $(|A|E-A^*)B=3|A|E$,即 $(2E-A^*)B=6E$. 故 $B=6(2E-A^*)^{-1}$.

$$\text{由 } 2E-A^*=\begin{bmatrix}1&0&0&0\\0&1&0&0\\-1&0&1&0\\0&3&0&-6\end{bmatrix},\text{求出}(2E-A^*)^{-1}=\begin{bmatrix}1&0&0&0\\0&1&0&0\\1&0&1&0\\0&\frac{1}{2}&0&-\frac{1}{6}\end{bmatrix}.$$

$$\text{所以 } B=\begin{bmatrix}6&0&0&0\\0&6&0&0\\6&0&6&0\\0&3&0&-1\end{bmatrix}.$$

评注　解矩阵方程一般应先化简,不要急于把已知数据代入,恒等变形应正确. 常见错误有 $AX-X=X(A-E)$,或由 $AX=B$ 得 $X=BA^{-1}$ 等.

【例 2.63】设 $A=\begin{bmatrix}2&0&1\\0&3&0\\2&0&2\end{bmatrix}$,$B=\begin{bmatrix}a&0&0\\0&-1&0\\0&0&b\end{bmatrix}$,矩阵 X 满足 $AX+2B=BA+2X$,且 $X^2=\begin{bmatrix}0&0&0\\0&1&0\\0&0&1\end{bmatrix}$,求参数 a,b.

【解】由 $AX+2B=BA+2X$,得 $(A-2E)X=B(A-2E)$,而 $A-2E$ 可逆,所以

$$X=(A-2E)^{-1}B(A-AE)=\begin{bmatrix}0&0&1\\0&1&0\\2&0&0\end{bmatrix}^{-1}\begin{bmatrix}a&0&0\\0&-1&0\\0&0&b\end{bmatrix}\begin{bmatrix}0&0&1\\0&1&0\\2&0&0\end{bmatrix}=\begin{bmatrix}b&0&0\\0&-1&0\\0&0&a\end{bmatrix}$$

由题设得 $\begin{bmatrix}b^2&0&0\\0&1&0\\0&0&a^2\end{bmatrix}=X^2=\begin{bmatrix}0&0&0\\0&1&0\\0&0&1\end{bmatrix}$,即有 $b^2=0,a^2=1$,故 $a=\pm1,b=0$.

七、分块矩阵

【例 2.64】用分块矩阵作乘法,求 AB.

(1) $A=\begin{bmatrix}1&2&3\\4&5&6\\7&8&9\end{bmatrix}$,　$B=\begin{bmatrix}0&1&0\\-2&1&0\\1&0&-2\end{bmatrix}$.

(2) $A=\begin{bmatrix} & \\ & \\ 1 & \\ \vdots_{j\text{列}} & \end{bmatrix}_m$ $\cdots i$ 行,　$B=(b_{ij})_{m\times n}$.

【解】(1) 对矩阵 A 按列分块,记 $A=(\alpha_1,\alpha_2,\alpha_3)$,则

学习随笔

$$AB=(\boldsymbol{\alpha}_1,\boldsymbol{\alpha}_2,\boldsymbol{\alpha}_3)\begin{bmatrix}0&1&0\\-2&1&0\\1&0&-2\end{bmatrix}=(\boldsymbol{\alpha}_3-2\boldsymbol{\alpha}_2,\boldsymbol{\alpha}_1+\boldsymbol{\alpha}_2,-2\boldsymbol{\alpha}_3)$$

$$=\begin{bmatrix}-1&3&-6\\-4&9&-12\\-7&15&-18\end{bmatrix}$$

(2) 对矩阵 $\boldsymbol{B}$ 按行分块,记 $\boldsymbol{B}=\begin{bmatrix}\boldsymbol{\alpha}_1\\\boldsymbol{\alpha}_2\\\vdots\\\boldsymbol{\alpha}_m\end{bmatrix}$,则

$$AB=\begin{bmatrix}0&\cdots&0&\cdots&0\\\vdots&&\vdots&&\vdots\\0&\cdots&1&\cdots&0\\\vdots&&\vdots&&\vdots\\0&\cdots&0&\cdots&0\end{bmatrix}\begin{bmatrix}\boldsymbol{\alpha}_1\\\boldsymbol{\alpha}_2\\\vdots\\\boldsymbol{\alpha}_m\end{bmatrix}=\begin{bmatrix}0\\\vdots\\\boldsymbol{\alpha}_j\\\vdots\\0\end{bmatrix}(i\text{ 行})=\begin{bmatrix}0&0&\cdots&0\\\vdots&\vdots&&\vdots\\b_{j1}&b_{j2}&\cdots&b_{jn}\\\vdots&\vdots&&\vdots\\0&0&\cdots&0\end{bmatrix}(i\text{ 行})$$

评注 计算 $\boldsymbol{AB}$ 时,如果矩阵 $\boldsymbol{A}$ 较简单(零元素多),则可对矩阵 $\boldsymbol{B}$ 按行分块(如本题(2));如果矩阵 $\boldsymbol{B}$ 较简单,则可对矩阵 $\boldsymbol{A}$ 按列分块(如本题(1)).这样计算比较方便,出错率会下降.

【例 2.65】求下三角矩阵 $\boldsymbol{A}$ 与 $\boldsymbol{B}$ 的乘积,其中

$$A=\begin{bmatrix}1&0&0&0\\0&1&0&0\\-1&1&2&0\\2&3&-1&3\end{bmatrix},\quad B=\begin{bmatrix}3&0&0&0\\1&2&0&0\\2&-1&1&0\\-1&3&0&1\end{bmatrix}$$

【解】把 $\boldsymbol{A},\boldsymbol{B}$ 各分成 4 块,记

$$A=\left[\begin{array}{cc:cc}1&0&0&0\\0&1&0&0\\\hdashline-1&1&2&0\\2&3&-1&3\end{array}\right]=\begin{bmatrix}E&O\\A_3&A_4\end{bmatrix},\quad B=\left[\begin{array}{cc:cc}3&0&0&0\\1&2&0&0\\\hdashline2&-1&1&0\\-1&3&0&1\end{array}\right]=\begin{bmatrix}B_1&O\\B_3&E\end{bmatrix}$$

那么
$$AB=\begin{bmatrix}E&O\\A_3&A_4\end{bmatrix}\begin{bmatrix}B_1&O\\B_3&E\end{bmatrix}=\begin{bmatrix}B_1&O\\A_3B_1+A_4B_3&A_4\end{bmatrix}$$

由于
$$A_3B_1=\begin{bmatrix}-1&1\\2&3\end{bmatrix}\begin{bmatrix}3&0\\1&2\end{bmatrix}=\begin{bmatrix}-2&2\\9&6\end{bmatrix}$$

$$A_4B_3=\begin{bmatrix}2&0\\-1&3\end{bmatrix}\begin{bmatrix}2&-1\\-1&3\end{bmatrix}=\begin{bmatrix}4&-2\\-5&10\end{bmatrix}$$

从而
$$AB=\begin{bmatrix}3&0&0&0\\1&2&0&0\\2&0&2&0\\4&16&-1&3\end{bmatrix}$$

学习随笔

【例 2.66】求矩阵 $\boldsymbol{A}$ 的逆矩阵，其中 $\boldsymbol{A}=\begin{bmatrix}1&1&0&0&0\\1&2&0&0&0\\0&0&1&1&0\\0&0&0&1&2\\0&0&0&0&1\end{bmatrix}$.

【解】把 $\boldsymbol{A}$ 分成 4 块，其中 $\boldsymbol{A}_1$ 是 2 阶矩阵，$\boldsymbol{A}_2$ 是 3 阶矩阵，两个零矩阵分别是 2×3 与 3×2 矩阵，即

$$\boldsymbol{A}=\begin{bmatrix}\boldsymbol{A}_1&\boldsymbol{O}\\\boldsymbol{O}&\boldsymbol{A}_2\end{bmatrix}$$

设 $\boldsymbol{X}$ 是 $\boldsymbol{A}$ 的逆矩阵，并相应的对 $\boldsymbol{X}$ 进行分块，即 $\boldsymbol{X}=\begin{bmatrix}\boldsymbol{X}_1&\boldsymbol{X}_2\\\boldsymbol{X}_3&\boldsymbol{X}_4\end{bmatrix}$. 那么

$$\begin{bmatrix}\boldsymbol{A}_1&\boldsymbol{O}\\\boldsymbol{O}&\boldsymbol{A}_2\end{bmatrix}\begin{bmatrix}\boldsymbol{X}_1&\boldsymbol{X}_2\\\boldsymbol{X}_3&\boldsymbol{X}_4\end{bmatrix}=\begin{bmatrix}\boldsymbol{A}_1\boldsymbol{X}_1&\boldsymbol{A}_1\boldsymbol{X}_2\\\boldsymbol{A}_2\boldsymbol{X}_3&\boldsymbol{A}_2\boldsymbol{X}_4\end{bmatrix}=\begin{bmatrix}\boldsymbol{E}&\boldsymbol{O}\\\boldsymbol{O}&\boldsymbol{E}\end{bmatrix}$$

于是
$$\begin{cases}\boldsymbol{A}_1\boldsymbol{X}_1=\boldsymbol{E},\\\boldsymbol{A}_1\boldsymbol{X}_2=\boldsymbol{0},\\\boldsymbol{A}_2\boldsymbol{X}_3=\boldsymbol{0},\\\boldsymbol{A}_2\boldsymbol{X}_4=\boldsymbol{E}\end{cases}$$

因为 $\boldsymbol{A}_1,\boldsymbol{A}_2$ 均可逆，得到 $\boldsymbol{X}_1=\boldsymbol{A}_1^{-1},\boldsymbol{X}_2=\boldsymbol{O},\boldsymbol{X}_3=\boldsymbol{O},\boldsymbol{X}_4=\boldsymbol{A}_2^{-1}$. 由于

$$\boldsymbol{A}_1^{-1}=\begin{bmatrix}2&-1\\-1&1\end{bmatrix},\boldsymbol{A}_2^{-1}=\begin{bmatrix}1&-1&2\\0&1&-2\\0&0&1\end{bmatrix}$$

所以
$$\boldsymbol{A}^{-1}=\begin{bmatrix}2&-1&0&0&0\\-1&1&0&0&0\\0&0&1&-1&2\\0&0&0&1&-2\\0&0&0&0&1\end{bmatrix}$$

评注　公式 $\begin{bmatrix}\boldsymbol{A}&\boldsymbol{O}\\\boldsymbol{O}&\boldsymbol{B}\end{bmatrix}^{-1}=\begin{bmatrix}\boldsymbol{A}^{-1}&\boldsymbol{O}\\\boldsymbol{O}&\boldsymbol{B}^{-1}\end{bmatrix}$ 可以直接引用，它亦可推广为

$$\begin{bmatrix}\boldsymbol{A}_1&&&\boldsymbol{O}\\&\boldsymbol{A}_2&&\\&&\ddots&\\\boldsymbol{O}&&&\boldsymbol{A}_s\end{bmatrix}^{-1}=\begin{bmatrix}\boldsymbol{A}_1^{-1}&&&\boldsymbol{O}\\&\boldsymbol{A}_2^{-1}&&\\&&\ddots&\\\boldsymbol{O}&&&\boldsymbol{A}_s^{-1}\end{bmatrix}$$

【例 2.67】设 $\boldsymbol{A}=\begin{bmatrix}1&2&0&0\\3&4&0&0\\0&0&3&4\\0&0&1&2\end{bmatrix}$，$\boldsymbol{B}=(\boldsymbol{E}-\boldsymbol{A})(\boldsymbol{E}+2\boldsymbol{A})^{-1}$，求 $(\boldsymbol{B}-\boldsymbol{E})^{-1}$.

【解】因为

$$\boldsymbol{B}-\boldsymbol{E}=(\boldsymbol{E}-\boldsymbol{A})(\boldsymbol{E}+2\boldsymbol{A})^{-1}-(\boldsymbol{E}+2\boldsymbol{A})(\boldsymbol{E}+2\boldsymbol{A})^{-1}$$

$$=[(\boldsymbol{E}-\boldsymbol{A})-(\boldsymbol{E}+2\boldsymbol{A})](\boldsymbol{E}+2\boldsymbol{A})^{-1}=-3\boldsymbol{A}(\boldsymbol{E}+2\boldsymbol{A})^{-1}$$

故　$(\boldsymbol{B}-\boldsymbol{E})^{-1}=[-3\boldsymbol{A}(\boldsymbol{E}+2\boldsymbol{A})^{-1}]^{-1}=-\frac{1}{3}(\boldsymbol{E}+2\boldsymbol{A})\boldsymbol{A}^{-1}=-\frac{1}{3}(\boldsymbol{A}^{-1}+2\boldsymbol{E})$

又
$$\begin{bmatrix}1&2&0&0\\3&4&0&0\\0&0&3&4\\0&0&1&2\end{bmatrix}^{-1}=\begin{bmatrix}-\frac{4}{2}&\frac{2}{2}&0&0\\\frac{3}{2}&-\frac{1}{2}&0&0\\0&0&\frac{2}{2}&-\frac{4}{2}\\0&0&-\frac{2}{2}&\frac{3}{2}\end{bmatrix}$$

所以
$$(\boldsymbol{B}-\boldsymbol{E})^{-1}=-\frac{1}{3}\begin{bmatrix}0&\frac{2}{2}&0&0\\\frac{3}{2}&\frac{3}{2}&0&0\\0&0&\frac{6}{2}&-\frac{4}{2}\\0&0&-\frac{1}{2}&\frac{7}{2}\end{bmatrix}=\begin{bmatrix}0&-\frac{1}{3}&0&0\\-\frac{1}{2}&-\frac{1}{2}&0&0\\0&0&-1&\frac{2}{3}\\0&0&\frac{1}{6}&-\frac{7}{6}\end{bmatrix}$$

评注　本题的解法值得体会，如果先求$(\boldsymbol{E}+2\boldsymbol{A})^{-1}$，再作乘法求$\boldsymbol{B}$，然后求$(\boldsymbol{B}-\boldsymbol{E})^{-1}$是繁琐的．求$\boldsymbol{A}^{-1}$时，用到了分块矩阵求逆公式及二阶矩阵的伴随求逆法．

【例 2.68】设矩阵$\boldsymbol{A}=\begin{bmatrix}1&2&0&0\\3&4&0&0\\0&0&5&6\\0&0&7&8\end{bmatrix}$满足

$$\boldsymbol{ABA}^*+\boldsymbol{BA}^*+16\boldsymbol{E}=\boldsymbol{O}$$

其中，$\boldsymbol{E}$是4阶单位矩阵，$\boldsymbol{A}^*$是$\boldsymbol{A}$的伴随矩阵，求矩阵$\boldsymbol{B}$．

【解】由拉普拉斯展开式知$|\boldsymbol{A}|=4$，于是$\boldsymbol{AA}^*=\boldsymbol{A}^*\boldsymbol{A}=4\boldsymbol{E}$，用$\boldsymbol{A}$右乘方程的两端，得$4\boldsymbol{AB}+4\boldsymbol{B}+16\boldsymbol{A}=\boldsymbol{O}$，即$(\boldsymbol{A}+\boldsymbol{E})\boldsymbol{B}=-4\boldsymbol{A}$．由$\boldsymbol{A}$可逆知，$\boldsymbol{A}+\boldsymbol{E}$，$\boldsymbol{B}$均可逆，那么$\boldsymbol{B}=-4(\boldsymbol{A}+\boldsymbol{E})^{-1}\boldsymbol{A}$．由于

$$(\boldsymbol{A}+\boldsymbol{E})^{-1}=\begin{bmatrix}\frac{5}{4}&-\frac{1}{2}&0&0\\-\frac{3}{4}&\frac{1}{2}&0&0\\0&0&\frac{3}{4}&-\frac{1}{2}\\0&0&-\frac{7}{12}&\frac{1}{2}\end{bmatrix}，则\boldsymbol{B}=\begin{bmatrix}1&-2&0&0\\-3&-2&0&0\\0&0&-1&-2\\0&0&-\frac{7}{3}&-2\end{bmatrix}.$$

【例 2.69】设$\boldsymbol{A}$为n阶非奇异矩阵，$\boldsymbol{\alpha}$为$n\times 1$矩阵，b为常数，记分块矩阵

$$\boldsymbol{P}=\begin{bmatrix}\boldsymbol{E}&\boldsymbol{O}\\-\boldsymbol{\alpha}^{\mathrm{T}}\boldsymbol{A}^*&|\boldsymbol{A}|\end{bmatrix},\quad \boldsymbol{Q}=\begin{bmatrix}\boldsymbol{A}&\boldsymbol{\alpha}\\\boldsymbol{\alpha}^{\mathrm{T}}&b\end{bmatrix}$$

学习随笔

(1) 化简 $\boldsymbol{PQ}$.

(2) 证明:矩阵 $\boldsymbol{Q}$ 可逆的充要条件是 $\boldsymbol{\alpha}^{\mathrm{T}}\boldsymbol{A}^{-1}\boldsymbol{\alpha}\neq b$.

【解】(1) 由于 $\boldsymbol{AA}^*=\boldsymbol{A}^*\boldsymbol{A}=|\boldsymbol{A}|\boldsymbol{E},\boldsymbol{A}^*=|\boldsymbol{A}|\boldsymbol{A}^{-1}$,故

$$\boldsymbol{PQ}=\begin{bmatrix}\boldsymbol{E} & \boldsymbol{O}\\ -\boldsymbol{\alpha}^{\mathrm{T}}\boldsymbol{A}^* & |\boldsymbol{A}|\end{bmatrix}\begin{bmatrix}\boldsymbol{A} & \boldsymbol{\alpha}\\ \boldsymbol{\alpha}^{\mathrm{T}} & b\end{bmatrix}=\begin{bmatrix}\boldsymbol{A} & \boldsymbol{\alpha}\\ -\boldsymbol{\alpha}^{\mathrm{T}}\boldsymbol{A}^*\boldsymbol{A}+|\boldsymbol{A}|\boldsymbol{\alpha}^{\mathrm{T}} & -\boldsymbol{\alpha}^{\mathrm{T}}\boldsymbol{A}^*\boldsymbol{\alpha}+b|\boldsymbol{A}|\end{bmatrix}$$

$$=\begin{bmatrix}\boldsymbol{A} & \boldsymbol{\alpha}\\ -\boldsymbol{\alpha}^{\mathrm{T}}|\boldsymbol{A}|+|\boldsymbol{A}|\boldsymbol{\alpha}^{\mathrm{T}} & b|\boldsymbol{A}|-\boldsymbol{\alpha}^{\mathrm{T}}|\boldsymbol{A}|\boldsymbol{A}^{-1}\boldsymbol{\alpha}\end{bmatrix}=\begin{bmatrix}\boldsymbol{A} & \boldsymbol{\alpha}\\ 0 & |\boldsymbol{A}|(b-\boldsymbol{\alpha}^{\mathrm{T}}\boldsymbol{A}^{-1}\boldsymbol{\alpha})\end{bmatrix}$$

(2) 由(1)取行列式,并据第 $n+1$ 行展开式,知 $|\boldsymbol{PQ}|=|\boldsymbol{A}|^2(b-\boldsymbol{\alpha}^{\mathrm{T}}\boldsymbol{A}^{-1}\boldsymbol{\alpha})$. 而 $|\boldsymbol{PQ}|=|\boldsymbol{P}||\boldsymbol{Q}|$,又 $|\boldsymbol{P}|=|\boldsymbol{A}|\neq 0$,从而 $|\boldsymbol{Q}|=(b-\boldsymbol{\alpha}^{\mathrm{T}}\boldsymbol{A}^{-1}\boldsymbol{\alpha})|\boldsymbol{A}|$. 所以 $\boldsymbol{Q}$ 可逆的充分必要条件是 $b-\boldsymbol{\alpha}^{\mathrm{T}}\boldsymbol{A}^{-1}\boldsymbol{\alpha}\neq 0$,即 $\boldsymbol{\alpha}^{\mathrm{T}}\boldsymbol{A}^{-1}\boldsymbol{\alpha}\neq b$.

八、抽象型行列式的计算

【例 2.70】已知 $\boldsymbol{A},\boldsymbol{B}$ 均是 3 阶可逆矩阵,且 $|\boldsymbol{A}|=a,|\boldsymbol{B}|=b$. 求下列行列式的值:

(1) $|2\boldsymbol{AB}^{\mathrm{T}}|$.

(2) $|\boldsymbol{A}^{-1}\boldsymbol{B}^*|$.

(3) $||\boldsymbol{A}^*|\boldsymbol{B}|$.

(4) $\left|\left(\frac{1}{2}\boldsymbol{A}\right)^{-1}-\boldsymbol{A}^*\right|$.

【解】(1) 根据 $|k\boldsymbol{A}|=k^n|\boldsymbol{A}|,|\boldsymbol{AB}|=|\boldsymbol{A}||\boldsymbol{B}|$ 及 $|\boldsymbol{A}^{\mathrm{T}}|=|\boldsymbol{A}|$ 等公式,有

$$|2\boldsymbol{AB}^{\mathrm{T}}|=2^3|\boldsymbol{AB}^{\mathrm{T}}|=8|\boldsymbol{A}||\boldsymbol{B}^{\mathrm{T}}|=8|\boldsymbol{A}||\boldsymbol{B}|=8ab$$

(2) 根据 $|\boldsymbol{A}^{-1}|=|\boldsymbol{A}|^{-1},|\boldsymbol{A}^*|=|\boldsymbol{A}|^{n-1}$ 及行列式乘法公式,有

$$|\boldsymbol{A}^{-1}\boldsymbol{B}^*|=|\boldsymbol{A}^{-1}||\boldsymbol{B}^*|=|\boldsymbol{A}|^{-1}|\boldsymbol{B}|^2=\frac{b^2}{a}$$

(3) 由于行列式 $|\boldsymbol{A}^*|$ 是一个数,$\boldsymbol{B}$ 是 3 阶矩阵,故

$$||\boldsymbol{A}^*|\boldsymbol{B}|=|\boldsymbol{A}^*|^3|\boldsymbol{B}|=(a^2)^3b=a^6b$$

(4) 根据 $(k\boldsymbol{A})^{-1}=\frac{1}{k}\boldsymbol{A}^{-1},\boldsymbol{A}^*=|\boldsymbol{A}|\boldsymbol{A}^{-1}$,有

$$\left|\left(\frac{1}{2}\boldsymbol{A}\right)^{-1}-\boldsymbol{A}^*\right|=|2\boldsymbol{A}^{-1}-a\boldsymbol{A}^{-1}|=(2-a)^3|\boldsymbol{A}^{-1}|=\frac{(2-a)^3}{a}$$

评注　由 $\boldsymbol{AA}^*=|\boldsymbol{A}|\boldsymbol{E}$,等式两边取行列式得

$$|\boldsymbol{A}||\boldsymbol{A}^*|=|\boldsymbol{AA}^*|=||\boldsymbol{A}|\boldsymbol{E}|=|\boldsymbol{A}|^n|\boldsymbol{E}|=|\boldsymbol{A}|^n$$

如果 $\boldsymbol{A}$ 可逆,则 $|\boldsymbol{A}^*|=|\boldsymbol{A}|^{n-1}$.

注意:行列式 $|\boldsymbol{A}+\boldsymbol{B}|$ 没有运算法则,且一般情况下 $|\boldsymbol{A}+\boldsymbol{B}|\neq|\boldsymbol{A}|+|\boldsymbol{B}|$. 例如 $\boldsymbol{A}=\begin{bmatrix}1 & 1\\ 0 & 2\end{bmatrix},\boldsymbol{B}=\begin{bmatrix}1 & 0\\ 3 & 2\end{bmatrix}$,则 $\boldsymbol{A}+\boldsymbol{B}=\begin{bmatrix}2 & 1\\ 3 & 2\end{bmatrix}$. 易见 $|\boldsymbol{A}+\boldsymbol{B}|=1,|\boldsymbol{A}|+|\boldsymbol{B}|=4$. 因此,对题(4)一定要先作矩阵的恒等变形.

【例 2.71】设 $\boldsymbol{A},\boldsymbol{B}$ 为 4 阶方阵,且 $|\boldsymbol{A}|=2,|\boldsymbol{B}|=2$,则 $|(\boldsymbol{A}^*\boldsymbol{B}^{-1})^2\boldsymbol{A}^{\mathrm{T}}|=$________.

(A) 64.　　(B) 32.　　(C) 16.　　(D) 8.

【分析】由于 $|\boldsymbol{AB}|=|\boldsymbol{A}||\boldsymbol{B}|,|\boldsymbol{A}^*|=|\boldsymbol{A}|^{n-1},|\boldsymbol{B}^{-1}|=\frac{1}{|\boldsymbol{B}|},|\boldsymbol{A}^{\mathrm{T}}|=|\boldsymbol{A}|$,所以

$$\begin{aligned}|(A^*B^{-1})^2A^{\mathrm T}| &= |A^*B^{-1}A^*B^{-1}A^{\mathrm T}| = |A^*||B^{-1}||A^*||B^{-1}||A^{\mathrm T}| \\ &= |A^*|^2|B^{-1}|^2|A| = |A|^6\cdot\frac{1}{|B|^2}\cdot|A| = 2^5 = 32\end{aligned}$$

故选(B).

评注　若不用公式$|A^*|=|A|^{n-1}$，则用公式$A^*=|A|A^{-1}$，它是逆矩阵公式$A^{-1}=\frac{1}{|A|}A^*$的常用形式，因此

$$|(A^*B^{-1})^2A^{\mathrm T}|=|4(A^{-1})^2(B^{-1})^2||A|=4^4\times\left(\frac{1}{2}\right)^2\times\left(\frac{1}{2}\right)^2\times2=32$$

【例 2.72】设A,B都是n阶方阵，且$|A|=-2$，$|B|=3$，则$\left|\left(\frac{1}{2}AB\right)^{-1}-\frac{1}{3}(AB)^*\right|=$________.

(A) $\frac{2^{2n-1}}{3}$.　　(B) $-\frac{2^{2n-1}}{3}$.　　(C) $\frac{2}{3}$.　　(D) $\frac{46}{3}$.

【分析】由$(kA)^{-1}=\frac{1}{k}A^{-1}$，$A^*=|A|A^{-1}$，可得

$$\begin{aligned}\left|\left(\frac{1}{2}AB\right)^{-1}-\frac{1}{3}(AB)^*\right| &= \left|2(AB)^{-1}-\frac{1}{3}|AB|(AB)^{-1}\right| \\ &= \left|2(AB)^{-1}-\frac{1}{3}|A||B|(AB)^{-1}\right| = |4(AB)^{-1}| \\ &= 4^n|AB|^{-1} = \frac{4^n}{|A||B|} = -\frac{2^{2n-1}}{3}\end{aligned}$$

故应选(B).

【例 2.73】设A,B均为n阶方阵，$|A|=2$，$|B|=-3$，则$|A^{-1}B^*-A^*B^{-1}|=$________.

【分析】由于$B^*=|B|B^{-1}=-3B^{-1}$，$A^*=|A|A^{-1}=2A^{-1}$，从而

$$\begin{aligned}|A^{-1}B^*-A^*B^{-1}| &= |-3A^{-1}B^{-1}-2A^{-1}B^{-1}| = |-5A^{-1}B^{-1}| \\ &= (-5)^n|A^{-1}B^{-1}| = (-5)^n\frac{1}{|A||B|} \\ &= (-5)^n\frac{1}{-6} = (-1)^{n-1}\frac{5^n}{6}\end{aligned}$$

【例 2.74】已知实矩阵$A=(a_{ij})_{3\times3}$满足条件：

(1) $a_{ij}=A_{ij}(i,j=1,2,3)$，其中A_{ij}是a_{ij}的代数余子式.

(2) $a_{11}\neq0$.

计算行列式$|A|$.

【解】因为$a_{ij}=A_{ij}$，即

$$A=\begin{bmatrix}a_{11}&a_{12}&a_{13}\\a_{21}&a_{22}&a_{23}\\a_{31}&a_{32}&a_{33}\end{bmatrix}=\begin{bmatrix}A_{11}&A_{12}&A_{13}\\A_{21}&A_{22}&A_{23}\\A_{31}&A_{32}&A_{33}\end{bmatrix}=(A^*)^{\mathrm T}$$

亦即$A^{\mathrm T}=A^*$. 由于$AA^*=|A|E$，故$AA^{\mathrm T}=|A|E$. 等式两边取行列式，得

$$|A|^2=|A|\cdot|A^{\mathrm T}|=||A|E|=|A|^3$$

学习随笔

从而$|\boldsymbol{A}|=1$或$|\boldsymbol{A}|=0$.

由于$a_{11}\neq 0$,对$|\boldsymbol{A}|$按第1行展开,有

$$|\boldsymbol{A}|=a_{11}A_{11}+a_{12}A_{12}+a_{13}A_{13}=a_{11}^2+a_{12}^2+a_{13}^2>0$$

故必有$|\boldsymbol{A}|=1$.

【例 2.75】设矩阵$\boldsymbol{A}=(a_{ij})_{4\times 4}$,$\boldsymbol{B}=(b_{ij})_{4\times 4}$,且$a_{ij}=-2b_{ij}$,则行列式$|\boldsymbol{B}|=$________.

(A) $2^{-4}|\boldsymbol{A}|$.　　(B) $2^4|\boldsymbol{A}|$.　　(C) $-2^{-4}|\boldsymbol{A}|$.　　(D) $-2^4|\boldsymbol{A}|$.

【分析】因为

$$|\boldsymbol{B}|=|b_{ij}|_4=\left|-\frac{1}{2}a_{ij}\right|_4=\left(-\frac{1}{2}\right)^4|a_{ij}|_4=2^{-4}|\boldsymbol{A}|$$

故应选(A).

评注　注意,若$\boldsymbol{A}$为n阶方阵,则行列式$|k\boldsymbol{A}|=k^n|\boldsymbol{A}|$.

【例 2.76】设$\boldsymbol{A}$为3阶矩阵,A_j是$\boldsymbol{A}$的第j列元素$(j=1,2,3)$,矩阵$\boldsymbol{B}=(A_3,3A_2-A_3,2A_1+5A_2)$.若$|\boldsymbol{A}|=-2$,则$|\boldsymbol{B}|=$________.

(A) 7.　　(B) 10.　　(C) 12.　　(D) 16.

【分析】因为

$$\begin{aligned}|\boldsymbol{B}|&=|A_3,3A_2-A_3,2A_1+5A_2|=|A_3,3A_2,2A_1+5A_2|\\&=3|A_3,A_2,2A_1+5A_2|=3|A_3,A_2,2A_1|\\&=-6|A_1,A_2,A_3|=12\end{aligned}$$

故应选(C).

【例 2.77】设n阶行列式$D_n=|a_{ij}|$,已知$a_{ij}=-a_{ji}$,$i,j=1,2,\cdots,n$,n为奇数,则$D_n=$________.

【分析】设n阶矩阵$\boldsymbol{A}=(a_{ij})_{n\times n}$,由于$a_{ij}=-a_{ji}$,$i,j=1,2,\cdots,n$,所以$\boldsymbol{A}^{\mathrm{T}}=-\boldsymbol{A}$,于是

$$|\boldsymbol{A}^{\mathrm{T}}|=|\boldsymbol{A}|=|-\boldsymbol{A}|=(-1)^n|\boldsymbol{A}|=-|\boldsymbol{A}|$$

即$|\boldsymbol{A}|=-|\boldsymbol{A}|$,那么$|\boldsymbol{A}|=0$,故$D_n=|\boldsymbol{A}|=0$.

【例 2.78】设$\boldsymbol{A}$为n阶矩阵,满足$\boldsymbol{A}\boldsymbol{A}^{\mathrm{T}}=\boldsymbol{E}$($\boldsymbol{E}$为$n$阶单位矩阵,$\boldsymbol{A}^{\mathrm{T}}$是$\boldsymbol{A}$的转置矩阵),$|\boldsymbol{A}|<0$,求$|\boldsymbol{A}+\boldsymbol{E}|$.

【分析】这是一个抽象行列式的计算,根据已知条件,应当用矩阵恒等变形来处理.

【解】因为

$$|\boldsymbol{A}+\boldsymbol{E}|=|\boldsymbol{A}+\boldsymbol{A}\boldsymbol{A}^{\mathrm{T}}|=|\boldsymbol{A}(\boldsymbol{E}+\boldsymbol{A}^{\mathrm{T}})|=|\boldsymbol{A}|\cdot|(\boldsymbol{E}+\boldsymbol{A})^{\mathrm{T}}|=|\boldsymbol{A}||\boldsymbol{E}+\boldsymbol{A}|$$

所以

$$(1-|\boldsymbol{A}|)|\boldsymbol{E}+\boldsymbol{A}|=0$$

又因$|\boldsymbol{A}|<0$,$1-|\boldsymbol{A}|>0$,故$|\boldsymbol{E}+\boldsymbol{A}|=0$.

评注　由$\boldsymbol{A}\boldsymbol{A}^{\mathrm{T}}=\boldsymbol{E}$知$|\boldsymbol{A}|^2=|\boldsymbol{A}||\boldsymbol{A}^{\mathrm{T}}|=1$,又$|\boldsymbol{A}|<0$,可见$|\boldsymbol{A}|=-1$.从而$|\boldsymbol{A}+\boldsymbol{E}|=-|\boldsymbol{A}+\boldsymbol{E}|$.因此$|\boldsymbol{A}+\boldsymbol{E}|=0$.

注意:$|\boldsymbol{A}+\boldsymbol{B}|\neq|\boldsymbol{A}|+|\boldsymbol{B}|$,对于$|\boldsymbol{A}+\boldsymbol{B}|$的处理通常是将$\boldsymbol{A}+\boldsymbol{B}$恒等变形转化为乘积形式,其中单位矩阵的恒等变形是一个重要技巧.

【例 2.79】设3阶方阵$\boldsymbol{A},\boldsymbol{B}$满足$\boldsymbol{A}^2\boldsymbol{B}-\boldsymbol{A}-\boldsymbol{B}=\boldsymbol{E}$,其中$\boldsymbol{E}$为3阶单位矩阵,若$\boldsymbol{A}=$

$\begin{bmatrix} 1 & 0 & 1 \\ 0 & 2 & 0 \\ -2 & 0 & 1 \end{bmatrix}$，则 $|B|=$________.

【分析】由已知条件有 $(A^2-E)B=A+E$，即 $(A+E)(A-E)B=A+E$. 因为 $A+E=\begin{bmatrix} 2 & 0 & 1 \\ 0 & 3 & 0 \\ -2 & 0 & 2 \end{bmatrix}$，知 $A+E$ 可逆，故 $B=(A-E)^{-1}$.

而 $|A-E|=\begin{vmatrix} 0 & 0 & 1 \\ 0 & 1 & 0 \\ -2 & 0 & 0 \end{vmatrix}=2$，故 $|B|=|(A-E)^{-1}|=\dfrac{1}{|A-E|}=\dfrac{1}{2}$.

【例 2.80】设矩阵 $A=\begin{bmatrix} 2 & 1 & 0 \\ 1 & 2 & 0 \\ 0 & 0 & 1 \end{bmatrix}$，矩阵 B 满足 $ABA^*=2BA^*+E$，其中 A^* 为 A 的伴随矩阵，E 是单位矩阵，则 $|B|=$________.

【分析】由于 $AA^*=A^*A=|A|E$，易见 $|A|=3$，用 A 右乘矩阵方程的两端，有

$$3AB=6B+A \Rightarrow 3(A-2E)B=A \Rightarrow 3^3|A-2E||B|=|A|$$

又 $|A-2E|=\begin{vmatrix} 0 & 1 & 0 \\ 1 & 0 & 0 \\ 0 & 0 & -1 \end{vmatrix}=1$，故 $|B|=\dfrac{1}{9}$.

评注　本题不必解出 $B=\dfrac{1}{3}(A-2E)^{-1}A$，注意 $|kA|=k^n|A|$.

【例 2.81】已知 A,B,C 都是行列式值为 2 的 3 阶矩阵，求 $D=\begin{vmatrix} O & -A \\ \left(\frac{2}{3}B\right)^{-1} & C \end{vmatrix}$.

【解】$D=(-1)^{3\times3}|-A|\cdot\left|\left(\dfrac{2}{3}B\right)^{-1}\right|=-(-1)^3|A|\left|\dfrac{3}{2}B^{-1}\right|=2\cdot\left(\dfrac{3}{2}\right)^3|B^{-1}|=\dfrac{27}{8}$.

评注　对于拉普拉斯展开式要正确应用，不能错误地按 2 阶行列式来计算. 例如：

$$\begin{vmatrix} O & A \\ B & * \end{vmatrix}=-|A||B|$$

是不正确的，等式右边应当是 $(-1)^{mn}|A||B|$，其中 m,n 分别是 A,B 的阶数.

【例 2.82】设 A 为 3 阶方阵，B 为 5 阶方阵，$|A|=2$，$|B|=3$. 令 $C=\begin{bmatrix} O & (3A)^* \\ (2B)^{-1} & O \end{bmatrix}$，则 $|C|=$________.

【分析】因为 $(3A)^*=|3A|(3A)^{-1}=3^3|A|\dfrac{1}{3}A^{-1}=18A^{-1}$，所以

$$|C|=\begin{vmatrix} O & (3A)^* \\ (2B)^{-1} & O \end{vmatrix}=(-1)^{3\times5}|3A^*||(2B)^{-1}|$$

$$=-|18A^{-1}|\left|\frac{1}{2}B^{-1}\right|=-18^3|A^{-1}|\left(\frac{1}{2}\right)^5|B^{-1}|$$

学习随笔

$$=-\frac{18^3}{2^5}\,\frac{1}{|\boldsymbol{A}|\,|\boldsymbol{B}|}=-\frac{18^3}{2^5}\,\frac{1}{2\times 3}=-\frac{243}{8}$$

九、行列式$|\boldsymbol{A}|$是否为零的判定

【解题思路】证明行列式$|\boldsymbol{A}|=0$常用的思路有：

思路一：设法证$|\boldsymbol{A}|=-|\boldsymbol{A}|$.

思路二：反证法，如$|\boldsymbol{A}|\neq 0$，从$\boldsymbol{A}$可逆找矛盾.

思路三：构造齐次方程组$\boldsymbol{Ax}=\boldsymbol{0}$，设法证明它有非零解(详见第三章).

思路四：设法证矩阵的秩$R(\boldsymbol{A})<n$(详见第三章).

思路五：证明0是矩阵$\boldsymbol{A}$的一个特征值(详见第五章).

【例 2.83】设$\boldsymbol{A}$是n阶反对称矩阵，若$\boldsymbol{A}$可逆，则n必是偶数.

【证明】因$\boldsymbol{A}$是反对称矩阵，即$\boldsymbol{A}^{\mathrm{T}}=-\boldsymbol{A}$，那么$|\boldsymbol{A}|=|\boldsymbol{A}^{\mathrm{T}}|=|-\boldsymbol{A}|=(-1)^n|\boldsymbol{A}|$.

如果n是奇数，必有$|\boldsymbol{A}|=-|\boldsymbol{A}|$，即$|\boldsymbol{A}|=0$，与$\boldsymbol{A}$可逆相矛盾，所以$n$必是偶数.

【例 2.84】设$\boldsymbol{A}^2=\boldsymbol{A}$，$\boldsymbol{A}\neq\boldsymbol{E}$(单位矩阵). 证明：$|\boldsymbol{A}|=0$.

【证法一】若$|\boldsymbol{A}|\neq 0$，则$\boldsymbol{A}$可逆，那么$\boldsymbol{A}=\boldsymbol{A}^{-1}\boldsymbol{A}^2=\boldsymbol{A}^{-1}\boldsymbol{A}=\boldsymbol{E}$，与已知条件$\boldsymbol{A}\neq\boldsymbol{E}$矛盾.

【证法二】由$\boldsymbol{A}^2=\boldsymbol{A}$，有$\boldsymbol{A}(\boldsymbol{A}-\boldsymbol{E})=\boldsymbol{O}$，从而$\boldsymbol{A}-\boldsymbol{E}$的每一列都是齐次方程组$\boldsymbol{Ax}=\boldsymbol{0}$的解. 又因$\boldsymbol{A}\neq\boldsymbol{E}$，故$\boldsymbol{Ax}=\boldsymbol{0}$有非零解，从而$|\boldsymbol{A}|=0$.

【证法三】同证法二，由于$\boldsymbol{A}-\boldsymbol{E}$的每一列$\boldsymbol{\beta}_i\,(i=1,2,\cdots,n)$都是$\boldsymbol{Ax}=\boldsymbol{0}$的解，所以

$$R(\boldsymbol{A}-\boldsymbol{E})=R(\beta_1,\beta_2,\cdots,\beta_n)\leqslant n-R(\boldsymbol{A})$$

又因$\boldsymbol{A}\neq\boldsymbol{E}$，$R(\boldsymbol{A}-\boldsymbol{E})>0$，故$R(\boldsymbol{A})\leqslant n-R(\boldsymbol{A}-\boldsymbol{E})<n$，所以$|\boldsymbol{A}|=0$.

【证法四】同证法二，设$\boldsymbol{\beta}_j$是$\boldsymbol{A}-\boldsymbol{E}$中非零列，则$\boldsymbol{A}\boldsymbol{\beta}_j=\boldsymbol{0}=0\boldsymbol{\beta}_j$，则0是$\boldsymbol{A}$的特征值，故$|\boldsymbol{A}|=0$.

评注　这些证法有繁有简，也有雷同之处，关键是思路要开阔. 对于$\boldsymbol{AB}=\boldsymbol{O}$，我们应联想到$\boldsymbol{B}$的每一列都是齐次方程组$\boldsymbol{Ax}=\boldsymbol{0}$的解，$\boldsymbol{B}$的列向量只是$\boldsymbol{Ax}=\boldsymbol{0}$的解的一部分. 另外，矩阵的秩也是其列向量组的秩. 因此，从$\boldsymbol{AB}=\boldsymbol{O}$得到$R(\boldsymbol{B})\leqslant n-R(\boldsymbol{A})$，即$R(\boldsymbol{A})+\mathrm{R}(\boldsymbol{B})\leqslant n$. 又若$R(\boldsymbol{B})=n-R(\boldsymbol{A})$，则$\boldsymbol{B}$的列向量可以表示$\boldsymbol{Ax}=\boldsymbol{0}$的任一解.

【例 2.85】设$\boldsymbol{A}$为n阶非零矩阵，$\boldsymbol{A}^*$是$\boldsymbol{A}$的伴随矩阵，$\boldsymbol{A}^{\mathrm{T}}$是$\boldsymbol{A}$的转置矩阵，当$\boldsymbol{A}^*=\boldsymbol{A}^{\mathrm{T}}$时，证明$|\boldsymbol{A}|\neq 0$.

【证法一】由于$\boldsymbol{A}^*=\boldsymbol{A}^{\mathrm{T}}$，根据$\boldsymbol{A}^*$的定义有

$$A_{ij}=a_{ij}\quad(\forall i,\ j=1,2,\cdots,n)$$

其中A_{ij}是行列式$|\boldsymbol{A}|$中a_{ij}的代数余子式.

因为$\boldsymbol{A}\neq\boldsymbol{O}$，不妨设$a_{ij}\neq 0$，那么

$$|\boldsymbol{A}|=a_{i1}A_{i1}+a_{i2}A_{i2}+\cdots+a_{in}A_{in}=a_{i1}^2+a_{i2}^2+\cdots+a_{in}^2>0$$

故$|\boldsymbol{A}|\neq 0$.

【证法二】反证法.

若$|\boldsymbol{A}|=0$，则$\boldsymbol{AA}^{\mathrm{T}}=\boldsymbol{AA}^*=|\boldsymbol{A}|\boldsymbol{E}=\boldsymbol{O}$. 设$\boldsymbol{A}$的行向量为$\boldsymbol{\alpha}_i\,(i=1,2,\cdots,n)$，则

$$\boldsymbol{\alpha}_i\boldsymbol{\alpha}_i^{\mathrm{T}}=a_{i1}^2+a_{i2}^2+\cdots+a_{in}^2=0\ (i=1,2,\cdots,n)$$

于是 $\boldsymbol{\alpha}_i=(a_{i1},a_{i2},\cdots,a_{in})=0\ (i=1,2,\cdots,n)$. 进而有 $\boldsymbol{A}=\boldsymbol{O}$,这与 $\boldsymbol{A}$ 是非零矩阵相矛盾,故 $|\boldsymbol{A}|\neq 0$.

评注　由 $\boldsymbol{A}^*=\boldsymbol{A}^{\mathrm{T}}$,有 $|\boldsymbol{A}^*|=|\boldsymbol{A}^{\mathrm{T}}|$,即 $|\boldsymbol{A}|^{n-1}=|\boldsymbol{A}|$.

【例 2.86】设 $\boldsymbol{A}=(a_{ij})_{n\times n}$,则 $|\boldsymbol{A}|=0$ 是 $|\boldsymbol{A}^*|=0$ 的________.

(A) 充分条件但非必要条件.　　(B) 必要条件但非充分条件.

(C) 充分必要条件.　　(D) 既非充分条件也非必要条件.

【分析】根据伴随矩阵性质,有 $\boldsymbol{AA}^*=|\boldsymbol{A}|\boldsymbol{E}$. 若 $|\boldsymbol{A}|=0$,则由 $|\boldsymbol{A}^*|=|\boldsymbol{A}|^{n-1}$ 得 $|\boldsymbol{A}^*|=0$;反之,若 $|\boldsymbol{A}^*|=0$,也可得到 $|\boldsymbol{A}|=0$. 因此,$|\boldsymbol{A}|=0$ 是 $|\boldsymbol{A}^*|=0$ 的充要条件,故选(C).

【例 2.87】设 $\boldsymbol{A}$ 为 n 阶方阵,$\boldsymbol{B}$ 是只对换 $\boldsymbol{A}$ 中第 1 列与第 2 列所得的方阵,若 $|\boldsymbol{A}|\neq|\boldsymbol{B}|$,则________.

(A) $|\boldsymbol{A}|$ 可能为 0.　　(B) $|\boldsymbol{A}|\neq 0$.

(C) $|\boldsymbol{A}+\boldsymbol{B}|\neq 0$.　　(D) $|\boldsymbol{A}-\boldsymbol{B}|\neq 0$.

【分析】记 $\boldsymbol{A}=(\boldsymbol{\alpha}_1,\boldsymbol{\alpha}_2,\boldsymbol{A}_1)$,其中 $\boldsymbol{\alpha}_1,\boldsymbol{\alpha}_2$ 是 $\boldsymbol{A}$ 的第 1 列和第 2 列,$\boldsymbol{A}_1$ 是其余各列构成的子块,依题意有 $\boldsymbol{B}=(\boldsymbol{\alpha}_2,\boldsymbol{\alpha}_1,\boldsymbol{A}_1)$,于是,由行列式的性质有 $|\boldsymbol{A}|=-|\boldsymbol{B}|$.

如果 $|\boldsymbol{A}|=0$,则有 $|\boldsymbol{B}|=0$,因而 $|\boldsymbol{A}|=|\boldsymbol{B}|$,与题设 $|\boldsymbol{A}|\neq|\boldsymbol{B}|$ 矛盾,故排除(A).

$\boldsymbol{A}+\boldsymbol{B}=(\boldsymbol{\alpha}_1+\boldsymbol{\alpha}_2,\boldsymbol{\alpha}_2+\boldsymbol{\alpha}_3,2\boldsymbol{A}_1)$,因此 $|\boldsymbol{A}+\boldsymbol{B}|$ 中第 1,2 两列元素相同,则有 $|\boldsymbol{A}+\boldsymbol{B}|=0$,故排除(C).

$\boldsymbol{A}-\boldsymbol{B}=(\boldsymbol{\alpha}_1-\boldsymbol{\alpha}_2,\boldsymbol{\alpha}_2-\boldsymbol{\alpha}_3,\boldsymbol{0})$,当 $n\geqslant 3$ 时,$\boldsymbol{A}-\boldsymbol{B}$ 的第 3 列以后各元素均为 0,因此 $|\boldsymbol{A}-\boldsymbol{B}|=0$,故排除(D).

综上分析,应选(B).

评注　归纳证明 $|\boldsymbol{A}|=0$ 的常用技巧. 例如:

(1) 设 $\boldsymbol{A}$ 是 n 阶矩阵,$\boldsymbol{B}$ 是 $n\times m$ 的非零矩阵,如果 $\boldsymbol{AB}=\boldsymbol{O}$,则 $|\boldsymbol{A}|=0$.

(2) 已知 $\boldsymbol{A}$ 是 n 阶矩阵,$\boldsymbol{A}^2=\boldsymbol{A}$ 且 $\boldsymbol{A}\neq\boldsymbol{E}$,则 $|\boldsymbol{A}|=0$.

(3) 已知 $\boldsymbol{A}$ 是 n 阶矩阵,且满足 $\boldsymbol{AA}^{\mathrm{T}}=\boldsymbol{E}$,若 $|\boldsymbol{A}|=-1$,则 $|\boldsymbol{A}+\boldsymbol{E}|=0$.

十、克拉默法则

n 个未知数、n 个方程的线性方程组,如果系数行列式不为零,则可以用克拉默法则求出其唯一解,但在 n 较大时,由于 n 阶行列式的计算量一般较大,因此这种解方程组的方法并不是理想的. 克拉默法则的重要性更多地体现在理论上,例如证明行列式为零,证明齐次线性方程组有非零解,一些几何问题也可借用克拉默法则.

【例 2.88】解线性方程组 $\begin{cases} x_1+x_2+x_3+x_4=1, \\ 2x_1+3x_2-x_3+4x_4=5, \\ 4x_1+9x_2+x_3+16x_4=25, \\ 8x_1+27x_2-x_3+64x_4=125. \end{cases}$

【解】系数行列式是范德蒙德行列式,由于

学习随笔

$$D=\begin{vmatrix}1&1&1&1\\2&3&-1&4\\4&9&1&16\\8&27&-1&64\end{vmatrix}$$

$$=(3-2)(-1-2)(4-2)(-1-3)(4-3)[4-(-1)]=120\neq 0$$

因此方程组有唯一解. 又分子也是范德蒙德行列式,则有

$$D_1=\begin{vmatrix}1&1&1&1\\5&3&-1&4\\25&9&1&16\\125&27&-1&64\end{vmatrix}=240,\quad D_2=\begin{vmatrix}1&1&1&1\\2&5&-1&4\\4&25&1&16\\8&125&-1&64\end{vmatrix}=-540,$$

$$D_3=\begin{vmatrix}1&1&1&1\\2&3&5&4\\4&9&25&16\\8&27&125&64\end{vmatrix}=-12,\quad D_4=\begin{vmatrix}1&1&1&1\\2&3&-1&5\\4&9&1&25\\8&27&-1&125\end{vmatrix}=432$$

于是,方程组的唯一解是:$x_1=2,x_2=-\dfrac{9}{2},x_3=-\dfrac{1}{10},x_4=\dfrac{18}{5}$.

【例 2.89】已知齐次线性方程组$\begin{cases}(3-\lambda)x_1+x_2+x_3=0,\\(2-\lambda)x_2-x_3=0,\\4x_1-2x_2+(1-\lambda)x_3=0\end{cases}$有非零解,求 λ 的值.

【解】因为齐次线性方程组有非零解,故其系数行列式

$$\begin{vmatrix}3-\lambda&1&1\\0&2-\lambda&-1\\4&-2&1-\lambda\end{vmatrix}\xlongequal{r_2+r_1}\begin{vmatrix}3-\lambda&3-\lambda&0\\0&2-\lambda&-1\\4&-2&1-\lambda\end{vmatrix}$$

$$\xlongequal{c_2-c_1}\begin{vmatrix}3-\lambda&0&0\\0&2-\lambda&-1\\4&-6&1-\lambda\end{vmatrix}$$

$$=(3-\lambda)[(2-\lambda)(1-\lambda)-6]$$

$$=(3-\lambda)(\lambda-4)(\lambda+1)=0$$

因此,λ 为 3、4 或 -1.

第三章　矩阵的初等变换与线性方程组

■ 基本内容

一、基本要求与学习要点

1. 基本要求

(1) 熟练掌握用初等行变换把矩阵化成行阶梯形和行最简形的方法；知道矩阵等价的概念；知道作初等变换相当于乘以可逆矩阵；掌握用初等变换求可逆矩阵的逆阵的方法.

(2) 理解矩阵的秩的概念，知道初等变换不改变矩阵的秩的原理，掌握用初等变换求矩阵的秩的方法；知道矩阵的标准形与秩的关系；知道矩阵秩的基本性质.

(3) 理解线性方程组无解、有唯一解或有无限多个解的充要条件(包括非齐次线性方程组有解的充要条件及齐次线性方程组有非零解的充要条件).

(4) 熟练掌握用矩阵的初等行变换求解线性方程组的方法.

(5) 知道矩阵方程 $\boldsymbol{AX}=\boldsymbol{B}$ 有解的充要条件及必要条件.

2. 学习要点

本章先引入矩阵的初等变换、矩阵的等价以及矩阵的行阶梯形、行最简形、标准形等概念，阐明矩阵的初等变换与矩阵相乘的关系：对矩阵 $\boldsymbol{A}$ 作初等行(列)变换，相当于用可逆矩阵左(右)乘 $\boldsymbol{A}$. 由此引出用初等变换求逆阵的方法.

矩阵的秩是矩阵的一个最重要的指数，由于它是矩阵在初等变换下的不变量，因此在初等变换的辅助下，矩阵的秩有着十分广泛的应用. 对矩阵秩的性质也要有所了解，以增强应用矩阵的秩解决问题的能力.

根据初等变换不改变矩阵的秩的原理，在用初等行变换解线性方程组的过程中，建立起线性方程组的基本定理，并把它推广到矩阵方程. 线性方程组的理论与求解方法是线性代数课程中最基本、最重要的内容，贯穿教材的始终，一定要切实掌握.

本章的重点：掌握把矩阵化为行最简形的运算，以及能根据增广矩阵的行最简形熟练地写出线性方程组的通解；理解矩阵秩的概念及线性方程组的基本定理.

二、基本概念

【定义 3.1】对于 $m\times n$ 矩阵，下列 3 种变换称为矩阵的**初等行(列)变换**，统称为矩阵的**初等变换**：

(1) 对调矩阵某两行(列)的位置.

(2) 用非零常数 k 乘矩阵某一行(列)中的所有元素.

(3) 把某行(列)元素的 k 倍加至另一行(列)的对应元素上去.

学习随笔

评注　不要把矩阵的初等变换与矩阵的运算相混，也不要将其与行列式的性质、运算相混. 要掌握矩阵的初等变换，应能熟练地用它来求秩（行、列变换可混用）、求逆矩阵（只用行或只用列变换）、求线性方程组的解（只用行变换）.

【定义 3.2】如果矩阵 $\boldsymbol{A}$ 经过有限次初等变换变成矩阵 $\boldsymbol{B}$，则称矩阵 $\boldsymbol{A}$ 与矩阵 $\boldsymbol{B}$ 等价，记作 $\boldsymbol{A}\cong\boldsymbol{B}$. 若 $\boldsymbol{A}\cong\begin{bmatrix}\boldsymbol{E}_r & \boldsymbol{O}\\ \boldsymbol{O} & \boldsymbol{O}\end{bmatrix}$，则称后者是 $\boldsymbol{A}$ 的等价标准形.

【定义 3.3】单位矩阵 $\boldsymbol{E}$ 经过一次初等变换所得到的矩阵称为**初等矩阵**.

例如，3 阶单位矩阵作如下初等变换：

$\boldsymbol{E}_{12}=\begin{bmatrix}0&1&0\\1&0&0\\0&0&1\end{bmatrix}$：将 $\boldsymbol{E}$ 的第 1，2 两行互换（或第 1，2 两列互换）所得的矩阵；

$\boldsymbol{E}_{12}(3)=\begin{bmatrix}1&0&0\\3&1&0\\0&0&1\end{bmatrix}$：将 $\boldsymbol{E}$ 的第 1 行的 3 倍加至第 2 行（或第 2 列的 3 倍加至第 1 列）所得的矩阵；

$\boldsymbol{E}_3(-2)=\begin{bmatrix}1&0&0\\0&1&0\\0&0&-2\end{bmatrix}$：将 $\boldsymbol{E}$ 的第 3 行乘以 -2（或第 3 列乘以 -2）所得的矩阵.

以上均是初等矩阵.

方阵 $\boldsymbol{A}$ 可逆 $\Leftrightarrow \boldsymbol{A}\overset{r}{\cong}\boldsymbol{E} \Leftrightarrow \boldsymbol{A}=\boldsymbol{P}_1\boldsymbol{P}_2\cdots\boldsymbol{P}_l$（$\boldsymbol{P}_i$ 为初等矩阵）.

【定义 3.4】在 $m\times n$ 矩阵 $\boldsymbol{A}$ 中，任取 k 行与 k 列（$k\leqslant m,k\leqslant n$），位于这些行与列的交叉点上的 k^2 个元素按其在原来矩阵 $\boldsymbol{A}$ 中的次序可构成一个 k 阶行列式，称其为矩阵 $\boldsymbol{A}$ 的一个 k 阶**子式**.

【定义 3.5】矩阵 $\boldsymbol{A}$ 的非零子式的最高阶数称为矩阵 $\boldsymbol{A}$ 的**秩**，记为 $R(\boldsymbol{A})$. 规定零矩阵的秩为 0.

$R(\boldsymbol{A})=r \Leftrightarrow \boldsymbol{A}$ 的行阶梯形含 r 个非零行 $\Leftrightarrow \boldsymbol{A}$ 的标准形 $\boldsymbol{F}=\begin{bmatrix}\boldsymbol{E}_r & \boldsymbol{O}\\ \boldsymbol{O} & \boldsymbol{O}\end{bmatrix}$.

【定义 3.6】方程组

$$\begin{cases}a_{11}x_1+a_{12}x_2+\cdots+a_{1n}x_n=b_1,\\ a_{21}x_1+a_{22}x_2+\cdots+a_{2n}x_n=b_2,\\ \vdots\\ a_{m1}x_1+a_{m2}x_2+\cdots+a_{mn}x_n=b_m\end{cases}\tag{3.1}$$

称为 n 个未知数 m 个方程的**非齐次线性方程组**，其中 $x_1,x_2,\cdots,x_n$ 代表 n 个未知量，m 是方程的个数，m 可以等于 n，也可以大于 n 或者小于 n，a_{ij} 是第 $i(i=1,2,\cdots,m)$ 个方程中 $x_j(j=1,2,\cdots,n)$ 的系数，$b_i(i=1,2,\cdots,m)$ 是第 i 个方程的常数项.

【定义 3.7】如果 $b_i=0(\forall i=1,2,\cdots,m)$，则称方程组

$$\begin{cases} a_{11}x_1+a_{12}x_2+\cdots+a_{1n}x_n=0, \\ a_{21}x_1+a_{22}x_2+\cdots+a_{2n}x_n=0, \\ \vdots \\ a_{m1}x_1+a_{m2}x_2+\cdots+a_{mn}x_n=0 \end{cases} \tag{3.2}$$

为**齐次线性方程组**.它是方程组(3.1)的导出组(也称方程组(3.2)为方程组(3.1)对应的齐次线性方程组).

【定义3.8】若将一组数 $c_1,c_2,\cdots,c_n$ 分别代替方程组(3.1)中的 $x_1,x_2,\cdots,x_n$,使方程组(3.1)中 m 个等式都成立,则称有序数组 $(c_1,c_2,\cdots,c_n)$ 是方程组(3.1)的**一组解**.解方程组就是要找出方程组的全部解.

【定义3.9】线性方程组(3.1)的全体系数及常数项所构成的矩阵

$$\overline{\boldsymbol{A}}=\left[\begin{array}{cccc:c} a_{11} & a_{12} & \cdots & a_{1n} & b_1 \\ a_{21} & a_{22} & \cdots & a_{2n} & b_2 \\ \vdots & \vdots & & \vdots & \vdots \\ a_{m1} & a_{m2} & \cdots & a_{mn} & b_m \end{array}\right]$$

称为方程组(3.1)的**增广矩阵**,而由全体系数组成的矩阵

$$\boldsymbol{A}=\begin{bmatrix} a_{11} & a_{12} & \cdots & a_{1n} \\ a_{21} & a_{22} & \cdots & a_{2n} \\ \vdots & \vdots & & \vdots \\ a_{m1} & a_{m2} & \cdots & a_{mn} \end{bmatrix}$$

称为方程组(3.1)的**系数矩阵**.

【定义3.10】方程组(3.1)可以用矩阵表示为

$$\boldsymbol{Ax}=\boldsymbol{b}$$

其中 $\boldsymbol{x}=(x_1,x_2,\cdots,x_n)^{\mathrm{T}}$,$\boldsymbol{b}=(b_1,b_2,\cdots,b_m)^{\mathrm{T}}$.

如果两个方程组有相同的解集合,则称它们是同解方程组.

【定义3.11】线性方程组经初等变换化为阶梯形方程组后,每个方程中的第1个未知量通常称为**主变量**,其余的未知量称为**自由变量**.

例如,对增广矩阵作初等行变换,化为

$$\overline{\boldsymbol{A}}\to\cdots\to\left[\begin{array}{ccccc:c} 1 & 0 & 3 & 2 & -1 & 3 \\ & 5 & 6 & 0 & 1 & 9 \\ & & & & 1 & 2 \end{array}\right]$$

则 x_1,x_2,x_5 为主变量,而 x_3,x_4 为自由变量.

三、重要定理

【定理3.1】初等矩阵左(右)乘给定的矩阵,其结果就是对给定的矩阵作相应的行(列)变换.

【定理3.2】初等矩阵均可逆,且其逆是同类型初等矩阵,即 $\boldsymbol{E}_{ij}^{-1}=\boldsymbol{E}_{ij}$,$\boldsymbol{E}^{-1}(i(k))=\boldsymbol{E}\left(i\left(\frac{1}{k}\right)\right)$,$\boldsymbol{E}_{ij}^{-1}(k)=\boldsymbol{E}_{ij}(-k)$.

【定理3.3】如果矩阵 $\boldsymbol{A}$ 与 $\boldsymbol{B}$ 等价,则

(1) 秩 $R(\boldsymbol{A})=R(\boldsymbol{B})$.

(2) 存在可逆矩阵 $\boldsymbol{P}$ 与 $\boldsymbol{Q}$，使 $\boldsymbol{PAQ}=\boldsymbol{B}$.

【定理 3.4】 经初等变换后，矩阵的秩不变.

【定理 3.5】 n 元齐次线性方程 $\boldsymbol{A}_{m\times n}\boldsymbol{x}=\boldsymbol{0}$ 有非零解的充要条件是 $R(\boldsymbol{A})<n$.

【定理 3.6】 n 元线性方程组 $\boldsymbol{Ax}=\boldsymbol{b}$ 有解的充分必要条件是系数矩阵的秩等于增广矩阵的秩，即 $R(\boldsymbol{A})=R(\overline{\boldsymbol{A}})$（或 $R(\boldsymbol{A},\boldsymbol{b})$）.

把【定理 3.6】推广到矩阵方程，得：

【定理 3.7】 矩阵方程 $\boldsymbol{AX}=\boldsymbol{B}$ 有解的充要条件是 $R(\boldsymbol{A})=R(\boldsymbol{A},\boldsymbol{B})$.

【定理 3.8】 若 $\boldsymbol{AK}=\boldsymbol{B}$，则 $R(\boldsymbol{A})\geqslant R(\boldsymbol{B})$.

四、矩阵秩的性质

(1) $R(\boldsymbol{A})=R(\boldsymbol{A}^{\mathrm{T}})$.

(2) $R(\boldsymbol{A}+\boldsymbol{B})\leqslant R(\boldsymbol{A})+R(\boldsymbol{B})$.

(3) $R(\boldsymbol{AB})\leqslant\min\{R(\boldsymbol{A}),R(\boldsymbol{B})\}$.

(4) $R(k\boldsymbol{A})=\begin{cases}R(\boldsymbol{A}), & \text{如果 } k\neq 0,\\ 0, & \text{如果 } k=0.\end{cases}$

(5) $\max\{R(\boldsymbol{A}),R(\boldsymbol{B})\}\leqslant R(\boldsymbol{A},\boldsymbol{B})\leqslant R(\boldsymbol{A})+R(\boldsymbol{B})$.

(6) 若 $\boldsymbol{A}$ 为 n 阶矩阵，则 $R(\boldsymbol{A})+R(\boldsymbol{A}+\boldsymbol{E})\geqslant n$.

(7) 若 $\boldsymbol{A}$ 为 n 阶矩阵，且 $\boldsymbol{A}^2=\boldsymbol{A}$，则 $R(\boldsymbol{A})+R(\boldsymbol{A}-\boldsymbol{E})=n$.

(8) 若 $\boldsymbol{A}$ 为 n 阶矩阵，且 $\boldsymbol{A}^2+\boldsymbol{A}=\boldsymbol{O}$，则 $R(\boldsymbol{A})+R(\boldsymbol{A}+\boldsymbol{E})=n$.

(9) 若 $\boldsymbol{A},\boldsymbol{B}$ 均 n 阶矩阵，且 $\boldsymbol{ABA}=\boldsymbol{B}^{-1}$，则 $R(\boldsymbol{AB}+\boldsymbol{E})+R(\boldsymbol{AB}-\boldsymbol{E})=n$.

(10) 若 $\boldsymbol{A}$ 可逆，则 $R(\boldsymbol{AB})=R(\boldsymbol{B})$，$R(\boldsymbol{BA})=R(\boldsymbol{B})$.

(11) 若 $\boldsymbol{A}$ 是 $m\times n$ 矩阵，$\boldsymbol{B}$ 是 $n\times s$ 矩阵，$\boldsymbol{AB}=\boldsymbol{O}$，则 $R(\boldsymbol{A})+R(\boldsymbol{B})\leqslant n$.

(12) $R\begin{bmatrix}\boldsymbol{A} & \boldsymbol{O}\\ \boldsymbol{O} & \boldsymbol{B}\end{bmatrix}=R(\boldsymbol{A})+R(\boldsymbol{B})$.

(13) 若矩阵 $\boldsymbol{P},\boldsymbol{Q}$ 可逆，则 $R(\boldsymbol{PAQ})=R(\boldsymbol{A})$.

■ 典型例题分析

一、矩阵的初等变换

【例 3.1】 下列 4 个 3×4 矩阵中，________是行最简形.

(A) $\boldsymbol{A}_1=\begin{bmatrix}0&1&0&1\\0&0&1&1\\0&0&0&0\end{bmatrix}$.　　(B) $\boldsymbol{A}_2=\begin{bmatrix}1&1&0&1\\0&1&1&1\\0&0&0&0\end{bmatrix}$.

(C) $\boldsymbol{A}_3=\begin{bmatrix}1&0&0&1\\0&1&0&1\\0&1&1&1\end{bmatrix}$.　　(D) $\boldsymbol{A}_4=\begin{bmatrix}1&1&0&0\\0&0&1&1\\0&0&0&0\end{bmatrix}$.

【解】 由行最简形的定义知，矩阵 $\boldsymbol{A}_1$ 和 $\boldsymbol{A}_4$ 是行最简形. 矩阵 $\boldsymbol{A}_2$ 不是行最简形，因为

它的第 2 行的非零首元所在列不是单位坐标列向量，即该列有其他非零元；但在求解线性方程组及其他一些问题时，$\boldsymbol{A}_2$ 具有与行最简形相似的功能. 矩阵 $\boldsymbol{A}_3$ 不是行最简形，因为它首先不是行阶梯形.

【例 3.2】 设矩阵 $\boldsymbol{A}=\begin{bmatrix}2&-4&5&3\\3&-6&4&2\\4&-8&17&11\end{bmatrix}$，试求：

(1) $\boldsymbol{A}$ 的行最简形.

(2) $\boldsymbol{A}$ 的标准形.

【解】(1)对矩阵 $\boldsymbol{A}$ 作初等行变换：

$$\boldsymbol{A}=\begin{bmatrix}2&-4&5&3\\3&-6&4&2\\4&-8&17&11\end{bmatrix}\xrightarrow{r_2-r_1}\begin{bmatrix}2&-4&5&3\\1&-2&-1&-1\\4&-8&17&11\end{bmatrix}\xrightarrow{r_1\leftrightarrow r_2}\begin{bmatrix}1&-2&-1&-1\\2&-4&5&3\\4&-8&17&11\end{bmatrix}$$

$$\xrightarrow[r_3-4r_1]{r_2-2r_1}\begin{bmatrix}1&-2&-1&-1\\0&0&7&5\\0&0&21&15\end{bmatrix}\xrightarrow[\substack{r_3-21r_2\\ r_1+r_2}]{r_2\times\frac{1}{7}}\begin{bmatrix}1&-2&0&-\frac{2}{7}\\0&0&1&\frac{5}{7}\\0&0&0&0\end{bmatrix}$$

此即为 $\boldsymbol{A}$ 的行最简形.

(2) 进一步对 $\boldsymbol{A}$ 的行最简形作初等列变换：

$$\boldsymbol{A}\rightarrow\begin{bmatrix}1&-2&0&-\frac{2}{7}\\0&0&1&\frac{5}{7}\\0&0&0&0\end{bmatrix}\xrightarrow{c_2\leftrightarrow c_3}\begin{bmatrix}1&0&-2&-\frac{2}{7}\\0&1&0&\frac{5}{7}\\0&0&0&0\end{bmatrix}\xrightarrow[c_4+\frac{2}{7}c_1-\frac{5}{7}c_2]{c_3+2c_1}\begin{bmatrix}1&0&0&0\\0&1&0&0\\0&0&0&0\end{bmatrix}$$

$$=\begin{bmatrix}\boldsymbol{E}_2&\boldsymbol{O}\\\boldsymbol{O}&\boldsymbol{O}\end{bmatrix}$$

此即为 $\boldsymbol{A}$ 的标准形.

【例 3.3】 求 $\boldsymbol{A}=\begin{bmatrix}1&2&2\\2&1&-2\\2&-2&1\end{bmatrix}$ 的逆矩阵.

【解法一】 用伴随矩阵. 参见第二章例 2.28.

【解法二】 用初等行变换，得

$$(\boldsymbol{A}\,\vdots\,\boldsymbol{E})=\left[\begin{array}{ccc:ccc}1&2&2&1&0&0\\2&1&-2&0&1&0\\2&-2&1&0&0&1\end{array}\right]\xrightarrow[r_2-2r_1]{r_3-r_2}\left[\begin{array}{ccc:ccc}1&2&2&1&0&0\\0&-3&-6&-2&1&0\\0&-3&3&0&-1&1\end{array}\right]$$

$$\xrightarrow{r_3-r_2}\left[\begin{array}{ccc:ccc}1&2&2&1&0&0\\0&-3&-6&-2&1&0\\0&0&9&2&-2&1\end{array}\right]\xrightarrow[-\frac{1}{3}r_2]{\frac{1}{9}r_3}\left[\begin{array}{ccc:ccc}1&2&2&1&0&0\\0&1&2&\frac{2}{3}&-\frac{1}{3}&0\\0&0&1&\frac{2}{9}&-\frac{2}{9}&\frac{1}{9}\end{array}\right]$$

学习随笔

$$\xrightarrow[r_2-2r_3]{r_1-2r_3}\left[\begin{array}{ccc:ccc}1&2&0&\frac{5}{9}&\frac{4}{9}&-\frac{2}{9}\\0&1&0&\frac{2}{9}&\frac{1}{9}&-\frac{2}{9}\\0&0&1&\frac{2}{9}&-\frac{2}{9}&\frac{1}{9}\end{array}\right]\xrightarrow{r_1-2r_2}\left[\begin{array}{ccc:ccc}1&0&0&\frac{1}{9}&\frac{2}{9}&\frac{2}{9}\\0&1&0&\frac{2}{9}&\frac{1}{9}&-\frac{2}{9}\\0&0&1&\frac{2}{9}&-\frac{2}{9}&\frac{1}{9}\end{array}\right]$$

所以 $\boldsymbol{A}^{-1}=\frac{1}{9}\begin{bmatrix}1&2&2\\2&1&-2\\2&-2&1\end{bmatrix}$.

【解法三】用初等列变换,得

$$\begin{bmatrix}A\\ \hdashline E\end{bmatrix}=\left[\begin{array}{ccc}1&2&2\\2&1&-2\\2&-2&1\\ \hdashline 1&0&0\\0&1&0\\0&0&1\end{array}\right]\xrightarrow[C_3-2C_1]{C_2-2C_1}\left[\begin{array}{ccc}1&0&0\\2&-3&-6\\2&-6&-3\\ \hdashline 1&-2&-2\\0&1&0\\0&0&1\end{array}\right]\xrightarrow{C_3-2C_2}\left[\begin{array}{ccc}1&0&0\\2&-3&0\\2&-6&9\\ \hdashline 1&-2&2\\0&1&-2\\0&0&1\end{array}\right]$$

$$\xrightarrow[\frac{1}{9}C_3]{-\frac{1}{3}C_2}\left[\begin{array}{ccc}1&0&0\\2&1&0\\2&2&1\\ \hdashline 1&\frac{2}{3}&\frac{2}{9}\\0&-\frac{1}{3}&-\frac{2}{9}\\0&0&\frac{1}{9}\end{array}\right]\xrightarrow[C_2-2C_3]{C_1-2C_3}\left[\begin{array}{ccc}1&0&0\\2&1&0\\0&0&1\\ \hdashline \frac{5}{9}&\frac{2}{9}&\frac{2}{9}\\\frac{4}{9}&\frac{1}{9}&-\frac{2}{9}\\-\frac{2}{9}&-\frac{2}{9}&\frac{1}{9}\end{array}\right]\xrightarrow{C_1-2C_2}\left[\begin{array}{ccc}1&0&0\\0&1&0\\0&0&1\\ \hdashline \frac{1}{9}&\frac{2}{9}&\frac{2}{9}\\\frac{2}{9}&\frac{1}{9}&-\frac{2}{9}\\\frac{2}{9}&-\frac{2}{9}&\frac{1}{9}\end{array}\right]$$

所以 $\boldsymbol{A}^{-1}=\frac{1}{9}\begin{bmatrix}1&2&2\\2&1&-2\\2&-2&1\end{bmatrix}$.

评注 (1)这里的解法一与解法二很重要,读者必须掌握.至于解法三,不习惯列变换的读者可以不看.

(2)用初等变换求逆时,不能行、列变换混用,通常是先往下作变换以把主对角线下方化为零,然后再把主对角线上方化为零.

【例 3.4】设矩阵

$$\boldsymbol{A}=\begin{bmatrix}3&0&0\\1&4&0\\0&0&3\end{bmatrix},\quad \boldsymbol{E}=\begin{bmatrix}1&0&0\\0&1&0\\0&0&1\end{bmatrix}$$

则逆矩阵 $(\boldsymbol{A}-2\boldsymbol{E})^{-1}=$________.

【分析】由于

学习随笔

$$A-2E=\begin{bmatrix}3&0&0\\1&4&0\\0&0&3\end{bmatrix}-\begin{bmatrix}2&0&0\\0&2&0\\0&0&2\end{bmatrix}=\begin{bmatrix}1&0&0\\1&2&0\\0&0&1\end{bmatrix}$$

故求其逆可有多种方法，可用伴随矩阵，可用初等行变换，也可用分块求逆. 如果对$(A-2E \vdots E)$作行变换则有

$$\left[\begin{array}{ccc:ccc}1&0&0&1&0&0\\1&2&0&0&1&0\\0&0&1&0&0&1\end{array}\right]\rightarrow\left[\begin{array}{ccc:ccc}1&0&0&1&0&0\\0&2&0&-1&1&0\\0&0&1&0&0&1\end{array}\right]\rightarrow\left[\begin{array}{ccc:ccc}1&0&0&1&0&0\\0&1&0&-\frac{1}{2}&\frac{1}{2}&0\\0&0&1&0&0&1\end{array}\right]$$

从而知$(A-2E)^{-1}=\begin{bmatrix}1&0&0\\-\frac{1}{2}&\frac{1}{2}&0\\0&0&1\end{bmatrix}$.

对于 2 阶矩阵的伴随矩阵有规律"主对换副变号"，即

$$\begin{bmatrix}a&b\\c&d\end{bmatrix}^*=\begin{bmatrix}d&-b\\-c&a\end{bmatrix}$$

那么再利用$\begin{bmatrix}A&O\\O&B\end{bmatrix}^{-1}=\begin{bmatrix}A^{-1}&O\\O&B^{-1}\end{bmatrix}$，本题亦可很容易求出$(A-2E)^{-1}$.

【例 3.5】设矩阵 A 是 n 阶可逆方阵，将 A 的第 j 列和第 k 列对换得矩阵 B；将 B 的第 j 列和第 k 列对换得矩阵 C.

（1）试用初等矩阵证明 C 是可逆矩阵.

（2）求 BC^{-1}.

【解】记 E_{ij} 为将单位矩阵的第 j 列和第 k 列对换得到的初等矩阵，显然 E_{ij} 也可以视为将单位矩阵的第 j 行和第 k 行对换得到的初等矩阵. 因为将 A 的第 j 列和第 k 列对换得到的矩阵 B 可以表示为 $B=AE_{jk}$，而将 B 的第 j 列和第 k 列对换得到的矩阵 C 可以表示为 $C=E_{jk}B$，因此，$C=E_{jk}AE_{jk}$.

（1）因为 A 是可逆方阵，所以 $|A|\neq 0$；此外，$|E_{jk}|=-|E|=-1\neq 0$. 由 $C=E_{jk}AE_{jk}$，可知 $|C|=|E_{jk}AE_{jk}|=|E_{jk}|\,|A|\,|E_{jk}|=|A|\neq 0$. 于是 C 是可逆矩阵.

（2）通过直接计算，有

$$BC^{-1}=(AE_{jk})(E_{jk}AE_{jk})^{-1}=AE_{jk}E_{jk}^{-1}A^{-1}E_{jk}^{-1}=E_{jk}^{-1}$$

由于 $E_{jk}^{-1}=E_{jk}$，故 $BC^{-1}=E_{jk}$.

【例 3.6】已知 $\begin{bmatrix}1&3&2\\2&6&5\\-1&-3&1\end{bmatrix}X=\begin{bmatrix}3&4&-1\\8&8&3\\3&-4&16\end{bmatrix}$，求 X.

【解】记 $A=\begin{bmatrix}1&3&2\\2&6&5\\-1&-3&1\end{bmatrix}$，$B=\begin{bmatrix}3&4&-1\\8&8&3\\3&-4&16\end{bmatrix}$，$X=\begin{bmatrix}x_1&y_1&z_1\\x_2&y_2&z_2\\x_3&y_3&z_3\end{bmatrix}$，用初等行变换，得

学习随笔

$$(\boldsymbol{A} \mid \boldsymbol{B})=\left[\begin{array}{ccc:ccc}1 & 3 & 2 & 3 & 4 & -1\\2 & 6 & 5 & 8 & 8 & 3\\-1 & -3 & 1 & 3 & -4 & 16\end{array}\right]\xrightarrow[r_3+r_1]{r_2-2r_1}\left[\begin{array}{ccc:ccc}1 & 3 & 2 & 3 & 4 & -1\\0 & 0 & 1 & 2 & 0 & 5\\0 & 0 & 3 & 6 & 0 & 15\end{array}\right]\to$$

$$\left[\begin{array}{ccc:ccc}1 & 3 & 2 & 3 & 4 & -1\\0 & 0 & 1 & 2 & 0 & 5\\0 & 0 & 0 & 0 & 0 & 0\end{array}\right]$$

从增广矩阵的第 1 列解出 $x_3=2, x_2=t, x_1=-3t-1$. 同理

$$y_3=0,\quad y_2=u,\quad y_1=4-3u$$

$$z_3=5,\quad z_2=v,\quad z_1=-3v-11$$

故 $\boldsymbol{X}=\begin{bmatrix}-3t-1 & -3u+4 & -3v-11\\t & u & v\\2 & 0 & 5\end{bmatrix}$.

评注 对于

$$\begin{bmatrix}1 & 3 & 2\\2 & 6 & 5\\-1 & -3 & 1\end{bmatrix}\begin{bmatrix}x_1 & y_1 & z_1\\x_2 & y_2 & z_2\\x_3 & y_3 & z_3\end{bmatrix}=\begin{bmatrix}3 & 4 & -1\\8 & 8 & 3\\3 & -4 & 16\end{bmatrix}$$

有

$$\begin{cases}x_1+3x_2+2x_3=3,\\2x_1+6x_2+5x_3=8,\\-x_1-3x_2+x_3=3,\end{cases}\quad\begin{cases}y_1+3y_2+2y_3=4,\\2y_1+6y_2+5y_3=8,\\-y_1-3y_2+y_3=-4,\end{cases}\quad\begin{cases}z_1+3z_2+2z_3=-1,\\2z_1+6z_2+5z_3=3,\\-z_1-3z_2+z_3=16\end{cases}$$

由于这 3 个方程组的系数矩阵完全一样，区别仅在常数项，所以对这 3 个方程组增广矩阵

$$\left[\begin{array}{ccc:c}1 & 3 & 2 & 3\\2 & 6 & 5 & 8\\-1 & -3 & 1 & 3\end{array}\right],\quad\left[\begin{array}{ccc:c}1 & 3 & 2 & 4\\2 & 6 & 5 & 8\\-1 & -3 & 1 & -4\end{array}\right],\quad\left[\begin{array}{ccc:c}1 & 3 & 2 & -1\\2 & 6 & 5 & 3\\-1 & -3 & 1 & 16\end{array}\right]$$

的加减消元可以合并为$(\boldsymbol{A} \mid \boldsymbol{B})$形式一并进行.

【例 3.7】已知 $\boldsymbol{AX}=\boldsymbol{B}$，其中

$$\boldsymbol{A}=\begin{bmatrix}a_{11} & a_{12} & a_{13}\\a_{21} & a_{22} & a_{23}\\a_{31} & a_{32} & a_{33}\end{bmatrix},\quad\boldsymbol{B}=\begin{bmatrix}a_{11}-a_{12} & a_{13} & a_{12}\\a_{21}-a_{22} & a_{23} & a_{22}\\a_{31}-a_{32} & a_{33} & a_{32}\end{bmatrix}$$

求 $\boldsymbol{X}$.

【分析】由 $\boldsymbol{A}$ 作列变换可得到矩阵 $\boldsymbol{B}$，因此，可通过初等矩阵来描述 $\boldsymbol{X}$.

【解】因为 $\boldsymbol{A}$ 作两次列变换可得到 $\boldsymbol{B}$，即

$$\boldsymbol{A}\begin{bmatrix}1 & 0 & 0\\-1 & 1 & 0\\0 & 0 & 1\end{bmatrix}\begin{bmatrix}1 & 0 & 0\\0 & 0 & 1\\0 & 1 & 0\end{bmatrix}=\begin{bmatrix}a_{11}-a_{12} & a_{12} & a_{13}\\a_{21}-a_{22} & a_{22} & a_{23}\\a_{31}-a_{32} & a_{32} & a_{33}\end{bmatrix}\begin{bmatrix}1 & 0 & 0\\0 & 0 & 1\\0 & 1 & 0\end{bmatrix}=\boldsymbol{B}$$

故 $$X=\begin{bmatrix}1&0&0\\-1&1&0\\0&0&1\end{bmatrix}\begin{bmatrix}1&0&0\\0&0&1\\0&1&0\end{bmatrix}=\begin{bmatrix}1&0&0\\-1&0&1\\0&1&0\end{bmatrix}$$

【例 3.8】求矩阵 X，使 $AX+BA^{-1}-A^{-1}BX=O$，其中矩阵 $A=\begin{bmatrix}2&0&0\\0&-1&0\\0&0&1\end{bmatrix}$，$B=\begin{bmatrix}6&0&0\\0&1&2\\0&2&1\end{bmatrix}$.

【解】由题设可得 $(A^{-1}B-A)X=BA^{-1}$. 因为

$$A^{-1}B=\begin{bmatrix}2&0&0\\0&-1&0\\0&0&1\end{bmatrix}^{-1}\begin{bmatrix}6&0&0\\0&1&2\\0&2&1\end{bmatrix}=\begin{bmatrix}1&0&0\\0&0&-2\\0&2&0\end{bmatrix}$$

$$BA^{-1}=\begin{bmatrix}3&0&0\\0&-1&2\\0&-2&1\end{bmatrix},\quad A^{-1}B-A=\begin{bmatrix}1&0&0\\0&0&-2\\0&2&0\end{bmatrix}$$

所以 $\begin{bmatrix}1&0&0\\0&0&-2\\0&2&0\end{bmatrix}X=\begin{bmatrix}3&0&0\\0&-1&2\\0&-2&1\end{bmatrix}$.

作初等行变换，有

$$\left[\begin{array}{ccc:ccc}1&0&0&3&0&0\\0&0&-2&0&-1&2\\0&2&0&0&-2&1\end{array}\right]\xrightarrow{r}\left[\begin{array}{ccc:ccc}1&0&0&3&0&0\\0&1&0&0&-1&\frac{1}{2}\\0&0&1&0&\frac{1}{2}&-1\end{array}\right]$$

可得 $X=\begin{bmatrix}3&0&0\\0&-1&\frac{1}{2}\\0&\frac{1}{2}&-1\end{bmatrix}$.

评注　通常当 A,B 为可逆矩阵时，利用矩阵的初等行变换有：

(1) 方程 $AX=C$，可由 $(A,C)\xrightarrow{r}(E,X)$ 求得矩阵 X.

(2) 方程 $XA=C$，可由 $(A^T,C^T)\xrightarrow{r}(E,X^T)$ 求得矩阵 X.

(3) 方程 $AXB=C$，令 $Y=XB$，则 $AY=C$，故可由

$$(A,C)\xrightarrow{r}(E,Y),\ (B^T,Y^T)\xrightarrow{r}(E,X^T)$$

求得矩阵 X.

一般的矩阵方程，可先简化为以上形式，然后利用矩阵的初等行变换求解.

学习随笔

【例 3.9】设有两个矩阵分别为 $\boldsymbol{A}=\begin{bmatrix}4&2&3\\2&5&1\\3&4&6\end{bmatrix}$，$\boldsymbol{B}=\begin{bmatrix}1&3\\2&0\\3&1\end{bmatrix}$，求满足方程 $\boldsymbol{AX}=3\boldsymbol{X}+\boldsymbol{B}$ 的矩阵 $\boldsymbol{X}$.

【解】由 $\boldsymbol{AX}=3\boldsymbol{X}+\boldsymbol{B}$，得 $(\boldsymbol{A}-3\boldsymbol{E})\boldsymbol{X}=\boldsymbol{B}$，则 $\boldsymbol{X}=(\boldsymbol{A}-3\boldsymbol{E})^{-1}\boldsymbol{B}$. 又

$$[(\boldsymbol{A}-3\boldsymbol{E})\ \vdots\ \boldsymbol{B}]=\left[\begin{array}{ccc:cc}1&2&3&1&3\\2&2&1&2&0\\3&4&3&3&1\end{array}\right]\rightarrow\left[\begin{array}{ccc:cc}1&0&0&1&1\\0&1&0&0&-2\\0&0&1&0&2\end{array}\right]$$

所以 $\boldsymbol{X}=\begin{bmatrix}1&1\\0&-2\\0&2\end{bmatrix}$.

评注　用初等行变换求 $(\boldsymbol{A}-3\boldsymbol{E})^{-1}\boldsymbol{B}$，比先求 $\boldsymbol{A}-3\boldsymbol{E}$ 的逆矩阵再求两矩阵的乘积要简单.

【例 3.10】计算 $\begin{bmatrix}1&0&0\\0&1&0\\0&1&1\end{bmatrix}^{11}\begin{bmatrix}-1&-1&-1\\1&1&1\\-2&-2&-2\end{bmatrix}\begin{bmatrix}1&0&0\\0&1&0\\0&1&1\end{bmatrix}^{11}$.

【分析】$\boldsymbol{E}_{32}(1)=\begin{bmatrix}1&0&0\\0&1&0\\0&1&1\end{bmatrix}$ 是初等矩阵，$\boldsymbol{E}_{32}(1)\boldsymbol{A}$ 是对 $\boldsymbol{A}$ 作行变换(把第 2 行加至第 3 行)，$\boldsymbol{AE}_{32}(1)$ 是对 $\boldsymbol{A}$ 作列变换(把第 3 列加至第 2 列).

【解法一】根据初等矩阵的性质，有

$$\begin{aligned}原式&=\begin{bmatrix}1&0&0\\0&1&0\\0&1&1\end{bmatrix}^{10}\begin{bmatrix}-1&-1&-1\\1&1&1\\-1&-1&-1\end{bmatrix}\begin{bmatrix}1&0&0\\0&1&0\\0&1&1\end{bmatrix}^{11}\\&=\begin{bmatrix}-1&-1&-1\\1&1&1\\9&9&9\end{bmatrix}\begin{bmatrix}1&0&0\\0&1&0\\0&1&1\end{bmatrix}^{11}\\&=\begin{bmatrix}-1&-2&-1\\1&2&1\\9&18&9\end{bmatrix}\begin{bmatrix}1&0&0\\0&1&0\\0&1&1\end{bmatrix}^{10}=\begin{bmatrix}-1&-12&-1\\1&12&1\\9&108&9\end{bmatrix}\end{aligned}$$

【解法二】根据初等矩阵的性质，易见

$$\begin{bmatrix}1&0&0\\0&1&0\\0&1&1\end{bmatrix}^{11}=\begin{bmatrix}1&0&0\\0&1&0\\0&11&1\end{bmatrix}$$

于是

$$原式=\begin{bmatrix}1&0&0\\0&1&0\\0&11&1\end{bmatrix}\begin{bmatrix}-1&-1&-1\\1&1&1\\-2&-2&-2\end{bmatrix}\begin{bmatrix}1&0&0\\0&1&0\\0&11&1\end{bmatrix}$$

$$=\begin{bmatrix}-1&-1&-1\\1&1&1\\9&9&9\end{bmatrix}\begin{bmatrix}1&0&0\\0&1&0\\0&11&1\end{bmatrix}=\begin{bmatrix}-1&-12&-1\\1&12&1\\9&108&9\end{bmatrix}$$

【例 3.11】计算 $\begin{bmatrix}0&1&0\\1&0&0\\0&0&1\end{bmatrix}^{2\,011}\begin{bmatrix}1&2&3\\4&5&6\\7&8&9\end{bmatrix}\begin{bmatrix}0&0&1\\0&1&0\\1&0&0\end{bmatrix}^{2\,012}$ ＝________.

【分析】$\boldsymbol{E}_{12}=\begin{bmatrix}0&1&0\\1&0&0\\0&0&1\end{bmatrix}$是初等矩阵，用 E_{12} 左乘 $\boldsymbol{A}=\begin{bmatrix}1&2&3\\4&5&6\\7&8&9\end{bmatrix}$所得 $\boldsymbol{E}_{12}\boldsymbol{A}$ 是对 $\boldsymbol{A}$ 作初等行变换(第 1,2 两行对换)，而 $\boldsymbol{E}_{12}{}^{2\,011}\boldsymbol{A}$ 表示 $\boldsymbol{A}$ 作了奇数次的第 1,2 两行对换，相当于对矩阵 $\boldsymbol{A}$ 作了 1 次第 1,2 两行对换，故

$$\boldsymbol{E}_{12}^{2\,011}\boldsymbol{A}=\begin{bmatrix}4&5&6\\1&2&3\\7&8&9\end{bmatrix}$$

而右乘 $\boldsymbol{E}_{13}$ 是作第 1,3 两列对换，由于是偶数次对换，因而结果不变，即 $\begin{bmatrix}4&5&6\\1&2&3\\7&8&9\end{bmatrix}$为所求.

评注　本题考查初等矩阵 $\boldsymbol{P}$ 的左乘右乘问题. 注意：$\boldsymbol{PA}$ 是对 $\boldsymbol{A}$ 作行变换，$\boldsymbol{AP}$ 是对 $\boldsymbol{A}$ 作列变换.

【例 3.12】已知 $\boldsymbol{A},\boldsymbol{B}$ 均是 3 阶方阵，将 $\boldsymbol{A}$ 中第 3 行的 -2 倍加到第 2 行得到矩阵 $\boldsymbol{A}_1$，将 $\boldsymbol{B}$ 的第 2 列加到第 1 列得到矩阵 $\boldsymbol{B}_1$，又知 $\boldsymbol{A}_1\boldsymbol{B}_1=\begin{bmatrix}1&1&1\\0&2&2\\0&0&3\end{bmatrix}$，求 $\boldsymbol{AB}$.

【解】因 $\boldsymbol{A}\xrightarrow{r_2-2r_3}\boldsymbol{A}_1,\boldsymbol{B}\xrightarrow{c_1+c_2}\boldsymbol{B}_1$，则 $\boldsymbol{A}_1=\boldsymbol{P}(2,3(-2))\boldsymbol{A},\boldsymbol{B}_1=\boldsymbol{BP}(2,1(1))$，

其中 $$\boldsymbol{P}(2,3(-2))=\begin{bmatrix}1&0&0\\0&1&-2\\0&0&1\end{bmatrix},\quad \boldsymbol{P}(2,1(1))=\begin{bmatrix}1&0&0\\1&1&0\\0&0&1\end{bmatrix}$$

从而 $\boldsymbol{A}_1\boldsymbol{B}_1=\boldsymbol{P}(2,3(-2))\boldsymbol{ABP}(2,1(1))$，故

$$\boldsymbol{AB}=[\boldsymbol{P}(2,3(-2))]^{-1}(\boldsymbol{A}_1\boldsymbol{B}_1)[\boldsymbol{P}(2,1(1))]^{-1}=\boldsymbol{P}(2,3(2))(\boldsymbol{A}_1\boldsymbol{B}_1)\boldsymbol{P}(2,1(-1))$$

$$=\begin{bmatrix}1&0&0\\0&1&2\\0&0&1\end{bmatrix}\begin{bmatrix}1&1&1\\0&2&2\\0&0&3\end{bmatrix}\begin{bmatrix}1&0&0\\-1&1&0\\0&0&1\end{bmatrix}=\begin{bmatrix}0&1&1\\-2&2&8\\0&0&3\end{bmatrix}$$

评注　(1) 由单位矩阵 $\boldsymbol{E}$ 经过一次初等变换得到的矩阵称为**初等矩阵**，共 3 类：

① $\boldsymbol{P}(i,j)$——交换 $\boldsymbol{E}$ 的第 i 行与第 j 行(或第 i 列与第 j 列)得到的初等矩阵.

② $\boldsymbol{P}(i(k))$——用数域 P 中的非零数 k 乘 $\boldsymbol{E}$ 的第 i 行(或第 i 列)得到的初等矩阵.

③ $\boldsymbol{P}(i,j(k))$——把 $\boldsymbol{E}$ 的第 j 行的 k 倍加到第 i 行(或第 i 列的 k 倍加到第 j 列)得到的初等矩阵.

学习随笔

(2) 对一个 $m\times n$ 矩阵 $\boldsymbol{A}$ 作一次初等行变换就相当于在 $\boldsymbol{A}$ 的左边乘上相应的 $m\times m$ 初等矩阵;对 $\boldsymbol{A}$ 作一次初等列变换就相当于在 $\boldsymbol{A}$ 的右边乘上相应的 $n\times n$ 初等矩阵,即

$$\boldsymbol{A}\xrightarrow{r_i\leftrightarrow r_j}\boldsymbol{P}(i,j)\boldsymbol{A},\qquad \boldsymbol{A}\xrightarrow{c_i\leftrightarrow c_j}\boldsymbol{AP}(i,j)$$

$$\boldsymbol{A}\xrightarrow{r_i\times k}\boldsymbol{P}(i(k))\boldsymbol{A},\qquad \boldsymbol{A}\xrightarrow{c_i\times k}\boldsymbol{AP}(i(k))$$

$$\boldsymbol{A}\xrightarrow{r_i+kr_j}\boldsymbol{P}(i,j(k))\boldsymbol{A},\quad \boldsymbol{A}\xrightarrow{c_j+kc_i}\boldsymbol{AP}(i,j(k))$$

注意:用 $\boldsymbol{P}(i,j(k))$ 左乘 $\boldsymbol{A}$ 或右乘 $\boldsymbol{A}$ 对应于对 $\boldsymbol{A}$ 所作的初等行变换和初等列变换是有差别的.

【例 3.13】设矩阵 $\boldsymbol{A}=\begin{bmatrix}a_{11}&a_{12}&a_{13}\\a_{21}&a_{22}&a_{23}\\a_{31}&a_{32}&a_{33}\end{bmatrix}$,矩阵 $\boldsymbol{B}=\begin{bmatrix}a_{21}&a_{22}&a_{23}\\a_{11}&a_{12}&a_{13}\\a_{31}+a_{11}&a_{32}+a_{12}&a_{33}+a_{13}\end{bmatrix}$,

$\boldsymbol{P}_1=\begin{bmatrix}0&1&0\\1&0&0\\0&0&1\end{bmatrix}$,$\boldsymbol{P}_2=\begin{bmatrix}1&0&0\\0&1&0\\1&0&1\end{bmatrix}$,则必有________.

(A) $\boldsymbol{AP}_1\boldsymbol{P}_2=\boldsymbol{B}$.　　(B) $\boldsymbol{AP}_2\boldsymbol{P}_1=\boldsymbol{B}$.

(C) $\boldsymbol{P}_1\boldsymbol{P}_2\boldsymbol{A}=\boldsymbol{B}$.　　(D) $\boldsymbol{P}_2\boldsymbol{P}_1\boldsymbol{A}=\boldsymbol{B}$.

【分析】$\boldsymbol{A}$ 经过两次初等行变换得到 $\boldsymbol{B}$,根据初等矩阵的性质,左乘初等矩阵为行变换,右乘初等矩阵为列变换,故排除(A),(B).

$\boldsymbol{P}_1\boldsymbol{P}_2\boldsymbol{A}$ 表示把 $\boldsymbol{A}$ 的第 1 行加至第 2 行后再把第 1,2 两行互换.这正是矩阵 $\boldsymbol{B}$,所以应选(C).

而 $\boldsymbol{P}_2\boldsymbol{P}_1\boldsymbol{A}$ 表示把 $\boldsymbol{A}$ 的第 1,2 两行互换后再把第 1 行加至第 2 行,那么这时的矩阵是

$$\begin{bmatrix}a_{21}&a_{22}&a_{23}\\a_{11}&a_{12}&a_{13}\\a_{31}+a_{21}&a_{32}+a_{22}&a_{33}+a_{23}\end{bmatrix}$$

并非已知矩阵 $\boldsymbol{B}$.

【例 3.14】设矩阵 $\boldsymbol{A}=\begin{bmatrix}a_{11}&a_{12}&a_{13}&a_{14}\\a_{21}&a_{22}&a_{23}&a_{24}\\a_{31}&a_{32}&a_{33}&a_{34}\\a_{41}&a_{42}&a_{43}&a_{43}\end{bmatrix}$,矩阵 $\boldsymbol{B}=\begin{bmatrix}a_{14}&a_{13}&a_{12}&a_{11}\\a_{24}&a_{23}&a_{22}&a_{21}\\a_{34}&a_{33}&a_{32}&a_{31}\\a_{44}&a_{43}&a_{42}&a_{41}\end{bmatrix}$,

$\boldsymbol{P}_1=\begin{bmatrix}0&0&0&1\\0&1&0&0\\0&0&1&0\\1&0&0&0\end{bmatrix}$,$\boldsymbol{P}_2=\begin{bmatrix}1&0&0&0\\0&0&1&0\\0&1&0&0\\0&0&0&1\end{bmatrix}$.其中 $\boldsymbol{A}$ 可逆,则 $\boldsymbol{B}^{-1}$ 等于________.

(A) $\boldsymbol{A}^{-1}\boldsymbol{P}_1\boldsymbol{P}_2$.　　(B) $\boldsymbol{P}_1\boldsymbol{A}^{-1}\boldsymbol{P}_2$.

(C) $\boldsymbol{P}_1\boldsymbol{P}_2\boldsymbol{A}^{-1}$.　　(D) $\boldsymbol{P}_2\boldsymbol{A}^{-1}\boldsymbol{P}_1$.

【分析】把矩阵 $\boldsymbol{A}$ 的第 1,4 两列对换、第 2,3 两列对换即得到矩阵 $\boldsymbol{B}$.根据初等矩阵的性质,有

$$B = AP_1P_2 \text{ 或 } B = AP_2P_1$$

那么
$$B^{-1}=(AP_2P_1)^{-1}=P_1^{-1}P_2^{-1}A^{-1}=P_1P_2A^{-1}$$

所以应选(C).

评注　本题考查初等矩阵的两个定理：一个是行变换、列变换与左乘、右乘初等矩阵间的关系；另一个是初等矩阵逆矩阵的公式.复习初等矩阵时应搞清这两个基本定理.

【例 3.15】设矩阵 $A=\begin{bmatrix} a_{11} & a_{12} & a_{13} \\ a_{21} & a_{22} & a_{23} \\ a_{31} & a_{32} & a_{33} \end{bmatrix}$ 可逆，且 $A^{-1}=\begin{bmatrix} b_{11} & b_{12} & b_{13} \\ b_{21} & b_{22} & b_{23} \\ b_{31} & b_{32} & b_{33} \end{bmatrix}$，

若 $C=\begin{bmatrix} a_{21} & a_{23} & a_{22} \\ a_{11} & a_{13} & a_{12} \\ a_{31} & a_{33} & a_{32} \end{bmatrix}$，则 $C^{-1}=$________.

(A) $\begin{bmatrix} b_{11} & b_{12} & b_{13} \\ b_{21} & b_{22} & b_{23} \\ b_{31} & b_{32} & b_{33} \end{bmatrix}$.　　(B) $\begin{bmatrix} b_{12} & b_{11} & b_{13} \\ b_{32} & b_{31} & b_{33} \\ b_{22} & b_{21} & b_{23} \end{bmatrix}$.

(C) $\begin{bmatrix} b_{31} & b_{32} & b_{33} \\ b_{21} & b_{22} & b_{23} \\ b_{11} & b_{12} & b_{13} \end{bmatrix}$.　　(D) $\begin{bmatrix} b_{21} & b_{23} & b_{22} \\ b_{11} & b_{13} & b_{12} \\ b_{31} & b_{33} & b_{32} \end{bmatrix}$.

【分析】观察 A 与 C 的关系，将 A 的第 1,2 行对换，然后将其第 2,3 列对换得 C，即

$$C=\begin{bmatrix} 0 & 1 & 0 \\ 1 & 0 & 0 \\ 0 & 0 & 1 \end{bmatrix} A \begin{bmatrix} 1 & 0 & 0 \\ 0 & 0 & 1 \\ 0 & 1 & 0 \end{bmatrix} = E_{12}AE_{23}$$

从而
$$C^{-1}=E_{23}^{-1}A^{-1}E_{12}^{-1}=E_{23}BE_{12}=\begin{bmatrix} 1 & 0 & 0 \\ 0 & 0 & 1 \\ 0 & 1 & 0 \end{bmatrix}\begin{bmatrix} b_{11} & b_{12} & b_{13} \\ b_{21} & b_{22} & b_{23} \\ b_{31} & b_{32} & b_{33} \end{bmatrix}\begin{bmatrix} 0 & 1 & 0 \\ 1 & 0 & 0 \\ 0 & 0 & 1 \end{bmatrix}$$

$$=\begin{bmatrix} b_{11} & b_{12} & b_{13} \\ b_{31} & b_{32} & b_{33} \\ b_{21} & b_{22} & b_{23} \end{bmatrix}\begin{bmatrix} 0 & 1 & 0 \\ 1 & 0 & 0 \\ 0 & 0 & 1 \end{bmatrix}=\begin{bmatrix} b_{12} & b_{11} & b_{13} \\ b_{32} & b_{31} & b_{33} \\ b_{22} & b_{21} & b_{23} \end{bmatrix}$$

即 C^{-1} 是将 A^{-1} 的第 2,3 行对换，再将其第 1,2 列对换得到的，故应选(B).

【例 3.16】设 A 为 n 阶可逆矩阵，A 的第 2 行乘以 2 为矩阵 B，则 A^{-1} 的________为 B^{-1}.

(A) 第 2 行乘以 2　　(B) 第 2 列乘以 2

(C) 第 2 行乘以 $\frac{1}{2}$　　(D) 第 2 列乘以 $\frac{1}{2}$

【分析】本题讨论矩阵的初等变换与求逆之间的关系，可用初等矩阵与初等变换之间的联系求解.

由题意可知 $B=P_2(2)A$，因此 $B^{-1}=A^{-1}P_2^{-1}(2)=A^{-1}P_2\left(\frac{1}{2}\right)$. 由 $P_2\left(\frac{1}{2}\right)=Q_2\left(\frac{1}{2}\right)$，得 A^{-1} 的第 2 列乘以 $\frac{1}{2}$ 为 B^{-1}. 故应选(D).

学习随笔

评注 (1) 本题如果从逆矩阵的定义或求逆矩阵的方法着手,很容易做出错误的判断.用初等矩阵与初等变换的联系讨论本题,是较好的方法.

(2) 本题用到了以下结论:

① 矩阵 $\boldsymbol{A}$ 进行一次行(列)初等变换所得的矩阵,等于在 $\boldsymbol{A}$ 的左(右)边乘一个相应的行(列)初等矩阵.

② 若记行、列初等矩阵分别为 $\boldsymbol{P}_{ij}$,$\boldsymbol{P}_i(k)(k\neq 0)$,$\boldsymbol{P}_{ij}(k)$ 和 $\boldsymbol{Q}_{ij}$,$\boldsymbol{Q}_i(k)(k\neq 0)$,$\boldsymbol{Q}_{ij}(k)$,则当它们的阶数相同时,有 $\boldsymbol{P}_{ij}=\boldsymbol{Q}_{ij}$,$\boldsymbol{P}_i(k)=\boldsymbol{Q}_i(k)(k\neq 0)$,$\boldsymbol{P}_{ij}(k)=\boldsymbol{Q}_{ji}(k)$.

③ 初等矩阵都是可逆矩阵,且

$$\boldsymbol{P}_{ij}^{-1}=\boldsymbol{P}_{ij},\quad \boldsymbol{P}_i^{-1}(k)=\boldsymbol{P}_i\left(\frac{1}{k}\right)(k\neq 0),\quad \boldsymbol{P}_{ij}^{-1}(k)=\boldsymbol{P}_{ij}(-k)$$

【例 3.17】设 $\boldsymbol{A}$ 是 3 阶方阵,将 $\boldsymbol{A}$ 的第 1 列与第 2 列交换得 $\boldsymbol{B}$,再把 $\boldsymbol{B}$ 的第 2 列加到第 3 列得 $\boldsymbol{C}$,则满足 $\boldsymbol{AQ}=\boldsymbol{C}$ 的可逆矩阵 $\boldsymbol{Q}$ 为________.

(A) $\begin{bmatrix}0&1&0\\1&0&0\\1&0&1\end{bmatrix}$.　　(B) $\begin{bmatrix}0&1&0\\1&0&1\\0&0&1\end{bmatrix}$.

(C) $\begin{bmatrix}0&1&0\\1&0&0\\0&1&1\end{bmatrix}$.　　(D) $\begin{bmatrix}0&1&1\\1&0&0\\0&0&1\end{bmatrix}$.

【分析】按题意,用初等矩阵来描述,有

$$\boldsymbol{A}\begin{bmatrix}0&1&0\\1&0&0\\0&0&1\end{bmatrix}=\boldsymbol{B},\quad \boldsymbol{B}\begin{bmatrix}1&0&0\\0&1&1\\0&0&1\end{bmatrix}=\boldsymbol{C}$$

故

$$\boldsymbol{A}\begin{bmatrix}0&1&0\\1&0&0\\0&0&1\end{bmatrix}\begin{bmatrix}1&0&0\\0&1&1\\0&0&1\end{bmatrix}=\boldsymbol{C}$$

从而 $\boldsymbol{Q}=\begin{bmatrix}0&1&0\\1&0&0\\0&0&1\end{bmatrix}\begin{bmatrix}1&0&0\\0&1&1\\0&0&1\end{bmatrix}=\begin{bmatrix}0&1&1\\1&0&0\\0&0&1\end{bmatrix}$.所以应选(D).

评注 对于矩阵的初等变换要会用初等矩阵来描述,还要熟悉初等矩阵逆矩阵的 3 个公式.

【例 3.18】已知 3 阶矩阵 $\boldsymbol{A}$ 可逆,将 $\boldsymbol{A}$ 的第 2 列与第 3 列交换得 $\boldsymbol{B}$,再把 $\boldsymbol{B}$ 的第 1 列的 -2 倍加至第 3 列得 $\boldsymbol{C}$,则满足 $\boldsymbol{PA}^{-1}=\boldsymbol{C}^{-1}$ 的矩阵 $\boldsymbol{P}$ 为________.

(A) $\begin{bmatrix}1&0&2\\0&0&1\\0&1&0\end{bmatrix}$.　(B) $\begin{bmatrix}1&2&0\\0&0&1\\0&1&0\end{bmatrix}$.　(C) $\begin{bmatrix}1&0&-2\\0&0&1\\0&1&0\end{bmatrix}$.　(D) $\begin{bmatrix}1&2&0\\0&1&0\\0&0&1\end{bmatrix}$.

【分析】对矩阵 $\boldsymbol{A}$ 作一次初等列变换相当于用同类的初等矩阵右乘 $\boldsymbol{A}$,故

$$\boldsymbol{A}\begin{bmatrix}1&0&0\\0&0&1\\0&1&0\end{bmatrix}=\boldsymbol{B},\quad \boldsymbol{B}\begin{bmatrix}1&0&-2\\0&1&0\\0&0&1\end{bmatrix}=\boldsymbol{C}$$

于是
$$A\begin{bmatrix}1&0&0\\0&0&1\\0&1&0\end{bmatrix}\begin{bmatrix}1&0&-2\\0&1&0\\0&0&1\end{bmatrix}=C$$

从而
$$\begin{bmatrix}1&0&-2\\0&1&0\\0&0&1\end{bmatrix}^{-1}\begin{bmatrix}1&0&0\\0&0&1\\0&1&0\end{bmatrix}^{-1}A^{-1}=C^{-1}$$

所以
$$P=\begin{bmatrix}1&0&-2\\0&1&0\\0&0&1\end{bmatrix}^{-1}\begin{bmatrix}1&0&0\\0&0&1\\0&1&0\end{bmatrix}^{-1}=\begin{bmatrix}1&0&2\\0&1&0\\0&0&1\end{bmatrix}\begin{bmatrix}1&0&0\\0&0&1\\0&1&0\end{bmatrix}=\begin{bmatrix}1&2&0\\0&0&1\\0&1&0\end{bmatrix}$$

故应选(B).

评注　对初等矩阵，一要知道左乘、右乘，二要熟悉初等矩阵逆矩阵的三个公式：
$$\begin{bmatrix}1&0&0\\k&1&0\\0&0&1\end{bmatrix}^{-1}=\begin{bmatrix}1&0&0\\-k&1&0\\0&0&1\end{bmatrix},\quad\begin{bmatrix}0&1&0\\1&0&0\\0&0&1\end{bmatrix}^{-1}=\begin{bmatrix}0&1&0\\1&0&0\\0&0&1\end{bmatrix}$$
$$\begin{bmatrix}1&0&0\\0&3&0\\0&0&1\end{bmatrix}^{-1}=\begin{bmatrix}1&0&0\\0&\frac{1}{3}&0\\0&0&1\end{bmatrix}$$

【例 3.19】设 $\boldsymbol{A}$ 为 $n(n\geqslant 2)$ 阶可逆矩阵，交换 $\boldsymbol{A}$ 的第 1 行与第 2 行得矩阵 $\boldsymbol{B}$，$\boldsymbol{A}^*$，$\boldsymbol{B}^*$ 分别为 $\boldsymbol{A}$，$\boldsymbol{B}$ 的伴随矩阵，则________.

(A) 交换 $\boldsymbol{A}^*$ 的第 1 列与第 2 列得 $\boldsymbol{B}^*$.

(B) 交换 $\boldsymbol{A}^*$ 的第 1 行与第 2 行得 $\boldsymbol{B}^*$.

(C) 交换 $\boldsymbol{A}^*$ 的第 1 列与第 2 列得 $-\boldsymbol{B}^*$.

(D) 交换 $\boldsymbol{A}^*$ 的第 1 行与第 2 行得 $-\boldsymbol{B}^*$.

【分析】为了书写简捷，不妨考察 $\boldsymbol{A}$ 为 3 阶矩阵的情况. 因为 $\boldsymbol{A}$ 作初等行变换得到 $\boldsymbol{B}$，所以用初等矩阵左乘 $\boldsymbol{A}$ 得到 $\boldsymbol{B}$. 按已知条件有
$$\begin{bmatrix}0&1&0\\1&0&0\\0&0&1\end{bmatrix}A=B$$

于是
$$B^{-1}=A^{-1}\begin{bmatrix}0&1&0\\1&0&0\\0&0&1\end{bmatrix}^{-1}=A^{-1}\begin{bmatrix}0&1&0\\1&0&0\\0&0&1\end{bmatrix}$$

从而
$$\frac{B^*}{|B|}=\frac{A^*}{|A|}\begin{bmatrix}0&1&0\\1&0&0\\0&0&1\end{bmatrix}$$

又因 $|\boldsymbol{A}|=-|\boldsymbol{B}|$，故 $\boldsymbol{A}^*\begin{bmatrix}0&1&0\\1&0&0\\0&0&1\end{bmatrix}=-\boldsymbol{B}^*$，所以应选(C).

评注 掌握求伴随矩阵的两种思路：一是用定义法；二是用可逆矩阵（$A^* = |A|A^{-1}$）来转换.

【例 3.20】设 A 为 3 阶矩阵，将 A 的第 2 行加到第 1 行得 B，再将 B 的第 1 列的 -1 倍加到第 2 列得 C，记 $P=\begin{bmatrix}1&1&0\\0&1&0\\0&0&1\end{bmatrix}$，则________.

(A) $C=P^{-1}AP$. (B) $C=PAP^{-1}$.

(C) $C=P^{T}AP$. (D) $C=PAP^{T}$.

【分析】按已知条件，用初等矩阵来描述，有

$$B=\begin{bmatrix}1&1&0\\0&1&0\\0&0&1\end{bmatrix}A,\quad C=B\begin{bmatrix}1&-1&0\\0&1&0\\0&0&1\end{bmatrix}$$

于是 $C=\begin{bmatrix}1&1&0\\0&1&0\\0&0&1\end{bmatrix}A\begin{bmatrix}1&-1&0\\0&1&0\\0&0&1\end{bmatrix}=PAP^{-1}$. 所以应选(B).

【例 3.21】设 n 阶矩阵 A 与 B 等价，则必有________.

(A) 当 $|A|=a(a\neq 0)$ 时，$|B|=a$.

(B) 当 $|A|=a(a\neq 0)$ 时，$|B|=-a$.

(C) 当 $|A|\geqslant 0$ 时，$|B|\geqslant 0$.

(D) 当 $|A|=0$ 时，$|B|=0$.

【分析】矩阵 A 与 B 等价，即 A 经初等变换可得到矩阵 B，亦即有可逆矩阵 P 和 Q，使 $PAQ=B$.

由于经初等变换后，矩阵的秩不变，所以当 $|A|=0$ 时，即秩 $R(A)<n$ 时，必有秩 $R(B)<n$，即 $|B|=0$. 故应选(D).

若 $A=\begin{bmatrix}1&0\\0&1\end{bmatrix}$，$B=\begin{bmatrix}-4&0\\0&1\end{bmatrix}$，则可知(A)、(B)、(C)均不正确.

【例 3.22】A 是 n 阶矩阵. 证明：存在一可逆矩阵 B 及一个幂等矩阵 C（即 $C^2=C$），使 $A=BC$.

【证明】对 A 作初等变换化其为等价标准形，则存在可逆矩阵 P，Q，使

$$PAQ=\begin{bmatrix}E_r&O\\O&O\end{bmatrix}$$

则
$$A=P^{-1}\begin{bmatrix}E_r&O\\O&O\end{bmatrix}Q^{-1}=P^{-1}Q^{-1}Q\begin{bmatrix}E_r&O\\O&O\end{bmatrix}Q^{-1}$$

令 $B=P^{-1}Q^{-1}$，$C=Q\begin{bmatrix}E_r&O\\O&O\end{bmatrix}Q^{-1}$，则 $A=BC$，其中 B 可逆，C 为幂等矩阵.

评注 等价标准形定理在存在性及秩的一些问题中是有用的，读者应有所了解.

【例 3.23】若 A，B，C，D 都是 n 阶矩阵，且 A 为可逆矩阵，如果 $AC=CA$，证明：

$$\begin{vmatrix}A&B\\C&D\end{vmatrix}=|AD-CB|$$

学习随笔

【分析】分块矩阵的行列式不能用 2 阶行列式的方法来计算，通常用拉普拉斯定理. 现因为 $\boldsymbol{A}$ 是可逆矩阵，故可以利用 $\boldsymbol{A}$ 对矩阵 $\begin{bmatrix}\boldsymbol{A} & \boldsymbol{B}\\ \boldsymbol{C} & \boldsymbol{D}\end{bmatrix}$ 作初等行变换将其化为 $\begin{bmatrix}* & *\\ \boldsymbol{O} & *\end{bmatrix}$ 型，这样再计算行列式时就可以用拉普拉斯定理式(1.8).

【证明】对分块矩阵作初等行变换，有

$$\begin{bmatrix}\boldsymbol{A} & \boldsymbol{B} & \boldsymbol{E} & \boldsymbol{O}\\ \boldsymbol{C} & \boldsymbol{D} & \boldsymbol{O} & \boldsymbol{E}\end{bmatrix}\xrightarrow{\boldsymbol{A}^{-1}r_1}\begin{bmatrix}\boldsymbol{E} & \boldsymbol{A}^{-1}\boldsymbol{B} & \boldsymbol{A}^{-1} & \boldsymbol{O}\\ \boldsymbol{C} & \boldsymbol{D} & \boldsymbol{O} & \boldsymbol{E}\end{bmatrix}\xrightarrow{r_2-\boldsymbol{C}r_1}\begin{bmatrix}\boldsymbol{E} & \boldsymbol{A}^{-1}\boldsymbol{B} & \boldsymbol{A}^{-1} & \boldsymbol{O}\\ \boldsymbol{O} & \boldsymbol{D}-\boldsymbol{C}\boldsymbol{A}^{-1}\boldsymbol{B} & -\boldsymbol{C}\boldsymbol{A}^{-1} & \boldsymbol{E}\end{bmatrix}$$

因此
$$\begin{bmatrix}\boldsymbol{A}^{-1} & \boldsymbol{O}\\ -\boldsymbol{C}\boldsymbol{A}^{-1} & \boldsymbol{E}\end{bmatrix}\begin{bmatrix}\boldsymbol{A} & \boldsymbol{B}\\ \boldsymbol{C} & \boldsymbol{D}\end{bmatrix}=\begin{bmatrix}\boldsymbol{E} & \boldsymbol{A}^{-1}\boldsymbol{B}\\ \boldsymbol{O} & \boldsymbol{D}-\boldsymbol{C}\boldsymbol{A}^{-1}\boldsymbol{B}\end{bmatrix}$$

两端取行列式，用行列式乘法公式及拉普拉斯展开定理，得

$$|\boldsymbol{A}^{-1}|\begin{vmatrix}\boldsymbol{A} & \boldsymbol{B}\\ \boldsymbol{C} & \boldsymbol{D}\end{vmatrix}=|\boldsymbol{D}-\boldsymbol{C}\boldsymbol{A}^{-1}\boldsymbol{B}|$$

两端同乘以 $|\boldsymbol{A}|$，利用 $\boldsymbol{AC}=\boldsymbol{CA}$ 得

$$\begin{vmatrix}\boldsymbol{A} & \boldsymbol{B}\\ \boldsymbol{C} & \boldsymbol{D}\end{vmatrix}=|\boldsymbol{A}||\boldsymbol{D}-\boldsymbol{C}\boldsymbol{A}^{-1}\boldsymbol{B}|=|\boldsymbol{AD}-\boldsymbol{ACA}^{-1}\boldsymbol{B}|=|\boldsymbol{AD}-\boldsymbol{CAA}^{-1}\boldsymbol{B}|=|\boldsymbol{AD}-\boldsymbol{CB}|$$

二、矩阵的秩

【例 3.24】试求矩阵 $\boldsymbol{A}=\begin{bmatrix}1 & -1 & 3 & 0\\ -2 & 1 & -2 & 1\\ -1 & -1 & 5 & 2\end{bmatrix}$ 的秩.

【解法一】定义法.

矩阵左上角的 2 阶子式不为 0，即

$$D_2=\begin{vmatrix}1 & -1\\ -2 & 1\end{vmatrix}=1-2\neq 0$$

故 $R(\boldsymbol{A})\geqslant 2$，但矩阵只有 3 行，因此 $R(\boldsymbol{A})\leqslant 3$. 检查矩阵 $\boldsymbol{A}$ 的 3 阶子式

$$\begin{vmatrix}1 & -1 & 3\\ -2 & 1 & -2\\ -1 & -1 & 5\end{vmatrix},\quad \begin{vmatrix}1 & -1 & 0\\ -2 & 1 & 1\\ -1 & -1 & 2\end{vmatrix}$$

$$\begin{vmatrix}1 & 3 & 0\\ -2 & -2 & 1\\ -1 & 5 & 2\end{vmatrix},\quad \begin{vmatrix}-1 & 3 & 0\\ 1 & -2 & 1\\ -1 & 5 & 2\end{vmatrix}$$

经过计算这 4 个 3 阶行列式的值全为 0，所以矩阵的秩为 2.

评注　若矩阵存在一个不为 0 的 r 阶子式，而包含这个 r 阶子式的所有 $r+1$ 阶子式全为 0，则矩阵的秩必为 r. 根据这一性质在用定义法求秩时可省略很多子式的计算，例如在本题中只须计算前两个包含 D_2 的 3 阶子式即可.

【解法二】初等变换不改变秩.

$$\begin{bmatrix}1 & -1 & 3 & 0\\ -2 & 1 & -2 & 1\\ -1 & -1 & 5 & 2\end{bmatrix}\to\begin{bmatrix}1 & -1 & 3 & 0\\ 0 & -1 & 4 & 1\\ 0 & -2 & 8 & 2\end{bmatrix}\to\begin{bmatrix}1 & -1 & 3 & 0\\ 0 & -1 & 4 & 1\\ 0 & 0 & 0 & 0\end{bmatrix}$$

学习随笔

由于阶梯形矩阵只有 2 个非零行，所以 $R(\mathbf{A})=2$.

【例 3.25】求矩阵 $\mathbf{A}=\begin{bmatrix}1&0&1&0&0\\1&1&0&0&0\\0&1&1&0&0\\0&0&1&1&0\\0&1&0&1&1\end{bmatrix}$ 的秩.

【解法一】定义法.

将第 1 行、第 1 列去掉所得到的 4 阶子式是一个下三角行列式. 易见其值不为 0，所以 $R(\mathbf{A})\geqslant 4$. 然后应判断 $|\mathbf{A}|$ 是否为零.

根据拉普拉斯展开式

$$|\mathbf{A}|=\begin{vmatrix}1&0&1\\1&1&0\\0&1&1\end{vmatrix}\cdot\begin{vmatrix}1&0\\1&1\end{vmatrix}=2\neq 0$$

所以矩阵 $\mathbf{A}$ 的秩是 5.

【解法二】初等变换法.

$$\begin{bmatrix}1&0&1&0&0\\1&1&0&0&0\\0&1&1&0&0\\0&0&1&1&0\\0&1&0&1&1\end{bmatrix}\to\begin{bmatrix}1&0&1&0&0\\0&1&-1&0&0\\0&1&1&0&0\\0&0&1&1&0\\0&1&0&1&1\end{bmatrix}\to\begin{bmatrix}1&0&1&0&0\\0&1&-1&0&0\\0&0&2&0&0\\0&0&1&1&0\\0&0&1&1&1\end{bmatrix}$$

$$\to\begin{bmatrix}1&0&1&0&0\\0&1&-1&0&0\\0&0&1&0&0\\0&0&1&1&0\\0&0&0&0&1\end{bmatrix}\to\begin{bmatrix}1&0&1&0&0\\0&1&-1&0&0\\0&0&1&0&0\\0&0&0&1&0\\0&0&0&0&1\end{bmatrix}$$

由于阶梯形矩阵有 5 个非零行，所以 $R(\mathbf{A})=5$.

评注　求矩阵的秩通常用初等变换法. 但对具体问题要具体分析，要根据矩阵的特殊情况灵活地处理. 例如本例用定义法就比较简捷.

【例 3.26】设矩阵 $\mathbf{A}=\begin{bmatrix}0&1&0&0\\0&0&1&0\\0&0&0&1\\0&0&0&0\end{bmatrix}$，则 $\mathbf{A}^3$ 的秩为________.

【分析】因为 $\mathbf{A}^2=\begin{bmatrix}0&0&1&0\\0&0&0&1\\0&0&0&0\\0&0&0&0\end{bmatrix}$，$\mathbf{A}^3=\begin{bmatrix}0&0&0&1\\0&0&0&0\\0&0&0&0\\0&0&0&0\end{bmatrix}$，故秩 $R(\mathbf{A}^3)=1$.

【例 3.27】已知矩阵 $\boldsymbol{A}=\begin{bmatrix}1&1&2&2&3\\2&2&0&a&4\\1&0&a&1&5\\2&a&3&5&4\end{bmatrix}$ 的秩 $R(\boldsymbol{A})=3$，求 a 的值.

【解】对 $\boldsymbol{A}$ 作初等变换化其为阶梯形

$$\begin{bmatrix}1&1&2&2&3\\2&2&0&a&4\\1&0&a&1&5\\2&a&3&5&4\end{bmatrix}\rightarrow\begin{bmatrix}1&1&2&2&3\\0&0&-4&a-4&-2\\0&-1&a-2&-1&2\\0&a-2&-1&1&-2\end{bmatrix}\rightarrow$$

$$\begin{bmatrix}1&1&2&2&3\\0&-1&a-2&-1&2\\0&a-2&-1&1&-2\\0&0&-4&a-4&-2\end{bmatrix}\rightarrow\begin{bmatrix}1&1&2&2&3\\0&-1&a-2&-1&2\\0&0&a^2-4a+3&3-a&2a-6\\0&0&-4&a-4&-2\end{bmatrix}\xrightarrow{\text{如 } a\neq 3}$$

$$\begin{bmatrix}1&1&2&2&3\\0&-1&a-2&-1&2\\0&0&a-1&-1&2\\0&0&-4&a-4&-2\end{bmatrix}\rightarrow\begin{bmatrix}1&1&2&2&3\\0&-1&a-2&-1&2\\0&0&a-1&-1&2\\0&0&a-5&a-5&0\end{bmatrix}\xrightarrow{\text{如 } a\neq 5}$$

$$\begin{bmatrix}1&1&2&2&3\\0&-1&a-2&-1&2\\0&0&1&1&0\\0&0&a-1&-1&2\end{bmatrix}\rightarrow\begin{bmatrix}1&1&2&2&3\\0&-1&a-2&-1&2\\0&0&1&1&0\\0&0&0&a&2\end{bmatrix}$$

所以，$a=3$ 或 $a=5$ 时，秩 $R(\boldsymbol{A})=3$.

【例 3.28】设 $n(n\geqslant 3)$ 阶矩阵 $\boldsymbol{A}=\begin{bmatrix}1&a&a&\cdots&a\\a&1&a&\cdots&a\\a&a&1&\cdots&a\\\vdots&\vdots&\vdots&&\vdots\\a&a&a&\cdots&1\end{bmatrix}$，若矩阵 $\boldsymbol{A}$ 的秩为 $n-1$，则 a 必为________.

(A) 1.　　(B) $\dfrac{1}{1-n}$.　　(C) -1.　　(D) $\dfrac{1}{n-1}$.

【分析】由于

$$|\boldsymbol{A}|=[(n-1)a+1]\begin{vmatrix}1&1&1&\cdots&1\\a&1&a&\cdots&a\\a&a&1&\cdots&a\\\vdots&\vdots&\vdots&&\vdots\\a&a&a&\cdots&1\end{vmatrix}$$

学习随笔

$$= [(n-1)a+1]\begin{vmatrix} 1 & 1 & 1 & \cdots & 1 \\ & 1-a & & & \\ & & 1-a & & \\ & & & \ddots & \\ & & & & 1-a \end{vmatrix}$$

$$= [(n-1)a+1](1-a)^{n-1}$$

由 $R(\boldsymbol{A})=n-1$ 知 $|\boldsymbol{A}|=0$,故 a 取自于 $\dfrac{1}{1-n}$ 或 1. 显然 $a=1$ 时,

$$\boldsymbol{A}=\begin{bmatrix} 1 & 1 & 1 & \cdots & 1 \\ 1 & 1 & 1 & \cdots & 1 \\ \vdots & \vdots & \vdots & & \vdots \\ 1 & 1 & 1 & \cdots & 1 \end{bmatrix}$$

而 $R(\boldsymbol{A})=1$ 不合题意,故应选(B).

【例 3.29】设矩阵 $\boldsymbol{A}=\begin{bmatrix} k & 1 & 1 & 1 \\ 1 & k & 1 & 1 \\ 1 & 1 & k & 1 \\ 1 & 1 & 1 & k \end{bmatrix}$,且 $R(\boldsymbol{A})=3$,则 $k=$________.

【分析】由于

$$|\boldsymbol{A}|=\begin{vmatrix} k & 1 & 1 & 1 \\ 1 & k & 1 & 1 \\ 1 & 1 & k & 1 \\ 1 & 1 & 1 & k \end{vmatrix}=\begin{vmatrix} k+3 & k+3 & k+3 & k+3 \\ 1 & k & 1 & 1 \\ 1 & 1 & k & 1 \\ 1 & 1 & 1 & k \end{vmatrix}$$

$$=(k+3)\begin{vmatrix} 1 & 1 & 1 & 1 \\ 1 & k & 1 & 1 \\ 1 & 1 & k & 1 \\ 1 & 1 & 1 & k \end{vmatrix}=(k+3)\begin{vmatrix} 1 & 1 & 1 & 1 \\ 0 & k-1 & 0 & 0 \\ 0 & 0 & k-1 & 0 \\ 0 & 0 & 0 & k-1 \end{vmatrix}$$

$$=(k+3)(k-1)^3$$

那么

$$R(\boldsymbol{A})=3 \Rightarrow |\boldsymbol{A}|=0$$

而 $k=1$ 时,显然 $R(\boldsymbol{A})=1$. 故必有 $k=-3$.

【例 3.30】已知

$$\boldsymbol{A}=\begin{bmatrix} 1 \\ 3 \\ 2 \end{bmatrix}(1,-1,0),\quad \boldsymbol{B}=\begin{bmatrix} 1 & 2 & -1 \\ 2 & a & 2 \\ -1 & 2 & 3 \end{bmatrix}$$

若秩 $R(\boldsymbol{AB}+\boldsymbol{B})=2$,求 a.

【解】$\boldsymbol{AB}+\boldsymbol{B}=(\boldsymbol{A}+\boldsymbol{E})\boldsymbol{B}$,由于

$$\boldsymbol{A}+\boldsymbol{E}=\begin{bmatrix} 1 \\ 3 \\ 2 \end{bmatrix}(1,-1,0)+\boldsymbol{E}=\begin{bmatrix} 1 & -1 & 0 \\ 3 & -3 & 0 \\ 2 & -2 & 0 \end{bmatrix}+\boldsymbol{E}=\begin{bmatrix} 2 & -1 & 0 \\ 3 & -2 & 0 \\ 2 & -2 & 1 \end{bmatrix}$$

是可逆矩阵,故 $R(\boldsymbol{AB}+\boldsymbol{B})=R(\boldsymbol{B})=2$.

显然矩阵 $\boldsymbol{B}$ 中有 2 阶子式非 0，因而只要 $|\boldsymbol{B}|=0$，就保证有 $R(\boldsymbol{B})=2$. 而

$$|\boldsymbol{B}|=\begin{vmatrix}1&2&-1\\2&a&2\\-1&2&3\end{vmatrix}=\begin{vmatrix}1&2&-1\\0&a-4&4\\0&4&2\end{vmatrix}=2(a-12)$$

所以 $a=12$ 为所求.

【例 3.31】设 $\boldsymbol{A}=\begin{bmatrix}a_1b_1&a_1b_2&\cdots&a_1b_n\\a_2b_1&a_2b_2&\cdots&a_2b_n\\\vdots&\vdots&&\vdots\\a_nb_1&a_nb_2&\cdots&a_nb_n\end{bmatrix}$，其中 $a_i\neq0,b_i\neq0,\ i=1,2,\cdots,n$. 则矩阵 $\boldsymbol{A}$ 的秩 $R(\boldsymbol{A})=$________.

【分析】因为矩阵 $\boldsymbol{A}$ 中任何两行都成比例$\left(\text{第 } i \text{ 行与第 } j \text{ 行的比为}\dfrac{a_i}{a_j}\right)$，所以 $\boldsymbol{A}$ 中 2 阶子式全为 0，又因 $a_i\neq0,b_i\neq0$，知 $a_1b_1\neq0$，$\boldsymbol{A}$ 中有一阶子式非零. 故知 $R(\boldsymbol{A})=1$.

注意：$\boldsymbol{A}=\begin{bmatrix}a_1b_1&a_1b_2&\cdots&a_1b_n\\a_2b_1&a_2b_2&\cdots&a_2b_n\\\vdots&\vdots&&\vdots\\a_nb_1&a_nb_2&\cdots&a_nb_n\end{bmatrix}=\begin{bmatrix}a_1\\a_2\\\vdots\\a_n\end{bmatrix}(b_1,b_2,\cdots,b_n)$的这种分解可用来计算 $\boldsymbol{A}^n$.

【例 3.32】设 $\boldsymbol{A},\boldsymbol{B}$ 都是 n 阶非零矩阵，且 $\boldsymbol{AB}=\boldsymbol{O}$，则 $\boldsymbol{A}$ 和 $\boldsymbol{B}$ 的秩________.

(A) 必有一个等于 0.　　(B) 都小于 n.

(C) 一个小于 n，一个等于 n.　　(D) 都等于 n.

【分析】已知命题"若 $\boldsymbol{A}$ 是 $m\times n$ 矩阵，$\boldsymbol{B}$ 是 $n\times s$ 矩阵，$\boldsymbol{AB}=\boldsymbol{O}$，则 $R(\boldsymbol{A})+R(\boldsymbol{B})\leqslant n$". 题设已知 $\boldsymbol{A},\boldsymbol{B}$ 均非零，按秩的定义有 $R(\boldsymbol{A})\geqslant1$，故应选(B).

【例 3.33】已知 $\boldsymbol{Q}=\begin{bmatrix}1&2&3\\2&4&t\\3&6&9\end{bmatrix}$，$\boldsymbol{P}$ 为 3 阶非零矩阵，且满足 $\boldsymbol{PQ}=\boldsymbol{O}$，则________.

(A) $t=6$ 时，$\boldsymbol{P}$ 的秩必为 1.　　(B) $t=6$ 时，$\boldsymbol{P}$ 的秩必为 2.

(C) $t\neq6$ 时，$\boldsymbol{P}$ 的秩必为 1.　　(D) $t\neq6$ 时，$\boldsymbol{P}$ 的秩必为 2.

【分析】若 $\boldsymbol{A}$ 是 $m\times n$ 矩阵，$\boldsymbol{B}$ 是 $n\times s$ 矩阵，$\boldsymbol{AB}=\boldsymbol{O}$，则 $R(\boldsymbol{A})+R(\boldsymbol{B})\leqslant n$.

当 $t=6$ 时，$R(\boldsymbol{Q})=1$. 于是从 $R(\boldsymbol{P})+R(\boldsymbol{Q})\leqslant3$ 得 $R(\boldsymbol{P})\leqslant2$. 因此(A)、(B)中对秩 $R(\boldsymbol{P})$ 的判定都有可能成立，但不是必成立的. 所以(A)、(B)均不正确.

当 $t\neq6$ 时，$R(\boldsymbol{Q})=2$. 于是从 $R(\boldsymbol{P})+R(\boldsymbol{Q})\leqslant3$ 得 $R(\boldsymbol{P})\leqslant1$. 又因 $\boldsymbol{P}\neq0$，有 $R(\boldsymbol{P})\geqslant1$. 从而 $R(\boldsymbol{P})=1$ 必成立. 所以应当选(C).

【例 3.34】设矩阵 $\boldsymbol{B}=(b_{ij})_{r\times r}$，$\boldsymbol{C}=(c_{ij})_{r\times n}$，且 $\boldsymbol{BC}=\boldsymbol{O}$，则下列正确的是________.

(A) 若 $R(\boldsymbol{C})<r$，则有 $\boldsymbol{B}=\boldsymbol{O}$.　　(B) 若 $\boldsymbol{C}\neq\boldsymbol{O}$，则有 $\boldsymbol{B}=\boldsymbol{O}$.

(C) 若 $R(\boldsymbol{C})=r$，则有 $\boldsymbol{B}=\boldsymbol{O}$.　　(D) $\boldsymbol{B}=\boldsymbol{O}$ 且 $\boldsymbol{C}=\boldsymbol{O}$.

【分析】当矩阵 $\boldsymbol{BC}=\boldsymbol{O}$ 时，不存在"$\boldsymbol{B}$ 与 $\boldsymbol{C}$ 至少有一个零矩阵"的情况，所以选项(B)、(D)的结论是错误的，排除之. 只有通过 $R(\boldsymbol{C})$ 的情况来证明或推导出 $\boldsymbol{B}=\boldsymbol{O}$ 才能选择出正确的结论.

若 $R(\boldsymbol{C})=r$，则矩阵 $\boldsymbol{C}_{r\times n}$ 行满秩，从而存在 n 阶可逆矩阵 $\boldsymbol{Q}$，使得 $\boldsymbol{CQ}=(\boldsymbol{E}_r,\boldsymbol{Q}_{r\times(n-r)})$.

学习随笔

由于 $BC=O$，则 $BCQ=O_{r\times n}$，故 $BCQ=B(E_r,O)=(B,O)=(O_r,O_{r\times(n-r)})$. 由相等矩阵的对应元素相等得 $B=O$. 故选(C).

当 $R(C)<r$ 时，推导不出 $B=O$ 的结果. 因此(A)不对.

评注　当矩阵 $BC=O$ 时，矩阵 B 与 C 有可能都是非零矩阵. 例如 $B=\begin{bmatrix}2&4\\-3&-6\end{bmatrix}\neq O$，$C=\begin{bmatrix}-2&4\\1&-2\end{bmatrix}\neq O$，但 $BC=\begin{bmatrix}0&0\\0&0\end{bmatrix}$.

【例 3.35】已知矩阵 $A=\begin{bmatrix}2&4&2\\1&a&-2\\2&3&a+2\end{bmatrix}$，$B$ 是 3 阶非零矩阵，且满足 $AB=O$，则________.

(A) $a=1$ 时，$|B|=0$.　　(B) $a=-1$ 时，$|B|=0$.

(C) $a=3$ 时，$|B|\neq 0$.　　(D) $a=-3$ 时，$|B|\neq 0$.

【分析一】由 $AB=O$，得 $R(A)+R(B)\leqslant 3$，又 $R(A)\geqslant 1$，得 $R(B)\leqslant 2$. 所以，无论 a 的值如何，都有 $|B|=0$，因此应排除(C)和(D).

当 $a=1$ 时，有

$$|A|=\begin{vmatrix}2&4&2\\1&1&-2\\2&3&3\end{vmatrix}=\begin{vmatrix}0&2&6\\1&1&-2\\0&1&7\end{vmatrix}\neq 0$$

于是 $R(A)=3$，则 $R(B)=0$，与 B 为非零矩阵矛盾. 因此应排除(A). 故应选(B).

【分析二】利用齐次线性方程组解的判定.

设 $B=(\beta_1,\beta_2,\beta_3)$，由于 $B\neq O$，知 $\beta_j\ (j=1,2,3)$ 不全为零向量. 又由 $AB=A(\beta_1,\beta_2,\beta_3)=(A\beta_1,A\beta_2,A\beta_3)=O$ 可知，齐次线性方程组 $Ax=O$ 有非零解，其系数行列式等于零，即

$$|A|=\begin{vmatrix}2&4&2\\1&a&-2\\2&3&a+2\end{vmatrix}=2(a+1)(a-3)=0$$

可得 $a=-1$ 或 $a=3$.

再由分析一可知，$|B|=0$，因此应选(B).

【例 3.36】设 A,B 都是 n 阶非零矩阵，且满足 $AB=O$，则下列结论中不正确的是________.

(A) $2\leqslant R(A)+R(B)<n^2$.　　(B) $1\leqslant R(A)+R(B)<2n$.

(C) $2\leqslant R(A)\cdot R(B)<2n$.　　(D) $1\leqslant R(A)\cdot R(B)<n^2$.

【分析】由于 $AB=O$，可知 $R(A)+R(B)\leqslant n$，又 $A\neq O,B\neq O$，所以，$1\leqslant R(A)<n$，$1\leqslant R(B)<n$. 因此，在选项(A)、(B)、(D)中，左边的不等式都是对的；在(B)、(D)中，右边的不等式也是对的.

由于非零矩阵 A,B 使得 $AB=O$ 成立，可知 A,B 的阶数 $n\geqslant 2$，于是 $R(A)+R(B)<2n\leqslant n^2$. 因此，(A)中右边不等式也成立.

可见，(A)、(B)、(D)的结论都是正确的，不正确的只能是(C). 事实上，取 $A=$

$\begin{bmatrix}1 & -1\\0 & 0\end{bmatrix}$，$\boldsymbol{B}=\begin{bmatrix}1 & 0\\1 & 0\end{bmatrix}$，则有 $\boldsymbol{AB}=\boldsymbol{O}$，$R(\boldsymbol{A})=R(\boldsymbol{B})=1$，但 $R(\boldsymbol{A})\cdot R(\boldsymbol{B})=1<2$. 因此应选(C).

【例 3.37】设 $\boldsymbol{A}$ 是 $m\times n$ 矩阵，$\boldsymbol{C}$ 是 n 阶可逆矩阵，矩阵 $\boldsymbol{A}$ 的秩为 r，矩阵 $\boldsymbol{B}=\boldsymbol{AC}$ 的秩为 r_1，则________.

(A) $r>r_1$.　　　　(B) $r<r_1$.

(C) $r=r_1$.　　　　(D) r 与 r_1 的关系依 $\boldsymbol{C}$ 而定.

【分析】由于 $R(\boldsymbol{AB})\leqslant\min\{R(\boldsymbol{A}),R(\boldsymbol{B})\}$，若 $\boldsymbol{A}$ 可逆，则

$$R(\boldsymbol{AB})\leqslant \mathrm{r}(\boldsymbol{B})=R(\boldsymbol{EB})=R[\boldsymbol{A}^{-1}(\boldsymbol{AB})]\leqslant R(\boldsymbol{AB})$$

从而 $R(\boldsymbol{AB})=R(\boldsymbol{B})$，即可逆矩阵与矩阵相乘不改变矩阵的秩，所以应选(C).

【例 3.38】设 $\boldsymbol{A}$ 是 4×3 矩阵，且 $R(\boldsymbol{A})=2$，而 $\boldsymbol{B}=\begin{bmatrix}1 & 0 & 2\\0 & 2 & 0\\-1 & 0 & 3\end{bmatrix}$，则 $R(\boldsymbol{AB})=$________.

【分析】因为 $\boldsymbol{B}$ 可逆，故 $R(\boldsymbol{AB})=R(\boldsymbol{A})=2$.

注意：若 $\boldsymbol{A}$ 可逆，则 $R(\boldsymbol{AB})=R(\boldsymbol{B})$，$R(\boldsymbol{BA})=R(\boldsymbol{B})$.

【例 3.39】设 3 阶矩阵 $\boldsymbol{A}=\begin{bmatrix}a & b & b\\b & a & b\\b & b & a\end{bmatrix}$，若 $\boldsymbol{A}$ 的伴随矩阵的秩等于 1，则必有________.

(A) $a=b$ 或 $a+2b=0$.　　　　(B) $a=b$ 或 $a+2b\neq 0$.

(C) $a\neq b$ 且 $a+2b=0$.　　　　(D) $a\neq b$ 且 $a+2b\neq 0$.

【分析】根据伴随矩阵 $\boldsymbol{A}^*$ 的秩的关系式 $R(\boldsymbol{A}^*)=\begin{cases}n, & R(\boldsymbol{A})=n,\\1, & R(\boldsymbol{A})=n-1,\\0, & R(\boldsymbol{A})<n-1\end{cases}$ 知 $R(\boldsymbol{A}^*)=1\Leftrightarrow R(\boldsymbol{A})=2$.

若 $a=b$，易见 $R(\boldsymbol{A})\leqslant 1$，故可排除(A)、(B).

当 $a\neq b$ 时，$\boldsymbol{A}$ 中有 2 阶子式 $\begin{vmatrix}a & b\\b & a\end{vmatrix}\neq 0$，若 $R(\boldsymbol{A})=2$，按定义只须 $|\boldsymbol{A}|=0$. 由于

$$|\boldsymbol{A}|=\begin{vmatrix}a+2b & a+2b & a+2b\\b & a & b\\b & b & a\end{vmatrix}=(a+2b)(a-b)^2$$

所以应选(C).

【例 3.40】设 4 阶方阵 $\boldsymbol{A}$ 的秩为 2，则其伴随矩阵 $\boldsymbol{A}^*$ 的秩为________.

【分析】由于 $R(\boldsymbol{A})=2$，说明 $\boldsymbol{A}$ 中 3 阶子式全为 0，于是 $|\boldsymbol{A}|$ 的代数余子式 $A_{ij}\equiv 0$，故 $\boldsymbol{A}^*=\boldsymbol{O}$. 所以秩 $R(\boldsymbol{A}^*)=0$.

若熟悉伴随矩阵 $\boldsymbol{A}^*$ 的秩的关系式 $R(\boldsymbol{A}^*)=\begin{cases}n, & R(\boldsymbol{A})=n,\\1, & R(\boldsymbol{A})=n-1,\\0, & R(\boldsymbol{A})<n-1,\end{cases}$ 易知 $R(\boldsymbol{A}^*)=0$.

【例 3.41】已知 $\boldsymbol{A}$ 是 4 阶不可逆矩阵，则 $R((\boldsymbol{A}^*)^*)=$________.

学习随笔

【分析】根据伴随矩阵的秩的关系式知$R[(\boldsymbol{A}^*)^*]=\begin{cases}4, & R(\boldsymbol{A}^*)=4,\\ 1, & R(\boldsymbol{A}^*)=3,\\ 0, & R(\boldsymbol{A}^*)<3,\end{cases}$ 由于$\boldsymbol{A}$是4阶不可逆矩阵,所以$R(\boldsymbol{A})\leqslant 3$,从而$R(\boldsymbol{A}^*)=1$或0,故$R[(\boldsymbol{A}^*)^*]=0$.

【例3.42】设4阶方阵$\boldsymbol{A}$和$\boldsymbol{B}$的伴随矩阵分别为$\boldsymbol{A}^*$和$\boldsymbol{B}^*$,$R(\boldsymbol{A})=3$,$R(\boldsymbol{B})=4$,则$R(\boldsymbol{A}^*\boldsymbol{B}^*)=$________.

【分析】由$R(\boldsymbol{A})=3$可得$R(\boldsymbol{A}^*)=1$,由$R(\boldsymbol{B})=4$可得$R(\boldsymbol{B}^*)=4$,$\boldsymbol{B}^*$是可逆矩阵,故

$$R(\boldsymbol{A}^*\boldsymbol{B}^*)=R(\boldsymbol{A}^*)=1$$

评注 (1)本题求解中用到以下结论:

① 设$\boldsymbol{A}$为n阶方阵,则$\boldsymbol{A}$的伴随矩阵$\boldsymbol{A}^*$的秩$R(\boldsymbol{A}^*)=\begin{cases}n, & R(\boldsymbol{A})=n,\\ 1, & R(\boldsymbol{A})=n-1,\\ 0, & R(\boldsymbol{A})<n.\end{cases}$

② 设$\boldsymbol{A}$为$m\times n$矩阵,秩$R(\boldsymbol{A})=n(R(\boldsymbol{A})=m)$,则对于$\boldsymbol{A}$可乘的任意矩阵$\boldsymbol{B}$有$R(\boldsymbol{AB})=R(\boldsymbol{B})(R(\boldsymbol{BA})=R(\boldsymbol{B}))$.特别地,当$\boldsymbol{A}$为可逆矩阵时,$R(\boldsymbol{AB})=R(\boldsymbol{B})$,$R(\boldsymbol{BA})=R(\boldsymbol{B})$,其中$\boldsymbol{B}$为任意与$\boldsymbol{A}$可乘的矩阵.

(2)矩阵的秩是线性代数中的重点之一,也是难点之一.要掌握以下一些知识点:矩阵秩的概念、矩阵运算与其秩的一些等式及不等式关系、矩阵的秩与向量组的线性相关性之间的联系,以及矩阵的秩和线性方程组解的存在性与解的结构之间的关系等.

【例3.43】已知$\boldsymbol{A}$是$m\times n$矩阵,$\boldsymbol{B}$是$n\times s$矩阵.证明:$R(\boldsymbol{AB})\leqslant R(\boldsymbol{B})$.

【证法一】用矩阵的等价标准形:

设$R(\boldsymbol{B})=r$,则存在初等矩阵$\boldsymbol{P}_1,\boldsymbol{P}_2,\cdots,\boldsymbol{P}_s$与$\boldsymbol{Q}_1,\boldsymbol{Q}_2,\cdots,\boldsymbol{Q}_t$,使

$$\boldsymbol{P}_s\cdots\boldsymbol{P}_2\boldsymbol{P}_1\boldsymbol{B}\boldsymbol{Q}_1\boldsymbol{Q}_2\cdots\boldsymbol{Q}_t=\begin{bmatrix}\boldsymbol{E}_r & \boldsymbol{O}\\ \boldsymbol{O} & \boldsymbol{O}\end{bmatrix}$$

记$\boldsymbol{P}=\boldsymbol{P}_s\cdots\boldsymbol{P}_2\boldsymbol{P}_1$,$\boldsymbol{Q}=\boldsymbol{Q}_1\boldsymbol{Q}_2\cdots\boldsymbol{Q}_t$,那么$\boldsymbol{P}$,$\boldsymbol{Q}$分别是$n$阶与$s$阶可逆矩阵,于是

$$\boldsymbol{ABQ}=\boldsymbol{AP}^{-1}\boldsymbol{PBQ}=\boldsymbol{AP}^{-1}\begin{bmatrix}\boldsymbol{E}_r & \boldsymbol{O}\\ \boldsymbol{O} & \boldsymbol{O}\end{bmatrix}$$

对$\boldsymbol{AP}^{-1}$作相应的分块,记$\boldsymbol{AP}^{-1}=(\boldsymbol{C}_1\quad \boldsymbol{C}_2)$,其中$\boldsymbol{C}_1$是$m\times r$矩阵,$\boldsymbol{C}_2$是$m\times(n-r)$矩阵.那么

$$\boldsymbol{ABQ}=(\boldsymbol{C}_1,\boldsymbol{C}_2)\begin{bmatrix}\boldsymbol{E}_r & \boldsymbol{O}\\ \boldsymbol{O} & \boldsymbol{O}\end{bmatrix}=(\boldsymbol{C}_1,\boldsymbol{O})$$

由于$\boldsymbol{Q}$是可逆矩阵,秩$R(\boldsymbol{ABQ})=R(\boldsymbol{AB})$.故$R(\boldsymbol{AB})=R(\boldsymbol{C}_1,\boldsymbol{O})=R(\boldsymbol{C}_1)$.因为$\boldsymbol{C}_1$只有$r$列,$\boldsymbol{C}_1$中至多只有$r$列子式,于是$R(\boldsymbol{AB})=R(\boldsymbol{C}_1)\leqslant r=R(\boldsymbol{B})$.

【证法二】用齐次方程组基础解系:

构造两个齐次线性方程组:(Ⅰ)$\boldsymbol{ABx}=\boldsymbol{0}$与(Ⅱ)$\boldsymbol{Bx}=\boldsymbol{0}$.因为(Ⅱ)的解必是(Ⅰ)的解,所以(Ⅱ)的解向量中极大线性无关组向量的个数必不大于(Ⅰ)的解向量中极大线性无关组向量的个数,即

$$s-R(\boldsymbol{B})\leqslant s-R(\boldsymbol{AB})$$

从而得 $R(\boldsymbol{AB})\leqslant R(\boldsymbol{B})$.

【证法三】用向量组的秩：

对矩阵 $\boldsymbol{B}$ 按行分块，记 $\boldsymbol{B}=\begin{bmatrix}\boldsymbol{\beta}_1\\\boldsymbol{\beta}_2\\\vdots\\\boldsymbol{\beta}_n\end{bmatrix}$，那么

$$\boldsymbol{AB}=\begin{bmatrix}a_{11}&a_{12}&\cdots&a_{1n}\\a_{21}&a_{22}&\cdots&a_{2n}\\\vdots&\vdots&&\vdots\\a_{m1}&a_{m2}&\cdots&a_{mn}\end{bmatrix}\begin{bmatrix}\boldsymbol{\beta}_1\\\boldsymbol{\beta}_2\\\vdots\\\boldsymbol{\beta}_n\end{bmatrix}=\begin{bmatrix}a_{11}\boldsymbol{\beta}_1+a_{12}\boldsymbol{\beta}_2+\cdots+a_{1n}\boldsymbol{\beta}_n\\a_{21}\boldsymbol{\beta}_1+a_{22}\boldsymbol{\beta}_2+\cdots+a_{2n}\boldsymbol{\beta}_n\\\vdots\\a_{m1}\boldsymbol{\beta}_1+a_{m2}\boldsymbol{\beta}_2+\cdots+a_{mn}\boldsymbol{\beta}_n\end{bmatrix}$$

这说明 $\boldsymbol{AB}$ 的行向量可由 $\boldsymbol{B}$ 的行向量线性表出，所以 $\boldsymbol{AB}$ 的行向量组的秩不会超过 $\boldsymbol{B}$ 的行向量组的秩，即 $R(\boldsymbol{AB})\leqslant R(\boldsymbol{B})$.

评注　证法二与证法三可在学过有关章节后再看，这里的方法在秩的证明中是常用的.

由于经过转置后，矩阵的秩不变，那么利用本题的结论，有

$$R(\boldsymbol{AB})=R[(\boldsymbol{AB})^{\mathrm{T}}]=R(\boldsymbol{B}^{\mathrm{T}}\boldsymbol{A}^{\mathrm{T}})\leqslant R(\boldsymbol{A}^{\mathrm{T}})=R(\boldsymbol{A})$$

从而知 $R(\boldsymbol{AB})\leqslant\min\{R(\boldsymbol{A}),R(\boldsymbol{B})\}$.

利用本题的结论还可从另一个角度证明：用可逆矩阵乘一矩阵其秩不变. 如果设 $\boldsymbol{A}$ 是 m 阶可逆矩阵，$\boldsymbol{B}$ 是 $m\times n$ 矩阵，那么一方面有 $R(\boldsymbol{AB})\leqslant R(\boldsymbol{B})$，另一方面有 $R(\boldsymbol{B})=R[(\boldsymbol{A}^{-1}\boldsymbol{A})\boldsymbol{B}]=R[\boldsymbol{A}^{-1}(\boldsymbol{AB})]\leqslant R(\boldsymbol{AB})$. 从而得到 $R(\boldsymbol{AB})=R(\boldsymbol{B})$.

由于矩阵的秩是用非零子式定义的，但它与列向量组的秩、行向量组的秩一致，所以在处理秩的问题时要注意灵活思考，这也是秩比较难把握的原因之一.

【例 3.44】设 $\boldsymbol{A}$ 是 n 阶矩阵，$\boldsymbol{A}^*$ 是 $\boldsymbol{A}$ 的伴随矩阵. 证明：

$$R(\boldsymbol{A}^*)=\begin{cases}n, & R(\boldsymbol{A})=n,\\1, & R(\boldsymbol{A})=n-1,\\0, & R(\boldsymbol{A})<n-1\end{cases}$$

【证明】若 $R(\boldsymbol{A})=n$，则 $|\boldsymbol{A}|\neq0$，由于 $|\boldsymbol{A}^*|=|\boldsymbol{A}|^{n-1}$，故 $|\boldsymbol{A}^*|\neq0$，所以 $R(\boldsymbol{A}^*)=n$.

若 $R(\boldsymbol{A})=n-1$，则 $|\boldsymbol{A}|=0$，而且 $\boldsymbol{A}$ 中有 $n-1$ 阶子式非 0. 那么 $|\boldsymbol{A}|$ 的代数余子式不全为 0. 故 $\boldsymbol{A}^*$ 不是零矩阵，知 $R(\boldsymbol{A}^*)\geqslant1$. 又由

$$\boldsymbol{AA}^*=|\boldsymbol{A}|\boldsymbol{E}=\boldsymbol{O}$$

知 $R(\boldsymbol{A})+R(\boldsymbol{A}^*)\leqslant n$，把 $R(\boldsymbol{A})=n-1$ 代入得 $R(\boldsymbol{A}^*)\leqslant1$. 故得 $R(\boldsymbol{A}^*)=1$.

若 $R(\boldsymbol{A})<n-1$，则 $\boldsymbol{A}$ 中每个 $n-1$ 阶子式全为 0，那么 $\boldsymbol{A}^*=\boldsymbol{O}$，故 $R(\boldsymbol{A}^*)=0$.

【例 3.45】设 $\boldsymbol{A}$ 为 n 阶矩阵，且 $\boldsymbol{A}^2=\boldsymbol{E}$. 证明：$R(\boldsymbol{A}+\boldsymbol{E})+R(\boldsymbol{A}-\boldsymbol{E})=n$.

【证明】由于 $(\boldsymbol{A}+\boldsymbol{E})(\boldsymbol{A}-\boldsymbol{E})=\boldsymbol{A}^2-\boldsymbol{E}=\boldsymbol{O}$，所以

$$R(\boldsymbol{A}+\boldsymbol{E})+R(\boldsymbol{A}-\boldsymbol{E})\leqslant n$$

又因 $R(\boldsymbol{A}-\boldsymbol{E})=R(\boldsymbol{E}-\boldsymbol{A})$，而

$$R(\boldsymbol{A}+\boldsymbol{E})+R(\boldsymbol{A}-\boldsymbol{E})=R(\boldsymbol{A}+\boldsymbol{E})+R(\boldsymbol{E}-\boldsymbol{A})$$

学习随笔

$$\geqslant R[(\boldsymbol{A}+\boldsymbol{E})+(\boldsymbol{E}-\boldsymbol{A})]=R(2\boldsymbol{E})=n$$

所以 $R(\boldsymbol{A}+\boldsymbol{E})+R(\boldsymbol{A}-\boldsymbol{E})=n$.

【例 3.46】设 $\boldsymbol{A}$ 为 n 阶方阵，满足 $\boldsymbol{A}^2-2\boldsymbol{A}-3\boldsymbol{E}=\boldsymbol{O}$. 证明：$R(\boldsymbol{A}+\boldsymbol{E})+R(\boldsymbol{A}-3\boldsymbol{E})=n$.

【分析】题中要求证明有关矩阵秩的等式，一般要用到关于矩阵的秩的几个不等式. 本题中将要用到：

(1) 若 $\boldsymbol{A},\boldsymbol{B}$ 为 n 阶方阵，且 $\boldsymbol{AB}=\boldsymbol{O}$，则 $R(\boldsymbol{A})+R(\boldsymbol{B})\leqslant n$.

(2) 若 $\boldsymbol{A},\boldsymbol{B}$ 为同型矩阵，则 $R(\boldsymbol{A}+\boldsymbol{B})\leqslant R(\boldsymbol{A})+R(\boldsymbol{B})$.

【证明】由 $\boldsymbol{A}^2-2\boldsymbol{A}-3\boldsymbol{E}=\boldsymbol{O}$，得 $(\boldsymbol{A}+\boldsymbol{E})(\boldsymbol{A}-3\boldsymbol{E})=\boldsymbol{O}$，由于 $\boldsymbol{A}+\boldsymbol{E}$ 和 $\boldsymbol{A}-3\boldsymbol{E}$ 都是 n 阶方阵，故有

$$R(\boldsymbol{A}+\boldsymbol{E})+R(\boldsymbol{A}-3\boldsymbol{E})\leqslant n$$

又由于 $R(\boldsymbol{A}-3\boldsymbol{E})=R(-\boldsymbol{A}+3\boldsymbol{E})$，所以

$$\begin{aligned}R(\boldsymbol{A}+\boldsymbol{E})+R(\boldsymbol{A}-3\boldsymbol{E})&=R(\boldsymbol{A}+\boldsymbol{E})+R(-\boldsymbol{A}+3\boldsymbol{E})\\&\geqslant R(\boldsymbol{A}+\boldsymbol{E}-\boldsymbol{A}+3\boldsymbol{E})=R(4\boldsymbol{E})=n\end{aligned}$$

即 $R(\boldsymbol{A}+\boldsymbol{E})+R(\boldsymbol{A}-3\boldsymbol{E})\geqslant n$，故 $R(\boldsymbol{A}+\boldsymbol{E})+R(\boldsymbol{A}-3\boldsymbol{E})=n$.

评注　题中证明 $R(\boldsymbol{A}+\boldsymbol{E})+R(\boldsymbol{A}-3\boldsymbol{E})\leqslant n$，也可如下证明：

由于 $(\boldsymbol{A}+\boldsymbol{E})(\boldsymbol{A}-3\boldsymbol{E})=\boldsymbol{O}$，则 $\boldsymbol{A}-3\boldsymbol{E}$ 的列向量都是方程组 $(\boldsymbol{A}+\boldsymbol{E})\boldsymbol{x}=\boldsymbol{O}$ 的解向量，它是由方程组的基础解系线性表示的，所以 $R(\boldsymbol{A}-3\boldsymbol{E})\leqslant n-R(\boldsymbol{A}+\boldsymbol{E})$，即 $R(\boldsymbol{A}+\boldsymbol{E})+R(\boldsymbol{A}-3\boldsymbol{E})\leqslant n$.

【例 3.47】设 $\boldsymbol{A}$ 和 $\boldsymbol{B}$ 为 n 阶矩阵，且满足 $\boldsymbol{A}^2=\boldsymbol{A},\boldsymbol{B}^2=\boldsymbol{B},R(\boldsymbol{A}+\boldsymbol{B}-\boldsymbol{E})=n$. 证明：$R(\boldsymbol{A})=R(\boldsymbol{B})$.

【证明】由题设可得

$$\boldsymbol{A}(\boldsymbol{A}+\boldsymbol{B}-\boldsymbol{E})=\boldsymbol{A}^2+\boldsymbol{AB}-\boldsymbol{A}=\boldsymbol{AB},\quad(\boldsymbol{A}+\boldsymbol{B}-\boldsymbol{E})\boldsymbol{B}=\boldsymbol{AB}+\boldsymbol{B}^2-\boldsymbol{B}=\boldsymbol{AB}$$

又知 $\boldsymbol{A}+\boldsymbol{B}-\boldsymbol{E}$ 是可逆矩阵，所以

$$R[\boldsymbol{A}(\boldsymbol{A}+\boldsymbol{B}-\boldsymbol{E})]=R(\boldsymbol{A}),\quad R[(\boldsymbol{A}+\boldsymbol{B}-\boldsymbol{E})\boldsymbol{B}]=R(\boldsymbol{B})$$

因此 $R(\boldsymbol{A})=R[\boldsymbol{A}(\boldsymbol{A}+\boldsymbol{B}-\boldsymbol{E})]=R(\boldsymbol{AB})=R[(\boldsymbol{A}+\boldsymbol{B}-\boldsymbol{E})\boldsymbol{B}]=R(\boldsymbol{B})$.

评注　本题证明中，利用了如下结论：设 $\boldsymbol{A}$ 为可逆矩阵，则对任意矩阵 $\boldsymbol{B}$，有

$$R(\boldsymbol{B})=R(\boldsymbol{AB}),\quad R(\boldsymbol{B})=R(\boldsymbol{BA})$$

【例 3.48】设 $\boldsymbol{A},\boldsymbol{B}$ 均为 n 阶矩阵，且满足 $\boldsymbol{AB}=\boldsymbol{A}+\boldsymbol{B}$，则 $R(\boldsymbol{AB}-\boldsymbol{BA}+\boldsymbol{A}-\boldsymbol{E})=$________.

【分析】由题设条件 $\boldsymbol{AB}=\boldsymbol{A}+\boldsymbol{B}$，得 $\boldsymbol{AB}-\boldsymbol{A}=\boldsymbol{A}(\boldsymbol{B}-\boldsymbol{E})=\boldsymbol{B}$，且

$$\boldsymbol{A}(\boldsymbol{B}-\boldsymbol{E})-(\boldsymbol{B}-\boldsymbol{E})=\boldsymbol{E},\quad(\boldsymbol{A}-\boldsymbol{E})(\boldsymbol{B}-\boldsymbol{E})=\boldsymbol{E}$$

则 $\boldsymbol{A}-\boldsymbol{E}$ 和 $\boldsymbol{B}-\boldsymbol{E}$ 是互逆矩阵，且 $(\boldsymbol{B}-\boldsymbol{E})(\boldsymbol{A}-\boldsymbol{E})=\boldsymbol{BA}-\boldsymbol{A}-\boldsymbol{B}+\boldsymbol{E}=\boldsymbol{E}$，即 $\boldsymbol{BA}=\boldsymbol{A}+\boldsymbol{B}$. 从而 $\boldsymbol{AB}=\boldsymbol{BA}$，故 $R(\boldsymbol{AB}-\boldsymbol{BA}+\boldsymbol{A}-\boldsymbol{E})=R(\boldsymbol{A}-\boldsymbol{E})=n$.

【例 3.49】设 $\boldsymbol{A}$ 为 $m\times n$ 矩阵，$\boldsymbol{B}$ 为 $n\times m$ 矩阵，且 $m>n$. 证明：$|\boldsymbol{AB}|=0$.

【证法一】用秩.

因为 $\boldsymbol{AB}$ 是 m 阶矩阵，只要证出 $R(\boldsymbol{AB})<m$ 即知 $|\boldsymbol{AB}|=0$.

由于 $R(\boldsymbol{AB})\leqslant R(\boldsymbol{A})$，而 $\boldsymbol{A}$ 是 $m\times n$ 矩阵，故 $R(\boldsymbol{A})\leqslant n$. 又因 $m>n$，所以

$$R(\boldsymbol{AB})\leqslant R(\boldsymbol{A})\leqslant n<m$$

从而 $|\boldsymbol{AB}|=0$.

【证法二】用齐次方程组有非零解.

因为齐次方程组 $\boldsymbol{Bx}=\boldsymbol{0}$ 中,未知数的个数 $m>$ 方程的个数 n,故此方程组必有非零解.又因 $\boldsymbol{Bx}=\boldsymbol{0}$ 的解全是齐次方程组 $\boldsymbol{ABx}=\boldsymbol{0}$ 的解,那么 $\boldsymbol{ABx}=\boldsymbol{0}$ 有非零解,从而系数行列式 $|\boldsymbol{AB}|=0$.

【例 3.50】设 $\boldsymbol{A}$ 是 $m\times n$ 矩阵,证明:存在一个非零的 $n\times s$ 矩阵 $\boldsymbol{B}$,使 $\boldsymbol{AB}=\boldsymbol{O}$ 的充要条件是 $R(\boldsymbol{A})<n$.

【证明】必要性.设 $\boldsymbol{B}=(\boldsymbol{\beta}_1,\boldsymbol{\beta}_2,\cdots,\boldsymbol{\beta}_s)\neq\boldsymbol{O}$,使 $\boldsymbol{AB}=\boldsymbol{O}$.不妨设 $\boldsymbol{\beta}_1\neq\boldsymbol{O}$,由 $\boldsymbol{AB}=\boldsymbol{O}$ 得

$$(\boldsymbol{A\beta}_1,\boldsymbol{A\beta}_1,\cdots,\boldsymbol{A\beta}_s)=(\boldsymbol{0},\boldsymbol{0},\cdots,\boldsymbol{0})$$

因此,$\boldsymbol{\beta}_1$ 是齐次方程组 $\boldsymbol{Ax}=\boldsymbol{0}$ 的非零解,故 $R(\boldsymbol{A})<n$.

充分性.若 $R(\boldsymbol{A})<n$,则齐次方程组 $\boldsymbol{Ax}=\boldsymbol{0}$ 有非零解.设 $(b_1,b_2,\cdots,b_n)^{\mathrm{T}}$ 是其一个非零解,那么 $\boldsymbol{B}=\begin{bmatrix} b_1 & 0 & \cdots & 0 \\ b_2 & 0 & \cdots & 0 \\ \vdots & \vdots & & \vdots \\ b_n & 0 & \cdots & 0 \end{bmatrix}\neq\boldsymbol{O}$,而 $\boldsymbol{AB}=\boldsymbol{O}$.

三、线性方程组的解

【例 3.51】设 $\boldsymbol{A}$ 为 $m\times n$ 矩阵,$\boldsymbol{b}\neq\boldsymbol{0}$,且 $m<n$,则线性方程组 $\boldsymbol{Ax}=\boldsymbol{b}$ ________.

(A) 有唯一解.　　(B) 有无穷多解.

(C) 无解.　　(D) 可能无解.

【分析】非齐次线性方程组解的情况:若 $R(\boldsymbol{A})\neq R(\overline{\boldsymbol{A}})$,则方程组无解;若 $R(\boldsymbol{A})=R(\overline{\boldsymbol{A}})=n$,则方程组有唯一解;若 $R(\boldsymbol{A})=R(\overline{\boldsymbol{A}})<n$,则方程组有无穷多解.

因为根据题设有可能 $R(\boldsymbol{A})\neq R(\overline{\boldsymbol{A}})$,故应选(D).

评注　看到已知条件 $m<n$,很容易认为系数矩阵的行数少于列数,故 $R(\boldsymbol{A})<n$,得出方程组有无穷多解的结论.所以要切记的是,必须要有前提条件 $R(\boldsymbol{A})=R(\overline{\boldsymbol{A}})$,不妨就记为 $R(\boldsymbol{A})=R(\overline{\boldsymbol{A}})<n$ 时,方程组有无穷多解.

【例 3.52】设 $\boldsymbol{A}$ 为 $m\times n$ 矩阵,$R(\boldsymbol{A})=m$,$\boldsymbol{b}\neq\boldsymbol{0}$,则线性方程组 $\boldsymbol{Ax}=\boldsymbol{b}$ ________.

(A) 可能无解.　　(B) 一定无解.

(C) 可能有解.　　(D) 一定有解.

【分析】方程组 $\boldsymbol{Ax}=\boldsymbol{b}$ 有解的充分必要条件为 $R(\boldsymbol{A})=R(\boldsymbol{A},\boldsymbol{b})$,本题可据此判别.

因为 $R(\boldsymbol{A})=m$,矩阵 $(\boldsymbol{A},\boldsymbol{b})$ 是 $m\times(n+1)$ 矩阵,由

$$m=R(\boldsymbol{A})\leqslant R(\boldsymbol{A},\boldsymbol{b})\leqslant m$$

可知 $R(\boldsymbol{A},\boldsymbol{b})=m$,因此方程组 $\boldsymbol{Ax}=\boldsymbol{b}$ 必有解.故应选(D).

评注　本题若将题设改为 $R(\boldsymbol{A})=n(m\geqslant n)$,其结论如何?请读者思考.

【例 3.53】设 $\boldsymbol{A}$ 是 $m\times n$ 矩阵,$\boldsymbol{B}$ 是 $n\times m$ 矩阵,则线性方程组 $(\boldsymbol{AB})\boldsymbol{x}=\boldsymbol{0}$ ________.

(A) 当 $n>m$ 时仅有零解.　　(B) 当 $n>m$ 时必有非零解.

(C) 当 $m>n$ 时仅有零解.　　(D) 当 $m>n$ 时必有非零解.

【分析】$\boldsymbol{AB}$ 是 m 阶矩阵,则 $\boldsymbol{ABx}=\boldsymbol{0}$ 仅有零解的充分必要条件是 $R(\boldsymbol{AB})=m$.又因

学习随笔

$R(AB)\leqslant R(B)\leqslant \min\{m,n\}$，故当 $m>n$ 时，必有 $R(AB)\leqslant \min\{m,n\}=n<m$. 故选(D).

【例 3.54】设 3 阶矩阵 A 满足 $AB=A$，其中 $B\neq E$，则 A 应是________.

(A) $\begin{bmatrix}0&0&1\\2&1&3\\3&2&2\end{bmatrix}$. (B) $\begin{bmatrix}2&1&1\\0&1&0\\3&2&5\end{bmatrix}$.

(C) $\begin{bmatrix}2&-2&0\\1&3&2\\0&1&1\end{bmatrix}$. (D) $\begin{bmatrix}3&-2&0\\-3&2&4\\6&-4&5\end{bmatrix}$.

【分析】由题设 $AB=A\Rightarrow AB-A=A(B-E)=O$，则 $B-E$ 的每一列都是 $Ax=0$ 的解向量. 因 $B\neq E$，$B-E\neq O$，所以 $Ax=0$ 有非零解，故应有 $|A|=0$.

因
$$\begin{vmatrix}0&0&1\\2&1&3\\3&2&2\end{vmatrix}=1\neq 0,\quad \begin{vmatrix}2&1&1\\0&1&0\\3&2&5\end{vmatrix}=7\neq 0$$
$$\begin{vmatrix}2&-2&0\\1&3&2\\0&1&1\end{vmatrix}=4\neq 0,\quad \begin{vmatrix}3&-2&0\\-3&2&4\\6&-4&5\end{vmatrix}=0$$
故应选(D).

【例 3.55】线性方程组 $\begin{cases}x_1+2x_2=a_1,\\x_2+2x_3=a_2,\\x_3+2x_4=a_3,\\x_1+3x_2+x_3-2x_4=a_4\end{cases}$ 有解的充分必要条件是________.

【分析】写出方程组的增广矩阵，并施以初等行变换
$$\overline{A}=\left[\begin{array}{cccc:c}1&2&0&0&a_1\\0&1&2&0&a_2\\0&0&1&2&a_3\\1&3&1&-2&a_4\end{array}\right]\to\left[\begin{array}{cccc:c}1&2&0&0&a_1\\0&1&2&0&a_2\\0&0&1&2&a_3\\0&0&0&0&a_1+a_2-a_3-a_4\end{array}\right]$$
此方程组有解的充分必要条件是 $R(\overline{A})=R(A)=3$，所以方程组有解的充分必要条件是
$$a_1+a_2=a_3+a_4$$

【例 3.56】设 $A=\begin{bmatrix}1&2&1\\2&3&a+2\\1&a&-2\end{bmatrix}$，$b=\begin{bmatrix}1\\3\\0\end{bmatrix}$，$x=\begin{bmatrix}x_1\\x_2\\x_3\end{bmatrix}$.

(1) 齐次方程组 $Ax=0$ 只有零解，则 $a=$________.

(2) 线性方程组 $Ax=b$ 无解，则 $a=$________.

【分析】(1)齐次方程组 $Ax=0$ 只有零解 $\Leftrightarrow R(A)=n$. 现在 A 是 3 阶矩阵，故可考察行列式何时不为 0. 由于
$$|A|=\begin{vmatrix}1&2&1\\2&3&a+2\\1&a&-2\end{vmatrix}=\begin{vmatrix}1&2&1\\0&-1&a\\0&a-2&-3\end{vmatrix}=3+2a-a^2$$

所以，$a\neq 3$ 或 -1 时，行列式 $|\boldsymbol{A}|\neq 0$，即 $\boldsymbol{Ax}=\boldsymbol{0}$ 只有零解.

(2)线性方程组 $\boldsymbol{Ax}=\boldsymbol{b}$ 无解$\Leftrightarrow R(\boldsymbol{A})\neq R(\overline{\boldsymbol{A}})$. 对增广矩阵作初等行变换，有

$$\left[\begin{array}{ccc:c}1 & 2 & 1 & 1\\ 2 & 3 & a+2 & 3\\ 1 & a & -2 & 0\end{array}\right]\rightarrow\left[\begin{array}{ccc:c}1 & 2 & 1 & 1\\ 0 & -1 & a & 1\\ 0 & a-2 & -3 & -1\end{array}\right]\rightarrow\left[\begin{array}{ccc:c}1 & 2 & 1 & 1\\ 0 & -1 & a & 1\\ 0 & 0 & a^2-2a-3 & a-3\end{array}\right]$$

此时，方程组无解必然是 $R(\boldsymbol{A})=2, R(\overline{\boldsymbol{A}})=3$，即 $a^2-2a-3=0, a-3\neq 0$. 故 $a=-1$.

评注　若 $|\boldsymbol{A}|=0$，则方程组 $\boldsymbol{Ax}=\boldsymbol{b}$ 可能无解，也可能有无穷多解，这一点要理解清楚. 因此，对方程组 $\boldsymbol{Ax}=\boldsymbol{b}$ 一般是从增广矩阵入手的.

【例 3.57】设 $\boldsymbol{A}$ 是 $m\times s$ 矩阵，$\boldsymbol{B}$ 是 $s\times n$ 矩阵，则方程组 $\boldsymbol{ABx}=\boldsymbol{0}$ 与方程组 $\boldsymbol{Bx}=\boldsymbol{0}$ 是同解方程组的充分条件是________.

(A) $R(\boldsymbol{A})=m$.　　(B) $R(\boldsymbol{A})=s$.　　(C) $R(\boldsymbol{B})=s$.　　(D) $R(\boldsymbol{B})=n$.

【分析】由于方程组 $\boldsymbol{Bx}=\boldsymbol{0}$ 的解是方程组 $\boldsymbol{ABx}=\boldsymbol{0}$ 的解，如果 $R(\boldsymbol{A})=s$，则方程组 $\boldsymbol{Ay}=\boldsymbol{0}$ 仅有零解. 所以当 $\boldsymbol{ABx}=\boldsymbol{0}$ 时，只有 $\boldsymbol{Bx}=\boldsymbol{0}$，即 $\boldsymbol{ABx}=\boldsymbol{0}$ 的解也是 $\boldsymbol{Bx}=\boldsymbol{0}$ 的解，那么齐次线性方程组 $\boldsymbol{ABx}=\boldsymbol{0}$ 与 $\boldsymbol{Bx}=\boldsymbol{0}$ 同解. 故应选(B).

【例 3.58】设线性方程组(Ⅰ)$\begin{cases}x_1 \qquad\qquad +x_4=1,\\ \quad x_2 \qquad -2x_4=2,\\ \qquad x_3 \ +x_4=-1\end{cases}$

与(Ⅱ)$\begin{cases}-2x_1+x_2+ax_3-5x_4=1,\\ x_1+x_2-x_3+bx_4=4,\\ 3x_1+x_2+x_3+2x_4=c\end{cases}$ 是同解方程组，则 a,b,c 满足的条件是

(A) $a\neq -1, b=-2, c=4$.　　　　(B) $a=-1, b=-2, c=4$.

(C) $a=-1, b\neq -2, c=4$.　　　　(D) $a=-1, b=-2, c\neq 4$.

【分析】先求出方程组(Ⅰ)的全部解，写出方程组(Ⅰ)的增广矩阵

$$\overline{\boldsymbol{A}}_1=\left[\begin{array}{cccc:c}1 & 0 & 0 & 1 & 1\\ 0 & 1 & 0 & -2 & 2\\ 0 & 0 & 1 & 1 & -1\end{array}\right]$$

方程组(Ⅰ)的全部解为

$$\begin{bmatrix}x_1\\ x_2\\ x_3\\ x_4\end{bmatrix}=\begin{bmatrix}1\\ 2\\ -1\\ 0\end{bmatrix}+k\begin{bmatrix}-1\\ 2\\ -1\\ 1\end{bmatrix}=\begin{bmatrix}1-k\\ 2+2k\\ -1-k\\ k\end{bmatrix}\text{（其中 } k \text{ 为任意常数）}$$

将方程组(Ⅰ)的全部解代入方程组(Ⅱ)，有

$$\begin{cases}-2(1-k)+(2+2k)+a(-1-k)-5k=1,\\ (1-k)+(2+2k)-(-1-k)+bk=4,\\ 3(1-k)+(2+2k)+(-1-k)+2k=c\end{cases}\Rightarrow\begin{cases}a=-1,\\ b=-2,\\ c=4\end{cases}$$

故应选(B).

学习随笔

【例 3.59】设线性方程组$\begin{cases} x_1-x_2+2x_3+x_4=1, \\ 2x_1-x_2+x_3+2x_4=3, \\ x_1-x_3+x_4=2, \\ 3x_1-x_2+3x_4=5 \end{cases}$则方程组满足条件 $x_1^2=x_2^2$ 的全部解为________.

【分析】写出方程组的增广矩阵,并施以初等行变换:

$$\overline{A}=\begin{bmatrix} 1 & -1 & 2 & 1 & \vdots & 1 \\ 2 & -1 & 1 & 2 & \vdots & 3 \\ 1 & 0 & -1 & 1 & \vdots & 2 \\ 3 & -1 & 0 & 3 & \vdots & 5 \end{bmatrix} \to \begin{bmatrix} 1 & -1 & 2 & 1 & \vdots & 1 \\ 0 & 1 & -3 & 0 & \vdots & 1 \\ 0 & 1 & -3 & 0 & \vdots & 1 \\ 0 & 2 & -6 & 0 & \vdots & 2 \end{bmatrix} \to \begin{bmatrix} 1 & 0 & -1 & 1 & \vdots & 2 \\ 0 & 1 & -3 & 0 & \vdots & 1 \\ 0 & 0 & 0 & 0 & \vdots & 0 \\ 0 & 0 & 0 & 0 & \vdots & 0 \end{bmatrix}$$

由此得到方程组的全部解

$$\begin{bmatrix} x_1 \\ x_2 \\ x_3 \\ x_4 \end{bmatrix}=\begin{bmatrix} 2 \\ 1 \\ 0 \\ 0 \end{bmatrix}+k_1\begin{bmatrix} 1 \\ 3 \\ 1 \\ 0 \end{bmatrix}+k_2\begin{bmatrix} -1 \\ 0 \\ 0 \\ 1 \end{bmatrix}\text{(其中 } k_1,k_2 \text{ 是任意常数)}$$

条件 $x_1^2=x_2^2$ 等价于 $x_1=x_2$ 或 $x_1=-x_2$.

若 $x_1=x_2$,由方程组的全部解可知 $2+k_1-k_2=1+3k_1$,得到 $k_2=1-2k_1$,代入全部解有

$$\begin{bmatrix} x_1 \\ x_2 \\ x_3 \\ x_4 \end{bmatrix}=\begin{bmatrix} 1 \\ 1 \\ 0 \\ 1 \end{bmatrix}+k_1\begin{bmatrix} 3 \\ 3 \\ 1 \\ -2 \end{bmatrix}\text{(其中 } k_1 \text{ 是任意常数)}$$

若 $x_1=-x_2$,有 $2+k_1-k_2=-1-3k_1$,得到 $k_2=3+4k_1$,代入全部解得

$$\begin{bmatrix} x_1 \\ x_2 \\ x_3 \\ x_4 \end{bmatrix}=\begin{bmatrix} -1 \\ 1 \\ 0 \\ 3 \end{bmatrix}+k_1\begin{bmatrix} -3 \\ 3 \\ 1 \\ 4 \end{bmatrix}\text{(其中 } k_1 \text{ 是任意常数)}$$

【例 3.60】解方程组$\begin{cases} x_1+x_2+x_3+x_4+x_5=2, \\ 2x_1+3x_2+x_3+x_4-3x_5=0, \\ x_1+2x_3+2x_4+6x_5=6, \\ 4x_1+5x_2+3x_3+3x_4-x_5=4. \end{cases}$

【解】对方程组的增广矩阵作初等行变换,有

$$\overline{A}\to\begin{bmatrix} 1 & 1 & 1 & 1 & 1 & \vdots & 2 \\ 0 & 1 & -1 & -1 & -5 & \vdots & -4 \\ 0 & -1 & 1 & 1 & 5 & \vdots & 4 \\ 0 & 1 & -1 & -1 & -5 & \vdots & -4 \end{bmatrix}\to$$

学习随笔

$$\left[\begin{array}{ccccc:c}1&1&1&1&1&2\\0&1&-1&-1&-5&-4\\0&0&0&0&0&0\\0&0&0&0&0&0\end{array}\right]\to\left[\begin{array}{ccccc:c}1&0&2&2&6&6\\0&1&-1&-1&-5&-4\\0&0&0&0&0&0\\0&0&0&0&0&0\end{array}\right]$$

因为 $R(\mathbf{A})=R(\overline{\mathbf{A}})$，所以方程组有解，即

$$\begin{cases}x_1=-2x_3-2x_4-6x_5+6,\\x_2=x_3+x_4+5x_5-4,\\x_3=x_3,\\x_4=x_4,\\x_5=x_5\end{cases}$$

或表示为向量形式

$$k_1(-2,1,1,0,0)^{\mathrm{T}}+k_2(-2,1,0,1,0)^{\mathrm{T}}+k_3(-6,5,0,0,1)^{\mathrm{T}}+(6,-4,0,0,0)^{\mathrm{T}}.$$

评注　求解线性方程组的一般步骤：

(1) 对于非齐次线性方程组，把它的增广矩阵 $\overline{\mathbf{A}}$ 化成行阶梯形，从 $\overline{\mathbf{A}}$ 的行阶梯形可同时看出 $R(\mathbf{A})$ 和 $R(\overline{\mathbf{A}})$. 若 $R(\mathbf{A})<R(\overline{\mathbf{A}})$，则方程组无解.

(2) 若 $R(\mathbf{A})=R(\overline{\mathbf{A}})$，则进一步把 $\overline{\mathbf{A}}$ 化成行最简形. 而对于齐次线性方程组，则把系数矩阵 $\mathbf{A}$ 化成行最简形.

(3) 设 $R(\mathbf{A})=R(\overline{\mathbf{A}})=r$，把行最简形中 r 个非零行的非零首元所对应的未知数取作非自由未知数，其余 $n-r$ 个未知数取作自由未知数，并令自由未知数分别等于 $c_1,c_2,\cdots,c_{n-r}$，由 $\overline{\mathbf{A}}$(或 $\mathbf{A}$)的行最简形，即可写出含 $n-r$ 个参数的通解.

【例 3.61】已知方程组

$$\begin{cases}x_1+x_2+x_3=m,\\mx_1+x_2+(m-1)x_3=m-1,\\x_1+mx_2+x_3=1\end{cases}$$

讨论当 m 取何值时方程无解？何时有解？在有解时，求其一般解.

【解法一】用克拉默法则：

由于系数行列式

$$D=\begin{vmatrix}1&1&1\\m&1&m-1\\1&m&1\end{vmatrix}=\begin{vmatrix}1&0&0\\m&1-m&-1\\1&m-1&0\end{vmatrix}=m-1$$

(1) 若 $m\neq1$，则因

$$D_1=\begin{vmatrix}m&1&1\\m-1&1&m-1\\1&m&1\end{vmatrix}=(m-1)(1+m-m^2)$$

$$D_2=\begin{vmatrix}1&m&1\\m&m-1&m-1\\1&1&1\end{vmatrix}=1-m$$

学习随笔

$$D_3=\begin{vmatrix}1&1&m\\m&1&m-1\\1&m&1\end{vmatrix}=m^2(m-1)$$

所以方程组有唯一解，即 $x_1=1+m-m^2,x^2=-1,x_3=m^2$.

(2) 若 $m=1$，方程组$\begin{cases}x_1+x_2+x_3=1,\\x_1+x_2\qquad=0,\\x_1+x_2+x_3=1\end{cases}$有无穷多解，$x_1=-t,x_2=t,x_3=1,\forall t$.

(3) $\forall m$，方程组均有解，无解情况不存在.

【解法二】用高斯消元法：

对增广矩阵作初等行变换，有

$$\left[\begin{array}{ccc:c}1&1&1&m\\m&1&m-1&m-1\\1&m&1&1\end{array}\right]\to\left[\begin{array}{ccc:c}1&1&1&m\\0&1-m&-1&m-1-m^2\\0&m-1&0&1-m\end{array}\right]\to$$

$$\left[\begin{array}{ccc:c}1&1&1&m\\0&1-m&-1&m-1-m^2\\0&0&-1&-m^2\end{array}\right]$$

若 $m\neq1,R(\boldsymbol{A})=R(\overline{\boldsymbol{A}})=3$，方程组有唯一解. 从第 3 个方程求出 $x_3=m^2$，代入第 2 个方程，求出 $x_2=-1$，把 $x_3=m^2,x_2=-1$ 代入第 1 个方程得 $x_1=1+m-m^2$.

若 $m=1$，阶梯形矩阵为$\begin{bmatrix}1&1&1&1\\&&1&1\\&&&0\end{bmatrix}$，方程组有无穷多解，求解略.

方程组没有无解的情况.

评注　求解带参数的方程组，包括何时无解、有唯一解、有无穷多个解，要理解其解法的理论依据，并掌握它的解法. 带参数 m 的非齐次方程 $\boldsymbol{Ax}=\boldsymbol{b}$，一般有如本例所给出的两种求解方法：

(1) 当 $\boldsymbol{A}$ 为方阵时，根据其系数行列式 $|\boldsymbol{A}|=0$，求得使方程有唯一解的 m 值，然后将其他的 m 值代入方程，根据线性方程组的解的充要条件进行讨论、求解. 这种方法的优点是避免了对带参数的矩阵作初等行变换，缺点是仅适用于 $\boldsymbol{A}$ 为方阵的情形.

(2) 对增广矩阵 $(\boldsymbol{A},\boldsymbol{b})$ 作初等行变换，此方法虽更具一般性，但由于涉及含 m 的多项式的运算，在计算中容易出错.

【例 3.62】λ 取何值时，线性方程组

$$\begin{cases}(2\lambda+1)x_1-\lambda x_2+(\lambda+1)x_3=\lambda-1,\\(\lambda-2)x_1+(\lambda-1)x_2+(\lambda-2)x_3=\lambda,\\(2\lambda-1)x_1+(\lambda-1)x_2+(2\lambda-1)x_3=\lambda\end{cases}$$

有唯一解、无解、无穷多解？在有无穷多解时，求其通解.

【解】方程组的系数行列式为

$$|\boldsymbol{A}|=\begin{vmatrix}2\lambda+1&-\lambda&\lambda+1\\\lambda-2&\lambda-1&\lambda-2\\2\lambda-1&\lambda-1&2\lambda-1\end{vmatrix}\xlongequal{c_1-c_3}\begin{vmatrix}\lambda&-\lambda&\lambda+1\\0&\lambda-1&\lambda-2\\0&\lambda-1&2\lambda-1\end{vmatrix}=\lambda\begin{vmatrix}\lambda-1&\lambda-2\\\lambda-1&2\lambda-1\end{vmatrix}$$

$$=\lambda(\lambda-1)(\lambda+1)$$

(1) 当 $\lambda\neq 0$ 且 $\lambda\neq\pm 1$ 时,方程组有唯一解.

(2) 当 $\lambda=0$ 时,增广矩阵

$$\overline{\boldsymbol{A}}=\left[\begin{array}{ccc:c}1&0&1&-1\\-2&-1&-2&0\\-1&-1&-1&0\end{array}\right]\xrightarrow[r_3+r_1]{r_2+2r_1}\left[\begin{array}{ccc:c}1&0&1&-1\\0&-1&0&-2\\0&-1&0&-1\end{array}\right]\xrightarrow{r_3-r_2}\left[\begin{array}{ccc:c}1&0&1&-1\\0&-1&0&-2\\0&0&0&-1\end{array}\right]$$

由于 $R(\overline{\boldsymbol{A}})=3$,$R(\boldsymbol{A})=2$,所以方程组无解.

(3) 当 $\lambda=1$ 时,增广矩阵

$$\overline{\boldsymbol{A}}=\left[\begin{array}{ccc:c}3&-1&2&0\\-1&0&-1&1\\1&0&1&1\end{array}\right]\xrightarrow[\substack{r_3+r_2\\r_2\leftrightarrow r_1}]{r_1+3r_2}\left[\begin{array}{ccc:c}-1&0&-1&1\\0&-1&-1&3\\0&0&0&2\end{array}\right]$$

由于 $R(\overline{\boldsymbol{A}})=3$,$R(\boldsymbol{A})=2$,所以方程组无解.

(4) 当 $\lambda=-1$ 时,增广矩阵

$$\overline{\boldsymbol{A}}=\left[\begin{array}{ccc:c}-1&1&0&-2\\-3&-2&-2&-1\\-3&-2&-3&-1\end{array}\right]\xrightarrow[\substack{r_2-3r_1\\r_1\times(-1)}]{r_3-r_2}\left[\begin{array}{ccc:c}1&-1&0&2\\0&-5&-3&5\\0&0&0&0\end{array}\right]\xrightarrow[r_1+r_2]{r_2\times\left(-\frac{1}{5}\right)}$$
$$\left[\begin{array}{ccc:c}1&0&\frac{3}{5}&1\\0&1&\frac{3}{5}&-1\\0&0&0&0\end{array}\right]$$

由于 $R(\overline{\boldsymbol{A}})=R(\boldsymbol{A})=2<3$,所以方程组有无穷多解. 同解方程组为 $\begin{cases}x_1=1-\dfrac{3}{5}x_3,\\x_2=-1-\dfrac{3}{5}x_4,\end{cases}$ 通解为

$$\begin{cases}x_1=1-\dfrac{3}{5}t,\\x_2=-1-\dfrac{3}{5}t,\\x_3=t\end{cases}\text{或}\begin{bmatrix}x_1\\x_2\\x_3\end{bmatrix}=\begin{bmatrix}1\\-1\\0\end{bmatrix}+t\begin{bmatrix}-\dfrac{3}{5}\\-\dfrac{3}{5}\\1\end{bmatrix}\ (t\text{ 为任意常数})$$

【例 3.63】设线性方程组

$$\begin{cases}x_1-ax_2-2x_3=-1,\\x_1\ -x_2+ax_3=2,\\5x_1-5x_2-4x_3=1\end{cases}$$

当 a 为何值时方程组有唯一解、无解、有无穷多解? 并求出通解.

【分析】非齐次线性方程组 $\boldsymbol{Ax}=\boldsymbol{b}$,其中 $\boldsymbol{A}$ 为 $m\times n$ 矩阵. 当 $R(\boldsymbol{A})\neq R(\overline{\boldsymbol{A}})$时,方程组无解;当 $R(\boldsymbol{A})=R(\overline{\boldsymbol{A}})=n$ 时,方程组有唯一解;当 $R(\boldsymbol{A})=R(\overline{\boldsymbol{A}})<n$ 时,方程组有无穷多解.

【解】对增广矩阵作初等行变换,有

$$\overline{\mathbf{A}}=\left[\begin{array}{ccc:c}1&-a&-2&-1\\1&-1&a&2\\5&-5&-4&1\end{array}\right]\longrightarrow\left[\begin{array}{ccc:c}1&-a&-2&-1\\0&a-1&a+2&3\\0&0&-5a-4&-9\end{array}\right]$$

(1) 当 $a=-\dfrac{4}{5}$ 时，$R(\mathbf{A})=2$，$R(\overline{\mathbf{A}})=3$，方程组无解.

(2) 当 $a\neq-\dfrac{4}{5}$ 且 $a\neq1$ 时，$R(\mathbf{A})=R(\overline{\mathbf{A}})=3$，方程组有唯一解.

(3) 当 $a=1$ 时，$\overline{\mathbf{A}}\rightarrow\left[\begin{array}{ccc:c}1&-1&-2&-1\\0&0&3&3\\0&0&-9&-9\end{array}\right]\rightarrow\left[\begin{array}{ccc:c}1&-1&0&1\\0&0&1&1\\0&0&0&0\end{array}\right]$，$R(\mathbf{A})=R(\overline{\mathbf{A}})<3$，方程组有无穷多解.

由于 $\overline{\mathbf{A}}$ 的规范阶梯形对应 $\begin{cases}x_1=1+x_2,\\x_2=\quad x_2,\\x_3=1,\end{cases}$ 所以方程组的通解为

$$\begin{bmatrix}x_1\\x_2\\x_3\end{bmatrix}=\begin{bmatrix}1\\0\\1\end{bmatrix}+k\begin{bmatrix}1\\1\\0\end{bmatrix}\text{（其中 }k\text{ 为任意常数）}$$

评注　(1) 要特别注意的是，增广矩阵 $\overline{\mathbf{A}}$ 化作阶梯形矩阵后，第 3 行与第 2 行甚至第 1 行中都有含参数 a 的元素，所以在考虑 $R(\mathbf{A})$ 和 $R(\overline{\mathbf{A}})$ 时不能仅看第 3 行. 此题当 $a\neq-\dfrac{4}{5}$ 且 $a\neq1$ 时，方程组有唯一解，很容易忘记考虑 $a\neq1$ 时的情况.

(2) 由于此方程组未知量的个数与方程的个数相同，故可令系数行列式为零来求 a 的值，即

$$D=\begin{vmatrix}1&-a&-2\\1&-1&a\\5&-5&-4\end{vmatrix}=\begin{vmatrix}1&-a&-2\\1&-1&a\\0&0&-4-5a\end{vmatrix}=(-4-5a)(-1+a)=0$$

所以 $a=-\dfrac{4}{5}$，$a=1$.

当 $a=-\dfrac{4}{5}$ 时，得到 $R(\mathbf{A})\neq(\overline{\mathbf{A}})$，此时方程组无解；当 $a=1$ 时，即可得出方程组的通解.

【例 3.64】设线性方程组

$$\begin{cases}kx_1+(k-1)x_2+x_3=1,\\kx_1\qquad\quad+kx_2+x_3=2,\\2kx_1+2(k-1)x_2+kx_3=2\end{cases}$$

当 k 为何值时方程组无解、有唯一解、有无穷多解？并求出通解.

【分析】求增广矩阵的秩. 取 k 值，使 $R(\mathbf{A})\neq R(\overline{\mathbf{A}})$ 时，方程组无解；$R(\mathbf{A})=R(\overline{\mathbf{A}})=3$ 时，方程组有唯一解；$R(\mathbf{A})=R(\overline{\mathbf{A}})<3$ 时，方程组有无穷多解.

【解】对方程组所对应的增广矩阵进行初等行变换：

$$\overline{\mathbf{A}}=\left[\begin{array}{ccc:c}k & k-1 & 1 & 1\\ k & k & 1 & 2\\ 2k & 2(k-1) & k & 2\end{array}\right]\to\left[\begin{array}{ccc:c}k & k-1 & 1 & 1\\ 0 & 1 & 0 & 1\\ 0 & 0 & k-2 & 0\end{array}\right]\to\left[\begin{array}{ccc:c}k & 0 & 1 & 2-k\\ 0 & 1 & 0 & 1\\ 0 & 0 & k-2 & 0\end{array}\right]$$

(1) 当 $k=0$ 时，由于

$$R(\mathbf{A})=R\begin{bmatrix}0 & 0 & 1\\ 0 & 1 & 0\\ 0 & 0 & -2\end{bmatrix}=2,\quad R(\overline{\mathbf{A}})=R\left[\begin{array}{ccc:c}0 & 0 & 1 & 2\\ 0 & 1 & 0 & 1\\ 0 & 0 & -2 & 0\end{array}\right]=3$$

因此方程组无解.

(2) 当 $k\neq0,k\neq-2$ 时，由于

$$R(\mathbf{A})=R\begin{bmatrix}k & 0 & 1\\ 0 & 1 & 0\\ 0 & 0 & k-2\end{bmatrix}=3,\quad R(\overline{\mathbf{A}})=R\left[\begin{array}{ccc:c}k & 0 & 1 & 2-k\\ 0 & 1 & 0 & 1\\ 0 & 0 & k-2 & 0\end{array}\right]=3$$

因此方程组有唯一解 $\begin{bmatrix}x_1\\ x_2\\ x_3\end{bmatrix}=\begin{bmatrix}\dfrac{2-k}{k}\\ 1\\ 0\end{bmatrix}$.

(3) 当 $k=2$ 时，$R(\mathbf{A})=R(\overline{\mathbf{A}})=2<3$，则方程组有无穷多解. 又由

$$\overline{\mathbf{A}}\to\left[\begin{array}{ccc:c}2 & 0 & 1 & 0\\ 0 & 1 & 0 & 1\\ 0 & 0 & 0 & 0\end{array}\right]\to\left[\begin{array}{ccc:c}1 & 0 & \frac{1}{2} & 0\\ 0 & 1 & 0 & 1\\ 0 & 0 & 0 & 0\end{array}\right]$$

得 $\begin{cases}x_1=-\dfrac{1}{2}x_3,\\ x_2=1,\\ x_3=\quad x_3.\end{cases}$ 方程组的通解为 $\begin{bmatrix}x_1\\ x_2\\ x_3\end{bmatrix}=\begin{bmatrix}0\\ 1\\ 0\end{bmatrix}+k\begin{bmatrix}-1\\ 0\\ 2\end{bmatrix}$，其中 k 为任意实数.

评注　此题方程组对应的增广矩阵位于第 1 行第 1 列的元素无法化作 1，因为是参数 k，故不能将第 1 行除以 k. 所以只能按解题中的方法将其化为阶梯形矩阵，在确定 k 值看 $R(\mathbf{A}),R(\overline{\mathbf{A}})$ 时，不能只看第 3 行，也要顾及前两行中的 k 值.

【例 3.65】已知线性方程组

$$\begin{cases}x_1+x_2+x_3=1,\\ ax_1+bx_2+cx_3=d,\\ a^2x_1+b^2x_2+c^2x_3=d^2\end{cases}$$

当 a,b,c,d 满足什么条件时，方程组有唯一解、无穷多解、无解？当方程组有解时求其所有解.

【解】系数行列式是范德蒙德行列式

$$D=\begin{vmatrix}1 & 1 & 1\\ a & b & c\\ a^2 & b^2 & c^2\end{vmatrix}=(b-a)(c-a)(c-b)$$

(1) 当 $a\neq b,b\neq c,c\neq a$ 时，方程组有唯一解，即

学习随笔

$$x_1=\frac{(b-d)(c-d)}{(b-a)(c-a)},\quad x_2=\frac{(d-a)(c-d)}{(b-a)(c-b)},\quad x_3=\frac{(d-a)(d-b)}{(c-a)(c-b)}$$

(2) 当 $a=b=c\neq d$ 时，$R(\boldsymbol{A})=1$，$R(\overline{\boldsymbol{A}})=2$，方程组无解.

(3) 当 $a=b=c=d$ 时，$R(\boldsymbol{A})=R(\overline{\boldsymbol{A}})=1$，方程组有无穷多解：

$$(1,0,0)^{\mathrm{T}}+k(-1,1,0)^{\mathrm{T}}+k_2(-1,0,1)^{\mathrm{T}}$$

(4) 当 $a=b\neq c$ 时，方程组增广矩阵变形为

$$\left[\begin{array}{ccc|c}1&1&1&1\\a&a&c&d\\a^2&a^2&c^2&d^2\end{array}\right]\to\left[\begin{array}{ccc|c}1&1&1&1\\0&0&c-a&d-a\\0&0&c^2-ac&d^2-ad\end{array}\right]\to\left[\begin{array}{ccc|c}1&1&1&1\\0&0&c-a&d-a\\0&0&0&(d-a)(d-c)\end{array}\right]$$

若 $a\neq d$ 且 $c\neq d$，则方程组无解.

若 $a=d$，则方程组有无穷多解 $(1,0,0)^{\mathrm{T}}+k(-1,1,0)^{\mathrm{T}}$.

若 $c=d$，则方程组有无穷多解.

(5) 当 $b=c\neq a$ 时：

若 $d\neq b$ 且 $d\neq a$，则方程组无解.

若 $d=b$，则方程组有无穷多解 $(0,1,0)^{\mathrm{T}}+k(0,-1,1)^{\mathrm{T}}$.

若 $d=a$，则方程组有无穷多解 $(1,0,0)^{\mathrm{T}}+k(0,-1,1)^{\mathrm{T}}$.

(6) 当 $c=a\neq b$ 时：

若 $d\neq c$ 且 $d\neq b$，则方程组无解.

若 $d=c$，则方程组有无穷多解 $(0,0,1)^{\mathrm{T}}+k(1,0,-1)^{\mathrm{T}}$.

若 $d=b$，则方程组有无穷多解 $(0,1,0)^{\mathrm{T}}+k(1,0,-1)^{\mathrm{T}}$.

评注　对于含参数的方程组在讨论时要仔细，不要丢漏情况.

学习随笔

第四章 向量组的线性相关性

■ 基本内容

一、基本要求与学习要点

1. 基本要求

(1) 理解 n 维向量的概念,理解向量组的概念及向量组与矩阵的对应.

(2) 理解向量组的线性组合的概念,理解一个向量能由一个向量组线性表示的概念并熟悉这一概念与线性方程组的联系.

(3) 理解向量组 $\boldsymbol{B}$ 能由向量组 $\boldsymbol{A}$ 线性表示的概念及其矩阵表示式,知道这一概念与矩阵方程的联系.知道两向量组等价的概念.

(4) 理解向量组线性相关、线性无关的概念,并熟悉这一概念与齐次线性方程组的联系.

(5) 理解向量组的最大无关组和向量组的秩的概念,知道向量组的秩与矩阵的秩的关系.会用矩阵的初等变换求向量组的秩和最大无关组.

(6)了解向量组线性相关性理论的主要结论.

(7) 理解齐次线性方程组的基础解系的概念及系数矩阵的秩与全体解向量的秩之间的关系,熟悉基础解系的求法.理解非齐次线性方程组通解的构造.

(8) 知道向量空间、向量空间的基和维、向量组生成的空间、齐次线性方程组的解空间等概念.会求向量在一个基中的坐标.

2. 学习要点

本章介绍线性代数的几何理论.把线性方程组的理论“翻译”成几何语言(或称向量语言)即可得本章的理论.因此,掌握几何语言,即掌握本章中的概念(定义)是学好本章的关键.方程组理论是在矩阵运算和矩阵的秩的基础上建立起来的,几何的基本元素是向量,而向量组可等同于矩阵,因此,矩阵是连接方程组理论与几何理论的纽带,又是解决问题时最常用的方法.学习本章要特别注意方程语言、矩阵语言、几何语言三者之间的转换.突出的典型问题是对关系式

$$(\boldsymbol{b}_1,\boldsymbol{b}_2,\cdots,\boldsymbol{b}_l)=(\boldsymbol{a}_1,\boldsymbol{a}_2,\cdots,\boldsymbol{a}_m)\boldsymbol{K}_{m\times l}\quad(\boldsymbol{B}=\boldsymbol{AK})$$

所做的解释:

矩阵语言:$\boldsymbol{B}$ 是 $\boldsymbol{A}$ 与 $\boldsymbol{K}$ 的乘积矩阵;

方程语言:$\boldsymbol{K}$ 是矩阵方程 $\boldsymbol{AX}=\boldsymbol{B}$ 的一个解;

几何语言:向量组 $\boldsymbol{B}$ 能由向量组 A 线性表示,$\boldsymbol{K}$ 是这一表示的系数矩阵.

总之,要注重掌握概念(定义),强调矩阵的表示形式,熟悉三种语言的转换.

把矩阵的秩引申到向量组的秩,给秩的概念赋予几何解释,并且由于向量组可以含无

学习随笔

限多个向量,从而使秩的概念深入到更广阔的领域.

本章第 4 节内容是用几何语言来讨论线性方程组的解,建立起线性方程组理论中另一个重要定理:n 元齐次线性方程组 $\boldsymbol{Ax}=\boldsymbol{0}$ 的解集 S 的秩 $R_S=n-R(\boldsymbol{A})$. 并由此提出齐次线性方程组的基础解系的概念,阐明了齐次和非齐次线性方程组通解的结构. 这是本章又一重点,学习时要与第三章求解线性方程组的方法相结合. 对于用矩阵的初等行变换求解线性方程组的方法,不仅要熟练掌握,而且要理解其原理,从而能灵活运用.

本章最后一节是向量空间有关知识的介绍. 学习时只须了解下列概念:向量空间、齐次线性方程组的解空间、向量组 $\boldsymbol{a}_1,\cdots,\boldsymbol{a}_m$ 所生成的向量空间 $L(\boldsymbol{a}_1,\cdots,\boldsymbol{a}_m)$、向量空间的基和维数.

二、基本概念

【定义 4.1】n 个数 $a_1,a_2,\cdots,a_n$ 所组成的有序数组

$$\boldsymbol{\alpha}=(a_1,a_2,\cdots,a_n)^{\mathrm{T}} \text{ 或 } \boldsymbol{\alpha}=(a_1,a_2,\cdots,a_n)$$

叫作 n **维向量**,其中 $a_1,a_2,\cdots,a_n$ 叫作**向量 $\boldsymbol{\alpha}$** 的**分量**(或**坐标**),前一个表示式称为**列向量**,后者称为**行向量**.

设 n 维向量 $\boldsymbol{\alpha}=(a_1,a_2,\cdots,a_n)^{\mathrm{T}}$, $\boldsymbol{\beta}=(b_1,b_2,\cdots,b_n)^{\mathrm{T}}$,则

向量加法 $\boldsymbol{\alpha}+\boldsymbol{\beta}=(a_1+b_1,a_2+b_2,\cdots,a_n+b_n)^{\mathrm{T}}$;

数乘向量 $k\boldsymbol{\alpha}=(ka_1,ka_2,\cdots,ka_n)^{\mathrm{T}}$.

【定义 4.2】设 $\boldsymbol{\alpha}_1,\boldsymbol{\alpha}_2,\cdots,\boldsymbol{\alpha}_s$ 是 n 维向量,$k_1,k_2,\cdots,k_s$ 是一组实数,称

$$k_1\boldsymbol{\alpha}_1+k_2\boldsymbol{\alpha}_2+\cdots+k_s\boldsymbol{\alpha}_s$$

是 $\boldsymbol{\alpha}_1,\boldsymbol{\alpha}_2,\cdots,\boldsymbol{\alpha}_s$ 的**线性组合**.

【定义 4.3】对 n 维向量 $\boldsymbol{\alpha}_1,\boldsymbol{\alpha}_2,\cdots,\boldsymbol{\alpha}_s$ 和 $\boldsymbol{\beta}$,如存在实数 $k_1,k_2,\cdots,k_s$,使得

$$k_1\boldsymbol{\alpha}_1+k_2\boldsymbol{\alpha}_2+\cdots+k_s\boldsymbol{\alpha}_s=\boldsymbol{\beta}$$

则称 $\boldsymbol{\beta}$ 为 $\boldsymbol{\alpha}_1,\boldsymbol{\alpha}_2,\cdots,\boldsymbol{\alpha}_s$ 的**线性组合**,或者说 $\boldsymbol{\beta}$ 可由 $\boldsymbol{\alpha}_1,\boldsymbol{\alpha}_2,\cdots,\boldsymbol{\alpha}_s$ **线性表出(示)**.

例如,$\boldsymbol{\alpha}_1=(1,0)^{\mathrm{T}},\boldsymbol{\alpha}_2=(2,1)^{\mathrm{T}},\boldsymbol{\alpha}_3=(1,-1)^{\mathrm{T}}$, $\boldsymbol{\beta}=(3,2)^{\mathrm{T}}$,则 $\boldsymbol{\beta}=-\boldsymbol{\alpha}_1+2\boldsymbol{\alpha}_2+0\boldsymbol{\alpha}_3=2\boldsymbol{\alpha}_1+\boldsymbol{\alpha}_2-\boldsymbol{\alpha}_3=5\boldsymbol{\alpha}_1+0\boldsymbol{\alpha}_2-2\boldsymbol{\alpha}_3=\cdots$,即 $\boldsymbol{\beta}$ 可由 $\boldsymbol{\alpha}_1,\boldsymbol{\alpha}_2,\boldsymbol{\alpha}_3$ 线性表出,且表示法不唯一.

又如 $\boldsymbol{\alpha}_1=(1,0)^{\mathrm{T}},\boldsymbol{\alpha}_2=(2,0)^{\mathrm{T}}$, $\boldsymbol{\beta}=(0,3)^{\mathrm{T}}$,那么无论 k_1,k_2 取何值,恒有 $k_1\boldsymbol{\alpha}_1+k_2\boldsymbol{\alpha}_2\neq\boldsymbol{\beta}$,即 $\boldsymbol{\beta}$ 不能由 $\boldsymbol{\alpha}_1,\boldsymbol{\alpha}_2$ 线性表出.

若 $\boldsymbol{AB}=\boldsymbol{C}$,其中 $\boldsymbol{A}$ 是 $m\times n$ 矩阵,$\boldsymbol{B}$ 是 $n\times s$ 矩阵,则对 $\boldsymbol{B},\boldsymbol{C}$ 按行分块有

$$\begin{bmatrix} a_{11} & a_{12} & \cdots & a_{1n} \\ a_{21} & a_{22} & \cdots & a_{2n} \\ \vdots & \vdots & & \vdots \\ a_{m1} & a_{m2} & \cdots & a_{mn} \end{bmatrix}\begin{bmatrix} \boldsymbol{\beta}_1 \\ \boldsymbol{\beta}_2 \\ \vdots \\ \boldsymbol{\beta}_n \end{bmatrix}=\begin{bmatrix} \boldsymbol{\alpha}_1 \\ \boldsymbol{\alpha}_2 \\ \vdots \\ \boldsymbol{\alpha}_m \end{bmatrix}$$

即

$$\begin{cases} a_{11}\boldsymbol{\beta}_1+a_{12}\boldsymbol{\beta}_2+\cdots+a_{1n}\boldsymbol{\beta}_n=\boldsymbol{\alpha}_1, \\ a_{21}\boldsymbol{\beta}_1+a_{22}\boldsymbol{\beta}_2+\cdots+a_{2n}\boldsymbol{\beta}_n=\boldsymbol{\alpha}_2, \\ \vdots \\ a_{m1}\boldsymbol{\beta}_1+a_{m2}\boldsymbol{\beta}_2+\cdots+a_{mn}\boldsymbol{\beta}_n=\boldsymbol{\alpha}_m \end{cases}$$

可见 $\boldsymbol{AB}$ 的行向量 $\boldsymbol{\alpha}_1,\boldsymbol{\alpha}_2,\cdots,\boldsymbol{\alpha}_m$ 可由 $\boldsymbol{B}$ 的行向量 $\boldsymbol{\beta}_1,\boldsymbol{\beta}_2,\cdots,\boldsymbol{\beta}_n$ 线性表出. 类似地,对矩

阵 $\boldsymbol{A}$,$\boldsymbol{C}$ 按列分块,有

$$(\boldsymbol{\gamma}_1,\boldsymbol{\gamma}_2,\cdots,\boldsymbol{\gamma}_n)\begin{bmatrix} b_{11} & b_{12} & \cdots & b_{1s} \\ b_{21} & b_{22} & \cdots & b_{2s} \\ \vdots & \vdots & & \vdots \\ b_{n1} & b_{n2} & \cdots & b_{ns} \end{bmatrix}=(\boldsymbol{\delta}_1,\boldsymbol{\delta}_2,\cdots,\boldsymbol{\delta}_s)$$

即

$$\begin{cases} b_{11}\boldsymbol{\gamma}_1+b_{21}\boldsymbol{\gamma}_2+\cdots+b_{n1}\boldsymbol{\gamma}_n=\boldsymbol{\delta}_1, \\ b_{12}\boldsymbol{\gamma}_1+b_{22}\boldsymbol{\gamma}_2+\cdots+b_{n2}\boldsymbol{\gamma}_n=\boldsymbol{\delta}_2, \\ \vdots \\ b_{1s}\boldsymbol{\gamma}_1+b_{2s}\boldsymbol{\gamma}_2+\cdots+b_{ns}\boldsymbol{\gamma}_n=\boldsymbol{\delta}_s \end{cases}$$

即 $\boldsymbol{AB}$ 的列向量可由 $\boldsymbol{A}$ 的列向量线性表出.

【定义 4.4】对 n 维向量 $\boldsymbol{\alpha}_1,\boldsymbol{\alpha}_2,\cdots,\boldsymbol{\alpha}_s$,如存在不全为零的数 $k_1,k_2,\cdots,k_s$,使得

$$k_1\boldsymbol{\alpha}_1+k_2\boldsymbol{\alpha}_2+\cdots+k_s\boldsymbol{\alpha}_s=\boldsymbol{0}$$

则称向量组 $\boldsymbol{\alpha}_1,\boldsymbol{\alpha}_2,\cdots,\boldsymbol{\alpha}_s$ **线性相关**.否则,称向量组 $\boldsymbol{\alpha}_1,\boldsymbol{\alpha}_2,\cdots,\boldsymbol{\alpha}_s$ **线性无关**(也就是说,当且仅当 $k_1=k_2=\cdots=k_s=0$ 时,$k_1\boldsymbol{\alpha}_1+k_2\boldsymbol{\alpha}_2+\cdots+k_s\boldsymbol{\alpha}_s=\boldsymbol{0}$ 才能成立.或者说,只要 k_1,$k_2,\cdots,k_s$ 不全为零,那么 $k_1\boldsymbol{\alpha}_1+k_2\boldsymbol{\alpha}_2+\cdots+k_s\boldsymbol{\alpha}_s$ 必不为零).

例如,判断下列向量组的线性相关性:

(1) $\boldsymbol{\alpha}_1=(1,2,3)^{\mathrm{T}},\boldsymbol{\alpha}_2=(2,3,4)^{\mathrm{T}},\boldsymbol{\alpha}_3=(0,0,0)^{\mathrm{T}}$.

因为 $0\boldsymbol{\alpha}_1+0\boldsymbol{\alpha}_2+\boldsymbol{\alpha}_3=\boldsymbol{0}$,组合系数 0,0,1 不全为 0,故向量组 $\boldsymbol{\alpha}_1,\boldsymbol{\alpha}_2,\boldsymbol{\alpha}_3$ 线性相关.

(2) $\boldsymbol{\alpha}_1=(1,2,3)^{\mathrm{T}},\boldsymbol{\alpha}_2=(2,4,6)^{\mathrm{T}},\boldsymbol{\alpha}_3=(3,0,5)^{\mathrm{T}}$.

因为 $2\boldsymbol{\alpha}_1-\boldsymbol{\alpha}_2+0\boldsymbol{\alpha}_3=\boldsymbol{0}$,组合系数 2,−1,0 不全为 0,故向量组 $\boldsymbol{\alpha}_1,\boldsymbol{\alpha}_2,\boldsymbol{\alpha}_3$ 线性相关.

(3) $\boldsymbol{\alpha}_1=(1,2,3)^{\mathrm{T}},\boldsymbol{\alpha}_2=(2,3,4)^{\mathrm{T}},\boldsymbol{\alpha}_3=(3,5,7)^{\mathrm{T}}$.

因为 $\boldsymbol{\alpha}_1+\boldsymbol{\alpha}_2-\boldsymbol{\alpha}_3=\boldsymbol{0}$,组合系数 1,1,−1 不全为 0,故 $\boldsymbol{\alpha}_1,\boldsymbol{\alpha}_2,\boldsymbol{\alpha}_3$ 线性相关.

(4) $\boldsymbol{\alpha}_1=(1,2,3)^{\mathrm{T}},\boldsymbol{\alpha}_2=(0,4,5)^{\mathrm{T}},\boldsymbol{\alpha}_3=(0,0,6)^{\mathrm{T}}$.

如果 $k_1\boldsymbol{\alpha}_1+k_2\boldsymbol{\alpha}_2+k_3\boldsymbol{\alpha}_3=\boldsymbol{0}$ 按分量写出,有

$$\begin{cases} k_1=0, \\ 2k_1+4k_2=0, \\ 3k_1+5k_2+6k_3=0 \end{cases}$$

可见 $k_1\boldsymbol{\alpha}_1+k_2\boldsymbol{\alpha}_2+k_3\boldsymbol{\alpha}_3=\boldsymbol{0}\Leftrightarrow k_1=0,k_2=0,k_3=0$.故 $\boldsymbol{\alpha}_1,\boldsymbol{\alpha}_2,\boldsymbol{\alpha}_3$ 线性无关.

【定义 4.5】设有两个 n 维向量组(Ⅰ)$\boldsymbol{\alpha}_1,\boldsymbol{\alpha}_2,\cdots,\boldsymbol{\alpha}_s$;(Ⅱ)$\boldsymbol{\beta}_1,\boldsymbol{\beta}_2,\cdots,\boldsymbol{\beta}_t$.

如果(Ⅰ)中每个向量 $\boldsymbol{\alpha}_i(i=1,2,\cdots,s)$ 都可由(Ⅱ)中的向量 $\boldsymbol{\beta}_1,\boldsymbol{\beta}_2,\cdots,\boldsymbol{\beta}_t$ 线性表出,则称向量组(Ⅰ)可由向量组(Ⅱ)线性表出.

如果(Ⅰ)、(Ⅱ)这两个向量组可以互相线性表出,则称这两个**向量组等价**.

例如,已知向量组:

(1) $\boldsymbol{\alpha}_1=(1,0,0)^{\mathrm{T}},\boldsymbol{\alpha}_2=(0,1,0)^{\mathrm{T}},\boldsymbol{\alpha}_3=(0,0,1)^{\mathrm{T}}$ 与 $\boldsymbol{\beta}_1=(1,1,1)^{\mathrm{T}},\boldsymbol{\beta}_2=(1,1,0)^{\mathrm{T}}$,$\boldsymbol{\beta}_3=(1,0,0)^{\mathrm{T}}$.

由 $\boldsymbol{\beta}_1=\boldsymbol{\alpha}_1+\boldsymbol{\alpha}_2+\boldsymbol{\alpha}_3,\boldsymbol{\beta}_2=\boldsymbol{\alpha}_1+\boldsymbol{\alpha}_2,\boldsymbol{\beta}_3=\boldsymbol{\alpha}_1,\boldsymbol{\alpha}_1=\boldsymbol{\beta}_3,\boldsymbol{\alpha}_2=\boldsymbol{\beta}_2-\boldsymbol{\beta}_3,\boldsymbol{\alpha}_3=\boldsymbol{\beta}_1-\boldsymbol{\beta}_2$,可知向量组 $\boldsymbol{\alpha}_1,\boldsymbol{\alpha}_2,\boldsymbol{\alpha}_3$ 与 $\boldsymbol{\beta}_1,\boldsymbol{\beta}_2,\boldsymbol{\beta}_3$ 可互相线性表出,所以 $\boldsymbol{\alpha}_1,\boldsymbol{\alpha}_2,\boldsymbol{\alpha}_3$ 与 $\boldsymbol{\beta}_1,\boldsymbol{\beta}_2,\boldsymbol{\beta}_3$ 是等价向量组.

学习随笔

(2) $\boldsymbol{\alpha}_1=(1,0,0)^{\mathrm{T}},\boldsymbol{\alpha}_2=(1,2,0)^{\mathrm{T}}$ 与 $\boldsymbol{\beta}_1=(2,1,1)^{\mathrm{T}},\boldsymbol{\beta}_2=(0,1,1)^{\mathrm{T}},\boldsymbol{\beta}_3=(3,1,0)^{\mathrm{T}}$.

由 $\boldsymbol{\alpha}_1=\frac{1}{2}\boldsymbol{\beta}_1-\frac{1}{2}\boldsymbol{\beta}_2,\boldsymbol{\alpha}_2=-\frac{5}{2}\boldsymbol{\beta}_1+\frac{5}{2}\boldsymbol{\beta}_2+2\boldsymbol{\beta}_3$,可知向量组 $\boldsymbol{\alpha}_1,\boldsymbol{\alpha}_2$ 可由向量组 $\boldsymbol{\beta}_1,\boldsymbol{\beta}_2,\boldsymbol{\beta}_3$ 线性表出. 但向量组 $\boldsymbol{\beta}_1,\boldsymbol{\beta}_2,\boldsymbol{\beta}_3$ 不能由向量组 $\boldsymbol{\alpha}_1,\boldsymbol{\alpha}_2$ 线性表出.

【定义 4.6】在向量组 $\boldsymbol{\alpha}_1,\boldsymbol{\alpha}_2,\cdots,\boldsymbol{\alpha}_s$ 中,如果存在 r 个向量 $\boldsymbol{\alpha}_{i_1},\boldsymbol{\alpha}_{i_2},\cdots,\boldsymbol{\alpha}_{i_r}$ 线性无关,再加进任一个向量 $\boldsymbol{\alpha}_j(j=1,2,\cdots,s)$,向量组 $\boldsymbol{\alpha}_{i_1},\boldsymbol{\alpha}_{i_2},\cdots,\boldsymbol{\alpha}_{i_r},\boldsymbol{\alpha}_j$ 就线性无关,则称 $\boldsymbol{\alpha}_{i_1},\boldsymbol{\alpha}_{i_2},\cdots,\boldsymbol{\alpha}_{i_r}$ 是向量组 $\boldsymbol{\alpha}_1,\boldsymbol{\alpha}_2,\cdots,\boldsymbol{\alpha}_s$ 的一个**极大线性无关组**.

【定义 4.7】向量组 $\boldsymbol{\alpha}_1,\boldsymbol{\alpha}_2,\cdots,\boldsymbol{\alpha}_s$ 的极大线性无关组中所含向量的个数 r 称为这个向量组的**秩**.

例如,在向量组 $\boldsymbol{\alpha}_1=\begin{bmatrix}1\\0\end{bmatrix},\boldsymbol{\alpha}_2=\begin{bmatrix}0\\0\end{bmatrix},\boldsymbol{\alpha}_3=\begin{bmatrix}1\\1\end{bmatrix},\boldsymbol{\alpha}_4=\begin{bmatrix}2\\0\end{bmatrix},\boldsymbol{\alpha}_5=\begin{bmatrix}0\\1\end{bmatrix},\boldsymbol{\alpha}_6=\begin{bmatrix}3\\5\end{bmatrix}$ 中,$\boldsymbol{\alpha}_1,\boldsymbol{\alpha}_3$ 线性无关,再添加向量组中的任一个向量 $\boldsymbol{\alpha}_j$,向量组 $\boldsymbol{\alpha}_1,\boldsymbol{\alpha}_3,\boldsymbol{\alpha}_j$ 必线性相关. 所以 $\boldsymbol{\alpha}_1,\boldsymbol{\alpha}_3$ 是向量组 $\boldsymbol{\alpha}_1,\boldsymbol{\alpha}_2,\cdots,\boldsymbol{\alpha}_6$ 的一个极大线性无关组. 因此,向量组的秩 $R(\boldsymbol{\alpha}_1,\boldsymbol{\alpha}_2,\cdots,\boldsymbol{\alpha}_6)=2$.

【定义 4.8】如果向量组 $\boldsymbol{\eta}_1,\boldsymbol{\eta}_2,\cdots,\boldsymbol{\eta}_t$ 满足以下条件:

(1) $\boldsymbol{\eta}_1,\boldsymbol{\eta}_2,\cdots,\boldsymbol{\eta}_t$ 是 $\boldsymbol{A}\boldsymbol{x}=\boldsymbol{0}$ 的解.

(2) $\boldsymbol{\eta}_1,\boldsymbol{\eta}_2,\cdots,\boldsymbol{\eta}_t$ 线性无关.

(3) $\boldsymbol{A}\boldsymbol{x}=\boldsymbol{0}$ 的任一解都可由 $\boldsymbol{\eta}_1,\boldsymbol{\eta}_2,\cdots,\boldsymbol{\eta}_t$ 线性表出.

则向量组 $\boldsymbol{\eta}_1,\boldsymbol{\eta}_2,\cdots,\boldsymbol{\eta}_t$ 称为齐次线性方程组 $\boldsymbol{A}\boldsymbol{x}=\boldsymbol{0}$ 的**基础解系**.

如果 $\boldsymbol{\eta}_1,\boldsymbol{\eta}_2,\cdots,\boldsymbol{\eta}_t$ 是齐次线性方程组 $\boldsymbol{A}\boldsymbol{x}=\boldsymbol{0}$ 的一组基础解系,那么对任意常数 $c_1,c_2,\cdots,c_t$,$c_1\boldsymbol{\eta}_1+c_2\boldsymbol{\eta}_2+\cdots+c_t\boldsymbol{\eta}_t$ 是齐次方程组 $\boldsymbol{A}\boldsymbol{x}=\boldsymbol{0}$ 的通解.

【定义 4.9】全体 n 维向量连同向量的加法和数乘运算合称为 n 维**向量空间**.

【定义 4.10】设 W 是 n 维向量的非空集合,如果其满足以下条件:

(1) $\forall\boldsymbol{\alpha},\boldsymbol{\beta}\in W$,必有 $\boldsymbol{\alpha}+\boldsymbol{\beta}\in W$.

(2) $\forall\boldsymbol{\alpha}\in W$ 及任一实数 k,必有 $k\boldsymbol{\alpha}\in W$.

则称 W 是 n 维向量空间的**子空间**.

【定义 4.11】如果向量空间 V 中的 m 个向量 $\boldsymbol{\alpha}_1,\boldsymbol{\alpha}_2,\cdots,\boldsymbol{\alpha}_m$ 满足以下条件:

(1) $\boldsymbol{\alpha}_1,\boldsymbol{\alpha}_2,\cdots,\boldsymbol{\alpha}_m$ 线性无关.

(2) 对于 V 中任意向量 $\boldsymbol{\beta}$,$\boldsymbol{\beta}$ 均可由向量组 $\boldsymbol{\alpha}_1,\boldsymbol{\alpha}_2,\cdots,\boldsymbol{\alpha}_m$ 线性表出,即

$$x_1\boldsymbol{\alpha}_1+x_2\boldsymbol{\alpha}_2+\cdots+x_m\boldsymbol{\alpha}_m=\boldsymbol{\beta}$$

则称 $\boldsymbol{\alpha}_1,\boldsymbol{\alpha}_2,\cdots,\boldsymbol{\alpha}_m$ 为向量空间 V 的一个**基底**(或**基**). 基中所含向量的个数 m 称为向量空间 V 的**维数**,记作 $\dim V=m$,并称 V 是 m 维向量空间. 向量 $\boldsymbol{\beta}$ 的表示系数 $x_1,x_2,\cdots,x_m$ 称为向量 $\boldsymbol{\beta}$ 在基底 $\boldsymbol{\alpha}_1,\boldsymbol{\alpha}_2,\cdots,\boldsymbol{\alpha}_m$ 下的**坐标**.

【定义 4.12】由解的性质知:若 $\boldsymbol{\alpha},\boldsymbol{\beta}$ 是 $\boldsymbol{A}\boldsymbol{x}=\boldsymbol{0}$ 的解,则 $\boldsymbol{\alpha}+\boldsymbol{\beta},k\boldsymbol{\alpha}$ 仍是 $\boldsymbol{A}\boldsymbol{x}=\boldsymbol{0}$ 的解. 所以齐次方程组 $\boldsymbol{A}\boldsymbol{x}=\boldsymbol{0}$ 的解向量的集合 S 是 n 维向量空间的子空间,通常称为**解空间**.

如 $\boldsymbol{A}=\begin{bmatrix}1&1&0&-1\\0&1&0&1\end{bmatrix}$,则齐次方程组 $\boldsymbol{A}\boldsymbol{x}=\boldsymbol{0}$ 的基础解系

$$\boldsymbol{\eta}_1=(0,0,1,0)^{\mathrm{T}},\boldsymbol{\eta}_2=(2,-1,0,1)^{\mathrm{T}}$$

是解空间的基,解空间的维数是 $n-R(\boldsymbol{A})=4-2=2$.

【定义 4.13】在 n 维向量空间给定两组基(Ⅰ)$\boldsymbol{\alpha}_1,\boldsymbol{\alpha}_2,\cdots,\boldsymbol{\alpha}_n$;(Ⅱ)$\boldsymbol{\beta}_1,\boldsymbol{\beta}_2,\cdots,\boldsymbol{\beta}_n$. 若

$$\begin{cases}\boldsymbol{\beta}_1=c_{11}\boldsymbol{\alpha}_1+c_{21}\boldsymbol{\alpha}_2+\cdots+c_{n1}\boldsymbol{\alpha}_n,\\ \boldsymbol{\beta}_2=c_{12}\boldsymbol{\alpha}_1+c_{22}\boldsymbol{\alpha}_2+\cdots+c_{n2}\boldsymbol{\alpha}_n,\\ \vdots\\ \boldsymbol{\beta}_n=c_{1n}\boldsymbol{\alpha}_1+c_{2n}\boldsymbol{\alpha}_2+\cdots+c_{nn}\boldsymbol{\alpha}_n\end{cases}\tag{4.1}$$

即
$$(\boldsymbol{\beta}_1,\boldsymbol{\beta}_2,\cdots,\boldsymbol{\beta}_n)=(\boldsymbol{\alpha}_1,\boldsymbol{\alpha}_2,\cdots,\boldsymbol{\alpha}_n)\boldsymbol{C}\tag{4.2}$$

则
$$\boldsymbol{C}=\begin{bmatrix}c_{11}&c_{12}&\cdots&c_{1n}\\c_{21}&c_{22}&\cdots&c_{2n}\\\vdots&\vdots&&\vdots\\c_{n1}&c_{n2}&\cdots&c_{nn}\end{bmatrix}$$

称为由基 $\boldsymbol{\alpha}_1,\boldsymbol{\alpha}_2,\cdots,\boldsymbol{\alpha}_n$ 到基 $\boldsymbol{\beta}_1,\boldsymbol{\beta}_2,\cdots,\boldsymbol{\beta}_n$ 的**过渡矩阵**.

例如：从 $\mathbf{R}^2$ 的基 $\boldsymbol{\alpha}_1=\begin{bmatrix}1\\0\end{bmatrix}$，$\boldsymbol{\alpha}_2=\begin{bmatrix}1\\-1\end{bmatrix}$ 到基 $\boldsymbol{\beta}_1=\begin{bmatrix}1\\1\end{bmatrix}$，$\boldsymbol{\beta}_2=\begin{bmatrix}1\\2\end{bmatrix}$ 的过渡矩阵 $\boldsymbol{C}$ 为________.

【分析】据已知条件，有 $\boldsymbol{\beta}_1=2\boldsymbol{\alpha}_1-\boldsymbol{\alpha}_2$，$\boldsymbol{\beta}_2=3\boldsymbol{\alpha}_1-2\boldsymbol{\alpha}_2$，那么按式(4.1)知，过渡矩阵 $\boldsymbol{C}=\begin{bmatrix}2&3\\-1&-2\end{bmatrix}$.

或由式(4.2)有 $(\boldsymbol{\beta}_1,\boldsymbol{\beta}_2)=(\boldsymbol{\alpha}_1,\boldsymbol{\alpha}_2)\boldsymbol{C}$，即 $\boldsymbol{C}=(\boldsymbol{\alpha}_1,\boldsymbol{\alpha}_2)^{-1}(\boldsymbol{\beta}_1,\boldsymbol{\beta}_2)$，所以

$$\boldsymbol{C}=\begin{bmatrix}1&1\\0&-1\end{bmatrix}^{-1}\begin{bmatrix}1&1\\1&2\end{bmatrix}=\begin{bmatrix}1&1\\0&-1\end{bmatrix}\begin{bmatrix}1&1\\1&2\end{bmatrix}=\begin{bmatrix}2&3\\-1&-2\end{bmatrix}$$

三、重要定理

【定理 4.1】n 维向量 $\boldsymbol{\beta}=(b_1,b_2,\cdots,b_n)^{\mathrm{T}}$ 可以由向量组 $\boldsymbol{\alpha}_1=(a_{11},a_{21},\cdots,a_{n1})^{\mathrm{T}}$，$\boldsymbol{\alpha}_2=(a_{12},a_{22},\cdots,a_{n2})^{\mathrm{T}}$，$\cdots$，$\boldsymbol{\alpha}_s=(a_{1s},a_{2s},\cdots,a_{ns})^{\mathrm{T}}$ 线性表出 $\Leftrightarrow$ 线性方程组 $\begin{cases}a_{11}x_1+a_{12}x_2+\cdots+a_{1s}x_s=b_1,\\a_{21}x_1+a_{22}x_2+\cdots+a_{2s}x_s=b_2,\\\vdots\\a_{n1}x_1+a_{n2}x_2+\cdots+a_{ns}x_s=b_n\end{cases}$ 有解 $\Leftrightarrow$ 向量组的秩 $R(\boldsymbol{\alpha}_1,\boldsymbol{\alpha}_2,\cdots,\boldsymbol{\alpha}_s)=R(\boldsymbol{\alpha}_1,\boldsymbol{\alpha}_2,\cdots,\boldsymbol{\alpha}_s,\boldsymbol{\beta})$.

【定理 4.2】给定 n 维向量 $\boldsymbol{\alpha}_1=(a_{11},a_{21},\cdots,a_{n1})^{\mathrm{T}}$，$\boldsymbol{\alpha}_2=(a_{12},a_{22},\cdots,a_{n2})^{\mathrm{T}}$，$\cdots$，$\boldsymbol{\alpha}_s=(a_{1s},a_{2s},\cdots,a_{ns})^{\mathrm{T}}$，则向量组 $\boldsymbol{\alpha}_1,\boldsymbol{\alpha}_2,\cdots,\boldsymbol{\alpha}_s$ 线性相关 $\Leftrightarrow$ 存在不全为 0 的数 $x_1,x_2,\cdots,x_s$，使 $(\boldsymbol{\alpha}_1,\boldsymbol{\alpha}_2,\cdots,\boldsymbol{\alpha}_s)\begin{bmatrix}x_1\\x_2\\\vdots\\x_s\end{bmatrix}=\mathbf{0}$，即齐次线性方程组 $\begin{cases}a_{11}x_1+a_{12}x_2+\cdots+a_{1s}x_s=0,\\a_{21}x_1+a_{22}x_2+\cdots+a_{2s}x_s=0,\\\vdots\\a_{n1}x_1+a_{n2}x_2+\cdots+a_{ns}x_s=0\end{cases}$ 有非零解 $\Leftrightarrow$ 向量组的秩 $R(\boldsymbol{\alpha}_1,\boldsymbol{\alpha}_2,\cdots,\boldsymbol{\alpha}_s)<s$（向量个数）.

【推论 1】n 个 n 维向量 $\boldsymbol{\alpha}_i=(a_{1i},a_{2i},\cdots,a_{ni})^{\mathrm{T}}(i=1,2,\cdots,n)$ 线性相关的充分必要条件是这些向量的分量所构成的行列式为零，即

学习随笔

$$\begin{vmatrix} a_{11} & a_{12} & \cdots & a_{1n} \\ a_{21} & a_{22} & \cdots & a_{2n} \\ \vdots & \vdots & & \vdots \\ a_{n1} & a_{n2} & \cdots & a_{nn} \end{vmatrix}=0$$

【推论 2】 任意 $n+1$ 个 n 维向量必定线性相关.(因为 $n+1$ 个未知数 n 个方程的齐次方程组必有非零解)

【定理 4.3】 如果向量组(Ⅰ)$\boldsymbol{\alpha}_1,\boldsymbol{\alpha}_2,\cdots,\boldsymbol{\alpha}_s$ 线性相关,则向量组(Ⅱ)$\boldsymbol{\alpha}_1,\boldsymbol{\alpha}_2,\cdots,\boldsymbol{\alpha}_s,\boldsymbol{\alpha}_{s+1}$ 也线性相关.反之,若向量组(Ⅱ)线性无关,则向量组(Ⅰ)也线性无关.

【定理 4.4】 设 $\boldsymbol{\alpha}_i=(a_{1i},a_{2i},\cdots,a_{ni})^{\mathrm{T}},\boldsymbol{\beta}_i=(a_{1i},a_{2i},\cdots,a_{ni},a_{n+1,i})^{\mathrm{T}}(i=1,2,\cdots,s)$,若向量组(Ⅰ)$\boldsymbol{\alpha}_1,\boldsymbol{\alpha}_2,\cdots,\boldsymbol{\alpha}_s$ 线性无关,则向量组(Ⅱ)$\boldsymbol{\beta}_1,\boldsymbol{\beta}_2,\cdots,\boldsymbol{\beta}_s$ 也线性无关.反之,若向量组(Ⅱ)线性相关,则向量组(Ⅰ)也线性相关.

【定理 4.5】 如果向量组 $\boldsymbol{\alpha}_1,\boldsymbol{\alpha}_2,\cdots,\boldsymbol{\alpha}_s$ 线性无关,而向量组 $\boldsymbol{\alpha}_1,\boldsymbol{\alpha}_2,\cdots,\boldsymbol{\alpha}_s,\boldsymbol{\beta}$ 线性相关,则 $\boldsymbol{\beta}$ 可以由 $\boldsymbol{\alpha}_1,\boldsymbol{\alpha}_2,\cdots,\boldsymbol{\alpha}_s$ 线性表出,且表示法唯一.

【定理 4.6】 如果向量组 $\boldsymbol{\alpha}_1,\boldsymbol{\alpha}_2,\cdots,\boldsymbol{\alpha}_s$ 可以由向量组 $\boldsymbol{\beta}_1,\boldsymbol{\beta}_2,\cdots,\boldsymbol{\beta}_t$ 线性表出,而且 $s>t$,那么 $\boldsymbol{\alpha}_1,\boldsymbol{\alpha}_2,\cdots,\boldsymbol{\alpha}_s$ 线性相关.

【推论 1】 如果向量组 $\boldsymbol{\alpha}_1,\boldsymbol{\alpha}_2,\cdots,\boldsymbol{\alpha}_s$ 可由向量组 $\boldsymbol{\beta}_1,\boldsymbol{\beta}_2,\cdots,\boldsymbol{\beta}_t$ 线性表出,则 $R(\boldsymbol{\alpha}_1,\boldsymbol{\alpha}_2,\cdots,\boldsymbol{\alpha}_s)\leqslant R(\boldsymbol{\beta}_1,\boldsymbol{\beta}_2,\cdots,\boldsymbol{\beta}_t)$.

【推论 2】 等价的向量组有相同的秩.

【定理 4.7】 如果 $R(\mathbf{A})=r$,则 $\mathbf{A}$ 的列向量组中有 r 个向量线性无关,而其他列向量都是这 r 个向量的线性组合,即 $R(\mathbf{A})=\mathbf{A}$ 的列秩.

【定理 4.8】 如果 n 元齐次线性方程组 $\mathbf{A}\boldsymbol{x}=\mathbf{0}$ 系数矩阵的秩 $R(\mathbf{A})=r<n$,则 $\mathbf{A}\boldsymbol{x}=\mathbf{0}$ 的基础解系由 $n-r$ 个解向量构成.

【定理 4.9】 设有 n 元线性方程组 $\mathbf{A}\boldsymbol{x}=\boldsymbol{b}$,它的系数矩阵与增广矩阵有相同的秩 r,又设 $\boldsymbol{\eta}_1,\boldsymbol{\eta}_2,\cdots,\boldsymbol{\eta}_{n-r}$ 是导出组 $\mathbf{A}\boldsymbol{x}=\mathbf{0}$ 的基础解系,$\boldsymbol{\gamma}$ 是 $\mathbf{A}\boldsymbol{x}=\boldsymbol{b}$ 的一个解,则线性方程组 $\mathbf{A}\boldsymbol{x}=\boldsymbol{b}$ 的通解为

$$k_1\boldsymbol{\eta}_1+k_2\boldsymbol{\eta}_2+\cdots+k_{n-r}\boldsymbol{\eta}_{n-r}+\boldsymbol{\gamma}$$

其中 $k_1,k_2,\cdots,k_{n-r}$ 为任意常数.

【定理 4.10】 向量组 $\boldsymbol{\alpha}_1,\boldsymbol{\alpha}_2,\cdots,\boldsymbol{\alpha}_s$ 是向量空间 V 的一个基的充分必要条件是 $\boldsymbol{\alpha}_1,\boldsymbol{\alpha}_2,\cdots,\boldsymbol{\alpha}_s$ 线性无关,并且 $V=L(\boldsymbol{\alpha}_1,\boldsymbol{\alpha}_2,\cdots,\boldsymbol{\alpha}_s)$.

【定理 4.11】 如果 $\boldsymbol{\alpha}_1,\boldsymbol{\alpha}_2,\cdots,\boldsymbol{\alpha}_s$ 与 $\boldsymbol{\beta}_1,\boldsymbol{\beta}_2,\cdots,\boldsymbol{\beta}_s$ 是向量空间 V 的两个基,则由 $\boldsymbol{\alpha}_1,\cdots,\boldsymbol{\alpha}_s$ 到 $\boldsymbol{\beta}_1,\cdots,\boldsymbol{\beta}_s$ 的过渡矩阵 $\boldsymbol{C}$ 是可逆矩阵.

■ 典型例题分析

一、向量的线性表出

【例 4.1】 已知 $\boldsymbol{\alpha}_1=(1,2,2)^{\mathrm{T}},\boldsymbol{\alpha}_2=(2,-2,1)^{\mathrm{T}}$,判断下列说法正确与否:

(1) $\boldsymbol{\alpha}=(0,6,3)^{\mathrm{T}}$ 是 $\boldsymbol{\alpha}_1,\boldsymbol{\alpha}_2$ 的线性组合.

(2) $\boldsymbol{\alpha}=(2,1,-2)^{\mathrm{T}}$ 是 $\boldsymbol{\alpha}_1,\boldsymbol{\alpha}_2$ 的线性组合.

学习随笔

【解】(1) 设 $x_1\boldsymbol{\alpha}_1+x_2\boldsymbol{\alpha}_2=\boldsymbol{\alpha}$,即$\begin{cases}x_1+2x_2=0,\\2x_1-2x_2=6,\\2x_1+x_2=3,\end{cases}$由于

$$\begin{bmatrix}1&2&\vdots&0\\2&-2&\vdots&6\\2&1&\vdots&3\end{bmatrix}\to\begin{bmatrix}1&2&\vdots&0\\0&-6&\vdots&6\\0&-3&\vdots&3\end{bmatrix}\to\begin{bmatrix}1&2&\vdots&0\\0&1&\vdots&-1\\0&0&\vdots&0\end{bmatrix}$$

解得 $x_1=2,x_2=-1$,所以 $\boldsymbol{\alpha}=2\boldsymbol{\alpha}_1-\boldsymbol{\alpha}_2$. 命题正确.

(2) 设 $x_1\boldsymbol{\alpha}_1+x_2\boldsymbol{\alpha}_2=\boldsymbol{\alpha}$,即$\begin{bmatrix}1&2\\2&-2\\2&1\end{bmatrix}\begin{bmatrix}x_1\\x_2\end{bmatrix}=\begin{bmatrix}2\\1\\-2\end{bmatrix}$,由于

$$\begin{bmatrix}1&2&\vdots&2\\2&-2&\vdots&1\\2&1&\vdots&-2\end{bmatrix}\to\begin{bmatrix}1&2&\vdots&2\\0&-6&\vdots&-3\\0&-3&\vdots&-3\end{bmatrix}\to\begin{bmatrix}1&2&\vdots&2\\0&1&\vdots&-1\\0&2&\vdots&1\end{bmatrix}\to\begin{bmatrix}1&2&\vdots&2\\0&1&\vdots&-1\\0&0&\vdots&3\end{bmatrix}$$

方程组无解,所以 $\boldsymbol{\alpha}$ 不是 $\boldsymbol{\alpha}_1,\boldsymbol{\alpha}_2$ 的线性组合. 命题不正确.

【例 4.2】已知矩阵 $\boldsymbol{A}=\begin{bmatrix}1&2&-1\\2&3&4\\3&5&3\end{bmatrix}$ 与向量 $\boldsymbol{\beta}=\begin{bmatrix}2\\9\\11\end{bmatrix}$.

(1) 写出矩阵 $\boldsymbol{A}$ 的列向量组与行向量组.

(2) $\boldsymbol{\beta}$ 能否用 $\boldsymbol{A}$ 的列向量组线性表出? $\boldsymbol{\beta}^{\mathrm{T}}$ 能否用 $\boldsymbol{A}$ 的行向量组线性表出? 若能线性表出,则写出表达式.

【解】(1)$\boldsymbol{A}$ 的列向量组是 $\boldsymbol{\alpha}_1=\begin{bmatrix}1\\2\\3\end{bmatrix},\boldsymbol{\alpha}_2=\begin{bmatrix}2\\3\\5\end{bmatrix},\boldsymbol{\alpha}_3=\begin{bmatrix}-1\\4\\3\end{bmatrix}$.

$\boldsymbol{A}$ 的行向量组是 $\boldsymbol{\beta}_1^{\mathrm{T}}=(1,2,-1),\boldsymbol{\beta}_2^{\mathrm{T}}=(2,3,4),\boldsymbol{\beta}_3^{\mathrm{T}}=(3,5,3)$.

(2) 设 $x_1\boldsymbol{\alpha}_1+x_2\boldsymbol{\alpha}_2+x_3\boldsymbol{\alpha}_3=\boldsymbol{\beta}$,按分量写出为$\begin{cases}x_1+2x_2-x_3=2,\\2x_1+3x_2+4x_3=9,\\3x_1+5x_2+3x_3=11\end{cases}$解得 $x_1=1$,$x_2=1,x_3=1$. 所以 $\boldsymbol{\beta}$ 可以由 $\boldsymbol{A}$ 的列向量组线性表出,表达式为 $\boldsymbol{\beta}=\boldsymbol{\alpha}_1+\boldsymbol{\alpha}_2+\boldsymbol{\alpha}_3$.

设 $y_1\boldsymbol{\beta}_1^{\mathrm{T}}+y_2\boldsymbol{\beta}_2^{\mathrm{T}}+y_3\boldsymbol{\beta}_3^{\mathrm{T}}=\boldsymbol{\beta}^{\mathrm{T}}$,按分量写出为

$$\begin{cases}y_1+2y_2+3y_3=2,\\2y_1+3y_2+5y_3=9,\\-y_1+4y_2+3y_3=11\end{cases}$$

解此方程组知其无解,所以 $\boldsymbol{\beta}^{\mathrm{T}}$ 不能用 $\boldsymbol{A}$ 的行向量组线性表出.

【例 4.3】已知向量 $\boldsymbol{\beta}=(1,a,3)^{\mathrm{T}}$ 能由 $\boldsymbol{\alpha}_1=(2,1,0)^{\mathrm{T}},\boldsymbol{\alpha}_2=(-3,2,1)^{\mathrm{T}}$ 线性表出,求 a 的值.

【解】因为 $\boldsymbol{\beta}$ 可以由 $\boldsymbol{\alpha}_1,\boldsymbol{\alpha}_2$ 线性表出,若 $x_1\boldsymbol{\alpha}_1+x_2\boldsymbol{\alpha}_2=\boldsymbol{\beta}$,则方程组

$$\begin{cases}2x_1-3x_2=1,\\x_1+2x_2=a,\\x_2=3\end{cases}$$

学习随笔

有解.易见 $x_2=3,x_1=5$.所以 $a=11$.

【例 4.4】已知 $\boldsymbol{\alpha}_1=(1,2,3,0)^{\mathrm{T}},\boldsymbol{\alpha}_2=(1,1,3,-a)^{\mathrm{T}},\boldsymbol{\alpha}_3=(3,5,8,-2)^{\mathrm{T}},\boldsymbol{\beta}=(3,3,b,-6)^{\mathrm{T}}$,试问当 a,b 取何值时,$\boldsymbol{\beta}$ 可由 $\boldsymbol{\alpha}_1,\boldsymbol{\alpha}_2,\boldsymbol{\alpha}_3$ 线性表出,并写出此表达式.

【解】设 $x_1\boldsymbol{\alpha}_1+x_2\boldsymbol{\alpha}_2+x_3\boldsymbol{\alpha}_3=\boldsymbol{\beta}$,即

$$\begin{cases} x_1+x_2+3x_3=3, \\ 2x_1+x_2+5x_3=3, \\ 3x_1+3x_2+8x_3=b, \\ \quad -ax_2-2x_3=-6 \end{cases}$$

对此方程组的增广矩阵作初等行变换,有

$$\overline{\boldsymbol{A}}=(\boldsymbol{\alpha}_1,\boldsymbol{\alpha}_2,\boldsymbol{\alpha}_3 \mid \boldsymbol{\beta}_1)=\left[\begin{array}{ccc:c} 1 & 1 & 3 & 3 \\ 2 & 1 & 5 & 3 \\ 3 & 3 & 8 & b \\ 0 & -a & -2 & -6 \end{array}\right]\to\left[\begin{array}{ccc:c} 1 & 1 & 3 & 3 \\ 0 & -1 & -1 & -3 \\ 0 & 0 & -1 & b-9 \\ 0 & -a & -2 & -6 \end{array}\right]\to$$

$$\left[\begin{array}{ccc:c} 1 & 1 & 3 & 3 \\ 0 & 1 & 1 & 3 \\ 0 & 0 & 1 & 9-b \\ 0 & 0 & a-2 & 3a-6 \end{array}\right]\to\left[\begin{array}{ccc:c} 1 & 1 & 3 & 3 \\ 0 & 1 & 1 & 3 \\ 0 & 0 & 1 & 9-b \\ 0 & 0 & 0 & (a-2)(b-6) \end{array}\right]$$

当且仅当 $a=2$ 或 $b=6$ 时,$R(\boldsymbol{A})=R(\overline{\boldsymbol{A}})$,方程组有解.

若 $a=2$,$\forall b$ 总有 $x_1=2b-18,x_2=b-6,x_3=9-b$,即

$$\boldsymbol{\beta}=(2b-18)\boldsymbol{\alpha}_1+(b-6)\boldsymbol{\alpha}_2+(9-b)\boldsymbol{\alpha}_3$$

若 $b=6$,$\forall a$ 总有 $x_1=-6,x_2=0,x_3=3$,即 $\boldsymbol{\beta}=-6\boldsymbol{\alpha}_1+3\boldsymbol{\alpha}_3$.

评注　通过例 4.1～例 4.4 可知,若向量的分量已给出,则 $\boldsymbol{\beta}$ 能否用 $\boldsymbol{\alpha}_1,\boldsymbol{\alpha}_2,\cdots,\boldsymbol{\alpha}_s$ 线性表出的判别方法是看方程组是否有解,对于含参数的方程组消元时要仔细,讨论是否有解时不要丢情况.

【例 4.5】设 $\boldsymbol{\beta}$ 可由 $\boldsymbol{\alpha}_1,\boldsymbol{\alpha}_2,\cdots,\boldsymbol{\alpha}_s$ 线性表示,但不能由 $\boldsymbol{\alpha}_1,\boldsymbol{\alpha}_2,\cdots,\boldsymbol{\alpha}_{s-1}$ 线性表示.证明:$\boldsymbol{\alpha}_s$ 能由 $\boldsymbol{\beta},\boldsymbol{\alpha}_1,\cdots,\boldsymbol{\alpha}_{s-1}$ 线性表示但不能由 $\boldsymbol{\alpha}_1,\boldsymbol{\alpha}_2,\cdots,\boldsymbol{\alpha}_{s-1}$ 线性表示.

【证明】因为 $\boldsymbol{\beta}$ 可由 $\boldsymbol{\alpha}_1,\boldsymbol{\alpha}_2,\cdots,\boldsymbol{\alpha}_s$ 线性表示,故有

$$k_1\boldsymbol{\alpha}_1+k_2\boldsymbol{\alpha}_2+\cdots+k_s\boldsymbol{\alpha}_s=\boldsymbol{\beta} \tag{4.3}$$

此时必有 $k_s\neq 0$,否则 $\boldsymbol{\beta}$ 可由 $\boldsymbol{\alpha}_1,\cdots,\boldsymbol{\alpha}_{s-1}$ 线性表示.

于是

$$\boldsymbol{\alpha}_s=\frac{1}{k_s}\boldsymbol{\beta}-\frac{k_1}{k_s}\boldsymbol{\alpha}_1-\frac{k_2}{k_s}\boldsymbol{\alpha}_2-\cdots-\frac{k_{s-1}}{k_s}\boldsymbol{\alpha}_{s-1}$$

即 $\boldsymbol{\alpha}_s$ 可以由 $\boldsymbol{\beta},\boldsymbol{\alpha}_1,\cdots,\boldsymbol{\alpha}_{s-1}$ 表示.

下面用反证法证明 $\boldsymbol{\alpha}_s$ 不能由 $\boldsymbol{\alpha}_1,\boldsymbol{\alpha}_2,\cdots,\boldsymbol{\alpha}_{s-1}$ 线性表示.若 $\boldsymbol{\alpha}_s=x_1\boldsymbol{\alpha}_1+x_2\boldsymbol{\alpha}_2+\cdots+x_{s-1}\boldsymbol{\alpha}_{s-1}$,将其代入式(4.3),得

$$\boldsymbol{\beta}=(k_1+k_sx_1)\boldsymbol{\alpha}_1+(k_2+k_sx_2)\boldsymbol{\alpha}_2+\cdots+(k_{s-1}+k_sx_{s-1})\boldsymbol{\alpha}_{s-1}$$

于是 $\boldsymbol{\beta}$ 可以由 $\boldsymbol{\alpha}_1,\cdots,\boldsymbol{\alpha}_{s-1}$ 线性表示,这与已知条件矛盾,所以 $\boldsymbol{\alpha}_s$ 不能由 $\boldsymbol{\alpha}_1,\boldsymbol{\alpha}_2,\cdots,\boldsymbol{\alpha}_{s-1}$ 线性表示.

【例 4.6】已知向量组(Ⅰ)$\boldsymbol{\alpha}_1,\boldsymbol{\alpha}_2,\cdots,\boldsymbol{\alpha}_s$ 与向量组(Ⅱ)$\boldsymbol{\alpha}_1,\boldsymbol{\alpha}_2,\cdots,\boldsymbol{\alpha}_s,\boldsymbol{\alpha}_{s+1}$ 有相同的

秩. 证明：$\boldsymbol{\alpha}_{s+1}$ 可由向量组(Ⅰ)线性表示.

【证法一】设向量组(Ⅰ)的秩为 r，$\boldsymbol{\alpha}_{i_1},\boldsymbol{\alpha}_{i_2},\cdots,\boldsymbol{\alpha}_{i_r}$ 是向量组(Ⅰ)的极大线性无关组，由于向量组(Ⅱ)与(Ⅰ)等秩，所以(Ⅱ)的秩也是 r，于是 $\boldsymbol{\alpha}_{i_1},\boldsymbol{\alpha}_{i_2},\cdots,\boldsymbol{\alpha}_{i_r}$ 也是(Ⅱ)的极大线性无关组，那么 $\boldsymbol{\alpha}_{i_1},\boldsymbol{\alpha}_{i_2},\cdots,\boldsymbol{\alpha}_{i_r},\boldsymbol{\alpha}_{s+1}$ 必线性相关，从而 $\boldsymbol{\alpha}_{s+1}$ 可由 $\boldsymbol{\alpha}_{i_1},\cdots,\boldsymbol{\alpha}_{i_r}$ 线性表示，也就可由 $\boldsymbol{\alpha}_1,\boldsymbol{\alpha}_2,\cdots,\boldsymbol{\alpha}_s$ 线性表示.

【证法二】设 $x_1\boldsymbol{\alpha}_1+x_2\boldsymbol{\alpha}_2+\cdots+x_s\boldsymbol{\alpha}_s=\boldsymbol{\alpha}_{s+1}$，即

$$(\boldsymbol{\alpha}_1,\boldsymbol{\alpha}_2,\cdots,\boldsymbol{\alpha}_s)\begin{bmatrix}x_1\\x_2\\\vdots\\x_s\end{bmatrix}=\boldsymbol{\alpha}_{s+1} \tag{4.4}$$

方程组(4.4)的系数矩阵为 $\boldsymbol{A}=(\boldsymbol{\alpha}_1,\boldsymbol{\alpha}_2,\cdots,\boldsymbol{\alpha}_s)$，增广矩阵是 $\overline{\boldsymbol{A}}=(\boldsymbol{\alpha}_1,\cdots,\boldsymbol{\alpha}_s,\boldsymbol{\alpha}_{s+1})$，由于 $R(\boldsymbol{A})=R(\boldsymbol{\alpha}_1,\cdots,\boldsymbol{\alpha}_s)=R(\boldsymbol{\alpha}_1,\cdots,\boldsymbol{\alpha}_s,\boldsymbol{\alpha}_{s+1})=R(\overline{\boldsymbol{A}})$，所以方程组(4.4)有解，即 $\boldsymbol{\alpha}_{s+1}$ 可由 $\boldsymbol{\alpha}_1,\cdots,\boldsymbol{\alpha}_s$ 线性表出.

【例 4.7】已知 3 维向量 $\boldsymbol{\alpha}_1,\boldsymbol{\alpha}_2,\boldsymbol{\alpha}_3,\boldsymbol{\alpha}_4$，其中任意 3 个向量都线性无关. 证明：每一个向量都能由其余 3 个向量线性表示.

【证明】因为 $n+1$ 个 n 维向量必定线性相关，所以 $\boldsymbol{\alpha}_1,\boldsymbol{\alpha}_2,\boldsymbol{\alpha}_3,\boldsymbol{\alpha}_4$ 必线性相关，那么存在不全为零的数 k_1,k_2,k_3,k_4，使得

$$k_1\boldsymbol{\alpha}_1+k_2\boldsymbol{\alpha}_2+k_3\boldsymbol{\alpha}_3+k_4\boldsymbol{\alpha}_4=\boldsymbol{0}$$

其中必有 $k_1\neq0$，否则 $k_1=0$，k_2,k_3,k_4 不全为零，上式变为 $k_2\boldsymbol{\alpha}_2+k_3\boldsymbol{\alpha}_3+k_4\boldsymbol{\alpha}_4=\boldsymbol{0}$，这与任意 3 个向量都线性无关相矛盾. 于是

$$\boldsymbol{\alpha}_1=-\frac{k_2}{k_1}\boldsymbol{\alpha}_2-\frac{k_3}{k_1}\boldsymbol{\alpha}_3-\frac{k_4}{k_1}\boldsymbol{\alpha}_4$$

即 $\boldsymbol{\alpha}_1$ 可由其余 3 个向量线性表出. 同理可知 $k_2\neq0,k_3\neq0,k_4\neq0$，命题得证.

【例 4.8】已知 $\boldsymbol{\alpha}_1,\boldsymbol{\alpha}_2,\boldsymbol{\alpha}_3$ 线性相关，$\boldsymbol{\alpha}_2,\boldsymbol{\alpha}_3,\boldsymbol{\alpha}_4$ 线性无关. 证明：$\boldsymbol{\alpha}_1$ 可以由 $\boldsymbol{\alpha}_2,\boldsymbol{\alpha}_3,\boldsymbol{\alpha}_4$ 线性表出，$\boldsymbol{\alpha}_4$ 不能由 $\boldsymbol{\alpha}_1,\boldsymbol{\alpha}_2,\boldsymbol{\alpha}_3$ 线性表出.

【证明】因为 $\boldsymbol{\alpha}_2,\boldsymbol{\alpha}_3,\boldsymbol{\alpha}_4$ 线性无关，所以 $\boldsymbol{\alpha}_2,\boldsymbol{\alpha}_3$ 线性无关，又因 $\boldsymbol{\alpha}_1,\boldsymbol{\alpha}_2,\boldsymbol{\alpha}_3$ 线性相关，所以 $\boldsymbol{\alpha}_1$ 可由 $\boldsymbol{\alpha}_2,\boldsymbol{\alpha}_3$ 线性表出. 设 $\boldsymbol{\alpha}_1=k_2\boldsymbol{\alpha}_2+k_3\boldsymbol{\alpha}_3$，那么

$$\boldsymbol{\alpha}_1=k_2\boldsymbol{\alpha}_2+k_3\boldsymbol{\alpha}_3+0\boldsymbol{\alpha}_4 \tag{4.5}$$

即 $\boldsymbol{\alpha}_1$ 可由 $\boldsymbol{\alpha}_2,\boldsymbol{\alpha}_3,\boldsymbol{\alpha}_4$ 线性表示.

下面用反证法. 如果 $\boldsymbol{\alpha}_4$ 能由 $\boldsymbol{\alpha}_1,\boldsymbol{\alpha}_2,\boldsymbol{\alpha}_3$ 线性表出，设 $\boldsymbol{\alpha}_4=x_1\boldsymbol{\alpha}_1+x_2\boldsymbol{\alpha}_2+x_3\boldsymbol{\alpha}_3$，把式(4.5)代入得

$$(x_1k_2+x_2)\boldsymbol{\alpha}_2+(x_1k_3+x_3)\boldsymbol{\alpha}_3-\boldsymbol{\alpha}_4=\boldsymbol{0}$$

由于系数 $x_1k_2+x_2,x_1k_3+x_3,-1$ 不全为零，故 $\boldsymbol{\alpha}_2,\boldsymbol{\alpha}_3,\boldsymbol{\alpha}_4$ 线性相关，与已知条件矛盾，所以 $\boldsymbol{\alpha}_4$ 不能由 $\boldsymbol{\alpha}_1,\boldsymbol{\alpha}_2,\boldsymbol{\alpha}_3$ 线性表示.

评注　通过例 4.5～例 4.8 可知，当向量的分量未给出时，$\boldsymbol{\beta}$ 能否用 $\boldsymbol{\alpha}_1,\boldsymbol{\alpha}_2,\cdots,\boldsymbol{\alpha}_s$ 线性表示的判定主要是利用线性相关性、秩的性质来分析推理的，对于

学习随笔

$$k_1\boldsymbol{\alpha}_1+k_2\boldsymbol{\alpha}_2+\cdots+k_s\boldsymbol{\alpha}_s+k\boldsymbol{\beta}=\mathbf{0}$$

看 k 能否不为零.

定理"如果 $\boldsymbol{\alpha}_1,\cdots,\boldsymbol{\alpha}_s$ 线性无关,$\boldsymbol{\alpha}_1,\cdots,\boldsymbol{\alpha}_s,\boldsymbol{\beta}$ 线性相关,则向量 $\boldsymbol{\beta}$ 必能由 $\boldsymbol{\alpha}_1,\cdots,\boldsymbol{\alpha}_s$ 线性表示,且表示式是唯一的."是一个充分性方法. 而秩 $R(\boldsymbol{\alpha}_1,\cdots,\boldsymbol{\alpha}_s)=R(\boldsymbol{\alpha}_1,\cdots,\boldsymbol{\alpha}_s,\boldsymbol{\beta})$ 是 $\boldsymbol{\beta}$ 能由 $\boldsymbol{\alpha}_1,\cdots,\boldsymbol{\alpha}_s$ 线性表示的充分必要条件.

在证明 $\boldsymbol{\beta}$ 不能由 $\boldsymbol{\alpha}_1,\cdots,\boldsymbol{\alpha}_s$ 线性表示时,反证法的思想要被重视.

【例 4.9】若向量组 $\boldsymbol{\alpha},\boldsymbol{\beta},\boldsymbol{\gamma}$ 线性无关,$\boldsymbol{\alpha},\boldsymbol{\beta},\boldsymbol{\delta}$ 线性相关,则________.

(A) $\boldsymbol{\alpha}$ 必可由 $\boldsymbol{\beta},\boldsymbol{\gamma},\boldsymbol{\delta}$ 线性表示. (B) $\boldsymbol{\beta}$ 必不可由 $\boldsymbol{\alpha},\boldsymbol{\gamma},\boldsymbol{\delta}$ 线性表示.

(C) $\boldsymbol{\delta}$ 必可由 $\boldsymbol{\alpha},\boldsymbol{\beta},\boldsymbol{\gamma}$ 线性表示. (D) $\boldsymbol{\delta}$ 必不可由 $\boldsymbol{\alpha},\boldsymbol{\beta},\boldsymbol{\gamma}$ 线性表示.

【分析】由 $\boldsymbol{\alpha},\boldsymbol{\beta},\boldsymbol{\gamma}$ 线性无关知 $\boldsymbol{\alpha},\boldsymbol{\beta}$ 线性无关,又因 $\boldsymbol{\alpha},\boldsymbol{\beta},\boldsymbol{\delta}$ 线性相关,故 $\boldsymbol{\delta}$ 必可由 $\boldsymbol{\alpha},\boldsymbol{\beta}$ 线性表出,因此 $\boldsymbol{\delta}$ 必可由 $\boldsymbol{\alpha},\boldsymbol{\beta},\boldsymbol{\gamma}$ 线性表示,即应当选(C).

评注　$\boldsymbol{\beta}$ 可以由 $\boldsymbol{\alpha}_1,\boldsymbol{\alpha}_2,\boldsymbol{\alpha}_3$ 线性表出 $\Leftrightarrow$ 方程组 $x_1\boldsymbol{\alpha}_1+x_2\boldsymbol{\alpha}_2+x_3\boldsymbol{\alpha}_3=\boldsymbol{\beta}$ 有解 $\Leftrightarrow$ 秩 $R(\boldsymbol{\alpha}_1,\boldsymbol{\alpha}_2,\boldsymbol{\alpha}_3)=R(\boldsymbol{\alpha}_1,\boldsymbol{\alpha}_2,\boldsymbol{\alpha}_3,\boldsymbol{\beta})$.

本题亦可从秩的角度来分析:

根据已知条件 $R(\boldsymbol{\alpha},\boldsymbol{\beta},\boldsymbol{\gamma})=3$,$R(\boldsymbol{\alpha},\boldsymbol{\beta},\boldsymbol{\delta})<3$,易见 $R(\boldsymbol{\alpha},\boldsymbol{\beta},\boldsymbol{\delta})=2$,$R(\boldsymbol{\alpha},\boldsymbol{\beta},\boldsymbol{\gamma},\boldsymbol{\delta})=3$,即 $R(\boldsymbol{\alpha},\boldsymbol{\beta},\boldsymbol{\gamma})=R(\boldsymbol{\alpha},\boldsymbol{\beta},\boldsymbol{\gamma},\boldsymbol{\delta})$. 所以 $\boldsymbol{\delta}$ 必可由 $\boldsymbol{\alpha},\boldsymbol{\beta},\boldsymbol{\gamma}$ 线性表出.

【例 4.10】设 $\boldsymbol{A}_{4\times 5}=(\boldsymbol{\alpha}_1,\boldsymbol{\alpha}_2,\boldsymbol{\alpha}_3,\boldsymbol{\alpha}_4,\boldsymbol{\alpha}_5)$,经过若干次初等行变换后得到矩阵 $\boldsymbol{B}=(\boldsymbol{\beta}_1,\boldsymbol{\beta}_2,\boldsymbol{\beta}_3,\boldsymbol{\beta}_4,\boldsymbol{\beta}_5)$,即

$$\boldsymbol{A}=(\boldsymbol{\alpha}_1,\boldsymbol{\alpha}_2,\boldsymbol{\alpha}_3,\boldsymbol{\alpha}_4,\boldsymbol{\alpha}_5)\xrightarrow{r}\begin{bmatrix}1&1&0&0&1\\0&-1&-2&0&-2\\0&0&2&1&1\\0&0&0&3&0\end{bmatrix}=(\boldsymbol{\beta}_1,\boldsymbol{\beta}_2,\boldsymbol{\beta}_3,\boldsymbol{\beta}_4,\boldsymbol{\beta}_5)=\boldsymbol{B}$$

则下列结论正确的是________.

(A) $\boldsymbol{\alpha}_1$ 不能由其余向量线性表出. (B) $\boldsymbol{\alpha}_3$ 不能由其余向量线性表出.

(C) $\boldsymbol{\alpha}_4$ 能由其余向量线性表出. (D) $\boldsymbol{\alpha}_5$ 不能由其余向量线性表出.

【分析】由 $\boldsymbol{A}$ 经过若干次初等行变换得到 $\boldsymbol{B}$,则 $\boldsymbol{A},\boldsymbol{B}$ 对应的列向量组具有相同的线性相关性,且任意对应的部分列向量组也有相同的线性相关性,故由矩阵 $\boldsymbol{B}$ 知:

$R(\boldsymbol{\alpha}_1,\boldsymbol{\alpha}_2,\boldsymbol{\alpha}_3,\boldsymbol{\alpha}_5)=3\neq R(\boldsymbol{\alpha}_1,\boldsymbol{\alpha}_2,\boldsymbol{\alpha}_3,\boldsymbol{\alpha}_5,\boldsymbol{\alpha}_4)=4$,则 $\boldsymbol{\alpha}_4$ 不能由其余向量组线性表出,故(C)不成立.

$R(\boldsymbol{\alpha}_1,\boldsymbol{\alpha}_2,\boldsymbol{\alpha}_3)=3=R(\boldsymbol{\alpha}_1,\boldsymbol{\alpha}_2,\boldsymbol{\alpha}_3,\boldsymbol{\alpha}_5)$,则 $\boldsymbol{\alpha}_5$ 能由 $\boldsymbol{\alpha}_1,\boldsymbol{\alpha}_2,\boldsymbol{\alpha}_3$ 线性表出,即 $\boldsymbol{\alpha}_5$ 能由 $\boldsymbol{\alpha}_1,\boldsymbol{\alpha}_2,\boldsymbol{\alpha}_3,\boldsymbol{\alpha}_4$ 线性表出,故(D)不成立.

$R(\boldsymbol{\alpha}_1,\boldsymbol{\alpha}_2,\boldsymbol{\alpha}_5)=3=R(\boldsymbol{\alpha}_1,\boldsymbol{\alpha}_2,\boldsymbol{\alpha}_5,\boldsymbol{\alpha}_3)$,则 $\boldsymbol{\alpha}_3$ 能由 $\boldsymbol{\alpha}_1,\boldsymbol{\alpha}_2,\boldsymbol{\alpha}_5$ 线性表出,即 $\boldsymbol{\alpha}_3$ 可由 $\boldsymbol{\alpha}_1,\boldsymbol{\alpha}_2,\boldsymbol{\alpha}_5,\boldsymbol{\alpha}_4$ 线性表出,故(B)不成立.

由排除法,应选(A).

或者将矩阵 $\boldsymbol{B}$ 中第 1 列换到最后一列,将其看作方程组 $(\boldsymbol{\beta}_2,\boldsymbol{\beta}_3,\boldsymbol{\beta}_4,\boldsymbol{\beta}_5)\boldsymbol{x}=\boldsymbol{\beta}_1$ 的常数项,并将增广矩阵作初等行变换,得

$$(\boldsymbol{\beta}_2,\boldsymbol{\beta}_3,\boldsymbol{\beta}_4,\boldsymbol{\beta}_5 \vdots \boldsymbol{\beta}_1)=\left[\begin{array}{cccc:c}1&0&0&1&1\\-1&-2&0&-2&0\\0&2&1&1&0\\0&0&3&0&0\end{array}\right]\to\left[\begin{array}{cccc:c}1&0&0&1&1\\0&-2&0&-1&1\\0&2&1&1&0\\0&0&3&0&0\end{array}\right]\to$$

$$\left[\begin{array}{cccc:c}1&0&0&1&1\\0&-2&0&-1&1\\0&0&1&0&1\\0&0&3&0&0\end{array}\right]\to\left[\begin{array}{cccc:c}1&0&0&1&1\\0&-2&0&-1&1\\0&0&1&0&1\\0&0&0&0&-3\end{array}\right]$$

知 $R(\boldsymbol{\alpha}_2,\boldsymbol{\alpha}_3,\boldsymbol{\alpha}_4,\boldsymbol{\alpha}_5)=3\neq R(\boldsymbol{\alpha}_2,\boldsymbol{\alpha}_3,\boldsymbol{\alpha}_4,\boldsymbol{\alpha}_5,\boldsymbol{\alpha}_1)=4$，则 $\boldsymbol{\alpha}_1$ 不能由 $\boldsymbol{\alpha}_2,\boldsymbol{\alpha}_3,\boldsymbol{\alpha}_4,\boldsymbol{\alpha}_5$ 线性表出，故选(A).

【例 4.11】 设向量 $\boldsymbol{\beta}$ 可由向量组 $\boldsymbol{\alpha}_1,\boldsymbol{\alpha}_2,\cdots,\boldsymbol{\alpha}_m$ 线性表示，但不能由向量组(Ⅰ)$\boldsymbol{\alpha}_1,\boldsymbol{\alpha}_2,\cdots,\boldsymbol{\alpha}_{m-1}$ 线性表示，记向量组(Ⅱ)$\boldsymbol{\alpha}_1,\boldsymbol{\alpha}_2,\cdots,\boldsymbol{\alpha}_{m-1},\boldsymbol{\beta}$，则________.

(A) $\boldsymbol{\alpha}_m$ 不能由(Ⅰ)线性表示，也不能由(Ⅱ)线性表示.

(B) $\boldsymbol{\alpha}_m$ 不能由(Ⅰ)线性表示，但可由(Ⅱ)线性表示.

(C) $\boldsymbol{\alpha}_m$ 可由(Ⅰ)线性表示，也可由(Ⅱ)线性表示.

(D) $\boldsymbol{\alpha}_m$ 可由(Ⅰ)线性表示，但不可由(Ⅱ)线性表示.

【分析】 因为 $\boldsymbol{\beta}$ 可由 $\boldsymbol{\alpha}_1,\boldsymbol{\alpha}_2,\cdots,\boldsymbol{\alpha}_m$ 线性表示，故可设

$$\boldsymbol{\beta}=k_1\boldsymbol{\alpha}_1+k_2\boldsymbol{\alpha}_2+\cdots+k_m\boldsymbol{\alpha}_m$$

由于 $\boldsymbol{\beta}$ 不能由 $\boldsymbol{\alpha}_1,\boldsymbol{\alpha}_2,\cdots,\boldsymbol{\alpha}_{m-1}$ 线性表示，故上述表达式中必有 $k_m\neq 0$. 因此

$$\boldsymbol{\alpha}_m=\frac{1}{k_m}(\boldsymbol{\beta}-k_1\boldsymbol{\alpha}_1-k_2\boldsymbol{\alpha}_2-\cdots-k_{m-1}\boldsymbol{\alpha}_{m-1})$$

即 $\boldsymbol{\alpha}_m$ 可由(Ⅱ)线性表示，可排除(A)、(D).

若 $\boldsymbol{\alpha}_m$ 可由(Ⅰ)线性表示，设 $\boldsymbol{\alpha}_m=l_1\boldsymbol{\alpha}_1+\cdots+l_{m-1}\boldsymbol{\alpha}_{m-1}$，则

$$\boldsymbol{\beta}=(k_1+k_ml_1)\boldsymbol{\alpha}_1+(k_2+k_ml_2)\boldsymbol{\alpha}_2+\cdots+(k_{m-1}+k_ml_{m-1})\boldsymbol{\alpha}_{m-1}$$

与题设矛盾，故应选(B).

【例 4.12】 已知向量组 $\boldsymbol{\beta}_1=\begin{bmatrix}0\\1\\-1\end{bmatrix},\boldsymbol{\beta}_2=\begin{bmatrix}a\\2\\1\end{bmatrix},\boldsymbol{\beta}_3=\begin{bmatrix}b\\1\\0\end{bmatrix}$ 与向量组 $\boldsymbol{\alpha}_1=\begin{bmatrix}1\\2\\-3\end{bmatrix},\boldsymbol{\alpha}_2=\begin{bmatrix}3\\0\\1\end{bmatrix},\boldsymbol{\alpha}_3=\begin{bmatrix}9\\6\\7\end{bmatrix}$ 具有相同的秩，且 $\boldsymbol{\beta}_3$ 可由 $\boldsymbol{\alpha}_1,\boldsymbol{\alpha}_2,\boldsymbol{\alpha}_3$ 线性表示，求 a,b 的值.

【解】 因 $\boldsymbol{\beta}_3$ 可由 $\boldsymbol{\alpha}_1,\boldsymbol{\alpha}_2,\boldsymbol{\alpha}_3$ 线性表示，故线性方程组 $\begin{bmatrix}1&3&9\\2&0&6\\-3&1&-7\end{bmatrix}\begin{bmatrix}x_1\\x_2\\x_3\end{bmatrix}=\begin{bmatrix}b\\1\\0\end{bmatrix}$ 有解.

对增广矩阵施行初等行变换：

$$\left[\begin{array}{ccc:c}1&3&9&b\\2&0&6&1\\-3&1&-7&0\end{array}\right]\to\left[\begin{array}{ccc:c}1&3&9&b\\0&-6&-12&1-2b\\0&10&20&3b\end{array}\right]\to$$

学习随笔

$$\begin{bmatrix}1&3&9&\vdots&b\\0&1&2&\vdots&\dfrac{2b-1}{6}\\0&1&2&\vdots&\dfrac{3b}{10}\end{bmatrix}\to\begin{bmatrix}1&3&9&\vdots&b\\0&1&2&\vdots&\dfrac{2b-1}{6}\\0&0&0&\vdots&\dfrac{3b}{10}-\dfrac{2b-1}{6}\end{bmatrix}$$

由非齐次线性方程组有解的条件知$\dfrac{3b}{10}-\dfrac{2b-1}{6}=0$,得 $b=5$.

又 $\boldsymbol{\alpha}_1$ 和 $\boldsymbol{\alpha}_2$ 线性无关,$\boldsymbol{\alpha}_3=3\boldsymbol{\alpha}_1+2\boldsymbol{\alpha}_2$,所以向量组 $\boldsymbol{\alpha}_1,\boldsymbol{\alpha}_2,\boldsymbol{\alpha}_3$ 的秩为 2.

由题设知向量组 $\boldsymbol{\beta}_1,\boldsymbol{\beta}_2,\boldsymbol{\beta}_3$ 的秩也是 2,从而 $\begin{vmatrix}0&a&5\\1&2&1\\-1&1&0\end{vmatrix}=0$,解之得 $a=15$.

评注　本题亦可由 $R(\boldsymbol{\beta}_1,\boldsymbol{\beta}_2,\boldsymbol{\beta}_3)=R(\boldsymbol{\alpha}_1,\boldsymbol{\alpha}_2,\boldsymbol{\alpha}_3)$ 及 $R(\boldsymbol{\alpha}_1,\boldsymbol{\alpha}_2,\boldsymbol{\alpha}_3)=2$ 入手,由

$$|\boldsymbol{\beta}_1,\boldsymbol{\beta}_2,\boldsymbol{\beta}_3|=\begin{vmatrix}0&a&b\\1&2&1\\-1&1&0\end{vmatrix}=0\Rightarrow a=3b$$

再由 $\boldsymbol{\beta}_3$ 可由 $\boldsymbol{\alpha}_1,\boldsymbol{\alpha}_2,\boldsymbol{\alpha}_3$ 线性表示,从而可由 $\boldsymbol{\alpha}_1,\boldsymbol{\alpha}_2$ 线性表示,故 $\boldsymbol{\alpha}_1,\boldsymbol{\alpha}_2,\boldsymbol{\beta}_3$ 线性相关.于是由 $\begin{vmatrix}1&3&b\\2&0&1\\-3&1&0\end{vmatrix}=0$ 求出 b.再由 $a=3b$ 求出 a.

【例 4.13】设向量组 $\boldsymbol{\alpha}_1=(a,2,10)^{\mathrm{T}}$,$\boldsymbol{\alpha}_2=(-2,1,5)^{\mathrm{T}}$,$\boldsymbol{\alpha}_3=(-1,1,4)^{\mathrm{T}}$,$\boldsymbol{\beta}=(1,b,c)^{\mathrm{T}}$.试问当 a,b,c 满足什么条件时:

(1) $\boldsymbol{\beta}$ 可由 $\boldsymbol{\alpha}_1,\boldsymbol{\alpha}_2,\boldsymbol{\alpha}_3$ 线性表出,且表示唯一?

(2) $\boldsymbol{\beta}$ 不能由 $\boldsymbol{\alpha}_1,\boldsymbol{\alpha}_2,\boldsymbol{\alpha}_3$ 线性表出?

(3) $\boldsymbol{\beta}$ 可由 $\boldsymbol{\alpha}_1,\boldsymbol{\alpha}_2,\boldsymbol{\alpha}_3$ 线性表出,但表示不唯一?并求出一般表达式.

【分析】$\boldsymbol{\beta}$ 能否由 $\boldsymbol{\alpha}_1,\boldsymbol{\alpha}_2,\boldsymbol{\alpha}_3$ 线性表出等价于方程组 $x_1\boldsymbol{\alpha}_1+x_2\boldsymbol{\alpha}_2+x_3\boldsymbol{\alpha}_3=\boldsymbol{\beta}$ 是否有解.通常用增广矩阵作初等行变换来讨论.本题是 3 个方程 3 个未知数,因而也可用系数行列式来讨论.

【解】设 $x_1\boldsymbol{\alpha}_1+x_2\boldsymbol{\alpha}_2+x_3\boldsymbol{\alpha}_3=\boldsymbol{\beta}$,系数行列式

$$|\boldsymbol{A}|=|\boldsymbol{\alpha}_1,\boldsymbol{\alpha}_2,\boldsymbol{\alpha}_3|=\begin{vmatrix}a&-2&-1\\2&1&1\\10&5&4\end{vmatrix}=-a-4$$

(1) 当 $a\neq-4$ 时,$|\boldsymbol{A}|\neq0$,方程组有唯一解,即 $\boldsymbol{\beta}$ 可由 $\boldsymbol{\alpha}_1,\boldsymbol{\alpha}_2,\boldsymbol{\alpha}_3$ 线性表出,且表示唯一.

(2) 当 $a=-4$ 时,对增广矩阵作初等行变换,有

$$\overline{\boldsymbol{A}}=\begin{bmatrix}-4&-2&-1&\vdots&1\\2&1&1&\vdots&b\\10&5&4&\vdots&c\end{bmatrix}\to\begin{bmatrix}2&1&1&\vdots&b\\0&0&1&\vdots&2b+1\\0&0&-1&\vdots&-5b+c\end{bmatrix}\to\begin{bmatrix}2&1&1&\vdots&b\\0&0&1&\vdots&2b+1\\0&0&0&\vdots&3b-c-1\end{bmatrix}$$

故当 $3b-c\neq1$ 时,$R(\boldsymbol{A})=2$,$R(\overline{\boldsymbol{A}})=3$,方程组无解,即 $\boldsymbol{\beta}$ 不能由 $\boldsymbol{\alpha}_1,\boldsymbol{\alpha}_2,\boldsymbol{\alpha}_3$ 线性表出.

(3) 若 $a=-4$ 且 $3b-c=1$,有 $R(\boldsymbol{A})=R(\overline{\boldsymbol{A}})=2<3$,则方程组有无穷多组解,即 $\boldsymbol{\beta}$

可由 $\boldsymbol{\alpha}_1,\boldsymbol{\alpha}_2,\boldsymbol{\alpha}_3$ 线性表出,且表示法不唯一.

此时,增广矩阵化简为

$$\overline{\mathbf{A}} \to \left[\begin{array}{ccc:c} 2 & 1 & 1 & b \\ 0 & 0 & 1 & 2b+1 \\ 0 & 0 & 0 & 0 \end{array}\right]$$

取 x_1 为自由变量,解出 $x_1=t, x_3=2b+1, x_2=-2t-b-1$,即 $\boldsymbol{\beta}=t\boldsymbol{\alpha}_1-(2t+b+1)\boldsymbol{\alpha}_2+(2b+1)\boldsymbol{\alpha}_3$,其中 t 为任意常数.

评注　本题也可直接对增广矩阵作初等行变换,有

$$\left[\begin{array}{ccc:c} a & -2 & -1 & 1 \\ 2 & 1 & 1 & b \\ 10 & 5 & 4 & c \end{array}\right] \to \left[\begin{array}{ccc:c} 2 & 1 & 1 & b \\ 0 & 2+\dfrac{a}{2} & 1+\dfrac{a}{2} & \dfrac{1}{2}ab-1 \\ 0 & 0 & 1 & 5b-c \end{array}\right]$$

然后可讨论解的 3 种情况,请同学们完成.

【例 4.14】设 $\boldsymbol{\alpha}_1=(1,2,0)^{\mathrm{T}}, \boldsymbol{\alpha}_2=(1,a+2,-3a)^{\mathrm{T}}, \boldsymbol{\alpha}_3=(-1,-b-2,a+2b)^{\mathrm{T}}, \boldsymbol{\beta}=(1,3,-3)^{\mathrm{T}}$. 试讨论当 a,b 为何值时:

(1) $\boldsymbol{\beta}$ 不能由 $\boldsymbol{\alpha}_1,\boldsymbol{\alpha}_2,\boldsymbol{\alpha}_3$ 线性表示.

(2) $\boldsymbol{\beta}$ 可由 $\boldsymbol{\alpha}_1,\boldsymbol{\alpha}_2,\boldsymbol{\alpha}_3$ 唯一地线性表示,并求出表示式.

(3) $\boldsymbol{\beta}$ 可由 $\boldsymbol{\alpha}_1,\boldsymbol{\alpha}_2,\boldsymbol{\alpha}_3$ 线性表示,但表示式不唯一,并求出表示式.

【解】设有数 k_1,k_2,k_3,使得

$$k_1\boldsymbol{\alpha}_1+k_2\boldsymbol{\alpha}_2+k_3\boldsymbol{\alpha}_3=\boldsymbol{\beta} \tag{4.6}$$

记 $\mathbf{A}=(\boldsymbol{\alpha}_1,\boldsymbol{\alpha}_2,\boldsymbol{\alpha}_3)$,对矩阵 $(\mathbf{A} \vdots \boldsymbol{\beta})$ 施以初等行变换,有

$$(\mathbf{A} \vdots \boldsymbol{\beta})=\left[\begin{array}{ccc:c} 1 & 1 & -1 & 1 \\ 2 & a+2 & -b-2 & 3 \\ 0 & -3a & a+2b & -3 \end{array}\right] \to \left[\begin{array}{ccc:c} 1 & 1 & -1 & 1 \\ 0 & a & -b & 1 \\ 0 & -3a & a+2b & -3 \end{array}\right] \to \left[\begin{array}{ccc:c} 1 & 1 & -1 & 1 \\ 0 & a & -b & 1 \\ 0 & 0 & a-b & 0 \end{array}\right]$$

(1) 当 $a=0$,b 为任意常数时,有

$$(\mathbf{A} \vdots \boldsymbol{\beta}) \to \left[\begin{array}{ccc:c} 1 & 1 & -1 & 1 \\ 0 & 0 & -b & 1 \\ 0 & 0 & 0 & -1 \end{array}\right]$$

可知 $R(\mathbf{A}) \neq R(\mathbf{A},\boldsymbol{\beta})$. 故方程组(4.6)无解,$\boldsymbol{\beta}$ 不能由 $\boldsymbol{\alpha}_1,\boldsymbol{\alpha}_2,\boldsymbol{\alpha}_3$ 线性表示.

(2) 当 $a\neq 0$ 且 $a\neq b$ 时,$R(\mathbf{A})=R(\mathbf{A},\boldsymbol{\beta})=3$,故方程组(4.6)有唯一解

$$k_1=1-\frac{1}{a},\quad k_2=\frac{1}{a},\quad k_3=0$$

则 $\boldsymbol{\beta}$ 可由 $\boldsymbol{\alpha}_1,\boldsymbol{\alpha}_2,\boldsymbol{\alpha}_3$ 唯一地线性表示,其表示式为 $\boldsymbol{\beta}=\left(1-\dfrac{1}{a}\right)\boldsymbol{\alpha}_1+\dfrac{1}{a}\boldsymbol{\alpha}_2$.

(3) 当 $a=b\neq 0$ 时,对 $(\mathbf{A},\boldsymbol{\beta})$ 施以初等行变换,有

$$(\mathbf{A},\boldsymbol{\beta}) \to \left[\begin{array}{ccc:c} 1 & 0 & 0 & 1-\dfrac{1}{a} \\ 0 & 1 & -1 & \dfrac{1}{a} \\ 0 & 0 & 0 & 0 \end{array}\right]$$

学习随笔

可知 $R(\boldsymbol{A})=R(\boldsymbol{A},\boldsymbol{\beta})=2$,故方程组(4.6)有无穷多解,其全部解为

$$k_1=1-\frac{1}{a},\quad k_2=\left(\frac{1}{a}+c\right),\quad k_3=c,\text{其中 } c \text{ 为任意常数}$$

$\boldsymbol{\beta}$ 可由 $\boldsymbol{\alpha}_1,\boldsymbol{\alpha}_2,\boldsymbol{\alpha}_3$ 线性表示,但表示式不唯一,其表示式为

$$\boldsymbol{\beta}=\left(1-\frac{1}{a}\right)\boldsymbol{\alpha}_1+\left(\frac{1}{a}+c\right)\boldsymbol{\alpha}_2+c\boldsymbol{\alpha}_3$$

【例 4.15】确定常数 a,使向量组 $\boldsymbol{\alpha}_1=(1,1,a)^{\mathrm{T}},\boldsymbol{\alpha}_2=(1,a,1)^{\mathrm{T}},\boldsymbol{\alpha}_3=(a,1,1)^{\mathrm{T}}$ 可由向量组 $\boldsymbol{\beta}_1=(1,1,a)^{\mathrm{T}}$, $\boldsymbol{\beta}_2=(-2,a,4)^{\mathrm{T}}$, $\boldsymbol{\beta}_3=(-2,a,a)^{\mathrm{T}}$ 线性表示,但向量组 $\boldsymbol{\beta}_1,\boldsymbol{\beta}_2,\boldsymbol{\beta}_3$ 不能由向量组 $\boldsymbol{\alpha}_1,\boldsymbol{\alpha}_2,\boldsymbol{\alpha}_3$ 线性表示.

【分析】若方程组 $x_1\boldsymbol{\beta}_1+x_2\boldsymbol{\beta}_2+x_3\boldsymbol{\beta}_3=\boldsymbol{\alpha}_i$ 有解,则 $\boldsymbol{\alpha}_i$ 可由 $\boldsymbol{\beta}_1,\boldsymbol{\beta}_2,\boldsymbol{\beta}_3$ 线性表示;若方程组 $x_1\boldsymbol{\alpha}_1+x_2\boldsymbol{\alpha}_2+x_3\boldsymbol{\alpha}_3=\boldsymbol{\beta}_j$ 无解,则 $\boldsymbol{\beta}_j$ 不能由 $\boldsymbol{\alpha}_1,\boldsymbol{\alpha}_2,\boldsymbol{\alpha}_3$ 线性表示.

【解法一】因为 $\boldsymbol{\alpha}_1,\boldsymbol{\alpha}_2,\boldsymbol{\alpha}_3$ 可由向量组 $\boldsymbol{\beta}_1,\boldsymbol{\beta}_2,\boldsymbol{\beta}_3$ 线性表示,故 3 个方程组

$$x_1\boldsymbol{\beta}_1+x_2\boldsymbol{\beta}_2+x_3\boldsymbol{\beta}_3=\boldsymbol{\alpha}_i\quad(i=1,2,3)$$

均有解 .对增广矩阵作初等行变换,有

$$\left[\begin{array}{ccc:ccc}1&-2&-2&1&1&a\\1&a&a&1&a&1\\a&4&a&a&1&1\end{array}\right]\to\left[\begin{array}{ccc:ccc}1&-2&-2&1&1&a\\0&a+2&a+2&0&a-1&1-a\\0&2a+4&3a&0&1-a&1-a^2\end{array}\right]\to$$

$$\left[\begin{array}{ccc:ccc}1&-2&-2&1&1&a\\0&a+2&a+2&0&a-1&1-a\\0&0&a-4&0&3-3a&-(a-1)^2\end{array}\right]$$

可见 $a\neq4$ 且 $a\neq-2$ 时,$\boldsymbol{\alpha}_1,\boldsymbol{\alpha}_2,\boldsymbol{\alpha}_3$ 可由 $\boldsymbol{\beta}_1,\boldsymbol{\beta}_2,\boldsymbol{\beta}_3$ 线性表示.

向量组 $\boldsymbol{\beta}_1,\boldsymbol{\beta}_2,\boldsymbol{\beta}_3$ 不能由向量组 $\boldsymbol{\alpha}_1,\boldsymbol{\alpha}_2,\boldsymbol{\alpha}_3$ 线性表示,即有方程组

$$x_1\boldsymbol{\alpha}_1+x_2\boldsymbol{\alpha}_2+x_3\boldsymbol{\alpha}_3=\boldsymbol{\beta}_j\quad(j=1,2,3)$$

无解.对增广矩阵作初等行变换,有

$$\left[\begin{array}{ccc:ccc}1&1&a&1&-2&-2\\1&a&1&1&a&a\\a&1&1&a&4&a\end{array}\right]\to\left[\begin{array}{ccc:ccc}1&1&a&1&-2&-2\\0&a-1&1-a&0&a+2&a+2\\0&1-a&1-a^2&0&2a+4&3a\end{array}\right]\to$$

$$\left[\begin{array}{ccc:ccc}1&1&a&1&-2&-2\\0&a-1&1-a&0&a+2&a+2\\0&0&2-a-a^2&0&3a+6&4a+2\end{array}\right]$$

可见 $a=1$ 或 $a=-2$ 时,$\boldsymbol{\beta}_2,\boldsymbol{\beta}_3$ 不能由 $\boldsymbol{\alpha}_1,\boldsymbol{\alpha}_2,\boldsymbol{\alpha}_3$ 线性表示.

因此 $a=1$ 时,向量组 $\boldsymbol{\alpha}_1,\boldsymbol{\alpha}_2,\boldsymbol{\alpha}_3$ 可由向量组 $\boldsymbol{\beta}_1,\boldsymbol{\beta}_2,\boldsymbol{\beta}_3$ 线性表示,但 $\boldsymbol{\beta}_1,\boldsymbol{\beta}_2,\boldsymbol{\beta}_3$ 不能由 $\boldsymbol{\alpha}_1,\boldsymbol{\alpha}_2,\boldsymbol{\alpha}_3$ 线性表示.

【解法二】因为 $\boldsymbol{\alpha}_1,\boldsymbol{\alpha}_2,\boldsymbol{\alpha}_3$ 可由 $\boldsymbol{\beta}_1,\boldsymbol{\beta}_2,\boldsymbol{\beta}_3$ 线性表出,故 $R(\boldsymbol{\alpha}_1,\boldsymbol{\alpha}_2,\boldsymbol{\alpha}_3)\leqslant R(\boldsymbol{\beta}_1,\boldsymbol{\beta}_2,\boldsymbol{\beta}_3)$.又因 $\boldsymbol{\beta}_1,\boldsymbol{\beta}_2,\boldsymbol{\beta}_3$ 不能由 $\boldsymbol{\alpha}_1,\boldsymbol{\alpha}_2,\boldsymbol{\alpha}_3$ 线性表出,故必有 $R(\boldsymbol{\alpha}_1,\boldsymbol{\alpha}_2,\boldsymbol{\alpha}_3)<R(\boldsymbol{\beta}_1,\boldsymbol{\beta}_2,\boldsymbol{\beta}_3)$. 于是 $R(\boldsymbol{\alpha}_1,\boldsymbol{\alpha}_2,\boldsymbol{\alpha}_3)<3$. 由

$$|\boldsymbol{\alpha}_1,\boldsymbol{\alpha}_2,\boldsymbol{\alpha}_3|=\begin{vmatrix}1&1&a\\1&a&1\\a&1&1\end{vmatrix}=-(a-1)^2(a+2)=0$$

解出 $a=1$ 或 $a=-2$.

而$(\boldsymbol{\beta}_1,\boldsymbol{\beta}_2,\boldsymbol{\beta}_3)=\begin{bmatrix}1&-2&-2\\1&a&a\\a&4&a\end{bmatrix}\rightarrow\cdots\rightarrow\begin{bmatrix}1&-2&-2\\0&a+2&a+2\\0&0&a-4\end{bmatrix}$,因此:

当 $a=-2$ 时,$R(\boldsymbol{\alpha}_1,\boldsymbol{\alpha}_2,\boldsymbol{\alpha}_3)=2$,$R(\boldsymbol{\beta}_1,\boldsymbol{\beta}_2,\boldsymbol{\beta}_3)=2$,不满足 $R(\boldsymbol{\alpha}_1,\boldsymbol{\alpha}_2,\boldsymbol{\alpha}_3)<R(\boldsymbol{\beta}_1,\boldsymbol{\beta}_2,\boldsymbol{\beta}_3)$,故 $a=-2$ 应舍去 .

当 $a=1$ 时,$\boldsymbol{\alpha}_1=\boldsymbol{\alpha}_2=\boldsymbol{\alpha}_3=\boldsymbol{\beta}_1$,可见 $\boldsymbol{\alpha}_1,\boldsymbol{\alpha}_2,\boldsymbol{\alpha}_3$ 可由 $\boldsymbol{\beta}_1,\boldsymbol{\beta}_2,\boldsymbol{\beta}_3$ 线性表出. 但 $\boldsymbol{\beta}_2=(-2,1,4)^{\mathrm{T}}$,$\boldsymbol{\beta}_3=(-2,1,1)^{\mathrm{T}}$ 不能由 $\boldsymbol{\alpha}_1=\boldsymbol{\alpha}_2=\boldsymbol{\alpha}_3=(1,1,1)^{\mathrm{T}}$ 线性表出,因此 $a=1$ 为所求.

【例 4.16】设向量 $\boldsymbol{\alpha}_1=(0,1,1,1)^{\mathrm{T}}$,$\boldsymbol{\alpha}_2=(2,1,-1,0)^{\mathrm{T}}$,$\boldsymbol{\alpha}_3=(1,1,0,-1)^{\mathrm{T}}$,$\boldsymbol{\beta}_1=(-1,2,1,0)^{\mathrm{T}}$,$\boldsymbol{\beta}_2=(2,1,0,-1)^{\mathrm{T}}$,且 $k_1\boldsymbol{\beta}_1+k_2\boldsymbol{\beta}_2$ 可由 $\boldsymbol{\alpha}_1,\boldsymbol{\alpha}_2,\boldsymbol{\alpha}_3$ 线性表出,则 k_1,k_2 满足的条件是________.

【分析】利用所给的向量组构造矩阵$(\boldsymbol{\alpha}_1,\boldsymbol{\alpha}_2,\boldsymbol{\alpha}_3 \mid k_1\boldsymbol{\beta}_1+k_2\boldsymbol{\beta}_2)$,对其施以初等行变换

$$(\boldsymbol{\alpha}_1,\boldsymbol{\alpha}_2,\boldsymbol{\alpha}_3 \mid k_1\boldsymbol{\beta}_1+k_2\boldsymbol{\beta}_2)=\left[\begin{array}{ccc:c}0&2&1&-k_1+2k_2\\1&1&1&2k_1+k_2\\1&-1&0&k_1\\1&0&-1&-k_2\end{array}\right]\rightarrow\left[\begin{array}{ccc:c}1&0&-1&-k_2\\0&1&2&2k_1+2k_2\\0&0&1&k_1+k_2\\0&0&0&-2k_1+k_2\end{array}\right]$$

当$-2k_1+k_2=0$ 时,$k_1\boldsymbol{\beta}_1+k_2\boldsymbol{\beta}_2$ 可由 $\boldsymbol{\alpha}_1,\boldsymbol{\alpha}_2,\boldsymbol{\alpha}_3$ 线性表出. 将$-2k_1+k_2=0$ 代入,有

$$(\boldsymbol{\alpha}_1,\boldsymbol{\alpha}_2,\boldsymbol{\alpha}_3 \mid k_1\boldsymbol{\beta}_1+k_2\boldsymbol{\beta}_2)=\left[\begin{array}{ccc:c}1&0&0&k_1\\0&1&0&0\\0&0&1&3k_1\\0&0&0&0\end{array}\right]$$

得到 $k_1\boldsymbol{\beta}_1+k_2\boldsymbol{\beta}_2$ 的表达式为 $k_1\boldsymbol{\beta}_1+k_2\boldsymbol{\beta}_2=k_1\boldsymbol{\alpha}_1+3k_1\boldsymbol{\alpha}_3$.

【例 4.17】设 $\boldsymbol{\alpha}_1,\boldsymbol{\alpha}_2,\boldsymbol{\beta}_1,\boldsymbol{\beta}_2$ 均是 3 维向量,且 $\boldsymbol{\alpha}_1,\boldsymbol{\alpha}_2$ 线性无关,$\boldsymbol{\beta}_1,\boldsymbol{\beta}_2$ 线性无关. 证明:存在非零向量 $\boldsymbol{\gamma}$,使得 $\boldsymbol{\gamma}$ 既可由 $\boldsymbol{\alpha}_1,\boldsymbol{\alpha}_2$ 线性表出,又可由 $\boldsymbol{\beta}_1,\boldsymbol{\beta}_2$ 线性表出.

当 $\boldsymbol{\alpha}_1=\begin{bmatrix}1\\0\\2\end{bmatrix}$,$\boldsymbol{\alpha}_2=\begin{bmatrix}2\\-1\\3\end{bmatrix}$,$\boldsymbol{\beta}_1=\begin{bmatrix}-3\\2\\-5\end{bmatrix}$,$\boldsymbol{\beta}_2=\begin{bmatrix}0\\1\\-1\end{bmatrix}$时,求出所有的向量 $\boldsymbol{\gamma}$.

【证明】4 个 3 维向量 $\boldsymbol{\alpha}_1,\boldsymbol{\alpha}_2,\boldsymbol{\beta}_1,\boldsymbol{\beta}_2$ 必线性相关,故有不全为零的 k_1,k_2,l_1,l_2,使得

$$k_1\boldsymbol{\alpha}_1+k_2\boldsymbol{\alpha}_2+l_1\boldsymbol{\beta}_1+l_2\boldsymbol{\beta}_2=\mathbf{0}$$

令 $\boldsymbol{\gamma}=k_1\boldsymbol{\alpha}_1+k_2\boldsymbol{\alpha}_2=-l_1\boldsymbol{\beta}_1-l_2\boldsymbol{\beta}_2$,则必有 k_1,k_2 不全为零,否则,若 $k_1=k_2=0$,由 k_1,k_2,l_1,l_2 不全为零,知 l_1,l_2 不全为零,而$-l_1\boldsymbol{\beta}_1-l_2\boldsymbol{\beta}_2=\mathbf{0}$,与 $\boldsymbol{\beta}_1,\boldsymbol{\beta}_2$ 线性无关相矛盾,所以 k_1,k_2 不全为 0.

同理 l_1,l_2 亦不全为 0,从而知 $\boldsymbol{\gamma}\neq\mathbf{0}$,它既可由 $\boldsymbol{\alpha}_1,\boldsymbol{\alpha}_2$ 线性表出,又可由 $\boldsymbol{\beta}_1,\boldsymbol{\beta}_2$ 线性表出.

对已知的 $\boldsymbol{\alpha}_1,\boldsymbol{\alpha}_2,\boldsymbol{\beta}_1,\boldsymbol{\beta}_2$,设 $x_1\boldsymbol{\alpha}_1+x_2\boldsymbol{\alpha}_2+y_1\boldsymbol{\beta}_1+y_2\boldsymbol{\beta}_2=\mathbf{0}$,对其作初等行变换有

$$\begin{bmatrix}1&2&-3&0\\0&-1&2&1\\2&3&-5&-1\end{bmatrix}\rightarrow\begin{bmatrix}1&2&-3&0\\0&-1&2&1\\0&-1&1&-1\end{bmatrix}\rightarrow\begin{bmatrix}1&2&-3&0\\0&-1&2&1\\0&0&-1&-2\end{bmatrix}$$

学习随笔

得方程组的通解为 $k(0,-3,-2,1)^T$，即 $x_1=0,x_2=-3k,y_1=-2k,y_2=k$.

所以 $\boldsymbol{\gamma}=-3k\boldsymbol{\alpha}_2=\begin{bmatrix}2k\\-k\\2k\end{bmatrix}$，其中 k 为任意常数.

评注　本题求向量 $\boldsymbol{\gamma}$ 的另一种命题方法是已知齐次方程组(Ⅰ)与(Ⅱ)的基础解系分别是 $\boldsymbol{\alpha}_1,\boldsymbol{\alpha}_2$ 与 $\boldsymbol{\beta}_1,\boldsymbol{\beta}_2$，求这两个方程组的非零公共解.

【例 4.18】设向量组(Ⅰ)是向量组(Ⅱ)的线性无关的部分向量组，则________.

(A) 向量组(Ⅰ)是向量组(Ⅱ)的极大线性无关组.

(B) 向量组(Ⅰ)与向量组(Ⅱ)的秩相等.

(C) 当向量组(Ⅰ)可由向量组(Ⅱ)线性表示时，向量组(Ⅰ)与向量组(Ⅱ)等价.

(D) 当向量组(Ⅱ)可由向量组(Ⅰ)线性表示时，向量组(Ⅰ)与向量组(Ⅱ)等价.

【分析】所谓两个向量组等价，是指它们可以相互线性表示，而极大线性无关组指的是与向量组等价的线性无关的部分向量组.

因为向量组(Ⅰ)和向量组(Ⅱ)不一定等价，所以选项(A)和(B)不一定成立. 又由题设可知，向量组(Ⅰ)必可由向量组(Ⅱ)线性表示，故当向量组(Ⅱ)也可由向量组(Ⅰ)线性表示时，向量组(Ⅰ)与向量组(Ⅱ)等价. 故应选(D).

评注　判别向量组的等价性常用如下结论：

(1) 若向量组(Ⅰ)与向量组(Ⅱ)等价，则秩 R(Ⅰ)$=R$(Ⅱ).

(2) 若向量组(Ⅰ)与向量组(Ⅱ)满足 R(Ⅰ)$=R$(Ⅱ)，且向量组(Ⅰ)可由向量组(Ⅱ)线性表示或向量组(Ⅱ)可由向量组(Ⅰ)线性表示，则向量组(Ⅰ)与向量组(Ⅱ)等价.

(3) 向量组与其极大线性无关组等价.

(4)向量组的极大线性无关组之间都等价.

(5) 若向量组(Ⅰ)是向量组(Ⅱ)的线性无关的部分向量组，则向量组(Ⅰ)是向量组(Ⅱ)的极大线性无关组的充分必要条件为向量组(Ⅰ)与向量组(Ⅱ)等价.

【例 4.19】下列命题正确的是________.

(A) 若两个向量组的秩相等，则此两个向量组等价.

(B) 若向量组 $\boldsymbol{\alpha}_1,\boldsymbol{\alpha}_2,\cdots,\boldsymbol{\alpha}_s$ 可由 $\boldsymbol{\beta}_1,\boldsymbol{\beta}_2,\cdots,\boldsymbol{\beta}_t$ 线性表出，则必有 $s<t$.

(C) 若齐次方程组 $\boldsymbol{Ax}=\boldsymbol{0}$ 与 $\boldsymbol{Bx}=\boldsymbol{0}$ 同解，则矩阵 $\boldsymbol{A}$ 与 $\boldsymbol{B}$ 的行向量组等价.

(D) 若向量组 $\boldsymbol{\alpha}_1,\boldsymbol{\alpha}_2,\cdots,\boldsymbol{\alpha}_s$ 与 $\boldsymbol{\alpha}_2,\cdots,\boldsymbol{\alpha}_s$ 均线性相关，则 $\boldsymbol{\alpha}_1$ 必不可由 $\boldsymbol{\alpha}_2,\cdots,\boldsymbol{\alpha}_s$ 线性表出.

【分析】若两个向量组的秩相等，则此两个向量组不一定等价. 例如向量组 $\boldsymbol{\alpha}_1=(1,0)$，$\boldsymbol{\alpha}_2=(2,0)$ 与向量组 $\boldsymbol{\beta}_1=(0,1)$，$\boldsymbol{\beta}_2=(0,2)$，此两个向量组的秩相等，但它们并不等价，故(A)不正确.

若向量组 $\boldsymbol{\alpha}_1,\boldsymbol{\alpha}_2,\cdots,\boldsymbol{\alpha}_s$ 可由 $\boldsymbol{\beta}_1,\boldsymbol{\beta}_2,\cdots,\boldsymbol{\beta}_t$ 线性表出，不一定 $s<t$. 比如 $\boldsymbol{\alpha}_1=(3,0)$，$\boldsymbol{\alpha}_2=(2,0)$ 可由 $\boldsymbol{\beta}=(1,0)$ 表示，但 $s=2>t=1$，所以(B)不正确.

若齐次方程组 $\boldsymbol{Ax}=\boldsymbol{0}$ 与 $\boldsymbol{Bx}=\boldsymbol{0}$ 同解，则矩阵 $\boldsymbol{A}$ 与 $\boldsymbol{B}$ 的行向量组等价，故(C)正确. 事实上，由于两个齐次线性方程组同解，$\boldsymbol{Ax}=\boldsymbol{0}$ 与 $\begin{bmatrix}\boldsymbol{A}\\\boldsymbol{B}\end{bmatrix}\boldsymbol{x}=\boldsymbol{0}$ 同解，则 $R(\boldsymbol{A})=R\begin{bmatrix}\boldsymbol{A}\\\boldsymbol{B}\end{bmatrix}$，那么矩

学习随笔

阵 $\boldsymbol{B}$ 的行向量组可由矩阵 $\boldsymbol{A}$ 的行向量组线性表出. 同理,矩阵 $\boldsymbol{A}$ 的行向量组也可由矩阵 $\boldsymbol{B}$ 的行向量组线性表出,所以矩阵 $\boldsymbol{A}$ 与 $\boldsymbol{B}$ 的行向量组等价. 故选(C).

取 $\boldsymbol{\alpha}_1=(1,1),\boldsymbol{\alpha}_2=(1,0),\boldsymbol{\alpha}_3=(0,1),\boldsymbol{\alpha}_4=(3,3)$,则 $\boldsymbol{\alpha}_1,\boldsymbol{\alpha}_2,\boldsymbol{\alpha}_3,\boldsymbol{\alpha}_4$ 线性相关,$\boldsymbol{\alpha}_2,\boldsymbol{\alpha}_3,\boldsymbol{\alpha}_4$ 也线性相关,但 $\boldsymbol{\alpha}_1$ 可由 $\boldsymbol{\alpha}_2,\boldsymbol{\alpha}_3,\boldsymbol{\alpha}_4$ 线性表出,所以(D)不正确.

【例 4.20】 设有两个向量组 $\boldsymbol{\alpha}_1,\boldsymbol{\alpha}_2,\cdots,\boldsymbol{\alpha}_s$ 和 $\boldsymbol{\beta}_1,\boldsymbol{\beta}_2,\cdots,\boldsymbol{\beta}_t$,且 $R(\boldsymbol{\alpha}_1,\boldsymbol{\alpha}_2,\cdots,\boldsymbol{\alpha}_s)=R(\boldsymbol{\beta}_1,\boldsymbol{\beta}_2,\cdots,\boldsymbol{\beta}_t)$,则下列结论正确的是________.

(A) 两个向量组等价.

(B) 当 $\boldsymbol{\alpha}_1,\boldsymbol{\alpha}_2,\cdots,\boldsymbol{\alpha}_s$ 能由 $\boldsymbol{\beta}_1,\boldsymbol{\beta}_2,\cdots,\boldsymbol{\beta}_t$ 线性表出时,两个向量组等价.

(C) 当 $s=t$ 时,两个向量组等价.

(D) 当 $R(\boldsymbol{\alpha}_1,\boldsymbol{\alpha}_2,\cdots,\boldsymbol{\alpha}_s,\boldsymbol{\beta}_1,\boldsymbol{\beta}_2,\cdots,\boldsymbol{\beta}_t)=R(\boldsymbol{\alpha}_1,\boldsymbol{\alpha}_2,\cdots,\boldsymbol{\alpha}_s)+R(\boldsymbol{\beta}_1,\boldsymbol{\beta}_2,\cdots,\boldsymbol{\beta}_t)$时,两向量组等价.

【分析】 等价向量组与其秩的关系的结论:向量组 $\boldsymbol{\alpha}_1,\boldsymbol{\alpha}_2,\cdots,\boldsymbol{\alpha}_s$ 与 $\boldsymbol{\beta}_1,\boldsymbol{\beta}_2,\cdots,\boldsymbol{\beta}_t$ 等价 $\Rightarrow R(\boldsymbol{\alpha}_1,\boldsymbol{\alpha}_2,\cdots,\boldsymbol{\alpha}_s)=R(\boldsymbol{\beta}_1,\boldsymbol{\beta}_2,\cdots,\boldsymbol{\beta}_t)$.

设 $R(\boldsymbol{\alpha}_1,\boldsymbol{\alpha}_2,\cdots,\boldsymbol{\alpha}_s)=R(\boldsymbol{\beta}_1,\boldsymbol{\beta}_2,\cdots,\boldsymbol{\beta}_t)=r$,且 $\boldsymbol{\alpha}_{i_1},\cdots,\boldsymbol{\alpha}_{i_r}$ 与 $\boldsymbol{\beta}_{j_1},\cdots,\boldsymbol{\beta}_{j_r}$ 分别是向量组 $\boldsymbol{\alpha}_1,\boldsymbol{\alpha}_2,\cdots,\boldsymbol{\alpha}_s$ 和 $\boldsymbol{\beta}_1,\boldsymbol{\beta}_2,\cdots,\boldsymbol{\beta}_t$ 的极大线性无关组,由 $\boldsymbol{\alpha}_1,\boldsymbol{\alpha}_2,\cdots,\boldsymbol{\alpha}_s$ 能由 $\boldsymbol{\beta}_1,\boldsymbol{\beta}_2,\cdots,\boldsymbol{\beta}_t$ 线性表出,知 $\boldsymbol{\alpha}_{i_1},\cdots,\boldsymbol{\alpha}_{i_r}$ 可由 $\boldsymbol{\beta}_{j_1},\cdots,\boldsymbol{\beta}_{j_r}$ 线性表出,即有

$$(\boldsymbol{\alpha}_{i_1},\cdots,\boldsymbol{\alpha}_{i_r})=(\boldsymbol{\beta}_{j_1},\cdots,\boldsymbol{\beta}_{j_r})\boldsymbol{C}_{r\times r}$$

其中 $\boldsymbol{C}$ 为表出系数矩阵,且 $R(\boldsymbol{C})=r$.

事实上,由于$(\boldsymbol{\alpha}_{i_1},\cdots,\boldsymbol{\alpha}_{i_r})$是$(\boldsymbol{\beta}_{j_1},\cdots,\boldsymbol{\beta}_{j_r})$与 $\boldsymbol{C}$ 的乘积,因此有

$$R(\boldsymbol{\alpha}_{i_1},\cdots,\boldsymbol{\alpha}_{i_r})\leqslant\min\{R(\boldsymbol{\beta}_{j_1},\cdots,\boldsymbol{\beta}_{i_r}),R(C)\}$$

即 $r\leqslant\min\{r,R(\boldsymbol{C})\}$.

由此有 $R(\boldsymbol{C})\geqslant r$,且 $\boldsymbol{C}$ 为 $r\times r$ 矩阵,只有 $R(\boldsymbol{C})\leqslant r$,故 $R(\boldsymbol{C})=r$,$\boldsymbol{C}$ 为可逆矩阵. 所以有

$$(\boldsymbol{\beta}_{j_1},\cdots,\boldsymbol{\beta}_{j_r})=(\boldsymbol{\alpha}_{i_1},\cdots,\boldsymbol{\alpha}_{i_r})\boldsymbol{C}^{-1}$$

此式表示 $\boldsymbol{\beta}_{j_1},\cdots,\boldsymbol{\beta}_{j_r}$ 可由 $\boldsymbol{\alpha}_{i_1},\cdots,\boldsymbol{\alpha}_{i_r}$ 线性表出.

由于 $\boldsymbol{\alpha}_{i_1},\cdots,\boldsymbol{\alpha}_{i_r}$ 和 $\boldsymbol{\beta}_{j_1},\cdots,\boldsymbol{\beta}_{j_r}$ 可互相线性表出,故两个向量组等价,又由于向量组与其极大线性无关组等价,据等价的传递性可推出向量组 $\boldsymbol{\alpha}_1,\boldsymbol{\alpha}_2,\cdots,\boldsymbol{\alpha}_s$ 和 $\boldsymbol{\beta}_1,\boldsymbol{\beta}_2,\cdots,\boldsymbol{\beta}_t$ 为等价向量组. 故应选(B).

评注　记住这一结论:等价向量组,其秩相等,反之不真. 要使逆命题成立,必须加强条件,即若两个向量组的秩相等,且其中一个向量组可由另一个向量组线性表出时,这两个向量组等价. 等价的向量组与各自含向量的个数无关.

【例 4.21】 设有向量组(Ⅰ)$\boldsymbol{\alpha}_1=(1,0,2)^{\mathrm{T}},\boldsymbol{\alpha}_2=(1,1,3)^{\mathrm{T}},\boldsymbol{\alpha}_3=(1,-1,a+2)^{\mathrm{T}}$ 和向量组(Ⅱ)$\boldsymbol{\beta}_1=(1,2,a+3)^{\mathrm{T}}$, $\boldsymbol{\beta}_2=(2,1,a+6)^{\mathrm{T}}$, $\boldsymbol{\beta}_3=(2,1,a+4)^{\mathrm{T}}$. 试问:当 a 为何值时,向量组(Ⅰ)与(Ⅱ)等价? 当 a 为何值时,向量组(Ⅰ)与(Ⅱ)不等价?

【分析】 所谓向量组(Ⅰ)与(Ⅱ)等价,即向量组(Ⅰ)与(Ⅱ)可以互相线性表出. 若方程组 $x_1\boldsymbol{\alpha}_1+x_2\boldsymbol{\alpha}_2+x_3\boldsymbol{\alpha}_3=\boldsymbol{\beta}$ 有解,则 $\boldsymbol{\beta}$ 可以由 $\boldsymbol{\alpha}_1,\boldsymbol{\alpha}_2,\boldsymbol{\alpha}_3$ 线性表出. 若对同一个 a,3 个方程组 $x_1\boldsymbol{\alpha}_1+x_2\boldsymbol{\alpha}_2+x_3\boldsymbol{\alpha}_3=\boldsymbol{\beta}_i\,(i=1,2,3)$均有解,则向量组(Ⅱ)可以由(Ⅰ)线性表出.

【解】 对$(\boldsymbol{\alpha}_1,\boldsymbol{\alpha}_2,\boldsymbol{\alpha}_3\,\vdots\,\boldsymbol{\beta}_1,\boldsymbol{\beta}_2,\boldsymbol{\beta}_3)$作初等行变换,有

学习随笔

$$(\boldsymbol{\alpha}_1,\boldsymbol{\alpha}_2,\boldsymbol{\alpha}_3 \mid \boldsymbol{\beta}_1,\boldsymbol{\beta}_2,\boldsymbol{\beta}_3)=\left[\begin{array}{ccc|ccc}1&1&1&1&2&2\\0&1&-1&2&1&1\\2&3&a+2&a+3&a+6&a+4\end{array}\right]\rightarrow$$

$$\left[\begin{array}{ccc|ccc}1&1&1&1&2&2\\0&1&-1&2&1&1\\0&1&a&a+1&a+2&a\end{array}\right]\rightarrow\left[\begin{array}{ccc|ccc}1&1&1&1&2&2\\0&1&-1&2&1&1\\0&0&a+1&a-1&a+1&a-1\end{array}\right]$$

(1) 当 $a\neq-1$ 时，行列式 $|\boldsymbol{\alpha}_1,\boldsymbol{\alpha}_2,\boldsymbol{\alpha}_3|=a+1\neq0$，由克拉默法则，知 3 个线性方程组 $x_1\boldsymbol{\alpha}_1+x_2\boldsymbol{\alpha}_2+x_3\boldsymbol{\alpha}_3=\boldsymbol{\beta}_i(i=1,2,3)$ 均有唯一解. 所以，$\boldsymbol{\beta}_1,\boldsymbol{\beta}_2,\boldsymbol{\beta}_3$ 可由向量组(Ⅰ)线性表出.

由于行列式

$$|\boldsymbol{\beta}_1,\boldsymbol{\beta}_2,\boldsymbol{\beta}_3|=\begin{vmatrix}1&2&2\\2&1&1\\a+3&a+6&a+4\end{vmatrix}=\begin{vmatrix}1&2&0\\2&1&0\\a+3&a+6&-2\end{vmatrix}=6\neq0$$

故 $\forall a$，方程组 $x_1\boldsymbol{\beta}_1+x_2\boldsymbol{\beta}_2+x_3\boldsymbol{\beta}_3=\boldsymbol{\alpha}_j(j=1,2,3)$ 恒有唯一解，即 $\boldsymbol{\alpha}_1,\boldsymbol{\alpha}_2,\boldsymbol{\alpha}_3$ 总可由向量组(Ⅱ)线性表出.

因此，当 $a\neq-1$ 时，向量组(Ⅰ)与(Ⅱ)等价.

(2) 当 $a=-1$ 时，有

$$(\boldsymbol{\alpha}_1,\boldsymbol{\alpha}_2,\boldsymbol{\alpha}_3 \mid \boldsymbol{\beta}_1,\boldsymbol{\beta}_2,\boldsymbol{\beta}_3)\rightarrow\left[\begin{array}{ccc|ccc}1&1&1&1&2&2\\0&1&-1&2&1&1\\0&0&0&-2&0&-2\end{array}\right]$$

由于秩 $R(\boldsymbol{\alpha}_1,\boldsymbol{\alpha}_2,\boldsymbol{\alpha}_3)\neq R(\boldsymbol{\alpha}_1,\boldsymbol{\alpha}_2,\boldsymbol{\alpha}_3,\boldsymbol{\beta}_1)$，线性方程组 $x_1\boldsymbol{\alpha}_1+x_2\boldsymbol{\alpha}_2+x_3\boldsymbol{\alpha}_3=\boldsymbol{\beta}_1$ 无解，故向量 $\boldsymbol{\beta}_1$ 不能由 $\boldsymbol{\alpha}_1,\boldsymbol{\alpha}_2,\boldsymbol{\alpha}_3$ 线性表示. 因此，向量组(Ⅰ)与(Ⅱ)不等价.

【例 4.22】已知向量组(Ⅰ)$\boldsymbol{\alpha}_1=(1,2,3)$，$\boldsymbol{\alpha}_2=(1,0,1)$ 和向量组(Ⅱ)$\boldsymbol{\beta}_1=(-1,2,t)$，$\boldsymbol{\beta}_2=(4,1,5)$，问 t 为何值时，两个向量组等价？并写出两个向量组等价时相互线性表示的表示式.

【解】设矩阵 $\boldsymbol{A}=(\boldsymbol{\alpha}_1^{\mathrm T},\boldsymbol{\alpha}_2^{\mathrm T} \mid \boldsymbol{\beta}_1^{\mathrm T},\boldsymbol{\beta}_2^{\mathrm T})$，对 $\boldsymbol{A}$ 施以初等行变换：

$$\boldsymbol{A}=\left[\begin{array}{cc|cc}1&1&-1&4\\2&0&2&1\\3&1&t&5\end{array}\right]\rightarrow\left[\begin{array}{cc|cc}1&0&1&\frac{1}{2}\\0&1&-2&\frac{7}{2}\\0&0&t-1&0\end{array}\right]$$

当 $t=1$ 时，$\boldsymbol{\beta}_1,\boldsymbol{\beta}_2$ 可由(Ⅰ)线性表示，且 $\boldsymbol{\beta}_1=\boldsymbol{\alpha}_1-2\boldsymbol{\alpha}_2$，$\boldsymbol{\beta}_2=\frac{1}{2}\boldsymbol{\alpha}_1+\frac{7}{2}\boldsymbol{\alpha}_2$.

当 $t=1$ 时，记矩阵 $\boldsymbol{B}=(\boldsymbol{\beta}_1^{\mathrm T},\boldsymbol{\beta}_2^{\mathrm T} \mid \boldsymbol{\alpha}_1^{\mathrm T},\boldsymbol{\alpha}_2^{\mathrm T})$，对 $\boldsymbol{B}$ 施以初等行变换，有

$$\boldsymbol{B}=\left[\begin{array}{cc|cc}-1&4&1&1\\2&1&2&0\\1&5&3&1\end{array}\right]\rightarrow\left[\begin{array}{cc|cc}1&0&\frac{7}{9}&-\frac{1}{9}\\0&1&\frac{4}{9}&\frac{2}{9}\\0&0&0&0\end{array}\right]$$

于是 $\boldsymbol{\alpha}_1,\boldsymbol{\alpha}_2$ 可由(Ⅱ)线性表示,且 $\boldsymbol{\alpha}_1=\frac{7}{9}\boldsymbol{\beta}_1+\frac{4}{9}\boldsymbol{\beta}_2,\boldsymbol{\alpha}_2=-\frac{1}{9}\boldsymbol{\beta}_1+\frac{2}{9}\boldsymbol{\beta}_2$,即向量组(Ⅰ)和(Ⅱ)在 $t=1$ 时等价.

二、线性相关性概念的理解

【例 4.23】举例说明下列命题是错误的:

若 n 维向量 $\boldsymbol{\alpha}_1,\boldsymbol{\alpha}_2,\cdots,\boldsymbol{\alpha}_s$ 线性相关,那么:

(1) 存在全不为零的常数

(2) 存在任意一组不全为零的常数

(3) 存在唯一一组不全为零的常数

$k_1,k_2,\cdots,k_s$,使得等式 $k_1\boldsymbol{\alpha}_1+k_2\boldsymbol{\alpha}_2+\cdots+k_s\boldsymbol{\alpha}_s=\mathbf{0}$.

【解】(1)例如,设 $\boldsymbol{\alpha}_1=(1,0,0),\boldsymbol{\alpha}_2=(0,1,1),\boldsymbol{\alpha}_3=(2,0,0)$,则因 $2\boldsymbol{\alpha}_1+0\boldsymbol{\alpha}_2-\boldsymbol{\alpha}_3=\mathbf{0}$,系数 $2,0,-1$ 不全为零(不是全不为零),所以 $\boldsymbol{\alpha}_1,\boldsymbol{\alpha}_2,\boldsymbol{\alpha}_3$ 线性相关.

按定义,线性相关时的组合系数是不全为零,即 $k_1,k_2,\cdots,k_s$ 中只要有不等于零的数即可,并不要求每个数都不等于零.

(2) 仍用题(1)中例子,显然 $k_1=1,k_2=1,k_3=-1$ 时

$$\boldsymbol{\alpha}_1+\boldsymbol{\alpha}_2-\boldsymbol{\alpha}_3=(-1,1,1)\neq\mathbf{0}$$

但因为有 $2\boldsymbol{\alpha}_1+0\boldsymbol{\alpha}_2-\boldsymbol{\alpha}_3=\mathbf{0}$,所以 $\boldsymbol{\alpha}_1,\boldsymbol{\alpha}_2,\boldsymbol{\alpha}_3$ 是线性相关的.因此,线性相关时的组合系数不是任意的,它们实际上是齐次方程组 $(\boldsymbol{\alpha}_1,\boldsymbol{\alpha}_2,\cdots,\boldsymbol{\alpha}_s)\begin{bmatrix}x_1\\x_2\\\vdots\\x_s\end{bmatrix}=\mathbf{0}$ 的非零解.

(3) 由于齐次方程组的非零解是不唯一的,所以本项也是错误的.题(1)中例子,还有

$$4\boldsymbol{\alpha}_1+0\boldsymbol{\alpha}_2-2\boldsymbol{\alpha}_3=\mathbf{0},\ \boldsymbol{\alpha}_1+0\boldsymbol{\alpha}_2-\frac{1}{2}\boldsymbol{\alpha}_3=\mathbf{0},\cdots$$

【例 4.24】举例说明"若 $\boldsymbol{\alpha}_s$ 不能由 $\boldsymbol{\alpha}_1,\boldsymbol{\alpha}_2,\cdots,\boldsymbol{\alpha}_{s-1}$ 线性表示,则 $\boldsymbol{\alpha}_1,\cdots,\boldsymbol{\alpha}_{s-1},\boldsymbol{\alpha}_s$ 线性无关"是错误的.

【解】例如,设 $\boldsymbol{\alpha}_1=(1,2,0),\boldsymbol{\alpha}_2=(0,0,0),\boldsymbol{\alpha}_3=(0,0,1)$,那么 $\boldsymbol{\alpha}_3$ 不能由 $\boldsymbol{\alpha}_1,\boldsymbol{\alpha}_2$ 线性表示,但因 $\boldsymbol{\alpha}_2=\mathbf{0}$,有零向量的向量组必定是线性相关的.故命题不正确.

在这里我们要理解清楚,若 $\boldsymbol{\alpha}_1,\cdots,\boldsymbol{\alpha}_s$ 线性相关是其中有向量可以用其余的向量线性表示,并不是每一个向量都可以用其余的向量线性表示.

【例 4.25】举例说明"如果 $\boldsymbol{\alpha}_1,\boldsymbol{\alpha}_2$ 线性相关, $\boldsymbol{\beta}_1,\boldsymbol{\beta}_2$ 线性相关,那么 $\boldsymbol{\alpha}_1+\boldsymbol{\beta}_1,\boldsymbol{\alpha}_2+\boldsymbol{\beta}_2$ 线性相关"是错误的.

【解】例如,设 $\boldsymbol{\alpha}_1=(1,0),\boldsymbol{\alpha}_2=(2,0),\boldsymbol{\beta}_1=(0,1),\boldsymbol{\beta}_2=(0,3)$,则 $\boldsymbol{\alpha}_1,\boldsymbol{\alpha}_2$ 及 $\boldsymbol{\beta}_1,\boldsymbol{\beta}_2$ 均线性相关,但 $\boldsymbol{\alpha}_1+\boldsymbol{\beta}_1=(1,1),\boldsymbol{\alpha}_2+\boldsymbol{\beta}_2=(2,3)$线性无关.

在这里,若背定义"由于 $\boldsymbol{\alpha}_1,\boldsymbol{\alpha}_2$ 线性相关,则有不全为零的 k_1,k_2,使 $k_1\boldsymbol{\alpha}_1+k_2\boldsymbol{\alpha}_2=\mathbf{0}$.由于 $\boldsymbol{\beta}_1,\boldsymbol{\beta}_2$ 线性相关,则有不全为零的 k_1,k_2,使 $k_1\boldsymbol{\beta}_1+k_2\boldsymbol{\beta}_2=\mathbf{0}$.因此,有 k_1,k_2 不全为零,而 $k_1(\boldsymbol{\alpha}_1+\boldsymbol{\beta}_1)+k_2(\boldsymbol{\alpha}_2+\boldsymbol{\beta}_2)=\mathbf{0}$,从而得到 $\boldsymbol{\alpha}_1+\boldsymbol{\beta}_1,\boldsymbol{\alpha}_2+\boldsymbol{\beta}_2$ 线性相关"是不正确的.这是因为此时 $\boldsymbol{\alpha}_1,\boldsymbol{\alpha}_2$ 的组合系数与 $\boldsymbol{\beta}_1,\boldsymbol{\beta}_2$ 的组合系数是不一样的.所以不能全用 k_1,k_2

学习随笔

来描述.

注意：在本例中，$2\boldsymbol{\alpha}_1-\boldsymbol{\alpha}_2=\mathbf{0}$，$3\boldsymbol{\beta}_1-\boldsymbol{\beta}_2=\mathbf{0}$，定义中的 k_1,k_2 分别是 $2,-1$ 及 $3,-1$，它们是不一样的.

【例 4.26】设 $\boldsymbol{\alpha}_1,\boldsymbol{\alpha}_2,\cdots,\boldsymbol{\alpha}_m$ 是 m 个 n 维向量，则下列命题中与命题"$\boldsymbol{\alpha}_1,\boldsymbol{\alpha}_2,\cdots,\boldsymbol{\alpha}_m$ 线性无关"不等价的是________.

(A) 对任意一组不全为零的数 $k_1,k_2,\cdots,k_m$，必有 $\sum\limits_{i=1}^{m}k_i\boldsymbol{\alpha}_i\neq\mathbf{0}$.

(B) 若 $\sum\limits_{i=1}^{m}k_i\boldsymbol{\alpha}_i=\mathbf{0}$，则必有 $k_1=k_2=\cdots=k_m=0$.

(C) 不存在不全为零的数 $k_1,k_2,\cdots,k_m$，使得 $\sum\limits_{i=1}^{m}k_i\boldsymbol{\alpha}_i=\mathbf{0}$.

(D) $\boldsymbol{\alpha}_1,\boldsymbol{\alpha}_2,\cdots,\boldsymbol{\alpha}_m$ 中没有零向量.

【分析】针对向量组 $\boldsymbol{\alpha}_1,\boldsymbol{\alpha}_2,\cdots,\boldsymbol{\alpha}_m$ 线性无关的定义将各命题加以比对，向量组 $\boldsymbol{\alpha}_1,\boldsymbol{\alpha}_2,\cdots,\boldsymbol{\alpha}_m$ 线性无关，即对 $k_1\boldsymbol{\alpha}_1+k_2\boldsymbol{\alpha}_2+\cdots+k_m\boldsymbol{\alpha}_m=\mathbf{0}$ 仅当 $k_1=k_2=\cdots=k_m=0$ 时才成立.

而 $\boldsymbol{\alpha}_1,\boldsymbol{\alpha}_2,\cdots,\boldsymbol{\alpha}_m$ 线性无关，其中必没有零向量，但是没有零向量的向量组也有可能是线性相关的. 故应选(D).

评注　命题的逆否命题是正确的，选项(A)即是命题"$\boldsymbol{\alpha}_1,\boldsymbol{\alpha}_2,\cdots,\boldsymbol{\alpha}_m$ 线性无关"的逆否命题，故是等价命题. 选项(B)和(C)则是原命题的其他形式的表述.

【例 4.27】下列命题正确的是________.

(A) 如果向量组 $\boldsymbol{\alpha}_1,\boldsymbol{\alpha}_2,\cdots,\boldsymbol{\alpha}_s$ 线性相关，则其任一部分组也线性相关.

(B) 如果两个向量组等价，则它们所含向量的个数相同.

(C) 向量组 $\boldsymbol{\alpha}_1,\boldsymbol{\alpha}_2,\cdots,\boldsymbol{\alpha}_s$ 线性无关的充分必要条件是其任一向量都不能由其余向量线性表出.

(D) 如果向量组 $\boldsymbol{\alpha}_1,\boldsymbol{\alpha}_2,\cdots,\boldsymbol{\alpha}_s$ 的秩为 r，则 $\boldsymbol{\alpha}_1,\boldsymbol{\alpha}_2,\cdots,\boldsymbol{\alpha}_s$ 中任意 r 个向量都线性无关.

【分析】4 个选项分别是 4 个概念：

(A) 是向量组与其部分组的相关性问题，即向量组 $\boldsymbol{\alpha}_1,\boldsymbol{\alpha}_2,\cdots,\boldsymbol{\alpha}_s$ 线性无关，则任一部分组也线性无关；向量组 $\boldsymbol{\alpha}_1,\boldsymbol{\alpha}_2,\cdots,\boldsymbol{\alpha}_s$ 的部分组线性相关，则向量组也线性相关. 所以(A)不对.

(B) 是等价向量组的性质，即等价的向量组其秩相等，所以(B)不对.

(C) 是向量组线性无关的概念，所以(C)正确.

(D) 是向量组的秩及极大线性无关组的概念，即向量组 $\boldsymbol{\alpha}_1,\boldsymbol{\alpha}_2,\cdots,\boldsymbol{\alpha}_s$ 的秩为 r，则向量组的极大线性无关组含向量的个数为 r，向量组的极大线性无关组不唯一，但不是任意 r 个向量都可以是极大线性无关组. 所以(D)不对.

可以用反证法证明命题(C)是正确的.

$\Rightarrow$　假设向量组 $\boldsymbol{\alpha}_1,\boldsymbol{\alpha}_2,\cdots,\boldsymbol{\alpha}_s$ 中有一个向量可由其余向量线性表出，则向量组 $\boldsymbol{\alpha}_1,\boldsymbol{\alpha}_2,\cdots,\boldsymbol{\alpha}_s$ 线性相关. 此乃与条件 $\boldsymbol{\alpha}_1,\boldsymbol{\alpha}_2,\cdots,\boldsymbol{\alpha}_s$ 线性无关矛盾.

$\Leftarrow$　假设向量组 $\boldsymbol{\alpha}_1,\boldsymbol{\alpha}_2,\cdots,\boldsymbol{\alpha}_s$ 线性相关，则其中至少有一个向量可由其余向量线性

表出，这与条件任一向量都不能由其余向量线性表出矛盾.

【例 4.28】设向量组 $\boldsymbol{\alpha}_1,\boldsymbol{\alpha}_2,\cdots,\boldsymbol{\alpha}_s(s\geqslant 2)$ 线性无关，向量组 $\boldsymbol{\beta}_1,\boldsymbol{\beta}_2,\cdots,\boldsymbol{\beta}_s$ 能线性表示向量组 $\boldsymbol{\alpha}_1,\boldsymbol{\alpha}_2,\cdots,\boldsymbol{\alpha}_s$，则下列结论中不能成立的是________.

(A) 向量组 $\boldsymbol{\beta}_1,\boldsymbol{\beta}_2,\cdots,\boldsymbol{\beta}_s$ 线性无关.

(B) 对任一个 $\boldsymbol{\alpha}_j(1\leqslant j\leqslant s)$，向量组 $\boldsymbol{\alpha}_j,\boldsymbol{\beta}_2,\cdots,\boldsymbol{\beta}_s$ 线性相关.

(C) 存在一个 $\boldsymbol{\alpha}_j(1\leqslant j\leqslant s)$，使得向量组 $\boldsymbol{\alpha}_j,\boldsymbol{\beta}_2,\cdots,\boldsymbol{\beta}_s$ 线性无关.

(D) 向量组 $\boldsymbol{\alpha}_1,\boldsymbol{\alpha}_2,\cdots,\boldsymbol{\alpha}_s$ 与向量组 $\boldsymbol{\beta}_1,\boldsymbol{\beta}_2,\cdots,\boldsymbol{\beta}_s$ 等价.

【分析】因为 $s=R(\boldsymbol{\alpha}_1,\boldsymbol{\alpha}_2,\cdots,\boldsymbol{\alpha}_s)\leqslant R(\boldsymbol{\beta}_1,\boldsymbol{\beta}_2,\cdots,\boldsymbol{\beta}_s)\leqslant s$，即 $R(\boldsymbol{\beta}_1,\boldsymbol{\beta}_2,\cdots,\boldsymbol{\beta}_s)=s$，所以向量组 $\boldsymbol{\beta}_1,\boldsymbol{\beta}_2,\cdots,\boldsymbol{\beta}_s$ 线性无关，选项(A)成立. 又由题设及 $R(\boldsymbol{\alpha}_1,\boldsymbol{\alpha}_2,\cdots,\boldsymbol{\alpha}_s)=R(\boldsymbol{\beta}_1,\boldsymbol{\beta}_2,\cdots,\boldsymbol{\beta}_s)$ 可知选项(D)成立. 若 $\boldsymbol{\alpha}_j,\boldsymbol{\beta}_2,\cdots,\boldsymbol{\beta}_s$ 线性相关，因其中 $\boldsymbol{\beta}_2,\boldsymbol{\beta}_3,\cdots,\boldsymbol{\beta}_s$ 线性无关，知 $\boldsymbol{\alpha}_j(1\leqslant j\leqslant s)$ 可由 $\boldsymbol{\beta}_2,\boldsymbol{\beta}_3,\cdots,\boldsymbol{\beta}_s$ 线性表示，故 $\boldsymbol{\alpha}_1,\boldsymbol{\alpha}_2,\cdots,\boldsymbol{\alpha}_s$ 可由 $\boldsymbol{\beta}_2,\boldsymbol{\beta}_3,\cdots,\boldsymbol{\beta}_s$ 线性表示. 因此 $s=R(\boldsymbol{\alpha}_1,\boldsymbol{\alpha}_2,\cdots,\boldsymbol{\alpha}_s)\leqslant R(\boldsymbol{\beta}_2,\boldsymbol{\beta}_3,\cdots,\boldsymbol{\beta}_s)=s-1$，矛盾，所以选项(B)不成立，应选(B).

评注　本题用到以下结论：

(1) 若向量组 $\boldsymbol{\alpha}_1,\boldsymbol{\alpha}_2,\cdots,\boldsymbol{\alpha}_s$ 能由向量组 $\boldsymbol{\beta}_1,\boldsymbol{\beta}_2,\cdots,\boldsymbol{\beta}_t$ 线性表示，则秩 $R(\boldsymbol{\alpha}_1,\boldsymbol{\alpha}_2,\cdots,\boldsymbol{\alpha}_s)\leqslant R(\boldsymbol{\beta}_1,\boldsymbol{\beta}_2,\cdots,\boldsymbol{\beta}_t)$.

(2) 若向量组 $\boldsymbol{\alpha}_1,\boldsymbol{\alpha}_2,\cdots,\boldsymbol{\alpha}_s$ 线性无关，则向量组 $\boldsymbol{\alpha}_2,\boldsymbol{\alpha}_3,\cdots,\boldsymbol{\alpha}_s$ 也线性无关.

(3) 若向量组 $\boldsymbol{\alpha}_1,\boldsymbol{\alpha}_2,\cdots,\boldsymbol{\alpha}_s$ 线性无关，向量组 $\boldsymbol{\beta}_1,\boldsymbol{\alpha}_1,\boldsymbol{\alpha}_2,\cdots,\boldsymbol{\alpha}_s$ 线性相关，则 $\boldsymbol{\beta}$ 可由 $\boldsymbol{\alpha}_1,\boldsymbol{\alpha}_2,\cdots,\boldsymbol{\alpha}_s$ 线性表示.

(4) 若向量组 $\boldsymbol{\alpha}_1,\boldsymbol{\alpha}_2,\cdots,\boldsymbol{\alpha}_s$ 可由向量组 $\boldsymbol{\beta}_1,\boldsymbol{\beta}_2,\cdots,\boldsymbol{\beta}_t$ 线性表示，且 $R(\boldsymbol{\alpha}_1,\boldsymbol{\alpha}_2,\cdots,\boldsymbol{\alpha}_s)=R(\boldsymbol{\beta}_1,\boldsymbol{\beta}_2,\cdots,\boldsymbol{\beta}_t)$，则向量组 $\boldsymbol{\alpha}_1,\boldsymbol{\alpha}_2,\cdots,\boldsymbol{\alpha}_s$ 与 $\boldsymbol{\beta}_1,\boldsymbol{\beta}_2,\cdots,\boldsymbol{\beta}_t$ 等价.

【例 4.29】n 维向量 $\boldsymbol{\alpha}_1,\boldsymbol{\alpha}_2,\cdots,\boldsymbol{\alpha}_s(3\leqslant s\leqslant n)$ 线性无关的充分必要条件是________.

(A) $\boldsymbol{\alpha}_1,\boldsymbol{\alpha}_2,\cdots,\boldsymbol{\alpha}_s$ 中去掉任意一个向量所剩 $s-1$ 个向量都线性无关.

(B) 向量 $\boldsymbol{\alpha}_i(i=1,2,\cdots,s)$ 去掉第 n 个分量为 $\boldsymbol{\alpha}'_i$ 后，向量组 $\boldsymbol{\alpha}'_1,\boldsymbol{\alpha}'_2,\cdots,\boldsymbol{\alpha}'_s$ 线性无关.

(C) 存在不全为零的数 $k_1,k_2,\cdots,k_s$，使 $k_1\boldsymbol{\alpha}_1+k_2\boldsymbol{\alpha}_2+\cdots+k_s\boldsymbol{\alpha}_s\neq\mathbf{0}$.

(D) 对任意不全为零的数 $k_1,k_2,\cdots,k_s$，有 $k_1\boldsymbol{\alpha}_1+k_2\boldsymbol{\alpha}_2+\cdots+k_s\boldsymbol{\alpha}_s\neq\mathbf{0}$.

【分析】如果向量组 $\boldsymbol{\alpha}_1,\boldsymbol{\alpha}_2,\cdots,\boldsymbol{\alpha}_s$ 线性无关，那么它的部分组必然线性无关，但任一个部分组线性无关，不能保证向量组一定线性无关. 例如，设

$$\boldsymbol{\alpha}_1=(1,0,0,0),\ \boldsymbol{\alpha}_2=(0,1,0,0),\ \boldsymbol{\alpha}_3=(0,0,1,0),\ \boldsymbol{\alpha}_4=(1,1,1,0)$$

其中任意 3 个向量都线性无关，但 $\boldsymbol{\alpha}_1,\boldsymbol{\alpha}_2,\boldsymbol{\alpha}_3,\boldsymbol{\alpha}_4$ 线性相关，可见(A)是必要条件并不充分.

如果向量组 $\boldsymbol{\alpha}'_1,\boldsymbol{\alpha}'_2,\cdots,\boldsymbol{\alpha}'_s$ 线性无关，那么它的延伸组 $\boldsymbol{\alpha}_1,\boldsymbol{\alpha}_2,\cdots,\boldsymbol{\alpha}_s$ 必线性无关. 但 $\boldsymbol{\alpha}_1,\boldsymbol{\alpha}_2,\cdots,\boldsymbol{\alpha}_s$ 线性无关时，其缩短组 $\boldsymbol{\alpha}'_1,\cdots,\boldsymbol{\alpha}'_s$ 的线性相关性并不确定. 例如，设 $\boldsymbol{\alpha}_1=(1,2,3)$，$\boldsymbol{\alpha}_2=(2,4,5)$，其坐标不成比例，它们是线性无关的，但缩短组 $\boldsymbol{\alpha}'_1=(1,2)$，$\boldsymbol{\alpha}'_2=(2,4)$ 线性相关，可见(B)是充分条件并不必要.

注意：(A)是向量个数的增减，(B)是向量分量的增减，这两者不要混淆.

一个向量组不是线性相关就是线性无关，二者必居其一且仅居其一. 联系线性相关的定义，我们知道：

向量组 $\boldsymbol{\alpha}_1,\boldsymbol{\alpha}_2,\cdots,\boldsymbol{\alpha}_s$ 线性无关意味着只要 $k_1,k_2,\cdots,k_s$ 不全为零，必有 $k_1\boldsymbol{\alpha}_1+k_2\boldsymbol{\alpha}_2$

学习随笔

$+\cdots+k_s\boldsymbol{\alpha}_s\neq\mathbf{0}$,或者说 $k_1\boldsymbol{\alpha}_1+k_2\boldsymbol{\alpha}_2+\cdots+k_s\boldsymbol{\alpha}_s=\mathbf{0}$ 只在且仅在 $k_1=0,k_2=0,\cdots,k_s=0$ 时才成立.

因此,(D)正确,(C)不正确.其实,只要向量组中有非零向量,就一定有不全为零的数 $k_1,k_2,\cdots,k_s$,使 $k_1\boldsymbol{\alpha}_1+\cdots+k_s\boldsymbol{\alpha}_s\neq\mathbf{0}$.线性无关则是要求任意一组不全为零的数 $k_1,k_2,\cdots,k_s$ 都有 $k_1\boldsymbol{\alpha}_1+\cdots+k_s\boldsymbol{\alpha}_s\neq\mathbf{0}$.

【例 4.30】n 维向量 $\boldsymbol{\alpha}_1,\boldsymbol{\alpha}_2,\cdots,\boldsymbol{\alpha}_s$ 线性无关的充分必要条件是________.

(A) 向量组中没有零向量.

(B) 向量组中向量个数 $s\leqslant n$.

(C) 向量组中任一向量均不能由其余 $s-1$ 个向量线性表示.

(D) 向量组中有一个向量不能由其余 $s-1$ 个向量线性表示.

【分析】有零向量的向量组必定线性相关,但几个非零向量不一定线性无关,可见(A)是必要条件.

$n+1$ 个 n 维向量一定线性相关,但 $n-1$ 个向量不一定线性无关,可见(B)也只是必要条件.

从例 4.24 知(D)不正确.这样用排除法可知应选(C).

【例 4.31】下列命题中正确的是________.

(A) 如果向量组 $\boldsymbol{\alpha}_1,\boldsymbol{\alpha}_2,\cdots,\boldsymbol{\alpha}_s$ 线性相关,那么它的任一部分组也线性相关.

(B) 如果向量组 $\boldsymbol{\alpha}_1,\boldsymbol{\alpha}_2,\cdots,\boldsymbol{\alpha}_s$ 线性无关,那么它的任一部分组也线性无关.

(C) 如果向量组 $\boldsymbol{\alpha}_1,\boldsymbol{\alpha}_2,\cdots,\boldsymbol{\alpha}_s$ 线性无关,那么 $\boldsymbol{\alpha}_1+\boldsymbol{\alpha}_2,\boldsymbol{\alpha}_2+\boldsymbol{\alpha}_3,\cdots,\boldsymbol{\alpha}_{s-1}+\boldsymbol{\alpha}_s,\boldsymbol{\alpha}_s+\boldsymbol{\alpha}_1$ 也线性无关.

(D) 如果向量组 $\boldsymbol{\alpha}_1,\boldsymbol{\alpha}_2,\cdots,\boldsymbol{\alpha}_s$ 线性相关,向量组(Ⅱ)与其等价,那么向量组(Ⅱ)也线性相关.

【分析】(A) 不正确.例如

$$\boldsymbol{\alpha}_1=(1,0),\quad \boldsymbol{\alpha}_2=(0,1),\quad \boldsymbol{\alpha}_3=(1,1)$$

线性相关,但它的任一个部分组均线性无关.

(B) 正确.线性无关的向量组去掉一些向量一定是线性无关的,线性相关的向量组再添加向量一定线性相关.

(C) 不正确.例如 s 为偶数时,易见

$$(\boldsymbol{\alpha}_1+\boldsymbol{\alpha}_2)-(\boldsymbol{\alpha}_2+\boldsymbol{\alpha}_3)+(\boldsymbol{\alpha}_3+\boldsymbol{\alpha}_4)-(\boldsymbol{\alpha}_4+\boldsymbol{\alpha}_1)=\mathbf{0}$$

(D) 不正确.向量组等价意味着它们可以互相线性表出,它们有相同的秩,而向量组中向量的个数、线性相关性可以不一样.例如一个向量组与它的极大线性无关组总是等价的.

【例 4.32】设有任意两个 n 维向量组 $\boldsymbol{\alpha}_1,\cdots,\boldsymbol{\alpha}_m$ 和 $\boldsymbol{\beta}_1,\cdots,\boldsymbol{\beta}_m$,若存在两组不全为零的数 $\lambda_1,\cdots,\lambda_m$ 和 $k_1,\cdots,k_m$,使 $(\lambda_1+k_1)\boldsymbol{\alpha}_1+\cdots+(\lambda_m+k_m)\boldsymbol{\alpha}_m+(\lambda_1-k_1)\boldsymbol{\beta}_1+\cdots+(\lambda_m-k_m)\boldsymbol{\beta}_m=\mathbf{0}$,则________.

(A) $\boldsymbol{\alpha}_1,\cdots,\boldsymbol{\alpha}_m$ 和 $\boldsymbol{\beta}_1,\cdots,\boldsymbol{\beta}_m$ 都线性相关.

(B) $\boldsymbol{\alpha}_1,\cdots,\boldsymbol{\alpha}_m$ 和 $\boldsymbol{\beta}_1,\cdots,\boldsymbol{\beta}_m$ 都线性无关.

(C) $\boldsymbol{\alpha}_1+\boldsymbol{\beta}_1,\cdots,\boldsymbol{\alpha}_m+\boldsymbol{\beta}_m,\boldsymbol{\alpha}_1-\boldsymbol{\beta}_1,\cdots,\boldsymbol{\alpha}_m-\boldsymbol{\beta}_m$ 线性无关.

(D) $\boldsymbol{\alpha}_1+\boldsymbol{\beta}_1,\cdots,\boldsymbol{\alpha}_m+\boldsymbol{\beta}_m,\boldsymbol{\alpha}_1-\boldsymbol{\beta}_1,\cdots,\boldsymbol{\alpha}_m-\boldsymbol{\beta}_m$ 线性相关.

【分析】本题考查对向量组线性相关、线性无关概念的理解. 若向量组 $\boldsymbol{\gamma}_1,\boldsymbol{\gamma}_2,\cdots,\boldsymbol{\gamma}_s$ 线性无关，即若 $x_1\boldsymbol{\gamma}_1+x_2\boldsymbol{\gamma}_2+\cdots+x_s\boldsymbol{\gamma}_s=\mathbf{0}$，必有 $x_1=0,x_2=0,\cdots,x_s=0$. 既然 $\lambda_1,\cdots,\lambda_m$ 与 $k_1,\cdots,k_m$ 不全为零，由此推不出某向量组线性无关，故应排除(B)、(C).

一般情况下，对于

$$k_1\boldsymbol{\alpha}_1+\cdots+k_s\boldsymbol{\alpha}_s+l_1\boldsymbol{\beta}_1+\cdots+l_s\boldsymbol{\beta}_s=\mathbf{0}$$

不能保证必有 $k_1\boldsymbol{\alpha}_1+\cdots+k_s\boldsymbol{\alpha}_s=\mathbf{0}$ 及 $l_1\boldsymbol{\beta}_1+\cdots+l_s\boldsymbol{\beta}_s=\mathbf{0}$，故(A)不正确. 由已知条件，有

$$\lambda_1(\boldsymbol{\alpha}_1+\boldsymbol{\beta}_1)+\cdots+\lambda_m(\boldsymbol{\alpha}_m+\boldsymbol{\beta}_m)+k_1(\boldsymbol{\alpha}_1-\boldsymbol{\beta}_1)+\cdots+k_m(\boldsymbol{\alpha}_m-\boldsymbol{\beta}_m)=\mathbf{0}$$

又因 $\lambda_1,\cdots,\lambda_m,k_1,\cdots,k_m$ 不全为零，从而 $\boldsymbol{\alpha}_1+\boldsymbol{\beta}_1,\cdots,\boldsymbol{\alpha}_m+\boldsymbol{\beta}_m,\boldsymbol{\alpha}_1-\boldsymbol{\beta}_1,\cdots,\boldsymbol{\alpha}_m-\boldsymbol{\beta}_m$ 线性相关. 故应选(D).

【例 4.33】设 n 维列向量组 $\boldsymbol{\alpha}_1,\cdots,\boldsymbol{\alpha}_m(m<n)$ 线性无关，则 n 维列向量组 $\boldsymbol{\beta}_1,\cdots,\boldsymbol{\beta}_m$ 线性无关的充分必要条件为________.

(A) 向量组 $\boldsymbol{\alpha}_1,\cdots,\boldsymbol{\alpha}_m$ 可由向量组 $\boldsymbol{\beta}_1,\cdots,\boldsymbol{\beta}_m$ 线性表示.

(B) 向量组 $\boldsymbol{\beta}_1,\cdots,\boldsymbol{\beta}_m$ 可由向量组 $\boldsymbol{\alpha}_1,\cdots,\boldsymbol{\alpha}_m$ 线性表示.

(C) 向量组 $\boldsymbol{\alpha}_1,\cdots,\boldsymbol{\alpha}_m$ 与向量组 $\boldsymbol{\beta}_1,\cdots,\boldsymbol{\beta}_m$ 等价.

(D) 矩阵 $\boldsymbol{A}=(\boldsymbol{\alpha}_1,\cdots,\boldsymbol{\alpha}_m)$ 与矩阵 $\boldsymbol{B}=(\boldsymbol{\beta}_1,\cdots,\boldsymbol{\beta}_m)$ 等价.

【分析】向量组 $\boldsymbol{\beta}_1,\cdots,\boldsymbol{\beta}_m$ 线性无关 $\Leftrightarrow$ 向量组的秩 $R(\boldsymbol{\beta}_1,\cdots,\boldsymbol{\beta}_m)=m$.

根据定理"若 $\boldsymbol{\alpha}_1,\cdots,\boldsymbol{\alpha}_s$ 可由 $\boldsymbol{\beta}_1,\cdots,\boldsymbol{\beta}_t$ 线性表出，则 $R(\boldsymbol{\alpha}_1,\cdots,\boldsymbol{\alpha}_s)\leqslant R(\boldsymbol{\beta}_1,\cdots,\boldsymbol{\beta}_t)$". 若 $\boldsymbol{\alpha}_1,\cdots,\boldsymbol{\alpha}_m$ 可由 $\boldsymbol{\beta}_1,\cdots,\boldsymbol{\beta}_m$ 线性表示，则有 $R(\boldsymbol{\alpha}_1,\cdots,\boldsymbol{\alpha}_m)\leqslant R(\boldsymbol{\beta}_1,\cdots,\boldsymbol{\beta}_m)$. 由 $\boldsymbol{\alpha}_1,\cdots,\boldsymbol{\alpha}_m$ 线性无关，知 $R(\boldsymbol{\alpha}_1,\cdots,\boldsymbol{\alpha}_m)=m$，从而 $m\leqslant R(\boldsymbol{\beta}_1,\cdots,\boldsymbol{\beta}_m)$. 又由 $\boldsymbol{\beta}_1,\cdots,\boldsymbol{\beta}_m$ 是 m 个向量，知 $R(\boldsymbol{\beta}_1,\cdots,\boldsymbol{\beta}_m)\leqslant m$，故 $R(\boldsymbol{\beta}_1,\cdots,\boldsymbol{\beta}_m)=m$，即 $\boldsymbol{\beta}_1,\cdots,\boldsymbol{\beta}_m$ 线性无关. 可见(A)是充分性条件. 那么(A)是必要条件吗？$\boldsymbol{\alpha}_1,\cdots,\boldsymbol{\alpha}_m$ 与 $\boldsymbol{\beta}_1,\cdots,\boldsymbol{\beta}_m$ 均线性无关，能否推导出 $\boldsymbol{\alpha}_1,\cdots,\boldsymbol{\alpha}_m$ 必可由 $\boldsymbol{\beta}_1,\cdots,\boldsymbol{\beta}_m$ 线性表示？例如：若

$$\boldsymbol{\alpha}_1=\begin{bmatrix}1\\0\\0\end{bmatrix},\quad \boldsymbol{\alpha}_2=\begin{bmatrix}0\\1\\0\end{bmatrix},\quad \boldsymbol{\beta}_1=\begin{bmatrix}1\\0\\0\end{bmatrix},\quad \boldsymbol{\beta}_2=\begin{bmatrix}0\\0\\1\end{bmatrix}$$

显然 $\boldsymbol{\alpha}_1,\boldsymbol{\alpha}_2$ 与 $\boldsymbol{\beta}_1,\boldsymbol{\beta}_2$ 均线性无关，但 $\boldsymbol{\alpha}_1,\boldsymbol{\alpha}_2$ 不能由 $\boldsymbol{\beta}_1,\boldsymbol{\beta}_2$ 线性表示.

所以(A)只是充分条件并不是必要条件.

对于(B)，有 $R(\boldsymbol{\beta}_1,\cdots,\boldsymbol{\beta}_m)\leqslant R(\boldsymbol{\alpha}_1,\cdots,\boldsymbol{\alpha}_m)=m$. 因此由(B)不能推导出 $\boldsymbol{\beta}_1,\cdots,\boldsymbol{\beta}_m$ 线性无关，即充分性不成立. 同(A)之后例，知(B)不是必要条件，所以(B)对于 $\boldsymbol{\beta}_1,\cdots,\boldsymbol{\beta}_m$ 线性无关是既不充分又不必要的条件.

至于(C)，所谓 $\boldsymbol{\alpha}_1,\cdots,\boldsymbol{\alpha}_m$ 与 $\boldsymbol{\beta}_1,\cdots,\boldsymbol{\beta}_m$ 等价，即这两个向量组可以互相线性表出，由(A)知它只是一个充分条件，而(B)是一个无关的条件，因为必要性不成立. 所以(C)不是充要条件.

用排除法可知(D)正确，作为复习就应当搞清楚为什么(D)是充分必要条件.

所谓矩阵 $\boldsymbol{A}$ 与 $\boldsymbol{B}$ 等价，即经过初等变换可由矩阵 $\boldsymbol{A}$ 得到矩阵 $\boldsymbol{B}$，即有初等矩阵使

$$\boldsymbol{P}_s\cdots\boldsymbol{P}_2\boldsymbol{P}_1\boldsymbol{A}\boldsymbol{Q}_1\boldsymbol{Q}_2\cdots\boldsymbol{Q}_t=\boldsymbol{B}$$

即有可逆矩阵 $\boldsymbol{P}$ 与 $\boldsymbol{Q}$，使 $\boldsymbol{PAQ}=\boldsymbol{B}$. 亦即 $R(\boldsymbol{A})=R(\boldsymbol{B})$. 那么，如果矩阵 $\boldsymbol{A}=(\boldsymbol{\alpha}_1,\cdots,\boldsymbol{\alpha}_m)$ 与 $\boldsymbol{B}=(\boldsymbol{\beta}_1,\cdots,\boldsymbol{\beta}_m)$ 等价，则 $R(\boldsymbol{\alpha}_1,\cdots,\boldsymbol{\alpha}_m)=R(\boldsymbol{\beta}_1,\cdots,\boldsymbol{\beta}_m)$，由 $\boldsymbol{\alpha}_1,\cdots,\boldsymbol{\alpha}_m$ 线性无关，有 $R(\boldsymbol{\alpha}_1,\cdots,\boldsymbol{\alpha}_m)=m$. 故 $R(\boldsymbol{\beta}_1,\cdots,\boldsymbol{\beta}_m)=m$，即 $\boldsymbol{\beta}_1,\cdots,\boldsymbol{\beta}_m$ 线性无关. 充分性成立.

学习随笔

若 $\boldsymbol{\alpha}_1,\cdots,\boldsymbol{\alpha}_m$ 与 $\boldsymbol{\beta}_1,\cdots,\boldsymbol{\beta}_m$ 均线性无关，则 $R(\boldsymbol{\alpha}_1,\cdots,\boldsymbol{\alpha}_m)=m=R(\boldsymbol{\beta}_1,\cdots,\boldsymbol{\beta}_m)$. 从而矩阵 $\boldsymbol{A}=(\boldsymbol{\alpha}_1,\cdots,\boldsymbol{\alpha}_m)$ 与 $\boldsymbol{B}=(\boldsymbol{\beta}_1,\cdots,\boldsymbol{\beta}_m)$ 等价，即必要性成立.

所以当 $\boldsymbol{\alpha}_1,\cdots,\boldsymbol{\alpha}_m$ 线性无关时，$\boldsymbol{\beta}_1,\cdots,\boldsymbol{\beta}_m$ 线性无关的充要条件是矩阵 $\boldsymbol{A}=(\boldsymbol{\alpha}_1,\cdots,\boldsymbol{\alpha}_m)$ 与矩阵 $\boldsymbol{B}=(\boldsymbol{\beta}_1,\cdots,\boldsymbol{\beta}_m)$ 等价.

再看上面的例子，作为向量组

$$\boldsymbol{\alpha}_1=\begin{bmatrix}1\\0\\0\end{bmatrix},\quad \boldsymbol{\alpha}_2=\begin{bmatrix}0\\1\\0\end{bmatrix}\text{ 与 }\boldsymbol{\beta}_1=\begin{bmatrix}1\\0\\0\end{bmatrix},\quad \boldsymbol{\beta}_2=\begin{bmatrix}0\\0\\1\end{bmatrix}$$

它们均线性无关，但向量组并不等价. 而作为矩阵

$$\boldsymbol{A}=\begin{bmatrix}1&0\\0&1\\0&0\end{bmatrix}\text{ 与 }\boldsymbol{B}=\begin{bmatrix}1&0\\0&0\\0&1\end{bmatrix}$$

它们是等价的. 只须两行对换就可由 $\boldsymbol{A}$ 得到 $\boldsymbol{B}$.

【例 4.34】设向量组 $\boldsymbol{\alpha}_1,\boldsymbol{\alpha}_2,\boldsymbol{\alpha}_3$ 线性无关，向量 $\boldsymbol{\beta}_1$ 可由 $\boldsymbol{\alpha}_1,\boldsymbol{\alpha}_2,\boldsymbol{\alpha}_3$ 线性表示，而向量 $\boldsymbol{\beta}_2$ 不能由 $\boldsymbol{\alpha}_1,\boldsymbol{\alpha}_2,\boldsymbol{\alpha}_3$ 线性表示，则对于任意常数 k，必有________.

(A) $\boldsymbol{\alpha}_1,\boldsymbol{\alpha}_2,\boldsymbol{\alpha}_3,k\boldsymbol{\beta}_1+\boldsymbol{\beta}_2$ 线性无关.　　(B) $\boldsymbol{\alpha}_1,\boldsymbol{\alpha}_2,\boldsymbol{\alpha}_3,k\boldsymbol{\beta}_1+\boldsymbol{\beta}_2$ 线性相关.

(C) $\boldsymbol{\alpha}_1,\boldsymbol{\alpha}_2,\boldsymbol{\alpha}_3,\boldsymbol{\beta}_1+k\boldsymbol{\beta}_2$ 线性无关.　　(D) $\boldsymbol{\alpha}_1,\boldsymbol{\alpha}_2,\boldsymbol{\alpha}_3,\boldsymbol{\beta}_1+k\boldsymbol{\beta}_2$ 线性相关.

【分析】如果 $\boldsymbol{\alpha}_1,\boldsymbol{\alpha}_2,\cdots,\boldsymbol{\alpha}_s$ 线性无关，$\boldsymbol{\beta}$ 不能由 $\boldsymbol{\alpha}_1,\boldsymbol{\alpha}_2,\cdots,\boldsymbol{\alpha}_s$ 线性表出，则 $\boldsymbol{\alpha}_1,\boldsymbol{\alpha}_2,\cdots,\boldsymbol{\alpha}_s,\boldsymbol{\beta}$ 线性无关. 这是因为 $\boldsymbol{\beta}$ 不能由 $\boldsymbol{\alpha}_1,\boldsymbol{\alpha}_2,\cdots,\boldsymbol{\alpha}_s$ 线性表出等同于方程组

$$x_1\boldsymbol{\alpha}_1+x_2\boldsymbol{\alpha}_2+\cdots+x_s\boldsymbol{\alpha}_s=\boldsymbol{\beta}$$

无解，故 $R(\boldsymbol{\alpha}_1,\cdots,\boldsymbol{\alpha}_s)\neq R(\boldsymbol{\alpha}_1,\cdots,\boldsymbol{\alpha}_s,\boldsymbol{\beta})$. 由 $\boldsymbol{\alpha}_1,\cdots,\boldsymbol{\alpha}_s$ 线性无关，知 $R(\boldsymbol{\alpha}_1,\cdots,\boldsymbol{\alpha}_s)=s$. 从而 $R(\boldsymbol{\alpha}_1,\cdots,\boldsymbol{\alpha}_s,\boldsymbol{\beta})=s+1$，即 $\boldsymbol{\alpha}_1,\cdots,\boldsymbol{\alpha}_s,\boldsymbol{\beta}$ 线性无关.

因为 $\boldsymbol{\beta}_2$ 不能由 $\boldsymbol{\alpha}_1,\boldsymbol{\alpha}_2,\boldsymbol{\alpha}_3$ 线性表出，$\boldsymbol{\alpha}_1,\boldsymbol{\alpha}_2,\boldsymbol{\alpha}_3$ 线性无关，不论 k 取何值，$k\boldsymbol{\beta}_1$ 总能由 $\boldsymbol{\alpha}_1,\boldsymbol{\alpha}_2,\boldsymbol{\alpha}_3$ 线性表示，所以 $\boldsymbol{\alpha}_1,\boldsymbol{\alpha}_2,\boldsymbol{\alpha}_3,k\boldsymbol{\beta}_1+\boldsymbol{\beta}_2$ 必线性无关. 故(B)不正确，即应选(A).

而 $\boldsymbol{\alpha}_1,\boldsymbol{\alpha}_2,\boldsymbol{\alpha}_3,\boldsymbol{\beta}_1+k\boldsymbol{\beta}_2$ 当 $k=0$ 时线性相关，当 $k\neq0$ 时线性无关，即(C)、(D)均不正确.

【例 4.35】设向量组(Ⅰ)$\boldsymbol{\alpha}_1,\boldsymbol{\alpha}_2,\cdots,\boldsymbol{\alpha}_r$ 可由向量组(Ⅱ)$\boldsymbol{\beta}_1,\boldsymbol{\beta}_2,\cdots,\boldsymbol{\beta}_s$ 线性表示，则________.

(A) 当 $r<s$ 时，向量组(Ⅱ)必线性相关.　　(B) 当 $r>s$ 时，向量组(Ⅱ)必线性相关.

(C) 当 $r<s$ 时，向量组(Ⅰ)必线性相关.　　(D) 当 $r>s$ 时，向量组(Ⅰ)必线性相关.

【分析】根据定理"若 $\boldsymbol{\alpha}_1,\boldsymbol{\alpha}_2,\cdots,\boldsymbol{\alpha}_s$ 可由 $\boldsymbol{\beta}_1,\boldsymbol{\beta}_2,\cdots,\boldsymbol{\beta}_t$ 线性表出，且 $s>t$，则 $\boldsymbol{\alpha}_1,\boldsymbol{\alpha}_2,\cdots,\boldsymbol{\alpha}_s$ 必线性相关"，即若多数向量可以由少数向量线性表出，则这多数向量必线性相关，故应选(D).

评注　建议举几个例子说明(A)、(B)、(C)均不正确. 另外，向量组 $\boldsymbol{\alpha}_1+\boldsymbol{\alpha}_2,2\boldsymbol{\alpha}_1+\boldsymbol{\alpha}_2-\boldsymbol{\alpha}_3,\boldsymbol{\alpha}_3-\boldsymbol{\alpha}_1,\boldsymbol{\alpha}_1+2\boldsymbol{\alpha}_2+5\boldsymbol{\alpha}_3$ 的线性相关性能立即作答吗？为什么？

【例 4.36】设 $\boldsymbol{\alpha}_1,\boldsymbol{\alpha}_2,\cdots,\boldsymbol{\alpha}_s$ 均为 n 维向量，下列结论不正确的是________.

(A) 若对于任意一组不全为零的数 $k_1,k_2,\cdots,k_s$，都有 $k_1\boldsymbol{\alpha}_1+k_2\boldsymbol{\alpha}_2+\cdots+k_s\boldsymbol{\alpha}_s\neq\boldsymbol{0}$，则 $\boldsymbol{\alpha}_1,\boldsymbol{\alpha}_2,\cdots,\boldsymbol{\alpha}_s$ 线性无关.

(B) 若 $\boldsymbol{\alpha}_1,\boldsymbol{\alpha}_2,\cdots,\boldsymbol{\alpha}_s$ 线性相关，则对于任意一组不全为零的数 $k_1,k_2,\cdots,k_s$，有 $k_1\boldsymbol{\alpha}_1+$

$k_2\boldsymbol{\alpha}_2+\cdots+k_s\boldsymbol{\alpha}_s=\mathbf{0}$.

(C) $\boldsymbol{\alpha}_1,\boldsymbol{\alpha}_2,\cdots,\boldsymbol{\alpha}_s$ 线性无关的充分必要条件是此向量组的秩为 s.

(D) $\boldsymbol{\alpha}_1,\boldsymbol{\alpha}_2,\cdots,\boldsymbol{\alpha}_s$ 线性无关的必要条件是其中任意两个向量线性无关.

【分析】按线性相关定义,若存在不全为零的数 $k_1,k_2,\cdots,k_s$,使

$$k_1\boldsymbol{\alpha}_1+k_2\boldsymbol{\alpha}_2+\cdots+k_s\boldsymbol{\alpha}_s=\mathbf{0} \tag{4.7}$$

则称向量组 $\boldsymbol{\alpha}_1,\boldsymbol{\alpha}_2,\cdots,\boldsymbol{\alpha}_s$ 线性相关,即若齐次方程组$(\boldsymbol{\alpha}_1,\boldsymbol{\alpha}_2,\cdots,\boldsymbol{\alpha}_s)\begin{bmatrix}x_1\\x_2\\\vdots\\x_s\end{bmatrix}=\mathbf{0}$ 有非零解,则向量组$\boldsymbol{\alpha}_1,\boldsymbol{\alpha}_2,\cdots,\boldsymbol{\alpha}_s$ 线性相关,而非零解就是关系式(4.7)中的组合系数.

按定义不难看出(B)是错误的,因为式(4.7)中的常数 $k_1,k_2,\cdots,k_s$ 不能是任意的,而应当是齐次方程组的解.所以应选(B).

而向量组 $\boldsymbol{\alpha}_1,\boldsymbol{\alpha}_2,\cdots,\boldsymbol{\alpha}_s$ 线性无关,即齐次方程组$(\boldsymbol{\alpha}_1,\boldsymbol{\alpha}_2,\cdots,\boldsymbol{\alpha}_s)\begin{bmatrix}x_1\\x_2\\\vdots\\x_s\end{bmatrix}=\mathbf{0}$ 只有零解,亦即系数矩阵的秩 $R(\boldsymbol{\alpha}_1,\boldsymbol{\alpha}_2,\cdots,\boldsymbol{\alpha}_s)=s$.故(C)是正确的,不应当选(C).

因为线性无关等价于齐次方程组只有零解,那么,若 $k_1,k_2,\cdots,k_s$ 不全为 0,则$(k_1,k_2,\cdots,k_s)^{\mathrm{T}}$ 必不是齐次方程组的解,即必有 $k_1\boldsymbol{\alpha}_1+k_2\boldsymbol{\alpha}_2+\cdots+k_s\boldsymbol{\alpha}_s\neq\mathbf{0}$.可知(A)是正确的,不应当选(A).

因为"如果 $\boldsymbol{\alpha}_1,\boldsymbol{\alpha}_2,\cdots,\boldsymbol{\alpha}_s$ 线性相关,则必有 $\boldsymbol{\alpha}_1,\cdots,\boldsymbol{\alpha}_s,\boldsymbol{\alpha}_{s+1}$ 线性相关",所以,若 $\boldsymbol{\alpha}_1,\boldsymbol{\alpha}_2,\cdots,\boldsymbol{\alpha}_s$ 中有某两个向量线性相关,则必有 $\boldsymbol{\alpha}_1,\boldsymbol{\alpha}_2,\cdots,\boldsymbol{\alpha}_s$ 线性相关.那么 $\boldsymbol{\alpha}_1,\boldsymbol{\alpha}_2,\cdots,\boldsymbol{\alpha}_s$ 线性无关的必要条件是其任一个部分组必线性无关.因此(D)是正确的,不应当选(D).

【例 4.37】设 $\boldsymbol{A},\boldsymbol{B}$ 为满足 $\boldsymbol{AB}=\boldsymbol{O}$ 的任意两个非零矩阵,则必有________.

(A) $\boldsymbol{A}$ 的列向量组线性相关,$\boldsymbol{B}$ 的行向量组线性相关.

(B) $\boldsymbol{A}$ 的列向量组线性相关,$\boldsymbol{B}$ 的列向量组线性相关.

(C) $\boldsymbol{A}$ 的行向量组线性相关,$\boldsymbol{B}$ 的行向量组线性相关.

(D) $\boldsymbol{A}$ 的行向量组线性相关,$\boldsymbol{B}$ 的列向量组线性相关.

【分析】设 $\boldsymbol{A}$ 是 $m\times n$ 矩阵,$\boldsymbol{B}$ 是 $n\times s$ 矩阵,且 $\boldsymbol{AB}=\boldsymbol{O}$,那么

$$R(\boldsymbol{A})+R(\boldsymbol{B})\leqslant n$$

由于 $\boldsymbol{A},\boldsymbol{B}$ 均非 $\boldsymbol{O}$,故 $0<R(\boldsymbol{A})<n$,$0<R(\boldsymbol{B})<n$.

由 $R(\boldsymbol{A})=\boldsymbol{A}$ 的列秩,知 $\boldsymbol{A}$ 的列向量组线性相关.

由 $R(\boldsymbol{B})=\boldsymbol{B}$ 的行秩,知 $\boldsymbol{B}$ 的行向量组线性相关.故应选(A).

【例 4.38】设 $\boldsymbol{\alpha}_1,\boldsymbol{\alpha}_2,\cdots,\boldsymbol{\alpha}_s$ 均为 n 维列向量,$\boldsymbol{A}$ 是 $m\times n$ 矩阵,下列选项正确的是________.

(A) 若 $\boldsymbol{\alpha}_1,\boldsymbol{\alpha}_2,\cdots,\boldsymbol{\alpha}_s$ 线性相关,则 $\boldsymbol{A\alpha}_1,\boldsymbol{A\alpha}_2,\cdots,\boldsymbol{A\alpha}_s$ 线性相关.

(B) 若 $\boldsymbol{\alpha}_1,\boldsymbol{\alpha}_2,\cdots,\boldsymbol{\alpha}_s$ 线性相关,则 $\boldsymbol{A\alpha}_1,\boldsymbol{A\alpha}_2,\cdots,\boldsymbol{A\alpha}_s$ 线性无关.

(C) 若 $\boldsymbol{\alpha}_1,\boldsymbol{\alpha}_2,\cdots,\boldsymbol{\alpha}_s$ 线性无关,则 $\boldsymbol{A\alpha}_1,\boldsymbol{A\alpha}_2,\cdots,\boldsymbol{A\alpha}_s$ 线性相关.

学习随笔

(D) 若 $\boldsymbol{\alpha}_1,\boldsymbol{\alpha}_2,\cdots,\boldsymbol{\alpha}_s$ 线性无关,则 $\boldsymbol{A\alpha}_1,\boldsymbol{A\alpha}_2,\cdots,\boldsymbol{A\alpha}_s$ 线性无关.

【分析】因为 $(\boldsymbol{A\alpha}_1,\boldsymbol{A\alpha}_2,\cdots,\boldsymbol{A\alpha}_s)=\boldsymbol{A}(\boldsymbol{\alpha}_1,\boldsymbol{\alpha}_2,\cdots,\boldsymbol{\alpha}_s)$,所以

$$R(\boldsymbol{A\alpha}_1,\boldsymbol{A\alpha}_2,\cdots,\boldsymbol{A\alpha}_s)\leqslant R(\boldsymbol{\alpha}_1,\boldsymbol{\alpha}_2,\cdots,\boldsymbol{\alpha}_s)$$

因为 $\boldsymbol{\alpha}_1,\boldsymbol{\alpha}_2,\cdots,\boldsymbol{\alpha}_s$ 线性相关,有 $R(\boldsymbol{\alpha}_1,\boldsymbol{\alpha}_2,\cdots,\boldsymbol{\alpha}_s)<s$,从而

$$R(\boldsymbol{A\alpha}_1,\boldsymbol{A\alpha}_2,\cdots,\boldsymbol{A\alpha}_s)<s$$

所以 $\boldsymbol{A\alpha}_1,\boldsymbol{A\alpha}_2,\cdots,\boldsymbol{A\alpha}_s$ 线性相关,故应选(A).

注意:当 $\boldsymbol{\alpha}_1,\boldsymbol{\alpha}_2,\cdots,\boldsymbol{\alpha}_s$ 线性无关时,若秩 $R(\boldsymbol{A})=n$,则 $\boldsymbol{A\alpha}_1,\boldsymbol{A\alpha}_2,\cdots,\boldsymbol{A\alpha}_s$ 线性无关,否则 $\boldsymbol{A\alpha}_1,\boldsymbol{A\alpha}_2,\cdots,\boldsymbol{A\alpha}_s$ 可以线性相关.因此,(C)、(D)均不正确.读者能举出简单例子吗?

评注　要会用秩的方法判断线性相关性.

三、线性相关性的判断与证明

【解题思路】 证明线性相关性的常用思路:用定义法(同乘或拆项重组),用秩(等于向量个数),齐次方程组只有零解或反证法.

【例 4.39】判断下列向量组的线性相关性:

(1) $\boldsymbol{\alpha}_1=(1,1,1)^{\mathrm{T}},\boldsymbol{\alpha}_2=(1,2,3)^{\mathrm{T}},\boldsymbol{\alpha}_3=(1,3,6)^{\mathrm{T}}$.

(2) $\boldsymbol{\alpha}_1=(1,-1,2,4)^{\mathrm{T}},\boldsymbol{\alpha}_2=(0,3,1,2)^{\mathrm{T}},\boldsymbol{\alpha}_3=(3,0,7,14)^{\mathrm{T}}$.

【解】(1) 利用秩:

$$(\boldsymbol{\alpha}_1,\boldsymbol{\alpha}_2,\boldsymbol{\alpha}_3)=\begin{bmatrix}1&1&1\\1&2&3\\1&3&6\end{bmatrix}\to\begin{bmatrix}1&1&1\\0&1&2\\0&2&5\end{bmatrix}\to\begin{bmatrix}1&1&1\\0&1&2\\0&0&1\end{bmatrix}$$

由于 $R(\boldsymbol{\alpha}_1,\boldsymbol{\alpha}_2,\boldsymbol{\alpha}_3)=3$,所以 $\boldsymbol{\alpha}_1,\boldsymbol{\alpha}_2,\boldsymbol{\alpha}_3$ 线性无关.

或由 n 个 n 维向量线性相关$\Leftrightarrow|\boldsymbol{\alpha}_1,\boldsymbol{\alpha}_2,\cdots,\boldsymbol{\alpha}_n|=0$.

而
$$|\boldsymbol{\alpha}_1,\boldsymbol{\alpha}_2,\boldsymbol{\alpha}_3|=\begin{vmatrix}1&1&1\\1&2&3\\1&3&6\end{vmatrix}=\begin{vmatrix}1&1&1\\0&1&2\\0&2&5\end{vmatrix}=1\neq0$$

从行列式 $|\boldsymbol{\alpha}_1,\boldsymbol{\alpha}_2,\boldsymbol{\alpha}_3|\neq0$ 可知,$\boldsymbol{\alpha}_1,\boldsymbol{\alpha}_2,\boldsymbol{\alpha}_3$ 线性无关.

(2) 设 $x_1\boldsymbol{\alpha}_1+x_2\boldsymbol{\alpha}_2+x_3\boldsymbol{\alpha}_3=\boldsymbol{0}$,即有

$$\begin{cases}x_1+3x_3=0,\\-x_1+3x_2=0,\\2x_1+x_2+7x_3=0,\\4x_1+2x_2+14x_3=0\end{cases}$$

由于齐次方程组有非零解 $x_1=-3t,x_2=-t,x_3=t$,所以 $\boldsymbol{\alpha}_1,\boldsymbol{\alpha}_2,\boldsymbol{\alpha}_3$ 线性相关.

评注　在已知向量分量的情况下,求秩、看齐次方程组是否有非零解是判断线性相关性的两个基本方法.在特殊情况下可用行列式判断线性相关性.

【例 4.40】下列向量组中线性无关的是________.

(A) (1,0,−1), (0,1,1), (0,0,0).

(B) (2,4,6), (1,3,2), (−1,−2,−3).

(C) (1,3), (2,4), (5,9).

(D) (1,2,3,−1), (0,1,0,2), (0,0,3,5).

【分析】 (A)中 $\boldsymbol{\alpha}_3=\mathbf{0}$,(B)中 $\boldsymbol{\alpha}_1+2\boldsymbol{\alpha}_3=\mathbf{0}$,(C)是 3 个 2 维向量,所以它们均线性相关.因而用排除法知应选(D).也可直接地判断,由于 $\boldsymbol{\alpha}_1,\boldsymbol{\alpha}_2,\boldsymbol{\alpha}_3$ 是阶梯形向量组,所以它们线性无关,或者从(1,2,3),(0,1,0),(0,0,3)线性无关可知其延伸组 $\boldsymbol{\alpha}_1,\boldsymbol{\alpha}_2,\boldsymbol{\alpha}_3$ 必线性无关.

【例 4.41】对任意数 a,b,c,下列向量组中线性无关的是________.

(A) $(a,1,2),(2,b,3),(0,0,0)$.

(B) $(b,1,1),(1,a,3),(2,3,c),(a,0,c)$.

(C) $(1,a,1,1),(1,b,1,0),(1,c,0,0)$.

(D) $(1,1,1,a),(2,2,2,b),(0,0,0,c)$.

【分析】因为(A)中有零向量,必线性相关;(B)中有 4 个 3 维向量,必线性相关.

对(C)中向量,有

$$\boldsymbol{A}=\begin{bmatrix}1 & a & 1 & 1\\1 & b & 1 & 0\\1 & c & 0 & 0\end{bmatrix}$$

而 $\boldsymbol{A}$ 中有一个 3 阶子式 $\begin{vmatrix}1 & 1 & 1\\1 & 1 & 0\\1 & 0 & 0\end{vmatrix}=-1\neq 0$,即 $R(\boldsymbol{A})=3$,从而向量组线性无关.

对(D)中向量,有

$$\boldsymbol{A}=\begin{bmatrix}1 & 1 & 1 & a\\2 & 2 & 2 & b\\0 & 0 & 0 & c\end{bmatrix}\rightarrow\begin{bmatrix}1 & 1 & 1 & a\\0 & 0 & 0 & b-2a\\0 & 0 & 0 & c\end{bmatrix}$$

可见 $R(\boldsymbol{A})\leqslant 2$,从而向量组线性相关.故选(C).

【例 4.42】已知向量组

$$\boldsymbol{\alpha}_1=(1,3,2,a)^{\mathrm{T}},\quad \boldsymbol{\alpha}_2=(2,7,a,3)^{\mathrm{T}},\quad \boldsymbol{\alpha}_3=(0,a,5,-5)^{\mathrm{T}}$$

线性无关,求 a 的值.

【解】由于 $\boldsymbol{\alpha}_1,\boldsymbol{\alpha}_2,\boldsymbol{\alpha}_3$ 线性无关,故向量组的秩为 3.又

$$\begin{bmatrix}1 & 2 & 0\\3 & 7 & a\\2 & a & 5\\a & 3 & -5\end{bmatrix}\rightarrow\begin{bmatrix}1 & 0 & 0\\3 & 1 & a\\2 & a-4 & 5\\a & 3-2a & -5\end{bmatrix}\rightarrow\begin{bmatrix}1 & 0 & 0\\3 & 1 & 0\\2 & a-4 & 5+4a-a^2\\a & 3-2a & 2a^2-3a-5\end{bmatrix}$$

故当 $5+4a-a^2$ 与 $2a^2-3a+1$ 不全为 0 时,秩为 3.所以 $a\neq -1$ 时,$\boldsymbol{\alpha}_1,\boldsymbol{\alpha}_2,\boldsymbol{\alpha}_3$ 线性无关.

【例 4.43】设 3 阶矩阵 $\boldsymbol{A}=\begin{bmatrix}1 & 2 & -2\\2 & 1 & 2\\3 & 0 & 4\end{bmatrix}$,3 维列向量 $\boldsymbol{\alpha}=(a,1,1)^{\mathrm{T}}$.已知 $\boldsymbol{A\alpha}$ 与 $\boldsymbol{\alpha}$ 线性相关,则 $a=$________.

【分析】因为 $\boldsymbol{A\alpha}=\begin{bmatrix}1 & 2 & -2\\2 & 1 & 2\\3 & 0 & 4\end{bmatrix}\begin{bmatrix}a\\1\\1\end{bmatrix}=\begin{bmatrix}a\\2a+3\\3a+4\end{bmatrix}$,那么由 $\boldsymbol{A\alpha},\boldsymbol{\alpha}$ 线性相关,有

学习随笔

$$\frac{a}{a}=\frac{2a+3}{1}=\frac{3a+4}{1}\Rightarrow a=-1$$

评注　两个向量 $\boldsymbol{\alpha}$，$\boldsymbol{\beta}$ 线性相关$\Leftrightarrow$ $\boldsymbol{\alpha}$，$\boldsymbol{\beta}$ 的坐标成比例.

三个向量 $\boldsymbol{\alpha}$，$\boldsymbol{\beta}$，$\boldsymbol{\gamma}$ 线性相关$\Leftrightarrow$ $\boldsymbol{\alpha}$，$\boldsymbol{\beta}$，$\boldsymbol{\gamma}$ 共面.

知道线性相关、线性无关的几何意义对读者在相关性概念的理解上会有帮助.

【例 4.44】设行向量组$(2,1,1,1)$，$(2,1,a,a)$，$(3,2,1,a)$，$(4,3,2,1)$线性相关，且 $a\neq 1$，则 $a=$________.

【分析】n 个 n 维向量线性相关 $\Leftrightarrow$ $|\boldsymbol{\alpha}_1,\boldsymbol{\alpha}_2,\cdots,\boldsymbol{\alpha}_n|=0$．根据题设有

$$\begin{vmatrix}2&2&3&4\\1&1&2&3\\1&a&1&2\\1&a&a&1\end{vmatrix}=\begin{vmatrix}0&0&-1&-2\\1&1&2&3\\1&a&1&2\\0&0&a-1&-1\end{vmatrix}=\begin{vmatrix}1&a&1&2\\1&1&2&3\\0&0&1&2\\0&0&a-1&-1\end{vmatrix}$$

$$=(1-a)(1-2a)=0$$

由于题设规定 $a\neq 1$，所以 $a=\dfrac{1}{2}$.

【例 4.45】已知 $\boldsymbol{\alpha}_1,\boldsymbol{\alpha}_2,\boldsymbol{\alpha}_3$ 线性无关，则线性无关的向量组是________.

(A) $\boldsymbol{\alpha}_1-\boldsymbol{\alpha}_2,\ \boldsymbol{\alpha}_2-\boldsymbol{\alpha}_3,\ \boldsymbol{\alpha}_3-\boldsymbol{\alpha}_1$.

(B) $\boldsymbol{\alpha}_1+\boldsymbol{\alpha}_2,\ \boldsymbol{\alpha}_2+\boldsymbol{\alpha}_3,\ \boldsymbol{\alpha}_3-\boldsymbol{\alpha}_1$.

(C) $\boldsymbol{\alpha}_1+\boldsymbol{\alpha}_2,\ \boldsymbol{\alpha}_2+\boldsymbol{\alpha}_3,\ \boldsymbol{\alpha}_3+\boldsymbol{\alpha}_1$.

(D) $\boldsymbol{\alpha}_1+2\boldsymbol{\alpha}_2,\ 3\boldsymbol{\alpha}_1+5\boldsymbol{\alpha}_2,\ -\boldsymbol{\alpha}_1+8\boldsymbol{\alpha}_2$.

【分析】由$(\boldsymbol{\alpha}_1-\boldsymbol{\alpha}_2)+(\boldsymbol{\alpha}_2-\boldsymbol{\alpha}_3)+(\boldsymbol{\alpha}_3-\boldsymbol{\alpha}_1)=\mathbf{0}$，$(\boldsymbol{\alpha}_1+\boldsymbol{\alpha}_2)-(\boldsymbol{\alpha}_2+\boldsymbol{\alpha}_3)+(\boldsymbol{\alpha}_3-\boldsymbol{\alpha}_1)=\mathbf{0}$，知(A)、(B)均线性相关.

至于(D)，从 $\boldsymbol{\beta}_1=\boldsymbol{\alpha}_1+2\boldsymbol{\alpha}_2$，$\boldsymbol{\beta}_2=3\boldsymbol{\alpha}_1+5\boldsymbol{\alpha}_2$，$\boldsymbol{\beta}_3=-\boldsymbol{\alpha}_1+8\boldsymbol{\alpha}_2$ 知多数向量 $\boldsymbol{\beta}_1$，$\boldsymbol{\beta}_2$，$\boldsymbol{\beta}_3$ 可由少数向量 $\boldsymbol{\alpha}_1,\boldsymbol{\alpha}_2$ 线性表示. 故 $\boldsymbol{\beta}_1$，$\boldsymbol{\beta}_2$，$\boldsymbol{\beta}_3$ 必线性相关，应选(C).

【例 4.46】设向量组 $\boldsymbol{\alpha}_1,\boldsymbol{\alpha}_2,\boldsymbol{\alpha}_3$ 线性无关，则下列向量组中线性无关的是________.

(A) $\boldsymbol{\alpha}_1+\boldsymbol{\alpha}_2,\ \boldsymbol{\alpha}_2+\boldsymbol{\alpha}_3,\ \boldsymbol{\alpha}_3-\boldsymbol{\alpha}_1$.

(B) $\boldsymbol{\alpha}_1+\boldsymbol{\alpha}_2,\ \boldsymbol{\alpha}_2+\boldsymbol{\alpha}_3,\ \boldsymbol{\alpha}_1+2\boldsymbol{\alpha}_2+\boldsymbol{\alpha}_3$.

(C) $\boldsymbol{\alpha}_1+2\boldsymbol{\alpha}_2,\ 2\boldsymbol{\alpha}_2+3\boldsymbol{\alpha}_3,\ 3\boldsymbol{\alpha}_3+\boldsymbol{\alpha}_1$.

(D) $\boldsymbol{\alpha}_1+\boldsymbol{\alpha}_2+\boldsymbol{\alpha}_3,\ 2\boldsymbol{\alpha}_1-3\boldsymbol{\alpha}_2+22\boldsymbol{\alpha}_3,\ 3\boldsymbol{\alpha}_1+5\boldsymbol{\alpha}_2-5\boldsymbol{\alpha}_3$.

【分析】求解这一类题目，最好将观察法与$(\boldsymbol{\beta}_1,\boldsymbol{\beta}_2,\boldsymbol{\beta}_3)=(\boldsymbol{\alpha}_1,\boldsymbol{\alpha}_2,\boldsymbol{\alpha}_3)\boldsymbol{C}$ 法相结合.

对于(A)，$(\boldsymbol{\alpha}_1+\boldsymbol{\alpha}_2)-(\boldsymbol{\alpha}_2+\boldsymbol{\alpha}_3)+(\boldsymbol{\alpha}_3-\boldsymbol{\alpha}_1)=\mathbf{0}$.

对于(B)，$(\boldsymbol{\alpha}_1+\boldsymbol{\alpha}_2)+(\boldsymbol{\alpha}_2+\boldsymbol{\alpha}_3)-(\boldsymbol{\alpha}_1+2\boldsymbol{\alpha}_2+\boldsymbol{\alpha}_3)=\mathbf{0}$.

易知(A)、(B)均线性相关.

对于(C)，简单加加减减得不到 $\mathbf{0}$，就不应继续观察下去，而应立即转为计算行列式. 由

$$|\boldsymbol{C}|=\begin{vmatrix}1&0&1\\2&2&0\\0&3&3\end{vmatrix}=12\neq 0$$

知应选(C).（假若$|\boldsymbol{C}|=0$，则说明(C)组线性相关，那么用排除法可知(D)应当线性无关）

评注　本题系数比较复杂，单纯用观察法求解是困难的，要知道$(\boldsymbol{\beta}_1,\boldsymbol{\beta}_2,\boldsymbol{\beta}_3)=(\boldsymbol{\alpha}_1,\boldsymbol{\alpha}_2,\boldsymbol{\alpha}_3)\boldsymbol{C}$这一技巧.

【例 4.47】已知向量组$\boldsymbol{\alpha}_1,\boldsymbol{\alpha}_2,\boldsymbol{\alpha}_3$线性无关，设$\boldsymbol{\beta}_1=(m-1)\boldsymbol{\alpha}_1+3\boldsymbol{\alpha}_2+\boldsymbol{\alpha}_3$，$\boldsymbol{\beta}_2=\boldsymbol{\alpha}_1+(m+1)\boldsymbol{\alpha}_2+\boldsymbol{\alpha}_3$，$\boldsymbol{\beta}_3=-\boldsymbol{\alpha}_1-(m+1)\boldsymbol{\alpha}_2+(m-1)\boldsymbol{\alpha}_3$. 试问：当$m$为何值时，向量组$\boldsymbol{\beta}_1,\boldsymbol{\beta}_2,\boldsymbol{\beta}_3$线性无关？线性相关？

【解】设有数k_1,k_2,k_3，使得$k_1\boldsymbol{\beta}_1+k_2\boldsymbol{\beta}_2+k_3\boldsymbol{\beta}_3=\boldsymbol{0}$，即

$$[(m-1)k_1+k_2-k_3]\boldsymbol{\alpha}_1+[3k_1+(m+1)k_2-(m+1)k_3]\boldsymbol{\alpha}_2+[k_1+k_2+(m-1)k_3]\boldsymbol{\alpha}_3=\boldsymbol{0}$$

因为向量组$\boldsymbol{\alpha}_1,\boldsymbol{\alpha}_2,\boldsymbol{\alpha}_3$线性无关，必有

$$\begin{cases}(m-1)k_1+k_2-k_3=0,\\3k_1+(m+1)k_2-(m+1)k_3=0,\\k_1+k_2+(m-1)k_3=0\end{cases}\tag{4.8}$$

方程组(4.8)的系数行列式

$$\begin{vmatrix}m-1&1&-1\\3&m+1&-m-1\\1&1&m-1\end{vmatrix}=-m(4-m^2)$$

由此可知：当$m\neq0$且$m\neq\pm2$时，方程组(4.8)仅有零解，此时向量组$\boldsymbol{\beta}_1,\boldsymbol{\beta}_2,\boldsymbol{\beta}_3$线性无关；当$m=0$或$m=2$或$m=-2$时，方程组(4.8)有非零解，向量组$\boldsymbol{\beta}_1,\boldsymbol{\beta}_2,\boldsymbol{\beta}_3$线性相关.

评注　要判断给定的n维向量组$\boldsymbol{\alpha}_1,\boldsymbol{\alpha}_2,\cdots,\boldsymbol{\alpha}_s$是否线性相关，可利用以下方法：

(1) 当向量组中向量个数大于向量维数，即$s>n$时，向量组$\boldsymbol{\alpha}_1,\boldsymbol{\alpha}_2,\cdots,\boldsymbol{\alpha}_s$必线性相关.

(2) 当向量组中向量个数等于向量维数，即$s=n$时，可直接计算这n个向量构成的矩阵$\boldsymbol{A}$的行列式. 当$|\boldsymbol{A}|=0$时，向量组线性相关；当$|\boldsymbol{A}|\neq0$时，向量组线性无关.

(3) 当向量组中向量个数小于向量维数，即$s<n$时，可将其化为线性方程组

$$k_1\boldsymbol{\alpha}_1+k_2\boldsymbol{\alpha}_2+\cdots+k_s\boldsymbol{\alpha}_s=\boldsymbol{0}$$

是否有非零解的问题，或直接求矩阵$\boldsymbol{A}=(\boldsymbol{\alpha}_1,\boldsymbol{\alpha}_2,\cdots,\boldsymbol{\alpha}_s)$的秩. 当$R(\boldsymbol{A})<s$时，向量组线性相关；当$R(\boldsymbol{A})=s$时，向量组线性无关.

【例 4.48】已知$\boldsymbol{\alpha}_1,\boldsymbol{\alpha}_2,\boldsymbol{\alpha}_3$线性无关. 证明：$\boldsymbol{\alpha}_1+\boldsymbol{\alpha}_2,3\boldsymbol{\alpha}_2+2\boldsymbol{\alpha}_3,\boldsymbol{\alpha}_1-2\boldsymbol{\alpha}_2+\boldsymbol{\alpha}_3$线性无关.

【证法一】用过渡矩阵：

令$\boldsymbol{\beta}_1=\boldsymbol{\alpha}_1+\boldsymbol{\alpha}_2,\boldsymbol{\beta}_2=3\boldsymbol{\alpha}_2+2\boldsymbol{\alpha}_3,\boldsymbol{\beta}_3=\boldsymbol{\alpha}_1-2\boldsymbol{\alpha}_2+\boldsymbol{\alpha}_3$，则

$$(\boldsymbol{\beta}_1,\boldsymbol{\beta}_2,\boldsymbol{\beta}_2)=(\boldsymbol{\alpha}_1,\boldsymbol{\alpha}_2,\boldsymbol{\alpha}_3)\begin{bmatrix}1&0&1\\1&3&-2\\0&2&1\end{bmatrix}$$

由于
$$|\boldsymbol{C}|=\begin{vmatrix}1&0&1\\1&3&-2\\0&2&1\end{vmatrix}=9\neq0$$

所以秩$R(\boldsymbol{C})=3$，因此$\boldsymbol{\alpha}_1+\boldsymbol{\alpha}_2,3\boldsymbol{\alpha}_2+2\boldsymbol{\alpha}_3,\boldsymbol{\alpha}_1-2\boldsymbol{\alpha}_2+\boldsymbol{\alpha}_3$线性无关.

学习随笔

【证法二】用等价向量组：

同证法一，有

$$\boldsymbol{\alpha}_1=\frac{7\boldsymbol{\beta}_1-\boldsymbol{\beta}_2+2\boldsymbol{\beta}_3}{9},\quad \boldsymbol{\alpha}_2=\frac{2\boldsymbol{\beta}_1+\boldsymbol{\beta}_2-2\boldsymbol{\beta}_3}{9},\quad \boldsymbol{\alpha}_3=\frac{\boldsymbol{\beta}_2+\boldsymbol{\beta}_3-\boldsymbol{\beta}_1}{3}$$

因为 $\boldsymbol{\alpha}_1,\boldsymbol{\alpha}_2,\boldsymbol{\alpha}_3$ 与 $\boldsymbol{\beta}_1,\boldsymbol{\beta}_2,\boldsymbol{\beta}_3$ 可以互相线性表出，它们是等价向量组，于是

$$R(\boldsymbol{\beta}_1,\boldsymbol{\beta}_2,\boldsymbol{\beta}_3)=R(\boldsymbol{\alpha}_1,\boldsymbol{\alpha}_2,\boldsymbol{\alpha}_3)=3$$

即 $\boldsymbol{\alpha}_1+\boldsymbol{\alpha}_2,3\boldsymbol{\alpha}_2+2\boldsymbol{\alpha}_3,\boldsymbol{\alpha}_1-2\boldsymbol{\alpha}_2+\boldsymbol{\alpha}_3$ 线性无关.

【证法三】定义法：

若

$$k_1(\boldsymbol{\alpha}_1+\boldsymbol{\alpha}_2)+k_2(3\boldsymbol{\alpha}_2+2\boldsymbol{\alpha}_3)+k_3(\boldsymbol{\alpha}_1-2\boldsymbol{\alpha}_2+\boldsymbol{\alpha}_3)=\mathbf{0}$$

即
$$(k_1+k_3)\boldsymbol{\alpha}_1+(k_1+3k_2-2k_3)\boldsymbol{\alpha}_2+(2k_2+k_3)\boldsymbol{\alpha}_3=\mathbf{0}$$

又由于 $\boldsymbol{\alpha}_1,\boldsymbol{\alpha}_2,\boldsymbol{\alpha}_3$ 线性无关，则上式成立必有

$$\begin{cases}k_1+k_3=0,\\k_1+3k_2-2k_3=0,\\2k_2+k_3=0\end{cases}$$

由于系数行列式

$$\begin{vmatrix}1&0&1\\1&3&-2\\0&2&1\end{vmatrix}=9\neq 0$$

齐次方程组只有零解，故必有 $k_1=0,k_2=0,k_3=0$. 线性无关性得证.

【例 4.49】已知向量组 $\boldsymbol{\alpha}_1,\boldsymbol{\alpha}_2,\cdots,\boldsymbol{\alpha}_s$ 线性无关，又 $\boldsymbol{\alpha}=\boldsymbol{\alpha}_1+\boldsymbol{\alpha}_2+\cdots+\boldsymbol{\alpha}_s$. 证明：$\boldsymbol{\alpha}-\boldsymbol{\alpha}_1,\boldsymbol{\alpha}-\boldsymbol{\alpha}_2,\cdots,\boldsymbol{\alpha}-\boldsymbol{\alpha}_s$ 线性无关.

【证明】设 $k_1(\boldsymbol{\alpha}-\boldsymbol{\alpha}_1)+k_2(\boldsymbol{\alpha}-\boldsymbol{\alpha}_2)+\cdots+k_s(\boldsymbol{\alpha}-\boldsymbol{\alpha}_s)=\mathbf{0}$，把 $\boldsymbol{\alpha}=\boldsymbol{\alpha}_1+\boldsymbol{\alpha}_2+\cdots+\boldsymbol{\alpha}_s$ 代入，并整理得

$$(k_2+k_3+\cdots+k_s)\boldsymbol{\alpha}_1+(k_1+k_3+\cdots+k_s)\boldsymbol{\alpha}_2+\cdots+(k_1+k_2+\cdots+k_{s-1})\boldsymbol{\alpha}_s=\mathbf{0}$$

因为 $\boldsymbol{\alpha}_1,\boldsymbol{\alpha}_2,\cdots,\boldsymbol{\alpha}_s$ 线性无关，故必有

$$\begin{cases}k_2+k_3+\cdots+k_s=0,\\k_1+k_3+\cdots+k_s=0,\\\vdots\\k_1+k_2+\cdots+k_{s-1}=0\end{cases}$$

由于方程组的系数行列式

$$\begin{vmatrix}0&1&1&\cdots&1&1\\1&0&1&\cdots&1&1\\1&1&0&\cdots&1&1\\\vdots&\vdots&\vdots&&\vdots&\vdots\\1&1&1&\cdots&1&0\end{vmatrix}=\begin{vmatrix}s-1&s-1&s-1&\cdots&s-1&s-1\\1&0&1&\cdots&1&1\\1&1&0&\cdots&1&1\\\vdots&\vdots&\vdots&&\vdots&\vdots\\1&1&1&\cdots&1&0\end{vmatrix}$$

学习随笔

$$=(s-1)\begin{vmatrix}1&1&1&\cdots&1&1\\1&0&1&\cdots&1&1\\1&1&0&\cdots&1&1\\\vdots&\vdots&\vdots&&\vdots&\vdots\\1&1&1&\cdots&1&0\end{vmatrix}=(s-1)\begin{vmatrix}1&1&1&\cdots&1&1\\&-1&&&&\\&&-1&&&\\&&&\ddots&&\\&&&&&-1\end{vmatrix}$$

$$=(-1)^{s-2}(s-1)\neq 0$$

齐次方程组只有零解 $k_1=0,k_2=0,\cdots,k_s=0$,所以 $\boldsymbol{\alpha}-\boldsymbol{\alpha}_1,\boldsymbol{\alpha}-\boldsymbol{\alpha}_2,\cdots,\boldsymbol{\alpha}-\boldsymbol{\alpha}_s$ 线性无关.

【例 4.50】已知 $\boldsymbol{\alpha}_1,\boldsymbol{\alpha}_2,\cdots,\boldsymbol{\alpha}_{s+1}$ 线性无关,又 $\boldsymbol{\beta}_i=\boldsymbol{\alpha}_i+a_i\boldsymbol{\alpha}_{s+1},i=1,2,\cdots,s$,其中 a_i $(i=1,\cdots,s)$是实数. 证明:$\boldsymbol{\beta}_1,\boldsymbol{\beta}_2,\cdots,\boldsymbol{\beta}_s$ 线性无关.

【证明】若

$$k_1\boldsymbol{\beta}_1+k_2\boldsymbol{\beta}_2+\cdots+k_s\boldsymbol{\beta}_s=\mathbf{0}\tag{4.9}$$

则
$$k_1(\boldsymbol{\alpha}_1+a_1\boldsymbol{\alpha}_{s+1})+k_2(\boldsymbol{\alpha}_2+a_2\boldsymbol{\alpha}_{s+1})+\cdots+k_s(\boldsymbol{\alpha}_s+a_s\boldsymbol{\alpha}_{s+1})=\mathbf{0}$$

得
$$k_1\boldsymbol{\alpha}_1+k_2\boldsymbol{\alpha}_2+\cdots+k_s\boldsymbol{\alpha}_s+(a_1k_1+a_2k_2+\cdots+a_sk_s)\boldsymbol{\alpha}_{s+1}=\mathbf{0}$$

由于 $\boldsymbol{\alpha}_1,\boldsymbol{\alpha}_2,\cdots,\boldsymbol{\alpha}_{s+1}$ 线性无关,对上式必有

$$k_1=0,k_2=0,\cdots,k_s=0,a_1k_1+a_2k_2+\cdots+a_sk_s=0$$

因为式(4.9)成立必有 $k_i=0(i=1,\cdots,s)$,所以 $\boldsymbol{\beta}_1,\boldsymbol{\beta}_2,\cdots,\boldsymbol{\beta}_s$ 线性无关.

【例 4.51】已知 $\boldsymbol{A}$ 是 n 阶可逆矩阵,$\boldsymbol{\alpha}_1,\boldsymbol{\alpha}_2,\cdots,\boldsymbol{\alpha}_s$ 是 n 维线性无关的列向量. 证明:$\boldsymbol{A}\boldsymbol{\alpha}_1,\boldsymbol{A}\boldsymbol{\alpha}_2,\cdots,\boldsymbol{A}\boldsymbol{\alpha}_s$ 线性无关.

【证明】若

$$k_1\boldsymbol{A}\boldsymbol{\alpha}_1+k_2\boldsymbol{A}\boldsymbol{\alpha}_2+\cdots+k_s\boldsymbol{A}\boldsymbol{\alpha}_s=\mathbf{0}\tag{4.10}$$

由于 $\boldsymbol{A}$ 可逆,用 $\boldsymbol{A}^{-1}$ 左乘上式,得

$$k_1\boldsymbol{\alpha}_1+k_2\boldsymbol{\alpha}_2+\cdots+k_s\boldsymbol{\alpha}_s=\mathbf{0}\tag{4.11}$$

因为 $\boldsymbol{\alpha}_1,\boldsymbol{\alpha}_2,\cdots,\boldsymbol{\alpha}_s$ 线性无关,式(4.11)成立的充要条件是

$$k_1=0,\ k_2=0,\ \cdots,\ k_s=0$$

因此若式(4.10)成立则必有 $k_1=0,\cdots,k_s=0$,故 $\boldsymbol{A}\boldsymbol{\alpha}_1,\boldsymbol{A}\boldsymbol{\alpha}_2,\cdots,\boldsymbol{A}\boldsymbol{\alpha}_s$ 线性无关.

评注　在线性相关性的证明中,最重要的方法是定义法,设

$$k_1\boldsymbol{\alpha}_1+k_2\boldsymbol{\alpha}_2+\cdots+k_s\boldsymbol{\alpha}_s=\mathbf{0}$$

然后对此式恒等变形(可能是拆项重组,如例 4.50,亦可能是同乘,如例 4.51,一定从已知条件中找信息),设法证明必有 $k_1=0,\cdots,k_s=0$,这样也就证明了 $\boldsymbol{\alpha}_1,\cdots,\boldsymbol{\alpha}_s$ 线性无关.

【例 4.52】若向量组 $\boldsymbol{\alpha}_1,\boldsymbol{\alpha}_2,\cdots,\boldsymbol{\alpha}_s(s\geqslant 2)$中,$\boldsymbol{\alpha}_1\neq\mathbf{0}$,而且每个 $\boldsymbol{\alpha}_i(i=2,3,\cdots,s)$都不能由 $\boldsymbol{\alpha}_1,\boldsymbol{\alpha}_2,\cdots,\boldsymbol{\alpha}_{i-1}$ 线性表出. 证明:$\boldsymbol{\alpha}_1,\boldsymbol{\alpha}_2,\cdots,\boldsymbol{\alpha}_s$ 线性无关.

【证明】反证法:

如果 $\boldsymbol{\alpha}_1,\boldsymbol{\alpha}_2,\cdots,\boldsymbol{\alpha}_s$ 线性相关,那么存在不全为零的数 $k_1,k_2,\cdots,k_s$,使得

$$k_1\boldsymbol{\alpha}_1+k_2\boldsymbol{\alpha}_2+\cdots+k_s\boldsymbol{\alpha}_s=\mathbf{0}\tag{4.12}$$

对于 $k_s,k_{s-1},\cdots,k_2,k_1$ 这一串数,设第一个不为零的数是 k_j,即

$$k_s=k_{s-1}=\cdots=k_{j+1}=0,\quad k_j\neq 0$$

此时,$j\neq 1$,否则 $k_s=\cdots=k_2=0$,　$k_1\neq 0$. 式(4.12)成为

$$k_1\boldsymbol{\alpha}_1=0,\quad k_1\neq 0$$

学习随笔

与已知 $\boldsymbol{\alpha}_1\neq\mathbf{0}$ 矛盾. 那么式(4.12)成为

$$k_1\boldsymbol{\alpha}_1+k_2\boldsymbol{\alpha}_2+\cdots+k_j\boldsymbol{\alpha}_j=\mathbf{0},\quad k_j\neq 0$$

从而
$$\boldsymbol{\alpha}_j=-\frac{k_1}{k_j}\boldsymbol{\alpha}_1-\frac{k_2}{k_j}\boldsymbol{\alpha}_2-\cdots-\frac{k_{j-1}}{k_j}\boldsymbol{\alpha}_{j-1}$$

$\boldsymbol{\alpha}_j$ 可由 $\boldsymbol{\alpha}_1,\boldsymbol{\alpha}_2,\cdots,\boldsymbol{\alpha}_{j-1}$ 线性表出,与已知矛盾.

评注　线性相关性的概念与判定,既是重点也是难点. 在学习时要注意理解概念,学会举一些简单的反例,以加深认识,也要熟悉这里常用的一些思路与方法. 例如,在已知分量时,用秩、用齐次方程组;对于抽象给出的向量用定义法、用秩、用过渡矩阵、用反证法.

【例 4.53】 设 $\boldsymbol{A}$ 为 $n\times m$ 矩阵,$\boldsymbol{B}$ 是 $m\times n$ 矩阵,其中 $n<m$,若 $\boldsymbol{AB}=\boldsymbol{E}$,证明:$\boldsymbol{B}$ 的列向量组线性无关.

【证明】 由于 $\boldsymbol{AB}=\boldsymbol{E}$,$\boldsymbol{E}$ 是 n 阶单位矩阵,故

$$n=R(\boldsymbol{E})=R(\boldsymbol{AB})\leqslant R(\boldsymbol{B})$$

又因 $\boldsymbol{B}$ 是 $m\times n$ 矩阵,$n<m$,有 $R(\boldsymbol{B})\leqslant n$,从而 $R(\boldsymbol{B})=n$. 矩阵的秩就是其列向量组的秩,所以 $\boldsymbol{B}$ 的列向量组线性无关.

【说明】 本题也可用定义法来证,设 $\boldsymbol{B}=(\boldsymbol{\beta}_1,\boldsymbol{\beta}_2,\cdots,\boldsymbol{\beta}_n)$,若

$$k_1\boldsymbol{\beta}_1+k_2\boldsymbol{\beta}_2+\cdots+k_n\boldsymbol{\beta}_n=\mathbf{0}$$

即
$$(\boldsymbol{\beta}_1,\boldsymbol{\beta}_2,\cdots,\boldsymbol{\beta}_n)\begin{bmatrix}k_1\\k_2\\\vdots\\k_n\end{bmatrix}=\mathbf{0}$$

用 $\boldsymbol{A}$ 左乘上式,得

$$\boldsymbol{AB}\begin{bmatrix}k_1\\k_2\\\vdots\\k_n\end{bmatrix}=\mathbf{0},\text{即 }\boldsymbol{E}\begin{bmatrix}k_1\\k_2\\\vdots\\k_n\end{bmatrix}=\mathbf{0},\text{即}\begin{bmatrix}k_1\\k_2\\\vdots\\k_n\end{bmatrix}=\mathbf{0}$$

所以 $k_1=0,k_2=0,\cdots,k_n=0$,$\boldsymbol{B}$ 的列向量线性无关.

【例 4.54】 设向量 $\boldsymbol{\alpha}_1,\boldsymbol{\alpha}_2,\cdots,\boldsymbol{\alpha}_t$ 是齐次方程组 $\boldsymbol{Ax}=\mathbf{0}$ 的一个基础解系,向量 $\boldsymbol{\beta}$ 不是方程组 $\boldsymbol{Ax}=\mathbf{0}$ 的解,即 $\boldsymbol{A\beta}\neq\mathbf{0}$. 试证明:向量组 $\boldsymbol{\beta},\boldsymbol{\beta}+\boldsymbol{\alpha}_1,\boldsymbol{\beta}+\boldsymbol{\alpha}_2,\cdots,\boldsymbol{\beta}+\boldsymbol{\alpha}_t$ 线性无关.

【证法一】 定义法:

若有一组数 $k,k_1,k_2,\cdots,k_t$,使得

$$k\boldsymbol{\beta}+k_1(\boldsymbol{\beta}+\boldsymbol{\alpha}_1)+k_2(\boldsymbol{\beta}+\boldsymbol{\alpha}_2)+\cdots k_t(\boldsymbol{\beta}+\boldsymbol{\alpha}_t)=\mathbf{0}\tag{4.13}$$

则由 $\boldsymbol{\alpha}_1,\boldsymbol{\alpha}_2,\cdots,\boldsymbol{\alpha}_t$ 是 $\boldsymbol{Ax}=\mathbf{0}$ 的解,知 $\boldsymbol{A\alpha}_i=\mathbf{0}(i=1,2,\cdots,t)$,用 $\boldsymbol{A}$ 左乘上式的两边,有 $(k+k_1+k_2+\cdots+k_t)\boldsymbol{A\beta}=\mathbf{0}$. 由于 $\boldsymbol{A\beta}\neq\mathbf{0}$,故

$$k+k_1+k_2+\cdots+k_t=0\tag{4.14}$$

将式(4.13)重新分组为

$$(k+k_1+\cdots+k_t)\boldsymbol{\beta}+k_1\boldsymbol{\alpha}_1+k_2\boldsymbol{\alpha}_2+\cdots+k_t\boldsymbol{\alpha}_t=\mathbf{0}\tag{4.15}$$

把式(4.14)代入式(4.15),得 $k_1\boldsymbol{\alpha}_1+k_2\boldsymbol{\alpha}_2+\cdots+k_t\boldsymbol{\alpha}_t=\mathbf{0}$.

由于 $\boldsymbol{\alpha}_1,\boldsymbol{\alpha}_2,\cdots,\boldsymbol{\alpha}_t$ 是基础解系,它们线性无关,故必有 $k_1=0,k_2=0,\cdots,k_t=0$. 将其代入式(4.14)得:$k=0$.

因此,向量组 $\boldsymbol{\beta},\ \boldsymbol{\beta}+\boldsymbol{\alpha}_1,\cdots,\ \boldsymbol{\beta}+\boldsymbol{\alpha}_t$ 线性无关.

【证法二】用秩:

经初等变换后,向量组的秩不变. 把第 1 列的 -1 倍分别加至其余各列,有

$$(\boldsymbol{\beta},\ \boldsymbol{\beta}+\boldsymbol{\alpha}_1,\ \boldsymbol{\beta}+\boldsymbol{\alpha}_2,\cdots,\ \boldsymbol{\beta}+\boldsymbol{\alpha}_t)\to(\boldsymbol{\beta},\ \boldsymbol{\alpha}_1,\ \boldsymbol{\alpha}_2,\cdots,\ \boldsymbol{\alpha}_t)$$

因此 $$R(\boldsymbol{\beta},\ \boldsymbol{\beta}+\boldsymbol{\alpha}_1,\cdots,\ \boldsymbol{\beta}+\boldsymbol{\alpha}_t)=R(\boldsymbol{\beta},\ \boldsymbol{\alpha}_1,\cdots,\ \boldsymbol{\alpha}_t)$$

由于 $\boldsymbol{\alpha}_1,\ \boldsymbol{\alpha}_2,\cdots,\ \boldsymbol{\alpha}_t$ 是基础解系,它们是线性无关的,秩 $R(\boldsymbol{\alpha}_1,\ \boldsymbol{\alpha}_2,\cdots,\ \boldsymbol{\alpha}_t)=t$,又 $\boldsymbol{\beta}$ 必不能由 $\boldsymbol{\alpha}_1,\ \boldsymbol{\alpha}_2,\cdots,\ \boldsymbol{\alpha}_t$ 线性表出(否则 $\boldsymbol{A}\boldsymbol{\beta}=\boldsymbol{0}$),故 $R(\boldsymbol{\alpha}_1,\ \boldsymbol{\alpha}_2,\cdots,\ \boldsymbol{\alpha}_t,\ \boldsymbol{\beta})=t+1$.

所以 $R(\boldsymbol{\beta},\ \boldsymbol{\beta}+\boldsymbol{\alpha}_1,\ \boldsymbol{\beta}+\boldsymbol{\alpha}_2,\cdots,\ \boldsymbol{\beta}+\boldsymbol{\alpha}_t)=t+1$,即向量组 $\boldsymbol{\beta},\ \boldsymbol{\beta}+\boldsymbol{\alpha}_1,\ \boldsymbol{\beta}+\boldsymbol{\alpha}_2,\cdots,\ \boldsymbol{\beta}+\boldsymbol{\alpha}_t$ 线性无关.

评注　用定义法证线性无关时,应当对

$$k_1\boldsymbol{\alpha}_1+k_2\boldsymbol{\alpha}_2+\cdots+k_t\boldsymbol{\alpha}_t=\boldsymbol{0}$$

作恒等变形,常用技巧是同乘与重组,本题这两个技巧都要用到.

另外,用秩也是一种常见的方法.

【例 4.55】设 $\boldsymbol{A}$ 是 n 阶矩阵,若存在正整数 k,使线性方程组 $\boldsymbol{A}^k\boldsymbol{x}=\boldsymbol{0}$ 有解向量 $\boldsymbol{\alpha}$,且 $\boldsymbol{A}^{k-1}\boldsymbol{\alpha}\neq\boldsymbol{0}$. 证明:向量组 $\boldsymbol{\alpha},\boldsymbol{A}\boldsymbol{\alpha},\cdots,\boldsymbol{A}^{k-1}\boldsymbol{\alpha}$ 是线性无关的.

【证明】若 $l_1\boldsymbol{\alpha}+l_2\boldsymbol{A}\boldsymbol{\alpha}+\cdots+l_k\boldsymbol{A}^{k-1}\boldsymbol{\alpha}=\boldsymbol{0}$,用 $\boldsymbol{A}^{k-1}$ 左乘上式,并把 $\boldsymbol{A}^k\boldsymbol{\alpha}=\boldsymbol{0},\boldsymbol{A}^{k+1}\boldsymbol{\alpha}=\boldsymbol{0}$……代入,得 $l_1\boldsymbol{A}^{k-1}\boldsymbol{\alpha}=\boldsymbol{0}$.

由于 $\boldsymbol{A}^{k-1}\boldsymbol{\alpha}\neq\boldsymbol{0}$,故必有 $l_1=0$.

类似地,对 $l_2\boldsymbol{A}\boldsymbol{\alpha}+\cdots+l_k\boldsymbol{A}^{k-1}\boldsymbol{\alpha}=\boldsymbol{0}$,用 $\boldsymbol{A}^{k-2}$ 左乘可知必有 $l_2=0$.

归纳可得到 $l_i=0(i=1,2,\cdots,k)$,即 $\boldsymbol{\alpha},\boldsymbol{A}\boldsymbol{\alpha},\cdots,\boldsymbol{A}^{k-1}\boldsymbol{\alpha}$ 线性无关.

【例 4.56】设 $\boldsymbol{\alpha}_1,\boldsymbol{\alpha}_2,\cdots,\boldsymbol{\alpha}_n$ 是一组 n 维向量. 证明:$\boldsymbol{\alpha}_1,\boldsymbol{\alpha}_2,\cdots,\boldsymbol{\alpha}_n$ 线性无关的充分必要条件是任一 n 维向量都可由它们线性表出.

【证明】必要性. 已知 $\boldsymbol{\alpha}_1,\boldsymbol{\alpha}_2,\cdots,\boldsymbol{\alpha}_n$ 线性无关,对任一 n 维向量 $\boldsymbol{\beta}$,由于 $\boldsymbol{\alpha}_1,\boldsymbol{\alpha}_2,\cdots,\boldsymbol{\alpha}_n,\ \boldsymbol{\beta}$ 是 $n+1$ 个 n 维向量,它们必然线性相关,从而 $\boldsymbol{\beta}$ 可由 $\boldsymbol{\alpha}_1,\boldsymbol{\alpha}_2,\cdots,\boldsymbol{\alpha}_n$ 线性表出(定理 4.5).

充分性. 若 $\boldsymbol{\alpha}_1,\boldsymbol{\alpha}_2,\cdots,\boldsymbol{\alpha}_n$ 可以线性表出任一 n 维向量,那么单位向量 $\boldsymbol{\varepsilon}_1,\boldsymbol{\varepsilon}_2,\cdots,\boldsymbol{\varepsilon}_n$ 可由 $\boldsymbol{\alpha}_1,\boldsymbol{\alpha}_2,\cdots,\boldsymbol{\alpha}_n$ 线性表出.

显然 $\boldsymbol{\alpha}_1,\boldsymbol{\alpha}_2,\cdots,\boldsymbol{\alpha}_n$ 可由单位向量 $\boldsymbol{\varepsilon}_1,\boldsymbol{\varepsilon}_2,\cdots,\boldsymbol{\varepsilon}_n$ 线性表出,于是 $\boldsymbol{\alpha}_1,\boldsymbol{\alpha}_2,\cdots,\boldsymbol{\alpha}_n$ 与 $\boldsymbol{\varepsilon}_1,\boldsymbol{\varepsilon}_2,\cdots,\boldsymbol{\varepsilon}_n$ 是等价向量组.

从而秩 $R(\boldsymbol{\alpha}_1,\boldsymbol{\alpha}_2,\cdots,\boldsymbol{\alpha}_n)=R(\boldsymbol{\varepsilon}_1,\boldsymbol{\varepsilon}_2,\cdots,\boldsymbol{\varepsilon}_n)$,而 $R(\boldsymbol{\varepsilon}_1,\cdots,\boldsymbol{\varepsilon}_n)=n$,所有 $R(\boldsymbol{\alpha}_1,\cdots,\boldsymbol{\alpha}_n)=n$,即 $\boldsymbol{\alpha}_1,\boldsymbol{\alpha}_2,\cdots,\boldsymbol{\alpha}_n$ 线性无关.

【例 4.57】设向量组(Ⅱ)$\boldsymbol{\beta}_1,\ \boldsymbol{\beta}_2,\cdots,\ \boldsymbol{\beta}_r$ 能由向量组(Ⅰ)$\boldsymbol{\alpha}_1,\boldsymbol{\alpha}_2,\cdots,\boldsymbol{\alpha}_s$ 线性表示为

$$(\boldsymbol{\beta}_1,\ \boldsymbol{\beta}_2,\cdots,\ \boldsymbol{\beta}_r)=(\boldsymbol{\alpha}_1,\boldsymbol{\alpha}_2,\cdots,\ \boldsymbol{\alpha}_s)\boldsymbol{C}$$

其中 $\boldsymbol{C}$ 是 $s\times r$ 矩阵. 若向量组(Ⅰ)线性无关,证明:(Ⅱ)线性无关的充分必要条件是 $R(\boldsymbol{C})=r$.

【证明】必要性. 如果(Ⅱ)线性无关,那么 $R(\boldsymbol{B})=R(\boldsymbol{\beta}_1,\cdots,\ \boldsymbol{\beta}_r)=r$.

学习随笔

记 $\boldsymbol{A}=(\boldsymbol{\alpha}_1,\boldsymbol{\alpha}_2,\cdots,\boldsymbol{\alpha}_s)$，由 $\boldsymbol{B}=\boldsymbol{AC}$ 知 $r=R(\boldsymbol{B})=R(\boldsymbol{AC})\leqslant R(\boldsymbol{C})$. 又因 $\boldsymbol{C}$ 是 $s\times r$ 矩阵，$R(\boldsymbol{C})\leqslant r$，从而 $R(\boldsymbol{C})=r$.

充分性. 若 $R(\boldsymbol{C})=r$，则设 $k_1\boldsymbol{\beta}_1+k_2\boldsymbol{\beta}_2+\cdots+k_r\boldsymbol{\beta}_r=\boldsymbol{0}$，即

$$(\boldsymbol{\beta}_1,\boldsymbol{\beta}_2,\cdots,\boldsymbol{\beta}_r)\begin{bmatrix}k_1\\k_2\\\vdots\\k_r\end{bmatrix}=0$$

亦即

$$(\boldsymbol{\alpha}_1,\boldsymbol{\alpha}_2,\cdots,\boldsymbol{\alpha}_s)\boldsymbol{C}\begin{bmatrix}k_1\\k_2\\\vdots\\k_r\end{bmatrix}=\boldsymbol{0}$$

由于(Ⅰ)$\boldsymbol{\alpha}_1,\boldsymbol{\alpha}_2,\cdots,\boldsymbol{\alpha}_s$ 线性无关，故必有

$$\boldsymbol{C}\begin{bmatrix}k_1\\k_2\\\vdots\\k_r\end{bmatrix}=\boldsymbol{0}，即(\boldsymbol{\delta}_1,\boldsymbol{\delta}_2,\cdots,\boldsymbol{\delta}_r)\begin{bmatrix}k_1\\k_2\\\vdots\\k_r\end{bmatrix}=\boldsymbol{0}$$

现 $\boldsymbol{C}$ 是 $s\times r$ 矩阵，秩 $R(\boldsymbol{C})=r$，即 $\boldsymbol{C}$ 的列向量 $\boldsymbol{\delta}_1,\boldsymbol{\delta}_2,\cdots,\boldsymbol{\delta}_r$ 线性无关，所以必有 $k_1=0$，$k_2=0,\cdots,k_r=0$. 故 $\boldsymbol{\beta}_1,\boldsymbol{\beta}_2,\cdots,\boldsymbol{\beta}_r$ 线性无关.

评注　本题对于$(\boldsymbol{\beta}_1,\cdots,\boldsymbol{\beta}_r)=(\boldsymbol{\alpha}_1,\cdots,\boldsymbol{\alpha}_s)\boldsymbol{C}$，实际上是给出了利用过渡矩阵 $\boldsymbol{C}$ 的秩来判断 $\boldsymbol{\beta}_1,\cdots,\boldsymbol{\beta}_r$ 线性相关性的方法.

【例 4.58】设 $\boldsymbol{\alpha}_i=(a_{i1},a_{i2},\cdots,a_{in})^{\mathrm{T}}(i=1,2,\cdots,r;r<n)$ 是 n 维实向量，且 $\boldsymbol{\alpha}_1,\boldsymbol{\alpha}_2,\cdots,\boldsymbol{\alpha}_r$ 线性无关. 已知 $\boldsymbol{\beta}=(b_1,b_2,\cdots,b_n)^{\mathrm{T}}$ 是线性方程组

$$\begin{cases}a_{11}x_1+a_{12}x_2+\cdots+a_{1n}x_n=0,\\a_{21}x_1+a_{22}x_2+\cdots+a_{2n}x_n=0,\\\vdots\\a_{r1}x_1+a_{r2}x_2+\cdots+a_{rn}x_n=0\end{cases}$$

的非零解向量. 试判断向量组 $\boldsymbol{\alpha}_1,\boldsymbol{\alpha}_2,\cdots,\boldsymbol{\alpha}_r,\boldsymbol{\beta}$ 的线性相关性.

【解】设

$$k_1\boldsymbol{\alpha}_1+k_2\boldsymbol{\alpha}_2+\cdots+k_r\boldsymbol{\alpha}_r+l\boldsymbol{\beta}=\boldsymbol{0}\tag{4.16}$$

因为 $\boldsymbol{\beta}$ 为方程组的非 0 解，有

$$\begin{cases}a_{11}b_1+a_{12}b_2+\cdots+a_{1n}b_n=0,\\a_{21}b_1+a_{22}b_2+\cdots+a_{2n}b_n=0,\\\vdots\\a_{r1}b_1+a_{r2}x_2+\cdots+a_{rn}b_n=0\end{cases}$$

即 $\boldsymbol{\beta}\neq\boldsymbol{0},\boldsymbol{\beta}^{\mathrm{T}}\boldsymbol{\alpha}_1=\boldsymbol{0},\cdots,\boldsymbol{\beta}^{\mathrm{T}}\boldsymbol{\alpha}_r=\boldsymbol{0}$. 用 $\boldsymbol{\beta}^{\mathrm{T}}$ 左乘式(4.16)，并把 $\boldsymbol{\beta}^{\mathrm{T}}\boldsymbol{\alpha}_i=\boldsymbol{0}$ 代入，得 $l\boldsymbol{\beta}^{\mathrm{T}}\boldsymbol{\beta}=\boldsymbol{0}$. 因为 $\boldsymbol{\beta}\neq\boldsymbol{0}$，有 $\boldsymbol{\beta}^{\mathrm{T}}\boldsymbol{\beta}>0$，故必有 $l=0$.

从而式(4.16)为 $k_1\boldsymbol{\alpha}_1+k_2\boldsymbol{\alpha}_2+\cdots+k_r\boldsymbol{\alpha}_r=\boldsymbol{0}$，由于 $\boldsymbol{\alpha}_1,\boldsymbol{\alpha}_2,\cdots,\boldsymbol{\alpha}_r$ 线性无关，所以有

$$k_1=k_2=\cdots=k_r=0$$

因此向量组 $\boldsymbol{\alpha}_1,\boldsymbol{\alpha}_2,\cdots,\boldsymbol{\alpha}_r,\boldsymbol{\beta}$ 线性无关.

【例 4.59】设 $t_1,t_2,\cdots,t_r$ 是互不相同的数,设 $\boldsymbol{\alpha}_i=(1,t_i,t_i^2,\cdots,t_i^{n-1})(i=1,2,\cdots,r)$,讨论向量组 $\boldsymbol{\alpha}_1,\boldsymbol{\alpha}_2,\cdots,\boldsymbol{\alpha}_r$ 的线性相关性.

【解】当 $r>n$ 时,由线性相关性的结论知,r 个 n 维向量必线性相关.

当 $r\leqslant n$ 时,将 $\boldsymbol{\alpha}_1,\boldsymbol{\alpha}_2,\cdots,\boldsymbol{\alpha}_r$ 按行排成矩阵

$$\boldsymbol{A}=\begin{bmatrix}\boldsymbol{\alpha}_1\\ \boldsymbol{\alpha}_2\\ \vdots\\ \boldsymbol{\alpha}_r\end{bmatrix}=\begin{bmatrix}1 & t_1 & t_1^2 & \cdots & t_1^{n-1}\\ 1 & t_2 & t_2^2 & \cdots & t_2^{n-1}\\ \vdots & \vdots & \vdots & & \vdots\\ 1 & t_r & t_r^2 & \cdots & t_r^{n-1}\end{bmatrix}$$

由于 $\boldsymbol{A}$ 中 r 阶子式(范德蒙德行列式的转置)

$$D_r=\begin{vmatrix}1 & t_1 & t_1^2 & \cdots & t_1^{r-1}\\ 1 & t_2 & t_2^2 & \cdots & t_2^{r-1}\\ \vdots & \vdots & \vdots & & \vdots\\ 1 & t_r & t_r^2 & \cdots & t_r^{r-1}\end{vmatrix}=\prod_{r\geqslant i>j\geqslant 1}(t_i-t_j)\neq 0$$

所以 $R(\boldsymbol{A})=r$,故 $\boldsymbol{\alpha}_1,\boldsymbol{\alpha}_2,\cdots,\boldsymbol{\alpha}_r$ 线性无关.

四、向量组的秩与极大线性无关组

【例 4.60】设 $\boldsymbol{\alpha}_{i_1},\cdots,\boldsymbol{\alpha}_{i_r}$ 为向量组 $\boldsymbol{\alpha}_1,\boldsymbol{\alpha}_2,\cdots,\boldsymbol{\alpha}_m$ 的一个线性无关的部分组,称 $\boldsymbol{\alpha}_{i_1},\cdots,\boldsymbol{\alpha}_{i_r}$ 为向量组 $\boldsymbol{\alpha}_1,\boldsymbol{\alpha}_2,\cdots,\boldsymbol{\alpha}_m$ 的一个极大线性无关组,则________.

(A) $\boldsymbol{\alpha}_{i_1},\cdots,\boldsymbol{\alpha}_{i_r}$ 与 $\boldsymbol{\alpha}_1,\boldsymbol{\alpha}_2,\cdots,\boldsymbol{\alpha}_m$ 等价.

(B) 向量组 $\boldsymbol{\alpha}_1,\boldsymbol{\alpha}_2,\cdots,\boldsymbol{\alpha}_m$ 中至少还存在一个与 $\boldsymbol{\alpha}_{i_1},\cdots,\boldsymbol{\alpha}_{i_r}$ 有相同个数的线性无关的部分组.

(C) $\boldsymbol{\alpha}_{i_1},\cdots,\boldsymbol{\alpha}_{i_r}$ 与 $\boldsymbol{\alpha}_1,\boldsymbol{\alpha}_2,\cdots,\boldsymbol{\alpha}_m$ 不等价.

(D) $\boldsymbol{\alpha}_1,\boldsymbol{\alpha}_2,\cdots,\boldsymbol{\alpha}_m$ 中其余的每个向量都不可由 $\boldsymbol{\alpha}_{i_1},\cdots,\boldsymbol{\alpha}_{i_r}$ 线性表出.

【分析】因为向量组中的每一个向量都可由极大线性无关组线性表出,并且极大线性无关组中的向量本身就是向量组的部分组,当然可由本向量组线性表出,所以向量组与其极大线性无关组可以互相线性表出,因此它们是等价的. 故选(A). 选项(C)、(D)是相反结论,显然不对.

选项(B)中结论不一定成立,例如向量组 $\boldsymbol{\alpha}_1=\begin{bmatrix}1\\2\\3\end{bmatrix},\boldsymbol{\alpha}_2=\begin{bmatrix}1\\0\\1\end{bmatrix},\boldsymbol{\alpha}_3=\begin{bmatrix}0\\0\\0\end{bmatrix}$ 的极大线性无关组为 $\boldsymbol{\alpha}_1,\boldsymbol{\alpha}_2$,不再存在其他与 $\boldsymbol{\alpha}_1,\boldsymbol{\alpha}_2$ 个数相同的线性无关的部分组.

评注 在一般情况下,向量组的极大线性无关组可以不唯一. 例如向量组 $\boldsymbol{\alpha}_1=\begin{bmatrix}1\\2\\-1\end{bmatrix},\boldsymbol{\alpha}_2=\begin{bmatrix}2\\-3\\1\end{bmatrix},\boldsymbol{\alpha}_3=\begin{bmatrix}4\\1\\-1\end{bmatrix}$,$\boldsymbol{\alpha}_1,\boldsymbol{\alpha}_2$;$\boldsymbol{\alpha}_2,\boldsymbol{\alpha}_3$ 与 $\boldsymbol{\alpha}_1,\boldsymbol{\alpha}_3$ 都是它的极大线性无关组.

学习随笔

当向量组中含有零向量时，例如前面提到的向量组 $\boldsymbol{\alpha}_1=\begin{bmatrix}1\\2\\3\end{bmatrix}$，$\boldsymbol{\alpha}_2=\begin{bmatrix}1\\0\\1\end{bmatrix}$，$\boldsymbol{\alpha}_3=\begin{bmatrix}0\\0\\0\end{bmatrix}$，它的极大线性无关组是唯一的.另外，若向量组本身线性无关，其本身就是它的极大线性无关组，此时向量组的极大线性无关组也是唯一的.

【例 4.61】已知向量组 $\boldsymbol{\alpha}_1,\boldsymbol{\alpha}_2,\cdots,\boldsymbol{\alpha}_s$ 的秩为 r，则下列命题中正确的是________.

(A) 向量组中任意 $r-1$ 个向量都线性无关.

(B) 向量组中任意 r 个向量都线性无关.

(C) 向量组中任意 $r+1$ 个向量都线性相关.

(D) 向量组中有 $r+1$ 个向量线性无关.

【分析】根据向量组秩的定义，我们知向量组 $\boldsymbol{\alpha}_1,\boldsymbol{\alpha}_2,\cdots,\boldsymbol{\alpha}_s$ 中有 r 个向量线性无关，而任意 $r+1$ 个向量必线性相关，所以应选(C).

对于向量组(1,0,0)，(2,0,0)，(0,0,0)，(0,1,0)，(0,0,1)，其秩是 3.容易看出任选 1,2,3 个向量都可能线性相关，可知命题(A)、(B)都不正确.

若向量组中有 $r+1$ 个向量线性无关，那么它的秩至少是 $r+1$，而不可能是 r，因此(D)不正确.

【例 4.62】已知向量组 $\boldsymbol{\alpha}_1,\boldsymbol{\alpha}_2,\cdots,\boldsymbol{\alpha}_s$ 的秩为 r，证明：$\boldsymbol{\alpha}_1,\boldsymbol{\alpha}_2,\cdots,\boldsymbol{\alpha}_s$ 中任意 r 个线性无关的向量都是其一个极大线性无关组.

【证明】设 $\boldsymbol{\alpha}_{i_1},\boldsymbol{\alpha}_{i_2},\cdots,\boldsymbol{\alpha}_{i_r}$ 是向量组 $\boldsymbol{\alpha}_1,\boldsymbol{\alpha}_2,\cdots,\boldsymbol{\alpha}_s$ 中的 r 个线性无关的向量，对组中任一向量 $\boldsymbol{\alpha}_j\,(j=1,2,\cdots,s)$，则知 $\boldsymbol{\alpha}_{i_1},\boldsymbol{\alpha}_{i_2},\cdots,\boldsymbol{\alpha}_{i_r},\boldsymbol{\alpha}_j$ 必线性相关(否则向量组的秩至少是 $r+1$).从而 $\boldsymbol{\alpha}_j$ 可由 $\boldsymbol{\alpha}_{i_1},\boldsymbol{\alpha}_{i_2},\cdots,\boldsymbol{\alpha}_{i_r}$ 线性表出.按定义知 $\boldsymbol{\alpha}_{i_1},\cdots,\boldsymbol{\alpha}_{i_r}$ 是 $\boldsymbol{\alpha}_1,\cdots,\boldsymbol{\alpha}_s$ 的一个极大线性无关组.

【例 4.63】已知向量组 $\boldsymbol{\alpha}_1,\boldsymbol{\alpha}_2,\cdots,\boldsymbol{\alpha}_s$ 的秩是 r，向量组 $\boldsymbol{\beta}_1,\boldsymbol{\beta}_2,\cdots,\boldsymbol{\beta}_s$ 的秩为 t.证明：

$$R(\boldsymbol{\alpha}_1+\boldsymbol{\beta}_1,\boldsymbol{\alpha}_2+\boldsymbol{\beta}_2,\cdots,\boldsymbol{\alpha}_s+\boldsymbol{\beta}_s)\leqslant r+t$$

【证明】设 $\boldsymbol{\alpha}_{i_1},\boldsymbol{\alpha}_{i_2},\cdots,\boldsymbol{\alpha}_{i_r}$ 是 $\boldsymbol{\alpha}_1,\boldsymbol{\alpha}_2,\cdots,\boldsymbol{\alpha}_s$ 的一个极大线性无关组，$\boldsymbol{\beta}_{j_1},\boldsymbol{\beta}_{j_2},\cdots,\boldsymbol{\beta}_{j_t}$ 是 $\boldsymbol{\beta}_1,\boldsymbol{\beta}_2,\cdots,\boldsymbol{\beta}_s$ 的一个极大线性无关组，那么 $\boldsymbol{\alpha}_k$ 可由 $\boldsymbol{\alpha}_{i_1},\cdots,\boldsymbol{\alpha}_{i_r}$ 线性表出，$\boldsymbol{\beta}_k$ 可由 $\boldsymbol{\beta}_{j_1},\cdots,\boldsymbol{\beta}_{j_t}$ 线性表出，$\forall k=1,2,\cdots,s$.

于是 $\forall k$，$\boldsymbol{\alpha}_k+\boldsymbol{\beta}_k$ 可由 $\boldsymbol{\alpha}_{i_1},\cdots,\boldsymbol{\alpha}_{i_r},\boldsymbol{\beta}_{j_1},\cdots,\boldsymbol{\beta}_{j_t}$ 线性表出.从而

$$R(\boldsymbol{\alpha}_1+\boldsymbol{\beta}_1,\cdots,\boldsymbol{\alpha}_s+\boldsymbol{\beta}_s)\leqslant R(\boldsymbol{\alpha}_{i_1},\cdots,\boldsymbol{\alpha}_{i_r},\boldsymbol{\beta}_{j_1},\cdots,\boldsymbol{\beta}_{j_t})\leqslant r+t$$

【例 4.64】设向量组 $\boldsymbol{\alpha}_1,\boldsymbol{\alpha}_2,\cdots,\boldsymbol{\alpha}_s$ 的秩为 r，在其中任取 m 个向量 $\boldsymbol{\alpha}_{i_1},\boldsymbol{\alpha}_{i_2},\cdots,\boldsymbol{\alpha}_{i_m}$，若此向量组的秩为 r_1.证明：$r_1\geqslant r+m-s$.

【证明】记 $\boldsymbol{S}=\{\boldsymbol{\alpha}_1,\boldsymbol{\alpha}_2,\cdots,\boldsymbol{\alpha}_s\}$，$\boldsymbol{S}_1=\{\boldsymbol{\alpha}_{i_1},\boldsymbol{\alpha}_{i_2},\cdots,\boldsymbol{\alpha}_{i_m}\}$.设 $\boldsymbol{\alpha}_{j_1},\boldsymbol{\alpha}_{j_2},\cdots,\boldsymbol{\alpha}_{j_{r_1}}$ 是 $\boldsymbol{S}_1$ 的极大线性无关组，它在 $\boldsymbol{S}$ 中仍然是线性无关的，现将其逐步扩充为 $\boldsymbol{S}$ 的极大线性无关组，那么还应增加 $r-r_1$ 个向量，而这些向量必取自 $\boldsymbol{S}-\boldsymbol{S}_1$，而 $\boldsymbol{S}-\boldsymbol{S}_1$ 中共有 $s-m$ 个向量.于是 $r-r_1\leqslant s-m$，即 $r_1\geqslant r+m-s$.

【例 4.65】已知向量组(Ⅰ) $\boldsymbol{\alpha}_1,\boldsymbol{\alpha}_2,\cdots,\boldsymbol{\alpha}_s$ 可由向量组(Ⅱ) $\boldsymbol{\beta}_1,\boldsymbol{\beta}_2,\cdots,\boldsymbol{\beta}_t$ 线性表出.证明：秩 R(Ⅰ)$\leqslant R$(Ⅱ).

【分析】要证秩 R(Ⅰ)$\leqslant R$(Ⅱ)，也就是要证(Ⅰ)中极大线性无关组向量的个数小于

等于(Ⅱ)中极大线性无关组向量的个数.因此要先设出极大线性无关组.

【证明】设(Ⅰ)的秩是 r_1,且 $\boldsymbol{\alpha}_{i_1},\boldsymbol{\alpha}_{i_2},\cdots,\boldsymbol{\alpha}_{i_{r_1}}$ 是(Ⅰ)的极大线性无关组.

设(Ⅱ)的秩为 r_2,且 $\boldsymbol{\beta}_{j_1},\boldsymbol{\beta}_{j_2},\cdots,\boldsymbol{\beta}_{j_{r_2}}$ 是(Ⅱ)的极大线性无关组.

由于(Ⅰ)可由(Ⅱ)线性表出,故 $\boldsymbol{\alpha}_{i_1},\boldsymbol{\alpha}_{i_2},\cdots,\boldsymbol{\alpha}_{i_{r_1}}$ 可由 $\boldsymbol{\beta}_{j_1},\boldsymbol{\beta}_{j_2},\cdots,\boldsymbol{\beta}_{j_{r_2}}$ 线性表出,又因 $\boldsymbol{\alpha}_{i_1},\boldsymbol{\alpha}_{i_2},\cdots,\boldsymbol{\alpha}_{i_{r_1}}$ 线性无关,所以 $r_1\leqslant r_2$,即秩 R(Ⅰ)$\leqslant R$(Ⅱ).

【例 4.66】已知向量组(Ⅰ)与向量组(Ⅱ)有相同的秩且向量组(Ⅰ)可由(Ⅱ)线性表出,证明:(Ⅰ)与(Ⅱ)等价.

【分析】根据向量组等价的定义(可以互相线性表出)只要证(Ⅱ)可由(Ⅰ)线性表出即可.

【证明】设向量组的秩是 r,向量组(Ⅰ)与(Ⅱ)的极大线性无关组分别是 $\boldsymbol{\alpha}_1,\boldsymbol{\alpha}_2,\cdots,\boldsymbol{\alpha}_r$ 与 $\boldsymbol{\beta}_1,\boldsymbol{\beta}_2,\cdots,\boldsymbol{\beta}_r$.由于(Ⅰ)可由(Ⅱ)线性表出,故 $\boldsymbol{\alpha}_1,\cdots,\boldsymbol{\alpha}_r$ 可由 $\boldsymbol{\beta}_1,\cdots,\boldsymbol{\beta}_r$ 线性表出,那么向量组(Ⅲ)$\boldsymbol{\alpha}_1,\cdots,\boldsymbol{\alpha}_r,\boldsymbol{\beta}_1,\cdots,\boldsymbol{\beta}_r$ 的秩也是 r.根据例 4.62,$\boldsymbol{\alpha}_1,\cdots,\boldsymbol{\alpha}_r$ 也是(Ⅲ)的极大线性无关组,所以 $\boldsymbol{\beta}_1,\cdots,\boldsymbol{\beta}_r$ 可由 $\boldsymbol{\alpha}_1,\cdots,\boldsymbol{\alpha}_r$ 线性表出.那么(Ⅱ)可由 $\boldsymbol{\alpha}_1,\cdots,\boldsymbol{\alpha}_r$ 线性表出.亦即向量组(Ⅱ)可由向量组(Ⅰ)线性表出.从而两个向量组等价.

评注　从例 4.63～例 4.66 可以看出,在向量组秩的问题中,往往以极大线性无关组为一个中转站,利用秩的概念、极大线性无关组的概念来建立两个向量组之间的联系,使问题转化而加以解决,这种构思应有所体会.

【例 4.67】设 n 维向量 $\boldsymbol{\alpha}_1,\boldsymbol{\alpha}_2,\cdots,\boldsymbol{\alpha}_m\ (m<n)$ 线性无关.证明:n 维向量 $\boldsymbol{\beta}_1,\boldsymbol{\beta}_2,\cdots,\boldsymbol{\beta}_m$ 线性无关的________.

(1) 充分条件是 $\boldsymbol{\alpha}_1,\boldsymbol{\alpha}_2,\cdots,\boldsymbol{\alpha}_m$ 与 $\boldsymbol{\beta}_1,\boldsymbol{\beta}_2,\cdots,\boldsymbol{\beta}_m$ 等价.

(2) 充要条件是矩阵 $\boldsymbol{A}=(\boldsymbol{\alpha}_1,\cdots,\boldsymbol{\alpha}_m)$ 与矩阵 $\boldsymbol{B}=(\boldsymbol{\beta}_1,\cdots,\boldsymbol{\beta}_m)$ 等价.

【证明】(1)如果 $\boldsymbol{\alpha}_1,\cdots,\boldsymbol{\alpha}_m$ 与 $\boldsymbol{\beta}_1,\cdots,\boldsymbol{\beta}_m$ 等价,则

$$R(\boldsymbol{\beta}_1,\cdots,\boldsymbol{\beta}_m)=R(\boldsymbol{\alpha}_1,\cdots,\boldsymbol{\alpha}_m)$$

由于 $\boldsymbol{\alpha}_1,\cdots,\boldsymbol{\alpha}_m$ 线性无关,秩 $R(\boldsymbol{\alpha}_1,\cdots,\boldsymbol{\alpha}_m)=m$,所以 $\boldsymbol{\beta}_1,\cdots,\boldsymbol{\beta}_m$ 线性无关,故充分性成立.

但这不是必要条件,例如 $\boldsymbol{\alpha}_1=\begin{bmatrix}1\\0\\0\end{bmatrix},\boldsymbol{\alpha}_2=\begin{bmatrix}0\\1\\0\end{bmatrix}$ 线性无关,$\boldsymbol{\beta}_1=\begin{bmatrix}1\\0\\0\end{bmatrix},\boldsymbol{\beta}_2=\begin{bmatrix}0\\1\\0\end{bmatrix}$ 与 $\boldsymbol{\alpha}_1,\boldsymbol{\alpha}_2$ 不等价,但 $\boldsymbol{\beta}_1,\boldsymbol{\beta}_2$ 线性无关.

(2) 必要性.若 $\boldsymbol{\beta}_1,\boldsymbol{\beta}_2,\cdots,\boldsymbol{\beta}_m$ 线性无关,则秩 $R(\boldsymbol{\alpha}_1,\cdots,\boldsymbol{\alpha}_m)=R(\boldsymbol{\beta}_1,\cdots,\boldsymbol{\beta}_m)=m$.由于矩阵的秩就是其列向量组的秩.所以 $R(\boldsymbol{A})=R(\boldsymbol{B})$,又 $\boldsymbol{A}$ 与 $\boldsymbol{B}$ 均为 $n\times m$ 矩阵,故 $\boldsymbol{A}$ 与 $\boldsymbol{B}$ 等价.

充分性.若 $\boldsymbol{A}$ 与 $\boldsymbol{B}$ 等价,则 $R(\boldsymbol{A})=R(\boldsymbol{B})$.因为 $\boldsymbol{\alpha}_1,\boldsymbol{\alpha}_2,\cdots,\boldsymbol{\alpha}_m$ 线性无关,故 $R(\boldsymbol{A})=m$.于是 $R(\boldsymbol{\beta}_1,\cdots,\boldsymbol{\beta}_m)=m$,所以 $\boldsymbol{\beta}_1,\cdots,\boldsymbol{\beta}_m$ 线性无关.

评注　向量组的等价与矩阵的等价是两个不同的概念.前者表明两个向量组可以互相线性表出,而后者是经初等变换可由一个矩阵变成另一个矩阵.当两个向量组的向量个数一样时,由向量组的等价可得到矩阵$(\boldsymbol{\alpha}_1,\cdots,\boldsymbol{\alpha}_s)$与$(\boldsymbol{\beta}_1,\cdots,\boldsymbol{\beta}_s)$等价,但矩阵的等价得不出向量组的等价.

学习随笔

【例 4.68】已知向量组(Ⅰ)$\boldsymbol{\alpha}_1,\boldsymbol{\alpha}_2,\boldsymbol{\alpha}_3$;(Ⅱ)$\boldsymbol{\alpha}_1,\boldsymbol{\alpha}_2,\boldsymbol{\alpha}_3,\boldsymbol{\alpha}_4$;(Ⅲ)$\boldsymbol{\alpha}_1,\boldsymbol{\alpha}_2,\boldsymbol{\alpha}_3,\boldsymbol{\alpha}_5$.如果各向量组的秩分别为$R$(Ⅰ)$=R$(Ⅱ)$=3$,$R$(Ⅲ)$=4$.证明:向量组$\boldsymbol{\alpha}_1,\boldsymbol{\alpha}_2,\boldsymbol{\alpha}_3,\boldsymbol{\alpha}_5-\boldsymbol{\alpha}_4$的秩为4.

【证明】因为R(Ⅰ)$=R$(Ⅱ)$=3$,所以$\boldsymbol{\alpha}_1,\boldsymbol{\alpha}_2,\boldsymbol{\alpha}_3$线性无关,而$\boldsymbol{\alpha}_1,\boldsymbol{\alpha}_2,\boldsymbol{\alpha}_3,\boldsymbol{\alpha}_4$线性相关,因此$\boldsymbol{\alpha}_4$可由$\boldsymbol{\alpha}_1,\boldsymbol{\alpha}_2,\boldsymbol{\alpha}_3$线性表出,设为$\boldsymbol{\alpha}_4=l_1\boldsymbol{\alpha}_1+l_2\boldsymbol{\alpha}_2+l_3\boldsymbol{\alpha}_3$.

若$k_1\boldsymbol{\alpha}_1+k_2\boldsymbol{\alpha}_2+k_3\boldsymbol{\alpha}_3+k_4(\boldsymbol{\alpha}_5-\boldsymbol{\alpha}_4)=\mathbf{0}$,即

$$(k_1-l_1k_4)\boldsymbol{\alpha}_1+(k_2-l_2k_4)\boldsymbol{\alpha}_2+(k_3-l_3k_4)\boldsymbol{\alpha}_3+k_4\boldsymbol{\alpha}_5=\mathbf{0}$$

又由于R(Ⅲ)$=4$,即$\boldsymbol{\alpha}_1,\boldsymbol{\alpha}_2,\boldsymbol{\alpha}_3,\boldsymbol{\alpha}_5$线性无关,则必有

$$\begin{cases}k_1-l_1k_4=0,\\k_2-l_2k_4=0,\\k_3-l_3k_4=0,\\k_4=0\end{cases}$$

解出$k_4=0,k_3=0,k_2=0,k_1=0$.于是$\boldsymbol{\alpha}_1,\boldsymbol{\alpha}_2,\boldsymbol{\alpha}_3,\boldsymbol{\alpha}_5-\boldsymbol{\alpha}_4$线性无关,即其秩为4.

评注　本题考查向量组秩的概念,涉及线性相关、线性无关等概念以及线性相关性与向量组秩之间的关系.

【例 4.69】设n维向量组$\boldsymbol{\alpha}_1,\boldsymbol{\alpha}_2,\boldsymbol{\alpha}_3,\boldsymbol{\alpha}_4,\boldsymbol{\alpha}_5$的秩为3,且满足$\boldsymbol{\alpha}_1+2\boldsymbol{\alpha}_3-3\boldsymbol{\alpha}_5=\mathbf{0}$,$\boldsymbol{\alpha}_2=2\boldsymbol{\alpha}_4$,则该向量组的极大线性无关组是________.

(A) $\boldsymbol{\alpha}_1,\boldsymbol{\alpha}_3,\boldsymbol{\alpha}_5$.　(B) $\boldsymbol{\alpha}_1,\boldsymbol{\alpha}_2,\boldsymbol{\alpha}_3$.　(C) $\boldsymbol{\alpha}_2,\boldsymbol{\alpha}_4,\boldsymbol{\alpha}_5$.　(D) $\boldsymbol{\alpha}_1,\boldsymbol{\alpha}_2,\boldsymbol{\alpha}_4$.

【分析】由$\boldsymbol{\alpha}_1+2\boldsymbol{\alpha}_3-3\boldsymbol{\alpha}_5=\mathbf{0}$可知$\boldsymbol{\alpha}_1,\boldsymbol{\alpha}_3,\boldsymbol{\alpha}_5$线性相关,由$\boldsymbol{\alpha}_2=2\boldsymbol{\alpha}_4$可知$\boldsymbol{\alpha}_2,\boldsymbol{\alpha}_4$线性相关,从而含有$\boldsymbol{\alpha}_2,\boldsymbol{\alpha}_4$的任一向量组线性相关.故可排除(A)、(C)、(D),应选(B).

实际上,只须证明$\boldsymbol{\alpha}_1,\boldsymbol{\alpha}_2,\boldsymbol{\alpha}_3$线性无关.用反证法.假设$\boldsymbol{\alpha}_1,\boldsymbol{\alpha}_2,\boldsymbol{\alpha}_3$线性相关,则其中有一个向量可由其余向量线性表示.不妨设$\boldsymbol{\alpha}_1$可由$\boldsymbol{\alpha}_2,\boldsymbol{\alpha}_3$线性表示,于是由$\boldsymbol{\alpha}_4=\frac{1}{2}\boldsymbol{\alpha}_2+0\boldsymbol{\alpha}_3$可知$\boldsymbol{\alpha}_4$可由$\boldsymbol{\alpha}_2,\boldsymbol{\alpha}_3$线性表示.由$\boldsymbol{\alpha}_5=\frac{1}{3}\boldsymbol{\alpha}_1+\frac{2}{3}\boldsymbol{\alpha}_2$可知$\boldsymbol{\alpha}_5$可由$\boldsymbol{\alpha}_2,\boldsymbol{\alpha}_3$线性表示.由此推知$R(\boldsymbol{\alpha}_1,\boldsymbol{\alpha}_2,\boldsymbol{\alpha}_3,\boldsymbol{\alpha}_4,\boldsymbol{\alpha}_5)\leqslant 2$,与已知该向量组的秩为3矛盾.

【例 4.70】已知向量组(Ⅰ)$\boldsymbol{\alpha}_1,\boldsymbol{\alpha}_2$;(Ⅱ)$\boldsymbol{\alpha}_1,\boldsymbol{\alpha}_2,\boldsymbol{\alpha}_3$;(Ⅲ)$\boldsymbol{\alpha}_1,\boldsymbol{\alpha}_2,\boldsymbol{\alpha}_4$.如果各向量组的秩分别为$R$(Ⅰ)$=R$(Ⅱ)$=2$,$R$(Ⅲ)$=3$,则向量组$\boldsymbol{\alpha}_1,\boldsymbol{\alpha}_2,\boldsymbol{\alpha}_3-\boldsymbol{\alpha}_4$的秩为________.

(A) 1.　(B) 2.　(C) 3.　(D) 不能确定.

【分析】因为R(Ⅰ)$=R$(Ⅱ)$=2$,所以向量组$\boldsymbol{\alpha}_1,\boldsymbol{\alpha}_2$线性无关,而向量组$\boldsymbol{\alpha}_1,\boldsymbol{\alpha}_2,\boldsymbol{\alpha}_3$线性相关,于是$\boldsymbol{\alpha}_3$必可由$\boldsymbol{\alpha}_1,\boldsymbol{\alpha}_2$线性表示:$\boldsymbol{\alpha}_3=l_1\boldsymbol{\alpha}_1+l_2\boldsymbol{\alpha}_2$.

又$\boldsymbol{\alpha}_1,\boldsymbol{\alpha}_2$是向量组$\boldsymbol{\alpha}_1,\boldsymbol{\alpha}_2,\boldsymbol{\alpha}_3-\boldsymbol{\alpha}_4$的部分组,故可断定(A)不正确.只须判断$\boldsymbol{\alpha}_1,\boldsymbol{\alpha}_2,\boldsymbol{\alpha}_3-\boldsymbol{\alpha}_4$是否线性无关.

设有数k_1,k_2,k_3,使得$k_1\boldsymbol{\alpha}_1+k_2\boldsymbol{\alpha}_2+k_3(\boldsymbol{\alpha}_3-\boldsymbol{\alpha}_4)=\mathbf{0}$,即

$$(k_1+k_3l_1)\boldsymbol{\alpha}_1+(k_2+k_3l_2)\boldsymbol{\alpha}_2-k_3\boldsymbol{\alpha}_4=\mathbf{0}$$

由R(Ⅲ)$=3$,可知$\boldsymbol{\alpha}_1,\boldsymbol{\alpha}_2,\boldsymbol{\alpha}_4$线性无关,所以

$$\begin{cases}k_1+l_1k_3=0,\\k_2+l_2k_3=0,\\k_3=0\end{cases}$$

解得 $k_1=k_2=k_3=0$. 故 $\boldsymbol{\alpha}_1,\boldsymbol{\alpha}_2,\boldsymbol{\alpha}_3-\boldsymbol{\alpha}_4$ 线性无关,其秩为 3. 所以应选(C).

【例 4.71】已知向量组 $\boldsymbol{\alpha}_1,\boldsymbol{\alpha}_2,\boldsymbol{\alpha}_3$ 的秩 $R(\boldsymbol{\alpha}_1,\boldsymbol{\alpha}_2,\boldsymbol{\alpha}_3)=3$,则 $R(a\boldsymbol{\alpha}_1+b\boldsymbol{\alpha}_2,a\boldsymbol{\alpha}_2+b\boldsymbol{\alpha}_3,a\boldsymbol{\alpha}_3+b\boldsymbol{\alpha}_1)=3$ 的充分必要条件是________.

(A) $a=b$.　　(B) $a\neq b$.

(C) $a=-b$.　　(D) $a\neq -b$.

【分析】由于 $R(\boldsymbol{\alpha}_1,\boldsymbol{\alpha}_2,\boldsymbol{\alpha}_3)=3$,则

$$R(a\boldsymbol{\alpha}_1+b\boldsymbol{\alpha}_2,a\boldsymbol{\alpha}_2+b\boldsymbol{\alpha}_3,a\boldsymbol{\alpha}_3+b\boldsymbol{\alpha}_1)=R\left[(\boldsymbol{\alpha}_1,\boldsymbol{\alpha}_2,\boldsymbol{\alpha}_3)\begin{bmatrix}a&0&b\\b&a&0\\0&b&a\end{bmatrix}\right]=3$$

$$\Leftrightarrow \boldsymbol{A}=\begin{bmatrix}a&0&b\\b&a&0\\0&b&a\end{bmatrix}\text{可逆}\Leftrightarrow|\boldsymbol{A}|=\begin{vmatrix}a&0&b\\b&a&0\\0&b&a\end{vmatrix}=a^3+b^3\neq 0$$

$$\Leftrightarrow a^3\neq -b^3\Leftrightarrow a\neq -b$$

故应选(D).

【例 4.72】设向量组(Ⅰ)$\boldsymbol{\alpha}_1,\boldsymbol{\alpha}_2,\cdots,\boldsymbol{\alpha}_s$ 和向量组(Ⅱ)$\boldsymbol{\beta}_1,\boldsymbol{\beta}_2,\cdots,\boldsymbol{\beta}_t$ 的秩分别为 r_1 和 r_2,而向量组(Ⅲ)$\boldsymbol{\alpha}_1,\boldsymbol{\alpha}_2,\cdots\boldsymbol{\alpha}_s,\boldsymbol{\beta}_1,\boldsymbol{\beta}_2,\cdots,\boldsymbol{\beta}_t$ 的秩为 r,则________.

(A) $r=r_1+r_2$.　　(B) $r>r_1+r_2$.

(C) $r<r_1+r_2$.　　(D) $r\leqslant r_1+r_2$.

【分析】若 r_1 和 r_2 中至少有一个为零,显然有 $r=r_1+r_2$. 若 r_1 和 r_2 都不为零,不妨设向量组(Ⅰ)的极大线性无关组为 $\boldsymbol{\alpha}_1,\boldsymbol{\alpha}_2,\cdots,\boldsymbol{\alpha}_{r_1}$,向量组(Ⅱ)的极大线性无关组为 $\boldsymbol{\beta}_1,\boldsymbol{\beta}_2,\cdots,\boldsymbol{\beta}_{r_2}$,由于向量组可以由它的极大线性无关组线性表示,故向量组(Ⅲ)可以由 $\boldsymbol{\alpha}_1,\boldsymbol{\alpha}_2,\cdots,\boldsymbol{\alpha}_{r_1},\boldsymbol{\beta}_1,\boldsymbol{\beta}_2,\cdots,\boldsymbol{\beta}_{r_2}$ 线性表示,则

$$r\leqslant R(\boldsymbol{\alpha}_1,\boldsymbol{\alpha}_2,\cdots,\boldsymbol{\alpha}_{r_1},\boldsymbol{\beta}_1,\boldsymbol{\beta}_2,\cdots,\boldsymbol{\beta}_{r_2})\leqslant r_1+r_2$$

故应选(D).

【例 4.73】设 n 维向量组 $\boldsymbol{\alpha}_1,\boldsymbol{\alpha}_2,\boldsymbol{\alpha}_3,\boldsymbol{\alpha}_4$ 的秩为 4,则向量组 $\boldsymbol{\beta}_1=\boldsymbol{\alpha}_1+k_1\boldsymbol{\alpha}_2,\boldsymbol{\beta}_2=\boldsymbol{\alpha}_2+k_2\boldsymbol{\alpha}_3,\boldsymbol{\beta}_3=\boldsymbol{\alpha}_3+k_3\boldsymbol{\alpha}_4$ 的秩为________.

【分析】由题设条件可知,向量组 $\boldsymbol{\alpha}_1,\boldsymbol{\alpha}_2,\boldsymbol{\alpha}_3,\boldsymbol{\alpha}_4$ 线性无关. 设有数 $\lambda_1,\lambda_2,\lambda_3$,使得

$$\lambda_1\boldsymbol{\beta}_1+\lambda_2\boldsymbol{\beta}_2+\lambda_3\boldsymbol{\beta}_3=\mathbf{0}$$

即

$$\lambda_1\boldsymbol{\alpha}_1+(\lambda_1k_1+\lambda_2)\boldsymbol{\alpha}_2+(\lambda_2k_2+\lambda_3)\boldsymbol{\alpha}_3+\lambda_3k_3\boldsymbol{\alpha}_4=\mathbf{0}$$

于是,$\lambda_1=0,\lambda_1k_1+\lambda_2=0,\lambda_2k_2+\lambda_3=0,\lambda_3k_3=0$. 解得 $\lambda_1=0,\lambda_2=0,\lambda_3=0$. 所以 $\boldsymbol{\beta}_1,\boldsymbol{\beta}_2,\boldsymbol{\beta}_3$ 线性无关,即 $R(\boldsymbol{\beta}_1,\boldsymbol{\beta}_2,\boldsymbol{\beta}_3)=3$.

【例 4.74】设向量组 $\boldsymbol{\alpha}_1,\boldsymbol{\alpha}_2,\cdots,\boldsymbol{\alpha}_m$ 的秩为 r,又设

$$\boldsymbol{\beta}_1=\boldsymbol{\alpha}_2+\boldsymbol{\alpha}_3+\cdots+\boldsymbol{\alpha}_m,\ \boldsymbol{\beta}_2=\boldsymbol{\alpha}_1+\boldsymbol{\alpha}_3+\cdots+\boldsymbol{\alpha}_m,\cdots,\ \boldsymbol{\beta}_m=\boldsymbol{\alpha}_1+\boldsymbol{\alpha}_2+\cdots+\boldsymbol{\alpha}_{m-1}$$

则向量组 $\boldsymbol{\beta}_1,\boldsymbol{\beta}_2,\cdots,\boldsymbol{\beta}_m$ 的秩为________.

【分析一】由于 $\boldsymbol{\beta}_1+\boldsymbol{\beta}_2+\cdots+\boldsymbol{\beta}_m=(m-1)(\boldsymbol{\alpha}_1+\boldsymbol{\alpha}_2+\cdots+\boldsymbol{\alpha}_m)$,且

$$\boldsymbol{\alpha}_i+\boldsymbol{\beta}_i=\boldsymbol{\alpha}_1+\boldsymbol{\alpha}_2+\cdots+\boldsymbol{\alpha}_m\ (i=1,2,\cdots,m)$$

所以 $\boldsymbol{\alpha}_i=(\boldsymbol{\alpha}_1+\boldsymbol{\alpha}_2+\cdots+\boldsymbol{\alpha}_m)-\boldsymbol{\beta}_i=\dfrac{1}{m-1}(\boldsymbol{\beta}_1+\boldsymbol{\beta}_2+\cdots+\boldsymbol{\beta}_m)-\boldsymbol{\beta}_i\ (i=1,2,\cdots,m)$

故向量组 $\boldsymbol{\alpha}_1,\boldsymbol{\alpha}_2,\cdots,\boldsymbol{\alpha}_m$ 与 $\boldsymbol{\beta}_1,\boldsymbol{\beta}_2,\cdots,\boldsymbol{\beta}_m$ 等价,从而 $\boldsymbol{\beta}_1,\boldsymbol{\beta}_2,\cdots,\boldsymbol{\beta}_m$ 的秩为 r.

学习随笔

【分析二】将 $\boldsymbol{\beta}_1,\boldsymbol{\beta}_2,\cdots,\boldsymbol{\beta}_m$ 看作列向量，则有 $(\boldsymbol{\beta}_1,\boldsymbol{\beta}_2,\cdots,\boldsymbol{\beta}_m)=(\boldsymbol{\alpha}_1,\boldsymbol{\alpha}_2,\cdots,\boldsymbol{\alpha}_m)\boldsymbol{P}$，其中

$$\boldsymbol{P}=\begin{bmatrix}0&1&\cdots&1\\1&0&\cdots&1\\\vdots&\vdots&&\vdots\\1&1&\cdots&0\end{bmatrix}_{m\times m}$$

可求得 $|\boldsymbol{P}|=(-1)^{m-1}(m-1)$，即 $\boldsymbol{P}$ 可逆，从而 $\boldsymbol{\alpha}_1,\boldsymbol{\alpha}_2,\cdots,\boldsymbol{\alpha}_m$ 可由 $\boldsymbol{\beta}_1,\boldsymbol{\beta}_2,\cdots,\boldsymbol{\beta}_m$ 线性表示，故这两个向量组等价，即它们有相同的秩.

【例 4.75】设 $\boldsymbol{\varepsilon}_1,\boldsymbol{\varepsilon}_2,\boldsymbol{\varepsilon}_3,\boldsymbol{\varepsilon}_4$ 是 $\mathbf{R}^4$ 的一组基，且向量组 $\boldsymbol{\alpha}_1=\boldsymbol{\varepsilon}_1+2\boldsymbol{\varepsilon}_2+\boldsymbol{\varepsilon}_3+4\boldsymbol{\varepsilon}_4$，$\boldsymbol{\alpha}_2=\boldsymbol{\varepsilon}_1+3\boldsymbol{\varepsilon}_2+5\boldsymbol{\varepsilon}_4$，$\boldsymbol{\alpha}_3=\boldsymbol{\varepsilon}_1+\boldsymbol{\varepsilon}_2+2\boldsymbol{\varepsilon}_3+3\boldsymbol{\varepsilon}_4$，$\boldsymbol{\alpha}_4=\boldsymbol{\varepsilon}_1-3\boldsymbol{\varepsilon}_2+6\boldsymbol{\varepsilon}_3-\boldsymbol{\varepsilon}_4$，$\boldsymbol{\alpha}_5=2\boldsymbol{\varepsilon}_1+6\boldsymbol{\varepsilon}_2+10\boldsymbol{\varepsilon}_4$，则向量组 $\boldsymbol{\alpha}_1,\boldsymbol{\alpha}_2,\boldsymbol{\alpha}_3,\boldsymbol{\alpha}_4,\boldsymbol{\alpha}_5$ 的秩为________，它的一组基为________.

【分析】利用向量组 $\boldsymbol{\alpha}_1,\boldsymbol{\alpha}_2,\boldsymbol{\alpha}_3,\boldsymbol{\alpha}_4,\boldsymbol{\alpha}_5$ 构造矩阵，并写出在基 $\boldsymbol{\varepsilon}_1,\boldsymbol{\varepsilon}_2,\boldsymbol{\varepsilon}_3,\boldsymbol{\varepsilon}_4$ 下的矩阵表示

$$\begin{aligned}(\boldsymbol{\alpha}_1,\boldsymbol{\alpha}_2,\boldsymbol{\alpha}_3,\boldsymbol{\alpha}_4,\boldsymbol{\alpha}_5)&=(\boldsymbol{\varepsilon}_1,\boldsymbol{\varepsilon}_2,\boldsymbol{\varepsilon}_3,\boldsymbol{\varepsilon}_4)\begin{bmatrix}1&1&1&1&2\\2&3&1&-3&6\\1&0&2&6&0\\4&5&3&-1&10\end{bmatrix}\\&=(\boldsymbol{\varepsilon}_1,\boldsymbol{\varepsilon}_2,\boldsymbol{\varepsilon}_3,\boldsymbol{\varepsilon}_4)\boldsymbol{A}\end{aligned}$$

对矩阵 $\boldsymbol{A}$ 施以初等行变换，得到

$$\boldsymbol{A}\rightarrow\begin{bmatrix}1&1&1&1&2\\0&1&-1&-5&2\\0&-1&1&5&-2\\0&1&-1&-5&2\end{bmatrix}\rightarrow\begin{bmatrix}1&1&1&1&2\\0&1&-1&-5&2\\0&0&0&0&0\\0&0&0&0&0\end{bmatrix}$$

所以，$R(\boldsymbol{\alpha}_1,\boldsymbol{\alpha}_2,\boldsymbol{\alpha}_3,\boldsymbol{\alpha}_4,\boldsymbol{\alpha}_5)=2$，它的一组基为 $\boldsymbol{\alpha}_1,\boldsymbol{\alpha}_2$（基不唯一）.

【例 4.76】已知向量组 $\boldsymbol{\alpha}_1=(1,1,t)^{\mathrm{T}}$，$\boldsymbol{\alpha}_2=(1,t,1)^{\mathrm{T}}$，$\boldsymbol{\alpha}_3=(t,1,1)^{\mathrm{T}}$ 的秩是 2，求 t 的值.

【解】对 $(\boldsymbol{\alpha}_1,\boldsymbol{\alpha}_2,\boldsymbol{\alpha}_3)$ 作初等行变换，有

$$(\boldsymbol{\alpha}_1,\boldsymbol{\alpha}_2,\boldsymbol{\alpha}_3)=\begin{bmatrix}1&1&t\\1&t&1\\t&1&1\end{bmatrix}\rightarrow\begin{bmatrix}1&1&t\\0&t-1&1-t\\0&1-t&1-t^2\end{bmatrix}\rightarrow\begin{bmatrix}1&1&t\\0&t-1&1-t\\0&0&2-t-t^2\end{bmatrix}$$

由 $t^2+t-2=(t-1)(t+2)$，可知 $t=-2$ 时向量组的秩为 2.

【例 4.77】设 $\boldsymbol{\alpha}_1=(1,2,-3)$，$\boldsymbol{\alpha}_2=(3,6,-9)$，$\boldsymbol{\alpha}_3=(3,0,1)$ 和 $\boldsymbol{\beta}_1=(0,1,-1)$，$\boldsymbol{\beta}_2=(a,2,1)$，$\boldsymbol{\beta}_3=(b,1,0)$. 若 $R(\boldsymbol{\alpha}_1,\boldsymbol{\alpha}_2,\boldsymbol{\alpha}_3,\boldsymbol{\beta}_3)=R(\boldsymbol{\alpha}_1,\boldsymbol{\alpha}_2,\boldsymbol{\alpha}_3)=R(\boldsymbol{\beta}_1,\boldsymbol{\beta}_2,\boldsymbol{\beta}_3)$，则 $a=$________，$b=$________.

【分析】设 $\boldsymbol{A}=(\boldsymbol{\alpha}_1^{\mathrm{T}},\boldsymbol{\alpha}_2^{\mathrm{T}},\boldsymbol{\alpha}_3^{\mathrm{T}},\boldsymbol{\beta}_3^{\mathrm{T}})$，对 $\boldsymbol{A}$ 施以初等行变换将其化为阶梯形：

$$\boldsymbol{A}=\begin{bmatrix}1&3&3&b\\2&6&0&1\\-3&-9&1&0\end{bmatrix}\rightarrow\begin{bmatrix}1&3&3&b\\0&0&-6&1-2b\\0&0&0&5-b\end{bmatrix}$$

由 $R(\boldsymbol{\alpha}_1,\boldsymbol{\alpha}_2,\boldsymbol{\alpha}_3,\boldsymbol{\beta}_3)=R(\boldsymbol{\alpha}_1,\boldsymbol{\alpha}_2,\boldsymbol{\alpha}_3)$，得 $R(\boldsymbol{\alpha}_1,\boldsymbol{\alpha}_2,\boldsymbol{\alpha}_3)=2$，且 $b=5$.

由 $R(\boldsymbol{\alpha}_1,\boldsymbol{\alpha}_2,\boldsymbol{\alpha}_3)=R(\boldsymbol{\beta}_1,\boldsymbol{\beta}_2,\boldsymbol{\beta}_3)=2$，对矩阵 $\boldsymbol{B}=(\boldsymbol{\beta}_1^{\mathrm{T}},\boldsymbol{\beta}_2^{\mathrm{T}},\boldsymbol{\beta}_3^{\mathrm{T}})$ 施以初等行变换将其化为阶梯形：

$$\boldsymbol{B}=\begin{bmatrix}0 & a & b\\ 1 & 2 & 1\\ -1 & 1 & 0\end{bmatrix}\to\begin{bmatrix}1 & -1 & 0\\ 0 & 3 & 1\\ 0 & a & 5\end{bmatrix}\to\begin{bmatrix}1 & -1 & 0\\ 0 & 3 & 1\\ 0 & 0 & 15-a\end{bmatrix}$$

得 $a=15$.

【例 4.78】 设向量组 $\boldsymbol{\alpha}_1,\boldsymbol{\alpha}_2,\boldsymbol{\alpha}_3$ 线性无关，已知 $\boldsymbol{\beta}_1=(k-1)\boldsymbol{\alpha}_1+\boldsymbol{\alpha}_2+\boldsymbol{\alpha}_3$，$\boldsymbol{\beta}_2=\boldsymbol{\alpha}_1+(k+1)\boldsymbol{\alpha}_2+\boldsymbol{\alpha}_3$，$\boldsymbol{\beta}_3=-\boldsymbol{\alpha}_1-(k+1)\boldsymbol{\alpha}_2+(1-k)\boldsymbol{\alpha}_3$，求向量组 $\boldsymbol{\beta}_1,\boldsymbol{\beta}_2,\boldsymbol{\beta}_3$ 的秩.

【解】 由题设知

$$(\boldsymbol{\beta}_1,\boldsymbol{\beta}_2,\boldsymbol{\beta}_3)=(\boldsymbol{\alpha}_1,\boldsymbol{\alpha}_2,\boldsymbol{\alpha}_3)\begin{bmatrix}k-1 & 1 & -1\\ 1 & k+1 & -(k+1)\\ 1 & 1 & 1-k\end{bmatrix}=(\boldsymbol{\alpha}_1,\boldsymbol{\alpha}_2,\boldsymbol{\alpha}_3)\boldsymbol{C}$$

$$|\boldsymbol{C}|=\begin{vmatrix}k-1 & 1 & -1\\ 1 & k+1 & -(k+1)\\ 1 & 1 & 1-k\end{vmatrix}=(2-k)(k^2-2)$$

(1) 当 $k\neq 2$ 且 $k\neq\pm\sqrt{2}$ 时，$\boldsymbol{\beta}_1,\boldsymbol{\beta}_2,\boldsymbol{\beta}_3$ 线性无关，此时 $R(\boldsymbol{\beta}_1,\boldsymbol{\beta}_2,\boldsymbol{\beta}_3)=3$.

(2) 当 $k=2$ 或 $k=\pm\sqrt{2}$ 时，$\boldsymbol{\beta}_1,\boldsymbol{\beta}_2,\boldsymbol{\beta}_3$ 的线性相关性需要讨论.

当 $k=2$ 时，$\boldsymbol{\beta}_1=\boldsymbol{\alpha}_1+\boldsymbol{\alpha}_2+\boldsymbol{\alpha}_3$，$\boldsymbol{\beta}_2=\boldsymbol{\alpha}_1+3\boldsymbol{\alpha}_2+\boldsymbol{\alpha}_3$，$\boldsymbol{\beta}_3=-\boldsymbol{\alpha}_1-3\boldsymbol{\alpha}-\boldsymbol{\alpha}_3$，此时 $\boldsymbol{\beta}_1,\boldsymbol{\beta}_2$ 线性无关，$R(\boldsymbol{\beta}_1,\boldsymbol{\beta}_2,\boldsymbol{\beta}_3)=2$.

当 $k=\pm\sqrt{2}$ 时，也有 $R(\boldsymbol{\beta}_1,\boldsymbol{\beta}_2,\boldsymbol{\beta}_3)=2$.

【例 4.79】 求向量组 $\boldsymbol{\alpha}_1=(1,-2,0,3)^{\mathrm{T}}$，$\boldsymbol{\alpha}_2=(2,-5,-3,6)^{\mathrm{T}}$，$\boldsymbol{\alpha}_3=(0,1,3,0)^{\mathrm{T}}$，$\boldsymbol{\alpha}_4=(2,-1,4,-7)^{\mathrm{T}}$，$\boldsymbol{\alpha}_5=(5,-8,1,2)^{\mathrm{T}}$ 的秩和极大线性无关组，并将其余向量表示成极大线性无关组的线性组合.

【分析】 将向量组作为列组成矩阵，用矩阵的初等行变换化矩阵为阶梯形矩阵，可知向量组的秩和极大线性无关组. 再继续用初等行变换化阶梯形矩阵为规范阶梯形矩阵，即可由此写出其余向量是极大线性无关组的线性组合的表示式. 注意：在由阶梯形矩阵化为规范阶梯形矩阵时，要尽量避免出现分数.

【解法一】 列向量作行变换：

$$(\boldsymbol{\alpha}_1,\boldsymbol{\alpha}_2,\boldsymbol{\alpha}_3,\boldsymbol{\alpha}_4,\boldsymbol{\alpha}_5)=\begin{bmatrix}1 & 2 & 0 & 2 & 5\\ -2 & -5 & 1 & -1 & -8\\ 0 & -3 & 3 & 4 & 1\\ 3 & 6 & 0 & -7 & 2\end{bmatrix}\to$$

$$\begin{bmatrix}1 & 2 & 0 & 2 & 5\\ 0 & -1 & 1 & 3 & 2\\ 0 & -3 & 3 & 4 & 1\\ 0 & 0 & 0 & -13 & -13\end{bmatrix}\to\begin{bmatrix}1 & 2 & 0 & 2 & 5\\ 0 & -1 & 1 & 3 & 2\\ 0 & 0 & 0 & -5 & -5\\ 0 & 0 & 0 & 1 & 1\end{bmatrix}\to\begin{bmatrix}1 & 2 & 0 & 2 & 5\\ 0 & -1 & 1 & 3 & 2\\ 0 & 0 & 0 & 1 & 1\\ 0 & 0 & 0 & 0 & 0\end{bmatrix}=\boldsymbol{B}$$

因为 $\boldsymbol{B}$ 中有 3 个非零行，所以向量组的秩为 3. 又因非零行的第 1 个不等于零的数分别在 1,2,4 列，所以 $\boldsymbol{\alpha}_1,\boldsymbol{\alpha}_2,\boldsymbol{\alpha}_4$ 是极大线性无关组.

学习随笔

对矩阵 $\boldsymbol{B}$ 继续作行变换将其化为行最简形，即

$$\boldsymbol{B}\to\begin{bmatrix}1&0&2&8&9\\0&1&-1&-3&-2\\0&0&0&1&1\\0&0&0&0&0\end{bmatrix}\to\begin{bmatrix}1&0&2&0&1\\0&1&-1&0&1\\0&0&0&1&1\\0&0&0&0&0\end{bmatrix}$$

可得 $\boldsymbol{\alpha}_3=2\boldsymbol{\alpha}_1-\boldsymbol{\alpha}_2,\boldsymbol{\alpha}_5=\boldsymbol{\alpha}_1+\boldsymbol{\alpha}_2+\boldsymbol{\alpha}_4$.

【解法二】行向量作行变换：

$$\begin{bmatrix}1&-2&0&3\\2&-5&-3&6\\0&1&3&0\\2&-1&4&-7\\5&-8&1&2\end{bmatrix}\begin{matrix}\boldsymbol{\alpha}_1^{\mathrm T}\\\boldsymbol{\alpha}_2^{\mathrm T}\\\boldsymbol{\alpha}_3^{\mathrm T}\\\boldsymbol{\alpha}_4^{\mathrm T}\\\boldsymbol{\alpha}_5^{\mathrm T}\end{matrix}\to\begin{bmatrix}1&-2&0&3\\0&-1&-3&0\\0&1&3&0\\0&3&4&-13\\0&2&1&-13\end{bmatrix}\begin{matrix}\boldsymbol{\alpha}_1^{\mathrm T}\\\boldsymbol{\alpha}_2^{\mathrm T}-2\boldsymbol{\alpha}_1^{\mathrm T}\\\boldsymbol{\alpha}_3^{\mathrm T}\\\boldsymbol{\alpha}_4^{\mathrm T}-2\boldsymbol{\alpha}_1^{\mathrm T}\\\boldsymbol{\alpha}_5^{\mathrm T}-5\boldsymbol{\alpha}_1^{\mathrm T}\end{matrix}\to$$

$$\begin{bmatrix}1&-2&0&3\\0&-1&-3&0\\0&0&0&0\\0&0&-5&-13\\0&0&-5&-13\end{bmatrix}\begin{matrix}\boldsymbol{\alpha}_1^{\mathrm T}\\\boldsymbol{\alpha}_2^{\mathrm T}-2\boldsymbol{\alpha}_1^{\mathrm T}\\\boldsymbol{\alpha}_3^{\mathrm T}+\boldsymbol{\alpha}_2^{\mathrm T}-2\boldsymbol{\alpha}_1^{\mathrm T}\\\boldsymbol{\alpha}_4^{\mathrm T}-2\boldsymbol{\alpha}_1^{\mathrm T}+3(\boldsymbol{\alpha}_2^{\mathrm T}-2\boldsymbol{\alpha}_1^{\mathrm T})\\\boldsymbol{\alpha}_5^{\mathrm T}-5\boldsymbol{\alpha}_1^{\mathrm T}+2(\boldsymbol{\alpha}_2^{\mathrm T}-2\boldsymbol{\alpha}_1^{\mathrm T})\end{matrix}\to$$

$$\begin{bmatrix}1&-2&0&3\\0&-1&-3&0\\0&0&-5&-13\\0&0&0&0\\0&0&0&0\end{bmatrix}\begin{matrix}\boldsymbol{\alpha}_1^{\mathrm T}\\\boldsymbol{\alpha}_2^{\mathrm T}-2\boldsymbol{\alpha}_1^{\mathrm T}\\\boldsymbol{\alpha}_4^{\mathrm T}-8\boldsymbol{\alpha}_1^{\mathrm T}+3\boldsymbol{\alpha}_2^{\mathrm T}\\\boldsymbol{\alpha}_3^{\mathrm T}+\boldsymbol{\alpha}_2^{\mathrm T}-2\boldsymbol{\alpha}_1^{\mathrm T}\\\boldsymbol{\alpha}_5^{\mathrm T}-\boldsymbol{\alpha}_4^{\mathrm T}-\boldsymbol{\alpha}_1^{\mathrm T}-\boldsymbol{\alpha}_2^{\mathrm T}\end{matrix}$$

由于阶梯形矩阵为 3 行，所以向量组的秩为 3. 又因 $\boldsymbol{\alpha}_1,\boldsymbol{\alpha}_2-2\boldsymbol{\alpha}_1,\boldsymbol{\alpha}_4-8\boldsymbol{\alpha}_1+3\boldsymbol{\alpha}_2$ 线性无关，所以 $\boldsymbol{\alpha}_1,\boldsymbol{\alpha}_2,\boldsymbol{\alpha}_4$ 线性无关，是一个极大线性无关组.

由 $\boldsymbol{\alpha}_3+\boldsymbol{\alpha}_2-2\boldsymbol{\alpha}_1=\boldsymbol{0},\boldsymbol{\alpha}_5-\boldsymbol{\alpha}_4-\boldsymbol{\alpha}_1-\boldsymbol{\alpha}_2=\boldsymbol{0}$，可得

$$\boldsymbol{\alpha}_3=2\boldsymbol{\alpha}_1-\boldsymbol{\alpha}_2,\quad \boldsymbol{\alpha}_5=\boldsymbol{\alpha}_1+\boldsymbol{\alpha}_2+\boldsymbol{\alpha}_4$$

评注　解法一的理由叙述如下：

因为对矩阵作初等行变换相当于左乘初等矩阵，因此有

$$\boldsymbol{P}_s\cdots\boldsymbol{P}_2\boldsymbol{P}_1(\boldsymbol{\alpha}_1,\boldsymbol{\alpha}_2,\boldsymbol{\alpha}_3,\boldsymbol{\alpha}_4,\boldsymbol{\alpha}_5)=\boldsymbol{B}$$

$\boldsymbol{P}_i$ 是初等矩阵，记 $\boldsymbol{P}=\boldsymbol{P}_s\cdots\boldsymbol{P}_2\boldsymbol{P}_1$，则 $\boldsymbol{P}$ 是可逆矩阵. 由于秩 $R(\boldsymbol{A})=R(\boldsymbol{PA})=R(\boldsymbol{B})=3$，故向量组的秩为 3，由分块矩阵乘法知

$$\boldsymbol{P}(\boldsymbol{\alpha}_1,\boldsymbol{\alpha}_2,\boldsymbol{\alpha}_4)=\begin{bmatrix}1&2&2\\0&-1&3\\0&0&1\\0&0&0\end{bmatrix}$$

因为 $\boldsymbol{P}$ 可逆，可见 $R(\boldsymbol{\alpha}_1,\boldsymbol{\alpha}_2,\boldsymbol{\alpha}_4)=3$，所以 $\boldsymbol{\alpha}_1,\boldsymbol{\alpha}_2,\boldsymbol{\alpha}_4$ 是极大线性无关组.

对于行最简形，有

学习随笔

$$P\boldsymbol{\alpha}_1=\begin{bmatrix}1\\0\\0\\0\end{bmatrix},P\boldsymbol{\alpha}_2=\begin{bmatrix}0\\1\\0\\0\end{bmatrix},P\boldsymbol{\alpha}_3=\begin{bmatrix}2\\-1\\0\\0\end{bmatrix},P\boldsymbol{\alpha}_4=\begin{bmatrix}0\\0\\1\\0\end{bmatrix},P\boldsymbol{\alpha}_5=\begin{bmatrix}1\\1\\1\\0\end{bmatrix}$$

于是 $P\boldsymbol{\alpha}_3=2P\boldsymbol{\alpha}_1-P\boldsymbol{\alpha}_2,P\boldsymbol{\alpha}_5=P\boldsymbol{\alpha}_1+P\boldsymbol{\alpha}_2+P\boldsymbol{\alpha}_3$，又 P 可逆，从而可知 $\boldsymbol{\alpha}_3=2\boldsymbol{\alpha}_1-\boldsymbol{\alpha}_2,\boldsymbol{\alpha}_5=\boldsymbol{\alpha}_1+\boldsymbol{\alpha}_2+\boldsymbol{\alpha}_4$.

【例 4.80】设向量组 $\boldsymbol{\alpha}_1=(1,1,1,3)^{\mathrm T},\boldsymbol{\alpha}_2=(-1,-3,5,1)^{\mathrm T},\boldsymbol{\alpha}_3=(3,2,-1,p+2)^{\mathrm T},\boldsymbol{\alpha}_4=(-2,-6,10,p)^{\mathrm T}$.

(1) p 为何值时，该向量组线性无关？并在此时将向量 $\boldsymbol{\alpha}=(4,1,6,10)^{\mathrm T}$ 用 $\boldsymbol{\alpha}_1,\boldsymbol{\alpha}_2,\boldsymbol{\alpha}_3,\boldsymbol{\alpha}_4$ 线性表出.

(2) p 为何值时，该向量组线性相关？并在此时求出它的秩和一个极大线性无关组.

【分析】对矩阵 A 作初等行变换得到矩阵 B，则 A 的列向量与 B 的列向量有相同的线性相关性，因此观察 B 的列向量就可判断 A 的列向量是否线性相关，亦可求出极大线性无关组.

【解】对矩阵 $(\boldsymbol{\alpha}_1,\boldsymbol{\alpha}_2,\boldsymbol{\alpha}_3,\boldsymbol{\alpha}_4\mid\boldsymbol{\alpha})$ 作初等行变换：

$$\left[\begin{array}{cccc:c}1&-1&3&-2&4\\1&-3&2&-6&1\\1&5&-1&10&6\\3&1&p+2&p&10\end{array}\right]\to\left[\begin{array}{cccc:c}1&-1&3&-2&4\\0&-2&-1&-4&-3\\0&6&-4&12&2\\0&4&p-7&p+6&-2\end{array}\right]\to$$

$$\left[\begin{array}{cccc:c}1&-1&3&-2&4\\1&-2&-1&-4&-3\\0&0&-7&0&-7\\0&0&p-9&p-2&-8\end{array}\right]\to\left[\begin{array}{cccc:c}1&-1&3&-2&4\\0&-2&-1&-4&-3\\0&0&1&0&1\\0&0&0&p-2&1-p\end{array}\right]$$

(1) 当 $p\neq2$ 时，向量组 $\boldsymbol{\alpha}_1,\boldsymbol{\alpha}_2,\boldsymbol{\alpha}_3,\boldsymbol{\alpha}_4$ 线性无关. 由 $\boldsymbol{\alpha}=x_1\boldsymbol{\alpha}_1+x_2\boldsymbol{\alpha}_2+x_3\boldsymbol{\alpha}_3+x_4\boldsymbol{\alpha}_4$，解得

$$x_1=2,\quad x_2=\frac{3p-4}{p-2},\quad x_3=1,\quad x_4=\frac{1-p}{p-2}$$

(2) 当 $p=2$ 时，向量组 $\boldsymbol{\alpha}_1,\boldsymbol{\alpha}_2,\boldsymbol{\alpha}_3,\boldsymbol{\alpha}_4$ 线性相关. 此时，向量组的秩等于 3. $\boldsymbol{\alpha}_1,\boldsymbol{\alpha}_2,\boldsymbol{\alpha}_3$（或 $\boldsymbol{\alpha}_1,\boldsymbol{\alpha}_3,\boldsymbol{\alpha}_4$）为其一个极大线性无关组.

评注　列向量作行变换 $A=(\boldsymbol{\alpha}_1,\boldsymbol{\alpha}_2,\boldsymbol{\alpha}_3,\boldsymbol{\alpha}_4)\to B=(\boldsymbol{\beta}_1,\boldsymbol{\beta}_2,\boldsymbol{\beta}_3,\boldsymbol{\beta}_4)$，那么在阶梯形矩阵 B 中，每行第 1 个不为 0 的数所在的列对应的就是 $\boldsymbol{\alpha}_1,\boldsymbol{\alpha}_2,\boldsymbol{\alpha}_3,\boldsymbol{\alpha}_4$ 的一个极大线性无关组，即若 $\boldsymbol{\beta}_1,\boldsymbol{\beta}_2,\boldsymbol{\beta}_3$ 是 $\boldsymbol{\beta}_1,\boldsymbol{\beta}_2,\boldsymbol{\beta}_3,\boldsymbol{\beta}_4$ 的极大线性无关组，则 $\boldsymbol{\alpha}_1,\boldsymbol{\alpha}_2,\boldsymbol{\alpha}_3$ 是 $\boldsymbol{\alpha}_1,\boldsymbol{\alpha}_2,\boldsymbol{\alpha}_3,\boldsymbol{\alpha}_4$ 的极大线性无关组.

【例 4.81】设 4 维向量组 $\boldsymbol{\alpha}_1=(1+a,1,1,1)^{\mathrm T},\boldsymbol{\alpha}_2=(2,2+a,2,2)^{\mathrm T},\boldsymbol{\alpha}_3=(3,3,3+a,3)^{\mathrm T},\boldsymbol{\alpha}_4=(4,4,4,4+a)^{\mathrm T}$，问 a 为何值时，$\boldsymbol{\alpha}_1,\boldsymbol{\alpha}_2,\boldsymbol{\alpha}_3,\boldsymbol{\alpha}_4$ 线性相关？当 $\boldsymbol{\alpha}_1,\boldsymbol{\alpha}_2,\boldsymbol{\alpha}_3,\boldsymbol{\alpha}_4$ 线性相关时，求其一个极大线性无关组，并将其余向量用该极大线性无关组线性表出.

【解法一】记 $A=(\boldsymbol{\alpha}_1,\boldsymbol{\alpha}_2,\boldsymbol{\alpha}_3,\boldsymbol{\alpha}_4)$，则

学习随笔

$$|\boldsymbol{A}|=\begin{vmatrix}1+a & 2 & 3 & 4\\ 1 & 2+a & 3 & 4\\ 1 & 2 & 3+a & 4\\ 1 & 2 & 3 & 4+a\end{vmatrix}=\begin{vmatrix}a+10 & 2 & 3 & 4\\ a+10 & 2+a & 3 & 4\\ a+10 & 2 & 3+a & 4\\ a+10 & 2 & 3 & 4+a\end{vmatrix}=(a+10)a^3$$

那么,当 $a=0$ 或 $a=-10$ 时,$|\boldsymbol{A}|=0$,向量组 $\boldsymbol{\alpha}_1,\boldsymbol{\alpha}_2,\boldsymbol{\alpha}_3,\boldsymbol{\alpha}_4$ 线性相关.

当 $a=0$ 时,$\boldsymbol{\alpha}_1$ 为向量组 $\boldsymbol{\alpha}_1,\boldsymbol{\alpha}_2,\boldsymbol{\alpha}_3,\boldsymbol{\alpha}_4$ 的一个极大线性无关组,且

$$\boldsymbol{\alpha}_2=2\boldsymbol{\alpha}_1,\ \boldsymbol{\alpha}_3=3\boldsymbol{\alpha}_1,\ \boldsymbol{\alpha}_4=4\boldsymbol{\alpha}_1$$

当 $a=-10$ 时,对 $\boldsymbol{A}$ 作初等行变换,有

$$\boldsymbol{A}=\begin{bmatrix}-9 & 2 & 3 & 4\\ 1 & -8 & 3 & 4\\ 1 & 2 & -7 & 4\\ 1 & 2 & 3 & -6\end{bmatrix}\to\begin{bmatrix}-9 & 2 & 3 & 4\\ 10 & -10 & 0 & 0\\ 10 & 0 & -10 & 0\\ 10 & 0 & 0 & -10\end{bmatrix}\to$$

$$\begin{bmatrix}-9 & 2 & 3 & 4\\ 1 & -1 & 0 & 0\\ 1 & 0 & -1 & 0\\ 1 & 0 & 0 & -1\end{bmatrix}\to\begin{bmatrix}0 & 0 & 0 & 0\\ 1 & -1 & 0 & 0\\ 1 & 0 & -1 & 0\\ 1 & 0 & 0 & -1\end{bmatrix}=(\boldsymbol{\beta}_1,\boldsymbol{\beta}_2,\boldsymbol{\beta}_3,\boldsymbol{\beta}_4)$$

由于 $\boldsymbol{\beta}_2,\boldsymbol{\beta}_3,\boldsymbol{\beta}_4$ 为 $\boldsymbol{\beta}_1,\boldsymbol{\beta}_2,\boldsymbol{\beta}_3,\boldsymbol{\beta}_4$ 的一个极大线性无关组,且 $\boldsymbol{\beta}_1=-\boldsymbol{\beta}_2-\boldsymbol{\beta}_3-\boldsymbol{\beta}_4$,所以 $\boldsymbol{\alpha}_2,\boldsymbol{\alpha}_3,\boldsymbol{\alpha}_4$ 为向量组 $\boldsymbol{\alpha}_1,\boldsymbol{\alpha}_2,\boldsymbol{\alpha}_3,\boldsymbol{\alpha}_4$ 的一个极大线性无关组,且 $\boldsymbol{\alpha}_1=-\boldsymbol{\alpha}_2-\boldsymbol{\alpha}_3-\boldsymbol{\alpha}_4$.

【解法二】记 $\boldsymbol{A}=(\boldsymbol{\alpha}_1,\boldsymbol{\alpha}_2,\boldsymbol{\alpha}_3,\boldsymbol{\alpha}_4)$,对 $\boldsymbol{A}$ 作初等行变换,有

$$\boldsymbol{A}=\begin{bmatrix}1+a & 2 & 3 & 4\\ 1 & 2+a & 3 & 4\\ 1 & 2 & 3+a & 4\\ 1 & 2 & 3 & 4+a\end{bmatrix}\to\begin{bmatrix}1+a & 2 & 3 & 4\\ -a & a & 0 & 0\\ -a & 0 & a & 0\\ -a & 0 & 0 & a\end{bmatrix}=\boldsymbol{B}$$

当 $a=0$ 时,秩 $R(\boldsymbol{A})=1$,因而 $\boldsymbol{\alpha}_1,\boldsymbol{\alpha}_2,\boldsymbol{\alpha}_3,\boldsymbol{\alpha}_4$ 线性相关.此时 $\boldsymbol{\alpha}_1$ 是向量组 $\boldsymbol{\alpha}_1,\boldsymbol{\alpha}_2,\boldsymbol{\alpha}_3,\boldsymbol{\alpha}_4$ 的一个极大线性无关组,且 $\boldsymbol{\alpha}_2=2\boldsymbol{\alpha}_1,\boldsymbol{\alpha}_3=3\boldsymbol{\alpha}_1,\boldsymbol{\alpha}_4=4\boldsymbol{\alpha}_1$.

当 $a\neq 0$ 时,对矩阵 $\boldsymbol{B}$ 作初等变换,有

$$\boldsymbol{B}\to\begin{bmatrix}1+a & 2 & 3 & 4\\ -1 & 1 & 0 & 0\\ -1 & 0 & 1 & 0\\ -1 & 0 & 0 & 1\end{bmatrix}\to\begin{bmatrix}a+10 & 0 & 0 & 0\\ -1 & 1 & 0 & 0\\ -1 & 0 & 1 & 0\\ -1 & 0 & 0 & 1\end{bmatrix}=\boldsymbol{C}=(\boldsymbol{\gamma}_1,\boldsymbol{\gamma}_2,\boldsymbol{\gamma}_3,\boldsymbol{\gamma}_4)$$

如果 $a\neq-10$,则秩 $R(\boldsymbol{C})=4$,$\boldsymbol{\alpha}_1,\boldsymbol{\alpha}_2,\boldsymbol{\alpha}_3,\boldsymbol{\alpha}_4$ 线性无关.

如果 $a=-10$,则秩 $R(\boldsymbol{C})=3$,从而 $R(\boldsymbol{A})=3$,$\boldsymbol{\alpha}_1,\boldsymbol{\alpha}_2,\boldsymbol{\alpha}_3,\boldsymbol{\alpha}_4$ 线性相关.

由于 $\boldsymbol{\gamma}_2,\boldsymbol{\gamma}_3,\boldsymbol{\gamma}_4$ 是 $\boldsymbol{\gamma}_1,\boldsymbol{\gamma}_2,\boldsymbol{\gamma}_3,\boldsymbol{\gamma}_4$ 的一个极大线性无关组,且 $\boldsymbol{\gamma}_1=-\boldsymbol{\gamma}_2-\boldsymbol{\gamma}_3-\boldsymbol{\gamma}_4$,所以 $\boldsymbol{\alpha}_2,\boldsymbol{\alpha}_3,\boldsymbol{\alpha}_4$ 是 $\boldsymbol{\alpha}_1,\boldsymbol{\alpha}_2,\boldsymbol{\alpha}_3,\boldsymbol{\alpha}_4$ 的一个极大线性无关组,且 $\boldsymbol{\alpha}_1=-\boldsymbol{\alpha}_2-\boldsymbol{\alpha}_3-\boldsymbol{\alpha}_4$.

评注　要会化为爪型.

【例 4.82】已知向量组 $\boldsymbol{\alpha}_1=(1,1,0,2)^{\mathrm{T}},\boldsymbol{\alpha}_2=(-1,0,1,1)^{\mathrm{T}},\boldsymbol{\alpha}_3=(2,3,a,7)^{\mathrm{T}},\boldsymbol{\alpha}_4=(-1,5,3,a+11)^{\mathrm{T}}$ 线性相关,而且向量 $\boldsymbol{\beta}=(1,0,2,b)^{\mathrm{T}}$ 可由 $\boldsymbol{\alpha}_1,\boldsymbol{\alpha}_2,\boldsymbol{\alpha}_3,\boldsymbol{\alpha}_4$ 线性表出.

(1) 求 a,b 的值.

(2) 试将 $\boldsymbol{\beta}$ 用 $\boldsymbol{\alpha}_1,\boldsymbol{\alpha}_2,\boldsymbol{\alpha}_3,\boldsymbol{\alpha}_4$ 线性表出.

学习随笔

(3) 求向量组 $\boldsymbol{\alpha}_1,\boldsymbol{\alpha}_2,\boldsymbol{\alpha}_3,\boldsymbol{\alpha}_4$ 的一个极大线性无关组，并将向量组中其余向量用该极大线性无关组线性表出.

【解】(1) 设 $x_1\boldsymbol{\alpha}_1+x_2\boldsymbol{\alpha}_2+x_3\boldsymbol{\alpha}_3+x_4\boldsymbol{\alpha}_4=\boldsymbol{\beta}$，对增广矩阵 $(\boldsymbol{\alpha}_1,\boldsymbol{\alpha}_2,\boldsymbol{\alpha}_3,\boldsymbol{\alpha}_4\mid\boldsymbol{\beta})$ 加减消元，有

$$\left[\begin{array}{cccc|c}1&-1&2&-1&1\\1&0&3&5&0\\0&1&a&3&2\\2&1&7&a+11&b\end{array}\right]\rightarrow\left[\begin{array}{cccc|c}1&-1&2&-1&1\\0&1&1&6&-1\\0&1&a&3&2\\0&3&3&a+13&b-2\end{array}\right]\rightarrow$$

$$\left[\begin{array}{cccc|c}1&-1&2&-1&1\\0&1&1&6&-1\\0&0&a-1&-3&3\\0&0&0&a-5&b+1\end{array}\right]$$

因为 $\boldsymbol{\alpha}_1,\boldsymbol{\alpha}_2,\boldsymbol{\alpha}_3,\boldsymbol{\alpha}_4$ 线性相关，而且 $\boldsymbol{\beta}$ 可以由 $\boldsymbol{\alpha}_1,\boldsymbol{\alpha}_2,\boldsymbol{\alpha}_3,\boldsymbol{\alpha}_4$ 线性表出，故知

$$R(\boldsymbol{\alpha}_1,\boldsymbol{\alpha}_2,\boldsymbol{\alpha}_3,\boldsymbol{\alpha}_4)=R(\boldsymbol{\alpha}_1,\boldsymbol{\alpha}_2,\boldsymbol{\alpha}_3,\boldsymbol{\alpha}_4,\boldsymbol{\beta})<4$$

于是 $a=1$ 且 $b=3$ 或者 $a=5$ 且 $b=-1$.

(2) 若 $a=1$ 且 $b=3$，则由方程组

$$\begin{cases}x_1-x_2+2x_3-x_4=1,\\ \quad x_2+x_3+6x_4=-1,\\ \quad x_4=-1\end{cases}$$

解出 $x_1=5-3t,x_2=5-t,x_3=t,x_4=-1$.

于是 $\boldsymbol{\beta}=(5-3t)\boldsymbol{\alpha}_1+(5-t)\boldsymbol{\alpha}_2+t\boldsymbol{\alpha}_3-\boldsymbol{\alpha}_4$，其中 t 为任意实数.

若 $a=5$ 且 $b=-1$，则由方程组

$$\begin{cases}x_1-x_2+2x_3-x_4=1,\\ \quad x_2+x_3+6x_4=-1,\\ \quad 4x_3-3x_4=3\end{cases}$$

解出 $x_1=\frac{1}{4}(29t+9)$，$x_2=-\frac{1}{4}(27t+7)$，$x_3=\frac{1}{4}(3t+3)$，$x_4=t$.

于是 $\boldsymbol{\beta}=\frac{1}{4}(29t+9)\boldsymbol{\alpha}_1-\frac{1}{4}(27t+7)\boldsymbol{\alpha}_2+\frac{1}{4}(3t+3)\boldsymbol{\alpha}_3+t\boldsymbol{\alpha}_4$，其中，$t$ 为任意实数.

(3) 当 $a=1$ 时，极大线性无关组是 $\boldsymbol{\alpha}_1,\boldsymbol{\alpha}_2,\boldsymbol{\alpha}_4$，且 $\boldsymbol{\alpha}_3=3\boldsymbol{\alpha}_1+\boldsymbol{\alpha}_2+0\boldsymbol{\alpha}_4$；当 $a=5$ 时，极大线性无关组是 $\boldsymbol{\alpha}_1,\boldsymbol{\alpha}_2,\boldsymbol{\alpha}_3$，且 $\boldsymbol{\alpha}_4=-13\boldsymbol{\alpha}_1+\frac{27}{4}\boldsymbol{\alpha}_2-\frac{3}{4}\boldsymbol{\alpha}_3$.

评注　如果只是向量组 $\boldsymbol{\alpha}_1,\boldsymbol{\alpha}_2,\boldsymbol{\alpha}_3,\boldsymbol{\alpha}_4$ 线性相关求 a 的值，那么用行列式 $|\boldsymbol{\alpha}_1,\boldsymbol{\alpha}_2,\boldsymbol{\alpha}_3,\boldsymbol{\alpha}_4|=0$ 较简便. 若还涉及线性表出，则用 $R(\boldsymbol{\alpha}_1,\boldsymbol{\alpha}_2,\boldsymbol{\alpha}_3,\boldsymbol{\alpha}_4)=R(\boldsymbol{\alpha}_1,\boldsymbol{\alpha}_2,\boldsymbol{\alpha}_3,\boldsymbol{\alpha}_4,\boldsymbol{\beta})<4$ 方便.

五、线性方程组解的结构和判定

【例 4.83】设 $\boldsymbol{A}$ 是 n 阶矩阵，对于齐次线性方程组 $\boldsymbol{Ax}=\boldsymbol{0}$：

(1) 若 $\boldsymbol{A}$ 中每行元素之和均为 0，且 $R(\boldsymbol{A})=n-1$，则方程组的通解是________.

学习随笔

(2) 若每个 n 维向量都是方程组的解,则 $R(\boldsymbol{A})=$________.

(3) 若 $R(\boldsymbol{A})=n-1$,且代数余子式 $A_{11}\neq 0$,则 $\boldsymbol{Ax}=\boldsymbol{0}$ 的通解是________,$\boldsymbol{A}^*\boldsymbol{x}=\boldsymbol{0}$ 的通解是________,$(\boldsymbol{A}^*)^*\boldsymbol{x}=\boldsymbol{0}$ 的通解是________.

【分析】(1) 从 $R(\boldsymbol{A})=n-1$ 知 $\boldsymbol{Ax}=\boldsymbol{0}$ 的基础解系由 1 个解向量组成,因此任一非零解都可成为基础解系. 因为每行元素之和都为 0,有

$$a_{i1}+a_{i2}+\cdots+a_{in}=1\cdot a_{i1}+1\cdot a_{i2}+\cdots+1\cdot a_{in}=0$$

所以,$(1,1,\cdots,1)^{\mathrm{T}}$ 满足每一个方程,是 $\boldsymbol{Ax}=\boldsymbol{0}$ 的解,故通解是 $k(1,1,\cdots,1)^{\mathrm{T}}$.

(2) 由于每个 n 维向量都是方程组的解,因而有 n 个线性无关的解,那么解空间的维数是 n,又因解空间维数是 $n-R(\boldsymbol{A})$,故 $n=n-R(\boldsymbol{A})$,即 $R(\boldsymbol{A})=0$.

(3) 对 $\boldsymbol{Ax}=\boldsymbol{0}$,由 $R(\boldsymbol{A})=n-1$ 知其基础解系由 1 个解向量所构成. 因为 $\boldsymbol{AA}^*=|\boldsymbol{A}|\boldsymbol{E}=\boldsymbol{O}$,故 $\boldsymbol{A}^*$ 的每一列都是 $\boldsymbol{Ax}=\boldsymbol{0}$ 的解. 现已知 $A_{11}\neq 0$,故 $(A_{11},A_{12},\cdots,A_{1n})^{\mathrm{T}}$ 是 $\boldsymbol{Ax}=\boldsymbol{0}$ 的非零解,即是基础解系,所以通解是 $k(A_{11},A_{12},\cdots,A_{1n})^{\mathrm{T}}$.

对 $\boldsymbol{A}^*\boldsymbol{x}=\boldsymbol{0}$,由 $R(\boldsymbol{A})=n-1$ 知 $R(\boldsymbol{A}^*)=1$,那么 $\boldsymbol{A}^*\boldsymbol{x}=\boldsymbol{0}$ 的基础解系由 $n-R(\boldsymbol{A}^*)=n-1$ 个向量所构成. 由 $\boldsymbol{A}^*\boldsymbol{A}=\boldsymbol{O}$ 知 $\boldsymbol{A}$ 的每一列都是 $\boldsymbol{A}^*\boldsymbol{x}=\boldsymbol{0}$ 的解,由代数余子式 $A_{11}\neq 0$,知 $n-1$ 维向量

$$(a_{22},a_{32},\cdots,a_{n2})^{\mathrm{T}},(a_{23},a_{33},\cdots,a_{n3})^{\mathrm{T}},\cdots,(a_{2n},a_{3n},\cdots,a_{nn})^{\mathrm{T}}$$

线性无关,那么延伸为 n 维向量

$$(a_{12},a_{22},\cdots,a_{n2})^{\mathrm{T}},(a_{13},a_{23},\cdots,a_{n3})^{\mathrm{T}},\cdots,(a_{1n},a_{2n},\cdots,a_{nn})^{\mathrm{T}}$$

仍线性无关,即是 $\boldsymbol{A}^*\boldsymbol{x}=\boldsymbol{0}$ 的基础解系,通解略.

对 $(\boldsymbol{A}^*)^*\boldsymbol{x}=\boldsymbol{0}$,同上,知 $R(\boldsymbol{A}^*)=1$,当 $n\geqslant 3$ 时,$R[(\boldsymbol{A}^*)^*]=0$,那么任意 n 个线性无关的向量都可构成基础解系. 例如,取

$$\boldsymbol{e}_1=(1,0,\cdots,0)^{\mathrm{T}},\boldsymbol{e}_2=(0,1,\cdots,0)^{\mathrm{T}},\cdots,\boldsymbol{e}_n=(0,0,\cdots,1)^{\mathrm{T}}$$

得通解 $k_1\boldsymbol{e}_1+k_2\boldsymbol{e}_2+\cdots+k_n\boldsymbol{e}_n$.

如 $n=2$,对于 $\boldsymbol{A}=\begin{bmatrix}a_{11}&a_{12}\\a_{21}&a_{22}\end{bmatrix}$,有 $\boldsymbol{A}^*=\begin{bmatrix}a_{22}&-a_{12}\\-a_{21}&a_{11}\end{bmatrix}$. 于是 $(\boldsymbol{A}^*)^*=\begin{bmatrix}a_{11}&a_{12}\\a_{21}&a_{22}\end{bmatrix}=\boldsymbol{A}$,那么 $(\boldsymbol{A}^*)^*\boldsymbol{x}=\boldsymbol{0}$ 的通解是 $k\begin{bmatrix}a_{22}\\-a_{21}\end{bmatrix}$(注:$\boldsymbol{AA}^*=\boldsymbol{O}$,$A_{11}=a_{22}\neq 0$,$R(\boldsymbol{A})=1$).

【例 4.84】齐次线性方程组 $\boldsymbol{Ax}=\boldsymbol{0}$ 有非零解的充分必要条件是________.

(A) $\boldsymbol{A}$ 的任意两个列向量线性相关.

(B) $\boldsymbol{A}$ 的任意两个列向量线性无关.

(C) $\boldsymbol{A}$ 中必有一列向量是其余列向量的线性组合.

(D) $\boldsymbol{A}$ 中任一列向量都是其余列向量的线性组合.

【分析】设齐次线性方程组的系数矩阵 $\boldsymbol{A}$ 为 $m\times n$ 矩阵,则方程组 $\boldsymbol{Ax}=\boldsymbol{0}$ 有非零解的充分必要条件是 $R(\boldsymbol{A})<n$,即 $\boldsymbol{A}$ 的列向量线性相关.

选项(A)是 $\boldsymbol{A}$ 的列向量线性相关的充分条件,不是必要条件;选项(B)本身就是错误结论;选项(D)也是错误结论. 因为在线性相关的向量中不是任一向量都可以由其余向量线性表出,故应选(C).

学习随笔

评注　正确结论：若向量组线性相关，则其中至少有一个向量是其余向量的线性组合.

例如，向量组 $\boldsymbol{\alpha}_1=\begin{bmatrix}1\\2\\1\end{bmatrix}$，$\boldsymbol{\alpha}_2=\begin{bmatrix}2\\4\\2\end{bmatrix}$，$\boldsymbol{\alpha}_3=\begin{bmatrix}5\\6\\7\end{bmatrix}$ 线性相关. 因为存在不全为零的数 $-2,1,0$，使 $-2\boldsymbol{\alpha}_1+\boldsymbol{\alpha}_2+0\cdot\boldsymbol{\alpha}_3=\mathbf{0}$，其中 $\boldsymbol{\alpha}_3$ 不能由 $\boldsymbol{\alpha}_1,\boldsymbol{\alpha}_2$ 线性表出，所以在线性相关的向量组中不是任一个向量都可由其余向量线性表出.

【例 4.85】设 4 元齐次线性方程组 $\boldsymbol{Ax}=\mathbf{0}$ 的基础解系是

$$\boldsymbol{\xi}_1=\begin{bmatrix}1\\2\\-3\\0\end{bmatrix},\ \boldsymbol{\xi}_2=\begin{bmatrix}2\\-1\\0\\1\end{bmatrix},\ \boldsymbol{\xi}_3=\begin{bmatrix}1\\0\\-2\\0\end{bmatrix}$$

则方程组的一个特解是________.

(A) $\begin{bmatrix}-1\\5\\3\\7\end{bmatrix}$.　(B) $\begin{bmatrix}0\\4\\-9\\1\end{bmatrix}$.　(C) $\begin{bmatrix}1\\2\\-3\\1\end{bmatrix}$.　(D) $\begin{bmatrix}2\\-1\\-2\\0\end{bmatrix}$.

【分析】哪一个解是特解，要看它是否可由 $\boldsymbol{\xi}_1,\boldsymbol{\xi}_2,\boldsymbol{\xi}_3$ 线性表出，记 4 个向量为 $\boldsymbol{\eta}_1,\boldsymbol{\eta}_2,\boldsymbol{\eta}_3,\boldsymbol{\eta}_4$，用 7 个向量构造矩阵

$$(\boldsymbol{\xi}_1,\boldsymbol{\xi}_2,\boldsymbol{\xi}_3\ \vdots\ \boldsymbol{\eta}_1,\boldsymbol{\eta}_2,\boldsymbol{\eta}_3,\boldsymbol{\eta}_4)=\left[\begin{array}{ccc:cccc}1&2&1&-1&0&1&2\\2&-1&0&5&4&2&-1\\-3&0&-2&3&-9&-3&-2\\0&1&1&7&1&1&0\end{array}\right]\to$$

$$\left[\begin{array}{ccc:cccc}1&2&1&-1&0&1&2\\0&-3&-2&7&4&0&-5\\0&6&1&0&-9&0&4\\0&1&1&7&1&1&0\end{array}\right]\to\left[\begin{array}{ccc:cccc}1&2&1&-1&0&1&2\\0&1&1&7&1&1&0\\0&0&1&42&3&4&-6\\0&0&0&-84&0&-7&13\end{array}\right]$$

则 $\boldsymbol{\eta}_2$ 可由 $\boldsymbol{\xi}_1,\boldsymbol{\xi}_2,\boldsymbol{\xi}_3$ 线性表出. 所以应选(B).

【例 4.86】设 $\boldsymbol{A}$ 为 $m\times n$ 矩阵，$R(\boldsymbol{A})=m$，且方程组 $\boldsymbol{Ax}=\mathbf{0}$ 只有零解，则________.

(A) 方程组 $\boldsymbol{Ax}=\boldsymbol{\beta}$($\forall\boldsymbol{\beta}\in\mathbf{R}^n$)有唯一解.

(B) $m\neq n$.

(C) $\boldsymbol{A}$ 的列向量组线性相关.

(D) 以上都不对.

【分析】有关齐次线性方程组 $\boldsymbol{A}_{m\times n}\boldsymbol{x}=\mathbf{0}$ 解的情况，应熟记：当 $R(\boldsymbol{A})=n$ 时，方程组有唯一零解. 当 $R(\boldsymbol{A})<n$ 时，方程组有非零解.

由方程组 $\boldsymbol{Ax}=\mathbf{0}$ 只有零解及 $R(\boldsymbol{A})=m$ 可知 $m=n$，所以系数矩阵 $\boldsymbol{A}$ 是满秩方阵，于是 $\boldsymbol{x}=\boldsymbol{A}^{-1}\boldsymbol{\beta}$ 是方程组 $\boldsymbol{Ax}=\boldsymbol{\beta}$ 的唯一解. 故应选(A).

【例 4.87】设 $\boldsymbol{A}$ 是 n 阶矩阵，$\boldsymbol{A}^*$ 是 $\boldsymbol{A}$ 的伴随矩阵，齐次线性方程组 $\boldsymbol{Ax}=\mathbf{0}$ 有两个线性无关的解，则________.

学习随笔

(A) $\boldsymbol{A}^* \boldsymbol{x}=\boldsymbol{0}$ 的解均是 $\boldsymbol{A}\boldsymbol{x}=\boldsymbol{0}$ 的解.

(B) $\boldsymbol{A}\boldsymbol{x}=\boldsymbol{0}$ 的解均是 $\boldsymbol{A}^* \boldsymbol{x}=\boldsymbol{0}$ 的解.

(C) $\boldsymbol{A}^* \boldsymbol{x}=\boldsymbol{0}$ 与 $\boldsymbol{A}\boldsymbol{x}=\boldsymbol{0}$ 无非零公共解.

(D) $\boldsymbol{A}^* \boldsymbol{x}=\boldsymbol{0}$ 与 $\boldsymbol{A}\boldsymbol{x}=\boldsymbol{0}$ 仅有两个非零公共解.

【分析】由于齐次线性方程组 $\boldsymbol{A}\boldsymbol{x}=\boldsymbol{0}$ 有两个线性无关的解,所以 $\boldsymbol{A}\boldsymbol{x}=\boldsymbol{0}$ 的基础解系所含的线性无关解向量的个数为 $n-R(\boldsymbol{A})\geqslant 2$,则 $\boldsymbol{A}^*=\boldsymbol{O}$,任意非零列向量均是 $\boldsymbol{A}^* \boldsymbol{x}=\boldsymbol{0}$ 的解.故选(B).但 $\boldsymbol{A}^* \boldsymbol{x}=\boldsymbol{0}$ 的解不一定是 $\boldsymbol{A}\boldsymbol{x}=\boldsymbol{0}$ 的解,由此可知(A)不对.由于 $\boldsymbol{A}\boldsymbol{x}=\boldsymbol{0}$ 有无穷多个非零解,$\boldsymbol{A}^* \boldsymbol{x}=\boldsymbol{0}$ 的公共解也有无穷多个非零解,所以(C)、(D)也不对.

【例 4.88】设齐次线性方程组 $\boldsymbol{A}\boldsymbol{x}=\begin{bmatrix} a_{11} & a_{12} & a_{13} & a_{14} \\ a_{21} & a_{22} & a_{23} & a_{24} \\ a_{31} & a_{32} & a_{33} & a_{34} \end{bmatrix}\begin{bmatrix} x_1 \\ x_2 \\ x_3 \\ x_4 \end{bmatrix}=\boldsymbol{0}$ 有通解 $k(1,0,2,-1)^{\mathrm{T}}$,其中 k 是任意常数,$\boldsymbol{A}$ 中去掉第 i 列($i=1,2,3,4$)的矩阵记成 $\boldsymbol{A}_i$,则下列方程组中有非零解的是________.

(A) $\boldsymbol{A}_1\boldsymbol{y}=\boldsymbol{0}$.　　(B) $\boldsymbol{A}_2\boldsymbol{y}=\boldsymbol{0}$.

(C) $\boldsymbol{A}_3\boldsymbol{y}=\boldsymbol{0}$.　　(D) $\boldsymbol{A}_4\boldsymbol{y}=\boldsymbol{0}$.

【分析】$\boldsymbol{A}_{3\times 4}\boldsymbol{x}=\boldsymbol{0}$ 有通解 $k(1,0,2,-1)^{\mathrm{T}}$,将 $\boldsymbol{A}$ 以列分块,设 $\boldsymbol{A}=(\boldsymbol{\alpha}_1,\boldsymbol{\alpha}_2,\boldsymbol{\alpha}_3,\boldsymbol{\alpha}_4)$,即有 $\boldsymbol{\alpha}_1+2\boldsymbol{\alpha}_3-\boldsymbol{\alpha}_4=\boldsymbol{0}$,则方程 $\boldsymbol{A}_2\boldsymbol{y}=\boldsymbol{0}$ 有非零解 $\boldsymbol{\xi}=(1,2,-1)^{\mathrm{T}}$.故选(B).

对于(A),若 $\boldsymbol{A}_1\boldsymbol{y}=\boldsymbol{0}$ 有非零解,设为$(\lambda_1,\lambda_2,\lambda_3)$,则有

$$\lambda_1\boldsymbol{\alpha}_2+\lambda_2\boldsymbol{\alpha}_3+\lambda_3\boldsymbol{\alpha}_4=\boldsymbol{0}$$

即

$$0\boldsymbol{\alpha}_1+\lambda_1\boldsymbol{\alpha}_2+\lambda_2\boldsymbol{\alpha}_3+\lambda_4\boldsymbol{\alpha}_4=\boldsymbol{0}$$

则原方程组 $\boldsymbol{A}_{3\times 4}\boldsymbol{x}=\boldsymbol{0}$,可得另一个线性无关解$(0,\lambda_1,\lambda_2,\lambda_3)^{\mathrm{T}}$,这与题设矛盾(由题设知,$\boldsymbol{A}\boldsymbol{x}=\boldsymbol{0}$ 只有一个线性无关解).

对于(C)、(D),分析类似.

【例 4.89】已知 n 阶方阵 $\boldsymbol{A}=(a_{ij})_{n\times n}$,又 $\boldsymbol{\alpha}_1,\boldsymbol{\alpha}_2,\cdots,\boldsymbol{\alpha}_n$ 是 $\boldsymbol{A}$ 的列向量组,$|\boldsymbol{A}|=0$,伴随矩阵 $\boldsymbol{A}^*\neq\boldsymbol{O}$,则齐次线性方程组 $\boldsymbol{A}^*\boldsymbol{x}=\boldsymbol{0}$ 的通解为________.

【分析】本题是综合题,要用到矩阵的秩、伴随矩阵的秩以及齐次线性方程组解的结构等知识.

因为 $|\boldsymbol{A}|=0,\boldsymbol{A}^*\neq\boldsymbol{O}$,所以 $R(\boldsymbol{A})=n-1$,因此 $R(\boldsymbol{A}^*)=1$,向量组 $\boldsymbol{\alpha}_1,\boldsymbol{\alpha}_2,\cdots,\boldsymbol{\alpha}_n$ 的秩 $R(\boldsymbol{\alpha}_1,\boldsymbol{\alpha}_2,\cdots,\boldsymbol{\alpha}_n)=n-1$.由此又可知线性方程组 $\boldsymbol{A}^*\boldsymbol{x}=\boldsymbol{0}$ 的基础解系含 $n-1$ 个解,$\boldsymbol{\alpha}_1,\boldsymbol{\alpha}_2,\cdots,\boldsymbol{\alpha}_n$ 的极大线性无关组含 $n-1$ 个向量,而

$$\boldsymbol{A}^*\boldsymbol{A}=\boldsymbol{A}^*(\boldsymbol{\alpha}_1,\boldsymbol{\alpha}_2,\cdots,\boldsymbol{\alpha}_n)=(\boldsymbol{A}^*\boldsymbol{\alpha}_1,\boldsymbol{A}^*\boldsymbol{\alpha}_2,\cdots,\boldsymbol{A}^*\boldsymbol{\alpha}_n)=|\boldsymbol{A}|\boldsymbol{E}=\boldsymbol{O}$$

即 $\boldsymbol{A}^*\boldsymbol{\alpha}_j=\boldsymbol{0}(j=1,\cdots,n)$,亦即 $\boldsymbol{\alpha}_1,\boldsymbol{\alpha}_2,\cdots,\boldsymbol{\alpha}_n$ 都是 $\boldsymbol{A}^*\boldsymbol{x}=\boldsymbol{0}$ 的解,故 $\boldsymbol{\alpha}_1,\boldsymbol{\alpha}_2,\cdots,\boldsymbol{\alpha}_n$ 的极大线性无关组可作为 $\boldsymbol{A}^*\boldsymbol{x}=\boldsymbol{0}$ 的基础解系,即 $\boldsymbol{\alpha}=k_1\boldsymbol{\alpha}_{i_1}+k_2\boldsymbol{\alpha}_{i_2}+\cdots+k_{n-1}\boldsymbol{\alpha}_{i_{n-1}}$,其中 $\boldsymbol{\alpha}_{i_1},\boldsymbol{\alpha}_{i_2},\cdots,\boldsymbol{\alpha}_{i_{n-1}}$ 是向量组 $\boldsymbol{\alpha}_1,\boldsymbol{\alpha}_2,\cdots,\boldsymbol{\alpha}_n$ 的极大线性无关组,$k_1,k_2,\cdots,k_{n-1}$ 是任意常数.

学习随笔

评注　解题过程中用到以下结论：

(1)设 $\mathbf{A}$ 为 n 阶方阵，若 $\mathbf{A}^* \neq \mathbf{O}$，即 $|\mathbf{A}|$ 中至少有一个元素的代数余子式非零，因此 $\mathbf{A}$ 中至少有一个 $n-1$ 阶子式非零，故 $R(\mathbf{A}) \geqslant n-1$.

(2) 设 $\mathbf{A}$ 为 n 阶方阵，则 $R(\mathbf{A}^*)=\begin{cases} n, & R(\mathbf{A})=n, \\ 1, & R(\mathbf{A})=n-1, \\ 0, & R(\mathbf{A})<n-1. \end{cases}$

(3) 设 $\mathbf{A}$ 为 $m\times n$ 矩阵，$R(\mathbf{A})=r<n$，则方程组 $\mathbf{A}\mathbf{x}=\mathbf{0}$ 的任意 $n-r$ 个线性无关的解都可作为 $\mathbf{A}\mathbf{x}=\mathbf{0}$ 的基础解系.

【例 4.90】设 $\boldsymbol{\xi}_1,\boldsymbol{\xi}_2,\boldsymbol{\xi}_3,\boldsymbol{\xi}_1+a\boldsymbol{\xi}_2-2\boldsymbol{\xi}_3$ 均是非齐次线性方程组 $\mathbf{A}\mathbf{x}=\mathbf{b}$ 的解，则对应齐次线性方程组 $\mathbf{A}\mathbf{x}=\mathbf{0}$ 有解________.

(A) $\boldsymbol{\eta}_1=2\boldsymbol{\xi}_1+a\boldsymbol{\xi}_2+\boldsymbol{\xi}_3$.　　(B) $\boldsymbol{\eta}_2=2\boldsymbol{\xi}_1+3\boldsymbol{\xi}_2-2a\boldsymbol{\xi}_3$.

(C) $\boldsymbol{\eta}_3=a\boldsymbol{\xi}_1+2\boldsymbol{\xi}_2-\boldsymbol{\xi}_3$.　　(D) $\boldsymbol{\eta}_4=3\boldsymbol{\xi}_1-2a\boldsymbol{\xi}_2+\boldsymbol{\xi}_3$.

【分析】由题设条件 $\mathbf{A}\boldsymbol{\xi}_i=\mathbf{b}(i=1,2,3)$，及 $\mathbf{A}(\boldsymbol{\xi}_1+a\boldsymbol{\xi}_2-2\boldsymbol{\xi}_3)=b+ab-2b=b(1+a-2)=b(b\neq 0)$，得 $a=2$.

当 $a=2$ 时，将选项逐个左乘 $\mathbf{A}$，看其是否满足 $\mathbf{A}\boldsymbol{\eta}_i=\mathbf{0}(i=1,2,3,4)$. 因

$$\mathbf{A}\boldsymbol{\eta}_1=\mathbf{A}(2\boldsymbol{\xi}_1+2\boldsymbol{\xi}_2+\boldsymbol{\xi}_3)=5\mathbf{b}\neq\mathbf{0}$$
$$\mathbf{A}\boldsymbol{\eta}_2=\mathbf{A}(-2\boldsymbol{\xi}_1+3\boldsymbol{\xi}_2-4\boldsymbol{\xi}_3)=-3\mathbf{b}\neq\mathbf{0}$$
$$\mathbf{A}\boldsymbol{\eta}_3=\mathbf{A}(2\boldsymbol{\xi}_1+2\boldsymbol{\xi}_2-\boldsymbol{\xi}_3)=3\mathbf{b}\neq\mathbf{0}$$
$$\mathbf{A}\boldsymbol{\eta}_4=\mathbf{A}(3\boldsymbol{\xi}_1-4\boldsymbol{\xi}_2+\boldsymbol{\xi}_3)=\mathbf{0}$$

故 $\boldsymbol{\eta}_4$ 是对应齐次方程组 $\mathbf{A}\mathbf{x}=\mathbf{0}$ 的解. 故选(D).

【例 4.91】设 $\mathbf{A}$ 为 2×3 矩阵，$R(\mathbf{A})=2$，已知非齐次线性方程组 $\mathbf{A}\mathbf{x}=\mathbf{b}$ 有解 $\boldsymbol{\alpha}_1,\boldsymbol{\alpha}_2$，且 $\boldsymbol{\alpha}_1=\begin{bmatrix}1\\2\\1\end{bmatrix}$，$\boldsymbol{\alpha}_1+\boldsymbol{\alpha}_2=\begin{bmatrix}1\\-1\\1\end{bmatrix}$，则对应齐次线性方程组 $\mathbf{A}\mathbf{x}=\mathbf{0}$ 的通解为________.

【分析】求齐次线性方程组的通解，关键是求出基础解系应含向量的个数，并且求出一个基础解系.

由于系数矩阵为 2×3 矩阵，故未知量个数 $n=3$，又因 $R(\mathbf{A})=2$，故基础解系含向量的个数为 $n-R(\mathbf{A})=3-2=1$.

因 $\boldsymbol{\alpha}_1,\boldsymbol{\alpha}_2$ 都是方程组 $\mathbf{A}\mathbf{x}=\mathbf{b}$ 的解，由 $\boldsymbol{\alpha}_1+\boldsymbol{\alpha}_2=\begin{bmatrix}1\\-1\\1\end{bmatrix}$ 得 $\boldsymbol{\alpha}_3=\frac{1}{2}(\boldsymbol{\alpha}_1+\boldsymbol{\alpha}_2)=\begin{bmatrix}\frac{1}{2}\\-\frac{1}{2}\\\frac{1}{2}\end{bmatrix}$ 仍是方程组 $\mathbf{A}\mathbf{x}=\mathbf{b}$ 的解.

学习随笔

于是 $\boldsymbol{\eta}=\boldsymbol{\alpha}_1-\boldsymbol{\alpha}_3=\begin{bmatrix}1\\2\\1\end{bmatrix}-\begin{bmatrix}\frac{1}{2}\\-\frac{1}{2}\\\frac{1}{2}\end{bmatrix}=\begin{bmatrix}\frac{1}{2}\\\frac{5}{2}\\\frac{1}{2}\end{bmatrix}$ 是对应齐次线性方程组 $\boldsymbol{Ax}=\mathbf{0}$ 的解向量，且 $\boldsymbol{\eta}$ 是非零向量，故 $\boldsymbol{\eta}$ 线性无关，所以 $\boldsymbol{\eta}$ 是齐次线性方程组 $\boldsymbol{Ax}=\mathbf{0}$ 的一个基础解系，从而对应的齐次线性方程组的通解为 $k\begin{bmatrix}1\\5\\1\end{bmatrix}$（$k$ 为任意常数）.

评注　这里应用了线性方程组解的两个性质：其一，若 $\boldsymbol{\gamma}_1,\boldsymbol{\gamma}_2,\cdots,\boldsymbol{\gamma}_s$ 是非齐次线性方程组 $\boldsymbol{Ax}=\boldsymbol{b}$ 的解，则如果 $\boldsymbol{\gamma}=k_1\boldsymbol{\gamma}_1+k_2\boldsymbol{\gamma}_2+\cdots+k_s\boldsymbol{\gamma}_s$ 仍是 $\boldsymbol{Ax}=\boldsymbol{b}$ 的解，那么 $k_1+k_2+\cdots+k_s=1$，由此，在解题过程中得到 $\boldsymbol{\alpha}_3=\frac{1}{2}\boldsymbol{\alpha}_1+\frac{1}{2}\boldsymbol{\alpha}_2$ 仍是题设方程组 $\boldsymbol{Ax}=\boldsymbol{b}$ 的解；其二，非齐次线性方程组 $\boldsymbol{Ax}=\boldsymbol{b}$ 的两个解的差是对应的齐次线性方程组的一个解，即 $\boldsymbol{\eta}=\boldsymbol{\alpha}_1-\boldsymbol{\alpha}_3$.

【例 4.92】设 $\boldsymbol{A}$ 是 $m\times n$ 矩阵，$R(\boldsymbol{A})=n-2$，$\boldsymbol{\xi}_1,\boldsymbol{\xi}_2,\boldsymbol{\xi}_3$ 是非齐次线性方程组 $\boldsymbol{Ax}=\boldsymbol{b}$ 的 3 个线性无关的解向量，k_1,k_2 为任意常数，则此方程组的通解是________.

(A) $k_1(\boldsymbol{\xi}_1-\boldsymbol{\xi}_2)+k_2(\boldsymbol{\xi}_2+\boldsymbol{\xi}_3)+\boldsymbol{\xi}_1$.　　(B) $k_1(\boldsymbol{\xi}_1-\boldsymbol{\xi}_3)+k_2(\boldsymbol{\xi}_1+\boldsymbol{\xi}_2)+\boldsymbol{\xi}_1$.

(C) $k_1(\boldsymbol{\xi}_2-\boldsymbol{\xi}_3)+k_2(\boldsymbol{\xi}_1+\boldsymbol{\xi}_3)+\boldsymbol{\xi}_2$.　　(D) $k_1(\boldsymbol{\xi}_1-\boldsymbol{\xi}_2)+k_2(\boldsymbol{\xi}_2-\boldsymbol{\xi}_3)+\boldsymbol{\xi}_2$.

【分析】由于 $R(\boldsymbol{A})=n-2$，故对应的齐次线性方程组 $\boldsymbol{Ax}=\mathbf{0}$ 的基础解系仅含有 2 个解向量，那么 $\boldsymbol{\xi}_1-\boldsymbol{\xi}_2,\boldsymbol{\xi}_2-\boldsymbol{\xi}_3$ 均是 $\boldsymbol{Ax}=\mathbf{0}$ 的解. 设

$$c_1(\boldsymbol{\xi}_1-\boldsymbol{\xi}_2)+c_2(\boldsymbol{\xi}_2-\boldsymbol{\xi}_3)=\mathbf{0}$$

由于 $\boldsymbol{\xi}_1,\boldsymbol{\xi}_2,\boldsymbol{\xi}_3$ 线性无关，只有 $c_1=c_2=0$，所以 $\boldsymbol{\xi}_1-\boldsymbol{\xi}_2,\boldsymbol{\xi}_2-\boldsymbol{\xi}_3$ 线性无关，故它们是 $\boldsymbol{Ax}=\mathbf{0}$ 的基础解系，那么 $\boldsymbol{Ax}=\boldsymbol{b}$ 的通解是(D).

【例 4.93】选择题：

(1) 对于 n 元方程组，下列命题正确的是________.

(A) 如果 $\boldsymbol{Ax}=\mathbf{0}$ 只有零解，则 $\boldsymbol{Ax}=\boldsymbol{b}$ 有唯一解.

(B) 如果 $\boldsymbol{Ax}=\mathbf{0}$ 有非零解，则 $\boldsymbol{Ax}=\boldsymbol{b}$ 有无穷多解.

(C) 如果 $\boldsymbol{Ax}=\boldsymbol{b}$ 有两个不同的解，则 $\boldsymbol{Ax}=\mathbf{0}$ 有无穷多解.

(D) $\boldsymbol{Ax}=\boldsymbol{b}$ 有唯一解的充要条件是 $R(\boldsymbol{A})=n$.

(2) 已知 $\boldsymbol{\eta}_1,\boldsymbol{\eta}_2,\boldsymbol{\eta}_3,\boldsymbol{\eta}_4$ 是 $\boldsymbol{Ax}=\mathbf{0}$ 的基础解系，则此方程组的基础解系还可选用________.

(A) $\boldsymbol{\eta}_1+\boldsymbol{\eta}_2,\boldsymbol{\eta}_2+\boldsymbol{\eta}_3,\boldsymbol{\eta}_3+\boldsymbol{\eta}_4,\boldsymbol{\eta}_4+\boldsymbol{\eta}_1$.

(B) $\boldsymbol{\eta}_1,\boldsymbol{\eta}_2,\boldsymbol{\eta}_3,\boldsymbol{\eta}_4$ 的等价向量组 $\boldsymbol{\alpha}_1,\boldsymbol{\alpha}_2,\boldsymbol{\alpha}_3,\boldsymbol{\alpha}_4$.

(C) $\boldsymbol{\eta}_1,\boldsymbol{\eta}_2,\boldsymbol{\eta}_3,\boldsymbol{\eta}_4$ 的等秩向量组 $\boldsymbol{\alpha}_1,\boldsymbol{\alpha}_2,\boldsymbol{\alpha}_3,\boldsymbol{\alpha}_4$.

(D) $\boldsymbol{\eta}_1+\boldsymbol{\eta}_2,\boldsymbol{\eta}_2+\boldsymbol{\eta}_3,\boldsymbol{\eta}_3-\boldsymbol{\eta}_4,\boldsymbol{\eta}_4-\boldsymbol{\eta}_1$.

(3) 已知 $\boldsymbol{\beta}_1,\boldsymbol{\beta}_2$ 是 $\boldsymbol{Ax}=\boldsymbol{b}$ 的两个不同的解，$\boldsymbol{\alpha}_1,\boldsymbol{\alpha}_2$ 是相应齐次方程组 $\boldsymbol{Ax}=\mathbf{0}$ 的基础解系，k_1,k_2 是任意常数，则 $\boldsymbol{Ax}=\boldsymbol{b}$ 的通解是________.

(A) $k_1\boldsymbol{\alpha}_1+k_2(\boldsymbol{\alpha}_1+\boldsymbol{\alpha}_2)+\frac{\boldsymbol{\beta}_1-\boldsymbol{\beta}_2}{2}$.　　(B) $k_1\boldsymbol{\alpha}_1+k_2(\boldsymbol{\alpha}_1-\boldsymbol{\alpha}_2)+\frac{\boldsymbol{\beta}_1+\boldsymbol{\beta}_2}{2}$.

(C) $k_1\boldsymbol{\alpha}_1+k_2(\boldsymbol{\beta}_1-\boldsymbol{\beta}_2)+\frac{\boldsymbol{\beta}_1-\boldsymbol{\beta}_2}{2}$.　　(D) $k_1\boldsymbol{\alpha}_1+k_2(\boldsymbol{\beta}_1-\boldsymbol{\beta}_2)+\frac{\boldsymbol{\beta}_1+\boldsymbol{\beta}_2}{2}$.

(4) 设 $\mathbf{A}$ 是秩为 $n-1$ 的 n 阶矩阵，$\boldsymbol{\alpha}_1$ 与 $\boldsymbol{\alpha}_2$ 是方程组 $\mathbf{A}\boldsymbol{x}=\mathbf{0}$ 的两个不同的解向量，则 $\mathbf{A}\boldsymbol{x}=\mathbf{0}$ 的通解必定是________.

(A) $\boldsymbol{\alpha}_1+\boldsymbol{\alpha}_2$.　(B) $k\boldsymbol{\alpha}_1$.　(C) $k(\boldsymbol{\alpha}_1+\boldsymbol{\alpha}_2)$.　(D) $k(\boldsymbol{\alpha}_1-\boldsymbol{\alpha}_2)$.

(5)设 n 阶矩阵 $\mathbf{A}$ 的伴随矩阵 $\mathbf{A}^*\neq\boldsymbol{O}$，若 $\boldsymbol{\xi}_1,\boldsymbol{\xi}_2,\boldsymbol{\xi}_3,\boldsymbol{\xi}_4$ 是非齐次方程组 $\mathbf{A}\boldsymbol{x}=\boldsymbol{b}$ 的互不相等的解，则对应的齐次方程组 $\mathbf{A}\boldsymbol{x}=\mathbf{0}$ 的基础解系________.

(A) 不存在.　(B) 仅含一个非零解向量.

(C) 含有两个线性无关的解向量.　(D) 含有三个线性无关的解向量.

【分析】(1)当 $R(\mathbf{A})=n$ 时，不一定有 $R(\overline{\mathbf{A}})=n$. 注意：$n$ 元方程组只表示 $\mathbf{A}$ 有 n 个列向量，并不反映列向量的维数(即方程的个数). 此时可以有 $R(\overline{\mathbf{A}})>n$，那么方程组可能无解，所以(A)、(B)、(D)均谬. 对于(C)，从 $\mathbf{A}\boldsymbol{x}=\boldsymbol{b}$ 有不同的解，知 $\mathbf{A}\boldsymbol{x}=\mathbf{0}$ 有非零解，进而有无穷多解.

(2) 在本小题中(A)、(D)均线性相关：

$$(\boldsymbol{\eta}_1+\boldsymbol{\eta}_2)-(\boldsymbol{\eta}_2+\boldsymbol{\eta}_3)+(\boldsymbol{\eta}_3+\boldsymbol{\eta}_4)-(\boldsymbol{\eta}_4+\boldsymbol{\eta}_1)=\mathbf{0}$$
$$(\boldsymbol{\eta}_1+\boldsymbol{\eta}_2)-(\boldsymbol{\eta}_2+\boldsymbol{\eta}_3)+(\boldsymbol{\eta}_3-\boldsymbol{\eta}_4)+(\boldsymbol{\eta}_4-\boldsymbol{\eta}_1)=\mathbf{0}$$

用简单的加减法可排除(A)、(D). 关于(C)，因为等秩不能保证 $\boldsymbol{\alpha}_i$ 是方程组的解，也就不可能是基础解系. 至于(B)，由等价知 $\boldsymbol{\alpha}_1,\boldsymbol{\alpha}_2,\boldsymbol{\alpha}_3,\boldsymbol{\alpha}_4$ 是解，由 $R(\boldsymbol{\alpha}_1,\boldsymbol{\alpha}_2,\boldsymbol{\alpha}_3,\boldsymbol{\alpha}_4)=R(\boldsymbol{\eta}_1,\boldsymbol{\eta}_2,\boldsymbol{\eta}_3,\boldsymbol{\eta}_4)=4$，得到 $\boldsymbol{\alpha}_1,\boldsymbol{\alpha}_2,\boldsymbol{\alpha}_3,\boldsymbol{\alpha}_4$ 线性无关，故(B)正确.

(3) $\frac{\boldsymbol{\beta}_1-\boldsymbol{\beta}_2}{2}$不是 $\mathbf{A}\boldsymbol{x}=\boldsymbol{b}$ 的解，从解的结构来看应排除(A)、(C)，虽 $\boldsymbol{\beta}_1-\boldsymbol{\beta}_2,\boldsymbol{\alpha}_1$ 都是 $\mathbf{A}\boldsymbol{x}=\mathbf{0}$ 的解，但是否线性无关不能保证，能否成为基础解系不明确，故(D)应排除. 由 $\boldsymbol{\alpha}_1,\boldsymbol{\alpha}_2$ 是基础解系，得 $\boldsymbol{\alpha}_1,\boldsymbol{\alpha}_1-\boldsymbol{\alpha}_2$ 线性无关，是基础解系，而$\frac{\boldsymbol{\beta}_1+\boldsymbol{\beta}_2}{2}$是 $\mathbf{A}\boldsymbol{x}=\boldsymbol{b}$ 的解，故(B)正确.

(4) 因为通解中必有任意常数，显见(A)不正确. 由 $n-R(\mathbf{A})=1$ 知 $\mathbf{A}\boldsymbol{x}=\mathbf{0}$ 的基础解系由一个非零向量构成. $\boldsymbol{\alpha}_1,\boldsymbol{\alpha}_1+\boldsymbol{\alpha}_2$ 与 $\boldsymbol{\alpha}_1-\boldsymbol{\alpha}_2$ 中哪一个一定是非零向量呢？

已知条件只是说 $\boldsymbol{\alpha}_1,\boldsymbol{\alpha}_2$ 是两个不同的解，那么 $\boldsymbol{\alpha}_1$ 可以是零解，因而 $k\boldsymbol{\alpha}_1$ 可能不是通解. 如果 $\boldsymbol{\alpha}_1=-\boldsymbol{\alpha}_2\neq\mathbf{0}$，则 $\boldsymbol{\alpha}_1,\boldsymbol{\alpha}_2$ 是两个不同的解，但 $\boldsymbol{\alpha}_1+\boldsymbol{\alpha}_2=\mathbf{0}$，即两个不同的解不能保证 $\boldsymbol{\alpha}_1+\boldsymbol{\alpha}_2\neq\mathbf{0}$. 因此要排除(B)、(C). 由于 $\boldsymbol{\alpha}_1\neq\boldsymbol{\alpha}_2$，必有 $\boldsymbol{\alpha}_1-\boldsymbol{\alpha}_2\neq\mathbf{0}$. 可见(D)正确.

(5) 本题考查齐次方程组 $\mathbf{A}\boldsymbol{x}=\mathbf{0}$ 的基础解系中解向量的个数，也就是要求出矩阵 $\mathbf{A}$ 的秩. 由于

$$R(\mathbf{A}^*)=\begin{cases}n, & 若\ R(\mathbf{A})=n,\\ 1, & 若\ R(\mathbf{A})=n-1,\\ 0, & 若\ R(\mathbf{A})<n-1\end{cases}$$

因为 $\mathbf{A}^*\neq\boldsymbol{O}$，必有 $R(\mathbf{A}^*)\geqslant1$，故 $R(\mathbf{A})=n$ 或 $n-1$. 又因 $\boldsymbol{\xi}_1,\boldsymbol{\xi}_2,\boldsymbol{\xi}_3,\boldsymbol{\xi}_4$ 是 $\mathbf{A}\boldsymbol{x}=\boldsymbol{b}$ 互不相同的解，故 $\boldsymbol{\xi}_1-\boldsymbol{\xi}_2$ 是 $\mathbf{A}\boldsymbol{x}=\mathbf{0}$ 的非零解，而必有 $R(\mathbf{A})<n$，从而 $R(\mathbf{A})=n-1$. 因此 $n-R(\mathbf{A})=n-(n-1)=1$，即 $\mathbf{A}\boldsymbol{x}=\mathbf{0}$ 只有一个线性无关的解. 故应选(B).

学习随笔

【例 4.94】设 $\boldsymbol{A}$ 是秩为 3 的 5×4 矩阵，$\boldsymbol{\alpha}_1,\boldsymbol{\alpha}_2,\boldsymbol{\alpha}_3$ 是非齐次线性方程组 $\boldsymbol{Ax}=\boldsymbol{b}$ 的 3 个不同的解，若

$$\boldsymbol{\alpha}_1+\boldsymbol{\alpha}_2+2\boldsymbol{\alpha}_3=(2,0,0,0)^{\mathrm{T}},\quad 3\boldsymbol{\alpha}_1+\boldsymbol{\alpha}_2=(2,4,6,8)^{\mathrm{T}}$$

则方程组 $\boldsymbol{Ax}=\boldsymbol{b}$ 的通解是________.

【分析】由于秩 $R(\boldsymbol{A})=3$，所以齐次方程组 $\boldsymbol{Ax}=\boldsymbol{0}$ 的基础解系由 $4-R(\boldsymbol{A})=1$ 个向量所构成. 又因为

$$(\boldsymbol{\alpha}_1+\boldsymbol{\alpha}_2+2\boldsymbol{\alpha}_3)-(3\boldsymbol{\alpha}_1+\boldsymbol{\alpha}_2)=2(\boldsymbol{\alpha}_3-\boldsymbol{\alpha}_1)=(0,-4,-6,-8)^{\mathrm{T}}$$

是 $\boldsymbol{Ax}=\boldsymbol{0}$ 的解，即其基础解系可以是 $(0,2,3,4)^{\mathrm{T}}$. 由

$$\boldsymbol{A}(\boldsymbol{\alpha}_1+\boldsymbol{\alpha}_2+2\boldsymbol{\alpha}_3)=\boldsymbol{A\alpha}_1+\boldsymbol{A\alpha}_2+2\boldsymbol{A\alpha}_3=4\boldsymbol{b}$$

知 $\frac{1}{4}(\boldsymbol{\alpha}_1+\boldsymbol{\alpha}_2+2\boldsymbol{\alpha}_3)$ 是方程组 $\boldsymbol{Ax}=\boldsymbol{b}$ 的一个解. 那么根据方程组解的结构知其通解是：

$$\left(\frac{1}{2},0,0,0\right)^{\mathrm{T}}+k(0,2,3,4)^{\mathrm{T}}$$

评注　本题考查方程组解的性质与解的结构. 要会用“减”的方法求齐次方程组的解，用“除”的方法求非齐次方程组的解.

【例 4.95】设 $\boldsymbol{\alpha}_1,\boldsymbol{\alpha}_2,\boldsymbol{\alpha}_3$ 是非齐次线性方程组 $\boldsymbol{Ax}=\boldsymbol{b}$ 的解，$\boldsymbol{\alpha}=\boldsymbol{\alpha}_1+a\boldsymbol{\alpha}_2-3\boldsymbol{\alpha}_3$，则 $\boldsymbol{\alpha}$ 是 $\boldsymbol{Ax}=\boldsymbol{b}$ 的解的充分必要条件为 $a=$________，$\boldsymbol{\alpha}$ 是齐次线性方程组 $\boldsymbol{Ax}=\boldsymbol{0}$ 的解的充分必要条件为 $a=$________.

【分析】由于 $\boldsymbol{\alpha}_1,\boldsymbol{\alpha}_2,\boldsymbol{\alpha}_3$ 是非齐次线性方程组 $\boldsymbol{Ax}=\boldsymbol{b}$ 的解，则 $\boldsymbol{\alpha}=\boldsymbol{\alpha}_1+a\boldsymbol{\alpha}_2-3\boldsymbol{\alpha}_3$ 是 $\boldsymbol{Ax}=\boldsymbol{b}$ 的解的充分必要条件是 $1+a-3=1$，故得 $a=3$.

又由于 $\boldsymbol{\alpha}_1,\boldsymbol{\alpha}_2,\boldsymbol{\alpha}_3$ 是非齐次线性方程组 $\boldsymbol{Ax}=\boldsymbol{b}$ 的解，故 $\boldsymbol{\xi}_1=\boldsymbol{\alpha}_2-\boldsymbol{\alpha}_1$，$\boldsymbol{\xi}_2=\boldsymbol{\alpha}_3-\boldsymbol{\alpha}_2$ 是对应齐次方程组 $\boldsymbol{Ax}=\boldsymbol{0}$ 的解，所以

$$\begin{aligned}k_1\boldsymbol{\xi}_1+k_2\boldsymbol{\xi}_2&=k_1(\boldsymbol{\alpha}_2-\boldsymbol{\alpha}_1)+k_2(\boldsymbol{\alpha}_3-\boldsymbol{\alpha}_2)\\&=-k_1\boldsymbol{\alpha}_1+(k_1-k_2)\boldsymbol{\alpha}_2+k_2\boldsymbol{\alpha}_3\\&=\boldsymbol{\alpha}_1+a\boldsymbol{\alpha}_2-3\boldsymbol{\alpha}_3=\boldsymbol{\alpha}\end{aligned}$$

是齐次方程组 $\boldsymbol{Ax}=\boldsymbol{0}$ 的解的充分必要条件是 $k_1=-1,k_2=-3$. 故得 $a=k_1-k_2=-1+3=2$.

评注　(1) 本题涉及的概念有：

① 若 $\boldsymbol{\eta}_1,\boldsymbol{\eta}_2,\cdots,\boldsymbol{\eta}_s$ 为非齐次线性方程组 $\boldsymbol{Ax}=\boldsymbol{b}$ 的 s 个解向量，则 $\boldsymbol{\eta}=k_1\boldsymbol{\eta}_1+k_2\boldsymbol{\eta}_2+\cdots+k_s\boldsymbol{\eta}_s$ 仍是 $\boldsymbol{Ax}=\boldsymbol{b}$ 的解向量的充分必要条件为 $k_1+k_2+\cdots+k_s=1$.

② 若 $\boldsymbol{\xi}_1,\boldsymbol{\xi}_2,\cdots,\boldsymbol{\xi}_s$ 是齐次线性方程组 $\boldsymbol{Ax}=\boldsymbol{0}$ 的解向量，则 $\boldsymbol{\xi}=k_1\boldsymbol{\xi}_1+k_2\boldsymbol{\xi}_2+\cdots+k_s\boldsymbol{\xi}_s$ 仍是 $\boldsymbol{Ax}=\boldsymbol{0}$ 的解向量，其中 $k_1,k_2,\cdots,k_s$ 为任意实数.

③ 若 $\boldsymbol{\eta}_1,\boldsymbol{\eta}_2$ 为非齐次线性方程组 $\boldsymbol{Ax}=\boldsymbol{b}$ 的解向量，则 $\boldsymbol{\eta}_1-\boldsymbol{\eta}_2$ 为对应的齐次线性方程组 $\boldsymbol{Ax}=\boldsymbol{0}$ 的解向量.

(2) 本题除了用非齐次线性方程组及齐次线性方程组解的性质外，还可直接将 $\boldsymbol{\alpha}=\boldsymbol{\alpha}_1+a\boldsymbol{\alpha}_2-3\boldsymbol{\alpha}_3$ 代入线性方程组，使其满足方程组，然后确定 a 的值.

如把 $\boldsymbol{\alpha}=\boldsymbol{\alpha}_1+a\boldsymbol{\alpha}_2-3\boldsymbol{\alpha}_3$ 代入方程组 $\boldsymbol{Ax}=\boldsymbol{b}$，则有

$$\boldsymbol{A\alpha}=\boldsymbol{A}(\boldsymbol{\alpha}_1+a\boldsymbol{\alpha}_2-3\boldsymbol{\alpha}_3)=\boldsymbol{A\alpha}_1+a\boldsymbol{A\alpha}_2-3\boldsymbol{A\alpha}_3=(1+a-3)\boldsymbol{b}$$

故使 $\boldsymbol{\alpha}$ 是方程组 $\boldsymbol{Ax}=\boldsymbol{b}$ 的解的充分必要条件为 $1+a-3=1$，即 $a=3$.

再将 $\boldsymbol{\alpha}=\boldsymbol{\alpha}_1+a\boldsymbol{\alpha}_2-3\boldsymbol{\alpha}_3$ 代入方程组 $\boldsymbol{A}\boldsymbol{x}=\boldsymbol{0}$，则有

$$\boldsymbol{A}\boldsymbol{\alpha}=\boldsymbol{A}(\boldsymbol{\alpha}_1+a\boldsymbol{\alpha}_2-3\boldsymbol{\alpha}_3)=\boldsymbol{A}\boldsymbol{\alpha}_1+a\boldsymbol{A}\boldsymbol{\alpha}_2-3\boldsymbol{A}\boldsymbol{\alpha}_3=(1+a-3)\boldsymbol{b}$$

故使 $\boldsymbol{\alpha}$ 是方程组 $\boldsymbol{A}\boldsymbol{x}=\boldsymbol{0}$ 的解的充分必要条件为 $1+a-3=0$，即 $a=2$.

【例 4.96】已知 $\boldsymbol{\alpha}_1,\boldsymbol{\alpha}_2$ 是非齐次线性方程组 $\boldsymbol{A}\boldsymbol{x}=\boldsymbol{b}$ 线性无关的解，$\boldsymbol{A}$ 为 2×3 矩阵，且秩 $R(\boldsymbol{A})=2$. 若 $\boldsymbol{\alpha}=k\boldsymbol{\alpha}_1+l\boldsymbol{\alpha}_2$ 是方程组 $\boldsymbol{A}\boldsymbol{x}=\boldsymbol{b}$ 的通解，则常数 k,l 须满足关系式________.

【分析】因为 $R(\boldsymbol{A})=2$，所以 $\boldsymbol{\alpha}_2-\boldsymbol{\alpha}_1$ 是 $\boldsymbol{A}\boldsymbol{x}=\boldsymbol{0}$ 的基础解系. 当 $k=1-l$ 时，

$$\boldsymbol{\alpha}=(1-l)\boldsymbol{\alpha}_1+l\boldsymbol{\alpha}_2=\boldsymbol{\alpha}_1+l(\boldsymbol{\alpha}_2-\boldsymbol{\alpha}_1)$$

其中 l 为任意常数，而 $l(\boldsymbol{\alpha}_2-\boldsymbol{\alpha}_1)$是 $\boldsymbol{A}\boldsymbol{x}=\boldsymbol{0}$ 的通解.

因此，$k+l=1$，其中 l 为任意常数.

评注　本题的解不唯一. 当 k 和 l 是满足 $k+l=1$ 的任意常数时，$\boldsymbol{\alpha}=k\boldsymbol{\alpha}_1+l\boldsymbol{\alpha}_2$ 就是 $\boldsymbol{A}\boldsymbol{x}=\boldsymbol{b}$ 的通解.

【例 4.97】设 $\boldsymbol{A}$ 是 n 阶矩阵，$\boldsymbol{\alpha}$ 是 n 维列向量，若 $R\begin{bmatrix}\boldsymbol{A} & \boldsymbol{\alpha}\\ \boldsymbol{\alpha}^{\mathrm{T}} & \boldsymbol{0}\end{bmatrix}=R(\boldsymbol{A})$，则线性方程组________.

(A) $\boldsymbol{A}\boldsymbol{x}=\boldsymbol{\alpha}$ 必有无穷多解.　　(B) $\boldsymbol{A}\boldsymbol{x}=\boldsymbol{\alpha}$ 必有唯一解.

(C) $\begin{bmatrix}\boldsymbol{A} & \boldsymbol{\alpha}\\ \boldsymbol{\alpha}^{\mathrm{T}} & \boldsymbol{0}\end{bmatrix}\begin{bmatrix}\boldsymbol{x}\\ \boldsymbol{y}\end{bmatrix}=\boldsymbol{0}$ 仅有零解.　　(D) $\begin{bmatrix}\boldsymbol{A} & \boldsymbol{\alpha}\\ \boldsymbol{\alpha}^{\mathrm{T}} & \boldsymbol{0}\end{bmatrix}\begin{bmatrix}\boldsymbol{x}\\ \boldsymbol{y}\end{bmatrix}=\boldsymbol{0}$ 必有非零解.

【分析】因为"$\boldsymbol{A}\boldsymbol{x}=\boldsymbol{0}$ 仅有零解"与"$\boldsymbol{A}\boldsymbol{x}=\boldsymbol{0}$ 必有非零解"这两个命题必然是一对一错，不可能两个命题同时正确，也不可能两个命题同时错误，所以本题应当从(C)或(D)入手.

由于 $\begin{bmatrix}\boldsymbol{A} & \boldsymbol{\alpha}\\ \boldsymbol{\alpha}^{\mathrm{T}} & \boldsymbol{0}\end{bmatrix}$是 $n+1$ 阶矩阵，$\boldsymbol{A}$ 是 n 阶矩阵，故必有

$$R\begin{bmatrix}\boldsymbol{A} & \boldsymbol{\alpha}\\ \boldsymbol{\alpha}^{\mathrm{T}} & \boldsymbol{0}\end{bmatrix}=R(\boldsymbol{A})\leqslant n<n+1$$

因此(D)正确.

【例 4.98】已知 $\boldsymbol{\xi}_1=(-9,1,2,11)^{\mathrm{T}},\boldsymbol{\xi}_2=(1,-5,13,0)^{\mathrm{T}},\boldsymbol{\xi}_3=(-7,-9,24,11)^{\mathrm{T}}$ 是方程组

$$\begin{cases}2x_1+a_2x_2+3x_3+a_4x_4=d_1,\\ 3x_1+b_2x_2+2x_3+b_4x_4=4,\\ 9x_1+4x_2\ +x_3\ +c_4x_4=d_3\end{cases}$$

的 3 个解，求此方程组的通解.

【分析】求 $\boldsymbol{A}\boldsymbol{x}=\boldsymbol{b}$ 的通解关键是求 $\boldsymbol{A}\boldsymbol{x}=\boldsymbol{0}$ 的基础解系，$\boldsymbol{\xi}_1-\boldsymbol{\xi}_2,\boldsymbol{\xi}_2-\boldsymbol{\xi}_3$ 都是 $\boldsymbol{A}\boldsymbol{x}=\boldsymbol{0}$ 的解，现在就要判断秩 $R(\boldsymbol{A})$，以确定基础解系中解向量的个数.

【解】因 $\boldsymbol{A}$ 是 3×4 矩阵，故 $R(\boldsymbol{A})\leqslant3$. 由于 $\boldsymbol{A}$ 中第 2,3 两行不成比例，故 $R(\boldsymbol{A})\geqslant2$，又

$$\boldsymbol{\eta}_1=\boldsymbol{\xi}_1-\boldsymbol{\xi}_2=(-10,6,-11,11)^{\mathrm{T}},\quad \boldsymbol{\eta}_2=\boldsymbol{\xi}_2-\boldsymbol{\xi}_3=(8,4,-11,-11)^{\mathrm{T}}$$

是 $\boldsymbol{A}\boldsymbol{x}=\boldsymbol{0}$ 的两个线性无关的解，所以 $4-R(\boldsymbol{A})\geqslant2$，因此 $R(\boldsymbol{A})=2$，所以 $\boldsymbol{\xi}_1+k_1\boldsymbol{\eta}_1+k_2\boldsymbol{\eta}_2$ 是通解.

学习随笔

评注　不要花时间去求出方程组，那是烦琐的. 由于 $\xi_1-\xi_2,\xi_1-\xi_3$ 或 $\xi_3-\xi_1,\xi_3-\xi_2$ 等都可构成齐次方程组的基础解系，ξ_1,ξ_2,ξ_3 都是特解，故本题答案不唯一.

【例 4.99】设有两个线性方程组（Ⅰ）、（Ⅱ）如下：

$$(\mathrm{I})\begin{cases}a_{11}y_1+a_{12}y_2+\cdots+a_{1n}y_n=b_1,\\a_{21}y_1+a_{22}y_2+\cdots+a_{2n}y_n=b_2,\\\vdots\\a_{m1}y_1+a_{m2}y_2+\cdots+a_{mn}y_n=b_m;\end{cases}\qquad(\mathrm{II})\begin{cases}a_{11}x_1+a_{21}x_2+\cdots+a_{m1}x_m=0,\\a_{12}x_1+a_{22}x_2+\cdots+a_{m2}x_m=0,\\\vdots\\a_{1m}x_1+a_{2m}x_2+\cdots+a_{mn}x_m=0,\\b_1x_1+b_2x_2+\cdots+b_mx_m=1\end{cases}$$

证明：方程组（Ⅰ）有解的充分必要条件是（Ⅱ）无解.

【证明】方程组（Ⅰ）的系数矩阵与增广矩阵记为

$$\boldsymbol{A}_1=\begin{bmatrix}a_{11}&a_{12}&\cdots&a_{1n}\\a_{21}&a_{22}&\cdots&a_{2n}\\\vdots&\vdots&&\vdots\\a_{m1}&a_{m2}&\cdots&a_{mn}\end{bmatrix},\quad\overline{\boldsymbol{A}}=\left[\begin{array}{cccc:c}a_{11}&a_{12}&\cdots&a_{1n}&b_1\\a_{21}&a_{22}&\cdots&a_{2n}&b_2\\\vdots&\vdots&&\vdots&\\a_{m1}&a_{m2}&\cdots&a_{mn}&b_m\end{array}\right]$$

方程组（Ⅱ）的系数矩阵与增广矩阵记为

$$\boldsymbol{A}_2=\begin{bmatrix}a_{11}&a_{21}&\cdots&a_{m1}\\a_{12}&a_{22}&\cdots&a_{m2}\\\vdots&\vdots&&\vdots\\a_{1n}&a_{2n}&\cdots&a_{mn}\\b_1&b_2&\cdots&b_m\end{bmatrix}=\overline{\boldsymbol{A}}_1^{\mathrm{T}},\quad\overline{\boldsymbol{A}}_2=\begin{bmatrix}\boldsymbol{A}_1^{\mathrm{T}}&0\\\boldsymbol{b}^{\mathrm{T}}&1\end{bmatrix}$$

其中 $\boldsymbol{b}=(b_1,b_2,\cdots,b_m)^{\mathrm{T}}$.

如果方程组（Ⅰ）有解，则 $R(\boldsymbol{A}_1)=\boldsymbol{R}(\overline{\boldsymbol{A}}_1)$，那么从行秩来看，向量 $(\boldsymbol{b}^{\mathrm{T}},1)$ 不可能由 $(\boldsymbol{A}_1^{\mathrm{T}},0)$ 的行向量线性表出，所以

$$R(\overline{\boldsymbol{A}}_2)=R(\boldsymbol{A}_1^{\mathrm{T}},0)+1=R(\boldsymbol{A}_1^{\mathrm{T}})+1=R(\boldsymbol{A}_1)+1$$

而

$$R(\boldsymbol{A}_2)=R(\overline{\boldsymbol{A}}_1^{\mathrm{T}})=R(\overline{\boldsymbol{A}}_1)=R(\boldsymbol{A}_1)$$

所以方程组（Ⅱ）无解.

反之，若方程组（Ⅱ）无解，则 $R(\boldsymbol{A}_2)+1=R(\overline{\boldsymbol{A}}_2)$，从上知 $R(\boldsymbol{A}_2)=R(\overline{\boldsymbol{A}}_1)$，$R(\overline{\boldsymbol{A}}_2)=R(\boldsymbol{A}_1)+1$，故 $R(\boldsymbol{A}_1)=R(\overline{\boldsymbol{A}}_1)$. 因此，方程组（Ⅰ）有解.

六、线性方程组的求解

【例 4.100】解齐次线性方程组 $\begin{cases}2x_1-4x_2+2x_3+7x_4=0,\\3x_1-6x_2+4x_3+3x_4=0,\\5x_1-10x_2+4x_3+25x_4=0.\end{cases}$

【解】对系数矩阵作初等行变换将其化为阶梯形矩阵：

$$\begin{bmatrix}2&-4&2&7\\3&-6&4&3\\5&-10&4&25\end{bmatrix}\to\begin{bmatrix}-1&2&-2&4\\3&-6&4&3\\5&-10&4&25\end{bmatrix}\to\begin{bmatrix}-1&2&-2&4\\&&-2&15\\&&-6&45\end{bmatrix}\to\begin{bmatrix}1&-2&2&-4\\&&2&-15\\&&&0\end{bmatrix}$$

由 $n-R(\boldsymbol{A})=4-2=2$，知基础解系由 2 个向量组成，每个解中有 2 个自由变量.

令 $x_2=1, x_4=0$，解得 $x_3=0, x_1=2$.

令 $x_2=0, x_4=2$，解得 $x_3=15, x_1=-22$.

得到 $\boldsymbol{\eta}_1=(2,1,0,0)^{\mathrm{T}}$，$\boldsymbol{\eta}_2=(-22,0,15,2)^{\mathrm{T}}$，通解是 $k_1\boldsymbol{\eta}_1+k_2\boldsymbol{\eta}_2$.

评注　(1) 此时，阶梯形矩阵所描述的同解方程组是

$$\begin{cases}x_1-2x_2+2x_3-4x_4=0,\\ 2x_3-15x_4=0\end{cases}$$

由于 $R(\boldsymbol{A})=2$，可将 x_1, x_3 留在等号的左端，而把 x_2, x_4 移到等号的右端，有

$$\begin{cases}x_1+2x_3=2x_2+4x_4,\\ 2x_3=15x_4\end{cases}$$

这时 x_2, x_4 是自由变量，按 1,0 与 0,1 分别赋值就求出基础解系 $\boldsymbol{\eta}_1$ 与 $\boldsymbol{\eta}_2$.

(2) 试问在本题中，x_2 与 x_3 能作自由变量吗？x_1 与 x_4 能作自由变量吗？

(3) 要掌握确定自由变量的原则. 在给自由变量赋值时，首先要确保延伸后的解向量组是线性无关的，其次应考虑到便于计算. 在高斯消元时，可先作变换化 x_1 的系数为 $+1$ 或 -1，然后再消元.

【例 4.101】求齐次方程组 $\begin{cases}x_1-x_2+5x_3-x_4+x_5=0,\\ x_1+x_2-2x_3+3x_4-x_5=0,\\ 3x_1-x_2+8x_3+x_4+2x_5=0,\\ x_1+3x_2-9x_3+7x_4-3x_5=0\end{cases}$ 的基础解系和通解.

【解】对系数矩阵作初等行变换将其化为阶梯形，即

$$\boldsymbol{A}=\begin{bmatrix}1&-1&5&-1&1\\1&1&-2&3&-1\\3&-1&8&1&2\\1&3&-9&7&-3\end{bmatrix}\to\begin{bmatrix}1&-1&5&-1&1\\0&2&-7&4&-2\\0&2&-7&4&-1\\0&4&-14&8&-4\end{bmatrix}\to\begin{bmatrix}1&-1&5&-1&1\\&2&-7&4&-2\\&&&&1\\&&&&0\end{bmatrix}$$

因 $R(\boldsymbol{A})=3, n=5$，故基础解系中含 $n-R(\boldsymbol{A})=2$ 个线性无关的解向量. 自由变量是 x_3 和 x_4.

令 $x_3=1, x_4=0$，解得 $x_1=-\dfrac{3}{2}, x_2=\dfrac{7}{2}, x_5=0$.

令 $x_3=0, x_4=1$，解得 $x_1=-1, x_2=-2, x_5=0$.

所以基础解系是 $\boldsymbol{\xi}_1=\left(-\dfrac{3}{2},\dfrac{7}{2},1,0,0\right)^{\mathrm{T}}$，$\boldsymbol{\xi}_2=(-1,-2,0,1,0)^{\mathrm{T}}$.

那么齐次方程组的通解是 $k_1\boldsymbol{\xi}_1+k_2\boldsymbol{\xi}_2, \forall k_1, k_2$.

评注　由于阶梯形矩阵的秩为 3，方程组可改写为

$$\begin{cases}x_1-x_2+x_5=-5x_3+x_4,\\ 2x_2-2x_5=7x_3-4x_4,\\ x_5=0\end{cases}\tag{4.17}$$

这样 x_3 与 x_4 是自由变量，给其赋值就可求出基础解系. 当然，方程组也可变形为

学习随笔

$$\begin{cases}x_1+5x_3+x_5=x_2+x_4,\\ -7x_3-2x_5=-2x_2-4x_4,\\ x_5=0\end{cases}$$

这时 x_2 与 x_4 是自由变量,因此,基础解系是不唯一的.

试问在本题中,x_1 与 x_2,x_2 与 x_3,x_4 与 x_5 都能被选作自由变量吗?为什么?

由方程组(4.17)可以解出

$$\begin{cases}x_1=-\frac{3}{2}x_3-x_4,\\ x_2=\frac{7}{2}x_3-2x_4,\\ x_3=x_3,\\ x_4=x_4,\\ x_5=0\end{cases}$$

这是方程组的一般解.将其改为向量形式

$$\begin{bmatrix}x_1\\x_2\\x_3\\x_4\\x_5\end{bmatrix}=x_3\begin{bmatrix}-\frac{3}{2}\\ \frac{7}{2}\\1\\0\\0\end{bmatrix}+x_4\begin{bmatrix}-1\\-2\\0\\1\\0\end{bmatrix}$$

亦可求出基础解系.

【例 4.102】求齐次线性方程组 $\begin{cases}5x_1+2x_2+x_3+14x_4+x_5=0,\\ x_1+2x_2+x_3+3x_4=0,\\ 3x_1+6x_2+3x_3+12x_4+x_5=0,\\ 4x_1+2x_2+x_3+12x_4+x_5=0\end{cases}$ 的基础解系与通解.

【解】对系数矩阵作初等行变换将其化为阶梯形,有

$$\boldsymbol{A}\to\begin{bmatrix}1&2&1&3&0\\5&2&1&14&1\\3&6&3&12&1\\4&2&1&12&1\end{bmatrix}\to\begin{bmatrix}1&2&1&3&0\\0&-8&-4&-1&1\\0&0&0&3&1\\0&-6&-3&0&1\end{bmatrix}\to$$

$$\begin{bmatrix}1&2&1&3&0\\0&-2&-1&-1&0\\0&0&0&3&1\\0&-6&-3&0&1\end{bmatrix}\to\begin{bmatrix}1&2&1&3&0\\0&2&1&1&0\\0&0&0&3&1\\0&0&0&3&1\end{bmatrix}\to\begin{bmatrix}1&2&1&3&0\\&2&1&1&0\\&&&3&1\\&&&&0\end{bmatrix}$$

由于秩 $R(\boldsymbol{A})=3$,未知数 $n=5$,所以基础解系由 $n-R(\boldsymbol{A})=2$ 个线性无关的解向量所构成.

令 $x_2=1,x_4=0$,得到 $x_5=0,x_3=-2,x_1=0$.

令 $x_2=0,x_4=1$,得到 $x_5=-3,x_3=-1,x_1=-2$.

所以基础解系是 $\boldsymbol{\xi}_1=(0,1,-2,0,0)^{\mathrm{T}}$，$\boldsymbol{\xi}_2=(-2,0,-1,1,-3)^{\mathrm{T}}$.

方程组的通解是 $k_1\boldsymbol{\xi}_1+k_2\boldsymbol{\xi}_2$，$\forall k_1,k_2$.

评注　在计算时为了简捷，应尽力回避分数运算．例如本题在高斯消元时先把 1，2 两行互换；又如在自由变量的选取时，注意到第 2 个方程中 x_3 与第 3 个方程中 x_5 的系数都是 1，因而选 x_2,x_4 作为自由变量．这些请读者注意体会，也请读者以 x_3,x_5 为自由变量来求解.

【例 4.103】已知 3 阶矩阵 $\boldsymbol{A}$ 的第 1 行是 (a,b,c)，a,b,c 不全为零，矩阵 $\boldsymbol{B}=\begin{bmatrix}1&2&3\\2&4&6\\3&6&k\end{bmatrix}$（$k$ 为常数），且 $\boldsymbol{AB}=\boldsymbol{O}$，求线性方程组 $\boldsymbol{Ax}=\boldsymbol{0}$ 的通解.

【解法一】由 $\boldsymbol{AB}=\boldsymbol{O}$ 知 $R(\boldsymbol{A})+R(\boldsymbol{B})\leqslant 3$，又 $\boldsymbol{A}\neq\boldsymbol{O},\boldsymbol{B}\neq\boldsymbol{O}$，故

$$1\leqslant R(\boldsymbol{A})\leqslant 2,\quad 1\leqslant R(\boldsymbol{B})\leqslant 2$$

(1) 若 $R(\boldsymbol{A})=2$，必有 $R(\boldsymbol{B})=1$，此时 $k=9$．方程组 $\boldsymbol{Ax}=\boldsymbol{0}$ 的通解是 $t(1,2,3)^{\mathrm{T}}$，其中 t 为任意实数.

(2) 若 $R(\boldsymbol{A})=1$，则 $\boldsymbol{Ax}=\boldsymbol{0}$ 的同解方程组是 $ax_1+bx_2+cx_3=0$ 且满足 $\begin{cases}a+2b+3c=0,\\(k-9)c=0.\end{cases}$

如果 $c\neq 0$，方程组的通解是 $t_1(c,0,-a)^{\mathrm{T}}+t_2(0,c,-b)^{\mathrm{T}}$，其中 t_1,t_2 为任意实数.

如果 $c=0$，方程组的通解是 $t_1(1,2,0)^{\mathrm{T}}+t_2(0,0,1)^{\mathrm{T}}$，其中 t_1,t_2 为任意实数.

【解法二】(1) 如果 $k\neq 9$，则秩 $R(\boldsymbol{B})=2$．由 $\boldsymbol{AB}=\boldsymbol{O}$ 知 $R(\boldsymbol{A})+R(\boldsymbol{B})\leqslant 3$．因此，秩 $R(\boldsymbol{A})=1$，所以 $\boldsymbol{Ax}=\boldsymbol{0}$ 的通解是 $t_1(1,2,3)^{\mathrm{T}}+t_2(3,6,k)^{\mathrm{T}}$，其中 t_1,t_2 为任意实数．

(2) 如果 $k=9$，则秩 $R(\boldsymbol{B})=1$，那么，秩 $R(\boldsymbol{A})=1$ 或 2．

若 $R(\boldsymbol{A})=2$，则 $\boldsymbol{Ax}=\boldsymbol{0}$ 的通解是 $t(1,2,3)^{\mathrm{T}}$，其中 t 为任意实数．

若 $R(\boldsymbol{A})=1$，对于 $ax_1+bx_2+cx_3=0$，设 $c\neq 0$，则方程组的通解是 $t_1(c,0,-a)^{\mathrm{T}}+t_2(0,c,-b)^{\mathrm{T}}$.

评注　本题考查 $\boldsymbol{AB}=\boldsymbol{O}$ 的两种思路：一是 $R(\boldsymbol{A})+R(\boldsymbol{B})\leqslant n$；二是 $\boldsymbol{B}$ 的列向量是 $\boldsymbol{Ax}=\boldsymbol{0}$ 的解．解法一以秩 $R(\boldsymbol{A})$ 为主线来分析求解，解法二以 k 为主线来分析求解.

【例 4.104】已知 $\boldsymbol{A}$ 是 3 阶矩阵，其秩 $R(\boldsymbol{A})=2$，若 $\boldsymbol{A}$ 中每行元素之和都是零，求齐次方程组 $\boldsymbol{Ax}=\boldsymbol{0}$ 的通解.

【解】因 $n-R(\boldsymbol{A})=3-2=1$，故齐次方程组 $\boldsymbol{Ax}=\boldsymbol{0}$ 的基础解系由 1 个非零解所构成．由于 $\boldsymbol{A}$ 中每行元素之和均为零，即

$$a_{11}+a_{12}+a_{13}=1\cdot a_{11}+1\cdot a_{12}+1\cdot a_{13}=0$$
$$a_{21}+a_{22}+a_{23}=1\cdot a_{21}+1\cdot a_{22}+1\cdot a_{23}=0$$
$$a_{31}+a_{32}+a_{33}=1\cdot a_{31}+1\cdot a_{32}+1\cdot a_{33}=0$$

则 $x_1=1,x_2=1,x_3=1$ 是 $\boldsymbol{Ax}=\boldsymbol{0}$ 的非零解，故 $\boldsymbol{Ax}=\boldsymbol{0}$ 的通解是 $k(1,1,1)^{\mathrm{T}}$，$\forall k$.

【例 4.105】解方程组 $\begin{cases}6x_1-2x_2+2x_3+x_4=3,\\x_1-x_2+x_4=1,\\2x_1+x_3+3x_4=2.\end{cases}$

学习随笔

【解】将增广矩阵高斯消元化为阶梯形：

$$\overline{\mathbf{A}}=\left[\begin{array}{cccc:c}6&-2&2&1&3\\1&-1&0&1&1\\2&0&1&3&2\end{array}\right]\to\left[\begin{array}{cccc:c}1&-1&0&1&1\\2&0&1&3&2\\6&-2&2&1&3\end{array}\right]\to$$

$$\left[\begin{array}{cccc:c}1&-1&0&1&1\\&2&1&1&0\\&4&2&-5&-3\end{array}\right]\to\left[\begin{array}{cccc:c}1&-1&0&1&1\\&2&1&1&0\\&&&7&3\end{array}\right]$$

由 $R(\mathbf{A})=R(\overline{\mathbf{A}})=3$，知方程组有解. 因 $n-R(\mathbf{A})=1$，故每个解中有 1 个自由变量.

先求相应齐次线性方程组的基础解系，令 $x_3=2$，解出 $x_4=0,x_2=-1,x_1=-1$，所以齐次方程组通解是 $k(-1,-1,2,0)^{\mathrm{T}}$.

再求非齐次线性方程组的特解，令 $x_3=0$，解出 $x_4=\dfrac{3}{7}$，$x_2=-\dfrac{3}{14}$，$x_1=\dfrac{5}{14}$，特解为 $\left(\dfrac{5}{14},-\dfrac{3}{14},0,\dfrac{3}{7}\right)^{\mathrm{T}}$. 故方程组的通解是 $\left(\dfrac{5}{14},-\dfrac{3}{14},0,\dfrac{3}{7}\right)^{\mathrm{T}}+k(-1,-1,2,0)^{\mathrm{T}}$.

评注 (1) 阶梯形矩阵描述的同解方程组是

$$\begin{cases}x_1-x_2\qquad\quad+x_4=1,\\ \qquad 2x_2+x_3+x_4=0,\\ \qquad\qquad\qquad 7x_4=3\end{cases}$$

由于 $R(\mathbf{A})=3$，可将 x_1,x_2,x_4 留在等号的左端，把 x_3 移至等号右边，得

$$\begin{cases}x_1-x_2+x_4=1,\\ \qquad 2x_2+x_4=-x_3,\\ \qquad\qquad 7x_4=3\end{cases}$$

x_3 是自由变量，令 $x_3=0$，可得非齐次线性方程组的特解；令 $x_3=1$，可得导出组的基础解系.

(2) 用高斯消元化阶梯形时，必须仔细计算，否则下面的计算都是徒劳的；求基础解系时，不要把方程组的常数项混进去做运算.

【例 4.106】设非齐次线性方程组

$$\begin{cases}2x_1\quad+x_2+a_3x_3+a_4x_4=d_1,\\ \quad x_1-2x_2+b_3x_3+b_4x_4=d_2,\\ c_1x_1+c_2x_2\ +2x_3\ -3x_4=d_3\end{cases}$$

有 3 个解向量

$$\boldsymbol{\eta}_1=\begin{bmatrix}1\\1\\-2\\1\end{bmatrix},\ \boldsymbol{\eta}_2=\begin{bmatrix}2\\-1\\1\\1\end{bmatrix},\ \boldsymbol{\eta}_3=\begin{bmatrix}3\\2\\4\\2\end{bmatrix}$$

求此方程组的系数矩阵的秩，并求其通解，其中 a_{2+i},b_{2+i},c_i,d_j 为常数($i=1,2;j=1,2,3$).

【解】(1)设所给方程组为 $\mathbf{A}\boldsymbol{x}=\boldsymbol{b}$，由题设可知 $\boldsymbol{\eta}_1,\boldsymbol{\eta}_2,\boldsymbol{\eta}_3$ 是 $\mathbf{A}\boldsymbol{x}=\boldsymbol{b}$ 的 3 个解，因此

学习随笔

$$\boldsymbol{\eta}_3-\boldsymbol{\eta}_1=\begin{bmatrix}2\\1\\6\\1\end{bmatrix},\quad \boldsymbol{\eta}_3-\boldsymbol{\eta}_2=\begin{bmatrix}1\\3\\3\\1\end{bmatrix}$$

是 $\boldsymbol{Ax}=\boldsymbol{b}$ 对应的齐次方程 $\boldsymbol{Ax}=\boldsymbol{0}$ 的两个线性无关的解，故矩阵 $\boldsymbol{A}$ 的秩 $R(\boldsymbol{A})\leqslant 2$. 又因为矩阵

$$\boldsymbol{A}=\begin{bmatrix}2 & 1 & a_3 & a_4 & d_1\\1 & -2 & b_3 & b_4 & d_2\\c_1 & c_2 & 2 & -3 & d_3\end{bmatrix}$$

中有 2 阶子式 $\begin{vmatrix}2 & 1\\1 & -2\end{vmatrix}=-5\neq 0$，因此 $R(\boldsymbol{A})\geqslant 2$，所以 $R(\boldsymbol{A})=2$.

(2) 因 $R(\boldsymbol{A})=2$，故 $\boldsymbol{\eta}_3-\boldsymbol{\eta}_1,\boldsymbol{\eta}_3-\boldsymbol{\eta}_2$ 是 $\boldsymbol{Ax}=\boldsymbol{0}$ 的基础解系，则可得线性方程组的通解

$$\boldsymbol{\alpha}=\boldsymbol{\eta}_1+k_1(\boldsymbol{\eta}_3-\boldsymbol{\eta}_1)+k_2(\boldsymbol{\eta}_3-\boldsymbol{\eta}_2)=\begin{bmatrix}1\\1\\-2\\1\end{bmatrix}+k_1\begin{bmatrix}2\\1\\6\\1\end{bmatrix}+k_2\begin{bmatrix}1\\3\\3\\1\end{bmatrix}$$

其中 k_1,k_2 为任意常数.

评注　(1) 本题的解不唯一.

(2) 本题也可以将 $\boldsymbol{\eta}_1,\boldsymbol{\eta}_2,\boldsymbol{\eta}_3$ 代入方程组 $\boldsymbol{Ax}=\boldsymbol{b}$，解出常数

$$a_3=0,\ a_4=-5,\ d_1=-2,\ b_3=-\frac{5}{3},\ b_4=10$$

$$d_2=\frac{37}{3},\ c_1=-\frac{24}{5},\ c_2=\frac{3}{5},\ d_3=-\frac{56}{5}$$

从而得题中所述方程组

$$\begin{cases}2x_1+x_2-5x_4=-2,\\x_1-2x_2-\frac{5}{3}x_3+10x_4=\frac{37}{3},\\\frac{24}{5}x_1-\frac{3}{5}x_2-2x_3+3x_4=\frac{56}{5}\end{cases}$$

然后求其通解. 但是，这种解法的计算量较大.

【例 4.107】设 $\boldsymbol{\alpha}=\begin{bmatrix}1\\2\\1\end{bmatrix}$，$\boldsymbol{\beta}=\begin{bmatrix}1\\\frac{1}{2}\\0\end{bmatrix}$，$\boldsymbol{\gamma}=\begin{bmatrix}0\\0\\8\end{bmatrix}$，$\boldsymbol{A}=\boldsymbol{\alpha}\boldsymbol{\beta}^{\mathrm{T}}$，$\boldsymbol{B}=\boldsymbol{\beta}^{\mathrm{T}}\boldsymbol{\alpha}$，其中 $\boldsymbol{\beta}^{\mathrm{T}}$ 是 $\boldsymbol{\beta}$ 的转置，求解方程 $2\boldsymbol{B}^2\boldsymbol{A}^2\boldsymbol{x}=\boldsymbol{A}^4\boldsymbol{x}+\boldsymbol{B}^4\boldsymbol{x}+\boldsymbol{\gamma}$.

【解】由已知条件得

学习随笔

$$A=\begin{bmatrix}1\\2\\1\end{bmatrix}\left(1,\frac{1}{2},0\right)=\begin{bmatrix}1&\frac{1}{2}&0\\2&1&0\\1&\frac{1}{2}&0\end{bmatrix},\quad B=\left(1,\frac{1}{2},0\right)\begin{bmatrix}1\\2\\1\end{bmatrix}=2$$

又 $A^2=\alpha\beta^T\alpha\beta^T=\alpha(\beta^T\alpha)\beta^T=2A$，递推得 $A^4=2^3A$. 代入原方程，得 $16Ax=8Ax+16x+\gamma$，即

$$8(A-2E)x=\gamma\text{（其中 }E\text{ 是 3 阶单位矩阵）}\tag{4.18}$$

令 $x=(x_1,x_2,x_3)^T$，将其代入式(4.18)，得到非齐次线性方程组

$$\begin{cases}-x_1+\frac{1}{2}x_2=0,\\2x_1-x_2=0,\\x_1+\frac{1}{2}x_2-2x_3=1\end{cases}$$

解其对应的齐次方程组，得通解 $\xi=k\begin{bmatrix}1\\2\\1\end{bmatrix}$（$k$ 为任意常数）. 显然，非齐次线性方程组的一个特解为 $\eta^*=\begin{bmatrix}0\\0\\-\frac{1}{2}\end{bmatrix}$，于是所求方程的解为 $x=\xi+\eta^*$，即 $x=k\begin{bmatrix}1\\2\\1\end{bmatrix}+\begin{bmatrix}0\\0\\-\frac{1}{2}\end{bmatrix}$，其中 k 为任意常数.

评注　特解不唯一. 例如，令 $x_3=0$，可有特解 $\left(\frac{1}{2},1,0\right)^T$.

【例 4.108】已知 4 阶方阵 $A=(\alpha_1,\alpha_2,\alpha_3,\alpha_4)$，$\alpha_1,\alpha_2,\alpha_3,\alpha_4$ 均为 4 维列向量，其中 $\alpha_2,\alpha_3,\alpha_4$ 线性无关，$\alpha_1=2\alpha_2-\alpha_3$. 如果 $\beta=\alpha_1+\alpha_2+\alpha_3+\alpha_4$，求线性方程组 $Ax=\beta$ 的通解.

【分析】方程组的系数没有具体给出，应当从解的理论、解的结构入手来求解.

【解】由 $\alpha_2,\alpha_3,\alpha_4$ 线性无关及 $\alpha_1=2\alpha_2-\alpha_3$ 知，向量组的秩 $R(\alpha_1,\alpha_2,\alpha_3,\alpha_4)=3$，即矩阵 A 的秩为 3. 因此 $Ax=0$ 的基础解系中只包含一个向量. 那么由

$$(\alpha_1,\alpha_2,\alpha_3,\alpha_4)\begin{bmatrix}1\\-2\\1\\0\end{bmatrix}=\alpha_1-2\alpha_2+\alpha_3=0$$

知，$Ax=0$ 的基础解系是 $(1,-2,1,0)^T$.

再由 $\beta=\alpha_1+\alpha_2+\alpha_3+\alpha_4=(\alpha_1,\alpha_2,\alpha_3,\alpha_4)\begin{bmatrix}1\\1\\1\\1\end{bmatrix}=A\begin{bmatrix}1\\1\\1\\1\end{bmatrix}$ 知，$(1,1,1,1)^T$ 是 $Ax=\beta$

学习随笔

的一个特解. 故 $\boldsymbol{Ax}=\boldsymbol{\beta}$ 的通解是 $k\begin{bmatrix}1\\-2\\1\\0\end{bmatrix}+\begin{bmatrix}1\\1\\1\\1\end{bmatrix}$，其中 k 为任意常数.

评注　因为方程组 $\boldsymbol{Ax}=\boldsymbol{\beta}$ 的向量形式为

$$x_1\boldsymbol{\alpha}_1+x_2\boldsymbol{\alpha}_2+x_3\boldsymbol{\alpha}_3+x_4\boldsymbol{\alpha}_4=\boldsymbol{\alpha}_1+\boldsymbol{\alpha}_2+\boldsymbol{\alpha}_3+\boldsymbol{\alpha}_4$$

那么利用 $\boldsymbol{\alpha}_1=2\boldsymbol{\alpha}_2-\boldsymbol{\alpha}_3$ 及 $\boldsymbol{\alpha}_2,\boldsymbol{\alpha}_3,\boldsymbol{\alpha}_4$ 线性无关可以得到

$$(2x_1+x_2-3)\boldsymbol{\alpha}_2+(-x_1+x_3)\boldsymbol{\alpha}_3+(x_4-1)\boldsymbol{\alpha}_4=\boldsymbol{0}$$

故知

$$\begin{cases}2x_1+x_2-3=0,\\-x_1+x_3=0,\\x_4-1=0\end{cases}\tag{4.19}$$

于是 $\boldsymbol{Ax}=\boldsymbol{\beta}$ 与方程组(4.19)同解，解此方程组就可得到 $\boldsymbol{Ax}=\boldsymbol{\beta}$ 的通解.

【例 4.109】 已知 $\boldsymbol{A}$ 是 4 阶矩阵，秩 $R(\boldsymbol{A})=3$，$\boldsymbol{\alpha}_1,\boldsymbol{\alpha}_2,\boldsymbol{\alpha}_3$ 是线性方程组 $\boldsymbol{Ax}=\boldsymbol{b}$ 的 3 个不同的解，且 $\boldsymbol{\alpha}_1+2\boldsymbol{\alpha}_2+\boldsymbol{\alpha}_3=(2,4,6,8)^{\mathrm{T}}$，　$\boldsymbol{\alpha}_1+2\boldsymbol{\alpha}_3=(1,3,5,7)^{\mathrm{T}}$，求方程组 $\boldsymbol{Ax}=\boldsymbol{b}$ 的所有解.

【解】 因 $n-R(\boldsymbol{A})=4-3=1$，所以导出组 $\boldsymbol{Ax}=\boldsymbol{0}$ 的基础解系由 1 个非零解向量组成.

由于 $\boldsymbol{A}(\boldsymbol{\alpha}_1+2\boldsymbol{\alpha}_2+\boldsymbol{\alpha}_3-\boldsymbol{\alpha}_1-3\boldsymbol{\alpha}_3)=2\boldsymbol{A}(\boldsymbol{\alpha}_2-\boldsymbol{\alpha}_3)=\boldsymbol{0}$，所以 $\boldsymbol{\xi}=2(\boldsymbol{\alpha}_2-\boldsymbol{\alpha}_3)=(1,1,1,1)^{\mathrm{T}}$ 是 $\boldsymbol{Ax}=\boldsymbol{0}$ 的非零解. 又 $\boldsymbol{A}(\boldsymbol{\alpha}_1+2\boldsymbol{\alpha}_2+\boldsymbol{\alpha}_3)=4\boldsymbol{b}$，知 $\boldsymbol{A}\dfrac{\boldsymbol{\alpha}_1+2\boldsymbol{\alpha}_2+\boldsymbol{\alpha}_3}{4}=\boldsymbol{b}$.

所以 $\boldsymbol{\eta}=\dfrac{\boldsymbol{\alpha}_1+2\boldsymbol{\alpha}_2+\boldsymbol{\alpha}_3}{4}=\left(\dfrac{1}{2},1,\dfrac{3}{2},2\right)^{\mathrm{T}}$ 是 $\boldsymbol{Ax}=\boldsymbol{b}$ 的解.

因此，方程组的通解是 $\left(\dfrac{1}{2},1,\dfrac{3}{2},2\right)^{\mathrm{T}}+k(1,1,1,1)^{\mathrm{T}}$，$\forall k$.

【例 4.110】 设 $\boldsymbol{A}=\begin{bmatrix}1&2&1&2\\0&1&c&c\\1&c&0&1\end{bmatrix}$，$\boldsymbol{b}=\begin{bmatrix}3\\2\\1\end{bmatrix}$，且齐次线性方程组 $\boldsymbol{Ax}=\boldsymbol{0}$ 的解空间的维数为 2，求方程组 $\boldsymbol{Ax}=\boldsymbol{b}$ 的通解.

【分析】 根据 $\boldsymbol{Ax}=\boldsymbol{0}$ 的解空间维数来确定矩阵 $\boldsymbol{A}$ 的秩，进而可求得 $\boldsymbol{A}$ 中的参数 c 并求解方程组.

【解】 因为 $\boldsymbol{Ax}=\boldsymbol{0}$ 的解空间是 $4-R(\boldsymbol{A})$ 维的，由 $4-R(\boldsymbol{A})=2$，得 $R(\boldsymbol{A})=2$. 对方程组的增广矩阵作初等行变换

$$\overline{\boldsymbol{A}}=\left[\begin{array}{cccc:c}1&2&1&2&3\\0&1&c&c&2\\1&c&0&1&1\end{array}\right]\xrightarrow{r_3-r_1}\left[\begin{array}{cccc:c}1&2&1&2&3\\0&1&c&c&2\\0&c-2&-1&-1&-2\end{array}\right]\xrightarrow{r_3-(c-2)r_2}$$

$$\left[\begin{array}{cccc:c}1&2&1&2&3\\0&1&c&c&2\\0&0&-(c-1)^2&-(c-1)^2&-2(c-1)\end{array}\right]$$

由 $R(\boldsymbol{A})=2$，知 $c=1$，此时

学习随笔

$$\overline{\boldsymbol{A}} \to \left[\begin{array}{cccc:c} 1 & 2 & 1 & 2 & 3 \\ 0 & 1 & 1 & 1 & 2 \\ 0 & 0 & 0 & 0 & 0 \end{array}\right] \xrightarrow{r_1 - 2r_2} \begin{bmatrix} 1 & 0 & -1 & 0 & -1 \\ 0 & 1 & 1 & 1 & 2 \\ 0 & 0 & 0 & 0 & 0 \end{bmatrix}$$

$R(\overline{\boldsymbol{A}})=R(\boldsymbol{A})=2<4$,方程组有无穷多解.同解方程组为$\begin{cases} x_1=-1+x_3, \\ x_2=2-x_3-x_4, \end{cases}$ 通解为

$$\begin{cases} x_1=-1+t_1, \\ x_2=2-t_1-t_2, \\ x_3=t_1, \\ x_4=t_2 \end{cases} \text{或} \begin{bmatrix} x_1 \\ x_2 \\ x_3 \\ x_4 \end{bmatrix}=\begin{bmatrix} -1 \\ 2 \\ 0 \\ 0 \end{bmatrix}+t_1\begin{bmatrix} 1 \\ -1 \\ 1 \\ 0 \end{bmatrix}+t_2\begin{bmatrix} 0 \\ -1 \\ 0 \\ 1 \end{bmatrix} \quad (t_1,t_2\text{ 为任意常数})$$

【例 4.111】设 $\boldsymbol{A}_{3\times 3}=(\boldsymbol{\alpha}_1,\boldsymbol{\alpha}_2,\boldsymbol{\alpha}_3)$,方程组 $\boldsymbol{A}\boldsymbol{x}=\boldsymbol{\beta}$ 有通解 $k\boldsymbol{\xi}+\boldsymbol{\eta}=k(1,2,-3)^{\mathrm{T}}+(2,-1,1)^{\mathrm{T}}$,其中 k 是任意常数,又 $\boldsymbol{B}=(\boldsymbol{\alpha}_1+\boldsymbol{\alpha}_2+\boldsymbol{\alpha}_3+\boldsymbol{\beta},\boldsymbol{\alpha}_1,\boldsymbol{\alpha}_2,\boldsymbol{\alpha}_3)$,求方程组 $\boldsymbol{B}\boldsymbol{y}=\boldsymbol{\beta}$ 的通解.

【解】由题设条件知

$$\boldsymbol{A}\boldsymbol{\xi}=(\boldsymbol{\alpha}_1,\boldsymbol{\alpha}_2,\boldsymbol{\alpha}_3)\begin{bmatrix} 1 \\ 2 \\ -3 \end{bmatrix}=\boldsymbol{\alpha}_1+2\boldsymbol{\alpha}_2-3\boldsymbol{\alpha}_3=\boldsymbol{0} \tag{4.20}$$

$$\boldsymbol{A}\boldsymbol{\eta}=(\boldsymbol{\alpha}_1,\boldsymbol{\alpha}_2,\boldsymbol{\alpha}_3)\begin{bmatrix} 2 \\ -1 \\ 1 \end{bmatrix}=2\boldsymbol{\alpha}_1-\boldsymbol{\alpha}_2+\boldsymbol{\alpha}_3=\boldsymbol{\beta} \tag{4.21}$$

及 $R(\boldsymbol{A})=R(\boldsymbol{A}\boldsymbol{\beta})=2$.

因 $\boldsymbol{\beta}=2\boldsymbol{\alpha}_1-\boldsymbol{\alpha}_2+\boldsymbol{\alpha}_3$,故 $R(\boldsymbol{B})=R(\boldsymbol{B},\boldsymbol{\beta})=2$,但 $\boldsymbol{B}$ 是 3×4 矩阵,方程组 $\boldsymbol{B}\boldsymbol{y}=\boldsymbol{\beta}$ 的通解有形式 $k_1\boldsymbol{\xi}_1^*+k_2\boldsymbol{\xi}_2^*+\boldsymbol{\eta}^*$.

显然由式(4.20)可得$(\boldsymbol{\alpha}_1+\boldsymbol{\alpha}_2+\boldsymbol{\alpha}_3+\boldsymbol{\beta},\boldsymbol{\alpha}_1,\boldsymbol{\alpha}_2,\boldsymbol{\alpha}_3)\begin{bmatrix} 0 \\ 1 \\ 2 \\ -3 \end{bmatrix}=\boldsymbol{0}$,即 $\boldsymbol{\xi}_1^*=\begin{bmatrix} 0 \\ 1 \\ 2 \\ -3 \end{bmatrix}$.

由式(4.21)知,$\boldsymbol{\beta}=2\boldsymbol{\alpha}_1-\boldsymbol{\alpha}_2+\boldsymbol{\alpha}_3$,将其代入 $\boldsymbol{B}$,得

$$(\boldsymbol{\alpha}_1+\boldsymbol{\alpha}_2+\boldsymbol{\alpha}_3+\boldsymbol{\beta},\boldsymbol{\alpha}_1,\boldsymbol{\alpha}_2,\boldsymbol{\alpha}_3)\boldsymbol{\xi}_2^*=(3\boldsymbol{\alpha}_1+2\boldsymbol{\alpha}_3,\boldsymbol{\alpha}_1,\boldsymbol{\alpha}_2,\boldsymbol{\alpha}_3)\begin{bmatrix} 1 \\ -3 \\ 0 \\ -2 \end{bmatrix}=\boldsymbol{0}$$

即 $\boldsymbol{\xi}_2^*=\begin{bmatrix} 1 \\ -3 \\ 0 \\ -2 \end{bmatrix}$.

再由式(4.21)得$(\boldsymbol{\alpha}_1+\boldsymbol{\alpha}_2+\boldsymbol{\alpha}_3+\boldsymbol{\beta},\boldsymbol{\alpha}_1,\boldsymbol{\alpha}_2,\boldsymbol{\alpha}_3)\begin{bmatrix} 0 \\ 2 \\ -1 \\ 1 \end{bmatrix}=\boldsymbol{\beta}$,取 $\boldsymbol{\eta}^*=\begin{bmatrix} 0 \\ 2 \\ -1 \\ 1 \end{bmatrix}$,故方程组

$\boldsymbol{B y}=\boldsymbol{\beta}$ 的通解为

$$k_1\boldsymbol{\xi}_1^*+k_2\boldsymbol{\xi}_2^*+\boldsymbol{\eta}^*=k_1\begin{bmatrix}0\\1\\2\\-3\end{bmatrix}+k_2\begin{bmatrix}1\\-3\\0\\-2\end{bmatrix}+\begin{bmatrix}0\\2\\-1\\1\end{bmatrix}\text{（其中 }k_1,k_2\text{ 是任意常数）}$$

【例 4.112】已知 4 阶矩阵 $\boldsymbol{A}=(\boldsymbol{\alpha}_1,\boldsymbol{\alpha}_2,\boldsymbol{\alpha}_3,\boldsymbol{\alpha}_4)$，$\boldsymbol{\alpha}_1,\boldsymbol{\alpha}_2,\boldsymbol{\alpha}_3,\boldsymbol{\alpha}_4$ 是 4 维列向量，若方程组 $\boldsymbol{Ax}=\boldsymbol{\beta}$ 的通解是 $(1,2,2,1)^{\mathrm{T}}+k(1,-2,4,0)^{\mathrm{T}}$，又 $\boldsymbol{B}=(\boldsymbol{\alpha}_3,\boldsymbol{\alpha}_2,\boldsymbol{\alpha}_1,\boldsymbol{\beta}-\boldsymbol{\alpha}_4)$，求方程组 $\boldsymbol{Bx}=3\boldsymbol{\alpha}_1+5\boldsymbol{\alpha}_2-\boldsymbol{\alpha}_3$ 的通解.

【解】由方程组 $\boldsymbol{Ax}=\boldsymbol{\beta}$ 的解的结构，可知

$R(\boldsymbol{A})=R(\boldsymbol{\alpha}_1,\boldsymbol{\alpha}_2,\boldsymbol{\alpha}_3,\boldsymbol{\alpha}_4)=3$，$\boldsymbol{\alpha}_1+2\boldsymbol{\alpha}_2+2\boldsymbol{\alpha}_3+\boldsymbol{\alpha}_4=\boldsymbol{\beta}$，　$\boldsymbol{\alpha}_1-2\boldsymbol{\alpha}_2+4\boldsymbol{\alpha}_3=\boldsymbol{0}$

因为 $\boldsymbol{B}=(\boldsymbol{\alpha}_3,\boldsymbol{\alpha}_2,\boldsymbol{\alpha}_1,\boldsymbol{\beta}-\boldsymbol{\alpha}_4)=(\boldsymbol{\alpha}_3,\boldsymbol{\alpha}_2,\boldsymbol{\alpha}_1,\boldsymbol{\alpha}_1+2\boldsymbol{\alpha}_2+2\boldsymbol{\alpha}_3)$，且 $\boldsymbol{\alpha}_1,\boldsymbol{\alpha}_2,\boldsymbol{\alpha}_3$ 线性相关，所以 $R(\boldsymbol{B})=2$.

由 $\boldsymbol{B}\begin{bmatrix}-1\\5\\3\\0\end{bmatrix}=(\boldsymbol{\alpha}_3,\boldsymbol{\alpha}_2,\boldsymbol{\alpha}_1,\boldsymbol{\beta}-\boldsymbol{\alpha}_4)\begin{bmatrix}-1\\5\\3\\0\end{bmatrix}=3\boldsymbol{\alpha}_1+5\boldsymbol{\alpha}_2-\boldsymbol{\alpha}_3$，知 $(-1,5,3,0)^{\mathrm{T}}$ 是方程组 $\boldsymbol{Bx}=3\boldsymbol{\alpha}_1+5\boldsymbol{\alpha}_2-\boldsymbol{\alpha}_3$ 的一个解.

又由 $\boldsymbol{B}\begin{bmatrix}4\\-2\\1\\0\end{bmatrix}=(\boldsymbol{\alpha}_3,\boldsymbol{\alpha}_2,\boldsymbol{\alpha}_1,\boldsymbol{\alpha}_1+2\boldsymbol{\alpha}_2+2\boldsymbol{\alpha}_3)\begin{bmatrix}4\\-2\\1\\0\end{bmatrix}=4\boldsymbol{\alpha}_3-2\boldsymbol{\alpha}_2+\boldsymbol{\alpha}_1=\boldsymbol{0}$，$\boldsymbol{B}\begin{bmatrix}2\\-4\\0\\1\end{bmatrix}=$

$(\boldsymbol{\alpha}_3,\boldsymbol{\alpha}_2,\boldsymbol{\alpha}_1,\boldsymbol{\alpha}_1+2\boldsymbol{\alpha}_2+2\boldsymbol{\alpha}_3)\begin{bmatrix}2\\-4\\0\\1\end{bmatrix}=\boldsymbol{\alpha}_1-2\boldsymbol{\alpha}_2+4\boldsymbol{\alpha}_3=\boldsymbol{0}$，知 $(4,-2,1,0)^{\mathrm{T}}$，$(2,-4,0,1)^{\mathrm{T}}$ 是 $\boldsymbol{Bx}=\boldsymbol{0}$ 的两个线性无关的解. 故 $\boldsymbol{Bx}=3\boldsymbol{\alpha}_1+5\boldsymbol{\alpha}_2-\boldsymbol{\alpha}_3$ 的通解是

$$(-1,5,3,0)^{\mathrm{T}}+k_1(4,-2,1,0)^{\mathrm{T}}+k_2(2,-4,0,1)^{\mathrm{T}}\text{（其中 }k_1,k_2\text{ 为任意常数）}$$

七、含有参数的方程组的讨论

【例 4.113】设有齐次线性方程组

$$\begin{cases}(1+a)x_1+x_2+x_3+x_4=0,\\2x_1+(2+a)x_2+2x_3+2x_4=0,\\3x_1+3x_2+(3+a)x_3+3x_4=0,\\4x_1+4x_2+4x_3+(4+a)x_4=0\end{cases}$$

试问 a 取何值时，该方程组有非零解？求出其通解.

【分析】n 个未知数 n 个方程的齐次方程组 $\boldsymbol{Ax}=\boldsymbol{0}$ 有非零解的充分必要条件是行列式 $|\boldsymbol{A}|=0$，可由 $|\boldsymbol{A}|=0$ 求出 a，然后再加减消元求通解.

【解】方程组的系数行列式

学习随笔

$$|\boldsymbol{A}|=\begin{vmatrix}1+a & 1 & 1 & 1\\ 2 & 2+a & 2 & 2\\ 3 & 3 & 3+a & 3\\ 4 & 4 & 4 & 4+a\end{vmatrix}=\begin{vmatrix}10+a & 10+a & 10+a & 10+a\\ 2 & 2+a & 2 & 2\\ 3 & 3 & 3+a & 3\\ 4 & 4 & 4 & 4+a\end{vmatrix}$$

$$=\begin{vmatrix}10+a & 0 & 0 & 0\\ 2 & a & 0 & 0\\ 3 & 0 & a & 0\\ 4 & 0 & 0 & a\end{vmatrix}=(a+10)a^3$$

当 $a=0$ 或 $a=-10$ 时,方程组有非零解.

当 $a=0$ 时,对系数矩阵 $\boldsymbol{A}$ 作初等行变换,有

$$\boldsymbol{A}=\begin{bmatrix}1 & 1 & 1 & 1\\ 2 & 2 & 2 & 2\\ 3 & 3 & 3 & 3\\ 4 & 4 & 4 & 4\end{bmatrix}\rightarrow\begin{bmatrix}1 & 1 & 1 & 1\\ 0 & 0 & 0 & 0\\ 0 & 0 & 0 & 0\\ 0 & 0 & 0 & 0\end{bmatrix}$$

故方程组的同解方程组为 $x_1+x_2+x_3+x_4=0$,其基础解系为

$$\boldsymbol{\eta}_1=(-1,1,0,0)^{\mathrm{T}},\quad \boldsymbol{\eta}_2=(-1,0,1,0)^{\mathrm{T}},\quad \boldsymbol{\eta}_3=(-1,0,0,1)^{\mathrm{T}}$$

于是所求方程组的通解为 $x=k_1\boldsymbol{\eta}_1+k_2\boldsymbol{\eta}_2+k_3\boldsymbol{\eta}_3$,其中 k_1,k_2,k_3 为任意常数.

当 $a=-10$ 时,对 $\boldsymbol{A}$ 作初等行变换,有

$$\boldsymbol{A}=\begin{bmatrix}-9 & 1 & 1 & 1\\ 2 & -8 & 2 & 2\\ 3 & 3 & -7 & 3\\ 4 & 4 & 4 & -6\end{bmatrix}\rightarrow\begin{bmatrix}-9 & 1 & 1 & 1\\ 20 & -10 & 0 & 0\\ 30 & 0 & -10 & 0\\ 40 & 0 & 0 & -10\end{bmatrix}\rightarrow$$

$$\begin{bmatrix}-9 & 1 & 1 & 1\\ -2 & 1 & 0 & 0\\ -3 & 0 & 1 & 0\\ -4 & 0 & 0 & 1\end{bmatrix}\rightarrow\begin{bmatrix}0 & 0 & 0 & 0\\ -2 & 1 & 0 & 0\\ -3 & 0 & 1 & 0\\ -4 & 0 & 0 & 1\end{bmatrix}$$

故方程组的同解方程组为$\begin{cases}x_2=2x_1,\\ x_3=3x_1,\\ x_4=4x_1,\end{cases}$其基础解系为 $\boldsymbol{\eta}=(1,2,3,4)^{\mathrm{T}}$,于是所求方程组的通解为 $x=k\boldsymbol{\eta}$,其中 k 为任意常数.

评注 通常求 $\boldsymbol{Ax}=\boldsymbol{0}$ 的通解是对方程组的系数矩阵 $\boldsymbol{A}$ 作初等行变换. 本题在 $\boldsymbol{A}$ 的主对角线上有参数 a,加减消元会稍繁,请你用这种方法解本题.

【例 4.114】 设齐次线性方程组

$$\begin{cases}ax_1+bx_2+bx_3+\cdots+bx_n=0,\\ bx_1+ax_2+bx_3+\cdots+bx_n=0,\\ \vdots\\ bx_1+bx_2+bx_3+\cdots+ax_n=0\end{cases}$$

其中 $a\neq 0,b\neq 0,n\geqslant 2$. 试讨论 a,b 为何值时,方程组仅有零解,有无穷多解? 当有无穷多

学习随笔

解时，求出其全部解，并用基础解系表示全部解.

【解】对系数矩阵作初等行变换，把第 1 行的 -1 倍分别加至第 2 行到第 n 行，有

$$\begin{bmatrix} a & b & b & \cdots & b & b \\ b & a & b & \cdots & b & b \\ b & b & a & \cdots & b & b \\ \vdots & \vdots & \vdots & & \vdots & \vdots \\ b & b & b & \cdots & a & b \\ b & b & b & \cdots & b & a \end{bmatrix} \to \begin{bmatrix} a & b & b & \cdots & b & b \\ b-a & a-b & 0 & \cdots & 0 & 0 \\ b-a & 0 & a-b & \cdots & 0 & 0 \\ \vdots & \vdots & \vdots & & \vdots & \vdots \\ b-a & 0 & 0 & \cdots & a-b & 0 \\ b-a & 0 & 0 & \cdots & 0 & a-b \end{bmatrix}$$

(1) 如果 $a=b$，方程组的同解方程组是 $x_1+x_2+\cdots+x_n=0$.

由于 $n-R(\mathbf{A})=n-1$，取自由变量为 $x_2,x_3,\cdots,x_n$，得到基础解系为

$$\boldsymbol{\alpha}_1=(-1,1,0,\cdots,0)^{\mathrm{T}},\boldsymbol{\alpha}_2=(-1,0,1,\cdots,0)^{\mathrm{T}},\cdots,\boldsymbol{\alpha}_{n-1}=(-1,0,0,\cdots,1)^{\mathrm{T}}$$

方程组的通解是 $k_1\boldsymbol{\alpha}_1+k_2\boldsymbol{\alpha}_2+\cdots+k_{n-1}\boldsymbol{\alpha}_{n-1}$，其中 $k_1,k_2,\cdots,k_{n-1}$ 为任意常数.

(2) 如果 $a\neq b$，对系数矩阵作初等行变换，有

$$\mathbf{A}\to\begin{bmatrix} a & b & b & \cdots & b & b \\ 1 & -1 & 0 & \cdots & 0 & 0 \\ 1 & 0 & -1 & \cdots & 0 & 0 \\ \vdots & \vdots & \vdots & & \vdots & \vdots \\ 1 & 0 & 0 & \cdots & -1 & 0 \\ 1 & 0 & 0 & \cdots & 0 & -1 \end{bmatrix} \to \begin{bmatrix} a+(n-1)b & 0 & 0 & \cdots & 0 & 0 \\ 1 & -1 & 0 & \cdots & 0 & 0 \\ 1 & 0 & -1 & \cdots & 0 & 0 \\ \vdots & \vdots & \vdots & & \vdots & \vdots \\ 1 & 0 & 0 & \cdots & -1 & 0 \\ 1 & 0 & 0 & \cdots & 0 & -1 \end{bmatrix}$$

若 $a\neq(1-n)b$，则秩 $R(\mathbf{A})=n$，此时齐次方程组只有零解.

若 $a=(1-n)b$，则秩 $R(\mathbf{A})=n-1$. 取 x_1 为自由变量，则基础解系为 $\boldsymbol{\alpha}=(1,1,\cdots,1)^{\mathrm{T}}$. 方程组的通解是 $k\boldsymbol{\alpha}$，其中 k 为任意常数.

评注　本题是 n 个方程 n 个未知数，故也可由行列式入手. 当 $|\mathbf{A}|\neq 0$ 时，方程组只有零解；当 $|\mathbf{A}|=0$ 时，再根据 a,b 的取值进一步求解.

【例 4.115】 讨论 a,b 取何值时，下列方程组无解、有唯一解、有无穷多解？有解时求其解.

$$\begin{cases} x_1 \quad\quad + 2x_3 + 2x_4 = 6, \\ 2x_1 + x_2 + 3x_3 + ax_4 = 0, \\ 3x_1 \quad\quad + ax_3 + 6x_4 = 18, \\ 4x_1 - x_2 + 9x_3 + 13x_4 = b. \end{cases}$$

【解】将增广矩阵用初等行变换化为阶梯形：

$$\left[\begin{array}{cccc:c} 1 & 0 & 2 & 2 & 6 \\ 2 & 1 & 3 & a & 0 \\ 3 & 0 & a & 6 & 18 \\ 4 & -1 & 9 & 13 & b \end{array}\right] \to \left[\begin{array}{cccc:c} 1 & 0 & 2 & 2 & 6 \\ & 1 & -1 & a-4 & -12 \\ & 0 & a-6 & 0 & 0 \\ & -1 & 1 & 5 & b-24 \end{array}\right] \to$$

$$\left[\begin{array}{cccc:c} 1 & 0 & 2 & 2 & 6 \\ & 1 & -1 & a-4 & -12 \\ & & a-6 & 0 & 0 \\ & & & a+1 & b-36 \end{array}\right]$$

学习随笔

讨论：

(1) 当 $a=-1, b\neq 36$ 时，$R(\mathbf{A})=3, R(\overline{\mathbf{A}})=4$，方程组无解.

(2) 当 $a\neq -1, a\neq 6$ 时，$R(\mathbf{A})=R(\overline{\mathbf{A}})=4$，方程组有唯一解，由下往上依次解得

$$x_4=\frac{b-36}{a+1},\quad x_3=0,\quad x_2=-12-\frac{(a-4)(b-36)}{a+1},\quad x_1=6-\frac{2(b-36)}{a+1}$$

(3) 当 $a=-1, b=36$ 时，$R(\mathbf{A})=R(\overline{\mathbf{A}})=3$，方程组有无穷多解，此时方程组的增广矩阵化为

$$\left[\begin{array}{cccc:c}1 & 0 & 2 & 2 & 6\\ & 1 & -1 & -5 & -12\\ & & -7 & 0 & 0\end{array}\right]$$

令 $x_4=0$，有 $x_3=0, x_2=-12, x_1=6$，即特解是 $\boldsymbol{\xi}=(6,-12,0,0)^{\mathrm{T}}$.

令 $x_4=1$，解齐次方程组有 $x_3=0, x_2=5, x_1=-2$，即 $\boldsymbol{\eta}=(-2,5,0,1)^{\mathrm{T}}$ 是基础解系.

所以通解为 $\boldsymbol{\xi}+k\boldsymbol{\eta}=(6,-12,0,0)^{\mathrm{T}}+k(-2,5,0,1)^{\mathrm{T}}$.

(4) 当 $a=6$ 时，$R(\mathbf{A})=R(\overline{\mathbf{A}})=3$，方程组有无穷多解，此时方程组的增广矩阵化为

$$\left[\begin{array}{cccc:c}1 & 0 & 2 & 2 & 6\\ & 1 & -1 & 2 & -12\\ & & & 7 & b-36\end{array}\right]$$

令 $x_3=0$，有特解 $\boldsymbol{\alpha}=\left[\frac{1}{7}(114-2b),-\frac{1}{7}(12+2b),0,\frac{1}{7}(b-36)\right]^{\mathrm{T}}$.

令 $x_3=1$，有齐次方程组基础解系 $\boldsymbol{\beta}=(-2,1,1,0)^{\mathrm{T}}$.

所以通解是 $\boldsymbol{\alpha}+k\boldsymbol{\beta}=\left(\frac{1}{7}(114-2b),-\frac{1}{7}(12+2b),0,\frac{1}{7}(b-36)\right)^{\mathrm{T}}+k(-2,1,1,0)^{\mathrm{T}})$.

【例 4.116】设线性方程组

$$\begin{cases}x_1+x_2+x_3+3x_4=0,\\ 2x_1+x_2+3x_3+5x_4=1,\\ 3x_1+2x_2+ax_3+7x_4=1,\\ x_1-x_2+3x_3-x_4=b\end{cases}$$

问 a,b 取何值时，该方程组无解、有唯一解、有无穷多解？当该方程组有无穷多解时，求出其通解.

【解】设题中线性方程组为 $\mathbf{Ax}=\mathbf{b}$. 用消元法，对线性方程组 $\mathbf{Ax}=\mathbf{b}$ 的增广矩阵 $\overline{\mathbf{A}}$ 施以初等行变换，将其化为阶梯形矩阵：

$$\overline{\mathbf{A}}=\left[\begin{array}{cccc:c}1 & 1 & 1 & 3 & 0\\ 2 & 1 & 3 & 5 & 1\\ 3 & 2 & a & 7 & 1\\ 1 & -1 & 3 & -1 & b\end{array}\right]\xrightarrow{r}\left[\begin{array}{cccc:c}1 & 1 & 1 & 3 & 0\\ 0 & 1 & -1 & 1 & -1\\ 0 & 0 & a-4 & -1 & 0\\ 0 & 0 & 0 & -2 & b-2\end{array}\right]$$

由此可知：

(1) 当 $a\neq 4$ 时，秩 $R(\mathbf{A})=R(\overline{\mathbf{A}})=4$，线性方程组 $\mathbf{Ax}=\mathbf{b}$ 有唯一解.

当 $a=4$ 且 $b=2$ 时，秩 $R(\mathbf{A})=R(\overline{\mathbf{A}})=3<4$，线性方程组 $\mathbf{Ax}=\mathbf{b}$ 有无穷多解.

当 $a=4$ 且 $b\neq2$ 时，秩 $R(\mathbf{A})=3\neq R(\overline{\mathbf{A}})=4$，线性方程组 $\mathbf{Ax}=\mathbf{b}$ 无解.

(2) 当 $a=4$ 且 $b=2$ 时，继续对 $\overline{\mathbf{A}}$ 施以初等行变换，使之化为规范的阶梯形矩阵：

$$\overline{\mathbf{A}}\xrightarrow{r}\left[\begin{array}{cccc:c}1&0&2&0&1\\0&1&-1&0&-1\\0&0&0&1&0\\0&0&0&0&0\end{array}\right]$$

由此可知线性方程组 $\mathbf{Ax}=\mathbf{b}$ 对应的齐次线性方程组 $\mathbf{Ax}=\mathbf{0}$ 的解为

$$x_1=-2x_3,\ x_2=x_3,\ x_3=x_3,\ x_4=0$$

取 $x_3=1$，得 $\mathbf{Ax}=\mathbf{0}$ 的基础解系 $\boldsymbol{\alpha}_0=(-2,1,1,0)^{\mathrm{T}}$. 因此，$\mathbf{Ax}=\mathbf{0}$ 的通解

$$\boldsymbol{\alpha}_c=c\boldsymbol{\alpha}_0=c\begin{bmatrix}-2\\1\\1\\0\end{bmatrix}\text{（其中 }c\text{ 为任意常数）}$$

线性方程组 $\mathbf{Ax}=\mathbf{b}$ 的解为 $x_1=1-2x_3$，$x_2=-1+x_3$，$x_3=x_3$，$x_4=0$，取 $x_3=0$，得 $\mathbf{Ax}=\mathbf{b}$ 的一个特解 $\boldsymbol{\alpha}_1=(1,-1,0,0)^{\mathrm{T}}$.

由线性方程组 $\mathbf{Ax}=\mathbf{b}$ 解的结构，得 $\mathbf{Ax}=\mathbf{b}$ 的通解

$$\boldsymbol{\alpha}=\boldsymbol{\alpha}_1+\boldsymbol{\alpha}_c=\begin{bmatrix}1\\-1\\0\\0\end{bmatrix}+c\begin{bmatrix}-2\\1\\1\\0\end{bmatrix}\text{（其中 }c\text{ 为任意常数）}$$

评注　(1) 题中 $\mathbf{Ax}=\mathbf{b}$ 有无穷多解，故通解的表示式不唯一.

(2) 本题易出错处：线性方程组 $\mathbf{Ax}=\mathbf{b}$ 的解

$$x_1=1-2x_3,x_2=-1+x_3,x_3=x_3,x_4=0$$

取 $x_3=0$，得 $\mathbf{Ax}=\mathbf{b}$ 的一个特解 $\boldsymbol{\alpha}_1=(1,-1,0,0)^{\mathrm{T}}$；又取 $x_3=1$，得 $\mathbf{Ax}=\mathbf{0}$ 的基础解系 $\boldsymbol{\alpha}_2=(-1,0,1,0)^{\mathrm{T}}$，因此 $\mathbf{Ax}=\mathbf{b}$ 的通解为

$$\boldsymbol{\alpha}=\boldsymbol{\alpha}_1+c\boldsymbol{\alpha}_2=\begin{bmatrix}1\\-1\\0\\0\end{bmatrix}+c\begin{bmatrix}-1\\0\\1\\0\end{bmatrix}\text{（其中 }c\text{ 为任意常数）}$$

请读者考虑此通解的表达式错在何处？还请读者考虑，对于以上所取得的 $\boldsymbol{\alpha}_1$ 和 $\boldsymbol{\alpha}_2$，以

$$\boldsymbol{\alpha}=\boldsymbol{\alpha}_1+c(\boldsymbol{\alpha}_1-\boldsymbol{\alpha}_2)\text{（}c\text{ 为任意常数）}$$

表示 $\mathbf{Ax}=\mathbf{b}$ 的通解是否正确？为什么？

【例 4.117】已知线性方程组

$$\begin{cases}x_1+x_2+x_3+x_4=a,\\x_1-x_2-x_3+x_4=b,\\-x_1-x_2+x_3+x_4=c,\\-3x_1+x_2-3x_3-7x_4=d\end{cases}$$

学习随笔

(1) a,b,c,d 满足什么关系时,方程组无解?

(2) a,b,c,d 满足何种关系时,方程组有无穷多解?用导出组的基础解系表示其所有解.

【解】对增广矩阵作初等行变换化其为阶梯形:

$$\overline{\mathbf{A}} \to \left[\begin{array}{cccc:c} 1 & 1 & 1 & 1 & a \\ 0 & -2 & -2 & 0 & b-a \\ 0 & 0 & 2 & 2 & c+a \\ 0 & 4 & 0 & -4 & d+3a \end{array}\right] \to \left[\begin{array}{cccc:c} 1 & 1 & 1 & 1 & a \\ 0 & 2 & 2 & 0 & a-b \\ 0 & 0 & 2 & 2 & a+c \\ 0 & 0 & -4 & -4 & a+2b+d \end{array}\right] \to$$

$$\left[\begin{array}{cccc:c} 1 & 1 & 1 & 1 & a \\ 0 & 2 & 2 & 0 & a-b \\ 0 & 0 & 2 & 2 & a+c \\ 0 & 0 & 0 & 0 & 3a+2b+2c+d \end{array}\right]$$

所以,当 $3a+2b+2c+d\neq 0$ 时,$R(\mathbf{A})=3$,$R(\overline{\mathbf{A}})=4$,方程组无解.

当 $3a+2b+2c+d=0$ 时,$R(\mathbf{A})=R(\overline{\mathbf{A}})=3<4$,方程组有无穷多解.

自由变量取 x_4,求基础解系:

令 $x_4=1$,得 $x_3=-1,x_2=1,x_1=-1$,即导出组的基础解系是

$$\boldsymbol{\xi}=(-1,1,-1,1)^{\mathrm{T}}$$

求特解:令 $x_4=0$,得 $x_3=\dfrac{a+c}{2}$,$x_2=-\dfrac{b+c}{2}$,$x_1=\dfrac{a+b}{2}$,即非齐次线性方程组的特解是 $\boldsymbol{\eta}=\left(\dfrac{a+b}{2},-\dfrac{b+c}{2},\dfrac{a+c}{2},0\right)^{\mathrm{T}}$.因此,方程组的通解是 $k\boldsymbol{\xi}+\boldsymbol{\eta},\forall k$.

【例 4.118】已知非齐次线性方程组 $\begin{cases} x_1+x_2+x_3+x_4=-1, \\ 4x_1+3x_2+5x_3-x_4=-1, \\ ax_1+x_2+3x_3+bx_4=1 \end{cases}$ 有 3 个线性无关的解.

(1) 证明:方程组系数矩阵 $\mathbf{A}$ 的秩 $R(\mathbf{A})=2$.

(2) 求 a,b 的值及方程组的通解.

【分析】按本题的出题方法,我们应当用 3 个线性无关的解来证秩 $R(\mathbf{A})=2$,再用 $R(\mathbf{A})=2$ 求 a,b 的值,进而求方程组的通解.

【证明与求解】(1) 设 $\boldsymbol{\alpha}_1,\boldsymbol{\alpha}_2,\boldsymbol{\alpha}_3$ 是方程组 $\mathbf{A}\boldsymbol{x}=\boldsymbol{b}$ 的 3 个线性无关的解,那么 $\boldsymbol{\alpha}_1-\boldsymbol{\alpha}_2,\boldsymbol{\alpha}_1-\boldsymbol{\alpha}_3$ 是导出组 $\mathbf{A}\boldsymbol{x}=\mathbf{0}$ 的两个线性无关的解.于是 $n-R(\mathbf{A})\geqslant 2$,即 $R(\mathbf{A})\leqslant 2$.

又 $\mathbf{A}$ 中存在 2 阶子式,如 $\begin{vmatrix} 1 & 1 \\ 4 & 3 \end{vmatrix}\neq 0$,有 $R(\mathbf{A})\geqslant 2$,从而秩 $R(\mathbf{A})=2$.

(2) 对非齐次线性方程组的增广矩阵作初等行变换:

$$\overline{\mathbf{A}}=\left[\begin{array}{cccc:c} 1 & 1 & 1 & 1 & -1 \\ 4 & 3 & 5 & -1 & -1 \\ a & 1 & 3 & 1 & b \end{array}\right] \to \left[\begin{array}{cccc:c} 1 & 1 & 1 & 1 & -1 \\ 0 & -1 & 1 & -5 & 3 \\ 0 & 1-a & 3-a & b-a & 1+a \end{array}\right] \to$$

$$\left[\begin{array}{cccc:c} 1 & 0 & 2 & -4 & 2 \\ 0 & 1 & -1 & 5 & -3 \\ 0 & 0 & 4-2a & 4a+b-5 & 4-2a \end{array}\right]$$

由题(1)知 $R(\mathbf{A})=R(\overline{\mathbf{A}})=2$. 故必有 $4-2a=0,4a+b-5=0$,解得 $a=2,b=-3$.

此时 $\overline{\mathbf{A}}\to\left[\begin{array}{cccc:c}1&0&2&-4&2\\0&1&-1&5&-3\\0&0&0&0&0\end{array}\right]$.

取 x_3,x_4 为自由变量,可得方程组的通解为

$$(2,-3,0,0)^{\mathrm{T}}+k_1(-2,1,1,0)^{\mathrm{T}}+k_2(4,-5,0,1)^{\mathrm{T}}$$

其中,k_1,k_2 为任意常数.

【例 4.119】设线性方程组

$$\begin{cases}x_1+\lambda x_2+\mu x_3+x_4=0,\\2x_1+x_2+x_3+2x_4=0,\\3x_1+(2+\lambda)x_2+(4+\mu)x_3+4x_4=1\end{cases}$$

已知$(1,-1,1,-1)^{\mathrm{T}}$ 是该方程组的一个解. 试求:

(1) 方程组的全部解,并用对应的齐次方程组的基础解系表示其全部解.

(2) 该方程组满足 $x_2=x_3$ 的全部解.

【解】将$(1,-1,1,-1)^{\mathrm{T}}$ 代入方程组,得 $\lambda=\mu$. 对增广矩阵作初等行变换,有

$$\overline{\mathbf{A}}=\left[\begin{array}{cccc:c}1&\lambda&\lambda&1&0\\2&1&1&2&0\\3&2+\lambda&4+\lambda&4&1\end{array}\right]\to\left[\begin{array}{cccc:c}1&\lambda&\lambda&1&0\\0&1-2\lambda&1-2\lambda&0&0\\0&2-2\lambda&4-2\lambda&1&1\end{array}\right]\to$$

$$\left[\begin{array}{cccc:c}1&\lambda&\lambda&1&0\\0&1-2\lambda&1-2\lambda&0&0\\0&1&3&1&1\end{array}\right]$$

(1) 当 $\lambda=\dfrac{1}{2}$ 时,$\overline{\mathbf{A}}\to\left[\begin{array}{cccc:c}1&\frac{1}{2}&\frac{1}{2}&1&0\\0&1&3&1&1\\0&0&0&0&0\end{array}\right]$. 因 $R(\mathbf{A})=R(\overline{\mathbf{A}})=2<4$,故方程组有无穷多解,其全部解为

$$\left(-\frac{1}{2},1,0,0\right)^{\mathrm{T}}+k_1(1,-3,1,0)^{\mathrm{T}}+k_2(-1,-2,0,2)^{\mathrm{T}}$$

其中,k_1,k_2 为任意常数.

当 $\lambda\neq\dfrac{1}{2}$ 时,$\overline{\mathbf{A}}\to\left[\begin{array}{cccc:c}1&\lambda&\lambda&1&0\\0&1&1&0&0\\0&1&3&1&1\end{array}\right]\to\left[\begin{array}{cccc:c}1&0&0&1&0\\0&1&1&0&0\\0&0&2&1&1\end{array}\right]$. 因 $R(\mathbf{A})=R(\overline{\mathbf{A}})=3<4$,故方程组有无穷多解,其全部解为

$$(-1,0,0,1)^{\mathrm{T}}+k(2,-1,1,-2)^{\mathrm{T}}\text{(其中 }k\text{ 为任意常数)}$$

(2) 当 $\lambda=\dfrac{1}{2}$ 时,若 $x_2=x_3$,由方程组的通解 $\begin{cases}x_1=-\dfrac{1}{2}+k_1-k_2,\\x_2=1-3k_1-2k_2,\\x_3=k_1,\\x_4=2k_2\end{cases}$ 知 $1-3k_1-2k_2=$

学习随笔

k_1，即 $k_1=\frac{1}{4}-\frac{1}{2}k_2$. 将其代入整理，得全部解为

$$x_1=-\frac{1}{4}-\frac{3}{2}k_2,\quad x_2=\frac{1}{4}-\frac{1}{2}k_2,\quad x_3=\frac{1}{4}-\frac{1}{2}k_2,\quad x_4=2k_2$$

或 $\left(-\frac{1}{4},\frac{1}{4},\frac{1}{4},0\right)^{\mathrm{T}}+k_2\left(-\frac{3}{2},-\frac{1}{2},-\frac{1}{2},2\right)^{\mathrm{T}}$，其中，$k_2$ 为任意常数.

当 $\lambda\neq\frac{1}{2}$ 时，由 $x_2=x_3$ 知 $-k=k$，即 $k=0$. 从而方程组只有唯一解 $(-1,0,0,1)^{\mathrm{T}}$.

【例 4.120】已知方程组

$$\begin{cases}x_1\quad\quad\;+2x_3=1,\\2x_1+ax_2+5x_3=0,\\4x_1\quad\quad\;+cx_3=b\end{cases}$$

的通解形式为 $k\boldsymbol{\xi}+\boldsymbol{\eta}$，其中 k 是任意实数，求 a,b,c 及方程组的通解.

【分析】由方程组解的结构，知 $\boldsymbol{\xi}$ 是导出组的基础解系，因此 $R(\boldsymbol{A})=3-1=2$，且 $R(\overline{\boldsymbol{A}})$ 亦应为 2.

【解】把增广矩阵用初等行变换化为阶梯形：

$$\left[\begin{array}{ccc:c}1&0&2&1\\2&a&5&0\\4&0&c&b\end{array}\right]\to\left[\begin{array}{ccc:c}1&0&2&1\\0&a&1&-2\\0&0&c-8&b-4\end{array}\right]$$

由于导出组 $\boldsymbol{Ax}=\boldsymbol{0}$ 的基础解系为 1 个解向量，故 $R(\boldsymbol{A})=2$. 又因方程组有解，故必有 $R(\overline{\boldsymbol{A}})=2$.

(1) 若 $c=8,b=4,\forall a$，方程组的通解为 $(5,0,-2)^{\mathrm{T}}+k(2a,1,-a)^{\mathrm{T}}$.

(2) 若 $a=0$，对方程组继续消元，有

$$\left[\begin{array}{ccc:c}1&0&2&1\\0&0&1&-2\\0&0&c-8&b-4\end{array}\right]\to\left[\begin{array}{ccc:c}1&0&2&1\\0&0&1&-2\\0&0&0&b+2c-20\end{array}\right]$$

故当 $b+2c=20$ 时，方程组的通解才有 $k\boldsymbol{\xi}+\boldsymbol{\eta}$ 形式. 通解为 $(5,0,-2)^{\mathrm{T}}+k(0,1,0)^{\mathrm{T}}$.

八、关于线性方程组的公共解、同解问题

【例 4.121】设有齐次线性方程组 $\boldsymbol{Ax}=\boldsymbol{0}$ 和 $\boldsymbol{Bx}=\boldsymbol{0}$，其中 $\boldsymbol{A},\boldsymbol{B}$ 均为 $m\times n$ 矩阵，现有 4 个命题：

① 若 $\boldsymbol{Ax}=\boldsymbol{0}$ 的解均是 $\boldsymbol{Bx}=\boldsymbol{0}$ 的解，则秩 $R(\boldsymbol{A})\geqslant R(\boldsymbol{B})$.

② 若秩 $R(\boldsymbol{A})\geqslant R(\boldsymbol{B})$，则 $\boldsymbol{Ax}=\boldsymbol{0}$ 的解均是 $\boldsymbol{Bx}=\boldsymbol{0}$ 的解.

③ 若 $\boldsymbol{Ax}=\boldsymbol{0}$ 与 $\boldsymbol{Bx}=\boldsymbol{0}$ 同解，则秩 $R(\boldsymbol{A})=R(\boldsymbol{B})$.

④ 若秩 $R(\boldsymbol{A})=R(\boldsymbol{B})$，则 $\boldsymbol{Ax}=\boldsymbol{0}$ 与 $\boldsymbol{Bx}=\boldsymbol{0}$ 同解.

以上命题中正确的是________.

(A) ①②.　　(B) ①③.　　(C) ②④.　　(D) ③④.

【分析】命题④显然错误，可排除(C)、(D). 对于(A)和(B)必有一个是正确的. 因此命题①必正确.

学习随笔

由①正确，可知③必正确. 所以应选(B).

请读者直接证明命题①正确，并举例说明②不正确.

【例 4.122】已知齐次线性方程组(Ⅰ)$\begin{cases} x_1+x_2 \qquad\qquad +x_4=0, \\ ax_1 \qquad +a^2x_3 \qquad\quad =0, \\ \qquad ax_2 \qquad\quad +a^2x_4=0 \end{cases}$的解满足方程 $x_1+x_2+x_3=0$，求 a 的值，并求方程组(Ⅰ)的通解.

【解】因为方程组(Ⅰ)的解全是方程 $x_1+x_2+x_3=0$ 的解，所以方程组

$$(\text{Ⅰ})\begin{cases} x_1+x_2 \qquad\qquad +x_4=0, \\ ax_1 \qquad +a^2x_3 \qquad\quad =0, \\ \qquad ax_2 \qquad\quad +a^2x_4=0 \end{cases} \text{与}(\text{Ⅱ})\begin{cases} x_1+x_2 \qquad\qquad +x_4=0, \\ ax_1 \qquad +a^2x_3 \qquad\quad =0, \\ \qquad ax_2 \qquad\quad +a^2x_4=0, \\ x_1+x_2+x_3 \qquad\quad =0 \end{cases}$$

同解. 从而秩 $R(\boldsymbol{A})=R(\boldsymbol{B})$.

显然 $a=0$ 时，$R(\boldsymbol{A})=1$，$R(\boldsymbol{B})=2$，所以 $a=0$ 不合要求. 下设 $a\neq0$，由

$$\boldsymbol{A}=\begin{bmatrix}1&1&0&1\\a&0&a^2&0\\0&a&0&a^2\end{bmatrix}\to\begin{bmatrix}1&1&0&1\\1&0&a&0\\0&1&0&a\end{bmatrix}\to\begin{bmatrix}1&1&0&1\\0&-1&a&-1\\0&0&a&a-1\end{bmatrix}$$

知秩 $R(\boldsymbol{A})=3$. 又

$$\boldsymbol{B}=\begin{bmatrix}1&1&0&1\\a&0&a^2&0\\0&a&0&a^2\\1&1&1&0\end{bmatrix}\to\begin{bmatrix}1&1&0&1\\1&0&a&0\\0&1&0&a\\0&0&1&-1\end{bmatrix}\to\begin{bmatrix}1&1&0&1\\0&-1&a&-1\\0&0&1&-1\\0&0&0&1-2a\end{bmatrix}$$

可见 $a=\dfrac{1}{2}$时，秩 $R(\boldsymbol{B})=3$，所以 $a=\dfrac{1}{2}$. 此时

$$\boldsymbol{A}\to\begin{bmatrix}1&1&0&1\\0&-1&\frac{1}{2}&-1\\0&0&\frac{1}{2}&-\frac{1}{2}\end{bmatrix}\to\begin{bmatrix}1&1&0&1\\0&1&-\frac{1}{2}&1\\0&0&1&-1\end{bmatrix}\to\begin{bmatrix}1&0&0&\frac{1}{2}\\0&1&0&\frac{1}{2}\\0&0&1&-1\end{bmatrix}$$

求出基础解系 $\boldsymbol{\zeta}=\left(-\dfrac{1}{2},-\dfrac{1}{2},1,1\right)^{\mathrm{T}}$，通解为 $k\boldsymbol{\zeta}$，其中 k 为任意常数.

【例 4.123】已知齐次线性方程组

$$(\text{Ⅰ})\begin{cases} x_1+2x_2+3x_3=0, \\ 2x_1+3x_2+5x_3=0, \\ x_1+x_2+ax_3=0 \end{cases} \text{和}(\text{Ⅱ})\begin{cases} x_1+bx_2+cx_3=0, \\ 2x_1+b^2x_2+(c+1)x_3=0 \end{cases}$$

同解，求 a，b，c 的值.

【解】因为方程组(Ⅱ)中“方程个数<未知数个数”，所以(Ⅱ)必有非零解. 因此(Ⅰ)必有非零解，从而(Ⅰ)的系数行列式必为 0，即有

学习随笔

$$\begin{vmatrix}1&2&3\\2&3&5\\1&1&a\end{vmatrix}=2-a=0\Rightarrow a=2$$

对(Ⅰ)的系数矩阵作初等行变换,有

$$\begin{bmatrix}1&2&3\\2&3&5\\1&1&2\end{bmatrix}\to\begin{bmatrix}1&2&3\\0&-1&-1\\0&-1&-1\end{bmatrix}\to\begin{bmatrix}1&2&3\\0&1&1\\0&0&0\end{bmatrix}$$

可求出方程组(Ⅰ)的通解是 $k(-1,-1,1)^{\mathrm{T}}$.

由于 $(-1,-1,1)^{\mathrm{T}}$ 是(Ⅱ)的解,故有

$$\begin{cases}-1-b+c=0,\\-2-b^2+c+1=0\end{cases}\Rightarrow b=1,c=2\text{ 或 }b=0,c=1$$

当 $b=1,c=2$ 时,方程组(Ⅱ)为 $\begin{cases}x_1+x_2+2x_3=0,\\2x_1+x_2+3x_3=0,\end{cases}$ 其通解是 $k(-1,-1,1)^{\mathrm{T}}$. 所以(Ⅰ)与(Ⅱ)同解.

当 $b=0,c=1$ 时,方程组(Ⅱ)为 $\begin{cases}x_1+x_3=0,\\2x_1+2x_3=0\end{cases}$ 由于秩 R(Ⅱ)$=1$,而 R(Ⅰ)$=2$,所以方程组(Ⅰ)与(Ⅱ)不同解. 故 $b=0,c=1$ 应舍去.

从而当 $a=2,b=1,c=2$ 时方程组(Ⅰ)与(Ⅱ)同解.

【例 4.124】 已知下列非齐次线性方程组(Ⅰ)、(Ⅱ):

$$(\text{Ⅰ})\begin{cases}x_1+x_2-2x_4=-6,\\4x_1-x_2-x_3-x_4=1,\\3x_1-x_2-x_3=3;\end{cases}\qquad(\text{Ⅱ})\begin{cases}x_1+mx_2-x_3-x_4=-5,\\nx_2-x_3-2x_4=-11,\\x_3-2x_4=-t+1.\end{cases}$$

(1) 求解方程组(Ⅰ),用其导出组的基础解系表示通解.

(2) 当方程组中的参数 m,n,t 为何值时,方程组(Ⅰ)与(Ⅱ)同解?

【分析】 所谓两个方程组(Ⅰ)与(Ⅱ)同解,即(Ⅰ)的解全是(Ⅱ)的解,(Ⅱ)的解也全是(Ⅰ)的解.

若{(Ⅰ)的解}⊂{(Ⅱ)的解},且 R{(Ⅰ)的解}$=R${(Ⅱ)的解}$=t$,则 R{(Ⅰ)的解,(Ⅱ)的解}$=t$,那么{(Ⅱ)的解}⊂{(Ⅰ)的解}.

【解】 (1)对方程组(Ⅰ)的增广矩阵作初等行变换,有

$$\overline{\boldsymbol{A}}_1=\left[\begin{array}{cccc:c}1&1&0&-2&-6\\4&-1&-1&-1&1\\3&-1&-1&0&3\end{array}\right]\to\left[\begin{array}{cccc:c}1&1&0&-2&-6\\&-5&-1&7&25\\&-4&-1&6&21\end{array}\right]\to$$

$$\left[\begin{array}{cccc:c}1&1&0&-2&-6\\&-1&0&1&4\\&-4&-1&6&21\end{array}\right]\to\left[\begin{array}{cccc:c}1&1&0&-2&-6\\&1&0&-1&-4\\&&-1&2&5\end{array}\right]$$

由于 $R(\boldsymbol{A}_1)=R(\overline{\boldsymbol{A}}_1)=3<4$,故方程组(Ⅰ)有无穷多解.

令 $x_4=0$,得方程组(Ⅰ)的特解为 $(-2,-4,-5,0)^{\mathrm{T}}$.

令 $x_4=1$,得方程组(Ⅰ)的导出组的基础解系为 $(1,1,2,1)^{\mathrm{T}}$.

学习随笔

故方程组(Ⅰ)的通解为$(-2,-4,-5,0)^T+k(1,1,2,1)^T$,其中$k$为任意常数.

(2) 把方程组(Ⅰ)的通解$x_1=-2+k, x_2=-4+k, x_3=-5+2k, x_4=k$代入到方程组(Ⅱ)中,整理有

$$\begin{cases}(m-2)(k-4)=0,\\(n-4)(k-4)=0,\\t=6\end{cases}$$

因为k是任意常数,故$m=2, n=4, t=6$.此时方程组(Ⅰ)的解全是方程组(Ⅱ)的解.

由于$R(\boldsymbol{A}_1)=R(\overline{\boldsymbol{A}}_1)=3$,当$n=4$时,$R(\boldsymbol{A}_2)=R(\overline{\boldsymbol{A}}_2)=3$.所以$R\{$(Ⅰ)的解$\}=R\{$(Ⅱ)的解$\}=R\{$(Ⅰ)的解,(Ⅱ)的解$\}$.因此,(Ⅱ)的解也必是(Ⅰ)的解.从而(Ⅰ)与(Ⅱ)同解.

评注 当把方程组(Ⅰ)的解代入到方程组(Ⅱ)中,求出m,n,t后,方程组(Ⅱ)即为

$$\begin{cases}x_1+2x_2-x_3-x_4=-5,\\4x_2-x_3-2x_4=-11,\\x_3-2x_4=-5\end{cases}$$

可求出方程组(Ⅱ)的通解.再与方程组(Ⅰ)的通解相比较,可知方程组(Ⅰ)与方程组(Ⅱ)同解.

【例 4.125】设$\boldsymbol{A}$是$m\times n$实矩阵,$\boldsymbol{A}^T$是$\boldsymbol{A}$的转置矩阵.证明:方程组(Ⅰ)$\boldsymbol{Ax}=\boldsymbol{0}$和(Ⅱ)$\boldsymbol{A}^T\boldsymbol{Ax}=\boldsymbol{0}$是同解方程组.

【分析】所谓方程组同解,即(Ⅰ)的解全是(Ⅱ)的解,(Ⅱ)的解也全是(Ⅰ)的解.显然本题的难点是如何证(Ⅱ)的解必是(Ⅰ)的解.

【证明】如果$\boldsymbol{\alpha}$是(Ⅰ)的解,那么$\boldsymbol{A\alpha}=\boldsymbol{0}$,而$\boldsymbol{A}^T\boldsymbol{A\alpha}=\boldsymbol{A}^T\boldsymbol{0}=\boldsymbol{0}$,可见$\boldsymbol{\alpha}$是(Ⅱ)的解.

如果$\boldsymbol{\alpha}=(a_1,a_2,\cdots,a_n)^T$是(Ⅱ)的解,即$\boldsymbol{A}^T\boldsymbol{A\alpha}=\boldsymbol{0}$,那么

$$\boldsymbol{\alpha}^T\boldsymbol{A}^T\boldsymbol{A\alpha}=\boldsymbol{0}\Rightarrow(\boldsymbol{A\alpha})^T(\boldsymbol{A\alpha})=0$$

不妨设$\boldsymbol{A\alpha}=(b_1,b_2,\cdots,b_m)^T$,则$(\boldsymbol{A\alpha})^T(\boldsymbol{A\alpha})=b_1^2+b_2^2+\cdots+b_m^2=0$.于是$b_1=b_2=\cdots=b_m=0$,即$\boldsymbol{A\alpha}=\boldsymbol{0}$,所以(Ⅱ)的解必是(Ⅰ)的解.因此,(Ⅰ)与(Ⅱ)是同解方程组.

评注 从本题知(Ⅰ)与(Ⅱ)有相同的基础解系,那么$n-R(\boldsymbol{A})=n-R(\boldsymbol{A}^T\boldsymbol{A})$.可见$R(\boldsymbol{A})=R(\boldsymbol{A}^T\boldsymbol{A})$.

【例 4.126】设$\boldsymbol{Ax}=\boldsymbol{0}$与$\boldsymbol{Bx}=\boldsymbol{0}$均为$n$元齐次线性方程组,$R(\boldsymbol{A})=R(\boldsymbol{B})$,且方程组$\boldsymbol{Ax}=\boldsymbol{0}$的解为方程组$\boldsymbol{Bx}=\boldsymbol{0}$的解.证明:方程组$\boldsymbol{Ax}=\boldsymbol{0}$与$\boldsymbol{Bx}=\boldsymbol{0}$同解.

【分析】只须证明$\boldsymbol{Ax}=\boldsymbol{0}$的基础解系与$\boldsymbol{Bx}=\boldsymbol{0}$的基础解系等价即可.

【证明】因为$R(\boldsymbol{A})=R(\boldsymbol{B})$,所以$\boldsymbol{Ax}=\boldsymbol{0}$与$\boldsymbol{Bx}=\boldsymbol{0}$的基础解系所包含的线性无关解向量的个数相同.不妨设$R(\boldsymbol{A})=R(\boldsymbol{B})=r$,记$\boldsymbol{Ax}=\boldsymbol{0}$与$\boldsymbol{Bx}=\boldsymbol{0}$的基础解系分别为(Ⅰ)$\boldsymbol{\alpha}_1,\boldsymbol{\alpha}_2,\cdots,\boldsymbol{\alpha}_{n-r}$;(Ⅱ)$\boldsymbol{\beta}_1,\boldsymbol{\beta}_2,\cdots,\boldsymbol{\beta}_{n-r}$.构造向量组(Ⅲ)$\boldsymbol{\alpha}_1,\boldsymbol{\alpha}_2,\cdots,\boldsymbol{\alpha}_{n-r},\boldsymbol{\beta}_1,\boldsymbol{\beta}_2,\cdots,\boldsymbol{\beta}_{n-r}$.

由于$\boldsymbol{Ax}=\boldsymbol{0}$的解均为$\boldsymbol{Bx}=\boldsymbol{0}$的解,所以向量组(Ⅰ)可由向量组(Ⅱ)线性表示,从而$\boldsymbol{\beta}_1,\boldsymbol{\beta}_2,\cdots,\boldsymbol{\beta}_{n-r}$是向量组(Ⅲ)的极大线性无关组.而$\boldsymbol{\alpha}_1,\boldsymbol{\alpha}_2,\cdots,\boldsymbol{\alpha}_{n-r}$也线性无关,所以$\boldsymbol{\alpha}_1,\boldsymbol{\alpha}_2,\cdots,\boldsymbol{\alpha}_{n-r}$也是向量组(Ⅲ)的极大线性无关组,于是$\boldsymbol{\beta}_1,\boldsymbol{\beta}_2,\cdots,\boldsymbol{\beta}_{n-r}$也可由$\boldsymbol{\alpha}_1,\boldsymbol{\alpha}_2,\cdots,\boldsymbol{\alpha}_{n-r}$线性表示,即$\boldsymbol{Bx}=\boldsymbol{0}$的任一解也都是$\boldsymbol{Ax}=\boldsymbol{0}$的解,故$\boldsymbol{Ax}=\boldsymbol{0}$与$\boldsymbol{Bx}=\boldsymbol{0}$是同解方程组.

学习随笔

【例 4.127】已知线性方程组

$$(\text{I})\begin{cases}x_1-x_2+3x_3-2x_4=0,\\x_1+x_2-x_3-6x_4=0\end{cases}\text{与}(\text{II})\begin{cases}3x_1+ax_2+x_3-2x_4=0,\\2x_2-5x_3+(a-1)x_4=0,\\x_1-x_2+2x_3=0\end{cases}$$

有非零公共解，求 a 的值及其所有公共解.

【解法一】因为方程组(Ⅰ)、(Ⅱ)有非零公共解，即把(Ⅰ)、(Ⅱ)联立所得方程组(Ⅲ)有非零解，对其系数矩阵作初等行变换，有

$$\boldsymbol{A}=\begin{bmatrix}1&-1&3&-2\\1&1&-1&-6\\3&a&1&-2\\0&2&-5&a-1\\1&-1&2&0\end{bmatrix}\rightarrow\begin{bmatrix}1&-1&3&-2\\0&2&-4&-4\\0&a+3&-8&4\\0&2&-5&a-1\\0&0&-1&2\end{bmatrix}\rightarrow$$

$$\begin{bmatrix}1&-1&3&-2\\0&1&-2&-2\\0&0&2a-2&2a+10\\0&0&-1&a+3\\0&0&-1&2\end{bmatrix}\rightarrow\begin{bmatrix}1&-1&3&-2\\0&1&-2&-2\\0&0&-1&2\\0&0&0&a+1\\0&0&0&3a+3\end{bmatrix}\rightarrow\begin{bmatrix}1&-1&3&-2\\0&1&-2&-2\\0&0&-1&2\\0&0&0&a+1\\0&0&0&0\end{bmatrix}$$

方程组(Ⅲ)有非零解 $\Leftrightarrow R(\boldsymbol{A})<4\Leftrightarrow a=-1$. 求出 $\boldsymbol{\eta}=(2,6,2,1)^{\mathrm{T}}$ 是(Ⅲ)的基础解系，所以(Ⅰ)与(Ⅱ)的所有公共解是 $k\boldsymbol{\eta}$.

【解法二】对(Ⅰ)的系数矩阵作初等行变换，得

$$\begin{bmatrix}1&-1&3&-2\\1&1&-1&-6\end{bmatrix}\rightarrow\begin{bmatrix}1&-1&3&-2\\0&1&-2&-2\end{bmatrix}$$

所以方程组(Ⅰ)的基础解系是 $\boldsymbol{\eta}_1=(-1,2,1,0)^{\mathrm{T}}$，$\boldsymbol{\eta}_2=(4,2,0,1)^{\mathrm{T}}$. 那么，(Ⅰ)的通解是

$$k_1\boldsymbol{\eta}_1+k_2\boldsymbol{\eta}_2=(-k_1+4k_2,2k_1+2k_2,k_1,k_2)^{\mathrm{T}}$$

将其代入(Ⅱ)，有

$$\begin{cases}3(-k_1+4k_2)+a(2k_1+2k_2)+k_1-2k_2=0,\\2(2k_1+2k_2)-5k_1+(a-1)k_2=0,\\(-k_1+4k_2)-(2k_1+2k_2)+2k_1=0\end{cases}$$

整理得

$$\begin{cases}(2a-2)k_1+(2a+10)k_2=0,\\-k_1+(a+3)k_2=0,\\-k_1+2k_2=0\end{cases}$$

因为(Ⅰ)、(Ⅱ)有非零公共解，故 k_1,k_2 必不全为 0. 因此 $R\begin{bmatrix}2a-2&2a+10\\-1&a+3\\-1&2\end{bmatrix}=1$. 从而 $a=-1,k_1=2k_2$. 那么 $k_1\boldsymbol{\eta}_1+k_2\boldsymbol{\eta}_2=k(2,6,2,1)^{\mathrm{T}}$，即(Ⅰ)与(Ⅱ)的公共解是 $k(2,6,2,1)^{\mathrm{T}}$.

评注　如果已知条件为(Ⅰ)给基础解系，而(Ⅱ)给方程组，则可如解法二那样求解. 如果(Ⅰ)和(Ⅱ)都给基础解系，那么怎样求公共解呢?

【例 4.128】设线性方程组

$$\begin{cases}x_1+x_2+x_3=0,\\x_1+2x_2+ax_3=0,\\x_1+4x_2+a^2x_3=0\end{cases}\tag{4.22}$$

与方程
$$x_1+2x_2+x_3=a-1\tag{4.23}$$

有公共解,求 a 的值及所有公共解.

【解】将式(4.22)与式(4.23)联立,加减消元有

$$\overline{\mathbf{A}}=\left[\begin{array}{ccc:c}1&1&1&0\\1&2&a&0\\1&4&a^2&0\\1&2&1&a-1\end{array}\right]\to\left[\begin{array}{ccc:c}1&1&1&0\\0&1&a-1&0\\0&3&a^2-1&0\\0&1&0&a-1\end{array}\right]\to\left[\begin{array}{ccc:c}1&1&1&0\\0&1&a-1&0\\0&0&(a-1)(a-2)&0\\0&0&1-a&a-1\end{array}\right]$$

如果 $a=1$,则 $\overline{\mathbf{A}}\to\left[\begin{array}{ccc:c}1&1&1&0\\0&1&0&0\\0&0&0&0\\0&0&0&0\end{array}\right]$.从而方程组的通解为 $k(1,0,-1)^{\mathrm{T}}$,即为方程组(4.22)与(4.23)的公共解.

如果 $a=2$,则 $\overline{\mathbf{A}}\to\left[\begin{array}{ccc:c}1&1&1&0\\0&1&1&0\\0&0&-1&1\\0&0&0&0\end{array}\right]$.从而方程组的解为$(0,1,-1)^{\mathrm{T}}$,即方程组(4.22)与(4.23)的公共解.

【例 4.129】设 4 元齐次线性方程组(Ⅰ)为$\begin{cases}2x_1+3x_2-x_3=0,\\x_1+2x_2+x_3-x_4=0,\end{cases}$而已知另一个 4 元齐次线性方程组(Ⅱ)的一个基础解系为

$$\boldsymbol{\alpha}_1=(2,-1,a+2,1)^{\mathrm{T}},\quad\boldsymbol{\alpha}_2=(-1,2,4,a+8)^{\mathrm{T}}$$

(1) 求方程组(Ⅰ)的一个基础解系.

(2) 当 a 为何值时,方程组(Ⅰ)与(Ⅱ)有非零公共解?在有非零公共解时,求出其所有非零公共解.

【解】(1)对方程组(Ⅰ)的系数矩阵作初等行变换,有

$$\begin{bmatrix}2&3&-1&0\\1&2&1&-1\end{bmatrix}\to\begin{bmatrix}1&2&1&-1\\0&-1&-3&2\end{bmatrix}$$

由于 $n-R(\mathbf{A})=4-2=2$,故基础解系由 2 个线性无关的解向量所构成,取 x_3,x_4 为自由变量,得

$$\boldsymbol{\beta}_1=(5,-3,1,0)^{\mathrm{T}},\quad\boldsymbol{\beta}_2=(-3,2,0,1)^{\mathrm{T}}$$

是方程组(Ⅰ)的基础解系.

(2) 设 $\boldsymbol{\eta}$ 是方程组(Ⅰ)与(Ⅱ)的非零公共解,则

$$\boldsymbol{\eta}=k_1\boldsymbol{\beta}_1+k_2\boldsymbol{\beta}_2=l_1\boldsymbol{\alpha}_1+l_2\boldsymbol{\alpha}_2$$

其中 k_1,k_2 与 l_1,l_2 均是不全为 0 的常数.

由 $k_1\boldsymbol{\beta}_1+k_2\boldsymbol{\beta}_2-l_1\boldsymbol{\alpha}_1-l_2\boldsymbol{\alpha}_2=\mathbf{0}$,得齐次线性方程组(Ⅲ):

学习随笔

$$\begin{cases} 5k_1-3k_2 \quad -2l_1 \quad +l_2=0, \\ -3k_1+2k_2 \quad +l_1 \quad -2l_2=0, \\ k_1 \quad -(a+2)l_1 \quad -4l_2=0, \\ k_2 \quad -l_1-(a+8)l_2=0 \end{cases}$$

对方程组(Ⅲ)的系数矩阵作初等行变换,有

$$\boldsymbol{A}=\begin{bmatrix} 5 & -3 & -2 & 1 \\ -3 & 2 & 1 & -2 \\ 1 & 0 & -a-2 & -4 \\ 0 & 1 & -1 & -a-8 \end{bmatrix} \to \begin{bmatrix} 1 & 0 & -a-2 & -4 \\ 0 & 1 & -1 & -a-8 \\ -3 & 2 & 1 & -2 \\ 5 & -3 & -2 & 1 \end{bmatrix} \to$$

$$\begin{bmatrix} 1 & 0 & -a-2 & -4 \\ 0 & 1 & -1 & -a-8 \\ 0 & 2 & -3a-5 & -14 \\ 0 & -3 & 5a+8 & 21 \end{bmatrix} \to \begin{bmatrix} 1 & 0 & -a-2 & -4 \\ 0 & 1 & -1 & -a-8 \\ 0 & 0 & -3a-3 & 2a+2 \\ 0 & 0 & 5a+5 & -3a-3 \end{bmatrix}$$

如果 $a\neq -1$,则 $\boldsymbol{A}\to \begin{bmatrix} 1 & 0 & -a-2 & -4 \\ 0 & 1 & -1 & -a-8 \\ 0 & 0 & -3 & 2 \\ 0 & 0 & 5 & -3 \end{bmatrix}$. 于是(Ⅲ)只有零解,即 $k_1=k_2=l_1=l_2=0$. 于是 $\boldsymbol{\eta}=\boldsymbol{0}$. 不合题意.

当 $a=-1$ 时,方程组(Ⅲ)的系数矩阵变形为

$$\begin{bmatrix} 1 & 0 & -1 & -4 \\ 0 & 1 & -1 & -7 \\ 0 & 0 & 0 & 0 \\ 0 & 0 & 0 & 0 \end{bmatrix} \Rightarrow k_1=l_1+4l_2, k_2=l_1+7l_2$$

于是 $\boldsymbol{\eta}=(l_1+4l_2)\boldsymbol{\beta}_1+(l_1+7l_2)\boldsymbol{\beta}_2=l_1\boldsymbol{\alpha}_1+l_2\boldsymbol{\alpha}_2$.

所以 $a=-1$ 时,方程组(Ⅰ)与(Ⅱ)有非零公共解,且公共解是

$$l_1(2,-1,1,1)^{\mathrm{T}}+l_2(-1,2,4,7)^{\mathrm{T}}$$

【例 4.130】设 4 元齐次线性方程组(Ⅰ)为 $\begin{cases} x_1+x_2=0, \\ x_2-x_4=0, \end{cases}$ 又已知某齐次线性方程组(Ⅱ)的通解为 $k_1(0,1,1,0)+k_2(-1,2,2,1)$.

(1) 求线性方程组(Ⅰ)的基础解系.

(2) 问线性方程组(Ⅰ)和(Ⅱ)是否有非零公共解?若有,则求出所有的非零公共解;若没有,则说明理由.

【解】(1) 由已知条件,知(Ⅰ)的系数矩阵为 $\boldsymbol{A}=\begin{bmatrix} 1 & 1 & 0 & 0 \\ 0 & 1 & 0 & -1 \end{bmatrix}$. 由于 $n-R(\boldsymbol{A})=2$, x_3, x_4 可为自由变量,故(Ⅰ)的基础解系可取为 $(0,0,1,0)$, $(-1,1,0,1)$.

(2) 方程组(Ⅰ)与方程组(Ⅱ)有非零公共解.

将(Ⅱ)的通解 $x_1=-k_2, x_2=k_1+2k_2, x_3=k_1+2k_2, x_4=k_2$ 代入方程组(Ⅰ),则有

$$\begin{cases} -k_2+k_1+2k_2=0, \\ k_1+2k_2-k_2=0 \end{cases} \Rightarrow k_1=-k_2$$

那么当 $k_1=-k_2\neq 0$ 时，向量

$$k_1(0,1,1,0)+k_2(-1,2,2,1)=k_1(1,-1,-1,-1)$$

是(Ⅰ)与(Ⅱ)的非零公共解.

评注　由于(Ⅰ)的通解是 $l_1(0,0,1,0)+l_2(-1,1,0,1)$，(Ⅱ)的通解是 $k_1(0,1,1,0)+k_2(-1,2,2,1)$，因此，若令

$$\boldsymbol{\gamma}=l_1(0,0,1,0)+l_2(-1,1,0,1)=k_1(0,1,1,0)+k_2(-1,2,2,1)$$

只要能求出不全为 0 的 l_1,l_2，则 $\boldsymbol{\gamma}\neq\mathbf{0}$，且 $\boldsymbol{\gamma}$ 是(Ⅰ)的解，也是(Ⅱ)的解. 由此可得 l_1,l_2,k_1,k_2 的齐次线性方程组，对其系数矩阵作初等行变换，有

$$\begin{bmatrix}0&-1&0&1\\0&1&-1&-2\\1&0&-1&-2\\0&1&0&-1\end{bmatrix}\to\begin{bmatrix}1&0&-1&-2\\&1&0&-1\\&&1&1\\&&&0\end{bmatrix}$$

可见当 $k_1=-k_2\neq 0$ 时，方程组(Ⅰ)与(Ⅱ)有非零公共解，下略.

【例 4.131】已知 $\boldsymbol{\xi}_1=(1,1,0,0)^{\mathrm T},\boldsymbol{\xi}_2=(1,0,1,0)^{\mathrm T},\boldsymbol{\xi}_3=(1,0,0,1)^{\mathrm T}$ 是齐次线性方程组(Ⅰ)的基础解系；$\boldsymbol{\eta}_1=(0,0,1,1)^{\mathrm T},\boldsymbol{\eta}_2=(0,1,0,1)^{\mathrm T}$ 是齐次线性方程组(Ⅱ)的基础解系，求方程组(Ⅰ)与(Ⅱ)的非零公共解.

【解法一】由于方程组(Ⅰ)与(Ⅱ)的通解分别是 $k_1\boldsymbol{\xi}_1+k_2\boldsymbol{\xi}_2+k_3\boldsymbol{\xi}_3$ 与 $l_1\boldsymbol{\eta}_1+l_2\boldsymbol{\eta}_2$，那么若有不全为零的常数 a_1,a_2,a_3,b_1,b_2，使

$$a_1\boldsymbol{\xi}_1+a_2\boldsymbol{\xi}_2+a_3\boldsymbol{\xi}_3=b_1\boldsymbol{\eta}_1+b_2\boldsymbol{\eta}_2$$

则 $b_1\boldsymbol{\eta}_1+b_2\boldsymbol{\eta}_2$ 就是方程组(Ⅰ)与(Ⅱ)的非零公共解. 对于

$$a_1\boldsymbol{\xi}_1+a_2\boldsymbol{\xi}_2+a_3\boldsymbol{\xi}_3-b_1\boldsymbol{\eta}_1-b_2\boldsymbol{\eta}_2=\mathbf{0}$$

即有

$$\begin{cases}a_1+a_2+a_3=0,\\a_1-b_2=0,\\a_2-b_1=0,\\a_3-b_1-b_2=0\end{cases}$$

对其系数矩阵作初等行变换，有

$$\begin{bmatrix}1&1&1&0&0\\1&0&0&0&-1\\0&1&0&-1&0\\0&0&1&-1&-1\end{bmatrix}\to\begin{bmatrix}1&0&0&0&-1\\0&1&0&-1&0\\0&0&1&-1&-1\\1&1&1&0&0\end{bmatrix}\to\begin{bmatrix}1&0&0&0&-1\\0&1&0&-1&0\\0&0&1&-1&-1\\0&0&0&2&2\end{bmatrix}$$

解此方程组得通解：$k(1,-1,0,-1,1)^{\mathrm T}$. 即

$$a_1=k,\quad a_2=-k,\quad a_3=0,\quad b_1=-k,\quad b_2=k$$

那么方程组(Ⅰ)、(Ⅱ)的非零公共解是 $k\boldsymbol{\xi}_1-k\boldsymbol{\xi}_2$ 或 $-k\boldsymbol{\eta}_1+k\boldsymbol{\eta}_2$，即 $(0,k,-k,0)^{\mathrm T}$，$k\neq 0$.

【解法二】若 $b_1\boldsymbol{\eta}_1+b_2\boldsymbol{\eta}_2=(0,b_2,b_1,b_1+b_2)^{\mathrm T}$ 是公共解，则它可由 $\boldsymbol{\xi}_1,\boldsymbol{\xi}_2,\boldsymbol{\xi}_3$ 线性表出，即　$x_1\boldsymbol{\xi}_1+x_2\boldsymbol{\xi}_2+x_3\boldsymbol{\xi}_3=(0,b_2,b_1,b_1+b_2)^{\mathrm T}$. 由

学习随笔

$$\begin{bmatrix}1&1&1&0\\1&0&0&b_2\\0&1&0&b_1\\0&0&1&b_1+b_2\end{bmatrix}\to\begin{bmatrix}1&0&0&b_2\\0&1&0&b_1\\0&0&1&b_1+b_2\\0&0&0&-2b_1-2b_2\end{bmatrix}$$

知 $b_1+b_2=0$，即 $b_1=-b_2$ 时，$R(\boldsymbol{\xi}_1,\boldsymbol{\xi}_2,\boldsymbol{\xi}_3)=R(\boldsymbol{\xi}_1,\boldsymbol{\xi}_2,\boldsymbol{\xi}_3,b_1\boldsymbol{\eta}_1+b_2\boldsymbol{\eta}_2)$. 所以公共解是 $b_1(\boldsymbol{\eta}_1-\boldsymbol{\eta}_2)=(0,-b_1,b_1,0)^{\mathrm{T}}$.

评注　在高斯消元时，适当的两行互换有时是简捷的. 若求(Ⅰ)与(Ⅱ)的公共解，则应当再补上零解，只须把 $k\neq0$ 的条件去掉即可.

【例 4.132】设方程组(Ⅰ) $\begin{cases}a_{11}x_1+a_{12}x_2+a_{13}x_3+a_{14}x_4=0,\\a_{21}x_1+a_{22}x_2+a_{23}x_3+a_{24}x_4=0\end{cases}$ 有通解 $k_1\boldsymbol{\xi}_1+k_2\boldsymbol{\xi}_2=k_1(1,2,1,-1)^{\mathrm{T}}+k_2(0,-1,-3,2)^{\mathrm{T}}$；(Ⅱ) $\begin{cases}b_{11}x_1+b_{12}x_2+b_{13}x_3+b_{14}x_4=0,\\b_{21}x_1+b_{22}x_2+b_{23}x_3+b_{24}x_4=0\end{cases}$ 有通解 $\lambda_1\boldsymbol{\eta}_1+\lambda_2\boldsymbol{\eta}_2=\lambda_1(2,-1,a+2,1)^{\mathrm{T}}+\lambda_2(-1,2,4,a+8)^{\mathrm{T}}$. 又已知方程组(Ⅲ)
$\begin{cases}a_{11}x_1+a_{12}x_2+a_{13}x_3+a_{14}x_4=0,\\a_{21}x_1+a_{22}x_2+a_{23}x_3+a_{24}x_4=0,\\b_{11}x_1+b_{12}x_2+b_{13}x_3+b_{14}x_4=0,\\b_{21}x_1+b_{22}x_2+b_{23}x_3+b_{24}x_4=0\end{cases}$ 有非零解，试确定参数 a 的值.

【解】(Ⅲ)有非零解，即(Ⅰ)、(Ⅱ)有非零公共解，设为 $\boldsymbol{\beta}$，则 $\boldsymbol{\beta}$ 属于(Ⅰ)的通解，也属于(Ⅱ)的通解，即 $\boldsymbol{\beta}=k_1\boldsymbol{\xi}_1+k_2\boldsymbol{\xi}_2=\lambda_1\boldsymbol{\eta}_1+\lambda_2\boldsymbol{\eta}_2$，其中 k_1,k_2 与 λ_1,λ_2 均不全为零. 则

$$k_1\boldsymbol{\xi}_1+k_2\boldsymbol{\xi}_2-\lambda_1\boldsymbol{\eta}_1-\lambda_2\boldsymbol{\eta}_2=\mathbf{0}\tag{4.24}$$

由于式(4.24)有非零解 $\Leftrightarrow R(\boldsymbol{\xi}_1,\boldsymbol{\xi}_2,-\boldsymbol{\eta}_1,-\boldsymbol{\eta}_2)<4$，对 $(\boldsymbol{\xi}_1,\boldsymbol{\xi}_2,-\boldsymbol{\eta}_1,-\boldsymbol{\eta}_2)$ 作初等行变换：

$$(\boldsymbol{\xi}_1,\boldsymbol{\xi}_2,-\boldsymbol{\eta}_1,-\boldsymbol{\eta}_2)=\begin{bmatrix}1&0&-2&1\\2&-1&1&-2\\1&-3&-a-2&-4\\-1&2&-1&-a-8\end{bmatrix}\to\begin{bmatrix}1&0&-2&1\\0&-1&5&-4\\0&-3&-a&-5\\0&2&-3&-a-7\end{bmatrix}\to$$

$$\begin{bmatrix}1&0&-2&1\\0&-1&5&-4\\0&0&-a-15&7\\0&0&7&-a-15\end{bmatrix}\xrightarrow{*}\begin{bmatrix}1&0&-2&1\\0&-1&5&-4\\0&0&-(a+15)&7\\0&0&0&\dfrac{-(a+8)(a+22)}{a+15}\end{bmatrix}$$

* 处 $a\neq-15$，若 $a=-15$，则有 $R(\boldsymbol{\xi}_1,\boldsymbol{\xi}_2,-\boldsymbol{\eta}_1,-\boldsymbol{\eta}_2)=4$，不合题意.

则 $R(\boldsymbol{\xi}_1,\boldsymbol{\xi}_2,-\boldsymbol{\eta}_1,-\boldsymbol{\eta}_2)<4\Leftrightarrow a=-8$ 或 $a=-22$. 故当 $a=-8$ 或 -22 时，方程组(Ⅲ)有非零解.

九、有关基础解系的判定与证明

【例 4.133】设齐次线性方程组 $\boldsymbol{Ax}=\mathbf{0}$，其中 $\boldsymbol{A}_{m\times n}$ 的秩 $R(\boldsymbol{A})=n-3$，$\boldsymbol{\alpha}_1,\boldsymbol{\alpha}_2,\boldsymbol{\alpha}_3$ 为方程组的 3 个线性无关的解向量，则方程组 $\boldsymbol{Ax}=\mathbf{0}$ 的基础解系为________.

(A) $\boldsymbol{\alpha}_1,\boldsymbol{\alpha}_2+\boldsymbol{\alpha}_3$.　　(B) $\boldsymbol{\alpha}_1-\boldsymbol{\alpha}_2,\boldsymbol{\alpha}_2-\boldsymbol{\alpha}_3,\boldsymbol{\alpha}_3-\boldsymbol{\alpha}_1$.

(C) $\boldsymbol{\alpha}_1,\boldsymbol{\alpha}_1+\boldsymbol{\alpha}_2,\boldsymbol{\alpha}_1+\boldsymbol{\alpha}_2+\boldsymbol{\alpha}_3$.　　(D) $\boldsymbol{\alpha}_1-\boldsymbol{\alpha}_2+\boldsymbol{\alpha}_3,\boldsymbol{\alpha}_1+\boldsymbol{\alpha}_2-\boldsymbol{\alpha}_3,-2\boldsymbol{\alpha}_1$.

【分析】因矩阵 $\boldsymbol{A}_{m\times n}$ 的秩 $R(\boldsymbol{A})=n-3$，所以方程组 $\boldsymbol{Ax}=\boldsymbol{0}$ 的基础解系应含有 3 个线性无关的解向量，所以可先排除(A). 又选项(B)、(C)、(D)都是方程组 $\boldsymbol{Ax}=\boldsymbol{0}$ 的解，但(B)、(D)中的向量组线性相关，故不是方程组的基础解系.

实际上，对于(B)，有 $(\boldsymbol{\alpha}_1-\boldsymbol{\alpha}_2)+(\boldsymbol{\alpha}_2-\boldsymbol{\alpha}_3)+(\boldsymbol{\alpha}_3-\boldsymbol{\alpha}_1)=\boldsymbol{0}$.

对于(D)，有 $(\boldsymbol{\alpha}_1-\boldsymbol{\alpha}_2+\boldsymbol{\alpha}_3)+(\boldsymbol{\alpha}_1+\boldsymbol{\alpha}_2-\boldsymbol{\alpha}_3)-2\boldsymbol{\alpha}_1=\boldsymbol{0}$.

对于(C)，向量组 $\boldsymbol{\alpha}_1,\boldsymbol{\alpha}_1+\boldsymbol{\alpha}_2,\boldsymbol{\alpha}_1+\boldsymbol{\alpha}_2+\boldsymbol{\alpha}_3$ 线性无关. 故应选(C).

【例 4.134】设 $\boldsymbol{\alpha}_1,\boldsymbol{\alpha}_2,\boldsymbol{\alpha}_3,\boldsymbol{\alpha}_4$ 是 5 维非零列向量，矩阵 $\boldsymbol{A}=(\boldsymbol{\alpha}_1,\boldsymbol{\alpha}_2,\boldsymbol{\alpha}_3,\boldsymbol{\alpha}_4)$. 若 $\boldsymbol{\xi}_1=(3,2,2,2)^{\mathrm{T}}$，$\boldsymbol{\xi}_2=(1,2,2,6)^{\mathrm{T}}$ 是齐次线性方程组 $\boldsymbol{Ax}=\boldsymbol{0}$ 的一个基础解系，则下列结论：

① $\boldsymbol{\alpha}_1,\boldsymbol{\alpha}_2,\boldsymbol{\alpha}_3$ 线性相关，

② $\boldsymbol{\alpha}_3,\boldsymbol{\alpha}_4$ 线性无关，

③ $\boldsymbol{\alpha}_1$ 可由 $\boldsymbol{\alpha}_3,\boldsymbol{\alpha}_4$ 线性表示，

④ $\boldsymbol{\alpha}_2$ 可由 $\boldsymbol{\alpha}_1,\boldsymbol{\alpha}_3$ 线性表示.

中正确的共有________.

(A) 1 个.　　(B) 2 个.　　(C) 3 个.　　(D) 4 个.

【分析】由题设条件，知矩阵 $\boldsymbol{A}$ 为 5×4 矩阵，而 $\boldsymbol{Ax}=\boldsymbol{0}$ 的基础解系中含有两个解向量，故 $R(\boldsymbol{A})=2$. 于是向量组 $\boldsymbol{\alpha}_1,\boldsymbol{\alpha}_2,\boldsymbol{\alpha}_3$ 必线性相关，即结论①正确.

由 $\boldsymbol{A\xi}_1=\boldsymbol{0}$ 和 $\boldsymbol{A\xi}_2=\boldsymbol{0}$ 可得

$$3\boldsymbol{\alpha}_1+2\boldsymbol{\alpha}_2+2\boldsymbol{\alpha}_3+2\boldsymbol{\alpha}_4=\boldsymbol{0},\quad \boldsymbol{\alpha}_1+2\boldsymbol{\alpha}_2+2\boldsymbol{\alpha}_3+6\boldsymbol{\alpha}_4=\boldsymbol{0}$$

上面两式分别相减、相加可得

$$\boldsymbol{\alpha}_1-2\boldsymbol{\alpha}_4=\boldsymbol{0},\quad \boldsymbol{\alpha}_1+\boldsymbol{\alpha}_2+\boldsymbol{\alpha}_3+2\boldsymbol{\alpha}_4=\boldsymbol{0}$$

因此，$\boldsymbol{\alpha}_1=0\cdot\boldsymbol{\alpha}_3+2\boldsymbol{\alpha}_4$，即结论③正确.

又 $\boldsymbol{\alpha}_2$ 可由 $\boldsymbol{\alpha}_1,\boldsymbol{\alpha}_3,\boldsymbol{\alpha}_4$ 线性表示：$\boldsymbol{\alpha}_2=-\boldsymbol{\alpha}_1-\boldsymbol{\alpha}_3-2\boldsymbol{\alpha}_4=-2\boldsymbol{\alpha}_1-\boldsymbol{\alpha}_3$，故结论④正确.

下面证结论②正确，用反证法：假设 $\boldsymbol{\alpha}_3,\boldsymbol{\alpha}_4$ 线性相关，则 $\boldsymbol{\alpha}_3$ 可由 $\boldsymbol{\alpha}_4$ 线性表示，利用结论③，则 $\boldsymbol{\alpha}_1$ 可由 $\boldsymbol{\alpha}_4$ 线性表示，利用结论④，$\boldsymbol{\alpha}_2$ 也可由 $\boldsymbol{\alpha}_4$ 线性表示，而 $\boldsymbol{\alpha}_4\neq\boldsymbol{0}$，故 $R(\boldsymbol{\alpha}_1,\boldsymbol{\alpha}_2,\boldsymbol{\alpha}_3,\boldsymbol{\alpha}_4)=R(\boldsymbol{A})=1$，与 $R(\boldsymbol{A})=2$ 矛盾，所以 $\boldsymbol{\alpha}_3,\boldsymbol{\alpha}_4$ 线性无关，即结论②正确.

综上分析，应选(D).

【例 4.135】设 $\boldsymbol{A}$ 为 $m\times5$ 矩阵，矩阵 $\boldsymbol{B}$ 满足 $\boldsymbol{AB}=\boldsymbol{O}$，且 $R(\boldsymbol{A})+R(\boldsymbol{B})=5$，其中

$$\boldsymbol{B}=(\boldsymbol{\alpha}_1,\boldsymbol{\alpha}_2,\boldsymbol{\alpha}_3,\boldsymbol{\alpha}_4)=\begin{bmatrix}1&2&1&2\\1&3&2&3\\2&5&3&5\\0&1&1&1\\2&6&4&6\end{bmatrix}$$

则齐次线性方程组 $\boldsymbol{Ax}=\boldsymbol{0}$ 的基础解系是________.

(A) $\boldsymbol{\alpha}_1$.　　(B) $\boldsymbol{\alpha}_1,\boldsymbol{\alpha}_4$.　　(C) $\boldsymbol{\alpha}_2,\boldsymbol{\alpha}_4$.　　(D) $\boldsymbol{\alpha}_1,\boldsymbol{\alpha}_3,\boldsymbol{\alpha}_4$.

【分析】由 $\boldsymbol{AB}=\boldsymbol{O}$ 可知，$\boldsymbol{B}$ 的每一列向量 $\boldsymbol{\alpha}_i\,(1\leqslant i\leqslant4)$ 都是齐次线性方程组 $\boldsymbol{Ax}=\boldsymbol{0}$ 的解，又 $R(\boldsymbol{B})=5-R(\boldsymbol{A})$，所以 $\boldsymbol{Ax}=\boldsymbol{0}$ 的基础解系中含有解向量的个数为 $R(\boldsymbol{B})$，对 $\boldsymbol{B}$ 施以初等行变换：

学习随笔

$$B=\begin{bmatrix}1&2&1&2\\1&3&2&3\\2&5&3&5\\0&1&1&1\\2&6&4&6\end{bmatrix}\to\begin{bmatrix}1&2&1&2\\0&1&1&1\\0&0&0&0\\0&0&0&0\\0&0&0&0\end{bmatrix}$$

由此得 $R(\boldsymbol{B})=2$. 故选项中可作为 $\boldsymbol{Ax}=\boldsymbol{0}$ 的基础解系的是(B).

【例 4.136】 设矩阵 $\boldsymbol{A}=\begin{bmatrix}1&2&1&2\\0&1&t&t\\1&t&0&1\end{bmatrix}$, 齐次线性方程组 $\boldsymbol{Ax}=\boldsymbol{0}$ 的基础解系含有两个线性无关的解向量,则________.

(A) $t=-1$. (B) $t=1$. (C) t 是任意常数. (D) $t=0$.

【分析】 由于齐次线性方程组 $\boldsymbol{Ax}=\boldsymbol{0}$ 的基础解系含有两个线性无关的解向量,所以 $R(\boldsymbol{A})=4-2=2$. 而

$$\boldsymbol{A}=\begin{bmatrix}1&2&1&2\\0&1&t&t\\1&t&0&1\end{bmatrix}\to\begin{bmatrix}1&2&1&2\\0&1&t&t\\0&t-2&-1&-1\end{bmatrix}$$

由此可知 $t\neq0$. 若 $t=0$, 则 $\boldsymbol{A}$ 的秩是 3, 那么方程组的基础解系只有一个解向量.

当 $t\neq0$ 时,继续对 $\boldsymbol{A}$ 施行初等行变换,有

$$\boldsymbol{A}\to\begin{bmatrix}1&2&1&2\\0&1&t&t\\0&2&t^2+1&t^2+1\end{bmatrix}\to\begin{bmatrix}1&2&1&2\\0&1&t&t\\0&0&(t-1)^2&(t-1)^2\end{bmatrix}$$

所以当 $t=1$ 时, $R(\boldsymbol{A})=2$, 方程组的基础解系含有两个解向量,故应选(B).

【例 4.137】 已知向量组

$$\boldsymbol{\xi}_1=\begin{bmatrix}1\\2\\0\\-2\end{bmatrix},\ \boldsymbol{\xi}_2=\begin{bmatrix}-1\\4\\2\\a\end{bmatrix},\ \boldsymbol{\xi}_3=\begin{bmatrix}3\\3\\-1\\-6\end{bmatrix}$$

与向量组

$$\boldsymbol{\eta}_1=\begin{bmatrix}1\\5\\1\\-a\end{bmatrix},\ \boldsymbol{\eta}_2=\begin{bmatrix}1\\8\\2\\-2\end{bmatrix},\ \boldsymbol{\eta}_3=\begin{bmatrix}-5\\2\\b\\10\end{bmatrix}$$

均是齐次线性方程组 $\boldsymbol{Ax}=\boldsymbol{0}$ 的基础解系,则 a,b 满足的条件是________.

(A) $a=2,b=4$. (B) $a=2,b\neq4$.

(C) $a\neq2,b=4$. (D) $a\neq2,b\neq4$.

【分析】 由于向量组 $\boldsymbol{\xi}_1,\boldsymbol{\xi}_2,\boldsymbol{\xi}_3$ 与向量组 $\boldsymbol{\eta}_1,\boldsymbol{\eta}_2,\boldsymbol{\eta}_3$ 均是同一齐次线性方程组的基础解系,所以它们是等价的,故它们应该首先满足秩相等的条件,它们的秩均为 3. 用它们构造矩阵,并施以初等行变换,得到

学习随笔

$$(\boldsymbol{\xi}_1,\boldsymbol{\xi}_2,\boldsymbol{\xi}_3 \vdots \boldsymbol{\eta}_1,\boldsymbol{\eta}_2,\boldsymbol{\eta}_3)=\left[\begin{array}{ccc:ccc}1&-1&3&1&1&-5\\2&4&3&5&8&2\\0&2&-1&1&2&b\\-2&a&-6&-a&-2&10\end{array}\right]\to$$

$$\left[\begin{array}{ccc:ccc}1&-1&3&1&1&-5\\0&2&-1&1&2&b\\0&a-2&0&2-a&0&0\\0&0&0&0&0&4-b\end{array}\right]$$

因此要保证秩相等且为3，必须有 $a\neq2,b=4$. 故应选(C).

【例4.138】 设 n 阶矩阵 $\boldsymbol{A}$ 的伴随矩阵 $\boldsymbol{A}^*\neq\boldsymbol{O}$，若 $\boldsymbol{\xi}_1,\boldsymbol{\xi}_2,\boldsymbol{\xi}_3,\boldsymbol{\xi}_4$ 是非齐次线性方程组 $\boldsymbol{Ax}=\boldsymbol{b}$ 的互不相等的解，则对应的齐次线性方程组 $\boldsymbol{Ax}=\boldsymbol{0}$ 的基础解系________.

(A) 不存在.　　　　　　　　　　　　(B) 仅含一个非零解向量.

(C) 含有两个线性无关的解向量.　　　(D) 含有三个线性无关的解向量.

【分析】因为 $\boldsymbol{\xi}_1\neq\boldsymbol{\xi}_2$，知 $\boldsymbol{\xi}_1-\boldsymbol{\xi}_2$ 是 $\boldsymbol{Ax}=\boldsymbol{0}$ 的非零解，故秩 $R(\boldsymbol{A})<n$. 又因伴随矩阵 $\boldsymbol{A}^*\neq\boldsymbol{O}$，说明有代数余子式 $A_{ij}\neq0$，即 $|\boldsymbol{A}|$ 中有 $n-1$ 阶子式非零. 因此，秩 $R(\boldsymbol{A})=n-1$. 那么 $n-R(\boldsymbol{A})=1$，即 $\boldsymbol{Ax}=\boldsymbol{0}$ 的基础解系仅含有一个非零解向量. 故应选(B).

【例4.139】已知 $\boldsymbol{\alpha}_1,\boldsymbol{\alpha}_2,\boldsymbol{\alpha}_3$ 是齐次线性方程组 $\boldsymbol{Ax}=\boldsymbol{0}$ 的一个基础解系. 证明：$\boldsymbol{\alpha}_1+\boldsymbol{\alpha}_2,\boldsymbol{\alpha}_2+\boldsymbol{\alpha}_3,\boldsymbol{\alpha}_3+\boldsymbol{\alpha}_1$ 也是该方程组的一个基础解系.

【分析】按基础解系的定义，要证3个方面：(a) $\boldsymbol{\alpha}_1+\boldsymbol{\alpha}_2,\boldsymbol{\alpha}_2+\boldsymbol{\alpha}_3,\boldsymbol{\alpha}_3+\boldsymbol{\alpha}_1$ 是解；(b) 它们线性无关；(c) 向量个数等于 $n-R(\boldsymbol{A})$.

【证明】由 $\boldsymbol{A}(\boldsymbol{\alpha}_1+\boldsymbol{\alpha}_2)=\boldsymbol{A\alpha}_1+\boldsymbol{A\alpha}_2=\boldsymbol{0}+\boldsymbol{0}=\boldsymbol{0}$ 知，$\boldsymbol{\alpha}_1+\boldsymbol{\alpha}_2$ 是齐次线性方程组 $\boldsymbol{Ax}=\boldsymbol{0}$ 的解. 类似可知 $\boldsymbol{\alpha}_2+\boldsymbol{\alpha}_3,\boldsymbol{\alpha}_3+\boldsymbol{\alpha}_1$ 也是 $\boldsymbol{Ax}=\boldsymbol{0}$ 的解.

若 $k_1(\boldsymbol{\alpha}_1+\boldsymbol{\alpha}_2)+k_2(\boldsymbol{\alpha}_2+\boldsymbol{\alpha}_3)+k_3(\boldsymbol{\alpha}_3+\boldsymbol{\alpha}_1)=\boldsymbol{0}$，则

$$(k_1+k_3)\boldsymbol{\alpha}_1+(k_1+k_2)\boldsymbol{\alpha}_2+(k_2+k_3)\boldsymbol{\alpha}_3=\boldsymbol{0}$$

因为 $\boldsymbol{\alpha}_1,\boldsymbol{\alpha}_2,\boldsymbol{\alpha}_3$ 是基础解系，它们是线性无关的，故

$$\begin{cases}k_1+k_3=0,\\k_1+k_2=0,\\k_2+k_3=0\end{cases}$$

由于此方程组的系数行列式 $D=\begin{vmatrix}1&0&1\\1&1&0\\0&1&1\end{vmatrix}=2\neq0$，故必有 $k_1=k_2=k_3=0$，所以 $\boldsymbol{\alpha}_1+\boldsymbol{\alpha}_2,\boldsymbol{\alpha}_2+\boldsymbol{\alpha}_3,\boldsymbol{\alpha}_3+\boldsymbol{\alpha}_1$ 线性无关.

根据题设，$\boldsymbol{Ax}=\boldsymbol{0}$ 的基础解系含有3个线性无关的向量，所以 $\boldsymbol{\alpha}_1+\boldsymbol{\alpha}_2,\boldsymbol{\alpha}_2+\boldsymbol{\alpha}_3,\boldsymbol{\alpha}_3+\boldsymbol{\alpha}_1$ 是方程组 $\boldsymbol{Ax}=\boldsymbol{0}$ 的基础解系.

【例4.140】已知 $\boldsymbol{A}$ 是 $m\times n$ 矩阵，其 m 个行向量是齐次线性方程组 $\boldsymbol{Cx}=\boldsymbol{0}$ 的基础解系，$\boldsymbol{B}$ 是 m 阶可逆矩阵. 证明：$\boldsymbol{BA}$ 的行向量也是齐次线性方程组 $\boldsymbol{Cx}=\boldsymbol{0}$ 的基础解系.

【证明】因为 $\boldsymbol{A}$ 的行向量是 $\boldsymbol{Cx}=\boldsymbol{0}$ 的解，即 $\boldsymbol{CA}^{\mathrm{T}}=\boldsymbol{0}$，那么

$$\boldsymbol{C}(\boldsymbol{BA})^{\mathrm{T}}=\boldsymbol{CA}^{\mathrm{T}}\boldsymbol{B}^{\mathrm{T}}=\boldsymbol{0B}^{\mathrm{T}}=\boldsymbol{0}$$

可见 $\boldsymbol{BA}$ 的行向量是方程组 $\boldsymbol{Cx}=\boldsymbol{0}$ 的解.

学习随笔

由于 $\boldsymbol{A}$ 的行向量是基础解系，所以 $\boldsymbol{A}$ 的行向量线性无关，于是 $m=R(\boldsymbol{A})=n-R(\boldsymbol{C})$.

又因 $\boldsymbol{B}$ 是可逆矩阵，$R(\boldsymbol{BA})=R(\boldsymbol{A})=m=n-R(\boldsymbol{C})$，所以 $\boldsymbol{BA}$ 的行向量线性无关，其向量个数正好是 $n-R(\boldsymbol{C})$，从而是方程组 $\boldsymbol{Cx}=\boldsymbol{0}$ 的基础解系.

【例 4.141】设 $\boldsymbol{A}$ 和 $\boldsymbol{B}$ 均是 $m\times n$ 矩阵，$R(\boldsymbol{A})+R(\boldsymbol{B})=n$，若 $\boldsymbol{BB}^{\mathrm{T}}=\boldsymbol{E}$ 且 $\boldsymbol{B}$ 的行向量是齐次线性方程组 $\boldsymbol{Ax}=\boldsymbol{0}$ 的解，$\boldsymbol{P}$ 是 m 阶可逆矩阵. 证明：矩阵 $\boldsymbol{PB}$ 的行向量是 $\boldsymbol{Ax}=\boldsymbol{0}$ 的基础解系.

【证明】由 $R(\boldsymbol{B})\geqslant R(\boldsymbol{BB}^{\mathrm{T}})=R(\boldsymbol{E})=m$，及 $\boldsymbol{B}$ 是 $m\times n$ 矩阵，$R(\boldsymbol{B})\leqslant m$ 得到 $R(\boldsymbol{B})=m$. 于是 $\boldsymbol{B}$ 的行向量组线性无关，且 $n-R(\boldsymbol{A})=m$.

由于 $\boldsymbol{B}$ 的行向量是齐次线性方程组 $\boldsymbol{Ax}=\boldsymbol{0}$ 的解，则 $\boldsymbol{AB}^{\mathrm{T}}=\boldsymbol{O}$，于是 $\boldsymbol{A}(\boldsymbol{PB})^{\mathrm{T}}=\boldsymbol{AB}^{\mathrm{T}}\boldsymbol{P}^{\mathrm{T}}=\boldsymbol{OP}^{\mathrm{T}}=\boldsymbol{O}$. 因此，$\boldsymbol{PB}$ 的 m 个行向量是 $\boldsymbol{Ax}=\boldsymbol{0}$ 的解.

又因矩阵 $\boldsymbol{P}$ 可逆，于是 $R(\boldsymbol{PB})=R(\boldsymbol{B})=m$，从而 $\boldsymbol{PB}$ 的行向量线性无关. 所以 $\boldsymbol{PB}$ 的行向量是 $\boldsymbol{Ax}=\boldsymbol{0}$ 的基础解系.

评注　要弄清基础解系的概念，证基础解系要从是不是解、是否线性无关、解向量个数 3 个方面入手.

【例 4.142】已知 $\boldsymbol{\alpha}_1,\boldsymbol{\alpha}_2,\cdots,\boldsymbol{\alpha}_t$ 是齐次线性方程组 $\boldsymbol{Ax}=\boldsymbol{0}$ 的基础解系，若 $\boldsymbol{\beta}_1,\boldsymbol{\beta}_2,\cdots,\boldsymbol{\beta}_t$ 与 $\boldsymbol{\alpha}_1,\boldsymbol{\alpha}_2,\cdots,\boldsymbol{\alpha}_t$ 等价，证明：$\boldsymbol{\beta}_1,\boldsymbol{\beta}_2,\cdots,\boldsymbol{\beta}_t$ 也是 $\boldsymbol{Ax}=\boldsymbol{0}$ 的基础解系.

【分析】若 $\boldsymbol{\alpha}_1,\boldsymbol{\alpha}_2,\cdots,\boldsymbol{\alpha}_t$ 是 $\boldsymbol{Ax}=\boldsymbol{0}$ 的基础解系，则 (a) $\boldsymbol{\alpha}_1,\boldsymbol{\alpha}_2,\cdots,\boldsymbol{\alpha}_t$ 是 $\boldsymbol{Ax}=\boldsymbol{0}$ 的解；(b) $\boldsymbol{\alpha}_1,\boldsymbol{\alpha}_2,\cdots,\boldsymbol{\alpha}_t$ 线性无关；(c) $n-R(\boldsymbol{A})=t$ 或 $\boldsymbol{Ax}=\boldsymbol{0}$ 的任一解可由 $\boldsymbol{\alpha}_1,\cdots,\boldsymbol{\alpha}_t$ 线性表出. 要证 $\boldsymbol{\alpha}_1,\cdots,\boldsymbol{\alpha}_t$ 是 $\boldsymbol{Ax}=\boldsymbol{0}$ 的基础解系也应当证明上面 3 点.

【证明】因为 $\boldsymbol{\alpha}_1,\cdots,\boldsymbol{\alpha}_t$ 与 $\boldsymbol{\beta}_1,\cdots,\boldsymbol{\beta}_t$ 等价，所以

$$\boldsymbol{\beta}_i=c_{i_1}\boldsymbol{\alpha}_1+c_{i_2}\boldsymbol{\alpha}_2+\cdots+c_{i_t}\boldsymbol{\alpha}_t,\quad i=1,2,\cdots,t$$

那么

$$\boldsymbol{A\beta}_i=c_{i_1}\boldsymbol{A\alpha}_1+c_{i_2}\boldsymbol{A\alpha}_2+\cdots+c_{i_t}\boldsymbol{A\alpha}_t=\boldsymbol{0}$$

因此，$\boldsymbol{\beta}_1,\cdots,\boldsymbol{\beta}_t$ 是齐次线性方程组 $\boldsymbol{Ax}=\boldsymbol{0}$ 的解.

由 $\boldsymbol{\beta}_1,\boldsymbol{\beta}_2,\cdots,\boldsymbol{\beta}_t$ 与 $\boldsymbol{\alpha}_1,\boldsymbol{\alpha}_2,\cdots,\boldsymbol{\alpha}_t$ 等价可知 $R(\boldsymbol{\beta}_1,\cdots,\boldsymbol{\beta}_t)=R(\boldsymbol{\alpha}_1,\cdots,\boldsymbol{\alpha}_t)$. 因为 $\boldsymbol{\alpha}_1,\cdots,\boldsymbol{\alpha}_t$ 是基础解系，它们线性无关，故向量组的秩是 t，则 $\boldsymbol{\beta}_1,\cdots,\boldsymbol{\beta}_t$ 线性无关.

由 $\boldsymbol{\alpha}_1,\cdots,\boldsymbol{\alpha}_t$ 是基础解系，知 $n-R(\boldsymbol{A})=t$，现在 $\boldsymbol{\beta}_1,\cdots,\boldsymbol{\beta}_t$ 正是 t 个向量，亦满足 $n-R(\boldsymbol{A})=t$，从而 $\boldsymbol{\beta}_1,\cdots,\boldsymbol{\beta}_t$ 是 $\boldsymbol{Ax}=\boldsymbol{0}$ 的基础解系.

评注　从本题可知，与基础解系等价的线性无关的向量组仍是基础解系，但仅有等价一个条件是不对的.

【例 4.143】已知 $\boldsymbol{A}$ 是 3 阶非零矩阵，$\boldsymbol{\alpha}_1,\boldsymbol{\alpha}_2,\boldsymbol{\alpha}_3$ 是非齐次线性方程组 $\boldsymbol{Ax}=\boldsymbol{b}$ 的 3 个线性无关的解. 证明：$\boldsymbol{\alpha}_1-\boldsymbol{\alpha}_2,\boldsymbol{\alpha}_1-\boldsymbol{\alpha}_3$ 是齐次线性方程组 $\boldsymbol{Ax}=\boldsymbol{0}$ 的基础解系.

【证明】根据方程组解的性质，$\boldsymbol{\alpha}_1-\boldsymbol{\alpha}_2,\boldsymbol{\alpha}_1-\boldsymbol{\alpha}_3$ 是导出组 $\boldsymbol{Ax}=\boldsymbol{0}$ 的解.

若 $k_1(\boldsymbol{\alpha}_1-\boldsymbol{\alpha}_2)+k_2(\boldsymbol{\alpha}_1-\boldsymbol{\alpha}_3)=\boldsymbol{0}$，即

$$(k_1+k_2)\boldsymbol{\alpha}_1-k_1\boldsymbol{\alpha}_2-k_2\boldsymbol{\alpha}_3=\boldsymbol{0}$$

因 $\boldsymbol{\alpha}_1,\boldsymbol{\alpha}_2,\boldsymbol{\alpha}_3$ 线性无关，故必有 $k_1+k_2=0,k_1=0,k_2=0$，即必有 $k_1=0,k_2=0$. 因此，$\boldsymbol{\alpha}_1-\boldsymbol{\alpha}_2,\boldsymbol{\alpha}_1-\boldsymbol{\alpha}_3$ 线性无关.

因为 $\boldsymbol{Ax}=\boldsymbol{0}$ 已有 2 个线性无关的解，所以 $n-R(\boldsymbol{A})\geqslant 2$，得 $R(\boldsymbol{A})\leqslant 1$. 又因 $\boldsymbol{A}$ 为非零矩阵，知 $R(\boldsymbol{A})\geqslant 1$，从而 $R(\boldsymbol{A})=1$. 故 $\boldsymbol{\alpha}_1-\boldsymbol{\alpha}_2,\boldsymbol{\alpha}_1-\boldsymbol{\alpha}_3$ 是 $\boldsymbol{Ax}=\boldsymbol{0}$ 的基础解系.

学习随笔

【例 4.144】设 $\boldsymbol{\eta}_0,\boldsymbol{\eta}_1,\cdots,\boldsymbol{\eta}_{n-r}$ 是非齐次线性方程组 $\boldsymbol{Ax}=\boldsymbol{b}$ 的 $n-r+1$ 个线性无关的解向量，其中 $\boldsymbol{A}$ 是 $m\times n$ 矩阵，且 $R(\boldsymbol{A})=r$. 证明：$\boldsymbol{\eta}_1-\boldsymbol{\eta}_0,\boldsymbol{\eta}_2-\boldsymbol{\eta}_0,\cdots,\boldsymbol{\eta}_{n-r}-\boldsymbol{\eta}_0$ 是 $\boldsymbol{Ax}=\boldsymbol{0}$ 的基础解系.

【证明】因为 $\boldsymbol{A\eta}_i=\boldsymbol{b}(i=0,1,\cdots,n-r)$，所以

$$\boldsymbol{A}(\boldsymbol{\eta}_i-\boldsymbol{\eta}_0)=\boldsymbol{A\eta}_i-\boldsymbol{A\eta}_0=\boldsymbol{b}-\boldsymbol{b}=\boldsymbol{0}\quad(i=1,2,\cdots,n-r)$$

即 $\boldsymbol{\eta}_i-\boldsymbol{\eta}_0(i=1,2,\cdots,n-r)$ 是 $\boldsymbol{Ax}=\boldsymbol{0}$ 的解向量. 下面证它们线性无关. 设

$$k_1(\boldsymbol{\eta}_1-\boldsymbol{\eta}_0)+k_2(\boldsymbol{\eta}_2-\boldsymbol{\eta}_0)+\cdots+k_{n-r}(\boldsymbol{\eta}_{n-r}-\boldsymbol{\eta}_0)=\boldsymbol{0}$$

即

$$(-k_1-k_2-\cdots-k_{n-r})\boldsymbol{\eta}_0+k_1\boldsymbol{\eta}_1+\cdots+k_{n-r}\boldsymbol{\eta}_{n-r}=\boldsymbol{0}$$

由 $\boldsymbol{\eta}_0,\boldsymbol{\eta}_1,\cdots,\boldsymbol{\eta}_{n-r}$ 线性无关，知上式只有当 $k_1=k_2=\cdots=k_{n-r}=0$ 时才成立，故 $\boldsymbol{\eta}_1-\boldsymbol{\eta}_0,\boldsymbol{\eta}_2-\boldsymbol{\eta}_0,\cdots,\boldsymbol{\eta}_{n-r}-\boldsymbol{\eta}_0$ 线性无关. 又由 $\boldsymbol{A}$ 是 $m\times n$ 矩阵且 $R(\boldsymbol{A})=r$ 知，$\boldsymbol{Ax}=\boldsymbol{0}$ 的基础解系含 $n-r$ 个解向量，从而 $\boldsymbol{\eta}_1-\boldsymbol{\eta}_0,\boldsymbol{\eta}_2-\boldsymbol{\eta}_0,\cdots,\boldsymbol{\eta}_{n-r}-\boldsymbol{\eta}_0$ 是 $\boldsymbol{Ax}=\boldsymbol{0}$ 的基础解系.

【例 4.145】齐次线性方程组

$$\begin{cases}a_{11}x_1+a_{12}x_2+\cdots+a_{1n}x_n=0,\\ a_{21}x_1+a_{22}x_2+\cdots+a_{2n}x_n=0,\\ \quad\vdots\\ a_{n-1,1}x_1+a_{n-1,2}x_2+\cdots+a_{n-1,n}x_n=0\end{cases}$$

的系数矩阵记为 $\boldsymbol{A}$，$M_j(j=1,2,\cdots,n)$ 是矩阵 $\boldsymbol{A}$ 中划去第 j 列所得到的行列式. 证明：如果 M_j 不全为 0，则 $(M_1,-M_2,\cdots,(-1)^{n-1}M_n)^{\mathrm{T}}$ 是该方程组的基础解系.

【证明】因为 $\boldsymbol{A}$ 是 $(n-1)\times n$ 矩阵，若 M_j 不全为 0，则 $\boldsymbol{A}$ 中有 $n-1$ 阶子式非零，故 $R(\boldsymbol{A})=n-1$. 那么齐次线性方程组 $\boldsymbol{Ax}=\boldsymbol{0}$ 的基础解系由 $n-R(\boldsymbol{A})=1$ 个非零向量所构成. 令

$$D_i=\begin{vmatrix}a_{i1}&a_{i2}&\cdots&a_{in}\\ a_{11}&a_{12}&\cdots&a_{1n}\\ a_{21}&a_{22}&\cdots&a_{2n}\\ \vdots&\vdots&&\vdots\\ a_{n-1,1}&a_{n-1,2}&\cdots&a_{n-1,n}\end{vmatrix}\quad(i=1,2,\cdots,n-1)$$

按第 1 行展开，有 $D_i=a_{i1}M_1-a_{i2}M_2+\cdots+a_{in}(-1)^{1+n}M_n$. 又因 D_i 中第 1 行与第 $i+1$ 行相同，知 $D_i=0$. 因而

$$a_{i1}M_1-a_{i2}M_2+\cdots+a_{in}(-1)^{n-1}M_n=0$$

即 $(M_1,-M_2,\cdots,(-1)^{n-1}M_n)^{\mathrm{T}}$ 满足第 i 个方程 $(i=1,2,\cdots,n-1)$，从而它是 $\boldsymbol{Ax}=\boldsymbol{0}$ 的非零解，也就是 $\boldsymbol{Ax}=\boldsymbol{0}$ 的基础解系.

评注　根据本题可知齐次线性方程组

$$\begin{cases}x_1+3x_2-2x_3=0,\\ 2x_1+4x_2-3x_3=0\end{cases}$$

的基础解系是 $\left(\begin{vmatrix}3&-2\\4&-3\end{vmatrix},-\begin{vmatrix}1&-2\\2&-3\end{vmatrix},\begin{vmatrix}1&3\\2&4\end{vmatrix}\right)^{\mathrm{T}}$，即 $(1,1,2)^{\mathrm{T}}$.

【例 4.146】设 $\boldsymbol{A}=(a_{ij})_{n\times n}$，且 $|\boldsymbol{A}|=0$，又设 $|\boldsymbol{A}|$ 中某元素 $a_{i_0j_0}$ 的代数余子式 $A_{i_0j_0}\neq0$. 试证：$(A_{i_01},A_{i_02},\cdots,A_{i_0n})^{\mathrm{T}}$ 是齐次线性方程组 $\boldsymbol{Ax}=\boldsymbol{0}$ 的一个基础解系.

学习随笔

【证明】因为$|\boldsymbol{A}|=0$,而$A_{i_0j_0}\neq 0$,即$\boldsymbol{A}$中存在一个$n-1$阶的非零子式,所以$R(\boldsymbol{A})=n-1$,于是$\boldsymbol{Ax}=\boldsymbol{0}$的基础解系含$n-R(\boldsymbol{A})=1$个解向量.又因为$\boldsymbol{AA}^*=|\boldsymbol{A}|\boldsymbol{E}=\boldsymbol{O}$,将伴随矩阵$\boldsymbol{A}^*$按列分块为$\boldsymbol{A}^*=(\boldsymbol{\alpha}_1,\boldsymbol{\alpha}_2,\cdots,\boldsymbol{\alpha}_n)$,其中

$$\boldsymbol{\alpha}_i=(A_{i1},A_{i2},\cdots,A_{in})^{\mathrm{T}}\quad(i=1,2,\cdots,n)$$

则

$$\boldsymbol{AA}^*=(\boldsymbol{A\alpha}_1,\boldsymbol{A\alpha}_2,\cdots,\boldsymbol{A\alpha}_n)=(\boldsymbol{0},\boldsymbol{0},\cdots,\boldsymbol{0})$$

即$\boldsymbol{A\alpha}_i=\boldsymbol{0}(i=1,2,\cdots,n)$,说明$\boldsymbol{\alpha}_i$是$\boldsymbol{Ax}=\boldsymbol{0}$的解向量.由$A_{i_0j_0}\neq 0$知$\boldsymbol{\alpha}_{i_0}\neq\boldsymbol{0}$,因此$\boldsymbol{\alpha}_{i_0}=(A_{i_01},A_{i_02},\cdots,A_{i_0n})^{\mathrm{T}}$是$\boldsymbol{Ax}=\boldsymbol{0}$的一个基础解系.

【例 4.147】已知齐次线性方程组(Ⅰ)$\begin{cases}a_{11}x_1+a_{12}x_2+\cdots+a_{1,2n}x_{2n}=0,\\a_{21}x_1+a_{22}x_2+\cdots+a_{2,2n}x_{2n}=0,\\\vdots\\a_{n1}x_1+a_{n2}x_2+\cdots+a_{n,2n}x_{2n}=0\end{cases}$的一个基础解系为$(b_{11},b_{12},\cdots,b_{1,2n})^{\mathrm{T}},(b_{21},b_{22},\cdots,b_{2,2n})^{\mathrm{T}},\cdots,(b_{n1},b_{n2},\cdots,b_{n,2n})^{\mathrm{T}}$.试写出齐次线性方程组(Ⅱ)$\begin{cases}b_{11}y_1+b_{12}y_2+\cdots+b_{1,2n}y_{2n}=0,\\b_{21}y_1+b_{22}y_2+\cdots+b_{2,2n}y_{2n}=0,\\\vdots\\b_{n1}y_1+b_{n2}y_2+\cdots+b_{n,2n}y_{2n}=0\end{cases}$的通解,并说明理由.

【分析】为了简明,将方程组(Ⅰ)、(Ⅱ)分别表示为$\boldsymbol{Ax}=\boldsymbol{0}$,$\boldsymbol{By}=\boldsymbol{0}$.由于$\boldsymbol{B}$的每一行都是(Ⅰ)的解,有$\boldsymbol{AB}^{\mathrm{T}}=\boldsymbol{O}$,于是$\boldsymbol{BA}^{\mathrm{T}}=(\boldsymbol{AB}^{\mathrm{T}})^{\mathrm{T}}=\boldsymbol{O}$,可见$A$的行向量是方程组(Ⅱ)的解.

由$\boldsymbol{B}$的行向量是(Ⅰ)的基础解系,知$\boldsymbol{B}$的行向量线性无关,$R(\boldsymbol{B})=n$,且$2n-R(\boldsymbol{A})=n$,那么$R(\boldsymbol{A})=n$,从而$\boldsymbol{A}$的行向量线性无关,并且(Ⅱ)的基础解系由$2n-R(\boldsymbol{B})=n$个解向量所构成,因此$\boldsymbol{A}$的行向量就是(Ⅱ)的基础解系.

【解】(Ⅱ)的通解为$k_1(a_{11},a_{12},\cdots,a_{1,2n})^{\mathrm{T}}+k_2(a_{21},a_{22},\cdots,a_{2,2n})^{\mathrm{T}}+\cdots+k_n(a_{n1},a_{n2},\cdots,a_{n,2n})^{\mathrm{T}}$,其中$k_1,k_2,\cdots,k_n$是任意常数.

理由同前,略.

评注　要证$\boldsymbol{\eta}_1,\boldsymbol{\eta}_2,\cdots,\boldsymbol{\eta}_t$是$\boldsymbol{Ax}=\boldsymbol{0}$的基础解系,应证明3点:

(1) $\boldsymbol{\eta}_1,\boldsymbol{\eta}_2,\cdots,\boldsymbol{\eta}_t$是$\boldsymbol{Ax}=\boldsymbol{0}$的解.

(2) $\boldsymbol{\eta}_1,\boldsymbol{\eta}_2,\cdots,\boldsymbol{\eta}_t$线性无关.

(3) $t=n-R(\boldsymbol{A})$或$\boldsymbol{\eta}_1,\boldsymbol{\eta}_2,\cdots,\boldsymbol{\eta}_t$可表示$\boldsymbol{Ax}=\boldsymbol{0}$的任一解.

而(3)提供了证明基础解系的两种基本方法.

【例 4.148】设$\boldsymbol{\alpha}_1,\boldsymbol{\alpha}_2,\cdots,\boldsymbol{\alpha}_s$为齐次线性方程组$\boldsymbol{Ax}=\boldsymbol{0}$的一个基础解系,又

$$\boldsymbol{\beta}_1=t_1\boldsymbol{\alpha}_1+t_2\boldsymbol{\alpha}_2,\ \boldsymbol{\beta}_2=t_1\boldsymbol{\alpha}_2+t_2\boldsymbol{\alpha}_3,\cdots,\ \boldsymbol{\beta}_s=t_1\boldsymbol{\alpha}_s+t_2\boldsymbol{\alpha}_1$$

其中t_1,t_2为实常数.试问t_1,t_2满足什么关系时,$\boldsymbol{\beta}_1,\boldsymbol{\beta}_2,\cdots,\boldsymbol{\beta}_s$也为$\boldsymbol{Ax}=\boldsymbol{0}$的一个基础解系?

【分析】如果$\boldsymbol{\beta}_1,\boldsymbol{\beta}_2,\cdots,\boldsymbol{\beta}_s$是$\boldsymbol{Ax}=\boldsymbol{0}$的基础解系,则表明:

(1) $\boldsymbol{\beta}_1,\boldsymbol{\beta}_2,\cdots,\boldsymbol{\beta}_s$是$\boldsymbol{Ax}=\boldsymbol{0}$的解.

(2) $\boldsymbol{\beta}_1,\boldsymbol{\beta}_2,\cdots,\boldsymbol{\beta}_s$线性无关.

(3) $s=n-R(\boldsymbol{A})$或$\boldsymbol{\beta}_1,\cdots,\boldsymbol{\beta}_s$可表示$\boldsymbol{Ax}=\boldsymbol{0}$的任一解.

那么要证 $\boldsymbol{\beta}_1,\cdots,\boldsymbol{\beta}_s$ 是基础解系，也应当证这 3 点. 在本题中(1)、(3)容易证明，关键是证明(2).

【解】由于 $\boldsymbol{\beta}_i(i=1,2,\cdots,s)$ 是 $\boldsymbol{\alpha}_1,\boldsymbol{\alpha}_2,\cdots,\boldsymbol{\alpha}_s$ 的线性组合，又 $\boldsymbol{\alpha}_1,\cdots,\boldsymbol{\alpha}_s$ 是 $\boldsymbol{Ax}=\boldsymbol{0}$ 的解，所以根据齐次线性方程组解的性质知 $\boldsymbol{\beta}_i(i=1,2,\cdots,s)$ 均为 $\boldsymbol{Ax}=\boldsymbol{0}$ 的解.

由 $\boldsymbol{\alpha}_1,\boldsymbol{\alpha}_2,\cdots,\boldsymbol{\alpha}_s$ 是 $\boldsymbol{Ax}=\boldsymbol{0}$ 的基础解系，知 $s=n-R(\boldsymbol{A})$.

下面分析 $\boldsymbol{\beta}_1,\boldsymbol{\beta}_2,\cdots,\boldsymbol{\beta}_s$ 线性无关的条件. 设 $k_1\boldsymbol{\beta}_1+k_2\boldsymbol{\beta}_2+\cdots+k_s\boldsymbol{\beta}_s=\boldsymbol{0}$，即

$$(t_1k_1+t_2k_s)\boldsymbol{\alpha}_1+(t_2k_1+t_1k_2)\boldsymbol{\alpha}_2+(t_2k_2+t_1k_3)\boldsymbol{\alpha}_3+\cdots+(t_2k_{s-1}+t_1k_s)\boldsymbol{\alpha}_s=\boldsymbol{0}$$

由于 $\boldsymbol{\alpha}_1,\boldsymbol{\alpha}_2,\cdots,\boldsymbol{\alpha}_s$ 线性无关，因此有

$$\begin{cases} t_1k_1+t_2k_s=0, \\ t_2k_1+t_1k_2=0, \\ t_2k_2+t_1k_3=0, \\ \vdots \\ t_2k_{s-1}+t_1k_s=0 \end{cases} \tag{4.25}$$

因为系数行列式

$$\begin{vmatrix} t_1 & 0 & 0 & \cdots & 0 & t_2 \\ t_2 & t_1 & 0 & \cdots & 0 & 0 \\ 0 & t_2 & t_1 & \cdots & 0 & 0 \\ \vdots & \vdots & \vdots & & \vdots & \vdots \\ 0 & 0 & 0 & \cdots & t_2 & t_1 \end{vmatrix}=t_1^s+(-1)^{s+1}t_2^s$$

所以当 $t_1^s+(-1)^{s+1}t_2^s\neq 0$ 时，方程组(4.25)只有零解 $k_1=k_2=\cdots=k_s=0$. 从而 $\boldsymbol{\beta}_1,\boldsymbol{\beta}_2,\cdots,\boldsymbol{\beta}_s$ 线性无关，即当 s 为偶数、$t_1\neq\pm t_2$，s 为奇数、$t_1\neq -t_2$ 时，$\boldsymbol{\beta}_1,\boldsymbol{\beta}_2,\cdots,\boldsymbol{\beta}_s$ 也为 $\boldsymbol{Ax}=\boldsymbol{0}$ 的一个基础解系.

【例 4.149】设 $\boldsymbol{\beta}_1,\boldsymbol{\beta}_2,\cdots,\boldsymbol{\beta}_s$ 为 s 个线性无关的 n 维向量. 证明：存在含 n 个未知量的齐次线性方程组 $\boldsymbol{Ax}=\boldsymbol{0}$，使 $\boldsymbol{\beta}_1,\boldsymbol{\beta}_2,\cdots,\boldsymbol{\beta}_s$ 是它的一个基础解系.

【分析】令 $\boldsymbol{B}=(\boldsymbol{\beta}_1,\boldsymbol{\beta}_2,\cdots,\boldsymbol{\beta}_s)$，则 $\boldsymbol{B}$ 是一个 $n\times s$ 矩阵，由 $\boldsymbol{A\beta}_i=\boldsymbol{0}(i=1,2,\cdots,s)$ 知，$\boldsymbol{AB}=(\boldsymbol{A\beta}_1,\boldsymbol{A\beta}_2,\cdots,\boldsymbol{A\beta}_s)=\boldsymbol{O}$，两边取转置即有 $\boldsymbol{B}^{\mathrm{T}}\boldsymbol{A}^{\mathrm{T}}=\boldsymbol{O}$. 由此可知，所要构造的方程组 $\boldsymbol{Ax}=\boldsymbol{0}$ 的系数矩阵 $\boldsymbol{A}$ 的行向量，应是线性方程组 $\boldsymbol{B}^{\mathrm{T}}\boldsymbol{x}=\boldsymbol{0}$ 的解向量.

【证明】设所给的 s 个 n 维列向量为

$$\boldsymbol{\beta}_1=\begin{bmatrix} b_{11} \\ b_{12} \\ \vdots \\ b_{1n} \end{bmatrix},\quad \boldsymbol{\beta}_2=\begin{bmatrix} b_{21} \\ b_{22} \\ \vdots \\ b_{2n} \end{bmatrix},\quad \cdots\quad,\boldsymbol{\beta}_s=\begin{bmatrix} b_{s1} \\ b_{s2} \\ \vdots \\ b_{sn} \end{bmatrix}$$

考虑齐次线性方程组

$$\begin{cases} b_{11}x_1+b_{12}x_2+\cdots+b_{1n}x_n=0, \\ b_{21}x_1+b_{22}x_2+\cdots+b_{2n}x_n=0, \\ \vdots \\ b_{s1}x_1+b_{s2}x_2+\cdots+b_{sn}x_n=0 \end{cases} \tag{4.26}$$

由于 $\boldsymbol{\beta}_1,\boldsymbol{\beta}_2,\cdots,\boldsymbol{\beta}_s$ 线性无关，所以此方程组的系数矩阵是 $s\times n$ 矩阵，且其秩为 s，于是它

学习随笔

的基础解系含 $n-s$ 个解向量. 设

$$\boldsymbol{\alpha}_1=\begin{bmatrix}a_{11}\\a_{12}\\\vdots\\a_{1n}\end{bmatrix},\quad \boldsymbol{\alpha}_2=\begin{bmatrix}a_{21}\\a_{22}\\\vdots\\a_{2n}\end{bmatrix},\quad \cdots,\quad \boldsymbol{\alpha}_{n-s}=\begin{bmatrix}a_{n-s,1}\\a_{n-s,2}\\\vdots\\a_{n-s,n}\end{bmatrix}$$

为方程组(4.26)的一个基础解系,构造含 n 个未知量的齐次线性方程组

$$\begin{cases}a_{11}x_1+a_{12}x_2+\cdots+a_{1n}x_n=0,\\a_{21}x_1+a_{22}x_2+\cdots+a_{2n}x_n=0,\\\vdots\\a_{n-s,1}x_1+a_{n-s,2}x_2+\cdots+a_{n-s,n}x_n=0\end{cases}\tag{4.27}$$

由 $\boldsymbol{\alpha}_1,\boldsymbol{\alpha}_2,\cdots,\boldsymbol{\alpha}_{n-s}$ 线性无关,知该方程组的系数矩阵的秩为 $n-s$,从而其基础解系含 $n-(n-s)=s$ 个解向量. 但由于 $\boldsymbol{\alpha}_1,\boldsymbol{\alpha}_2,\cdots,\boldsymbol{\alpha}_{n-s}$ 是方程组(4.26)的解,从而知 $\boldsymbol{\beta}_1,\boldsymbol{\beta}_2,\cdots,\boldsymbol{\beta}_s$ 是方程组(4.27)的解,因此是方程组(4.27)的基础解系.

评注　该题给出了构造某一齐次线性方程组,使已知的一组线性无关的向量为其基础解系的方法. 另外,用上述方法所得的方程组(4.27)不唯一,这是因为方程组(4.26)的基础解系不唯一.

【例 4.150】设 $\boldsymbol{\alpha}_1=(1,-2,1,0,0)^{\mathrm{T}}$,$\boldsymbol{\alpha}_2=(1,-2,0,1,0)^{\mathrm{T}}$,$\boldsymbol{\alpha}_3=(0,0,1,-1,0)^{\mathrm{T}}$,$\boldsymbol{\alpha}_4=(1,-2,3,-2,0)^{\mathrm{T}}$ 是齐次线性方程组(Ⅰ)$\begin{cases}x_1+x_2+x_3+x_4+x_5=0,\\3x_1+2x_2+x_3+x_4-3x_5=0,\\x_2+2x_3+2x_4+6x_5=0,\\5x_1+4x_2+3x_3+3x_4-x_5=0\end{cases}$的解向量,问 $\boldsymbol{\alpha}_1,\boldsymbol{\alpha}_2,\boldsymbol{\alpha}_3,\boldsymbol{\alpha}_4$ 能否构成方程组(Ⅰ)的基础解系? 若能,说明理由;若不能,请增或减向量,使其成为基础解系.

【解】将方程组(Ⅰ)的系数矩阵作初等行变换化成阶梯形矩阵,有

$$\boldsymbol{A}=\begin{bmatrix}1&1&1&1&1\\3&2&1&1&-3\\0&1&2&2&6\\5&4&3&3&-1\end{bmatrix}\to\begin{bmatrix}1&1&1&1&1\\0&-1&-2&-2&-6\\0&1&2&2&6\\0&-1&-2&-2&-6\end{bmatrix}\to\begin{bmatrix}1&1&1&1&1\\0&-1&-2&-2&-6\\0&0&0&0&0\\0&0&0&0&0\end{bmatrix}$$

知 $R(\boldsymbol{A})=2$,方程组中未知量个数是 5,基础解系应由 $5-R(\boldsymbol{A})=3$ 个线性无关的解向量组成. 将 $(\boldsymbol{\alpha}_1,\boldsymbol{\alpha}_2,\boldsymbol{\alpha}_3,\boldsymbol{\alpha}_4)$ 作初等行变换化为阶梯形矩阵,有

$$(\boldsymbol{\alpha}_1,\boldsymbol{\alpha}_2,\boldsymbol{\alpha}_3,\boldsymbol{\alpha}_4)=\begin{bmatrix}1&1&0&1\\-2&-2&0&-2\\1&0&1&3\\0&1&-1&-2\\0&0&0&0\end{bmatrix}\to\begin{bmatrix}1&1&0&1\\0&0&0&0\\0&-1&1&2\\0&1&-1&-2\\0&0&0&0\end{bmatrix}\to\begin{bmatrix}1&1&0&1\\0&-1&1&2\\0&0&0&0\\0&0&0&0\end{bmatrix}$$

$R(\boldsymbol{\alpha}_1,\boldsymbol{\alpha}_2,\boldsymbol{\alpha}_3,\boldsymbol{\alpha}_4)=2$,其中 $\boldsymbol{\alpha}_1,\boldsymbol{\alpha}_2$(或 $\boldsymbol{\alpha}_1,\boldsymbol{\alpha}_3$,或 $\boldsymbol{\alpha}_1,\boldsymbol{\alpha}_4$)是极大线性无关组. 故 $\boldsymbol{\alpha}_1,\boldsymbol{\alpha}_2,\boldsymbol{\alpha}_3,\boldsymbol{\alpha}_4$ 不构成方程组(Ⅰ)的基础解系,应去除与 $\boldsymbol{\alpha}_1,\boldsymbol{\alpha}_2$ 线性相关的解向量 $\boldsymbol{\alpha}_3,\boldsymbol{\alpha}_4$,增添一个与 $\boldsymbol{\alpha}_1,\boldsymbol{\alpha}_2$ 线性无关的解向量.

因 $\boldsymbol{\alpha}_1=(1,-2,1,0,0)^{\mathrm{T}}$，$\boldsymbol{\alpha}_2=(1,-2,0,1,0)^{\mathrm{T}}$，故将 $\boldsymbol{A}\boldsymbol{x}=\boldsymbol{0}$ 的同解方程组

$$\begin{cases} x_1+x_2+x_3+x_4+x_5=0, \\ x_2+2x_3+2x_4+6x_5=0 \end{cases}$$

的自由未知量 (x_3,x_4,x_5) 取成 $(0,0,1)$，代入方程解得 $\boldsymbol{\beta}=(5,-6,0,0,1)^{\mathrm{T}}$，则 $\boldsymbol{\alpha}_1,\boldsymbol{\alpha}_2,\boldsymbol{\beta}$ 是 $\boldsymbol{A}\boldsymbol{x}=\boldsymbol{0}$ 的 3 个线性无关的解向量，且满足 $n-R(\boldsymbol{A})=3$，故 $\boldsymbol{\alpha}_1,\boldsymbol{\alpha}_2,\boldsymbol{\beta}$ 是 $\boldsymbol{A}\boldsymbol{x}=\boldsymbol{0}$ 的基础解系.

十、有关线性方程组的证明题

【例 4.151】设 $\boldsymbol{\alpha}$ 是线性方程组 $\boldsymbol{A}\boldsymbol{x}=\boldsymbol{b}$ 的解，$\boldsymbol{\beta}_1,\boldsymbol{\beta}_2,\cdots,\boldsymbol{\beta}_t$ 是其导出组的基础解系. 令 $\boldsymbol{\gamma}_1=\boldsymbol{\alpha}+\boldsymbol{\beta}_1,\boldsymbol{\gamma}_2=\boldsymbol{\alpha}+\boldsymbol{\beta}_2,\cdots,\boldsymbol{\gamma}_t=\boldsymbol{\alpha}+\boldsymbol{\beta}_t$. 证明：

(1) $\boldsymbol{\alpha},\boldsymbol{\gamma}_1,\boldsymbol{\gamma}_2,\cdots,\boldsymbol{\gamma}_t$ 线性无关.

(2) 方程组 $\boldsymbol{A}\boldsymbol{x}=\boldsymbol{b}$ 的任一个解 $\boldsymbol{\gamma}$ 可表示为 $\boldsymbol{\gamma}=l_0\boldsymbol{\alpha}+l_1\boldsymbol{\gamma}_1+l_2\boldsymbol{\gamma}_2+\cdots+l_t\boldsymbol{\gamma}_t$，其中 $l_0+l_1+\cdots+l_t=1$.

【证明】(1)如果 $x\boldsymbol{\alpha}+x_1\boldsymbol{\gamma}_1+x_2\boldsymbol{\gamma}_2+\cdots+x_t\boldsymbol{\gamma}_t=\boldsymbol{0}$，将 $\boldsymbol{\gamma}_i=\boldsymbol{\alpha}+\boldsymbol{\beta}_i\,(i=1,2,\cdots,t)$ 代入整理得

$$(x+x_1+x_2+\cdots+x_t)\boldsymbol{\alpha}+x_1\boldsymbol{\beta}_1+x_2\boldsymbol{\beta}_2+\cdots+x_t\boldsymbol{\beta}_t=\boldsymbol{0} \tag{4.28}$$

用矩阵 $\boldsymbol{A}$ 左乘式(4.28)，因为 $\boldsymbol{\beta}_j\,(j=1,2,\cdots,t)$ 是齐次线性方程组 $\boldsymbol{A}\boldsymbol{x}=\boldsymbol{0}$ 的解，从而有 $\boldsymbol{A}\boldsymbol{\beta}_j=\boldsymbol{0}$，得

$$(x+x_1+x_2+\cdots+x_t)\boldsymbol{A}\boldsymbol{\alpha}=(x+x_1+\cdots+x_t)\boldsymbol{b}=\boldsymbol{0}$$

由于 $\boldsymbol{b}\neq\boldsymbol{0}$，所以

$$x+x_1+x_2+\cdots+x_t=0 \tag{4.29}$$

把式(4.29)代入式(4.28)，得 $x_1\boldsymbol{\beta}_1+x_2\boldsymbol{\beta}_2+\cdots+x_t\boldsymbol{\beta}_t=\boldsymbol{0}$.

由于 $\boldsymbol{\beta}_1,\boldsymbol{\beta}_2,\cdots,\boldsymbol{\beta}_t$ 是基础解系，它们是线性无关的，故

$$x_1=0,x_2=0,\cdots,x_t=0 \tag{4.30}$$

把式(4.30)代入式(4.29)可知 $x=0$. 于是 $\boldsymbol{\alpha},\boldsymbol{\gamma}_1,\boldsymbol{\gamma}_2,\cdots,\boldsymbol{\gamma}_t$ 线性无关.

(2)根据方程组解的结构，若 $\boldsymbol{\gamma}$ 是 $\boldsymbol{A}\boldsymbol{x}=\boldsymbol{b}$ 的解，则

$$\begin{aligned}\boldsymbol{\gamma}&=\boldsymbol{\alpha}+k_1\boldsymbol{\beta}_1+k_2\boldsymbol{\beta}_2+\cdots+k_t\boldsymbol{\beta}_t\\&=\boldsymbol{\alpha}+k_1(\boldsymbol{\gamma}_1-\boldsymbol{\alpha})+k_2(\boldsymbol{\gamma}_2-\boldsymbol{\alpha})+\cdots+k_t(\boldsymbol{\gamma}_t-\boldsymbol{\alpha})\\&=(1-k_1-k_2-\cdots-k_t)\boldsymbol{\alpha}+k_1\boldsymbol{\gamma}_1+k_2\boldsymbol{\gamma}_2+\cdots+k_t\boldsymbol{\gamma}_t\end{aligned}$$

令 $l_0=1-k_1-k_2-\cdots-k_t,l_1=k_1,l_2=k_2,\cdots,l_t=k_t$，显然有 $\boldsymbol{\gamma}=l_0\boldsymbol{\alpha}+l_1\boldsymbol{\gamma}_1+l_2\boldsymbol{\gamma}_2+\cdots+l_t\boldsymbol{\gamma}_t$，且 $l_0+l_1+\cdots+l_t=1$.

评注　n 元齐次线性方程组 $\boldsymbol{A}\boldsymbol{x}=\boldsymbol{0}$ 若有非零解，则其解向量的极大线性无关组有 $n-R(\boldsymbol{A})$ 个向量，而非齐次线性方程组 $\boldsymbol{A}\boldsymbol{x}=\boldsymbol{b}$ 若有无穷多解，则其解向量的极大线性无关组有 $n-R(\boldsymbol{A})+1$ 个向量.

对于式(4.28)，若用反证法证明也很简捷：

如果 $\boldsymbol{\beta}_1,\cdots,\boldsymbol{\beta}_t,\boldsymbol{\alpha}$ 线性相关，因为 $\boldsymbol{\beta}_1,\cdots,\boldsymbol{\beta}_t$ 线性无关，所以 $\boldsymbol{\alpha}$ 可由 $\boldsymbol{\beta}_1,\cdots,\boldsymbol{\beta}_t$ 线性表出，那么 $\boldsymbol{\alpha}$ 是方程组 $\boldsymbol{A}\boldsymbol{x}=\boldsymbol{0}$ 的解，与已知条件矛盾，可见式(4.29)、式(4.30)成立.

【例 4.152】$\boldsymbol{A}$ 是 $m\times n$ 矩阵，$m<n$，且 $\boldsymbol{A}$ 的行向量线性无关，$\boldsymbol{B}$ 是 $n\times(n-m)$ 矩阵，

学习随笔

$\boldsymbol{B}$ 的列向量线性无关，且 $\boldsymbol{AB}=\boldsymbol{O}$. 证明：若 $\boldsymbol{\eta}$ 是齐次线性方程组 $\boldsymbol{Ax}=\boldsymbol{0}$ 的解，则 $\boldsymbol{Bx}=\boldsymbol{\eta}$ 有唯一解.

【证明】由于行秩、列秩都等于矩阵的秩，故 $R(\boldsymbol{A})=m$，$R(\boldsymbol{B})=n-m$.

因为 $\boldsymbol{AB}=\boldsymbol{O}$，所以 $\boldsymbol{B}=(\boldsymbol{\beta}_1,\boldsymbol{\beta}_2,\cdots,\boldsymbol{\beta}_{n-m})$ 的每一列都是齐次线性方程组 $\boldsymbol{Ax}=\boldsymbol{0}$ 的解，且是 $n-m$ 个线性无关的解.

又因 $\boldsymbol{Ax}=\boldsymbol{0}$ 的基础解系是 $n-R(\boldsymbol{A})=n-m$ 个向量，于是 $\boldsymbol{\beta}_1,\boldsymbol{\beta}_2,\cdots,\boldsymbol{\beta}_{n-m}$ 是 $\boldsymbol{Ax}=\boldsymbol{0}$ 的基础解系，那么 $\boldsymbol{\eta}$ 可由 $\boldsymbol{\beta}_1,\boldsymbol{\beta}_2,\cdots,\boldsymbol{\beta}_{n-m}$ 线性表出且表示法唯一. 设

$$\boldsymbol{\eta}=c_1\boldsymbol{\beta}_1+c_2\boldsymbol{\beta}_2+\cdots+c_{n-m}\boldsymbol{\beta}_{n-m}=(\boldsymbol{\beta}_1,\boldsymbol{\beta}_2,\cdots,\boldsymbol{\beta}_{n-m})\begin{bmatrix}c_1\\c_2\\\vdots\\c_{n-m}\end{bmatrix}=\boldsymbol{B}\begin{bmatrix}c_1\\c_2\\\vdots\\c_{n-m}\end{bmatrix}$$

即 $\boldsymbol{Bx}=\boldsymbol{\eta}$ 有唯一解 $(c_1,c_2,\cdots,c_{n-m})^{\mathrm{T}}$.

【例 4.153】设 $\boldsymbol{A}=(a_{ij})$ 是 $m\times n$ 矩阵，$\boldsymbol{\beta}=(b_1,b_2,\cdots,b_n)$ 是 n 维行向量，如果方程组(Ⅰ)$\boldsymbol{Ax}=\boldsymbol{0}$ 的解全是方程(Ⅱ)$b_1x_1+b_2x_2+\cdots+b_nx_n=0$ 的解，证明：$\boldsymbol{\beta}$ 可用 $\boldsymbol{A}$ 的行向量 $\boldsymbol{\alpha}_1,\boldsymbol{\alpha}_2,\cdots,\boldsymbol{\alpha}_m$ 线性表出.

【证明】构造一个联立方程组(Ⅲ) $\begin{cases}a_{11}x_1+a_{12}x_2+\cdots+a_{1n}x_n=0,\\\vdots\\a_{m1}x_1+a_{m2}x_2+\cdots+a_{mn}x_n=0,\\b_1x_1+b_2x_2+\cdots+b_nx_n=0,\end{cases}$ 简记为 $\boldsymbol{Cx}=\boldsymbol{0}$.

显然，(Ⅲ)的解必是(Ⅰ)的解，又因(Ⅰ)的解全是(Ⅱ)的解，于是(Ⅰ)的解也必全是(Ⅲ)的解，所以(Ⅰ)、(Ⅲ)是同解方程组，它们有相同的解空间. 从而由 $n-R(\boldsymbol{A})=n-R(\boldsymbol{C})$，得到 $R(\boldsymbol{A})=R(\boldsymbol{C})$，即 $R(\boldsymbol{\alpha}_1,\boldsymbol{\alpha}_2,\cdots,\boldsymbol{\alpha}_m)=R(\boldsymbol{\alpha}_1,\boldsymbol{\alpha}_2,\cdots,\boldsymbol{\alpha}_m,\boldsymbol{\beta})$.

因此极大线性无关组所含向量个数相等，这样 $\boldsymbol{\alpha}_1,\boldsymbol{\alpha}_2,\cdots,\boldsymbol{\alpha}_m$ 的极大线性无关组也必是 $\boldsymbol{\alpha}_1,\cdots,\boldsymbol{\alpha}_m,\boldsymbol{\beta}$ 的极大线性无关组，从而 $\boldsymbol{\beta}$ 可由 $\boldsymbol{\alpha}_1,\boldsymbol{\alpha}_2,\cdots,\boldsymbol{\alpha}_m$ 线性表出.

【例 4.154】已知方程组(Ⅰ) $\begin{cases}a_{11}y_1+a_{12}y_2+\cdots+a_{1n}y_n=b_1,\\a_{21}y_1+a_{22}y_2+\cdots+a_{2n}y_n=b_2,\\\vdots\\a_{m1}y_1+a_{m2}y_2+\cdots+a_{mn}y_n=b_m\end{cases}$ 有解，证明：方程组

(Ⅱ) $\begin{cases}a_{11}x_1+a_{21}x_2+\cdots+a_{m1}x_m=0,\\a_{12}x_1+a_{22}x_2+\cdots+a_{m2}x_m=0,\\\vdots\\a_{1n}x_1+a_{2n}x_2+\cdots+a_{mn}x_m=0\end{cases}$ 的任意一组解必是方程(Ⅲ) $b_1x_1+b_2x_2+\cdots+b_mx_m=0$ 的解.

【证法一】记方程组(Ⅰ)的系数矩阵为 $\boldsymbol{A}$，增广矩阵是 $\overline{\boldsymbol{A}}$，由于(Ⅰ)有解，故 $R(\boldsymbol{A})=R(\overline{\boldsymbol{A}})$. 那么 $(b_1,b_2,\cdots,b_m)^{\mathrm{T}}$ 可用 $\boldsymbol{A}$ 的列向量线性表出.

联立(Ⅱ)、(Ⅲ)，得方程组(Ⅳ) $\begin{cases}a_{11}x_1+a_{21}x_2+\cdots+a_{m1}x_m=0,\\\vdots\\a_{1n}x_1+a_{2n}x_2+\cdots+a_{mn}x_m=0,\\b_1x_1+b_2x_2+\cdots+b_mx_m=0.\end{cases}$ 显然，其系数矩阵是

$\overline{\mathbf{A}}^{\mathrm{T}}$，由于 $R(\overline{\mathbf{A}}^{\mathrm{T}})=R(\overline{\mathbf{A}})=R(\mathbf{A})=R(\mathbf{A}^{\mathrm{T}})$，可见方程组(Ⅳ)中最后一个方程是多余的，即(Ⅱ)与(Ⅳ)是同解方程组，也就是(Ⅱ)的任一解必是(Ⅲ)的解.

【证法二】记 $\boldsymbol{y}=(y_1,y_2,\cdots,y_n)^{\mathrm{T}}$，$\boldsymbol{x}=(x_1,x_2,\cdots,x_m)^{\mathrm{T}}$，$\boldsymbol{b}=(b_1,b_2,\cdots,b_m)^{\mathrm{T}}$.

由于(Ⅰ)有解，故存在 $\boldsymbol{y}$ 使 $\mathbf{A}\boldsymbol{y}=\boldsymbol{b}$，那么 $\boldsymbol{b}^{\mathrm{T}}=\boldsymbol{y}^{\mathrm{T}}\mathbf{A}^{\mathrm{T}}$.

设 $\boldsymbol{x}$ 是方程组(Ⅱ)$\mathbf{A}^{\mathrm{T}}\boldsymbol{x}=\mathbf{0}$ 的任一解. 于是 $\boldsymbol{b}^{\mathrm{T}}\boldsymbol{x}=\boldsymbol{y}^{\mathrm{T}}\mathbf{A}^{\mathrm{T}}\boldsymbol{x}=\boldsymbol{y}^{\mathrm{T}}\mathbf{0}=\mathbf{0}$，即 $b_1x_1+b_2x_2+\cdots+b_mx_m=0$，即(Ⅱ)的解必是(Ⅲ)的解.

十一、有关线性方程组的逆问题

【例 4.155】求一个以 $k(2,1,-4,3)^{\mathrm{T}}+(1,2,-3,4)^{\mathrm{T}}$ 为通解的线性方程组.

【分析】这是反问题，以往是给方程组求解，现在是由解求方程组. 由于方程组有同解性，故答案是不唯一的.

【解】由方程组 $\mathbf{A}\boldsymbol{x}=\boldsymbol{b}$ 的通解形式为 $k\boldsymbol{\xi}+\boldsymbol{\eta}$，知 $R(\mathbf{A})=4-1=3$，故可设所求方程组为

$$\begin{cases}a_{11}x_1+a_{12}x_2+a_{13}x_3+a_{14}x_4=a_{15},\\ a_{21}x_1+a_{22}x_2+a_{23}x_3+a_{24}x_4=a_{25},\\ a_{31}x_1+a_{32}x_2+a_{33}x_3+a_{34}x_4=a_{35}\end{cases}$$

因为 $(2,1,-4,3)^{\mathrm{T}}$ 是导出组 $\mathbf{A}\boldsymbol{x}=\mathbf{0}$ 的解，所以

$$\begin{cases}2a_{11}+a_{12}-4a_{13}+3a_{14}=0,\\ 2a_{21}+a_{22}-4a_{23}+3a_{24}=0,\\ 2a_{31}+a_{32}-4a_{33}+3a_{34}=0\end{cases}$$

因此，$\mathbf{A}$ 的行向量是方程

$$2y_1+y_2-4y_3+3y_4=0 \tag{4.31}$$

的解. 又因 $R(\mathbf{A})=3$，所以方程(4.31)的基础解系

$$\boldsymbol{\alpha}_1=\begin{bmatrix}1\\-2\\0\\0\end{bmatrix},\quad \boldsymbol{\alpha}_2=\begin{bmatrix}0\\4\\1\\0\end{bmatrix},\quad \boldsymbol{\alpha}_3=\begin{bmatrix}0\\-3\\0\\1\end{bmatrix}$$

就可作为 $\mathbf{A}$ 的行向量，于是有

$$\begin{cases}x_1-2x_2 \qquad\qquad =a_{15},\\ \qquad 4x_2+x_3 \qquad =a_{25},\\ \quad -3x_2 \qquad +x_4=a_{35}\end{cases}$$

再由 $(1,2,-3,4)^{\mathrm{T}}$ 是方程组 $\mathbf{A}\boldsymbol{x}=\boldsymbol{b}$ 的解，即得

$$\begin{cases}x_1-2x_2 \qquad\qquad =-3,\\ \qquad 4x_2+x_3 \qquad =5,\\ \quad -3x_2 \qquad +x_4=-2\end{cases}$$

此为符合要求的一个方程组.

【例 4.156】设一个齐次线性方程组的基础解系为 $\boldsymbol{\xi}_1=\begin{bmatrix}0\\1\\2\\3\end{bmatrix}$，$\boldsymbol{\xi}_2=\begin{bmatrix}3\\2\\1\\0\end{bmatrix}$，求此齐次线性

学习随笔

方程组.

【解】设所求的齐次线性方程组为

$$x_1a_1+x_2a_2+x_3a_3+x_4a_4=0$$

将基础解系 $\boldsymbol{\xi}_1,\boldsymbol{\xi}_2$ 代入,得到齐次线性方程组

$$\begin{cases} a_2+2a_3+3a_4=0, \\ 3a_1+2a_2+a_3=0 \end{cases}$$

求出基础解系,对其增广矩阵施以初等行变换

$$\overline{\mathbf{A}}=\left[\begin{array}{ccc:c}0&1&2&3\\3&2&1&0\end{array}\right]\to\left[\begin{array}{ccc:c}1&1&1&1\\0&1&2&3\end{array}\right]\to\left[\begin{array}{ccc:c}1&0&-1&-2\\0&1&2&3\end{array}\right]$$

得到基础解系 $\boldsymbol{\eta}_1=\begin{bmatrix}1\\-2\\1\\0\end{bmatrix}$, $\boldsymbol{\eta}_2=\begin{bmatrix}2\\-3\\0\\1\end{bmatrix}$,则所求齐次线性方程组为

$$\begin{cases} x_1-2x_2+x_3=0, \\ 2x_1-3x_2+x_4=0 \end{cases}$$

【例 4.157】设一个非齐次线性方程组的全部解为

$$\begin{bmatrix}x_1\\x_2\\x_3\end{bmatrix}=\begin{bmatrix}1\\-1\\3\end{bmatrix}+k_1\begin{bmatrix}-1\\3\\2\end{bmatrix}+k_2\begin{bmatrix}2\\-3\\1\end{bmatrix}$$

其中 k_1,k_2 为任意常数,求满足此条件的一个非齐次线性方程组.

【解】设所求的非齐次线性方程组为 $x_1a_1+x_2a_2+x_3a_3=b$,由题设可知

$$\boldsymbol{\xi}_1=\begin{bmatrix}-1\\3\\2\end{bmatrix},\quad \boldsymbol{\xi}_2=\begin{bmatrix}2\\-3\\1\end{bmatrix}$$

是其导出组的基础解系,将其代入对应的齐次线性方程组,得到

$$\begin{cases} -a_1+3a_2+2a_3=0, \\ 2a_1-3a_2+a_3=0 \end{cases}$$

于是此齐次线性方程组的参数解为

$$a_1=-9k,a_2=-5k,a_3=3k(\text{其中 } k \text{ 为任意常数})$$

由题设知 $\boldsymbol{x}_0=\begin{bmatrix}1\\-1\\3\end{bmatrix}$ 是非齐次线性方程组的一个特解,将其代入

$$x_1a_1+x_2a_2+x_3a_3=b$$

得到 $b=5k$,则所求的一个满足条件的方程组为 $9x_1+5x_2-3x_3=-5$.

【例 4.158】设 $\boldsymbol{\xi}_1=(1,-2,1,0,0)^{\mathrm{T}}$, $\boldsymbol{\xi}_2=(2,-4,1,1,0)^{\mathrm{T}}$, $\boldsymbol{\xi}_3=(-4,4,1,0,-1)^{\mathrm{T}}$ 是齐次线性方程组的一个基础解系,求此齐次线性方程组.

【解】设此齐次线性方程组为 $\boldsymbol{Ax}=\boldsymbol{0}$,由已知条件,知此方程组应含 5 个未知量,所含独立的方程个数为 $5-3=2$ 个,即系数矩阵 $\boldsymbol{A}$ 的秩应为 2,故可设矩阵 $\boldsymbol{A}$ 的第 1 行、第 2

学习随笔

行分别为 $\boldsymbol{A}_1,\boldsymbol{A}_2$，即

$$\boldsymbol{A}=\begin{bmatrix} a_{11} & a_{12} & a_{13} & a_{14} & a_{15} \\ a_{21} & a_{22} & a_{23} & a_{24} & a_{25} \end{bmatrix}=\begin{bmatrix} \boldsymbol{A}_1 \\ \boldsymbol{A}_2 \end{bmatrix}$$

由 $\boldsymbol{A}_1\boldsymbol{\xi}_i=\boldsymbol{0}(i=1,2,3)$，得

$$\begin{cases} a_{11}-2a_{12}+a_{13}=0, \\ 2a_{11}-4a_{12}+a_{13}+a_{14}=0, \\ -4a_{11}+4a_{12}+a_{13}-a_{15}=0 \end{cases}$$

由 $\boldsymbol{A}_2\boldsymbol{\xi}_i=\boldsymbol{0}(i=1,2,3)$，得

$$\begin{cases} a_{21}-2a_{22}+a_{23}=0, \\ 2a_{21}-4a_{22}+a_{23}+a_{24}=0, \\ -4a_{21}+4a_{22}+a_{23}-a_{25}=0 \end{cases}$$

即 $a_{ij}(i=1,2;j=1,2,3,4,5)$ 是线性方程组

$$\begin{cases} y_1-2y_2+y_3=0, \\ 2y_1-4y_2+y_3+y_4=0, \\ -4y_1+4y_2+y_3-y_5=0 \end{cases}$$

的解. 对此方程组的系数矩阵施以初等行变换：

$$\begin{bmatrix} 1 & -2 & 1 & 0 & 0 \\ 2 & -4 & 1 & 1 & 0 \\ -4 & 4 & 1 & 0 & -1 \end{bmatrix} \to \begin{bmatrix} 1 & -2 & 1 & 0 & 0 \\ 1 & -2 & 0 & 1 & 0 \\ 5 & -6 & 0 & 0 & 1 \end{bmatrix}$$

得其同解方程组为 $\begin{cases} y_3=-y_1+2y_2, \\ y_4=-y_1+2y_2, \\ y_5=-5y_1+6y_2, \end{cases}$ 分别取 $\begin{bmatrix} y_1 \\ y_2 \end{bmatrix}=\begin{bmatrix} 1 \\ 0 \end{bmatrix},\begin{bmatrix} 0 \\ 1 \end{bmatrix}$，由此得此方程组的一个基础解系

$$\boldsymbol{\eta}_1=(1,0,-1,-1,-5)^{\mathrm{T}},\ \boldsymbol{\eta}_2=(0,1,2,2,6)^{\mathrm{T}}$$

于是，所求齐次线性方程组为

$$\begin{cases} x_1-x_3-x_4-5x_5=0, \\ x_2+2x_3+2x_4+6x_5=0 \end{cases}$$

评注　本题所确定的齐次线性方程组不是唯一的，但一定是同解方程组.

【例 4.159】 求以 $\boldsymbol{\beta}_1=(1,-1,1,0)^{\mathrm{T}}$，$\boldsymbol{\beta}_2=(1,1,0,1)^{\mathrm{T}}$，$\boldsymbol{\beta}_3=(2,0,1,1)^{\mathrm{T}}$ 为解向量的齐次线性方程组.

【解】 可求得向量组 $\boldsymbol{\beta}_1,\boldsymbol{\beta}_2,\boldsymbol{\beta}_3$ 的一个极大线性无关组为 $\boldsymbol{\beta}_1,\boldsymbol{\beta}_2$. 构造以 $\boldsymbol{B}=\begin{bmatrix} \boldsymbol{\beta}_1^{\mathrm{T}} \\ \boldsymbol{\beta}_2^{\mathrm{T}} \end{bmatrix}$ 为系数矩阵的线性方程组

$$\begin{cases} x_1-x_2+x_3=0, \\ x_1+x_2+x_4=0 \end{cases}$$

该方程组的基础解系为 $\boldsymbol{\alpha}_1=\left(-\dfrac{1}{2},\dfrac{1}{2},1,0\right)^{\mathrm{T}}$，$\boldsymbol{\alpha}_2=\left(-\dfrac{1}{2},-\dfrac{1}{2},0,1\right)^{\mathrm{T}}$.

故所求的齐次线性方程组为

学习随笔

$$\begin{cases}-\frac{1}{2}x_1+\frac{1}{2}x_2+x_3 &=0,\\ -\frac{1}{2}x_1-\frac{1}{2}x_2 \quad +x_4=0\end{cases} \text{或} \begin{cases}x_1-x_2-2x_3 &=0,\\ x_1+x_2 \quad -2x_4=0\end{cases}$$

评注　本题如果不求向量组 $\boldsymbol{\beta}_1,\boldsymbol{\beta}_2,\boldsymbol{\beta}_3$ 的极大线性无关组，而直接构造以矩阵 $\boldsymbol{B}=\begin{bmatrix}\boldsymbol{\beta}_1^{\mathrm{T}}\\ \boldsymbol{\beta}_2^{\mathrm{T}}\\ \boldsymbol{\beta}_3^{\mathrm{T}}\end{bmatrix}$ 为系数矩阵的线性方程组，所得结果相同.

【例 4.160】已知向量 $\boldsymbol{\alpha}_1=(1,2,0,1)^{\mathrm{T}},\boldsymbol{\alpha}_2=(1,0,1,-3)^{\mathrm{T}},\boldsymbol{\alpha}_3=(3,a,2,-5)^{\mathrm{T}},\boldsymbol{\alpha}_4=(1,0,1,b)^{\mathrm{T}}$ 可表示齐次线性方程组 $\boldsymbol{Ax}=\boldsymbol{0}$ 的任一解，又知 $R(\boldsymbol{A})=2$，求 a,b 及矩阵 $\boldsymbol{A}$.

【分析】由齐次线性方程组解向量的性质，知 $\boldsymbol{\alpha}_1,\boldsymbol{\alpha}_2,\boldsymbol{\alpha}_3,\boldsymbol{\alpha}_4$ 必是 $\boldsymbol{Ax}=\boldsymbol{0}$ 的解. 又这是 4 元齐次线性方程组，由 $n-R(\boldsymbol{A})=4-2$，知 $\boldsymbol{\alpha}_1,\boldsymbol{\alpha}_2,\boldsymbol{\alpha}_3,\boldsymbol{\alpha}_4$ 必线性相关，且 $R(\boldsymbol{\alpha}_1,\boldsymbol{\alpha}_2,\boldsymbol{\alpha}_3,\boldsymbol{\alpha}_4)=2$.

【解】因为齐次线性方程组 $\boldsymbol{Ax}=\boldsymbol{0}$ 的基础解系由 2 个线性无关的解向量构成，故知 $R(\boldsymbol{\alpha}_1,\boldsymbol{\alpha}_2,\boldsymbol{\alpha}_3,\boldsymbol{\alpha}_4)=2$. 又

$$\begin{bmatrix}1&1&3&1\\2&0&a&0\\0&1&2&1\\1&-3&-5&b\end{bmatrix}\to\begin{bmatrix}1&1&3&1\\0&-2&a-6&-2\\0&1&2&1\\0&-4&-8&b-1\end{bmatrix}\to\begin{bmatrix}1&1&3&1\\0&1&2&1\\0&0&a-2&0\\0&0&0&b+3\end{bmatrix}$$

所以 $a=2,b=-3,\boldsymbol{\alpha}_1,\boldsymbol{\alpha}_2$ 是 $\boldsymbol{Ax}=\boldsymbol{0}$ 的基础解系.

设 $\boldsymbol{A}$ 的一个行向量是 (a,b,c,d)，因为 $\boldsymbol{\alpha}_1,\boldsymbol{\alpha}_2$ 是 $\boldsymbol{Ax}=\boldsymbol{0}$ 的解，故有

$$\begin{cases}a+2b+d=0,\\ a+c-3d=0\end{cases}\tag{4.32}$$

求其基础解系，得到两个线性无关的解 $(2,-1,-2,0),(0,-1,6,2)$.

因此，矩阵 $\boldsymbol{A}$ 可以是 $\begin{bmatrix}2&-1&-2&0\\0&-1&6&2\end{bmatrix}$.

评注　同例 4.155，矩阵 $\boldsymbol{A}$ 的答案是不唯一的. 如果题目说 $\boldsymbol{A}$ 是 4 阶矩阵，那么在找出式(4.32)的基础解系后，可以再随意地补上式(4.32)的任意两个解. 如果 $\boldsymbol{\alpha}_1,\cdots,\boldsymbol{\alpha}_t$ 是 $\boldsymbol{Ax}=\boldsymbol{0}$ 的基础解系，那么 $\boldsymbol{\alpha}_1,\cdots,\boldsymbol{\alpha}_t$ 可表示 $\boldsymbol{Ax}=\boldsymbol{0}$ 的任一解；但当 $\boldsymbol{\alpha}_1,\cdots,\boldsymbol{\alpha}_t$ 可表示 $\boldsymbol{Ax}=\boldsymbol{0}$ 的任一解时，$\boldsymbol{\alpha}_1,\cdots,\boldsymbol{\alpha}_t$ 不一定是 $\boldsymbol{Ax}=\boldsymbol{0}$ 的基础解系，因为它们可能线性相关，这个概念要搞清楚.

十二、向量空间

【例 4.161】判断下列集合是否构成 $\mathbf{R}^3$ 的子空间：

(1) $V=\{x=(x_1,x_2,x_3)\mid x_1=x_2,x_i\in\mathbf{R}\}$.

(2) $V=\{x=(x_1,x_2,x_3)\mid x_1x_2=0,x_i\in\mathbf{R}\}$.

(3) $V=\{x=(x_1,x_2,x_3)\mid x_1+x_2-3x_3=0$ 且 $2x_2-x_3=0,x_i\in\mathbf{R}\}$.

(4) $V=\{x=(x_1,x_2,x_3)\mid x_1+x_2-2x_3=1,x_i\in\mathbf{R}\}$.

(5) $V=\{x=(0,1,x_3)\mid x_3\in\mathbf{R}\}$.

【解】判断向量集合 V 是否构成向量空间，只要说明 V 集合非空，并验证 V 对于向量的加法运算和数乘运算都封闭即可.

(1) V 是向量空间，因为 $(0,0,0)\in V$，V 是非空集合，对于 $\boldsymbol{\alpha}=(a,a,b)$ 与 $\boldsymbol{\beta}=(c,c,d)\in V$，显然

$$\boldsymbol{\alpha}+\boldsymbol{\beta}=(a+c,a+c,b+d)\in V,\quad k\boldsymbol{\alpha}=(ka,ka,kb)\in V$$

所以 V 是向量空间.

(2) V 不是向量空间，因为 $\boldsymbol{\alpha}=(1,0,a)\in V$，$\boldsymbol{\beta}=(0,1,b)\in V$，但

$$\boldsymbol{\alpha}+\boldsymbol{\beta}=(1,1,a+b)\notin V(x_1x_2=1\neq 0)$$

(3) V 是向量空间，因为 V 是齐次线性方程组

$$\begin{cases}x_1+x_2-3x_3=0,\\ \quad 2x_2-x_3=0\end{cases}$$

解向量的集合，V 非空. 若 $\boldsymbol{\xi}_1,\boldsymbol{\xi}_2$ 是此方程组的解，则 $\boldsymbol{\xi}_1+\boldsymbol{\xi}_2$，$k\boldsymbol{\xi}_1$ 都是其解，即 $\boldsymbol{\xi}_1,\boldsymbol{\xi}_2\in V$，有 $\boldsymbol{\xi}_1+\boldsymbol{\xi}_2\in V$，$k\boldsymbol{\xi}_1\in V$.

(4) V 不是向量空间，因为 V 是非齐次线性方程组解向量的集合，若 $\boldsymbol{\eta}$ 是其解，那么 $k\boldsymbol{\eta}$ 不是此方程组的解，V 对于数乘向量不封闭.

(5) V 不是向量空间，因为 $\boldsymbol{\alpha}=(0,1,a)\in V$，$\boldsymbol{\beta}=(0,1,b)\in V$，而

$$\boldsymbol{\alpha}+\boldsymbol{\beta}=(0,2,a+b)\notin V\quad(x_2=2\neq 1)$$

对向量加法不封闭.

【例 4.162】判断下列 $\boldsymbol{\beta}$ 是否在 $\boldsymbol{\alpha}_1,\boldsymbol{\alpha}_2$ 所生成的空间 $L(\boldsymbol{\alpha}_1,\boldsymbol{\alpha}_2)$：

(1) $\boldsymbol{\beta}=(1,2,3)^{\mathrm{T}}$，　$\boldsymbol{\alpha}_1=(2,1,1)^{\mathrm{T}}$，　$\boldsymbol{\alpha}_2=(-3,2,0)^{\mathrm{T}}$.

(2) $\boldsymbol{\beta}=(1,-2,0)^{\mathrm{T}}$，　$\boldsymbol{\alpha}_1=(1,2,2)^{\mathrm{T}}$，　$\boldsymbol{\alpha}_2=(1,4,3)^{\mathrm{T}}$.

【解】$\boldsymbol{\alpha}_1,\boldsymbol{\alpha}_2$ 生成的空间是 $L(\boldsymbol{\alpha}_1,\boldsymbol{\alpha}_2)=\{\boldsymbol{\alpha}=\lambda_1\boldsymbol{\alpha}_1+\lambda_2\boldsymbol{\alpha}_2,\lambda_1,\lambda_2\in\mathbf{R}\}$，因此判断 $\boldsymbol{\beta}$ 是否在生成的空间也就是看 $\boldsymbol{\beta}$ 能否由 $\boldsymbol{\alpha}_1,\boldsymbol{\alpha}_2$ 线性表出.

(1) 设 $x_1\boldsymbol{\alpha}_1+x_2\boldsymbol{\alpha}_2=\boldsymbol{\beta}$，由于

$$\begin{bmatrix}2&-3&1\\1&2&2\\1&0&3\end{bmatrix}\to\begin{bmatrix}1&0&3\\1&2&2\\2&-3&1\end{bmatrix}\to\begin{bmatrix}1&0&3\\0&2&-1\\0&-3&-5\end{bmatrix}\to\begin{bmatrix}1&0&3\\0&2&-1\\0&0&-\dfrac{13}{2}\end{bmatrix}$$

方程组无解，所以 $\boldsymbol{\beta}\notin L(\boldsymbol{\alpha}_1,\boldsymbol{\alpha}_2)$.

(2) 设 $x_1\boldsymbol{\alpha}_1+x_2\boldsymbol{\alpha}_2=\boldsymbol{\beta}$，由于

$$\begin{bmatrix}1&1&1\\2&4&-2\\2&3&0\end{bmatrix}\to\begin{bmatrix}1&1&1\\0&2&-4\\0&1&-2\end{bmatrix}\to\begin{bmatrix}1&1&1\\0&1&-2\\0&0&0\end{bmatrix}$$

解得 $x_1=3,x_2=-2$，即 $3\boldsymbol{\alpha}_1-2\boldsymbol{\alpha}_2=\boldsymbol{\beta}$，所以 $\boldsymbol{\beta}\in L(\boldsymbol{\alpha}_1,\boldsymbol{\alpha}_2)$.

【例 4.163】证明 $\boldsymbol{\alpha}_1=(1,2,-1,-2)^{\mathrm{T}}$，$\boldsymbol{\alpha}_2=(2,3,0,-1)^{\mathrm{T}}$，$\boldsymbol{\alpha}_3=(1,3,-1,0)^{\mathrm{T}}$，$\boldsymbol{\alpha}_4=(1,2,1,4)^{\mathrm{T}}$ 是 $\mathbf{R}^4$ 的一个基，并求向量 $\boldsymbol{\beta}=(7,14,-1,2)^{\mathrm{T}}$ 在基 $\boldsymbol{\alpha}_1,\boldsymbol{\alpha}_2,\boldsymbol{\alpha}_3,\boldsymbol{\alpha}_4$ 下的坐标.

【证明】要证 $\boldsymbol{\alpha}_1,\boldsymbol{\alpha}_2,\boldsymbol{\alpha}_3,\boldsymbol{\alpha}_4$ 是 $\mathbf{R}^4$ 的一个基，只要证 $\boldsymbol{\alpha}_1,\boldsymbol{\alpha}_2,\boldsymbol{\alpha}_3,\boldsymbol{\alpha}_4$ 线性无关即可. 设

学习随笔

$x_1\boldsymbol{\alpha}_1+x_2\boldsymbol{\alpha}_2+x_3\boldsymbol{\alpha}_3+x_4\boldsymbol{\alpha}_4=\boldsymbol{\beta}$，对增广矩阵$(\boldsymbol{\alpha}_1,\boldsymbol{\alpha}_2,\boldsymbol{\alpha}_3,\boldsymbol{\alpha}_4 \mid \boldsymbol{\beta})$作初等行变换，有

$$\begin{bmatrix}1&2&1&1&\vdots&7\\2&3&3&2&\vdots&14\\-1&0&-1&1&\vdots&-1\\-2&-1&0&4&\vdots&2\end{bmatrix}\to\begin{bmatrix}1&2&1&1&\vdots&7\\0&-1&1&0&\vdots&0\\0&2&0&2&\vdots&6\\0&3&2&6&\vdots&16\end{bmatrix}\to$$

$$\begin{bmatrix}1&2&1&1&\vdots&7\\0&-1&1&0&\vdots&0\\0&0&2&2&\vdots&6\\0&0&5&6&\vdots&16\end{bmatrix}\to\begin{bmatrix}1&2&1&1&\vdots&7\\0&1&-1&0&\vdots&0\\0&0&1&1&\vdots&3\\0&0&0&1&\vdots&1\end{bmatrix}$$

从阶梯形矩阵前 4 列是满秩的，可知$\boldsymbol{\alpha}_1,\boldsymbol{\alpha}_2,\boldsymbol{\alpha}_3,\boldsymbol{\alpha}_4$线性无关，故它是$\mathbf{R}^4$的一个基.

从方程组解出$x_1=0,x_2=2,x_3=2,x_4=1$，即$2\boldsymbol{\alpha}_2+2\boldsymbol{\alpha}_3+\boldsymbol{\alpha}_4=\boldsymbol{\beta}$，所以$\boldsymbol{\beta}$在这个基下的坐标是$(0,2,2,1)^{\mathrm{T}}$.

【例 4.164】已知$\boldsymbol{\alpha}_1,\boldsymbol{\alpha}_2,\cdots,\boldsymbol{\alpha}_n$是$\mathbf{R}^n$的一个基，证明：$a_1\boldsymbol{\alpha}_1,a_1\boldsymbol{\alpha}_1+a_2\boldsymbol{\alpha}_2,\cdots,a_1\boldsymbol{\alpha}_1+a_2\boldsymbol{\alpha}_2+\cdots+a_n\boldsymbol{\alpha}_n$也是$\mathbf{R}^n$的一个基，其中$a_1,a_2,\cdots,a_n$是非零实数.

【证明】记$\boldsymbol{\beta}_1=a_1\boldsymbol{\alpha}_1$，$\boldsymbol{\beta}_2=a_1\boldsymbol{\alpha}_1+a_2\boldsymbol{\alpha}_2,\cdots$，$\boldsymbol{\beta}_n=a_1\boldsymbol{\alpha}_1+a_2\boldsymbol{\alpha}_2+\cdots+a_n\boldsymbol{\alpha}_n$，则

$$(\boldsymbol{\beta}_1,\boldsymbol{\beta}_2,\cdots,\boldsymbol{\beta}_n)=(\boldsymbol{\alpha}_1,\boldsymbol{\alpha}_2,\cdots,\boldsymbol{\alpha}_n)\begin{bmatrix}a_1&a_1&\cdots&a_1\\&a_2&&a_2\\&&\ddots&\\&&&a_n\end{bmatrix}$$

由于$\prod a_i\neq 0$，所以$\boldsymbol{C}=\begin{bmatrix}a_1&a_1&\cdots&a_1\\&a_2&&a_2\\&&\ddots&\\&&&a_n\end{bmatrix}$是可逆矩阵. 又$\boldsymbol{\alpha}_1,\boldsymbol{\alpha}_2,\cdots,\boldsymbol{\alpha}_n$线性无关，故$\boldsymbol{\beta}_1,\boldsymbol{\beta}_2,\cdots,\boldsymbol{\beta}_n$线性无关，因而$a_1\boldsymbol{\alpha}_1,a_1\boldsymbol{\alpha}_1+a_2\boldsymbol{\alpha}_2,\cdots,a_1\boldsymbol{\alpha}_1+\cdots+a_n\boldsymbol{\alpha}_n$是$\mathbf{R}^n$的一个基.

【说明】 本题关于$\boldsymbol{\beta}_1,\boldsymbol{\beta}_2,\cdots,\boldsymbol{\beta}_n$线性无关的证明方法还有多种.

【例 4.165】已知$\boldsymbol{\alpha}_1-3\boldsymbol{\alpha}_2+2\boldsymbol{\alpha}_3-\boldsymbol{\alpha}_4=\mathbf{0}$，证明：$L(\boldsymbol{\alpha}_1,\boldsymbol{\alpha}_2,\boldsymbol{\alpha}_3)=L(\boldsymbol{\alpha}_2,\boldsymbol{\alpha}_3,\boldsymbol{\alpha}_4)$.

【分析】如果$\boldsymbol{\beta}\in L(\boldsymbol{\alpha}_1,\boldsymbol{\alpha}_2,\boldsymbol{\alpha}_3)$，即$\boldsymbol{\beta}=\lambda_1\boldsymbol{\alpha}_1+\lambda_2\boldsymbol{\alpha}_2+\lambda_3\boldsymbol{\alpha}_3$，要求$\boldsymbol{\beta}\in L(\boldsymbol{\alpha}_2,\boldsymbol{\alpha}_3,\boldsymbol{\alpha}_4)$，即要求$\boldsymbol{\beta}=\mu_2\boldsymbol{\alpha}_2+\mu_3\boldsymbol{\alpha}_3+\mu_4\boldsymbol{\alpha}_4$，反之亦然. 可见要证$L(\boldsymbol{\alpha}_1,\boldsymbol{\alpha}_2,\boldsymbol{\alpha}_3)=L(\boldsymbol{\alpha}_2,\boldsymbol{\alpha}_3,\boldsymbol{\alpha}_4)$，实际上是要证$\boldsymbol{\alpha}_1,\boldsymbol{\alpha}_2,\boldsymbol{\alpha}_3$与$\boldsymbol{\alpha}_2,\boldsymbol{\alpha}_3,\boldsymbol{\alpha}_4$是等价向量组.

【证明】因为$\boldsymbol{\alpha}_1-3\boldsymbol{\alpha}_2+2\boldsymbol{\alpha}_3-\boldsymbol{\alpha}_4=\mathbf{0}$，可知$\boldsymbol{\alpha}_1=3\boldsymbol{\alpha}_2-2\boldsymbol{\alpha}_3+\boldsymbol{\alpha}_4$. 那么$\boldsymbol{\alpha}_1,\boldsymbol{\alpha}_2,\boldsymbol{\alpha}_3$可由$\boldsymbol{\alpha}_2,\boldsymbol{\alpha}_3,\boldsymbol{\alpha}_4$线性表出.

又$\boldsymbol{\alpha}_4=\boldsymbol{\alpha}_1-3\boldsymbol{\alpha}_2+2\boldsymbol{\alpha}_3$，可知$\boldsymbol{\alpha}_2,\boldsymbol{\alpha}_3,\boldsymbol{\alpha}_4$也可由$\boldsymbol{\alpha}_1,\boldsymbol{\alpha}_2,\boldsymbol{\alpha}_3$线性表出.

于是$\boldsymbol{\alpha}_1,\boldsymbol{\alpha}_2,\boldsymbol{\alpha}_3$与$\boldsymbol{\alpha}_2,\boldsymbol{\alpha}_3,\boldsymbol{\alpha}_4$是等价向量组，所以它们生成的空间相同.

【例 4.166】已知$\boldsymbol{\alpha}_1,\boldsymbol{\alpha}_2,\boldsymbol{\alpha}_3$是$\mathbf{R}^3$的一个基，又

$$\boldsymbol{\beta}_1=\boldsymbol{\alpha}_1-\boldsymbol{\alpha}_2+2\boldsymbol{\alpha}_3,\quad \boldsymbol{\beta}_2=2\boldsymbol{\alpha}_1-\boldsymbol{\alpha}_2+2\boldsymbol{\alpha}_3,\quad \boldsymbol{\beta}_3=\boldsymbol{\alpha}_1+3\boldsymbol{\alpha}_2-5\boldsymbol{\alpha}_3$$

证明：$\boldsymbol{\beta}_1,\boldsymbol{\beta}_2,\boldsymbol{\beta}_3$也是$\mathbf{R}^3$的一个基，若$\boldsymbol{\gamma}$在基$\boldsymbol{\alpha}_1,\boldsymbol{\alpha}_2,\boldsymbol{\alpha}_3$的坐标是$(1,-3,5)^{\mathrm{T}}$，求$\boldsymbol{\gamma}$在基$\boldsymbol{\beta}_1,\boldsymbol{\beta}_2,\boldsymbol{\beta}_3$的坐标.

【证明】由于

$$(\boldsymbol{\beta}_1,\boldsymbol{\beta}_2,\boldsymbol{\beta}_3)=(\boldsymbol{\alpha}_1,\boldsymbol{\alpha}_2,\boldsymbol{\alpha}_3)\begin{bmatrix}1&2&1\\-1&-1&3\\2&2&-5\end{bmatrix}$$

而
$$|\boldsymbol{C}|=\begin{vmatrix}1&2&1\\-1&-1&3\\2&2&-5\end{vmatrix}=1\neq 0$$

知 $\boldsymbol{C}$ 可逆，故 $\boldsymbol{\beta}_1,\boldsymbol{\beta}_2,\boldsymbol{\beta}_3$ 线性无关，它是 $\mathbf{R}^3$ 的一个基.

设 $\boldsymbol{\gamma}$ 在基 $\boldsymbol{\beta}_1,\boldsymbol{\beta}_2,\boldsymbol{\beta}_3$ 的坐标是 $(y_1,y_2,y_3)^{\mathrm{T}}$，即

$$\boldsymbol{\gamma}=y_1\boldsymbol{\beta}_1+y_2\boldsymbol{\beta}_2+y_3\boldsymbol{\beta}_3=(\boldsymbol{\beta}_1,\boldsymbol{\beta}_2,\boldsymbol{\beta}_3)\begin{bmatrix}y_1\\y_2\\y_3\end{bmatrix}$$

又
$$\boldsymbol{\gamma}=\boldsymbol{\alpha}_1-3\boldsymbol{\alpha}_2+5\boldsymbol{\alpha}_3=(\boldsymbol{\alpha}_1,\boldsymbol{\alpha}_2,\boldsymbol{\alpha}_3)\begin{bmatrix}1\\-3\\5\end{bmatrix}$$

把 $(\boldsymbol{\beta}_1,\boldsymbol{\beta}_2,\boldsymbol{\beta}_3)=(\boldsymbol{\alpha}_1,\boldsymbol{\alpha}_2,\boldsymbol{\alpha}_3)\boldsymbol{C}$ 代入，得

$$(\boldsymbol{\alpha}_1,\boldsymbol{\alpha}_2,\boldsymbol{\alpha}_3)\boldsymbol{C}\begin{bmatrix}y_1\\y_2\\y_3\end{bmatrix}=(\boldsymbol{\alpha}_1,\boldsymbol{\alpha}_2,\boldsymbol{\alpha}_3)\begin{bmatrix}1\\-3\\5\end{bmatrix}$$

由于 $(\boldsymbol{\alpha}_1,\boldsymbol{\alpha}_2,\boldsymbol{\alpha}_3)$ 可逆，$\boldsymbol{C}$ 可逆，故

$$\begin{bmatrix}y_1\\y_2\\y_3\end{bmatrix}=\boldsymbol{C}^{-1}\begin{bmatrix}1\\-3\\5\end{bmatrix}=\begin{bmatrix}1&2&1\\-1&-1&3\\2&2&-5\end{bmatrix}^{-1}\begin{bmatrix}1\\-3\\5\end{bmatrix}=\begin{bmatrix}-2\\2\\-1\end{bmatrix}$$

所以 $\boldsymbol{\gamma}$ 在基 $\boldsymbol{\beta}_1,\boldsymbol{\beta}_2,\boldsymbol{\beta}_3$ 下的坐标是 $(-2,2,-1)^{\mathrm{T}}$.

【例 4.167】 已知 $\mathbf{R}^3$ 的两个基 $\boldsymbol{\alpha}_1,\boldsymbol{\alpha}_2,\boldsymbol{\alpha}_3$ 与 $\boldsymbol{\beta}_1,\boldsymbol{\beta}_2,\boldsymbol{\beta}_3$ 为：

$$\boldsymbol{\alpha}_1=(1,1,1)^{\mathrm{T}},\quad \boldsymbol{\alpha}_2=(0,1,1)^{\mathrm{T}},\quad \boldsymbol{\alpha}_3=(0,0,1)^{\mathrm{T}}$$
$$\boldsymbol{\beta}_1=(1,0,-1)^{\mathrm{T}},\quad \boldsymbol{\beta}_2=(1,1,0)^{\mathrm{T}},\quad \boldsymbol{\beta}_3=(0,-1,1)^{\mathrm{T}}$$

求两个基下的坐标变换公式.

【解】 求坐标变换公式就是求两组基之间的过渡矩阵，设 $(\boldsymbol{\beta}_1,\boldsymbol{\beta}_2,\boldsymbol{\beta}_3)=(\boldsymbol{\alpha}_1,\boldsymbol{\alpha}_2,\boldsymbol{\alpha}_3)\boldsymbol{C}$，则

$$\begin{aligned}\boldsymbol{C}&=(\boldsymbol{\alpha}_1,\boldsymbol{\alpha}_2,\boldsymbol{\alpha}_3)^{-1}(\boldsymbol{\beta}_1,\boldsymbol{\beta}_2,\boldsymbol{\beta}_3)\\&=\begin{bmatrix}1&0&0\\1&1&0\\1&1&1\end{bmatrix}^{-1}\begin{bmatrix}1&1&0\\0&1&-1\\-1&0&1\end{bmatrix}\\&=\begin{bmatrix}1&0&0\\-1&1&0\\0&-1&1\end{bmatrix}\begin{bmatrix}1&1&0\\0&1&-1\\-1&0&1\end{bmatrix}=\begin{bmatrix}1&1&0\\-1&0&-1\\-1&-1&2\end{bmatrix}\end{aligned}$$

所以坐标变换公式为

学习随笔

$$\begin{bmatrix}x_1\\x_2\\x_3\end{bmatrix}=\begin{bmatrix}1&1&0\\-1&0&-1\\-1&-1&2\end{bmatrix}\begin{bmatrix}y_1\\y_2\\y_3\end{bmatrix}$$

其中$(x_1,x_2,x_3)^{\mathrm{T}}$是$\boldsymbol{\gamma}$在基$\boldsymbol{\alpha}_1,\boldsymbol{\alpha}_2,\boldsymbol{\alpha}_3$下的坐标,$(y_1,y_2,y_3)^{\mathrm{T}}$是$\boldsymbol{\gamma}$在基$\boldsymbol{\beta}_1,\boldsymbol{\beta}_2,\boldsymbol{\beta}_3$下的坐标.

【例 4.168】已知$\boldsymbol{\alpha}_1,\boldsymbol{\alpha}_2,\boldsymbol{\alpha}_3$是 3 维向量空间 V 的一组基,设$\boldsymbol{\beta}_1=\boldsymbol{\alpha}_1,\boldsymbol{\beta}_2=\boldsymbol{\alpha}_2+\boldsymbol{\alpha}_3$,$\boldsymbol{\beta}_3=a\boldsymbol{\alpha}_1+\boldsymbol{\alpha}_2-\boldsymbol{\alpha}_3$.

(1) 问 a 取何值时,$\boldsymbol{\beta}_1,\boldsymbol{\beta}_2,\boldsymbol{\beta}_3$也是 V 的基?

(2) 求$\boldsymbol{\beta}_1,\boldsymbol{\beta}_2,\boldsymbol{\beta}_3$到$\boldsymbol{\alpha}_1,\boldsymbol{\alpha}_2,\boldsymbol{\alpha}_3$的过渡矩阵.

(3) 设$\boldsymbol{\alpha}=2\boldsymbol{\alpha}_1+\boldsymbol{\alpha}_2-\boldsymbol{\alpha}_3$,求$\boldsymbol{\alpha}$在基$\boldsymbol{\beta}_1,\boldsymbol{\beta}_2,\boldsymbol{\beta}_3$下的坐标.

【解】(1) 已知$\boldsymbol{\beta}_1,\boldsymbol{\beta}_2,\boldsymbol{\beta}_3$是由$\boldsymbol{\alpha}_1,\boldsymbol{\alpha}_2,\boldsymbol{\alpha}_3$线性表出的,故有

$$(\boldsymbol{\beta}_1,\boldsymbol{\beta}_2,\boldsymbol{\beta}_3)=(\boldsymbol{\alpha}_1,\boldsymbol{\alpha}+\boldsymbol{\alpha}_2,a\boldsymbol{\alpha}_1+\boldsymbol{\alpha}_2-\boldsymbol{\alpha}_3)=(\boldsymbol{\alpha}_1,\boldsymbol{\alpha}_2,\boldsymbol{\alpha}_3)\boldsymbol{C}$$

其中$\boldsymbol{C}=\begin{bmatrix}1&0&a\\0&1&1\\0&1&-1\end{bmatrix}$.

若$R(\boldsymbol{\beta}_1,\boldsymbol{\beta}_2,\boldsymbol{\beta}_3)=R(\boldsymbol{\alpha}_1,\boldsymbol{\alpha}_2,\boldsymbol{\alpha}_3)=3$,则过渡矩阵$\boldsymbol{C}$为满秩矩阵,此时$|\boldsymbol{C}|=\begin{vmatrix}1&0&a\\0&1&1\\0&1&-1\end{vmatrix}=-2\neq0$,即 a 为任意常数.所以 a 为任意常数,$\boldsymbol{\beta}_1,\boldsymbol{\beta}_2,\boldsymbol{\beta}_3$也是 V 的基.

(2) $(\boldsymbol{\alpha}_1,\boldsymbol{\alpha}_2,\boldsymbol{\alpha}_3)=(\boldsymbol{\beta}_1,\boldsymbol{\beta}_2,\boldsymbol{\beta}_3)\boldsymbol{C}^{-1}$,而

$$(\boldsymbol{C}\ \vdots\ \boldsymbol{E})=\left[\begin{array}{ccc:ccc}1&0&a&1&0&0\\0&1&1&0&1&0\\0&1&-1&0&0&1\end{array}\right]\rightarrow\left[\begin{array}{ccc:ccc}1&0&0&1&-\frac{a}{2}&\frac{a}{2}\\0&1&0&0&\frac{1}{2}&\frac{1}{2}\\0&0&1&0&\frac{1}{2}&-\frac{1}{2}\end{array}\right]$$

故$\boldsymbol{\beta}_1,\boldsymbol{\beta}_2,\boldsymbol{\beta}_3$到$\boldsymbol{\alpha}_1,\boldsymbol{\alpha}_2,\boldsymbol{\alpha}_3$的过渡矩阵$\boldsymbol{C}^{-1}=\begin{bmatrix}1&-\frac{a}{2}&\frac{a}{2}\\0&\frac{1}{2}&\frac{1}{2}\\0&\frac{1}{2}&-\frac{1}{2}\end{bmatrix}$.

(3) 设$\boldsymbol{\alpha}$在基$\boldsymbol{\alpha}_1,\boldsymbol{\alpha}_2,\boldsymbol{\alpha}_3$下的坐标为$\boldsymbol{x}$,在基$\boldsymbol{\beta}_1,\boldsymbol{\beta}_2,\boldsymbol{\beta}_3$下的坐标为$\boldsymbol{x}'$,由于$(\boldsymbol{\beta}_1,\boldsymbol{\beta}_2,\boldsymbol{\beta}_3)=(\boldsymbol{\alpha}_1,\boldsymbol{\alpha}_2,\boldsymbol{\alpha}_3)\boldsymbol{C}$,则$\boldsymbol{x}'=\boldsymbol{C}^{-1}\boldsymbol{x}$.由已知$\boldsymbol{\alpha}=(\boldsymbol{\alpha}_1,\boldsymbol{\alpha}_2,\boldsymbol{\alpha}_3)\begin{bmatrix}2\\1\\-1\end{bmatrix}$,可知$\boldsymbol{x}=\begin{bmatrix}2\\1\\-1\end{bmatrix}$,所以

$$\boldsymbol{x}'=\boldsymbol{C}^{-1}\boldsymbol{x}=\begin{bmatrix}1&-\frac{a}{2}&\frac{a}{2}\\0&\frac{1}{2}&\frac{1}{2}\\0&\frac{1}{2}&-\frac{1}{2}\end{bmatrix}\begin{bmatrix}2\\1\\-1\end{bmatrix}=\begin{bmatrix}2-a\\0\\1\end{bmatrix}$$

学习随笔

评注　要特别注意基变换公式中两组基的前后位置，由 $\boldsymbol{\alpha}_1,\boldsymbol{\alpha}_2,\cdots,\boldsymbol{\alpha}_n$ 到 $\boldsymbol{\beta}_1,\boldsymbol{\beta}_2,\cdots,\boldsymbol{\beta}_n$ 的基变换公式为

$$(\boldsymbol{\beta}_1,\boldsymbol{\beta}_2,\cdots,\boldsymbol{\beta}_n)=(\boldsymbol{\alpha}_1,\boldsymbol{\alpha}_2,\cdots,\boldsymbol{\alpha}_n)\boldsymbol{C}$$

且向量 $\boldsymbol{\alpha}$ 在基 $\boldsymbol{\alpha}_1,\boldsymbol{\alpha}_2,\cdots,\boldsymbol{\alpha}_n$ 下的坐标为 $\boldsymbol{x}$，在 $\boldsymbol{\beta}_1,\boldsymbol{\beta},\cdots,\boldsymbol{\beta}_n$ 下的坐标为 $\boldsymbol{x}'$，则坐标变换公式为 $\boldsymbol{x}=\boldsymbol{C}\boldsymbol{x}'$，或 $\boldsymbol{x}'=\boldsymbol{C}^{-1}\boldsymbol{x}$.

在使用基变换和坐标变换公式时，基与坐标的对应关系必须一致.

【例 4.169】已知 $\boldsymbol{\alpha}_1=(1,2,1)^{\mathrm{T}},\boldsymbol{\alpha}_2=(2,3,3)^{\mathrm{T}},\boldsymbol{\alpha}_3=(3,7,1)^{\mathrm{T}}$ 与 $\boldsymbol{\beta}_1=(1,1,3)^{\mathrm{T}}$，$\boldsymbol{\beta}_2=(5,2,2)^{\mathrm{T}}$，$\boldsymbol{\beta}_3=(1,3,11)^{\mathrm{T}}$ 是 $\mathbf{R}^3$ 的两个基，求在这两个基下有相同坐标的向量.

【解】设 $\boldsymbol{\gamma}$ 在这两个基下有相同的坐标 $(x_1,x_2,x_3)^{\mathrm{T}}$，即

$$x_1\boldsymbol{\alpha}_1+x_2\boldsymbol{\alpha}_2+x_3\boldsymbol{\alpha}_3=x_1\boldsymbol{\beta}_1+x_2\boldsymbol{\beta}_2+x_3\boldsymbol{\beta}_3$$

亦即

$$\begin{cases}-3x_2+2x_3=0,\\ x_1+x_2+4x_3=0,\\ -2x_1+x_2-10x_3=0\end{cases}\Rightarrow x_1=-14t,x_2=2t,x_3=3t$$

所以 $\boldsymbol{\gamma}=-14t\,\boldsymbol{\alpha}_1+2t\,\boldsymbol{\alpha}_2+3t\,\boldsymbol{\alpha}_3=(t,t,5t)^{\mathrm{T}}$ 为所求.

【例 4.170】已知向量空间 $\mathbf{R}^3$ 的基 $\boldsymbol{\alpha}_1,\boldsymbol{\alpha}_2,\boldsymbol{\alpha}_3$ 到基 $\boldsymbol{\beta}_1,\boldsymbol{\beta}_2,\boldsymbol{\beta}_3$ 的过渡矩阵为 $\boldsymbol{P}$，且

$$\boldsymbol{\alpha}_1=\begin{bmatrix}1\\0\\1\end{bmatrix},\boldsymbol{\alpha}_2=\begin{bmatrix}0\\1\\0\end{bmatrix},\boldsymbol{\alpha}_3=\begin{bmatrix}1\\2\\2\end{bmatrix},\boldsymbol{P}=\begin{bmatrix}2&2&1\\3&2&-2\\4&3&0\end{bmatrix}$$

求在基 $\boldsymbol{\alpha}_1,\boldsymbol{\alpha}_2,\boldsymbol{\alpha}_3$ 与 $\boldsymbol{\beta}_1,\boldsymbol{\beta}_2,\boldsymbol{\beta}_3$ 下有相同坐标的全体向量 $\boldsymbol{\gamma}$.

【解】设所求向量 $\boldsymbol{\gamma}$ 在基 $\boldsymbol{\alpha}_1,\boldsymbol{\alpha}_2,\boldsymbol{\alpha}_3$ 与 $\boldsymbol{\beta}_1,\boldsymbol{\beta}_2,\boldsymbol{\beta}_3$ 下的坐标为 $\boldsymbol{x}=(x_1,x_2,x_3)^{\mathrm{T}}$，由题设知

$$\boldsymbol{\gamma}=(\boldsymbol{\alpha}_1,\boldsymbol{\alpha}_2,\boldsymbol{\alpha}_3)\boldsymbol{x}=(\boldsymbol{\beta}_1,\boldsymbol{\beta}_2,\boldsymbol{\beta}_3)\boldsymbol{x}=(\boldsymbol{\alpha}_1,\boldsymbol{\alpha}_2,\boldsymbol{\alpha}_3)\boldsymbol{P}\boldsymbol{x}$$

据坐标的唯一性，$\boldsymbol{x}=\boldsymbol{P}\boldsymbol{x}$，知 $\boldsymbol{x}$ 是齐次线性方程组 $(\boldsymbol{P}-\boldsymbol{E})\boldsymbol{x}=\mathbf{0}$ 的解. 用矩阵的初等行变换化 $\boldsymbol{P}-\boldsymbol{E}$ 为阶梯形矩阵：

$$\boldsymbol{P}-\boldsymbol{E}=\begin{bmatrix}1&2&1\\3&1&-2\\4&3&-1\end{bmatrix}\xrightarrow{r}\begin{bmatrix}1&0&-1\\0&1&1\\0&0&0\end{bmatrix}$$

得 $\boldsymbol{x}=k(1,-1,1)^{\mathrm{T}}$. 故 $\boldsymbol{\gamma}=k(\boldsymbol{\alpha}_1-\boldsymbol{\alpha}_2+\boldsymbol{\alpha}_3)=k\begin{bmatrix}2\\1\\3\end{bmatrix}$，其中 k 为任意常数.

【例 4.171】已知 V_1 和 V_2 都是 $\mathbf{R}^3$ 的二维子空间，证明：V_1 与 V_2 有非零的公共向量.

【证明】因为 V_1,V_2 是二维子空间，故可设 $\boldsymbol{\alpha}_1,\boldsymbol{\alpha}_2$ 与 $\boldsymbol{\beta}_1,\boldsymbol{\beta}_2$ 是它们各自的基. 那么 $\boldsymbol{\alpha}_1,\boldsymbol{\alpha}_2,\boldsymbol{\beta}_1,\boldsymbol{\beta}_2$ 是 4 个 3 维向量，它们一定线性相关，故存在不全为零的 k_1,k_2,l_1,l_2，使

$$k_1\boldsymbol{\alpha}_1+k_2\boldsymbol{\alpha}_2+l_1\boldsymbol{\beta}_1+l_2\boldsymbol{\beta}_2=\mathbf{0}$$

其中 k_1,k_2 必不全为零，否则上式为 $l_1\boldsymbol{\beta}_1+l_2\boldsymbol{\beta}_2=\mathbf{0}$，与 $\boldsymbol{\beta}_1,\boldsymbol{\beta}_2$ 是基、线性无关相矛盾，那么令

$$\boldsymbol{\gamma}=k_1\boldsymbol{\alpha}_1+k_2\boldsymbol{\alpha}_2=-l_1\boldsymbol{\beta}_1-l_2\boldsymbol{\beta}_2$$

则 $\boldsymbol{\gamma}\neq 0,\boldsymbol{\gamma}\in V_1$ 且 $\boldsymbol{\gamma}\in V_2$，即 V_1 与 V_2 有非零的公共向量.

学习随笔

第五章　相似矩阵及二次型

■ 基本内容

一、基本要求与学习要点

1. 基本要求

(1) 了解向量的内积、长度、正交、标准正交基、正交矩阵等概念,知道施密特正交化方法.

(2) 理解矩阵的特征值与特征向量的概念,了解其性质,并掌握其求法.

(3) 了解相似矩阵的概念和性质,了解矩阵可相似对角化的充要条件.

(4) 了解对称矩阵的特征值与特征向量的性质,掌握利用正交矩阵将对称矩阵化为对角矩阵的方法.

(5) 熟悉二次型及其矩阵表示,知道二次型的秩.掌握用正交变换把二次型化为标准形的方法.

(6) 会用配方法化二次型为规范形.知道惯性定理.

(7) 知道二次型的正定性及其判别法.

2. 学习要点

本章的中心议题是对称矩阵的对角化问题.对称矩阵可以相似对角化,也可以合同对角化,而求得正交矩阵 $\boldsymbol{P}$,使

$$\boldsymbol{P}^{-1}\boldsymbol{A}\boldsymbol{P}=\boldsymbol{P}^{T}\boldsymbol{A}\boldsymbol{P}=\boldsymbol{\Lambda}=\mathrm{diag}(\lambda_1,\lambda_2,\cdots,\lambda_n)$$

这样的对角化(不妨称为正交相似)既是相似的,又是合同的.因此,学好本章的关键是掌握对称矩阵正交相似对角化的原理和步骤.其他概念(如向量的内积、长度、正交、施密特正交化过程、正交矩阵、特征值与特征向量等)都围绕着正交相似对角化的原理和步骤这一中心议题,学这些概念是解决中心议题的需要,故在学习时要着重掌握这些概念与中心议题的联系.

二次型化标准形是对称矩阵合同对角化的直接应用,故二次型的矩阵表示是必须要掌握的,这是用矩阵方法解决二次型问题的前提.由于二次型在解析几何、工程技术、经济学等各方面有广泛的应用,是一项很有用的知识,故对于用配方法化二次型成标准形(或规范形)以及惯性定理、二次型的正定性等知识应当有所了解.

学习随笔

二、基本概念

【定义 5.1】设有 n 维向量 $\boldsymbol{x}=\begin{bmatrix}x_1\\x_2\\\vdots\\x_n\end{bmatrix}$，$\boldsymbol{y}=\begin{bmatrix}y_1\\y_2\\\vdots\\y_n\end{bmatrix}$，令

$$[\boldsymbol{x},\boldsymbol{y}]=x_1y_1+x_2y_2+\cdots+x_ny_n$$

则称 $[\boldsymbol{x},\boldsymbol{y}]$ 为向量 $\boldsymbol{x}$ 与 $\boldsymbol{y}$ 的**内积**.

评注　内积是两个向量之间的一种运算，其结果是一个实数，用矩阵记号表示，当 $\boldsymbol{x}$ 与 $\boldsymbol{y}$ 都是列向量时，有 $[\boldsymbol{x},\boldsymbol{y}]=\boldsymbol{x}^{\mathrm{T}}\boldsymbol{y}$.

当 $[\boldsymbol{x},\boldsymbol{y}]=0$ 时，称向量 $\boldsymbol{x}$ 与 $\boldsymbol{y}$ **正交**. 显然，若 $\boldsymbol{x}=\boldsymbol{0}$，则 $\boldsymbol{x}$ 与任何向量都正交.

【定义 5.2】令 $\|\boldsymbol{x}\|=\sqrt{[\boldsymbol{x},\boldsymbol{x}]}=\sqrt{x_1^2+x_2^2+\cdots+x_n^2}$，则称 $\|\boldsymbol{x}\|$ 为 n 维向量 $\boldsymbol{x}$ 的**长度**(或**范数**).

当 $\|\boldsymbol{x}\|=1$ 时，称 $\boldsymbol{x}$ 为**单位向量**.

【定义 5.3】设 n 维向量 $\boldsymbol{e}_1,\boldsymbol{e}_2,\cdots,\boldsymbol{e}_r$ 是向量空间 $V(V\subseteq\mathbf{R}^n)$ 的一个基，如果 $\boldsymbol{e}_1,\cdots,\boldsymbol{e}_r$ 两两正交，且都是单位向量，则称 $\boldsymbol{e}_1,\cdots,\boldsymbol{e}_r$ 是 V 的一个**标准正交基**.

【定义 5.4】如果 n 阶矩阵 $\boldsymbol{A}$ 满足 $\boldsymbol{A}^{\mathrm{T}}\boldsymbol{A}=\boldsymbol{E}$(即 $\boldsymbol{A}^{-1}=\boldsymbol{A}^{\mathrm{T}}$)，那么称 $\boldsymbol{A}$ 为**正交矩阵**，简称**正交阵**.

$\boldsymbol{A}$ 为正交矩阵 $\Leftrightarrow \boldsymbol{A}^{\mathrm{T}}\boldsymbol{A}=\boldsymbol{E} \Leftrightarrow \boldsymbol{A}\boldsymbol{A}^{\mathrm{T}}=\boldsymbol{E} \Leftrightarrow \boldsymbol{A}$ 可逆，且 $\boldsymbol{A}^{-1}=\boldsymbol{A}^{\mathrm{T}}\Leftrightarrow \boldsymbol{A}$ 的行(列)向量组两两正交，且都是单位向量.

【定义 5.5】若 $\boldsymbol{P}$ 为正交矩阵，则线性变换 $\boldsymbol{y}=\boldsymbol{P}\boldsymbol{x}$ 称为**正交变换**.

设 $\boldsymbol{y}=\boldsymbol{P}\boldsymbol{x}$ 为正交变换，则有 $\|\boldsymbol{y}\|=\sqrt{\boldsymbol{y}^{\mathrm{T}}\boldsymbol{y}}=\sqrt{\boldsymbol{x}^{\mathrm{T}}\boldsymbol{P}^{\mathrm{T}}\boldsymbol{P}\boldsymbol{x}}=\sqrt{\boldsymbol{x}^{\mathrm{T}}\boldsymbol{x}}=\|\boldsymbol{x}\|$.

【定义 5.6】设 $\boldsymbol{A}$ 是 n 阶矩阵，如果存在一个数 λ 及非零的 n 维列向量 $\boldsymbol{\alpha}$，使得

$$\boldsymbol{A}\boldsymbol{\alpha}=\lambda\boldsymbol{\alpha} \tag{5.1}$$

成立，则称 λ 是矩阵 $\boldsymbol{A}$ 的一个**特征值**，称非零向量 $\boldsymbol{\alpha}$ 是矩阵 $\boldsymbol{A}$ 属于特征值 λ 的一个**特征向量**.

设 λ 是方阵 $\boldsymbol{A}$ 的一个特征值，则齐次线性方程组 $(\boldsymbol{A}-\lambda\boldsymbol{E})\boldsymbol{x}=\boldsymbol{0}$ 的全体非零解就是方阵 $\boldsymbol{A}$ 的对应于特征值 λ 的全部特征向量，且该齐次线性方程组的基础解系就是对应于特征值 λ 的全体特征向量的最大线性无关组.

【定义 5.7】设 $\boldsymbol{A}=(a_{ij})$ 为一个 n 阶矩阵，则行列式

$$|\lambda\boldsymbol{E}-\boldsymbol{A}|=\begin{vmatrix}\lambda-a_{11} & -a_{12} & \cdots & -a_{1n}\\ -a_{21} & \lambda-a_{22} & \cdots & -a_{2n}\\ \vdots & \vdots & & \vdots\\ -a_{n1} & -a_{n2} & \cdots & \lambda-a_{nn}\end{vmatrix} \tag{5.2}$$

称为矩阵 $\boldsymbol{A}$ 的**特征多项式**，$|\lambda\boldsymbol{E}-\boldsymbol{A}|=0$ 称为 $\boldsymbol{A}$ 的**特征方程**.

【定义 5.8】设 $\boldsymbol{A}$ 和 $\boldsymbol{B}$ 都是 n 阶矩阵，如果存在可逆矩阵 $\boldsymbol{P}$，使得

$$\boldsymbol{P}^{-1}\boldsymbol{A}\boldsymbol{P}=\boldsymbol{B} \tag{5.3}$$

则称矩阵 $\boldsymbol{A}$ 和 $\boldsymbol{B}$ **相似**，记作 $\boldsymbol{A}\sim\boldsymbol{B}$.

学习随笔

特别地，如果 $\boldsymbol{A}$ 能与对角矩阵相似，则称 $\boldsymbol{A}$ **可对角化**.

若矩阵 $\boldsymbol{A}$ 与对角矩阵相似，即若有可逆矩阵 $\boldsymbol{P}$，使 $\boldsymbol{P}^{-1}\boldsymbol{AP}=\boldsymbol{\Lambda}=\mathrm{diag}(\lambda_1,\lambda_2,\cdots,\lambda_n)$，则

(1) $\lambda_1,\lambda_2,\cdots,\lambda_n$ 是 $\boldsymbol{A}$ 的 n 个特征值.

(2) $\boldsymbol{P}$ 的第 i 列 $\boldsymbol{p}_i$ 是 $\boldsymbol{A}$ 的对应于特征值 λ_i 的特征向量.

【定义 5.9】含有 n 个变量 $x_1,x_2,\cdots,x_n$ 的二次齐次函数

$$\begin{aligned}f(x_1,x_2,\cdots,x_n)=&a_{11}x_1^2+a_{22}x_2^2+\cdots+a_{nn}x_n^2+2a_{12}x_1x_2+2a_{13}x_1x_3+\cdots+\\&2a_{1n}x_1x_n+2a_{23}x_2x_3+\cdots+2a_{2n}x_2x_n+\cdots+\\&2a_{n-1,n}x_{n-1}x_n\end{aligned}$$

称为 n 元**二次型**. 若规定 $a_{ij}=a_{ji}$，$\forall\, i,\ j=1,2,\cdots,n$，则二次型有矩阵表示

$$f(x_1,x_2,\cdots,x_n)=\boldsymbol{x}^{\mathrm{T}}\boldsymbol{Ax} \tag{5.4}$$

其中，$\boldsymbol{x}=(x_1,x_2,\cdots,x_n)^{\mathrm{T}}$，$\boldsymbol{A}=(a_{ij})$ 且 $\boldsymbol{A}^{\mathrm{T}}=\boldsymbol{A}$，$\boldsymbol{A}$ 是对称矩阵，称 $\boldsymbol{A}$ 为**二次型的矩阵**. 秩 $R(\boldsymbol{A})$ 称为**二次型的秩**，记作 $R(f)$.

例如，二元二次型 $f(x_1,x_2)=x_1^2+5x_2^2+6x_1x_2$，有

$$\begin{aligned}f(x_1,x_2)&=x_1^2+3x_1x_2+3x_1x_2+5x_2^2=x_1(x_1+3x_2)+x_2(3x_1+5x_2)\\&=(x_1,x_2)\begin{bmatrix}x_1+3x_2\\3x_1+5x_2\end{bmatrix}=(x_1,x_2)\begin{bmatrix}1&3\\3&5\end{bmatrix}\begin{bmatrix}x_1\\x_2\end{bmatrix}=\boldsymbol{x}^{\mathrm{T}}\boldsymbol{Ax}\end{aligned}$$

为二次型的矩阵表示.

又如，作矩阵乘法，易知

$$(x_1,x_2,x_3)\begin{bmatrix}1&2&3\\4&5&6\\7&8&9\end{bmatrix}\begin{bmatrix}x_1\\x_2\\x_3\end{bmatrix}=x_1^2+5x_2^2+9x_3^2+6x_1x_2+10x_1x_3+14x_2x_3 \tag{5.5}$$

是三元二次型，但式(5.5)不是二次型的矩阵表示，此二次型的矩阵为

$$\boldsymbol{A}=\begin{bmatrix}1&3&5\\3&5&7\\5&7&9\end{bmatrix}$$

【定义 5.10】如果二次型中只含有变量的平方项，所有混合项 $x_ix_j\,(i\neq j)$ 的系数全是零，即

$$\boldsymbol{x}^{\mathrm{T}}\boldsymbol{Ax}=d_1x_1^2+d_2x_2^2+\cdots+d_nx_n^2 \tag{5.6}$$

这样的二次型称为**标准型**.

在标准型中，如果平方项的系数 $d_j\,(j=1,2,\cdots,n)$ 为 $1,-1$ 或 0，即

$$\boldsymbol{x}^{\mathrm{T}}\boldsymbol{Ax}=x_1^2+x_2^2+\cdots+x_p^2-x_{p+1}^2-\cdots-x_{p+q}^2 \tag{5.7}$$

则称其为二次型的**规范型**.

【定义 5.11】在二次型 $\boldsymbol{x}^{\mathrm{T}}\boldsymbol{Ax}$ 的标准形中，正平方项的个数 p 称为二次型的**正惯性指数**，负平方项的个数 q 称为二次型的**负惯性指数**.

【定义 5.12】如果

$$\begin{cases}x_1=c_{11}y_1+c_{12}y_2+\cdots+c_{1n}y_n,\\x_2=c_{21}y_1+c_{22}y_2+\cdots+c_{2n}y_n,\\\vdots\\x_n=c_{n1}y_1+c_{n2}y_2+\cdots+c_{nn}y_n\end{cases} \tag{5.8}$$

满足

$$|C|=\begin{vmatrix} c_{11} & c_{12} & \cdots & c_{1n} \\ c_{21} & c_{22} & \cdots & c_{2n} \\ \vdots & \vdots & & \vdots \\ c_{n1} & c_{n2} & \cdots & c_{nn} \end{vmatrix} \neq 0$$

则称式(5.8)为由 $\boldsymbol{x}=(x_1,x_2,\cdots,x_n)^{\mathrm{T}}$ 到 $\boldsymbol{y}=(y_1,y_2,\cdots,y_n)^{\mathrm{T}}$ 的**坐标变换**.

评注　式(5.8)坐标变换用矩阵描述,即

$$\begin{bmatrix} x_1 \\ x_2 \\ \vdots \\ x_n \end{bmatrix}=\begin{bmatrix} c_{11} & c_{12} & \cdots & c_{1n} \\ c_{21} & c_{22} & \cdots & c_{2n} \\ \vdots & \vdots & \vdots & \vdots \\ c_{n1} & c_{n2} & \cdots & c_{nn} \end{bmatrix}\begin{bmatrix} y_1 \\ y_2 \\ \vdots \\ y_n \end{bmatrix}$$

或 $\boldsymbol{x}=\boldsymbol{C}\boldsymbol{y}$,其中 $\boldsymbol{C}$ 是可逆矩阵.

【定义 5.13】设两个 n 阶矩阵 $\boldsymbol{A}$ 和 $\boldsymbol{B}$,若存在可逆矩阵 $\boldsymbol{C}$,使得

$$\boldsymbol{C}^{\mathrm{T}}\boldsymbol{A}\boldsymbol{C}=\boldsymbol{B} \tag{5.9}$$

则称矩阵 $\boldsymbol{A}$ 和 $\boldsymbol{B}$ 合同,记作 $\boldsymbol{A}\simeq\boldsymbol{B}$,并称由 $\boldsymbol{A}$ 到 $\boldsymbol{B}$ 的变换为**合同变换**,称 $\boldsymbol{C}$ 为合同变换的矩阵.

注意:n 元二次型 $f(x_1,x_2,\cdots,x_n)=\boldsymbol{x}^{\mathrm{T}}\boldsymbol{A}\boldsymbol{x}$ 经坐标变换 $\boldsymbol{x}=\boldsymbol{C}\boldsymbol{y}$,有

$$\boldsymbol{x}^{\mathrm{T}}\boldsymbol{A}\boldsymbol{x}=(\boldsymbol{C}\boldsymbol{y})^{\mathrm{T}}\boldsymbol{A}(\boldsymbol{C}\boldsymbol{y})=\boldsymbol{y}^{\mathrm{T}}\boldsymbol{C}^{\mathrm{T}}\boldsymbol{A}\boldsymbol{C}\boldsymbol{Y}=\boldsymbol{y}^{\mathrm{T}}\boldsymbol{B}\boldsymbol{y}$$

其中 $\boldsymbol{B}=\boldsymbol{C}^{\mathrm{T}}\boldsymbol{A}\boldsymbol{C}$.

因为 $\boldsymbol{B}^{\mathrm{T}}=(\boldsymbol{C}^{\mathrm{T}}\boldsymbol{A}\boldsymbol{C})^{\mathrm{T}}=\boldsymbol{C}^{\mathrm{T}}\boldsymbol{A}^{\mathrm{T}}(\boldsymbol{C}^{\mathrm{T}})^{\mathrm{T}}=\boldsymbol{C}^{\mathrm{T}}\boldsymbol{A}\boldsymbol{C}=\boldsymbol{B}$,说明 $\boldsymbol{y}^{\mathrm{T}}\boldsymbol{B}\boldsymbol{y}$ 是二次型的矩阵表示,即以 $x_1,x_2,\cdots,x_n$ 为自变量的二次型经坐标变换 $\boldsymbol{x}=\boldsymbol{C}\boldsymbol{y}$ 成为以 $y_1,y_2,\cdots,y_n$ 为自变量的二次型.二次型矩阵由 $\boldsymbol{A}$ 转换为 $\boldsymbol{B}$,经坐标变换,二次型矩阵是合同的.

特别地,若 $\boldsymbol{x}=\boldsymbol{C}\boldsymbol{y}$ 是正交变换,即 $\boldsymbol{C}$ 是正交矩阵,则有

$$\boldsymbol{B}=\boldsymbol{C}^{\mathrm{T}}\boldsymbol{A}\boldsymbol{C}=\boldsymbol{C}^{-1}\boldsymbol{A}\boldsymbol{C}$$

即经过正交变换,二次型矩阵不仅合同而且相似.

【定义 5.14】对于二次型 $\boldsymbol{x}^{\mathrm{T}}\boldsymbol{A}\boldsymbol{x}$,如果对任何 $\boldsymbol{x}\neq\boldsymbol{0}$,恒有 $\boldsymbol{x}^{\mathrm{T}}\boldsymbol{A}\boldsymbol{x}>0$,则称二次型 $\boldsymbol{x}^{\mathrm{T}}\boldsymbol{A}\boldsymbol{x}$ 是正定二次型,并称实对称矩阵 $\boldsymbol{A}$ 是**正定矩阵**.

例如,二次型 $f(x_1,x_2,x_3)=x_1^2+5x_2^2-4x_3^2+2x_1x_2$,平方项 x_3^2 的系数是 -4,如果取 $\boldsymbol{x}=(0,0,1)^{\mathrm{T}}\neq\boldsymbol{0}$,则有 $f(0,0,1)=-4<0$.说明这个二次型不是正定的.二次型的矩阵

$$\boldsymbol{A}=\begin{bmatrix} 1 & 1 & 0 \\ 1 & 5 & 0 \\ 0 & 0 & -4 \end{bmatrix}$$

也不是正定矩阵.由此知 $\boldsymbol{A}$ 正定的必要条件是 $a_{ii}>0$.

三、重要定理

【定理 5.1】若向量 $\boldsymbol{\alpha}_1,\boldsymbol{\alpha}_2,\cdots,\boldsymbol{\alpha}_s$ 非零且两两正交,则 $\boldsymbol{\alpha}_1,\boldsymbol{\alpha}_2,\cdots,\boldsymbol{\alpha}_s$ 线性无关.

【定理 5.2】若 $\boldsymbol{e}_1,\boldsymbol{e}_2,\cdots,\boldsymbol{e}_n$ 是标准正交基,设

$$(\boldsymbol{\varepsilon}_1,\boldsymbol{\varepsilon}_2,\cdots,\boldsymbol{\varepsilon}_n)=(\boldsymbol{e}_1,\boldsymbol{e}_2,\cdots,\boldsymbol{e}_n)\boldsymbol{C}$$

学习随笔

则 $\boldsymbol{\varepsilon}_1,\boldsymbol{\varepsilon}_2,\cdots,\boldsymbol{\varepsilon}_n$ 是标准正交基的充分必要条件是 $\boldsymbol{C}$ 为正交矩阵.

【定理 5.3】正交矩阵有如下性质：

(1) 正交矩阵的行列式值为 $+1$ 或 -1.

(2) 正交矩阵的逆矩阵还是正交矩阵.

(3) 正交矩阵的乘积仍是正交矩阵.

【定理 5.4】如果 $\boldsymbol{\alpha}_1,\boldsymbol{\alpha}_2,\cdots,\boldsymbol{\alpha}_t$ 都是矩阵 $\boldsymbol{A}$ 的属于特征值 λ 的特征向量，那么当 $k_1\boldsymbol{\alpha}_1+k_2\boldsymbol{\alpha}_2+\cdots+k_t\boldsymbol{\alpha}_t$ 非零时，$k_1\boldsymbol{\alpha}_1+k_2\boldsymbol{\alpha}_2+\cdots+k_t\boldsymbol{\alpha}_t$ 仍是矩阵 $\boldsymbol{A}$ 属于特征值 λ 的特征向量.

【定理 5.5】设 $\boldsymbol{A}$ 是 n 阶矩阵，$\lambda_1,\lambda_2,\cdots,\lambda_n$ 是矩阵 $\boldsymbol{A}$ 的特征值，则

$$\sum\lambda_i=\sum a_{ii} \tag{5.10}$$

$$|\boldsymbol{A}|=\prod\lambda_i \tag{5.11}$$

【定理 5.6】如果 $\lambda_1,\lambda_2,\cdots,\lambda_m$ 是矩阵 $\boldsymbol{A}$ 的互不相同的特征值，$\boldsymbol{\alpha}_1,\boldsymbol{\alpha}_2,\cdots,\boldsymbol{\alpha}_m$ 分别是与之对应的特征向量，则 $\boldsymbol{\alpha}_1,\boldsymbol{\alpha}_2,\cdots,\boldsymbol{\alpha}_m$ 线性无关.

【定理 5.7】如果 $\boldsymbol{A}$ 是 n 阶矩阵，λ_i 是 $\boldsymbol{A}$ 的 m 重特征值，则属于 λ_i 的线性无关的特征向量的个数不超过 m 个.

【定理 5.8】如果 n 阶矩阵 $\boldsymbol{A}$ 与 $\boldsymbol{B}$ 相似，则 $\boldsymbol{A}$ 与 $\boldsymbol{B}$ 有相同的特征多项式，从而 $\boldsymbol{A}$ 与 $\boldsymbol{B}$ 有相同的特征值，即若 $\boldsymbol{A}\sim\boldsymbol{B}$，则

$$|\lambda\boldsymbol{E}-\boldsymbol{A}|=|\lambda\boldsymbol{E}-\boldsymbol{B}| \tag{5.12}$$

【定理 5.9】n 阶方阵 $\boldsymbol{A}$ 可对角化的充分必要条件是 $\boldsymbol{A}$ 有 n 个线性无关的特征向量.

评注　若 n 阶矩阵 $\boldsymbol{A}\sim\boldsymbol{\Lambda}$，则有 $\boldsymbol{P}^{-1}\boldsymbol{A}\boldsymbol{P}=\boldsymbol{\Lambda}$，于是 $\boldsymbol{A}\boldsymbol{P}=\boldsymbol{P}\boldsymbol{\Lambda}$（下设 $n=3$）.

$$\boldsymbol{A}(\boldsymbol{\gamma}_1,\boldsymbol{\gamma}_2,\boldsymbol{\gamma}_3)=(\boldsymbol{\gamma}_1,\boldsymbol{\gamma}_2,\boldsymbol{\gamma}_3)\begin{bmatrix}a_1&0&0\\0&a_2&0\\0&0&a_3\end{bmatrix}$$

即
$$(\boldsymbol{A}\boldsymbol{\gamma}_1,\boldsymbol{A}\boldsymbol{\gamma}_2,\boldsymbol{A}\boldsymbol{\gamma}_3)=(a_1\boldsymbol{\gamma}_1,a_2\boldsymbol{\gamma}_2,a_3\boldsymbol{\gamma}_3)$$

亦即
$$\boldsymbol{A}\boldsymbol{\gamma}_1=a_1\boldsymbol{\gamma}_1,\boldsymbol{A}\boldsymbol{\gamma}_2=a_2\boldsymbol{\gamma}_2,\boldsymbol{A}\boldsymbol{\gamma}_3=a_3\boldsymbol{\gamma}_3$$

因为矩阵 $\boldsymbol{P}=(\boldsymbol{\gamma}_1,\boldsymbol{\gamma}_2,\boldsymbol{\gamma}_3)$ 可逆，故 $\boldsymbol{\gamma}_1,\boldsymbol{\gamma}_2,\boldsymbol{\gamma}_3$ 线性无关.

那么，由 $\boldsymbol{A}\boldsymbol{\gamma}_i=a_i\boldsymbol{\gamma}_i,\boldsymbol{\gamma}_i\neq\boldsymbol{0}$ 知，$\boldsymbol{\gamma}_i$ 是矩阵 $\boldsymbol{A}$ 的属于特征值 a_i 的特征向量，即 $\boldsymbol{A}\sim\boldsymbol{\Lambda}\Rightarrow$ 矩阵 $\boldsymbol{A}$ 有 n 个线性无关的特征向量.

【定理 5.10】若 n 阶矩阵 $\boldsymbol{A}$ 有 n 个不同的特征值 $\lambda_1,\lambda_2,\cdots,\lambda_n$，则 $\boldsymbol{A}$ 可相似对角化，且

$$\boldsymbol{A}\sim\begin{bmatrix}\lambda_1&&&\\&\lambda_2&&\\&&\ddots&\\&&&\lambda_n\end{bmatrix} \tag{5.13}$$

【定理 5.11】n 阶矩阵 $\boldsymbol{A}$ 可相似对角化的充分必要条件是 $\boldsymbol{A}$ 的每个特征值中，线性无关的特征向量的个数恰好等于该特征值的重数，即 $\boldsymbol{A}\sim\boldsymbol{\Lambda}\Leftrightarrow\lambda_i$ 是 $\boldsymbol{A}$ 的 n_i 重特征值，则 λ_i 有 n_i 个线性无关的特征向量 $\Leftrightarrow$ 秩 $R(\lambda_i\boldsymbol{E}-\boldsymbol{A})=n-n_i$，$\lambda_i$ 为 n_i 重特征值.

【定理 5.12】实对称矩阵 $\boldsymbol{A}$ 的不同特征值 λ_1,λ_2 所对应的特征向量 $\boldsymbol{\alpha}_1,\boldsymbol{\alpha}_2$ 必正交.

学习随笔

【定理 5.13】实对称矩阵 $\boldsymbol{A}$ 的特征值都是实数.

【定理 5.14】n 阶实对称矩阵 $\boldsymbol{A}$ 必可对角化，且总存在正交矩阵 $\boldsymbol{Q}$，使得

$$\boldsymbol{Q}^{-1}\boldsymbol{A}\boldsymbol{Q}=\boldsymbol{Q}^{\mathrm{T}}\boldsymbol{A}\boldsymbol{Q}=\begin{bmatrix}\lambda_1 & & & \\ & \lambda_2 & & \\ & & \ddots & \\ & & & \lambda_n\end{bmatrix} \tag{5.14}$$

其中 $\lambda_1,\lambda_2,\cdots,\lambda_n$ 是 $\boldsymbol{A}$ 的特征值.

【定理 5.15】一个二次型 $\boldsymbol{x}^{\mathrm{T}}\boldsymbol{A}\boldsymbol{x}$ 经坐标变换 $\boldsymbol{x}=\boldsymbol{C}\boldsymbol{y}$ 后，二次型化为 $\boldsymbol{y}^{\mathrm{T}}\boldsymbol{B}\boldsymbol{y}$，其中 $\boldsymbol{B}=\boldsymbol{C}^{\mathrm{T}}\boldsymbol{A}\boldsymbol{C}$，即经坐标变换，二次型的矩阵 $\boldsymbol{A}$ 与 $\boldsymbol{B}$ 合同.

【定理 5.16】对任一个 n 元二次型 $\boldsymbol{x}^{\mathrm{T}}\boldsymbol{A}\boldsymbol{x}$，都可以通过坐标变换化其为标准型

$$\boldsymbol{x}^{\mathrm{T}}\boldsymbol{A}\boldsymbol{x}=d_1y_1^2+d_2y_2^2+\cdots+d_ny_n^2$$

其中 $d_i(i=1,2,\cdots,n)$ 是实数.

【定理 5.17】(**惯性定理**)对任一 n 元二次型 $\boldsymbol{x}^{\mathrm{T}}\boldsymbol{A}\boldsymbol{x}$，都可经坐标变换化其为规范型

$$\boldsymbol{x}^{\mathrm{T}}\boldsymbol{A}\boldsymbol{x}=y_1^2+y_2^2+\cdots+y_p^2-y_{p+1}^2-\cdots-y_{p+q}^2$$

且规范型是唯一的，即经坐标变换，二次型的正、负惯性指数不变.

【定理 5.18】对于 n 元二次型 $\boldsymbol{x}^{\mathrm{T}}\boldsymbol{A}\boldsymbol{x}$，必存在正交变换 $\boldsymbol{x}=\boldsymbol{Q}\boldsymbol{y}$，把它化为标准型

$$\lambda_1y_1^2+\lambda_2y_2^2+\cdots+\lambda_ny_n^2$$

其中 $\lambda_1,\lambda_2,\cdots,\lambda_n$ 是 $\boldsymbol{A}$ 的 n 个特征值.

【定理 5.19】n 元二次型 $\boldsymbol{x}^{\mathrm{T}}\boldsymbol{A}\boldsymbol{x}$ 正定的充分必要条件：

(1) 二次型的正惯性指数 $p=n$.

(2) $\boldsymbol{A}$ 与 $\boldsymbol{E}$ 合同，即存在可逆矩阵 $\boldsymbol{C}$，使 $\boldsymbol{C}^{\mathrm{T}}\boldsymbol{A}\boldsymbol{C}=\boldsymbol{E}$.

(3) $\boldsymbol{A}$ 的 n 个特征值全大于 0.

(4) $\boldsymbol{A}=\boldsymbol{Q}^{\mathrm{T}}\boldsymbol{Q}$，$\boldsymbol{Q}$ 可逆.

(5) $\boldsymbol{A}$ 的各阶顺序主子式全大于 0.

四、重要方法

1. 施密特(Schmidt)正交化

已知 $\boldsymbol{\alpha}_1,\boldsymbol{\alpha}_2,\cdots,\boldsymbol{\alpha}_s$ 线性无关，则令

$$\boldsymbol{\beta}_1=\boldsymbol{\alpha}_1$$

$$\boldsymbol{\beta}_2=\boldsymbol{\alpha}_2-\frac{[\boldsymbol{\alpha}_2,\boldsymbol{\beta}_1]}{[\boldsymbol{\beta}_1,\boldsymbol{\beta}_1]}\boldsymbol{\beta}_1$$

$$\vdots$$

$$\boldsymbol{\beta}_i=\boldsymbol{\alpha}_i-\frac{[\boldsymbol{\alpha}_i,\boldsymbol{\beta}_1]}{[\boldsymbol{\beta}_1,\boldsymbol{\beta}_1]}\boldsymbol{\beta}_1-\frac{[\boldsymbol{\alpha}_i,\boldsymbol{\beta}_2]}{[\boldsymbol{\beta}_2,\boldsymbol{\beta}_2]}\boldsymbol{\beta}_2-\cdots-\frac{[\boldsymbol{\alpha}_i,\boldsymbol{\beta}_{i-1}]}{[\boldsymbol{\beta}_{i-1},\boldsymbol{\beta}_{i-1}]}\boldsymbol{\beta}_{i-1},\quad i=2,3,\cdots,s$$

有 $[\boldsymbol{\beta}_i,\boldsymbol{\beta}_j]=0(i\neq j)$，且 $\boldsymbol{\beta}_i\in L(\boldsymbol{\alpha}_1,\boldsymbol{\alpha}_2,\cdots,\boldsymbol{\alpha}_i)$，再单位化

$$\boldsymbol{\gamma}_i=\frac{\boldsymbol{\beta}_i}{\sqrt{[\boldsymbol{\beta}_i,\boldsymbol{\beta}_i]}}\quad i=1,2,\cdots,s$$

于是 $\boldsymbol{\gamma}_1,\boldsymbol{\gamma}_2,\cdots,\boldsymbol{\gamma}_s$ 是标准正交向量组.

学习随笔

2. 求特征值与特征向量

(1) 由特征方程 $|\lambda \boldsymbol{E}-\boldsymbol{A}|=0$ 求出 $\boldsymbol{A}$ 的特征值 λ_i(共 n 个),再解齐次线性方程组 $(\lambda_i \boldsymbol{E}-\boldsymbol{A})\boldsymbol{x}=\boldsymbol{0}$,其基础解系就是 λ_i 所对应的特征向量. 方程组的通解(除去零解)就是 λ_i 所有的特征向量.

(2) 用定义法 $\boldsymbol{AX}=\lambda \boldsymbol{X}(\boldsymbol{X}\neq \boldsymbol{0})$ 分析推导.

3. 判断 A 能否对角化的步骤

若 $\boldsymbol{A}$ 是实对称矩阵,则 $\boldsymbol{A}$ 必能对角化,这是充分条件. 对于一般的 n 阶矩阵 $\boldsymbol{A}$,判断步骤如下:

(1) 求 $\boldsymbol{A}$ 的特征值. 设

$$|\lambda \boldsymbol{E}-\boldsymbol{A}|=\prod_{i=1}^{s}(\lambda-\lambda_i)^{n_i}$$

其中,$\lambda_i\neq\lambda_j$,$n_1+n_2+\cdots+n_s=n$. 若 $n_i=1(\forall i)$,即特征值互不相同,则 $\boldsymbol{A}$ 必能对角化.

(2) 对每个重根 λ_i,求秩 $R(\lambda_i \boldsymbol{E}-\boldsymbol{A})$. 若其秩等于 $n-n_i$,则 $\boldsymbol{A}$ 可以对角化. 若存在 λ_i,使 $R(\lambda_i \boldsymbol{E}-\boldsymbol{A})\neq n-n_i$,则 $\boldsymbol{A}$ 不能对角化.

4. 求 A 的相似标准型的方法(对可对角化的矩阵)

(1) 求 $\boldsymbol{A}$ 的特征值 $\lambda_1,\lambda_2,\cdots,\lambda_s$(设 λ_i 是 n_i 重根).

(2) 对每个特征值 λ_i,求 $(\lambda_i \boldsymbol{E}-\boldsymbol{A})\boldsymbol{x}=\boldsymbol{0}$ 的基础解系,设为 $\boldsymbol{X}_{i1},\boldsymbol{X}_{i2},\cdots,\boldsymbol{X}_{in_i}$.

(3) 用特征向量构造可逆矩阵 $\boldsymbol{P}$. 令

$$\boldsymbol{P}=(\boldsymbol{X}_{11},\boldsymbol{X}_{12},\cdots,\boldsymbol{X}_{1n_1},\boldsymbol{X}_{21},\boldsymbol{X}_{22},\cdots,\boldsymbol{X}_{2n_2},\cdots,\boldsymbol{X}_{s1},\boldsymbol{X}_{s2},\cdots,\boldsymbol{X}_{sn_s})$$

则

$$\boldsymbol{P}^{-1}\boldsymbol{AP}=\mathrm{diag}(\lambda_1,\cdots,\lambda_1,\lambda_2,\cdots,\lambda_2,\cdots,\lambda_s,\cdots,\lambda_s)$$

5. 用正交变换化实对称矩阵为对角型

(1) 求 $\boldsymbol{A}$ 的特征值. 设

$$|\lambda \boldsymbol{E}-\boldsymbol{A}|=\prod_{i=1}^{s}(\lambda-\lambda_i)^{n_i}$$

其中,$\lambda_i\neq\lambda_j$,$i\neq j$ 且 $\sum\limits_{i=1}^{s}n_i=n$.

(2) 对每个特征值 λ_i,求 $(\lambda_i \boldsymbol{E}-\boldsymbol{A})\boldsymbol{x}=\boldsymbol{0}$ 的基础解系 $\boldsymbol{X}_{i1},\boldsymbol{X}_{i2},\cdots,\boldsymbol{X}_{in_i}$.

(3) 对每组特征向量 $\boldsymbol{X}_{i1},\boldsymbol{X}_{i2},\cdots,\boldsymbol{X}_{in_i}$ 分别作施密特正交化,将其化为 $\boldsymbol{\gamma}_{i1},\boldsymbol{\gamma}_{i2},\cdots,\boldsymbol{\gamma}_{in_i}$.

(4) 令 $\boldsymbol{Q}=(\boldsymbol{\gamma}_{11},\boldsymbol{\gamma}_{12},\cdots,\boldsymbol{\gamma}_{1n_1},\boldsymbol{\gamma}_{21},\boldsymbol{\gamma}_{22},\cdots,\boldsymbol{\gamma}_{2n_2},\cdots,\boldsymbol{\gamma}_{s1},\boldsymbol{\gamma}_{s2},\cdots,\boldsymbol{\gamma}_{sn_i})$,则 $\boldsymbol{Q}$ 是正交矩阵,且 $\boldsymbol{Q}^{-1}\boldsymbol{AQ}=\mathrm{diag}(\lambda_1,\cdots,\lambda_1,\lambda_2,\cdots,\lambda_2,\cdots,\lambda_s\cdots,\lambda_s)$.

6. 用对角化求 A^n

若 $\boldsymbol{A}$ 能对角化,则求出 $\boldsymbol{A}$ 的特征值与特征向量,由 $\boldsymbol{P}^{-1}\boldsymbol{AP}=\boldsymbol{\Lambda}$ 得到 $\boldsymbol{A}=\boldsymbol{P\Lambda P}^{-1}$. 从而 $\boldsymbol{A}^n=\boldsymbol{P\Lambda}^n\boldsymbol{P}^{-1}$,其中,对角矩阵 $\boldsymbol{\Lambda}$ 由 $\boldsymbol{A}$ 的特征值所构成,$\boldsymbol{P}$ 由相应的特征向量所构成.

7. 用正交变换法化二次型为标准型

(1) 写出二次型矩阵 $\boldsymbol{A}$.

(2) 求 $\boldsymbol{A}$ 的特征值、特征向量.

(3) 用施密特正交化方法将特征向量正交化、单位化为 $\boldsymbol{\gamma}_1,\boldsymbol{\gamma}_2,\cdots,\boldsymbol{\gamma}_n$.

(4) 构造正交矩阵 $\boldsymbol{Q}=(\boldsymbol{\gamma}_1,\boldsymbol{\gamma}_2,\cdots,\boldsymbol{\gamma}_n)$.

(5) 令 $\boldsymbol{x}=\boldsymbol{Q}\boldsymbol{y}$，得 $\boldsymbol{x}^{\mathrm{T}}\boldsymbol{A}\boldsymbol{x}=\lambda_1 y_1^2+\lambda_2 y_2^2+\cdots+\lambda_n y_n^2$.

8. 正定的判别法

(1) 用定义：$\forall x\neq 0$，总有 $\boldsymbol{x}^{\mathrm{T}}\boldsymbol{A}\boldsymbol{x}>0$.

(2) 顺序主子式全大于 0.

(3) n 个特征值全大于 0.

(4) 正惯性指数 $p=n$.

(5) 存在可逆矩阵 $\boldsymbol{C}$，使 $\boldsymbol{A}=\boldsymbol{C}^{\mathrm{T}}\boldsymbol{C}$.

■ 典型例题分析

一、向量的内积及正交性

【例 5.1】已知向量

$$\boldsymbol{\alpha}=(1,2,-1,1)^{\mathrm{T}},\quad \boldsymbol{\beta}=(2,3,0,-1)^{\mathrm{T}}$$

求向量 $\boldsymbol{\alpha}$，$\boldsymbol{\beta}$ 的长度及它们的夹角.

【解】 $\|\boldsymbol{\alpha}\|=\sqrt{[\boldsymbol{\alpha},\boldsymbol{\alpha}]}=\sqrt{1^2+2^2+(-1)^2+1^2}=\sqrt{7}$，$\|\boldsymbol{\beta}\|=\sqrt{[\boldsymbol{\beta},\boldsymbol{\beta}]}=\sqrt{2^2+3^2+0^2+(-1)^2}=\sqrt{14}$. 由于

$$[\boldsymbol{\alpha},\boldsymbol{\beta}]=1\times 2+2\times 3+(-1)\times 0+1\times(-1)=7$$

所以 $\cos\theta=\dfrac{[\boldsymbol{\alpha},\boldsymbol{\beta}]}{\|\boldsymbol{\alpha}\|\,\|\boldsymbol{\beta}\|}=\dfrac{1}{\sqrt{2}}\Rightarrow \boldsymbol{\alpha}$ 与 $\boldsymbol{\beta}$ 的夹角为 $\dfrac{\pi}{4}$.

【例 5.2】求与向量

$$\boldsymbol{\alpha}_1=(1,1,-1,1)^{\mathrm{T}},\quad \boldsymbol{\alpha}_2=(1,-1,-1,1)^{\mathrm{T}},\quad \boldsymbol{\alpha}_3=(2,1,1,3)^{\mathrm{T}}$$

都正交的单位向量.

【解】设 $\boldsymbol{\beta}=(x_1,x_2,x_3,x_4)$ 与 $\boldsymbol{\alpha}_1,\boldsymbol{\alpha}_2,\boldsymbol{\alpha}_3$ 都正交，则

$$[\boldsymbol{\alpha}_1,\boldsymbol{\beta}]=[\boldsymbol{\alpha}_2,\boldsymbol{\beta}]=[\boldsymbol{\alpha}_3,\boldsymbol{\beta}]=0$$

即

$$\begin{cases} x_1+x_2-x_3+x_4=0,\\ x_1-x_2-x_3+x_4=0,\\ 2x_1+x_2+x_3+3x_4=0 \end{cases}$$

解此方程组得到基础解系为 $(4,0,1,-3)$.

将其单位化：$\pm\dfrac{1}{\sqrt{26}}(4,0,1,-3)$ 为所求.

【例 5.3】设 3 维列向量 $\boldsymbol{\alpha}=(1,2,1)^{\mathrm{T}}$：

(1) 求 3 维列向量 $\boldsymbol{\beta},\boldsymbol{\gamma}$，使 $\boldsymbol{\alpha},\boldsymbol{\beta},\boldsymbol{\gamma}$ 为正交向量组.

(2) 证明：$\boldsymbol{\alpha},\boldsymbol{\beta},\boldsymbol{\gamma}$ 是 $\mathbf{R}^3$ 的基，并求向量 $\boldsymbol{\eta}=(1,1,1)^{\mathrm{T}}$ 在基 $\boldsymbol{\alpha},\boldsymbol{\beta},\boldsymbol{\gamma}$ 下的坐标.

【分析】题(1)可利用正交的充分必要条件以及向量组的正交化求解；题(2)可利用

学习随笔

$\mathbf{R}^3$ 的任意 3 个线性无关的向量都是基来证明 $\boldsymbol{\alpha}, \boldsymbol{\beta}, \boldsymbol{\gamma}$ 是 $\mathbf{R}^3$ 的基,然后求 $\boldsymbol{\eta}$ 的坐标.

【解】(1) 设向量 $\boldsymbol{x}=(x_1,x_2,x_3)^{\mathrm{T}}$ 与向量 $\boldsymbol{\alpha}$ 正交,则

$$\boldsymbol{\alpha}^{\mathrm{T}}\boldsymbol{x}=(1,2,1)\begin{bmatrix}x_1\\x_2\\x_3\end{bmatrix}=x_1+2x_2+x_3=0$$

求解方程 $x_1+2x_2+x_3=0$,得与 $\boldsymbol{\alpha}$ 正交的向量 $\boldsymbol{\alpha}_1=(-2,1,0)^{\mathrm{T}}, \boldsymbol{\alpha}_2=(-1,0,1)^{\mathrm{T}}$. 利用向量组的正交化可得

$$\boldsymbol{\beta}_1=\boldsymbol{\alpha}_1=\begin{bmatrix}-2\\1\\0\end{bmatrix}$$

$$\boldsymbol{\beta}_2=\boldsymbol{\alpha}_2-\frac{[\boldsymbol{\alpha}_2,\boldsymbol{\beta}_1]}{[\boldsymbol{\beta}_1,\boldsymbol{\beta}_1]}\boldsymbol{\beta}_1=\begin{bmatrix}-1\\0\\1\end{bmatrix}-\frac{2}{5}\begin{bmatrix}-2\\1\\0\end{bmatrix}=\frac{1}{5}\begin{bmatrix}-1\\-2\\5\end{bmatrix}$$

不妨取 $\boldsymbol{\beta}=\boldsymbol{\beta}_1=(-2,1,0)^{\mathrm{T}}, \boldsymbol{\gamma}=5\boldsymbol{\beta}_2=(-1,-2,5)^{\mathrm{T}}$,则 $\boldsymbol{\alpha}, \boldsymbol{\beta}, \boldsymbol{\gamma}$ 为正交向量组.

(2) 因为 $\boldsymbol{\alpha}, \boldsymbol{\beta}, \boldsymbol{\gamma}$ 是正交向量组,所以 $\boldsymbol{\alpha}, \boldsymbol{\beta}, \boldsymbol{\gamma}$ 线性无关,故其为 $\mathbf{R}^3$ 的基.

设 $\boldsymbol{\eta}=(1,1,1)^{\mathrm{T}}$ 在基 $\boldsymbol{\alpha}, \boldsymbol{\beta}, \boldsymbol{\gamma}$ 下的坐标为 $(x_1,x_2,x_3)^{\mathrm{T}}$,则 $\boldsymbol{\eta}=x_1\boldsymbol{\alpha}+x_2\boldsymbol{\beta}+x_3\boldsymbol{\gamma}$,即 $\boldsymbol{\eta}=(\boldsymbol{\alpha}, \boldsymbol{\beta}, \boldsymbol{\gamma})\begin{bmatrix}x_1\\x_2\\x_3\end{bmatrix}$,其中矩阵 $(\boldsymbol{\alpha}, \boldsymbol{\beta}, \boldsymbol{\gamma})$ 是可逆矩阵,故

$$\begin{bmatrix}x_1\\x_2\\x_3\end{bmatrix}=(\boldsymbol{\alpha}, \boldsymbol{\beta}, \boldsymbol{\gamma})^{-1}\boldsymbol{\eta}=\begin{bmatrix}1&-2&-1\\2&1&-2\\1&0&5\end{bmatrix}^{-1}\begin{bmatrix}1\\1\\1\end{bmatrix}=\frac{1}{15}\begin{bmatrix}10\\-3\\1\end{bmatrix}$$

即
$$\boldsymbol{\eta}=\frac{2}{3}\boldsymbol{\alpha}-\frac{1}{5}\boldsymbol{\beta}+\frac{1}{15}\boldsymbol{\gamma}$$

评注　题(1)的答案不唯一.

在题(2)中,也可利用 $\boldsymbol{\alpha}, \boldsymbol{\beta}, \boldsymbol{\gamma}$ 的正交性求 $\boldsymbol{\eta}$ 的坐标:设 $\boldsymbol{\eta}=x_1\boldsymbol{\alpha}+x_2\boldsymbol{\beta}+x_3\boldsymbol{\gamma}$,则由

$$[\boldsymbol{\alpha},\boldsymbol{\eta}]=x_1[\boldsymbol{\alpha},\boldsymbol{\alpha}]+x_2[\boldsymbol{\alpha},\boldsymbol{\beta}]+x_3[\boldsymbol{\alpha},\boldsymbol{\gamma}]=x_1[\boldsymbol{\alpha},\boldsymbol{\alpha}]$$

可知 $x_1=\dfrac{[\boldsymbol{\alpha},\boldsymbol{\eta}]}{[\boldsymbol{\alpha},\boldsymbol{\alpha}]}$,同理 $x_2=\dfrac{[\boldsymbol{\beta},\boldsymbol{\eta}]}{[\boldsymbol{\beta},\boldsymbol{\beta}]}, x_3=\dfrac{[\boldsymbol{\gamma},\boldsymbol{\eta}]}{[\boldsymbol{\gamma},\boldsymbol{\gamma}]}$. 故

$$\boldsymbol{\eta}=\frac{[\boldsymbol{\alpha},\boldsymbol{\eta}]}{[\boldsymbol{\alpha},\boldsymbol{\alpha}]}\boldsymbol{\alpha}+\frac{[\boldsymbol{\beta},\boldsymbol{\eta}]}{[\boldsymbol{\beta},\boldsymbol{\beta}]}\boldsymbol{\beta}+\frac{[\boldsymbol{\gamma},\boldsymbol{\eta}]}{[\boldsymbol{\gamma},\boldsymbol{\gamma}]}\boldsymbol{\gamma}=\frac{2}{3}\boldsymbol{\alpha}-\frac{1}{5}\boldsymbol{\beta}+\frac{1}{15}\boldsymbol{\gamma}$$

【例 5.4】已知 $\boldsymbol{\alpha}, \boldsymbol{\beta}$ 是 n 维向量,证明:

$$|[\boldsymbol{\alpha},\boldsymbol{\beta}]|\leqslant\|\boldsymbol{\alpha}\|\,\|\boldsymbol{\beta}\|$$

等号当且仅当 $\boldsymbol{\alpha}, \boldsymbol{\beta}$ 线性相关时成立.

【证明】当 $\boldsymbol{\alpha}, \boldsymbol{\beta}$ 线性无关时,对任意实数 t,恒有 $t\boldsymbol{\alpha}+\boldsymbol{\beta}\neq\mathbf{0}$,于是

$$[t\boldsymbol{\alpha}+\boldsymbol{\beta}, t\boldsymbol{\alpha}+\boldsymbol{\beta}]>0 \tag{5.15}$$

展开式(5.15),得到 $t^2[\boldsymbol{\alpha},\boldsymbol{\alpha}]+2t[\boldsymbol{\alpha},\boldsymbol{\beta}]+[\boldsymbol{\beta},\boldsymbol{\beta}]>0$. 其左端是 t 的二次函数,此函数恒为正,故其判别式必为负数,即 $4[\boldsymbol{\alpha},\boldsymbol{\beta}]^2-4[\boldsymbol{\alpha},\boldsymbol{\alpha}][\boldsymbol{\beta},\boldsymbol{\beta}]<0$,即 $[\boldsymbol{\alpha},\boldsymbol{\beta}]^2<\|\boldsymbol{\alpha}\|^2\|\boldsymbol{\beta}\|^2$. 故

$$|[\boldsymbol{\alpha},\boldsymbol{\beta}]|\leqslant\|\boldsymbol{\alpha}\|\,\|\boldsymbol{\beta}\|$$

若 $\boldsymbol{\alpha}, \boldsymbol{\beta}$ 线性相关，不妨设 $\boldsymbol{\beta}=k\boldsymbol{\alpha}$，于是

$$\begin{aligned}|[\boldsymbol{\alpha}, \boldsymbol{\beta}]| &= |[\boldsymbol{\alpha}, k\boldsymbol{\alpha}]| \\ &= |k[\boldsymbol{\alpha}, \boldsymbol{\alpha}]| = |k| \, \|\boldsymbol{\alpha}\|^2 = \|\boldsymbol{\alpha}\| \, \|k\boldsymbol{\alpha}\| = \|\boldsymbol{\alpha}\| \, \|\boldsymbol{\beta}\|\end{aligned}$$

若等式 $|[\boldsymbol{\alpha}, \boldsymbol{\beta}]| = \|\boldsymbol{\alpha}\| \, \|\boldsymbol{\beta}\|$ 成立，则判别式为 0，因此方程

$$t^2[\boldsymbol{\alpha}, \boldsymbol{\alpha}] + 2t[\boldsymbol{\alpha}, \boldsymbol{\beta}] + [\boldsymbol{\beta}, \boldsymbol{\beta}] = 0$$

有等根 k，即 $[k\boldsymbol{\alpha}+\boldsymbol{\beta}, k\boldsymbol{\alpha}+\boldsymbol{\beta}]=0$.

由内积的正定性知 $k\boldsymbol{\alpha}+\boldsymbol{\beta}=\mathbf{0}$，即 $\boldsymbol{\alpha}, \boldsymbol{\beta}$ 线性相关. 可见等号成立的充要条件是 $\boldsymbol{\alpha}, \boldsymbol{\beta}$ 线性相关.

【例 5.5】已知 $\boldsymbol{\beta}$ 可以由 $\boldsymbol{\alpha}_1, \boldsymbol{\alpha}_2, \cdots, \boldsymbol{\alpha}_s$ 线性表出，若 $\boldsymbol{\beta}$ 与 $\boldsymbol{\alpha}_i (i=1,2,\cdots,s)$ 正交，证明：$\boldsymbol{\beta}=\mathbf{0}$.

【证明】设 $\boldsymbol{\beta}=k_1\boldsymbol{\alpha}_1+k_2\boldsymbol{\alpha}_2+\cdots+k_s\boldsymbol{\alpha}_s$，那么

$$\begin{aligned}[\boldsymbol{\beta}, \boldsymbol{\beta}] &= [\boldsymbol{\beta}, k_1\boldsymbol{\alpha}_1+k_2\boldsymbol{\alpha}_2+\cdots+k_s\boldsymbol{\alpha}_s] \\ &= [\boldsymbol{\beta}, k_1\boldsymbol{\alpha}_1]+[\boldsymbol{\beta}, k_2\boldsymbol{\alpha}_2]+\cdots+[\boldsymbol{\beta}, k_s\boldsymbol{\alpha}_s] \\ &= k_1[\boldsymbol{\beta}, \boldsymbol{\alpha}_1]+k_2[\boldsymbol{\beta}, \boldsymbol{\alpha}_2]+\cdots+k_s[\boldsymbol{\beta}, \boldsymbol{\alpha}_s]=0\end{aligned}$$

所以 $\|\boldsymbol{\beta}\|=0$，即 $\boldsymbol{\beta}=\mathbf{0}$.

【例 5.6】已知向量 $\boldsymbol{\alpha}$ 与 $\boldsymbol{\beta}$ 正交，证明：$\|\boldsymbol{\alpha}+\boldsymbol{\beta}\|^2=\|\boldsymbol{\alpha}\|^2+\|\boldsymbol{\beta}\|^2$.

【证明】因为 $\boldsymbol{\alpha}$ 与 $\boldsymbol{\beta}$ 正交，故内积 $[\boldsymbol{\alpha}, \boldsymbol{\beta}]=0$，那么

$$[\boldsymbol{\alpha}+\boldsymbol{\beta}, \boldsymbol{\alpha}+\boldsymbol{\beta}]=[\boldsymbol{\alpha}, \boldsymbol{\alpha}]+2[\boldsymbol{\alpha}, \boldsymbol{\beta}]+[\boldsymbol{\beta}, \boldsymbol{\beta}]=[\boldsymbol{\alpha}, \boldsymbol{\alpha}]+[\boldsymbol{\beta}, \boldsymbol{\beta}]$$

所以 $\|\boldsymbol{\alpha}+\boldsymbol{\beta}\|^2=\|\boldsymbol{\alpha}\|^2+\|\boldsymbol{\beta}\|^2$.

【例 5.7】证明：向量 $\boldsymbol{\alpha}$ 与 $\boldsymbol{\beta}$ 正交的充分必要条件是对于任意的 t，都有

$$\|\boldsymbol{\alpha}+t\boldsymbol{\beta}\| \geqslant \|\boldsymbol{\alpha}\|$$

【证明】必要性. 若 $[\boldsymbol{\alpha}, \boldsymbol{\beta}]=0$，那么由于

$$[\boldsymbol{\alpha}+t\boldsymbol{\beta}, \boldsymbol{\alpha}+t\boldsymbol{\beta}]-[\boldsymbol{\alpha}, \boldsymbol{\alpha}]=[\boldsymbol{\alpha}, \boldsymbol{\alpha}]+2t[\boldsymbol{\alpha}, \boldsymbol{\beta}]+t^2[\boldsymbol{\beta}, \boldsymbol{\beta}]-[\boldsymbol{\alpha}, \boldsymbol{\alpha}]=t^2[\boldsymbol{\beta}, \boldsymbol{\beta}] \geqslant 0$$

所以，对任意 t 总有 $\|\boldsymbol{\alpha}+t\boldsymbol{\beta}\| \geqslant \|\boldsymbol{\alpha}\|$.

充分性. 若对任意 t 总有 $\|\boldsymbol{\alpha}+t\boldsymbol{\beta}\| \geqslant \|\boldsymbol{\alpha}\|$，则 $\forall t$，恒有

$$2t[\boldsymbol{\alpha}, \boldsymbol{\beta}]+t^2[\boldsymbol{\beta}, \boldsymbol{\beta}] \geqslant 0 \tag{5.16}$$

若 $\boldsymbol{\beta}=\mathbf{0}$，自然有 $[\boldsymbol{\alpha}, \boldsymbol{\beta}]=0$，即 $\boldsymbol{\alpha}$ 与 $\boldsymbol{\beta}$ 正交. 现设 $\boldsymbol{\beta} \neq \mathbf{0}$，那么取 $t=-\dfrac{[\boldsymbol{\alpha}, \boldsymbol{\beta}]}{[\boldsymbol{\beta}, \boldsymbol{\beta}]}$ 时，式(5.16)仍要成立，代入得 $-\dfrac{[\boldsymbol{\alpha}, \boldsymbol{\beta}]^2}{[\boldsymbol{\beta}, \boldsymbol{\beta}]} \geqslant 0$. 显然，$[\boldsymbol{\alpha}, \boldsymbol{\beta}]^2 \geqslant 0$，$[\boldsymbol{\beta}, \boldsymbol{\beta}]>0$，又应有 $-\dfrac{[\boldsymbol{\alpha}, \boldsymbol{\beta}]^2}{[\boldsymbol{\beta}, \boldsymbol{\beta}]} \leqslant 0$，从而得到 $[\boldsymbol{\alpha}, \boldsymbol{\beta}]=0$，即 $\boldsymbol{\alpha}$ 与 $\boldsymbol{\beta}$ 正交.

【例 5.8】已知 n 维向量 $\boldsymbol{\alpha}_1, \boldsymbol{\alpha}_2$ 线性无关，$\boldsymbol{\beta}_1, \boldsymbol{\beta}_2$ 线性无关，且 $\boldsymbol{\alpha}_i$ 与 $\boldsymbol{\beta}_j$ 相互正交($i=1,2$; $j=1,2$). 证明：

(1) $(\boldsymbol{\alpha}_1^{\mathrm{T}}\boldsymbol{\alpha}_1)(\boldsymbol{\alpha}_2^{\mathrm{T}}\boldsymbol{\alpha}_2)>(\boldsymbol{\alpha}_1^{\mathrm{T}}\boldsymbol{\alpha}_2)^2$.

(2) $\boldsymbol{\alpha}_1, \boldsymbol{\alpha}_2, \boldsymbol{\beta}_1, \boldsymbol{\beta}_2$ 线性无关.

【证明】(1) 因为 $\boldsymbol{\alpha}_1, \boldsymbol{\alpha}_2$ 线性无关，$\forall x$ 恒有 $x\boldsymbol{\alpha}_1+\boldsymbol{\alpha}_2 \neq \mathbf{0}$，于是 $\forall x$ 有

$$(x\boldsymbol{\alpha}_1+\boldsymbol{\alpha}_2)^{\mathrm{T}}(x\boldsymbol{\alpha}_1+\boldsymbol{\alpha}_2)=x^2\boldsymbol{\alpha}_1^{\mathrm{T}}\boldsymbol{\alpha}_1+2x\boldsymbol{\alpha}_1^{\mathrm{T}}\boldsymbol{\alpha}_2+\boldsymbol{\alpha}_2^{\mathrm{T}}\boldsymbol{\alpha}_2>0$$

从而 $(2\boldsymbol{\alpha}_1^{\mathrm{T}}\boldsymbol{\alpha}_2)^2-4(\boldsymbol{\alpha}_1^{\mathrm{T}}\boldsymbol{\alpha}_1)(\boldsymbol{\alpha}_2^{\mathrm{T}}\boldsymbol{\alpha}_2^{\mathrm{T}}\boldsymbol{\alpha}_2)<0$，即 $(\boldsymbol{\alpha}_1^{\mathrm{T}}\boldsymbol{\alpha}_1)(\boldsymbol{\alpha}_2^{\mathrm{T}}\boldsymbol{\alpha}_2)>(\boldsymbol{\alpha}_1^{\mathrm{T}}\boldsymbol{\alpha}_2)^2$.

学习随笔

(2) 设

$$k_1\boldsymbol{\alpha}_1+k_2\boldsymbol{\alpha}_2+l_1\boldsymbol{\beta}_1+l_2\boldsymbol{\beta}_2=\mathbf{0} \tag{5.17}$$

因为 $\boldsymbol{\alpha}_i$ 与 $\boldsymbol{\beta}_j$ 正交,即 $\boldsymbol{\alpha}_i^{\mathrm{T}}\boldsymbol{\beta}_j=0(i=1,2;\ j=1,2)$,用 $\boldsymbol{\alpha}_1^{\mathrm{T}},\boldsymbol{\alpha}_2^{\mathrm{T}}$ 分别左乘式(5.17)得

$$\begin{cases}k_1\boldsymbol{\alpha}_1^{\mathrm{T}}\boldsymbol{\alpha}_1+k_2\boldsymbol{\alpha}_1^{\mathrm{T}}\boldsymbol{\alpha}_2=0,\\ k_1\boldsymbol{\alpha}_2^{\mathrm{T}}\boldsymbol{\alpha}_1+k_2\boldsymbol{\alpha}_2^{\mathrm{T}}\boldsymbol{\alpha}_2=0\end{cases} \tag{5.18}$$

由(1),知方程组(5.18)的系数行列式不为 0,从而据克拉默法则,得 $k_1=0,k_2=0$. 同理知 $l_1=0,l_2=0$,所以 $\boldsymbol{\alpha}_1,\boldsymbol{\alpha}_2,\boldsymbol{\beta}_1,\boldsymbol{\beta}_2$ 线性无关.

【例 5.9】设 $\boldsymbol{\alpha}_1,\boldsymbol{\alpha}_2,\cdots,\boldsymbol{\alpha}_{n-1}$ 为线性无关的 n 维列向量,$\boldsymbol{\eta}_1,\boldsymbol{\eta}_2$ 是与 $\boldsymbol{\alpha}_1,\boldsymbol{\alpha}_2,\cdots,\boldsymbol{\alpha}_{n-1}$ 均正交的 2 个不同的 n 维列向量,矩阵 $\boldsymbol{A}=\begin{bmatrix}\boldsymbol{\alpha}_1^{\mathrm{T}}\\ \boldsymbol{\alpha}_2^{\mathrm{T}}\\ \vdots\\ \boldsymbol{\alpha}_{n-1}^{\mathrm{T}}\end{bmatrix}$,试求线性方程组 $\boldsymbol{Ax}=\mathbf{0}$ 的全部解.

【解】由于 $\boldsymbol{\alpha}_1,\boldsymbol{\alpha}_2,\cdots,\boldsymbol{\alpha}_{n-1}$ 为线性无关的 n 维列向量,所以 $R(\boldsymbol{A})=n-1$,那么齐次线性方程组 $\boldsymbol{Ax}=\mathbf{0}$ 的基础解系仅含有一个解向量,又 $\boldsymbol{\eta}_1,\boldsymbol{\eta}_2$ 是与 $\boldsymbol{\alpha}_1,\boldsymbol{\alpha}_2,\cdots,\boldsymbol{\alpha}_{n-1}$ 均正交的 2 个不同的 n 维列向量,则

$$\boldsymbol{A\eta}_i=\begin{bmatrix}\boldsymbol{\alpha}_1^{\mathrm{T}}\\ \boldsymbol{\alpha}_2^{\mathrm{T}}\\ \vdots\\ \boldsymbol{\alpha}_{n-1}^{\mathrm{T}}\end{bmatrix}\boldsymbol{\eta}_i=\begin{bmatrix}\boldsymbol{\alpha}_1^{\mathrm{T}}\boldsymbol{\eta}_i\\ \boldsymbol{\alpha}_2^{\mathrm{T}}\boldsymbol{\eta}_i\\ \vdots\\ \boldsymbol{\alpha}_{n-1}^{\mathrm{T}}\boldsymbol{\eta}_i\end{bmatrix}=\mathbf{0},\quad i=1,2$$

所以 $\boldsymbol{\eta}_1,\boldsymbol{\eta}_2$ 是方程组 $\boldsymbol{Ax}=\mathbf{0}$ 的解,由于 $\boldsymbol{\eta}_1\neq\boldsymbol{\eta}_2$,取 $\boldsymbol{\xi}=\boldsymbol{\eta}_1-\boldsymbol{\eta}_2\neq\mathbf{0}$ 是方程组 $\boldsymbol{Ax}=\mathbf{0}$ 的一个基础解系,故方程组 $\boldsymbol{Ax}=\mathbf{0}$ 的全部解为 $\boldsymbol{x}=k\boldsymbol{\xi}=k(\boldsymbol{\eta}_1-\boldsymbol{\eta}_2)$,其中 k 为任意常数.

【例 5.10】证明 n 维向量 $\boldsymbol{\alpha}_1,\boldsymbol{\alpha}_2,\cdots,\boldsymbol{\alpha}_s$ 线性相关的充分必要条件是

$$D=\begin{vmatrix}[\boldsymbol{\alpha}_1,\boldsymbol{\alpha}_1] & [\boldsymbol{\alpha}_1,\boldsymbol{\alpha}_2] & \cdots & [\boldsymbol{\alpha}_1,\boldsymbol{\alpha}_s]\\ [\boldsymbol{\alpha}_2,\boldsymbol{\alpha}_1] & [\boldsymbol{\alpha}_2,\boldsymbol{\alpha}_2] & \cdots & [\boldsymbol{\alpha}_2,\boldsymbol{\alpha}_s]\\ \vdots & \vdots & & \vdots\\ [\boldsymbol{\alpha}_s,\boldsymbol{\alpha}_1] & [\boldsymbol{\alpha}_s,\boldsymbol{\alpha}_2] & \cdots & [\boldsymbol{\alpha}_s,\boldsymbol{\alpha}_s]\end{vmatrix}=0$$

【证法一】必要性. 若 $\boldsymbol{\alpha}_1,\boldsymbol{\alpha}_2,\cdots,\boldsymbol{\alpha}_s$ 线性相关,则存在不全为零的 $k_1,k_2,\cdots,k_s$,使得

$$k_1\boldsymbol{\alpha}_1+k_2\boldsymbol{\alpha}_2+\cdots+k_s\boldsymbol{\alpha}_s=\mathbf{0}$$

方程两边依次对 $\boldsymbol{\alpha}_j$ 作内积($j=1,2,\cdots,s$),得到

$$\begin{cases}[\boldsymbol{\alpha}_1,\boldsymbol{\alpha}_1]k_1+[\boldsymbol{\alpha}_1,\boldsymbol{\alpha}_2]k_2+\cdots+[\boldsymbol{\alpha}_1,\boldsymbol{\alpha}_s]k_s=0,\\ [\boldsymbol{\alpha}_2,\boldsymbol{\alpha}_1]k_1+[\boldsymbol{\alpha}_2,\boldsymbol{\alpha}_2]k_2+\cdots+[\boldsymbol{\alpha}_2,\boldsymbol{\alpha}_s]k_s=0,\\ \vdots\\ [\boldsymbol{\alpha}_s,\boldsymbol{\alpha}_1]k_1+[\boldsymbol{\alpha}_s,\boldsymbol{\alpha}_2]k_2+\cdots+[\boldsymbol{\alpha}_s,\boldsymbol{\alpha}_s]k_s=0\end{cases}$$

由于此齐次线性方程组有非零解,故系数行列式

$$\begin{vmatrix}[\boldsymbol{\alpha}_1,\boldsymbol{\alpha}_1] & [\boldsymbol{\alpha}_1,\boldsymbol{\alpha}_2] & \cdots & [\boldsymbol{\alpha}_1,\boldsymbol{\alpha}_s]\\ [\boldsymbol{\alpha}_2,\boldsymbol{\alpha}_1] & [\boldsymbol{\alpha}_2,\boldsymbol{\alpha}_2] & \cdots & [\boldsymbol{\alpha}_2,\boldsymbol{\alpha}_s]\\ \vdots & \vdots & & \vdots\\ [\boldsymbol{\alpha}_s,\boldsymbol{\alpha}_1] & [\boldsymbol{\alpha}_s,\boldsymbol{\alpha}_2] & \cdots & [\boldsymbol{\alpha}_s,\boldsymbol{\alpha}_s]\end{vmatrix}=0$$

学习随笔

充分性. 若行列式为零,则齐次线性方程组

$$\begin{cases}[\boldsymbol{\alpha}_1,\boldsymbol{\alpha}_1]x_1+[\boldsymbol{\alpha}_1,\boldsymbol{\alpha}_2]x_2+\cdots+[\boldsymbol{\alpha}_1,\boldsymbol{\alpha}_s]x_s=0,\\ [\boldsymbol{\alpha}_2,\boldsymbol{\alpha}_1]x_1+[\boldsymbol{\alpha}_2,\boldsymbol{\alpha}_2]x_2+\cdots+[\boldsymbol{\alpha}_2,\boldsymbol{\alpha}_s]x_s=0,\\ \vdots\\ [\boldsymbol{\alpha}_s,\boldsymbol{\alpha}_1]x_1+[\boldsymbol{\alpha}_s,\boldsymbol{\alpha}_2]x_2+\cdots+[\boldsymbol{\alpha}_s,\boldsymbol{\alpha}_s]x_s=0\end{cases}$$

有非零解$(k_1,k_2,\cdots,k_s)^{\mathrm{T}}$,那么把解代入并恒等变形,有

$$\begin{aligned}&[\boldsymbol{\alpha}_1,\ k_1\boldsymbol{\alpha}_1+k_2\boldsymbol{\alpha}_2+\cdots+k_s\boldsymbol{\alpha}_s]=0,\\ &[\boldsymbol{\alpha}_2,\ k_1\boldsymbol{\alpha}_1+k_2\boldsymbol{\alpha}_2+\cdots+k_s\boldsymbol{\alpha}_s]=0,\\ &\vdots\\ &[\boldsymbol{\alpha}_s,\ k_1\boldsymbol{\alpha}_1+k_2\boldsymbol{\alpha}_2+\cdots+k_s\boldsymbol{\alpha}_s]=0\end{aligned}$$

分别将第 j 式乘 k_j 后相加,得

$$[k_1\boldsymbol{\alpha}_1+k_2\boldsymbol{\alpha}_2+\cdots+k_s\boldsymbol{\alpha}_s,\ k_1\boldsymbol{\alpha}_1+k_2\boldsymbol{\alpha}_2+\cdots+k_s\boldsymbol{\alpha}_s]=0$$

于是$\|k_1\boldsymbol{\alpha}_1+k_2\boldsymbol{\alpha}_2+\cdots+k_s\boldsymbol{\alpha}_s\|=0$,即

$$k_1\boldsymbol{\alpha}_1+k_2\boldsymbol{\alpha}_2+\cdots+k_s\boldsymbol{\alpha}_s=\mathbf{0}$$

所以 $\boldsymbol{\alpha}_1,\boldsymbol{\alpha}_2,\cdots,\boldsymbol{\alpha}_s$ 线性相关.

【证法二】由内积的定义,知$[\boldsymbol{\alpha},\boldsymbol{\beta}]=\boldsymbol{\alpha}^{\mathrm{T}}\boldsymbol{\beta}=\boldsymbol{\beta}^{\mathrm{T}}\boldsymbol{\alpha}$. 设$\mathbf{A}=(\boldsymbol{\alpha}_1,\boldsymbol{\alpha}_2,\cdots,\boldsymbol{\alpha}_s)$,那么

$$\begin{vmatrix}[\boldsymbol{\alpha}_1,\boldsymbol{\alpha}_1] & [\boldsymbol{\alpha}_1,\boldsymbol{\alpha}_2] & \cdots & [\boldsymbol{\alpha}_1,\boldsymbol{\alpha}_s]\\ [\boldsymbol{\alpha}_2,\boldsymbol{\alpha}_1] & [\boldsymbol{\alpha}_2,\boldsymbol{\alpha}_2] & \cdots & [\boldsymbol{\alpha}_2,\boldsymbol{\alpha}_s]\\ \vdots & \vdots & & \vdots\\ [\boldsymbol{\alpha}_s,\boldsymbol{\alpha}_1] & [\boldsymbol{\alpha}_s,\boldsymbol{\alpha}_2] & \cdots & [\boldsymbol{\alpha}_s,\boldsymbol{\alpha}_s]\end{vmatrix}=\begin{vmatrix}\boldsymbol{\alpha}_1^{\mathrm{T}}\boldsymbol{\alpha}_1 & \boldsymbol{\alpha}_1^{\mathrm{T}}\boldsymbol{\alpha}_2 & \cdots & \boldsymbol{\alpha}_1^{\mathrm{T}}\boldsymbol{\alpha}_s\\ \boldsymbol{\alpha}_2^{\mathrm{T}}\boldsymbol{\alpha}_1 & \boldsymbol{\alpha}_2^{\mathrm{T}}\boldsymbol{\alpha}_2 & \cdots & \boldsymbol{\alpha}_2^{\mathrm{T}}\boldsymbol{\alpha}_s\\ \vdots & \vdots & & \vdots\\ \boldsymbol{\alpha}_s^{\mathrm{T}}\boldsymbol{\alpha}_1 & \boldsymbol{\alpha}_s^{\mathrm{T}}\boldsymbol{\alpha}_2 & \cdots & \boldsymbol{\alpha}_s^{\mathrm{T}}\boldsymbol{\alpha}_s\end{vmatrix}=|\mathbf{A}^{\mathrm{T}}\mathbf{A}|$$

在这里 $\mathbf{A}$ 是$n\times s$ 矩阵,故$\mathbf{A}^{\mathrm{T}}\mathbf{A}$ 是s 阶矩阵. 又因$R(\mathbf{A}^{\mathrm{T}}\mathbf{A})=R(\mathbf{A})$,从而$\boldsymbol{\alpha}_1,\boldsymbol{\alpha}_2,\cdots,\boldsymbol{\alpha}_s$ 线性相关 $\Leftrightarrow$ $R(\boldsymbol{\alpha}_1,\boldsymbol{\alpha}_2,\cdots,\boldsymbol{\alpha}_s)<s$ $\Leftrightarrow$ $R(\mathbf{A}^{\mathrm{T}}\mathbf{A})=R(\mathbf{A})<s$ $\Leftrightarrow$ 行列式 $\begin{vmatrix}[\boldsymbol{\alpha}_1,\boldsymbol{\alpha}_1] & \cdots & [\boldsymbol{\alpha}_1,\boldsymbol{\alpha}_s]\\ \vdots & & \vdots\\ [\boldsymbol{\alpha}_s,\boldsymbol{\alpha}_1] & \cdots & [\boldsymbol{\alpha}_s,\boldsymbol{\alpha}_s]\end{vmatrix}=0.$

评注　在本题中$\mathbf{A}=(\boldsymbol{\alpha}_1,\boldsymbol{\alpha}_2,\cdots,\boldsymbol{\alpha}_s)$是$n\times s$ 矩阵,$\mathbf{A}^{\mathrm{T}}\mathbf{A}$ 是s 阶矩阵,虽行列式$|\mathbf{A}^{\mathrm{T}}\mathbf{A}|$存在,但若将其写为$|\mathbf{A}^{\mathrm{T}}||\mathbf{A}|$是不正确的.

但如果本题改为$\boldsymbol{\alpha}_1,\boldsymbol{\alpha}_2,\cdots,\boldsymbol{\alpha}_n$ 线性相关,则可用行列式乘法公式简便证出.

$\boldsymbol{\alpha}_1,\boldsymbol{\alpha}_2,\cdots,\boldsymbol{\alpha}_n$ 线性相关$\Leftrightarrow|\mathbf{A}|=0\Leftrightarrow|\mathbf{A}|^2=|\mathbf{A}^{\mathrm{T}}\mathbf{A}|=0\Leftrightarrow D=0.$

已知条件上的差异引出处理方法的不同是要注意的.

二、施密特正交化与标准正交基

【例 5.11】用施密特正交化方法把向量组

$$\boldsymbol{\alpha}_1=(1,-1,0,2)^{\mathrm{T}},\quad \boldsymbol{\alpha}_2=(1,2,-1,-1)^{\mathrm{T}},\quad \boldsymbol{\alpha}_3=(2,3,2,2)^{\mathrm{T}}$$

构造成正交向量组.

【解】令$\boldsymbol{\beta}_1=\boldsymbol{\alpha}_1,\boldsymbol{\beta}_2=k\boldsymbol{\beta}_1+\boldsymbol{\alpha}_2$,待定$k$ 使$[\boldsymbol{\beta}_1,\boldsymbol{\beta}_2]=0$,两边用$\boldsymbol{\beta}_1$ 作内积,得

$$k[\boldsymbol{\beta}_1,\boldsymbol{\beta}_1]+[\boldsymbol{\beta}_1,\boldsymbol{\alpha}_2]=0$$

学习随笔

即 $6k-3=0$,知 $k=\frac{1}{2}$.

于是
$$\boldsymbol{\beta}_2=\frac{1}{2}\boldsymbol{\beta}_1+\boldsymbol{\alpha}_2=\frac{1}{2}\begin{bmatrix}1\\-1\\0\\2\end{bmatrix}+\begin{bmatrix}1\\2\\-1\\-1\end{bmatrix}=\frac{1}{2}\begin{bmatrix}3\\3\\-2\\0\end{bmatrix}$$

令 $\boldsymbol{\beta}_3=k_1\boldsymbol{\beta}_1+k_2\boldsymbol{\beta}_2+\boldsymbol{\alpha}_3$,待定 k_1,k_2 使$[\boldsymbol{\beta}_1,\boldsymbol{\beta}_3]=0,[\boldsymbol{\beta}_2,\boldsymbol{\beta}_3]=0$,依次用 $\boldsymbol{\beta}_1,\boldsymbol{\beta}_2$ 作内积,注意到$[\boldsymbol{\beta}_1,\boldsymbol{\beta}_2]=0$,故有

$$k_1[\boldsymbol{\beta}_1,\boldsymbol{\beta}_1]+[\boldsymbol{\beta}_1,\boldsymbol{\alpha}_3]=0,\quad k_2[\boldsymbol{\beta}_2,\boldsymbol{\beta}_2]+[\boldsymbol{\beta}_2,\boldsymbol{\alpha}_3]=0$$

即 $6k_1+3=0,k_2+1=0 \Rightarrow k_2=-\frac{1}{2},k_2=-1$. 于是

$$\boldsymbol{\beta}_3=-\frac{1}{2}\boldsymbol{\beta}_1-\boldsymbol{\beta}_2+\boldsymbol{\alpha}_3=\begin{bmatrix}0\\2\\3\\1\end{bmatrix}$$

因此,$(1,-1,0,2)^{\mathrm{T}},(3,3,-2,0)^{\mathrm{T}},(0,2,3,1)^{\mathrm{T}}$ 是一个与 $\boldsymbol{\alpha}_1,\boldsymbol{\alpha}_2,\boldsymbol{\alpha}_3$ 等价的正交向量组.

评注　可以用公式

$$\boldsymbol{\beta}_i=-\frac{[\boldsymbol{\beta}_1,\boldsymbol{\alpha}_i]}{[\boldsymbol{\beta}_1,\boldsymbol{\beta}_1]}\boldsymbol{\beta}_1-\frac{[\boldsymbol{\beta}_2,\boldsymbol{\alpha}_i]}{[\boldsymbol{\beta}_2,\boldsymbol{\beta}_2]}\boldsymbol{\beta}_2-\cdots-\frac{[\boldsymbol{\beta}_{i-1},\boldsymbol{\alpha}_i]}{[\boldsymbol{\beta}_{i-1},\boldsymbol{\beta}_{i-1}]}\boldsymbol{\beta}_{i-1}+\boldsymbol{\alpha}_i$$

直接求出 $\boldsymbol{\beta}_2,\boldsymbol{\beta}_3$.

如果 $\boldsymbol{\beta}_i$ 与 $\boldsymbol{\beta}_j$ 正交,那么 $k\boldsymbol{\beta}_2$ 亦与 $\boldsymbol{\beta}_j$ 正交. 为了简捷,本题中把 $\boldsymbol{\beta}_2$ 的分母去掉了.

正交向量组对向量长度没有限定,因此可以不必单位化,而标准正交向量组就必须单位化.

【例 5.12】试将向量

$$\boldsymbol{\alpha}_1=(1,1,1)^{\mathrm{T}},\quad \boldsymbol{\alpha}_2=(1,2,1)^{\mathrm{T}},\quad \boldsymbol{\alpha}_3=(0,-1,1)^{\mathrm{T}}$$

用施密特正交化的方法构造出一个标准正交基.

【解】先正交化. 令

$$\boldsymbol{\beta}_1=\boldsymbol{\alpha}_1$$

$$\boldsymbol{\beta}_2=-\frac{[\boldsymbol{\beta}_1,\boldsymbol{\alpha}_2]}{[\boldsymbol{\beta}_1,\boldsymbol{\beta}_1]}\boldsymbol{\beta}_1+\boldsymbol{\alpha}_2=-\frac{4}{3}\begin{bmatrix}1\\1\\1\end{bmatrix}+\begin{bmatrix}1\\2\\1\end{bmatrix}=-\frac{1}{3}\begin{bmatrix}-1\\2\\-1\end{bmatrix}$$

$$\boldsymbol{\beta}_3=-\frac{[\boldsymbol{\beta}_1,\boldsymbol{\alpha}_3]}{[\boldsymbol{\beta}_1,\boldsymbol{\beta}_1]}\boldsymbol{\beta}_1-\frac{[\boldsymbol{\beta}_2,\boldsymbol{\alpha}_3]}{[\boldsymbol{\beta}_2,\boldsymbol{\beta}_2]}\boldsymbol{\beta}_2+\boldsymbol{\alpha}_3=-\frac{3}{6}\begin{bmatrix}1\\-2\\1\end{bmatrix}+\begin{bmatrix}0\\-1\\1\end{bmatrix}=-\frac{1}{2}\begin{bmatrix}1\\0\\-1\end{bmatrix}$$

再单位化. 则

$$\boldsymbol{\gamma}_1=\frac{\boldsymbol{\beta}_1}{\|\boldsymbol{\beta}_1\|}=\frac{1}{\sqrt{3}}\begin{bmatrix}1\\1\\1\end{bmatrix},\quad \boldsymbol{\gamma}_2=\frac{\boldsymbol{\beta}_2}{\|\boldsymbol{\beta}_2\|}=\frac{1}{\sqrt{6}}\begin{bmatrix}1\\-2\\1\end{bmatrix},\quad \boldsymbol{\gamma}_3=\frac{\boldsymbol{\beta}_3}{\|\boldsymbol{\beta}_3\|}=\frac{1}{\sqrt{2}}\begin{bmatrix}1\\0\\-1\end{bmatrix}$$

是一个标准正交基.

【例 5.13】设 $\boldsymbol{B}$ 是 4×5 矩阵，其秩为 3，若 $\boldsymbol{\alpha}_1=(2,3,2,2,-1)^{\mathrm{T}}$，$\boldsymbol{\alpha}_2=(1,1,2,3,-1)^{\mathrm{T}}$，$\boldsymbol{\alpha}_3=(0,-1,2,4,-1)^{\mathrm{T}}$ 是齐次线性方程组 $\boldsymbol{Bx}=\boldsymbol{0}$ 的解向量，求 $\boldsymbol{Bx}=\boldsymbol{0}$ 的解空间的一个标准正交基.

【解】因为秩 $R(\boldsymbol{B})=3$，所以解空间的维数 $n-R(\boldsymbol{B})=5-3=2$，又因 $\boldsymbol{\alpha}_1,\boldsymbol{\alpha}_2,\boldsymbol{\alpha}_3$ 两两均线性无关，故其中任意两个向量都是解空间的一个基. 那么，令

$$\boldsymbol{\beta}_1=\boldsymbol{\alpha}_2=(1,1,2,3,-1)^{\mathrm{T}}$$

$$\boldsymbol{\beta}_2=\boldsymbol{\alpha}_3-\frac{[\boldsymbol{\beta}_1,\boldsymbol{\alpha}_3]}{[\boldsymbol{\beta}_1,\boldsymbol{\beta}_1]}\boldsymbol{\beta}_1=\boldsymbol{\alpha}_3-\boldsymbol{\beta}_1=(-1,-2,0,1,0)^{\mathrm{T}}$$

再单位化，得

$$\boldsymbol{\gamma}_1=\frac{1}{4}(1,1,2,3,-1)^{\mathrm{T}},\quad \boldsymbol{\gamma}_2=\frac{1}{\sqrt{6}}(1,2,0,-1,0)^{\mathrm{T}}$$

就是 $\boldsymbol{Bx}=\boldsymbol{0}$ 解空间的一个标准正交基.

评注　要先明确解空间的维数，确定一个基再正交化、单位化. 若不分析、不判断就直接对 $\boldsymbol{\alpha}_1,\boldsymbol{\alpha}_2,\boldsymbol{\alpha}_3$ 进行施密特正交化是不妥的. 考虑到本题的具体情况，$\boldsymbol{\alpha}_1$ 的分量较复杂，故选 $\boldsymbol{\alpha}_2,\boldsymbol{\alpha}_3$ 为基，这样计算量较小.

【例 5.14】求齐次线性方程组 $\begin{cases}x_1+x_2\qquad\quad-3x_4-x_5=0,\\ x_1-x_2+2x_3-x_4-x_5=0,\\ x_1\qquad\quad+x_3-2x_4-x_5=0\end{cases}$ 解空间的一个标准正交基.

【解】对系数矩阵作初等行变换，有

$$\begin{bmatrix}1&1&0&-3&-1\\1&-1&2&-1&-1\\1&0&1&-2&-1\end{bmatrix}\to\begin{bmatrix}1&1&0&-3&-1\\0&-2&2&2&0\\0&-1&1&1&0\end{bmatrix}\to\begin{bmatrix}1&1&0&-3&-1\\&1&-1&-1&0\\&&&&0\end{bmatrix}$$

由 $n-R(\boldsymbol{A})=5-2=3$，知基础解系是

$$\boldsymbol{\alpha}_1=(-1,1,1,0,0)^{\mathrm{T}},\quad \boldsymbol{\alpha}_2=(2,1,0,1,0)^{\mathrm{T}},\quad \boldsymbol{\alpha}_3=(1,0,0,0,1)^{\mathrm{T}}$$

将其正交化，有

$$\boldsymbol{\beta}_1=\boldsymbol{\alpha}_1$$

$$\boldsymbol{\beta}_2=\boldsymbol{\alpha}_2-\frac{[\boldsymbol{\beta}_1,\boldsymbol{\alpha}_2]}{[\boldsymbol{\beta}_1,\boldsymbol{\beta}_1]}\boldsymbol{\beta}_1=\boldsymbol{\alpha}_2+\frac{1}{3}\boldsymbol{\beta}_1=\frac{1}{3}(5,4,1,3,0)^{\mathrm{T}}$$

$$\boldsymbol{\beta}_3=\boldsymbol{\alpha}_3-\frac{[\boldsymbol{\beta}_1,\boldsymbol{\alpha}_3]}{[\boldsymbol{\beta}_1,\boldsymbol{\beta}_1]}\boldsymbol{\beta}_1-\frac{[\boldsymbol{\beta}_2,\boldsymbol{\alpha}_3]}{[\boldsymbol{\beta}_2,\boldsymbol{\beta}_2]}\boldsymbol{\beta}_2=\frac{1}{17}(3,-1,4,-5,17)^{\mathrm{T}}$$

再单位化，得

$$\boldsymbol{\gamma}_1=\frac{1}{\sqrt{3}}(-1,1,1,0,0)^{\mathrm{T}},\quad \boldsymbol{\gamma}_2=\frac{1}{\sqrt{51}}(5,4,1,3,0)^{\mathrm{T}},\quad \boldsymbol{\gamma}_3=\frac{1}{\sqrt{340}}(3,-1,4,-5,17)^{\mathrm{T}}$$

那么 $\boldsymbol{\gamma}_1,\boldsymbol{\gamma}_2,\boldsymbol{\gamma}_3$ 是解空间的一个标准正交基.

评注　本题若按 $\boldsymbol{\alpha}_3,\boldsymbol{\alpha}_1,\boldsymbol{\alpha}_2$ 的次序正交化，计算量很小，所得解空间的标准正交基是：

$$\frac{1}{\sqrt{2}}(1,0,0,0,1)^{\mathrm{T}},\frac{1}{\sqrt{10}}(-1,2,2,0,1)^{\mathrm{T}},\frac{1}{2}(1,1,0,1,-1)^{\mathrm{T}}$$

因此，当没有限定向量的次序时，可从简单的向量开始正交化.

学习随笔

【例 5.15】已知 $\boldsymbol{\alpha}_1=(1,2,0,-1)^{\mathrm{T}},\boldsymbol{\alpha}_2=(0,1,-1,0)^{\mathrm{T}},\boldsymbol{\alpha}_3=(2,1,3,-2)^{\mathrm{T}}$,试把其扩充为 $\mathbf{R}^4$ 的一组标准正交基.

【分析】要先判断 $\boldsymbol{\alpha}_1,\boldsymbol{\alpha}_2,\boldsymbol{\alpha}_3$ 的线性相关性,再将其扩充成 $\mathbf{R}^4$ 的一组基(可利用阶梯形向量组是线性无关的),然后再用施密特正交化将其改造为标准正交基.

【解】由 $\boldsymbol{\alpha}_3=2\boldsymbol{\alpha}_1-3\boldsymbol{\alpha}_2$,知 $\boldsymbol{\alpha}_1,\boldsymbol{\alpha}_2,\boldsymbol{\alpha}_3$ 线性相关,但 $\boldsymbol{\alpha}_1,\boldsymbol{\alpha}_2$ 线性无关,故可将其扩充为 $\mathbf{R}^4$ 的一组基.例如添加 $(0,0,1,0)^{\mathrm{T}},(0,0,0,1)^{\mathrm{T}}$.那么,令

$$\boldsymbol{\beta}_1=(0,0,1,0)^{\mathrm{T}},\boldsymbol{\beta}_2=(0,0,0,1)^{\mathrm{T}}\text{(已互相正交)}$$

而

$$\begin{aligned}\boldsymbol{\beta}_3&=\boldsymbol{\alpha}_1-\frac{[\boldsymbol{\alpha}_1,\boldsymbol{\beta}_1]}{[\boldsymbol{\beta}_1,\boldsymbol{\beta}_1]}\boldsymbol{\beta}_1-\frac{[\boldsymbol{\alpha}_1,\boldsymbol{\beta}_2]}{[\boldsymbol{\beta}_2,\boldsymbol{\beta}_2]}\boldsymbol{\beta}_2\\&=(1,2,0,-1)^{\mathrm{T}}-\frac{-1}{1}(0,0,0,1)^{\mathrm{T}}=(1,2,0,0)^{\mathrm{T}}\end{aligned}$$

$$\begin{aligned}\boldsymbol{\beta}_4&=\boldsymbol{\alpha}_2-\frac{[\boldsymbol{\alpha}_2,\boldsymbol{\beta}_1]}{[\boldsymbol{\beta}_1,\boldsymbol{\beta}_1]}\boldsymbol{\beta}_1-\frac{[\boldsymbol{\alpha}_2,\boldsymbol{\beta}_2]}{[\boldsymbol{\beta}_2,\boldsymbol{\beta}_2]}\boldsymbol{\beta}_2-\frac{[\boldsymbol{\alpha}_2,\boldsymbol{\beta}_3]}{[\boldsymbol{\beta}_3,\boldsymbol{\beta}_3]}\boldsymbol{\beta}_3\\&=(0,1,-1,0)^{\mathrm{T}}-\frac{-1}{1}(0,0,1,0)^{\mathrm{T}}-\frac{2}{5}(1,2,0,0)^{\mathrm{T}}=\frac{1}{5}(-2,1,0,0)^{\mathrm{T}}\end{aligned}$$

再单位化,得

$$\boldsymbol{\gamma}_1=(0,0,1,0)^{\mathrm{T}},\ \boldsymbol{\gamma}_2=(0,0,0,1)^{\mathrm{T}},\ \boldsymbol{\gamma}_3=\left(\frac{1}{\sqrt5},\frac{2}{\sqrt5},0,0\right)^{\mathrm{T}},\ \boldsymbol{\gamma}_4=\left(-\frac{2}{\sqrt5},\frac{1}{\sqrt5},0,0\right)^{\mathrm{T}}$$

就是合于所求的一组标准正交基.

评注　把 $\boldsymbol{\alpha}_1,\boldsymbol{\alpha}_2$ 扩充成 $\mathbf{R}^4$ 的一组基不是唯一的,因而本题的答案也不唯一.在正交化时,可调动 $\boldsymbol{\alpha}_1,\boldsymbol{\alpha}_2,\boldsymbol{\alpha}_3,\boldsymbol{\alpha}_4$ 的顺序以使运算简化(除非题目已经限定了次序).

【例 5.16】已知 $\boldsymbol{\alpha}_1,\boldsymbol{\alpha}_2,\boldsymbol{\alpha}_3$ 是 $\mathbf{R}^5$ 中的一个标准正交向量组,证明:对任意的 $\boldsymbol{\alpha}\in\mathbf{R}^5$,必有

$$\sum_{i=1}^{3}[\boldsymbol{\alpha},\boldsymbol{\alpha}_i]^2\leqslant\|\boldsymbol{\alpha}\|^2$$

并指出等式成立的条件.

【证明】将 $\boldsymbol{\alpha}_1,\boldsymbol{\alpha}_2,\boldsymbol{\alpha}_3$ 扩充成为 $\mathbf{R}^5$ 的一个标准正交基 $\boldsymbol{\alpha}_1,\boldsymbol{\alpha}_2,\boldsymbol{\alpha}_3,\boldsymbol{\alpha}_4,\boldsymbol{\alpha}_5$.那么 $\forall\boldsymbol{\alpha}\in\mathbf{R}^5$,有

$$\boldsymbol{\alpha}=x_1\boldsymbol{\alpha}_1+x_2\boldsymbol{\alpha}_2+x_3\boldsymbol{\alpha}_3+x_4\boldsymbol{\alpha}_4+x_5\boldsymbol{\alpha}_5$$

因为 $\boldsymbol{\alpha}_1\ \boldsymbol{\alpha}_2\ \boldsymbol{\alpha}_3\ \boldsymbol{\alpha}_4\ \boldsymbol{\alpha}_5$ 是标准正交基,故

$$[\boldsymbol{\alpha}_i,\boldsymbol{\alpha}_i]=1,[\boldsymbol{\alpha}_i,\boldsymbol{\alpha}_j]=0\quad(i\neq j)$$

那么

$$\begin{aligned}[\boldsymbol{\alpha},\boldsymbol{\alpha}_1]&=[x_1\boldsymbol{\alpha}_1+x_2\boldsymbol{\alpha}_2+x_3\boldsymbol{\alpha}_3+x_4\boldsymbol{\alpha}_4+x_5\boldsymbol{\alpha}_5,\boldsymbol{\alpha}_1]\\&=x_1[\boldsymbol{\alpha}_1,\boldsymbol{\alpha}_1]+x_2[\boldsymbol{\alpha}_2,\boldsymbol{\alpha}_1]+x_3[\boldsymbol{\alpha}_3,\boldsymbol{\alpha}_1]+x_4[\boldsymbol{\alpha}_4,\boldsymbol{\alpha}_1]+x_5[\boldsymbol{\alpha}_5,\boldsymbol{\alpha}_1]\\&=x_1\end{aligned}$$

同理知 $[\boldsymbol{\alpha},\boldsymbol{\alpha}_i]=x_i,[\boldsymbol{\alpha},\boldsymbol{\alpha}]=x_1^2+x_2^2+x_3^2+x_4^2+x_5^2$.所以

$$\sum_{i=1}^{3}[\boldsymbol{\alpha},\boldsymbol{\alpha}_i]^2=x_1^2+x_2^2+x_3^2\leqslant\|\boldsymbol{\alpha}\|^2$$

等号成立的充要条件是 $x_4=0,x_5=0$,即 $\boldsymbol{\alpha}\in L(\boldsymbol{\alpha}_1,\boldsymbol{\alpha}_2,\boldsymbol{\alpha}_3)$.

学习随笔

评注 应当知道：若 $\boldsymbol{\alpha}_1,\boldsymbol{\alpha}_2,\cdots,\boldsymbol{\alpha}_n$ 是标准正交基，那么

$$\boldsymbol{\alpha}=[\boldsymbol{\alpha},\boldsymbol{\alpha}_1]\boldsymbol{\alpha}_1+[\boldsymbol{\alpha},\boldsymbol{\alpha}_2]\boldsymbol{\alpha}_2+\cdots+[\boldsymbol{\alpha},\boldsymbol{\alpha}_n]\boldsymbol{\alpha}_n$$

即 $\boldsymbol{\alpha}$ 在标准正交基下的坐标 $x_i=[\boldsymbol{\alpha},\boldsymbol{\alpha}_i]$.

进而可知，若 $[\boldsymbol{\alpha},\boldsymbol{\alpha}_i]=0,i=1,2,\cdots,n$，则 $\boldsymbol{\alpha}=\mathbf{0}$，即若 $\boldsymbol{\alpha}$ 与标准正交基中的每个向量都正交，那么必有 $\boldsymbol{\alpha}=\mathbf{0}$.

【例 5.17】如果 n 维向量 $\boldsymbol{\beta}_1$，$\boldsymbol{\beta}_2$ 与每个 n 维向量 $\boldsymbol{\alpha}$ 都有 $[\boldsymbol{\beta}_1,\boldsymbol{\alpha}]=[\boldsymbol{\beta}_2,\boldsymbol{\alpha}]$，证明：$\boldsymbol{\beta}_1=\boldsymbol{\beta}_2$.

【证法一】因为对任一 n 维向量 $\boldsymbol{\alpha}$，都有 $[\boldsymbol{\beta}_1,\boldsymbol{\alpha}]=[\boldsymbol{\beta}_2,\boldsymbol{\alpha}]$，即

$$[\boldsymbol{\beta}_1-\boldsymbol{\beta}_2,\boldsymbol{\alpha}]=0$$

那么，取 $\boldsymbol{\alpha}=\boldsymbol{\beta}_1-\boldsymbol{\beta}_2$，式(5.19)仍应成立. 于是 $[\boldsymbol{\beta}_1-\boldsymbol{\beta}_2,\ \boldsymbol{\beta}_1-\boldsymbol{\beta}_2]=0$，即

$$|\boldsymbol{\beta}_1-\boldsymbol{\beta}_2|=0$$

从而 $\boldsymbol{\beta}_1-\boldsymbol{\beta}_2=\mathbf{0}$，即 $\boldsymbol{\beta}_1=\boldsymbol{\beta}_2$.

【证法二】同前，$\forall\boldsymbol{\alpha}$，$[\boldsymbol{\beta}_1-\boldsymbol{\beta}_2,\boldsymbol{\alpha}]=0$，那么取一组标准正交基 $\boldsymbol{\alpha}_1,\boldsymbol{\alpha}_2,\cdots,\boldsymbol{\alpha}_n$，仍有

$$[\boldsymbol{\beta}_1-\boldsymbol{\beta}_2,\boldsymbol{\alpha}_i]=0,\quad i=1,2,\cdots,n$$

即 $\boldsymbol{\beta}_1-\boldsymbol{\beta}_2$ 在基 $\boldsymbol{\alpha}_1,\boldsymbol{\alpha}_2,\cdots,\boldsymbol{\alpha}_n$ 下的坐标全是 0，故 $\boldsymbol{\beta}_1-\boldsymbol{\beta}_2=\mathbf{0}$，即 $\boldsymbol{\beta}_1=\boldsymbol{\beta}_2$.

评注 若证 $\boldsymbol{\beta}=\mathbf{0}$，可从内积 $[\boldsymbol{\beta},\ \boldsymbol{\beta}]=0$ 来考虑，也可从 $\boldsymbol{\beta}$ 在一组基下的坐标全是零来思考.

三、正交矩阵

【例 5.18】设矩阵 $\boldsymbol{A}=\begin{bmatrix}-a & b\\ b & a\end{bmatrix}$，其中 $a>b>0,a^2+b^2=1$，则 $\boldsymbol{A}$ 为________.

(A) 正定矩阵. (B) 初等矩阵. (C) 正交矩阵. (D) 以上都不是.

【分析】题设矩阵 $\boldsymbol{A}$ 中两个列向量的内积为零，且由 $a^2+b^2=1$ 可知其均为单位向量，故 $\boldsymbol{A}$ 为正交矩阵. 因此选(C).

评注 判断矩阵为正交矩阵时，容易只注意到向量间是否两两正交而忽略看每个列向量是否都是单位向量，尤其是在求一个正交变换的过渡矩阵时，常常忘记将列向量单位化，这是同学们以往经常出现的错误.

【例 5.19】求正交矩阵 $\boldsymbol{Q}$，使 $\boldsymbol{Q}^{-1}\boldsymbol{A}\boldsymbol{Q}=\boldsymbol{\Lambda}$.

(1) $\boldsymbol{A}=\begin{bmatrix}0 & 0 & 4 & 1\\ 0 & 0 & 1 & 4\\ 4 & 1 & 0 & 0\\ 1 & 4 & 0 & 0\end{bmatrix}$.

(2) $\boldsymbol{A}=\begin{bmatrix}0 & 0 & 0 & 1\\ 0 & 0 & 1 & 0\\ 0 & 1 & 0 & 0\\ 1 & 0 & 0 & 0\end{bmatrix}$.

学习随笔

(3) $A=\begin{bmatrix}1&1&1&1\\1&1&-1&-1\\1&-1&1&-1\\1&-1&-1&1\end{bmatrix}$.

【解】(1) 由 A 的特征多项式

$$|\lambda E-A|=\begin{vmatrix}\lambda&0&-4&-1\\0&\lambda&-1&-4\\-4&-1&\lambda&0\\-1&-4&0&\lambda\end{vmatrix}=\begin{vmatrix}\lambda-5&\lambda-5&\lambda-5&\lambda-5\\0&\lambda&-1&-4\\-4&-1&\lambda&0\\-1&-4&0&\lambda\end{vmatrix}$$

$$=(\lambda-5)\begin{vmatrix}\lambda&-1&-4\\3&\lambda+4&4\\-3&1&\lambda+1\end{vmatrix}=(\lambda-5)\begin{vmatrix}\lambda-3&0&\lambda-3\\3&\lambda+4&4\\-3&1&\lambda+1\end{vmatrix}$$

$$=(\lambda-5)(\lambda-3)(\lambda+5)(\lambda+3)$$

得到 A 的特征值为 $\lambda_1=5,\lambda_2=3,\lambda_3=-5,\lambda_4=-3$.

由 $(5E-A)x=0$,即 $\begin{bmatrix}5&0&-4&-1\\0&5&-1&-4\\-4&-1&5&0\\-1&-4&0&5\end{bmatrix}\to\begin{bmatrix}1&4&0&-5\\&5&-1&-4\\&&1&-1\\&&&0\end{bmatrix}$,得到基础解系

$X_1=(1,1,1,1)^T$,即 $\lambda=5$ 的特征向量.

由 $(3E-A)x=0$,即 $\begin{bmatrix}3&0&-4&-1\\0&3&-1&-4\\-4&-1&3&0\\-1&-4&0&3\end{bmatrix}\to\begin{bmatrix}1&4&0&-3\\&3&-1&-4\\&&1&1\\&&&0\end{bmatrix}$,得到基础解系

$X_2=(-1,1,-1,1)^T$,即 $\lambda=3$ 的特征向量.

由 $(-5E-A)x=0$,即 $\begin{bmatrix}-5&0&-4&-1\\0&-5&-1&-4\\-4&-1&-5&0\\-1&-4&0&-5\end{bmatrix}\to\begin{bmatrix}1&4&0&5\\&3&-1&4\\&&1&-1\\&&&0\end{bmatrix}$,得到基础解系

$X_3=(-1,-1,1,1)^T$,即 $\lambda=-5$ 的特征向量.

由 $(-3E-A)x=0$,即 $\begin{bmatrix}-3&0&-4&-1\\0&-3&-1&-4\\-4&-1&-3&0\\-1&-4&0&-3\end{bmatrix}\to\begin{bmatrix}1&4&0&3\\&5&-1&4\\&&1&1\\&&&0\end{bmatrix}$,得到基础解系

$X_4=(1,-1,-1,1)^T$,即 $\lambda=-3$ 的特征向量.

因为特征值不同,特征向量已经正交,构造正交矩阵 Q 仅须把特征向量单位化,即有

$$\gamma_1=\frac{X_1}{\|X_1\|}=\frac{1}{2}\begin{bmatrix}1\\1\\1\\1\end{bmatrix},\quad \gamma_2=\frac{X_2}{\|X_2\|}=\frac{1}{2}\begin{bmatrix}-1\\1\\-1\\1\end{bmatrix}$$

学习随笔

$$\boldsymbol{\gamma}_3=\frac{\boldsymbol{X}_3}{\|\boldsymbol{X}_3\|}=\frac{1}{2}\begin{bmatrix}-1\\-1\\1\\1\end{bmatrix},\quad \boldsymbol{\gamma}_4=\frac{\boldsymbol{X}_4}{\|\boldsymbol{X}_4\|}=\frac{1}{2}\begin{bmatrix}1\\-1\\-1\\1\end{bmatrix}$$

那么，令 $\boldsymbol{Q}=(\boldsymbol{\gamma}_1,\boldsymbol{\gamma}_2,\boldsymbol{\gamma}_3,\boldsymbol{\gamma}_4)=\begin{bmatrix}\frac{1}{2}&-\frac{1}{2}&-\frac{1}{2}&\frac{1}{2}\\\frac{1}{2}&\frac{1}{2}&-\frac{1}{2}&-\frac{1}{2}\\\frac{1}{2}&-\frac{1}{2}&\frac{1}{2}&-\frac{1}{2}\\\frac{1}{2}&\frac{1}{2}&\frac{1}{2}&\frac{1}{2}\end{bmatrix}$，则

$$\boldsymbol{Q}^{-1}\boldsymbol{AQ}=\begin{bmatrix}5&&&\\&3&&\\&&-5&\\&&&-3\end{bmatrix}$$

(2) 由 $\boldsymbol{A}$ 的特征多项式

$$|\lambda\boldsymbol{E}-\boldsymbol{A}|=\begin{vmatrix}\lambda&0&0&-1\\0&\lambda&-1&0\\0&-1&\lambda&0\\-1&0&0&\lambda\end{vmatrix}=\begin{vmatrix}\lambda-1&0&0&\lambda-1\\0&\lambda-1&\lambda-1&0\\0&-1&\lambda&0\\-1&0&0&\lambda\end{vmatrix}$$

$$=(\lambda-1)^2\begin{vmatrix}1&0&0&1\\0&1&1&0\\0&-1&\lambda&0\\-1&0&0&\lambda\end{vmatrix}=(\lambda-1)^2(\lambda+1)^2$$

得到 $\boldsymbol{A}$ 的特征值为 $\lambda_1=\lambda_2=1,\lambda_3=\lambda_4=-1$.

由 $(\boldsymbol{E}-\boldsymbol{A})\boldsymbol{x}=\boldsymbol{0}$，即 $\begin{bmatrix}1&0&0&-1\\0&1&-1&0\\0&-1&1&0\\-1&0&0&1\end{bmatrix}\rightarrow\begin{bmatrix}1&0&0&-1\\0&1&-1&0\\0&0&0&0\\0&0&0&0\end{bmatrix}$，得到基础解系 $\boldsymbol{X}_1=(0,1,1,0)^{\mathrm{T}},\boldsymbol{X}_2=(1,0,0,1)^{\mathrm{T}}$，即 $\lambda=1$ 的特征向量.

由 $(-\boldsymbol{E}-\boldsymbol{A})\boldsymbol{x}=\boldsymbol{0}$，即 $\begin{bmatrix}-1&0&0&-1\\0&-1&-1&0\\0&-1&-1&0\\-1&0&0&-1\end{bmatrix}\rightarrow\begin{bmatrix}1&0&0&1\\0&1&1&0\\0&0&0&0\\0&0&0&0\end{bmatrix}$，得到基础解系 $\boldsymbol{X}_3=(0,-1,1,0)^{\mathrm{T}},\boldsymbol{X}_4=(-1,0,0,1)^{\mathrm{T}}$，即 $\lambda=-1$ 的特征向量.

现在，$\boldsymbol{X}_1$ 与 $\boldsymbol{X}_2$ 已正交，$\boldsymbol{X}_3$ 与 $\boldsymbol{X}_4$ 已正交，而 $\lambda=1$ 与 $\lambda=-1$ 的特征向量肯定正交，所以只须单位化，即有

学习随笔

$$\boldsymbol{\gamma}_1=\frac{\boldsymbol{X}_1}{\|\boldsymbol{X}_1\|}=\frac{1}{\sqrt{2}}\begin{bmatrix}0\\1\\1\\0\end{bmatrix},\quad \boldsymbol{\gamma}_2=\frac{\boldsymbol{X}_2}{\|\boldsymbol{X}_2\|}=\frac{1}{\sqrt{2}}\begin{bmatrix}1\\0\\0\\1\end{bmatrix},$$

$$\boldsymbol{\gamma}_3=\frac{\boldsymbol{X}_3}{\|\boldsymbol{X}_3\|}=\frac{1}{\sqrt{2}}\begin{bmatrix}0\\-1\\1\\0\end{bmatrix},\quad \boldsymbol{\gamma}_4=\frac{\boldsymbol{X}_4}{\|\boldsymbol{X}_4\|}=\frac{1}{\sqrt{2}}\begin{bmatrix}-1\\0\\0\\1\end{bmatrix}$$

那么,令 $\boldsymbol{Q}=(\boldsymbol{\gamma}_1,\boldsymbol{\gamma}_2,\boldsymbol{\gamma}_3,\boldsymbol{\gamma}_4)=\begin{bmatrix}0&\frac{1}{\sqrt{2}}&0&-\frac{1}{\sqrt{2}}\\\frac{1}{\sqrt{2}}&0&-\frac{1}{\sqrt{2}}&0\\\frac{1}{\sqrt{2}}&0&\frac{1}{\sqrt{2}}&0\\0&\frac{1}{\sqrt{2}}&0&\frac{1}{\sqrt{2}}\end{bmatrix}$,得

$$\boldsymbol{Q}^{-1}\boldsymbol{A}\boldsymbol{Q}=\begin{bmatrix}1&&&\\&1&&\\&&-1&\\&&&-1\end{bmatrix}$$

(3) 由 $\boldsymbol{A}$ 的特征多项式

$$|\lambda\boldsymbol{E}-\boldsymbol{A}|=\begin{vmatrix}\lambda-1&-1&-1&-1\\-1&\lambda-1&1&1\\-1&1&\lambda-1&1\\-1&1&1&\lambda-1\end{vmatrix}=\begin{vmatrix}\lambda-2&\lambda-2&0&0\\0&\lambda-2&2-\lambda&0\\0&0&\lambda-2&2-\lambda\\-1&1&1&\lambda-1\end{vmatrix}$$

$$=(\lambda-2)^3(\lambda+2)$$

得到 $\boldsymbol{A}$ 的特征值为 $\lambda_1=\lambda_2=\lambda_3=2,\lambda_4=-2$.

由 $(2\boldsymbol{E}-\boldsymbol{A})\boldsymbol{x}=\boldsymbol{0}$,即 $\begin{bmatrix}1&-1&-1&-1\\-1&1&1&1\\-1&1&1&1\\-1&1&1&1\end{bmatrix}\to\begin{bmatrix}1&-1&-1&-1\\0&0&0&0\\0&0&0&0\\0&0&0&0\end{bmatrix}$,得到基础解系

$\boldsymbol{X}_1=(1,1,0,0)^{\mathrm{T}},\boldsymbol{X}_2=(1,0,1,0)^{\mathrm{T}},\boldsymbol{X}_3=(1,0,0,1)^{\mathrm{T}}$.

由 $(-2\boldsymbol{E}-\boldsymbol{A})\boldsymbol{x}=\boldsymbol{0}$,即 $\begin{bmatrix}-3&-1&-1&-1\\-1&-3&1&1\\-1&1&-3&1\\-1&1&1&-3\end{bmatrix}\to\begin{bmatrix}-1&1&1&-3\\&-4&0&4\\&&-4&4\\&&&0\end{bmatrix}$,得到基础解系 $\boldsymbol{X}_4=(-1,1,1,1)^{\mathrm{T}}$

因 $\boldsymbol{X}_1,\boldsymbol{X}_2,\boldsymbol{X}_3$ 是属于 $\lambda=2$ 的特征向量,现在它们不正交,故应当对其施密特正交化.令

$$\boldsymbol{\beta}_1=\boldsymbol{X}_1=(1,1,0,0)^{\mathrm{T}}$$

则
$$\boldsymbol{\beta}_2=\boldsymbol{X}_2-\frac{[\boldsymbol{X}_2,\boldsymbol{\beta}_1]}{[\boldsymbol{\beta}_1,\boldsymbol{\beta}_1]}\boldsymbol{\beta}_1=\begin{bmatrix}1\\0\\1\\0\end{bmatrix}-\frac{1}{2}\begin{bmatrix}1\\1\\0\\0\end{bmatrix}=\frac{1}{2}\begin{bmatrix}1\\-1\\2\\0\end{bmatrix}$$

$$\boldsymbol{\beta}_3=\boldsymbol{X}_3-\frac{[\boldsymbol{X}_3,\boldsymbol{\beta}_1]}{[\boldsymbol{\beta}_1,\boldsymbol{\beta}_1]}\boldsymbol{\beta}_1-\frac{[\boldsymbol{X}_3,\boldsymbol{\beta}_2]}{[\boldsymbol{\beta}_2,\boldsymbol{\beta}_2]}\boldsymbol{\beta}_2=\begin{bmatrix}1\\0\\0\\1\end{bmatrix}-\frac{1}{2}\begin{bmatrix}1\\1\\0\\0\end{bmatrix}-\frac{1}{6}\begin{bmatrix}1\\-1\\2\\0\end{bmatrix}=\frac{1}{6}\begin{bmatrix}2\\-2\\-2\\6\end{bmatrix}$$

于是 $\boldsymbol{\gamma}_1=\dfrac{\boldsymbol{\beta}_1}{\|\boldsymbol{\beta}_1\|}=\dfrac{1}{\sqrt{2}}\begin{bmatrix}1\\1\\0\\0\end{bmatrix},\boldsymbol{\gamma}_2=\dfrac{\boldsymbol{\beta}_2}{\|\boldsymbol{\beta}_2\|}=\dfrac{1}{\sqrt{6}}\begin{bmatrix}1\\-1\\2\\0\end{bmatrix},\boldsymbol{\gamma}_3=\dfrac{\boldsymbol{\beta}_3}{\|\boldsymbol{\beta}_3\|}=\dfrac{1}{2\sqrt{3}}\begin{bmatrix}1\\-1\\-1\\3\end{bmatrix}$.

再把 $\lambda=-2$ 的特征向量 $\boldsymbol{X}_4$ 单位化：

$$\boldsymbol{\gamma}_4=\frac{\boldsymbol{X}_4}{\|\boldsymbol{X}_4\|}=\frac{1}{2}\begin{bmatrix}-1\\1\\1\\1\end{bmatrix}$$

那么令 $\boldsymbol{Q}=(\boldsymbol{\gamma}_1,\boldsymbol{\gamma}_2,\boldsymbol{\gamma}_3,\boldsymbol{\gamma}_4)=\begin{bmatrix}\frac{1}{\sqrt{2}}&\frac{1}{\sqrt{6}}&\frac{1}{2\sqrt{3}}&-\frac{1}{2}\\\frac{1}{\sqrt{2}}&-\frac{1}{\sqrt{6}}&-\frac{1}{2\sqrt{3}}&\frac{1}{2}\\0&\frac{2}{\sqrt{6}}&-\frac{1}{2\sqrt{3}}&\frac{1}{2}\\0&0&\frac{3}{2\sqrt{3}}&\frac{1}{2}\end{bmatrix}$,则

$$\boldsymbol{Q}^{-1}\boldsymbol{A}\boldsymbol{Q}=\begin{bmatrix}2&&&\\&2&&\\&&2&\\&&&-2\end{bmatrix}$$

评注　对于实对称矩阵,当特征值不同时,特征向量肯定是正交的,应当用此性质验算基础解系是否求解正确.当构造正交矩阵时,只须把特征向量单位化.若特征值有重根,则这时求解出的基础解系在一般情况下是不正交的;若要构造正交矩阵,则应当对它们施密特正交化.

【例 5.20】已知正交矩阵 $\boldsymbol{A}$ 的前 3 列依次为 $\left(\frac{1}{2},-\frac{1}{2},-\frac{1}{2},-\frac{1}{2}\right)^{\mathrm{T}}$, $\left(-\frac{1}{2},\frac{1}{2},-\frac{1}{2},-\frac{1}{2}\right)^{\mathrm{T}},\left(-\frac{1}{2},-\frac{1}{2},\frac{1}{2},-\frac{1}{2}\right)^{\mathrm{T}}$,求矩阵 $\boldsymbol{A}$.

【解】设 $\boldsymbol{A}$ 的第 4 列 $\boldsymbol{\alpha}_4=(x_1,x_2,x_3,x_4)^{\mathrm{T}}$,则 $[\boldsymbol{\alpha}_i,\boldsymbol{\alpha}_4]=0(i=1,2,3),[\boldsymbol{\alpha}_4,\boldsymbol{\alpha}_4]=1$.于是

学习随笔

$$\begin{cases} \frac{1}{2}x_1-\frac{1}{2}x_2-\frac{1}{2}x_3-\frac{1}{2}x_4=0, \\ -\frac{1}{2}x_1+\frac{1}{2}x_2-\frac{1}{2}x_3-\frac{1}{2}x_4=0, \\ -\frac{1}{2}x_1-\frac{1}{2}x_2+\frac{1}{2}x_3-\frac{1}{2}x_4=0, \\ x_1^2+x_2^2+x_3^2+x_4^2=1 \end{cases}$$

解前 3 个方程的齐次线性方程组得到基础解系$(-1,-1,-1,1)^{\mathrm{T}}$.

将其单位化得$\pm\frac{1}{2}(-1,-1,-1,1)^{\mathrm{T}}$.

因此，所求正交矩阵 $\boldsymbol{A}$ 为

$$\begin{bmatrix} \frac{1}{2} & -\frac{1}{2} & -\frac{1}{2} & -\frac{1}{2} \\ -\frac{1}{2} & \frac{1}{2} & -\frac{1}{2} & -\frac{1}{2} \\ -\frac{1}{2} & -\frac{1}{2} & \frac{1}{2} & -\frac{1}{2} \\ -\frac{1}{2} & -\frac{1}{2} & -\frac{1}{2} & \frac{1}{2} \end{bmatrix} \text{或} \begin{bmatrix} \frac{1}{2} & -\frac{1}{2} & -\frac{1}{2} & \frac{1}{2} \\ -\frac{1}{2} & \frac{1}{2} & -\frac{1}{2} & \frac{1}{2} \\ -\frac{1}{2} & -\frac{1}{2} & \frac{1}{2} & \frac{1}{2} \\ -\frac{1}{2} & -\frac{1}{2} & -\frac{1}{2} & -\frac{1}{2} \end{bmatrix}$$

【例 5.21】已知 $\boldsymbol{A}=\begin{bmatrix} a & -\frac{3}{7} & \frac{2}{7} \\ b & \frac{6}{7} & c \\ -\frac{3}{7} & \frac{2}{7} & d \end{bmatrix}$为正交矩阵，求 a,b,c,d 的值.

【解】因为 $\boldsymbol{A}$ 是正交矩阵，所以$\left(a,-\frac{3}{7},\frac{2}{7}\right),\left(-\frac{3}{7},\frac{2}{7},d\right)$都是单位向量，于是

$$a^2+\left(-\frac{3}{7}\right)^2+\left(\frac{2}{7}\right)^2=1,\quad \left(-\frac{3}{7}\right)^2+\left(\frac{2}{7}\right)^2+d^2=1$$

解出 $a=\pm\frac{6}{7},d=\pm\frac{6}{7}$. 又因这两个向量应正交，故

$$-\frac{3}{7}a-\frac{6}{49}+\frac{2}{7}d=0$$

因此，只能 $a=-\frac{6}{7},d=-\frac{6}{7}$.

再由列向量的正交性，有

$$\left(-\frac{6}{7}\right)\times\left(-\frac{3}{7}\right)+\frac{6}{7}b+\left(-\frac{3}{7}\right)\times\frac{2}{7}=0$$

$$\left(-\frac{3}{7}\right)\times\frac{2}{7}+\frac{6}{7}c+\frac{2}{7}\times\left(-\frac{6}{7}\right)=0$$

解出 $b=-\frac{2}{7},c=\frac{3}{7}$.

学习随笔

【例 5.22】设 $\boldsymbol{A}=(a_{ij})_{3\times3}$ 是实正交矩阵，且 $a_{11}=1,\boldsymbol{b}=(1,0,0)^{\mathrm{T}}$，则线性方程组 $\boldsymbol{Ax}=\boldsymbol{b}$ 的解是________.

【分析】根据正交矩阵的几何意义，其列(行)向量坐标的平方和必为 1，现 $a_{11}=1$，故必有 $a_{12}=a_{13}=0,a_{21}=a_{31}=0$，即

$$\boldsymbol{A}=\begin{bmatrix}1&0&0\\0&a_{22}&a_{23}\\0&a_{32}&a_{33}\end{bmatrix}$$

又由正交矩阵 $|\boldsymbol{A}|=1$ 或 -1，知 $\begin{vmatrix}a_{22}&a_{23}\\a_{32}&a_{33}\end{vmatrix}\neq0$，所以方程组

$$\begin{bmatrix}1&0&0\\0&a_{22}&a_{23}\\0&a_{32}&a_{33}\end{bmatrix}\begin{bmatrix}x_1\\x_2\\x_3\end{bmatrix}=\begin{bmatrix}1\\0\\0\end{bmatrix}$$

有唯一解 $(1,0,0)^{\mathrm{T}}$.

【例 5.23】若 $\boldsymbol{A}$ 是 n 阶正交矩阵，证明：$\boldsymbol{A}$ 的行(列)向量组构成 $\mathbf{R}^n$ 的标准正交基.

【证明】$\boldsymbol{A}$ 是正交矩阵，按定义知 $\boldsymbol{AA}^{\mathrm{T}}=\boldsymbol{A}^{\mathrm{T}}\boldsymbol{A}=\boldsymbol{E}$，因为 $|\boldsymbol{A}|^2=1\neq0$，所以 $\boldsymbol{A}$ 的行向量组线性无关.

记 $\boldsymbol{A}=\begin{bmatrix}\boldsymbol{\alpha}_1\\\boldsymbol{\alpha}_2\\\vdots\\\boldsymbol{\alpha}_n\end{bmatrix}$，由于 $\boldsymbol{AA}^{\mathrm{T}}=\boldsymbol{E}$，即

$$\begin{bmatrix}\boldsymbol{\alpha}_1\\\boldsymbol{\alpha}_2\\\vdots\\\boldsymbol{\alpha}_n\end{bmatrix}(\boldsymbol{\alpha}_1^{\mathrm{T}},\boldsymbol{\alpha}_2^{\mathrm{T}},\cdots,\boldsymbol{\alpha}_n^{\mathrm{T}})=\begin{bmatrix}\boldsymbol{\alpha}_1\boldsymbol{\alpha}_1^{\mathrm{T}}&\boldsymbol{\alpha}_1\boldsymbol{\alpha}_2^{\mathrm{T}}&\cdots&\boldsymbol{\alpha}_1\boldsymbol{\alpha}_n^{\mathrm{T}}\\\boldsymbol{\alpha}_2\boldsymbol{\alpha}_1^{\mathrm{T}}&\boldsymbol{\alpha}_2\boldsymbol{\alpha}_2^{\mathrm{T}}&\cdots&\boldsymbol{\alpha}_2\boldsymbol{\alpha}_n^{\mathrm{T}}\\\vdots&\vdots&&\vdots\\\boldsymbol{\alpha}_n\boldsymbol{\alpha}_1^{\mathrm{T}}&\boldsymbol{\alpha}_n\boldsymbol{\alpha}_2^{\mathrm{T}}&\cdots&\boldsymbol{\alpha}_n\boldsymbol{\alpha}_n^{\mathrm{T}}\end{bmatrix}=\begin{bmatrix}1&0&\cdots&0\\0&1&\cdots&0\\\vdots&\vdots&&\vdots\\0&0&\cdots&1\end{bmatrix}$$

所以 $\boldsymbol{\alpha}_i\boldsymbol{\alpha}_i^{\mathrm{T}}=1,\boldsymbol{\alpha}_i\boldsymbol{\alpha}_j^{\mathrm{T}}=0(i\neq j),\ \forall i,j=1,2,\cdots,n$.

因此，$\boldsymbol{A}$ 的 n 个行向量是单位向量，且行向量两两正交，从而是 $\mathbf{R}^n$ 的标准正交基.

关于列向量请读者给出证明.

评注　由本题容易看出

$$\begin{bmatrix}1&0&1\\0&1&0\\1&0&-1\end{bmatrix},\quad\begin{bmatrix}\frac{1}{\sqrt2}&0&-\frac{1}{\sqrt2}\\0&1&0\\\frac{1}{\sqrt3}&\frac{1}{\sqrt3}&\frac{1}{\sqrt3}\end{bmatrix}$$

不是正交矩阵.前者行向量 $\boldsymbol{\alpha}_1,\boldsymbol{\alpha}_3$ 不是单位向量，后者 $\boldsymbol{\alpha}_2$ 与 $\boldsymbol{\alpha}_3$ 不正交.这是初学者要注意的.

本题实际上是正交矩阵的充分必要条件.请证明：

若 $\boldsymbol{\alpha}_1,\boldsymbol{\alpha}_2,\cdots,\boldsymbol{\alpha}_n$ 是 $\mathbf{R}^n$ 的标准正交基，那么 $\boldsymbol{A}=(\boldsymbol{\alpha}_1,\boldsymbol{\alpha}_2,\cdots,\boldsymbol{\alpha}_n)$ 是正交矩阵.

【例 5.24】已知 $\boldsymbol{A},\boldsymbol{B}$ 都是 n 阶正交矩阵，且 $|\boldsymbol{A}|+|\boldsymbol{B}|=0$.证明：$|\boldsymbol{A}+\boldsymbol{B}|=0$.

学习随笔

【证明】因为 $\boldsymbol{A},\boldsymbol{B}$ 是正交矩阵，$\boldsymbol{A}^{\mathrm{T}}\boldsymbol{A}=\boldsymbol{E},\boldsymbol{B}\boldsymbol{B}^{\mathrm{T}}=\boldsymbol{E}$，故

$$\boldsymbol{A}+\boldsymbol{B}=\boldsymbol{B}\boldsymbol{B}^{\mathrm{T}}\boldsymbol{A}+\boldsymbol{B}\boldsymbol{A}^{\mathrm{T}}\boldsymbol{A}=\boldsymbol{B}(\boldsymbol{A}+\boldsymbol{B})^{\mathrm{T}}\boldsymbol{A}$$

两边取行列式，并把 $|\boldsymbol{A}|=-|\boldsymbol{B}|$ 代入得 $|\boldsymbol{A}+\boldsymbol{B}|=-|\boldsymbol{B}|^2|\boldsymbol{A}+\boldsymbol{B}|$. 因为 $\boldsymbol{B}\boldsymbol{B}^{\mathrm{T}}=\boldsymbol{E}$，有 $|\boldsymbol{B}|^2=1$，故

$$|\boldsymbol{A}+\boldsymbol{B}|=-|\boldsymbol{A}+\boldsymbol{B}|\Rightarrow|\boldsymbol{A}+\boldsymbol{B}|=0$$

【例 5.25】已知 $\boldsymbol{A}$ 是正交矩阵，证明：$\boldsymbol{A}^*$ 是正交矩阵.

【证明】因为 $\boldsymbol{A}$ 是正交矩阵，$\boldsymbol{A}^{\mathrm{T}}\boldsymbol{A}=\boldsymbol{A}\boldsymbol{A}^{\mathrm{T}}=\boldsymbol{E}$，知 $\boldsymbol{A}^{-1}=\boldsymbol{A}^{\mathrm{T}}$，又 $\boldsymbol{A}^*=|\boldsymbol{A}|\boldsymbol{A}^{-1}$，故

$$\begin{aligned}\boldsymbol{A}^*(\boldsymbol{A}^*)^{\mathrm{T}}&=\boldsymbol{A}^*(|\boldsymbol{A}|\boldsymbol{A}^{-1})^{\mathrm{T}}=|\boldsymbol{A}|\boldsymbol{A}^*(\boldsymbol{A}^{-1})^{\mathrm{T}}\\&=|\boldsymbol{A}|\boldsymbol{A}^*(\boldsymbol{A}^{\mathrm{T}})^{-1}=|\boldsymbol{A}|\boldsymbol{A}^*(\boldsymbol{A}^{-1})^{-1}=|\boldsymbol{A}|\boldsymbol{A}^*\boldsymbol{A}=|\boldsymbol{A}|^2\boldsymbol{E}\end{aligned}$$

由于 $|\boldsymbol{A}|^2=1$，从而 $\boldsymbol{A}^*(\boldsymbol{A}^*)^{\mathrm{T}}=\boldsymbol{E}$.

类似可知 $(\boldsymbol{A}^*)^{\mathrm{T}}\boldsymbol{A}^*=\boldsymbol{E}$. 所以 $\boldsymbol{A}^*$ 是正交矩阵.

【例 5.26】已知 $\boldsymbol{A}$ 是正交矩阵，互换 $\boldsymbol{A}$ 中的 i 行与 j 行得到矩阵 $\boldsymbol{B}$. 证明：$\boldsymbol{B}$ 是正交矩阵.

【证法一】因为 $\boldsymbol{A}$ 是正交矩阵，所以 $\boldsymbol{A}$ 的行向量组 $\boldsymbol{\alpha}_1,\cdots,\boldsymbol{\alpha}_i,\cdots,\boldsymbol{\alpha}_j,\cdots,\boldsymbol{\alpha}_n$ 是标准正交基. 由于 $\boldsymbol{\alpha}_1,\cdots,\boldsymbol{\alpha}_j,\cdots,\boldsymbol{\alpha}_i,\cdots,\boldsymbol{\alpha}_n$ 仍是标准正交基，所以 $\boldsymbol{B}$ 是正交矩阵.

【证法二】矩阵 $\boldsymbol{B}$ 可用初等矩阵表示为 $\boldsymbol{B}=\boldsymbol{E}_{i,j}\boldsymbol{A}$，因为 $\boldsymbol{E}_{i,j}=\boldsymbol{E}_{i,j}^{\mathrm{T}}=\boldsymbol{E}_{i,j}^{-1}$，故

$$\boldsymbol{B}\boldsymbol{B}^{\mathrm{T}}=(\boldsymbol{E}_{i,j}\boldsymbol{A})(\boldsymbol{E}_{i,j}\boldsymbol{A})^{\mathrm{T}}=\boldsymbol{E}_{i,j}\boldsymbol{A}\boldsymbol{A}^{\mathrm{T}}\boldsymbol{E}_{i,j}^{\mathrm{T}}=\boldsymbol{E}_{i,j}\boldsymbol{E}_{i,j}^{\mathrm{T}}=\boldsymbol{E}$$

类似有 $\boldsymbol{B}^{\mathrm{T}}\boldsymbol{B}=\boldsymbol{E}$. 所以 $\boldsymbol{B}$ 是正交矩阵.

评注　证明矩阵是正交矩阵，可用定义法，也可用标准正交基.

【例 5.27】已知 $\boldsymbol{\alpha}_1,\boldsymbol{\alpha}_2,\cdots,\boldsymbol{\alpha}_n$ 与 $\boldsymbol{\beta}_1,\boldsymbol{\beta}_2,\cdots,\boldsymbol{\beta}_n$ 是 $\mathbf{R}^n$ 的两个标准正交基，若 $(\boldsymbol{\beta}_1,\boldsymbol{\beta}_2,\cdots,\boldsymbol{\beta}_n)=(\boldsymbol{\alpha}_1,\boldsymbol{\alpha}_2,\cdots,\boldsymbol{\alpha}_n)\boldsymbol{C}$，证明：$\boldsymbol{C}$ 是正交矩阵；若 $\boldsymbol{C}$ 是正交矩阵，两个基中有一个是标准正交基，则另一个也必是标准正交基.

【证明】若 $\boldsymbol{\alpha}_1,\boldsymbol{\alpha}_2,\cdots,\boldsymbol{\alpha}_n$ 与 $\boldsymbol{\beta}_1,\boldsymbol{\beta}_2,\cdots,\boldsymbol{\beta}_n$ 是标准正交基，则

$$\begin{bmatrix}\boldsymbol{\alpha}_1^{\mathrm{T}}\\\boldsymbol{\alpha}_2^{\mathrm{T}}\\\vdots\\\boldsymbol{\alpha}_n^{\mathrm{T}}\end{bmatrix}(\boldsymbol{\alpha}_1,\boldsymbol{\alpha}_2,\cdots,\boldsymbol{\alpha}_n)=\boldsymbol{E},\quad\begin{bmatrix}\boldsymbol{\beta}_1^{\mathrm{T}}\\\boldsymbol{\beta}_2^{\mathrm{T}}\\\vdots\\\boldsymbol{\beta}_n^{\mathrm{T}}\end{bmatrix}(\boldsymbol{\beta}_1,\boldsymbol{\beta}_2,\cdots,\boldsymbol{\beta}_n)=\boldsymbol{E}$$

于是

$$\begin{aligned}\boldsymbol{E}&=[(\boldsymbol{\alpha}_1,\boldsymbol{\alpha}_2,\cdots,\boldsymbol{\alpha}_n)\boldsymbol{C}]^{\mathrm{T}}[(\boldsymbol{\alpha}_1,\boldsymbol{\alpha}_2,\cdots,\boldsymbol{\alpha}_n)\boldsymbol{C}]\\&=\boldsymbol{C}^{\mathrm{T}}\begin{bmatrix}\boldsymbol{\alpha}_1^{\mathrm{T}}\\\boldsymbol{\alpha}_2^{\mathrm{T}}\\\vdots\\\boldsymbol{\alpha}_n^{\mathrm{T}}\end{bmatrix}(\boldsymbol{\alpha}_1,\boldsymbol{\alpha}_2,\cdots,\boldsymbol{\alpha}_n)\boldsymbol{C}=\boldsymbol{C}^{\mathrm{T}}\boldsymbol{C}\end{aligned}$$

所以 $\boldsymbol{C}^{-1}=\boldsymbol{C}^{\mathrm{T}}$，$\boldsymbol{C}$ 是正交矩阵.

若 $\boldsymbol{C}$ 是正交矩阵，$\boldsymbol{\alpha}_1,\boldsymbol{\alpha}_2,\cdots,\boldsymbol{\alpha}_n$ 是标准正交基，那么

$$\begin{bmatrix}\boldsymbol{\beta}_1^{\mathrm{T}}\\\boldsymbol{\beta}_2^{\mathrm{T}}\\\vdots\\\boldsymbol{\beta}_n^{\mathrm{T}}\end{bmatrix}(\boldsymbol{\beta}_1,\boldsymbol{\beta}_2,\cdots,\boldsymbol{\beta}_n)=\boldsymbol{C}^{\mathrm{T}}\begin{bmatrix}\boldsymbol{\alpha}_1^{\mathrm{T}}\\\boldsymbol{\alpha}_2^{\mathrm{T}}\\\vdots\\\boldsymbol{\alpha}_n^{\mathrm{T}}\end{bmatrix}(\boldsymbol{\alpha}_1,\boldsymbol{\alpha}_2,\cdots,\boldsymbol{\alpha}_n)\boldsymbol{C}=\boldsymbol{C}^{\mathrm{T}}\boldsymbol{E}\boldsymbol{C}=\boldsymbol{E}$$

学习随笔

故 $\boldsymbol{\beta}_1, \boldsymbol{\beta}_2, \cdots, \boldsymbol{\beta}_n$ 是标准正交基.

若 $\boldsymbol{C}$ 是正交矩阵，$\boldsymbol{\beta}_1, \boldsymbol{\beta}_2, \cdots, \boldsymbol{\beta}_n$ 是标准正交基，则由 $(\boldsymbol{\alpha}_1, \boldsymbol{\alpha}_2, \cdots, \boldsymbol{\alpha}_n) = (\boldsymbol{\beta}_1, \boldsymbol{\beta}_2, \cdots, \boldsymbol{\beta}_n)\boldsymbol{C}^{-1}$，$\boldsymbol{C}^{-1}$ 是正交矩阵，可知 $\boldsymbol{\alpha}_1, \boldsymbol{\alpha}_2, \cdots, \boldsymbol{\alpha}_n$ 是标准正交基.

四、矩阵的特征值、特征向量的概念与计算

【解题思路】(1) 由 $|\lambda \boldsymbol{E} - \boldsymbol{A}| = 0$ 求特征值 λ_i，再由 $(\lambda_i \boldsymbol{E} - \boldsymbol{A})\boldsymbol{x} = \boldsymbol{0}$ 求基础解系得特征向量.

(2) 用定义法.

【例 5.28】求下列矩阵的特征值、特征向量：

(1) $\boldsymbol{A} = \begin{bmatrix} 3 & -1 & 1 \\ 2 & 0 & 1 \\ 1 & -1 & 2 \end{bmatrix}$.

(2) $\boldsymbol{A} = \begin{bmatrix} 1 & -1 & 0 \\ 1 & 3 & 0 \\ 1 & 1 & 2 \end{bmatrix}$.

(3) $\boldsymbol{A} = \begin{bmatrix} 0 & 1 & 0 \\ -1 & 0 & -1 \\ 0 & 1 & 0 \end{bmatrix}$.

(4) $\boldsymbol{A} = \begin{bmatrix} 2 & -2 & 0 \\ -2 & 1 & -2 \\ 0 & -2 & 0 \end{bmatrix}$.

【解】(1) 由特征多项式

$$f(\lambda) = |\lambda \boldsymbol{E} - \boldsymbol{A}| = \begin{vmatrix} \lambda - 3 & 1 & -1 \\ -2 & \lambda & -1 \\ -1 & 1 & \lambda - 2 \end{vmatrix}$$

$$= \begin{vmatrix} \lambda - 2 & 1 & -1 \\ \lambda - 2 & \lambda & -1 \\ 0 & 1 & \lambda - 2 \end{vmatrix} = \begin{vmatrix} \lambda - 2 & 1 & -1 \\ 0 & \lambda - 1 & 0 \\ 0 & 1 & \lambda - 2 \end{vmatrix}$$

$$= (\lambda - 2)\begin{vmatrix} \lambda - 1 & 0 \\ 1 & \lambda - 2 \end{vmatrix} = (\lambda - 1)(\lambda - 2)^2$$

得到矩阵 $\boldsymbol{A}$ 的特征值 $\lambda_1 = 1, \lambda_2 = \lambda_3 = 2$.

把 $\lambda_1 = 1$ 代入特征方程组 $(\lambda \boldsymbol{E} - \boldsymbol{A})\boldsymbol{x} = \boldsymbol{0}$，得 $\begin{bmatrix} -2 & 1 & -1 \\ -2 & 1 & -1 \\ -1 & 1 & -1 \end{bmatrix}\begin{bmatrix} x_1 \\ x_2 \\ x_3 \end{bmatrix} = 0$. 经高斯消元，有

$$\begin{bmatrix} -1 & 1 & -1 \\ 0 & -1 & 1 \\ 0 & 0 & 0 \end{bmatrix}\begin{bmatrix} x_1 \\ x_2 \\ x_3 \end{bmatrix} = 0$$

学习随笔

它的基础解系是 $\boldsymbol{X}_1=\begin{bmatrix}0\\1\\1\end{bmatrix}$.

因此，属于 $\lambda_1=1$ 的特征向量是 $k_1\boldsymbol{X}_1(k_1\neq 0)$.

把 $\lambda_2=\lambda_3=2$ 代入特征方程组，$(\lambda E-A)x=0$，并对其系数矩阵作初等行变换，有

$$2\boldsymbol{E}-\boldsymbol{A}=\begin{bmatrix}-1&1&-1\\-2&2&-1\\-1&1&0\end{bmatrix}\to\begin{bmatrix}-1&1&0\\0&0&-1\\0&0&0\end{bmatrix}$$

它的基础解系是 $\boldsymbol{X}_2=\begin{bmatrix}1\\1\\0\end{bmatrix}$.

因此，属于 $\lambda_2=\lambda_3=2$ 的特征向量是 $k_2\boldsymbol{X}_2(k_2\neq 0)$.

(2) 由 $\boldsymbol{A}$ 的特征多项式

$$f(\lambda)=|\lambda\boldsymbol{E}-\boldsymbol{A}|=\begin{vmatrix}\lambda-1&1&0\\-1&\lambda-3&0\\-1&-1&\lambda-2\end{vmatrix}=(\lambda-2)\begin{vmatrix}\lambda-1&1\\-1&\lambda-3\end{vmatrix}$$

$$=(\lambda-2)^3$$

得到矩阵 $\boldsymbol{A}$ 的特征值是 $\lambda_1=\lambda_2=\lambda_3=2$.

把 $\lambda=2$ 代入特征方程组 $(\lambda\boldsymbol{E}-\boldsymbol{A})\boldsymbol{x}=\boldsymbol{0}$，并对其系数矩阵作初等行变换，有

$$2\boldsymbol{E}-\boldsymbol{A}=\begin{bmatrix}1&1&0\\-1&-1&0\\-1&-1&0\end{bmatrix}\to\begin{bmatrix}1&1&0\\0&0&0\\0&0&0\end{bmatrix}$$

它的基础解系是 $\boldsymbol{X}_1=\begin{bmatrix}-1\\1\\0\end{bmatrix},\boldsymbol{X}_2=\begin{bmatrix}0\\0\\1\end{bmatrix}$.

因此，属于 $\lambda=2$ 的特征向量是 $k_1\boldsymbol{X}_1+k_2\boldsymbol{X}_2$($k_1,k_2$ 不全为 0).

(3) 由 $\boldsymbol{A}$ 的特征多项式

$$f(\lambda)=|\lambda\boldsymbol{E}-\boldsymbol{A}|=\begin{vmatrix}\lambda&-1&0\\1&\lambda&1\\0&-1&\lambda\end{vmatrix}=\begin{vmatrix}\lambda&0&-\lambda\\1&\lambda&1\\0&-1&\lambda\end{vmatrix}=\begin{vmatrix}\lambda&0&0\\1&\lambda&2\\0&-1&\lambda\end{vmatrix}$$

$$=\lambda\begin{vmatrix}\lambda&2\\-1&\lambda\end{vmatrix}=\lambda(\lambda^2+2)$$

得到矩阵 $\boldsymbol{A}$ 的特征值 $\lambda_1=0,\lambda_2=\sqrt{2}\mathrm{i},\lambda_3=-\sqrt{2}\mathrm{i}$.

当 $\lambda_1=0$ 时，解方程组 $(0\boldsymbol{E}-\boldsymbol{A})\boldsymbol{x}=\boldsymbol{0}$，即 $0\boldsymbol{E}-\boldsymbol{A}=\begin{bmatrix}0&-1&0\\1&0&1\\0&-1&0\end{bmatrix}\to\begin{bmatrix}1&0&1\\0&-1&0\\0&0&0\end{bmatrix}$，得到基础解系 $\boldsymbol{X}_1=\begin{bmatrix}-1\\0\\1\end{bmatrix}$.

因此，属于 $\lambda_1=0$ 的线性无关的特征向量是 $k_1\boldsymbol{X}_1(k_1\neq 0)$.

当 $\lambda_2=\sqrt{2}\mathrm{i}$ 时，解方程组 $(\sqrt{2}\mathrm{i}\boldsymbol{E}-\boldsymbol{A})\boldsymbol{x}=\boldsymbol{0}$，即

$$\sqrt{2}\mathrm{i}\boldsymbol{E}-\boldsymbol{A}=\begin{bmatrix}\sqrt{2}\mathrm{i} & -1 & 0\\ 1 & \sqrt{2}\mathrm{i} & 1\\ 0 & -1 & \sqrt{2}\mathrm{i}\end{bmatrix}\to\begin{bmatrix}1 & \sqrt{2}\mathrm{i} & 1\\ 0 & -1 & \sqrt{2}\mathrm{i}\\ 0 & 0 & 0\end{bmatrix}$$

得到基础解系 $\boldsymbol{X}_2=\begin{bmatrix}1\\ \sqrt{2}\mathrm{i}\\ 1\end{bmatrix}$.

因此，属于 $\lambda_2=\sqrt{2}\mathrm{i}$ 的特征向量是 $k_2\boldsymbol{X}_2(k_2\neq 0)$.

当 $\lambda_3=-\sqrt{2}\mathrm{i}$ 时，解方程组 $(-\sqrt{2}\mathrm{i}\boldsymbol{E}-\boldsymbol{A})\boldsymbol{x}=\boldsymbol{0}$，即

$$-\sqrt{2}\mathrm{i}\boldsymbol{E}-\boldsymbol{A}=\begin{bmatrix}-\sqrt{2}\mathrm{i} & -1 & 0\\ 1 & -\sqrt{2}\mathrm{i} & 1\\ 0 & -1 & -\sqrt{2}\mathrm{i}\end{bmatrix}\to\begin{bmatrix}-\sqrt{2}\mathrm{i} & -1 & 0\\ 0 & -1 & -\sqrt{2}\mathrm{i}\\ 0 & 0 & 0\end{bmatrix}$$

得到基础解系 $\boldsymbol{X}_3=\begin{bmatrix}1\\ -\sqrt{2}\mathrm{i}\\ 1\end{bmatrix}$.

因此，属于 $\lambda_3=-\sqrt{2}\mathrm{i}$ 的特征向量是 $k_3\boldsymbol{X}_3(k_3\neq 0)$.

(4) 由 $\boldsymbol{A}$ 特征多项式

$$\begin{aligned}f(\lambda)=|\lambda\boldsymbol{E}-\boldsymbol{A}|&=\begin{vmatrix}\lambda-2 & 2 & 0\\ 2 & \lambda-1 & 2\\ 0 & 2 & \lambda\end{vmatrix}\\ &=\lambda^3-3\lambda^2-6\lambda-8=\lambda^3-2\lambda^2-(\lambda^2+6\lambda+8)\\ &=(\lambda+2)(\lambda-1)(\lambda-4)\end{aligned}$$

得到 $\boldsymbol{A}$ 的特征值是 $\lambda_1=1,\lambda_2=4,\lambda_3=-2$.

当 $\lambda_1=1$ 时，由 $(\boldsymbol{E}-\boldsymbol{A})\boldsymbol{x}=\boldsymbol{0}$，即 $\begin{bmatrix}-1 & 2 & 0\\ 2 & 0 & 2\\ 0 & 2 & 1\end{bmatrix}\to\begin{bmatrix}1 & 0 & 1\\ 0 & 2 & 1\\ 0 & 0 & 0\end{bmatrix}$，得到基础解系 $\boldsymbol{X}_1=\begin{bmatrix}2\\ 1\\ -2\end{bmatrix}$.

所以，属于 $\lambda_1=1$ 的特征向量是 $k_1\boldsymbol{X}_1(k_1\neq 0)$.

当 $\lambda_2=4$ 时，由方程组 $(4\boldsymbol{E}-\boldsymbol{A})\boldsymbol{x}=\boldsymbol{0}$，即 $\begin{bmatrix}2 & 2 & 0\\ 2 & 3 & 2\\ 0 & 2 & 4\end{bmatrix}\to\begin{bmatrix}1 & 1 & 0\\ 0 & 1 & 2\\ 0 & 0 & 0\end{bmatrix}$，得到基础解系 $\boldsymbol{X}_2=\begin{bmatrix}2\\ -2\\ 1\end{bmatrix}$.

学习随笔

所以，属于 $\lambda_2=4$ 的特征向量是 $k_2\boldsymbol{X}_2(k_2\neq0)$.

当 $\lambda_3=-2$ 时，由方程组 $(-2\boldsymbol{E}-\boldsymbol{A})\boldsymbol{x}=\boldsymbol{0}$，即 $\begin{bmatrix}-4&2&0\\2&-3&2\\0&2&-2\end{bmatrix}\to\begin{bmatrix}2&-1&0\\0&1&-1\\0&0&0\end{bmatrix}$，得到基础解系 $\boldsymbol{X}_3=\begin{bmatrix}1\\2\\2\end{bmatrix}$.

所以，属于 $\lambda_3=-2$ 的特征向量是 $k_3\boldsymbol{X}_3(k_3\neq0)$.

评注　计算特征多项式 $|\lambda\boldsymbol{E}-\boldsymbol{A}|$ 时，先检查某行(列)是否只有一项不为零，若是，则立即对该行(列)展开(如本题(2))；否则，考查两行(列)的加减是否有 λ 的一次因式(如本题(1)、(3))；如若都行不通，也可直接展开多项式(如本题(4))，把问题转化为解高次方程.

矩阵的特征值可以是实数，也可能是复数，可以互不相同，也可以有重根.

矩阵的特征向量依属于特征值，且是无穷的，但只要求出特征方程组 $(\lambda_i\boldsymbol{E}-\boldsymbol{A})\boldsymbol{x}=\boldsymbol{0}$ 的基础解系，也就求出了 λ_i 的所有的特征向量. 当 λ_i 是 k 重特征值时，λ_i 的线性无关的特征向量的个数与秩 $R(\lambda_i\boldsymbol{E}-\boldsymbol{A})$ 有什么关系，能想清楚吗？

【例 5.29】已知 λ_i 是 $\boldsymbol{A}$ 的特征值，$\boldsymbol{X}_i$ 是属于 λ_i 的特征向量，试分别求 $\boldsymbol{A}+k\boldsymbol{E}$，$\boldsymbol{A}^2$ 的特征值、特征向量.

【解】由定义知 $\boldsymbol{A}\boldsymbol{X}_i=\lambda_i\boldsymbol{X}_i$，$\boldsymbol{X}_i\neq\boldsymbol{0}$，那么

$$(\boldsymbol{A}+k\boldsymbol{E})\boldsymbol{X}_i=\boldsymbol{A}\boldsymbol{X}_i+k\boldsymbol{X}_i=\lambda_i\boldsymbol{X}_i+k\boldsymbol{X}_i=(\lambda_i+k)\boldsymbol{X}_i$$

可见矩阵 $\boldsymbol{A}+k\boldsymbol{E}$ 的特征值是 λ_i+k，特征向量是 $\boldsymbol{X}_i$. 又

$$\boldsymbol{A}^2\boldsymbol{X}_i=\boldsymbol{A}(\boldsymbol{A}\boldsymbol{X}_i)=\boldsymbol{A}(\lambda_i\boldsymbol{X}_i)=\lambda_i\boldsymbol{A}\boldsymbol{X}_i=\lambda_i^2\boldsymbol{X}_i$$

知 $\boldsymbol{A}^2$ 的特征值是 λ_i^2，特征向量是 $\boldsymbol{X}_i$.

【例 5.30】设 $\lambda=2$ 是非奇异矩阵 $\boldsymbol{A}$ 的一个特征值，则矩阵 $\left(\frac{1}{3}\boldsymbol{A}^2\right)^{-1}$ 有一个特征值等于________.

(A) $\frac{4}{3}$.　　(B) $\frac{3}{4}$.　　(C) $\frac{1}{2}$.　　(D) $\frac{1}{4}$.

【分析】由 $\boldsymbol{A}\boldsymbol{\alpha}=\lambda\boldsymbol{\alpha}$，$\boldsymbol{\alpha}\neq\boldsymbol{0}$，有 $\boldsymbol{A}^2\boldsymbol{\alpha}=\lambda\boldsymbol{A}\boldsymbol{\alpha}=\lambda^2\boldsymbol{\alpha}$，故

$$\frac{1}{3}\boldsymbol{A}^2\boldsymbol{\alpha}=\frac{1}{3}\lambda^2\boldsymbol{\alpha}$$

即若 λ 是矩阵 $\boldsymbol{A}$ 的特征值，则 $\frac{1}{3}\lambda^2$ 是矩阵 $\frac{1}{3}\boldsymbol{A}^2$ 的特征值，因此，$\frac{1}{3}\boldsymbol{A}^2$ 有特征值 $\frac{4}{3}$. 从而 $\left(\frac{1}{3}\boldsymbol{A}^2\right)^{-1}$ 有特征值 $\frac{3}{4}$. 故应选(B).

或者，$\left(\frac{1}{3}\boldsymbol{A}^2\right)^{-1}\boldsymbol{\alpha}=3(\boldsymbol{A}^{-1})^2\boldsymbol{\alpha}$，由 $\lambda=2$ 是 $\boldsymbol{A}$ 的特征值，知 $\frac{1}{2}$ 是 $\boldsymbol{A}^{-1}$ 的特征值，于是 $\frac{1}{4}$ 是 $(\boldsymbol{A}^{-1})^2$ 的特征值，亦知应选(B).

【例 5.31】设 $\boldsymbol{\alpha}$，$\boldsymbol{\beta}$ 是 n 维列向量，$\boldsymbol{\alpha}^{\mathrm{T}}\boldsymbol{\beta}\neq\mathbf{0}$，$n$ 阶方阵 $\boldsymbol{A}=\boldsymbol{E}+\boldsymbol{\alpha}\boldsymbol{\beta}^{\mathrm{T}}(n\geqslant3)$，则在 $\boldsymbol{A}$ 的 n 个特征值中，必然________.

(A) 有 n 个特征值等于 1.　　(B) 有 $n-1$ 个特征值等于 1.

(C) 有 1 个特征值等于 1.　　(D) 没有 1 个特征值等于 1.

【分析】因为矩阵 $\boldsymbol{E}-\boldsymbol{A}=\boldsymbol{E}-(\boldsymbol{E}+\boldsymbol{\alpha}\boldsymbol{\beta}^{\mathrm{T}})=-\boldsymbol{\alpha}\boldsymbol{\beta}^{\mathrm{T}}$，$R(\boldsymbol{E}-\boldsymbol{A})=1$，所以 $\lambda=1$ 至少是 $\boldsymbol{A}$ 的 $n-1$ 重特征值，而 $\boldsymbol{A}=\boldsymbol{E}+\boldsymbol{\alpha}\boldsymbol{\beta}^{\mathrm{T}}$ 的主对角线上元素的和 $n+\boldsymbol{\alpha}^{\mathrm{T}}\boldsymbol{\beta}\neq n$，故 $\boldsymbol{A}$ 至少有 1 个特征值不是 1. 因此 $\boldsymbol{A}$ 有 $n-1$ 个特征值为 1. 故应选(B).

评注　本题用到以下结论：

(1) 矩阵 $\boldsymbol{\alpha}\boldsymbol{\beta}^{\mathrm{T}}$ 的秩 $R(\boldsymbol{\alpha}\boldsymbol{\beta}^{\mathrm{T}})=1$.

(2) $\boldsymbol{A}=\boldsymbol{E}+\boldsymbol{\alpha}\boldsymbol{\beta}^{\mathrm{T}}$ 的主对角线上元素的和为 $n+\boldsymbol{\alpha}^{\mathrm{T}}\boldsymbol{\beta}$.

设 n 维向量 $\boldsymbol{\alpha}=(a_1,a_2,\cdots,a_n)^{\mathrm{T}}$，$\boldsymbol{\beta}=(b_1,b_2,\cdots,b_n)^{\mathrm{T}}$，则

$$\boldsymbol{\alpha}\boldsymbol{\beta}^{\mathrm{T}}=\begin{bmatrix}a_1\\a_2\\\vdots\\a_n\end{bmatrix}(b_1,b_2,\cdots,b_n)=\begin{bmatrix}a_1b_1&a_1b_2&\cdots&a_1b_n\\a_2b_1&a_2b_2&\cdots&a_2b_n\\\vdots&\vdots&&\vdots\\a_nb_1&a_nb_2&\cdots&a_nb_n\end{bmatrix}$$

当

$$\boldsymbol{\alpha}^{\mathrm{T}}\boldsymbol{\beta}=(a_1,a_2,\cdots,a_n)\begin{bmatrix}b_1\\b_2\\\vdots\\b_n\end{bmatrix}=a_1b_1+a_2b_2+\cdots+a_nb_n\neq0$$

时，$\boldsymbol{\alpha}\boldsymbol{\beta}^{\mathrm{T}}\neq\mathbf{0}$，又 $\boldsymbol{\alpha}\boldsymbol{\beta}^{\mathrm{T}}$ 中任两行元素成比例，即 $R(\boldsymbol{\alpha}\boldsymbol{\beta}^{\mathrm{T}})<2$，故 $R(\boldsymbol{\alpha}\boldsymbol{\beta}^{\mathrm{T}})=1$. 另外，易见矩阵 $\boldsymbol{A}=\boldsymbol{E}+\boldsymbol{\alpha}\boldsymbol{\beta}^{\mathrm{T}}$ 的主对角线上元素的和为 $(1+a_1b_1)+(1+a_2b_2)+\cdots+(1+a_nb_n)=n+\boldsymbol{\alpha}^{\mathrm{T}}\boldsymbol{\beta}$.

(3) 若 $R(\lambda\boldsymbol{E}-\boldsymbol{A})=r$，则 λ 至少是 $\boldsymbol{A}$ 的 $n-r$ 重特征值.

(4) 设 $\lambda_1,\lambda_2,\cdots,\lambda_n$ 是 $\boldsymbol{A}$ 的所有特征值，则 $\sum\limits_{i=1}^{n}\lambda_i$ 等于 $\boldsymbol{A}$ 的主对角线上元素的和.

【例 5.32】设 3 阶可逆矩阵 $\boldsymbol{A}=\begin{bmatrix}a_{11}&a_{12}&a_{13}\\a_{21}&a_{22}&a_{23}\\a_{31}&a_{32}&a_{33}\end{bmatrix}$，$\boldsymbol{B}$ 是 3 阶矩阵，满足 $\boldsymbol{BA}=\begin{bmatrix}a_{11}&-4a_{13}&-a_{12}\\a_{21}&-4a_{23}&-a_{22}\\a_{31}&-4a_{33}&-a_{32}\end{bmatrix}$，则 $\boldsymbol{B}$ 有特征值________.

(A) $1,-1,-4$.　　(B) $1,1,4$.

(C) $1,2,-2$.　　(D) $1,2,2$.

【分析】因 $\boldsymbol{BA}=\begin{bmatrix}a_{11}&-4a_{13}&-a_{12}\\a_{21}&-4a_{23}&-a_{22}\\a_{31}&-4a_{33}&-a_{32}\end{bmatrix}=\begin{bmatrix}a_{11}&a_{12}&a_{13}\\a_{21}&a_{22}&a_{23}\\a_{31}&a_{32}&a_{33}\end{bmatrix}\begin{bmatrix}1&0&0\\0&0&-1\\0&-4&0\end{bmatrix}$，而 $\boldsymbol{A}$ 是可

学习随笔

逆阵，则 $A^{-1}BA=\begin{bmatrix}1&0&0\\0&0&1\\0&4&0\end{bmatrix}$，即 $B\sim\begin{bmatrix}1&0&0\\0&0&-1\\0&-4&0\end{bmatrix}=C$.

由于相似矩阵有相同的特征值，故 C 的特征值即 B 的特征值. 由于

$$|\lambda E-C|=\begin{vmatrix}\lambda-1&0&0\\0&\lambda&-1\\0&-4&\lambda\end{vmatrix}=(\lambda-1)(\lambda^2-4)=(\lambda-1)(\lambda-2)(\lambda+2)$$

故 B 有特征值 $\lambda=1,\lambda=2,\lambda=-2$. 故应选(C).

【例 5.33】设 A 为 n 阶实对称矩阵，B 为 n 阶可逆矩阵，Q 为 n 阶正交矩阵，则下列矩阵与 A 有相同特征值的是________.

(A) $B^{-1}Q^{T}AQB$.　　(B) $(B^{-1})^{T}Q^{T}AQB^{-1}$.

(C) $B^{T}Q^{T}AQB$.　　(D) $BQ^{T}AQ(B^{T})^{-1}$.

【分析】与 A 有相同特征值的矩阵，即与 A 有相同特征多项式的矩阵，因而看哪个矩阵有可能与 A 有相同的特征多项式. 这里要注意的是 B 仅为可逆矩阵，Q 为正交矩阵，故有 $Q^{T}=Q^{-1}$.

记 $P=QB$，则 $P^{-1}=B^{-1}Q^{T}$，有

$$|\lambda E-B^{-1}Q^{T}AQB|=|\lambda E-P^{-1}AP|=|P^{-1}(\lambda E-A)P|=|\lambda E-A|$$

故选(A).

评注　由于 A 为实对称矩阵，所以 A 必可对角化，即存在可逆矩阵 P，使 $P^{-1}AP=\Lambda$. 实际上，在 4 个选项中要选择出 A 的相似对角矩阵，这就要看哪个矩阵能表示为 $P^{-1}AP$. 所以除选项(A)之外的 3 个矩阵都不可表示为 $P^{-1}AP$.

【例 5.34】设 A 是 n 阶实对称矩阵，P 是 n 阶可逆矩阵. 已知 n 维列向量 α 是 A 的属于特征值 λ 的特征向量，则矩阵 $(P^{-1}AP)^{T}$ 属于特征值 λ 的特征向量是________.

(A) $P^{-1}\alpha$.　　(B) $P^{T}\alpha$.　　(C) $P\alpha$.　　(D) $(P^{-1})^{T}\alpha$.

【分析】因为 A 是实对称矩阵，故

$$(P^{-1}AP)^{T}=P^{T}A^{T}(P^{-1})^{T}=P^{T}A(P^{T})^{-1}$$

那么，由 $A\alpha=\lambda\alpha$ 知

$$(P^{-1}AP)^{T}(P^{T}\alpha)=[P^{T}A(P^{T})^{-1}](P^{T}\alpha)=P^{T}A\alpha=\lambda(P^{T}\alpha)$$

所以应选(B).

【例 5.35】证明：

(1) 如果 A 可逆，则 A 的特征值不为 0.

(2) 若 λ 是 A 的特征值，则 $\dfrac{1}{\lambda}$ 是 A^{-1} 的特征值；若 X 是 A 的属于 λ 的特征向量，则 X 是 A^{-1} 属于 $\dfrac{1}{\lambda}$ 的特征向量.

(1)【证法一】如果 $\lambda=0$ 是 A 的特征值，X 是属于 $\lambda=0$ 的特征向量，则有

$$AX=0X=\mathbf{0},X\neq\mathbf{0}$$

于是齐次线性方程组 $Ax=\mathbf{0}$ 有非零解 X，从而 $|A|=0$，与 A 可逆矛盾，故 $\lambda\neq0$.

【证法二】对于 $AX=\lambda X$，两边左乘 A^{-1} 得 $\lambda A^{-1}X=X$. 因为特征向量 $X\neq\mathbf{0}$，所以

$\lambda A^{-1}X\neq 0$,故 $\lambda\neq 0$.

【证法三】据式(5.11),若 A 可逆,则 $\prod_{i=1}^{n}\lambda_i=|A|\neq 0$. 所以 A 的特征值全不为 0.

(2) 由 $AX=\lambda X$,得 $\lambda A^{-1}X=X$. 因为 $\lambda\neq 0$,有 $A^{-1}X=\frac{1}{\lambda}X$. 所以,$\frac{1}{\lambda}$是 A^{-1} 的特征值,X 是 A^{-1} 的属于$\frac{1}{\lambda}$的特征向量.

【例 5.36】已知 A 是 n 阶矩阵,λ 是 A 的特征值.

(1) 如果 A 可逆,证明:A^* 的特征值是$\frac{|A|}{\lambda}$.

(2) 若 A 不可逆,试分析 A^* 的特征值.

【解】(1) 设 $AX=\lambda X,X\neq 0$. 等式两边左乘 A^{-1},得 $\lambda A^{-1}X=X$. 因为 A 可逆,必有 A 的特征值 $\lambda\neq 0$,并把 $A^{-1}=\frac{A^*}{|A|}$代入,得$\frac{A^*}{|A|}X=\frac{1}{\lambda}X$,即

$$A^*X=\frac{|A|}{\lambda}X$$

所以 A^* 的特征值是$\frac{|A|}{\lambda}$.

(2) 若 A 不可逆,则有 $R(A^*)=\begin{cases}0, & R(A)<n-1,\\ 1, & R(A)=n-1.\end{cases}$

当 $R(A)<n-1$ 时,$A^*=0$,那么 A^* 的特征值全是 0.

当 $R(A)=n-1$ 时,$R(A^*)=1$, 于是 $|\lambda E-A^*|=\lambda^n-\sum_{i=1}^{n}A_{ii}\lambda^{n-1}$.

那么 A^* 的特征值是 $\lambda_1=\sum_{i=1}^{n}A_{ii}$,$\lambda_2=\lambda_3=\cdots=\lambda_n=0$.

评注　$|\lambda E-A^*|$,A^* 主对角线上的元素是 $|A|$ 的代数余子式 A_{ii}.

【例 5.37】证明:A 与 $A^{\mathrm T}$ 有相同的特征值.

【证明】由于 $|\lambda E-A|=|(\lambda E-A)^{\mathrm T}|=|\lambda E-A^{\mathrm T}|$,即 A 与 $A^{\mathrm T}$ 有相同的特征多项式,所以它们有相同的特征值.

评注　A 与 $A^{\mathrm T}$ 的特征值一样,但其特征向量之间没有联系,因为它们分别是$(\lambda_i E-A)x=0$ 与 $(\lambda_i E-A^{\mathrm T})x=0$ 的基础解系,这里的方程是不同解的.

例如,$A=\begin{bmatrix}1 & -2\\ 1 & 4\end{bmatrix}$与 $A^{\mathrm T}=\begin{bmatrix}1 & 1\\ -2 & 4\end{bmatrix}$的特征值都是 2 和 3.

对 $\lambda=2$,A 与 $A^{\mathrm T}$ 的特征向量分别是 $k_1\begin{bmatrix}2\\ -1\end{bmatrix}$与 $l_1\begin{bmatrix}1\\ 1\end{bmatrix}$.

对 $\lambda=3$,它们的特征向量分别是 $k_2\begin{bmatrix}1\\ -1\end{bmatrix}$与 $l_2\begin{bmatrix}1\\ 2\end{bmatrix}$.

【例 5.38】已知 A,B 是 n 阶矩阵,若 A 可逆,证明:AB 与 BA 有相同的特征值.

【证法一】由于 A 可逆,有

$$|\lambda E-AB|=|A(\lambda A^{-1}-B)|=|A||\lambda A^{-1}-B|$$

学习随笔

$$=|\lambda \boldsymbol{A}^{-1}-\boldsymbol{B}|\,|\boldsymbol{A}|=|\lambda \boldsymbol{E}-\boldsymbol{BA}|$$

$\boldsymbol{AB}$ 与 $\boldsymbol{BA}$ 有相同的特征多项式，所以有相同的特征值.

【证法二】因为 $\boldsymbol{A}^{-1}(\boldsymbol{AB})\boldsymbol{A}=\boldsymbol{BA}$，所以 $\boldsymbol{AB}\sim\boldsymbol{BA}$. 因此它们有相同的特征值.

评注　通常矩阵的乘法是没有交换律的，但行列式是数，数的乘法是可交换的，因此

$$|\boldsymbol{A}|\,|\lambda \boldsymbol{A}^{-1}-\boldsymbol{B}|=|\lambda \boldsymbol{A}^{-1}-\boldsymbol{B}|\,|\boldsymbol{A}|$$

注意：在符号、概念上不要混淆.

【例 5.39】已知 $\boldsymbol{A},\boldsymbol{B}$ 是 n 阶矩阵，证明：$\boldsymbol{AB}$ 与 $\boldsymbol{BA}$ 有相同的特征值.

【证明】如果 λ_i 是 $\boldsymbol{AB}$ 的非零特征值，$\boldsymbol{X}_i$ 是属于 λ_i 的特征向量，即

$$\boldsymbol{ABX}_i=\lambda_i\boldsymbol{X}_i$$

两边用 $\boldsymbol{B}$ 左乘，得 $\boldsymbol{BA}(\boldsymbol{BX}_i)=\lambda_i(\boldsymbol{BX}_i)$. 此时必有 $\boldsymbol{BX}_i\neq\boldsymbol{0}$，否则 $\boldsymbol{ABX}_i=\boldsymbol{0}=0\boldsymbol{X}_i$ 与 λ_i 非零相矛盾. 于是 $\boldsymbol{BX}_i$ 是 $\boldsymbol{BA}$ 属于 λ_i 的特征向量，这说明 $\boldsymbol{AB}$ 的特征值必是 $\boldsymbol{BA}$ 的特征值. 类似可知 $\boldsymbol{BA}$ 的非零特征值必是 $\boldsymbol{AB}$ 的特征值.

若 $\lambda=0$ 是 $\boldsymbol{AB}$ 的特征值，则

$$\begin{aligned}|0\boldsymbol{E}-\boldsymbol{BA}|&=(-1)^n|\boldsymbol{BA}|=(-1)^n|\boldsymbol{B}|\,|\boldsymbol{A}|\\&=(-1)^n|\boldsymbol{A}|\,|\boldsymbol{B}|=|0\boldsymbol{E}-\boldsymbol{AB}|=0\end{aligned}$$

知 $\lambda=0$ 也是 $\boldsymbol{BA}$ 的特征值，反之亦对.

因此，$\boldsymbol{AB}$ 与 $\boldsymbol{BA}$ 有完全相同的特征值.

【例 5.40】证明：

(1) 如果 $\boldsymbol{A}$ 是上三角矩阵，则对角线上的元素就是 $\boldsymbol{A}$ 的特征值.

(2) 如果 $\boldsymbol{A}$ 是正交矩阵，则其实特征值只能是 ±1.

【证明】(1) 设 $\boldsymbol{A}=\begin{bmatrix}a_{11}&a_{12}&\cdots&a_{1n}\\&a_{22}&\cdots&a_{2n}\\&&\ddots&\vdots\\&&&a_{nn}\end{bmatrix}$，则特征多项式为

$$|\lambda\boldsymbol{E}-\boldsymbol{A}|=\begin{vmatrix}\lambda-a_{11}&-a_{12}&\cdots&-a_{1n}\\&\lambda-a_{22}&\cdots&-a_{2n}\\&&\ddots&\vdots\\&&&\lambda-a_{nn}\end{vmatrix}$$

$$=(\lambda-a_{11})(\lambda-a_{22})\cdots(\lambda-a_{nn})$$

所以 $\boldsymbol{A}$ 的特征值 $\lambda_1=a_{11},\lambda_2=a_{22},\cdots,\lambda_n=a_{nn}$.

(2) 若 $\boldsymbol{A}$ 是正交矩阵，λ 是 $\boldsymbol{A}$ 的实特征值，$\boldsymbol{X}$ 是属于 λ 的特征向量(实)，则由

$$(\boldsymbol{AX})^{\mathrm{T}}(\boldsymbol{AX})=\boldsymbol{X}^{\mathrm{T}}\boldsymbol{A}^{\mathrm{T}}\boldsymbol{AX}=\boldsymbol{X}^{\mathrm{T}}\boldsymbol{X}>0$$

及 $\boldsymbol{AX}=\lambda\boldsymbol{X}$ 而得到 $(\boldsymbol{AX})^{\mathrm{T}}(\boldsymbol{AX})=(\lambda\boldsymbol{X})^{\mathrm{T}}(\lambda\boldsymbol{X})=\lambda^2\boldsymbol{X}^{\mathrm{T}}\boldsymbol{X}$. 可知 $\lambda^2=1$，故 $\lambda=\pm1$.

【例 5.41】已知 λ_1,λ_2 是矩阵 $\boldsymbol{A}$ 的不同特征值，$\boldsymbol{X}_1,\boldsymbol{X}_2$ 分别属于 λ_1,λ_2 的特征向量. 证明：$\boldsymbol{X}_1+\boldsymbol{X}_2$ 不是 $\boldsymbol{A}$ 的特征向量.

【证明】如果 $\boldsymbol{X}_1+\boldsymbol{X}_2$ 是矩阵 $\boldsymbol{A}$ 属于特征值 λ_3 的特征向量，那么

$$\boldsymbol{A}(\boldsymbol{X}_1+\boldsymbol{X}_2)=\lambda_3(\boldsymbol{X}_1+\boldsymbol{X}_2)=\lambda_3\boldsymbol{X}_1+\lambda_3\boldsymbol{X}_2$$

又

$$\boldsymbol{A}(\boldsymbol{X}_1+\boldsymbol{X}_2)=\boldsymbol{AX}_1+\boldsymbol{AX}_2=\lambda_1\boldsymbol{X}_1+\lambda_2\boldsymbol{X}_2$$

两式相减,得$(\lambda_3-\lambda_1)\boldsymbol{X}_1+(\lambda_3-\lambda_2)\boldsymbol{X}_2=\mathbf{0}$. 因为$\lambda_1\neq\lambda_2$,知$\lambda_3-\lambda_1$,$\lambda_3-\lambda_2$不全为0,从而$\boldsymbol{X}_1$,$\boldsymbol{X}_2$线性相关,这与不同特征值的特征向量线性无关相矛盾.

评注 同一个特征值的特征向量之和仍是该特征值的特征向量,不同特征值的特征向量之和不再是特征向量,这里的差异要搞清楚.

【例5.42】已知λ_1,λ_2是$\boldsymbol{A}$的不同的特征值,$\boldsymbol{\alpha}_1,\boldsymbol{\alpha}_2,\cdots,\boldsymbol{\alpha}_s$是属于$\lambda_1$的线性无关的特征向量,$\boldsymbol{\beta}_1,\boldsymbol{\beta}_2,\cdots,\boldsymbol{\beta}_t$是属于$\lambda_2$的线性无关的特征向量. 证明:

$$\boldsymbol{\alpha}_1,\boldsymbol{\alpha}_2,\cdots,\boldsymbol{\alpha}_s,\boldsymbol{\beta}_1,\boldsymbol{\beta}_2,\cdots,\boldsymbol{\beta}_t$$

线性无关.

【证明】若$k_1\boldsymbol{\alpha}_1+\cdots+k_s\boldsymbol{\alpha}_s+l_1\boldsymbol{\beta}_1+\cdots+l_t\boldsymbol{\beta}_t=\mathbf{0}$,记

$$\boldsymbol{\alpha}=k_1\boldsymbol{\alpha}_1+\cdots+k_s\boldsymbol{\alpha}_s,\quad \beta=l_1\boldsymbol{\beta}_1+\cdots+l_t\boldsymbol{\beta}_t$$

即

$$\boldsymbol{\alpha}+\boldsymbol{\beta}=\mathbf{0}$$

当$\boldsymbol{\alpha}\neq\mathbf{0}$时,必有$\boldsymbol{\beta}\neq\mathbf{0}$,由

$$\boldsymbol{A\alpha}=\boldsymbol{A}\left(\sum_{i=1}^{s}k_i\boldsymbol{\alpha}_i\right)=\sum_{i=1}^{s}k_i\boldsymbol{A\alpha}_i=\sum_{i=1}^{s}k_i\lambda_1\boldsymbol{\alpha}_1=\lambda_1\boldsymbol{\alpha}$$

知$\boldsymbol{\alpha}$是属于λ_1的特征向量,类似可知$\boldsymbol{\beta}$也是λ_2的特征向量.

从$\boldsymbol{\alpha}+\boldsymbol{\beta}=\mathbf{0}$知$\boldsymbol{\alpha}$,$\boldsymbol{\beta}$线性相关,这与不同特征值的特征向量线性无关相矛盾. 因此,必有$\boldsymbol{\alpha}=\mathbf{0}$,$\boldsymbol{\beta}=\mathbf{0}$,即

$$k_1\boldsymbol{\alpha}_1+\cdots+k_s\boldsymbol{\alpha}_s=\mathbf{0}$$

$$l_1\boldsymbol{\beta}_1+\cdots+l_t\boldsymbol{\beta}_t=\mathbf{0}$$

由于$\boldsymbol{\alpha}_1,\cdots,\boldsymbol{\alpha}_s$线性无关,$\boldsymbol{\beta}_1,\cdots,\boldsymbol{\beta}_s$线性无关,得

$$k_1=0,\cdots,k_s=0,l_1=0,\cdots,l_t=0$$

因此,$\boldsymbol{\alpha}_1,\cdots,\boldsymbol{\alpha}_s,\boldsymbol{\beta}_1,\cdots,\boldsymbol{\beta}_t$线性无关.

评注 用数学归纳法可以证明:

如果$\lambda_1,\lambda_2,\cdots,\lambda_s$是$\boldsymbol{A}$的$s$个不同的特征值,$\boldsymbol{X}_{i1},\boldsymbol{X}_{i2},\cdots,\boldsymbol{X}_{in_i}$是$\lambda_i$的线性无关的特征向量,则$\boldsymbol{X}_{11},\boldsymbol{X}_{12},\cdots,\boldsymbol{X}_{1m_1},\boldsymbol{X}_{21},\boldsymbol{X}_{22},\cdots,\boldsymbol{X}_{2m_2},\cdots,\boldsymbol{X}_{s1},\boldsymbol{X}_{s2},\cdots,\boldsymbol{X}_{sm_s}$线性无关.

【例5.43】已知n阶非零矩阵$\boldsymbol{A}_1,\boldsymbol{A}_2,\boldsymbol{A}_3$满足

$$\boldsymbol{A}_i^2=\boldsymbol{A}_i(i=1,2,3),\boldsymbol{A}_i\boldsymbol{A}_j=\mathbf{0}(i\neq j,i,j=1,2,3)$$

(1) 证明:$\boldsymbol{A}_i(i=1,2,3)$的特征值有且仅有1和0.

(2) 证明:$\boldsymbol{A}_i$属于$\lambda=1$的特征向量是$\boldsymbol{A}_j$属于$\lambda=0$的特征向量$(i\neq j)$.

(3) 若$\boldsymbol{X}_1,\boldsymbol{X}_2,\boldsymbol{X}_3$分别是$\boldsymbol{A}_1,\boldsymbol{A}_2,\boldsymbol{A}_3$属于$\lambda=1$的特征向量,证明:$\boldsymbol{X}_1,\boldsymbol{X}_2,\boldsymbol{X}_3$线性无关.

【证明】(1) 设$\boldsymbol{A}_i\boldsymbol{X}=\lambda\boldsymbol{X}$,$\boldsymbol{X}\neq\mathbf{0}$,$i=1,2,3$,两边左乘$\boldsymbol{A}_i$,得

$$\boldsymbol{A}_i^2\boldsymbol{X}=\lambda\boldsymbol{A}_i\boldsymbol{X}=\lambda^2\boldsymbol{X}$$

又因$\boldsymbol{A}_i^2=\boldsymbol{A}_i$,有$\boldsymbol{A}_i^2\boldsymbol{X}=\boldsymbol{A}_i\boldsymbol{X}=\lambda\boldsymbol{X}$,所以$\lambda^2\boldsymbol{X}=\lambda\boldsymbol{X}$,即$(\lambda^2-\lambda)\boldsymbol{X}=\mathbf{0}$. 因为特征向量$\boldsymbol{X}$非零,知$\lambda=0$或1. 故$\boldsymbol{A}_i$的特征值只能是0或1.

因为$\boldsymbol{A}_i\boldsymbol{A}_j=\mathbf{0}$,$\boldsymbol{A}_j\neq\mathbf{0}$,所以齐次线性方程组$\boldsymbol{A}_i\boldsymbol{x}=\mathbf{0}$有非零解,因此$|\boldsymbol{A}_i|=0$,故$\lambda=0$必是$\boldsymbol{A}_i$的特征值.

由$\boldsymbol{A}_i^2=\boldsymbol{A}_i$,$\boldsymbol{A}_i\neq\mathbf{0}$,知$(\boldsymbol{E}-\boldsymbol{A}_i)\boldsymbol{A}_i=\mathbf{0}$,于是齐次线性方程组$(\boldsymbol{E}-\boldsymbol{A}_i)\boldsymbol{x}=\mathbf{0}$有非零解,

学习随笔

得$|E-A_i|=0$. 从而$\lambda=1$必是A_i的特征值.

(2) 若$A_iX=X, X\neq 0$,等式两边用A_j左乘,得

$$A_jX=A_jA_iX=0X=0=0X$$

故X是A_j属于$\lambda=0$的特征向量.

(3) 若$k_1X_1+k_2X_2+k_3X_3=0$,用A_1左乘上式,由(2)知X_2,X_3都是A_1属于$\lambda=0$的特征向量,于是$A_1X_2=0, A_1X_3=0$. 从而得到$k_1A_1X_1=0$.

又因$A_1X_1=X_1, X_1\neq 0$,所以$k_1=0$.

同理可证$k_2=0, k_3=0$. 因此X_1,X_2,X_3线性无关.

评注　对于$AB=0$,要意识到B的每一列都是齐次线性方程组$Ax=0$的解,若$B\neq 0$,则表明方程组有非零解.

对$AB=0$,利用秩$R(A)+R(B)\leqslant n$,若B非零,知$R(B)\geqslant 1$,可得$R(A)<n$.

若A是n阶矩阵且$R(A)<n$,则$|A|=0$,那么由

$$|A|=\prod\lambda_i \text{ 或 } |0E-A|=0$$

知$\lambda=0$必是A的特征值,且$Ax=0$的非零解就是A属于$\lambda=0$的特征向量.

【例 5.44】设$A=(a_{ij})$是n阶矩阵,A的主对角线元素之和称为矩阵A的迹,记作t_rA,即$t_rA=\sum_{i=1}^{n}a_{ii}$. 若$A,B$均是$n$阶矩阵,证明:$t_r(AB)=t_r(BA)$.

【证法一】设$AB=C=(c_{ij}), BA=D=(d_{ij})$,那么

$$c_{ii}=a_{i1}b_{1i}+a_{i2}b_{2i}+\cdots+a_{in}b_{ni}=\sum_{k=1}^{n}a_{ik}b_{ki}$$

$$d_{kk}=b_{k1}a_{1k}+b_{k2}a_{2k}+\cdots+b_{kn}a_{nk}=\sum_{i=1}^{n}b_{ki}a_{ik}$$

于是

$$t_r(AB)=\sum_{i=1}^{n}c_{ii}=\sum_{i=1}^{n}\sum_{k=1}^{n}a_{ik}b_{ki}\overset{*}{=\!=}\sum_{k=1}^{n}\sum_{i=1}^{n}a_{ik}b_{ki}$$
$$=\sum_{k=1}^{n}\sum_{i=1}^{n}b_{ki}a_{ik}=\sum_{k=1}^{n}d_{kk}=t_r(BA)$$

【证法二】因为AB与BA有相同的特征值,又特征值之和等于矩阵的迹,所以$t_r(AB)=t_r(BA)$.

评注　证法一用的是定义,证法二用的是特征值的性质,这是两种完全不同的思路.

【例 5.45】已知$A=(a_{ij})$是n阶矩阵,特征值为$\lambda_1,\lambda_2,\cdots,\lambda_n$. 证明:$\sum_{i=1}^{n}\lambda_i^2=\sum_{i=1}^{n}\sum_{j=1}^{n}a_{ij}a_{ji}$.

【证明】因为$\lambda_1^2,\lambda_2^2,\cdots,\lambda_n^2$是$A^2$的特征值,所以$t_r(A^2)=\sum_{i=1}^{n}\lambda_i^2$.

设$A^2=B=(b_{ij})$,按矩阵乘法定义,$b_{ii}=\sum_{j=1}^{n}a_{ij}a_{ji}$. 那么$t_r(A^2)=\sum_{i=1}^{n}b_{ii}=\sum_{i=1}^{n}\sum_{j=1}^{n}a_{ij}a_{ji}$,即$\sum_{i=1}^{n}\lambda_i^2=\sum_{i=1}^{n}\sum_{j=1}^{n}a_{ij}a_{ji}$.

【例 5.46】已知$A^2=E$,求A的特征值.

学习随笔

【解】设 λ 是 $\boldsymbol{A}$ 的任一特征值，$\boldsymbol{X}$ 是属于 λ 的特征向量，即

$$\boldsymbol{AX}=\lambda\boldsymbol{X},\boldsymbol{X}\neq\boldsymbol{0}$$

等式两边左乘 $\boldsymbol{A}$，得 $\boldsymbol{X}=\boldsymbol{EX}=\boldsymbol{A}^2\boldsymbol{X}=\boldsymbol{A}(\lambda\boldsymbol{X})=\lambda\boldsymbol{AX}=\lambda^2\boldsymbol{X}$. 于是 $(\lambda^2-1)\boldsymbol{X}=\boldsymbol{0}$，即 $\lambda^2-1=0$. 故 λ 为 $+1$ 或 -1.

评注　满足 $\boldsymbol{A}^2=\boldsymbol{E}$ 的矩阵是很多的，例如：

$$\begin{bmatrix}1&0&0\\0&1&0\\0&0&1\end{bmatrix},\quad\begin{bmatrix}-1&0&0\\0&-1&0\\0&0&-1\end{bmatrix},\quad\begin{bmatrix}1&0&0\\0&-1&0\\0&0&-1\end{bmatrix},\quad\begin{bmatrix}2&-3\\1&-2\end{bmatrix}$$

它们的特征值并不相同，依次是 1，1，1；-1，-1，-1；1，-1，-1 与 1，-1.

本例实际上是说：若 $\boldsymbol{A}^2=\boldsymbol{E}$，则 $\boldsymbol{A}$ 的特征值只能是 $+1$ 或 -1. 至于有几个 $+1$，有几个 -1，则必须还要有其他条件才能确定.

【例 5.47】设 $\boldsymbol{A}$ 为 n 阶矩阵，$|\boldsymbol{A}|\neq0$，$\boldsymbol{A}^*$ 为 $\boldsymbol{A}$ 的伴随矩阵，$\boldsymbol{E}$ 为 n 阶单位矩阵. 若 $\boldsymbol{A}$ 有特征值 λ，则 $(\boldsymbol{A}^*)^2+\boldsymbol{E}$ 必有特征值________.

【分析】本题考查相关矩阵特征值之间的关系.

$\boldsymbol{A}$ 有特征值 $\lambda\Rightarrow\boldsymbol{A}^*$ 有特征值 $\dfrac{|\boldsymbol{A}|}{\lambda}\Rightarrow(\boldsymbol{A}^*)^2$ 有特征值 $\left(\dfrac{|\boldsymbol{A}|}{\lambda}\right)^2\Rightarrow(\boldsymbol{A}^*)^2+\boldsymbol{E}$ 有特征值 $\left(\dfrac{|\boldsymbol{A}|}{\lambda}\right)^2+1$.

【例 5.48】已知 $\boldsymbol{A}$ 是 3 阶矩阵，$\boldsymbol{A}^*$ 的特征值是 ±2 和 -4，求 $\boldsymbol{A}$ 的特征值.

【分析】由例 5.35 我们知道，$\boldsymbol{A}$ 与 $\boldsymbol{A}^{-1}$ 的特征值互为倒数. 若 $\boldsymbol{AX}=\lambda\boldsymbol{X}$，则 $\boldsymbol{A}^{-1}\boldsymbol{X}=\dfrac{1}{\lambda}\boldsymbol{X}$，反之亦对. 因为 $\boldsymbol{A}^{-1}=\dfrac{\boldsymbol{A}^*}{|\boldsymbol{A}|}$，从而有 $\dfrac{\boldsymbol{A}^*}{|\boldsymbol{A}|}\boldsymbol{X}=\dfrac{1}{\lambda}\boldsymbol{X}\Rightarrow\boldsymbol{A}^*\boldsymbol{X}=\dfrac{|\boldsymbol{A}|}{\lambda}\boldsymbol{X}$.

【解】由于 $|\boldsymbol{A}|=\Pi\lambda_i$，故 $|\boldsymbol{A}^*|=2(-2)(-4)=16$. 又因 $|\boldsymbol{A}^*|=|\boldsymbol{A}|^{n-1}$，知 $|\boldsymbol{A}|^2=16$，所以 $|\boldsymbol{A}|=\pm4$.

若 $|\boldsymbol{A}|=4$，则从 $\dfrac{4}{\lambda}$ 为 ±2 和 4，知 $\boldsymbol{A}$ 的特征值是 ±2 与 1.

若 $|\boldsymbol{A}|=-4$，则 $\boldsymbol{A}$ 的特征值是 ∓2 与 -1.

【例 5.49】已知 $\boldsymbol{\alpha}=(1,3,2)^{\mathrm{T}}$，$\boldsymbol{\beta}=(1,-1,2)^{\mathrm{T}}$，$\boldsymbol{B}=\boldsymbol{\alpha\beta}^{\mathrm{T}}$，若矩阵 $\boldsymbol{A}$，$\boldsymbol{B}$ 相似，则 $(2\boldsymbol{A}+\boldsymbol{E})^*$ 的特征值为________.

【分析】由于 $\boldsymbol{A}\sim\boldsymbol{B}$，所以 $\boldsymbol{A}$ 与 $\boldsymbol{B}$ 有相同的特征值. 而 $\boldsymbol{B}=\boldsymbol{\alpha\beta}^{\mathrm{T}}=\begin{bmatrix}1&-1&2\\3&-3&6\\2&-2&4\end{bmatrix}$，于是

$$|\lambda\boldsymbol{E}-\boldsymbol{B}|=\begin{vmatrix}\lambda-1&1&-2\\-3&\lambda+3&-6\\-2&2&\lambda+4\end{vmatrix}\xlongequal[c_3+2c_2]{c_1+c_2}\begin{vmatrix}\lambda&1&0\\\lambda&\lambda+3&2\lambda\\0&2&\lambda\end{vmatrix}$$

$$\xlongequal{r_2-r_1}\begin{vmatrix}\lambda&1&0\\0&\lambda+2&2\lambda\\0&2&\lambda\end{vmatrix}=\lambda^2(\lambda-2)$$

则 $\boldsymbol{B}$ 的特征值为 2，0，0，从而 $\boldsymbol{A}$ 的特征值为 2，0，0，于是 $2\boldsymbol{A}+\boldsymbol{E}$ 的特征值为 5，1，1，因此

学习随笔

$|2\boldsymbol{A}+\boldsymbol{E}|=5\times1\times1=5$. 故$(2\boldsymbol{A}+\boldsymbol{E})^*$的特征值为1,5,5.

【例 5.50】设4阶方阵$\boldsymbol{A}$满足$|3\boldsymbol{E}+\boldsymbol{A}|=0$,$\boldsymbol{A}\boldsymbol{A}^{\mathrm{T}}=2\boldsymbol{E}$,$|\boldsymbol{A}|<0$,其中$\boldsymbol{E}$是4阶单位矩阵,则方阵$\boldsymbol{A}$的伴随矩阵$\boldsymbol{A}^*$的一个特征值为________.

【分析】若已知$\boldsymbol{A}$的一个特征值λ,再求出$|\boldsymbol{A}|$,即可得到$\boldsymbol{A}^*$的特征值$\frac{|\boldsymbol{A}|}{\lambda}$,已知条件给出$|3\boldsymbol{E}+\boldsymbol{A}|=0$,可直接用特征方程求$\boldsymbol{A}$的特征值.

由$|3\boldsymbol{E}+\boldsymbol{A}|=|\boldsymbol{A}-(-3)\boldsymbol{E}|=0$,知$\boldsymbol{A}$有一特征值为$\lambda=-3$. 又由$\boldsymbol{A}\boldsymbol{A}^{\mathrm{T}}=2\boldsymbol{E}$,得$|\boldsymbol{A}\boldsymbol{A}^{\mathrm{T}}|=|2\boldsymbol{E}|$,即$|\boldsymbol{A}||\boldsymbol{A}^{\mathrm{T}}|=|\boldsymbol{A}|^2=2^4|\boldsymbol{E}|=16$,从而$|\boldsymbol{A}|=\pm4$. 因为$|\boldsymbol{A}|<0$,所以$|\boldsymbol{A}|=-4$. 故$\boldsymbol{A}^*$有一特征值为$\frac{|\boldsymbol{A}|}{\lambda}=\frac{-4}{-3}=\frac{4}{3}$.

【例 5.51】设$\boldsymbol{A}$为n阶方阵,且$\boldsymbol{A}^2-5\boldsymbol{A}+6\boldsymbol{E}=\boldsymbol{O}$,其中$\boldsymbol{E}$为单位矩阵,则$\boldsymbol{A}$的特征值只能是________.

【分析】此类问题可有两种方法去求:一种是变换题设中的等式,推导出矩阵的特征多项式,由此得到特征值;另一种是由矩阵的特征值和矩阵多项式的特征值的关系来求出特征值.

【解法一】已知$\boldsymbol{A}^2-5\boldsymbol{A}+6\boldsymbol{E}=\boldsymbol{O}$,故$(\boldsymbol{A}-2\boldsymbol{E})(\boldsymbol{A}-3\boldsymbol{E})=\boldsymbol{O}$,等式两边取行列式为

$$|\boldsymbol{A}-2\boldsymbol{E}||\boldsymbol{A}-3\boldsymbol{E}|=0$$

则

$$|\boldsymbol{A}-2\boldsymbol{E}|=0\text{ 或 }|\boldsymbol{A}-3\boldsymbol{E}|=0$$

即$|2\boldsymbol{E}-\boldsymbol{A}|=0$或$|3\boldsymbol{E}-\boldsymbol{A}|=0$,从而$\lambda=2,3$.

【解法二】设λ为$\boldsymbol{A}$的特征值,由$\boldsymbol{A}^2-5\boldsymbol{A}+6\boldsymbol{E}=\boldsymbol{O}$有$\lambda^2-5\lambda+6=0$,即$(\lambda-2)(\lambda-3)=0$,故$\lambda=2,3$.

评注　可以证出特征值2的重数为$R(\boldsymbol{A}-3\boldsymbol{E})$,特征值3的重数为$R(\boldsymbol{A}-2\boldsymbol{E})$,且$R(\boldsymbol{A}-2\boldsymbol{E})+R(\boldsymbol{A}-3\boldsymbol{E})=n$,则$\boldsymbol{A}$的特征值只能是2或3.

【例 5.52】设$\boldsymbol{A}$为n阶方阵,$\boldsymbol{A}\neq\boldsymbol{E}$,且$R(\boldsymbol{A}+3\boldsymbol{E})+R(\boldsymbol{A}-\boldsymbol{E})=n$,则$\boldsymbol{A}$的一个特征值是________.

【分析】因为$\boldsymbol{A}\neq\boldsymbol{E}$,所以$\boldsymbol{A}-\boldsymbol{E}\neq\boldsymbol{O}$,从而$R(\boldsymbol{A}-\boldsymbol{E})>0$,故由$R(\boldsymbol{A}+3\boldsymbol{E})+R(\boldsymbol{A}-\boldsymbol{E})=n$,得$R(\boldsymbol{A}+3\boldsymbol{E})<n$,所以$|\boldsymbol{A}+3\boldsymbol{E}|=0$,即$-3$是$\boldsymbol{A}$的一个特征值.

【例 5.53】设$\boldsymbol{A}$为n阶矩阵,若$\boldsymbol{A}$中各行元素之和都是0,求$\boldsymbol{A}$的一个特征值及其特征向量.

【分析】$\boldsymbol{A}$中第i行元素之和为0,可表示为

$$(a_{i1},a_{i2},\cdots,a_{in})\begin{bmatrix}1\\1\\\vdots\\1\end{bmatrix}=a_{i1}+a_{i2}+\cdots+a_{in}=0$$

【解】因为$\boldsymbol{A}$中各行元素之和都是0,故

$$\boldsymbol{A}\begin{bmatrix}1\\1\\\vdots\\1\end{bmatrix}=\begin{bmatrix}0\\0\\\vdots\\0\end{bmatrix}=0\begin{bmatrix}1\\1\\\vdots\\1\end{bmatrix}$$

学习随笔

所以,0 必是 $\boldsymbol{A}$ 的特征值,$(1,1,\cdots,1)^{\mathrm{T}}$ 是属于 $\lambda=0$ 的特征向量.

评注　若各行元素之和均为 a,则 $\boldsymbol{A}$ 必有哪个特征值?

【例 5.54】设 n 阶方阵 $\boldsymbol{A}$ 的各列元素之和都是 1,则 $\boldsymbol{A}$ 的特征值是________.

【分析】设 $\boldsymbol{A}=(a_{ij})_{n\times n}$,由 $\boldsymbol{A}$ 的各列元素之和都是 1,得

$$a_{1i}+a_{2i}+\cdots+a_{ni}=1\quad(i=1,2,\cdots,n)$$

用矩阵表示即为 $\boldsymbol{A}^{\mathrm{T}}\begin{bmatrix}1\\1\\\vdots\\1\end{bmatrix}=\begin{bmatrix}1\\1\\\vdots\\1\end{bmatrix}=1\cdot\begin{bmatrix}1\\1\\\vdots\\1\end{bmatrix}$.可见 1 是 $\boldsymbol{A}^{\mathrm{T}}$ 的特征值,从而 1 也是 $\boldsymbol{A}$ 的特征值.

评注　本题利用了 $\boldsymbol{A}$ 与 $\boldsymbol{A}^{\mathrm{T}}$ 的特征值相同的结论.读者也可直接计算 $|\lambda\boldsymbol{E}-\boldsymbol{A}|$,利用其各列元素之和均为 $\lambda-1$ 分离出因子 $\lambda-1$,从而 1 为 $\boldsymbol{A}$ 的特征值.

【例 5.55】　设 n 阶矩阵 $\boldsymbol{A}$ 的元素全为 1,则 $\boldsymbol{A}$ 的 n 个特征值是________.

【分析】因为 $R(\boldsymbol{A})=1$,所以 $\boldsymbol{A}$ 的特征多项式为

$$|\lambda\boldsymbol{E}-\boldsymbol{A}|=\begin{vmatrix}\lambda-1&-1&\cdots&-1\\-1&\lambda-1&\cdots&-1\\\vdots&\vdots&&\vdots\\-1&-1&\cdots&\lambda-1\end{vmatrix}=\lambda^{n}-n\lambda^{n-1}$$

因此,$\boldsymbol{A}$ 的 n 个特征值是 $n,0,0,\cdots,0$ ($n-1$ 个).

注意:若 $R(\boldsymbol{A})=1$,则 $|\lambda\boldsymbol{E}-\boldsymbol{A}|=\lambda^{n}-\sum a_{ii}\lambda^{n-1}$.

【例 5.56】设 $\boldsymbol{A}=\begin{bmatrix}-1&2&2\\2&-1&-2\\2&-2&-1\end{bmatrix}$,试求 $\boldsymbol{E}+\boldsymbol{A}^{-1}$ 的特征值与特征向量.

【分析】本题可以先求出 $\boldsymbol{A}^{-1}$,再由 $\boldsymbol{E}+\boldsymbol{A}^{-1}$ 来求解.这种思路自然,但计算量大,要注意矩阵特征值、特征向量之间的联系.

【解】由 $\boldsymbol{A}$ 的特征多项式

$$|\lambda\boldsymbol{E}-\boldsymbol{A}|=\begin{vmatrix}\lambda+1&-2&-2\\-2&\lambda+1&2\\-2&2&\lambda+1\end{vmatrix}=\begin{vmatrix}\lambda-1&\lambda-1&0\\0&\lambda-1&1-\lambda\\-2&2&\lambda+1\end{vmatrix}$$

$$=(\lambda-1)^{2}\begin{vmatrix}1&1&0\\0&1&-1\\-2&2&\lambda+1\end{vmatrix}=(\lambda-1)^{2}(\lambda+5)$$

得到 $\boldsymbol{A}$ 的特征值为 $\lambda_1=\lambda_2=1,\lambda_3=-5$.

对 $\lambda=1$,由 $(\boldsymbol{E}-\boldsymbol{A})\boldsymbol{x}=\boldsymbol{0}$,即 $\begin{bmatrix}2&-2&-2\\-2&2&2\\-2&2&2\end{bmatrix}\rightarrow\begin{bmatrix}1&-1&-1\\0&0&0\\0&0&0\end{bmatrix}$,得到基础解系 $\boldsymbol{X}_1=\begin{bmatrix}1\\1\\0\end{bmatrix},\boldsymbol{X}_2=\begin{bmatrix}1\\0\\1\end{bmatrix}$.

学习随笔

对 $\lambda=-5$，由 $(-5\boldsymbol{E}-\boldsymbol{A})\boldsymbol{x}=\boldsymbol{0}$，即 $\begin{bmatrix}-4&-2&-2\\-2&-4&2\\-2&2&-4\end{bmatrix}\to\begin{bmatrix}1&2&-1\\0&1&-1\\0&0&0\end{bmatrix}$，得到基础解系

$\boldsymbol{X}_3=\begin{bmatrix}-1\\1\\1\end{bmatrix}$.

若 λ 是 $\boldsymbol{A}$ 的特征值，则 $\frac{1}{\lambda}$ 是 $\boldsymbol{A}^{-1}$ 的特征值，$\lambda+k$ 是 $\boldsymbol{A}+k\boldsymbol{E}$ 的特征值，而且 $\boldsymbol{A}$ 的特征向量就是 $\boldsymbol{A}^{-1}$，$\boldsymbol{A}+k\boldsymbol{E}$ 相应特征值的特征向量，所以 $\boldsymbol{E}+\boldsymbol{A}^{-1}$ 的特征值是 $2,2,\frac{4}{5}$.

$\lambda=2$ 的特征向量是 $k_1\boldsymbol{X}_1+k_2\boldsymbol{X}_2$（$k_1,k_2$ 不全为零）.

$\lambda=\frac{4}{5}$ 的特征向量是 $k_3\boldsymbol{X}_3$（$k_3\neq0$）.

【例 5.57】已知 $\boldsymbol{\alpha}=\begin{bmatrix}1\\-11\\2\end{bmatrix}$，$\boldsymbol{\beta}=\begin{bmatrix}0\\-2\\-13\end{bmatrix}$，$\boldsymbol{A}=2\boldsymbol{\beta}\boldsymbol{\alpha}^{\mathrm{T}}+7\boldsymbol{E}$，求矩阵 $\boldsymbol{A}$ 的最小的特征值及其所属的特征向量.

【解】令 $\boldsymbol{B}=\boldsymbol{\beta}\boldsymbol{\alpha}^{\mathrm{T}}$，则 $R(\boldsymbol{B})=1$，$\boldsymbol{A}=2\boldsymbol{B}+7\boldsymbol{E}$. 由于

$$\boldsymbol{B}\boldsymbol{\beta}=(\boldsymbol{\beta}\boldsymbol{\alpha}^{\mathrm{T}})\boldsymbol{\beta}=\boldsymbol{\beta}(\boldsymbol{\alpha}^{\mathrm{T}}\boldsymbol{\beta})=-4\boldsymbol{\beta}$$

知 $\boldsymbol{B}$ 的特征值是 $-4,0,0$，那么 $\boldsymbol{A}$ 的特征值是 $-1,7,7$. 所以，$\boldsymbol{A}$ 的最小特征值是 -1，而

$$\boldsymbol{A}\boldsymbol{\beta}=(2\boldsymbol{B}+7\boldsymbol{E})\boldsymbol{\beta}=2(-4\boldsymbol{\beta})+7\boldsymbol{\beta}=-\boldsymbol{\beta}$$

$\boldsymbol{\beta}$ 是属于 $\lambda=-1$ 的特征向量. 于是 $\boldsymbol{A}$ 属于 $\lambda=-1$ 的特征向量是 $k\boldsymbol{\beta}$（$k\neq0$）.

评注　本题若求出 $\boldsymbol{A}$：

$$\boldsymbol{A}=2\begin{bmatrix}0\\-2\\-13\end{bmatrix}(1,-11,2)+7\begin{bmatrix}1&0&0\\0&1&0\\0&0&1\end{bmatrix}=\begin{bmatrix}7&0&0\\-4&51&-8\\-26&264&-45\end{bmatrix}$$

再求特征值、特征向量是麻烦的. 要注意用定义法求特征值与特征向量.

另外，$\boldsymbol{\beta}\boldsymbol{\alpha}^{\mathrm{T}}$ 是 3×3 矩阵，$\boldsymbol{\alpha}^{\mathrm{T}}\boldsymbol{\beta}$ 是 1×1 矩阵，是数，不要混淆.

【例 5.58】设 $\boldsymbol{A}=\begin{bmatrix}2&1&1\\1&2&1\\1&1&2\end{bmatrix}$，若 $\boldsymbol{\alpha}=\begin{bmatrix}1\\k\\1\end{bmatrix}$ 是 $\boldsymbol{A}^{-1}$ 的特征向量，求 k 及 $\boldsymbol{\alpha}$ 所属特征值.

【解】设 $\boldsymbol{\alpha}$ 是 $\boldsymbol{A}^{-1}$ 属于特征值 λ 的特征向量，按定义，有

$$\boldsymbol{A}^{-1}\boldsymbol{\alpha}=\lambda\boldsymbol{\alpha}$$

两边左乘 $\boldsymbol{A}$，得 $\lambda\boldsymbol{A}\boldsymbol{\alpha}=\boldsymbol{\alpha}$，即

$$\lambda\begin{bmatrix}2&1&1\\1&2&1\\1&1&2\end{bmatrix}\begin{bmatrix}1\\k\\1\end{bmatrix}=\begin{bmatrix}1\\k\\1\end{bmatrix}\Rightarrow\begin{cases}\lambda(3+k)=1,\\\lambda(2+2k)=k\end{cases}\Rightarrow k=1\text{ 或 }-2$$

代入到方程组可知 $\begin{cases}k=1,\\\lambda=\frac{1}{4},\end{cases}$ $\begin{cases}k=-2,\\\lambda=1.\end{cases}$

故 $k=1$ 时，$\boldsymbol{\alpha}$ 是 $\boldsymbol{A}^{-1}$ 属于特征值 $\lambda=\frac{1}{4}$ 的特征向量；$k=-2$ 时，$\boldsymbol{\alpha}$ 是 $\boldsymbol{A}^{-1}$ 属于特征值 $\lambda=1$ 的特征向量.

【例 5.59】已知 $\boldsymbol{\alpha}=(a_1,a_2,\cdots,a_n)^{\mathrm{T}}$，$\boldsymbol{\beta}=(b_1,b_2,\cdots,b_n)^{\mathrm{T}}$，$\boldsymbol{\alpha}^{\mathrm{T}}\boldsymbol{\beta}=1$，若 $\boldsymbol{A}=\boldsymbol{E}+\boldsymbol{\alpha}\boldsymbol{\beta}^{\mathrm{T}}$：

(1) 求 $\boldsymbol{A}$ 的特征值.

(2) 求 $\boldsymbol{A}$ 的特征向量.

(3) 证明：$\boldsymbol{A}$ 可逆，并求 $\boldsymbol{A}^{-1}$.

【解】(1) 令 $\boldsymbol{B}=\boldsymbol{\alpha}\boldsymbol{\beta}^{\mathrm{T}}$，则 $\boldsymbol{A}=\boldsymbol{E}+\boldsymbol{B}$，由

$$\boldsymbol{B}=\begin{bmatrix}a_1\\a_2\\\vdots\\a_n\end{bmatrix}(b_1,b_2,\cdots,b_n)=\begin{bmatrix}a_1b_1&a_1b_2&\cdots&a_1b_n\\a_2b_1&a_2b_2&\cdots&a_2b_n\\\vdots&\vdots&&\vdots\\a_nb_1&a_nb_2&\cdots&a_nb_n\end{bmatrix}$$

知 $R(\boldsymbol{B})=1$，且 $a_1b_1+a_2b_2+\cdots+a_nb_n=\boldsymbol{\alpha}^{\mathrm{T}}\boldsymbol{\beta}=1$.

所以 $\boldsymbol{B}$ 的特征值是 $1,0,0,\cdots,0$（$n-1$ 重）.那么，$\boldsymbol{A}$ 的特征值是 $2,1,1,\cdots,1$（$n-1$ 重）.

(2) 因为

$$\boldsymbol{B}^2=\begin{bmatrix}a_1\\a_2\\\vdots\\a_n\end{bmatrix}\left[(b_1,b_2,\cdots,b_n)\begin{bmatrix}a_1\\a_2\\\vdots\\a_n\end{bmatrix}\right](b_1,b_2,\cdots,b_n)=\sum_{i=1}^{n}a_ib_i\begin{bmatrix}a_1\\a_2\\\vdots\\a_n\end{bmatrix}(b_1,b_2,\cdots,b_n)=\boldsymbol{B}$$

对 $\boldsymbol{B}$ 按列分块，记 $\boldsymbol{B}=(\boldsymbol{\beta}_1,\boldsymbol{\beta}_2,\cdots,\boldsymbol{\beta}_n)$，则有 $\boldsymbol{B}(\boldsymbol{\beta}_1,\boldsymbol{\beta}_2,\cdots,\boldsymbol{\beta}_n)=(\boldsymbol{\beta}_1\boldsymbol{\beta}_2\cdots\boldsymbol{\beta}_n)$.

那么 $\boldsymbol{B}\boldsymbol{\beta}_1=\boldsymbol{\beta}_1=1\cdot\boldsymbol{\beta}_1$.可见 $\boldsymbol{\beta}_1$ 是 $\boldsymbol{B}$ 属于 $\lambda=1$ 的一个特征向量，从而 $\boldsymbol{B}$ 属于 $\lambda=0$ 的特征向量是 $k_1\boldsymbol{X}_1$，其中 $\boldsymbol{X}_1=\begin{bmatrix}a_1\\a_2\\\vdots\\a_n\end{bmatrix}$，$k_1\neq0$.

对于齐次线性方程组 $(0\boldsymbol{E}-\boldsymbol{B})\boldsymbol{x}=\boldsymbol{0}$，有

$$-\boldsymbol{B}=\begin{bmatrix}-a_1b_1&-a_1b_2&\cdots&-a_1b_n\\-a_2b_1&-a_2b_2&\cdots&-a_2b_n\\\vdots&\vdots&&\vdots\\-a_nb_1&-a_nb_2&\cdots&-a_nb_n\end{bmatrix}\rightarrow\begin{bmatrix}b_1&b_2&\cdots&b_n\\&&\boldsymbol{0}&\end{bmatrix}$$

它的基础解系为

$$\boldsymbol{X}_2=\begin{bmatrix}-b_2\\b_1\\0\\\vdots\\0\end{bmatrix},\quad\boldsymbol{X}_3=\begin{bmatrix}-b_3\\0\\b_1\\\vdots\\0\end{bmatrix},\cdots,\quad\boldsymbol{X}_n=\begin{bmatrix}-b_n\\0\\0\\\vdots\\b_1\end{bmatrix}$$

因此，$\boldsymbol{B}$ 属于 $\lambda=0$ 的特征向量是 $k_2\boldsymbol{X}_2,k_3\boldsymbol{X}_3,\cdots,k_n\boldsymbol{X}_n$（$k_i\neq0,i=2,\cdots,n$）.

学习随笔

所以，$\boldsymbol{A}$ 属于 $\lambda=2$ 的特征向量是 $k_1\boldsymbol{X}_1(k_1\neq 0)$；$\boldsymbol{A}$ 属于 $\lambda=1$ 的特征向量是 $k_2\boldsymbol{X}_2,k_3\boldsymbol{X}_3,\cdots,k_n\boldsymbol{X}_n(k_i\neq 0,i=2,\cdots,n)$.

(3) 因为 $|\boldsymbol{A}|=\prod_{i=1}^{n}\lambda_i=2\neq 0$，所以 $\boldsymbol{A}$ 可逆. 又 $\boldsymbol{A}=\boldsymbol{E}+\boldsymbol{B},\boldsymbol{B}^2=\boldsymbol{B}$，有 $(\boldsymbol{A}-\boldsymbol{E})^2=\boldsymbol{A}-\boldsymbol{E}$，即 $\boldsymbol{A}^2-3\boldsymbol{A}+2\boldsymbol{E}=\boldsymbol{O}$. 那么

$$\boldsymbol{A}\cdot\frac{3\boldsymbol{E}-\boldsymbol{A}}{2}=\boldsymbol{E}\Rightarrow\boldsymbol{A}^{-1}=\frac{3\boldsymbol{E}-\boldsymbol{A}}{2}=\boldsymbol{E}-\frac{1}{2}\boldsymbol{\alpha}^{\mathrm{T}}\boldsymbol{\beta}$$

评注　通过 $\boldsymbol{B}$ 的特征值、特征向量求解 $\boldsymbol{A}$ 的逆矩阵要简洁，$\lambda=1$ 的特征向量用定义法求解是简洁的，建议读者对 $n=3$ 用基础解系法 $(\boldsymbol{E}-\boldsymbol{B})\boldsymbol{x}=\boldsymbol{0}$ 来求 $\lambda=1$ 的特征向量.

【例 5.60】设矩阵 $\boldsymbol{A}=\begin{bmatrix}3&2&2\\2&3&2\\2&2&3\end{bmatrix},\boldsymbol{P}=\begin{bmatrix}0&1&0\\1&0&1\\0&0&1\end{bmatrix},\boldsymbol{B}=\boldsymbol{P}^{-1}\boldsymbol{A}^*\boldsymbol{P}$，求 $\boldsymbol{B}+2\boldsymbol{E}$ 的特征值与特征向量，其中 $\boldsymbol{A}^*$ 为 $\boldsymbol{A}$ 的伴随矩阵，$\boldsymbol{E}$ 为 3 阶单位矩阵.

【分析】因为 $\boldsymbol{A}^*$ 与 $\boldsymbol{B}$ 相似，而两个相似矩阵的特征值与特征向量有关联，利用它们之间的联系就可求出 $\boldsymbol{B}$ 的特征值与特征向量，进而就可求出 $\boldsymbol{B}+2\boldsymbol{E}$ 的特征值与特征向量.

【解】由于

$$|\lambda\boldsymbol{E}-\boldsymbol{A}|=\begin{vmatrix}\lambda-3&-2&-2\\-2&\lambda-3&-2\\-2&-2&\lambda-3\end{vmatrix}=\begin{vmatrix}\lambda-7&\lambda-7&\lambda-7\\-2&\lambda-3&-2\\0&1-\lambda&\lambda-1\end{vmatrix}$$

$$=(\lambda-7)(\lambda-1)\begin{vmatrix}1&1&1\\-2&\lambda-3&-2\\0&-1&1\end{vmatrix}=(\lambda-1)^2(\lambda-7)$$

故 $\boldsymbol{A}$ 的特征值为 $\lambda_1=\lambda_2=1,\lambda_3=7$.

因为 $|\boldsymbol{A}|=\prod\lambda_i=7$，若 $\boldsymbol{AX}=\lambda\boldsymbol{X}$，则 $\boldsymbol{A}^*\boldsymbol{X}=\dfrac{|\boldsymbol{A}|}{\lambda}\boldsymbol{X}$，所以，$\boldsymbol{A}^*$ 的特征值为 7,7,1.

由于 $\boldsymbol{B}=\boldsymbol{P}^{-1}\boldsymbol{A}^*\boldsymbol{P}$，即 $\boldsymbol{A}^*$ 与 $\boldsymbol{B}$ 相似，故 $\boldsymbol{B}$ 的特征值为 7,7,1，从而 $\boldsymbol{B}+2\boldsymbol{E}$ 的特征值为 9,9,3.

因为

$$\boldsymbol{B}(\boldsymbol{P}^{-1}\boldsymbol{X})=(\boldsymbol{P}^{-1}\boldsymbol{A}^*\boldsymbol{P})(\boldsymbol{P}^{-1}\boldsymbol{X})=\boldsymbol{P}^{-1}\boldsymbol{A}^*\boldsymbol{X}=\frac{|\boldsymbol{A}|}{\lambda}\boldsymbol{P}^{-1}\boldsymbol{X}$$

按定义可知矩阵 $\boldsymbol{B}$ 属于特征值 $\dfrac{|\boldsymbol{A}|}{\lambda}$ 的特征向量是 $\boldsymbol{P}^{-1}\boldsymbol{X}$. 因此 $\boldsymbol{B}+2\boldsymbol{E}$ 属于特征值 $\dfrac{|\boldsymbol{A}|}{\lambda}+2$ 的特征向量是 $\boldsymbol{P}^{-1}\boldsymbol{X}$.

当 $\lambda=1$ 时，由 $(\boldsymbol{E}-\boldsymbol{A})\boldsymbol{x}=\boldsymbol{0}$，即 $\begin{bmatrix}-2&-2&-2\\-2&-2&-2\\-2&-2&-2\end{bmatrix}\to\begin{bmatrix}1&1&1\\0&0&0\\0&0&0\end{bmatrix}$，得到属于 $\lambda=1$ 的线性无关的特征向量为 $\boldsymbol{X}_1=\begin{bmatrix}-1\\1\\0\end{bmatrix},\boldsymbol{X}_2=\begin{bmatrix}-1\\0\\1\end{bmatrix}$.

学习随笔

当$\lambda=7$时，由$(7\boldsymbol{E}-\boldsymbol{A})\boldsymbol{x}=\boldsymbol{0}$，即$\begin{bmatrix}4&-2&-2\\-2&4&-2\\-2&-2&4\end{bmatrix}\to\begin{bmatrix}1&-2&1\\0&1&-1\\0&0&0\end{bmatrix}$，得到属于$\lambda=7$的特征向量为$\boldsymbol{X}_3=\begin{bmatrix}1\\1\\1\end{bmatrix}$.

由于$\boldsymbol{P}^{-1}=\begin{bmatrix}0&1&-1\\1&0&0\\0&0&1\end{bmatrix}$，那么

$$\boldsymbol{P}^{-1}\boldsymbol{X}_1=\begin{bmatrix}1\\-1\\0\end{bmatrix},\quad \boldsymbol{P}^{-1}\boldsymbol{X}_2=\begin{bmatrix}-1\\-1\\1\end{bmatrix},\quad \boldsymbol{P}^{-1}\boldsymbol{X}_3=\begin{bmatrix}0\\1\\1\end{bmatrix}$$

因此，$\boldsymbol{B}+2\boldsymbol{E}$属于特征值$\lambda=9$的全部特征向量为

$$k_1\begin{bmatrix}1\\-1\\0\end{bmatrix}+k_2\begin{bmatrix}-1\\-1\\1\end{bmatrix}\text{（其中 }k_1,k_2\text{ 是不全为零的任意常数）}$$

而$\boldsymbol{B}+2\boldsymbol{E}$属于特征值$\lambda=3$的全部特征向量为$k_3\begin{bmatrix}0\\1\\1\end{bmatrix}$，其中$k_3$为非零的任意常数.

评注　本题亦可先求出$\boldsymbol{A}$的伴随矩阵$\boldsymbol{A}^*=\begin{bmatrix}5&-2&-2\\-2&5&-2\\-2&-2&5\end{bmatrix}$，然后通过求$\boldsymbol{P}^{-1}$而得到

$$\boldsymbol{B}=\boldsymbol{P}^{-1}\boldsymbol{A}^*\boldsymbol{P}=\begin{bmatrix}7&0&0\\-2&5&-4\\-2&-2&3\end{bmatrix}$$

求出$\boldsymbol{B}+2\boldsymbol{E}$后，再求特征值与特征向量.

这样求解的思路是直接的，但计算量较大，应当会利用性质间接求解.

若能观察出$\boldsymbol{A}=\begin{bmatrix}2&2&2\\2&2&2\\2&2&2\end{bmatrix}+\begin{bmatrix}1&0&0\\0&1&0\\0&0&1\end{bmatrix}$，你能立即求出$\boldsymbol{A}$的特征值与特征向量吗？

本题是求矩阵的特征向量，不是求可逆矩阵$\boldsymbol{P}$. 因为特征向量是$(\lambda\boldsymbol{E}-\boldsymbol{A})\boldsymbol{x}=\boldsymbol{0}$的非零解，所以不应丢任意常数.

【例 5.61】设$\boldsymbol{A}$为3阶矩阵，满足$|3\boldsymbol{A}+2\boldsymbol{E}|=0$，$|\boldsymbol{A}-\boldsymbol{E}|=0$，$|3\boldsymbol{E}-2\boldsymbol{A}|=0$，则$|\boldsymbol{A}^*-\boldsymbol{E}|=$________.

(A) $\frac{5}{3}$.　　(B) $\frac{2}{3}$.　　(C) $-\frac{2}{3}$.　　(D) $-\frac{5}{3}$.

【分析】由题设条件可知$\boldsymbol{A}$的特征值为$\lambda_1=-\frac{2}{3}$，$\lambda_2=1$，$\lambda_3=\frac{3}{2}$，所以$\boldsymbol{A}$可逆，于是

矩阵 A^* 的特征值为 $\mu_i=\frac{|A|}{\lambda_i}(i=1,2,3)$. 而 $|A|=\lambda_1\lambda_2\lambda_3=-1$，所以 $\mu_1=\frac{3}{2}$，$\mu_2=-1$，$\mu_3=-\frac{2}{3}$. 又矩阵 A^*-E 的特征值为 μ_1-1，μ_2-1，μ_3-1，因此

$$|A^*-E|=(\mu_1-1)(\mu_2-1)(\mu_3-1)=\frac{1}{2}\times(-2)\times\left(-\frac{5}{3}\right)=\frac{5}{3}$$

故应选(A).

【例 5.62】已知 3 阶方阵 A 的特征值为 $1,-1,2$，设 $B=A^3-2A^2$，则行列式 $|B|=$________.

【分析】矩阵 B 是方阵 A 的多项式 $f(A)$，则当 A 的特征值为 λ 时，矩阵 B 的特征值为 $f(\lambda)$，且矩阵 B 的行列式的值等于其所有特征值的乘积.

记矩阵 $B=A^3-2A^2=f(A)$，仍为 3 阶方阵，又因方阵 A 的特征值 $\lambda=1,-1,2$，所以 B 的特征值为 $f(\lambda)=\lambda^3-2\lambda^2$，即

$f(1)=1^3-2\times1^2=-1$，$f(-1)=(-1)^3-2\times(-1)^2=-3$，$f(2)=2^3-2\times2^2=0$

从而 $|B|=(-1)\times(-3)\times0=0$.

评注　利用矩阵 A 的特征值 λ 与矩阵多项式 $f(A)$ 的特征值 $f(\lambda)$ 的关系求 $f(A)$ 的特征值，是最简单的方法.

【例 5.63】已知 3 阶方阵 A 的特征值为 $-1,0,1$，设 $B=A^3-2A^2+E$，则 $|B+E|=$________.

【分析】令 $f(\lambda)=\lambda^3-2\lambda^2+1$，则 $B=f(A)$，所以 B 的特征值为

$$f(-1)=(-1)^3-2(-1)^2+1=-2,\ f(0)=1,\ f(1)=0$$

从而 $B+E$ 的特征值为 $-1,2,1$，故 $|B+E|=(-1)\times2\times1=-2$.

评注　A 的特征值互异，所以 $P^{-1}AP=\mathrm{diag}(-1,0,1)$，利用这一结果也可以求行列式.

【例 5.64】设 3 阶矩阵 A，$A-E$ 和 $E+2A$ 均不可逆，则 $|A+E|=$________.

【分析】由题设条件，有 $|A|=0$，$|A-E|=0$，$|E+2A|=0$，所以

$$|0E-A|=|-A|=(-1)^3|A|=0$$

$$|E-A|=|-(A-E)|=(-1)^3|A-E|=0$$

$$\left|-\frac{1}{2}E-A\right|=\left|-\frac{1}{2}(E+2A)\right|=\left(-\frac{1}{2}\right)^3|E+2A|=0$$

即矩阵 A 的 3 个特征值为 $\lambda_1=0$，$\lambda_2=1$，$\lambda_3=-\frac{1}{2}$. 于是矩阵 $A+E$ 的 3 个特征值为 λ_1+1，λ_2+1，λ_3+1. 故 $|A+E|=(\lambda_1+1)(\lambda_2+1)(\lambda_3+1)=1$.

【例 5.65】设 4 阶方阵 A 和 B 相似，如果 B^* 的特征值是 $1,-1,2,4$，则 $|A^*|=$________.

【分析】依题设 $|B^*|=1\times(-1)\times2\times4=-8$，又

$$|B^*|=||B|B^{-1}|=|B|^4|B|^{-1}=|B|^3$$

所以 $|B|=-2$. 根据 A 与 B 相似，知 $|A|=|B|=-2$，故

$$|A^*|=||A|A^{-1}|=|A|^4|A^{-1}|=|A|^3=(-2)^3=-8$$

【例 5.66】已知向量 $\boldsymbol{\alpha}_1=\begin{bmatrix}1\\1\\0\end{bmatrix}$ 和 $\boldsymbol{\alpha}_2=\begin{bmatrix}1\\0\\1\end{bmatrix}$ 都是矩阵 $\mathbf{A}$ 属于特征值 $\lambda=2$ 的特征向量，且向量 $\boldsymbol{\beta}=\boldsymbol{\alpha}_1-2\boldsymbol{\alpha}_2$，则向量 $\mathbf{A}\boldsymbol{\beta}=$________.

【分析】本题可利用矩阵 $\mathbf{A}$ 的特征值和特征向量的性质求解.

因 $\boldsymbol{\alpha}_1,\boldsymbol{\alpha}_2$ 都是 $\mathbf{A}$ 属于特征值 $\lambda=2$ 的特征向量，故它们的线性组合 $\boldsymbol{\beta}=\boldsymbol{\alpha}_1-2\boldsymbol{\alpha}_2$ 也是 $\mathbf{A}$ 属于 $\lambda=2$ 的特征向量，所以

$$\mathbf{A}\boldsymbol{\beta}=2\boldsymbol{\beta}=2(\boldsymbol{\alpha}_1-2\boldsymbol{\alpha}_2)=\begin{bmatrix}-2\\2\\-4\end{bmatrix}$$

评注　本题也可利用矩阵运算求解. 由 $\mathbf{A}\boldsymbol{\alpha}_1=2\boldsymbol{\alpha}_1,\mathbf{A}\boldsymbol{\alpha}_2=2\boldsymbol{\alpha}_2$ 可知

$$\mathbf{A}\boldsymbol{\beta}=\mathbf{A}(\boldsymbol{\alpha}_1-2\boldsymbol{\alpha}_2)=\mathbf{A}\boldsymbol{\alpha}_1-2\mathbf{A}\boldsymbol{\alpha}_2=2\boldsymbol{\alpha}_1-4\boldsymbol{\alpha}_2=\begin{bmatrix}-2\\2\\-4\end{bmatrix}$$

【例 5.67】设矩阵 $\mathbf{A}=\begin{bmatrix}a&0&b\\0&2&0\\b&0&-2\end{bmatrix}$ 的一个特征值为 $\lambda_1=-3$，且 $\mathbf{A}$ 的 3 个特征值之积为 -12，则 $a=$________，$b=$________，$\mathbf{A}$ 的其他特征值为________.

【分析】由题设条件，$|\mathbf{A}|=-12$，即

$$\begin{vmatrix}a&0&b\\0&2&0\\b&0&-2\end{vmatrix}=-4a-2b^2=-12$$

得 $2a+b^2=6$，又 $\mathbf{A}$ 的特征多项式

$$|\lambda\mathbf{E}-\mathbf{A}|=\begin{vmatrix}\lambda-a&0&-b\\0&\lambda-2&0\\-b&0&\lambda+2\end{vmatrix}=(\lambda-2)[\lambda^2-(a-2)\lambda-(2a+b^2)]$$

$$=(\lambda-2)[\lambda^2-(a-2)\lambda-6]$$

由此得 $\lambda_2=2$，且 $\lambda_1=-3$ 必是方程 $\lambda^2-(a-2)\lambda-6=0$ 的根，故得 $a=1$ 和另一特征值 $\lambda_3=2$. 将 $a=1$ 代入 $2a+b^2=6$，又可得 $b=2$ 或 -2.

【例 5.68】设矩阵 $\mathbf{A}=\begin{bmatrix}2&x&2\\5&y&3\\-1&z&-2\end{bmatrix}$，已知矩阵 $\mathbf{A}$ 的特征值为 $\lambda_1=\lambda_2=\lambda_3=-1$，则参数 x,y,z 的值分别为________，矩阵 $\mathbf{A}$ 的特征向量为________.

【分析】由题设，矩阵 $\mathbf{A}$ 的特征多项式为

$$f(\lambda)=|\lambda\mathbf{E}-\mathbf{A}|=\begin{vmatrix}\lambda-2&-x&-2\\-5&\lambda-y&-3\\1&-z&\lambda+2\end{vmatrix}=(\lambda+1)^3$$

即　　$(\lambda^2-4)(\lambda-y)+3x-10z+2(\lambda-y)-3z(\lambda-2)-5x(\lambda+2)=$

学习随笔

$$\lambda^3-y\lambda^2+(-2-5x-3z)\lambda+(-7x+2y-4z)=\lambda^3+3\lambda^2+3\lambda+1$$

利用比较系数法得到线性方程组

$$\begin{cases}-y=3,\\-2-5x-3z=3,\\-7x+2y-4z=1\end{cases}\Rightarrow x=-1,y=-3,z=0$$

将 $x=-1,y=-3,z=0$ 代入 $\lambda_1=\lambda_2=\lambda_3=-1$ 对应的特征矩阵

$$-\boldsymbol{E}-\boldsymbol{A}=\begin{bmatrix}-3&1&-2\\-5&2&-3\\1&0&1\end{bmatrix}\to\begin{bmatrix}1&0&1\\0&1&1\\0&0&0\end{bmatrix}$$

由此得到对应齐次线性方程组的基础解系 $\boldsymbol{\eta}=\begin{bmatrix}-1\\-1\\1\end{bmatrix}$.

所以,$\boldsymbol{A}$ 的属于 $\lambda_1=\lambda_2=\lambda_3=-1$ 的全部特征向量为 $k\begin{bmatrix}-1\\-1\\1\end{bmatrix}$,$k$ 为任意非零常数.

【例 5.69】设矩阵 $\boldsymbol{A}=\begin{bmatrix}-1&-2&x\\4&5&-4\\-6&-6&7\end{bmatrix}$,已知 $\boldsymbol{A}$ 的伴随矩阵 $\boldsymbol{A}^*$ 的特征向量 $\boldsymbol{\xi}=\begin{bmatrix}1\\a\\3\end{bmatrix}$,则参数 a,x 的值分别为________. $\boldsymbol{A}^*$ 的特征向量 $\boldsymbol{\xi}$ 对应的特征值为________.

【分析】设 $\boldsymbol{A}^*$ 的特征向量 $\boldsymbol{\xi}$ 对应的特征值为 λ,同时 $\boldsymbol{\xi}$ 也是矩阵 $\boldsymbol{A}$ 的特征向量,又设 $\boldsymbol{A}$ 的对应于 $\boldsymbol{\xi}$ 的特征值为 μ,则 $\lambda=\dfrac{|\boldsymbol{A}|}{\mu}$,于是有 $\boldsymbol{A\xi}=\mu\boldsymbol{\xi}$,即 $(\mu\boldsymbol{E}-\boldsymbol{A})\boldsymbol{\xi}=\boldsymbol{0}$,即

$$\begin{bmatrix}\mu+1&2&-x\\-4&\mu-5&4\\6&6&\mu-7\end{bmatrix}\begin{bmatrix}1\\a\\3\end{bmatrix}=\begin{bmatrix}0\\0\\0\end{bmatrix}$$

即

$$\begin{cases}\mu+1+2a-3x=0,\\-4+a(\mu-5)+12=0,\\6+6a+3(\mu-7)=0\end{cases}$$

整理后解此方程组得到

$$-4+a(8-2a-5)+12=0\Rightarrow a=\pm2$$

当 $a=2$ 时,$\mu=1,x=2$,此时 $\boldsymbol{A}^*$ 的特征向量 $\boldsymbol{\xi}$ 对应的特征值 $\lambda=|\boldsymbol{A}|$. 将 $x=2$ 代入,得

$$|\boldsymbol{A}|=\begin{vmatrix}-1&-2&2\\4&5&-4\\-6&-6&7\end{vmatrix}=9$$

所以 $\lambda=9$.

当 $a=-2$ 时,$\mu=9,x=2$,此时 $\boldsymbol{A}^*$ 的特征向量 $\boldsymbol{\xi}$ 对应的特征值 $\lambda=\dfrac{|\boldsymbol{A}|}{9}=1$.

【例 5.70】设 $\boldsymbol{A}$ 为 n 阶可相似对角化的矩阵，且 $R(\boldsymbol{A}-\boldsymbol{E})=r<n$，则 $\boldsymbol{A}$ 必有特征值 $\lambda=$________，及其重数为________，其对应的线性无关的特征向量有________个.

【分析】本题须用如下结论：矩阵 $\boldsymbol{A}$ 相似于对角矩阵的充分必要条件为 $\boldsymbol{A}$ 的特征值的重数(代数重数)与特征值对应的线性无关的特征向量的个数(几何重数)相等.

由 $R(\boldsymbol{A}-\boldsymbol{E})=r<n$，$|\boldsymbol{E}-\boldsymbol{A}|=(-1)^n|\boldsymbol{A}-\boldsymbol{E}|=0$ 可知 $\lambda=1$ 是 $\boldsymbol{A}$ 的特征值，又由线性方程组 $(\boldsymbol{E}-\boldsymbol{A})\boldsymbol{x}=\boldsymbol{0}$ 的基础解系含 $n-r$ 个解，知 λ 的几何重数为 $n-r$. 而由题设又可知代数重数等于几何重数，所以应填 $1,n-r,n-r$.

评注　若 $\boldsymbol{A}$ 为 n 阶方阵，则 $\boldsymbol{A}$ 有 n 个特征值，$\boldsymbol{A}$ 的线性无关的特征向量 $\leqslant n$ 个，因此对 $\boldsymbol{A}$ 的每个不同的特征值，其代数重数不小于几何重数. 由 $\boldsymbol{A}$ 相似于对角矩阵的充分必要条件是 $\boldsymbol{A}$ 有 n 个线性无关的特征向量，可得 $\boldsymbol{A}$ 可相似对角化的充分必要条件为 $\boldsymbol{A}$ 的每个不同的特征值都有代数重数等于几何重数.

【例 5.71】设矩阵 $\boldsymbol{A}=\begin{bmatrix} a & -1 & c \\ 5 & b & 3 \\ 1-c & 0 & -a \end{bmatrix}$，其行列式 $|\boldsymbol{A}|=-1$，又 $\boldsymbol{A}$ 的伴随矩阵 $\boldsymbol{A}^*$ 有一个特征值 λ_0，属于 λ_0 的一个特征向量为 $\boldsymbol{\alpha}=(-1,-1,1)^{\mathrm{T}}$，求 a,b,c 和 λ_0 的值.

【解】因为 $\boldsymbol{\alpha}$ 是 $\boldsymbol{A}^*$ 属于特征值 λ_0 的特征向量，即

$$\boldsymbol{A}^*\boldsymbol{\alpha}=\lambda_0\boldsymbol{\alpha} \tag{5.20}$$

根据 $\boldsymbol{A}\boldsymbol{A}^*=|\boldsymbol{A}|\boldsymbol{E}$ 及已知条件 $|\boldsymbol{A}|=-1$，用 $\boldsymbol{A}$ 左乘式(5.20)两边有

$$-\boldsymbol{\alpha}=\lambda_0\boldsymbol{A}\boldsymbol{\alpha}$$

即
$$\lambda_0\begin{bmatrix} a & -1 & c \\ 5 & b & 3 \\ 1-c & 0 & -a \end{bmatrix}\begin{bmatrix} -1 \\ -1 \\ 1 \end{bmatrix}=-\begin{bmatrix} -1 \\ -1 \\ 1 \end{bmatrix}$$

由此可得

$$\begin{cases} \lambda_0(-a+1+c)=1, & (5.21) \\ \lambda_0(-5-b+3)=1, & (5.22) \\ \lambda_0(-1+c-a)=-1 & (5.23) \end{cases}$$

式(5.21)－式(5.23)得 $\lambda_0=1$. 将 $\lambda_0=1$ 代入式(5.22)得 $b=-3$，代入式(5.21)得 $a=c$.

由 $|\boldsymbol{A}|=-1$ 和 $a=c$ 有

$$\begin{vmatrix} a & -1 & a \\ 5 & -3 & 3 \\ 1-a & 0 & -a \end{vmatrix}=a-3=-1$$

故 $a=c=2$. 因此 $a=2,b=-3,c=2,\lambda_0=1$.

评注　利用 $\boldsymbol{A}\boldsymbol{A}^*=|\boldsymbol{A}|\boldsymbol{E}$，把 $\boldsymbol{A}^*\boldsymbol{\alpha}=\lambda_0\boldsymbol{\alpha}$ 转化为 $\lambda_0\boldsymbol{A}\boldsymbol{\alpha}=-\boldsymbol{\alpha}$ 是本题的关键.

【例 5.72】设 $\boldsymbol{A}$ 是 3 阶矩阵，λ_0 是 $\boldsymbol{A}$ 的特征值，对应的特征向量为 $\boldsymbol{\xi}=(1,1,1)^{\mathrm{T}}$，且 $|\boldsymbol{A}|=1$，$\boldsymbol{A}^*$ 是 $\boldsymbol{A}$ 的伴随矩阵，且

$$\boldsymbol{A}^*=\begin{bmatrix} -a & 1 & -2 \\ -1 & b & c \\ 2 & -3 & a \end{bmatrix}$$

学习随笔

试确定参数 a,b,c 及 λ_0.

【解】由题设条件知 $\boldsymbol{A}\boldsymbol{\xi}=\lambda_0\boldsymbol{\xi}$,两边左乘 $\boldsymbol{A}^*$,且利用 $|\boldsymbol{A}|=1$,得

$$\boldsymbol{A}^*\boldsymbol{A}\boldsymbol{\xi}=|\boldsymbol{A}|\boldsymbol{\xi}=\boldsymbol{\xi}=\lambda_0\boldsymbol{A}^*\boldsymbol{\xi}$$

代入 $\boldsymbol{A}^*,\boldsymbol{\xi}$,得

$$\lambda_0\begin{bmatrix}-a & 1 & -2\\ -1 & b & c\\ 2 & -3 & a\end{bmatrix}\begin{bmatrix}1\\1\\1\end{bmatrix}=\begin{bmatrix}1\\1\\1\end{bmatrix}$$

即

$$\begin{cases}\lambda_0(-a+1-2)=1, & (5.24)\\ \lambda_0(-1+b+c)=1, & (5.25)\\ \lambda_0(2-3+a)=1 & (5.26)\end{cases}$$

因 $|\boldsymbol{A}|=1$,故 $\lambda_0\neq 0$,由方程(5.24)、(5.26)得 $-a-1=-1+a$,即 $a=0$. 将 $a=0$ 代入式(5.24),得 $\lambda=-1$,代入式(5.25)得 $1-b-c=1$,即 $b+c=0$.

于是 $\boldsymbol{A}^*=\begin{bmatrix}0 & 1 & -2\\ -1 & b & -b\\ 2 & -3 & 0\end{bmatrix}$. 因 $|\boldsymbol{A}|=1$,故 $|\boldsymbol{A}^*|=|\boldsymbol{A}|^{3-1}=1$,从而有

$$|\boldsymbol{A}^*|=\begin{vmatrix}0 & 1 & -2\\ -1 & b & -b\\ 2 & -3 & 0\end{vmatrix}=\begin{vmatrix}0 & 1 & 0\\ -1 & b & b\\ 2 & -3 & -6\end{vmatrix}=-6+2b=1$$

得 $b=\frac{7}{2},c=-\frac{7}{2}$. 从而有

$$a=0,b=\frac{7}{2},c=-\frac{7}{2},\lambda_0=-1$$

【例 5.73】设矩阵 $\boldsymbol{A}=\begin{bmatrix}2 & 1 & 1\\ 1 & 2 & 1\\ 1 & 1 & a\end{bmatrix}$ 可逆,向量 $\boldsymbol{\alpha}=\begin{bmatrix}1\\b\\1\end{bmatrix}$ 是矩阵 $\boldsymbol{A}^*$ 的一个特征向量,λ 是 $\boldsymbol{\alpha}$ 对应的特征值,其中 $\boldsymbol{A}^*$ 是矩阵 $\boldsymbol{A}$ 的伴随矩阵. 试求 a,b 和 λ 的值.

【解】已知 $\boldsymbol{A}^*\boldsymbol{\alpha}=\lambda\boldsymbol{\alpha}$,利用 $\boldsymbol{A}\boldsymbol{A}^*=|\boldsymbol{A}|\boldsymbol{E}$,有 $|\boldsymbol{A}|\boldsymbol{\alpha}=\lambda\boldsymbol{A}\boldsymbol{\alpha}$. 由 $\boldsymbol{A}$ 可逆,知 $|\boldsymbol{A}|\neq 0,\lambda\neq 0$,于是有 $\boldsymbol{A}\boldsymbol{\alpha}=\frac{|\boldsymbol{A}|}{\lambda}\boldsymbol{\alpha}$,即

$$\begin{bmatrix}2 & 1 & 1\\ 1 & 2 & 1\\ 1 & 1 & a\end{bmatrix}\begin{bmatrix}1\\b\\1\end{bmatrix}=\frac{|\boldsymbol{A}|}{\lambda}\begin{bmatrix}1\\b\\1\end{bmatrix}$$

由此得方程组

$$\begin{cases}3+b=\dfrac{|\boldsymbol{A}|}{\lambda}, & (5.27)\\ 2+2b=\dfrac{|\boldsymbol{A}|}{\lambda}b, & (5.28)\\ a+b+1=\dfrac{|\boldsymbol{A}|}{\lambda} & (5.29)\end{cases}$$

式(5.29)−式(5.27)得 $a=2$. 式(5.27)$\times b$−式(5.28)得 $b^2+b-2=0$,知 $b=1$ 或 $b=-2$. 因为

$$|\boldsymbol{A}|=\begin{vmatrix}2&1&1\\1&2&1\\1&1&a\end{vmatrix}=\begin{vmatrix}2&1&1\\1&2&1\\1&1&2\end{vmatrix}=4$$

由式(5.27)得 $\lambda=\dfrac{|\boldsymbol{A}|}{3+b}=\dfrac{4}{3+b}$.

所以,当 $b=1$ 时,$\lambda=1$;当 $b=-2$ 时,$\lambda=4$.

【例 5.74】已知 $\boldsymbol{A\alpha}_i=i\boldsymbol{\alpha}_i(i=1,2,3)$,其中 $\boldsymbol{\alpha}_1=(1,2,2)^{\mathrm{T}}$,$\boldsymbol{\alpha}_2=(2,-2,1)^{\mathrm{T}}$,$\boldsymbol{\alpha}_3=(-2,-1,2)^{\mathrm{T}}$. 求矩阵 $\boldsymbol{A}$.

【解法一】由 $\boldsymbol{A\alpha}_i=i\boldsymbol{\alpha}_i$,知 $\boldsymbol{A}$ 有 3 个不同的特征值 1,2,3. 所以 $\boldsymbol{A}\sim\boldsymbol{\Lambda}=\begin{bmatrix}1&&\\&2&\\&&3\end{bmatrix}$,

即 $\boldsymbol{P}^{-1}\boldsymbol{AP}=\boldsymbol{\Lambda}$,其中 $\boldsymbol{P}=(\boldsymbol{\alpha}_1,\boldsymbol{\alpha}_2,\boldsymbol{\alpha}_3)=\begin{bmatrix}1&2&-2\\2&-2&-1\\2&1&2\end{bmatrix}$. 故

$$\boldsymbol{A}=\boldsymbol{P\Lambda P}^{-1}=\begin{bmatrix}\frac{7}{3}&0&-\frac{2}{3}\\0&\frac{5}{3}&-\frac{2}{3}\\-\frac{2}{3}&-\frac{2}{3}&2\end{bmatrix}$$

【解法二】用分块矩阵:

由 $\boldsymbol{A\alpha}_i=i\boldsymbol{\alpha}_i(i=1,2,3)$,知

$$\boldsymbol{A}(\boldsymbol{\alpha}_1,\boldsymbol{\alpha}_2,\boldsymbol{\alpha}_3)=(\boldsymbol{\alpha}_1,2\boldsymbol{\alpha}_2,3\boldsymbol{\alpha}_3)$$

由于 $\boldsymbol{\alpha}_1,\boldsymbol{\alpha}_2,\boldsymbol{\alpha}_3$ 线性无关,故 $\boldsymbol{P}=(\boldsymbol{\alpha}_1,\boldsymbol{\alpha}_2,\boldsymbol{\alpha}_3)$可逆. 于是

$$\boldsymbol{A}=(\boldsymbol{\alpha}_1,2\boldsymbol{\alpha}_2,3\boldsymbol{\alpha}_3)(\boldsymbol{\alpha}_1,\boldsymbol{\alpha}_2,\boldsymbol{\alpha}_3)^{-1}\text{(下略)}$$

评注 这是由特征值、特征向量反求矩阵 $\boldsymbol{A}$ 的基本题型,在此思路下可有各种演变.

【例 5.75】已知线性方程组

$$\begin{cases}x_1+2x_2+x_3=3,\\2x_1+(a+4)x_2-5x_3=6,\\-x_1-2x_2+ax_3=-3\end{cases}$$

有无穷多解,而 $\boldsymbol{A}$ 是 3 阶矩阵,且 $\begin{bmatrix}1\\2a\\-1\end{bmatrix}$,$\begin{bmatrix}a\\a+3\\a+2\end{bmatrix}$,$\begin{bmatrix}a-2\\-1\\a+1\end{bmatrix}$分别是 $\boldsymbol{A}$ 关于特征值 $1,-1,0$ 的 3 个特征向量,求 $\boldsymbol{A}$.

【解】对增广矩阵高斯消元,有 $\left[\begin{array}{ccc:c}1&2&1&3\\2&a+4&-5&6\\-1&-2&a&-3\end{array}\right]\to\left[\begin{array}{ccc:c}1&2&1&3\\0&a&-7&0\\0&0&a+1&0\end{array}\right]$. 由于方

学习随笔

程组有无穷多解,故 $a=-1$ 或 $a=0$.

当 $a=-1$ 时,3 个特征向量 $\begin{bmatrix}1\\-2\\-1\end{bmatrix}$, $\begin{bmatrix}-1\\2\\1\end{bmatrix}$, $\begin{bmatrix}-3\\-1\\0\end{bmatrix}$ 线性相关,不合题意,舍去.

当 $a=0$ 时, $\begin{bmatrix}1\\0\\-1\end{bmatrix}$, $\begin{bmatrix}0\\3\\2\end{bmatrix}$, $\begin{bmatrix}-2\\-1\\1\end{bmatrix}$ 线性无关,是 $\boldsymbol{A}$ 的特征向量,故 $a=0$.

令 $\boldsymbol{P}=\begin{bmatrix}1&0&-2\\0&3&-1\\-1&2&1\end{bmatrix}$,有 $\boldsymbol{P}^{-1}\boldsymbol{AP}=\boldsymbol{\Lambda}=\begin{bmatrix}1&&\\&-1&\\&&0\end{bmatrix}$,那么

$$\boldsymbol{A}=\boldsymbol{P\Lambda P}^{-1}=\begin{bmatrix}-5&4&-6\\3&-3&3\\7&-6&8\end{bmatrix}$$

【例 5.76】已知 3 阶矩阵 $\boldsymbol{A}$ 的第 1 行元素全是 1,且 $(1,1,1)^{\mathrm{T}}$,$(1,0,-1)^{\mathrm{T}}$,$(1,-1,0)^{\mathrm{T}}$ 是 $\boldsymbol{A}$ 的 3 个特征向量,求 $\boldsymbol{A}$.

【分析】$\boldsymbol{A}$ 的特征向量已知,现应求出 $\boldsymbol{A}$ 的特征值,可用定义来处理.

【解】设这些特征向量分别属于特征值 $\lambda_1,\lambda_2,\lambda_3$,则

$$\begin{bmatrix}1&1&1\\a_1&a_2&a_3\\b_1&b_2&b_3\end{bmatrix}\begin{bmatrix}1\\1\\1\end{bmatrix}=\lambda_1\begin{bmatrix}1\\1\\1\end{bmatrix}\Rightarrow\lambda_1=3$$

类似地,$\lambda_2=\lambda_3=0$. 于是

$$\boldsymbol{A}=\boldsymbol{P\Lambda P}^{-1}=\begin{bmatrix}1&1&1\\1&0&-1\\1&-1&0\end{bmatrix}\begin{bmatrix}3&&\\&0&\\&&0\end{bmatrix}\begin{bmatrix}1&1&1\\1&0&-1\\1&-1&0\end{bmatrix}^{-1}=\begin{bmatrix}1&1&1\\1&1&1\\1&1&1\end{bmatrix}$$

评注 本题也可不用相似对角化来反求 $\boldsymbol{A}$. 从 $\boldsymbol{AX}_1=\lambda_1\boldsymbol{X}_1$,求出 $\lambda_1=3$. 还可有

类似地,$\begin{cases}a_1+a_2+a_3=3,\\a_1\quad\;\;-a_3=0,\\a_1-a_2\quad\;\;=0,\end{cases}$ $\begin{cases}b_1+b_2+b_3=3,\\b_1\quad\;\;-b_3=0,\\b_1-b_2\quad\;\;=0.\end{cases}$ 解方程组可求出 a_i,b_i.

五、相似矩阵与相似对角化

【例 5.77】举例说明下列命题是错误的:

(1) 如果 $|\lambda\boldsymbol{E}-\boldsymbol{A}|=|\lambda\boldsymbol{E}-\boldsymbol{B}|$,则 $\boldsymbol{A}\sim\boldsymbol{B}$.

(2) 如果 $\boldsymbol{A},\boldsymbol{B}$ 的特征向量相同,则 $\boldsymbol{A}\sim\boldsymbol{B}$.

【解】(1) 若 $\boldsymbol{A}\sim\boldsymbol{B}$,则 $|\lambda\boldsymbol{E}-\boldsymbol{A}|=|\lambda\boldsymbol{E}-\boldsymbol{B}|$,即 $\boldsymbol{A},\boldsymbol{B}$ 有相同的特征值,但特征值相同的矩阵不一定相似. 例如

$$\boldsymbol{A}=\begin{bmatrix}1&0\\0&1\end{bmatrix},\quad\boldsymbol{B}=\begin{bmatrix}1&1\\0&1\end{bmatrix}$$

虽 $\boldsymbol{A},\boldsymbol{B}$ 的特征值相同,但对任一可逆矩阵 $\boldsymbol{P}$ 恒有

$$P^{-1}AP=\Lambda\neq B$$

即 A 与 B 不可能相似.

(2) 特征向量相同时,特征值可以不一样,因此矩阵可以不相似.

我们可以这样来构造矩阵 A 和 B:

设 $X_1=\begin{bmatrix}1\\1\end{bmatrix}$, $X_2=\begin{bmatrix}1\\2\end{bmatrix}$ 分别是 A 属于 $\lambda=2$ 与 $\lambda=3$ 的特征向量,则 $P^{-1}AP=\Lambda=\begin{bmatrix}2&\\&3\end{bmatrix}$,其中 $P=\begin{bmatrix}1&1\\1&2\end{bmatrix}$. 那么

$$A=P\Lambda P^{-1}=\begin{bmatrix}1&1\\1&2\end{bmatrix}\begin{bmatrix}2&0\\0&3\end{bmatrix}\begin{bmatrix}2&-1\\-1&1\end{bmatrix}=\begin{bmatrix}1&1\\-2&4\end{bmatrix}$$

令 X_1,X_2 分别是 B 属于 $\lambda=1$ 与 $\lambda=0$ 的特征向量,那么

$$P^{-1}BP=\begin{bmatrix}1&\\&0\end{bmatrix},\quad P=\begin{bmatrix}1&1\\1&2\end{bmatrix}$$

则有

$$B=P\begin{bmatrix}1&\\&0\end{bmatrix}P^{-1}=\begin{bmatrix}2&-1\\2&-1\end{bmatrix}$$

这时,A 与 B 的特征向量都是 X_1,X_2,但 A 与 B 不相似.

评注　若 $A\sim B$,则

$$|\lambda E-A|=|\lambda E-B|;\quad t_rA=t_rB;\quad |A|=|B|;\quad R(A)=R(B)$$

但这些都是必要条件. 以上条件都成立的矩阵仍不一定相似,大家可考察本题(1)中的 A 与 B.

【例 5.78】设 A,B 为同阶方阵:

(1) 如果 A,B 相似,试证:A,B 的特征多项式相等.

(2) 举一个 2 阶方阵的例子说明(1)的逆命题不成立.

(3) 当 A,B 均为实对称矩阵时,试证:(1)的逆命题成立.

【证明】(1)若 A,B 相似,那么存在可逆矩阵 P,使 $P^{-1}AP=B$,故

$$\begin{aligned}|\lambda E-B|&=|\lambda E-P^{-1}AP|=|P^{-1}\lambda EP-P^{-1}AP|\\&=|P^{-1}(\lambda E-A)P|=|P^{-1}|\,|\lambda E-A|\,|P|=|\lambda E-A|\end{aligned}$$

(2) 令 $A=\begin{bmatrix}0&1\\0&0\end{bmatrix}$, $B=\begin{bmatrix}0&0\\0&0\end{bmatrix}$,那么 $|\lambda E-A|=\lambda^2=|\lambda E-B|$,但 A,B 不相似. 否则,存在可逆矩阵 P,使 $P^{-1}AP=B=O$. 从而 $A=POP^{-1}=O$,矛盾. 亦可从 $R(A)=1$, $R(B)=0$ 而知 A 与 B 不相似.

(3) 由 A,B 均为实对称矩阵,知 A,B 均相似于对角矩阵. 若 A,B 的特征多项式相等,记特征多项式的根为 $\lambda_1,\cdots,\lambda_n$,则有 A 相似于 $\begin{bmatrix}\lambda_1&&\\&\ddots&\\&&\lambda_n\end{bmatrix}$,$B$ 也相似于 $\begin{bmatrix}\lambda_1&&\\&\ddots&\\&&\lambda_n\end{bmatrix}$,即存在可逆矩阵 P,Q,使

学习随笔

$$P^{-1}AP=\begin{bmatrix}\lambda_1 & & \\ & \ddots & \\ & & \lambda_n\end{bmatrix}=Q^{-1}BQ$$

于是$(PQ^{-1})^{-1}A(PQ^{-1})=B$.由$PQ^{-1}$为可逆矩阵,知$A$与$B$相似.

评注　若$A\sim B$,则A与B有相同的特征值;但A与B的特征值相同时,A和B不一定相似.本题要求读者举出一个2阶矩阵的反例.

如果λ_1,λ_2是A的两个不同的特征值,那么必有

$$A\sim\begin{bmatrix}\lambda_1 & \\ & \lambda_2\end{bmatrix}=\Lambda$$

因为A,B有相同的特征值,就知A,B均与同一个对角矩阵Λ相似.故必有$A\sim B$.

所以我们要举的反例是要求A,B的特征值必是重根.如果思路理顺了,这样的反例也就好举了.试问如下反例:

$\begin{bmatrix}1 & 2\\ 0 & 3\end{bmatrix}$与$\begin{bmatrix}1 & 0\\ 1 & 3\end{bmatrix}$,$\begin{bmatrix}2 & 0\\ 0 & 3\end{bmatrix}$与$\begin{bmatrix}3 & 0\\ 0 & 2\end{bmatrix}$,$\begin{bmatrix}1 & 0\\ 0 & 2\end{bmatrix}$与$\begin{bmatrix}4 & 0\\ 0 & 3\end{bmatrix}$正确吗?为什么?

【例5.79】n阶矩阵A具有n个不同的特征值是A与对角矩阵相似的________.

(A)充分必要条件.　　(B)充分而非必要条件.

(C)必要而非充分条件.　　(D)即非充分也非必要条件.

【分析】$A\sim\Lambda\Leftrightarrow A$有$n$个线性无关的特征向量.由于当特征值$\lambda_1\neq\lambda_2$时,特征向量$\boldsymbol{\alpha}_1,\boldsymbol{\alpha}_2$线性无关.从而知,当$A$有$n$个不同特征值时,矩阵$A$有$n$个线性无关的特征向量,那么矩阵$A$可以相似对角化.因为当$A$的特征值有重根时,矩阵$A$仍有可能相似对角化,所以特征值不同仅是$A$能相似对角化的充分条件,并不是必要条件,故选(B).

【例5.80】设A,B为n阶矩阵,且A与B相似,E为n阶单位矩阵,则

(A)$\lambda E-A=\lambda E-B$.　　(B)A与B有相同的特征值和特征向量.

(C)A与B都相似于一个对角矩阵.　　(D)对任意常数t,$tE-A$与$tE-B$相似.

【分析】若$\lambda E-A=\lambda E-B$,则$A=B$,故(A)不对.当$A\sim B$时,即$P^{-1}AP=B$,有$|\lambda E-A|=|\lambda E-B|$,即$A$与$B$有相同的特征值,但若$AX=\lambda X$,则$B(P^{-1}X)=\lambda P^{-1}X$.故$A$与$B$的特征向量不同.所以(B)不正确.当$A\sim B$时,不能保证它们必可相似对角化,因此(C)也不正确.

由$P^{-1}AP=B$,知$\forall t$恒有

$$P^{-1}(tE-A)P=tE-P^{-1}AP=tE-B$$

即$tE-A\sim tE-B$.故应选(D).

【例5.81】设矩阵A与B相似,则必有________.

(A)A,B同时可逆或不可逆.　　(B)A,B有相同的特征向量.

(C)A,B均与同一个对角矩阵相似.　　(D)矩阵$\lambda E-A$与$\lambda E-B$相等.

【分析】如果矩阵A与B相似,则A与B应该有相同的特征多项式乃至有相同的特征值.

由于相似矩阵相同的特征值对应的特征向量未必相同,故(B)不对.另外,相似矩阵虽然特征值相同但不一定与同一个对角矩阵相似,因为对角矩阵的对角线元素相同但排

列顺序未必相同，故(C)不对. 又相似矩阵有相同的特征多项式，即 $|\lambda \boldsymbol{E}-\boldsymbol{A}|=|\lambda \boldsymbol{E}-\boldsymbol{B}|$，故(D)不对. 因此选(A).

评注　这里还有一个概念，即 n 阶矩阵 $\boldsymbol{A}$ 的 $|\boldsymbol{A}|=\lambda_1\lambda_2\cdots\lambda_n$，其中 $\lambda_1,\lambda_2,\cdots,\lambda_n$ 是 $\boldsymbol{A}$ 的 n 个特征值. 由此，$\boldsymbol{A}$ 与 $\boldsymbol{B}$ 相似，即有相同的特征值，故有 $|\boldsymbol{A}|=|\boldsymbol{B}|$，即同时可逆或不可逆. 另外，特征多项式相同，即 $|\lambda \boldsymbol{E}-\boldsymbol{A}|=|\lambda \boldsymbol{E}-\boldsymbol{B}|$，而矩阵 $\lambda \boldsymbol{E}-\boldsymbol{A}$ 与 $\lambda \boldsymbol{E}-\boldsymbol{B}$ 并不相等. 这是容易混淆的地方，请读者注意.

【例 5.82】n 阶矩阵 $\boldsymbol{A}$ 可对角化的充分必要条件是________.

(A) $\boldsymbol{A}$ 有 n 个相异的特征值.

(B) $\boldsymbol{A}^{\mathrm{T}}$ 有 n 个相异的特征值.

(C) $\boldsymbol{A}$ 有 n 个相异的特征向量.

(D) $\boldsymbol{A}$ 的任一特征值的重数与其对应的线性无关的特征向量的个数相同.

【分析】n 阶矩阵 $\boldsymbol{A}$ 相似于对角矩阵 $\boldsymbol{\Lambda}$ 的充分必要条件是 $\boldsymbol{A}$ 有 n 个线性无关的特征向量.

n 阶矩阵 $\boldsymbol{A}$ 有 n 个不同的特征值时，必有 n 个线性无关的特征向量，则 $\boldsymbol{A}$ 必能对角化. 但 $\boldsymbol{A}$ 可对角化不一定必是因 $\boldsymbol{A}$ 有 n 个相异的特征值，所以选项(A)只是矩阵可对角化的充分条件而不是必要条件.

若 n 阶矩阵 $\boldsymbol{A}$ 有 s 个不同的特征值，它们的重数分别为 $n_1,n_2,\cdots,n_s$，且 $n_1+n_2+\cdots+n_s=n$，那么任一特征值的重数与其对应的线性无关的特征向量的个数相同，就是 n 阶矩阵 $\boldsymbol{A}$ 具有 n 个线性无关的特征向量，所以选项(D)是矩阵 $\boldsymbol{A}$ 可对角化的充分必要条件. 故应选(D).

评注　实际上(D)是矩阵 $\boldsymbol{A}$ 可对角化的定理的推论，即矩阵 $\boldsymbol{A}$ 相似于对角矩阵的充分必要条件为 $\boldsymbol{A}$ 的任一特征值的重数与其对应的线性无关的特征向量的个数相同.

【例 5.83】设 $\boldsymbol{A},\boldsymbol{B}$ 均为 n 阶可逆矩阵，且 $\boldsymbol{A}^{-1}\sim\boldsymbol{B}^{-1}$，则下列结论：

(a) $\boldsymbol{A}\sim\boldsymbol{B}$；　(b) $\boldsymbol{A}^{\mathrm{T}}\sim\boldsymbol{B}^{\mathrm{T}}$；　(c) $\boldsymbol{A}^2\sim\boldsymbol{B}^2$；　(d) $\boldsymbol{AB}\sim\boldsymbol{BA}$

中正确的有________.

(A) 1 个.　(B) 2 个.　(C) 3 个.　(D) 4 个.

【分析】由题设 $\boldsymbol{A}^{-1}\sim\boldsymbol{B}^{-1}$，即存在可逆矩阵 $\boldsymbol{P}$，使

$$\boldsymbol{P}^{-1}\boldsymbol{A}^{-1}\boldsymbol{P}=\boldsymbol{B}^{-1} \tag{5.30}$$

对于(a)：式(5.30)两边求逆得

$$\boldsymbol{P}^{-1}\boldsymbol{A}\boldsymbol{P}=\boldsymbol{B} \tag{5.31}$$

从而 $\boldsymbol{A}\sim\boldsymbol{B}$，即(a)成立.

对于(b)：式(5.31)两边转置，得 $\boldsymbol{P}^{\mathrm{T}}\boldsymbol{A}^{\mathrm{T}}(\boldsymbol{P}^{-1})^{\mathrm{T}}=\boldsymbol{B}^{\mathrm{T}}$. 记 $(\boldsymbol{P}^{-1})^{\mathrm{T}}=\boldsymbol{Q}$，$\boldsymbol{P}^{\mathrm{T}}=\boldsymbol{Q}^{-1}$，即 $\boldsymbol{Q}^{-1}\boldsymbol{A}^{\mathrm{T}}\boldsymbol{Q}=\boldsymbol{B}^{\mathrm{T}}$，从而 $\boldsymbol{A}^{\mathrm{T}}\sim\boldsymbol{B}^{\mathrm{T}}$，即(b)成立.

对于(c)：式(5.31)两边平方，得 $\boldsymbol{P}^{-1}\boldsymbol{APP}^{-1}\boldsymbol{AP}=\boldsymbol{P}^{-1}\boldsymbol{A}^2\boldsymbol{P}=\boldsymbol{B}^2$，从而 $\boldsymbol{A}^2\sim\boldsymbol{B}^2$，即(c)成立.

对于(d)：由于 $\boldsymbol{A}$ 可逆(或 $\boldsymbol{B}$ 可逆)，故

$$\boldsymbol{BA}=\boldsymbol{EBA}=\boldsymbol{A}^{-1}\boldsymbol{ABA}=\boldsymbol{A}^{-1}(\boldsymbol{AB})\boldsymbol{A}$$

即 $\boldsymbol{AB}\sim\boldsymbol{BA}$，(d)成立.

学习随笔

故应选(D).

【例 5.84】已知 $\boldsymbol{A}_1\sim\boldsymbol{A}_2,\boldsymbol{B}_1\sim\boldsymbol{B}_2$,证明:$\begin{bmatrix}\boldsymbol{A}_1 & \boldsymbol{O}\\ \boldsymbol{O} & \boldsymbol{B}_1\end{bmatrix}\sim\begin{bmatrix}\boldsymbol{A}_2 & \boldsymbol{O}\\ \boldsymbol{O} & \boldsymbol{B}_2\end{bmatrix}$.

【分析】关于相似,除定义之外,我们只知道相似的一些性质,而这些性质仅是相似的必要条件,用它只能排除哪些矩阵不相似,而它成立并不能证出相似,因此,目前证相似只能用定义法.

【证明】因为 $\boldsymbol{A}_1\sim\boldsymbol{A}_2,\boldsymbol{B}_1\sim\boldsymbol{B}_2$,故存在可逆矩阵 $\boldsymbol{P}$ 和 $\boldsymbol{Q}$,使

$$\boldsymbol{P}^{-1}\boldsymbol{A}_1\boldsymbol{P}=\boldsymbol{A}_2,\quad \boldsymbol{Q}^{-1}\boldsymbol{B}_1\boldsymbol{Q}=\boldsymbol{B}_2$$

那么,令 $\boldsymbol{C}=\begin{bmatrix}\boldsymbol{P} & \boldsymbol{O}\\ \boldsymbol{O} & \boldsymbol{Q}\end{bmatrix}$,则 $\boldsymbol{C}^{-1}=\begin{bmatrix}\boldsymbol{P}^{-1} & \boldsymbol{O}\\ \boldsymbol{O} & \boldsymbol{Q}^{-1}\end{bmatrix}$. 而

$$\begin{aligned}\boldsymbol{C}^{-1}\begin{bmatrix}\boldsymbol{A}_1 & \boldsymbol{O}\\ \boldsymbol{O} & \boldsymbol{B}_1\end{bmatrix}\boldsymbol{C}&=\begin{bmatrix}\boldsymbol{P}^{-1} & \boldsymbol{O}\\ \boldsymbol{O} & \boldsymbol{Q}^{-1}\end{bmatrix}\begin{bmatrix}\boldsymbol{A}_1 & \boldsymbol{O}\\ \boldsymbol{O} & \boldsymbol{B}_1\end{bmatrix}\begin{bmatrix}\boldsymbol{P} & \boldsymbol{O}\\ \boldsymbol{O} & \boldsymbol{Q}\end{bmatrix}\\&=\begin{bmatrix}\boldsymbol{P}^{-1}\boldsymbol{A}_1\boldsymbol{P} & \boldsymbol{O}\\ \boldsymbol{O} & \boldsymbol{Q}^{-1}\boldsymbol{B}_1\boldsymbol{Q}\end{bmatrix}=\begin{bmatrix}\boldsymbol{A}_2 & \boldsymbol{O}\\ \boldsymbol{O} & \boldsymbol{B}_2\end{bmatrix}\end{aligned}$$

因此,$\begin{bmatrix}\boldsymbol{A}_1 & \boldsymbol{O}\\ \boldsymbol{O} & \boldsymbol{B}_1\end{bmatrix}\sim\begin{bmatrix}\boldsymbol{A}_2 & \boldsymbol{O}\\ \boldsymbol{O} & \boldsymbol{B}_2\end{bmatrix}$.

【例 5.85】证明:$\begin{bmatrix}a & b\\ c & d\end{bmatrix}\sim\begin{bmatrix}d & c\\ b & a\end{bmatrix}$.

【分析】把 1,2 两行互换后,再把 1,2 两列互换就可由 $\boldsymbol{A}$ 得到 $\boldsymbol{B}$.

【证明】令 $\boldsymbol{P}=\begin{bmatrix}0 & 1\\ 1 & 0\end{bmatrix}$,则 $\boldsymbol{P}^{-1}=\boldsymbol{P}$. 而

$$\boldsymbol{P}^{-1}\begin{bmatrix}a & b\\ c & d\end{bmatrix}\boldsymbol{P}=\begin{bmatrix}0 & 1\\ 1 & 0\end{bmatrix}\begin{bmatrix}a & b\\ c & d\end{bmatrix}\begin{bmatrix}0 & 1\\ 1 & 0\end{bmatrix}=\begin{bmatrix}c & d\\ a & b\end{bmatrix}\begin{bmatrix}0 & 1\\ 1 & 0\end{bmatrix}=\begin{bmatrix}d & c\\ b & a\end{bmatrix}$$

所以 $\begin{bmatrix}a & b\\ c & d\end{bmatrix}\sim\begin{bmatrix}d & c\\ b & a\end{bmatrix}$.

评注　这里 $\boldsymbol{P}$ 是初等矩阵,用其性质正好实现矩阵的相似.

【例 5.86】设 $\boldsymbol{\alpha},\boldsymbol{\beta}$ 是 3 维单位正交列向量,令 $\boldsymbol{A}=\boldsymbol{\alpha}\boldsymbol{\beta}^{\mathrm{T}}+\boldsymbol{\beta}\boldsymbol{\alpha}^{\mathrm{T}}$,证明:

(1) $|\boldsymbol{A}|=0$.

(2) $\boldsymbol{\alpha}+\boldsymbol{\beta},\boldsymbol{\alpha}-\boldsymbol{\beta}$ 是 $\boldsymbol{A}$ 的特征向量.

(3) $\boldsymbol{A}$ 相似于对角矩阵,并写出该对角矩阵.

【解】(1) $\boldsymbol{A}$ 是 3×3 矩阵,$R(\boldsymbol{A})=R(\boldsymbol{\alpha}\boldsymbol{\beta}^{\mathrm{T}}+\boldsymbol{\beta}\boldsymbol{\alpha}^{\mathrm{T}})\leqslant R(\boldsymbol{\alpha}\boldsymbol{\beta}^{\mathrm{T}})+R(\boldsymbol{\beta}\boldsymbol{\alpha}^{\mathrm{T}})\leqslant R(\boldsymbol{\alpha})+R(\boldsymbol{\beta})\leqslant2<3$,故 $\boldsymbol{A}$ 不满秩,即 $|\boldsymbol{A}|=0$.

(2) $\boldsymbol{\alpha},\boldsymbol{\beta}$ 是 3 维单位正交向量,故有 $\boldsymbol{\alpha}^{\mathrm{T}}\boldsymbol{\alpha}=\boldsymbol{\beta}^{\mathrm{T}}\boldsymbol{\beta}=1,\boldsymbol{\alpha}^{\mathrm{T}}\boldsymbol{\beta}=\boldsymbol{\beta}^{\mathrm{T}}\boldsymbol{\alpha}=0$,且 $\boldsymbol{\alpha},\boldsymbol{\beta}$ 线性无关,$\boldsymbol{\alpha}+\boldsymbol{\beta}\neq\boldsymbol{0}$,故

$$\begin{aligned}\boldsymbol{A}(\boldsymbol{\alpha}+\boldsymbol{\beta})&=(\boldsymbol{\alpha}\boldsymbol{\beta}^{\mathrm{T}}+\boldsymbol{\beta}\boldsymbol{\alpha}^{\mathrm{T}})(\boldsymbol{\alpha}+\boldsymbol{\beta})=\boldsymbol{\alpha}\boldsymbol{\beta}^{\mathrm{T}}\boldsymbol{\alpha}+\boldsymbol{\alpha}\boldsymbol{\beta}^{\mathrm{T}}\boldsymbol{\beta}+\boldsymbol{\beta}\boldsymbol{\alpha}^{\mathrm{T}}\boldsymbol{\alpha}+\boldsymbol{\beta}\boldsymbol{\alpha}^{\mathrm{T}}\boldsymbol{\beta}\\&=\boldsymbol{\alpha}\cdot0+\boldsymbol{\alpha}\cdot1+\boldsymbol{\beta}\cdot1+\boldsymbol{\beta}\cdot0=\boldsymbol{\alpha}+\boldsymbol{\beta}\end{aligned}$$

因此,$\boldsymbol{\alpha}+\boldsymbol{\beta}$ 是 $\boldsymbol{A}$ 属于特征值 $\lambda=1$ 的特征向量.

同理

$$\boldsymbol{A}(\boldsymbol{\alpha}-\boldsymbol{\beta})=(\boldsymbol{\alpha\beta}^{\mathrm{T}}+\boldsymbol{\beta\alpha}^{\mathrm{T}})(\boldsymbol{\alpha}-\boldsymbol{\beta})=\boldsymbol{\alpha\beta}^{\mathrm{T}}\boldsymbol{\alpha}-\boldsymbol{\alpha\beta}^{\mathrm{T}}\boldsymbol{\beta}+\boldsymbol{\beta\alpha}^{\mathrm{T}}\boldsymbol{\alpha}-\boldsymbol{\beta\alpha}^{\mathrm{T}}\boldsymbol{\beta}$$
$$=\boldsymbol{\alpha}\cdot 0-\boldsymbol{\alpha}\cdot 1+\boldsymbol{\beta}\cdot 1-\boldsymbol{\beta}\cdot 0=-(\boldsymbol{\alpha}-\boldsymbol{\beta})$$

故 $\boldsymbol{\alpha}-\boldsymbol{\beta}$ 是 $\boldsymbol{A}$ 属于特征值 $\lambda=-1$ 的特征向量.

(3) 由(1),得 $|\boldsymbol{A}|=0$,故 $\boldsymbol{A}$ 有特征值 $\lambda=0$,从而 $\boldsymbol{A}$ 有 3 个不同的特征值,故 $\boldsymbol{A}\sim\boldsymbol{\Lambda}$,其中

$$\boldsymbol{\Lambda}=\begin{bmatrix}0 & & \\ & 1 & \\ & & -1\end{bmatrix}$$

【例 5.87】判断下列矩阵能否相似对角化.若能,则求出可逆矩阵 $\boldsymbol{P}$ 与对角矩阵;若不能,则说明理由.

(1) $\begin{bmatrix}1 & 1 & -1\\ 1 & -2 & -1\\ -3 & 1 & 3\end{bmatrix}$.

(2) $\begin{bmatrix}1 & 1 & -1\\ 1 & 0 & -1\\ -3 & 1 & 3\end{bmatrix}$.

(3) $\begin{bmatrix}1 & 1 & -1\\ 1 & 1 & -1\\ -3 & -3 & 3\end{bmatrix}$.

【解】(1) $\boldsymbol{A}$ 的特征多项式为

$$|\lambda\boldsymbol{E}-\boldsymbol{A}|=\begin{vmatrix}\lambda-1 & -1 & 1\\ -1 & \lambda+2 & 1\\ 3 & -1 & \lambda-3\end{vmatrix}=\begin{vmatrix}\lambda & -1 & 1\\ 0 & \lambda+2 & 1\\ \lambda & -1 & \lambda-3\end{vmatrix}$$
$$=\begin{vmatrix}\lambda & -1 & 1\\ 0 & \lambda+2 & 1\\ 0 & 0 & \lambda-4\end{vmatrix}=\lambda(\lambda+2)(\lambda-4)$$

因为 $\boldsymbol{A}$ 有 3 个不同的特征值 $4,-2,0$,所以 $\boldsymbol{A}$ 能相似对角化.

当 $\lambda=4$ 时,由 $(4\boldsymbol{E}-\boldsymbol{A})\boldsymbol{x}=\boldsymbol{0}$,即 $\begin{bmatrix}3 & -1 & 1\\ -1 & 6 & 1\\ 3 & -1 & 1\end{bmatrix}\rightarrow\begin{bmatrix}-1 & 6 & 1\\ 0 & 17 & 4\\ 0 & 0 & 0\end{bmatrix}$,得到基础解系 $\boldsymbol{X}_1=(7,4,-17)^{\mathrm{T}}$,即属于 $\lambda=4$ 的特征向量.

当 $\lambda=-2$ 时,由 $(-2\boldsymbol{E}-\boldsymbol{A})\boldsymbol{x}=\boldsymbol{0}$,即 $\begin{bmatrix}-3 & -1 & 1\\ -1 & 0 & 1\\ 3 & -1 & -5\end{bmatrix}\rightarrow\begin{bmatrix}-1 & 0 & 1\\ 0 & -1 & -2\\ 0 & 0 & 0\end{bmatrix}$,得到基础解系 $\boldsymbol{X}_2=(1,-2,1)^{\mathrm{T}}$.

当 $\lambda=0$ 时,由 $(0\boldsymbol{E}-\boldsymbol{A})\boldsymbol{x}=\boldsymbol{0}$,即 $\begin{bmatrix}-1 & -1 & 1\\ -1 & 2 & 1\\ 3 & -1 & -3\end{bmatrix}\rightarrow\begin{bmatrix}-1 & -1 & 1\\ 0 & 3 & 0\\ 0 & 0 & 0\end{bmatrix}$,得到基础解系

学习随笔

$X_3=(1,0,1)^{\mathrm{T}}$.

那么,令 $P=(X_1,X_2,X_3)=\begin{bmatrix}7&1&1\\4&-2&0\\-17&1&1\end{bmatrix}$,则 $P^{-1}AP=\Lambda=\begin{bmatrix}4&&\\&-2&\\&&0\end{bmatrix}$.

(2) 由特征多项式

$$|\lambda E-A|=\begin{vmatrix}\lambda-1&-1&1\\-1&\lambda&1\\3&-1&\lambda-3\end{vmatrix}=\begin{vmatrix}\lambda&-1&1\\0&\lambda&1\\\lambda&-1&\lambda-3\end{vmatrix}=\lambda^2(\lambda-4)$$

知 A 的特征值是 $\lambda_1=\lambda_2=0,\lambda_3=4$.

对于二重特征值 $\lambda=0$,由于秩 $R(0E-A)=R(A)=2$,所以,齐次线性方程组 $(0E-A)x=0$ 的基础解系只有 1 个向量,即 $\lambda=0$ 只有 1 个线性无关的特征向量,因此,A 没有 3 个线性无关的特征向量,所以 A 不能相似对角化.

(3) 由特征多项式

$$|\lambda E-A|=\begin{vmatrix}\lambda-1&-1&1\\-1&\lambda-1&1\\3&3&\lambda-3\end{vmatrix}=\lambda^3-5\lambda^2$$

知 A 的特征值是 $\lambda_1=5,\lambda_2=\lambda_3=0$.

对于 $\lambda=0$,由于秩 $R(0E-A)=1$,所以 $\lambda=0$ 有 2 个线性无关的特征向量,故 A 有 3 个线性无关的特征向量,因此 A 能相似对角化.

对 $\lambda=5$,由 $(5E-A)x=0$,即 $\begin{bmatrix}4&-1&1\\-1&4&1\\3&-3&2\end{bmatrix}\to\begin{bmatrix}-1&4&1\\0&9&5\\0&0&0\end{bmatrix}$,得到基础解系 $X_1=(-11,-5,9)^{\mathrm{T}}$.

对 $\lambda=0$,由 $(0E-A)x=0$,即 $\begin{bmatrix}-1&-1&1\\-1&-1&1\\3&3&-3\end{bmatrix}\to\begin{bmatrix}1&1&-1\\0&0&0\\0&0&0\end{bmatrix}$,得到基础解系 $X_2=(-1,1,0)^{\mathrm{T}},X_3=(1,0,1)^{\mathrm{T}}$.

那么,令 $P=(X_1,X_2,X_3)=\begin{bmatrix}-11&-1&1\\-5&1&0\\9&0&1\end{bmatrix}$,得到 $P^{-1}AP=\Lambda=\begin{bmatrix}5&&\\&0&\\&&0\end{bmatrix}$.

评注　要理解 A 能对角化的条件. 矩阵 A 能否相似对角化首先看 $A^{\mathrm{T}}=A$? 若 A 不是对称矩阵,则求 A 的特征值,检查 A 是否有 n 个不同的特征值;否则,当 A 的特征值 λ_0 有 k 重根时,关键是看 $R(\lambda_0E-A)$ 是否等于 $n-k$,它关系到 λ_0 是否有 k 个线性无关的特征向量.

【例 5.88】已知 $\xi=\begin{bmatrix}1\\1\\-1\end{bmatrix}$ 是矩阵 $A=\begin{bmatrix}2&-1&2\\5&a&3\\-1&b&-2\end{bmatrix}$ 的一个特征向量.

(1) 试确定参数 a,b 及特征向量 ξ 所对应的特征值.

（2）问 **A** 能否相似于对角矩阵？说明理由.

【解】（1）设 $\boldsymbol{\xi}$ 是属于特征值 λ_0 的特征向量，即

$$\begin{bmatrix} 2 & -1 & 2 \\ 5 & a & 3 \\ -1 & b & -2 \end{bmatrix}\begin{bmatrix} 1 \\ 1 \\ -1 \end{bmatrix}=\lambda_0\begin{bmatrix} 1 \\ 1 \\ -1 \end{bmatrix}$$

即

$$\begin{cases} 2-1-2=\lambda_0, \\ 5+a-3=\lambda_0, \\ -1+b+2=-\lambda_0 \end{cases} \Rightarrow \lambda_0=-1, a=-3, b=0$$

（2）因为

$$|\lambda \boldsymbol{E}-\boldsymbol{A}|=\begin{vmatrix} \lambda-2 & 1 & -2 \\ -5 & \lambda+3 & -3 \\ 1 & 0 & \lambda+2 \end{vmatrix}=(\lambda+1)^3$$

知矩阵 **A** 的特征值为 $\lambda_1=\lambda_2=\lambda_3=-1$. 由于

$$R(-\boldsymbol{E}-\boldsymbol{A})=R\begin{bmatrix} -3 & 1 & -2 \\ -5 & 2 & -3 \\ 1 & 0 & 1 \end{bmatrix}=2$$

从而 $\lambda=-1$ 只有 1 个线性无关的特征向量，故 **A** 不能相似对角化.

【例 5.89】设矩阵 $\boldsymbol{A}=\begin{bmatrix} 1 & 2 & -3 \\ -1 & 4 & -3 \\ 1 & a & 5 \end{bmatrix}$ 的特征方程有一个二重根，求 a 的值，并讨论 **A** 是否可相似对角化.

【解】**A** 的特征多项式为

$$\begin{vmatrix} \lambda-1 & -2 & 3 \\ 1 & \lambda-4 & 3 \\ -1 & -a & \lambda-5 \end{vmatrix}=\begin{vmatrix} \lambda-2 & 2-\lambda & 0 \\ 1 & \lambda-4 & 3 \\ -1 & -a & \lambda-5 \end{vmatrix}$$

$$=(\lambda-2)\begin{vmatrix} 1 & -1 & 0 \\ 1 & \lambda-4 & 3 \\ -1 & -a & \lambda-5 \end{vmatrix}$$

$$=(\lambda-2)\begin{vmatrix} 1 & 0 & 0 \\ 1 & \lambda-3 & 3 \\ -1 & -a-1 & \lambda-5 \end{vmatrix}$$

$$=(\lambda-2)(\lambda^2-8\lambda+18+3a)$$

若 $\lambda=2$ 是特征方程的二重根，则有 $2^2-16+18+3a=0$，解得 $a=-2$.

当 $a=-2$ 时，**A** 的特征值为 2，2，6，矩阵 $2\boldsymbol{E}-\boldsymbol{A}=\begin{bmatrix} 1 & -2 & 3 \\ 1 & -2 & 3 \\ -1 & 2 & -3 \end{bmatrix}$ 的秩为 1，故 $\lambda=2$ 对应的线性无关的特征向量有 2 个，从而 **A** 可相似对角化.

若 $\lambda=2$ 不是特征方程的二重根，则 $\lambda^2-8\lambda+18+3a$ 为完全平方，从而 $18+3a=16$，

学习随笔

解得 $a=-\dfrac{2}{3}$.

当 $a=-\dfrac{2}{3}$ 时,$\boldsymbol{A}$ 的特征值为 2,4,4,矩阵 $4\boldsymbol{E}-\boldsymbol{A}=\begin{bmatrix}3 & -2 & 3\\ 1 & 0 & 3\\ -1 & \frac{2}{3} & -1\end{bmatrix}$ 的秩为 2,故 $\lambda=4$ 对应的线性无关的特征向量只有 1 个,从而 $\boldsymbol{A}$ 不可相似对角化.

评注　根据 $\sum a_{ii}=\sum\lambda_i$,若 $\lambda=2$ 是二重根,则另一特征值是 $\sum a_{ii}-(2+2)=10-4=6$;若 $\lambda=2$ 不是二重根,则重根是 $\dfrac{1}{2}(10-2)=4$,亦可求 a.

【例 5.90】已知 $\boldsymbol{A}=\begin{bmatrix}2 & a & 2\\ 5 & b & 3\\ -1 & 1 & -1\end{bmatrix}$ 有特征值 ±1,问 $\boldsymbol{A}$ 能否对角化?说明理由.

【解】由于 ±1 是 $\boldsymbol{A}$ 的特征值,将其代入特征方程,有

$$|\boldsymbol{E}-\boldsymbol{A}|=-7(a+1)=0\Rightarrow a=-1$$
$$|-\boldsymbol{E}-\boldsymbol{A}|=-2(b+3)=0\Rightarrow b=-3$$

所以 $\boldsymbol{A}=\begin{bmatrix}2 & -1 & 2\\ 5 & -3 & 3\\ -1 & 1 & -1\end{bmatrix}$.

由 $\sum\limits_{i=1}^{3}\lambda_i=\sum\limits_{i=1}^{3}a_{ii}\Rightarrow 1+(-1)+\lambda_3=2+(-3)+(-1)$,得 $\lambda_3=-2$. 那么,$\boldsymbol{A}$ 有 3 个不同的特征值. 故 $\boldsymbol{A}$ 可以对角化.

【例 5.91】已知 $\lambda=0$ 是 $\boldsymbol{A}=\begin{bmatrix}3 & 2 & -2\\ -k & 1 & k\\ 4 & k & -3\end{bmatrix}$ 的特征值,判断 $\boldsymbol{A}$ 能否对角化,并说明理由.

【解】因为 $\lambda=0$ 是特征值,故有

$$|\boldsymbol{A}|=\begin{vmatrix}3 & 2 & -2\\ -k & 1 & k\\ 4 & k & -3\end{vmatrix}=-(k-1)^2=0\Rightarrow k=1$$

由特征多项式 $|\lambda\boldsymbol{E}-\boldsymbol{A}|=\begin{vmatrix}\lambda-3 & -2 & 2\\ 1 & \lambda-1 & -1\\ -4 & -1 & \lambda+3\end{vmatrix}=\lambda^2(\lambda-1)$,知 $\lambda=0$ 是 $\boldsymbol{A}$ 的二重特征值. 而

$$R(0\boldsymbol{E}-\boldsymbol{A})=R(\boldsymbol{A})=R\begin{bmatrix}3 & 2 & -2\\ -1 & 1 & 1\\ 4 & 1 & -3\end{bmatrix}=2\neq n-n_i=3-2$$

所以 $\boldsymbol{A}$ 不能对角化.

学习随笔

评注　因为秩 $R(0\boldsymbol{E}-\boldsymbol{A})=2$，那么 $n-R(0\boldsymbol{E}-\boldsymbol{A})=1$，说明齐次线性方程组 $(0\boldsymbol{E}-\boldsymbol{A})\boldsymbol{x}=\boldsymbol{0}$ 只有 1 个线性无关的解，亦即 $\lambda_1=\lambda_2=0$ 只有 1 个线性无关的特征向量. 从而 $\boldsymbol{A}$ 不能相似对角化.

【例 5.92】已知 $\boldsymbol{A}$ 可相似对角化. 证明：$\boldsymbol{A}^{\mathrm{T}}$ 可相似对角化；若 $\boldsymbol{A}$ 可逆，则 $\boldsymbol{A}^{-1}$ 也可相似对角化.

【证明】因为 $\boldsymbol{A}$ 可相似对角化，故存在可逆矩阵 $\boldsymbol{P}$，使 $\boldsymbol{P}^{-1}\boldsymbol{AP}=\boldsymbol{\Lambda}$，那么，等式两边取转置有

$$\boldsymbol{P}^{\mathrm{T}}\boldsymbol{A}^{\mathrm{T}}(\boldsymbol{P}^{-1})^{\mathrm{T}}=(\boldsymbol{P}^{-1}\boldsymbol{AP})^{\mathrm{T}}=\boldsymbol{\Lambda}^{\mathrm{T}}=\boldsymbol{\Lambda}$$

令 $\boldsymbol{C}=(\boldsymbol{P}^{-1})^{\mathrm{T}}=(\boldsymbol{P}^{\mathrm{T}})^{-1}$，则 $\boldsymbol{C}^{-1}=\boldsymbol{P}^{\mathrm{T}}$，于是 $\boldsymbol{C}^{-1}\boldsymbol{A}^{\mathrm{T}}\boldsymbol{C}=\boldsymbol{\Lambda}$.

所以 $\boldsymbol{A}^{\mathrm{T}}$ 可以相似对角化. 又

$$(\boldsymbol{P}^{-1}\boldsymbol{AP})^{-1}=\boldsymbol{P}^{-1}\boldsymbol{A}^{-1}(\boldsymbol{P}^{-1})^{-1}=\boldsymbol{\Lambda}^{-1}=\boldsymbol{\Lambda}_1$$

其中 $\boldsymbol{\Lambda}_1$ 是把 $\boldsymbol{\Lambda}$ 的对角线元素取倒数所得的对角矩阵. 那么，$\boldsymbol{P}^{-1}\boldsymbol{A}^{-1}\boldsymbol{P}=\boldsymbol{\Lambda}_1$. 所以 $\boldsymbol{A}^{-1}$ 可相似对角化.

【例 5.93】已知 4 阶矩阵 $\boldsymbol{A}$ 的特征值为 ±1 和 ±2，$\boldsymbol{B}=(\boldsymbol{A}^{-1})^2+\boldsymbol{A}^*$. 证明：$\boldsymbol{B}$ 可相似对角化，并写出 $\boldsymbol{B}$ 的相似对角形.

【证明】因为 $|\boldsymbol{A}|=\prod\lambda_i=1\cdot(-1)\cdot2\cdot(-2)=4$，故 $\boldsymbol{A}^*$ 的特征值是 ±4 和 ±2.

又因 $\boldsymbol{A}^{-1}$ 的特征值是 ±1 与 $\pm\dfrac{1}{2}$，所以 $(\boldsymbol{A}^{-1})^2$ 的特征值是 $1,1,\dfrac{1}{4},\dfrac{1}{4}$.

由于 $\boldsymbol{A}$ 的特征向量就是 $\boldsymbol{A}^{-1},(\boldsymbol{A}^{-1})^2,\boldsymbol{A}^*$ 相应特征值的特征向量，从而 $\boldsymbol{B}$ 的特征值是 $5,-3,\dfrac{9}{4},-\dfrac{7}{4}$.

因为 $\boldsymbol{B}$ 有 n 个不同的特征值，所以 $\boldsymbol{B}$ 能相似对角化，且

$$\boldsymbol{B}\sim\boldsymbol{\Lambda}=\begin{bmatrix}5&&&\\&-3&&\\&&\dfrac{9}{4}&\\&&&-\dfrac{7}{4}\end{bmatrix}$$

【例 5.94】n 阶矩阵 $\boldsymbol{A}$ 满足 $\boldsymbol{A}^2-2\boldsymbol{A}-3\boldsymbol{E}=\boldsymbol{O}$. 证明：$\boldsymbol{A}$ 能相似对角化.

【证明】设 λ 是 $\boldsymbol{A}$ 的任一特征值，$\boldsymbol{X}$ 是属于 λ 的特征向量，即 $\boldsymbol{AX}=\lambda\boldsymbol{X}$，$\boldsymbol{X}\neq\boldsymbol{0}$，则

$$\boldsymbol{A}^2\boldsymbol{X}=\boldsymbol{A}(\boldsymbol{AX})=\lambda\boldsymbol{AX}=\lambda^2\boldsymbol{X}$$

于是 $(\lambda^2-2\lambda-3)\boldsymbol{X}=\boldsymbol{0}$.

因为 $\boldsymbol{X}\neq\boldsymbol{0}$，从而 $\lambda^2-2\lambda-3=0$，即 $\boldsymbol{A}$ 的特征值是 3 与 -1.

又 $\boldsymbol{A}^2-2\boldsymbol{A}-3\boldsymbol{E}=(\boldsymbol{A}-3\boldsymbol{E})(\boldsymbol{A}+\boldsymbol{E})=\boldsymbol{O}$，故 $R(\boldsymbol{A}-3\boldsymbol{E})+R(\boldsymbol{A}+\boldsymbol{E})\leqslant n$. 但是

$$R(\boldsymbol{A}-3\boldsymbol{E})+R(\boldsymbol{A}+\boldsymbol{E})=R(3\boldsymbol{E}-\boldsymbol{A})+R(\boldsymbol{A}+\boldsymbol{E})\geqslant$$
$$R(3\boldsymbol{E}-\boldsymbol{A}+\boldsymbol{A}+\boldsymbol{E})=R(4\boldsymbol{E})=n$$

从而 $R(\boldsymbol{A}-3\boldsymbol{E})+R(\boldsymbol{A}+\boldsymbol{E})=n$.

设 $R(\boldsymbol{A}-3\boldsymbol{E})=r$，于是 $R(\boldsymbol{A}+\boldsymbol{E})=n-r$. 那么 $(3\boldsymbol{E}-\boldsymbol{A})\boldsymbol{x}=\boldsymbol{0}$ 的基础解系有 $n-r$ 个向量，即 $\lambda=3$ 有 $n-r$ 个线性无关的特征向量. $(\boldsymbol{E}+\boldsymbol{A})\boldsymbol{x}=\boldsymbol{0}$ 的基础解系有 $n-(n-r)=$

学习随笔

r 个向量,即 $\lambda=-1$ 有 r 个线性无关的特征向量.

于是 $\boldsymbol{A}$ 有 n 个线性无关的特征向量,从而 $\boldsymbol{A}$ 必可相似对角化.

【例 5.95】已知 n 阶矩阵 $\boldsymbol{A}\neq\boldsymbol{O}$,而 $\boldsymbol{A}^k=\boldsymbol{O}$. 证明:$\boldsymbol{A}$ 不能相似对角化.

【证法一】设 $\boldsymbol{AX}=\lambda\boldsymbol{X},\boldsymbol{X}\neq\boldsymbol{0}$. 那么 $\boldsymbol{A}^k\boldsymbol{X}=\lambda^k\boldsymbol{X}=\boldsymbol{0}$. 于是 $\boldsymbol{A}$ 的特征值是 0.

由于齐次线性方程组 $\boldsymbol{Ax}=\boldsymbol{0}$ 的基础解系有 $n-R(\boldsymbol{A})$ 个向量,而 $\boldsymbol{A}\neq\boldsymbol{O}$,知 $R(\boldsymbol{A})>0$. 那么 $\boldsymbol{A}$ 的线性无关的特征向量的个数小于 n,所以 $\boldsymbol{A}$ 不能相似对角化.

【证法二】反证法:

如果 $\boldsymbol{A}$ 能相似对角化,则有可逆矩阵 $\boldsymbol{P}$,使 $\boldsymbol{P}^{-1}\boldsymbol{AP}=\boldsymbol{\Lambda}$. 故

$$\boldsymbol{P}^{-1}\boldsymbol{A}^k\boldsymbol{P}=(\boldsymbol{P}^{-1}\boldsymbol{AP})^k=\boldsymbol{\Lambda}^k$$

由于 $\boldsymbol{A}^k=\boldsymbol{O}$,得 $\boldsymbol{\Lambda}^k=\boldsymbol{O}$,即 $\boldsymbol{\Lambda}=\boldsymbol{O}$. 从而 $\boldsymbol{A}=\boldsymbol{P\Lambda P}^{-1}=\boldsymbol{O}$,与已知矛盾.

评注　要证 $\boldsymbol{A}\sim\boldsymbol{\Lambda}$,就是要证 $\boldsymbol{A}$ 有 n 个线性无关的特征向量,若证 $\boldsymbol{A}$ 不能相似对角化,实际上此时 $\boldsymbol{A}$ 的特征值必有重根,那么也就是要证当 λ_i 是 k 重特征值时,λ_i 必没有 k 个线性无关的特征向量,亦即 $n-R(\lambda_i\boldsymbol{E}-\boldsymbol{A})<k$.

【例 5.96】设 $\boldsymbol{A},\boldsymbol{B}$ 都是 n 阶矩阵,它们有相同的特征值,且 n 个特征值互不相同. 证明:存在 n 阶矩阵 $\boldsymbol{C}$ 和 $\boldsymbol{D}$,使 $\boldsymbol{A}=\boldsymbol{CD},\boldsymbol{B}=\boldsymbol{DC}$,其中 $\boldsymbol{C}$ 是可逆矩阵.

【证明】因为 $\boldsymbol{A},\boldsymbol{B}$ 有 n 个不同的特征值,故它们可相似对角化. 又因 $\boldsymbol{A},\boldsymbol{B}$ 有相同的特征值,故它们可相似于同一个对角矩阵. 设 $\boldsymbol{P}_1^{-1}\boldsymbol{AP}_1=\boldsymbol{\Lambda},\boldsymbol{P}_2^{-1}\boldsymbol{BP}_2=\boldsymbol{\Lambda}$,于是

$$\boldsymbol{A}=\boldsymbol{P}_1\boldsymbol{P}_2^{-1}\boldsymbol{BP}_2\boldsymbol{P}_1^{-1}$$

记 $\boldsymbol{C}=\boldsymbol{P}_1\boldsymbol{P}_2^{-1},\boldsymbol{D}=\boldsymbol{BP}_2\boldsymbol{P}_1^{-1}$,则 $\boldsymbol{A}=\boldsymbol{CD}$,而 $\boldsymbol{B}=\boldsymbol{DP}_1\boldsymbol{P}_2^{-1}=\boldsymbol{DC}$,其中 $\boldsymbol{C}$ 可逆.

【例 5.97】若矩阵 $\boldsymbol{A}=\begin{bmatrix}2&2&0\\8&2&a\\0&0&6\end{bmatrix}$ 相似于对角矩阵 $\boldsymbol{\Lambda}$,试确定常数 a 的值,并求可逆矩阵 $\boldsymbol{P}$,使 $\boldsymbol{P}^{-1}\boldsymbol{AP}=\boldsymbol{\Lambda}$.

【解】由矩阵 $\boldsymbol{A}$ 的特征多项式

$$|\lambda\boldsymbol{E}-\boldsymbol{A}|=\begin{vmatrix}\lambda-2&-2&0\\-8&\lambda-2&-a\\0&0&\lambda-6\end{vmatrix}=(\lambda-6)\begin{vmatrix}\lambda-2&-2\\-8&\lambda-2\end{vmatrix}$$
$$=(\lambda-6)^2(\lambda+2)$$

得知 $\boldsymbol{A}$ 的特征值为 $\lambda_1=\lambda_2=6,\lambda_3=-2$.

由于 $\boldsymbol{A}$ 相似于对角矩阵 $\boldsymbol{\Lambda}$,而 $\lambda=6$ 是二重特征值,故 $\lambda=6$ 应有 2 个线性无关的特征向量,因此矩阵 $6\boldsymbol{E}-\boldsymbol{A}$ 的秩必为 1. 从而由

$$6\boldsymbol{E}-\boldsymbol{A}=\begin{bmatrix}4&-2&0\\-8&4&-a\\0&0&0\end{bmatrix}\to\begin{bmatrix}4&-2&0\\0&0&a\\0&0&0\end{bmatrix}$$

知 $a=0$.

当 $\lambda=6$ 时,由 $(6\boldsymbol{E}-\boldsymbol{A})\boldsymbol{x}=\boldsymbol{0}$,即 $6\boldsymbol{E}-\boldsymbol{A}=\begin{bmatrix}4&-2&0\\-8&4&0\\0&0&0\end{bmatrix}\to\begin{bmatrix}2&-1&0\\0&0&0\\0&0&0\end{bmatrix}$,得到矩阵

$\boldsymbol{A}$ 属于特征值 $\lambda=6$ 的线性无关的特征向量为 $\boldsymbol{X}_1=(1,2,0)^{\mathrm{T}},\boldsymbol{X}_2=(0,0,1)^{\mathrm{T}}$.

当 $\lambda=-2$ 时,由 $(-2\boldsymbol{E}-\boldsymbol{A})\boldsymbol{x}=\boldsymbol{0}$,即 $-2\boldsymbol{E}-\boldsymbol{A}=\begin{bmatrix}-4&-2&0\\-8&-4&0\\0&0&-8\end{bmatrix}\to\begin{bmatrix}2&1&0\\0&0&1\\0&0&0\end{bmatrix}$,得到属于特征值 $\lambda=-2$ 的特征向量为 $\boldsymbol{X}_3=(1,-2,0)^{\mathrm{T}}$.

那么,令 $\boldsymbol{P}=(\boldsymbol{X}_1,\boldsymbol{X}_2,\boldsymbol{X}_3)=\begin{bmatrix}1&0&1\\2&0&-2\\0&1&0\end{bmatrix}$,则 $\boldsymbol{P}^{-1}\boldsymbol{A}\boldsymbol{P}=\boldsymbol{\Lambda}=\begin{bmatrix}6&&\\&6&\\&&-2\end{bmatrix}$.

评注 (1) 要知道相似对角化的充分必要条件.

(2) 如果 $\boldsymbol{P}^{-1}\boldsymbol{A}\boldsymbol{P}=\boldsymbol{\Lambda}$,那么求出矩阵 $\boldsymbol{A}$ 的线性无关的特征向量就可构成可逆矩阵 $\boldsymbol{P}$.

【例 5.98】设矩阵 $\boldsymbol{A}=\begin{bmatrix}3&2&-2\\-k&1&k\\4&2&-3\end{bmatrix}$,当 k 为何值时,存在可逆矩阵 $\boldsymbol{P}$,使得 $\boldsymbol{P}^{-1}\boldsymbol{A}\boldsymbol{P}$ 为对角矩阵?求出 $\boldsymbol{P}$ 和相应的对角矩阵.

【分析】因为 $\boldsymbol{A}\sim\boldsymbol{\Lambda}\Leftrightarrow\boldsymbol{A}$ 有 n 个线性无关的特征向量,而对于 $\boldsymbol{P}^{-1}\boldsymbol{A}\boldsymbol{P}=\boldsymbol{\Lambda}$,其中 $\boldsymbol{\Lambda}$ 的对角线上的元素是 $\boldsymbol{A}$ 的全部特征值,$\boldsymbol{P}$ 的每一列是矩阵 $\boldsymbol{A}$ 的对应特征值的线性无关的特征向量.因此,本题应当从矩阵 $\boldsymbol{A}$ 的特征值、特征向量入手,分析 k 的取值对相似对角化的影响.

【解】由矩阵 $\boldsymbol{A}$ 的特征多项式

$$|\lambda\boldsymbol{E}-\boldsymbol{A}|=\begin{vmatrix}\lambda-3&-2&2\\k&\lambda+1&-k\\-4&-2&\lambda+3\end{vmatrix}=\begin{vmatrix}\lambda-1&-2&2\\0&\lambda+1&-k\\\lambda-1&2&\lambda+3\end{vmatrix}$$

$$=\begin{vmatrix}\lambda-1&-2&2\\0&\lambda+1&-k\\0&0&\lambda+1\end{vmatrix}=(\lambda-1)(\lambda+1)^2$$

得知矩阵 $\boldsymbol{A}$ 的特征值为 $\lambda_1=1,\lambda_2=\lambda_3=-1$.

由于 $\boldsymbol{A}\sim\boldsymbol{\Lambda}$,故 $\lambda=-1$ 时,矩阵 $\boldsymbol{A}$ 必有 2 个线性无关的特征向量,因此秩 $R(-\boldsymbol{E}-\boldsymbol{A})=1$.由 $-\boldsymbol{E}-\boldsymbol{A}=\begin{bmatrix}-4&-2&2\\k&0&-k\\-4&-2&2\end{bmatrix}\to\begin{bmatrix}-4&-2&2\\k&0&-k\\0&0&0\end{bmatrix}$,知 $k=0$.

当 $\lambda=1$ 时,由 $(\boldsymbol{E}-\boldsymbol{A})\boldsymbol{x}=\boldsymbol{0}$,即 $\begin{bmatrix}-2&-2&2\\0&2&0\\-4&-2&4\end{bmatrix}\to\begin{bmatrix}1&1&-1\\0&1&0\\0&0&0\end{bmatrix}$,得到矩阵 $\boldsymbol{A}$ 属于特征值 $\lambda=1$ 的特征向量 $\boldsymbol{\alpha}_1=(1,0,1)^{\mathrm{T}}$.

当 $\lambda=-1$ 时,由 $(-\boldsymbol{E}-\boldsymbol{A})\boldsymbol{x}=\boldsymbol{0}$,即 $\begin{bmatrix}-4&-2&2\\0&0&0\\-4&-2&2\end{bmatrix}\to\begin{bmatrix}2&1&-1\\0&0&0\\0&0&0\end{bmatrix}$,得到矩阵 $\boldsymbol{A}$ 属于特征值 $\lambda=-1$ 的线性无关的特征向量 $\boldsymbol{\alpha}_2=(-1,2,0)^{\mathrm{T}},\boldsymbol{\alpha}_3=(0,1,1)^{\mathrm{T}}$.

学习随笔

那么，令 $\boldsymbol{P}=(\boldsymbol{\alpha}_1,\boldsymbol{\alpha}_2,\boldsymbol{\alpha}_3)=\begin{bmatrix}1 & -1 & 0\\0 & 2 & 1\\1 & 0 & 1\end{bmatrix}$，有 $\boldsymbol{P}^{-1}\boldsymbol{AP}=\boldsymbol{\Lambda}=\begin{bmatrix}1 & & \\ & -1 & \\ & & -1\end{bmatrix}$.

【例 5.99】设矩阵 $\boldsymbol{A}=\begin{bmatrix}1 & -1 & 1\\x & 4 & y\\-3 & -3 & 5\end{bmatrix}$，已知 $\boldsymbol{A}$ 有 3 个线性无关的特征向量，$\lambda=2$ 是 $\boldsymbol{A}$ 的二重特征值，试求可逆矩阵 $\boldsymbol{P}$，使得 $\boldsymbol{P}^{-1}\boldsymbol{AP}$ 为对角矩阵.

【解】因为矩阵 $\boldsymbol{A}$ 有 3 个线性无关的特征向量，而 $\lambda=2$ 是其二重特征值，故 $\lambda=2$ 必有 2 个线性无关的特征向量，因此 $(2\boldsymbol{E}-\boldsymbol{A})\boldsymbol{x}=\boldsymbol{0}$ 的基础解系由 2 个解向量所构成. 于是 $R(2\boldsymbol{E}-\boldsymbol{A})=1$. 由 $2\boldsymbol{E}-\boldsymbol{A}=\begin{bmatrix}1 & 1 & -1\\-x & -2 & -y\\3 & 3 & -3\end{bmatrix}\to\begin{bmatrix}1 & 1 & -1\\0 & x-2 & -x-y\\0 & 0 & 0\end{bmatrix}$，得 $x=2,y=-2$.

那么，矩阵 $\boldsymbol{A}=\begin{bmatrix}1 & -1 & 1\\2 & 4 & -2\\-3 & -3 & 5\end{bmatrix}$. 由此，得矩阵 $\boldsymbol{A}$ 的特征多项式为

$$|\lambda\boldsymbol{E}-\boldsymbol{A}|=\begin{vmatrix}\lambda-1 & 1 & -1\\-2 & \lambda-4 & 2\\3 & 3 & \lambda-5\end{vmatrix}=(\lambda-2)^2(\lambda-6)$$

于是得到矩阵 $\boldsymbol{A}$ 的特征值为 $\lambda_1=\lambda_2=2,\lambda_3=6$.

对 $\lambda=2$，由 $(2\boldsymbol{E}-\boldsymbol{A})\boldsymbol{x}=\boldsymbol{0}$，即 $\begin{bmatrix}1 & 1 & -1\\-2 & -2 & 2\\3 & 3 & -3\end{bmatrix}\to\begin{bmatrix}1 & 1 & -1\\0 & 0 & 0\\0 & 0 & 0\end{bmatrix}$，得到相应的特征向量为 $\boldsymbol{\alpha}_1=(1,-1,0)^{\mathrm{T}},\boldsymbol{\alpha}_2=(1,0,1)^{\mathrm{T}}$.

对 $\lambda=6$，由 $(6\boldsymbol{E}-\boldsymbol{A})\boldsymbol{x}=\boldsymbol{0}$，即 $\begin{bmatrix}5 & 1 & -1\\-2 & 2 & 2\\3 & 3 & 1\end{bmatrix}\to\begin{bmatrix}1 & -1 & -1\\0 & 3 & 2\\0 & 0 & 0\end{bmatrix}$，得到相应的特征向量为 $\boldsymbol{\alpha}_3=(1,-2,3)^{\mathrm{T}}$.

那么，令 $\boldsymbol{P}=(\boldsymbol{\alpha}_1,\boldsymbol{\alpha}_2,\boldsymbol{\alpha}_3)=\begin{bmatrix}1 & 1 & 1\\-1 & 0 & -2\\0 & 1 & 3\end{bmatrix}$，有 $\boldsymbol{P}^{-1}\boldsymbol{AP}=\boldsymbol{\Lambda}=\begin{bmatrix}2 & 0 & 0\\0 & 2 & 0\\0 & 0 & 6\end{bmatrix}$.

【例 5.100】设 n 阶矩阵 $\boldsymbol{A}=\begin{bmatrix}1 & b & \cdots & b\\b & 1 & \cdots & b\\\vdots & \vdots & & \vdots\\b & b & \cdots & 1\end{bmatrix}$.

(1) 求 $\boldsymbol{A}$ 的特征值和特征向量.

(2) 求可逆矩阵 $\boldsymbol{P}$，使得 $\boldsymbol{P}^{-1}\boldsymbol{AP}$ 为对角矩阵.

【解】(1)

学习随笔

$$A=\begin{bmatrix} b & b & \cdots & b \\ b & b & \cdots & b \\ \vdots & \vdots & & \vdots \\ b & b & \cdots & b \end{bmatrix}+\begin{bmatrix} 1-b & & & \\ & 1-b & & \\ & & \ddots & \\ & & & 1-b \end{bmatrix}=B+(1-b)E$$

若 $b\neq 0$，则由 $|\lambda E-B|=\lambda^n-nb\lambda^{n-1}$，知 B 的特征值是 $nb,0,0,\cdots,0$（$n-1$ 个 0）. 从而 A 的特征值为

$$\lambda_1=1+(n-1)b,\quad \lambda_2=\cdots=\lambda_n=1-b$$

对于 B，当 $\lambda=0$ 时，由 $(0E-B)x=0$，有

$$E-B=\begin{bmatrix} -b & -b & \cdots & -b \\ -b & -b & \cdots & -b \\ \vdots & \vdots & & \vdots \\ -b & -b & \cdots & -b \end{bmatrix}\to\begin{bmatrix} 1 & 1 & \cdots & 1 \\ 0 & 0 & \cdots & 0 \\ \vdots & \vdots & & \vdots \\ 0 & 0 & \cdots & 0 \end{bmatrix}$$

解得基础解系

$$\eta_1=(1,-1,0,\cdots,0)^T,\eta_2=(1,0,-1,\cdots,0)^T,\cdots,\eta_{n-1}=(1,0,0,\cdots,-1)^T$$

它们是 B 属于特征值 $\lambda=0$ 的特征向量，也是矩阵 A 属于特征值 $\lambda=1-b$ 的特征向量. 故 $\lambda=1-b$ 的全部特征向量为 $k_1\eta_1+k_2\eta_2+\cdots+k_{n-1}\eta_{n-1}$（$k_1,k_2,\cdots,k_{n-1}$ 不全为 0）.

对于 B，由于 $B^2=nbB$，则由 $B(\gamma_1,\gamma_2,\cdots,\gamma_n)=nb(\gamma_1,\gamma_2,\cdots,\gamma_n)$，知 γ_i 是 B 属于特征值 $\lambda=nb$ 的特征向量. 所以矩阵 A 属于特征值 $\lambda=1+(n-1)b$ 的特征向量是 $k(1,1,\cdots,1)^T$（k 为任意非零常数）.

若 $b=0$，则 $A=E$，此时 A 的特征值是 $\lambda_1=\cdots=\lambda_n=1$，任意非零列向量均为其特征向量.

(2) 当 $b\neq 0$ 时，A 有 n 个线性无关的特征向量，令

$$P=\begin{bmatrix} 1 & 1 & \cdots & 1 & 1 \\ -1 & 0 & \cdots & 0 & 1 \\ 0 & -1 & \cdots & 0 & 1 \\ \vdots & \vdots & & \vdots & \vdots \\ 0 & 0 & \cdots & -1 & 1 \end{bmatrix}$$

则有

$$P^{-1}AP=\Lambda=\begin{bmatrix} 1-b & & & & \\ & 1-b & & & \\ & & \ddots & & \\ & & & 1-b & \\ & & & & 1+(n-1)b \end{bmatrix}$$

当 $b=0$ 时，因为 $A=E$，那么对任意可逆矩阵 P，均有 $P^{-1}AP=E$.

评注　如果能观察出矩阵 A 可表示为 $B+kE$ 的形式，其中 $R(B)=1$，那么 A 的特征值、特征向量问题用矩阵 B 的特征值、特征向量来中转是简便的. 请你直接计算 A 的特征值与特征向量.

(1) 当 $b\neq 0$ 时，

学习随笔

$$|\lambda E-A|=\begin{vmatrix}\lambda-1 & -b & \cdots & -b\\ -b & \lambda-1 & \cdots & -b\\ \vdots & \vdots & & \vdots\\ -b & -b & \cdots & \lambda-1\end{vmatrix}=\cdots$$

$$=[\lambda-1-(n-1)b][\lambda-(1-b)]^{n-1}$$

故 A 的特征值为 $\lambda_1=1+(n-1)b,\lambda_2=\cdots=\lambda_n=1-b$.

对于 $\lambda_1=1+(n-1)b$,设 A 的属于特征值 λ_1 的一个特征向量为 ξ_1,则按定义

$$\begin{bmatrix}1 & b & \cdots & b\\ b & 1 & \cdots & b\\ \vdots & \vdots & & \vdots\\ b & b & \cdots & 1\end{bmatrix}\xi_1=[1+(n-1)b]\xi_1$$

解得 $\xi_1=(1,1,\cdots,1)^T$,所以全部特征向量为 $k\xi_1=k(1,1,\cdots,1)^T$(k 为任意非零常数).

对于 $\lambda_2=\cdots=\lambda_n=1-b$,解齐次线性方程组 $[(1-b)E-A]x=0$,由

$$(1-b)E-A=\begin{bmatrix}-b & -b & \cdots & -b\\ -b & -b & \cdots & -b\\ \vdots & \vdots & & \vdots\\ -b & -b & \cdots & -b\end{bmatrix}\to\begin{bmatrix}1 & 1 & \cdots & 1\\ 0 & 0 & \cdots & 0\\ \vdots & \vdots & & \vdots\\ 0 & 0 & \cdots & 0\end{bmatrix}$$

解得基础解系

$$\xi_2=(1,-1,0,\cdots,0)^T$$
$$\xi_3=(1,0,-1,\cdots,0)^T$$
$$\vdots$$
$$\xi_n=(1,0,0,\cdots,-1)^T$$

故全部特征向量为 $k_2\xi_2+k_3\xi_3+\cdots+k_n\xi_n$($k_2,\cdots,k_n$ 是不全为零的常数).

(2) 当 $b=0$ 时,特征值 $\lambda_1=\cdots=\lambda_n=1$,任意非零列向量均为特征向量.

【例 5.101】已知 $A=\begin{bmatrix}1 & 0 & -1\\ 0 & 1 & 0\\ -2 & 1 & 0\end{bmatrix}$ 与 $B=\begin{bmatrix}2 & 3 & 3\\ 2 & 1 & 0\\ a & b & c\end{bmatrix}$ 相似,求 a,b,c 及可逆矩阵 P,使 $P^{-1}AP=B$.

【解】由 $A\sim B$,知 $t_rA=t_rB$,即 $1+1+0=2+1+c$,得到 $c=-1$. 又因

$$|\lambda E-A|=\begin{vmatrix}\lambda-1 & 0 & 1\\ 0 & \lambda-1 & 0\\ 2 & -1 & \lambda\end{vmatrix}=(\lambda-1)(\lambda-2)(\lambda+1)$$

所以 A 的特征值就是 $\lambda_1=1,\lambda_2=2,\lambda_3=-1$.

解方程组 $(E-A)x=0$,得 $X_1=(1,2,0)^T$ 是 $\lambda_1=1$ 的特征向量.

解方程组 $(2E-A)x=O$,得 $X_2=(1,0,-1)^T$ 是 $\lambda_2=2$ 的特征向量.

解方程组 $(-E-A)x=O$,得 $X_3=(1,0,2)^T$ 是 $\lambda_3=-1$ 的特征向量.

那么，令 $P_1=(X_1,X_2,X_3)$，得 $P_1^{-1}AP_1=\begin{bmatrix}1&&\\&2&\\&&-1\end{bmatrix}$.

因为 $A\sim B$，故 1，2，-1 也是 B 的特征值，由

$$|E-B|=\begin{vmatrix}-1&-3&-3\\-2&0&0\\-a&-b&2\end{vmatrix}=2(-6-3b)=0$$

$$|2E-B|=\begin{vmatrix}0&-3&-3\\-2&1&0\\-a&-b&3\end{vmatrix}=-3(a+2b+6)=0$$

解出 $a=-2,b=-2$. 那么

$$E-B=\begin{bmatrix}-1&-3&-3\\-2&0&0\\2&2&2\end{bmatrix}\rightarrow\begin{bmatrix}-2&0&0\\0&2&2\\0&0&0\end{bmatrix}$$

有 $\lambda=1$ 的特征向量 $Y_1=(0,1,-1)^{\mathrm{T}}$.

$$2E-B=\begin{bmatrix}0&-3&-3\\-2&1&0\\2&2&3\end{bmatrix}\rightarrow\begin{bmatrix}-2&1&0\\0&1&1\\0&0&0\end{bmatrix}$$

有 $\lambda=2$ 的特征向量 $Y_2=(1,2,-2)^{\mathrm{T}}$.

$$-E-B=\begin{bmatrix}-3&-3&-3\\-2&-2&0\\2&2&0\end{bmatrix}\rightarrow\begin{bmatrix}1&1&0\\0&0&1\\0&0&0\end{bmatrix}$$

有 $\lambda=-1$ 的特征向量 $Y_3=(1,-1,0)^{\mathrm{T}}$.

那么，令 $P_2=(Y_1,Y_2,Y_3)$，得 $P_2^{-1}BP_2=\begin{bmatrix}1&&\\&2&\\&&-1\end{bmatrix}$. 于是

$$P_1^{-1}AP_1=P_2^{-1}BP_2$$

从而 $P_2P_1^{-1}AP_1P_2^{-1}=B$. 因此，取

$$P=P_1P_2^{-1}=\begin{bmatrix}1&1&1\\2&0&0\\0&-1&2\end{bmatrix}\begin{bmatrix}0&1&1\\1&2&-1\\-1&-2&0\end{bmatrix}^{-1}=\begin{bmatrix}-1&-2&-3\\-4&-4&-6\\-1&-3&-3\end{bmatrix}$$

就有 $P^{-1}AP=B$.

【例 5.102】 设 A 为 3 阶矩阵，$\alpha_1,\alpha_2,\alpha_3$ 是线性无关的 3 维列向量，且满足

$$A\alpha_1=\alpha_1+\alpha_2+\alpha_3,\quad A\alpha_2=2\alpha_2+\alpha_3,\quad A\alpha_3=2\alpha_2+3\alpha_3$$

(1) 求矩阵 B，使得 $A(\alpha_1,\alpha_2,\alpha_3)=(\alpha_1,\alpha_2,\alpha_3)B$.

(2) 求矩阵 A 的特征值.

(3) 求可逆矩阵 P，使得 $P^{-1}AP$ 为对角矩阵.

【解】 (1) 按已知条件，有

$$A(\alpha_1,\alpha_2,\alpha_3)=(\alpha_1+\alpha_2+\alpha_3,2\alpha_2+\alpha_3,2\alpha_2+3\alpha_3)$$

学习随笔

$$=(\boldsymbol{\alpha}_1,\boldsymbol{\alpha}_2,\boldsymbol{\alpha}_3)\begin{bmatrix}1&0&0\\1&2&2\\1&1&3\end{bmatrix}$$

所以矩阵 $\boldsymbol{B}=\begin{bmatrix}1&0&0\\1&2&2\\1&1&3\end{bmatrix}$.

(2) 因为 $\boldsymbol{\alpha}_1,\boldsymbol{\alpha}_2,\boldsymbol{\alpha}_3$ 线性无关,矩阵 $\boldsymbol{C}=(\boldsymbol{\alpha}_1,\boldsymbol{\alpha}_2,\boldsymbol{\alpha}_3)$可逆,所以

$$\boldsymbol{C}^{-1}\boldsymbol{A}\boldsymbol{C}=\boldsymbol{B}$$

即 $\boldsymbol{A}$ 与 $\boldsymbol{B}$ 相似. 由

$$|\lambda\boldsymbol{E}-\boldsymbol{B}|=\begin{vmatrix}\lambda-1&0&0\\-1&\lambda-2&-2\\-1&-1&\lambda-3\end{vmatrix}=(\lambda-1)^2(\lambda-4)$$

知矩阵 $\boldsymbol{B}$ 的特征值是 1,1,4. 故矩阵 $\boldsymbol{A}$ 的特征值是 1,1,4.

(3) 对于矩阵 $\boldsymbol{B}$,由$(\boldsymbol{E}-\boldsymbol{B})\boldsymbol{x}=\boldsymbol{0}$,即 $\boldsymbol{E}-\boldsymbol{B}=\begin{bmatrix}0&0&0\\-1&-1&-2\\-1&-1&-2\end{bmatrix}\to\begin{bmatrix}1&1&2\\0&0&0\\0&0&0\end{bmatrix}$,得特征向量 $\boldsymbol{\eta}_1=(-1,1,0)^{\mathrm{T}}$,$\boldsymbol{\eta}_2=(-2,0,1)^{\mathrm{T}}$.

由$(4\boldsymbol{E}-\boldsymbol{B})\boldsymbol{x}=\boldsymbol{0}$,即 $4\boldsymbol{E}-\boldsymbol{B}=\begin{bmatrix}3&0&0\\-1&2&-2\\-1&-1&1\end{bmatrix}\to\begin{bmatrix}1&0&0\\0&1&-1\\0&0&0\end{bmatrix}$,得特征向量 $\boldsymbol{\eta}_3=(0,1,1)^{\mathrm{T}}$.

那么,令 $\boldsymbol{P}_1=(\boldsymbol{\eta}_1,\boldsymbol{\eta}_2,\boldsymbol{\eta}_3)$,有 $\boldsymbol{P}_1^{-1}\boldsymbol{B}\boldsymbol{P}_1=\begin{bmatrix}1&&\\&1&\\&&4\end{bmatrix}$.

从而 $\boldsymbol{P}_1^{-1}\boldsymbol{C}^{-1}\boldsymbol{A}\boldsymbol{C}\boldsymbol{P}_1=\begin{bmatrix}1&&\\&1&\\&&4\end{bmatrix}$.

故当 $\boldsymbol{P}=\boldsymbol{C}\boldsymbol{P}_1=(\boldsymbol{\alpha}_1,\boldsymbol{\alpha}_2,\boldsymbol{\alpha}_3)\begin{bmatrix}-1&-2&0\\1&0&1\\0&1&1\end{bmatrix}=(-\boldsymbol{\alpha}_1+\boldsymbol{\alpha}_2,-2\boldsymbol{\alpha}_1+\boldsymbol{\alpha}_3,\boldsymbol{\alpha}_2+\boldsymbol{\alpha}_3)$时,

$$\boldsymbol{P}^{-1}\boldsymbol{A}\boldsymbol{P}=\begin{bmatrix}1&&\\&1&\\&&4\end{bmatrix}$$

【例 5.103】已知 $\boldsymbol{A}=\begin{bmatrix}1&-2&-4\\-2&x&-2\\-4&-2&1\end{bmatrix}$与$\boldsymbol{B}=\begin{bmatrix}5&&\\&y&\\&&-4\end{bmatrix}$相似,求 x,y.

【解法一】矩阵 $\boldsymbol{A}$ 的特征多项式为

$$|\lambda\boldsymbol{E}-\boldsymbol{A}|=\begin{vmatrix}\lambda-1&2&4\\2&\lambda-x&2\\4&2&\lambda-1\end{vmatrix}=\begin{vmatrix}\lambda-5&0&5-\lambda\\2&\lambda-x&2\\4&2&\lambda-1\end{vmatrix}$$

学习随笔

$$=(\lambda-5)[\lambda^2+(3-x)\lambda-8]$$

因为 $\boldsymbol{A}\sim\boldsymbol{B}$，它们有相同的特征值，所以

$$(\lambda-y)(\lambda+4)=\lambda^2+(3-x)\lambda-3x-8$$

比较系数，有 $x=4,y=5$.

【解法二】因为相似矩阵有相同的迹，知 $1+x+1=5+y+(-4)$. 又因相似矩阵有相同的特征值，知 $\lambda=-4$ 是 $\boldsymbol{A}$ 的特征值，于是

$$|-4\boldsymbol{E}-\boldsymbol{A}|=\begin{vmatrix}-5 & 2 & 4\\ 2 & -4-x & 2\\ 4 & 2 & -5\end{vmatrix}=9(4-x)=0$$

解出 $x=4$，代入到迹中得 $y=5$.

评注　本题应当解二元一次方程组，可用相似的必要条件来建立方程，因此，方程的建立方法是多样的. 其中一种方法是用迹，比较简明；另外，除用特征值相等之外，也可用行列式值相等. 在本题中

$$|\boldsymbol{A}|=-5(3x+8),\quad |\boldsymbol{B}|=-20y$$

因此，另一方程可以是 $3x+8=4y$. 读者可根据题目灵活选择建立方程的方法.

【例 5.104】设 3 阶方阵 $\boldsymbol{A}$ 有 3 个不同的特征值 $\lambda_1,\lambda_2,\lambda_3$，对应的特征向量分别为 $\boldsymbol{\alpha}_1,\boldsymbol{\alpha}_2,\boldsymbol{\alpha}_3$，记 $\boldsymbol{\beta}=\boldsymbol{\alpha}_1+\boldsymbol{\alpha}_2+\boldsymbol{\alpha}_3$，且 $\boldsymbol{A\beta}=\boldsymbol{A}^3\boldsymbol{\beta}$，求行列式 $|a\boldsymbol{A}+b\boldsymbol{E}|$（$a,b$ 为已知常数）.

【分析】$\boldsymbol{A}$ 相似于对角阵 $\begin{bmatrix}\lambda_1 & & \\ & \lambda_2 & \\ & & \lambda_3\end{bmatrix}$，即存在可逆矩阵 $\boldsymbol{P}$，使 $\boldsymbol{A}=\boldsymbol{P}^{-1}\begin{bmatrix}\lambda_1 & & \\ & \lambda_2 & \\ & & \lambda_3\end{bmatrix}\boldsymbol{P}$，于是 $|a\boldsymbol{A}+b\boldsymbol{E}|=|\boldsymbol{P}^{-1}|\begin{vmatrix}a\lambda_1+b & & \\ & a\lambda_2+b & \\ & & a\lambda_3+b\end{vmatrix}|\boldsymbol{P}|=(a\lambda_1+b)(a\lambda_2+b)(a\lambda_3+b)$，故问题归为求 $\boldsymbol{A}$ 的特征值 $\lambda_1,\lambda_2,\lambda_3$.

【解】由 $\boldsymbol{A\beta}=\boldsymbol{A}^3\boldsymbol{\beta}$，得

$$\lambda_1\boldsymbol{\alpha}_1+\lambda_2\boldsymbol{\alpha}_2+\lambda_3\boldsymbol{\alpha}_3=\lambda_1^3\boldsymbol{\alpha}_1+\lambda_2^3\boldsymbol{\alpha}_2+\lambda_3^3\boldsymbol{\alpha}_3$$

或

$$(\lambda_1-\lambda_1^3)\boldsymbol{\alpha}_1+(\lambda_2-\lambda_2^3)\boldsymbol{\alpha}_2+(\lambda_3-\lambda_3^3)\boldsymbol{\alpha}_3=\boldsymbol{0}$$

因 $\boldsymbol{\alpha}_1,\boldsymbol{\alpha}_2,\boldsymbol{\alpha}_3$ 是矩阵 $\boldsymbol{A}$ 对应于不同特征值的特征向量，故线性无关，从而

$$\lambda_i-\lambda_i^3=0(i=1,2,3)$$

即 $\lambda_1,\lambda_2,\lambda_3$ 是方程 $x-x^3=x(1-x)(1+x)=0$ 的 3 个根 $0,1,-1$.

于是 $\boldsymbol{A}$ 相似于对角阵 $\begin{bmatrix}1 & & \\ & -1 & \\ & & 0\end{bmatrix}$，即存在可逆矩阵 $\boldsymbol{P}$，使 $\boldsymbol{A}=\boldsymbol{P}^{-1}\begin{bmatrix}1 & & \\ & -1 & \\ & & 0\end{bmatrix}\boldsymbol{P}$.

所以

$$|a\boldsymbol{A}+b\boldsymbol{E}|=|\boldsymbol{P}^{-1}|\begin{vmatrix}a+b & & \\ & -a+b & \\ & & b\end{vmatrix}|\boldsymbol{P}|=b(b^2-a^2)$$

【例 5.105】已知 3 阶矩阵 $\boldsymbol{A}$ 与 3 维向量 $\boldsymbol{x}$，使得向量组 $\boldsymbol{x},\boldsymbol{Ax},\boldsymbol{A}^2\boldsymbol{x}$ 线性无关，且满足

学习随笔

$A^3x=3Ax-2A^2x$，记 $P=(x,Ax,A^2x)$，求 3 阶矩阵 B，使 $A=PBP^{-1}$.

【分析】本题中 A 与 B 相似，要通过 P 来求 B. 由于矩阵 A 没有具体给出，因而应从定义出发. 注意：若 $P^{-1}AP=A$，则 P 的列向量是 A 的特征向量，而 $P^{-1}AP=B$ 时，P 的列向量不是 A 的特征向量. 这一点不要混淆.

【解法一】由于 $AP=PB$，即

$$A(x,Ax,A^2x)=(Ax,A^2x,A^3x)=(Ax,A^2x,3Ax-2A^2x)$$

$$=(x,Ax,A^2x)\begin{bmatrix}0&0&0\\1&0&3\\0&1&-2\end{bmatrix}$$

所以 $B=\begin{bmatrix}0&0&0\\1&0&3\\0&1&-2\end{bmatrix}$.

【解法二】由于 $P=(x,Ax,A^2x)$ 可逆，那么 $P^{-1}P=E$，即 $P^{-1}(x,Ax,A^2x)=E$.

所以 $P^{-1}x=\begin{bmatrix}1\\0\\0\end{bmatrix}$，$P^{-1}Ax=\begin{bmatrix}0\\1\\0\end{bmatrix}$，$P^{-1}A^2x=\begin{bmatrix}0\\0\\1\end{bmatrix}$. 于是

$$B=P^{-1}AP=P^{-1}(Ax,A^2x,A^3x)=P^{-1}(Ax,A^2x,3Ax-2A^2x)$$

$$=(P^{-1}Ax,P^{-1}A^2x,P^{-1}(3Ax-2A^2x))=\begin{bmatrix}0&0&0\\1&0&3\\0&1&-2\end{bmatrix}$$

【解法三】由 $A^3x+2A^2x-3Ax=\mathbf{0}$ 来求 A 的特征值与特征向量. 因为

$$A(A^2x+2Ax-3x)=0\cdot(A^2x+2Ax-3x)$$

又因 x,Ax,A^2x 线性无关，知 $A^2x+2Ax-3x\neq\mathbf{0}$，故 $\lambda=0$ 是 A 的特征值，$A^2x+2Ax-3x$ 是属于 $\lambda=0$ 的特征向量. 类似地，由

$$(A-E)(A^2x+3Ax)=\mathbf{0},\quad (A+3E)(A^2x-Ax)=\mathbf{0}$$

知 $\lambda=1$ 是 A 的特征值，特征向量是 A^2x+3Ax；$\lambda=-3$ 是 A 的特征值，A^2x-Ax 是特征向量. A 有 3 个不同的特征值 1，−3，0，也就有 3 个线性无关的特征向量，依次是

$$A^2x+3Ax,\quad A^2x-Ax,\quad A^2x+2Ax-3x$$

令 $Q=(A^2x+3Ax,A^2x-Ax,A^2x+2Ax-3x)$，则有 $Q^{-1}AQ=\begin{bmatrix}1&&\\&-3&\\&&0\end{bmatrix}$. 而

$$Q=(x,Ax,A^2x)\begin{bmatrix}0&0&-3\\3&-1&2\\1&1&1\end{bmatrix}=PC$$

于是 $A=Q\Lambda Q^{-1}=PC\Lambda C^{-1}P^{-1}$. 所以

$$B=P^{-1}AP=P^{-1}(PC\Lambda C^{-1}P^{-1})P=C\Lambda C^{-1}$$

$$=\begin{bmatrix}0&0&-3\\3&-1&2\\1&1&1\end{bmatrix}\begin{bmatrix}1&&\\&-3&\\&&0\end{bmatrix}\begin{bmatrix}0&0&-3\\3&-1&2\\1&1&1\end{bmatrix}^{-1}=\begin{bmatrix}0&0&0\\1&0&3\\0&1&-2\end{bmatrix}$$

评注　若本例(1)中用的是解法三，那么也就得到 $\boldsymbol{A}$ 的特征值是 $1,-3,0$，然后可知 $\boldsymbol{A}+\boldsymbol{E}$ 的特征值是 $2,-2,1$. 于是 $|\boldsymbol{A}+\boldsymbol{E}|=2\cdot(-2)\cdot 1=-4$. 但是由

$$\boldsymbol{A}^3\boldsymbol{x}=3\boldsymbol{A}\boldsymbol{x}-2\boldsymbol{A}^2\boldsymbol{x}\Rightarrow(\boldsymbol{A}^3+2\boldsymbol{A}^2-3\boldsymbol{A})\boldsymbol{x}=\boldsymbol{0}$$

得

$$|\boldsymbol{A}^3+2\boldsymbol{A}^2-3\boldsymbol{A}|=0\Rightarrow|\boldsymbol{A}||\boldsymbol{A}-\boldsymbol{E}|\cdot|\boldsymbol{A}+3\boldsymbol{E}|=0$$

并不能说 $\boldsymbol{A}$ 的特征值就是 $0,1,-3$. 这一点要理解清楚.

【例 5.106】设矩阵 $\boldsymbol{B}=\begin{bmatrix}0&0&1\\0&1&0\\1&0&0\end{bmatrix}$，已知矩阵 $\boldsymbol{A}$ 相似于 $\boldsymbol{B}$，则 $R(\boldsymbol{A}-2\boldsymbol{E})$ 与 $R(\boldsymbol{A}-\boldsymbol{E})$ 之和等于________.

(A) 2.　　(B) 3.　　(C) 4.　　(D) 5.

【分析】若 $\boldsymbol{P}^{-1}\boldsymbol{A}\boldsymbol{P}=\boldsymbol{B}$，则 $\boldsymbol{P}^{-1}(\boldsymbol{A}+k\boldsymbol{E})\boldsymbol{P}=\boldsymbol{B}+k\boldsymbol{E}$，即若 $\boldsymbol{A}\sim\boldsymbol{B}$，则 $\boldsymbol{A}+k\boldsymbol{E}\sim\boldsymbol{B}+k\boldsymbol{E}$. 又因相似矩阵有相同的秩，故

$$R(\boldsymbol{A}-2\boldsymbol{E})+R(\boldsymbol{A}-\boldsymbol{E})=R(\boldsymbol{B}-2\boldsymbol{E})+R(\boldsymbol{B}-\boldsymbol{E})$$
$$=R\begin{bmatrix}-2&0&1\\0&-1&0\\1&0&-2\end{bmatrix}+R\begin{bmatrix}-1&0&1\\0&0&0\\1&0&-1\end{bmatrix}=4$$

故应选(C).

【例 5.107】设矩阵 $\boldsymbol{B}=\begin{bmatrix}0&0&0&0\\0&3&0&0\\0&0&-1&2\\0&0&2&2\end{bmatrix}$，已知矩阵 $\boldsymbol{A}$ 相似于 $\boldsymbol{B}$，则 $R(\boldsymbol{A}-\boldsymbol{E})+R(\boldsymbol{A}-3\boldsymbol{E})=$________.

(A) 7.　　(B) 6.　　(C) 5.　　(D) 4.

【分析】由矩阵 $\boldsymbol{B}$ 的特征多项式

$$|\lambda\boldsymbol{E}-\boldsymbol{B}|=\begin{vmatrix}\lambda&0&0&0\\0&\lambda-3&0&0\\0&0&\lambda+1&-2\\0&0&-2&\lambda-2\end{vmatrix}=\lambda(\lambda+2)(\lambda-3)^2$$

可得 $\boldsymbol{B}$ 的特征值为 $\lambda_1=0,\lambda_2=-2,\lambda_3=\lambda_4=3$. 因为 $\boldsymbol{A}\sim\boldsymbol{B}$，所以矩阵 $\boldsymbol{A}$ 与矩阵 $\boldsymbol{B}$ 有相同的特征值. 又因为 $\boldsymbol{B}$ 是实对称矩阵，故 $\boldsymbol{B}$ 可相似于对角矩阵. 从而矩阵 $\boldsymbol{A}$ 也可相似于对角矩阵. 所以，矩阵 $\boldsymbol{A}$ 属于二重特征值 $\lambda_3=\lambda_4=3$，必有两个线性无关的特征向量. 由此可知，$R(3\boldsymbol{E}-\boldsymbol{A})=n-2=4-2=2$，即 $R(\boldsymbol{A}-3\boldsymbol{E})=2$. 又因为 $\lambda=1$ 不是矩阵 $\boldsymbol{A}$ 的特征值，故知 $|\boldsymbol{E}-\boldsymbol{A}|\neq 0$，所以，$R(\boldsymbol{E}-\boldsymbol{A})=4$，即 $R(\boldsymbol{A}-\boldsymbol{E})=4$. 因此，$R(\boldsymbol{A}-\boldsymbol{E})+R(\boldsymbol{A}-3\boldsymbol{E})=2+4=6$. 故应选(B).

【例 5.108】设 2 阶矩阵 $\boldsymbol{A}$ 的特征值为 $\lambda_1=1,\lambda_2=2$，已知 $\boldsymbol{B}=\boldsymbol{A}^2-3\boldsymbol{A}+4\boldsymbol{E}$，则 $\boldsymbol{B}=$________.

【分析】$\boldsymbol{A}$ 是 2 阶矩阵，有两个不同的特征值 $\lambda_1=1,\lambda_2=2$，故存在可逆阵 $\boldsymbol{P}$，使得 $\boldsymbol{P}^{-1}\boldsymbol{A}\boldsymbol{P}=\boldsymbol{\Lambda}=\begin{bmatrix}1&0\\0&2\end{bmatrix}$，故 $\boldsymbol{A}=\boldsymbol{P}\boldsymbol{\Lambda}\boldsymbol{P}^{-1}$. 从而

学习随笔

$$\boldsymbol{B}=\boldsymbol{A}^2-3\boldsymbol{A}+4\boldsymbol{E}=(\boldsymbol{P\Lambda P}^{-1})^2-3\boldsymbol{P\Lambda P}^{-1}+4\boldsymbol{PP}^{-1}$$

$$=\boldsymbol{P}(\boldsymbol{\Lambda}^2-3\boldsymbol{\Lambda}+4\boldsymbol{E})\boldsymbol{P}^{-1}=\boldsymbol{P}\left(\begin{bmatrix}1&\\&4\end{bmatrix}-3\begin{bmatrix}1&\\&2\end{bmatrix}+4\begin{bmatrix}1&\\&1\end{bmatrix}\right)\boldsymbol{P}^{-1}$$

$$=\boldsymbol{P}\begin{bmatrix}2&0\\0&2\end{bmatrix}\boldsymbol{P}^{-1}=2\boldsymbol{E}$$

或 $\boldsymbol{B}=\boldsymbol{A}^2-3\boldsymbol{A}+4\boldsymbol{E}=(\boldsymbol{A}-\boldsymbol{E})(\boldsymbol{A}-2\boldsymbol{E})+2\boldsymbol{E}$

$$=(\boldsymbol{P\Lambda P}^{-1}-\boldsymbol{PP}^{-1})(\boldsymbol{P\Lambda P}^{-1}-2\boldsymbol{PP}^{-1})+2\boldsymbol{E}=\boldsymbol{P}(\boldsymbol{\Lambda}-\boldsymbol{E})(\boldsymbol{\Lambda}-2\boldsymbol{E})\boldsymbol{P}^{-1}+2\boldsymbol{E}$$

$$=\boldsymbol{P}\begin{bmatrix}0&0\\0&1\end{bmatrix}\begin{bmatrix}-1&0\\0&0\end{bmatrix}\boldsymbol{P}^{-1}+2\boldsymbol{E}=2\boldsymbol{E}$$

【例 5.109】已知 $\boldsymbol{A}=\begin{bmatrix}1&-1&2\\0&2&-2\\-1&-1&0\end{bmatrix}$，求 $\boldsymbol{A}^n$.

【分析】我们只能对一些特殊的矩阵计算其方幂，请回顾例 2.6～例 2.12 学过特征值之后，对于可相似对角化的矩阵，可以利用 $\boldsymbol{\Lambda}^n$ 容易计算而间接计算 $\boldsymbol{A}^n$.

【解】由 $\boldsymbol{A}$ 的特征多项式

$$|\lambda\boldsymbol{E}-\boldsymbol{A}|=\begin{vmatrix}\lambda-1&1&-2\\0&\lambda-2&2\\1&1&\lambda\end{vmatrix}=\lambda(\lambda-1)(\lambda-2)$$

得到 $\boldsymbol{A}$ 的特征值是 $\lambda_1=0,\lambda_2=1,\lambda_3=2$.

求出 $\lambda=0$ 的特征向量是 $\boldsymbol{X}_1=(-1,1,1)^{\mathrm{T}}$，$\lambda=1$ 的特征向量是 $\boldsymbol{X}_2=(-3,2,1)^{\mathrm{T}}$，$\lambda=2$ 的特征向量是 $\boldsymbol{X}_3=(1,-1,0)^{\mathrm{T}}$.

令 $\boldsymbol{P}=(\boldsymbol{X}_1,\boldsymbol{X}_2,\boldsymbol{X}_3)=\begin{bmatrix}-1&-3&1\\1&2&-1\\1&1&0\end{bmatrix}$，则 $\boldsymbol{P}^{-1}=\begin{bmatrix}1&1&1\\-1&-1&0\\-1&-2&1\end{bmatrix}$. 那么

$$\boldsymbol{P}^{-1}\boldsymbol{AP}=\boldsymbol{\Lambda}=\begin{bmatrix}0&&\\&1&\\&&2\end{bmatrix}$$

于是 $\boldsymbol{A}=\boldsymbol{P\Lambda P}^{-1}$，从而

$$\boldsymbol{A}^n=(\boldsymbol{P\Lambda P}^{-1})^n=\boldsymbol{P\Lambda}^n\boldsymbol{P}^{-1}$$

$$=\begin{bmatrix}-1&-3&1\\1&2&-1\\1&1&0\end{bmatrix}\begin{bmatrix}0&&\\&1&\\&&2^n\end{bmatrix}\begin{bmatrix}1&1&1\\-1&-1&0\\-1&-2&1\end{bmatrix}$$

$$=\begin{bmatrix}3-2^{11}&3-2^{n+1}&2^n\\-2+2^n&-2+2^{n+1}&-2^n\\-1&-1&0\end{bmatrix}$$

评注　如果 $\boldsymbol{A}\sim\boldsymbol{\Lambda}$，设 $\boldsymbol{P}^{-1}\boldsymbol{AP}=\boldsymbol{\Lambda}$，则 $\boldsymbol{A}=\boldsymbol{P\Lambda P}^{-1}$，那么 $\boldsymbol{A}^2=(\boldsymbol{P\Lambda P}^{-1})(\boldsymbol{P\Lambda P}^{-1})=\boldsymbol{P\Lambda}^2\boldsymbol{P}^{-1}$. 递推得，$\boldsymbol{A}^n=\boldsymbol{P\Lambda}^n\boldsymbol{P}^{-1}$，通过对角化可求 $\boldsymbol{A}^n$.

学习随笔

【例 5.110】已知 $A=\begin{bmatrix}-2&1&1\\0&2&0\\-4&1&3\end{bmatrix}$，$\boldsymbol{\beta}=\begin{bmatrix}2\\2\\3\end{bmatrix}$，试求 $A^{10}\boldsymbol{\beta}$.

【解法一】矩阵 A 的特征多项式

$$|\lambda E-A|=\begin{vmatrix}\lambda+2&-1&-1\\0&\lambda-2&0\\4&-1&\lambda-3\end{vmatrix}=(\lambda-2)\begin{vmatrix}\lambda+2&-1\\4&\lambda-3\end{vmatrix}$$
$$=(\lambda+1)(\lambda-2)^2$$

所以 A 的特征值为 $\lambda_1=\lambda_2=2,\lambda_3=-1$.

求出 $\lambda=2$ 的特征向量是 $X_1=(0,1,-1)^{\mathrm{T}},X_2=(1,0,4)^{\mathrm{T}}$.

解出 $\lambda=-1$ 的特征向量是 $X_3=(1,0,1)^{\mathrm{T}}$.

那么，令 $P=(X_1,X_2,X_3)=\begin{bmatrix}0&1&1\\1&0&0\\-1&4&1\end{bmatrix}$，则 $P^{-1}=\dfrac{1}{3}\begin{bmatrix}0&3&0\\-1&1&1\\4&-1&-1\end{bmatrix}$. 而

$$P^{-1}AP=\Lambda=\begin{bmatrix}2&&\\&2&\\&&-1\end{bmatrix}$$

于是
$$A=P\Lambda P^{-1}$$
$$A^{10}=(P\Lambda P^{-1})^{10}=P\Lambda^{10}P^{-1}$$
$$=\frac{1}{3}\begin{bmatrix}0&1&1\\1&0&0\\-1&4&1\end{bmatrix}\begin{bmatrix}2^{10}&&\\&2^{10}&\\&&1\end{bmatrix}\begin{bmatrix}0&3&0\\-1&1&1\\4&-1&-1\end{bmatrix}$$
$$=\frac{1}{3}\begin{bmatrix}4-2^{10}&2^{10}-1&2^{10}-1\\0&3\cdot 2^{10}&0\\4-2^{12}&2^{10}-1&2^{12}-1\end{bmatrix}$$

因此 $A^{10}\boldsymbol{\beta}=\begin{bmatrix}2^{10}+1\\2^{11}\\2^{11}+1\end{bmatrix}$.

【解法二】同解法一，求出 A 的特征值、特征向量.

设 $x_1X_1+x_2X_2+x_3X_3=\boldsymbol{\beta}$，解出 $\boldsymbol{\beta}=2X_1+X_2+X_3$. 那么

$$A\boldsymbol{\beta}=2AX_1+AX_2+AX_3=2\lambda_1X_1+\lambda_2X_2+\lambda_3X_3$$
$$A^2\boldsymbol{\beta}=2\lambda_1AX_1+\lambda_2AX_2+\lambda_3AX_3=2\lambda_1^2X_1+\lambda_2^2X_2+\lambda_3^2X_3$$

递推得

$$A^{10}\boldsymbol{\beta}=2\lambda_1^{10}X_1+\lambda_2^{10}X_2+\lambda_3^{10}X_3=2\cdot 2^{10}\begin{bmatrix}0\\1\\-1\end{bmatrix}+2^{10}\begin{bmatrix}1\\0\\4\end{bmatrix}+\begin{bmatrix}1\\0\\1\end{bmatrix}=\begin{bmatrix}2^{10}+1\\2^{11}\\2^{11}+1\end{bmatrix}$$

评注　解法一是先求出 A^n 再求 $A^n\boldsymbol{\beta}$，思路比较自然，但计算量大. 解法二观察到 X_1,X_2,X_3 是 $\mathbf{R}^3$ 的一个基，因而 $\boldsymbol{\beta}$ 可由 X_1,X_2,X_3 线性表出，其巧妙运用特征值、特征向量的性质，计算量大为减少，但概念灵活性增强.

学习随笔

【例 5.111】已知 $\boldsymbol{A}$ 的特征值为 $\lambda_1=1,\lambda_2=2,\lambda_3=-1$，对应的特征向量依次为

$$\boldsymbol{\alpha}_1=\begin{bmatrix}1\\1\\0\end{bmatrix},\quad \boldsymbol{\alpha}_2=\begin{bmatrix}-1\\0\\1\end{bmatrix},\quad \boldsymbol{\alpha}_3=\begin{bmatrix}1\\1\\2\end{bmatrix}$$

试求 $\boldsymbol{A}$ 及 $\boldsymbol{A}^n$.

【分析】这是一类反问题，由特征值、特征向量反求矩阵 $\boldsymbol{A}$，它可由相似对角化来实现.

【解】因为 $\boldsymbol{A}$ 有 3 个不同的特征值，故 $\boldsymbol{A}$ 能相似对角化.

令 $\boldsymbol{P}=(\boldsymbol{\alpha}_1,\boldsymbol{\alpha}_2,\boldsymbol{\alpha}_3)=\begin{bmatrix}1&-1&1\\1&0&1\\0&1&2\end{bmatrix}$，则 $\boldsymbol{P}^{-1}=\dfrac{1}{2}\begin{bmatrix}-1&3&-1\\-2&2&0\\1&-1&1\end{bmatrix}$. 那么

$$\boldsymbol{P}^{-1}\boldsymbol{A}\boldsymbol{P}=\begin{bmatrix}1&&\\&2&\\&&-1\end{bmatrix}$$

所以

$$\boldsymbol{A}=\boldsymbol{P}\boldsymbol{\Lambda}\boldsymbol{P}^{-1}=\frac{1}{2}\begin{bmatrix}1&-1&1\\1&0&1\\0&1&2\end{bmatrix}\begin{bmatrix}1&&\\&2&\\&&-1\end{bmatrix}\begin{bmatrix}-1&3&-1\\-2&2&0\\1&-1&1\end{bmatrix}=\begin{bmatrix}1&0&-1\\-1&2&-1\\-3&3&-1\end{bmatrix}$$

而

$$\boldsymbol{A}^n=\boldsymbol{P}\boldsymbol{\Lambda}^n\boldsymbol{P}^{-1}=\frac{1}{2}\begin{bmatrix}1&-1&1\\1&0&1\\0&1&2\end{bmatrix}\begin{bmatrix}1&&\\&2^n&\\&&(-1)^n\end{bmatrix}\begin{bmatrix}-1&3&-1\\-2&2&0\\1&-1&1\end{bmatrix}$$

$$=\begin{cases}\begin{bmatrix}2^n&1-2^n&0\\0&1&0\\1-2^n&2^{n-1}&1\end{bmatrix}, & n\text{ 是偶数},\\[2ex] \begin{bmatrix}2^{n-1}&2-2^n&-1\\-1&2&-1\\-1-2^n&1+2^n&-1\end{bmatrix}, & n\text{ 是奇数}\end{cases}$$

评注　按特征值、特征向量定义，用分块矩阵表示，有

$$\boldsymbol{A}(\boldsymbol{\alpha}_1,\boldsymbol{\alpha}_2,\boldsymbol{\alpha}_3)=(\lambda_1\boldsymbol{\alpha}_1,\lambda_2\boldsymbol{\alpha}_2,\lambda_3\boldsymbol{\alpha}_3)$$

由于 $\boldsymbol{\alpha}_1,\boldsymbol{\alpha}_2,\boldsymbol{\alpha}_3$ 线性无关，$(\boldsymbol{\alpha}_1,\boldsymbol{\alpha}_2,\boldsymbol{\alpha}_3)$ 是可逆矩阵，易得

$$\boldsymbol{A}=(\lambda_1\boldsymbol{\alpha}_1,\lambda_2\boldsymbol{\alpha}_2,\lambda_3\boldsymbol{\alpha}_3)(\boldsymbol{\alpha}_1,\boldsymbol{\alpha}_2,\boldsymbol{\alpha}_3)^{-1}$$

【例 5.112】某试验性生产线每年一月份进行熟练工与非熟练工的人数统计，然后将 $\dfrac{1}{6}$ 熟练工支援其他生产部门，其缺额由新招收的非熟练工补齐. 新、老非熟练工经过培训及实践至年终考核有 $\dfrac{2}{5}$ 成为熟练工. 设第 n 年一月份统计的熟练工和非熟练工所占百分比分别为 x_n 和 y_n，记成向量 $\begin{bmatrix}x_n\\y_n\end{bmatrix}$.

（1）求 $\begin{bmatrix}x_{n+1}\\y_{n+1}\end{bmatrix}$ 与 $\begin{bmatrix}x_n\\y_n\end{bmatrix}$ 的关系式并写成矩阵形式：$\begin{bmatrix}x_{n+1}\\y_{n+1}\end{bmatrix}=\boldsymbol{A}\begin{bmatrix}x_n\\y_n\end{bmatrix}$.

（2）验证 $\boldsymbol{\eta}_1=\begin{bmatrix}4\\1\end{bmatrix}$，$\boldsymbol{\eta}_2=\begin{bmatrix}-1\\1\end{bmatrix}$ 是 $\boldsymbol{A}$ 的两个线性无关的特征向量，并求出相应的特征值.

（3）当 $\begin{bmatrix}x_1\\y_1\end{bmatrix}=\begin{bmatrix}\frac{1}{2}\\\frac{1}{2}\end{bmatrix}$ 时，求 $\begin{bmatrix}x_{n+1}\\y_{n+1}\end{bmatrix}$.

【解】（1）按题意有 $\begin{cases}x_{n+1}=\dfrac{5}{6}x_n+\dfrac{2}{5}(\dfrac{1}{6}x_n+y_n),\\y_{n+1}=\dfrac{3}{5}(\dfrac{1}{6}x_n+y_n).\end{cases}$ 化简得

$$\begin{cases}x_{n+1}=\dfrac{9}{10}x_n+\dfrac{2}{5}y_n,\\y_{n+1}=\dfrac{1}{10}x_n+\dfrac{3}{5}y_n\end{cases}$$

对其用矩阵表示即为 $\begin{bmatrix}x_{n+1}\\y_{n+1}\end{bmatrix}=\begin{bmatrix}\frac{9}{10}&\frac{2}{5}\\\frac{1}{10}&\frac{3}{5}\end{bmatrix}\begin{bmatrix}x_n\\y_n\end{bmatrix}$，于是 $\boldsymbol{A}=\begin{bmatrix}\frac{9}{10}&\frac{2}{5}\\\frac{1}{10}&\frac{3}{5}\end{bmatrix}$.

（2）令 $\boldsymbol{P}=(\boldsymbol{\eta}_1,\boldsymbol{\eta}_2)=\begin{bmatrix}4&-1\\1&1\end{bmatrix}$，则由 $|\boldsymbol{P}|=5\neq0$ 知，$\boldsymbol{\eta}_1,\boldsymbol{\eta}_2$ 线性无关.

因 $\boldsymbol{A}\boldsymbol{\eta}_1=\begin{pmatrix}4\\1\end{pmatrix}=\boldsymbol{\eta}_1$，故 $\boldsymbol{\eta}_1$ 为 $\boldsymbol{A}$ 的特征向量，且相应的特征值 $\lambda_1=1$.

因 $\boldsymbol{A}\boldsymbol{\eta}_2=\begin{bmatrix}-\frac{1}{2}\\\frac{1}{2}\end{bmatrix}=\dfrac{1}{2}\boldsymbol{\eta}_2$，故 $\boldsymbol{\eta}_2$ 为 $\boldsymbol{A}$ 的特征向量，且相应的特征值 $\lambda_2=\dfrac{1}{2}$.

（3）$\begin{bmatrix}x_{n+1}\\y_{n+1}\end{bmatrix}=\boldsymbol{A}\begin{bmatrix}x_n\\y_n\end{bmatrix}=\boldsymbol{A}^2\begin{bmatrix}x_{n-1}\\y_{n-1}\end{bmatrix}=\cdots=\boldsymbol{A}^{n-1}\begin{bmatrix}x_1\\y_1\end{bmatrix}=\boldsymbol{A}^n\begin{bmatrix}\frac{1}{2}\\\frac{1}{2}\end{bmatrix}$.

由 $\boldsymbol{P}^{-1}\boldsymbol{A}\boldsymbol{P}=\begin{bmatrix}\lambda_1&0\\0&\lambda_2\end{bmatrix}$，有 $\boldsymbol{A}=\boldsymbol{P}\begin{bmatrix}\lambda_1&0\\0&\lambda_2\end{bmatrix}\boldsymbol{P}^{-1}$. 于是 $\boldsymbol{A}^n=\boldsymbol{P}\begin{bmatrix}\lambda_1&0\\0&\lambda_2\end{bmatrix}^n\boldsymbol{P}^{-1}$. 又 $\boldsymbol{P}^{-1}=\dfrac{1}{5}\begin{bmatrix}1&1\\-1&4\end{bmatrix}$，故

$$\boldsymbol{A}^n=\frac{1}{5}\begin{bmatrix}4&-1\\1&1\end{bmatrix}\begin{bmatrix}1&0\\0&\left(\frac{1}{2}\right)^n\end{bmatrix}\begin{bmatrix}1&1\\-1&4\end{bmatrix}=\frac{1}{5}\begin{bmatrix}4+\left(\frac{1}{2}\right)^n&4-4\left(\frac{1}{2}\right)^n\\1-\left(\frac{1}{2}\right)^n&1+4\left(\frac{1}{2}\right)^n\end{bmatrix}$$

学习随笔

因此
$$\begin{bmatrix} x_{n+1} \\ y_{n+1} \end{bmatrix} = \boldsymbol{A}^n \begin{bmatrix} \frac{1}{2} \\ \frac{1}{2} \end{bmatrix} = \frac{1}{10} \begin{bmatrix} 8-3\left(\frac{1}{2}\right)^n \\ 2+3\left(\frac{1}{2}\right)^n \end{bmatrix}$$

评注　因为 $\boldsymbol{\eta}_1 = \begin{bmatrix} 4 \\ 1 \end{bmatrix}$，$\boldsymbol{\eta}_2 = \begin{bmatrix} -1 \\ 1 \end{bmatrix}$ 线性无关，是 2 维空间的一组基，那么 $\left[\frac{1}{2}, \frac{1}{2}\right]^{\mathrm{T}}$ 可由 $\boldsymbol{\eta}_1, \boldsymbol{\eta}_2$ 线性表出，由 $\begin{bmatrix} \frac{1}{2} \\ \frac{1}{2} \end{bmatrix} = x \begin{bmatrix} 4 \\ 1 \end{bmatrix} + y \begin{bmatrix} -1 \\ 1 \end{bmatrix}$，解出 $\begin{bmatrix} \frac{1}{2} \\ \frac{1}{2} \end{bmatrix} = \frac{1}{5} \begin{bmatrix} 4 \\ 1 \end{bmatrix} + \frac{3}{10} \begin{bmatrix} -1 \\ 1 \end{bmatrix} = \frac{1}{5}\boldsymbol{\eta}_1 + \frac{3}{10}\boldsymbol{\eta}_2$. 于是有
$$\begin{bmatrix} x_{n+1} \\ y_{n+1} \end{bmatrix} = \boldsymbol{A}^n \begin{bmatrix} \frac{1}{2} \\ \frac{1}{2} \end{bmatrix} = \frac{1}{5}\boldsymbol{A}^n\boldsymbol{\eta}_1 + \frac{3}{10}\boldsymbol{A}^n\boldsymbol{\eta}_2 = \frac{1}{5}\lambda_1^n\boldsymbol{\eta}_1 + \frac{3}{10}\lambda_2^n\boldsymbol{\eta}_2 = \frac{1}{10} \begin{bmatrix} 8-3\left(\frac{1}{2}\right)^n \\ 2+3\left(\frac{1}{2}\right)^n \end{bmatrix}$$
可绕过 $\boldsymbol{P}^{-1}$，$\boldsymbol{A}^n$ 等计算.

注意：在本例(2)中是用定义法来确定特征值与特征向量的. 若用特征多项式与基础解系就麻烦了.

六、有关实对称矩阵的问题

【例 5.113】设 $\boldsymbol{A}$ 为 $n \times m$ 实矩阵，$R(\boldsymbol{A}) = n$，则________.

(A) $\boldsymbol{A}\boldsymbol{A}^{\mathrm{T}}$ 的行列式值不为零.　　(B) $\boldsymbol{A}\boldsymbol{A}^{\mathrm{T}}$ 必与单位矩阵相似.

(C) $\boldsymbol{A}^{\mathrm{T}}\boldsymbol{A}$ 的行列式值不为零.　　(D) $\boldsymbol{A}^{\mathrm{T}}\boldsymbol{A}$ 必与单位矩阵相似.

【分析】矩阵 $\boldsymbol{A}\boldsymbol{A}^{\mathrm{T}}$ 是 n 阶方阵，且方程组 $\boldsymbol{A}\boldsymbol{A}^{\mathrm{T}}\boldsymbol{x} = \boldsymbol{0}$ 与 $\boldsymbol{A}^{\mathrm{T}}\boldsymbol{x} = \boldsymbol{0}$ 是同解方程组，故系数矩阵的秩相同，即 $R(\boldsymbol{A}\boldsymbol{A}^{\mathrm{T}}) = R(\boldsymbol{A}^{\mathrm{T}}) = R(\boldsymbol{A})$. 而矩阵 $\boldsymbol{A}^{\mathrm{T}}\boldsymbol{A}$ 为 m 阶方阵，无从由 $R(\boldsymbol{A}) = n$ 说明什么.

由 $\boldsymbol{A}^{\mathrm{T}}\boldsymbol{x} = \boldsymbol{0}$，有 $\boldsymbol{A}\boldsymbol{A}^{\mathrm{T}}\boldsymbol{x} = \boldsymbol{0}$. 反之若 $\boldsymbol{A}\boldsymbol{A}^{\mathrm{T}}\boldsymbol{x} = \boldsymbol{0}$，则 $\boldsymbol{x}^{\mathrm{T}}(\boldsymbol{A}\boldsymbol{A}^{\mathrm{T}}\boldsymbol{x}) = (\boldsymbol{A}^{\mathrm{T}}\boldsymbol{x})^{\mathrm{T}}(\boldsymbol{A}^{\mathrm{T}}\boldsymbol{x}) = \boldsymbol{0}$；故实向量 $\boldsymbol{A}^{\mathrm{T}}\boldsymbol{x} = \boldsymbol{0}$. 由此证得方程组 $\boldsymbol{A}\boldsymbol{A}^{\mathrm{T}}\boldsymbol{x} = \boldsymbol{0}$ 与 $\boldsymbol{A}^{\mathrm{T}}\boldsymbol{x} = \boldsymbol{0}$ 是同解方程组，故有 $R(\boldsymbol{A}\boldsymbol{A}^{\mathrm{T}}) = R(\boldsymbol{A}^{\mathrm{T}}) = R(\boldsymbol{A}) = n$，所以方阵 $\boldsymbol{A}\boldsymbol{A}^{\mathrm{T}}$ 的行列式 $|\boldsymbol{A}\boldsymbol{A}^{\mathrm{T}}| \neq 0$. 故应选(A).

由于 $(\boldsymbol{A}\boldsymbol{A}^{\mathrm{T}})^{\mathrm{T}} = \boldsymbol{A}\boldsymbol{A}^{\mathrm{T}}$，故 $\boldsymbol{A}\boldsymbol{A}^{\mathrm{T}}$ 为实对称矩阵，必可相似对角化，即与对角矩阵相似，而相似对角矩阵一般不是单位矩阵，故(B)不对. 而(C)和(D)中矩阵 $\boldsymbol{A}^{\mathrm{T}}\boldsymbol{A}$ 为 m 阶方阵，由 $R(\boldsymbol{A}) = n$ 这一条件无法判断其是否满秩，而且"实对称矩阵必与单位矩阵相似"的说法也是不对的.

评注　只有正定矩阵才能与单位矩阵合同. 一个满秩的方阵与单位矩阵只能是等价的关系，即存在 n 阶可逆矩阵 $\boldsymbol{P}, \boldsymbol{Q}$，使 $\boldsymbol{P}(\boldsymbol{A}\boldsymbol{A}^{\mathrm{T}})\boldsymbol{Q} = \boldsymbol{E}$. 也就是说，可逆矩阵可经初等变换成为标准形 $\boldsymbol{E}$.

【例 5.114】设 $\boldsymbol{A}, \boldsymbol{B}$ 都是 n 阶实对称矩阵. 证明：存在正交矩阵 $\boldsymbol{Q}$，使 $\boldsymbol{Q}^{-1}\boldsymbol{A}\boldsymbol{Q} = \boldsymbol{B}$ 的充要条件是 $\boldsymbol{A}, \boldsymbol{B}$ 有相同的特征值.

【证明】必要性. 若 $Q^{-1}AQ=B$，则 A 与 B 相似，因而 A，B 有相同的特征值.

充分性. 设 $\lambda_1,\lambda_2,\cdots,\lambda_n$ 是 A 和 B 的特征值，因为实对称矩阵必可用正交矩阵相似对角化，故存在正交矩阵 Q_1 和 Q_2，使

$$Q_1^{-1}AQ_1=\begin{bmatrix}\lambda_1 & & & \\ & \lambda_2 & & \\ & & \ddots & \\ & & & \lambda_n\end{bmatrix}=Q_2^{-1}BQ_2$$

则 $Q_2Q_1^{-1}AQ_1Q_2^{-1}=B$.

令 $Q=Q_1Q_2^{-1}$，则因正交矩阵的逆矩阵是正交矩阵，正交矩阵的乘积是正交矩阵，而知 Q 是正交矩阵，且 $Q^{-1}AQ=B$.

【例 5.115】设矩阵 $A=\begin{bmatrix}1 & 1 & a\\ 1 & a & 1\\ a & 1 & 1\end{bmatrix}$，$\beta=\begin{bmatrix}1\\ 1\\ -2\end{bmatrix}$，已知线性方程组 $Ax=\beta$ 有解但不唯一. 试求：

(1) a 的值.

(2) 正交矩阵 Q，使 $Q^{T}AQ$ 为对角矩阵.

【分析】方程组有解且不唯一，即方程组有无穷多解，故可由 $R(A)=R(\bar{A})<3$ 来求 a 的值. 而 $Q^{T}AQ=\Lambda$，即 $Q^{-1}AQ=\Lambda$，为此应当求出 A 的特征值与特征向量再构造正交矩阵 Q.

【解】(1) 对方程组 $Ax=\beta$ 的增广矩阵作初等行变换，有

$$\bar{A}=\left[\begin{array}{ccc:c}1 & 1 & a & 1\\ 1 & a & 1 & 1\\ a & 1 & 1 & -2\end{array}\right]\to\left[\begin{array}{ccc:c}1 & 1 & a & 1\\ 0 & a-1 & 1-a & 0\\ 0 & 1-a & 1-a^2 & -a-2\end{array}\right]$$

$$\to\left[\begin{array}{ccc:c}1 & 1 & a & 1\\ 0 & a-1 & 1-a & 0\\ 0 & 0 & (a-1)(a+2) & a+2\end{array}\right]$$

因为方程组有无穷多解，所以 $R(A)=R(\bar{A})<3$. 故 $a=-2$.

(2)

$$|\lambda E-A|=\begin{vmatrix}\lambda-1 & -1 & 2\\ -1 & \lambda+2 & -1\\ 2 & -1 & \lambda-1\end{vmatrix}=\begin{vmatrix}\lambda & \lambda & \lambda\\ -1 & \lambda+2 & -1\\ 2 & -1 & \lambda-1\end{vmatrix}$$

$$=\lambda\begin{vmatrix}1 & 1 & 1\\ -1 & \lambda+2 & -1\\ 2 & -1 & \lambda-1\end{vmatrix}=\lambda\begin{vmatrix}1 & 0 & 0\\ -1 & \lambda+3 & 0\\ 2 & -3 & \lambda-3\end{vmatrix}$$

$$=\lambda(\lambda+3)(\lambda-3)$$

故矩阵 A 的特征值为 $\lambda_1=3$，$\lambda_2=0$，$\lambda_3=-3$.

当 $\lambda_1=3$ 时，由 $(3E-A)x=0$，即 $\begin{bmatrix}2 & -1 & 2\\ -1 & 5 & -1\\ 2 & -1 & 2\end{bmatrix}\to\begin{bmatrix}1 & -5 & 1\\ 0 & 9 & 0\\ 0 & 0 & 0\end{bmatrix}$，得到属于特征值

学习随笔

$\lambda=3$ 的特征向量 $\boldsymbol{\alpha}_1=(1,0,-1)^{\mathrm{T}}$.

当 $\lambda_2=0$ 时,由 $(0\boldsymbol{E}-\boldsymbol{A})\boldsymbol{x}=\boldsymbol{0}$,即 $\begin{bmatrix}-1&-1&2\\-1&2&-1\\2&-1&-1\end{bmatrix}\to\begin{bmatrix}1&1&-2\\0&3&-3\\0&0&0\end{bmatrix}$,得到属于特征值 $\lambda=0$ 的特征向量 $\boldsymbol{\alpha}_2=(1,1,1)^{\mathrm{T}}$.

当 $\lambda_3=-3$ 时,由 $(-3\boldsymbol{E}-\boldsymbol{A})\boldsymbol{x}=\boldsymbol{0}$,即 $\begin{bmatrix}-4&-1&2\\-1&-1&-1\\2&-1&-4\end{bmatrix}\to\begin{bmatrix}1&1&1\\0&1&2\\0&0&0\end{bmatrix}$,得到属于特征值 $\lambda=-3$ 的特征向量 $\boldsymbol{\alpha}_3=(1,-2,1)^{\mathrm{T}}$.

实对称矩阵的特征值不同时,其特征向量已经正交,故只须单位化.

$$\boldsymbol{\beta}_1=\frac{1}{\sqrt{2}}\begin{bmatrix}1\\0\\-1\end{bmatrix},\quad \boldsymbol{\beta}_2=\frac{1}{\sqrt{3}}\begin{bmatrix}1\\1\\1\end{bmatrix},\quad \boldsymbol{\beta}_3=\frac{1}{\sqrt{6}}\begin{bmatrix}1\\-2\\1\end{bmatrix}$$

那么,令 $\boldsymbol{Q}=(\boldsymbol{\beta}_1,\ \boldsymbol{\beta}_2,\ \boldsymbol{\beta}_3)=\begin{bmatrix}\frac{1}{\sqrt{2}}&\frac{1}{\sqrt{3}}&\frac{1}{\sqrt{6}}\\0&\frac{1}{\sqrt{3}}&-\frac{2}{\sqrt{6}}\\-\frac{1}{\sqrt{2}}&\frac{1}{\sqrt{3}}&\frac{1}{\sqrt{6}}\end{bmatrix}$,得 $\boldsymbol{Q}^{\mathrm{T}}\boldsymbol{A}\boldsymbol{Q}=\boldsymbol{Q}^{-1}\boldsymbol{A}\boldsymbol{Q}=\boldsymbol{\Lambda}=\begin{bmatrix}3&&\\&0&\\&&-3\end{bmatrix}$.

【例 5.116】设 3,2,2 是 3 阶实对称矩阵 $\boldsymbol{A}$ 的特征值,且 $\boldsymbol{\alpha}_1=\begin{bmatrix}1\\2\\-1\end{bmatrix}$ 是矩阵 $\boldsymbol{A}$ 属于特征值 $\lambda=3$ 的特征向量,求 $\boldsymbol{A}$ 属于 $\lambda=2$ 的特征向量.

【分析】求特征向量通常有两种基本方法:一是 $(\lambda_i\boldsymbol{E}-\boldsymbol{A})\boldsymbol{x}=\boldsymbol{0}$ 的基础解系法;二是定义法 $\boldsymbol{A}\boldsymbol{X}=\lambda\boldsymbol{X}$. 但这两种方法本题均行不通. 注意到本题的条件 $\boldsymbol{A}$ 是实对称矩阵,因此,应从实对称矩阵的特性入手.

【解】设 $\boldsymbol{A}$ 的属于 $\lambda=2$ 的特征向量是 $\boldsymbol{\alpha}=\begin{bmatrix}x_1\\x_2\\x_3\end{bmatrix}$,因为实对称矩阵的不同特征值的特征向量相互正交,所以 $[\boldsymbol{\alpha}_1,\boldsymbol{\alpha}]=\boldsymbol{\alpha}_1^{\mathrm{T}}\boldsymbol{\alpha}=x_1+2x_2-x_3=0$. 解出基础解系为

$$\boldsymbol{\beta}_1=\begin{bmatrix}-2\\1\\0\end{bmatrix},\quad \boldsymbol{\beta}_2=\begin{bmatrix}1\\0\\1\end{bmatrix}$$

所以 $\boldsymbol{A}$ 属于 $\lambda=2$ 的特征向量是 $k_1\boldsymbol{\beta}_1+k_2\boldsymbol{\beta}_2$,其中 k_1,k_2 不全为 0.

【例 5.117】设 3 阶实对称矩阵 $\boldsymbol{A}$ 的特征值是 1,2,3;矩阵 $\boldsymbol{A}$ 的属于特征值 1,2 的特征向量分别是 $\boldsymbol{\alpha}_1=(-1,-1,1)^{\mathrm{T}}$,$\boldsymbol{\alpha}_2=(1,-2,-1)^{\mathrm{T}}$.

(1) 求 $\boldsymbol{A}$ 的属于特征值 3 的特征向量.

(2) 求矩阵 $\boldsymbol{A}$.

【解】(1) 设 $\boldsymbol{A}$ 的属于特征值 $\lambda=3$ 的特征向量为 $\boldsymbol{\alpha}_3=(x_1,x_2,x_3)^{\mathrm{T}}$. 因为实对称矩阵属于不同特征值的特征向量相互正交,故

$$\begin{cases}\boldsymbol{\alpha}_1^{\mathrm{T}}\boldsymbol{\alpha}_3=-x_1-x_2+x_3=0,\\ \boldsymbol{\alpha}_2^{\mathrm{T}}\boldsymbol{\alpha}_3=x_1-2x_2-x_3=0\end{cases}$$

得到基础解系为 $(1,0,1)^{\mathrm{T}}$.

因此,矩阵 $\boldsymbol{A}$ 的属于特征值 $\lambda=3$ 的特征向量为 $\boldsymbol{\alpha}_3=k(1,0,1)^{\mathrm{T}}$($k$ 为非零常数).

(2) 由于矩阵 $\boldsymbol{A}$ 的特征值是 1,2,3,特征向量依次为 $\boldsymbol{\alpha}_1,\boldsymbol{\alpha}_2,\boldsymbol{\alpha}_3$,利用分块矩阵,有

$$\boldsymbol{A}(\boldsymbol{\alpha}_1,\boldsymbol{\alpha}_2,\boldsymbol{\alpha}_3)=(\boldsymbol{\alpha}_1,2\boldsymbol{\alpha}_2,3\boldsymbol{\alpha}_3)$$

因为 $\boldsymbol{\alpha}_1,\boldsymbol{\alpha}_2,\boldsymbol{\alpha}_3$ 是不同特征值的特征向量,它们线性无关,于是矩阵 $(\boldsymbol{\alpha}_1,\boldsymbol{\alpha}_2,\boldsymbol{\alpha}_3)$ 可逆. 故

$$\begin{aligned}\boldsymbol{A}&=(\boldsymbol{\alpha}_1,2\boldsymbol{\alpha}_3,3\boldsymbol{\alpha}_3)(\boldsymbol{\alpha}_1,\ \boldsymbol{\alpha}_2,\ \boldsymbol{\alpha}_3)^{-1}\\ &=\begin{bmatrix}-1&2&3\\-1&-4&0\\1&-2&3\end{bmatrix}\begin{bmatrix}-1&1&1\\-1&-2&0\\1&-1&1\end{bmatrix}^{-1}\\ &=\frac{1}{6}\begin{bmatrix}-1&2&3\\-1&-4&0\\1&-2&3\end{bmatrix}\begin{bmatrix}-2&-2&2\\1&-2&-1\\3&0&3\end{bmatrix}=\frac{1}{6}\begin{bmatrix}13&-2&5\\-2&10&2\\5&2&13\end{bmatrix}\end{aligned}$$

评注　本题有两个难点:一是能否由"实对称矩阵"挖掘出隐含的信息,通过正交性求出 $\boldsymbol{\alpha}_3$;二是反求矩阵 $\boldsymbol{A}$. 大家习惯的是由矩阵 $\boldsymbol{A}$ 来求其特征值与特征向量,而本题是要由特征值、特征向量反求矩阵 $\boldsymbol{A}$.

关于反求矩阵 $\boldsymbol{A}$,除用矩阵方程的方法外,还可以用相似对角化的方法:

因为 $\boldsymbol{A}$ 的特征值是 1,2,3,故 $\boldsymbol{A}\sim\boldsymbol{\Lambda}=\begin{bmatrix}1&&\\&2&\\&&3\end{bmatrix}$,即 $\boldsymbol{P}^{-1}\boldsymbol{AP}=\boldsymbol{\Lambda}$,其中 $\boldsymbol{P}=(\boldsymbol{\alpha}_1,\ \boldsymbol{\alpha}_2,\ \boldsymbol{\alpha}_3)$. 从而 $\boldsymbol{A}=\boldsymbol{P\Lambda P}^{-1}$. 下略.

【例 5.118】设 3 阶实对称矩阵 $\boldsymbol{A}$ 的秩为 2,$\lambda_1=\lambda_2=6$ 是 $\boldsymbol{A}$ 的二重特征值. 若 $\boldsymbol{\alpha}_1=(1,1,0)^{\mathrm{T}}$,$\boldsymbol{\alpha}_2=(2,1,1)^{\mathrm{T}}$,$\boldsymbol{\alpha}_3=(-1,2,-3)^{\mathrm{T}}$ 都是 $\boldsymbol{A}$ 的属于特征值 6 的特征向量.

(1) 求 $\boldsymbol{A}$ 的另一特征值和对应的特征向量.

(2) 求矩阵 $\boldsymbol{A}$.

【解】(1)由秩 $R(\boldsymbol{A})=2$,知 $|\boldsymbol{A}|=0$,所以 $\lambda=0$ 是 $\boldsymbol{A}$ 的另一特征值.

因为 $\lambda_1=\lambda_2=6$ 是实对称矩阵 $\boldsymbol{A}$ 的二重特征值,故 $\boldsymbol{A}$ 的属于特征值 $\lambda=6$ 的线性无关的特征向量有 2 个. 因此 $\boldsymbol{\alpha}_1,\boldsymbol{\alpha}_2,\boldsymbol{\alpha}_3$ 必线性相关,而 $\boldsymbol{\alpha}_1,\boldsymbol{\alpha}_2$ 是 $\boldsymbol{A}$ 的属于特征值 $\lambda=6$ 的线性无关的特征向量.

设 $\lambda=0$ 所对应的特征向量为 $\boldsymbol{\alpha}=(x_1,x_2,x_3)^{\mathrm{T}}$,由于实对称矩阵不同特征值的特征向量相互正交,故有

$$\begin{cases}\boldsymbol{\alpha}_1^{\mathrm{T}}\boldsymbol{\alpha}=x_1+x_2=0,\\ \boldsymbol{\alpha}_2^{\mathrm{T}}\boldsymbol{\alpha}=2x_1+x_2+x_3=0\end{cases}$$

学习随笔

解此方程组得基础解系 $\boldsymbol{\alpha}=(-1,1,1)^{\mathrm{T}}$，那么矩阵 $\boldsymbol{A}$ 属于特征值 $\lambda=0$ 的特征向量为 $k(-1,1,1)^{\mathrm{T}}$，k 是不为零的任意常数.

(2) 令 $\boldsymbol{P}=(\boldsymbol{\alpha}_1,\boldsymbol{\alpha}_2,\boldsymbol{\alpha})$，则 $\boldsymbol{P}^{-1}\boldsymbol{AP}=\begin{bmatrix}6&0&0\\0&6&0\\0&0&0\end{bmatrix}$. 所以 $\boldsymbol{A}=\boldsymbol{P}\begin{bmatrix}6&0&0\\0&6&0\\0&0&0\end{bmatrix}\boldsymbol{P}^{-1}$.

又
$$\boldsymbol{P}^{-1}=\begin{bmatrix}0&1&-1\\ \frac{1}{3}&-\frac{1}{3}&\frac{2}{3}\\ -\frac{1}{3}&\frac{1}{3}&\frac{1}{3}\end{bmatrix},$$

故
$$\boldsymbol{A}=\begin{bmatrix}1&2&-1\\1&1&1\\0&1&1\end{bmatrix}\begin{bmatrix}6&0&0\\0&6&0\\0&0&0\end{bmatrix}\cdot\frac{1}{3}\begin{bmatrix}0&3&-3\\1&-1&2\\-1&1&1\end{bmatrix}=\begin{bmatrix}4&2&2\\2&4&-2\\2&-2&4\end{bmatrix}$$

评注　如果 λ 是 $\boldsymbol{A}$ 的 k 重特征值，那么 λ 至多有 k 个线性无关的特征向量，而作为实对称矩阵，则 k 重特征值必有 k 个线性无关的特征向量. 上述定理保证了本题中 $\boldsymbol{\alpha}_1$，$\boldsymbol{\alpha}_2$，$\boldsymbol{\alpha}_3$ 一定线性相关.

在矩阵 $\boldsymbol{A}$ 的求解上，亦可用矩阵方程来处理. 由 $\boldsymbol{A\alpha}_1=6\boldsymbol{\alpha}_1$，$\boldsymbol{A\alpha}_2=6\boldsymbol{\alpha}_2$，$\boldsymbol{A\alpha}=0\boldsymbol{\alpha}$，有
$$\boldsymbol{A}(\boldsymbol{\alpha}_1,\boldsymbol{\alpha}_2,\boldsymbol{\alpha})=(6\boldsymbol{\alpha}_1,6\boldsymbol{\alpha}_2,\boldsymbol{0})$$
从而
$$\boldsymbol{A}=(6\boldsymbol{\alpha}_1,6\boldsymbol{\alpha}_2,\boldsymbol{0})(\boldsymbol{\alpha}_1,\boldsymbol{\alpha}_2,\boldsymbol{\alpha})^{-1}=\cdots$$

【例 5.119】 设 3 阶实对称矩阵 $\boldsymbol{A}$ 的特征值 $\lambda_1=1$，$\lambda_2=2$，$\lambda_3=-2$，$\boldsymbol{\alpha}_1=(1,-1,1)^{\mathrm{T}}$ 是 $\boldsymbol{A}$ 的属于 λ_1 的一个特征向量. 记 $\boldsymbol{B}=\boldsymbol{A}^5-4\boldsymbol{A}^3+\boldsymbol{E}$，其中 $\boldsymbol{E}$ 为 3 阶单位矩阵.

(1) 验证 $\boldsymbol{\alpha}_1$ 是矩阵 $\boldsymbol{B}$ 的特征向量，并求 $\boldsymbol{B}$ 的全部特征值和特征向量.

(2) 求矩阵 $\boldsymbol{B}$.

【解】 (1) 由 $\boldsymbol{A\alpha}=\lambda\boldsymbol{\alpha}$，知 $\boldsymbol{A}^n\boldsymbol{\alpha}=\lambda^n\boldsymbol{\alpha}$. 那么
$$\boldsymbol{B\alpha}_1=(\boldsymbol{A}^5-4\boldsymbol{A}^3+\boldsymbol{E})\boldsymbol{\alpha}_1=\boldsymbol{A}^5\boldsymbol{\alpha}_1-4\boldsymbol{A}^3\boldsymbol{\alpha}_1+\boldsymbol{\alpha}_1=(\lambda_1^5-4\lambda_1^3+1)\boldsymbol{\alpha}_1=-2\boldsymbol{\alpha}_1$$
所以 $\boldsymbol{\alpha}_1$ 是矩阵 $\boldsymbol{B}$ 属于特征值 $\mu_1=-2$ 的特征向量.

类似地，若 $\boldsymbol{A\alpha}_2=\lambda_2\boldsymbol{\alpha}_2$，$\boldsymbol{A\alpha}_3=\lambda_3\boldsymbol{\alpha}_3$，有
$$\boldsymbol{B\alpha}_2=(\lambda_2^5-4\lambda_2^3+1)\boldsymbol{\alpha}_2=\boldsymbol{\alpha}_2,\quad \boldsymbol{B\alpha}_3=(\lambda_3^5-4\lambda_3^3+1)\boldsymbol{\alpha}_3=\boldsymbol{\alpha}_3$$
因此，矩阵 $\boldsymbol{B}$ 的特征值为 $\mu_1=-2$，$\mu_2=\mu_3=1$.

由矩阵 $\boldsymbol{A}$ 是对称矩阵，知矩阵 $\boldsymbol{B}$ 也是对称矩阵，设矩阵 $\boldsymbol{B}$ 属于特征值 $\mu=1$ 的特征向量是 $\boldsymbol{\beta}=(x_1,x_2,x_3)^{\mathrm{T}}$，那么 $\boldsymbol{\alpha}_1^{\mathrm{T}}\boldsymbol{\beta}=x_1-x_2+x_3=0$. 所以矩阵 $\boldsymbol{B}$ 属于特征值 $\mu=1$ 的线性无关的特征向量是 $\boldsymbol{\beta}_2=(1,1,0)^{\mathrm{T}}$，$\boldsymbol{\beta}_3=(-1,0,1)^{\mathrm{T}}$.

因而，矩阵 $\boldsymbol{B}$ 属于特征值 $\mu_1=-2$ 的特征向量是 $k_1(1,-1,1)^{\mathrm{T}}$，其中 k_1 是不为 0 的任意常数. 矩阵 $\boldsymbol{B}$ 属于特征值 $\mu=1$ 的特征向量是 $k_2(1,1,0)^{\mathrm{T}}+k_3(-1,0,1)^{\mathrm{T}}$，其中 k_2，k_3 是不全为 0 的任意常数.

(2) 由 $\boldsymbol{B\alpha}_1=-2\boldsymbol{\alpha}_1$，$\boldsymbol{B\beta}_2=\boldsymbol{\beta}_2$，$\boldsymbol{B\beta}_3=\boldsymbol{\beta}_3$，有 $\boldsymbol{B}(\boldsymbol{\alpha}_1,\boldsymbol{\alpha}_2,\boldsymbol{\alpha}_3)=(-2\boldsymbol{\alpha}_1,\boldsymbol{\beta}_2,\boldsymbol{\beta}_3)$. 那么
$$\boldsymbol{B}=(-2\boldsymbol{\alpha}_1,\boldsymbol{\beta}_2,\boldsymbol{\beta}_3)(\boldsymbol{\alpha}_1,\boldsymbol{\alpha}_2,\boldsymbol{\alpha}_3)^{-1}$$

学习随笔

$$=\begin{bmatrix}-2&1&-1\\2&1&0\\-2&0&1\end{bmatrix}\begin{bmatrix}1&1&-1\\-1&1&0\\1&0&1\end{bmatrix}^{-1}=\begin{bmatrix}0&3&-3\\3&0&3\\-3&3&0\end{bmatrix}$$

【例 5.120】设 3 阶实对称矩阵 $\boldsymbol{A}$ 的各行元素之和均为 3，向量 $\boldsymbol{\alpha}_1=(-1,2,-1)^{\mathrm{T}}$，$\boldsymbol{\alpha}_2=(0,-1,1)^{\mathrm{T}}$ 是齐次线性方程组 $\boldsymbol{Ax}=\boldsymbol{0}$ 的两个解.

(1) 求 $\boldsymbol{A}$ 的特征值与特征向量.

(2) 求正交矩阵 $\boldsymbol{Q}$ 和对角矩阵 $\boldsymbol{\Lambda}$，使得 $\boldsymbol{Q}^{\mathrm{T}}\boldsymbol{AQ}=\boldsymbol{\Lambda}$.

(3) 求 $\boldsymbol{A}$ 及 $\left(\boldsymbol{A}-\dfrac{3}{2}\boldsymbol{E}\right)^6$，其中 $\boldsymbol{E}$ 为 3 阶单位矩阵.

【解】(1) 因为 $\boldsymbol{A}\begin{bmatrix}1\\1\\1\end{bmatrix}=\begin{bmatrix}3\\3\\3\end{bmatrix}=3\begin{bmatrix}1\\1\\1\end{bmatrix}$，所以 3 是矩阵 $\boldsymbol{A}$ 的特征值，$\boldsymbol{\alpha}=(1,1,1)^{\mathrm{T}}$ 是 $\boldsymbol{A}$ 属于特征值 3 的特征向量.

又 $\boldsymbol{A\alpha}_1=\boldsymbol{0}=0\boldsymbol{\alpha}_1$，$\boldsymbol{A\alpha}_2=\boldsymbol{0}=0\boldsymbol{\alpha}_2$，故 $\boldsymbol{\alpha}_1,\boldsymbol{\alpha}_2$ 是矩阵 $\boldsymbol{A}$ 属于特征值 $\lambda=0$ 的特征向量.

因此，矩阵 $\boldsymbol{A}$ 的特征值是 3,0,0.

矩阵 $\boldsymbol{A}$ 属于特征值 $\lambda=3$ 的特征向量为 $k(1,1,1)^{\mathrm{T}}$，其中 $k\neq0$.

矩阵 $\boldsymbol{A}$ 属于特征值 $\lambda=0$ 的特征向量为 $k_1(-1,2,-1)^{\mathrm{T}}+k_2(0,-1,1)^{\mathrm{T}}$，其中 k_1,k_2 不全为 0.

(2) 因为 $\boldsymbol{\alpha}_1,\boldsymbol{\alpha}_2$ 不正交，故要施密特正交化：

$$\boldsymbol{\beta}_1=\boldsymbol{\alpha}_1=(-1,2,-1)^{\mathrm{T}}$$

$$\boldsymbol{\beta}_2=\boldsymbol{\alpha}_2-\frac{[\boldsymbol{\alpha}_2,\boldsymbol{\beta}_1]}{[\boldsymbol{\beta}_1,\boldsymbol{\beta}_1]}\boldsymbol{\beta}_1=\begin{bmatrix}0\\-1\\1\end{bmatrix}-\frac{-3}{6}\begin{bmatrix}-1\\2\\-1\end{bmatrix}=\frac{1}{2}\begin{bmatrix}-1\\0\\1\end{bmatrix}$$

单位化 $\boldsymbol{\gamma}_1=\dfrac{1}{\sqrt{6}}\begin{bmatrix}-1\\2\\-1\end{bmatrix}$，$\boldsymbol{\gamma}_2=\dfrac{1}{\sqrt{2}}\begin{bmatrix}-1\\0\\1\end{bmatrix}$，$\boldsymbol{\gamma}_3=\dfrac{1}{\sqrt{3}}\begin{bmatrix}1\\1\\1\end{bmatrix}$.

那么，令 $\boldsymbol{Q}=(\boldsymbol{\gamma}_1,\boldsymbol{\gamma}_2,\boldsymbol{\gamma}_3)=\begin{bmatrix}-\frac{1}{\sqrt{6}}&-\frac{1}{\sqrt{2}}&\frac{1}{\sqrt{3}}\\\frac{2}{\sqrt{6}}&0&\frac{1}{\sqrt{3}}\\-\frac{1}{\sqrt{6}}&\frac{1}{\sqrt{2}}&\frac{1}{\sqrt{3}}\end{bmatrix}$，得 $\boldsymbol{Q}^{\mathrm{T}}\boldsymbol{AQ}=\boldsymbol{\Lambda}=\begin{bmatrix}0&&\\&0&\\&&3\end{bmatrix}$.

(3) 由 $\boldsymbol{A}(\boldsymbol{\alpha}_1,\boldsymbol{\alpha}_2,\boldsymbol{\alpha})=(\boldsymbol{0},\boldsymbol{0},3\boldsymbol{\alpha})$，有

$$\boldsymbol{A}=(\boldsymbol{0},\boldsymbol{0},3\boldsymbol{\alpha})(\boldsymbol{\alpha}_1,\boldsymbol{\alpha}_2,\boldsymbol{\alpha})^{-1}=\begin{bmatrix}0&0&3\\0&0&3\\0&0&3\end{bmatrix}\begin{bmatrix}-1&0&1\\2&-1&1\\-1&1&1\end{bmatrix}^{-1}=\begin{bmatrix}1&1&1\\1&1&1\\1&1&1\end{bmatrix}$$

学习随笔

记 $B=A-\frac{3}{2}E=\begin{bmatrix}-\frac{1}{2} & 1 & 1\\ 1 & -\frac{1}{2} & 1\\ 1 & 1 & -\frac{1}{2}\end{bmatrix}$，则 $P^{-1}BP=\begin{bmatrix}-\frac{3}{2} & & \\ & -\frac{3}{2} & \\ & & \frac{3}{2}\end{bmatrix}$，

其中 $P=(\alpha_1,\alpha_2,\alpha)$.

于是 $B^6=P\Lambda^6P^{-1}=\left(\frac{3}{2}\right)^6PEP^{-1}=\left(\frac{3}{2}\right)^6E$.

评注　由 A 的特征值要会求 B 的特征值，由 A 与对角矩阵相似要知 B 和对角矩阵相似.

【例 5.121】设 A 为 3 阶实对称矩阵，且满足条件 $A^2+2A=O$，已知 A 的秩 $R(A)=2$.

(1) 求 A 的全部特征值.

(2) 当 k 为何值时，矩阵 $A+kE$ 为正定矩阵，其中 E 为 3 阶单位矩阵.

【分析】矩阵 A 的元素没有具体给出，故应用定义法求特征值. 然后再用正定的充分必要条件是特征值全大于零来求 k 的值.

【解】(1) 设 λ 是矩阵 A 的任一特征值，α 是属于特征值 λ 的特征向量，即

$$A\alpha=\lambda\alpha,\quad \alpha\neq 0$$

那么，$A^2\alpha=\lambda^2\alpha$，于是由 $A^2+2A=O$ 得 $(A^2+2A)\alpha=(\lambda^2+2\lambda)\alpha=0$. 又因 $\alpha\neq 0$，故 $\lambda=-2$ 或 $\lambda=0$.

因为 A 是实对称矩阵，必可相似对角化，且 $R(\Lambda)=R(A)=2$. 所以

$$A\sim\Lambda=\begin{bmatrix}-2 & & \\ & -2 & \\ & & 0\end{bmatrix}$$

即矩阵 A 的特征值为 $\lambda_1=\lambda_2=-2$，$\lambda_3=0$.

(2) 由于 $A+kE$ 是对称矩阵，且由(1)知 $A+kE$ 的特征值为 $k-2$，$k-2$，k. 则

$$A+kE\text{ 正定}\Leftrightarrow\begin{cases}k-2>0,\\ k>0\end{cases}$$

因此，$k>2$ 时，矩阵 $A+kE$ 为正定矩阵.

评注　若仅有 $A^2+2A=O$ 这一条件，是不能确定 A 的特征值的！因为满足条件 $A^2+2A=O$ 的矩阵 A 是不唯一的. 例如：

$$\begin{bmatrix}-2 & 0\\ 0 & -2\end{bmatrix}^2+2\begin{bmatrix}-2 & 0\\ 0 & -2\end{bmatrix}=O,\qquad \begin{bmatrix}-2 & 0\\ 0 & 0\end{bmatrix}^2+2\begin{bmatrix}-2 & 0\\ 0 & 0\end{bmatrix}=O,$$

$$\begin{bmatrix}0 & 0\\ 0 & 0\end{bmatrix}^2+2\begin{bmatrix}0 & 0\\ 0 & 0\end{bmatrix}=O,\qquad \begin{bmatrix}1 & 1\\ -3 & -3\end{bmatrix}^2+2\begin{bmatrix}1 & 1\\ -3 & -3\end{bmatrix}=O,\cdots$$

【例 5.122】设实对称矩阵 $A=\begin{bmatrix}a & 1 & 1\\ 1 & a & -1\\ 1 & -1 & a\end{bmatrix}$，求可逆矩阵 P，使 $P^{-1}AP$ 为对角矩阵，并计算行列式 $|A-E|$ 的值.

【分析】实对称矩阵必可相似对角化，对于 $P^{-1}AP=\Lambda$，其中 Λ 的对角线上的元素是 A 的全部特征值，P 的每一列是 A 的对应特征值的特征向量. 故应从求特征值、特征向量入手.

【解】由矩阵 A 的特征多项式

$$|\lambda E-A|=\begin{vmatrix}\lambda-a & -1 & -1\\ -1 & \lambda-a & 1\\ -1 & 1 & \lambda-a\end{vmatrix}=\begin{vmatrix}\lambda-a-1 & \lambda-a-1 & 0\\ -1 & \lambda-a & 1\\ 0 & a+1-\lambda & \lambda-a-1\end{vmatrix}$$

$$=(\lambda-a-1)^2\begin{vmatrix}1 & 1 & 0\\ -1 & \lambda-a & 1\\ 0 & -1 & 1\end{vmatrix}=(\lambda-a-1)^2(\lambda-a+2)$$

得到矩阵 A 的特征值为 $\lambda_1=\lambda_2=a+1,\lambda_3=a-2$.

对于 $\lambda=a+1$，由 $[(a+1)E-A]x=0$，即 $\begin{bmatrix}1 & -1 & -1\\ -1 & 1 & 1\\ -1 & 1 & 1\end{bmatrix}\to\begin{bmatrix}1 & -1 & -1\\ 0 & 0 & 0\\ 0 & 0 & 0\end{bmatrix}$，得到 2 个线性无关的特征向量 $\boldsymbol{\alpha}_1=(1,1,0)^{\mathrm T},\boldsymbol{\alpha}_2=(1,0,1)^{\mathrm T}$.

对于 $\lambda=a-2$，由 $[(a-2)E-A]x=0$，即 $\begin{bmatrix}-2 & -2 & -1\\ -1 & -2 & 1\\ -1 & 1 & -2\end{bmatrix}\to\begin{bmatrix}1 & 2 & -1\\ 0 & 1 & -1\\ 0 & 0 & 0\end{bmatrix}$，得到特征向量 $\boldsymbol{\alpha}_3=(-1,1,1)^{\mathrm T}$.

那么，令 $P=(\boldsymbol{\alpha}_1,\boldsymbol{\alpha}_2,\boldsymbol{\alpha}_3)=\begin{bmatrix}1 & 1 & -1\\ 1 & 0 & 1\\ 0 & 1 & 1\end{bmatrix}$，有 $P^{-1}AP=\Lambda=\begin{bmatrix}a+1 & & \\ & a+1 & \\ & & a-2\end{bmatrix}$.

因为 A 的特征值是 $a+1,a+1,a-2$，故 $A-E$ 的特征值是 $a,a,a-3$. 所以

$$|A-E|=a^2(a-3)$$

评注 由 $A\sim\Lambda$，知 $A-E\sim\Lambda-E$，于是

$$|A-E|=|\Lambda-E|=\begin{vmatrix}a & & \\ & a & \\ & & a-3\end{vmatrix}=a^2(a-3)$$

亦可求出行列式 $|A-E|$ 的值.

【例 5.123】已知 A 是 3 阶实对称矩阵，且满足

$$A^3+3A^2+6A+4E=O$$

证明：$A=-E$.

【分析】因为实对称矩阵必可相似对角化，故

$$P^{-1}AP=\Lambda\Rightarrow A=P\Lambda P^{-1}$$

要证 $A=-E$，实际是要证 $\Lambda=-P^{-1}EP=-E$，即要证 A 的特征值 $\lambda\equiv-1$.

【证明】设 λ 是 A 的任一特征值，X 是属于特征值 λ 的特征向量，即 $AX=\lambda X$. 那么

$$(A^3+3A^2+6A+4E)X=(\lambda^3+3\lambda^2+6\lambda+4)X=0$$

由于特征向量 $X\neq0$，故 $\lambda^3+3\lambda^2+6\lambda+4=0$，即 $(\lambda+1)(\lambda^2+2\lambda+4)=0$.

因为实对称矩阵的特征值必为实数，故必有 $\lambda=-1$. 又因实对称矩阵必可相似对角

学习随笔

化,那么

$$A \sim \begin{bmatrix} -1 & & \\ & -1 & \\ & & -1 \end{bmatrix}$$

于是由 $P^{-1}AP=\begin{bmatrix} -1 & & \\ & -1 & \\ & & -1 \end{bmatrix}$,得 $A=P\begin{bmatrix} -1 & & \\ & -1 & \\ & & -1 \end{bmatrix}P^{-1}=-E$.

【例 5.124】设 3 阶实对称矩阵 A 的特征值 $\lambda_1=8,\lambda_2=\lambda_3=2$,矩阵 A 属于特征值 $\lambda_1=8$ 的特征向量为 $\boldsymbol{\alpha}_1=(1,k,1)^{\mathrm{T}}$,属于特征值 $\lambda_2=\lambda_3=2$ 的一个特征向量为 $\boldsymbol{\alpha}_2=(-1,1,0)^{\mathrm{T}}$.

(1) 求参数 k 及 $\lambda_2=\lambda_3=2$ 的另一个特征向量.

(2) 求矩阵 A.

【解】(1)因 $\boldsymbol{\alpha}_1,\boldsymbol{\alpha}_2$ 是实对称矩阵 A 的属于不同特征值的特征向量,故有 $\boldsymbol{\alpha}_1^{\mathrm{T}}\boldsymbol{\alpha}_2=0$,即

$$(1,k,1)\begin{bmatrix} -1 \\ 1 \\ 0 \end{bmatrix}=-1+k+0=0$$

所以 $k=1$,即 $\boldsymbol{\alpha}_1=(1,1,1)^{\mathrm{T}}$.

设 A 属于特征值 $\lambda_2=\lambda_3=2$ 的另一特征向量为 $\boldsymbol{\alpha}_3=(x_1,x_2,x_3)^{\mathrm{T}}$,则 $\boldsymbol{\alpha}_1^{\mathrm{T}}\boldsymbol{\alpha}_3=0$. 为保证 $\boldsymbol{\alpha}_2,\boldsymbol{\alpha}_3$ 线性无关,可进一步要求 $\boldsymbol{\alpha}_2^{\mathrm{T}}\boldsymbol{\alpha}_3=0$,于是有

$$\begin{cases} \boldsymbol{\alpha}_1^{\mathrm{T}}\boldsymbol{\alpha}_3=x_1+x_2+x_3=0, \\ \boldsymbol{\alpha}_2^{\mathrm{T}}\boldsymbol{\alpha}_3=-x_1+x_2=0 \end{cases}$$

解得基础解系为$(1,1,-2)^{\mathrm{T}}$,即 $\boldsymbol{\alpha}_3=(1,1,-2)^{\mathrm{T}}$.

(2) 由 $A(\boldsymbol{\alpha}_1,\boldsymbol{\alpha}_2,\boldsymbol{\alpha}_3)=(A\boldsymbol{\alpha}_1,A\boldsymbol{\alpha}_2,A\boldsymbol{\alpha}_3)=(\lambda_1\boldsymbol{\alpha}_1,\lambda_2\boldsymbol{\alpha}_2,\lambda_3\boldsymbol{\alpha}_3)$,得

$$\begin{aligned} A &=(\lambda_1\boldsymbol{\alpha}_1,\lambda_2\boldsymbol{\alpha}_2,\lambda_3\boldsymbol{\alpha}_3)(\boldsymbol{\alpha}_1,\boldsymbol{\alpha}_2,\boldsymbol{\alpha}_3)^{-1} \\ &=\begin{bmatrix} 8 & -2 & 2 \\ 8 & 2 & 2 \\ 8 & 0 & -4 \end{bmatrix}\begin{bmatrix} 1 & -1 & 1 \\ 1 & 1 & 1 \\ 1 & 0 & -2 \end{bmatrix}^{-1}=\begin{bmatrix} 4 & 2 & 2 \\ 2 & 4 & 2 \\ 2 & 2 & 4 \end{bmatrix} \end{aligned}$$

【例 5.125】设 2 阶实对称矩阵 A 的一个特征值为 1,A 的属于特征值 1 的特征向量为$(1,-1)^{\mathrm{T}}$. 若$|A|=-2$,求 A.

【解】设矩阵 A 的特征值为 $\lambda_1=1$ 和 λ_2,对应的特征向量分别为 $\boldsymbol{\alpha}_1=(1,-1)^{\mathrm{T}}$ 和 $\boldsymbol{\alpha}_2=(x_1,x_2)^{\mathrm{T}}$,因为 A 为实对称矩阵,则存在正交矩阵 Q,使得 $Q^{-1}AQ=\boldsymbol{\Lambda}$,其中 $\boldsymbol{\Lambda}=\begin{bmatrix} \lambda_1 & 0 \\ 0 & \lambda_2 \end{bmatrix}=\begin{bmatrix} 1 & 0 \\ 0 & \lambda_2 \end{bmatrix}$. 由于相似矩阵的行列式相等,所以

$$|A|=|\boldsymbol{\Lambda}|=\begin{vmatrix} 1 & 0 \\ 0 & \lambda_2 \end{vmatrix}=\lambda_2 \Rightarrow \lambda_2=-2$$

又实对称矩阵 A 的不同特征值对应的特征向量正交,于是

$$\boldsymbol{\alpha}_1^{\mathrm{T}}\boldsymbol{\alpha}_2=(1,-1)\begin{bmatrix} x_1 \\ x_2 \end{bmatrix}=x_1-x_2=0$$

可得此方程组的基础解系为 $\boldsymbol{\alpha}_2=(1,1)^{\mathrm{T}}$.

将对应的特征向量 $\boldsymbol{\alpha}_1,\boldsymbol{\alpha}_2$ 单位化：

$$\boldsymbol{\beta}_1=\frac{1}{\|\boldsymbol{\alpha}_1\|}\boldsymbol{\alpha}_1=\left(\frac{1}{\sqrt{2}},-\frac{1}{\sqrt{2}}\right)^{\mathrm{T}},\quad \boldsymbol{\beta}_2=\frac{1}{\|\boldsymbol{\alpha}_2\|}\boldsymbol{\alpha}_2=\left(\frac{1}{\sqrt{2}},\frac{1}{\sqrt{2}}\right)^{\mathrm{T}}$$

令矩阵 $\boldsymbol{Q}=(\boldsymbol{\beta}_1,\ \boldsymbol{\beta}_2)=\begin{bmatrix}\frac{1}{\sqrt{2}} & \frac{1}{\sqrt{2}}\\ -\frac{1}{\sqrt{2}} & \frac{1}{\sqrt{2}}\end{bmatrix}$,则

$$\boldsymbol{A}=\boldsymbol{Q\Lambda Q}^{-1}=\boldsymbol{Q\Lambda Q}^{\mathrm{T}}=\begin{bmatrix}\frac{1}{\sqrt{2}} & \frac{1}{\sqrt{2}}\\ -\frac{1}{\sqrt{2}} & \frac{1}{\sqrt{2}}\end{bmatrix}\begin{bmatrix}1 & 0\\ 0 & -2\end{bmatrix}\begin{bmatrix}\frac{1}{\sqrt{2}} & -\frac{1}{\sqrt{2}}\\ \frac{1}{\sqrt{2}} & \frac{1}{\sqrt{2}}\end{bmatrix}=\begin{bmatrix}-\frac{1}{2} & -\frac{3}{2}\\ -\frac{3}{2} & -\frac{1}{2}\end{bmatrix}$$

【例 5.126】设 3 阶实对称矩阵 $\boldsymbol{A}$ 的特征值为 $\lambda_1=-1,\lambda_2=\lambda_3=1$,对应于 λ_1 的特征向量为 $\boldsymbol{\xi}_1=(0,1,1)^{\mathrm{T}}$,求 $\boldsymbol{A}$.

【解】设属于 $\lambda=1$ 的特征向量为 $\boldsymbol{\xi}=(x_1,x_2,x_3)^{\mathrm{T}}$,由于实对称矩阵的不同特征值所对应的特征向量相互正交,故 $\boldsymbol{\xi}^{\mathrm{T}}\boldsymbol{\xi}_1=x_2+x_3=0$. 从而

$$\boldsymbol{\xi}_2=(1,0,0)^{\mathrm{T}},\quad \boldsymbol{\xi}_3=(0,1,-1)^{\mathrm{T}}$$

是 $\lambda=1$ 的线性无关的特征向量. 于是

$$\boldsymbol{A}(\boldsymbol{\xi}_1,\boldsymbol{\xi}_2,\boldsymbol{\xi}_3)=(-\boldsymbol{\xi}_1,\boldsymbol{\xi}_2,\boldsymbol{\xi}_3)$$

$$\boldsymbol{A}=(-\boldsymbol{\xi}_1,\boldsymbol{\xi}_2,\boldsymbol{\xi}_3)(\boldsymbol{\xi}_1,\boldsymbol{\xi}_2,\boldsymbol{\xi}_3)^{-1}$$

$$=\begin{bmatrix}0 & 1 & 0\\ -1 & 0 & 1\\ -1 & 0 & -1\end{bmatrix}\begin{bmatrix}0 & \frac{1}{2} & \frac{1}{2}\\ 1 & 0 & 0\\ 0 & \frac{1}{2} & -\frac{1}{2}\end{bmatrix}=\begin{bmatrix}1 & 0 & 0\\ 0 & 0 & -1\\ 0 & -1 & 0\end{bmatrix}$$

评注　本题考查的是由特征值、特征向量反求矩阵 $\boldsymbol{A}$,因为特征向量不完整,故应当由条件,即实对称矩阵去寻找信息.

【例 5.127】设 $\boldsymbol{A}$ 为 3 阶实对称矩阵,且满足 $\boldsymbol{A}^2+\boldsymbol{A}-2\boldsymbol{E}=\boldsymbol{O}$. 已知向量

$$\boldsymbol{\alpha}_1=\begin{bmatrix}0\\1\\0\end{bmatrix},\quad \boldsymbol{\alpha}_2=\begin{bmatrix}0\\1\\0\end{bmatrix}$$

是 $\boldsymbol{A}$ 对应特征值 $\lambda=1$ 的特征向量,求 $\boldsymbol{A}^n$.

【分析】$\boldsymbol{A}$ 为实对称矩阵,可相似于对角矩阵,所以可用 $\boldsymbol{A}$ 的特征值和特征向量得出 $\boldsymbol{A}$ 的相似矩阵,再用 $\boldsymbol{A}$ 的相似对角矩阵求 $\boldsymbol{A}^n$.

【解】由题设条件,知 $(\boldsymbol{A}-\boldsymbol{E})(\boldsymbol{A}+2\boldsymbol{E})=\boldsymbol{O}$,$\boldsymbol{A}$ 的特征值之可能取值为 $\lambda=1,-2$. 又 $\boldsymbol{\alpha}_1,\boldsymbol{\alpha}_2$ 是 $\boldsymbol{A}$ 对应特征值 $\lambda=1$ 的特征向量,因此 $\boldsymbol{A}$ 的特征值为 1,1,−2.

设 $\boldsymbol{A}$ 对应 $\lambda=-2$ 的特征向量 $\boldsymbol{\alpha}=(x_1,x_2,x_3)^{\mathrm{T}}$,则由 $\boldsymbol{\alpha}$ 与 $\boldsymbol{\alpha}_1,\boldsymbol{\alpha}_2$ 正交,得

$$\begin{cases}\boldsymbol{\alpha}^{\mathrm{T}}\boldsymbol{\alpha}_1=x_2=0,\\ \boldsymbol{\alpha}^{\mathrm{T}}\boldsymbol{\alpha}_2=x_1+x_3=0\end{cases}$$

学习随笔

故可取 $\boldsymbol{\alpha}_3=(1,0,-1)^{\mathrm{T}}$ 作为 $\boldsymbol{A}$ 对应 $\lambda=-2$ 的特征向量.

作矩阵 $\boldsymbol{P}=(\boldsymbol{\alpha}_1,\boldsymbol{\alpha}_2,\boldsymbol{\alpha}_3)$，则 $\boldsymbol{P}^{-1}\boldsymbol{A}\boldsymbol{P}=\begin{bmatrix}1&0&0\\0&1&0\\0&0&-2\end{bmatrix}=\boldsymbol{\Lambda}$. 由相似矩阵的性质可得

$$\boldsymbol{A}^n=\boldsymbol{P}\boldsymbol{\Lambda}^n\boldsymbol{P}^{-1}=\begin{bmatrix}0&1&1\\1&0&0\\0&1&-1\end{bmatrix}\begin{bmatrix}1&0&0\\0&1&0\\0&0&-2\end{bmatrix}^n\begin{bmatrix}0&1&1\\1&0&0\\0&1&-1\end{bmatrix}^{-1}$$

$$=\frac{1}{2}\begin{bmatrix}0&1&1\\1&0&0\\0&1&-1\end{bmatrix}\begin{bmatrix}1&0&0\\0&1&0\\0&0&(-2)^n\end{bmatrix}\begin{bmatrix}0&2&0\\1&0&1\\1&0&-1\end{bmatrix}$$

$$=\frac{1}{2}\begin{bmatrix}1+(-1)^n&0&1-(-2)^n\\0&2&0\\1-(-2)^n&0&1+(-2)^n\end{bmatrix}$$

评注　本题用到的知识点较多，例如：

(1) 设 $g(x)$ 是 x 的多项式，矩阵 $\boldsymbol{A}$ 满足 $g(\boldsymbol{A})=\boldsymbol{O}$，则 $\boldsymbol{A}$ 的特征值 λ 也满足 $g(\lambda)=0$.

(2) 若 $\boldsymbol{P}^{-1}\boldsymbol{A}\boldsymbol{P}=\boldsymbol{B}$，则 $\boldsymbol{P}^{-1}\boldsymbol{A}^m\boldsymbol{P}=\boldsymbol{B}^m$，其中 $\boldsymbol{P}$ 为可逆矩阵.

(3) 实对称矩阵相似于对角矩阵.

(4) 实对称矩阵对应于不同特征值之特征向量是相互正交的.

【例 5.128】 已知 $\boldsymbol{A}$ 是 n 阶实对称矩阵，$\boldsymbol{A}^2=\boldsymbol{A}$，秩 $R(\boldsymbol{A})=r$，求行列式 $|\boldsymbol{A}+2\boldsymbol{E}|$ 的值.

【解】 由 $\boldsymbol{A}^2=\boldsymbol{A}$ 知 $\boldsymbol{A}$ 的特征值取自 0 与 1. 又因 $\boldsymbol{A}$ 是实对称矩阵必可相似对角化，则

$$\boldsymbol{P}^{-1}\boldsymbol{A}\boldsymbol{P}=\boldsymbol{\Lambda}$$

其中 $\boldsymbol{\Lambda}$ 由 $\boldsymbol{A}$ 的特征值所组成.

从 $R(\boldsymbol{A})=R(\boldsymbol{\Lambda})=r$，知 $\boldsymbol{\Lambda}$ 由 r 个 1 与 $n-r$ 个 0 所组成，即 $\boldsymbol{A}$ 的特征值 $\lambda=1$(r 重)，$\lambda=0$($n-r$ 重)，那么，$\boldsymbol{A}+2\boldsymbol{E}$ 的特征值为 $\lambda=3$(r 重)，$\lambda=2$($n-r$ 重). 故

$$|\boldsymbol{A}+2\boldsymbol{E}|=\prod\lambda_i=3^r\cdot 2^{n-r}$$

【例 5.129】 设 $\boldsymbol{A}$ 为 n 阶实对称矩阵，且 $\boldsymbol{A}^2+2\boldsymbol{A}-3\boldsymbol{E}=\boldsymbol{O}$，$\lambda=1$ 是 $\boldsymbol{A}$ 的一重特征值，则矩阵 $\boldsymbol{A}+2\boldsymbol{E}$ 的相似对角矩阵为________，行列式 $|\boldsymbol{A}+2\boldsymbol{E}|=$________.

【分析】 $\boldsymbol{A}$ 为实对称矩阵，故 $\boldsymbol{A}$ 可相似于对角矩阵. 由

$$\boldsymbol{A}^2+2\boldsymbol{A}-3\boldsymbol{E}=(\boldsymbol{A}-\boldsymbol{E})(\boldsymbol{A}+3\boldsymbol{E})=\boldsymbol{O}$$

可知 $\boldsymbol{A}$ 的特征值之可能取值为 $\lambda=1$ 和 $\lambda=-3$. 已知 $\lambda=1$ 是 $\boldsymbol{A}$ 的一重特征值，所以存在可逆阵 $\boldsymbol{P}$，使

$$\boldsymbol{P}^{-1}\boldsymbol{A}\boldsymbol{P}=\begin{bmatrix}1&&&\\&-3&&\\&&\ddots&\\&&&-3\end{bmatrix}$$

因此，矩阵 $\boldsymbol{A}+2\boldsymbol{E}$ 的相似对角矩阵及其行列式分别为

$$P^{-1}(A+2E)P=P^{-1}AP+2E=\begin{bmatrix}3 & & & \\ & -1 & & \\ & & \ddots & \\ & & & -1\end{bmatrix}$$

$$|A+2E|=\left|P\begin{bmatrix}3 & & & \\ & -1 & & \\ & & \ddots & \\ & & & -1\end{bmatrix}P^{-1}\right|=\begin{vmatrix}3 & & & \\ & -1 & & \\ & & \ddots & \\ & & & -1\end{vmatrix}=(-1)^{n-1}3$$

【例 5.130】设 n 阶实对称矩阵 $\boldsymbol{A}$ 满足 $\boldsymbol{A}^3-2\boldsymbol{A}^3-3\boldsymbol{A}=\boldsymbol{O}$，且 $R(\boldsymbol{A})=r$，又 $\boldsymbol{A}$ 的正惯性指数为 k，其中 $n>r>k>0$，求行列式 $|2\boldsymbol{E}-\boldsymbol{A}|$ 的值.

【解】设 $\boldsymbol{A}\boldsymbol{x}=\lambda\boldsymbol{x}$，即 λ 是 $\boldsymbol{A}$ 的特征值，$\boldsymbol{x}$ 是对应的特征向量，则有

$$\boldsymbol{0}=(\boldsymbol{A}^3-2\boldsymbol{A}^2-3\boldsymbol{A})\boldsymbol{x}=(\lambda^3-2\lambda^2-3\lambda)\boldsymbol{x}$$

由 $\boldsymbol{x}\neq\boldsymbol{0}$ 得 $\lambda^3-2\lambda^2-3\lambda=\lambda(\lambda+1)(\lambda-3)=0$，即 $\boldsymbol{A}$ 的互异特征值为 $0,-1,3$. 由于 $\boldsymbol{A}$ 是实对称矩阵，所以 $\boldsymbol{A}$ 可(正交)相似于对角矩阵，且由 $R(\boldsymbol{A})=r$ 和正惯性指数为 k 知，3 是 $\boldsymbol{A}$ 的 k 重特征值，-1 是 $\boldsymbol{A}$ 的 $r-k$ 重特征值，0 是 $\boldsymbol{A}$ 的 $n-r$ 重特征值. 于是存在 n 阶正交矩阵 $\boldsymbol{Q}$，使得

$$\boldsymbol{Q}^{-1}\boldsymbol{A}\boldsymbol{Q}=\boldsymbol{\Lambda}=\begin{bmatrix}3\boldsymbol{E}_k & & \\ & -\boldsymbol{E}_{r-k} & \\ & & \boldsymbol{O}_{n-r}\end{bmatrix}$$

从而

$$|2\boldsymbol{E}-\boldsymbol{A}|=|2\boldsymbol{E}-\boldsymbol{Q}\boldsymbol{\Lambda}\boldsymbol{Q}^{-1}|=|\boldsymbol{Q}(2\boldsymbol{E}-\boldsymbol{\Lambda})\boldsymbol{Q}^{-1}|=|2\boldsymbol{E}-\boldsymbol{\Lambda}|$$

$$=\begin{vmatrix}-\boldsymbol{E}_k & & \\ & 3\boldsymbol{E}_{r-k} & \\ & & 2\boldsymbol{E}_{n-r}\end{vmatrix}=(-1)^k3^{r-k}2^{n-r}$$

七、二次型的概念

【例 5.131】将二次型

$$f(x_1,x_2,x_3)=x_1^2+3x_2^2-2x_3^2+8x_1x_2-10x_2x_3$$

表示成矩阵形式，并求其秩.

【解】由于 $a_{11}=1,a_{22}=3,a_{33}=-2,2a_{12}=8,2a_{13}=0,2a_{23}=-10$，又因 $a_{ij}=a_{ji}$，所以二次型矩阵为 $\boldsymbol{A}=\begin{bmatrix}1 & 4 & 0\\ 4 & 3 & -5\\ 0 & -5 & -2\end{bmatrix}$. 二次型矩阵表示为

$$f(x_1,x_2,x_3)=\boldsymbol{x}^{\mathrm{T}}\boldsymbol{A}\boldsymbol{x}=(x_1,x_2,x_3)\begin{bmatrix}1 & 4 & 0\\ 4 & 3 & -5\\ 0 & -5 & -2\end{bmatrix}\begin{bmatrix}x_1\\ x_2\\ x_3\end{bmatrix}$$

由于秩 $R(\boldsymbol{A})=3$，所以 f 的秩为 3.

【例 5.132】二次型 $f(x_1,x_2,x_3)=\boldsymbol{X}^{\mathrm{T}}\begin{bmatrix}1 & 0 & 2\\ -2 & -3 & 2\\ 0 & -8 & 0\end{bmatrix}\boldsymbol{X}$ 的秩为________.

学习随笔

(A) 0. (B) 1. (C) 2. (D) 3.

【分析】原矩阵 $\begin{bmatrix} 1 & 0 & 2 \\ -2 & -3 & 2 \\ 0 & -8 & 0 \end{bmatrix}$ 不是实对称矩阵,由于

$$f(x_1,x_2,x_3)=\boldsymbol{X}^{\mathrm{T}}\begin{bmatrix} 1 & 0 & 2 \\ -2 & -3 & 2 \\ 0 & -8 & 0 \end{bmatrix}\boldsymbol{X}=x_1^2-3x_2^2-2x_1x_2+2x_1x_3-6x_2x_3$$

故二次型的矩阵为 $\boldsymbol{A}=\begin{bmatrix} 1 & -1 & 1 \\ -1 & -3 & -3 \\ 1 & -3 & 0 \end{bmatrix}$,于是 $R(\boldsymbol{A})=2$. 故应选(C).

【例 5.133】设实矩阵 $\boldsymbol{A}=(a_{ij})_{n\times n}$,则二次型

$$f(x_1,x_2,\cdots,x_n)=\sum_{i=1}^{n}(a_{i1}x_1+a_{i2}x_2+\cdots+a_{in}x_n)^2$$

的矩阵为________.

(A) $\boldsymbol{A}$. (B) $\boldsymbol{A}^2$. (C) $\boldsymbol{A}^{\mathrm{T}}\boldsymbol{A}$. (D) $\boldsymbol{A}\boldsymbol{A}^{\mathrm{T}}$.

【分析】二次型的矩阵是实对称矩阵,显然选项(A)和(B)不合题意. 又根据定义,若二次型 f 可表为 $f=\boldsymbol{x}^{\mathrm{T}}\boldsymbol{B}\boldsymbol{x}$,其中 $\boldsymbol{B}$ 为实对称矩阵,$\boldsymbol{x}=(x_1,x_2,\cdots,x_n)^{\mathrm{T}}$,则 $\boldsymbol{B}$ 为 f 的矩阵.

记 $\boldsymbol{\alpha}_i=(a_{i1},a_{i2},\cdots,a_{in})(i=1,2,\cdots,n)$,$\boldsymbol{x}=(x_1,x_2,\cdots,x_n)^{\mathrm{T}}$,则由

$$\boldsymbol{A}\boldsymbol{x}=\begin{bmatrix} \boldsymbol{\alpha}_1 \\ \boldsymbol{\alpha}_2 \\ \vdots \\ \boldsymbol{\alpha}_n \end{bmatrix}\boldsymbol{x}=\begin{bmatrix} \boldsymbol{\alpha}_1\boldsymbol{x} \\ \boldsymbol{\alpha}_2\boldsymbol{x} \\ \vdots \\ \boldsymbol{\alpha}_n\boldsymbol{x} \end{bmatrix}$$

可得

$$\begin{aligned} f&=\sum_{i=1}^{n}(a_{i1}x_1+a_{i2}x_2+\cdots+a_{in}x_n)^2=\sum_{i=1}^{n}(\boldsymbol{\alpha}_i\boldsymbol{x})^2 \\ &=(\boldsymbol{\alpha}_1\boldsymbol{x},\boldsymbol{\alpha}_2\boldsymbol{x},\cdots,\boldsymbol{\alpha}_n\boldsymbol{x})\begin{bmatrix} \boldsymbol{\alpha}_1\boldsymbol{x} \\ \boldsymbol{\alpha}_2\boldsymbol{x} \\ \vdots \\ \boldsymbol{\alpha}_n\boldsymbol{x} \end{bmatrix}=(\boldsymbol{A}\boldsymbol{x})^{\mathrm{T}}(\boldsymbol{A}\boldsymbol{x})=\boldsymbol{x}^{\mathrm{T}}(\boldsymbol{A}^{\mathrm{T}}\boldsymbol{A})\boldsymbol{x} \end{aligned}$$

而当 $\boldsymbol{A}$ 为实矩阵时,$\boldsymbol{A}^{\mathrm{T}}\boldsymbol{A}$ 是实对称矩阵,故 $\boldsymbol{A}^{\mathrm{T}}\boldsymbol{A}$ 是 f 的矩阵. 故选(C).

评注 本题用二次型矩阵表示的定义求解,且利用了矩阵和分块矩阵的乘法,其关键处为:

$$a_{i1}x_1+a_{i2}x_2+\cdots+a_{in}x_n=\boldsymbol{\alpha}_i\boldsymbol{x}\quad(i=1,2,\cdots,n),\quad \boldsymbol{A}\boldsymbol{x}=\begin{bmatrix} \boldsymbol{\alpha}_1\boldsymbol{x} \\ \boldsymbol{\alpha}_2\boldsymbol{x} \\ \vdots \\ \boldsymbol{\alpha}_n\boldsymbol{x} \end{bmatrix}$$

【例 5.134】(1) $f(x_1,x_2,x_3,x_4)=x_1^2+3x_2^2-x_3^2+2x_1x_2+2x_1x_3-3x_2x_3$ 的矩阵 $\boldsymbol{A}=$________.

(2) $f(x_1,x_2,x_3)=(x_1,x_2,x_3)\begin{bmatrix}1&2&3\\4&5&6\\7&8&9\end{bmatrix}\begin{bmatrix}x_1\\x_2\\x_3\end{bmatrix}$的矩阵$\boldsymbol{A}=$________.

(3) $f(x_1,x_2,x_3)=(ax_1+bx_2+cx_3)^2$ 的矩阵$\boldsymbol{A}=$________.

【分析】(1) 应注意由 $f(x_1,x_2,x_3,x_4)$可知右端的二次型为 4 元二次型,虽然二次型右边表达式中没有含 x_4 的项,但其对应矩阵必须补零做成 4 阶对称矩阵,即

$$\boldsymbol{A}=\begin{bmatrix}1&1&1&0\\1&3&-\dfrac{3}{2}&0\\1&-\dfrac{3}{2}&-1&0\\0&0&0&0\end{bmatrix}$$

(2) 尽管题中二次型写成了矩阵形式,但所给的矩阵不是对称矩阵,因此需要先展开二次型,再写二次型的矩阵,即

$$\begin{aligned}f(x_1,x_2,x_3)&=(x_1,x_2,x_3)\begin{bmatrix}1&2&3\\4&5&6\\7&8&9\end{bmatrix}\begin{bmatrix}x_1\\x_2\\x_3\end{bmatrix}\\&=x_1^2+5x_2^2+9x_3^2+6x_1x_2+10x_1x_3+14x_2x_3\end{aligned}$$

故二次型矩阵为$\boldsymbol{A}=\begin{bmatrix}1&3&5\\3&5&7\\5&7&9\end{bmatrix}$.

(3) 将右端三项式展开,再写二次型的矩阵较麻烦.若先将三项式 $ax_1+bx_2+cx_3$ 写成两矩阵相乘的形式,则计算较简单.

$$\begin{aligned}f(x_1,x_2,x_3)&=(ax_1+bx_2+cx_3)^2=(ax_1+bx_2+cx_3)(ax_1+bx_2+cx_3)\\&=(x_1,x_2,x_3)\begin{bmatrix}a\\b\\c\end{bmatrix}(a,b,c)\begin{bmatrix}x_1\\x_2\\x_3\end{bmatrix}=(x_1,x_2,x_3)\begin{bmatrix}a^2&ab&ac\\ab&b^2&bc\\ac&bc&c^2\end{bmatrix}\begin{bmatrix}x_1\\x_2\\x_3\end{bmatrix}\end{aligned}$$

故二次型矩阵为$\boldsymbol{A}=\begin{bmatrix}a^2&ab&ac\\ab&b^2&bc\\ac&bc&c^2\end{bmatrix}$.

评注 (1) 即使 n 元二次型中某些变元不出现(如本题(1)中 x_4 不出现),但在写二次型的矩阵时,仍要考虑这些变元.

(2) 有时二次型已表示成 $f=\boldsymbol{x}^{\mathrm{T}}\boldsymbol{A}\boldsymbol{x}$ 的形式,但当 $\boldsymbol{A}$ 不是对称矩阵时,$\boldsymbol{A}$ 仍不是二次型的矩阵(如本题(2));此时应将 $\boldsymbol{x}^{\mathrm{T}}\boldsymbol{A}\boldsymbol{x}$ 展开,再重新写出二次型的矩阵.

【例 5.135】二次型 $f(x_1,\cdots,x_n)=\sum\limits_{i=1}^{n}x_i^2+4\sum\limits_{1\leqslant i<j\leqslant n}x_ix_j$ 的秩为________.

学习随笔

【分析】设 f 对应的矩阵为 $\boldsymbol{A}$，则 $\boldsymbol{A}=\begin{bmatrix}1&2&\cdots&2\\2&1&\cdots&2\\\vdots&\vdots&&\vdots\\2&2&\cdots&1\end{bmatrix}$.

可求得 $|\lambda\boldsymbol{E}-\boldsymbol{A}|=(\lambda+1)^{n-1}[\lambda-(2n-1)]$，所以 $\boldsymbol{A}$ 的特征值为 $\lambda_1=\cdots=\lambda_{n-1}=-1,\lambda_n=2n-1$. 故 f 的秩 $=n$.

【例 5.136】已知 $(1,-1,0)^{\mathrm{T}}$ 是二次型

$$f(x_1,x_2,x_3)=ax_1^2+x_3^2-2x_1x_2+2x_1x_3+2bx_2x_3$$

对应矩阵 $\boldsymbol{A}$ 的特征向量，求 a,b 的值，并求 $\boldsymbol{A}$ 的特征值.

【解】该二次型的矩阵 $\boldsymbol{A}=\begin{bmatrix}a&-1&1\\-1&0&b\\1&b&1\end{bmatrix}$，由于 $(1,-1,0)^{\mathrm{T}}$ 是 $\boldsymbol{A}$ 的特征向量，所以由特征值与特征向量的定义，有

$$\begin{bmatrix}a&-1&1\\-1&0&b\\1&b&1\end{bmatrix}\begin{bmatrix}1\\-1\\0\end{bmatrix}=\lambda\begin{bmatrix}1\\-1\\0\end{bmatrix}$$

由此得到对应的线性方程组

$$\begin{cases}a+1=\lambda,\\-1=-\lambda,\\1-b=0.\end{cases}\Rightarrow\begin{cases}a=0,\\b=1,\\\lambda=1\end{cases}$$

将其代入 $\boldsymbol{A}$ 求另外的特征值

$$|\lambda\boldsymbol{E}-\boldsymbol{A}|=\begin{vmatrix}\lambda&1&-1\\1&\lambda&-1\\-1&-1&\lambda-1\end{vmatrix}=(\lambda-1)(\lambda^2-3)=0$$

所以矩阵 $\boldsymbol{A}$ 的特征值为 $\lambda_1=1,\lambda_2=\sqrt{3},\lambda_3=-\sqrt{3}$.

【例 5.137】若二次型矩阵 $\boldsymbol{A}=\begin{bmatrix}0&&\\&1&\\&&3\end{bmatrix}$，求此二次型的表达式及其正、负惯性指数.

【解】由于 $a_{22}=1,a_{33}=3$，其余 $a_{ij}=0$，所以二次型为

$$f(x_1,x_2,x_3)=x_2^2+3x_3^2$$

因为这个二次型已是标准形，所以其正惯性指数 $p=2$，负惯性指数 $q=0$.

评注　若二次型是标准形，则其矩阵是对角矩阵. 反之，由对角矩阵构造的二次型是其标准型.

当 $\boldsymbol{A}$ 不是对称矩阵时，$\boldsymbol{x}^{\mathrm{T}}\boldsymbol{A}\boldsymbol{x}$ 可以构造一个二次型，而此二次型的矩阵是 $\frac{1}{2}(\boldsymbol{A}+\boldsymbol{A}^{\mathrm{T}})$. 例如，

学习随笔

$$x^{T}Ax=(x_1,x_2,x_3)\begin{bmatrix}1&3&5\\-1&0&-3\\3&9&2\end{bmatrix}\begin{bmatrix}x_1\\x_2\\x_3\end{bmatrix}=x_1^2+2x_3^2+2x_1x_2+8x_1x_3+6x_2x_3$$

其二次型矩阵是$\begin{bmatrix}1&1&4\\1&0&3\\4&3&2\end{bmatrix}$.

【例 5.138】 设二次型 $f(x_1,x_2,x_3)=5x_1^2+5x_2^2+ax_3^2-2x_1x_2-6x_2x_3+6x_1x_3$ 的秩为 2,则 $a=$________,正惯性指数 $p=$________.

【分析】 原二次型的系数矩阵 $A=\begin{bmatrix}5&-1&3\\-1&5&-3\\3&-3&a\end{bmatrix}$,由于该二次型的秩为 2,所以

$$|A|=\begin{vmatrix}5&-1&3\\-1&5&-3\\3&-3&a\end{vmatrix}=24a-72=0$$

得到 $a=3$. 为了求正惯性指数,须求 A 的特征值,由 $|\lambda E-A|=0$,得特征值为 $\lambda_1=0$, $\lambda_2=4$,$\lambda_3=9$,所以 A 的正惯性指数 $p=2$.

【例 5.139】 若二次型

$$f(x_1,x_2,x_3)=x_1^2+ax_2^2+x_3^2+2x_1x_2-2x_2x_3-2ax_1x_3$$

的正、负惯性指数都是 1,则 $a=$________.

【分析】 二次型 f 的矩阵 $A=\begin{bmatrix}1&1&-a\\1&a&-1\\-a&-1&1\end{bmatrix}$.

由于二次型 f 的正惯性指数 $p=1$,负惯性指数 $r-p=1$,所以矩阵 A 的秩 $R(A)=r=2$. 则

$$|A|=\begin{vmatrix}1&1&-a\\1&a&-1\\-a&-1&1\end{vmatrix}=-(a-1)^2(a+2)=0$$

故 $a=1$ 或 $a=-2$. 当 $a=1$ 时,$R(A)=1$,不合题意,舍去. 当 $a=-2$ 时,$R(A)=2$,且可得 A 的 3 个特征值为$-3,0,3$,故二次型的正惯性指数和负惯性指数均为 1,符合题意.

八、二次型的标准型

【例 5.140】 求坐标变换 $x=Cy$,化二次型 $f=x_1^2+5x_2^2-3x_3^2$ 为其规范型.

【解】 令 $y_1=x_1,y_2=\sqrt{5}x_2,y_3=\sqrt{3}x_3$,即

$$\begin{bmatrix}x_1\\x_2\\x_3\end{bmatrix}=\begin{bmatrix}1&&\\&\frac{1}{\sqrt{5}}&\\&&\frac{1}{\sqrt{3}}\end{bmatrix}\begin{bmatrix}y_1\\y_2\\y_3\end{bmatrix}$$

学习随笔

得到二次型的规范型 $f=y_1^2+y_2^2-y_3^2$.

评注　化二次型为标准型可以用配方法，也可用正交变换法；但若化为规范型则应先化其为标准型，然后再如本题这样处理.

【例 5.141】若实对称矩阵 $\boldsymbol{A}$ 与矩阵 $\boldsymbol{B}=\begin{bmatrix}1&0&0\\0&0&2\\0&2&0\end{bmatrix}$ 合同，则二次型 $\boldsymbol{x}^{\mathrm{T}}\boldsymbol{A}\boldsymbol{x}$ 的规范型为________.

【分析】因为 $\boldsymbol{A}$ 与 $\boldsymbol{B}$ 合同，所以 $\boldsymbol{A}$ 与 $\boldsymbol{B}$ 的秩及正惯性指数相同. 可求得 $\boldsymbol{B}$ 的特征值为 $\lambda_1=1,\lambda_2=2,\lambda_3=-1$，从而 $\boldsymbol{B}$ 的秩为 3 且正惯性指数为 2.（也可用初等变换或对 $\boldsymbol{x}^{\mathrm{T}}\boldsymbol{B}\boldsymbol{x}$ 用配方法求得 $\boldsymbol{B}$ 的秩及正惯性指数.）故 $\boldsymbol{x}^{\mathrm{T}}\boldsymbol{A}\boldsymbol{x}$ 的规范型是 $y_1^2+y_2^2-y_3^2$.

【例 5.142】将二次型

$$f(x_1,x_2,x_3)=2x_1^2+2x_2^2-3x_3^2-2x_1x_3-2x_2x_3$$

化为规范型，并写出所用满秩线性变换.

【解】

$$\begin{aligned}f(x_1,x_2,x_3)&=2\left(x_1^2-x_1x_3+\frac{1}{4}x_3^2\right)-\frac{1}{2}x_3^2+2x_2^2-3x_3^2-2x_2x_3\\&=2\left(x_1-\frac{1}{2}x_3\right)^2+2x_2^2-\frac{7}{2}x_3^2-2x_2x_3\\&=2\left(x_1-\frac{1}{2}x_3\right)^2+2\left(x_2^2-x_2x_3+\frac{1}{4}x_3^2\right)-\frac{1}{2}x_3^2-\frac{7}{2}x_3^2\\&=2\left(x_1-\frac{1}{2}x_3\right)^2+2\left(x_2-\frac{1}{2}x_3\right)^2-4x_3^2\end{aligned}$$

令 $\begin{cases}y_1=x_1+\quad-\frac{1}{2}x_3,\\y_2=\quad x_2-\frac{1}{2}x_3,\\y_3=\quad x_3\end{cases}$ 则二次型的标准型为 $f(x_1,x_2,x_3)=2y_1^2+2y_2^2-4y_3^2$. 再令

$\begin{cases}z_1=\sqrt{2}y_1,\\z_2=\quad\sqrt{2}y_2,\\z_3=\quad 2y_3\end{cases}$ 得到二次型的规范型 $f(x_1,x_2,x_3)=z_1^2+z_2^2-z_3^2$. 而所用坐标变换为

$\begin{cases}x_1=y_1\quad+\frac{1}{2}y_3=\frac{1}{\sqrt{2}}z_1\quad+\frac{1}{4}z_3,\\x_2=\quad y_2+\frac{1}{2}y_3=\quad\frac{1}{2}z_2+\frac{1}{4}z_3,\\x_3=\quad y_3=\quad\frac{1}{2}z_3\end{cases}$ 用矩阵表示即是

学习随笔

$$\begin{bmatrix} x_1 \\ x_2 \\ x_3 \end{bmatrix} = \begin{bmatrix} \frac{1}{\sqrt{2}} & 0 & \frac{1}{4} \\ 0 & \frac{1}{\sqrt{2}} & \frac{1}{4} \\ 0 & 0 & \frac{1}{2} \end{bmatrix} \begin{bmatrix} z_1 \\ z_2 \\ z_3 \end{bmatrix}$$

【例 5.143】 将二次型

$$f(x_1,x_2,x_3)=x_1^2+2x_2^2-x_3^2+4x_1x_2-4x_1x_3-4x_2x_3$$

化为标准型,并写出所用坐标变换.

【解】 $f(x_1,x_2,x_3)$

$$=x_1^2+4x_1(x_2-x_3)+[2(x_2-x_3)]^2-[2(x_2-x_3)]^2+2x_2^2-x_3^2-4x_2x_3$$

$$=(x_1+2x_2-2x_3)^2-2x_2^2+4x_2x_3-5x_3^2$$

$$=(x_1+2x_2-2x_3)^2-2(x_2^2-2x_2x_3+x_3^2)+2x_3^2-5x_3^2$$

$$=(x_1+2x_2-2x_3)^2-2(x_2-x_3)^2-3x_3^2$$

令$\begin{cases} y_1=x_1+2x_2-2x_3, \\ y_2=\qquad x_2-x_3, \\ y_3=\qquad\qquad x_3, \end{cases}$则二次型的标准型为 $f(x_1,x_2,x_3)=y_1^2-2y_2^2-3y_3^2$. 所用坐标变换是$\begin{cases} x_1=y_1-2y_2 \\ x_2=\qquad y_2+y_3, \\ x_3=\qquad\qquad y_3. \end{cases}$用矩阵表示为

$$\begin{bmatrix} x_1 \\ x_2 \\ x_3 \end{bmatrix} = \begin{bmatrix} 1 & -2 & 0 \\ 0 & 1 & 1 \\ 0 & 0 & 1 \end{bmatrix} \begin{bmatrix} y_1 \\ y_2 \\ y_3 \end{bmatrix}$$

【例 5.144】 将二次型

$$f(x_1,x_2,x_3)=2x_1^2+2x_2^2+2x_3^2+2x_1x_2+2x_1x_3+2x_2x_3$$

通过正交变换化为标准型,并写出所用坐标变换.

【解】 二次型的对应矩阵 $\boldsymbol{A}=\begin{bmatrix} 2 & 1 & 1 \\ 1 & 2 & 1 \\ 1 & 1 & 2 \end{bmatrix}$,则 $\boldsymbol{A}$ 的特征方程

$$|\lambda\boldsymbol{E}-\boldsymbol{A}|=\begin{vmatrix} \lambda-2 & -1 & -1 \\ -1 & \lambda-2 & -1 \\ -1 & -1 & \lambda-2 \end{vmatrix}=(\lambda-4)(\lambda-1)^2=0$$

得特征值 $\lambda_1=4,\lambda_2=\lambda_3=1$.

对 $\lambda=4$,由 $(4\boldsymbol{E}-\boldsymbol{A})\boldsymbol{x}=\boldsymbol{0}$,即 $\begin{bmatrix} 2 & -1 & -1 \\ -1 & 2 & -1 \\ -1 & -1 & 2 \end{bmatrix} \to \begin{bmatrix} -1 & 2 & -1 \\ 0 & -3 & 3 \\ 0 & 0 & 0 \end{bmatrix}$,得到特征向量 $\boldsymbol{X}_1=(1,1,1)^{\mathrm{T}}$.

学习随笔

对 $\lambda=1$，由 $(\boldsymbol{E}-\boldsymbol{A})\boldsymbol{x}=\boldsymbol{0}$，即 $\begin{bmatrix}-1&-1&-1\\-1&-1&-1\\-1&-1&-1\end{bmatrix}\rightarrow\begin{bmatrix}1&1&1\\0&0&0\\0&0&0\end{bmatrix}$，得到特征向量 $\boldsymbol{X}_2=(1,-1,0)^{\mathrm{T}}$，$\boldsymbol{X}_3=(1,0,-1)^{\mathrm{T}}$.

不同特征值的特征向量已经正交，只须将 $\boldsymbol{X}_2$，$\boldsymbol{X}_3$ 正交化，有

$$\boldsymbol{\beta}_2=\boldsymbol{X}_2,\quad \boldsymbol{\beta}_3=\boldsymbol{X}_3-\frac{[\boldsymbol{X}_3,\boldsymbol{\beta}_2]}{[\boldsymbol{\beta}_2,\boldsymbol{\beta}_2]}\boldsymbol{\beta}_2=\frac{1}{2}\begin{bmatrix}1\\1\\-2\end{bmatrix}$$

再单位化，有

$$\boldsymbol{\gamma}_1=\frac{\boldsymbol{X}_1}{\|\boldsymbol{X}_1\|}=\frac{1}{\sqrt{3}}\begin{bmatrix}1\\1\\1\end{bmatrix},\quad \boldsymbol{\gamma}_2=\frac{\boldsymbol{\beta}_2}{\|\boldsymbol{\beta}_2\|}=\frac{1}{\sqrt{2}}\begin{bmatrix}1\\-1\\0\end{bmatrix},\boldsymbol{\gamma}_3=\frac{\boldsymbol{\beta}_3}{\|\boldsymbol{\beta}_3\|}=\frac{1}{\sqrt{6}}\begin{bmatrix}1\\1\\-2\end{bmatrix}$$

令 $\boldsymbol{Q}=(\boldsymbol{\gamma}_1,\boldsymbol{\gamma}_2,\boldsymbol{\gamma}_3)=\begin{bmatrix}\frac{1}{\sqrt{3}}&\frac{1}{\sqrt{2}}&\frac{1}{\sqrt{6}}\\\frac{1}{\sqrt{3}}&-\frac{1}{\sqrt{2}}&\frac{1}{\sqrt{6}}\\\frac{1}{\sqrt{3}}&0&-\frac{2}{\sqrt{6}}\end{bmatrix}$，则 $\boldsymbol{Q}$ 是正交矩阵，且 $\boldsymbol{Q}^{-1}\boldsymbol{A}\boldsymbol{Q}=\begin{bmatrix}4&&\\&1&\\&&1\end{bmatrix}$.

于是作正交变换 $\boldsymbol{x}=\boldsymbol{Q}\boldsymbol{y}$，将二次型化为标准型 $f(x_1,x_2,x_3)=4y_1^2+y_2^2+y_3^2$.

【例 5.145】求一个正交变换，化二次型

$$x_1^2+4x_2^2+4x_3^2-4x_1x_2+4x_1x_3-8x_2x_3$$

为标准型.

【解】二次型矩阵为 $\boldsymbol{A}=\begin{bmatrix}1&-2&2\\-2&4&-4\\2&-4&4\end{bmatrix}$.

由于 $R(\boldsymbol{A})=1$，知 $|\lambda\boldsymbol{E}-\boldsymbol{A}|=\lambda^3-\sum a_{ii}\lambda^2=\lambda^2(\lambda-9)$，所以 $\boldsymbol{A}$ 的特征值为 $\lambda_1=\lambda_2=0$，$\lambda_3=9$.

对于 $\lambda=0$，由 $(0\boldsymbol{E}-\boldsymbol{A})\boldsymbol{x}=\boldsymbol{0}$ 得到特征向量 $\boldsymbol{X}_1=(2,1,0)^{\mathrm{T}}$，$\boldsymbol{X}_2=(-2,0,1)^{\mathrm{T}}$.

对于 $\lambda=9$，由 $(9\boldsymbol{E}-\boldsymbol{A})\boldsymbol{x}=\boldsymbol{0}$，即 $\begin{bmatrix}8&2&-2\\2&5&4\\-2&4&5\end{bmatrix}\rightarrow\begin{bmatrix}2&5&4\\0&9&9\\0&0&0\end{bmatrix}$，得到特征向量 $\boldsymbol{X}_3=(1,-2,2)^{\mathrm{T}}$.

将 $\boldsymbol{X}_1$，$\boldsymbol{X}_2$ 正交化，有

$$\boldsymbol{\beta}_1=\boldsymbol{X}_1,\quad \boldsymbol{\beta}_2=\boldsymbol{X}_2-\frac{[\boldsymbol{X}_2,\boldsymbol{\beta}_1]}{[\boldsymbol{\beta}_1,\boldsymbol{\beta}_1]}\boldsymbol{\beta}_1=\frac{1}{5}\begin{bmatrix}-2\\4\\5\end{bmatrix}$$

再单位化，有

$$\boldsymbol{\gamma}_1=\frac{\boldsymbol{X}_1}{\|\boldsymbol{X}_1\|}=\frac{1}{\sqrt{5}}\begin{bmatrix}2\\1\\0\end{bmatrix},\boldsymbol{\gamma}_2=\frac{\boldsymbol{\beta}_2}{\|\boldsymbol{\beta}_2\|}=\frac{1}{3\sqrt{5}}\begin{bmatrix}-2\\4\\5\end{bmatrix},\boldsymbol{\gamma}_3=\frac{\boldsymbol{X}_3}{\|\boldsymbol{X}_3\|}=\frac{1}{3}\begin{bmatrix}1\\-2\\2\end{bmatrix}$$

令 $\boldsymbol{Q}=(\boldsymbol{\gamma}_1,\boldsymbol{\gamma}_2,\boldsymbol{\gamma}_3)=\begin{bmatrix}\frac{2}{\sqrt{5}} & -\frac{2}{3\sqrt{5}} & \frac{1}{3}\\ \frac{1}{\sqrt{5}} & \frac{4}{3\sqrt{5}} & -\frac{2}{3}\\ 0 & \frac{\sqrt{5}}{3} & \frac{2}{3}\end{bmatrix}$，则 $\boldsymbol{Q}$ 是正交矩阵，有

$$\boldsymbol{Q}^{-1}\boldsymbol{A}\boldsymbol{Q}=\begin{bmatrix}0 & & \\ & 0 & \\ & & 9\end{bmatrix}$$

那么经正交变换 $\boldsymbol{x}=\boldsymbol{Q}\boldsymbol{y}$，二次型化为标准型 $f=9y_3^2$.

评注　由于特征向量不唯一，因此正交变换不唯一. 例如，$(0,1,1)^{\mathrm{T}}$，$(4,1,-1)^{\mathrm{T}}$ 也是 $\lambda=0$ 的相互正交的特征向量. 单位化处理后，若令

$$\begin{bmatrix}x_1\\x_2\\x_3\end{bmatrix}=\begin{bmatrix}0 & \frac{4}{3\sqrt{2}} & \frac{1}{3}\\ \frac{1}{\sqrt{2}} & \frac{1}{3\sqrt{2}} & -\frac{2}{3}\\ \frac{1}{\sqrt{2}} & -\frac{1}{3\sqrt{2}} & \frac{2}{3}\end{bmatrix}\begin{bmatrix}y_1\\y_2\\y_3\end{bmatrix}$$

则仍有 $f=9y_3^2$，若把上述正交矩阵的 2，3 两列对换，则有 $f=9y_2^2$，等等.

【例 5.146】化二次型

$$f(x_1,x_2,x_3)=2x_1x_2-2x_1x_3+2x_2x_3$$

为标准型，并写出所用满秩线性变换.

【解法一】正交变换法：

二次型矩阵 $\boldsymbol{A}=\begin{bmatrix}0 & 1 & -1\\ 1 & 0 & 1\\ -1 & 1 & 0\end{bmatrix}$，则由 $\boldsymbol{A}$ 的特征方程

$$|\lambda\boldsymbol{E}-\boldsymbol{A}|=\begin{vmatrix}\lambda & -1 & 1\\ -1 & \lambda & -1\\ 1 & -1 & \lambda\end{vmatrix}=(\lambda-1)^2(\lambda+2)=0$$

得到 $\boldsymbol{A}$ 的特征值为 $\lambda_1=\lambda_2=1$，$\lambda_3=-2$.

对 $\lambda=1$，由 $(\boldsymbol{E}-\boldsymbol{A})\boldsymbol{x}=\boldsymbol{0}$ 得到特征向量 $\boldsymbol{X}_1=(1,1,0)^{\mathrm{T}}$，$\boldsymbol{X}_2=(1,0,-1)^{\mathrm{T}}$.

对 $\lambda=-2$，由 $(-2\boldsymbol{E}-\boldsymbol{A})\boldsymbol{x}=\boldsymbol{0}$ 得到特征向量 $\boldsymbol{X}_3=(1,-1,1)^{\mathrm{T}}$.

将 $\boldsymbol{X}_1$，$\boldsymbol{X}_2$ 正交化，有

$$\boldsymbol{\beta}_1=\boldsymbol{X}_1,\boldsymbol{\beta}_2=\boldsymbol{X}_2-\frac{[\boldsymbol{X}_2,\boldsymbol{\beta}_1]}{[\boldsymbol{\beta}_1,\boldsymbol{\beta}_1]}\boldsymbol{\beta}_1=\frac{1}{2}\begin{bmatrix}1\\-1\\-2\end{bmatrix}$$

学习随笔

再单位化，有

$$\boldsymbol{\gamma}_1=\frac{\boldsymbol{\beta}_1}{\|\boldsymbol{\beta}_1\|}=\frac{1}{\sqrt{2}}\begin{bmatrix}1\\1\\0\end{bmatrix},\boldsymbol{\gamma}_2=\frac{\boldsymbol{\beta}_2}{\|\boldsymbol{\beta}_2\|}=\frac{1}{\sqrt{6}}\begin{bmatrix}-1\\1\\2\end{bmatrix},\boldsymbol{\gamma}_3=\frac{\boldsymbol{X}_3}{\|\boldsymbol{X}_3\|}=\frac{1}{\sqrt{3}}\begin{bmatrix}1\\-1\\1\end{bmatrix}$$

那么，令 $\boldsymbol{Q}=(\boldsymbol{\gamma}_1,\boldsymbol{\gamma}_2,\boldsymbol{\gamma}_3)=\begin{bmatrix}\frac{1}{\sqrt{2}}&-\frac{1}{\sqrt{6}}&\frac{1}{\sqrt{3}}\\\frac{1}{\sqrt{2}}&\frac{1}{\sqrt{6}}&-\frac{1}{\sqrt{3}}\\0&\frac{2}{\sqrt{6}}&\frac{1}{\sqrt{3}}\end{bmatrix}$，则 $\boldsymbol{Q}$ 是正交矩阵，有

$$\boldsymbol{Q}^{-1}\boldsymbol{A}\boldsymbol{Q}=\begin{bmatrix}1&&\\&1&\\&&-2\end{bmatrix}$$

于是经坐标变换 $\boldsymbol{x}=\boldsymbol{Q}\boldsymbol{y}$，二次型化为标准型 $y_1^2+y_2^2-2y_3^2$.

【解法二】用配方法：

先作变换化出平方项，令 $\begin{cases}x_1=y_1+y_2,\\x_2=y_1-y_2,\\x_3=y_3,\end{cases}$ 则

$$f=2(y_1+y_2)(y_1-y_2)-2(y_1+y_2)y_3+2(y_1-y_2)y_3=2y_1^2-2y_2^2-4y_2y_3$$

再用配方法，有

$$f=2y_1^2-2(y_2^2+2y_2y_3+y_3^2)+2y_3^2=2y_1^2-2(y_2+y_3)^2+2y_3^2$$

令 $\begin{cases}z_1=y_1,\\z_2=y_2+y_3,\\z_3=y_3,\end{cases}$ 则二次型化为标准型

$$f=2z_1^2-2z_2^2+2z_3^2$$

此时，所用坐标变换 $\begin{cases}x_1=y_1+y_2=z_1+z_2-z_3,\\x_2=y_1-y_2=z_1-z_2+z_3,\\x_3=y_3=z_3.\end{cases}$ 用矩阵表示为

$$\begin{bmatrix}x_1\\x_2\\x_3\end{bmatrix}=\begin{bmatrix}1&1&-1\\1&-1&1\\0&0&1\end{bmatrix}\begin{bmatrix}z_1\\z_2\\z_3\end{bmatrix}$$

易见 $|\boldsymbol{C}|=\begin{vmatrix}1&1&-1\\1&-1&1\\0&0&1\end{vmatrix}=-2\neq0$，故 $\boldsymbol{x}=\boldsymbol{C}\boldsymbol{y}$ 是满秩线性变换.

【解法三】用初等变换法：

学习随笔

$$\begin{bmatrix} A \\ \vdots \\ E \end{bmatrix}=\begin{bmatrix} 0 & 1 & -1 \\ 1 & 0 & 1 \\ -1 & 1 & 0 \\ 1 & 0 & 0 \\ 0 & 1 & 0 \\ 0 & 0 & 1 \end{bmatrix} \to \begin{bmatrix} 1 & 1 & -1 \\ 1 & 0 & 1 \\ 0 & 1 & 0 \\ 1 & 0 & 0 \\ 1 & 1 & 0 \\ 0 & 0 & 1 \end{bmatrix} \to \begin{bmatrix} 2 & 1 & 0 \\ 1 & 0 & 1 \\ 0 & 1 & 0 \\ 1 & 0 & 0 \\ 1 & 1 & 0 \\ 0 & 0 & 1 \end{bmatrix} \to$$

$$\begin{bmatrix} 2 & 0 & 0 \\ 1 & -\frac{1}{2} & 1 \\ 0 & 1 & 0 \\ 1 & -\frac{1}{2} & 0 \\ 1 & \frac{1}{2} & 0 \\ 0 & 0 & 1 \end{bmatrix} \to \begin{bmatrix} 2 & 0 & 0 \\ 0 & -\frac{1}{2} & 1 \\ 0 & 1 & 0 \\ 1 & -\frac{1}{2} & 0 \\ 1 & \frac{1}{2} & 0 \\ 0 & 0 & 1 \end{bmatrix} \to \begin{bmatrix} 2 & 0 & 0 \\ 0 & -\frac{1}{2} & 0 \\ 0 & 1 & 2 \\ 1 & -\frac{1}{2} & -1 \\ 1 & \frac{1}{2} & 1 \\ 0 & 0 & 1 \end{bmatrix} \to \begin{bmatrix} 2 & 0 & 0 \\ 0 & -\frac{1}{2} & 0 \\ 0 & 0 & 2 \\ 1 & -\frac{1}{2} & -1 \\ 1 & \frac{1}{2} & 1 \\ 0 & 0 & 1 \end{bmatrix}$$

这样，经坐标变换 $\boldsymbol{x}=\boldsymbol{C}\boldsymbol{y}$，其中

$$\boldsymbol{C}=\begin{bmatrix} 1 & -\frac{1}{2} & -1 \\ 1 & \frac{1}{2} & 1 \\ 0 & 0 & 1 \end{bmatrix}$$

二次型化为标准型 $2y_1^2-\frac{1}{2}y_2^2+2y_3^2$.

评注　二次型可以用多种方法化为标准型，其标准型也是不唯一的. 由正交变换法所得标准型，其平方项系数是二次型矩阵 $\boldsymbol{A}$ 的特征值. 而配方法与初等变换法则没有这一性质，并因配方或变换步骤的不同可得到不同的标准型，但是正、负惯性指数是一致的.

关于初等变换法化二项型为标准型，其原理如下：

二次型 $\boldsymbol{x}^{\mathrm{T}}\boldsymbol{A}\boldsymbol{x}$ 经坐标变换 $\boldsymbol{x}=\boldsymbol{C}\boldsymbol{y}$ 化为标准型 $\boldsymbol{y}^{\mathrm{T}}\boldsymbol{\Lambda}\boldsymbol{y}$，即

$$\boldsymbol{x}^{\mathrm{T}}\boldsymbol{A}\boldsymbol{x}=(\boldsymbol{C}\boldsymbol{y})^{\mathrm{T}}\boldsymbol{A}(\boldsymbol{C}\boldsymbol{y})=\boldsymbol{y}^{\mathrm{T}}(\boldsymbol{C}^{\mathrm{T}}\boldsymbol{A}\boldsymbol{C})\boldsymbol{y}$$

可见 $\boldsymbol{C}^{\mathrm{T}}\boldsymbol{A}\boldsymbol{C}=\boldsymbol{\Lambda}$.

由于 $\boldsymbol{C}$ 是可逆矩阵，它可表示为一系列初等矩阵的乘积，设 $\boldsymbol{C}=\boldsymbol{P}_1\boldsymbol{P}_2\cdots\boldsymbol{P}_t$，那么

$$\boldsymbol{C}^{\mathrm{T}}\boldsymbol{A}\boldsymbol{C}=\boldsymbol{P}_t^{\mathrm{T}}\cdots\boldsymbol{P}_2^{\mathrm{T}}\boldsymbol{P}_1^{\mathrm{T}}\boldsymbol{A}\boldsymbol{P}_1\boldsymbol{P}_2\cdots\boldsymbol{P}_t=\boldsymbol{\Lambda} \tag{5.32}$$

$$\boldsymbol{C}=\boldsymbol{E}\boldsymbol{P}_1\boldsymbol{P}_2\cdots\boldsymbol{P}_t \tag{5.33}$$

根据初等矩阵的性质，式(5.33)说明 $\boldsymbol{E}$ 经过 $\boldsymbol{P}_1,\boldsymbol{P}_2,\cdots,\boldsymbol{P}_t$ 等一系列初等列变换可得到坐标变换矩阵 $\boldsymbol{C}$. 而式(5.32)告诉我们，$\boldsymbol{A}$ 作一次初等列变换 $\boldsymbol{P}_1$，再作一次相应的初等行变换 $\boldsymbol{P}_1^{\mathrm{T}}$，然后作初等列变换 $\boldsymbol{P}_2$ 及相应的初等行变换 $\boldsymbol{P}_2^{\mathrm{T}}$……可得到标准型矩阵 $\boldsymbol{\Lambda}$.

$\boldsymbol{A}$ 与 $\boldsymbol{E}$ 所作列变换 $\boldsymbol{P}_1,\boldsymbol{P}_2,\cdots,\boldsymbol{P}_t$ 完全一样，只不过 $\boldsymbol{A}$ 还要作相应的初等行变换 $\boldsymbol{P}_1^{\mathrm{T}},\boldsymbol{P}_2^{\mathrm{T}},\cdots,\boldsymbol{P}_t^{\mathrm{T}}$. 因此，按如下变换可求出标准型及所用坐标变换.

学习随笔

$$\begin{bmatrix} A \\ E \end{bmatrix} \xrightarrow{\text{列变换}P_1} \begin{bmatrix} AP_1 \\ EP_1 \end{bmatrix} \xrightarrow{A\text{作行变换}P_1^T} \begin{bmatrix} P_1^TAP_1 \\ EP_1 \end{bmatrix} \to \cdots \to \begin{bmatrix} \Lambda \\ C \end{bmatrix}$$

【例 5.147】求一正交变换,将二次型

$$f(x_1,x_2,x_3)=x_1^2-2x_2^2-2x_3^2-4x_1x_2+4x_1x_3+8x_2x_3$$

化为标准型,并指出 $f(x_1,x_2,x_3)=1$ 表示何种二次曲面.

【解】二次型的矩阵为 $A=\begin{bmatrix} 1 & -2 & 2 \\ -2 & -2 & 4 \\ 2 & 4 & -2 \end{bmatrix}$,由

$$|\lambda E-A|=(\lambda-2)^2(\lambda+7)$$

得 A 的特征值为 $\lambda_1=\lambda_2=2,\lambda_3=-7$.

可求得对应 $\lambda_1=\lambda_2=2$ 的特征向量为 $p_1=(-2,1,0)^T,p_2=(2,0,1)^T$. 将其正交化:

$$\alpha_1=p_1=(-2,1,0)^T,\quad \alpha_2=p_2-\frac{[p_2,\alpha_2]}{[\alpha_1,\alpha_1]}\alpha_1=\left(\frac{2}{5},\frac{4}{5},1\right)^T$$

再单位化: $q_1=\left(-\frac{2}{\sqrt{5}},\frac{1}{\sqrt{5}},0\right)^T,q_2=\left(\frac{2}{3\sqrt{5}},\frac{4}{3\sqrt{5}},\frac{5}{3\sqrt{5}}\right)^T$

又矩阵 A 对应 $\lambda_3=-7$ 的特征向量为 $p_3=(-1,-2,2)^T$,单位化得 $q_3=\left(-\frac{1}{3},-\frac{2}{3},\frac{2}{3}\right)^T$,故经正交变换

$$\begin{bmatrix} x_1 \\ x_2 \\ x_3 \end{bmatrix}=\begin{bmatrix} -\frac{2}{\sqrt{5}} & \frac{2}{3\sqrt{5}} & -\frac{1}{3} \\ \frac{1}{\sqrt{5}} & \frac{4}{3\sqrt{5}} & -\frac{2}{3} \\ 0 & \frac{5}{3\sqrt{5}} & \frac{2}{3} \end{bmatrix}\begin{bmatrix} y_1 \\ y_2 \\ y_3 \end{bmatrix}$$

化二次型为标准型 $f(x_1,x_2,x_3)=2y_1^2+2y_2^2-7y_3^2$.

可知 $f(x_1,x_2,x_3)=1$ 表示旋转单叶双曲面.

评注 (1) 用正交变换 $x=Qy$ 化二次型为标准型 $f=\lambda_1y_1^2+\lambda_2y_2^2+\cdots+\lambda_ny_n^2$,其平方项的系数 $\lambda_1,\lambda_2,\cdots,\lambda_n$ 除排列次序外是唯一确定的,它们都是二次型矩阵 A 的特征值.这是因为正交变换既是合同变换,又是相似变换,而相似矩阵有相同的特征值.

(2) 由于在用正交变换化二次型为标准型后,其平方项的系数就是二次型矩阵 A 的特征值,因此当求出 A 的特征值时,也就求出了曲面 $f(x_1,x_2,x_3)=1$ 的标准方程.

【例 5.148】已知 A 为 3 阶实对称矩阵,二次型 $f=x^TAx$ 经正交变换 $x=Qy$ 得标准型 $y_1^2+y_2^2-4y_3^2$,其中 $Q=(\alpha_1,\alpha_2,\alpha_3)$,且 $\alpha_3=\frac{1}{\sqrt{3}}\begin{bmatrix} 1 \\ 1 \\ 1 \end{bmatrix}$,试求所作的正交变换.

【分析】本题是如何把实二次型化为标准型一类的题目. 一般常见的是已知实二次型,求一正交变换将其化为标准型. 而这里是已知标准型且它是由实二次型经正交变换所得,由此可知标准型中的平方项系数就是特征值,然后由不同的特征值所对应的特征向量

学习随笔

正交,求出另外的特征向量.

【解】由标准型可知二次型的矩阵 $\boldsymbol{A}$ 的特征值 $\lambda=1,1,-4$,且 $\boldsymbol{\alpha}_3$ 为 $\lambda=-4$ 对应的特征向量.设 $\boldsymbol{x}=\begin{bmatrix}x_1\\x_2\\x_3\end{bmatrix}$ 为 $\lambda=1$ 对应的特征向量,则有 $\boldsymbol{x}^{\mathrm{T}}\boldsymbol{\alpha}_3=0$,即 $x_1+x_2+x_3=0$.解此线性方程组,得

$$\boldsymbol{\xi}_1=\begin{bmatrix}-1\\1\\0\end{bmatrix},\quad \boldsymbol{\xi}_2=\begin{bmatrix}-1\\0\\1\end{bmatrix}$$

正交化、单位化后可得

$$\boldsymbol{\alpha}_1=\frac{1}{\sqrt{2}}\begin{bmatrix}-1\\1\\0\end{bmatrix},\quad \boldsymbol{\alpha}_2=\frac{1}{\sqrt{6}}\begin{bmatrix}-1\\-1\\2\end{bmatrix}$$

所用的正交变换为

$$\begin{cases}x_1=-\dfrac{1}{\sqrt{2}}y_1-\dfrac{1}{\sqrt{6}}y_2+\dfrac{1}{\sqrt{3}}y_3,\\ x_2=\dfrac{1}{\sqrt{2}}y_1-\dfrac{1}{\sqrt{6}}y_2+\dfrac{1}{\sqrt{3}}y_3,\\ x_3=\dfrac{2}{\sqrt{6}}y_2+\dfrac{1}{\sqrt{3}}y_3\end{cases}$$

评注　若题目改为:已知3元实二次型 $f=\boldsymbol{x}^{\mathrm{T}}\boldsymbol{A}\boldsymbol{x}$ 经正交变换 $\boldsymbol{x}=\boldsymbol{Q}\boldsymbol{y}$ 化为标准型 $y_1^2+y_2^2+5y_3^2$,且已知 $\boldsymbol{A}$ 对应特征值 $\lambda=5$ 有一个特征向量 $\boldsymbol{\alpha}_1=\begin{bmatrix}1\\1\\1\end{bmatrix}$,试求正交变换 $\boldsymbol{x}=\boldsymbol{Q}\boldsymbol{y}$.其结果一样.但要注意:该题中二次型的标准型为 $y_1^2+y_2^2+5y_3^2$,按习惯写特征值 $\lambda_1=1,\lambda_2=1,\lambda_3=5$.但题目中给出对应特征值 $\lambda=5$ 的一个特征向量为 $\boldsymbol{\alpha}_1$,因此可将 $\lambda_1=\lambda_2=1$ 对应的特征向量记为 $\boldsymbol{\alpha}_2$ 和 $\boldsymbol{\alpha}_3$,经正交化、单位化后依次记为 $\boldsymbol{\eta}_1,\boldsymbol{\eta}_2,\boldsymbol{\eta}_3$,但写正交矩阵时应为 $\boldsymbol{Q}=(\boldsymbol{\eta}_2,\boldsymbol{\eta}_3,\boldsymbol{\eta}_1)$.因为只有这个正交变换 $\boldsymbol{x}=\boldsymbol{Q}\boldsymbol{y}=(\boldsymbol{\eta}_2,\boldsymbol{\eta}_3,\boldsymbol{\eta}_1)\boldsymbol{y}$,才使二次型 $f=\boldsymbol{x}^{\mathrm{T}}\boldsymbol{A}\boldsymbol{x}=\boldsymbol{y}^{\mathrm{T}}(\boldsymbol{Q}^{\mathrm{T}}\boldsymbol{A}\boldsymbol{Q})\boldsymbol{y}=\boldsymbol{y}^{\mathrm{T}}\begin{bmatrix}1&&\\&1&\\&&5\end{bmatrix}\boldsymbol{y}$,即对角矩阵中特征值与正交矩阵中特征向量的顺序必须是一致的.

【例 5.149】已知3元二次型 $f(x_1,x_2,x_3)=\boldsymbol{x}^{\mathrm{T}}\boldsymbol{A}\boldsymbol{x}$ 通过正交变换化成 $2y_1^2+2y_2^2$,方程组 $\boldsymbol{A}\boldsymbol{x}=\boldsymbol{0}$ 有解 $\boldsymbol{\xi}=(1,0,1)^{\mathrm{T}}$,求所作正交变换及二次型的对应矩阵 $\boldsymbol{A}$.

【解】因 $f(x_1,x_2,x_3)=\boldsymbol{x}^{\mathrm{T}}\boldsymbol{A}\boldsymbol{x}$ 通过正交变换化成 $2y_1^2+2y_2^2$,则 $\boldsymbol{A}$ 有特征值 $\lambda_1=\lambda_2=2$.

又由 $\boldsymbol{A}\boldsymbol{x}=\boldsymbol{0}$ 有解 $\boldsymbol{\xi}=(1,0,1)^{\mathrm{T}}$,知 $\lambda_3=0$ 是 $\boldsymbol{A}$ 的特征值,$\boldsymbol{\xi}$ 是 $\boldsymbol{A}$ 的对应于 $\lambda_3=0$ 的特征向量.

学习随笔

由于二次型对应矩阵是实对称矩阵，且不同特征值对应的特征向量相互正交，设对应特征值 $\lambda_1=\lambda_2=2$ 的特征向量为 $\boldsymbol{\eta}=(x_1,x_2,x_3)^{\mathrm T}$，则应有 $\boldsymbol{\xi}^{\mathrm T}\boldsymbol{\eta}=x_1+x_3=0$，于是

$$\boldsymbol{\eta}_1=(1,0,-1),\quad \boldsymbol{\eta}_2=(0,1,0)$$

注意到要求正交变换，这里 $\boldsymbol{\eta}_1,\boldsymbol{\eta}_2$ 之间也正交.

将 $\boldsymbol{\eta}_1,\boldsymbol{\eta}_2,\boldsymbol{\xi}$ 单位化，得正交矩阵

$$\boldsymbol{Q}=\begin{bmatrix}\frac{1}{\sqrt2} & 0 & \frac{1}{\sqrt2}\\ 0 & 1 & 0\\ -\frac{1}{\sqrt2} & 0 & \frac{1}{\sqrt2}\end{bmatrix}$$

令 $\boldsymbol{x}=\boldsymbol{Q}\boldsymbol{y}$，则

$$f(x_1,x_2,x_3)=\boldsymbol{x}^{\mathrm T}\boldsymbol{A}\boldsymbol{x}\xlongequal{\boldsymbol{x}=\boldsymbol{Q}\boldsymbol{y}}\boldsymbol{y}^{\mathrm T}\boldsymbol{Q}^{\mathrm T}\boldsymbol{A}\boldsymbol{Q}\boldsymbol{y}=2y_1^2+2y_2^2$$

$\boldsymbol{x}=\boldsymbol{Q}\boldsymbol{y}$ 即是所作正交变换. 由于

$$\boldsymbol{Q}^{\mathrm T}\boldsymbol{A}\boldsymbol{Q}=\boldsymbol{Q}^{-1}\boldsymbol{A}\boldsymbol{Q}=\begin{bmatrix}2 & & \\ & 2 & \\ & & 0\end{bmatrix}=\boldsymbol{\Lambda}$$

则
$$\begin{aligned}\boldsymbol{A}&=\boldsymbol{Q}\boldsymbol{\Lambda}\boldsymbol{Q}^{-1}=\boldsymbol{Q}\boldsymbol{\Lambda}\boldsymbol{Q}^{\mathrm T}\\&=\frac{1}{\sqrt2}\begin{bmatrix}1 & 0 & 1\\ 0 & \sqrt2 & 0\\ -1 & 0 & 1\end{bmatrix}\begin{bmatrix}2 & 0 & 0\\ 0 & 2 & 0\\ 0 & 0 & 0\end{bmatrix}\frac{1}{\sqrt2}\begin{bmatrix}1 & 0 & -1\\ 0 & \sqrt2 & 0\\ 1 & 0 & 1\end{bmatrix}=\begin{bmatrix}1 & 0 & -1\\ 0 & 2 & 0\\ -1 & 0 & 1\end{bmatrix}\end{aligned}$$

【例 5.150】已知 3 元二次型 $\boldsymbol{x}^{\mathrm T}\boldsymbol{A}\boldsymbol{x}$ 中，二次型矩阵 $\boldsymbol{A}$ 的各行元素之和均为 6，且满足 $\boldsymbol{A}\boldsymbol{B}=\boldsymbol{O}$，其中

$$\boldsymbol{B}=\begin{bmatrix}1 & 1 & 2\\ -2 & -1 & -3\\ 1 & 0 & 1\end{bmatrix}$$

(1) 求正交变换化二次型 f 为标准型，并写出所用坐标变换.

(2) 求行列式 $|\boldsymbol{A}+\boldsymbol{E}|$ 的值.

【解】(1)由于矩阵 $\boldsymbol{A}$ 的各行元素之和均为 6，则

$$\boldsymbol{A}\begin{bmatrix}1\\1\\1\end{bmatrix}=\begin{bmatrix}6\\6\\6\end{bmatrix}=6\begin{bmatrix}1\\1\\1\end{bmatrix}$$

即 $\lambda=6$ 是矩阵 $\boldsymbol{A}$ 的特征值，$\boldsymbol{\alpha}_1=(1,1,1)^{\mathrm T}$ 是矩阵 $\boldsymbol{A}$ 属于特征值 $\lambda=6$ 的特征向量.

由 $\boldsymbol{A}\boldsymbol{B}=\boldsymbol{O}$，知

$$\boldsymbol{A}\begin{bmatrix}1\\-2\\1\end{bmatrix}=\boldsymbol{0}=0\begin{bmatrix}1\\-2\\1\end{bmatrix},\quad \boldsymbol{A}\begin{bmatrix}1\\-1\\0\end{bmatrix}=\boldsymbol{0}=0\begin{bmatrix}1\\-1\\0\end{bmatrix}$$

故 $\boldsymbol{\alpha}_2=(1,-2,1)^{\mathrm T},\boldsymbol{\alpha}_3=(1,-1,0)^{\mathrm T}$ 是矩阵 $\boldsymbol{A}$ 属于特征值 $\lambda=0$ 的特征向量.

单位化 $\boldsymbol{\alpha}_1$，得 $\boldsymbol{\gamma}_1=\frac{1}{\sqrt3}(1,1,1)^{\mathrm T}$.

用施密特正交化方法，先正交化 $\boldsymbol{\alpha}_2,\boldsymbol{\alpha}_3$，有

$$\boldsymbol{\beta}_2=\boldsymbol{\alpha}_2=(1,-2,1)^{\mathrm{T}}$$

$$\boldsymbol{\beta}_3=\boldsymbol{\alpha}_3-\frac{[\boldsymbol{\alpha}_3,\boldsymbol{\beta}_2]}{[\boldsymbol{\beta}_2,\boldsymbol{\beta}_2]}\boldsymbol{\beta}_2=\begin{bmatrix}1\\-1\\0\end{bmatrix}-\frac{3}{6}\begin{bmatrix}1\\-2\\1\end{bmatrix}=\frac{1}{2}\begin{bmatrix}1\\0\\-1\end{bmatrix}$$

再单位化得 $\boldsymbol{\gamma}_2=\frac{1}{\sqrt{6}}\begin{bmatrix}1\\-2\\1\end{bmatrix},\boldsymbol{\gamma}_3=\frac{1}{\sqrt{2}}\begin{bmatrix}1\\0\\-1\end{bmatrix}$.

那么，令 $\boldsymbol{Q}=(\boldsymbol{\gamma}_1,\boldsymbol{\gamma}_2,\boldsymbol{\gamma}_3)=\begin{bmatrix}\frac{1}{\sqrt{3}}&\frac{1}{\sqrt{6}}&\frac{1}{\sqrt{2}}\\\frac{1}{\sqrt{3}}&-\frac{2}{\sqrt{6}}&0\\\frac{1}{\sqrt{3}}&\frac{1}{\sqrt{6}}&-\frac{1}{\sqrt{2}}\end{bmatrix}$，则经正交变换 $\boldsymbol{x}=\boldsymbol{Q}\boldsymbol{y}$，有

$$\boldsymbol{x}^{\mathrm{T}}\boldsymbol{A}\boldsymbol{x}=\boldsymbol{y}^{\mathrm{T}}(\boldsymbol{Q}^{\mathrm{T}}\boldsymbol{A}\boldsymbol{Q})\boldsymbol{y}=\boldsymbol{y}^{\mathrm{T}}(\boldsymbol{Q}^{-1}\boldsymbol{A}\boldsymbol{Q})\boldsymbol{y}=6y_1^2$$

(2) 由 $\boldsymbol{A}$ 的特征值是 6,0,0，而知 $\boldsymbol{A}+\boldsymbol{E}$ 的特征值是 7,1,1. 所以

$$|\boldsymbol{A}+\boldsymbol{E}|=7\cdot1\cdot1=7$$

评注　关于 $\boldsymbol{AB}=\boldsymbol{O}$，要意识到 $\boldsymbol{B}$ 的列向量是齐次线性方程组 $\boldsymbol{Ax}=\boldsymbol{0}$ 的解，进而可转换为 $\lambda=0$ 是矩阵 $\boldsymbol{A}$ 的特征值，$\boldsymbol{B}$ 的列向量是属于 $\lambda=0$ 的特征向量. 要熟悉秩 $R(\boldsymbol{A})+R(\boldsymbol{B})\leqslant n$.

关系式 $|\boldsymbol{A}|=\prod\lambda_i$ 是重要的，由矩阵 $\boldsymbol{A}$ 的特征值可求出 $\boldsymbol{A}+\boldsymbol{E}$ 的特征值，也就可求出行列式 $|\boldsymbol{A}+\boldsymbol{E}|$ 的值.

【例 5.151】已知二次型 $f(x_1,x_2,x_3)=4x_2^2-3x_3^2+4x_1x_2-4x_1x_3+8x_2x_3$.

(1) 写出二次型 f 的矩阵表达式.

(2) 用正交变换把二次型 f 化为标准型，并写出相应的正交矩阵.

【解】(1) f 的矩阵表示为

$$f(x_1,x_2,x_3)=\boldsymbol{x}^{\mathrm{T}}\boldsymbol{A}\boldsymbol{x}=(x_1,x_2,x_3)\begin{bmatrix}0&2&-2\\2&4&4\\-2&4&-3\end{bmatrix}\begin{bmatrix}x_1\\x_2\\x_3\end{bmatrix}$$

(2) 由 $\boldsymbol{A}$ 的特征方程

$$|\lambda\boldsymbol{E}-\boldsymbol{A}|=\begin{vmatrix}\lambda&-2&2\\-2&\lambda-4&-4\\2&-4&\lambda+3\end{vmatrix}=\begin{vmatrix}\lambda&-2&2-2\lambda\\-2&\lambda-4&0\\2&-4&\lambda-1\end{vmatrix}$$

$$=\begin{vmatrix}\lambda+4&-10&0\\-2&\lambda-4&0\\2&-4&\lambda-1\end{vmatrix}=(\lambda-1)(\lambda^2-36)=0$$

得到 $\boldsymbol{A}$ 的特征值为 $\lambda_1=1,\lambda_2=6,\lambda_3=-6$.

由 $(\boldsymbol{E}-\boldsymbol{A})\boldsymbol{x}=\boldsymbol{0}$ 得基础解系 $\boldsymbol{X}_1=(2,0,-1)^{\mathrm{T}}$，即矩阵 $\boldsymbol{A}$ 属于特征值 $\lambda=1$ 的特征

学习随笔

向量.

由$(6\boldsymbol{E}-\boldsymbol{A})\boldsymbol{x}=\boldsymbol{0}$得基础解系$\boldsymbol{X}_2=(1,5,2)^{\mathrm{T}}$,即矩阵$\boldsymbol{A}$属于特征值$\lambda=6$的特征向量.

由$(-6\boldsymbol{E}-\boldsymbol{A})\boldsymbol{x}=\boldsymbol{0}$得基础解系$\boldsymbol{X}_3=(1,-1,2)^{\mathrm{T}}$,即矩阵$\boldsymbol{A}$属于特征值$\lambda=-6$的特征向量.

对于实对称矩阵,特征值不同,特征向量已正交,故只须单位化,有

$$\boldsymbol{\gamma}_1=\frac{\boldsymbol{X}_1}{\|\boldsymbol{X}_1\|}=\frac{1}{\sqrt{5}}\begin{bmatrix}2\\0\\-1\end{bmatrix},\boldsymbol{\gamma}_2=\frac{\boldsymbol{X}_2}{\|\boldsymbol{X}_2\|}=\frac{1}{\sqrt{30}}\begin{bmatrix}1\\5\\2\end{bmatrix},\boldsymbol{\gamma}_3=\frac{\boldsymbol{X}_3}{\|\boldsymbol{X}_3\|}=\frac{1}{\sqrt{6}}\begin{bmatrix}1\\-1\\2\end{bmatrix}$$

那么,令$\boldsymbol{Q}=(\boldsymbol{\gamma}_1,\boldsymbol{\gamma}_2,\boldsymbol{\gamma}_3)=\begin{bmatrix}\frac{2}{\sqrt{5}}&\frac{1}{\sqrt{30}}&\frac{1}{\sqrt{6}}\\0&\frac{5}{\sqrt{30}}&-\frac{1}{\sqrt{6}}\\-\frac{1}{\sqrt{5}}&\frac{2}{\sqrt{30}}&\frac{2}{\sqrt{6}}\end{bmatrix}$,经正交变换为

$$\begin{bmatrix}x_1\\x_2\\x_3\end{bmatrix}=\boldsymbol{Q}\begin{bmatrix}y_1\\y_2\\y_3\end{bmatrix}$$

二次型化为标准型$f(x_1,x_2,x_3)=\boldsymbol{x}^{\mathrm{T}}\boldsymbol{A}\boldsymbol{x}=\boldsymbol{y}^{\mathrm{T}}\boldsymbol{\Lambda}\boldsymbol{y}=y_1^2+6y_2^2-6y_3^2$.

【例 5.152】已知$\boldsymbol{A}=\begin{bmatrix}3&0&0\\a&8&2\\0&-10&-1\end{bmatrix}$可相似对角化,求坐标变换$\boldsymbol{x}=\boldsymbol{C}\boldsymbol{y}$,化二次型$\boldsymbol{x}^{\mathrm{T}}\boldsymbol{A}\boldsymbol{x}$为标准型,并指出$\boldsymbol{x}^{\mathrm{T}}\boldsymbol{A}\boldsymbol{x}=0$表示什么曲面.

【分析】首先应当由$\boldsymbol{A}\sim\boldsymbol{\Lambda}$,确定参数$a$,又$\boldsymbol{A}$不是对称矩阵,故二次型$\boldsymbol{x}^{\mathrm{T}}\boldsymbol{A}\boldsymbol{x}$的矩阵不是$\boldsymbol{A}$(参看例 5.137 的评注).这一点不要混淆.

【解】由$\boldsymbol{A}$的特征方程

$$|\lambda\boldsymbol{E}-\boldsymbol{A}|=\begin{vmatrix}\lambda-3&0&0\\-a&\lambda-8&-2\\0&10&\lambda+1\end{vmatrix}=(\lambda-3)^2(\lambda-4)$$

知$\boldsymbol{A}$的特征值为$\lambda_1=\lambda_2=3,\lambda_3=4$.

由于$\boldsymbol{A}\sim\boldsymbol{\Lambda}$,故$\lambda=3$必有 2 个线性无关的特征向量,因此秩$R(3\boldsymbol{E}-\boldsymbol{A})=3-2=1$.故由

$$3\boldsymbol{E}-\boldsymbol{A}=\begin{bmatrix}0&0&0\\-a&-5&-2\\0&10&4\end{bmatrix}\Rightarrow a=0$$

此时,二次型$\boldsymbol{x}^{\mathrm{T}}\boldsymbol{A}\boldsymbol{x}=3x_1^2+8x_2^2-x_3^2-8x_2x_3$.经配方,得

$$\boldsymbol{x}^{\mathrm{T}}\boldsymbol{A}\boldsymbol{x}=3y_1^2+8y_2^2-3y_3^2$$

学习随笔

其中$\begin{cases}y_1=x_1,\\ y_2=x_2-\frac{1}{2}x_3,\\ y_3=x_3,\end{cases}$即 $\boldsymbol{x}=\begin{bmatrix}1&0&0\\0&1&\frac{1}{2}\\0&0&1\end{bmatrix}\boldsymbol{y}$.

而 $\boldsymbol{x}^{\mathrm{T}}\boldsymbol{A}\boldsymbol{x}=0$,即 $3y_1^2+8y_2^2-3y_3^2=0$,它表示锥面.

评注　本题中二次型只含一个混合项 $-8x_2x_3$,用配方法简便.

【例 5.153】求二次型

$$f(x_1,x_2,x_3)=2x_1^2+2x_2^2+2x_3^2+2x_1x_2+2x_1x_3-2x_2x_3$$

的正、负惯性指数.

【解】用配方法,有

$$\begin{aligned}f(x_1,x_2,x_3)&=2\left[x_1^2+x_1(x_2+x_3)+\frac{1}{4}(x_2+x_3)^2\right]-\\&\quad\frac{1}{2}(x_2+x_3)^2+2x_2^2+2x_3^2-2x_2x_3\\&=2\left(x_1+\frac{1}{2}x_2+\frac{1}{2}x_3\right)^2+\frac{3}{2}x_2^2+\frac{3}{2}x_3^2-3x_2x_3\\&=2\left(x_1+\frac{1}{2}x_2+\frac{1}{2}x_3\right)^2+\frac{3}{2}(x_2-x_3)^2\end{aligned}$$

所以二次型的标准型是 $2y_1^2+\frac{3}{2}y_2^2$.

因此,正惯性指数 $p=2$,负惯性指数 $q=0$.

评注　本题亦可通过求特征值 $|\lambda\boldsymbol{E}-\boldsymbol{A}|=\lambda(\lambda-3)^2$,知 $p=2,q=0$.

要注意的是,若由如下配方

$$f(x_1,x_2,x_3)=(x_1+x_2)^2+(x_2-x_3)^2+(x_3+x_1)^2$$

而得到 $p=3,q=0$ 是错误的.因为此时若令

$$\begin{cases}y_1=x_1+x_2,\\ y_2=x_2-x_3,\\ y_3=x_1+x_3\end{cases}\text{或}\begin{bmatrix}y_1\\y_2\\y_3\end{bmatrix}=\begin{bmatrix}1&1&0\\0&1&-1\\1&0&1\end{bmatrix}\begin{bmatrix}x_1\\x_2\\x_3\end{bmatrix}$$

则因行列式

$$\begin{vmatrix}1&1&0\\0&1&-1\\1&0&1\end{vmatrix}=0$$

而知这样做不是坐标变换.

这里应当注意到:配平方化标准型时,一定每次只对一个变量配平方,余下的项中不应再出现这个变量,那必可保证变换是满秩的.

【例 5.154】设二次型 $f=x_1^2+x_2^2+x_3^2+2\alpha x_1x_2+2\beta x_2x_3+2x_1x_3$ 经正交变换 $\boldsymbol{x}=\boldsymbol{P}\boldsymbol{y}$ 化成 $f=y_2^2+2y_3^2$,其中 $\boldsymbol{x}=(x_1,x_2,x_3)^{\mathrm{T}}$,$\boldsymbol{y}=(y_1,y_2,y_3)^{\mathrm{T}}$ 是 3 维列向量,$\boldsymbol{P}$ 是 3 阶正交矩阵,试求常数 α,β.

学习随笔

【解】经正交变换二次型矩阵分别为 $A=\begin{bmatrix}1&\alpha&1\\ \alpha&1&\alpha\\ 1&\beta&1\end{bmatrix}$ 与 $B=\begin{bmatrix}0&&\\&1&\\&&2\end{bmatrix}$. 由于 P 是正交矩阵,有 $P^{-1}AP=B$,即知矩阵 A 的特征值是 0,1,2. 那么

$$\begin{cases}|A|=2\alpha\beta-\alpha^2-\beta^2=0,\\ |E-A|=-2\alpha\beta=0\end{cases}\Rightarrow\alpha=\beta=0$$

评注　写出本题所用的坐标变换

$$\begin{bmatrix}x_1\\x_2\\x_3\end{bmatrix}=\begin{bmatrix}\frac{1}{\sqrt{2}}&0&\frac{1}{\sqrt{2}}\\0&1&0\\-\frac{1}{\sqrt{2}}&0&\frac{1}{\sqrt{2}}\end{bmatrix}\begin{bmatrix}y_1\\y_2\\y_3\end{bmatrix}$$

【例 5.155】已知实二次型 $f(x_1,x_2,x_3)=a(x_1^2+x_2^2+x_3^2)+4x_1x_2+4x_1x_3+4x_2x_3$ 经正交变换 $x=Py$ 可化成标准型 $f=6y_1^2$,则 $a=$________.

【分析】因为二次型 $x^{T}Ax$ 经正交变换化为标准型时,标准型中平方项的系数就是二次型矩阵 A 的特征值,所以 6,0,0 是 A 的特征值.

又因 $\sum a_{ii}=\sum\lambda_i$,故 $a+a+a=6+0+0\Rightarrow a=2$.

由于经正交变换化二次型为标准型时,二次型矩阵与标准型矩阵不仅合同而且还相似,亦可由 $\begin{bmatrix}a&2&2\\2&a&2\\2&2&a\end{bmatrix}\sim\begin{bmatrix}6&&\\&0&\\&&0\end{bmatrix}$ 来求 a.

【例 5.156】已知二次型

$$f=x_1^2+x_2^2+x_3^2+2ax_1x_2+2bx_2x_3+2x_1x_3$$

经正交变换 $x=Py$ 化成 $f=y_2^2+2y_3^2$. 求 a,b 及所用正交变换矩阵 P.

【解】二次型及其标准型的矩阵分别是

$$A=\begin{bmatrix}1&a&1\\a&1&b\\1&b&1\end{bmatrix},\quad \Lambda=\begin{bmatrix}0&&\\&1&\\&&2\end{bmatrix}$$

因为用正交变换化为标准型,故 A 与 Λ 不仅合同,而且相似. 于是 A 的特征值是 0,1,2. 那么

$$|A|=-(a-b)^2=0,\quad |E-A|=-2ab=0$$

从而 $a=b=0$.

当 $\lambda=0$ 时,由 $(0E-A)x=0$ 得到特征向量 $X_1=(1,0,-1)^{T}$.

当 $\lambda=1$ 时,由 $(E-A)x=0$ 得到特征向量 $X_2=(0,1,0)^{T}$.

当 $\lambda=2$ 时,由 $(2E-A)x=0$ 得到特征向量 $X_3=(1,0,1)^{T}$.

特征值不同,特征向量已经正交,故只须单位化:

$$\gamma_1=\frac{X_1}{\|X_1\|}=\frac{1}{\sqrt{2}}\begin{bmatrix}1\\0\\-1\end{bmatrix},\gamma_2=X_2=\begin{bmatrix}0\\1\\0\end{bmatrix},\gamma_3=\frac{X_3}{\|X_3\|}=\frac{1}{\sqrt{2}}\begin{bmatrix}1\\0\\1\end{bmatrix}$$

学习随笔

从而 $\boldsymbol{P}=(\boldsymbol{\gamma}_1,\boldsymbol{\gamma}_2,\boldsymbol{\gamma}_3)=\begin{bmatrix}\frac{1}{\sqrt{2}} & 0 & \frac{1}{\sqrt{2}}\\ 0 & 1 & 0\\ -\frac{1}{\sqrt{2}} & 0 & \frac{1}{\sqrt{2}}\end{bmatrix}$ 为所用正交变换矩阵.

【例 5.157】已知二次型

$$f(x_1,x_2,x_3)=2x_1^2+3x_2^2+3x_3^2+2ax_2x_3(a>0)$$

通过正交变换化成标准型 $f=y_1^2+2y_2^2+5y_3^2$,求参数 a 及所用的正交变换矩阵.

【解】二次型 f 的矩阵为 $\boldsymbol{A}=\begin{bmatrix}2 & 0 & 0\\ 0 & 3 & a\\ 0 & a & 3\end{bmatrix}$,它的特征方程是

$$|\lambda\boldsymbol{E}-\boldsymbol{A}|=\begin{vmatrix}\lambda-2 & 0 & 0\\ 0 & \lambda-3 & -a\\ 0 & -a & \lambda-3\end{vmatrix}=(\lambda-2)(\lambda^2-6\lambda+9-a^2)=0$$

f 经正交变换化为标准型,那么标准型中平方项的系数 1,2,5 就是 $\boldsymbol{A}$ 的特征值.

把 $\lambda=1$ 代入特征方程,得 $a^2-4=0\Rightarrow a=\pm2$. 因 $a>0$,故知 $a=2$. 这时

$$\boldsymbol{A}=\begin{bmatrix}2 & 0 & 0\\ 0 & 3 & 2\\ 0 & 2 & 3\end{bmatrix}$$

对 $\lambda_1=1$,由 $(\boldsymbol{E}-\boldsymbol{A})\boldsymbol{x}=\boldsymbol{0}$,即 $\begin{bmatrix}-1 & 0 & 0\\ 0 & -2 & -2\\ 0 & -2 & -2\end{bmatrix}\to\begin{bmatrix}1 & 0 & 0\\ 0 & 1 & 1\\ 0 & 0 & 0\end{bmatrix}$,解得 $\boldsymbol{X}_1=(0,1,-1)^{\mathrm{T}}$.

对 $\lambda_2=2$,由 $(2\boldsymbol{E}-\boldsymbol{A})\boldsymbol{x}=\boldsymbol{0}$,即 $\begin{bmatrix}0 & 0 & 0\\ 0 & -1 & -2\\ 0 & -2 & -1\end{bmatrix}\to\begin{bmatrix}0 & 1 & 2\\ 0 & 0 & 3\\ 0 & 0 & 0\end{bmatrix}$,解得 $\boldsymbol{X}_2=(1,0,0)^{\mathrm{T}}$.

对 $\lambda_3=5$,由 $(5\boldsymbol{E}-\boldsymbol{A})\boldsymbol{x}=\boldsymbol{0}$,即 $\begin{bmatrix}3 & 0 & 0\\ 0 & 2 & -2\\ 0 & -2 & 2\end{bmatrix}\to\begin{bmatrix}3 & 0 & 0\\ 0 & 1 & -1\\ 0 & 0 & 0\end{bmatrix}$,解得 $\boldsymbol{X}_3=(0,1,1)^{\mathrm{T}}$.

将 $\boldsymbol{X}_1,\boldsymbol{X}_2,\boldsymbol{X}_3$ 单位化,得

$$\boldsymbol{\gamma}_1=\frac{1}{\sqrt{2}}\begin{bmatrix}0\\ 1\\ -1\end{bmatrix},\quad \boldsymbol{\gamma}_2=\begin{bmatrix}1\\ 0\\ 0\end{bmatrix},\quad \boldsymbol{\gamma}_3=\frac{1}{\sqrt{2}}\begin{bmatrix}0\\ 1\\ 1\end{bmatrix}$$

故所用的正交变换矩阵为

$$\boldsymbol{P}=(\boldsymbol{\gamma}_1,\boldsymbol{\gamma}_2,\boldsymbol{\gamma}_3)=\begin{bmatrix}0 & 1 & 0\\ \frac{1}{\sqrt{2}} & 0 & \frac{1}{\sqrt{2}}\\ -\frac{1}{\sqrt{2}} & 0 & \frac{1}{\sqrt{2}}\end{bmatrix}$$

学习随笔

评注　利用二次型矩阵与标准型矩阵(在正交变换下)相似,即

$$\begin{bmatrix}2&0&0\\0&3&a\\0&a&3\end{bmatrix}\sim\begin{bmatrix}1&&\\&2&\\&&5\end{bmatrix}$$

从而$|\boldsymbol{A}|=10$,求出a,这样解更简洁.

【例 5.158】已知二次曲面方程

$$x^2+ay^2+z^2+2bxy+2xz+2yz=4$$

可以经过正交变换

$$\begin{bmatrix}x\\y\\z\end{bmatrix}=\boldsymbol{P}\begin{bmatrix}\xi\\\eta\\\zeta\end{bmatrix}$$

化为椭圆柱面方程$\eta^2+4\zeta^2=4$,求a,b的值和正交矩阵$\boldsymbol{P}$.

【解】二次型$f(x,y,z)=x^2+ay^2+z^2+2bxy+2xz+2yz$及其标准型的矩阵分别是

$$\boldsymbol{A}=\begin{bmatrix}1&b&1\\b&a&1\\1&1&1\end{bmatrix}\text{和}\boldsymbol{\Lambda}=\begin{bmatrix}0&&\\&1&\\&&4\end{bmatrix}$$

因为用正交变换化其为标准型,故$\boldsymbol{A}$与$\boldsymbol{\Lambda}$不仅合同而且相似.那么

$$\begin{cases}1+a+1=0+1+4,\\|\boldsymbol{A}|=-(b-1)^2=0\end{cases}\Rightarrow a=3,b=1$$

当$\lambda=0$时,由$(0\boldsymbol{E}-\boldsymbol{A})\boldsymbol{x}=\boldsymbol{0}$得到特征向量$\boldsymbol{X}_1=(1,0,-1)^{\mathrm{T}}$.

当$\lambda=1$时,由$(\boldsymbol{E}-\boldsymbol{A})\boldsymbol{x}=\boldsymbol{0}$得到特征向量$\boldsymbol{X}_2=(1,-1,1)^{\mathrm{T}}$.

当$\lambda=4$时,由$(4\boldsymbol{E}-\boldsymbol{A})\boldsymbol{x}=\boldsymbol{0}$得到特征向量$\boldsymbol{X}_3=(1,2,1)^{\mathrm{T}}$.

特征值不同,特征向量已正交,故只须单位化:

$$\boldsymbol{\gamma}_1=\frac{\boldsymbol{X}_1}{\|\boldsymbol{X}_1\|}=\frac{1}{\sqrt{2}}\begin{bmatrix}1\\0\\-1\end{bmatrix},\boldsymbol{\gamma}_2=\frac{\boldsymbol{X}_2}{\|\boldsymbol{X}_2\|}=\frac{1}{\sqrt{3}}\begin{bmatrix}1\\-1\\1\end{bmatrix},\boldsymbol{\gamma}_3=\frac{\boldsymbol{X}_3}{\|\boldsymbol{X}_3\|}=\frac{1}{\sqrt{6}}\begin{bmatrix}1\\2\\1\end{bmatrix}$$

因此$\boldsymbol{P}=(\boldsymbol{\gamma}_1,\boldsymbol{\gamma}_2,\boldsymbol{\gamma}_3)=\begin{bmatrix}\frac{1}{\sqrt{2}}&\frac{1}{\sqrt{3}}&\frac{1}{\sqrt{6}}\\0&-\frac{1}{\sqrt{3}}&\frac{2}{\sqrt{6}}\\-\frac{1}{\sqrt{2}}&\frac{1}{\sqrt{3}}&\frac{1}{\sqrt{6}}\end{bmatrix}$为坐标变换所用正交矩阵.

评注　利用相似的必要条件求参数时,$\sum a_{ii}=\sum b_{ii}$是比较好用的一个关系式.亦可用$|\lambda\boldsymbol{E}-\boldsymbol{A}|=|\lambda\boldsymbol{E}-\boldsymbol{B}|$,比较$\lambda$同次方的系数来求参数.

【例 5.159】已知二次型$f(x_1,x_2,x_3)=\boldsymbol{x}^{\mathrm{T}}\boldsymbol{A}\boldsymbol{x}$经正交变换$\boldsymbol{x}=\boldsymbol{P}\boldsymbol{y}$化为标准型$f=3y_1^2-6y_2^2-6y_3^2$,其中矩阵$\boldsymbol{P}$的第1列是$\boldsymbol{\alpha}_1=\left(\frac{1}{3},\frac{2}{3},\frac{2}{3}\right)^{\mathrm{T}}$.求二次型$f(x_1,x_2,x_3)$的表

达式.

【分析】求二次型的表达式也就是求实对称矩阵 $\boldsymbol{A}$. 注意 $\boldsymbol{A}$ 的特征值是 $3,-6,-6$，属于 $\lambda=3$ 的特征向量是 $(1,2,2)^{\mathrm{T}}$.

【解】设 $\boldsymbol{\alpha}=(x_1,x_2,x_3)^{\mathrm{T}}$ 是矩阵 $\boldsymbol{A}$ 属于 $\lambda=-6$ 的特征向量，则因 $\boldsymbol{A}$ 是实对称矩阵，不同特征值的特征向量相互正交，有

$$\boldsymbol{\alpha}_1^{\mathrm{T}}\boldsymbol{\alpha}=x_1+2x_2+2x_3=0$$

解出 $\boldsymbol{\alpha}_2=(0,1,-1)^{\mathrm{T}}$，$\boldsymbol{\alpha}_3=(2,0,-1)^{\mathrm{T}}$ 是属于 $\lambda=-6$ 的特征向量，将 $\boldsymbol{\alpha}_2,\boldsymbol{\alpha}_3$ 正交化，有

$$\boldsymbol{\beta}_2=\boldsymbol{\alpha}_2,\quad \boldsymbol{\beta}_3=\boldsymbol{\alpha}_3-\frac{[\boldsymbol{\alpha}_3,\boldsymbol{\beta}_2]}{[\boldsymbol{\beta}_2,\boldsymbol{\beta}_2]}\boldsymbol{\beta}_2=\begin{bmatrix}4\\-1\\-1\end{bmatrix}$$

再单位化，可得

$$\boldsymbol{P}=\begin{bmatrix}\frac{1}{3} & 0 & \frac{4}{3\sqrt{2}}\\ \frac{2}{3} & \frac{1}{\sqrt{2}} & -\frac{1}{3\sqrt{2}}\\ \frac{2}{3} & -\frac{1}{\sqrt{2}} & -\frac{1}{3\sqrt{2}}\end{bmatrix}$$

那么 $\boldsymbol{P}^{-1}\boldsymbol{AP}=\boldsymbol{P}^{\mathrm{T}}\boldsymbol{AP}=\boldsymbol{\Lambda}$.

$$\boldsymbol{A}=\boldsymbol{P\Lambda P}^{-1}=\begin{bmatrix}\frac{1}{3} & 0 & \frac{4}{3\sqrt{2}}\\ \frac{2}{3} & \frac{1}{\sqrt{2}} & -\frac{1}{3\sqrt{2}}\\ \frac{2}{3} & -\frac{1}{\sqrt{2}} & -\frac{1}{3\sqrt{2}}\end{bmatrix}\begin{bmatrix}3 & & \\ & -6 & \\ & & -6\end{bmatrix}\begin{bmatrix}\frac{1}{3} & \frac{2}{3} & \frac{2}{3}\\ 0 & \frac{1}{\sqrt{2}} & -\frac{1}{\sqrt{2}}\\ \frac{4}{3\sqrt{2}} & -\frac{1}{3\sqrt{2}} & -\frac{1}{3\sqrt{2}}\end{bmatrix}$$

$$=\begin{bmatrix}-5 & 2 & 2\\ 2 & -2 & 4\\ 2 & 4 & -2\end{bmatrix}$$

故二次型 $\boldsymbol{x}^{\mathrm{T}}\boldsymbol{Ax}=-5x_1^2-2x_2^2-2x_3^2+4x_1x_2+4x_1x_3+8x_2x_3$.

评注　在本题中，若不用正交矩阵 $\boldsymbol{P}$ 来求 $\boldsymbol{A}$，而用可逆矩阵

$$\boldsymbol{C}=\begin{bmatrix}1 & 0 & 2\\ 2 & 1 & 0\\ 2 & -1 & -1\end{bmatrix}$$

来求 $\boldsymbol{A}$ 是否可以，为什么？

例 5.154～例 5.159 都是已知标准型求二次型或参数，要注意在正交变换下，矩阵不仅合同而且相似，因此相似的必要条件(例如迹相等、特征值相同……)要会灵活运用.

【例 5.160】设二次型

$$f(x_1,x_2,x_3)=\boldsymbol{X}^{\mathrm{T}}\boldsymbol{AX}=ax_1^2+2x_2^2-2x_3^2+2bx_1x_3\quad (b>0)$$

其中二次型的矩阵 $\boldsymbol{A}$ 的特征值之和为 1，特征值之积为 -12.

(1) 求 a,b 的值.

学习随笔

(2) 利用正交变换将二次型 f 化为标准型,并写出所用的正交变换和对应的正交矩阵.

【解】(1) 二次型 f 的矩阵为 $A=\begin{bmatrix}a&0&b\\0&2&0\\b&0&-2\end{bmatrix}$.

设 A 的特征值为 $\lambda_i(i=1,2,3)$,由题设,有

$$\begin{cases}\lambda_1+\lambda_2+\lambda_3=a+2+(-2)=1,\\ \lambda_1\lambda_2\lambda_3=|A|=2(-2a-b^2)=-12\end{cases}\Rightarrow a=1,b=2\ (\text{已知 } b>0)$$

(2) 由矩阵 A 的特征多项式

$$|\lambda E-A|=\begin{vmatrix}\lambda-1&0&-2\\0&\lambda-2&0\\-2&0&\lambda+2\end{vmatrix}=(\lambda-2)\begin{vmatrix}\lambda-1&-2\\-2&\lambda+2\end{vmatrix}=(\lambda-2)^2(\lambda+3)$$

得到 A 的特征值 $\lambda_1=\lambda_2=2,\lambda_3=-3$.

对于 $\lambda=2$,由 $(2E-A)x=0$,即 $\begin{bmatrix}1&0&-2\\0&0&0\\-2&0&4\end{bmatrix}\to\begin{bmatrix}1&0&-2\\0&0&0\\0&0&0\end{bmatrix}$,得到矩阵 A 属于特征值 $\lambda=2$ 的线性无关的特征向量 $\alpha_1=(0,1,0)^T,\alpha_2=(2,0,1)^T$.

对于 $\lambda=-3$,由 $(-3E-A)x=0$,即 $\begin{bmatrix}-4&0&-2\\0&-5&0\\-2&0&-1\end{bmatrix}\to\begin{bmatrix}2&0&1\\0&1&0\\0&0&0\end{bmatrix}$,得到矩阵 A 属于特征值 $\lambda=-3$ 的特征向量 $\alpha_3=(1,0,-2)^T$.

由于 $\alpha_1,\alpha_2,\alpha_3$ 已两两正交,故只须单位化,有

$$\gamma_1=(0,1,0)^T,\ \gamma_2=\frac{1}{\sqrt5}(2,0,1)^T,\ \gamma_3=\frac{1}{\sqrt5}(1,0,-2)^T$$

那么,令 $P=(\gamma_1,\gamma_2,\gamma_3)=\begin{bmatrix}0&\frac{2}{\sqrt5}&\frac{1}{\sqrt5}\\1&0&0\\0&\frac{1}{\sqrt5}&-\frac{2}{\sqrt5}\end{bmatrix}$,则 P 为正交矩阵,在正交变换 $x=Py$ 下,有 $P^TAP=P^{-1}AP=\begin{bmatrix}2&&\\&2&\\&&-3\end{bmatrix}$.

二次型的标准型为 $f=2y_1^2+2y_2^2-3y_3^2$.

评注 若不熟悉 $\sum\lambda_i=\sum a_{ii},\prod\lambda_i=|A|$ 这两个关系式,本题也可由求 A 的特征值入手,即

学习随笔

$$|\lambda \boldsymbol{E}-\boldsymbol{A}|=\begin{vmatrix}\lambda-a & 0 & -b\\ 0 & \lambda-2 & 0\\ -b & 0 & \lambda+2\end{vmatrix}=(\lambda-2)\begin{vmatrix}\lambda-a & -b\\ -b & \lambda+2\end{vmatrix}$$

$$=(\lambda-2)[\lambda^2-(a-2)\lambda-(2a+b)^2]$$

那么 $\lambda_1=2,\lambda_2+\lambda_3=a-2,\lambda_2\lambda_3=-(2a+b^2)$.

于是 $\begin{cases}2+a-2=1,\\ -2(2a+b^2)=-12.\end{cases}$ 下略.

注意：在通常情况下，若 $\lambda_1=\lambda_2$，则由 $(\lambda_1\boldsymbol{E}-\boldsymbol{A})\boldsymbol{x}=\boldsymbol{0}$ 求基础解系 $\boldsymbol{\alpha}_1,\boldsymbol{\alpha}_2$ 时，$\boldsymbol{\alpha}_1$ 与 $\boldsymbol{\alpha}_2$ 并不正交；而求正交矩阵时，则应先对 $\boldsymbol{\alpha}_1,\boldsymbol{\alpha}_2$ 用施密特正交化处理. 而本题的 $\boldsymbol{\alpha}_1,\boldsymbol{\alpha}_2$ 已经正交，故只须单位化处理.

【例 5.161】二次型 $f(x_1,x_2,x_3)=(x_1+x_2)^2+(x_2-x_3)^2+(x_3+x_1)^2$ 的秩为________.

【分析】因为 $f(x_1,x_2,x_3)=2x_1^2+2x_2^2+2x_3^2+2x_1x_2-2x_2x_3+2x_3x_1$，故二次型 f 的矩阵是 $\boldsymbol{A}=\begin{bmatrix}2 & 1 & 1\\ 1 & 2 & -1\\ 1 & -1 & 2\end{bmatrix}$. 易见秩 $R(\boldsymbol{A})=2$，故二次型的秩为 2.

评注　如果认为二次型的标准型是

$$f=y_1^2+y_2^2+y_3^2 \tag{5.34}$$

从而秩 $R(f)=3$ 就不正确了. 因为对于

$$\begin{cases}y_1=x_1+x_2 & ,\\ y_2=\quad\ x_2-x_3, \\ y_3=x_1\quad\ +x_3\end{cases} \tag{5.35}$$

有行列式 $\begin{vmatrix}1 & 1 & 0\\ 0 & 1 & -1\\ 1 & 0 & 1\end{vmatrix}=0$，从而式(5.35)不是坐标变换，那么式(5.34)也不是标准型.

【例 5.162】已知二次型

$$f(x_1,x_2,x_3)=5x_1^2+5x_2^2+cx_3^2-2x_1x_2+6x_1x_3-6x_2x_3$$

的秩为 2.

(1) 求参数 c 及此二次型对应矩阵的特征值.

(2) 指出方程 $f(x_1,x_2,x_3)=1$ 表示何种二次曲面.

【解】(1)二次型矩阵 $\boldsymbol{A}=\begin{bmatrix}5 & -1 & 3\\ -1 & 5 & -3\\ 3 & -3 & c\end{bmatrix}$. 因为二次型秩 $R(f)=R(\boldsymbol{A})=2$，故由

$$\begin{bmatrix}5 & -1 & 3\\ -1 & 5 & -3\\ 3 & -3 & c\end{bmatrix}\rightarrow\begin{bmatrix}4 & 4 & 0\\ -1 & 5 & -3\\ 3 & -3 & c\end{bmatrix}\rightarrow\begin{bmatrix}4 & 0 & 0\\ -1 & 6 & -3\\ 3 & -6 & c\end{bmatrix}$$

解出 $c=3$. 再由 $\boldsymbol{A}$ 的特征多项式

学习随笔

$$|\lambda E - A| = \begin{vmatrix} \lambda-5 & 1 & -3 \\ 1 & \lambda-5 & 3 \\ -3 & 3 & \lambda-3 \end{vmatrix} = \lambda(\lambda-4)(\lambda-9)$$

求得二次型矩阵的特征值为 0,4,9.

(2) 因为二次型经正交变换可化 $4y_2^2+9y_3^2$,故 $f(x_1,x_2,x_3)=1$,即 $4y_2^2+9y_3^2=1$,表示椭圆柱面.

【例 5.163】已知二次型 $f(x_1,x_2,x_3)=(1-a)x_1^2+(1-a)x_2^2+2x_3^2+2(1+a)x_1x_2$ 的秩为 2.

(1) 求 a 的值.

(2) 求正交变换 $\boldsymbol{x}=\boldsymbol{Q}\boldsymbol{y}$,把 $f(x_1,x_2,x_3)$ 化成标准型.

(3) 求方程 $f(x_1,x_2,x_3)=0$ 的解.

【解】(1) 二次型矩阵 $\boldsymbol{A}=\begin{bmatrix} 1-a & 1+a & 0 \\ 1+a & 1-a & 0 \\ 0 & 0 & 2 \end{bmatrix}$,由秩为 2,知 $a=0$.

(2) 由 $|\lambda \boldsymbol{E}-\boldsymbol{A}|=\begin{vmatrix} \lambda-1 & -1 & 0 \\ -1 & \lambda-1 & 0 \\ 0 & 0 & \lambda-2 \end{vmatrix}=\lambda(\lambda-2)^2=0$,知矩阵 $\boldsymbol{A}$ 的特征值是 2,2,0.

对 $\lambda=2$,由 $(2\boldsymbol{E}-\boldsymbol{A})\boldsymbol{x}=\boldsymbol{0}$,即 $\begin{bmatrix} 1 & -1 & 0 \\ -1 & 1 & 0 \\ 0 & 0 & 0 \end{bmatrix} \to \begin{bmatrix} 1 & -1 & 0 \\ 0 & 0 & 0 \\ 0 & 0 & 0 \end{bmatrix}$,得特征向量 $\boldsymbol{\alpha}_1=(1,1,0)^{\mathrm{T}}$,$\boldsymbol{\alpha}_2=(0,0,1)^{\mathrm{T}}$.

对 $\lambda=0$,由 $(0\boldsymbol{E}-\boldsymbol{A})\boldsymbol{x}=\boldsymbol{0}$,即 $\begin{bmatrix} -1 & -1 & 0 \\ -1 & -1 & 0 \\ 0 & 0 & -2 \end{bmatrix} \to \begin{bmatrix} 1 & 1 & 0 \\ 0 & 0 & 1 \\ 0 & 0 & 0 \end{bmatrix}$,得特征向量 $\boldsymbol{\alpha}_3=(1,-1,0)^{\mathrm{T}}$.

由于特征向量已经两两正交,故只须单位化,于是有

$$\boldsymbol{\gamma}_1=\frac{1}{\sqrt{2}}(1,1,0)^{\mathrm{T}},\ \boldsymbol{\gamma}_2=(0,0,1)^{\mathrm{T}},\ \boldsymbol{\gamma}_3=\frac{1}{\sqrt{2}}(1,-1,0)^{\mathrm{T}}$$

令 $\boldsymbol{Q}=(\boldsymbol{\gamma}_1,\boldsymbol{\gamma}_2,\boldsymbol{\gamma}_3)=\begin{bmatrix} \frac{1}{\sqrt{2}} & 0 & \frac{1}{\sqrt{2}} \\ \frac{1}{\sqrt{2}} & 0 & -\frac{1}{\sqrt{2}} \\ 0 & 1 & 0 \end{bmatrix}$,那么经正交变换 $\boldsymbol{x}=\boldsymbol{Q}\boldsymbol{y}$ 有

$$f(x_1,x_2,x_3)=2y_1^2+2y_2^2$$

(3) 方程 $f(x_1,x_2,x_3)=x_1^2+x_2^2+2x_3^2+2x_1x_2=(x_1+x_2)^2+2x_3^2=0$,即

$$\begin{cases} x_1+x_2=0, \\ 2x_3=0 \end{cases}$$

所以方程的解是 $k(1,-1,0)^{\mathrm{T}}$.

【例 5.164】设 $\boldsymbol{A}$ 为 n 阶实对称矩阵,且 $|\boldsymbol{A}|<0$. 证明:必存在 n 维向量 $\boldsymbol{X}\neq\boldsymbol{0}$,使

$X^{T}AX<0$.

【证明】因为 $|A|=\prod\lambda_i<0$，故 A 的特征值全不为 0，且必有奇数个负特征值，不妨设 $\lambda_n<0$.

二次型 $x^{T}Ax$ 经正交变换 $x=Qy$ 化为标准型 $x^{T}Ax=\lambda_1y_1^2+\lambda_2y_2^2+\cdots+\lambda_ny_n^2$，那么，取 $Y_0=\begin{bmatrix}0\\0\\\vdots\\0\\1\end{bmatrix}$，则 $Y_0\neq\mathbf{0}$. 由于 Q 是可逆矩阵，而有 $X_0=QY_0\neq\mathbf{0}$. 于是

$$X_0^{T}AX_0=Y_0^{T}\Lambda Y_0=\lambda_ny_n^2=\lambda_n<0$$

即存在 $X_0\neq\mathbf{0}$，使 $X_0^{T}AX_0<0$.

【例 5.165】对 n 元二次型 $x^{T}Ax$，若有 n 维向量 X_1 与 X_2，使 $X_1^{T}AX_1>0$，$X_2^{T}AX_2<0$. 证明：必存在 n 维向量 X_0，使 $X_0^{T}AX_0=0$.

【证明】设满秩线性变换 $x=Cy$ 化二次型为规范型

$$x^{T}Ax=d_1y_1^2+d_2y_2^2+\cdots+d_ry_r^2$$

其中 $d_1,d_2,\cdots,d_r$ 为 1 或 −1.

由于已知存在两个向量 X_1,X_2，使 $X_1^{T}AX_1>0$，$X_2^{T}AX_2<0$，即存在两个向量 $Y_1=C^{-1}X_1$，$Y_2=C^{-1}X_2$，使 $Y_1^{T}\Lambda Y_1>0$，$Y_2^{T}\Lambda Y_2<0$. 从而 $d_1,d_2,\cdots,d_r$ 不可能全是 1，也不可能全是 −1，不妨设

$$x^{T}Ax=y_1^2+\cdots+y_p^2-y_{p+1}^2-\cdots-y_{p+q}^2$$

那么，取

$$Y_0=\begin{bmatrix}0\\\vdots\\0\\1\\1\\0\\\vdots\\0\end{bmatrix}\begin{matrix}\\\\\\p\text{ 行}\\p+1\text{ 行}\\\\\\\\\end{matrix}$$

令 $X_0=CY_0$，则因 C 可逆，$Y_0\neq\mathbf{0}$，知 $X_0\neq\mathbf{0}$. 而

$$X_0^{T}AX_0=Y_0^{T}(C^{T}AC)Y_0=1^2-1^2=0$$

评注　通过例 5.164、例 5.165 可知，把二次型化为标准型或规范型后，可利用标准型或规范型的取值来判断原二次型的取值.

注意：若 $x=Cy$ 是坐标变换(即 C 可逆)，则 $x\neq\mathbf{0}\Leftrightarrow y\neq\mathbf{0}$.

【例 5.166】设 n 阶实对称矩阵 A 的特征值是 $\lambda_1,\lambda_2,\cdots,\lambda_n$，若 $\lambda_1\leqslant\lambda_2\leqslant\cdots\leqslant\lambda_n$，证明：对任何 n 维列向量 x，恒有 $\lambda_1x^{T}x\leqslant x^{T}Ax\leqslant\lambda_nx^{T}x$.

【证明】对于二次型 $x^{T}Ax$，存在正交变换 $x=Qy$ 化其为标准型

$$x^{T}Ax=y^{T}\Lambda y=\lambda_1y_1^2+\lambda_2y_2^2+\cdots+\lambda_ny_n^2$$

学习随笔

由已知 $\lambda_1 \leqslant \lambda_2 \leqslant \cdots \leqslant \lambda_n$，得

$$\lambda_1(y_1^2+\cdots+y_n^2) \leqslant \lambda_1 y_1^2+\cdots+\lambda_n y_n^2 \leqslant \lambda_n(y_1^2+\cdots+y_n^2)$$

即 $\forall y$，有 $\lambda_1 \boldsymbol{y}^{\mathrm{T}}\boldsymbol{y} \leqslant \boldsymbol{x}^{\mathrm{T}}\boldsymbol{A}\boldsymbol{x} = \lambda_n \boldsymbol{y}^{\mathrm{T}}\boldsymbol{y}$.

又因 $\boldsymbol{Q}$ 是正交矩阵，于是有 $\boldsymbol{x}^{\mathrm{T}}\boldsymbol{x}=(\boldsymbol{Q}\boldsymbol{y})^{\mathrm{T}}(\boldsymbol{Q}\boldsymbol{y})=\boldsymbol{y}^{\mathrm{T}}(\boldsymbol{Q}^{\mathrm{T}}\boldsymbol{Q})\boldsymbol{y}=\boldsymbol{y}^{\mathrm{T}}\boldsymbol{y}$.

从而，$\forall x$，有 $\lambda_1 \boldsymbol{x}^{\mathrm{T}}\boldsymbol{x} \leqslant \boldsymbol{x}^{\mathrm{T}}\boldsymbol{A}\boldsymbol{x} \leqslant \lambda_n \boldsymbol{x}^{\mathrm{T}}\boldsymbol{x}$.

评注　通常称 $\dfrac{\boldsymbol{x}^{\mathrm{T}}\boldsymbol{A}\boldsymbol{x}}{\boldsymbol{x}^{\mathrm{T}}\boldsymbol{x}}(\boldsymbol{x}\neq\boldsymbol{0})$ 为瑞利商(Rayleigh quotient). 通过计算这个比值可以给出最大、最小特征值的一个估计.

九、二次型的正定性

【例 5.167】正定实二次型的矩阵必是

(A) 实对称矩阵且所有元素为正数.

(B) 实对称矩阵且对角线上元素为正数.

(C) 实对称矩阵且各阶顺序主子式为正数.

(D) 实反对称矩阵且行列式值为正数.

【分析】正定矩阵必是实对称矩阵，正定矩阵的充分必要条件是顺序主子式全大于零. 故应选(C).

正定矩阵的所有元素不一定为正数，只要能保证顺序主子式为正数即可，故选项(A)不对；副对角线上的元素为负数的实对称矩阵有可能是正定矩阵，故选项(B)不对；而反对称矩阵主对角线上的元素全为零，不可能是正定矩阵，所以选项(D)也不对.

评注　(1) 正定矩阵为实对称矩阵且主对角线上的元素为正数. 选项(B)中只说对角线上元素为正数，这就包括副对角线上的元素. 所以在选择各选项时，要特别仔细.

(2) 常用的实对称矩阵 $\boldsymbol{A}$ 为正定矩阵的充分必要条件：

① 二次型 $f=\boldsymbol{x}^{\mathrm{T}}\boldsymbol{A}\boldsymbol{x}$ 是正定二次型.

② $\boldsymbol{A}$ 的特征值都大于零.

③ $\boldsymbol{A}$ 合同于单位矩阵.

④ $\boldsymbol{A}$ 的顺序主子式都大于零.

(3) 二次型 $f(x_1,x_2,\cdots,x_n)$ 正定的充分必要条件：

① $f(x_1,x_2,\cdots,x_n)$ 的正惯性指数 $p=n$.

② $f(x_1,x_2,\cdots,x_n)$ 的矩阵 $\boldsymbol{A}$ 的特征值都大于零.

③ $f(x_1,x_2,\cdots,x_n)$ 的矩阵 $\boldsymbol{A}$ 合同于单位矩阵 $\boldsymbol{E}$，即存在可逆矩阵 $\boldsymbol{C}$，使 $\boldsymbol{A}=\boldsymbol{C}^{\mathrm{T}}\boldsymbol{C}$.

④ $f(x_1,x_2,\cdots,x_n)$ 的矩阵 $\boldsymbol{A}$ 的各阶顺序主子式都大于零，即 $|\boldsymbol{A}_k|>0(k=1,2,\cdots,n)$.

【例 5.168】判断二次型

$$f(x_1,x_2,x_3)=2x_1^2+5x_2^2+5x_3^2+4x_1x_2-4x_1x_3-8x_2x_3$$

的正定性.

【解法一】用顺序主子式：

二次型矩阵 $\boldsymbol{A}=\begin{bmatrix}2&2&-2\\2&5&-4\\-2&-4&5\end{bmatrix}$,其顺序主子式

$$\Delta_1=2>0,\quad \Delta_2=\begin{vmatrix}2&2\\2&5\end{vmatrix}=6>0,\quad \Delta_3=|\boldsymbol{A}|=10>0$$

所以 f 是正定二次型.

【解法二】用特征值:

由 $\boldsymbol{A}$ 的特征方程

$$|\lambda\boldsymbol{E}-\boldsymbol{A}|=\begin{vmatrix}\lambda-2&-2&2\\-2&\lambda-5&4\\2&4&\lambda-5\end{vmatrix}=\begin{vmatrix}\lambda-2&-2&2\\-2&\lambda-5&4\\0&\lambda-1&\lambda-1\end{vmatrix}$$
$$=(\lambda-1)^2(\lambda-10)$$

知 $\boldsymbol{A}$ 的特征值 $\lambda_1=\lambda_2=1,\lambda_3=10$ 全大于 0,所以 f 是正定二次型.

【解法三】用配方法:

$$f(x_1,x_2,x_3)=2[x_1^2+2x_1(x_2-x_3)+(x_2-x_3)^2]-$$
$$2(x_2-x_3)^2+5x_2^2+5x_3^2-8x_2x_3$$
$$=2(x_1+x_2-x_3)^2+3\left(x_2^2-\frac{4}{3}x_2x_3+\frac{4}{9}x_3^2\right)-\frac{4}{3}x_3^2+3x_3^2$$
$$=2(x_1+x_2-x_3)^2+3\left(x_2-\frac{2}{3}x_3\right)^2+\frac{5}{3}x_3^2$$

知 f 的正惯性指数 $p=3$,负惯性指数 $q=0$,故二次型正定.

评注　判断正定性的方法有很多,应当灵活选用.

【例 5.169】已知二次型

$$f(x_1,x_2,x_3)=x_1^2+4x_2^2+x_3^2+2tx_1x_2+10x_1x_3+6x_2x_3$$

试问 t 取何值时,二次型是正定的?

【解】二次型矩阵 $\boldsymbol{A}=\begin{bmatrix}1&t&5\\t&4&3\\5&3&1\end{bmatrix}$. 若正定,则应当有

$$\Delta_1=1>0,\quad \Delta_2=\begin{vmatrix}1&t\\t&4\end{vmatrix}=4-t^2>0$$

$$\Delta_3=|\boldsymbol{A}|=\begin{vmatrix}1&t&5\\t&4&3\\5&3&1\end{vmatrix}=-t^2+30t-105>0$$

由于不等式组

$$\begin{cases}4-t^2>0\Rightarrow t\in(-2,2),\\t^2-30t+105<0\Rightarrow t\in(15-2\sqrt{30},15+2\sqrt{30})\end{cases}$$

无解,故对任何 t,二次型都不可能正定.

学习随笔

【例 5.170】设矩阵 $A=\begin{bmatrix}1&0&1\\0&2&0\\1&0&1\end{bmatrix}$，矩阵 $B=(kE+A)^2$，其中 k 为实数，E 为单位矩阵.求对角矩阵 Λ，使 B 与 Λ 相似，并求 k 为何值时，B 为正定矩阵？

【分析】由于 B 是实对称矩阵，故 B 必可相似对角化，而对角矩阵 Λ 主对角线上的元素即 B 的特征值，因此只要求出 B 的特征值即知 Λ，又因正定的充分必要条件是特征值全大于 0，k 的取值亦可求出.

【解】由于 A 是实对称矩阵，有

$$B^{\mathrm{T}}=[(kE+A)^2]^{\mathrm{T}}=[(kE+A)^{\mathrm{T}}]^2=(kE+A)^2=B$$

即 B 是实对称矩阵，故 B 必可相似对角化.由

$$|\lambda E-A|=\begin{vmatrix}\lambda-1&0&1\\0&\lambda-2&0\\-1&0&\lambda-1\end{vmatrix}=\lambda(\lambda-2)^2$$

可得到 A 的特征值是 $\lambda_1=\lambda_2=2,\lambda_3=0$.那么，$kE+A$ 的特征值是 $k+2,k+2,k$，而 $(kE+A)^2$ 的特征值是 $(k+2)^2,(k+2)^2,k^2$.故

$$B\sim\Lambda=\begin{bmatrix}(k+2)^2&&\\&(k+2)^2&\\&&k^2\end{bmatrix}$$

因为矩阵 B 正定的充分必要条件是特征值全大于 0，可见当 $k\neq-2$ 且 $k\neq0$ 时，矩阵 B 正定.

评注　本题也可用"实对称矩阵必可相似对角化"的方法来处理.

因为 A 是实对称矩阵，故存在可逆矩阵 P，使 $P^{-1}AP=\Lambda$，即 $A=P\Lambda P^{-1}$.那么

$$B=(kE+A)^2=(kPP^{-1}+P\Lambda P^{-1})^2$$
$$=[P(kE+\Lambda)P^{-1}]^2=P[kE+\Lambda P^{-1}P(kE+\Lambda)]P^{-1}=P(kE+\Lambda)^2P^{-1}$$

即
$$P^{-1}BP=(kE+\Lambda)^2$$

故
$$B\sim\begin{bmatrix}(k+2)^2&&\\&(k+2)^2&\\&&k^2\end{bmatrix}$$

【例 5.171】设二次型 $f(x_1,x_2,x_3)=x^{\mathrm{T}}Ax=ax_3^2-4x_1x_2+2x_1x_3-2x_2x_3$，其中二次型矩阵 A 有特征值 4.

(1) 试用正交变换将二次型 f 化为标准型，并写出所用坐标变换.

(2) 如果 A^*+kE 是正定矩阵，求 k 的取值.

【解】(1) 二次型 f 的矩阵 $A=\begin{bmatrix}0&-2&1\\-2&0&-1\\1&-1&a\end{bmatrix}$，由 $\lambda=4$ 是矩阵 A 的特征值，有

$$|4E-A|=\begin{vmatrix}4&2&-1\\2&4&1\\-1&1&4-a\end{vmatrix}=12(3-a)=0\Rightarrow a=3$$

由矩阵 $\boldsymbol{A}$ 的特征多项式

$$|\lambda\boldsymbol{E}-\boldsymbol{A}|=\begin{vmatrix}\lambda & 2 & -1\\ 2 & \lambda & 1\\ -1 & 1 & \lambda-3\end{vmatrix}=\begin{vmatrix}\lambda+2 & 2 & -1\\ \lambda+2 & \lambda & 1\\ 0 & 1 & \lambda-3\end{vmatrix}$$

$$=(\lambda+2)\begin{vmatrix}\lambda-2 & 2\\ 1 & \lambda-3\end{vmatrix}=(\lambda+2)(\lambda-1)(\lambda-4)$$

得到矩阵 $\boldsymbol{A}$ 的特征值为 $\lambda_1=1,\lambda_2=4,\lambda_3=-2$.

对于 $\lambda=1$,由 $(\boldsymbol{E}-\boldsymbol{A})\boldsymbol{x}=\boldsymbol{0}$,即 $\begin{bmatrix}1 & 2 & -1\\ 2 & 1 & 1\\ -1 & 1 & -2\end{bmatrix}\to\begin{bmatrix}1 & 2 & -1\\ 0 & 1 & -1\\ 0 & 0 & 0\end{bmatrix}$,得到矩阵 $\boldsymbol{A}$ 属于 $\lambda=1$ 的特征向量 $\boldsymbol{\alpha}_1=(-1,1,1)^{\mathrm{T}}$.

对于 $\lambda=4$,由 $(4\boldsymbol{E}-\boldsymbol{A})\boldsymbol{x}=\boldsymbol{0}$,即 $\begin{bmatrix}4 & 2 & -1\\ 2 & 4 & 1\\ -1 & 1 & 1\end{bmatrix}\to\begin{bmatrix}-1 & 1 & 1\\ 0 & 2 & 1\\ 0 & 0 & 0\end{bmatrix}$,得到矩阵 $\boldsymbol{A}$ 属于 $\lambda=4$ 的特征向量 $\boldsymbol{\alpha}_2=(1,-1,2)^{\mathrm{T}}$.

对于 $\lambda=-2$,由 $(-2\boldsymbol{E}-\boldsymbol{A})\boldsymbol{x}=\boldsymbol{0}$,即 $\begin{bmatrix}-2 & 2 & -1\\ 2 & -2 & 1\\ -1 & 1 & -5\end{bmatrix}\to\begin{bmatrix}-1 & 1 & -5\\ 0 & 0 & 1\\ 0 & 0 & 0\end{bmatrix}$,得到矩阵 $\boldsymbol{A}$ 属于 $\lambda=-2$ 的特征向量 $\boldsymbol{\alpha}_3=(1,1,0)^{\mathrm{T}}$.

由于 $\boldsymbol{\alpha}_1,\boldsymbol{\alpha}_2,\boldsymbol{\alpha}_3$ 已两两正交,故只须单位化,有

$$\boldsymbol{\gamma}_1=\frac{1}{\sqrt{3}}\begin{bmatrix}-1\\ 1\\ 1\end{bmatrix},\ \boldsymbol{\gamma}_2=\frac{1}{\sqrt{6}}\begin{bmatrix}1\\ -1\\ 2\end{bmatrix},\ \boldsymbol{\gamma}_3=\frac{1}{\sqrt{2}}\begin{bmatrix}1\\ 1\\ 0\end{bmatrix}$$

那么,令 $\boldsymbol{Q}=(\boldsymbol{\gamma}_1,\boldsymbol{\gamma}_2,\boldsymbol{\gamma}_3)=\begin{bmatrix}-\frac{1}{\sqrt{3}} & \frac{1}{\sqrt{6}} & \frac{1}{\sqrt{2}}\\ \frac{1}{\sqrt{3}} & -\frac{1}{\sqrt{6}} & \frac{1}{\sqrt{2}}\\ \frac{1}{\sqrt{3}} & \frac{2}{\sqrt{6}} & 0\end{bmatrix}$,在正交变换 $\boldsymbol{x}=\boldsymbol{Q}\boldsymbol{y}$ 下,有

$$\boldsymbol{Q}^{-1}\boldsymbol{A}\boldsymbol{Q}=\begin{bmatrix}1 & & \\ & 4 & \\ & & -2\end{bmatrix}$$

二次型 $f=\boldsymbol{x}^{\mathrm{T}}\boldsymbol{A}\boldsymbol{x}=\boldsymbol{y}^{\mathrm{T}}(\boldsymbol{Q}^{\mathrm{T}}\boldsymbol{A}\boldsymbol{Q})\boldsymbol{y}=y_1^2+4y_2^2-2y_3^2$.

(2) 因为矩阵 $\boldsymbol{A}$ 的特征值是 $1,4,-2$,所以行列式 $|\boldsymbol{A}|=-8$. 于是 $\boldsymbol{A}^*$ 的特征值为 $-8,-2,4$. 那么 $\boldsymbol{A}^*+k\boldsymbol{E}$ 的特征值为 $k-8,k-2,k+4$. 因此,$\boldsymbol{A}^*+k\boldsymbol{E}$ 正定的充分必要条件为 $k>8$.

评注　求正交变换 $\boldsymbol{x}=\boldsymbol{Q}\boldsymbol{y}$ 就是要求矩阵 $\boldsymbol{A}$ 的特征向量,注意正交矩阵的几何意义.求出的特征向量要正交化、单位化处理.

【例 5.172】已知二次型 $\boldsymbol{x}^{\mathrm{T}}\boldsymbol{A}\boldsymbol{x}=x_1^2+ax_2^2+x_3^2+2x_1x_2+2ax_1x_3+2x_2x_3\ (a<0)$,若

学习随笔

矩阵 $\boldsymbol{A}$ 的特征值有重根：

(1) 求 a 的值.

(2) 用正交变换 $\boldsymbol{x}=\boldsymbol{P}\boldsymbol{y}$ 化二次型为标准型,并写出所用坐标变换.

(3) 如果 $\boldsymbol{A}+k\boldsymbol{E}$ 是正定矩阵,求 k 的值.

【解】(1) 二次型矩阵 $\boldsymbol{A}=\begin{bmatrix}1 & 1 & a\\ 1 & a & 1\\ a & 1 & 1\end{bmatrix}$,由

$$|\lambda\boldsymbol{E}-\boldsymbol{A}|=\begin{vmatrix}\lambda-1 & -1 & -a\\ -1 & \lambda-a & -1\\ -a & -1 & \lambda-1\end{vmatrix}=\begin{vmatrix}\lambda+a-1 & 0 & -\lambda-a+1\\ -1 & \lambda-a & -1\\ -a & -1 & \lambda-1\end{vmatrix}$$
$$=(\lambda+a-1)(\lambda-a-2)(\lambda-a+1)$$

得到矩阵 $\boldsymbol{A}$ 的特征值为 $1-a,a+2,a-1$.

因为特征值有重根,故 $a=-\frac{1}{2}$ 或 $a=1$. 又 $a<0$,所以 $a=-\frac{1}{2}$.

(2) 对于 $a=-\frac{1}{2}$,矩阵 $\boldsymbol{A}$ 的特征值为 $\lambda_1=\lambda_2=\frac{3}{2},\lambda_3=-\frac{3}{2}$.

由 $\left(\frac{3}{2}\boldsymbol{E}-\boldsymbol{A}\right)\boldsymbol{x}=\boldsymbol{0}$,即 $\begin{bmatrix}\frac{1}{2} & -1 & \frac{1}{2}\\ -1 & 2 & -1\\ \frac{1}{2} & -1 & \frac{1}{2}\end{bmatrix}\to\begin{bmatrix}1 & -2 & 1\\ 0 & 0 & 0\\ 0 & 0 & 0\end{bmatrix}$,得基础解系 $\boldsymbol{\alpha}_1=(2,1,0)^{\mathrm{T}},\boldsymbol{\alpha}_2=(-1,0,1)^{\mathrm{T}}$.

由 $\left(-\frac{3}{2}\boldsymbol{E}-\boldsymbol{A}\right)\boldsymbol{x}=\boldsymbol{0}$,即 $\begin{bmatrix}-\frac{5}{2} & -1 & \frac{1}{2}\\ -1 & -1 & -1\\ \frac{1}{2} & -1 & -\frac{5}{2}\end{bmatrix}\to\begin{bmatrix}1 & 1 & 1\\ 0 & -3 & -6\\ 0 & 0 & 0\end{bmatrix}$,得基础解系 $\boldsymbol{\alpha}_3=(1,-2,1)^{\mathrm{T}}$.

对 $\boldsymbol{\alpha}_1,\boldsymbol{\alpha}_2$ 正交化,令 $\boldsymbol{\beta}_1=\boldsymbol{\alpha}_1=(2,1,0)^{\mathrm{T}}$,则

$$\boldsymbol{\beta}_2=\boldsymbol{\alpha}_2-\frac{[\boldsymbol{\alpha}_2,\boldsymbol{\beta}_1]}{[\boldsymbol{\beta}_1,\boldsymbol{\beta}_1]}\boldsymbol{\beta}_1=(-1,0,1)^{\mathrm{T}}+\frac{2}{5}(2,1,0)^{\mathrm{T}}=\frac{1}{5}(-1,2,5)^{\mathrm{T}}$$

再分别将 $\boldsymbol{\beta}_1,\boldsymbol{\beta}_2,\boldsymbol{\alpha}_3$ 单位化,得

$$\boldsymbol{\gamma}_1=\frac{\boldsymbol{\beta}_1}{\|\boldsymbol{\beta}_1\|}=\frac{1}{\sqrt{5}}(2,1,0)^{\mathrm{T}},\quad \boldsymbol{\gamma}_2=\frac{\boldsymbol{\beta}_2}{\|\boldsymbol{\beta}_2\|}=\frac{1}{\sqrt{30}}(-1,2,5)^{\mathrm{T}}$$

$$\boldsymbol{\gamma}_3=\frac{\boldsymbol{\alpha}_3}{\|\boldsymbol{\alpha}_3\|}=\frac{1}{\sqrt{6}}(1,-2,1)^{\mathrm{T}}$$

那么,令 $x=Py$,其中 $P=(\gamma_1,\gamma_2,\gamma_3)=\begin{bmatrix}\frac{2}{\sqrt{5}} & -\frac{1}{\sqrt{30}} & \frac{1}{\sqrt{6}}\\ \frac{1}{\sqrt{5}} & \frac{2}{\sqrt{30}} & -\frac{2}{\sqrt{6}}\\ 0 & \frac{5}{\sqrt{30}} & \frac{1}{\sqrt{6}}\end{bmatrix}$,则有

$$x^{\mathrm{T}}Ax=y^{\mathrm{T}}\Lambda y=\frac{3}{2}y_1^2+\frac{3}{2}y_2^2-\frac{3}{2}y_3^2$$

(3) 因为矩阵 A 的特征值为 $\frac{3}{2},\frac{3}{2},-\frac{3}{2}$,故 $A+kE$ 的特征值为 $k+\frac{3}{2},k+\frac{3}{2},k-\frac{3}{2}$. 因此,$A+kE$ 正定的充分必要条件是 $k>\frac{3}{2}$.

【例 5.173】已知 C 是 n 阶可逆矩阵,若 $A=C^{\mathrm{T}}C$,证明:A 是正定矩阵.

【分析】因为 $A^{\mathrm{T}}=(C^{\mathrm{T}}C)^{\mathrm{T}}=C^{\mathrm{T}}(C^{\mathrm{T}})^{\mathrm{T}}=C^{\mathrm{T}}C=A$,所以 A 是对称矩阵.

下面可有 3 种方法来证正定:

【证法一】用定义:

$\forall x\neq 0$,由于 C 可逆,知 $Cx\neq 0$,于是

$$x^{\mathrm{T}}Ax=x^{\mathrm{T}}C^{\mathrm{T}}Cx=(Cx)^{\mathrm{T}}(Cx)=\|Cx\|^2>0$$

所以 $x^{\mathrm{T}}Ax$ 是正定二次型,故 A 是正定矩阵.

【证法二】用合同:

因为 C 可逆,那么 $A=C^{\mathrm{T}}C=C^{\mathrm{T}}EC$,即 $A\simeq E$,故 A 是正定矩阵.

【证法三】用坐标变换化标准型:

因为 C 可逆,二次型 $x^{\mathrm{T}}Ax$ 经坐标变换 $x=C^{-1}y$ 有

$$x^{\mathrm{T}}Ax=(C^{-1}y)^{\mathrm{T}}(C^{\mathrm{T}}C)(C^{-1}y)=y^{\mathrm{T}}y=y_1^2+y_2^2+\cdots+y_n^2$$

可见正惯性指数 $p=n$,故 A 是正定矩阵.

评注　正定矩阵是由二次型引出的,二次型矩阵是实对称矩阵. 因此,若要证明 A 是正定矩阵,应先验证 A 是对称矩阵.

注意:本题实际上是正定的充分必要条件.

若 A 正定,则二次型 $x^{\mathrm{T}}Ax$ 的正惯性指数 $p=n$,那么其规范型是 $y_1^2+y_2^2+\cdots+y_n^2$,即 A 与 E 合同,所以 $A=C^{\mathrm{T}}EC=C^{\mathrm{T}}C$.

【例 5.174】已知 A 是 n 阶正定矩阵,证明:A^{-1} 是正定矩阵.

【证法一】用定义:

因为 A 正定,所以 $A^{\mathrm{T}}=A$,那么

$$(A^{-1})^{\mathrm{T}}=(A^{\mathrm{T}})^{-1}=A^{-1}$$

所以 A^{-1} 是正定矩阵.

【证法二】用特征值:

设 A 的特征值是 $\lambda_1,\lambda_2,\cdots,\lambda_n$,由 A 正定知 $\lambda_i>0(i=1,2,\cdots,n)$.

因为 A^{-1} 的特征值是 $\frac{1}{\lambda_1},\frac{1}{\lambda_2},\cdots,\frac{1}{\lambda_n}$,由于 A^{-1} 的特征值 $\frac{1}{\lambda_i}$ 全大于 0,所以 A^{-1} 是

学习随笔

正定矩阵.

【证法三】与 $\boldsymbol{E}$ 合同:

由于 $\boldsymbol{A}$ 为正定矩阵,则存在可逆矩阵 $\boldsymbol{C}$,使 $\boldsymbol{C}^{\mathrm{T}}\boldsymbol{A}\boldsymbol{C}=\boldsymbol{E}$,那么两次取逆有 $\boldsymbol{C}^{-1}\boldsymbol{A}^{-1}(\boldsymbol{C}^{\mathrm{T}})^{-1}=\boldsymbol{C}^{-1}\boldsymbol{A}^{-1}(\boldsymbol{C}^{-1})^{\mathrm{T}}=\boldsymbol{E}$.

记 $\boldsymbol{D}=(\boldsymbol{C}^{-1})^{\mathrm{T}}$,则 $\boldsymbol{D}$ 可逆,且 $\boldsymbol{D}^{\mathrm{T}}\boldsymbol{A}^{-1}\boldsymbol{D}=\boldsymbol{E}$. 于是 $\boldsymbol{A}^{-1}$ 与 $\boldsymbol{E}$ 合同,即 $\boldsymbol{A}^{-1}$ 正定.

【证法四】与正定矩阵合同:

由于 $\boldsymbol{A}$ 正定,那么 $\boldsymbol{A}$ 对称、可逆,于是

$$\boldsymbol{A}^{\mathrm{T}}\boldsymbol{A}^{-1}\boldsymbol{A}=\boldsymbol{A}$$

所以 $\boldsymbol{A}^{-1}$ 与 $\boldsymbol{A}$ 合同,即 $\boldsymbol{A}^{-1}$ 正定.

【证法五】用坐标变换:

对二次型 $\boldsymbol{x}^{\mathrm{T}}\boldsymbol{A}^{-1}\boldsymbol{x}$ 作坐标变换 $\boldsymbol{x}=\boldsymbol{A}\boldsymbol{y}$,有

$$\boldsymbol{x}^{\mathrm{T}}\boldsymbol{A}^{-1}\boldsymbol{x}=(\boldsymbol{A}\boldsymbol{y})^{\mathrm{T}}\boldsymbol{A}^{-1}(\boldsymbol{A}\boldsymbol{y})=\boldsymbol{y}^{\mathrm{T}}\boldsymbol{A}^{\mathrm{T}}\boldsymbol{y}=\boldsymbol{y}^{\mathrm{T}}\boldsymbol{A}\boldsymbol{y}$$

由于 $\boldsymbol{y}^{\mathrm{T}}\boldsymbol{A}\boldsymbol{y}$ 是正定二次型,故 $\boldsymbol{x}^{\mathrm{T}}\boldsymbol{A}^{-1}\boldsymbol{x}$ 正定,即 $\boldsymbol{A}^{-1}$ 正定.

评注　应认真体会证明正定性的方法. 请证明以下命题:

(1) 已知 $\boldsymbol{A},\boldsymbol{B}$ 均是 n 阶正定矩阵,若 a,b 是正实数,则 $a\boldsymbol{A}+b\boldsymbol{B}$ 是正定矩阵.

(2) 已知 $\boldsymbol{A}$ 是实对称可逆矩阵,若 $\boldsymbol{A}-\boldsymbol{E}$ 是正定矩阵,则 $\boldsymbol{E}-\boldsymbol{A}^{-1}$ 是正定矩阵.

(3) 已知实对称矩阵 $\boldsymbol{A}$ 满足 $\boldsymbol{A}^2-5\boldsymbol{A}+6\boldsymbol{E}=\boldsymbol{O}$,则 $\boldsymbol{A}$ 是正定矩阵.

(4) 已知 $\boldsymbol{A}$ 是反对称矩阵,则 $\boldsymbol{E}-\boldsymbol{A}^2$ 是正定矩阵.

(5) 若实对称矩阵 $\boldsymbol{A}$ 与 $\boldsymbol{B}$ 合同,其中 $\boldsymbol{A}$ 是正定矩阵,则 $\boldsymbol{B}$ 是正定矩阵.

(6) 二次型 $f(x_1,x_2,\cdots,x_n)$ 负定的充分必要条件为二次型矩阵 $\boldsymbol{A}$ 的奇数阶顺序主子式全小于零、偶数阶顺序主子式全大于零.

(7) 二次型 $\boldsymbol{x}^{\mathrm{T}}\boldsymbol{A}\boldsymbol{x}$ 正定的必要条件是 $a_{ii}>0$,而负定的必要条件是 $a_{ii}<0$, $\forall i=1,2,\cdots,n$.

【例 5.175】设 $\boldsymbol{A}$ 是 $m\times n$ 矩阵,若秩 $R(\boldsymbol{A})=n$,证明:$\boldsymbol{A}^{\mathrm{T}}\boldsymbol{A}$ 为正定矩阵.

【证明】因为 $(\boldsymbol{A}^{\mathrm{T}}\boldsymbol{A})^{\mathrm{T}}=\boldsymbol{A}^{\mathrm{T}}(\boldsymbol{A}^{\mathrm{T}})^{\mathrm{T}}=\boldsymbol{A}^{\mathrm{T}}\boldsymbol{A}$,所以 $\boldsymbol{A}^{\mathrm{T}}\boldsymbol{A}$ 是对称矩阵. 又因秩 $R(\boldsymbol{A})=n$,那么对任给的 n 维向量 $\boldsymbol{x}\neq\boldsymbol{0}$,恒有 $\boldsymbol{A}\boldsymbol{x}\neq\boldsymbol{0}$. 于是

$$\boldsymbol{x}^{\mathrm{T}}(\boldsymbol{A}^{\mathrm{T}}\boldsymbol{A})\boldsymbol{x}=(\boldsymbol{A}\boldsymbol{x})^{\mathrm{T}}(\boldsymbol{A}\boldsymbol{x})=\|\boldsymbol{A}\boldsymbol{x}\|^2>0$$

所以 $\boldsymbol{x}^{\mathrm{T}}(\boldsymbol{A}^{\mathrm{T}}\boldsymbol{A})\boldsymbol{x}$ 是正定二次型,即 $\boldsymbol{A}^{\mathrm{T}}\boldsymbol{A}$ 正定.

评注　从上面的证明看出,若 $\boldsymbol{A}$ 是任一个 $m\times n$ 矩阵,总有

$$\boldsymbol{x}^{\mathrm{T}}(\boldsymbol{A}^{\mathrm{T}}\boldsymbol{A})\boldsymbol{x}=\|\boldsymbol{A}\boldsymbol{x}\|^2\geqslant 0$$

因此 $\boldsymbol{A}^{\mathrm{T}}\boldsymbol{A}$ 必是半正定矩阵. 特别地,当 $\boldsymbol{A}$ 是 n 阶可逆矩阵时,$\boldsymbol{A}^{\mathrm{T}}\boldsymbol{A}$,$\boldsymbol{A}\boldsymbol{A}^{\mathrm{T}}$ 都是 n 阶正定矩阵;当 $\boldsymbol{A}$ 是 n 阶奇异矩阵时,$\boldsymbol{A}^{\mathrm{T}}\boldsymbol{A}$,$\boldsymbol{A}\boldsymbol{A}^{\mathrm{T}}$ 都是 n 阶半正定矩阵.

【例 5.176】已知 $\boldsymbol{A},\boldsymbol{B}$ 都是 n 阶正定矩阵,证明:$\boldsymbol{A}\boldsymbol{B}$ 是 n 阶正定矩阵的充分必要条件是 $\boldsymbol{A}$ 与 $\boldsymbol{B}$ 可交换.

【证明】必要性. 若 $\boldsymbol{A}\boldsymbol{B}$ 正定,则 $\boldsymbol{A}\boldsymbol{B}$ 是对称的,即 $\boldsymbol{A}\boldsymbol{B}=(\boldsymbol{A}\boldsymbol{B})^{\mathrm{T}}=\boldsymbol{B}^{\mathrm{T}}\boldsymbol{A}^{\mathrm{T}}$. 由于 $\boldsymbol{A},\boldsymbol{B}$ 均正定,知 $\boldsymbol{A}^{\mathrm{T}}=\boldsymbol{A}$,$\boldsymbol{B}^{\mathrm{T}}=\boldsymbol{B}$,故 $\boldsymbol{A}\boldsymbol{B}=\boldsymbol{B}\boldsymbol{A}$,即 $\boldsymbol{A}$ 与 $\boldsymbol{B}$ 可交换.

充分性. 若 $\boldsymbol{A}\boldsymbol{B}=\boldsymbol{B}\boldsymbol{A}$,则 $(\boldsymbol{A}\boldsymbol{B})^{\mathrm{T}}=(\boldsymbol{B}\boldsymbol{A})^{\mathrm{T}}=\boldsymbol{A}^{\mathrm{T}}\boldsymbol{B}^{\mathrm{T}}$. 又因 $\boldsymbol{A},\boldsymbol{B}$ 正定,知 $\boldsymbol{A}^{\mathrm{T}}=\boldsymbol{A}$,$\boldsymbol{B}^{\mathrm{T}}=\boldsymbol{B}$. 于是 $(\boldsymbol{A}\boldsymbol{B})^{\mathrm{T}}=\boldsymbol{A}\boldsymbol{B}$,即 $\boldsymbol{A}\boldsymbol{B}$ 对称. 再由 $\boldsymbol{A},\boldsymbol{B}$ 均正定,知存在可逆矩阵 $\boldsymbol{P}$ 和 $\boldsymbol{Q}$,使得 $\boldsymbol{A}=\boldsymbol{P}^{\mathrm{T}}\boldsymbol{P}$,

$\boldsymbol{B}=\boldsymbol{Q}^{\mathrm{T}}\boldsymbol{Q}$. 那么

$$\boldsymbol{Q}(\boldsymbol{AB})\boldsymbol{Q}^{-1}=\boldsymbol{Q}(\boldsymbol{P}^{\mathrm{T}}\boldsymbol{P})(\boldsymbol{Q}^{\mathrm{T}}\boldsymbol{Q})\boldsymbol{Q}^{-1}=(\boldsymbol{QP}^{\mathrm{T}})(\boldsymbol{PQ}^{\mathrm{T}})=(\boldsymbol{PQ}^{\mathrm{T}})^{\mathrm{T}}(\boldsymbol{PQ}^{\mathrm{T}})$$

即 $\boldsymbol{AB}\sim(\boldsymbol{PQ}^{\mathrm{T}})^{\mathrm{T}}(\boldsymbol{PQ}^{\mathrm{T}})$. 因为 $\boldsymbol{PQ}^{\mathrm{T}}$ 可逆，知$(\boldsymbol{PQ}^{\mathrm{T}})^{\mathrm{T}}(\boldsymbol{PQ}^{\mathrm{T}})$正定. 因此，$\boldsymbol{AB}$ 的特征值全大于 0，故 $\boldsymbol{AB}$ 正定.

评注　从证明看出，只要 $\boldsymbol{A},\boldsymbol{B}$ 均正定就必有 $\boldsymbol{AB}$ 的特征值全大于 0，而 $\boldsymbol{AB}$ 是否正定就要看 $\boldsymbol{AB}$ 是否对称，而 $\boldsymbol{AB}=\boldsymbol{BA}$ 正好保证对称性成立.

【例 5.177】设 $\boldsymbol{A}$ 是 m 阶正定矩阵，$\boldsymbol{B}$ 是 $m\times n$ 矩阵. 证明：$\boldsymbol{B}^{\mathrm{T}}\boldsymbol{AB}$ 正定的充分必要条件是秩 $R(\boldsymbol{B})=n$.

【证明】(1) 必要性.

【证法一】矩阵的秩＝列秩：

$\forall\, \boldsymbol{x}\neq\boldsymbol{0}$，由 $\boldsymbol{B}^{\mathrm{T}}\boldsymbol{AB}$ 正定，知

$$\boldsymbol{x}^{\mathrm{T}}(\boldsymbol{B}^{\mathrm{T}}\boldsymbol{AB})\boldsymbol{x}=(\boldsymbol{Bx})^{\mathrm{T}}\boldsymbol{A}(\boldsymbol{Bx})>0$$

所以，$\forall\, \boldsymbol{x}\neq\boldsymbol{0}$ 必有 $\boldsymbol{Bx}\neq\boldsymbol{0}$，即齐次线性方程组 $\boldsymbol{Bx}=\boldsymbol{0}$ 没有非零解. 那么 $\boldsymbol{B}$ 的列向量线性无关，从而 $R(\boldsymbol{B})=n$.

【证法二】秩的定义与性质：

由 $\boldsymbol{B}^{\mathrm{T}}\boldsymbol{AB}$ 正定，知 $|\boldsymbol{B}^{\mathrm{T}}\boldsymbol{AB}|\neq 0$，那么

$$n=R(\boldsymbol{B}^{\mathrm{T}}\boldsymbol{AB})\leqslant R(\boldsymbol{B})\leqslant \min\{m,n\}\leqslant n$$

所以 $R(\boldsymbol{B})=n$.

【证法三】秩的性质：

由于 $\boldsymbol{A}$ 正定，故存在可逆矩阵 $\boldsymbol{C}$，使 $\boldsymbol{A}=\boldsymbol{C}^{\mathrm{T}}\boldsymbol{C}$，那么

$$n=R(\boldsymbol{B}^{\mathrm{T}}\boldsymbol{AB})=R(\boldsymbol{B}^{\mathrm{T}}\boldsymbol{C}^{\mathrm{T}}\boldsymbol{CB})=R[(\boldsymbol{CB})^{\mathrm{T}}(\boldsymbol{CB})]=R(\boldsymbol{CB})=R(\boldsymbol{B})$$

【证法四】反证法：

如果 $R(\boldsymbol{B})\neq n$，则 $\boldsymbol{B}=(\boldsymbol{\beta}_1,\boldsymbol{\beta}_2,\cdots,\boldsymbol{\beta}_n)$的列向量组线性相关，那么存在不全为 0 的 $k_1,k_2,\cdots,k_n$，使得

$$\boldsymbol{B}\begin{bmatrix}k_1\\k_2\\\vdots\\k_n\end{bmatrix}=(\boldsymbol{\beta}_1,\boldsymbol{\beta}_2,\cdots,\boldsymbol{\beta}_n)\begin{bmatrix}k_1\\k_2\\\vdots\\k_n\end{bmatrix}=\boldsymbol{0}$$

即存在 $\boldsymbol{x}_0=(k_1,k_2,\cdots,k_n)^{\mathrm{T}}\neq\boldsymbol{0}$，使 $\boldsymbol{x}_0^{\mathrm{T}}(\boldsymbol{B}^{\mathrm{T}}\boldsymbol{AB})\boldsymbol{x}_0=\boldsymbol{x}_0^{\mathrm{T}}\boldsymbol{B}^{\mathrm{T}}\boldsymbol{A}\boldsymbol{0}=0$. 这与 $\boldsymbol{B}^{\mathrm{T}}\boldsymbol{AB}$ 正定相矛盾.

(2) 充分性

因为$(\boldsymbol{B}^{\mathrm{T}}\boldsymbol{AB})^{\mathrm{T}}=\boldsymbol{B}^{\mathrm{T}}\boldsymbol{A}^{\mathrm{T}}(\boldsymbol{B}^{\mathrm{T}})^{\mathrm{T}}=\boldsymbol{B}^{\mathrm{T}}\boldsymbol{AB}$，故 $\boldsymbol{B}^{\mathrm{T}}\boldsymbol{AB}$ 对称.

【证法一】用特征值：

设 λ 是 $\boldsymbol{B}^{\mathrm{T}}\boldsymbol{AB}$ 的任一个特征值，$\boldsymbol{\alpha}$ 是属于 λ 的特征向量，即 $\boldsymbol{B}^{\mathrm{T}}\boldsymbol{AB\alpha}=\lambda\boldsymbol{\alpha}$，用 $\boldsymbol{\alpha}^{\mathrm{T}}$ 左乘等式的两端，有$(\boldsymbol{B\alpha})^{\mathrm{T}}\boldsymbol{A}(\boldsymbol{B\alpha})=\boldsymbol{\alpha}^{\mathrm{T}}\boldsymbol{B}^{\mathrm{T}}\boldsymbol{AB\alpha}=\lambda\boldsymbol{\alpha}^{\mathrm{T}}\boldsymbol{\alpha}$.

由于秩 $R(\boldsymbol{B})=n$，$\boldsymbol{\alpha}\neq\boldsymbol{0}$，知 $\boldsymbol{B\alpha}\neq\boldsymbol{0}$，又因 $\boldsymbol{A}$ 正定，从而 $\lambda\boldsymbol{\alpha}^{\mathrm{T}}\boldsymbol{\alpha}=(\boldsymbol{B\alpha})^{\mathrm{T}}\boldsymbol{A}(\boldsymbol{B\alpha})>0$.

因为 $\boldsymbol{\alpha}^{\mathrm{T}}\boldsymbol{\alpha}=\|\boldsymbol{\alpha}\|^2>0$，得到 $\lambda>0$，因此 $\boldsymbol{B}^{\mathrm{T}}\boldsymbol{AB}$ 正定.

【证法二】用定义：

学习随笔

由于 $R(\boldsymbol{B})=n$,知齐次线性方程组 $\boldsymbol{Bx}=\boldsymbol{0}$ 只有零解,那么 $\forall \boldsymbol{X}\neq\boldsymbol{0}$,总有 $\boldsymbol{BX}\neq\boldsymbol{0}$.

又因 $\boldsymbol{A}$ 正定,故必有 $(\boldsymbol{BX})^{\mathrm{T}}\boldsymbol{A}(\boldsymbol{BX})>0$,即 $\forall \boldsymbol{X}\neq\boldsymbol{0}$,总有 $\boldsymbol{X}^{\mathrm{T}}(\boldsymbol{B}^{\mathrm{T}}\boldsymbol{AB})\boldsymbol{X}>0$. 所以 $\boldsymbol{B}^{\mathrm{T}}\boldsymbol{AB}$ 正定.

【例 5.178】设 $\boldsymbol{A}=(a_{ij})$ 是 n 阶正定矩阵,$\boldsymbol{x}=(x_1,x_2,\cdots,x_n)^{\mathrm{T}}$. 证明:

$$f(x_1,\cdots,x_n)=\begin{vmatrix}\boldsymbol{A} & \boldsymbol{x}\\ \boldsymbol{x}^{\mathrm{T}} & 0\end{vmatrix}$$

是负定二次型.

【证明】分块矩阵初等变换:

因为 $\boldsymbol{A}$ 正定,故 $\boldsymbol{A}$ 可逆,那么

$$\left[\begin{array}{cc:cc}\boldsymbol{A} & \boldsymbol{x} & \boldsymbol{E} & \boldsymbol{0}\\ \boldsymbol{x}^{\mathrm{T}} & 0 & \boldsymbol{0} & 1\end{array}\right]\to\left[\begin{array}{cc:cc}\boldsymbol{E} & \boldsymbol{A}^{-1}\boldsymbol{x} & \boldsymbol{A}^{-1} & 0\\ \boldsymbol{x}^{\mathrm{T}} & 0 & 0 & 1\end{array}\right]\to\left[\begin{array}{cc:cc}\boldsymbol{E} & \boldsymbol{A}^{-1}\boldsymbol{x} & \boldsymbol{A}^{-1} & 0\\ \boldsymbol{0} & -\boldsymbol{x}^{\mathrm{T}}\boldsymbol{A}^{-1}\boldsymbol{x} & -\boldsymbol{x}^{\mathrm{T}}\boldsymbol{A}^{-1} & 1\end{array}\right]$$

于是得到 $\begin{bmatrix}\boldsymbol{A}^{-1} & 0\\ -\boldsymbol{x}^{\mathrm{T}}\boldsymbol{A}^{-1} & 1\end{bmatrix}\begin{bmatrix}\boldsymbol{A} & \boldsymbol{x}\\ \boldsymbol{x}^{\mathrm{T}} & 0\end{bmatrix}=\begin{bmatrix}\boldsymbol{E} & \boldsymbol{A}^{-1}\boldsymbol{x}\\ \boldsymbol{0} & -\boldsymbol{x}^{\mathrm{T}}\boldsymbol{A}^{-1}\boldsymbol{x}\end{bmatrix}$. 等式两边取行列式,有

$$|\boldsymbol{A}^{-1}|\begin{vmatrix}\boldsymbol{A} & \boldsymbol{x}\\ \boldsymbol{x}^{\mathrm{T}} & 0\end{vmatrix}=-\boldsymbol{x}^{\mathrm{T}}\boldsymbol{A}^{-1}\boldsymbol{x}$$

即 $\begin{vmatrix}\boldsymbol{A} & \boldsymbol{x}\\ \boldsymbol{x}^{\mathrm{T}} & 0\end{vmatrix}=-|\boldsymbol{A}|\boldsymbol{x}^{\mathrm{T}}\boldsymbol{A}^{-1}\boldsymbol{x}=-\boldsymbol{x}^{\mathrm{T}}\boldsymbol{A}^{*}\boldsymbol{x}$.

因为 $\boldsymbol{A}$ 正定,知 $\boldsymbol{A}^{*}$ 是正定矩阵,所以 $f(x_1,\cdots,x_n)=-\boldsymbol{x}^{\mathrm{T}}\boldsymbol{A}^{*}\boldsymbol{x}$ 是负定二次型.

评注　本题也可利用坐标变换来证明.

【例 5.179】已知 $\boldsymbol{A}$ 是 n 阶正定矩阵,$\boldsymbol{E}$ 为 n 阶单位阵. 证明:$|\boldsymbol{A}+\boldsymbol{E}|>1$.

【证明】设 $\lambda_1,\lambda_2,\cdots,\lambda_n$ 是 $\boldsymbol{A}$ 的 n 个特征值,由于 $\boldsymbol{A}$ 正定,知 $\lambda_i>0(i=1,2,\cdots,n)$. 又 $\boldsymbol{A}+\boldsymbol{E}$ 的特征值是 $\lambda_1+1,\lambda_2+1,\cdots,\lambda_n+1$. 所以

$$|\boldsymbol{A}+\boldsymbol{E}|=(\lambda_1+1)(\lambda_2+1)\cdots(\lambda_n+1)>1$$

评注　本题也可用相似对角化来处理,即

$$\boldsymbol{A}\sim\boldsymbol{\Lambda}\Rightarrow\boldsymbol{A}+\boldsymbol{E}\sim\boldsymbol{\Lambda}+\boldsymbol{E}\Rightarrow|\boldsymbol{A}+\boldsymbol{E}|=|\boldsymbol{\Lambda}+\boldsymbol{E}|$$

【例 5.180】已知 $\boldsymbol{A}$ 是正定矩阵,证明:存在正定矩阵 $\boldsymbol{B}$,使 $\boldsymbol{A}=\boldsymbol{B}^2$.

【证明】因为 $\boldsymbol{A}$ 是正定矩阵,知 $\boldsymbol{A}$ 是对称矩阵,故存在正交矩阵 $\boldsymbol{Q}$,使

$$\boldsymbol{Q}^{\mathrm{T}}\boldsymbol{AQ}=\boldsymbol{Q}^{-1}\boldsymbol{AQ}=\boldsymbol{\Lambda}=\begin{bmatrix}\lambda_1 & & & \\ & \lambda_2 & & \\ & & \ddots & \\ & & & \lambda_n\end{bmatrix}$$

且 $\lambda_i>0\ (i=1,2,\cdots,n)$. 那么

$$\begin{aligned}\boldsymbol{A}&=\boldsymbol{Q\Lambda Q}^{-1}=\boldsymbol{Q\Lambda Q}^{\mathrm{T}}\\&=\boldsymbol{Q}\begin{bmatrix}\sqrt{\lambda_1} & & & \\ & \sqrt{\lambda_2} & & \\ & & \ddots & \\ & & & \sqrt{\lambda_n}\end{bmatrix}\begin{bmatrix}\sqrt{\lambda_1} & & & \\ & \sqrt{\lambda_2} & & \\ & & \ddots & \\ & & & \sqrt{\lambda_n}\end{bmatrix}\boldsymbol{Q}^{\mathrm{T}}\end{aligned}$$

学习随笔

$$=Q\begin{bmatrix}\sqrt{\lambda_1}&&&\\&\sqrt{\lambda_2}&&\\&&\ddots&\\&&&\sqrt{\lambda_n}\end{bmatrix}Q^TQ\begin{bmatrix}\sqrt{\lambda_1}&&&\\&\sqrt{\lambda_2}&&\\&&\ddots&\\&&&\sqrt{\lambda_n}\end{bmatrix}Q^T$$

$$=B^2$$

其中
$$B=Q\begin{bmatrix}\sqrt{\lambda_1}&&&\\&\sqrt{\lambda_2}&&\\&&\ddots&\\&&&\sqrt{\lambda_n}\end{bmatrix}Q^T$$

是对称矩阵,且 B 的特征值 $\sqrt{\lambda_1}$, $\sqrt{\lambda_2}$,…, $\sqrt{\lambda_n}$ 全大于 0,故 B 是正定矩阵.

【例 5.181】 已知 A,B 都是 n 阶实对称矩阵,且 A 正定. 证明:存在可逆矩阵 P,使 P^TAP 与 P^TBP 都是对角矩阵.

【证明】 因为 A 是正定矩阵,故 A 与 E 合同,于是有可逆矩阵 C,使得 $C^TAC=E$.

又 C^TBC 仍是对称矩阵,它可以相似对角化,于是有正交矩阵 Q,使 $Q^{-1}C^TBCQ=Q^TC^TBCQ=\Lambda$,那么,令 $P=CQ$,则 $P^TBP=\Lambda$. 而

$$P^TAP=Q^TC^TACQ=Q^TEQ=E$$

也是对角矩阵. 所以,A 与 B 同时合同于对角矩阵.

评注　若 A 是正定矩阵,则 $A\simeq E$ 且 $A\backsim\Lambda$. 注意体会在例 5.173、例 5.176、例 5.177、例 5.180 及本题中的选择.

【例 5.182】 设 A 为 $m\times n$ 实矩阵,E 为 n 阶单位矩阵,已知矩阵 $B=\lambda E+A^TA$. 试证:当 $\lambda>0$ 时,矩阵 B 为正定矩阵.

【证明】 因为 $B^T=(\lambda E+A^TA)^T=\lambda E+A^TA=B$,所以 B 是 n 阶实对称矩阵. 构造二次型 x^TBx,那么

$$x^TBx=x^T(\lambda E+A^TA)x=\lambda x^Tx+x^TA^TAx=\lambda x^Tx+(Ax)^T(Ax)$$

$\forall x\neq 0$,恒有 $x^Tx>0$,$(Ax)^T(Ax)\geqslant 0$. 因此,当 $\lambda>0$ 时,$\forall x\neq 0$,有

$$x^TBx=\lambda x^Tx+(Ax)^T(Ax)>0$$

故二次型为正定二次型,B 为正定矩阵.

评注　你能否用 B 的特征值全大于 0 来证明矩阵 B 是正定矩阵? 提示:定义法.

【例 5.183】 设有 n 元实二次型

$$f(x_1,x_2,\cdots,x_n)=(x_1+a_1x_2)^2+(x_2+a_2x_3)^2+\cdots+(x_{n-1}+a_{n-1}x_n)^2+(x_n+a_nx_1)^2$$

其中 $a_i(i=1,2,\cdots,n)$ 为实数. 试问:当 $a_1,a_2,\cdots,a_n$ 满足何种条件时,二次型 $f(x_1,x_2,\cdots,x_n)$ 为正定二次型?

【解】 由已知条件知,对任意的 $x_1,x_2,\cdots,x_n$,恒有 $f(x_1,x_2,\cdots,x_n)\geqslant 0$,其中等号成立的充分必要条件是

学习随笔

$$\begin{cases} x_1+a_1x_2=0, \\ x_2+a_2x_3=0, \\ \vdots \\ x_{n-1}+a_{n-1}x_n=0, \\ x_n+a_nx_1=0 \end{cases} \tag{5.36}$$

根据正定的定义，只要 $\boldsymbol{x}\neq\boldsymbol{0}$，恒有 $\boldsymbol{x}^{\mathrm{T}}\boldsymbol{A}\boldsymbol{x}>0$，则 $\boldsymbol{x}^{\mathrm{T}}\boldsymbol{A}\boldsymbol{x}$ 是正定二次型. 为此，只要方程组(5.36)仅有零解，就必有当 $\boldsymbol{x}\neq\boldsymbol{0}$ 时，$x_1+a_1x_2, x_2+a_2x_3,\cdots$ 恒不全为 0，从而 $f(x_1, x_2,\cdots,x_n)>0$，亦即 f 是正定二次型.

而方程组(5.36)只有零解的充分必要条件是系数行列式

$$\begin{vmatrix} 1 & a_1 & 0 & \cdots & 0 & 0 \\ 0 & 1 & a_2 & \cdots & 0 & 0 \\ 0 & 0 & 1 & \cdots & 0 & 0 \\ \vdots & \vdots & \vdots & & \vdots & \vdots \\ 0 & 0 & 0 & \cdots & 1 & a_{n-1} \\ a_n & 0 & 0 & \cdots & 0 & 1 \end{vmatrix} = 1+(-1)^{n+1}a_1a_2\cdots a_n\neq 0 \tag{5.37}$$

即当 $a_1a_2\cdots a_n\neq(-1)^n$ 时，二次型 $f(x_1,x_2,\cdots,x_n)$ 为正定二次型.

评注　由二次型 f 正定转化为齐次线性方程组只有零解，进而转换为 n 阶行列式的计算. 如果方程组(5.36)多写几个方程，行列式(5.37)多写几行、多写几列，那么计算时可少许多差错.

【例 5.184】设 $\boldsymbol{A},\boldsymbol{B}$ 分别为 m 阶、n 阶正定矩阵，试判定分块矩阵 $\boldsymbol{C}=\begin{bmatrix}\boldsymbol{A} & \boldsymbol{O} \\ \boldsymbol{O} & \boldsymbol{B}\end{bmatrix}$ 是否为正定矩阵.

【解法一】因为 $\boldsymbol{A},\boldsymbol{B}$ 均为正定矩阵，故 $\boldsymbol{A}^{\mathrm{T}}=\boldsymbol{A}, \boldsymbol{B}^{\mathrm{T}}=\boldsymbol{B}$. 那么

$$\boldsymbol{C}^{\mathrm{T}}=\begin{bmatrix}\boldsymbol{A} & \boldsymbol{O} \\ \boldsymbol{O} & \boldsymbol{B}\end{bmatrix}^{\mathrm{T}}=\begin{bmatrix}\boldsymbol{A}^{\mathrm{T}} & \boldsymbol{O} \\ \boldsymbol{O} & \boldsymbol{B}^{\mathrm{T}}\end{bmatrix}=\begin{bmatrix}\boldsymbol{A} & \boldsymbol{O} \\ \boldsymbol{O} & \boldsymbol{B}\end{bmatrix}=\boldsymbol{C}$$

即 $\boldsymbol{C}$ 是对称矩阵.

设 $m+n$ 维列向量 $\boldsymbol{Z}^{\mathrm{T}}=(\boldsymbol{X}^{\mathrm{T}},\boldsymbol{Y}^{\mathrm{T}})$，其中 $\boldsymbol{X}^{\mathrm{T}}=(x_1,x_2,\cdots,x_m), \boldsymbol{Y}^{\mathrm{T}}=(y_1,y_2,\cdots,y_n)$.

若 $\boldsymbol{Z}\neq\boldsymbol{0}$，则 $\boldsymbol{X},\boldsymbol{Y}$ 不同时为 $\boldsymbol{0}$，不妨设 $\boldsymbol{X}\neq\boldsymbol{0}$，因为 $\boldsymbol{A}$ 是正定矩阵，所以 $\boldsymbol{X}^{\mathrm{T}}\boldsymbol{A}\boldsymbol{X}>0$. 又因 $\boldsymbol{B}$ 是正定矩阵，故对任意 n 维向量 $\boldsymbol{Y}$，恒有 $\boldsymbol{Y}^{\mathrm{T}}\boldsymbol{B}\boldsymbol{Y}\geqslant 0$. 于是

$$\boldsymbol{Z}^{\mathrm{T}}\boldsymbol{C}\boldsymbol{Z}=(\boldsymbol{X}^{\mathrm{T}},\boldsymbol{Y}^{\mathrm{T}})\begin{bmatrix}\boldsymbol{A} & \boldsymbol{O} \\ \boldsymbol{O} & \boldsymbol{B}\end{bmatrix}\begin{bmatrix}\boldsymbol{X} \\ \boldsymbol{Y}\end{bmatrix}=\boldsymbol{X}^{\mathrm{T}}\boldsymbol{A}\boldsymbol{X}+\boldsymbol{Y}^{\mathrm{T}}\boldsymbol{B}\boldsymbol{Y}>0$$

即 $\boldsymbol{Z}^{\mathrm{T}}\boldsymbol{C}\boldsymbol{Z}$ 是正定二次型，因此 $\boldsymbol{C}$ 是正定矩阵.

【解法二】$\boldsymbol{C}^{\mathrm{T}}=\boldsymbol{C}$ 同解法一.

设 $\boldsymbol{A}$ 的特征值是 $\lambda_1,\lambda_2,\cdots,\lambda_m$，$\boldsymbol{B}$ 的特征值是 $\mu_1, \mu_2,\cdots, \mu_n$. 由 $\boldsymbol{A},\boldsymbol{B}$ 均正定，知 $\lambda_i>0, \mu_j>0(i=1,2,\cdots,m, j=1,2,\cdots,n)$. 因为

$$|\lambda\boldsymbol{E}-\boldsymbol{C}|=\begin{vmatrix}\lambda\boldsymbol{E}_m-\boldsymbol{A} & \boldsymbol{O} \\ \boldsymbol{O} & \lambda\boldsymbol{E}_n-\boldsymbol{B}\end{vmatrix}=|\lambda\boldsymbol{E}_m-\boldsymbol{A}|\cdot|\lambda\boldsymbol{E}_n-\boldsymbol{B}|$$

$$=(\lambda-\lambda_1)\cdots(\lambda-\lambda_m)(\lambda-\mu_1)\cdots(\lambda-\mu_n)$$

于是矩阵 $\boldsymbol{C}$ 的特征值为 $\lambda_1,\lambda_2,\cdots,\lambda_m,\mu_1,\mu_2,\cdots,\mu_n$.

因为 $\boldsymbol{C}$ 的特征值全大于0，所以矩阵 $\boldsymbol{C}$ 正定.

【解法三】 $\boldsymbol{C}$ 是实对称矩阵的证明同前.

因为 $\boldsymbol{A},\boldsymbol{B}$ 均是正定矩阵，故存在可逆矩阵 $\boldsymbol{C}_1$ 与 $\boldsymbol{C}_2$，使

$$\boldsymbol{C}_1^{\mathrm{T}}\boldsymbol{A}\boldsymbol{C}_1=\boldsymbol{E}_m,\quad \boldsymbol{C}_2^{\mathrm{T}}\boldsymbol{B}\boldsymbol{C}_2=\boldsymbol{E}_n$$

那么

$$\begin{bmatrix}\boldsymbol{C}_1 & \boldsymbol{O}\\ \boldsymbol{O} & \boldsymbol{C}_2\end{bmatrix}^{\mathrm{T}}\begin{bmatrix}\boldsymbol{A} & \boldsymbol{O}\\ \boldsymbol{O} & \boldsymbol{B}\end{bmatrix}\begin{bmatrix}\boldsymbol{C}_1 & \boldsymbol{O}\\ \boldsymbol{O} & \boldsymbol{C}_2\end{bmatrix}=\begin{bmatrix}\boldsymbol{C}_1^{\mathrm{T}}\boldsymbol{A}\boldsymbol{C}_1 & \boldsymbol{O}\\ \boldsymbol{O} & \boldsymbol{C}_2^{\mathrm{T}}\boldsymbol{B}\boldsymbol{C}_2\end{bmatrix}=\begin{bmatrix}\boldsymbol{E}_m & \boldsymbol{O}\\ \boldsymbol{O} & \boldsymbol{E}_n\end{bmatrix}$$

且

$$\begin{vmatrix}\boldsymbol{C}_1 & \boldsymbol{O}\\ \boldsymbol{O} & \boldsymbol{C}_2\end{vmatrix}=|\boldsymbol{C}_1|\cdot|\boldsymbol{C}_2|\neq 0$$

即 $\begin{bmatrix}\boldsymbol{A} & \boldsymbol{O}\\ \boldsymbol{O} & \boldsymbol{B}\end{bmatrix}$ 与 $\boldsymbol{E}$ 合同，故 $\begin{bmatrix}\boldsymbol{A} & \boldsymbol{O}\\ \boldsymbol{O} & \boldsymbol{B}\end{bmatrix}$ 正定.

【例 5.185】 设 $\boldsymbol{D}=\begin{bmatrix}\boldsymbol{A} & \boldsymbol{C}\\ \boldsymbol{C}^{\mathrm{T}} & \boldsymbol{B}\end{bmatrix}$ 为正定矩阵，其中 $\boldsymbol{A},\boldsymbol{B}$ 分别为 m 阶、n 阶对称矩阵，$\boldsymbol{C}$ 为 $m\times n$ 矩阵.

（1）计算 $\boldsymbol{P}^{\mathrm{T}}\boldsymbol{D}\boldsymbol{P}$，其中 $\boldsymbol{P}=\begin{bmatrix}\boldsymbol{E}_m & -\boldsymbol{A}^{-1}\boldsymbol{C}\\ \boldsymbol{O} & \boldsymbol{E}_n\end{bmatrix}$.

（2）利用（1）的结果判断矩阵 $\boldsymbol{B}-\boldsymbol{C}^{\mathrm{T}}\boldsymbol{A}^{-1}\boldsymbol{C}$ 是否为正定矩阵，并证明你的结论.

【解】（1）因为 $\boldsymbol{P}^{\mathrm{T}}=\begin{bmatrix}\boldsymbol{E}_m & -\boldsymbol{A}^{-1}\boldsymbol{C}\\ \boldsymbol{O} & \boldsymbol{E}_n\end{bmatrix}^{\mathrm{T}}=\begin{bmatrix}\boldsymbol{E}_m & \boldsymbol{O}\\ -\boldsymbol{C}^{\mathrm{T}}\boldsymbol{A}^{-1} & \boldsymbol{E}_n\end{bmatrix}$，所以

$$\boldsymbol{P}^{\mathrm{T}}\boldsymbol{D}\boldsymbol{P}=\begin{bmatrix}\boldsymbol{E}_m & \boldsymbol{O}\\ -\boldsymbol{C}^{\mathrm{T}}\boldsymbol{A}^{-1} & \boldsymbol{E}_n\end{bmatrix}\begin{bmatrix}\boldsymbol{A} & \boldsymbol{C}\\ \boldsymbol{C}^{\mathrm{T}} & \boldsymbol{B}\end{bmatrix}\begin{bmatrix}\boldsymbol{E}_m & -\boldsymbol{A}^{-1}\boldsymbol{C}\\ \boldsymbol{O} & \boldsymbol{E}_n\end{bmatrix}$$

$$=\begin{bmatrix}\boldsymbol{A} & \boldsymbol{C}\\ \boldsymbol{O} & B-\boldsymbol{C}^{\mathrm{T}}\boldsymbol{A}^{-1}\boldsymbol{C}\end{bmatrix}\begin{bmatrix}\boldsymbol{E}_m & -\boldsymbol{A}^{-1}\boldsymbol{C}\\ \boldsymbol{O} & \boldsymbol{E}_n\end{bmatrix}=\begin{bmatrix}\boldsymbol{A} & \boldsymbol{O}\\ \boldsymbol{O} & B-\boldsymbol{C}^{\mathrm{T}}\boldsymbol{A}^{-1}\boldsymbol{C}\end{bmatrix}$$

（2）因为 $\boldsymbol{D}$ 是对称矩阵，知 $\boldsymbol{P}^{\mathrm{T}}\boldsymbol{D}\boldsymbol{P}$ 是对称矩阵，所以 $\boldsymbol{B}-\boldsymbol{C}^{\mathrm{T}}\boldsymbol{A}^{-1}\boldsymbol{C}$ 为对称矩阵．又因矩阵 $\boldsymbol{D}$ 与 $\begin{bmatrix}\boldsymbol{A} & \boldsymbol{O}\\ \boldsymbol{O} & B-\boldsymbol{C}^{\mathrm{T}}\boldsymbol{A}^{-1}\boldsymbol{C}\end{bmatrix}$ 合同，且 $\boldsymbol{D}$ 正定，知矩阵 $\begin{bmatrix}\boldsymbol{A} & \boldsymbol{O}\\ \boldsymbol{O} & B-\boldsymbol{C}^{\mathrm{T}}\boldsymbol{A}^{-1}\boldsymbol{C}\end{bmatrix}$ 正定，那么，$\forall\begin{bmatrix}\boldsymbol{O}\\ Y\end{bmatrix}\neq\boldsymbol{0}$，恒有

$$(\boldsymbol{O},Y^{\mathrm{T}})\begin{bmatrix}\boldsymbol{A} & \boldsymbol{O}\\ \boldsymbol{O} & \boldsymbol{B}-\boldsymbol{C}^{\mathrm{T}}\boldsymbol{A}^{-1}\boldsymbol{C}\end{bmatrix}\begin{bmatrix}\boldsymbol{O}\\ Y\end{bmatrix}=\boldsymbol{Y}^{\mathrm{T}}(\boldsymbol{B}-\boldsymbol{C}^{\mathrm{T}}\boldsymbol{A}^{-1}\boldsymbol{C})\boldsymbol{Y}>0$$

所以矩阵 $\boldsymbol{B}-\boldsymbol{C}^{\mathrm{T}}\boldsymbol{A}^{-1}\boldsymbol{C}$ 正定.

十、合同矩阵

【例 5.186】 设 $\boldsymbol{A},\boldsymbol{B}$ 为实对称矩阵，如果________，则 $\boldsymbol{A}$ 合同于 $\boldsymbol{B}$.

（A）$R(\boldsymbol{A})=R(\boldsymbol{B})$　　（B）$\boldsymbol{A},\boldsymbol{B}$ 为同型矩阵

（C）$\boldsymbol{A},\boldsymbol{B}$ 的正惯性指数相等　　（D）上述三项同时成立

【分析】 根据实二次型惯性定理的推论，即如果 $f=\boldsymbol{x}^{\mathrm{T}}\boldsymbol{A}\boldsymbol{x}$ 与 $g=\boldsymbol{y}^{\mathrm{T}}\boldsymbol{B}\boldsymbol{y}$ 都是 n 个变量

学习随笔

的实二次型，它们有相同的秩与正惯性指数，则必有非退化的线性代换 $\boldsymbol{x}=\boldsymbol{P}\boldsymbol{y}$，使得

$$\boldsymbol{x}^{\mathrm{T}}\boldsymbol{A}\boldsymbol{x}=\boldsymbol{y}^{\mathrm{T}}(\boldsymbol{P}^{\mathrm{T}}\boldsymbol{A}\boldsymbol{P})\boldsymbol{y}=\boldsymbol{y}^{\mathrm{T}}\boldsymbol{B}\boldsymbol{y}$$

因为 $\boldsymbol{A},\boldsymbol{B}$ 为实对称矩阵，并且为同型矩阵，故 $\boldsymbol{A},\boldsymbol{B}$ 分别为相同变量的两个实二次型的矩阵，且 $R(\boldsymbol{A})=R(\boldsymbol{B})$ 及 $\boldsymbol{A},\boldsymbol{B}$ 正惯性指数相等，即两个二次型有相同的秩和正惯性指数. 据实二次型惯性定理的推论，则必有非退化的线性代换 $\boldsymbol{x}=\boldsymbol{P}\boldsymbol{y}$，使得 $\boldsymbol{x}^{\mathrm{T}}\boldsymbol{A}\boldsymbol{x}=\boldsymbol{y}^{\mathrm{T}}(\boldsymbol{P}^{\mathrm{T}}\boldsymbol{A}\boldsymbol{P})\boldsymbol{y}=\boldsymbol{y}^{\mathrm{T}}\boldsymbol{B}\boldsymbol{y}$，由 $\boldsymbol{P}^{\mathrm{T}}\boldsymbol{A}\boldsymbol{P}=\boldsymbol{B}$ 可知 $\boldsymbol{A}$ 与 $\boldsymbol{B}$ 合同. 故应选(D).

评注 (1) 矩阵 $\boldsymbol{A}$ 与 $\boldsymbol{B}$ 合同的定义：$\boldsymbol{A},\boldsymbol{B}$ 为两个 n 阶矩阵，如果存在可逆矩阵 $\boldsymbol{P}$，使得 $\boldsymbol{P}^{\mathrm{T}}\boldsymbol{A}\boldsymbol{P}=\boldsymbol{B}$，则称矩阵 $\boldsymbol{A}$ 与 $\boldsymbol{B}$ 合同. 由惯性定理的推论可知，有了条件(A)、(B)、(C)，才满足矩阵 $\boldsymbol{A}$ 与 $\boldsymbol{B}$ 合同定义中之规定.

(2) 设 $\boldsymbol{A},\boldsymbol{B}$ 为 n 阶实对称矩阵，则 $\boldsymbol{A}$ 合同于 $\boldsymbol{B}$ 的充分必要条件为________.

(A) $R(\boldsymbol{A})=R(\boldsymbol{B})$. (B) $\boldsymbol{A},\boldsymbol{B}$ 为同型矩阵.

(C) $\boldsymbol{A},\boldsymbol{B}$ 的秩与正惯性指数都相等. (D) $\boldsymbol{A},\boldsymbol{B}$ 的正惯性指数相等.

答案：(C).

【例 5.187】设 $\boldsymbol{A}$ 为 $m\times n$ 实矩阵，$R(\boldsymbol{A})=n$，则

(A) $\boldsymbol{A}^{\mathrm{T}}\boldsymbol{A}$ 必合同于 n 阶单位矩阵. (B) $\boldsymbol{A}\boldsymbol{A}^{\mathrm{T}}$ 必等价于 m 阶单位矩阵.

(C) $\boldsymbol{A}^{\mathrm{T}}\boldsymbol{A}$ 必相似于 n 阶单位矩阵. (D) $\boldsymbol{A}\boldsymbol{A}^{\mathrm{T}}$ 是 m 阶单位矩阵.

【分析】注意到题中 $\boldsymbol{A}^{\mathrm{T}}\boldsymbol{A}$ 和 $\boldsymbol{A}\boldsymbol{A}^{\mathrm{T}}$ 都是实对称矩阵，其合同于单位矩阵的充分必要条件是其为正定矩阵，而方阵等价于单位矩阵的充分必要条件是其为可逆矩阵，方阵相似于单位矩阵的充分必要条件为其是单位矩阵.

对任意 n 维非零列向量 $\boldsymbol{x}$，由 $R(\boldsymbol{A})=n$ 可知 $\boldsymbol{A}\boldsymbol{x}\neq\boldsymbol{O}$，而

$$\boldsymbol{x}^{\mathrm{T}}(\boldsymbol{A}^{\mathrm{T}}\boldsymbol{A})\boldsymbol{x}=(\boldsymbol{A}\boldsymbol{x})^{\mathrm{T}}(\boldsymbol{A}\boldsymbol{x})=\|\boldsymbol{A}\boldsymbol{x}\|^2>0$$

所以 $\boldsymbol{A}^{\mathrm{T}}\boldsymbol{A}$ 为正定矩阵，故选(A). 而 $\boldsymbol{A}\boldsymbol{A}^{\mathrm{T}}$ 是 $m\times m$ 矩阵，由题设不能得出 $R(\boldsymbol{A}\boldsymbol{A}^{\mathrm{T}})=m$，因此选项(B)不成立，进而选项(D)也不成立. 矩阵 $\boldsymbol{A}^{\mathrm{T}}\boldsymbol{A}$ 的特征值不一定都是 1，因而选项(C)不一定成立.

评注 本题中选项(A)的结论与题设是等价的，即实矩阵 $\boldsymbol{A}=(a_{ij})_{m\times n}$ 有 $R(\boldsymbol{A})=n$ 的充分必要条件为 $\boldsymbol{A}^{\mathrm{T}}\boldsymbol{A}$ 是正定矩阵.

【例 5.188】设 $\boldsymbol{A}$ 为 n 阶矩阵，则下列命题：

① 设 $\boldsymbol{A}$ 为 n 阶实可逆矩阵，如果 $\boldsymbol{A}$ 与 $-\boldsymbol{A}$ 合同，则 n 必为偶数.

② 若 $\boldsymbol{A}$ 与单位矩阵合同，则 $|\boldsymbol{A}|>0$.

③ 若 $|\boldsymbol{A}|>0$，则 $\boldsymbol{A}$ 与单位矩阵合同.

④ 若 $\boldsymbol{A}$ 可逆，则 $\boldsymbol{A}^{-1}$ 与 $\boldsymbol{A}^{\mathrm{T}}$ 合同.

中正确的个数是________.

(A) 3. (B) 2. (C) 1. (D) 0.

【分析】对命题①：由于 $\boldsymbol{A}$ 为 n 阶实可逆矩阵，且 $\boldsymbol{A}$ 与 $-\boldsymbol{A}$ 合同，则存在可逆矩阵 $\boldsymbol{C}$，使

$$-\boldsymbol{A}=\boldsymbol{C}^{\mathrm{T}}\boldsymbol{A}\boldsymbol{C}$$

两边取行列式，有 $(-1)^n|\boldsymbol{A}|=|\boldsymbol{C}^{\mathrm{T}}\boldsymbol{A}\boldsymbol{C}|=|\boldsymbol{A}||\boldsymbol{C}|^2$.

又 $\boldsymbol{A}$ 是可逆的，有 $|\boldsymbol{A}|\neq 0$，那么 $|\boldsymbol{C}|^2=(-1)^n>0$，则 n 必为偶数. 故命题①正确.

对命题②：若 $\boldsymbol{A}$ 与单位矩阵合同，则存在可逆矩阵 $\boldsymbol{C}$，使 $\boldsymbol{E}=\boldsymbol{C}^{\mathrm{T}}\boldsymbol{A}\boldsymbol{C}$，$|\boldsymbol{A}||\boldsymbol{C}|^2=1$，所以 $|\boldsymbol{A}|>0$. 故命题②正确.

对命题③：设 $\boldsymbol{A}=\begin{bmatrix}-1 & 0\\ 0 & -1\end{bmatrix}$，满足 $|\boldsymbol{A}|>0$ 的条件，但 $\boldsymbol{A}$ 在实数范围内与 $\boldsymbol{E}$ 不合同，所以命题③不正确.

对命题④：若 $\boldsymbol{A}$ 可逆，则 $\boldsymbol{A}^{\mathrm{T}}=\boldsymbol{A}^{\mathrm{T}}\boldsymbol{A}^{-1}\boldsymbol{A}$，则 $\boldsymbol{A}^{\mathrm{T}}$ 与 $\boldsymbol{A}^{-1}$ 合同. 故命题④正确.

综上分析，应选(A).

【例 5.189】已知

$$\boldsymbol{A}_1=\begin{bmatrix}3 & \\ & 5\end{bmatrix},\quad \boldsymbol{A}_2=\begin{bmatrix}1 & \\ & 4\end{bmatrix},\quad \boldsymbol{A}_3=\begin{bmatrix}2 & \\ & -1\end{bmatrix}$$

验证：$\boldsymbol{A}_1$ 与 $\boldsymbol{A}_2$ 合同，$\boldsymbol{A}_1$ 与 $\boldsymbol{A}_3$ 不合同.

【解】因为存在可逆矩阵 $\boldsymbol{C}=\begin{bmatrix}\frac{1}{\sqrt{3}} & \\ & \frac{2}{\sqrt{5}}\end{bmatrix}$，使得 $\boldsymbol{C}^{\mathrm{T}}\boldsymbol{A}_1\boldsymbol{C}=\boldsymbol{A}_2$，所以 $\boldsymbol{A}_1\simeq\boldsymbol{A}_2$.

如果 $\boldsymbol{A}_1\simeq\boldsymbol{A}_3$，则存在可逆矩阵 $\boldsymbol{C}$，使 $\boldsymbol{C}^{\mathrm{T}}\boldsymbol{A}_1\boldsymbol{C}=\boldsymbol{A}_3$. 两边取行列式，有

$$-2=|\boldsymbol{A}_3|=|\boldsymbol{C}^{\mathrm{T}}||\boldsymbol{A}_1||\boldsymbol{C}|=|5||\boldsymbol{C}|^2$$

于是 $|\boldsymbol{C}|^2<0$，矛盾. 所以 $\boldsymbol{A}_1$ 与 $\boldsymbol{A}_3$ 不合同.

评注　由于 $\boldsymbol{x}^{\mathrm{T}}\boldsymbol{A}_1\boldsymbol{x}=3x_1^2+5x_2^2$，$\boldsymbol{x}^{\mathrm{T}}\boldsymbol{A}_2\boldsymbol{x}=x_1^2+4x_2^2$ 的正惯性指数均为 $p=2$，负惯性指数均为 $q=0$，二次型的正、负惯性指数相同，所以矩阵合同. 而 $\boldsymbol{x}^{\mathrm{T}}\boldsymbol{A}_3\boldsymbol{x}=2x_1^2-x_2^2$ 的正惯性指数 $p=1$，负惯性指数 $q=1$，可见 $\boldsymbol{A}_3$ 与 $\boldsymbol{A}_1$，$\boldsymbol{A}_2$ 均不合同.

只要不声明，我们都是在实数域讨论问题，但若扩充为复数域，情况会有变化. 因为

$$\begin{bmatrix}\sqrt{2} & \\ & \frac{1}{2}\mathrm{i}\end{bmatrix}^{\mathrm{T}}\begin{bmatrix}1 & \\ & 4\end{bmatrix}\begin{bmatrix}\sqrt{2} & \\ & \frac{1}{2}\mathrm{i}\end{bmatrix}=\begin{bmatrix}2 & \\ & -1\end{bmatrix}$$

即 $\boldsymbol{A}_2$ 与 $\boldsymbol{A}_3$ 合同，类似可知 $\boldsymbol{A}_1$ 与 $\boldsymbol{A}_3$ 也合同.

【例 5.190】若将 3 阶实对称矩阵按合同关系分类，那么一共有多少类？每类各写出一个矩阵.

【解】实对称矩阵是否合同关键是看正、负惯性指数，因此

$$\begin{bmatrix}0 & 0 & 0\\ 0 & 0 & 0\\ 0 & 0 & 0\end{bmatrix}$$

$$\begin{bmatrix}1 & 0 & 0\\ 0 & 0 & 0\\ 0 & 0 & 0\end{bmatrix},\begin{bmatrix}-1 & 0 & 0\\ 0 & 0 & 0\\ 0 & 0 & 0\end{bmatrix}$$

$$\begin{bmatrix}1 & 0 & 0\\ 0 & 1 & 0\\ 0 & 0 & 0\end{bmatrix},\begin{bmatrix}1 & 0 & 0\\ 0 & -1 & 0\\ 0 & 0 & 0\end{bmatrix},\begin{bmatrix}-1 & 0 & 0\\ 0 & -1 & 0\\ 0 & 0 & 0\end{bmatrix}$$

学习随笔

$$\begin{bmatrix}1&0&0\\0&1&0\\0&0&1\end{bmatrix},\begin{bmatrix}1&0&0\\0&1&0\\0&0&-1\end{bmatrix},\begin{bmatrix}1&0&0\\0&-1&0\\0&0&-1\end{bmatrix},\begin{bmatrix}-1&0&0\\0&-1&0\\0&0&-1\end{bmatrix}$$

共有 10 个合同类.

评注　若按等价关系则共有 4 个等价类,即 $R(\boldsymbol{A})=0,1,2,3$ 共 4 类;而若按相似关系则有无穷多类,因为特征值不同的矩阵是不相似的.

一般地,对于 n 阶实对称矩阵按合同关系:

$R(\boldsymbol{A})=0$:只有一个零矩阵.

$R(\boldsymbol{A})=1$:可以是 $p=1$ 亦可是 $q=1$,共 2 类.

$R(\boldsymbol{A})=2$:可以 $p=2,p=1$ 且 $q=1,q=2$,共 3 类.

⋮

因此共有 $1+2+3+\cdots+(n+1)=\dfrac{(n+1)(n+2)}{2}$ 个合同类.

【例 5.191】设 $\boldsymbol{A},\boldsymbol{B}$ 为同阶可逆矩阵,则________.

(A) $\boldsymbol{AB}=\boldsymbol{BA}$.

(B) 存在可逆矩阵 $\boldsymbol{P}$,使 $\boldsymbol{P}^{-1}\boldsymbol{AP}=\boldsymbol{B}$.

(C) 存在可逆矩阵 $\boldsymbol{C}$,使 $\boldsymbol{C}^{\mathrm{T}}\boldsymbol{AC}=\boldsymbol{B}$.

(D) 存在可逆矩阵 $\boldsymbol{P}$ 和 $\boldsymbol{Q}$,使 $\boldsymbol{PAQ}=\boldsymbol{B}$.

【分析】矩阵乘法没有交换律,故(A)不正确.

两个可逆矩阵不一定相似,因为特征值可以不一样. 故(B)不正确.

两个可逆矩阵所对应的二次型的正、负惯性指数可以不同,因而不一定合同. 例如

$$\boldsymbol{A}=\begin{bmatrix}1&0\\0&2\end{bmatrix}\text{ 与 }\boldsymbol{B}=\begin{bmatrix}-1&0\\0&3\end{bmatrix}$$

既不相似也不合同.

$\boldsymbol{A}$ 与 $\boldsymbol{B}$ 等价,即 $\boldsymbol{A}$ 经初等变换可得到 $\boldsymbol{B}$,即有初等矩阵 $\boldsymbol{P}_1,\boldsymbol{P}_2,\cdots,\boldsymbol{Q}_1,\boldsymbol{Q}_2,\cdots$,使

$$\boldsymbol{P}_s\cdots\boldsymbol{P}_2\boldsymbol{P}_1\boldsymbol{A}\boldsymbol{Q}_1\boldsymbol{Q}_2\cdots\boldsymbol{Q}_t=\boldsymbol{B}$$

亦即有可逆矩阵 $\boldsymbol{P}$ 和 $\boldsymbol{Q}$,使 $\boldsymbol{PAQ}=\boldsymbol{B}$.

另一方面,$\boldsymbol{A}$ 与 $\boldsymbol{B}$ 等价$\Leftrightarrow R(\boldsymbol{A})=R(\boldsymbol{B})$,从而知(D)正确. 故应选(D).

【例 5.192】设 $\boldsymbol{A}=\begin{bmatrix}1&1&1&1\\1&1&1&1\\1&1&1&1\\1&1&1&1\end{bmatrix},\boldsymbol{B}=\begin{bmatrix}4&0&0&0\\0&0&0&0\\0&0&0&0\\0&0&0&0\end{bmatrix}$,则 $\boldsymbol{A}$ 与 $\boldsymbol{B}$ ________.

(A) 合同且相似.　　　　(B) 合同但不相似.

(C) 不合同但相似.　　　　(D) 不合同且不相似.

【分析】由 $|\lambda\boldsymbol{E}-\boldsymbol{A}|=\lambda^4-4\lambda^3=0$,知矩阵的 $\boldsymbol{A}$ 的特征值是 4,0,0,0. 又因 $\boldsymbol{A}$ 是实对称矩阵,$\boldsymbol{A}$ 必能相似对角化,所以 $\boldsymbol{A}$ 与对角矩阵 $\boldsymbol{B}$ 相似.

作为实对称矩阵,当 $\boldsymbol{A}\sim\boldsymbol{B}$ 时,知 $\boldsymbol{A}$ 与 $\boldsymbol{B}$ 有相同的特征值,从而二次型 $\boldsymbol{x}^{\mathrm{T}}\boldsymbol{Ax}$ 与 $\boldsymbol{x}^{\mathrm{T}}\boldsymbol{Bx}$ 有相同的正、负惯性指数. 因此 $\boldsymbol{A}$ 与 $\boldsymbol{B}$ 合同.

所以本题应当选(A).

注意:实对称矩阵合同时,它们不一定相似,但相似时一定合同.例如

$$\boldsymbol{A}=\begin{bmatrix}1&0\\0&2\end{bmatrix}\text{与}\boldsymbol{B}=\begin{bmatrix}1&0\\0&3\end{bmatrix}$$

它们的特征值不同,故 $\boldsymbol{A}$ 与 $\boldsymbol{B}$ 不相似.但它们的正惯性指数均为 2,负惯性指数均为 0,所以 $\boldsymbol{A}$ 与 $\boldsymbol{B}$ 合同.

【例 5.193】设矩阵 $\boldsymbol{A}=\begin{bmatrix}2&-1&-1\\-1&2&-1\\-1&-1&2\end{bmatrix}$,$\boldsymbol{B}=\begin{bmatrix}1&0&0\\0&1&0\\0&0&0\end{bmatrix}$,则 $\boldsymbol{A}$ 与 $\boldsymbol{B}$ ________.

(A) 合同且相似.　　(B) 合同但不相似.

(C) 不合同但相似.　　(D) 既不合同也不相似.

【分析】根据相似的必要条件 $\sum a_{ii}=\sum b_{ii}$,易见 $\boldsymbol{A}$ 和 $\boldsymbol{B}$ 肯定不相似.由此可排除(A)与(C).

而合同的充分必要条件是有相同的正惯性指数、负惯性指数.为此可以用特征值来加以判断.由

$$|\lambda\boldsymbol{E}-\boldsymbol{A}|=\begin{vmatrix}\lambda-2&1&1\\1&\lambda-2&1\\1&1&\lambda-2\end{vmatrix}=\begin{vmatrix}\lambda&\lambda&\lambda\\1&\lambda-2&1\\1&1&\lambda-2\end{vmatrix}=\lambda(\lambda-3)^2$$

知矩阵 $\boldsymbol{A}$ 的特征值为 3,3,0.故二次型 $\boldsymbol{x}^{\mathrm{T}}\boldsymbol{A}\boldsymbol{x}$ 的正惯性指数 $p=2$,负惯性指数 $q=0$.而二次型 $\boldsymbol{x}^{\mathrm{T}}\boldsymbol{B}\boldsymbol{x}$ 的正惯性指数亦为 $p=2$,负惯性指数 $q=0$,所以 $\boldsymbol{A}$ 与 $\boldsymbol{B}$ 合同.故选(B).

【例 5.194】若 n 阶实对称矩阵 $\boldsymbol{A}\simeq\boldsymbol{B}$,$\boldsymbol{C}\simeq\boldsymbol{D}$.证明:$\begin{bmatrix}\boldsymbol{A}&\boldsymbol{O}\\\boldsymbol{O}&\boldsymbol{C}\end{bmatrix}\simeq\begin{bmatrix}\boldsymbol{B}&\boldsymbol{O}\\\boldsymbol{O}&\boldsymbol{D}\end{bmatrix}$,并举例说明 $\boldsymbol{A}+\boldsymbol{C}$ 与 $\boldsymbol{B}+\boldsymbol{D}$ 不一定合同.

【证明】因为 $\boldsymbol{A}\simeq\boldsymbol{B}$,故存在可逆矩阵 $\boldsymbol{P}$,使 $\boldsymbol{P}^{\mathrm{T}}\boldsymbol{A}\boldsymbol{P}=\boldsymbol{B}$.类似地,有可逆矩阵 $\boldsymbol{Q}$,使 $\boldsymbol{Q}^{\mathrm{T}}\boldsymbol{C}\boldsymbol{Q}=\boldsymbol{D}$,那么

$$\begin{bmatrix}\boldsymbol{P}&\\&\boldsymbol{Q}\end{bmatrix}^{\mathrm{T}}\begin{bmatrix}\boldsymbol{A}&\\&\boldsymbol{C}\end{bmatrix}\begin{bmatrix}\boldsymbol{P}&\\&\boldsymbol{Q}\end{bmatrix}=\begin{bmatrix}\boldsymbol{P}^{\mathrm{T}}\boldsymbol{A}\boldsymbol{P}&\\&\boldsymbol{Q}^{\mathrm{T}}\boldsymbol{C}\boldsymbol{Q}\end{bmatrix}=\begin{bmatrix}\boldsymbol{B}&\\&\boldsymbol{D}\end{bmatrix}$$

所以 $\begin{bmatrix}\boldsymbol{A}&\\&\boldsymbol{C}\end{bmatrix}\simeq\begin{bmatrix}\boldsymbol{B}&\\&\boldsymbol{D}\end{bmatrix}$.

如 $\boldsymbol{A}=\begin{bmatrix}1&0\\0&2\end{bmatrix}$,$\boldsymbol{B}=\begin{bmatrix}1&0\\0&4\end{bmatrix}$,$\boldsymbol{C}=\begin{bmatrix}1&0\\0&-1\end{bmatrix}$,$\boldsymbol{D}=\begin{bmatrix}1&0\\0&-5\end{bmatrix}$,则 $\boldsymbol{A}\simeq\boldsymbol{B}$,$\boldsymbol{C}\simeq\boldsymbol{D}$.但 $\boldsymbol{A}+\boldsymbol{C}=\begin{bmatrix}2&0\\0&1\end{bmatrix}$,$\boldsymbol{B}+\boldsymbol{D}=\begin{bmatrix}2&0\\0&-1\end{bmatrix}$ 不合同.

【例 5.195】设矩阵 $\boldsymbol{A}=\begin{bmatrix}0&1&0&0\\1&0&0&0\\0&0&y&1\\0&0&1&2\end{bmatrix}$.

(1) 已知 $\boldsymbol{A}$ 的一个特征值为 3,试求 y.

(2) 求可逆矩阵 $\boldsymbol{P}$,使 $(\boldsymbol{A}\boldsymbol{P})^{\mathrm{T}}(\boldsymbol{A}\boldsymbol{P})$ 为对角矩阵.

学习随笔

【解】(1) 因为 $\lambda=3$ 是 $\boldsymbol{A}$ 的特征值，故

$$|3\boldsymbol{E}-\boldsymbol{A}|=\begin{vmatrix}3&-1&0&0\\-1&3&0&0\\0&0&3-y&-1\\0&0&-1&1\end{vmatrix}=\begin{vmatrix}3&-1\\-1&3\end{vmatrix}\cdot\begin{vmatrix}3-y&-1\\-1&1\end{vmatrix}=8(2-y)=0$$

所以 $y=2$.

(2) 由于 $\boldsymbol{A}^{\mathrm{T}}=\boldsymbol{A}$，要 $(\boldsymbol{AP})^{\mathrm{T}}(\boldsymbol{AP})=\boldsymbol{P}^{\mathrm{T}}\boldsymbol{A}^2\boldsymbol{P}=\boldsymbol{\Lambda}$，而

$$\boldsymbol{A}^2=\begin{bmatrix}1&0&0&0\\0&1&0&0\\0&0&5&4\\0&0&4&5\end{bmatrix}$$

是对称矩阵，故可构造二次型 $\boldsymbol{x}^{\mathrm{T}}\boldsymbol{A}^2\boldsymbol{x}$，将其化为标准型 $\boldsymbol{y}^{\mathrm{T}}\boldsymbol{\Lambda}\boldsymbol{y}$，即有 $\boldsymbol{A}^2$ 与 $\boldsymbol{\Lambda}$ 合同. 亦即

$$\boldsymbol{P}^{\mathrm{T}}\boldsymbol{A}^2\boldsymbol{P}=\boldsymbol{\Lambda}$$

由于

$$\begin{aligned}\boldsymbol{x}^{\mathrm{T}}\boldsymbol{A}^2\boldsymbol{x}&=x_1^2+x_2^2+5x_3^2+5x_4^2+8x_3x_4\\&=x_1^2+x_2^2+5\left(x_3^2+\frac{8}{5}x_3x_4+\frac{16}{25}x_4^2\right)+5x_4^2-\frac{16}{5}x_4^2\\&=x_1^2+x_2^2+5\left(x_1+\frac{4}{5}x_4\right)^2+\frac{9}{5}x_4^2\end{aligned}$$

那么，令 $y_1=x_1, y_2=x_2, y_3=x_3+\frac{4}{5}x_4, y_4=x_4$，即经坐标变换

$$\begin{bmatrix}x_1\\x_2\\x_3\\x_4\end{bmatrix}=\begin{bmatrix}1&0&0&0\\0&1&0&0\\0&0&1&-\frac{4}{5}\\0&0&0&1\end{bmatrix}\begin{bmatrix}y_1\\y_2\\y_3\\y_4\end{bmatrix}$$

有 $\boldsymbol{x}^{\mathrm{T}}\boldsymbol{A}^2\boldsymbol{x}=y_1^2+y_2^2+5y_3^2+\frac{9}{5}y_4^2$.

所以取 $\boldsymbol{P}=\begin{bmatrix}1&0&0&0\\0&1&0&0\\0&0&1&-\frac{4}{5}\\0&0&0&1\end{bmatrix}$，则 $(\boldsymbol{AP})^{\mathrm{T}}(\boldsymbol{AP})=\boldsymbol{P}^{\mathrm{T}}\boldsymbol{A}^2\boldsymbol{P}=\begin{bmatrix}1&&&\\&1&&\\&&5&\\&&&\frac{9}{5}\end{bmatrix}$.

评注　本题(1)是考查特征值的基本概念，而题(2)是把实对称矩阵合同于对角矩阵的问题转化成二次型求标准型的问题，用二次型的理论与方法来处理矩阵中的问题.

只要题目没有限定，将二次型 $\boldsymbol{x}^{\mathrm{T}}\boldsymbol{A}\boldsymbol{x}$ 化成标准型既可以用配方法也可以用正交变换法，若后续问题涉及特征值就应选用正交变换法，因为配方法所得标准型的系数不是特征值. 本题用配方法只须一步，是简洁的，请用正交变换法完成本题.

【例 5.196】设 $\boldsymbol{A}$ 为 n 阶实对称矩阵，秩 $R(\boldsymbol{A})=n$，A_{ij} 是 $\boldsymbol{A}=(a_{ij})_{n\times n}(i, j=1, 2,\cdots,n)$ 中元素 a_{ij} 的代数余子式，二次型

学习随笔

$$f(x_1,x_2,\cdots,x_n)=\sum_{i=1}^{n}\sum_{j=1}^{n}\frac{A_{ij}}{|\boldsymbol{A}|}x_i x_j$$

(1) 记 $\boldsymbol{X}=(x_1,x_2,\cdots,x_n)^{\mathrm{T}}$，把 $f(x_1,x_2,\cdots,x_n)$ 写成矩阵形式，并证明二次型 $f(\boldsymbol{X})$ 的矩阵为 $\boldsymbol{A}^{-1}$.

(2) 二次型 $g(\boldsymbol{X})=\boldsymbol{X}^{\mathrm{T}}\boldsymbol{A}\boldsymbol{X}$ 与 $f(\boldsymbol{X})$ 的规范型是否相同？说明理由.

【分析】如果 $f(\boldsymbol{X})=\boldsymbol{X}^{\mathrm{T}}\boldsymbol{A}\boldsymbol{X}$，其中 $\boldsymbol{A}$ 是实对称矩阵，那么 $\boldsymbol{X}^{\mathrm{T}}\boldsymbol{A}\boldsymbol{X}$ 就是二次型 $f(\boldsymbol{X})$ 的矩阵表示，为此应读出双和号的含义. 两个二次型如果其正、负惯性指数相同，它们的规范型就一样，反之亦然. 而根据惯性定理，经坐标变换二次型的正、负惯性指数不变，因而其规范型相同.

【解】(1) 由于

$$\begin{aligned}f(x_1,x_2,\cdots,x_n)&=\sum_{i=1}^{n}\sum_{j=1}^{n}\frac{A_{ij}}{|\boldsymbol{A}|}x_i x_j\\&=(x_1,x_2,\cdots,x_n)\frac{1}{|\boldsymbol{A}|}\begin{bmatrix}A_{11}&A_{12}&\cdots&A_{1n}\\A_{21}&A_{22}&\cdots&A_{2n}\\\vdots&\vdots&&\vdots\\A_{n1}&A_{n2}&\cdots&A_{nn}\end{bmatrix}\begin{bmatrix}x_1\\x_2\\\vdots\\x_n\end{bmatrix}\end{aligned}$$

因为 $R(\boldsymbol{A})=n$，知 $\boldsymbol{A}$ 可逆，又因 $\boldsymbol{A}$ 是实对称的，有 $(\boldsymbol{A}^{-1})^{\mathrm{T}}=(\boldsymbol{A}^{\mathrm{T}})^{-1}=\boldsymbol{A}^{-1}$. 得知 $\boldsymbol{A}^{-1}=\dfrac{\boldsymbol{A}^*}{|\boldsymbol{A}|}$ 是实对称矩阵，于是 $\boldsymbol{A}^*$ 是对称的，故二次型 $f(\boldsymbol{X})$ 的矩阵是 $\boldsymbol{A}^{-1}$.

(2) 经坐标变换 $\boldsymbol{X}=\boldsymbol{A}^{-1}\boldsymbol{Y}$，有

$$g(\boldsymbol{X})=\boldsymbol{X}^{\mathrm{T}}\boldsymbol{A}\boldsymbol{X}=(\boldsymbol{A}^{-1}\boldsymbol{Y})^{\mathrm{T}}\boldsymbol{A}(\boldsymbol{A}^{-1}\boldsymbol{Y})=\boldsymbol{Y}^{\mathrm{T}}(\boldsymbol{A}^{-1})^{\mathrm{T}}\boldsymbol{Y}=\boldsymbol{Y}^{\mathrm{T}}\boldsymbol{A}^{-1}\boldsymbol{Y}=f(\boldsymbol{Y})$$

即 $g(\boldsymbol{X})$ 与 $f(\boldsymbol{X})$ 有相同的规范型.

评注　由于 $(\boldsymbol{A}^{-1})^{\mathrm{T}}\boldsymbol{A}(\boldsymbol{A}^{-1})=(\boldsymbol{A}^{-1})^{\mathrm{T}}=(\boldsymbol{A}^{\mathrm{T}})^{-1}=\boldsymbol{A}^{-1}$，即 $\boldsymbol{A}$ 与 $\boldsymbol{A}^{-1}$ 合同，所以 $f(\boldsymbol{X})$ 与 $g(\boldsymbol{X})$ 规范型相同.

学习随笔

第六章 线性空间与线性变换

■ 基本内容

一、基本要求与学习要点

1. 基本要求

(1) 了解线性空间的概念,了解线性空间的基与维数,了解坐标的概念及 n 维线性空间 V_n 与数组向量空间 $\mathbf{R}^n$ 同构的原理. 知道基变换与坐标变换的原理.

(2) 了解线性变换的概念,知道线性变换的像空间和核. 会求线性变换的矩阵,知道线性变换在不同基中的矩阵彼此相似. 知道线性变换的秩.

2. 学习要点

本章是线性代数几何理论的基本知识,初步了解这些知识是很有益的,它使我们能用更高的观点去审视前几章的内容,使它们有广泛的应用.

本章先介绍线性运算和线性空间的概念. 对于线性空间中的向量组,依据线性运算,也有线性组合、线性相关与线性无关、向量组的秩等概念,也有线性空间的基和维的概念. 然后着重讨论 n 维(有限维)线性空间.

在 n 维线性空间 V_n 中取定一个基 $\boldsymbol{\alpha}_1,\boldsymbol{\alpha}_2,\cdots,\boldsymbol{\alpha}_n$,则 V_n 中任一向量 $\boldsymbol{\alpha}$ 就可与 $\mathbf{R}^n$ 中的数组向量 $\boldsymbol{x}=(x_1,x_2,\cdots,x_n)^{\mathrm{T}}$ 建立起一一对应的关系

$$\boldsymbol{\alpha}=(\boldsymbol{\alpha}_1,\boldsymbol{\alpha}_2,\cdots,\boldsymbol{\alpha}_n)\boldsymbol{x} \leftrightarrow \boldsymbol{x}$$

并且这个对应关系保持线性组合的对应,即若 $\boldsymbol{\alpha} \leftrightarrow \boldsymbol{x}$, $\boldsymbol{\beta} \leftrightarrow \boldsymbol{y}$, $\lambda,\mu\in\mathbf{R}$,则

$$\lambda\boldsymbol{\alpha}+\mu\boldsymbol{\beta} \leftrightarrow \lambda\boldsymbol{x}+\mu\boldsymbol{y}$$

于是把 $\boldsymbol{x}$ 称为 $\boldsymbol{\alpha}$ 的坐标,并把 V_n 中的线性运算转化为 $\mathbf{R}^n$ 中的线性运算.

由于 V_n 与 $\mathbf{R}^n$ 的元素有一一对应的关系,且此对应关系保持线性组合的对应,据此,称 V_n 与 $\mathbf{R}^n$ 同构. 由此可知,把 $\mathbf{R}^n$ 中的向量 $\boldsymbol{x}$ 作为 V_n 中对应向量 $\boldsymbol{\alpha}$ 的坐标,其本质就是 V_n 与 $\mathbf{R}^n$ 同构.

在论述基变换及线性变换时,都涉及一个基本关系式

$$(\boldsymbol{\beta}_1,\boldsymbol{\beta}_2,\cdots,\boldsymbol{\beta}_n)=(\boldsymbol{\alpha}_1,\boldsymbol{\alpha}_2,\cdots,\boldsymbol{\alpha}_n)\boldsymbol{P} \tag{6.1}$$

其中 $\boldsymbol{\alpha}_1,\boldsymbol{\alpha}_2,\cdots,\boldsymbol{\alpha}_n$ 是线性空间 V_n 的一个基. 我们可以从下述三方面来审视这个关系式:

(1) 从坐标角度看,$\boldsymbol{P}=(\boldsymbol{p}_1,\boldsymbol{p}_2,\cdots,\boldsymbol{p}_n)$的列向量 $\boldsymbol{p}_j$ 是向量$\boldsymbol{\beta}_j$ 在基$\boldsymbol{\alpha}_1,\boldsymbol{\alpha}_2,\cdots,\boldsymbol{\alpha}_n$ 中的坐标,即$(\boldsymbol{\beta}_1,\boldsymbol{\beta}_2,\cdots,\boldsymbol{\beta}_n)\leftrightarrow(\boldsymbol{p}_1,\boldsymbol{p}_2,\cdots,\boldsymbol{p}_n)=\boldsymbol{P}$,$(\boldsymbol{\alpha}_1,\boldsymbol{\alpha}_2,\cdots,\boldsymbol{\alpha}_n)\leftrightarrow(\boldsymbol{e}_1,\boldsymbol{e}_2,\cdots,\boldsymbol{e}_n)=\boldsymbol{E}$. 故向量组 $\boldsymbol{\beta}_1,\boldsymbol{\beta}_2,\cdots,\boldsymbol{\beta}_n$ 的秩 $R(\boldsymbol{\beta}_1,\boldsymbol{\beta}_2,\cdots,\boldsymbol{\beta}_n)=$ 向量组 $\boldsymbol{p}_1,\boldsymbol{p}_2,\cdots,\boldsymbol{p}_n$ 的秩 $R(\boldsymbol{p}_1,\boldsymbol{p}_2,\cdots,\boldsymbol{p}_n)=$矩阵 $\boldsymbol{P}$ 的秩$R(\boldsymbol{P})$.

(2) 从基变换的角度看,若 $\boldsymbol{\beta}_1,\boldsymbol{\beta}_2,\cdots,\boldsymbol{\beta}_n$ 是线性空间 V_n 的另一个基,则关系

式(6.1)便是从老基 $\boldsymbol{\alpha}_1,\boldsymbol{\alpha}_2,\cdots,\boldsymbol{\alpha}_n$ 到新基 $\boldsymbol{\beta}_1,\boldsymbol{\beta}_2,\cdots,\boldsymbol{\beta}_n$ 的基变换公式，$\boldsymbol{P}$ 是从老基到新基的过渡矩阵. 这时，由于 $\boldsymbol{\beta}_1,\boldsymbol{\beta}_2,\cdots,\boldsymbol{\beta}_n$ 线性无关，故 $R(\boldsymbol{P})=n$，即 $\boldsymbol{P}$ 可逆.

(3) 从线性变换的角度看，关系式(6.1)唯一确定了 V_n 中的一个线性变换 T，它把基 $\boldsymbol{\alpha}_1,\boldsymbol{\alpha}_2,\cdots,\boldsymbol{\alpha}_n$ 变成向量组 $\boldsymbol{\beta}_1,\boldsymbol{\beta}_2,\cdots,\boldsymbol{\beta}_n$(即 $T(\boldsymbol{\alpha}_1,\boldsymbol{\alpha}_2,\cdots,\boldsymbol{\alpha}_n)=(\boldsymbol{\beta}_1,\boldsymbol{\beta}_2,\cdots,\boldsymbol{\beta}_n)$)，它在基 $\boldsymbol{\alpha}_1,\boldsymbol{\alpha}_2,\cdots,\boldsymbol{\alpha}_n$ 下的矩阵就是($\boldsymbol{\beta}_1,\boldsymbol{\beta}_2,\cdots,\boldsymbol{\beta}_n$)的坐标所构成的矩阵$(\boldsymbol{p}_1,\boldsymbol{p}_2,\cdots,\boldsymbol{p}_n)=\boldsymbol{P}$.

上面的论述说明关系式(6.1)的重要性，理解它的涵义是掌握本章知识的关键.

本章较多使用数学抽象思维的模式，例如线性运算的定义、零元素的定义等. 读者对此可能比较陌生，接触多了也就能领会. 线性运算的 8 条规律可视为线性运算的公理系统，线性运算的其他规律以及线性空间、线性变换的性质都是由此公理系统推导出来的，例如$(-1)\boldsymbol{\alpha}=-\boldsymbol{\alpha}$ 不能认为是当然的，而须用公理系统去证明.

二、基本概念

1. 线性空间定义

设 V 是一个非空集合，$\boldsymbol{F}$ 是一个数域，在 V 上定义两个运算(加法、数量乘积)，如果

(1) **加法**　$\forall \boldsymbol{\alpha},\boldsymbol{\beta}\in V$，有 $\boldsymbol{\alpha}+\boldsymbol{\beta}\in V$，即 V 对于加法封闭.

(2) **数量乘积**　$\forall \boldsymbol{\alpha}\in V,\forall k\in \boldsymbol{F}$，有 $k\boldsymbol{\alpha}\in V$，即 V 对于数量乘积封闭.

并且这两个运算满足以下 8 条规律($\forall \boldsymbol{\alpha},\boldsymbol{\beta},\boldsymbol{\gamma}\in V,\forall k,l\in \boldsymbol{F}$)：

① $\boldsymbol{\alpha}+\boldsymbol{\beta}=\boldsymbol{\beta}+\boldsymbol{\alpha}$.

② $(\boldsymbol{\alpha}+\boldsymbol{\beta})+\boldsymbol{\gamma}=\boldsymbol{\alpha}+(\boldsymbol{\beta}+\boldsymbol{\gamma})$.

③ V 中存在一个零元素 0，使对任何 $\boldsymbol{\alpha}\in V$，都有 $\boldsymbol{\alpha}+0=\boldsymbol{\alpha}$.

④ $\forall \boldsymbol{\alpha}\in V$，都有 $\boldsymbol{\alpha}$ 的负元素 $-\boldsymbol{\alpha}\in V$，使 $\boldsymbol{\alpha}+(-\boldsymbol{\alpha})=\boldsymbol{0}$.

⑤ $1\boldsymbol{\alpha}=\boldsymbol{\alpha}$.

⑥ $k(l\boldsymbol{\alpha})=(kl)\boldsymbol{\alpha}$.

⑦ $k(\boldsymbol{\alpha}+\boldsymbol{\beta})=k\boldsymbol{\alpha}+k\boldsymbol{\beta}$.

⑧ $(k+l)\boldsymbol{\alpha}=k\boldsymbol{\alpha}+l\boldsymbol{\alpha}$.

则称 V 是数域 $\boldsymbol{F}$ 上的线性空间. V 中的元素不论其原来属性如何，统称为向量.(通常数域 $\boldsymbol{F}$ 取为实数域 $\mathbf{R}$，亦称实数域 $\mathbf{R}$ 上的线性空间.)

2. 线性空间的维数与基

设 V 是数域 $\boldsymbol{F}$ 上的一个线性空间，如果 V 中存在 n 个线性无关的向量

$$\boldsymbol{\alpha}_1,\boldsymbol{\alpha}_2,\cdots,\boldsymbol{\alpha}_n$$

使 V 中任一向量均能由此向量组线性表出，则称 V 是 n 维线性空间，上述向量组称为 V 的一个基.

3. 线性变换的定义

设 V 是数域 $\boldsymbol{F}$ 上的线性空间，σ 是 V 上的一个变换，如果 σ 保持加法及数乘向量两个运算，即对任意的 $\boldsymbol{\alpha},\boldsymbol{\beta}\in V$，对任意常数 $k\in \boldsymbol{F}$，都有

$$\sigma(\boldsymbol{\alpha}+\boldsymbol{\beta})=\sigma(\boldsymbol{\alpha})+\sigma(\boldsymbol{\beta});\quad \sigma(k\boldsymbol{\alpha})=k\sigma(\boldsymbol{\alpha})$$

则称 σ 是线性空间 V 的一个线性变换. $\sigma(\boldsymbol{\alpha})$称为向量 $\boldsymbol{\alpha}$ 在线性变换 σ 下的像.

学习随笔

4. 线性变换的矩阵

设 V 是 n 维线性空间，$\boldsymbol{\alpha}_1,\boldsymbol{\alpha}_2,\cdots,\boldsymbol{\alpha}_n$ 是 V 的一个基，σ 是线性空间 V 上的线性变换，若

$$\begin{cases}\sigma(\boldsymbol{\alpha}_1)=a_{11}\boldsymbol{\alpha}_1+a_{21}\boldsymbol{\alpha}_2+\cdots+a_{n1}\boldsymbol{\alpha}_n,\\ \sigma(\boldsymbol{\alpha}_2)=a_{12}\boldsymbol{\alpha}_1+a_{22}\boldsymbol{\alpha}_2+\cdots+a_{n2}\boldsymbol{\alpha}_n,\\ \vdots\\ \sigma(\boldsymbol{\alpha}_n)=a_{1n}\boldsymbol{\alpha}_1+a_{2n}\boldsymbol{\alpha}_2+\cdots+a_{nn}\boldsymbol{\alpha}_n\end{cases}$$

把上述表达式用矩阵形式写成

$$\sigma(\boldsymbol{\alpha}_1,\boldsymbol{\alpha}_2,\cdots,\boldsymbol{\alpha}_n)=(\boldsymbol{\alpha}_1,\boldsymbol{\alpha}_2,\cdots,\boldsymbol{\alpha}_n)\begin{bmatrix}a_{11}&a_{12}&\cdots&a_{1n}\\a_{21}&a_{22}&\cdots&a_{2n}\\\vdots&\vdots&&\vdots\\a_{n1}&a_{n2}&\cdots&a_{nn}\end{bmatrix}$$

则称矩阵

$$\boldsymbol{A}=\begin{bmatrix}a_{11}&a_{12}&\cdots&a_{1n}\\a_{21}&a_{22}&\cdots&a_{2n}\\\vdots&\vdots&&\vdots\\a_{n1}&a_{n2}&\cdots&a_{nn}\end{bmatrix}$$

为线性变换 σ 在基 $\boldsymbol{\alpha}_1,\boldsymbol{\alpha}_2,\cdots,\boldsymbol{\alpha}_n$ 下的矩阵.

评注　n 维线性空间 V 上的线性变换与 n 阶矩阵之间有着一一对应的关系，任何 n 阶矩阵 $\boldsymbol{A}$ 都可以成为某个线性变换的矩阵. $\boldsymbol{A}$ 中的第 j 列就是 $\sigma(\boldsymbol{\alpha}_j)$ 在基 $\boldsymbol{\alpha}_1,\boldsymbol{\alpha}_2,\cdots,\boldsymbol{\alpha}_n$ 下的坐标.

5. 线性变换的值域与核

设 σ 是 n 维线性空间 V 上的线性变换，σ 的全体像向量的集合称为 σ 的值域，记为 $I_m\sigma$，即

$$I_m\sigma=\{\sigma(\boldsymbol{\alpha})\mid\boldsymbol{\alpha}\in V\}$$

线性空间 V 中所有被 σ 变成零向量的向量的集合称为线性变换 σ 的核，记为 $Ker\sigma$，即

$$Ker\sigma=\{\boldsymbol{\alpha}\mid\sigma(\boldsymbol{\alpha})=0,\boldsymbol{\alpha}\in V\}$$

评注　$I_m\sigma$ 与 $Ker\sigma$ 都是 V 的子空间. $I_m\sigma$ 是由 $\sigma(\boldsymbol{\alpha}_1),\sigma(\boldsymbol{\alpha}_2),\cdots,\sigma(\boldsymbol{\alpha}_n)$ 生成的子空间，它的维数也叫做线性变换 σ 的秩，该空间 $Ker\sigma$ 的维数也称为 σ 的零度.

三、重要公式

【定理 6.1】设线性变换 σ 在基 $\boldsymbol{\alpha}_1,\boldsymbol{\alpha}_2,\cdots,\boldsymbol{\alpha}_n$ 下的矩阵是 $\boldsymbol{A}$，向量 $\boldsymbol{\alpha}$ 与 $\sigma(\boldsymbol{\alpha})$ 在这组基下的坐标分别是 $\boldsymbol{X}=(x_1,x_2,\cdots,x_n)^{\mathrm{T}}$ 和 $\boldsymbol{Y}=(y_1,y_2,\cdots,y_n)^{\mathrm{T}}$，则 $\boldsymbol{Y}=\boldsymbol{AX}$.

【定理 6.2】设 σ 是线性空间 V 上的线性变换，它在两个基

$$\boldsymbol{\alpha}_1,\boldsymbol{\alpha}_2,\cdots,\boldsymbol{\alpha}_n \text{ 与 } \boldsymbol{\beta}_1,\boldsymbol{\beta}_2,\cdots,\boldsymbol{\beta}_n$$

下的矩阵分别是 $\boldsymbol{A}$ 和 $\boldsymbol{B}$，那么 $\boldsymbol{B}=\boldsymbol{C}^{-1}\boldsymbol{AC}$. 其中 $\boldsymbol{C}$ 是由基 $\boldsymbol{\alpha}_1,\boldsymbol{\alpha}_2,\cdots,\boldsymbol{\alpha}_n$ 到基 $\boldsymbol{\beta}_1,\boldsymbol{\beta}_2,\cdots,\boldsymbol{\beta}_n$ 下的过渡矩阵.

学习随笔

【定理 6.3】设 σ 是 n 维线性空间 V 上的线性变换，则 $\dim Ker\sigma+\dim I_m\sigma=n$.

典型例题分析

一、线性空间、线性变换

【例 6.1】判断下列集合对于所给运算是否构成实数域上的线性空间：

(1) 二次多项式的全体，对于多项式的加法和数量乘积.

(2) 线性方程组 $\begin{cases}x_1+2x_2-x_3=1,\\ \qquad x_2+x_3=3\end{cases}$ 的全体解向量，对于向量的加法和数量乘积.

(3) 全体形如 $\begin{bmatrix}a & b\\ c & d\end{bmatrix}$（其中 $a\geqslant d$）的二阶矩阵，对于矩阵加法和数量乘积.

(4) 平面上全体向量，对于通常的向量加法和如下定义的数量乘积：$k\boldsymbol{\alpha}=\mathbf{0}$.

【解】(1) 否. 两个二次多项式的和不一定是二次多项式，例如

$$(x^2+2x-3)+(-x^2+x-2)=3x-5$$

集合对于向量加法不封闭.

(2) 否. 若 $\boldsymbol{\alpha}$，$\boldsymbol{\beta}$ 是方程组的两个解，则因 $\boldsymbol{\alpha}+\boldsymbol{\beta}$ 不是方程组的解，集合对向量加法不封闭.

(3) 否. 对数量乘积不封闭，因为 $k<0$ 时，$k\begin{bmatrix}a & b\\ c & d\end{bmatrix}=\begin{bmatrix}ka & kb\\ kc & kd\end{bmatrix}$，$ka\geqslant kd$ 不再成立.

(4) 否. 因为 $1\boldsymbol{\alpha}=\mathbf{0}$，不符合线性空间对运算规律的 8 条要求.

评注　要证明一个集合及其两个运算构成一个线性空间，应当验证两种运算的封闭性，还要逐一检查 8 条性质是否全都成立. 但若否定一个集合是线性空间，只要指出这些要求中有一条不成立即可.

【例 6.2】证明：主对角线上的元素之和等于 0 的 2 阶矩阵的集合 M_2 对于矩阵的加法及数量乘积构成一个线性空间.

【证明】任取 $\mathbf{A},\mathbf{B}\in M_2$，设 $\mathbf{A}=\begin{bmatrix}a & a_2\\ a_3 & -a\end{bmatrix}$，$\mathbf{B}=\begin{bmatrix}b & b_2\\ b_3 & -b\end{bmatrix}$，则

$$\mathbf{A}+\mathbf{B}=\begin{bmatrix}a+b & a_2+b_2\\ a_3+b_3 & -a-b\end{bmatrix}\in M_2,\quad k\mathbf{A}=\begin{bmatrix}ka & ka_2\\ ka_3 & -ka\end{bmatrix}\in M_2,\forall k$$

所以，M_2 对两个运算封闭.

根据矩阵运算的性质，知 M_2 对 8 条性质自然成立. 因此，M_2 是一个线性空间.

【说明】M_2 中的零元素是零矩阵，$\mathbf{A}$ 的负元素是 $-\mathbf{A}$. 因为

$$\mathbf{A}+\mathbf{O}=\mathbf{A},\quad \mathbf{A}+(-\mathbf{A})=\mathbf{O}$$

【例 6.3】证明：全体奇函数的集合 V，对于通常的函数加法及数与函数的乘法，即

$$(f\oplus g)(x)=f(x)+g(x),\quad \forall f,g\in V$$
$$(k\circ f)(x)=kf(x),\quad \forall k\in\mathbf{R},\forall f\in V$$

构成一个实数域上的线性空间.

学习随笔

【证明】$\forall f,g\in V$，即 $f(-x)=-f(x)$，$g(-x)=-g(x)$，有

$$(f\oplus g)(-x)=f(-x)+g(-x)=-f(x)+g(x)=-(f\oplus g)(x)$$

即 $f+g\in V$.

$\forall k\in\mathbf{R},\forall f\in V$，由 $f(-x)=-f(x)$，有

$$(k\circ f)(-x)=kf(-x)=-kf(x)=-(k\circ f)(x)$$

即 $k\circ f\in V$. 所以，V 对两个运算封闭.

根据函数运算的性质，知 V 对 8 条性质都成立. 因此，V 是一个线性空间.

【说明】V 中的零元素是 $f(x)\equiv 0$，$f(x)$ 的负元素是 $-f(x)$.

【例 6.4】证明：全体正实数的集合 $\mathbf{R}^+$，对于加法和数量乘积定义为

$$a\oplus b=ab\quad(\forall a,b\in\mathbf{R}^+)$$

$$k\circ a=a^k\quad(\forall k\in\mathbf{R},\forall a\in\mathbf{R}^+)$$

构成一个实数域上的线性空间.

【证明】$\forall a,b\in\mathbf{R}^+$，有 $a>0,b>0$，于是 $ab>0$，即 $a\oplus b\in\mathbf{R}^+$.

$\forall a\in\mathbf{R}^+,\forall k\in\mathbf{R}$，有 $a^k>0$，即 $k\circ a\in\mathbf{R}^+$. 所以 $\mathbf{R}^+$ 对给定的加法与数量乘积是封闭的.

下面验证 8 条性质全都成立：

(1) $a\oplus b=ab=ba=b\oplus a$.

(2) $(a\oplus b)\oplus c=(ab)\oplus c=(ab)c=a(bc)=a\oplus(bc)=a\oplus(b\oplus c)$.

(3) $\forall a\in\mathbf{R}^+$，$a\oplus 1=a\cdot 1=a$，零元素是 1.

(4) $\forall a\in\mathbf{R}^+$，有 $\dfrac{1}{a}\in\mathbf{R}^+$ 且 $a\oplus\dfrac{1}{a}=1$，即 a 的负元素是 $\dfrac{1}{a}$.

(5) $1\circ a=a^1=a$.

(6) $k\circ(l\circ a)=k\circ a^l=1(a^l)^k=a^{kl}=(kl)\circ a$.

(7) $(k+l)\circ a=a^{k+l}=a^ka^l=(k\circ a)\oplus(l\circ a)$.

(8) $k\circ(a+b)=k\circ(ab)=(ab)^k=a^kb^k=(k\circ a)\oplus(k\circ b)$.

所以 $\mathbf{R}^+$ 及其两个运算构成实数域上的线性空间.

评注　此时的零元素是 1，而不是前两题中的 0，关于零元素的概念应当理解清楚.

【例 6.5】判断下列变换是不是线性空间 V 上的线性变换？为什么？

(1) 在 3 维向量空间内 $\sigma\begin{bmatrix}x\\y\\z\end{bmatrix}=\begin{bmatrix}x+y\\2z\\x\end{bmatrix}$.

(2) 在线性空间 V 中 $\sigma(\boldsymbol{a})=\boldsymbol{\alpha}_0$，$\forall\boldsymbol{\alpha}\in V$，其中 $\boldsymbol{\alpha}_0$ 是 V 中一个固定的向量.

(3) $M_2(\mathbf{R})$ 是实数域 $\mathbf{R}$ 上二阶矩阵所构成的线性空间

$$\sigma(\mathbf{A})=\mathbf{A}^*,\quad\forall\mathbf{A}\in M_2(\mathbf{R})$$

其中 $\mathbf{A}^*$ 是 $\mathbf{A}$ 的伴随矩阵.

(4) 在 2 维向量空间内 $\sigma\begin{bmatrix}x\\y\end{bmatrix}=\begin{bmatrix}xy\\x-y\end{bmatrix}$.

【解】(1) 是. 设 $\boldsymbol{\alpha}=(a_1,a_2,a_3)^{\mathrm{T}}$，$\boldsymbol{\beta}=(b_1,b_2,b_3)^{\mathrm{T}}$，则

学习随笔

$$\sigma(\boldsymbol{\alpha}+\boldsymbol{\beta})=\sigma\begin{bmatrix}a_1+b_1\\a_2+b_2\\a_3+b_3\end{bmatrix}=\begin{bmatrix}a_1+b_1+a_2+b_2\\2(a_3+b_3)\\a_1+b_1\end{bmatrix}=\begin{bmatrix}a_1+a_2\\2a_3\\a_1\end{bmatrix}+\begin{bmatrix}b_1+b_2\\2b_3\\b_1\end{bmatrix}$$

$$=\sigma(\boldsymbol{\alpha})+\sigma(\boldsymbol{\beta})$$

$$\sigma(k\boldsymbol{\alpha})=\sigma\begin{bmatrix}ka_1\\ka_2\\ka_3\end{bmatrix}=\begin{bmatrix}ka_1+ka_2\\2ka_3\\ka_1\end{bmatrix}=k\begin{bmatrix}a_1+a_2\\2a_3\\a_1\end{bmatrix}=k\sigma(\boldsymbol{\alpha})$$

所以 σ 是 3 维向量空间上的线性变换.

(2) 当 $\boldsymbol{\alpha}_0=\mathbf{0}$ 时,是;当 $\boldsymbol{\alpha}_0\neq\mathbf{0}$ 时,不是.

若 $\boldsymbol{\alpha}_0=\mathbf{0}$,则

$$\sigma(\boldsymbol{\alpha}+\boldsymbol{\beta})=\mathbf{0}=\mathbf{0}+\mathbf{0}=\sigma(\boldsymbol{\alpha})+\sigma(\boldsymbol{\beta}),\sigma(k\boldsymbol{\alpha})=\mathbf{0}=k\mathbf{0}=k\sigma(\boldsymbol{\alpha})$$

所以 σ 是一个线性变换.

若 $\boldsymbol{\alpha}_0\neq\mathbf{0}$,则 $\sigma(\boldsymbol{\alpha}+\boldsymbol{\beta})=\boldsymbol{\alpha}_0\neq 2\boldsymbol{\alpha}_0=\boldsymbol{\alpha}_0+\boldsymbol{\alpha}_0=\sigma(\boldsymbol{\alpha})+\sigma(\boldsymbol{\beta})$. 因此,$\sigma$ 不是线性变换.

(3) 是. 设 $\boldsymbol{A}=\begin{bmatrix}a_1&a_2\\a_3&a_4\end{bmatrix},\boldsymbol{B}=\begin{bmatrix}b_1&b_2\\b_3&b_4\end{bmatrix}\in M_2(\mathbf{R})$,则

$$\boldsymbol{A}+\boldsymbol{B}=\begin{bmatrix}a_1+b_1&a_2+b_2\\a_3+b_3&a_4+b_4\end{bmatrix}$$

有

$$(\boldsymbol{A}+\boldsymbol{B})^*=\begin{bmatrix}a_4+b_4&-a_2-b_2\\-a_3-b_3&a_1+b_1\end{bmatrix}$$

而 $\boldsymbol{A}^*=\begin{bmatrix}a_4&-a_2\\-a_3&a_1\end{bmatrix},\boldsymbol{B}^*=\begin{bmatrix}b_4&-b_2\\-b_3&b_1\end{bmatrix}$,于是

$$\sigma(\boldsymbol{A}+\boldsymbol{B})=(\boldsymbol{A}+\boldsymbol{B})^*=\boldsymbol{A}^*+\boldsymbol{B}^*=\sigma(\boldsymbol{A})+\sigma(\boldsymbol{B})$$

又

$$\sigma(k\boldsymbol{A})=\begin{bmatrix}ka_4&-ka_2\\-ka_3&ka_1\end{bmatrix}=k\boldsymbol{A}^*=k\sigma(\boldsymbol{A})$$

所以 σ 是 $M_2(\mathbf{R})$上的一个线性变换.

(4) 不是. 因为当 $k\neq 1$ 时,$\sigma\begin{bmatrix}kx\\ky\end{bmatrix}=\begin{bmatrix}k^2xy\\kx-ky\end{bmatrix}=k\begin{bmatrix}kxy\\x-y\end{bmatrix}\neq k\begin{bmatrix}xy\\x-y\end{bmatrix}=k\sigma\begin{bmatrix}x\\y\end{bmatrix}$.

【例 6.6】判断下列变换是否是线性空间 V 到线性空间 W 的线性变换? 为什么?

(1) $\sigma:\mathbf{R}^3\to\mathbf{R}^2$,满足 $\sigma\begin{bmatrix}x\\y\\z\end{bmatrix}=\begin{bmatrix}y\\x\end{bmatrix}$.

(2) $\sigma:\mathbf{R}^2\to\mathbf{R}$,满足 $\sigma\begin{bmatrix}x\\y\end{bmatrix}=xy$.

【解】(1) 是. 对任何 $\boldsymbol{\alpha}=\begin{bmatrix}a_1\\a_2\\a_3\end{bmatrix}$, $\boldsymbol{\beta}=\begin{bmatrix}b_1\\b_2\\b_3\end{bmatrix}$,则有

$$\sigma(\boldsymbol{\alpha}+\boldsymbol{\beta})=\sigma\begin{bmatrix}a_1+b_1\\a_2+b_2\\a_3+b_3\end{bmatrix}=\begin{bmatrix}a_2+b_2\\a_1+b_1\end{bmatrix}=\begin{bmatrix}a_2\\a_1\end{bmatrix}+\begin{bmatrix}b_2\\b_1\end{bmatrix}=\sigma(\boldsymbol{\alpha})+\sigma(\boldsymbol{\beta})$$

学习随笔

$$\sigma(k\boldsymbol{\alpha})=\sigma\begin{bmatrix}ka_1\\ka_2\\ka_3\end{bmatrix}=\begin{bmatrix}ka_2\\ka_1\end{bmatrix}=k\begin{bmatrix}a_2\\a_1\end{bmatrix}=k\sigma(\boldsymbol{\alpha})$$

所以 σ 是 $\mathbf{R}^3$ 到 $\mathbf{R}^2$ 的线性变换.

(2) 否. 若 $\boldsymbol{\alpha}=\begin{bmatrix}a_1\\a_2\end{bmatrix}$, $\boldsymbol{\beta}=\begin{bmatrix}b_1\\b_2\end{bmatrix}$, 则

$$\sigma(\boldsymbol{\alpha}+\boldsymbol{\beta})=\sigma\begin{bmatrix}a_1+b_1\\a_2+b_2\end{bmatrix}=(a_1+b_1)(a_2+b_2)\neq a_1a_2+b_1b_2=\sigma(\boldsymbol{\alpha})+\sigma(\boldsymbol{\beta})$$

所以 σ 不是 $\mathbf{R}^2$ 到 $\mathbf{R}$ 的线性变换.

【例 6.7】已知 $\mathbf{R}^2$ 上的线性变换 σ 满足 $\sigma\begin{bmatrix}1\\1\end{bmatrix}=\begin{bmatrix}2\\1\end{bmatrix}$, $\sigma\begin{bmatrix}-1\\1\end{bmatrix}=\begin{bmatrix}6\\3\end{bmatrix}$. 求 $\sigma\begin{bmatrix}1\\0\end{bmatrix}$ 与 $\sigma\begin{bmatrix}0\\1\end{bmatrix}$.

【分析】由于 $\boldsymbol{\alpha}_1=\begin{bmatrix}1\\1\end{bmatrix}$, $\boldsymbol{\alpha}_2=\begin{bmatrix}-1\\1\end{bmatrix}$ 线性无关, 是 $\mathbf{R}^2$ 的一个基, 因此 $\boldsymbol{\varepsilon}_1=\begin{bmatrix}1\\0\end{bmatrix}$, $\boldsymbol{\varepsilon}_2=\begin{bmatrix}0\\1\end{bmatrix}$ 可由 $\boldsymbol{\alpha}_1,\boldsymbol{\alpha}_2$ 线性表出, 利用线性变换保持加法与数量乘积运算可求出 $\sigma(\boldsymbol{\varepsilon}_1)$, $\sigma(\boldsymbol{\varepsilon}_2)$.

【解】设 $x_1\begin{bmatrix}1\\1\end{bmatrix}+x_2\begin{bmatrix}-1\\1\end{bmatrix}=\begin{bmatrix}1\\0\end{bmatrix}$, 解出 $\boldsymbol{\varepsilon}_1=\frac{1}{2}\boldsymbol{\alpha}_1-\frac{1}{2}\boldsymbol{\alpha}_2$.

类似地, $\boldsymbol{\varepsilon}_2=\frac{1}{2}\boldsymbol{\alpha}_1+\frac{1}{2}\boldsymbol{\alpha}_2$. 那么

$$\sigma\begin{bmatrix}1\\0\end{bmatrix}=\sigma\left(\frac{1}{2}\boldsymbol{\alpha}_1-\frac{1}{2}\boldsymbol{\alpha}_2\right)=\frac{1}{2}\sigma(\boldsymbol{\alpha}_1)-\frac{1}{2}\sigma(\boldsymbol{\alpha}_2)=\frac{1}{2}\begin{bmatrix}2\\1\end{bmatrix}-\frac{1}{2}\begin{bmatrix}6\\3\end{bmatrix}=\begin{bmatrix}-2\\-1\end{bmatrix}$$

$$\sigma\begin{bmatrix}0\\1\end{bmatrix}=\sigma\left(\frac{1}{2}\boldsymbol{\alpha}_1+\frac{1}{2}\boldsymbol{\alpha}_2\right)=\frac{1}{2}\sigma(\boldsymbol{\alpha}_1)+\frac{1}{2}\sigma(\boldsymbol{\alpha}_2)=\frac{1}{2}\begin{bmatrix}2\\1\end{bmatrix}+\frac{1}{2}\begin{bmatrix}6\\3\end{bmatrix}=\begin{bmatrix}4\\2\end{bmatrix}$$

评注　由于

$$\sigma(a_1\boldsymbol{\varepsilon}_1+a_2\boldsymbol{\varepsilon}_2+\cdots+a_n\boldsymbol{\varepsilon}_n)=a_1\sigma(\boldsymbol{\varepsilon}_1)+a_2\sigma(\boldsymbol{\varepsilon}_2)+\cdots+a_n\sigma(\boldsymbol{\varepsilon}_n)$$

因此, 只要知道线性变换在基向量的像, 那么任何向量的像都可求出.

二、基、维数、过渡矩阵

【例 6.8】求下列线性空间的维数和一组基:

(1) 齐次线性方程组 $\begin{cases}x_1+x_2 \qquad -2x_4=0,\\ \qquad x_2+x_3 \qquad =0\end{cases}$ 解向量所构成的解空间 S.

(2) 实数域上二阶对称矩阵所构成的线性空间 $SM_2(\mathbf{R})$.

(3) 次数小于 3 的多项式所构成的线性空间 $P_3[x]$.

(4) 例 6.4 中的线性空间 $\mathbf{R}^+$.

【解】(1)齐次线性方程组的基础解系就是解空间的基. 由此知 S 是 2 维空间, $(1,-1,1,0)^{\mathrm{T}}$, $(2,0,0,1)^{\mathrm{T}}$ 是基.

(2) $SM_2(\mathbf{R})$是 3 维空间, $\boldsymbol{E}_{11}=\begin{bmatrix}1&0\\0&0\end{bmatrix}$, $\boldsymbol{F}_{12}=\begin{bmatrix}0&1\\1&0\end{bmatrix}$, $\boldsymbol{E}_{22}=\begin{bmatrix}0&0\\0&1\end{bmatrix}$是基.

首先，$SM_2(\mathbf{R})$中任一元素 $\mathbf{A}$ 有形式$\begin{bmatrix} a & b \\ b & c \end{bmatrix}$，它可由 $\boldsymbol{E}_{11}$，$\boldsymbol{F}_{12}$，$\boldsymbol{E}_{22}$ 表示为

$$\mathbf{A}=a\boldsymbol{E}_{11}+b\boldsymbol{F}_{12}+c\boldsymbol{E}_{22}$$

其次，若 $k_1\boldsymbol{E}_{11}+k_2\boldsymbol{F}_{12}+k_3\boldsymbol{E}_{22}=\boldsymbol{O}$，即

$$k_1\begin{bmatrix} 1 & 0 \\ 0 & 0 \end{bmatrix}+k_2\begin{bmatrix} 0 & 1 \\ 1 & 0 \end{bmatrix}+k_3\begin{bmatrix} 0 & 0 \\ 0 & 1 \end{bmatrix}=\begin{bmatrix} k_1 & k_2 \\ k_2 & k_3 \end{bmatrix}=\begin{bmatrix} 0 & 0 \\ 0 & 0 \end{bmatrix}$$

因此，$k_1=k_2=k_3=0$，那么 $\boldsymbol{E}_{11}$，$\boldsymbol{F}_{12}$，$\boldsymbol{E}_{22}$ 线性无关. 于是 $\boldsymbol{E}_{11}$，$\boldsymbol{F}_{12}$，$\boldsymbol{E}_{22}$ 是 $SM_2(\mathbf{R})$的一个基.

(3) $P_3[x]$的一组基为 $1,x,x^2$，它是 3 维线性空间.

首先，若 $f(x)\in P_3[x]$，则 $f(x)$有形式 ax^2+bx+c. 它可由 $1,x,x^2$ 线性表出.

其次，若 $k_1\cdot 1+k_2x+k_3x^2=0$，其右端 0 为零多项式，故其左端也必是零多项式，所以必有 $k_1=0,k_2=0,k_3=0$，即 $1,x,x^2$ 线性无关. 因此 $1,x,x^2$ 是 $P_3[x]$的基.

(4) $\mathbf{R}^+$ 是 1 维线性空间，2 是它的基.

因为 1 是零元素，所以 2 非零是线性无关的. 若 $a\in\mathbf{R}^+$，由 $a=k\circ 2=2^k$，知 $k=\log_2 a$，即任何正实数 a 均可由 2 线性表出.

【例 6.9】已知矩阵

$$\mathbf{A}=\begin{bmatrix} 0 & 1 & -1 & 0 \\ 0 & -2 & 2 & 0 \end{bmatrix}$$

证明：与 $\mathbf{A}$ 的行向量正交的向量集合 V 对于向量的加法与数量乘积构成一个线性空间，并求 V 的维数和一个基.

【证明】记 $\mathbf{A}$ 的行向量为 $\boldsymbol{\alpha}_1=(0,1,-1,0)$，$\boldsymbol{\alpha}_2=(0,-2,2,0)$，则若 $\boldsymbol{\beta},\boldsymbol{\gamma}\in V$，即$[\boldsymbol{\alpha}_1,\boldsymbol{\beta}]=0$，$[\boldsymbol{\alpha}_2,\boldsymbol{\beta}]=0$，$[\boldsymbol{\alpha}_1,\boldsymbol{\gamma}]=0$，$[\boldsymbol{\alpha}_2,\boldsymbol{\gamma}]=0$，那么

$$[\boldsymbol{\alpha}_1,\boldsymbol{\beta}+\boldsymbol{\gamma}]=[\boldsymbol{\alpha}_1,\boldsymbol{\beta}]+[\boldsymbol{\alpha}_1,\boldsymbol{\gamma}]=0+0=0$$

类似地，$[\boldsymbol{\alpha}_2,\boldsymbol{\beta}+\boldsymbol{\gamma}]=0$. 所以 $\boldsymbol{\beta}+\boldsymbol{\gamma}\in V$.

又$[\boldsymbol{\alpha}_1,k\boldsymbol{\beta}]=k[\boldsymbol{\alpha}_1,\boldsymbol{\beta}]=0$，$[\boldsymbol{\alpha}_2,k\boldsymbol{\beta}]=k[\boldsymbol{\alpha}_2,\boldsymbol{\beta}]=0$，即 $k\boldsymbol{\beta}\in V$.

因此，V 对两个运算均封闭. 由向量运算的性质知 8 条性质全成立. 故 V 是线性空间.

设 $\boldsymbol{\alpha}=(x_1,x_2,x_3,x_4)\in V$，由$[\boldsymbol{\alpha}_1,\boldsymbol{\alpha}]=[\boldsymbol{\alpha}_2,\boldsymbol{\alpha}]=0$，即

$$\begin{cases} x_2-x_3=0, \\ -2x_2+2x_3=0 \end{cases}$$

得到基础解系为 $\boldsymbol{\eta}_1=(1,0,0,0)$，$\boldsymbol{\eta}_2=(0,1,1,0)$，$\boldsymbol{\eta}_3=(0,0,0,1)$.

所以 V 是 3 维空间，$\boldsymbol{\eta}_1$ $\boldsymbol{\eta}_2$ $\boldsymbol{\eta}_3$ 是其一组基.

评注　作为向量，$\boldsymbol{\eta}$ 是 4 维的；作为线性空间，V 是 3 维的. 这两个维数的概念不要混淆.

【例 6.10】已知 $\boldsymbol{\alpha}_1,\boldsymbol{\alpha}_2,\boldsymbol{\alpha}_3$ 是线性空间 V 的一个基，若

$$\boldsymbol{\beta}_1=\boldsymbol{\alpha}_1+2\boldsymbol{\alpha}_2+\boldsymbol{\alpha}_3,\quad \boldsymbol{\beta}_2=2\boldsymbol{\alpha}_1+3\boldsymbol{\alpha}_2+3\boldsymbol{\alpha}_3,\quad \boldsymbol{\beta}_3=3\boldsymbol{\alpha}_1+7\boldsymbol{\alpha}_2-\boldsymbol{\alpha}_3$$

证明：$\boldsymbol{\beta}_1,\boldsymbol{\beta}_2,\boldsymbol{\beta}_3$ 也是 V 的一个基，并求出基 $\boldsymbol{\alpha}_1,\boldsymbol{\alpha}_2,\boldsymbol{\alpha}_3$ 到基 $\boldsymbol{\beta}_1,\boldsymbol{\beta}_2,\boldsymbol{\beta}_3$ 的过渡矩阵.

【证明】因为

学习随笔

$$(\boldsymbol{\beta}_1,\boldsymbol{\beta}_2,\boldsymbol{\beta}_3)=(\boldsymbol{\alpha}_1,\boldsymbol{\alpha}_2,\boldsymbol{\alpha}_3)\begin{bmatrix}1&2&3\\2&3&7\\1&3&-1\end{bmatrix}=(\boldsymbol{\alpha}_1,\boldsymbol{\alpha}_2,\boldsymbol{\alpha}_3)\boldsymbol{C}$$

且
$$|\boldsymbol{C}|=\begin{vmatrix}1&2&3\\2&3&7\\1&3&-1\end{vmatrix}=3\neq 0$$

故 $\boldsymbol{\beta}_1,\boldsymbol{\beta}_2,\boldsymbol{\beta}_3$ 线性无关，是 V 的基. 按定义由基 $\boldsymbol{\alpha}_1,\boldsymbol{\alpha}_2,\boldsymbol{\alpha}_3$ 到基 $\boldsymbol{\beta}_1,\boldsymbol{\beta}_2,\boldsymbol{\beta}_3$ 的过渡矩阵就是矩阵 $\boldsymbol{C}$.

评注　线性空间的元素是抽象的，我们不再考虑这些元素的具体属性.

当 $V=P_3[x]$ 时，也许 $\boldsymbol{\alpha}_1=1,\boldsymbol{\alpha}_2=x,\boldsymbol{\alpha}_3=x^2,\cdots$

当 $V=\{$二阶对称矩阵$\}$时，也许

$$\boldsymbol{\alpha}_1=\begin{bmatrix}1&0\\0&0\end{bmatrix},\quad \boldsymbol{\alpha}_2=\begin{bmatrix}0&1\\1&0\end{bmatrix},\quad \boldsymbol{\alpha}_3=\begin{bmatrix}0&0\\0&1\end{bmatrix},\cdots$$

这样得到的结果有广泛的适用性.

【例 6.11】已知

$$\boldsymbol{E}_{11}=\begin{bmatrix}1&0\\0&0\end{bmatrix},\quad \boldsymbol{E}_{12}=\begin{bmatrix}0&1\\0&0\end{bmatrix},\quad \boldsymbol{E}_{22}=\begin{bmatrix}0&0\\0&1\end{bmatrix}$$

与 $\boldsymbol{F}_1,\boldsymbol{F}_2,\boldsymbol{F}_3$ 是二阶上三角矩阵所构成线性空间的两个基. 又由基 $\boldsymbol{E}_{11},\boldsymbol{E}_{12},\boldsymbol{E}_{22}$ 到基 $\boldsymbol{F}_1,\boldsymbol{F}_2,\boldsymbol{F}_3$ 的过渡矩阵 $\boldsymbol{C}=\begin{bmatrix}1&0&1\\0&2&3\\1&-1&5\end{bmatrix}$，试求基 $\boldsymbol{F}_1,\boldsymbol{F}_2,\boldsymbol{F}_3$.

【解】按过渡矩阵定义，有

$$(\boldsymbol{F}_1,\boldsymbol{F}_2,\boldsymbol{F}_3)=(\boldsymbol{E}_{11},\boldsymbol{E}_{12},\boldsymbol{E}_{22})\boldsymbol{C}=(\boldsymbol{E}_{11},\boldsymbol{E}_{12},\boldsymbol{E}_{22})\begin{bmatrix}1&0&1\\0&2&3\\1&-1&5\end{bmatrix}$$

得到
$$\boldsymbol{F}_1=\boldsymbol{E}_{11}+\boldsymbol{E}_{22}=\begin{bmatrix}1&0\\0&1\end{bmatrix},\boldsymbol{F}_2=2\boldsymbol{E}_{12}-\boldsymbol{E}_{22}=\begin{bmatrix}0&2\\0&-1\end{bmatrix}$$

$$\boldsymbol{F}_3=\boldsymbol{E}_{11}+3\boldsymbol{E}_{12}+5\boldsymbol{E}_{22}=\begin{bmatrix}1&3\\0&5\end{bmatrix}$$

【例 6.12】证明：$f_1=1+x+x^2$，$f_2=1+x+2x^2$，$f_3=1+2x+3x^2$ 是次数小于 3 的多项式空间 $P_3[x]$的基，并求 $f=6+9x+14x^2$ 在此基下的坐标.

【证明】若 $k_1f_1+k_2f_2+k_3f_3=0$，即

$$k_1(1+x+x^2)+k_2(1+x+2x^2)+k_3(1+2x+3x^2)=0$$

整理得$(k_1+k_2+k_3)+(k_1+k_2+2k_3)x+(k_1+2k_2+3k_3)x^2=0$. 由于等式右端是零多项式，故其左端也应是零多项式. 那么

$$\begin{cases}k_1+k_2+k_3=0,\\k_1+k_2+2k_3=0,\\k_1+2k_2+3k_3=0\end{cases}\Rightarrow k_1=k_2=k_3=0$$

故 f_1, f_2, f_3 线性无关，又 $P_3[x]$ 是 3 维空间，所以 f_1, f_2, f_3 是 $P_3[x]$ 的基.

设 f 在这个基下的坐标是 $(x_1,x_2,x_3)^T$，即 $f=x_1f_1+x_2f_2+x_3f_3$. 比较两端多项式的系数有

$$\begin{cases}x_1+x_2+x_3=6,\\x_1+x_2+2x_3=9,\\x_1+2x_2+3x_3=14\end{cases}\Rightarrow x_1=1,x_2=2,x_3=3$$

即 f 在基 f_1, f_2, f_3 下的坐标是 $(1,2,3)^T$.

【例 6.13】已知 $\boldsymbol{\alpha}_1,\boldsymbol{\alpha}_2,\boldsymbol{\alpha}_3$ 与 $\boldsymbol{\beta}_1,\boldsymbol{\beta}_2,\boldsymbol{\beta}_3$ 是线性空间 V 的两个基. 由基 $\boldsymbol{\alpha}_1,\boldsymbol{\alpha}_2,\boldsymbol{\alpha}_3$ 到基 $\boldsymbol{\beta}_1,\boldsymbol{\beta}_2,\boldsymbol{\beta}_3$ 的过渡矩阵

$$\boldsymbol{C}=\begin{bmatrix}3&0&0\\0&3&1\\0&2&1\end{bmatrix}$$

又 $\boldsymbol{\gamma}=3\boldsymbol{\alpha}_1+2\boldsymbol{\alpha}_2+\boldsymbol{\alpha}_3$，试求 $\boldsymbol{\gamma}$ 在基 $\boldsymbol{\beta}_1,\boldsymbol{\beta}_2,\boldsymbol{\beta}_3$ 下的坐标.

【解】设 $\boldsymbol{\gamma}=y_1\boldsymbol{\beta}_1+y_2\boldsymbol{\beta}_2+y_3\boldsymbol{\beta}_3$，又 $(\boldsymbol{\beta}_1,\boldsymbol{\beta}_2,\boldsymbol{\beta}_3)=(\boldsymbol{\alpha}_1,\boldsymbol{\alpha}_2,\boldsymbol{\alpha}_3)\boldsymbol{C}$，由坐标变换公式，知

$$\begin{bmatrix}y_1\\y_2\\y_3\end{bmatrix}=\boldsymbol{C}^{-1}\begin{bmatrix}x_1\\x_2\\x_3\end{bmatrix}=\begin{bmatrix}\frac{1}{3}&0&0\\0&1&-1\\0&-2&3\end{bmatrix}\begin{bmatrix}3\\2\\1\end{bmatrix}=\begin{bmatrix}1\\1\\-1\end{bmatrix}$$

即 $\boldsymbol{\gamma}$ 在基 $\boldsymbol{\beta}_1,\boldsymbol{\beta}_2,\boldsymbol{\beta}_3$ 的坐标是 $(1,1,-1)^T$.

【例 6.14】已知 $\boldsymbol{\alpha}_1=(1,1,1,1,0)$，$\boldsymbol{\alpha}_2=(1,1,-1,-1,-1)$，$\boldsymbol{\alpha}_3=(2,2,0,0,-1)$，$\boldsymbol{\alpha}_4=(1,1,5,5,2)$，$\boldsymbol{\alpha}_5=(1,-1,-1,0,0)$. 求 $\boldsymbol{\alpha}_1,\boldsymbol{\alpha}_2,\boldsymbol{\alpha}_3,\boldsymbol{\alpha}_4,\boldsymbol{\alpha}_5$ 生成空间的维数和基.

【解】对 $\boldsymbol{\alpha}_1,\boldsymbol{\alpha}_2,\boldsymbol{\alpha}_3,\boldsymbol{\alpha}_4,\boldsymbol{\alpha}_5$ 作初等变换，有

$$\begin{bmatrix}1&1&1&1&0\\1&1&-1&-1&-1\\2&2&0&0&-1\\1&1&5&5&2\\1&-1&-1&0&0\end{bmatrix}\to\begin{bmatrix}1&1&1&1&0\\0&0&-2&-2&-1\\0&0&-2&-2&-1\\0&0&4&4&2\\0&-2&-2&-1&0\end{bmatrix}\begin{matrix}\boldsymbol{\alpha}_1\\\boldsymbol{\alpha}_2-\boldsymbol{\alpha}_1\\\boldsymbol{\alpha}_3-2\boldsymbol{\alpha}_1\\\boldsymbol{\alpha}_4-\boldsymbol{\alpha}_1\\\boldsymbol{\alpha}_5-\boldsymbol{\alpha}_1\end{matrix}\to$$

$$\begin{bmatrix}1&1&1&1&0\\0&-2&-2&-1&0\\0&0&-2&-2&-1\\0&0&0&0&0\\0&0&0&0&0\end{bmatrix}\begin{matrix}\boldsymbol{\alpha}_1\\\boldsymbol{\alpha}_5-\boldsymbol{\alpha}_1\\\boldsymbol{\alpha}_2-\boldsymbol{\alpha}_1\\\boldsymbol{\alpha}_3-\boldsymbol{\alpha}_1-\boldsymbol{\alpha}_2\\\boldsymbol{\alpha}_4-3\boldsymbol{\alpha}_1+2\boldsymbol{\alpha}_2\end{matrix}$$

由于秩 $R(\boldsymbol{\alpha}_1,\boldsymbol{\alpha}_2,\boldsymbol{\alpha}_3,\boldsymbol{\alpha}_4,\boldsymbol{\alpha}_5)=3$，$\boldsymbol{\alpha}_1,\boldsymbol{\alpha}_2,\boldsymbol{\alpha}_5$ 是一个极大线性无关组，所以生成空间 $L(\boldsymbol{\alpha}_1,\boldsymbol{\alpha}_2,\boldsymbol{\alpha}_3,\boldsymbol{\alpha}_4,\boldsymbol{\alpha}_5)$ 是 3 维空间，$\boldsymbol{\alpha}_1,\boldsymbol{\alpha}_2,\boldsymbol{\alpha}_5$ 是空间的基.

【例 6.15】已知 $1,x,x^2,x^3$ 与 $1,x+a,(x+a)^2,(x+a)^3$ 是多项式空间 $P_4[x]$ 的两个基. 求过渡矩阵，并求 $f=a_0+a_1x+a_2x^2+a_3x^3$ 在这些基下的坐标.

【解】由牛顿二项式定理，知

学习随笔

$$(x+a)^n=x^n+nax^{n-1}+C_n^2a^2x^{n-2}+\cdots+C_n^na^n$$

可见$(x+a)^n$在基$1,x,\cdots,x^n$下的坐标是$(C_n^na^n,C_n^{n-1}a^{n-1},\cdots,C_n^1a,1)^T$,按过渡矩阵定义,$(\boldsymbol{\beta}_1,\boldsymbol{\beta}_2,\cdots,\boldsymbol{\beta}_n)=(\boldsymbol{\alpha}_1,\boldsymbol{\alpha}_2,\cdots,\boldsymbol{\alpha}_n)\boldsymbol{C}$,$\boldsymbol{C}$中第$j$列就是$\boldsymbol{\beta}_j$在基$\boldsymbol{\alpha}_1,\boldsymbol{\alpha}_2,\cdots,\boldsymbol{\alpha}_n$下的坐标.则有

$$\boldsymbol{C}=\begin{bmatrix}1&a&a^2&a^3\\0&1&2a&3a^2\\0&0&1&3a\\0&0&0&1\end{bmatrix}$$

f在基$1,x,x^2,x^3$的坐标是$(a_0,a_1,a_2,a_3)^T$,根据多项式的泰勒展开式

$$f(x)=f(x_0)+f'(x_0)(x-x_0)+\cdots+\frac{f^{(n)}(x_0)}{n!}(x-x_0)^n$$

只要取$x_0=-a$,则有

$$f=f(-a)+f'(-a)(x+a)+\frac{f''(-a)}{2}(x+a)^2+\frac{f'''(-a)}{6}(x+a)^3$$

可知f在基$1,x+a,(x+a)^2,(x+a)^3$的坐标是

$$\left(f(-a),\ f'(-a),\ \frac{f''(-a)}{2},\ \frac{f'''(-a)}{6}\right)^T$$

评注　由坐标变换公式$\boldsymbol{X}=\boldsymbol{CY}$,也可求出$\boldsymbol{Y}=\boldsymbol{C}^{-1}\boldsymbol{X}$.但计算量较大,不如用定义法借助泰勒公式简捷.

三、线性变换的矩阵

【例 6.16】已知在3维向量空间上有线性变换

$$\sigma\begin{bmatrix}x\\y\\z\end{bmatrix}=\begin{bmatrix}x+y\\x-y\\z\end{bmatrix}$$

求线性变换σ在基$\boldsymbol{\alpha}_1=\begin{bmatrix}1\\0\\0\end{bmatrix},\boldsymbol{\alpha}_2=\begin{bmatrix}1\\1\\0\end{bmatrix},\boldsymbol{\alpha}_3=\begin{bmatrix}1\\1\\1\end{bmatrix}$下的对应矩阵.

【解】因为

$$\sigma(\boldsymbol{\alpha}_1)=\sigma\begin{bmatrix}1\\0\\0\end{bmatrix}=\begin{bmatrix}1\\1\\0\end{bmatrix}=\boldsymbol{\alpha}_2,\sigma(\boldsymbol{\alpha}_2)=\sigma\begin{bmatrix}1\\1\\0\end{bmatrix}=\begin{bmatrix}2\\0\\0\end{bmatrix}=2\boldsymbol{\alpha}_1$$

$$\sigma(\boldsymbol{\alpha}_3)=\sigma\begin{bmatrix}1\\1\\1\end{bmatrix}=\begin{bmatrix}2\\0\\1\end{bmatrix}=2\boldsymbol{\alpha}_1-\boldsymbol{\alpha}_2+\boldsymbol{\alpha}_3$$

故
$$\sigma(\boldsymbol{\alpha}_1,\boldsymbol{\alpha}_2,\boldsymbol{\alpha}_3)=(\boldsymbol{\alpha}_1,\boldsymbol{\alpha}_2,\boldsymbol{\alpha}_3)\begin{bmatrix}0&2&2\\1&0&-1\\0&0&1\end{bmatrix}$$

所以线性变换 σ 在基 $\boldsymbol{\alpha}_1,\boldsymbol{\alpha}_2,\boldsymbol{\alpha}_3$ 下的对应矩阵为 $\boldsymbol{A}=\begin{bmatrix}0&2&2\\1&0&-1\\0&0&1\end{bmatrix}$.

评注　线性变换矩阵 $\sigma(\boldsymbol{\alpha}_1,\cdots,\boldsymbol{\alpha}_n)=(\boldsymbol{\alpha}_1,\cdots,\boldsymbol{\alpha}_n)\boldsymbol{A}$ 中的第 j 列就是 $\sigma(\boldsymbol{\alpha}_j)$ 在基 $\boldsymbol{\alpha}_1,\cdots,\boldsymbol{\alpha}_n$ 下的坐标.

【例 6.17】设 $M_2(\mathbf{R})$ 为 2 阶矩阵所构成的线性空间，其上的线性变换 σ 定义为

$$\sigma(\boldsymbol{A})=\boldsymbol{A}^*$$

求 σ 在基 $\boldsymbol{E}_{11}=\begin{bmatrix}1&0\\0&0\end{bmatrix},\boldsymbol{E}_{12}=\begin{bmatrix}0&1\\0&0\end{bmatrix},\boldsymbol{E}_{21}=\begin{bmatrix}0&0\\1&0\end{bmatrix},\boldsymbol{E}_{22}=\begin{bmatrix}0&0\\0&1\end{bmatrix}$ 下的对应矩阵.

【解】按线性变换 σ 的定义，有

$$\sigma(\boldsymbol{E}_{11})=\begin{bmatrix}1&0\\0&0\end{bmatrix}^*=\begin{bmatrix}0&0\\0&1\end{bmatrix}=\boldsymbol{E}_{22},\quad \sigma(\boldsymbol{E}_{12})=\begin{bmatrix}0&1\\0&0\end{bmatrix}^*=\begin{bmatrix}0&-1\\0&0\end{bmatrix}=-\boldsymbol{E}_{12}$$

$$\sigma(\boldsymbol{E}_{21})=\begin{bmatrix}0&0\\1&0\end{bmatrix}^*=\begin{bmatrix}0&0\\-1&0\end{bmatrix}=-\boldsymbol{E}_{21},\quad \sigma(\boldsymbol{E}_{22})=\begin{bmatrix}0&0\\0&1\end{bmatrix}^*=\begin{bmatrix}1&0\\0&0\end{bmatrix}=\boldsymbol{E}_{11}$$

故

$$\sigma(\boldsymbol{E}_{11},\boldsymbol{E}_{12},\boldsymbol{E}_{21},\boldsymbol{E}_{22})=(\boldsymbol{E}_{11},\boldsymbol{E}_{12},\boldsymbol{E}_{21},\boldsymbol{E}_{22})\begin{bmatrix}0&0&0&1\\0&-1&0&0\\0&0&-1&0\\1&0&0&0\end{bmatrix}$$

所以线性变换 σ 在基 $\boldsymbol{E}_{11},\boldsymbol{E}_{12},\boldsymbol{E}_{21},\boldsymbol{E}_{22}$ 下的对应矩阵为 $\boldsymbol{A}=\begin{bmatrix}0&0&0&1\\0&-1&0&0\\0&0&-1&0\\1&0&0&0\end{bmatrix}$.

【例 6.18】已知 $\boldsymbol{\alpha}_1,\boldsymbol{\alpha}_2,\boldsymbol{\alpha}_3$ 是线性空间 V 的一个基，线性变换 σ 在这个基下的矩阵为

$$\boldsymbol{A}=\begin{bmatrix}1&2&3\\2&3&1\\3&1&2\end{bmatrix}$$

求 σ 在基 $\boldsymbol{\beta}_1=\boldsymbol{\alpha}_1+\boldsymbol{\alpha}_2$, $\boldsymbol{\beta}_2=\boldsymbol{\alpha}_2+\boldsymbol{\alpha}_3$, $\boldsymbol{\beta}_3=\boldsymbol{\alpha}_3$ 下的矩阵.

【分析】线性变换在两组基下的矩阵 $\boldsymbol{A}$ 与 $\boldsymbol{B}$ 是相似的；$\boldsymbol{B}=\boldsymbol{C}^{-1}\boldsymbol{A}\boldsymbol{C}$，其中 $\boldsymbol{C}$ 是由基 $\boldsymbol{\alpha}_1,\boldsymbol{\alpha}_2,\boldsymbol{\alpha}_3$ 到基 $\boldsymbol{\beta}_1$, $\boldsymbol{\beta}_2$, $\boldsymbol{\beta}_3$ 的过渡矩阵.

【解】由于

$$(\boldsymbol{\beta}_1,\ \boldsymbol{\beta}_2,\ \boldsymbol{\beta}_3)=(\boldsymbol{\alpha}_1,\ \boldsymbol{\alpha}_2,\ \boldsymbol{\alpha}_3)\begin{bmatrix}1&0&0\\1&1&0\\0&1&1\end{bmatrix}$$

知由基 $\boldsymbol{\alpha}_1$, $\boldsymbol{\alpha}_2$, $\boldsymbol{\alpha}_3$ 到基 $\boldsymbol{\beta}_1$, $\boldsymbol{\beta}_2$, $\boldsymbol{\beta}_3$ 的过渡矩阵为 $\boldsymbol{C}=\begin{bmatrix}1&0&0\\1&1&0\\0&1&1\end{bmatrix}$.

那么，线性变换 σ 在基 $\boldsymbol{\beta}_1$, $\boldsymbol{\beta}_2$, $\boldsymbol{\beta}_3$ 下的矩阵

$$\boldsymbol{B}=\boldsymbol{C}^{-1}\boldsymbol{A}\boldsymbol{C}$$

学习随笔

$$=\begin{bmatrix}1&0&0\\-1&1&0\\0&-1&1\end{bmatrix}\begin{bmatrix}1&2&3\\2&3&1\\3&1&2\end{bmatrix}\begin{bmatrix}1&0&0\\1&1&0\\0&1&1\end{bmatrix}=\begin{bmatrix}3&5&3\\2&-1&-2\\-1&-1&1\end{bmatrix}$$

评注　也可用定义法，但比较麻烦．例如，由矩阵 $\boldsymbol{A}$ 知

$$\sigma(\boldsymbol{\alpha}_1)=\boldsymbol{\alpha}_1+2\boldsymbol{\alpha}_2+3\boldsymbol{\alpha}_3,\quad \sigma(\boldsymbol{\alpha}_2)=2\boldsymbol{\alpha}_1+3\boldsymbol{\alpha}_2+\boldsymbol{\alpha}_3$$

那么
$$\sigma(\boldsymbol{\beta}_1)=\sigma(\boldsymbol{\alpha}_1+\boldsymbol{\alpha}_2)=\sigma(\boldsymbol{\alpha}_1)+\sigma(\boldsymbol{\alpha}_2)=3\boldsymbol{\alpha}_1+5\boldsymbol{\alpha}_2+4\boldsymbol{\alpha}_3$$

再把 $3\boldsymbol{\alpha}_1+5\boldsymbol{\alpha}_2+4\boldsymbol{\alpha}_3$ 用 $\boldsymbol{\beta}_1=\boldsymbol{\alpha}_1+\boldsymbol{\alpha}_2$，$\boldsymbol{\beta}_2=\boldsymbol{\alpha}_2+\boldsymbol{\alpha}_3$，$\boldsymbol{\beta}_3=\boldsymbol{\alpha}_3$ 表出，有

$$3\boldsymbol{\alpha}_1+5\boldsymbol{\alpha}_2+4\boldsymbol{\alpha}_3=3(\boldsymbol{\alpha}_1+\boldsymbol{\alpha}_2)+2(\boldsymbol{\alpha}_2+\boldsymbol{\alpha}_3)-\boldsymbol{\alpha}_3$$

故 $\boldsymbol{B}$ 中第 1 列就是 $\begin{bmatrix}3\\2\\-1\end{bmatrix}$，其余类似．

【例 6.19】设 $\mathbf{R}^3$ 上的线性变换 σ 把自然基 $\boldsymbol{\varepsilon}_1=(1,0,0)^{\mathrm{T}}$，$\boldsymbol{\varepsilon}_2=(0,1,0)^{\mathrm{T}}$，$\boldsymbol{\varepsilon}_3=(0,0,1)^{\mathrm{T}}$ 变换为 $\sigma(\boldsymbol{\varepsilon}_1)=(2,3,5)^{\mathrm{T}}$，$\sigma(\boldsymbol{\varepsilon}_2)=(-1,1,0)^{\mathrm{T}}$，$\sigma(\boldsymbol{\varepsilon}_3)=(0,0,0)^{\mathrm{T}}$．求 σ 在自然基下的矩阵，并求 σ 在基 $\boldsymbol{\alpha}_1=(1,1,1)^{\mathrm{T}}$，$\boldsymbol{\alpha}_2=(1,1,0)^{\mathrm{T}}$，$\boldsymbol{\alpha}_3=(1,0,0)^{\mathrm{T}}$ 下的矩阵．

【解】因为

$$\sigma(\boldsymbol{\varepsilon}_1)=(2,3,5)^{\mathrm{T}}=2\boldsymbol{\varepsilon}_1+3\boldsymbol{\varepsilon}_2+5\boldsymbol{\varepsilon}_3$$
$$\sigma(\boldsymbol{\varepsilon}_2)=(-1,1,0)^{\mathrm{T}}=-\boldsymbol{\varepsilon}_1+\boldsymbol{\varepsilon}_2$$
$$\sigma(\boldsymbol{\varepsilon}_3)=(0,0,0)^{\mathrm{T}}=0\boldsymbol{\varepsilon}_1+0\boldsymbol{\varepsilon}_2+0\boldsymbol{\varepsilon}_3$$

故
$$\sigma(\boldsymbol{\varepsilon}_1,\boldsymbol{\varepsilon}_2,\boldsymbol{\varepsilon}_3)=(\boldsymbol{\varepsilon}_1,\boldsymbol{\varepsilon}_2,\boldsymbol{\varepsilon}_3)\begin{bmatrix}2&-1&0\\3&1&0\\5&0&0\end{bmatrix}$$

所以线性变换 σ 在自然基下的矩阵为 $\boldsymbol{A}=\begin{bmatrix}2&-1&0\\3&1&0\\5&0&0\end{bmatrix}$．由于

$$\boldsymbol{\alpha}_1=\boldsymbol{\varepsilon}_1+\boldsymbol{\varepsilon}_2+\boldsymbol{\varepsilon}_3,\quad \boldsymbol{\alpha}_2=\boldsymbol{\varepsilon}_1+\boldsymbol{\varepsilon}_2,\quad \boldsymbol{\alpha}_3=\boldsymbol{\varepsilon}_1$$

所以两个基之间的过渡矩阵为 $\boldsymbol{C}=\begin{bmatrix}1&1&1\\1&1&0\\1&0&0\end{bmatrix}$．

那么，线性变换 σ 在基 $\boldsymbol{\alpha}_1,\boldsymbol{\alpha}_2,\boldsymbol{\alpha}_3$ 的矩阵

$$\boldsymbol{B}=\boldsymbol{C}^{-1}\boldsymbol{A}\boldsymbol{C}$$
$$=\begin{bmatrix}0&0&1\\0&1&-1\\1&-1&0\end{bmatrix}\begin{bmatrix}2&-1&0\\3&1&0\\5&0&0\end{bmatrix}\begin{bmatrix}1&1&1\\1&1&0\\1&0&0\end{bmatrix}=\begin{bmatrix}5&5&5\\-1&-1&-2\\-3&-3&-1\end{bmatrix}$$

【例 6.20】已知 $\mathbf{R}^3$ 的两个基

$$\boldsymbol{\alpha}_1=(1,1,0)^{\mathrm{T}},\boldsymbol{\alpha}_2=(-1,1,1)^{\mathrm{T}},\boldsymbol{\alpha}_3=(0,1,2)^{\mathrm{T}}$$
$$\boldsymbol{\beta}_1=(2,1,1)^{\mathrm{T}},\ \boldsymbol{\beta}_2=(0,0,1)^{\mathrm{T}},\ \boldsymbol{\beta}_3=(-1,1,1)^{\mathrm{T}}$$

若线性变换把 $\boldsymbol{\alpha}_i$ 变成 $\boldsymbol{\beta}_i(i=1,2,3)$，求 σ 在基 $\boldsymbol{\alpha}_1,\boldsymbol{\alpha}_2,\boldsymbol{\alpha}_3$ 及基 $\boldsymbol{\beta}_1,\boldsymbol{\beta}_2,\boldsymbol{\beta}_3$ 下的矩阵．

【解】由于 $\sigma(\boldsymbol{\alpha}_1,\boldsymbol{\alpha}_2,\boldsymbol{\alpha}_3)=(\boldsymbol{\beta}_1,\boldsymbol{\beta}_2,\boldsymbol{\beta}_3)$，又设 $\sigma(\boldsymbol{\alpha}_1,\boldsymbol{\alpha}_2,\boldsymbol{\alpha}_3)=(\boldsymbol{\alpha}_1,\boldsymbol{\alpha}_2,\boldsymbol{\alpha}_3)\boldsymbol{A}$，于是

$$(\boldsymbol{\beta}_1, \boldsymbol{\beta}_2, \boldsymbol{\beta}_3)=(\boldsymbol{\alpha}_1, \boldsymbol{\alpha}_2, \boldsymbol{\alpha}_3)\boldsymbol{A}$$

故 σ 在基 $\boldsymbol{\alpha}_1,\boldsymbol{\alpha}_2,\boldsymbol{\alpha}_3$ 下的矩阵

$$\boldsymbol{A}=(\boldsymbol{\alpha}_1, \boldsymbol{\alpha}_2, \boldsymbol{\alpha}_3)^{-1}(\boldsymbol{\beta}_1, \boldsymbol{\beta}_2, \boldsymbol{\beta}_3)$$

$$=\begin{bmatrix}1 & -1 & 0\\1 & 1 & 1\\0 & 1 & 2\end{bmatrix}^{-1}\begin{bmatrix}2 & 0 & -1\\1 & 0 & 1\\1 & 1 & 1\end{bmatrix}=\begin{bmatrix}1 & -\frac{1}{3} & 0\\-1 & -\frac{1}{3} & 1\\1 & \frac{2}{3} & 0\end{bmatrix}$$

设 $(\boldsymbol{\beta}_1, \boldsymbol{\beta}_2, \boldsymbol{\beta}_3)=(\boldsymbol{\alpha}_1, \boldsymbol{\alpha}_2, \boldsymbol{\alpha}_3)\boldsymbol{C}$，则过渡矩阵 $\boldsymbol{C}=(\boldsymbol{\alpha}_1, \boldsymbol{\alpha}_2, \boldsymbol{\alpha}_3)^{-1}(\boldsymbol{\beta}_1, \boldsymbol{\beta}_2, \boldsymbol{\beta}_3)=\boldsymbol{A}$. 那么 σ 在基 $\boldsymbol{\beta}_1, \boldsymbol{\beta}_2, \boldsymbol{\beta}_3$ 下的矩阵 $\boldsymbol{B}=\boldsymbol{C}^{-1}\boldsymbol{A}\boldsymbol{C}=\boldsymbol{A}$.

评注　从本题看出，若线性变换 σ 把基向量 $\boldsymbol{\alpha}_i$ 变成基向量 $\boldsymbol{\beta}_i$，那么 σ 在这两组基下的矩阵相同，且就是这两组基之间的过渡矩阵.

【例 6.21】已知 3 维向量空间的基

$$\boldsymbol{\alpha}_1=\begin{bmatrix}-1\\0\\2\end{bmatrix},\quad \boldsymbol{\alpha}_2=\begin{bmatrix}0\\1\\1\end{bmatrix},\quad \boldsymbol{\alpha}_3=\begin{bmatrix}3\\-1\\0\end{bmatrix}$$

若线性变换 $\sigma(\boldsymbol{\alpha}_i)=\boldsymbol{\beta}_i(i=1,2,3)$，其中

$$\boldsymbol{\beta}_1=\begin{bmatrix}-5\\0\\3\end{bmatrix},\quad \boldsymbol{\beta}_2=\begin{bmatrix}0\\-1\\6\end{bmatrix},\quad \boldsymbol{\beta}_3=\begin{bmatrix}-5\\-1\\9\end{bmatrix}$$

求线性变换 σ 在基 $\boldsymbol{\alpha}_1,\boldsymbol{\alpha}_2,\boldsymbol{\alpha}_3$ 下的矩阵，并求 $\sigma(\boldsymbol{\beta}_i)$.

【解】由 $\sigma(\boldsymbol{\alpha}_1,\boldsymbol{\alpha}_2,\boldsymbol{\alpha}_3)=(\boldsymbol{\beta}_1, \boldsymbol{\beta}_2, \boldsymbol{\beta}_3)$，又设 $\sigma(\boldsymbol{\alpha}_1, \boldsymbol{\alpha}_2, \boldsymbol{\alpha}_3)=(\boldsymbol{\alpha}_1, \boldsymbol{\alpha}_2, \boldsymbol{\alpha}_3)\boldsymbol{A}$，于是

$$(\boldsymbol{\beta}_1, \boldsymbol{\beta}_2, \boldsymbol{\beta}_3)=(\boldsymbol{\alpha}_1, \boldsymbol{\alpha}_2, \boldsymbol{\alpha}_3)\boldsymbol{A}$$

所以线性变换 σ 在基 $\boldsymbol{\alpha}_1,\boldsymbol{\alpha}_2, \boldsymbol{\alpha}_3$ 下的矩阵

$$\boldsymbol{A}=(\boldsymbol{\alpha}_1, \boldsymbol{\alpha}_2, \boldsymbol{\alpha}_3)^{-1}(\boldsymbol{\beta}_1, \boldsymbol{\beta}_2, \boldsymbol{\beta}_3)$$

$$=\begin{bmatrix}-1 & 0 & 3\\0 & 1 & -1\\2 & 1 & 0\end{bmatrix}\begin{bmatrix}-5 & 0 & -5\\0 & -1 & -1\\3 & 6 & 9\end{bmatrix}=\begin{bmatrix}2 & 3 & 5\\-1 & 0 & -1\\-1 & 1 & 0\end{bmatrix}$$

又由 $(\boldsymbol{\beta}_1, \boldsymbol{\beta}_2, \boldsymbol{\beta}_3)=(\boldsymbol{\alpha}_1, \boldsymbol{\alpha}_2, \boldsymbol{\alpha}_3)\boldsymbol{A}$，有

$$\sigma(\boldsymbol{\beta}_1, \boldsymbol{\beta}_2, \boldsymbol{\beta}_3)=\sigma[(\boldsymbol{\alpha}_1, \boldsymbol{\alpha}_2, \boldsymbol{\alpha}_3)\boldsymbol{A}]=\sigma(\boldsymbol{\alpha}_1, \boldsymbol{\alpha}_2, \boldsymbol{\alpha}_3)\boldsymbol{A}=(\boldsymbol{\beta}_1, \boldsymbol{\beta}_2, \boldsymbol{\beta}_3)\boldsymbol{A}$$

$$=\begin{bmatrix}-5 & 0 & -5\\0 & -1 & -1\\3 & 6 & 9\end{bmatrix}\begin{bmatrix}2 & 3 & 5\\-1 & 0 & -1\\-1 & 1 & 0\end{bmatrix}=\begin{bmatrix}-5 & -20 & -25\\2 & -1 & 1\\-9 & 18 & 9\end{bmatrix}$$

所以 $\sigma(\boldsymbol{\beta}_1)=\begin{bmatrix}-5\\2\\-9\end{bmatrix},\quad \sigma(\boldsymbol{\beta}_2)=\begin{bmatrix}-20\\-1\\18\end{bmatrix},\quad \sigma(\boldsymbol{\beta}_3)=\begin{bmatrix}-25\\1\\9\end{bmatrix}$.

学习随笔

评注　如果σ在基$\boldsymbol{\alpha}_1,\boldsymbol{\alpha}_2,\boldsymbol{\alpha}_3$下的矩阵是$\boldsymbol{A}$，$\boldsymbol{\beta}$在基$\boldsymbol{\alpha}_1,\boldsymbol{\alpha}_2,\boldsymbol{\alpha}_3$下的坐标是$(x_1,x_2,x_3)^{\mathrm{T}}$，则$\sigma(\boldsymbol{\beta})$在基$\boldsymbol{\alpha}_1,\boldsymbol{\alpha}_2,\boldsymbol{\alpha}_3$下的坐标$(y_1,y_2,y_3)^{\mathrm{T}}$满足

$$\begin{bmatrix} y_1 \\ y_2 \\ y_3 \end{bmatrix} = \boldsymbol{A} \begin{bmatrix} x_1 \\ x_2 \\ x_3 \end{bmatrix}$$

现在$\boldsymbol{\beta}_1=\begin{bmatrix} -5 \\ 0 \\ 3 \end{bmatrix}$是对自然基而言的，不是基$\boldsymbol{\alpha}_1,\boldsymbol{\alpha}_2,\boldsymbol{\alpha}_3$下的坐标，因此$\sigma(\boldsymbol{\beta}_1)$不能用$\boldsymbol{y}=\boldsymbol{A}\boldsymbol{x}$这一公式.

【例 6.22】如果线性变换σ在$\mathbf{R}^4$的基$\boldsymbol{\alpha}_1,\boldsymbol{\alpha}_2,\boldsymbol{\alpha}_3,\boldsymbol{\alpha}_4$下的矩阵是

$$\boldsymbol{A}=\begin{bmatrix} 3 & 6 & 13 & 25 \\ 2 & 4 & 9 & 15 \\ 1 & 2 & 3 & 13 \\ 4 & 8 & 17 & 35 \end{bmatrix}$$

求空间$I_m\sigma$与$Ker\sigma$的维数和基.

【解】由于$I_m\sigma=L(\sigma\boldsymbol{\alpha}_1,\sigma\boldsymbol{\alpha}_2,\sigma\boldsymbol{\alpha}_3,\sigma\boldsymbol{\alpha}_4)$，对$\boldsymbol{A}$作初等列变换，有

$$\begin{bmatrix} 3 & 6 & 13 & 25 \\ 2 & 4 & 9 & 15 \\ 1 & 2 & 3 & 13 \\ 4 & 8 & 17 & 35 \end{bmatrix} \to \begin{bmatrix} 3 & 0 & 1 & 1 \\ 2 & 0 & 1 & -1 \\ 1 & 0 & -1 & 5 \\ 4 & 0 & 1 & 3 \end{bmatrix} \to \begin{bmatrix} 0 & 0 & 1 & 0 \\ -1 & 0 & 1 & -2 \\ 4 & 0 & -1 & 6 \\ 1 & 0 & 1 & 2 \end{bmatrix} \to$$

$$\begin{bmatrix} 0 & 0 & 1 & 0 \\ -1 & 0 & 1 & 0 \\ 4 & 0 & -1 & -2 \\ 1 & 0 & 1 & 0 \end{bmatrix} \to \begin{bmatrix} 0 & 0 & 1 & 0 \\ -1 & 0 & 1 & 0 \\ 0 & 0 & 0 & 1 \\ 1 & 0 & 1 & 0 \end{bmatrix}$$

知$R(\boldsymbol{A})=3$，其1,3,4列线性无关.所以$I_m\sigma$是3维空间，那么

$$\sigma(\boldsymbol{\alpha}_1)=3\boldsymbol{\alpha}_1+2\boldsymbol{\alpha}_2+\boldsymbol{\alpha}_3+4\boldsymbol{\alpha}_4$$
$$\sigma(\boldsymbol{\alpha}_3)=13\boldsymbol{\alpha}_1+9\boldsymbol{\alpha}_2+3\boldsymbol{\alpha}_3+17\boldsymbol{\alpha}_4$$
$$\sigma(\boldsymbol{\alpha}_4)=25\boldsymbol{\alpha}_1+15\boldsymbol{\alpha}_2+13\boldsymbol{\alpha}_3+35\boldsymbol{\alpha}_4$$

或者$-\boldsymbol{\alpha}_2+\boldsymbol{\alpha}_4,\boldsymbol{\alpha}_1+\boldsymbol{\alpha}_2+\boldsymbol{\alpha}_4,\boldsymbol{\alpha}_3$是其基.

若$\boldsymbol{\alpha}$的坐标是$\boldsymbol{X}$，则$\sigma(\boldsymbol{\alpha})$的坐标是$\boldsymbol{AX}$，令$\boldsymbol{AX}=\boldsymbol{0}$，对$\boldsymbol{A}$作初等行变换，有

$$\begin{bmatrix} 3 & 6 & 13 & 25 \\ 2 & 4 & 9 & 15 \\ 1 & 2 & 3 & 13 \\ 4 & 8 & 17 & 35 \end{bmatrix} \to \begin{bmatrix} 1 & 2 & 3 & 13 \\ 0 & 0 & 3 & -11 \\ 0 & 0 & 4 & -14 \\ 0 & 0 & 5 & -7 \end{bmatrix} \to \begin{bmatrix} 1 & 2 & 3 & 13 \\ 0 & 0 & -1 & 3 \\ 0 & 0 & 4 & -14 \\ 0 & 0 & 5 & -7 \end{bmatrix} \to$$

$$\begin{bmatrix} 1 & 2 & 3 & 13 \\ 0 & 0 & -1 & 3 \\ 0 & 0 & 0 & -2 \\ 0 & 0 & 0 & 8 \end{bmatrix} \to \begin{bmatrix} 1 & 2 & 0 & 0 \\ 0 & 0 & 1 & 0 \\ 0 & 0 & 0 & 1 \\ 0 & 0 & 0 & 0 \end{bmatrix}$$

其基础解系为$(2,-1,0,0)^{T}$.

因此,$Ker\sigma$ 是 1 维空间,$2\boldsymbol{\alpha}_1-\boldsymbol{\alpha}_2$ 是它的基.

【例 6.23】已知 $\mathbf{R}^3$ 上的线性变换

$$\sigma\begin{bmatrix}x_1\\x_2\\x_3\end{bmatrix}=\begin{bmatrix}x_1+x_2+x_3\\-x_1-2x_3\\x_2-x_3\end{bmatrix}$$

求 $I_m\sigma$ 与 $Ker\sigma$ 的维数和基.

【解】由于 $\forall\boldsymbol{\alpha}=\begin{bmatrix}x_1\\x_2\\x_3\end{bmatrix}$,有 $\sigma(\boldsymbol{\alpha})=\sigma\begin{bmatrix}x_1\\x_2\\x_3\end{bmatrix}=x_1\begin{bmatrix}1\\-1\\0\end{bmatrix}+x_2\begin{bmatrix}1\\0\\1\end{bmatrix}+x_3\begin{bmatrix}1\\-2\\-1\end{bmatrix}$.记

$$\boldsymbol{\alpha}_1=\begin{bmatrix}1\\-1\\0\end{bmatrix},\quad\boldsymbol{\alpha}_2=\begin{bmatrix}1\\0\\1\end{bmatrix},\quad\boldsymbol{\alpha}_3=\begin{bmatrix}1\\-2\\-1\end{bmatrix}$$

于是
$$\sigma(\boldsymbol{\alpha})=x_1\boldsymbol{\alpha}_1+x_2\boldsymbol{\alpha}_2+x_3\boldsymbol{\alpha}_3$$

所以 $I_m\sigma=L(\boldsymbol{\alpha}_1,\boldsymbol{\alpha}_2,\boldsymbol{\alpha}_3)$.因为

$$\begin{bmatrix}1&1&1\\-1&0&-2\\0&1&-1\end{bmatrix}\to\begin{bmatrix}1&1&1\\0&1&-1\\0&1&-1\end{bmatrix}\to\begin{bmatrix}1&1&1\\0&1&-1\\0&0&0\end{bmatrix}$$

所以 $R(\boldsymbol{\alpha}_1,\boldsymbol{\alpha}_2,\boldsymbol{\alpha}_3)=2$,$\boldsymbol{\alpha}_1,\boldsymbol{\alpha}_2$ 是一个极大线性无关组.

故像空间 $I_m\sigma$ 是 2 维空间,$\begin{bmatrix}1\\-1\\0\end{bmatrix}$,$\begin{bmatrix}1\\0\\1\end{bmatrix}$是它的基.

若 $\sigma(\boldsymbol{\alpha})=0$,即$\begin{cases}x_1+x_2+x_3=0,\\-x_1-2x_3=0,\\x_2-x_3=0,\end{cases}$ 解得其基础解系为$\begin{bmatrix}-2\\1\\1\end{bmatrix}$.

故核空间 $Ker\sigma$ 是 1 维空间,$\begin{bmatrix}-2\\1\\1\end{bmatrix}$是它的基.

评注　注意 σ 在自然基下的矩阵就是 $\mathbf{A}=(\boldsymbol{\alpha}_1,\boldsymbol{\alpha}_2,\boldsymbol{\alpha}_3)$.求 $I_m\sigma$ 与 $Ker\sigma$ 的方法应掌握.

【例 6.24】证明:$\mathbf{A}=\begin{bmatrix}a_1&&\\&a_2&\\&&a_3\end{bmatrix}$与 $\boldsymbol{B}=\begin{bmatrix}a_3&&\\&a_1&\\&&a_2\end{bmatrix}$相似.

【分析】由于线性变换在不同基下的矩阵是相似的,现在用此观点来证.

【证明】在 $\mathbf{R}^3$ 上取一个基 $\boldsymbol{\alpha}_1,\boldsymbol{\alpha}_2,\boldsymbol{\alpha}_3$,构造 $\mathbf{R}^3$ 上的线性变换 σ,使得

$$\sigma(\boldsymbol{\alpha}_1)=a_1\boldsymbol{\alpha}_1,\quad\sigma(\boldsymbol{\alpha}_2)=a_2\boldsymbol{\alpha}_2,\quad\sigma(\boldsymbol{\alpha}_3)=a_3\boldsymbol{\alpha}_3$$

那么 σ 在基 $\boldsymbol{\alpha}_1,\boldsymbol{\alpha}_2,\boldsymbol{\alpha}_3$ 下的矩阵是 $\mathbf{A}=\begin{bmatrix}a_1&&\\&a_2&\\&&a_3\end{bmatrix}$.

学习随笔

对于基 $\boldsymbol{\alpha}_3,\boldsymbol{\alpha}_1,\boldsymbol{\alpha}_2$，由于 $\sigma(\boldsymbol{\alpha}_3)=a_3\boldsymbol{\alpha}_3,\sigma(\boldsymbol{\alpha}_1)=a_1\boldsymbol{\alpha}_1,\sigma(\boldsymbol{\alpha}_2)=a_2\boldsymbol{\alpha}_2$，故 σ 在基 $\boldsymbol{\alpha}_3,\boldsymbol{\alpha}_1,\boldsymbol{\alpha}_2$ 下的矩阵是 $\boldsymbol{B}=\begin{bmatrix} a_3 & & \\ & a_1 & \\ & & a_2 \end{bmatrix}$.

那么 $\boldsymbol{A}$ 与 $\boldsymbol{B}$ 是同一个线性变换在不同基下的矩阵.因此，它们相似.

【例 6.25】信息编码：

假若对字母与数字建立如下一一对应关系：

$$\begin{matrix} A & B & C & \cdots & X & Y & Z \\ \updownarrow & \updownarrow & \updownarrow & & \updownarrow & \updownarrow & \updownarrow \\ 1 & 2 & 3 & \cdots & 24 & 25 & 26 \end{matrix}$$

如果要发出 Search 这一信息，那么先译出此信息的编码：19,5,1,18,3,8.把其写成向量形式

$$\boldsymbol{\alpha}_1=\begin{bmatrix}19\\5\\1\end{bmatrix},\quad \boldsymbol{\alpha}_2=\begin{bmatrix}18\\3\\8\end{bmatrix}$$

现任选一个约定好的可逆矩阵作为线性变换的矩阵，例如 $\boldsymbol{A}=\begin{bmatrix}1&1&0\\0&1&2\\-1&0&1\end{bmatrix}$，于是由 $\sigma(\boldsymbol{\alpha})=\boldsymbol{A}\boldsymbol{\alpha}$ 得到 $\sigma\begin{bmatrix}19\\5\\1\end{bmatrix}=\begin{bmatrix}24\\7\\-18\end{bmatrix},\sigma\begin{bmatrix}18\\3\\8\end{bmatrix}=\begin{bmatrix}21\\19\\-10\end{bmatrix}$.

那么，当发出信息 24,7,−18,21,19,−10 时，接收方就可利用逆矩阵来恢复所发来的信息码：

$$\boldsymbol{A}^{-1}\begin{bmatrix}24\\7\\-18\end{bmatrix}=\begin{bmatrix}-1&1&-2\\2&-1&2\\-1&1&-1\end{bmatrix}\begin{bmatrix}24\\7\\-18\end{bmatrix}=\begin{bmatrix}19\\5\\1\end{bmatrix}$$

$$\boldsymbol{A}^{-1}\begin{bmatrix}21\\19\\-10\end{bmatrix}=\begin{bmatrix}-1&1&-2\\2&-1&2\\-1&1&-1\end{bmatrix}\begin{bmatrix}21\\19\\-10\end{bmatrix}=\begin{bmatrix}18\\3\\8\end{bmatrix}$$

这样就得到所传信息码是 19,5,1,18,3,8.然后就可翻译出信息是 Search.